CORSO DI
TELECOMUNICAZIONI

DANIELE FUSELLI

CORSO DI TELECOMUNICAZIONI

Per l'articolazione Informatica
degli Istituti Tecnici settore Tecnologico

EDITORE ULRICO HOEPLI MILANO

UN TESTO PIÙ RICCO E SEMPRE AGGIORNATO
Nel sito **www.hoepliscuola.it** sono disponibili:

- **materiali didattici** integrativi;
- eventuali **aggiornamenti** dei contenuti del testo;
- un **estratto esemplificativo del volume** in formato PDF che può essere consultato, scaricato e stampato.

---

via Hoepli 5, 20121 Milano (Italy)
tel. +39 02 864871 – fax +39 02 8052886
e-mail hoepli@hoepli.it

www.hoepli.it

ISBN 978-88-203-5022-2

Ristampa:

9 8 7 6 2019 2020 2021

Curatela: Daniele Fuselli

Revisione testi: Marco Ardizio, Marco Blardoni

Redazione: Pier Luigi Tedeschi

Progettazione grafica e impaginazione: Editmedia S.r.l., Omegna (VB)

Copertina: mncg S.r.l., Milano

Stampa: Arti Grafiche Franco Battaia S.r.l., Zibido S. Giacomo (Milano)

Printed in Italy

Indice

Presentazione

Corso di Telecomunicazioni

Introduzione

Che cosa sono le Telecomunicazioni, in quale orizzonte si muovono, con quali articolazioni?
Come organizzare la didattica delle Telecomunicazioni, con quali modalità, con quali riferimenti?
Ovvie le domande per l'***equipe di lavoro*** di questo Corso di Telecomunicazioni, probabilmente non immediate le risposte; per cercarle abbiamo fatto alcune riflessioni, che vogliamo condividere con i fruitori del testo.

Rispetto alla ***comunicazione***, la letteratura mette in evidenza scenari innovativi e contradditori nello stesso tempo.
Da una parte si sta modificando il modo di comunicare: cambia l'impostazione dei materiali, che sembrano evolvere dalla forma tendenzialmente finita, sequenziale ed esclusiva del testo alla forma aperta, parallela, relazionale e inclusiva dell'ipertesto, come risultato di uno sforzo creativo di una molteplicità di partecipanti, che intervengono in qualità sia di autori, sia di lettori/fruitori.
Dall'altra parte però, a una nuova impostazione della comunicazione, che rende disponibile un'enorme quantità d'informazione, si contrappone una sistematica e (purtroppo) crescente "mancanza di spiegazione e di validazione".
Un *primo* elemento di attenzione dunque per la messa a punto di questo testo: sforzo per organizzare una "**comunicazione spiegata**", attraverso standard semplici ed efficaci.

Rispetto alle ***tecnologie per la comunicazione***, la letteratura mette in evidenza la convivenza di innovazione e di conservazione.
Da una parte si profila una situazione di convergenza di numerosi servizi verso la *Rete* – così molti chiamano Internet –: e qui l'innovazione più significativa sembra essere quella della crescente interattività tra fornitori e fruitori della comunicazione; dall'altra si sta affermando una serie di aperture verso nuovi ambiti applicativi, che generano altre reti – si pensi all'imponente diffusione del telerilevamento e della radionavigazione –; dall'altra ancora si tende a "conservare" un glorioso passato – si pensi al sistema perfettamente efficiente delle emittenti a modulazione di ampiezza e di frequenza –.
Un *secondo* elemento di attenzione dunque per la messa a punto di questo testo: sforzo per organizzare una "**comunicazione completa**", attraverso contenuti bilanciati tra presente e futuro delle tecnologie.

Rispetto alla ***didattica per le Telecomunicazioni***, il documento ministeriale ne propone un'articolazione in *conoscenze* e *abilità*.
In questo caso invece non vediamo situazioni contradditorie: il documento deve solo essere interpretato in modo aperto e intelligente, generando dei percorsi didattici diversificati quanto si vuole, all'interno però di una chiarezza e condivisione di obiettivi.
Un *terzo* elemento di attenzione dunque per la messa a punto di questo testo: sforzo per organizzare una "**comunicazione mirata**", che consenta di perseguire determinate *abilità* attraverso un'impostazione flessibile di contenuti: per questo motivo li abbiamo organizzati in un sistema "micro modulare", strutturato in unità elementari di sapere, tendenzialmente autoconsistenti.

Verbania, marzo 2012

DANIELE FUSELLI

Come è fatto

Il volume è organizzato in **15 moduli**, ciascuno dei quali articolato in **2 unità**, per un totale di 30 unità.

Ogni unità comprende:

- 4 **domande** (**FAQ**: *Frequently Asked Questions*), con relative risposte;
- 4 **argomenti** (**ReT**: *Risorse e Tecnologia*), ciascuno sviluppato in modo semplice, con l'aiuto di figure con didascalia e di **esempi**, completamente svolti;
- 8 "**riflessioni**", ciascuna proposta al termine di una FAQ e di una ReT e discussa al termine dell'unità;

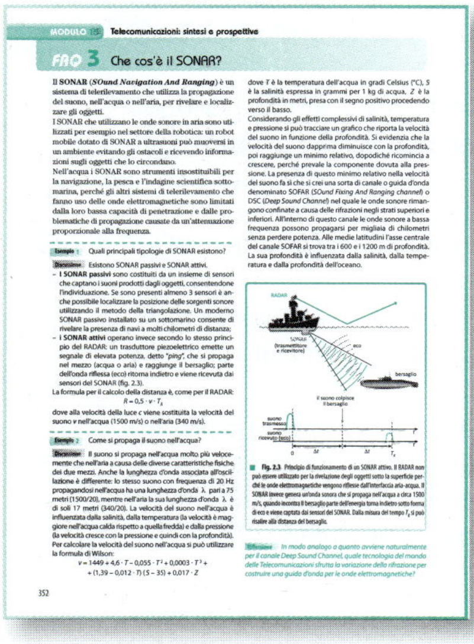

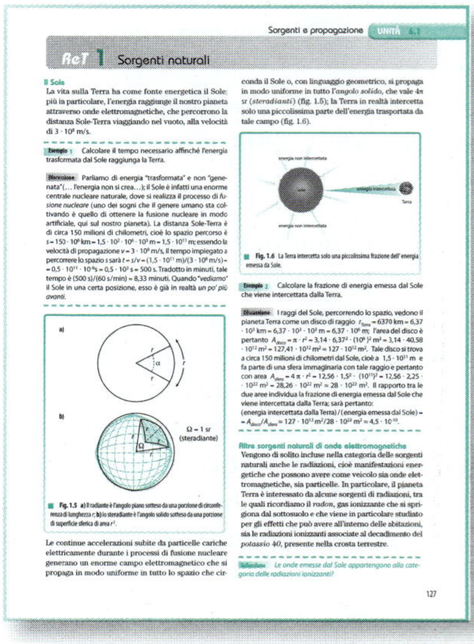

- un sommario;
- indicazioni sitografiche e bibliografiche;
- una serie di **esercizi** e **problemi**, proposti al termine dell'unità, con riferimento specifico a ciascuna FAQ e a ciascuna ReT.

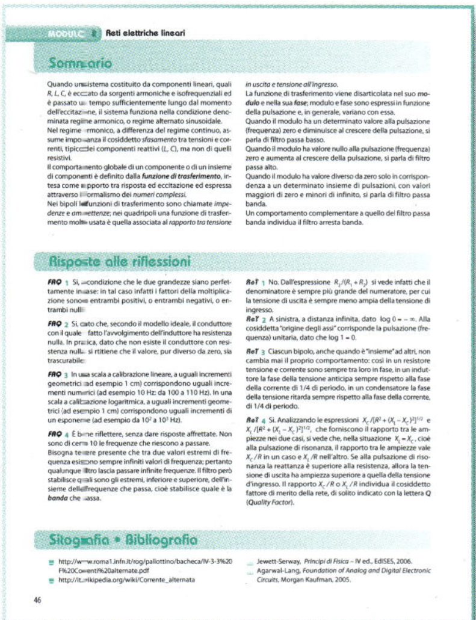
MODULO 2 Reti elettriche lineari

Sommario

Risposte alle riflessioni

Sitografia • Bibliografia

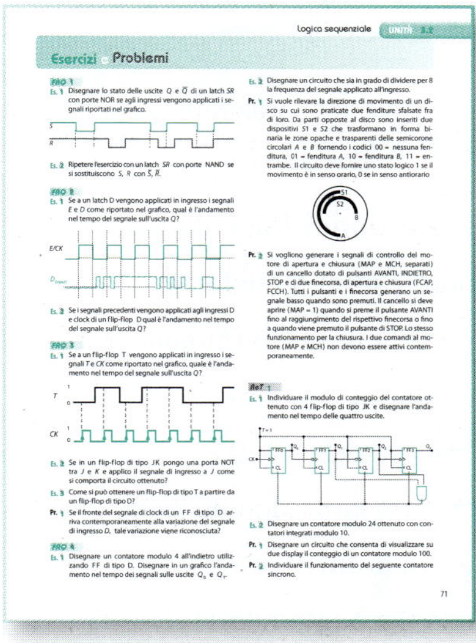
Logica sequenziale UNITÀ 3.2

Esercizi e Problemi

Complessivamente sono disponibili:

- **240** schede (120 FAQ e 120 ReT, ciascuna con estensione di una pagina);
- **240** riflessioni (domande con risposte);
- **315** esempi (completamente svolti);
- **350** figure (con didascalia);
- **450** esercizi (proposti);
- **250** problemi (proposti).

Per conseguire le conoscenze e le abilità previste si ritengono necessarie, per ciascun modulo o sua parte, le seguenti attività:

- discussione delle riflessioni e degli esempi;
- analisi del testo;
- svolgimento di alcuni esercizi.

Il linea di massima si tenga presente che:

- gli ***esercizi*** possono essere discussi dallo studente, a volte con l'aiuto del docente, a volte in modo autonomo;
- i ***problemi*** possono richiedere interventi e approfondimenti da parte del docente; si tratta infatti di "aperture" verso nuove tematiche. La loro discussione, sicuramente utile, presuppone una buona padronanza dell'argomento svolto da parte dello studente.

Anche se un certo livello di sequenzialità nello svolgimento del corso sembra inevitabile – ad esempio, i primi 7 moduli si riferiscono ad argomenti di base, di Elettronica, mentre gli 8 successivi introducono il tema delle Telecomunicazioni –, si è tuttavia fatto lo sforzo di dare autoconsistenza a ciascun modulo, a ciascuna unità e a ciascuna FAQ/ReT, anche allo scopo di favorire le scelte didattiche che ciascun docente proporrà alla programmazione collegiale del Consiglio di classe.

L'***indice analitico*** è suddiviso in due parti:

- la prima, classica, che favorisce la ricerca degli argomenti specifici nel testo;
- la seconda, innovativa, che riporta termini in lingua inglese molto diffusi nell'ambito dell'Elettronica e delle Telecomunicazioni; questa parte è orientata sia a favorire l'apprendimento di un glossario da parte dello studente, sia a facilitare la *programmazione coordinata con l'insegnamento parallelo della Lingua Inglese*. Numerose esperienze in tal senso sono state fatte da alcuni membri della equipe di lavoro che ha realizzato questo testo.

L'opera nasce in seno all'Associazione ***Tecnologia, Scienza, Scuola, Società (TSSS), www.tsss.it***, un partenariato di scuole, agenzie formative e organizzazioni non scolastiche (associazioni di categoria, associazioni scientifiche e tecniche, fondazioni, imprese) che mette a sistema le specificità degli ambienti della ricerca, delle professioni, dell'istruzione/formazione, della produzione e del lavoro.

È il frutto della collaborazione dei seguenti Autori con la curatela e il coordinamento di Daniele Fuselli:

- Claudio **Borniquez** (Modulo 14, 15-U2)
- Alessandro **Colla** (Modulo 13)
- Ruggiero **Dibenedetto** (Modulo 5, 4-U1 FAQ)
- Daniele **Fuselli** (Modulo 1, 2, 4-U2, 6, 7, 8)
- Luigi **Orsi** (Modulo 10, 12)
- Milena **Sartorisio** (Modulo 3, 4-U1 ReT)
- Pasquale **Scandurra** (Modulo 9)
- Raimondo **Sgrò** (Modulo 11, 15-U1)

MODULO 1

Segnali

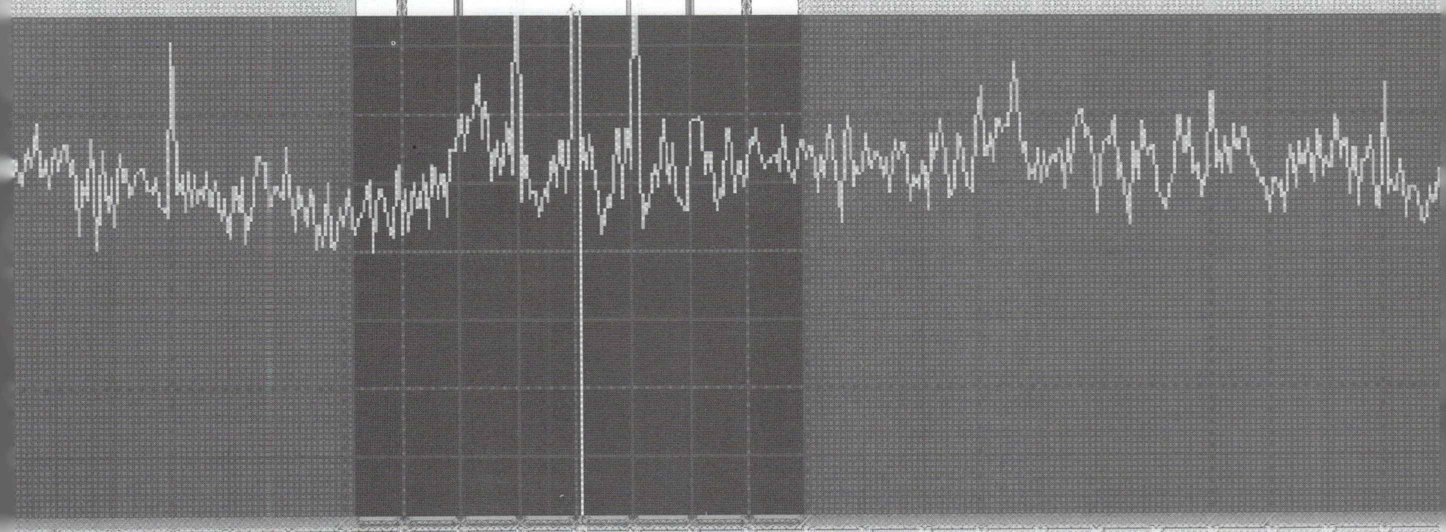

indice

abilità

La discussione degli esempi e delle riflessioni, l'analisi del testo e lo svolgimento di alcuni esercizi favoriscono lo sviluppo della seguente abilità:

- ▶ rappresentare segnali e determinarne i parametri

UNITÀ 1.1

Segnali elettrici

Dominio del tempo e dominio della frequenza

In questa Unità si discute la rappresentazione dei segnali elettrici, si illustrano alcune operazioni su di essi e si introducono i concetti di spettro e banda di un segnale

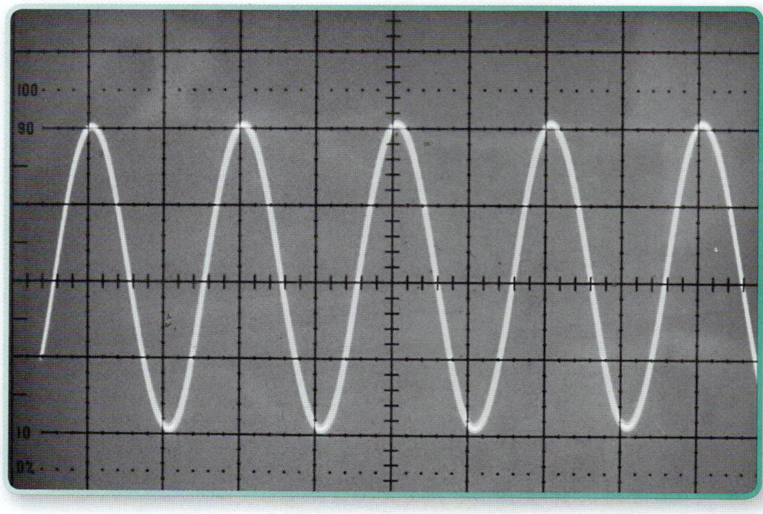

L'elaborazione di segnali elettrici si rivela efficace, rapida ed economica. Dispositivi più o meno complessi presiedono a tale elaborazione, a volte sfruttando le specificità dell'hardware, a volte invece valorizzando la modalità software. Inoltre, la velocità con la quale tali segnali si propagano a distanza ha consentito lo sviluppo di sistemi in grado di trasportare con incredibile rapidità energia e informazione.

La descrizione delle proprietà dei segnali elettrici può seguire percorsi diversi. In questa unità si analizzano le descrizioni nel *dominio del tempo* e nel *dominio della frequenza*.

indice

FAQ 1 Come si possono descrivere i segnali elettrici?

Supponiamo di fare il seguente esperimento:
- durante la stagione invernale, raccogliamo in una tabella i valori della ***temperatura*** esterna alla nostra abitazione, misurandola ad esempio una volta all'ora e continuando l'esperimento per qualche giorno;
- trasformiamo poi la tabella in un grafico, che sull'asse orizzontale rappresenta il tempo e sull'asse verticale i gradi misurati.

Osservando il grafico, ci accorgiamo che (molto probabilmente):
- l'evoluzione delle temperature misurate è diversa da un giorno all'altro;
- i valori della temperatura sono a volte positivi, a volte negativi.

Il grafico ci *segnala* come cambia la temperatura al passare del tempo; diciamo che rappresenta un ***segnale di temperatura***; la temperatura è una grandezza che ha una sua unità di misura; tale segnale non si ripete regolarmente nel tempo, per cui la sua evoluzione *non è perfettamente prevedibile*. Si parla in questo caso di ***segnale non periodico***, che (... probabilmente in inverno...) assumendo valori sia positivi che negativi, è detto anche *bidirezionale*.

Se invece facciamo un esperimento analogo osservando ad esempio la posizione (angolare) assunta dalla ***lancetta dei secondi*** di un orologio, ci accorgiamo che:
- l'evoluzione delle posizioni assunte dalla lancetta è uguale da un giro all'altro;
- i valori degli angoli sono sempre positivi (o nulli).

Il grafico ci segnala come cambia la posizione della lancetta al passare del tempo; diciamo che rappresenta un ***segnale di posizione***; la posizione ha una sua unità di misura. Tale segnale si ripete regolarmente nel tempo, per cui la sua evoluzione *è perfettamente prevedibile*. Si parla in questo caso di ***segnale periodico***, che, assumendo valori di un solo segno, è detto anche *unidirezionale*.

Esperimenti analoghi possono essere fatti con **segnali elettrici** (quali ad esempio la tensione elettrica e la corrente elettrica). Si ottengono anche in tal caso rappresentazioni che descrivono l'evoluzione delle grandezze elettriche nel tempo.

Esempio Descrivere i segnali elettrici rappresentati nella fig. 1.1.

Discussione I segnali sono evidentemente tutti diversi tra di loro. Eccone alcune caratteristiche, che derivano dal modo con cui i segnali stessi evolvono nel tempo.

a) Il segnale è:
- *triangolare*, perché caratterizzato da una successione di "parti elementari" a forma di triangolo;
- *periodico*, perché la "parte elementare" (un triangolo) si ripete dopo un tempo prefissato;
- *bidirezionale*, perché assume sia valori positivi, sia valori negativi.

b) Il segnale è:
- *rettangolare*, perché caratterizzato da una successione di "parti elementari" a forma di rettangolo;
- *periodico*, perché la "parte elementare" (un rettangolo) si ripete dopo un tempo prefissato;
- *unidirezionale*, perché assume solo valori positivi (o nulli).

c) Il segnale è:
- *sinusoidale* (o *armonico*), perché caratterizzato da una successione di "parti elementari" a forma di sinusoide;
- *periodico*, perché la "parte elementare" (una sinusoide) si ripete dopo un tempo prefissato;
- *bidirezionale*, perché assume sia valori positivi, sia valori negativi;
- *alternato*, perché la media dei valori che assume in un periodo è uguale a zero.

d) Il segnale è:
- *non periodico* (o aperiodico), perché non è caratterizzato da una successione di parti elementari;
- *bidirezionale*, perché assume sia valori positivi, sia valori negativi.

Riflessione *Come può essere classificato il segnale di posizione relativo alla lancetta dei secondi?*

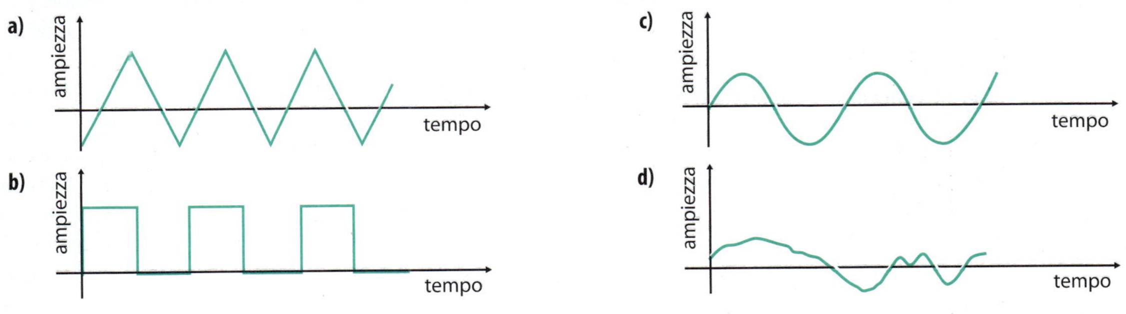

Fig. 1.1 Segnal elettrici di diverso tipo.

FAQ 2 Qual è la "carta d'identità" di un segnale elettrico?

Un segnale elettrico può essere non periodico (cioè non ripetitivo) oppure periodico (cioè ripetitivo).
Un ***segnale periodico*** è caratterizzato da:
- forma;
- ampiezza;
- periodo (e/o grandezze ad esso collegate).

Forma Dipende dalla "parte elementare" che si "ricopia" nel tempo. Quelle più comuni sono la forma *triangolare* (con la variante a *dente di sega*), quella *rettangolare* (con la variante *quadra*), quella *sinusoidale* (o *armonica*); esistono anche segnali a forma *trapezoidale*, *impulsiva*.

Ampiezza È data dal valore letto sull'asse verticale; quello assunto in ciascun istante si chiama *valore istantaneo*; quello più elevato si chiama *valore massimo*. In mancanza di specifica (se istantaneo o massimo), per ampiezza s' intende il valore massimo. L'ampiezza è di solito individuata da un valore numerico e da un'unità di misura (se i segnali sono elettrici le ampiezze sono espresse in volt, ampere, joule, watt ecc.).

Periodo (e/o grandezze ad esso collegate) Rappresenta la durata della "parte elementare" o, in altri termini, rappresenta l'intervallo di tempo dopo il quale tale "parte elementare" (o forma elementare) si ripete. Il periodo si misura pertanto in secondi (s). È consuetudine indicare il periodo con il simbolo T. *Grandezze collegate al periodo sono la **frequenza** e la **lunghezza d'onda**.*

Frequenza Corrisponde al numero di periodi contenuti in 1 secondo. È di solito indicata con il simbolo f ed è legata al periodo dalla seguente equazione:

$$f = 1/T$$

L'unità di misura della frequenza è evidentemente $1/s = s^{-1}$, chiamati hertz (Hz).

Esempio 1 Sapendo che il segnale emesso da un telefonino ha la frequenza di 1800 MHz, calcolare il suo periodo.

Discussione La frequenza è espressa in megahertz (MHz); dobbiamo esprimerla in hertz (Hz). Mega significa moltiplicazione per 1 milione, cioè per 10^6. Sarà pertanto: $1800 \text{ MHz} = 1800 \cdot 10^6 \text{ Hz} = 1{,}8 \cdot 10^3 \cdot 10^6 = 1{,}8 \cdot 10^9 \text{ Hz}$.
Se $f = 1/T$, allora è $T = 1/f$, dalla quale si ricava $T = 1/1{,}8 \cdot 10^9 = 0{,}56 \cdot 10^{-9} \text{ s} = 0{,}56$ ns (nanosecondi).

Lunghezza d'onda Corrisponde allo spazio percorso dall'onda (cioè dal segnale elettrico) in un tempo uguale al suo periodo. I segnali elettrici si propagano con una velocità che dipende dal mezzo che i segnali stessi attraversano. Ad esempio, i segnali che trasportano l'informazione (e l'energia) relativa a una comunicazione con il telefonino, si propagano attraverso il mezzo "aria" viaggiando alla velocità di (circa) 300.000 km/s, la cosiddetta velocità della luce. *Anche se non è esatto*, molte volte, per fare calcoli in prima approssimazione, si ritiene che tutti i segnali di natura elettrica si propaghino con tale velocità attraverso qualunque materiale. Si tratta di calcolare quanto spazio percorre un segnale elettrico in un tempo uguale al suo periodo.

Esempio 2 Calcolare la lunghezza d'onda del segnale emesso da un telefonino, sapendo che tale segnale ha un periodo di $0{,}56 \cdot 10^{-9}$ s.

Discussione Ricordando che la velocità (di un corpo, di un'onda) è definita dal rapporto tra spazio percorso e tempo impiegato a percorrerlo, si ha: $v = s/t$, dalla quale si ricava $s = v \cdot t$. Se la velocità è espressa in metri /secondo (m/s) e il tempo in secondi (s), allora la lunghezza d'onda è espressa in metri (m).
Nel caso dell'onda del telefonino, scegliendo come tempo quello corrispondente a 1 periodo, si ha:
lunghezza d'onda = velocità di propagazione · periodo.
È consuetudine indicare la lunghezza d'onda con la lettera greca λ (lambda). Si ha pertanto:

$$\lambda = v \cdot T = 3 \cdot 10^8 \cdot 0{,}56 \cdot 10^{-9} = 1{,}68 \cdot 10^8 \cdot 10^{-9} = 1{,}68 \cdot 10^{-1} = 0{,}168 \text{ m} \approx 17 \text{ cm}.$$

Esempio 3 Rappresentare, ***in funzione del tempo***, un segnale armonico alternato con periodo $T = 0{,}56 \cdot 10^{-9}$ s, supponendo che la sua ampiezza (valore massimo) sia di 3 unità di misura (u.d.m.).

Discussione Il segnale ha l'andamento (nel tempo) rappresentato nella fig. 1.2.

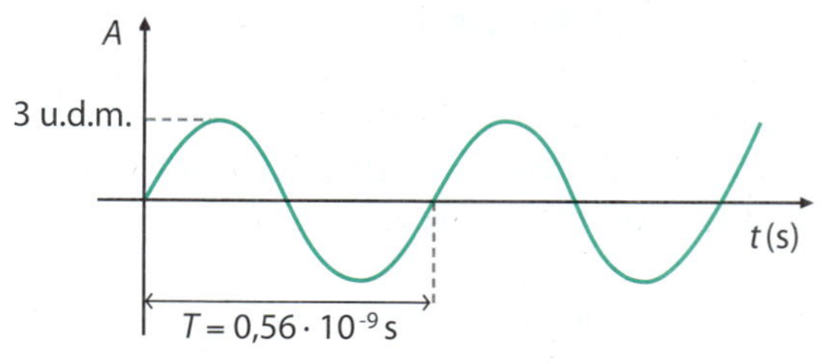

Fig. 1.2 Segnale armonico impiegato nella telefonia mobile. Sull'asse verticale potrebbe essere rappresentato, ad esempio, un valore di tensione o un valore di corrente.

Il significato di tale grafico è il seguente: un "osservatore che vede il segnale elettrico", fermo in un punto dal quale l'onda transita, con un orologio e con un misuratore di ampiezza istantanea compila una tabella che comprende i valori di tempo e i corrispondenti valori di ampiezza istantanea. Trasforma poi la tabella in grafico e sul grafico "legge" il periodo T.

Riflessione *Tutte le rappresentazioni grafiche di segnali riportano il tempo sull'asse orizzontale?*

FAQ 3 Come si calcola il valore medio di un segnale elettrico?

La domanda sottintende, salvo indicazione diversa, di riferirsi alla rappresentazione dei segnali nel dominio del tempo. Inoltre, così formulata, è incompleta; un po' come se chiedessimo "qual è il valore medio dell'età"? senza specificare a quale campione ci stiamo riferendo: ad esempio, gli studenti di una determinata classe o di un determinato Istituto. Allora, quando si parla di segnali elettrici nel dominio del tempo, è necessario completare la domanda sul valore medio indicando l'intervallo di tempo rispetto al quale il valore stesso viene calcolato.

*Quando il segnale è **periodico**, è consuetudine non dichiarare l'intervallo e sottintendere che sia il **periodo**.*

In generale, il **valore medio** viene calcolato seguendo una determinata procedura, o *algoritmo*, che riportiamo qui di seguito:

- stabilisci l'intervallo di tempo di riferimento;
- discretezza l'intervallo, dividendolo in un numero finito di piccoli intervalli, ciascuno con la minima durata possibile;
- misura il valore istantaneo corrispondente a ciascun intervallo (ad esempio, misurando l'ordinata corrispondente all'istante al centro di tale intervallo);
- calcola la somma di tutti i valori istantanei;
- dividi la somma per il numero di intervalli, cioè per il numero di valori misurati;
- hai finito (cioè il risultato della divisione rappresenta il valore medio del segnale nell'intervallo di tempo stabilito all'inizio).

Esempio 1 Calcolare il valore medio in un periodo del segnale rappresentato nella fig. 1.3.

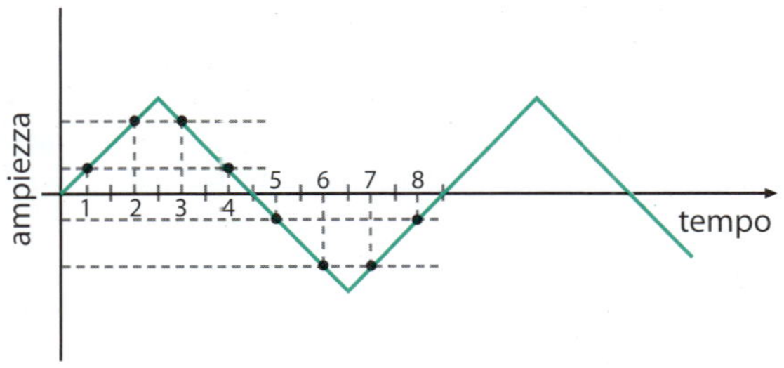

Fig. 1.3 Segnale triangolare bidirezionale.

Discussione Si tratta di un segnale periodico, triangolare, che *sembra* anche alternato. La discretizzazione dell'intervallo di tempo deve essere fatta tenendo conto della precisione grafica consentita; scegliamo, ad esempio, di suddividere il periodo in otto intervalli di tempo. La misura dei valori istantanei mette in evidenza che ci sono quattro valori positivi e quattro valori negativi e che ad ogni valore positivo ne corrisponde uno negativo con lo stesso valore assoluto. La somma di tutti i valori istantanei vale pertanto zero, che, diviso per otto, dà comunque zero. Il segnale pertanto, avendo *valore medio nullo in un periodo*, è *alternato*.

Esempio 2 Calcolare il valore medio in due periodi del segnale rappresentato nella fig. 1.4.

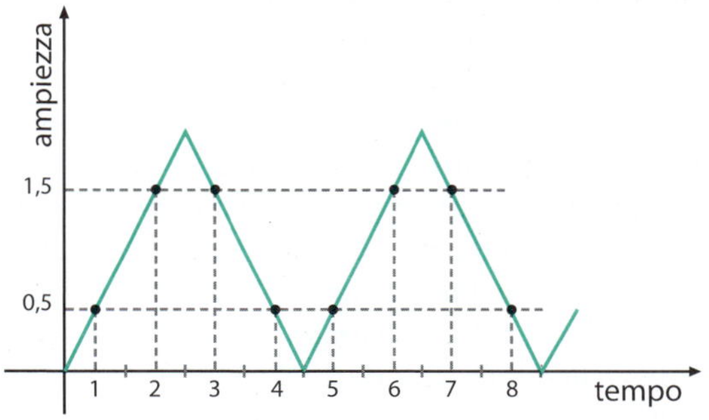

Fig. 1.4 Segnale triangolare unidirezionale.

Discussione Si tratta di un segnale periodico, triangolare, unidirezionale; pertanto non può essere alternato. La discretizzazione dell'intervallo di tempo deve essere fatta tenendo conto della precisione grafica consentita; scegliamo, ad esempio, di suddividere l'intervallo totale stabilito (due periodi) in otto intervalli di tempo.

Gli otto valori istantanei, tutti positivi, sono riportati nella seguente tabella:

istante	1	2	3	4	5	6	7	8
valore ist.	0,5	1,5	1,5	0,5	0,5	1,5	1,5	0,5

La somma dei valori istantanei è 8; il valore medio è:
8/8 = 1 (u.d.m.)

Osservando il grafico e il risultato, si possono trarre le seguenti conclusioni:

- il segnale, di forma triangolare, è periodico;
- il valore medio in due periodi vale 1 (u.d.m.);
- il valore medio in un periodo vale 1 (u.d.m.);
- **il segnale in questione può essere pensato come somma di un segnale che ha valore costante 1 (u.d.m.) e di un segnale triangolare alternato con ampiezza (valore massimo) uguale a 1 (u.d.m.).**

Riflessione *Come si esegue la somma tra due o più segnali?*

FAQ 4 Come si calcola il valore efficace di un segnale elettrico?

La domanda, così formulata, è incompleta: quando si parla di segnali elettrici nel dominio del tempo, è necessario completarla indicando l'intervallo di tempo rispetto al quale il valore stesso viene calcolato.

Quando il segnale è ***periodico****, è consuetudine non dichiarare l'intervallo e sottintendere che sia il* ***periodo***.

In generale, il **valore efficace** viene calcolato seguendo una determinata procedura, o *algoritmo*, che riportiamo qui di seguito. I primi tre "passi" coincidono con quelli relativi al calcolo del valore medio.

- Stabilisci l'intervallo di tempo di riferimento;
- discretezza l'intervallo, dividendolo in un numero finito di piccoli intervalli, ciascuno con la minima durata possibile;
- misura il valore istantaneo corrispondente a ciascun intervallo (misurando l'ordinata corrispondente all'istante al centro di tale intervallo);
- calcola il quadrato di ciascun valore istantaneo;
- calcola la somma dei quadrati dei valori istantanei;
- dividi la somma per il numero di intervalli, cioè per il numero di valori misurati;
- calcola la radice quadrata del valore ricavato e considera solo la soluzione positiva;
- hai finito (cioè il risultato rappresenta il valore efficace del segnale nell'intervallo di tempo stabilito all'inizio).

In sintesi: il valore efficace di un insieme di campioni è dato dalla radice quadrata del valor medio dei quadrati dei campioni.

Esempio 1 Calcolare il valore efficace in un periodo del segnale rappresentato nella fig. 1.5.

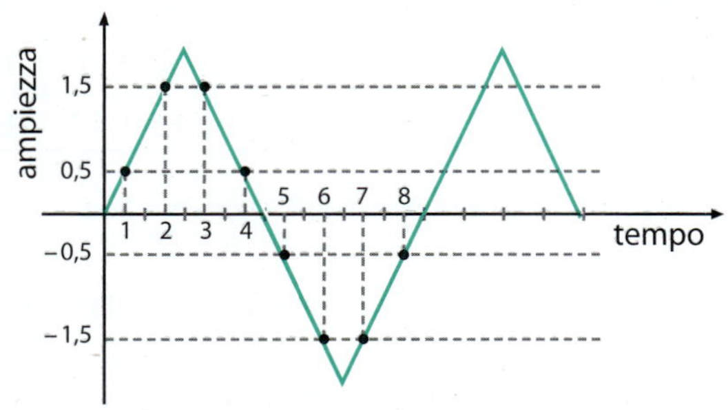

Fig. 1.5 Segnale triangolare alternato. Il suo valore medio in un periodo è nullo, il suo valore efficace no.

Discussione Si tratta di un segnale periodico, triangolare, alternato. La discretizzazione dell'intervallo di tempo deve essere fatta tenendo conto della precisione grafica consentita; scegliamo, ad esempio, di suddividere il periodo in otto intervalli di tempo. La misura dei valori istantanei mette in evidenza che ci sono quattro valori positivi e quattro valori negativi e che ad ogni valore positivo ne corrisponde uno negativo con lo stesso valore assoluto. Dato che ciascun valore viene elevato al quadrato, si ottengono otto valori, tutti positivi. La somma di tutti i quadrati dei valori istantanei è pertanto sempre positiva.

I valori numerici sono riportati nella seguente tabella:

istante	1	2	3	4	5	6	7	8
valore ist.	0,5	1,5	1,5	0,5	−0,5	−1,5	−1,5	−0,5
(valore ist.)^2	0,25	2,25	2,25	0,25	0,25	2,25	2,25	0,25

somma (val. ist.)^2 = 10

valore medio dei quadrati dei valori istantanei = 10/8 = 1,25

radice quadrata del valore medio = $1{,}25^{1/2}$ = 1,18 u.d.m.

Esempio 2 Calcolare il valore efficace in un periodo del segnale rappresentato nella fig. 1.5 dell'Esempio 1, suddividendo il periodo in 16 intervalli (anziché in 8).

Discussione In questo caso è necessaria un' attenta misurazione dei valori. Ragionando su di un grafico opportunamente ingrandito (dilatato nel tempo), si ottengono i risultati riportati nella tabella a pié pagina.

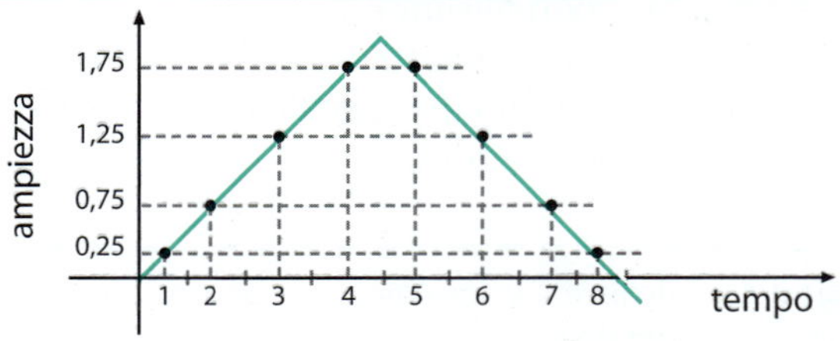

Fig. 1.6 "Dilatazione" grafica nel tempo del segnale della fig. 1.5.

somma (val. ist.)^2 = 20,97

valore medio dei quadrati dei valori istantanei = 20,97/16 = 1,311

radice quadrata del valore medio = $1{,}311^{1/2}$ = 1,145 u.d.m.

Il risultato è leggermente diverso da quello calcolato attraverso 8 campioni; è più preciso e, all'aumentare del numero dei campioni, si avvicina sempre di più al "valore esatto", che si dimostra essere dato dal valore massimo diviso per la radice quadrata di 3, cioè $2/3^{1/2}$ = 2/1,73105 = 1,1547 u.d.m.

Riflessione *Le procedure suggerite per il calcolo del valore medio e del valore efficace consentono di ottenere risultati "esatti"?*

istante	1	2	3	4	5	6	7	8	9	10	11	12	13	14	15	16
valore ist.	0,25	0,75	1,25	1,75	1,75	1,25	0,75	0,25	−0,25	−0,75	−1,25	−1,75	−1,75	−1,25	−0,75	−0,25
(valore ist.)^2	0,063	0,56	1,56	3,06	3,06	1,56	0,56	0,063	0,063	0,56	1,56	3,06	3,06	1,56	0,56	0,063

ReT 1 Somma di segnali armonici

Sappiamo che la "carta d'identità" di un segnale periodico ne mette in evidenza *forma, ampiezza, periodo*. Tale descrizione è importante, molto utile, ma non completa; infatti due segnali identici per forma, ampiezza, periodo, possono ancora essere tra loro "diversi" quando messi a confronto nel dominio del tempo: si tratta di vedere se la loro evoluzione nel tempo è contemporanea oppure no.

L'evoluzione è contemporanea se i due segnali, uguali in forma, ampiezza, periodo, raggiungono ad esempio i massimi dello stesso segno negli stessi istanti; se così non avviene, si dice che i segnali sono tra di loro *non in fase*, cioè sono tra di loro *sfasati*. È comodo quantificare lo sfasamento in termini di frazioni di periodo (fig. 1.7).

Risulta evidente che:

- l'ampiezza non gioca nessun ruolo sulla relazione di fase tra due (o più) segnali;
- il confronto tra le fasi ha senso solo se i segnali hanno lo stesso periodo;
- è comodo descrivere ciascun segnale attraverso la sua *fase iniziale* (espressa in frazioni di periodo).

La **somma di due o più segnali** viene calcolata sommando istante per istante le rispettive ampiezze istantanee. Se i segnali sono elettrici, tale somma viene eseguita da appositi circuiti, chiamati *sommatori*. Un'importanza particolare, illustrata nelle schede che seguono, viene data alla ***somma tra segnali armonici***, o *sinusoidali*.

Attraverso la matematica e l'esperienza si verifica che:

- la somma di segnali armonici con periodi uguali (e quindi con frequenze uguali) è sempre un segnale armonico, anche se i segnali sono tra di loro sfasati;
- la somma di segnali armonici con periodi diversi (e quindi con frequenze diverse) è sempre un segnale non armonico (fig. 1.8).

Riflessione *L'ampiezza dei segnali non influisce sulle loro relazioni di fase; può influire sulla loro somma?*

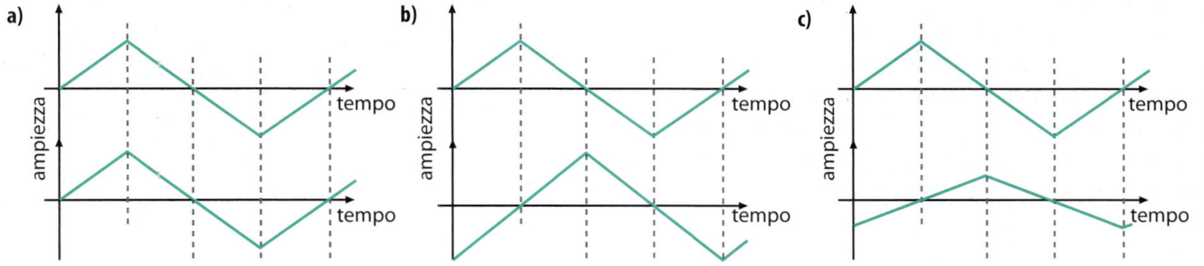

Fig. 1.7 **a)** Segnali triangolari uguali in ampiezza e periodo, tra di loro in fase; **b)** segnali triangolari uguali in ampiezza e periodo, tra di loro sfasati di un quarto di periodo, $(1/4)T$; si dice che il segnale in alto ha fase iniziale nulla, mentre quello in basso ha fase iniziale di $(-1/4)T$; **c)** segnali triangolari diversi in ampiezza e uguali in periodo, tra di loro sfasati di un quarto di periodo, $(1/4)T$.

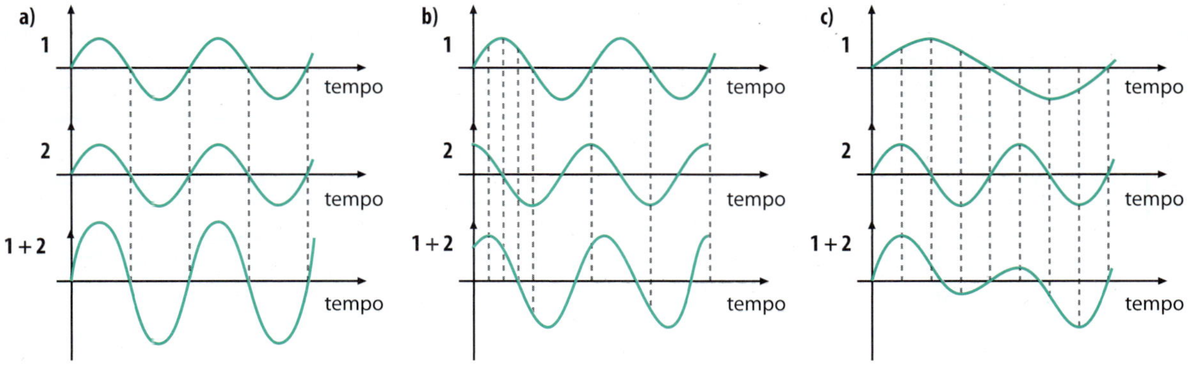

Fig. 1.8 **a)** Somma di due segnali armonici con periodi uguali e fasi iniziali uguali; **b)** somma di due segnali armonici con periodi uguali e fasi iniziali diverse; **c)** somma di due segnali armonici con *periodi diversi*: in questo caso il segnale somma non è armonico.

ReT 2 Spettro di segnali semplici

Come è vero che la somma di segnali armonici con frequenze (o periodi) tra loro diverse dà luogo ad un segnale non armonico, è altrettanto vero che tale segnale non armonico può essere considerato come la somma di segnali armonici. Il matematico francese *Fourier* ha dimostrato che ***qualunque segnale non armonico può essere considerato come somma di più segnali armonici***, ciascuno dei quali è caratterizzato da:

- frequenza;
- ampiezza;
- fase iniziale.

L'insieme dei segnali armonici che, sommati tra di loro, danno luogo a un determinato segnale non armonico, si chiama ***spettro del segnale****.*

Rispetto allo spettro di un segnale, dal punto di vista concettuale sono possibili due percorsi.

Il primo percorso si propone di rispondere alla seguente domanda:

- qual è la somma di un insieme di segnali armonici, ciascuno caratterizzato da frequenza, ampiezza, fase iniziale?

La risposta alla domanda prevede una procedura semplice, che consiste nell'eseguire la somma delle ampiezze istantanee in corrispondenza di ciascun istante. Se si vuole una soluzione sperimentale, serve un particolare circuito, in linea di principio non troppo sofisticato, detto *circuito sommatore*.

Il secondo percorso si propone di rispondere alla seguente domanda:

- assegnato un determinato segnale non armonico, quali sono i segnali armonici che, sommati tra di loro, danno luogo a quel segnale non armonico?

La risposta alla domanda non è semplice come nel caso precedente: richiede l'impiego di operatori matematici parecchio complicati. Se si vuole una soluzione sperimentale, serve un particolare strumento, abbastanza sofisticato e costoso, chiamato ***analizzatore di spettro***.

Ciascuna componente dello spettro è individuata da tre parametri (ampiezza, frequenza, fase iniziale).

È comodo, anziché rappresentare le componenti dello spettro nel dominio del tempo, rappresentarle nel *dominio della frequenza*. C'è tuttavia il problema di dovere individuare, per ciascuna componente spettrale, non solo l'ampiezza, ma anche la fase iniziale. Si potrebbe ricorrere a un diagramma tridimensionale. Si preferisce invece disegnare due diagrammi: uno che rappresenta l'ampiezza di ciascuna componente spettrale, caratterizzata dalla sua frequenza; l'altro che ne rappresenta la fase iniziale. Il primo diagramma è chiamato **diagramma delle ampiezze**, in secondo **diagramma delle fasi**; per entrambi, ***sull'asse orizzontale è rappresentata la frequenza.***

Riflessione *Che cosa succede se dallo spettro di un segnale vengono sottratte alcune componenti armoniche, cioè se lo spettro viene "tagliato"?*

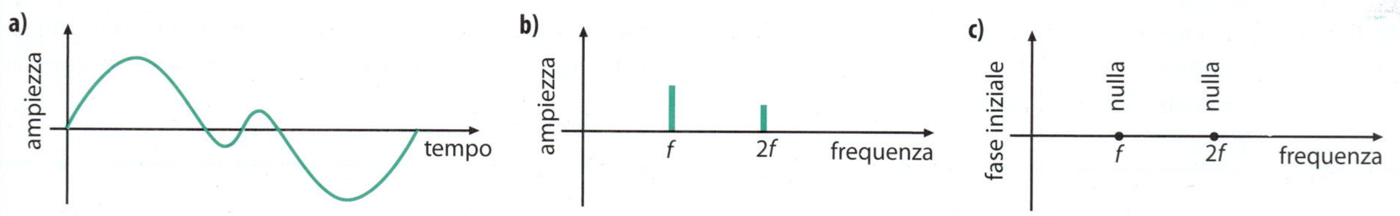

Fig. 1.9 **a)** Segnale non armonico, periodico; **b)** spettro delle ampiezze del segnale non armonico della figura a): lo spettro è composto da un numero finito di righe spettrali; **c)** spettro delle fasi (iniziali) del segnale non armonico della figura a).

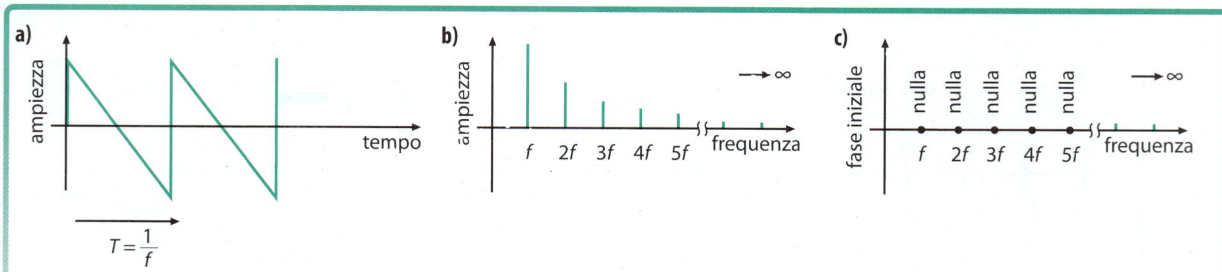

Fig. 1.10 **a)** Segnale non armonico, periodico; **b)** spettro delle ampiezze del segnale non armonico della figura a): lo spettro è composto da un numero infinito di righe spettrali; **c)** spettro della fasi (iniziali) del segnale non armonico della figura a).

ReT 3 Spettro di segnali complessi

Gli spettri analizzati nella scheda precedente, pur diversi tra di loro, hanno in comune le seguenti caratteristiche:

- sono ***spettri discreti***, nel senso che tra una frequenza e quella successiva "non c'è niente";
- la componente a frequenza più bassa dello spettro ha un periodo che è uguale al periodo del segnale non armonico: tale componente è chiamata ***fondamentale***, o ***prima armonica*** (quelle successive, con frequenze multiple intere di quella fondamentale, sono chiamate ***seconda, terza, quarta... armonica***).

Se ad esempio prendiamo in considerazione un'onda quadra alternata, con periodo $T = 1$ ms, vediamo che:

- la prima armonica ha periodo di 1 ms, cioè $f = 1000$ Hz;
- la seconda armonica, che dovrebbe avere frequenza di 2000 Hz, non esiste;
- la terza armonica ha frequenza di 3000 Hz;
- le armoniche "pari" (II, IV, VI ecc.) non esistono;
- le ampiezze delle armoniche dispari decrescono al crescere del rispettivo ordine (la III è meno ampia della I, la V è meno ampia della III, la VII meno della V ecc.).

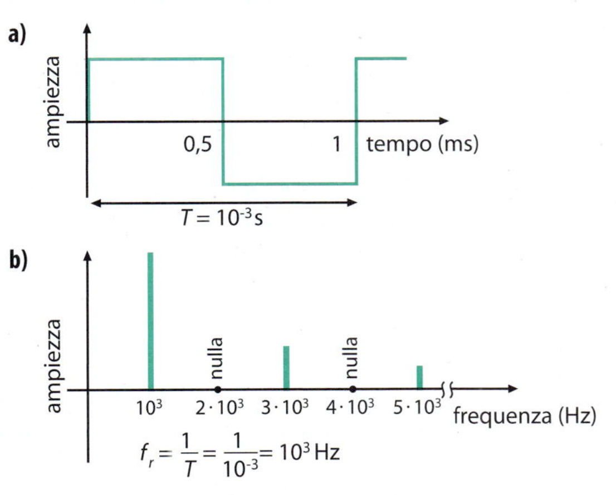

Fig. 1.11 **a)** Onda quadra alternata, rappresentata nel dominio del tempo, con periodo $T = 1$ ms: la grandezza $f_r = 1/T$ può essere chiamata *frequenza di ripetizione* dell'onda quadra; **b)** spettro delle ampiezze dell'onda quadra.

Bisogna tenere presente che gli spettri presi in considerazione si riferiscono a segnali con caratteristiche di ripetitività nel tempo, cioè a segnali periodici.

Nelle pratica, tali segnali non sono quelli più frequenti: così, ad esempio, il segnale irradiato da un telefonino non ha caratteristiche complessive di periodicità, così come non le ha il segnale elettrico che pilota le casse acustiche dell'impianto hi-fi.

Ci si domanda allora come sono gli ***spettri dei segnali non periodici***, cioè gli spettri di una categoria molto importante di segnali.

Sia la teoria di Fourier, sia l'analisi strumentale mettono in evidenza che, piuttosto che con spettri discreti, in tali casi si ha a che fare con ***spettri continui***, caratterizzati da bande continue di componenti spettrali, all'interno delle quali non esiste frequenza in corrispondenza della quale non ci sia una componente.

La rappresentazione grafica di uno spettro continuo (o continuo a tratti) è pertanto un insieme di righe tra le quali non esistono "spazi vuoti"; graficamente ciò corrisponde a un "retinato", il cui inviluppo superiore individua l'ampiezza (o la fase) dell'armonica che ha frequenza individuata dall'ascissa.

Esempio Un segnale "storico", ma ancora oggi del tutto in funzione per le telecomunicazioni italiane, è quello della stazione AM di Milano. Illustrarne qualitativamente lo spettro.

Discussione La stazione ha una frequenza nominale di 900 kHz. Il segnale irradiato, visto nel dominio del tempo, ha la forma di una "*sinusoide a frequenza di 900 kHz, con ampiezza che cambia continuamente, in modo non periodico*". Si dimostra e si verifica sperimentalmente che lo spettro di tale segnale comprende:

- una frequenza "isolata" di 900 kHz;
- un *insieme continuo di frequenze*, allocato al di sopra di 900 kHz (e leggermente distaccato da tale frequenza);
- un *insieme continuo di frequenze*, allocato al di sotto di 900 kHz (e leggermente distaccato da tale frequenza).

Lo spettro è pertanto *continuo a tratti*, dato che ciascuno dei due insiemi continui, chiamati *bande laterali*, non ha al suo interno "frequenze che non esistono".

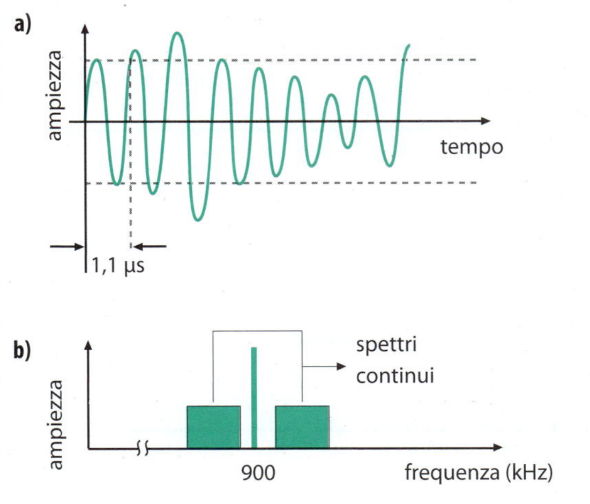

Fig. 1.12 **a)** Segnale della stazione AM di Milano, rappresentato nel dominio del tempo; **b)** stesso segnale, rappresentato nel dominio della frequenza (spettro delle ampiezze).

Riflessione *Nello spettro di un segnale può esistere una componente alla frequenza di 0 Hz?*

ReT 4 Banda dei sistemi e dei segnali

Abbiamo visto che, in linea teorica, lo spettro di un segnale può:
- avere una frequenza limite inferiore e una frequenza limite superiore;
- avere una frequenza limite inferiore, ma non una frequenza limite superiore (spettro che si estende a frequenza infinita).

La prima situazione si può presentare in pratica, ma non è quella più comune: molte volte infatti si ha a che fare con segnali i cui spettri tendono (teoricamente) ad avere componenti con frequenze elevatissime, che si avvicinano a valori infiniti.

Ci si domanda se componenti, dispositivi e apparati elettronici sono in grado di manipolare segnali con spettri che tendono a infinito: la risposta è negativa, perché in pratica ciascun sistema reale è caratterizzato da limiti in frequenza relativi alla sua capacità di gestire i segnali. Questi limiti sono chiamati ***frequenze di taglio***: una inferiore, indicata con f_{ti}, l'altra superiore, indicata con f_{ts}.

L'insieme delle frequenze comprese tra con f_{ti}, e f_{ts} è chiamato **banda passante** del sistema (insieme di frequenza che il sistema , dopo averle ricevute in ingresso, è in grado di elaborare e di restituire all'uscita).

La differenza $f_{ts} - f_{ti}$, è chiamata **larghezza di banda** del sistema.

Due sistemi possono avere la stessa larghezza di banda, ma bande passanti diverse: è ad esempio il caso che si verifica quando diverse emittenti televisive servono lo stesso territorio: tutte occupano una determinata larghezza di banda (quella assegnata ad un canale, stabilita dalla normativa), ma ciascuna trasmette su una banda passante diversa da quella delle altre (problema dell'assegnazione delle frequenze), per evitare fenomeni di sovrapposizione e dunque di reciproca interferenza.

Nel *caso di taglio ideale*, le frequenze esterne alla banda passante "non passano", cioè vengono eliminate completamente (nei casi reali le cose possono essere anche molto diverse).

Così, se si richiede ad un sistema di gestire segnali il cui spettro è compreso nella sua banda passante, si possono ottenere *risultati corretti*; se invece si richiede la gestione di segnali con spettro che va oltre la banda passante, si hanno *risultati distorti*.

La rappresentazione grafica della banda passante di un sistema viene di solito fatta tenendo conto anche dell'elaborazione che il sistema compie sull'ampiezza dei segnali; si parla allora di **curva di risposta** del sistema.

Esempio Un sistema, destinato a moltiplicare per due l'ampiezza del segnale che gli viene affidato (segnale d'ingresso), è caratterizzato da f_{ti} = 400 Hz e f_{ts} = 1600 Hz; si ipotizza che i "tagli" avvengano in modo ideale. Prevedere le eventuali distorsioni presenti nel segnale che il sistema "riconsegna" (segnale di uscita).

Discussione Ipotizziamo un segnale d'ingresso a onda quadra alternata, con frequenza di ripetizione di 500 Hz. Il suo spettro comprende infinite armoniche di ordine dispari. La prima, con frequenza di 500 Hz, passa; la terza, con frequenza di 1500 Hz, passa; la quinta armonica, con frequenza di 2500 Hz non passa; e così succede a tutte le altre armoniche di ordine superiore (fig. 1.13).

Riflessione *I sistemi a banda (passante) larga sono più pregiati di quelli a banda (passante) stretta?*

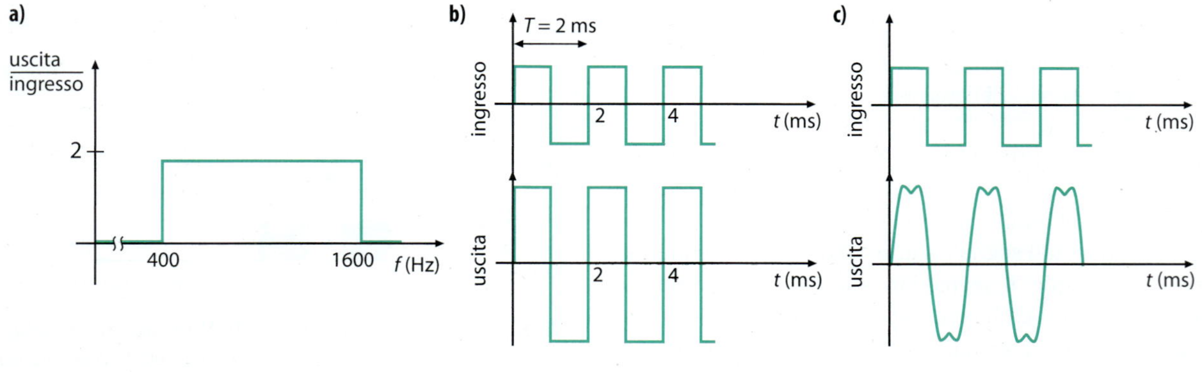

Fig. 1.13 **a)** Curva di risposta di un sistema destinato a moltiplicare per due l'ampiezza del segnale d'ingresso; le frequenze di taglio valgono 400 Hz e 1600 Hz; **b)** segnale d'ingresso e segnale di uscita che ci sarebbe se le frequenze di taglio valessero zero hertz e infiniti hertz; **c)** segnale di uscita nel caso di frequenze di taglio di 400 Hz e 1600 Hz.

Sommario

Quando un segnale viene descritto attraverso la sua evoluzione temporale, si parla di segnale nel dominio *del tempo*. La descrizione si basa su parametri quali forma, ampiezza, periodo, frequenza, lunghezza d'onda del segnale, ciascuno caratterizzato da un valore numerico e da un'unità di misura. Segnali con lo stesso periodo possono evolvere contemporaneamente; si dice allora che sono tra di loro in fase. In caso contrario, si dice che sono tra di loro sfasati e lo sfasamento viene espresso in frazioni di periodo.
La somma di segnali armonici con frequenze diverse dà segnali non armonici; viceversa, qualunque segnale non armonico può essere considerato come somma di segnali armonici. Se il segnale non armonico è periodico, allora l'insieme dei segnali armonici che lo "compongono" è caratterizzato da frequenze che stanno tra di loro in rapporto intero (1, 2, 3, 4 ecc.).
L'insieme dei segnali armonici che, sommati tra di loro, dà un segnale non armonico è chiamato *spettro del segnale*. Lo spettro è discreto se il segnale è periodico, mentre è continuo (almeno a tratti) se il segnale non è periodico.
Ci sono spettri che in teoria si estendono all'infinito; tuttavia, nessun sistema reale può gestire segnali con spettro infinito. Ogni sistema e ogni segnale sono in pratica caratterizzati dalla loro banda, intesa rispettivamente come insieme di frequenze che il sistema può elaborare correttamente e come insieme di frequenze che costituiscono lo spettro "reale" del segnale.

Risposte alle riflessioni

FAQ* 1** Tale segnale parte da zero (a *zero secondi* la lancetta è in posizione *zero gradi*) e, ad ogni secondo, l'angolo aumenta di 6 gradi; il grafico sale quindi come una "rampa". Al sessantesimo secondo, la lancetta riassume *istantaneamente* la posizione iniziale, per cui il grafico scende verticalmente fino a zero. Poi questa "parte elementare" del segnale si ripete. Si dice che il segnale ha una forma ***triangolare a dente di sega (o semplicemente a ***dente di sega***); è ***periodico*** e ***unidirezionale***.

***FAQ* 2** Come si vedrà in seguito, anche se tale rappresentazione è molto usata (ed è chiamata rappresentazione nel *dominio del tempo*), non è tuttavia l'unica. Si possono anche fare dei grafici con lo spazio sull'asse orizzontale (e allora si parla di rappresentazione del *dominio dello spazio*, o della *distanza*) oppure dei grafici con la frequenza sull'asse orizzontale (e allora si parla di rappresentazione nel *dominio della frequenza*).

***FAQ* 3** La somma tra due o più segnali viene calcolata con la seguente procedura (o algoritmo):

1 stabilisci l'intervallo di tempo di riferimento;
2 discretezza l'intervallo, dividendolo in un numero finito di intervalli, ciascuno con la minima durata possibile;
3 misura il valore istantaneo di ciascun segnale corrispondente a ciascun intervallo (ad esempio, misurando l'ordinata corrispondente all'istante al centro di tale intervallo);
4 somma le ordinate corrispondenti a ciascun intervallo di tempo;
5 rappresenta il segnale, assegnando a ciascun intervallo di tempo l'ordinata calcolata al punto 4;
6 hai finito.

***FAQ* 4** La precisione dei risultati aumenta all'aumentare del numero di intervalli parziali. Se la procedura viene applicata in modalità grafica, tale aumento ha però un limite nella difficoltà di lettura dei valori sul grafico. Esiste una procedura matematica un po' più sofisticata che, attraverso un operatore particolare chiamato *integrale*, consente di calcolare valori medi e valori efficaci in modo "esatto".

***ReT* 1** Certamente sì; ad esempio, sommando due segnali in fase con ampiezze uguali si ottiene un risultato; se si modifica l'ampiezza di uno dei due segnali si ottiene un risultato diverso. Un discorso analogo vale se i due segnali non sono in fase.

***ReT* 2** Il "taglio" di uno spettro è un'operazione che in pratica avviene sempre: a volte si tratta di un taglio voluto, a volte invece no. Guardando l'andamento degli spettri, si intuisce che, se il taglio si riferisce a quelle componenti la cui ampiezza è molto piccola, la forma complessiva dell'onda non cambia di molto; se invece si tagliano componenti con ampiezza elevata, allora la forma del segnale non armonico cambia e si dice che il taglio ha introdotto una *distorsione*.

***ReT* 3** Sì, tale componente esiste in tutti i segnali che non possono essere considerati alternati; è chiamata *componente continua* dello spettro.

***ReT* 4** Dipende dalla situazione. Così, ad esempio, un sistema per la trasmissione a distanza, quale una fibra ottica, che deve trasportare contemporaneamente molti segnali dovrebbe essere a banda larga, mentre ciascuno dei segnali dovrebbe avere la banda più stretta possibile per consentire il trasporto contemporaneo di molti.

Sitografia • Bibliografia

- http://www.die.unipd.it/~marchesi/didattica/corsi/scuola_dottorato_ing_industriale/marchesi_materiali_piezoelettrici.pdf
- G. Modena, G.Pirani, *Segnali vocali*, *Enciclopedia delle scienze fisiche*, Istituto italiano dell'enciclopedia, 1995.

Esercizi e Problemi

FAQ 1

Es. 1 Rappresentare graficamente la posizione angolare della «lancetta delle ore» di un orologio, nell'arco di 1 giorno.

Es. 2 Discutere su possibili rappresentazioni grafiche dell'evoluzione del tempo relativo ai mesi di gennaio, febbraio, marzo.

Es. 3 Descrivere i seguenti segnali elettrici:
a) segnale di solito impiegato per trasportare l'energia elettrica nella abitazioni civili;
b) segnale che comanda le casse acustiche dell'impianto hi-fi.

FAQ 2

Es. 1 Rappresentare, ***in funzione dello spazio (o della distanza)***, un segnale armonico alternato con periodo $T = 0{,}56 \cdot 10^{-9}$ s, supponendo che la sua ampiezza (valore massimo) sia di 3 unità di misura (u.d.m.).

Es. 2 Rappresentare graficamente il segnale elettrico che comanda un altoparlante che riproduce la nota musicale "la3", supponendo che la sua ampiezza sia di 0,5 V.

Es. 3 Rappresentare, in funzione del tempo:
- un segnale rettangolare unidirezionale caratterizzato da: periodo $T = 1$ ms, tempo di salita e di discesa = 0,1 ms;
- un segnale rettangolare unidirezionale caratterizzato da: periodo $T = 1$ ms, tempo di salita e di discesa = 1 µs (1 microsecondo = 10^{-6} secondi).

FAQ 3

Es. 1 Calcolare il valore medio in un semiperiodo di un segnale armonico alternato.

Es. 2 Calcolare il valore medio in un semiperiodo di un segnale rettangolare alternato.

Es. 3 Rappresentare graficamente un segnale con ampiezza costante di 1 V, un segnale alternato triangolare con ampiezza di 1 V ed eseguire la somma dei due segnali.

Pr. 1 Qual è il criterio di discretizzazione dell'intervallo di tempo scelto che consente di calcolare il valore medio in modo "esatto"?

FAQ 4

Es. 1 Calcolare il valore efficace in un semiperiodo di un segnale armonico alternato.

Es. 2 Calcolare il valore efficace in un periodo di un segnale armonico alternato.

Es. 3 Calcolare il valore medio in un semiperiodo di un segnale rettangolare alternato.

Pr. 1 Calcolare il valore efficace attraverso una procedura "universale ed esatta"

Pr. 2 Discutere sul significato energetico del valore efficace di un segnale elettrico.

ReT 1

Es. 1 Calcolare la somma di due segnali armonici con uguale periodo, uguale ampiezza e tra loro sfasati di mezzo periodo (tali segnali sono detti *in opposizione di fase*).

Es. 2 Calcolare la somma di due segnali armonici con uguale periodo, ampiezze diverse e tra loro sfasati di mezzo periodo (tali segnali sono detti *in opposizione di fase*).

Es. 3 Calcolare la somma di due segnali armonici con periodi che stanno tra di loro in rapporto 1:3. I due segnali hanno entrambi fase iniziale nulla.

Es. 4 Calcolare la somma di due segnali armonici con periodi che stanno tra di loro in rapporto 1:5. I due segnali hanno entrambi fase iniziale nulla.

Pr. 1 Discutere sui procedimenti trigonometrici relativi al calcolo della somma di segnali armonici isofrequenziali e sfasati.

ReT 2

Es. 1 Dimostrare che il "taglio" dello spettro di un segnale non armonico può generare un segnale armonico.

Pr. 1 Modificare lo spettro dell'Es. 1, calibrando gli assi orizzontali in decadi di frequenze.

Pr. 2 Modificare lo spettro del Pr. 1, calibrando l'asse verticale del diagramma delle ampiezze in decibel.

ReT 3

Es. 1 Un segnale periodico con periodo $T = 2$ ms è caratterizzato da uno spettro che comprende tutte le armoniche pari e dispari; le armoniche hanno ampiezza A/n, dove A è l'ampiezza della fondamentale e n è l'ordine dell'armonica. Rappresentare graficamente lo spettro delle ampiezze del segnale.

Pr. 1 Scrivere l'equazione che rappresenta un segnale armonico con frequenza $f_p = 900$ kHz e ampiezza A.

Pr. 2 Scrivere l'equazione che rappresenta un segnale armonico con frequenza $f_m = 2$ kHz e ampiezza B.

Pr. 3 Ricavare l'espressione del segnale risultante quando il segnale del Pr. 1 viene modulato in ampiezza dal segnale del Pr. 2.

ReT 4

Es. 1 Rappresentare graficamente la curva di risposta delle ampiezze di un sistema che moltiplica per 10 l'ampiezza dei segnali d'ingresso e ha frequenze di taglio di 0 Hz e 5 kHz.

Es. 2 Attraverso operazioni di somma, mettere in evidenza l'importanza delle armoniche in una forma d'onda a dente di sega.

Pr. 1 Discutere sulle condizioni di non distorsione per un amplificatore a larga banda.

UNITÀ 1.2

Dal "campo" all'elettricità

Trasduzione in grandezze elettriche

In questa Unità si studiano alcuni importanti effetti, o principi di trasduzione e si descrivono esempi applicativi che sfruttano tali effetti

I segnali elettrici, è noto, possono essere elaborati con grande efficacia e notevole rapidità; pertanto le diverse tecnologie tendono a far corrispondere ai valori di grandezze quali la temperatura e la pressione, dei valori proporzionali di tensione o di corrente. In senso generale si parla di ***trasduzione***, cioè di trasformazione della natura di un segnale; i dispositivi che la realizzano prendono il nome di *trasduttori*.

Il settore delle Telecomunicazioni ne fa grande uso: basti pensare all'ambito radio-tele-informatico, che impiega il microfono e l'altoparlante per i suoni, la telecamera e lo schermo per le immagini, la tastiera e il mouse per i dati.

Senza poi dimenticare che i telecontrolli impiegano trasduttori di temperatura, di velocità, di pressione e tanti altri ancora.

indice

FAQ 1 Che cos'è la termoelettricità?

Si intende per termoelettricità un insieme di fenomeni termici e di fenomeni elettrici tra loro collegati.
Tra quelli più comuni si ricordano l'effetto *termo-resistivo* e l'effetto *Seebeck*. Questa scheda discute l'**effetto termo-resistivo**, introducendolo attraverso due esempi.

Esempio 1 Illustrare il significato del ***grafico qualitativo*** resistenza-temperatura di due componenti termo-resistivi.

Discussione La curva *A* della fig. 2.1, con andamento rettilineo, mette in evidenza un aumento della resistenza del componente quando la (sua) temperatura aumenta; si nota anche una proporzionalità diretta tra variazione di temperatura e variazione di resistenza; si può anche dire che la curva ha una pendenza costante e positiva.
La curva *B*, con andamento non rettilineo, mette in evidenza una diminuzione della resistenza del componente quando la (sua) temperatura aumenta; si può anche dire che la curva ha una pendenza non costante e negativa.
Nel primo caso si dice che il componente ha *coefficiente di temperatura positivo.*
Nel secondo caso si dice che il componente ha *coefficiente di temperatura negativo.*

Esempio 2 Illustrare il significato del ***grafico quantitativo*** resistenza-temperatura di due componenti termo-resistivi.

Discussione Prima di tutto (fig. 2.2) si nota il segno di "interruzione" su entrambi gli assi; questo allo scopo di "dilatare" gli intervalli di temperatura e di resistenza. Poi si nota che, nell'intervallo di temperatura di 10 °C (tra 20 °C e 30 °C) entrambi i grafici sono "quasi" lineari. Entrambe le curve sono una piccola porzione delle curve dell'Esempio 1.
In generale, la pendenza viene quantificata dal rapporto tra la variazione di ordinata (espressa come valore numerico e rispettiva unità di misura) e la corrispondente variazione di ascissa (espressa come valore numerico e rispettiva unità di misura).

Alla pendenza delle curve rappresentate in questo grafico si dà il nome di ***coefficiente di temperatura del componente***; l'unità di misura è ohm/grado Celsius (Ω/°C).
Nel primo caso si vede che il coefficiente di temperatura è positivo e vale 0,39 Ω/°C.
Nel secondo caso si dice che il coefficiente di temperatura è negativo e vale – 7,5 Ω/°C.

I valori numerici riportati nell'Esempio 2 non sono casuali. Il primo infatti si riferisce a un conduttore metallico, il *rame*, usato dagli albori delle tecnologie elettriche e ancora oggi prevalente nel settore dei collegamenti elettrici; il secondo si riferisce a un materiale semiconduttore, il *silicio*, che ha dominato e ancora oggi domina il settore dell'elettronica.
La tecnologia realizza particolari componenti, usati molte volte per misurare le temperature, che sono denominati:
- ***termoresistenze***, tipicamente realizzate con materiali metallici (platino e nichel in particolare);
- ***termistori***, tipicamente realizzati con materiali semiconduttori (ad esempio miscele di ossidi metallici sinterizzati).

Questi componenti fanno corrispondere a una variazione di temperatura la variazione di una grandezza elettrica (la resistenza); sono pertanto dei dispositivi che si basano su un **effetto termoelettrico**.
Quando la resistenza aumenta all'aumentare della temperatura, si parla di dispositivi PTC (*Positive Temperature Coefficient*).
Quando la resistenza diminuisce all'aumentare della temperatura, si parla di dispositivi NTC (*Negative Temperature Coefficient*).

Riflessione *Che cos'è la sinterizzazione?*

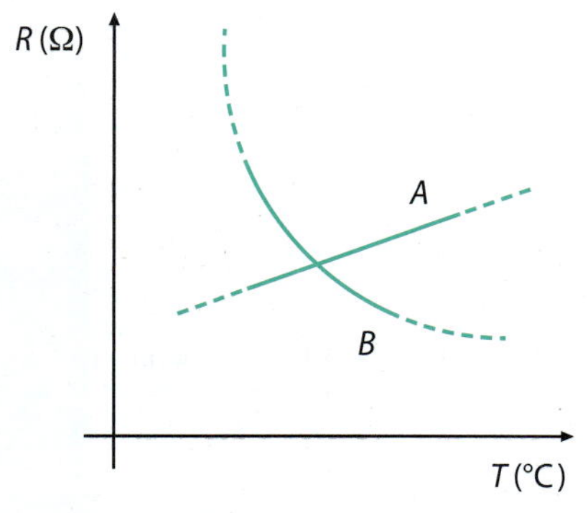

Fig. 2.1 Il valore della resistenza *A* (misurata in ohm, simbolo Ω) aumenta quando la temperatura (misurata in gradi Celsius, simbolo °C) della resistenza stessa aumenta. Il valore della resistenza *B* diminuisce quando la temperatura aumenta.

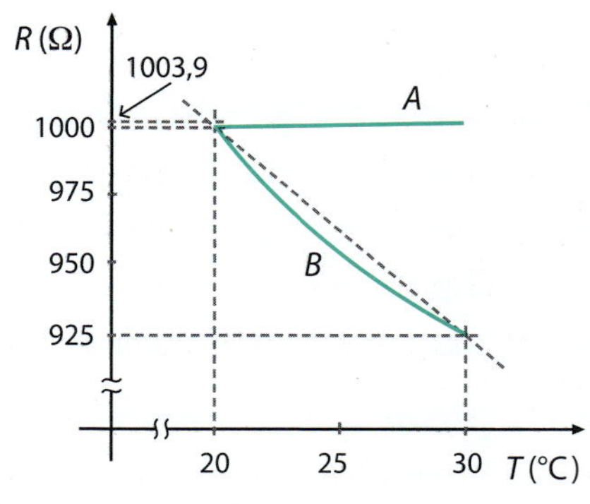

Fig. 2.2 Quando la temperatura aumenta di 10 °C, la resistenza *A* aumenta di 3,9 Ω. Quando la temperatura aumenta di 10 °C, la resistenza *B* diminuisce di 75 Ω.

FAQ 2 Che cos'è la piezoelettricità?

Il nome *piezoelettricità* (o *effetto piezoelettrico*), di origine greca, individua una relazione tra *pressione* ed *elettricità*, che si manifesta in numerosi materiali con struttura cristallina. I materiali piezoelettrici possono essere *naturali*, come il quarzo, la tormalina, il sale di Rochelle, oppure *artificiali*, come le ceramiche piezoelettriche (titanato di bario, titanato zirconato di piombo e altri).

Mentre quelli naturali possiedono intrinsecamente le proprietà piezoelettriche, quelli artificiali le possono acquisire attraverso un processo chiamato *polarizzazione* (*poling*), che consiste nel sottoporre il pezzo specifico di materiale a un campo elettrico di notevole intensità, dell'ordine di qualche megavolt al metro (MV/m).

L'effetto piezoelettrico può essere *diretto* o *inverso*.

Effetto diretto: applicando una sollecitazione meccanica (forza, pressione) tra due facce opposte di un pezzo di materiale piezoelettrico (che per facilitare la comprensione pensiamo di forma parallelepipeda), su altre due facce opposte si manifestano cariche elettriche di segno opposto.

Effetto inverso: applicando una sollecitazione elettrica (campo elettrico, tensione) tra due facce opposte di un pezzo di materiale piezoelettrico, tra due altre facce opposte si manifesta una deformazione (ad esempio, variazione della loro distanza).

Esempio Spiegare il significato del seguente dato, ricavato dal manuale d'uso di un prodotto reale: *coefficiente piezoelettrico di deformazione* d = 133 pC/N.

Discussione Dapprima decodifichiamo le unità di misura, indicate con i simboli pC e N. Il prefisso "p" significa "pico" e corrisponde a un fattore di moltiplicazione di 10^{-12} dell'unità che segue, C, che significa *coulomb* (unità di misura della carica elettrica, o quantità di elettricità); pertanto 1 pC = 10^{-12} C. Al simbolo N corrisponde il *newton*, unità di misura della forza.

È opportuno però ricordare che "piezo" significa pressione, cioè forza per unità di area, grandezza che si esprime in newton/metri quadrati (N/m^2).

È anche opportuno ricordare che **il coefficiente piezoelettrico di deformazione è definito come il rapporto tra la pressione esercitata dall'esterno sul materiale e la carica elettrica che si manifesta sull'unità di area del materiale stesso**. L'unità di misura del coefficiente piezoelettrico è pertanto (coulomb/metro quadrato)/(newton/metro quadrato) = coulomb/newton; in simboli $(C/m^2)/(N/m^2) = C/N$.

Il dato iniziale può quindi essere interpretato nel seguente modo: la deformazione che il materiale piezoelettrico subisce in conseguenza dell'applicazione della pressione di 1 N/m^2 tra una coppia di facce, genera su un'altra coppia di facce una densità di carica elettrica di 133 pC/m^2. La pressione può agire nel senso della compressione o dell'allungamento: se in un caso la distribuzione di cariche vede quelle positive su una faccia e quelle negative sull'altra, nell'altro caso le cariche positive e negative invertono la loro posizione.

I materiali piezoelettrici vengono sempre più impiegati nei nuovi processi tecnologici, che a volte prevedono interazione tra campo esterno e mondo elettrico, a volte invece sono interni al mondo elettrico.

Nel primo caso presiedono alla funzione generale di trasduzione, che di solito prevede la trasformazione di grandezze non elettriche in grandezze elettriche; ne sono esempi applicativi i microfoni e gli altoparlanti piezoelettrici, gli accelerometri, i rilevatori di posizione.

Nel secondo caso si comportano come veri e propri componenti elettrici: ne sono esempi applicativi i quarzi che "temporizzano" gli orologi e i quarzi che controllano la frequenza del segnale di clock dei computer.

Riflessione *Che cosa vuol dire "materiale cristallino"?*

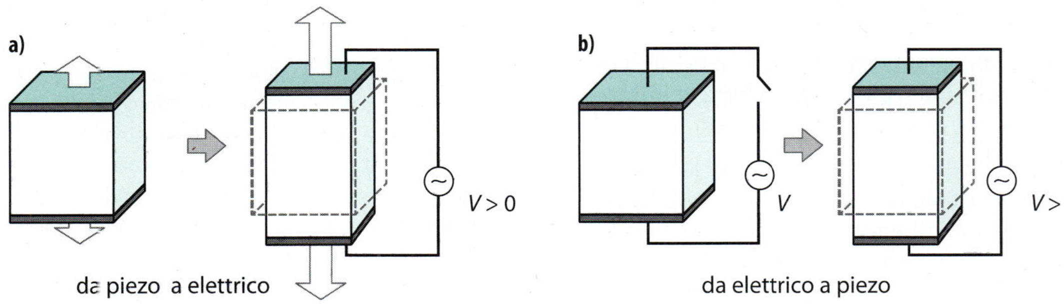

Fig. 2.3 **a)** Effetto piezoelettrico diretto: una sollecitazione meccanica genera una risposta elettrica; **b)** effetto piezoelettrico inverso: una sollecitazione elettrica genera una risposta meccanica.

FAQ 3 Che cos'è la fotoelettricità?

Il nome *fotoelettricità* (o *effetto fotoelettrico*), di origine greca, individua un insieme di fenomeni derivanti dall'interazione di atomi e molecole, presenti nei materiali, con radiazioni elettromagnetiche appartenenti alla gamma del visibile, o abbastanza vicine ad essa. La radiazione elettromagnetica, si sa, trasporta energia; un esempio evidente è quello della radiazione solare. L'energia assorbita da un materiale modifica in qualche modo le sue proprietà, a volte in modo permanente, a volte invece solo temporaneamente. Le modifiche danno luogo a degli ***effetti*** che, in prima approssimazione, possono essere classificati in due categorie, così denominate:

- ***fotoconduzione***, a volte chiamata *effetto fotoelettrico interno*;
- ***fotoemissione***, a volte chiamata *effetto fotoelettrico esterno*.

Fotoconduzione Si verifica sperimentalmente che alcuni materiali reagiscono all'interazione con la radiazione elettromagnetica modificando la loro propensione a favorire o sfavorire il passaggio della corrente elettrica; tale caratteristica è chiamata ***conducibilità (o conduttività) elettrica***. Il suo reciproco è invece chiamato ***resistività elettrica***.

Il fenomeno della fotoconduzione è particolarmente evidente in materiali con bassa conducibilità e in materiali conduttori.

Si verifica sperimentalmente che:

- i materiali diminuiscono la loro resistività quando sono colpiti da radiazione elettromagnetica;
- tale diminuzione aumenta al crescere dell'intensità della radiazione, per tendere poi a un livello minimo, senza scendere ulteriormente (fig. 2.4).

Dal punto di vista interno, la fotoconduzione consiste nell'aumento numerico dei cosiddetti "portatori di corrente" (gli elettroni liberi di muoversi, cioè non più legati a un atomo, ne sono un esempio). I portatori, tuttavia, rimangono confinati nel materiale e si parla di *effetto fotoelettrico interno*.

Si intuisce che la fotoconduzione può essere vantaggiosamente impiegata per realizzare dispositivi quali telecamere, esposimetri, rivelatori di raggi infrarossi (che i nostri occhi non riescono a vedere).

Fotoemissione In alcuni casi succede che la radiazione elettromagnetica, quando colpisce un materiale, determina la fuoriuscita di elettroni dal materiale stesso: si parla allora di *fotoemissione*, o *effetto fotoelettrico esterno*. La fotoemissione riguarda in particolare i metalli (buoni conduttori) e i semiconduttori.

Si verifica sperimentalmente che:

- l'emissione non avviene se la radiazione ha una frequenza inferiore a un determinato valore;
- il valore di tale frequenza minima, indicata con f_0, cambia da un materiale all'altro;
- l'energia di movimento (cinetica) con la quale gli elettroni escono dai materiali **non** dipende dall'intensità della radiazione elettromagnetica;
- l'energia di movimento (cinetica) con la quale gli elettroni escono dai materiali aumenta all'aumentare della frequenza f della radiazione (deve però essere $f > f_0$).

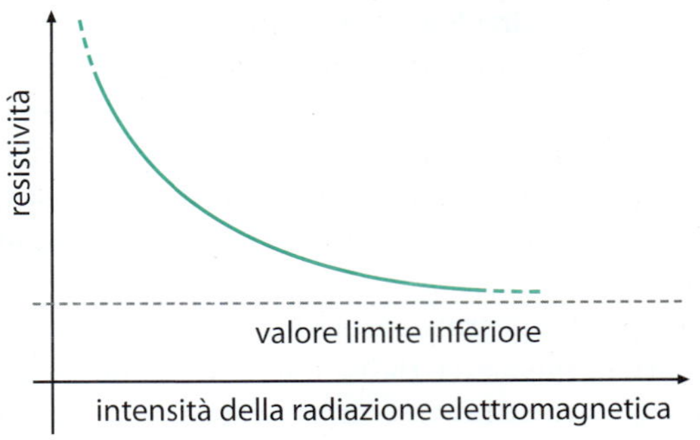

Fig. 2.4 Andamento qualitativo della resistività di un materiale colpito da radiazione elettromagnetica: la resistività diminuisce quando l'intensità della radiazione cresce.

Esempio Sapendo che, in un'opportuna cella foto emissiva, l'energia cinetica con la quale un elettrone abbandona il suo materiale è descritta dalla seguente equazione:

$$E_{cin} = h \cdot f - h \cdot f_0$$

discutere sul significato dei singoli termini e illustrare il significato complessivo dell'equazione stessa.

Discussione E_{cin} rappresenta l'energia legata alla massa $\boldsymbol{m}$ (in questo caso di un elettrone) e alla velocità $\boldsymbol{v}$ con la quale la massa abbandona il materiale: in formula si ha $E_{cin} = (1/2) \cdot m \cdot v^2$; E_{cin} si misura in joule (J), m si misura in chilogrammi (kg), v si misura in metri /secondo (m/s). Il simbolo h rappresenta un valore fisso, la cosiddetta costante di Planck: vale $6{,}62 \cdot 10^{-34}$ J · s (*joule · secondo*); f è la frequenza della radiazione elettromagnetica che colpisce il materiale, mentre f_0 è il valore minimo che la frequenza deve avere affinché ci possa essere emissione di elettroni; f_0 cambia da un materiale all'altro. Per un determinato materiale, il termine dell'equazione $h \cdot f_0$ assume un valore costante; invece il termine $h \cdot f$ aumenta quando aumenta la frequenza della radiazione che colpisce il materiale. Si vede dall'equazione che, se $f = f_0$, si ottiene $E_{cin} = 0$, per cui anche la velocità si annulla; il che vuol dire che l'elettrone non esce dal metallo.

Riflessione *Di solito, quando si usa l'equazione $E_{cin} = h \cdot f - h \cdot f_0$, il risultato energetico, espresso in joule, viene trasformato in elettronvolt (eV). Che cos è l'elettronvolt?*

FAQ 4 Che cos'è l'elettroluminescenza?

L'elettroluminescenza è un effetto caratterizzato dalla *conversione di energia elettrica in energia radiante* associata a onde elettromagnetiche, le cui frequenze ricadono prevalentemente nelle gamme del visibile e dell'infrarosso. La conversione può avvenire anche in senso inverso, per cui l'energia associata a onde elettromagnetiche (in parte della gamma del visibile) viene convertita in energia elettrica: è il caso, ad esempio, della conversione fotovoltaica.

Esempio Indicare alcune frequenze di onde elettromagnetiche coinvolte nell'effetto dell'elettroluminescenza.

Discussione Per fissare alcuni valori, ricordiamo che:
- la radiazione elettromagnetica che genera la percezione del colore **rosso** occupa una gamma con frequenza centrale di circa $375 \cdot 10^{12}$ Hz (cioè 375 terahertz – THz);
- la radiazione elettromagnetica che genera la percezione del colore **verde** occupa una gamma con frequenza centrale di circa $525 \cdot 10^{12}$ Hz (cioè 525 terahertz – THz);
- la radiazione elettromagnetica che genera la percezione del colore **violetto** occupa una gamma con frequenza centrale di circa $750 \cdot 10^{12}$ Hz (cioè 750 terahertz – THz).

Le radiazioni di colore ***arancio*** e ***giallo*** sono comprese tra quella rossa e quella verde; la radiazione ***blu*** è compresa tra quella verde e quella violetta.

Le radiazioni con frequenze inferiori a quella del rosso danno luogo alla gamma dell'infrarosso (I.R.).

Le radiazioni con frequenze superiori a quella del violetto danno luogo alla gamma dell'ultravioletto (U.V.).

Il passaggio di una corrente elettrica attraverso un materiale, tipicamente appartenente alla categoria dei *semiconduttori* (molto usati sono il fosfuro di gallio, GaP e l'arseniuro di gallio, GaAs), cede energia al materiale stesso, nel quale si generano delle *coppie elettrone-lacuna*, cioè coppie di portatori di elettricità con cariche di segno opposto (positivo per le lacune, negativo per gli elettroni); tali coppie, muovendosi all'interno del materiale, tendono a ricombinarsi, restituendo l'energia spesa dalla corrente elettrica secondo due modalità:
- *ricombinazione radiativa*, con emissione verso l'esterno di onde elettromagnetiche;
- *ricombinazione non radiativa*, con generazione di calore all'interno del materiale.

Per ottenere importanti effetti di elettroluminescenza, opportune tecnologie costruttive tendono a fare in modo che, nei limiti del possibile, la ricombinazione radiativa prevalga su quella non radiativa.

Ad ogni ricombinazione radiativa corrisponde un "treno" di onde elettromagnetiche, di breve durata; la radiazione complessiva è pertanto composta dalla sovrapposizione di "treni" caratterizzati in generale da frequenze diverse e da fasi diverse. La radiazione creata secondo questo meccanismo è molto comune in natura (è quella del Sole, delle lampadine, dei LED ecc.) ed è chiamata **radiazione incoerente**. Essa è caratterizzata non da una sola frequenza f, ma da un insieme di frequenze, con valori collocati intorno alla radiazione fondamentale; tale insieme è chiamato spettro della radiazione ed è indicato con Δf. Quanto più piccolo è il rapporto $\Delta f / f$, tanto più la radiazione diventa monocromatica (cioè con una sola frequenza); in tal caso si parla di **radiazione coerente.** Una tecnologia oggi molto affermata, in grado di generare radiazione coerente, è chiamata LASER (*Light Amplification by Stimulated Emission of Radiation*).

Riflessione *È possibile distinguere la radiazione coerente da quella incoerente ragionando solo nel tempo?*

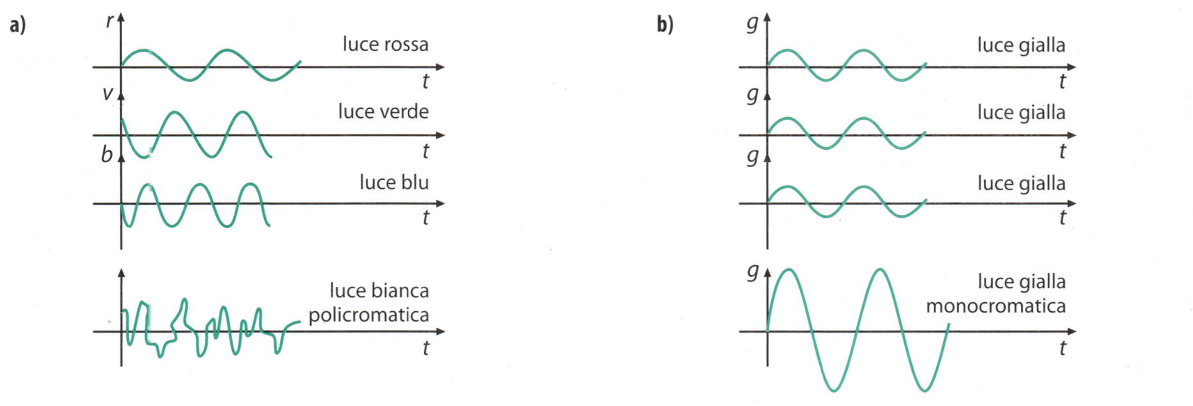

Fig. 2.5 **a)** Treni di onde armoniche diverse in frequenza e fase danno luogo a radiazione incoerente; **b)** treni di onde armoniche uguali in frequenza e tra loro in fase danno luogo a radiazione coerente.

ReT 1 Trasduttori termoelettrici

I *trasduttori termoelettrici* basano il loro funzionamento sull'effetto della termoelettricità. Vengono costruiti con diverse tecnologie e sono alloggiati in contenitori che differiscono tra loro sia come forme, sia come dimensioni. Due prodotti molto usati sono il **termistore**, di solito realizzato con materiali semiconduttori che modificano la loro resistenza al variare della temperatura, e la **termocoppia**, di solito realizzata con (almeno) due metalli diversi, tra i quali nasce una differenza di potenziale proporzionale alla temperatura. In questa scheda, attraverso esempi vengono discusse alcune specifiche tecniche di entrambi i trasduttori.

Esempio 1 Interpretare il diagramma che mette in relazione la variazione relativa della resistenza di un termistore e la sua temperatura.

Discussione Il diagramma, che si riferisce a un termistore disponibile sul mercato della componentistica, mette in evidenza sia l'ampio range di temperatura sul quale il *termistore* può funzionare, sia la notevole variazione di resistenza che il termistore può subire; mette anche in evidenza che la resistenza diminuisce quando la temperatura aumenta. Sull'asse verticale non è in realtà rappresentata la resistenza, ma il suo valore relativo a un valore di riferimento, corrispondente a quello che la resistenza assume quando la temperatura del termistore è di 25 °C (corrispondenti a circa 298 K). Si dice in tal caso che il valore della resistenza è *normalizzato*. La grandezza rappresentata sull'asse verticale non ha unità di misura.

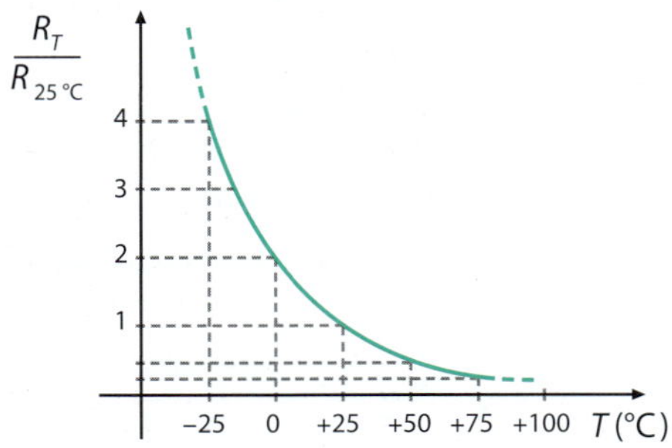

Fig. 2.6 Variazione relativa della resistenza di un termistore. La temperatura di riferimento è in questo caso di 25 °C.

Esempio 2 Tra i dati forniti dai costruttori di termistori, compare spesso il cosiddetto β (beta, o *beta value*). Illustrarne il significato.

Discussione **Il coefficiente** β compare in un'equazione che descrive la variazione della resistenza di un termistore in funzione della sua temperatura. L'equazione è la seguente:

$$R_T = R_{To} \cdot e^{\beta(1/T - 1/To)}$$

dove R_T è la resistenza del termistore alla temperatura T (espressa in kelvin, K; si ricorda che vale la seguente relazione: temperatura in *kelvin* = temperatura in *Celsius* + 273); R_{To} è la sua resistenza alla temperatura di riferimento T_0, *e* è il valore numerico 2,7 (è un dei "numeri magici" della matematica ed è chiamato *base dei logaritmi naturali*), β è una grandezza il cui valore dipende dal termistore (e per lo stesso termistore non è costante su tutto il range della temperatura di funzionamento). Dall'equazione si vede che β si misura in kelvin (K). Volendo applicare l'equazione, si cerca il valore di β sul catalogo di un costruttore: ad esempio, per un determinato termistore si trovano le seguenti informazioni:

- β = 3650 K (nel range di temperatura tra 25 °C e 85 °C)
- il termistore ha una resistenza
  R_{To} = 100 kΩ (cioè 10^5 Ω) a 25 °C (cioè a 25 + 273 = 298 K)

Si vuole calcolare il valore della resistenza
R_T a 50 °C (cioè a 50 + 273 = 323 K, cioè R_{323}).

Si ha:

$$R_T = R_{To} \cdot e^{\beta(1/T - 1/To)}, \text{ cioè } R_{323} = R_{298} \cdot 2{,}7^{3650\,(1/323 - 1/298)} =$$
$$= 10^5 \cdot 2{,}7^{3650\,(0{,}00309 - 0{,}00335)} = 10^5 \cdot 2{,}7^{3650\,(-0{,}00026)};$$

ricordando una proprietà delle potenze con esponente negativo, si può scrivere:

$$R_{323} = 10^5(1/2{,}7^{3650\,(+0{,}00026)}) = 10^5(1/2{,}7^{0{,}949}) = 10^5(1/2{,}57) =$$
$$= 10^5(0{,}389) = 38.900\ \Omega, \text{ dunque } 38{,}9\ k\Omega.$$

Il valore relativo è dunque:

$$R_{50\,°C}/R_{25\,°C} = R_{323}/R_{298} = 38.900/100.000 = 0{,}389$$

La resistenza è diminuita con l'aumento della temperatura, come ci si aspettava.

Esempio 3 Tra i dati forniti dai costruttori di *termocoppie*, compare spesso la *sensibilità*. Illustrarne il significato.

Discussione La termocoppia è un dispositivo che, una volta opportunamente tarato, fornisce tra i suoi terminali di uscita una tensione che dipende dalla temperatura. Normalmente si assume come temperatura di riferimento quella di 0 °C: se la temperatura misurata è superiore a 0 °C, la termocoppia fornisce una tensione positiva; se la temperatura è inferiore a 0 °C, la termocoppia fornisce una tensione negativa (anche se in realtà non tutte le termocoppie possono funzionare a temperature al di sotto di 0 °C). Ad esempio, si legge sul catalogo di un costruttore che la sensibilità è di (circa) 41 μV/°C. Ciò significa che ci si aspettano 41 μV di tensione positiva per ogni grado di temperatura; così, ad esempio, alla temperatura di + 100 °C ci si aspetta una tensione di circa

$$100\ °C \cdot 41\ \mu V/°C = 4100\ \mu V = 4.100 \cdot 10^{-6}\ V = 41 \cdot 10^{-4}\ V.$$

Dati tabellari *normati* e misure di precisione mettono in evidenza che tale valore è bene approssimato, ma tanto meno esatto quanto più ci si allontana dal *range centrale* di funzionamento della termocoppia.

Riflessione *Che cosa sono i dati tabellari normati per le termocoppie?*

RET 2 Trasduttori piezoelettrici

I trasduttori piezoelettrici basano il loro funzionamento sull'effetto della piezoelettricità. Vengono costruiti con diverse tecnologie e sono alloggiati in contenitori che differiscono tra loro sia come forme, sia come dimensioni. Un criterio comune è tuttavia quello di proteggere il cristallo piezoelettrico sia da fenomeni di ossidazione, sia da contatti meccanici. Per questo viene inserito in opportuni involucri metallici, che però ne influenzano il comportamento elettrico, soprattutto alle frequenze elevate, quando il cristallo viene usato come controllore di oscillazioni. Si discutono qui alcune specifiche di un trasduttore piezoelettrico di pressione e di un quarzo usato come controllore della frequenza di un oscillatore.

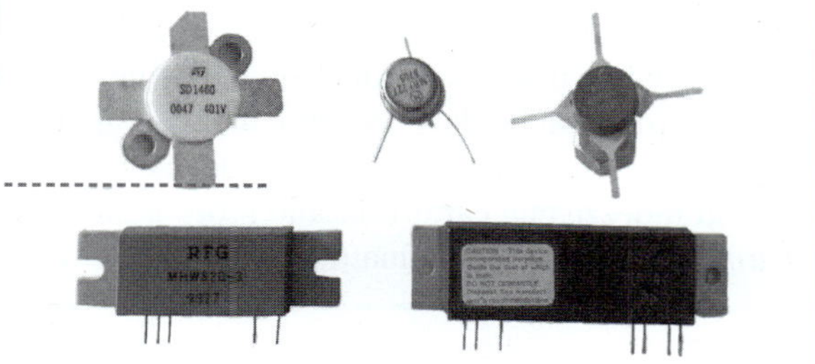

Fig. 2.7 Trasduttori piezoelettrici per impieghi diversi.

Esempio 1 Interpretare i dati riportati qui di seguito, relativi a un **trasduttore di pressione piezoelettrico** e discutere sulla linearità di tale trasduttore.

MPa	25	50	75	100
pC/MPa	63,1	62,9	62,7	62,6

Discussione La prima riga della tabella riporta valori della pressione *P*, espressi in megapascal (MPa): il prefisso "mega" (M) significa moltiplicazione per 10^6 dell'unità che segue, il pascal (Pa), che è l'unità S.I. (Sistema Internazionale delle Unità di misura) della pressione. La pressione, lo ricordiamo, è il rapporto tra la forza esercitata e l'area della superficie sulla quale la forza stessa è esercitata; si misura pertanto in newton/metro quadrato (N/m^2), chiamato pascal (Pa). Ricordiamo anche che 1 kg di forza peso equivale a poco meno di 10 N (9,81 N in realtà); pertanto, una persona che "pesa" 75 kg (è quindi all'incirca $F = 736$ N), se indossa scarpe con una superficie totale di appoggio che ha area $A = 3\ dm^2 = 3 \cdot 10^{-2}\ m^2$, esercita sul pavimento una pressione $P = F/A = 736/3 \cdot 10^{-2} = 245 \cdot 10^2\ N/m^2 = 24{,}5 \cdot 10^3 Pa = 24{,}5$ kPa.

La *seconda riga della tabella* esprime il rapporto tra la carica (o quantità di elettricità) che si manifesta su due facce opposte del cristallo di quarzo (con cariche positive su una e negative sull'altra) in conseguenza della pressione di 1 MPa esercitata tra un'altra coppia di facce. La carica è espressa in picocoulomb (pC); ricordiamo che 1 pC = 10^{-12} C. Si possono ricavare i seguenti risultati:

- quando la pressione vale 25 MPa, la carica vale $63{,}1 \cdot 25 = 1577{,}5$ pC;
- quando la pressione vale 50 MPa, la carica vale $62{,}9 \cdot 50 = 3145{,}0$ pC;
- quando la pressione vale 75 MPa, la carica vale $62{,}7 \cdot 75 = 4702{,}5$ pC;
- quando la pressione vale 100 MPa, la carica vale $62{,}6 \cdot 100 = 6260$ pC.

Rispetto alla *linearità del trasduttore*, si può osservare che:

- nella prima riga della tabella, gli incrementi di pressione sono costanti, in passi di 25 MPa;
- se i risultati ricavati dai dati della seconda riga della tabella procedessero con passi costanti, il trasduttore sarebbe perfettamente lineare;
- gli incrementi sono di 3145,0 – 1577,5 = 1567,5 (primo passo); 4702,5 – 3145,0 = 1557 (secondo passo); 6260,0 – 4702,5 = 1557,5 (terzo passo).

Anche se non c'è (… né ci potrebbe essere in pratica…) una linearità assoluta, il trasduttore può essere ritenuto di qualità elevata rispetto alla linearità.

Esempio 2 Stimare le dimensioni fisiche di un ***quarzo*** usato come ***controllore di frequenza***.

Discussione Guardando i cataloghi di diversi costruttori ci si accorge che esiste un'enorme offerta di tipi di quarzi per il controllo della frequenza. Ne analizziamo uno: quarzo per il controllo di generatori di clock per computer.

Dalle illustrazioni dei cataloghi vediamo che molte volte i quarzi sono alloggiati in contenitori con forma all'incirca parallelepipeda e volume pari a qualche frazione di centimetro cubo. Il "pezzo" di quarzo è molto più piccolo del contenitore.

In generale, per un determinato tipo di quarzo è costante il prodotto tra la frequenza di oscillazione (frequenza di risonanza) e il suo spessore; tale prodotto, che in unità SI si misura in hertz · metro (Hz · m) può essere a volte un po' superiore, a volte un po' inferiore a 2000 Hz · m. Dovendo fare una stima piuttosto che un calcolo esatto, assumiamo il valore (comodo per i calcoli) di 2000 Hz · m, che, per comodità, esprimeremo kHz · mm (non è evidentemente richiesto nessun fattore di conversione).

Ipotizziamo un generatore di clock che funziona alla frequenza $f = 20$ MHz $= 20 \cdot 10^3$ kHz (… ma non è un po' troppo bassa?...); se il prodotto frequenza · spessore vale 2000 kHz · mm, allora si ha: spessore = 2000 (kHz · mm)/ frequenza (kHz) = $(2 \cdot 10^3) / (20 \cdot 10^3) = 0{,}1$ mm.

Tenuto conto della fragilità meccanica di materiali solidi con spessori così piccoli, si può pensare che le frequenze di oscillazione dei quarzi non possano superare i 20 o 30 MHz. I clock di alcuni computer, che oscillano a 1 GHz, ricavano la loro frequenza da un oscillatore al quarzo, che ad esempio vibra a 10 MHz, e la moltiplicano "elettronicamente" per 10^2. Il quarzo garantisce precisione e stabilità, il moltiplicatore consente di ottenere il valore voluto.

Riflessione *Quale differenza c'è tra precisione e stabilità di un oscillatore al quarzo?*

ReT 3 Trasduttori fotoelettrici

I trasduttori fotoelettrici basano il loro funzionamento sull'effetto della **fotoelettricità**. Due importanti categorie di tali trasduttori sono denominate:
- celle fotoconduttive (o fotoresistori);
- fotodiodi.

Celle fotoconduttive Sono realizzate con materiali particolari, quali *solfato di cadmio* (CdS) e *seleniuro di cadmio* (CdSe), caratterizzati da "coefficiente resistivo d'irradiazione" negativo e di entità notevole; ciò significa che la conduttività del materiale diminuisce quando aumenta la potenza della radiazione elettromagnetica che lo investe. Così, ad esempio, una cella in condizioni di buio può avere una resistenza di parecchie migliaia di ohm (Ω), mentre in condizioni di forte illuminazione (o comunque di radiazione elettromagnetica) tale resistenza può scendere a 100 Ω o 200 Ω.
Le celle fotoconduttive possono funzionare in un *ampio range di frequenze*, ad esempio sull'intera gamma del visibile o anche su gamma più larga; hanno l'inconveniente di una risposta lenta (qualche decimo di secondo).
Le celle fotoconduttive presentano anche un'ampia *dinamica*, nel senso che possono funzionare da livelli di irradiazione piccoli (ad esempio 10^{-3} mW/cm^2) fino a livelli decisamente superiori (ad esempio di 100 mW/cm^2).

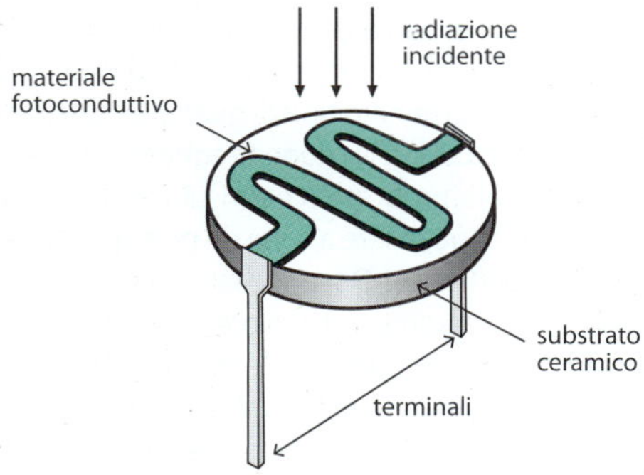

Fig. 2.8 Struttura di una cella fotoconduttiva.

Esempio 1 Paragonare i livelli *irradiamento* massimo e minimo di una cella fotoconduttiva con quelli solari "standard" ed esprimere la dinamica della cella sotto forma di rapporto.

Discussione L'irradiamento solare "standard", è considerato di 1000 W/m^2; è pertanto necessario svolgere l'equivalenza che esprime tale livello in mW/cm^2. Si ha: 1000 W/m^2 = 10^3 W/m^2 = $10^3 \cdot 10^3$ mW/10^4 cm^2 = 10^6 mW/10^4 cm^2 = 10^2 mW/cm^2; il rapporto tra il massimo e il minimo irradiamento non ha evidentemente unità di misura e vale $100/10^{-3} = 10^2 \cdot 10^3 = 10^5$.

Fotodiodi Possono basarsi sia sul principio della fotoemissione, sia su quello della fotoconduzione; i primi utilizzano la cosiddetta *tecnologia del vuoto*, i secondi invece utilizzano la cosiddetta *tecnologia dello stato solido*. Riportiamo qualche dato relativo ai fotodiodi allo stato solido.
Tali fotodiodi possono funzionare correttamente in un *ampio range di frequenze*, ad esempio sull'intera gamma del visibile o anche su gamma più larga; sono molto più rapidi dei fotoresistori nel rispondere a variazioni dell'eccitazione. Presentano una *dinamica molto ampia*, ad esempio da 10^{-3} mW/cm^2 fino a 1000 mW/cm^2. Anche se in linea di principio un fotodiodo potrebbe essere usato come cella fotovoltaica, in realtà la realizzazione pratica rende molto diverse le due categorie: per ottimizzare il funzionamento, i fotodiodi hanno bisogno di dimensioni piccole, mentre le celle fotovoltaiche devono avere grande superficie per captare la massima energia di radiazione possibile. Tra le grandezze che caratterizzano i fotodiodi, c'è un *parametro di qualità* chiamato *efficienza quantica*.

Esempio 2 Illustrare il significato di ***efficienza quantica***, η, sapendo che è definita dalla seguente equazione:

$$\eta = (I_{foto}/q)/(P_{ott}/hf)$$

Discussione I_{foto} rappresenta l'intensità della corrente che nasce attraverso il circuito nel quale è inserito il diodo, in conseguenza dell'irradiazione elettromagnetica; q è la carica elementare – la più piccola carica che può esistere – e vale $1{,}6 \cdot 10^{-19}$ C (coulomb); P_{ott} è la potenza ottica associata alla radiazione incidente; hf è il fotone della radiazione incidente.
Il numeratore della frazione è un rapporto tra una corrente (che è definita dal prodotto qN_q tra la carica elementare e il numero di cariche elementari che transitano in 1s), e la carica elementare q; pertanto definisce il numero di cariche N_q che transitano in 1s; l'unità di misura del numeratore è pertanto

$$1/\mathrm{s} = \mathrm{s}^{-1}$$

Il denominatore della frazione è un rapporto tra una potenza (1W = 1J /1s) e un'energia (J); pertanto la sua unità di misura è 1/s = s^{-1}; la potenza ottica rappresenta l'energia incidente in 1s; tale energia è la somma del numero N_f dei fotoni di energia della radiazione incidente; ciascun fotone ha energia hf; pertanto il rapporto al denominatore individua il numero di fotoni che arrivano al diodo in 1s.
L'efficienza quantica definisce pertanto il rapporto tra le cariche generate e il numero di fotoni che le hanno generate o, come a volte si dice, il numero di cariche generate da ogni fotone. Tale rapporto, unitario nel caso ideale, è inferiore a 1 nel caso reale.

Riflessione *Quale differenza di fondo c'è tra la tecnologia del vuoto e la tecnologia dello stato solido?*

ReT 4 Trasduttori elettroottici e altri trasduttori

I trasduttori elettroottici basano il loro funzionamento sull'effetto della elettroluminescenza. Sono molto usati sia dispositivi che trasformano l'energia associata alla corrente elettrica in energia radiante, sia dispositivi che trasformano l'energia radiante in energia elettrica. In entrambi i casi si impiegano strutture realizzate con *materiali semiconduttori* e si ha a che fare con *fenomeni a soglia*: se l'energia fornita non supera un determinato valore, che dipende dal tipo di materiale semiconduttore usato, il fenomeno non avviene. La soglia energetica ha come ordine di grandezza l'elettronvolt, eV (circa uno o alcuni); si ricorda che $1\ eV = 1{,}6 \cdot 10^{-19}$ J. La gamma delle cosiddette *frequenze ottiche* si estende per più di una *decade* di valori: comprende l'infrarosso (in particolare il cosiddetto *infrarosso vicino*), il *visibile*, l'ultravioletto (in particolare il cosiddetto *ultravioletto vicino*); le lunghezze d'onda sono in linea di massima comprese nella gamma $1500 \div 100$ nm e le frequenze corrispondenti appartengono alla gamma $2 \cdot 10^{14} \div 3 \cdot 10^{15}$ Hz.

A queste frequenze è ritenuta conveniente l'interpretazione "quantica" delle onde elettromagnetiche, secondo la quale l'energia viene espressa in "pacchetti", o ***fotoni***; l'energia associata a ciascun fotone è data dall'equazione $E = h \cdot f$, dove h è la costante di Planck, che vale $6{,}63 \cdot 10^{-34}$ J · s. Si vede allora che:

- il fotone (o *quanto* di energia) associato alla frequenza di $2 \cdot 10^{14}$ Hz vale $E = h \cdot f = 6{,}63 \cdot 10^{-34} \cdot 2 \cdot 10^{14} = 13{,}3 \cdot 10^{-20}\ J = 6{,}25 \cdot 10^{18} \cdot 13{,}3 \cdot 10^{-20}\ eV = 83 \cdot 10^{-2} = 0{,}83\ eV$;
- il fotone (o *quanto* di energia) associato alla frequenza di $3 \cdot 10^{15}$ Hz vale $E = h \cdot f = 6{,}63 \cdot 10^{-34} \cdot 3 \cdot 10^{15} = 19{,}89 \cdot 10^{-19} \approx 20 \cdot 10^{-19} = 6{,}25 \cdot 10^{18} \cdot 20 \cdot 10^{-19}\ eV = 125 \cdot 10^{-1} = 12{,}5\ eV$.

In pratica, nell'intera gamma (o quasi) i pacchetti di energia sono adatti a superare l'effetto soglia.

In questa scheda, attraverso due esempi vengono proposte alcune considerazioni quantitative relative a un trasduttore elettroottico, il LED (*Light Emitting Diode*) e a un trasduttore ottico elettrico (o optoelettronico), la cella fotovoltaica (cella fotovoltaica, o PV Cell – *PhotoVoltaic Cell*).

Il LED viene impiegato in particolare per segnalazioni (acceso o spento), per comunicazioni alfanumeriche (lettere e numeri), per illuminazione (lampade a LED), per comunicazioni in fibra ottica. La cella fotovoltaica è l'elemento base per gli impianti destinati alla produzione di energia elettrica dalla fonte rinnovabile solare.

Esempio 1 Il LED è un dispositivo che, quando è percorso da una corrente elettrica imposta attraverso un opportuno generatore, emette fotoni di radiazione elettromagnetica. Ipotizzando di disporre di un LED alimentato da potenza elettrica, che emette 20 mW di potenza ottica (che si misura con apposito strumento), stimare il numero di fotoni emessi in 1 secondo.

Discussione Si tratta di una stima piuttosto che di un calcolo, dato che la radiazione avviene non a una sola frequenza. Immaginiamo però di disporre di un LED che emette luce rossa con Δf molto stretto, allocato intorno alla lunghezza d'onda di 646 nm. Alla potenza di 20 mW corrisponde la trasformazione di 20 mJ (millijoule) di energia in 1 secondo. Alla lunghezza d'onda
$\lambda = 646\ nm = 646 \cdot 10^{-9}\ m = 0{,}646 \cdot 10^{-6}\ m$
corrisponde la frequenza
$f = v/\lambda = 3 \cdot 10^{8}/0{,}646 \cdot 10^{-6} = 4{,}64 \cdot 10^{14}\ Hz$
Il fotone della luce rossa corrispondente a tale frequenza vale
$E = h \cdot f = 6{,}63 \cdot 10^{-34} \cdot 4{,}64 \cdot 10^{14} Hz = 30{,}76 \cdot 10^{-20} J = 6{,}25 \cdot 10^{18} \cdot 30{,}76 \cdot 10^{-20}\ eV = 192 \cdot 10^{-2} = 1{,}92\ eV$.
In $20\ mJ = 20 \cdot 10^{-3}$ J saranno pertanto contenuti:
$N = 20 \cdot 10^{-3}/30{,}76 \cdot 10^{-20} = 0{,}650 \cdot 10^{17} = 65 \cdot 10^{15}$ fotoni.
Il LED emette pertanto $65 \cdot 10^{15}$ fotoni al secondo.

Esempio 2 La cella fotovoltaica è un dispositivo che, quando è investita da fotoni di radiazione elettromagnetica, impone una determinata corrente elettrica nel circuito nel quale la cella stessa è inserita. Ipotizzando di disporre di una cella quadrata con lato di 12,8 cm, che alimenta un circuito caratterizzato da un rendimento di conversione otticoelettrica del 12%, stimare l'energia elettrica che la cella fornisce al circuito in 1 ora.

Discussione Si tratta di una stima piuttosto che di un calcolo, dato che la radiazione solare dipende in larga misura sia dalle condizioni meteorologiche, sia dall'ora del giorno, sia dalla posizione geografica. Si sa però che, in condizioni ottimali, si prende come riferimento una disponibilità di potenza per unità di area proveniente dal Sole di circa 1000 W/m², corrispondenti alla "consegna" di 1000 joule al secondo (J/s) attraverso un'area di 1m². La cella ha però un'area inferiore; si ha
$A_{cella} = 12{,}8 \cdot 12{,}8 = 163{,}8\ cm^2 = 163{,}8 \cdot 10^{-4}\ m^2 \approx 1{,}6 \cdot 10^{-2}\ m^2$
per cui l'energia che "investe" la cella in 1 secondo vale

$$1000 \cdot 1{,}6 \cdot 10^{-2} = 16\ J$$

Se il rendimento dell'impianto è del 12%, allora in 1s sarà disponibile una quantità di energia elettrica di $16 \cdot 12/100 = 0{,}7$ J. In un'ora saranno pertanto disponibili

$$0{,}7 \cdot 3.600 = 0{,}7 \cdot 3{,}6 \cdot 10^3 = 2{,}53 \cdot 10^3\ J$$

Può essere interessante esprimere tale quantità di energia in wattora (W · h, di solito scritto nella forma Wh).
Essendo 1J = 1W · 1s ed essendo 1h = 3600s, moltiplicando entrambi i membri dell'equazione per 3600 si ottiene:

$$3600\ J = 1W \cdot 3600\ s = 1Wh;$$

da essa si ricava che $1J = (1/3{,}6 \cdot 10^3)$ Wh. Sarà allora

$$2{,}552 \cdot 10^3\ J = 2{,}52 \cdot 10^3 \cdot (1/(3{,}6 \cdot 10^3)) = 0{,}7\ Wh$$

Tale energia potrebbe ad esempio tenere accesa una lampadina a LED da 0,7 W per un'ora. In realtà tuttavia, ***le condizioni ottimali di 1000 W/m² si manifestano abbastanza difficilmente***. Valori di circa 700 ÷ 800 W/m² sono considerati più vicini alla realtà.

Riflessione *Che cos'è una decade?*

Sommario

Numerosi *effetti* mettono in relazione grandezze fisiche non elettriche con grandezze elettriche o, in altri termini, consento la trasformazione tra forme diverse di energia. Così si parla di *termoelettricità* quando si ha trasformazione di energia termica in energia elettrica, di *piezoelettricità* quando si ha trasformazione di energia meccanica in energia elettrica, di *fotoelettricità* quando si ha trasformazione di energia radiante in energia elettrica, di *elettroluminescenza* quando si ha la trasformazione inversa (da elettrica a radiante).
La tecnologia realizza dispositivi che presiedono a tali trasformazioni, chiamati *trasduttori*, adattando le loro caratteristiche alle applicazioni specifiche, che sono molto numerose.
Il problema dell'interazione con il "campo" delle tecnologie elettriche sta assumendo importanza e dimensioni crescenti.

Risposte alle riflessioni

FAQ 1 La sinterizzazione è una tecnica usata per produrre materiali solidi partendo da polveri degli stessi. I diversi materiali da sinterizzare vengono polverizzati sia attraverso operazioni meccaniche, sia attraverso operazioni chimico-fisiche. Le polveri vengono poi riscaldate a temperature comunque inferiori a quelle di fusione; il tutto viene opportunamente "pressato", dando luogo a un materiale che può essere sottoposto a lavorazioni meccaniche, quali ad esempio l'estrusione.

FAQ 2 I materiali sono cristallini quando la disposizione delle loro molecole è organizzata in una struttura ben ordinata.
Le ceramiche piezoelettriche, prodotte per sinterizzazione, hanno una struttura parzialmente ordinata; viene ordinata attraverso il processo di polarizzazione.

FAQ 3 L'elettronvolt è un sottomultiplo del joule, ma non appartiene al Sistema Internazionale delle Unita di misura. Si dimostra che vale le seguente equivalenza:
$1\ \text{eV} = 1{,}6 \cdot 10^{-19}\ \text{J}$.

FAQ 4 Si. La radiazione coerente ha un'evoluzione temporale prevedibile; se conosco ampiezza e periodo di un segnale armonico, sono in grado di dire che valore avrà in futuro, ad esempio dopo 10 secondi o dopo 3 ore. Tale previsione non possibile per la radiazione non coerente, perché la sua forma non è perfettamente armonica.

ReT 1 Le termocoppie sono descritte da una curva di funzionamento piuttosto che da una retta di funzionamento. Tale curva, secondo il tipo di termocoppia, viene definita a livello internazionale attraverso opportune tabelle. I costruttori, secondo l'aderenza dei loro prodotti a tali tabelle, possono classificare i prodotti stessi in categorie (ai prodotti di categoria più pregiata corrispondono di solito prezzi di mercato superiori).

ReT 2 La precisione indica lo scostamento possibile tra la frequenza nominale e la frequenza reale, a una determinata temperatura; la stabilità indica la variazione della frequenza di oscillazione, di solito quando cambia la temperatura (anche quando il quarzo "invecchia").

ReT 3 Nella tecnologia del vuoto la corrente elettrica è costituita da fasci di elettroni (cariche negative) che si muovono in contenitori (chiamati tubi a vuoto), senza incontrare ostacoli materiali. Nella tecnologia dello stato solido la corrente elettrica è costituita da elettroni (cariche negative) e lacune (cariche positive) che si muovono all'interno di un materiale, chiamato semiconduttore.

ReT 4 Il termine "decade" indica un intervallo caratterizzato dal fatto che i valori di inizio e di fine dell'intervallo stanno tra loro in rapporto 1:10. Cosi, ad esempio, sapendo che il range delle microonde è compreso tra le lunghezze d'onda di 1 mm e 100 mm, si dice che esso si estende per 2 decadi: la prima da 1 mm a 10 mm, la seconda da 10 mm a 100 mm.

Sitografia • Bibliografia

- http://www.die.unipd.it/~marchesi/didattica/corsi/scuola_dottorato_ing_industriale/marchesi_materiali_piezoelettrici.pdf
- http://archimedes.ing.unibs.it/andrea/Didattica/Misure%20e%20Diagnostica/Web/Lucidi/SEMINARIO_piezo.pdf
- http://www.antonio.licciulli.unisalento.it/tesine2003/Piezoceramici_part3.pdf
- http://it.wikipedia.org/wiki/Termocoppia
- http://www.microst.it/tutorial/quarzi.htm
- http://www.aero.polimi.it/~folchini/bacheca/Misure/Lez0803.pdf
- http://www.liuc.it/persone/lmari/fdm/0405/Alcuni_principi_di_trasduzione.pdf
- http://infocom.uniroma1.it/~picar/Dispense/Dispense%20Elettroottica/LezioneEO.pdf

- U. Pisani, *Sensore*, *Enciclopedia delle scienze fisiche*, Istituto italiano dell'enciclopedia, 1995.
- C. Cametti, *Termoelettricità*, *Enciclopedia delle scienze fisiche*, Istituto italiano dell'enciclopedia, 1995.
- F. Craciun – E. Molinari, *Piezoelettricità*, *Enciclopedia delle scienze fisiche*, Istituto italiano dell'enciclopedia, 1995.
- C. Paracchini, *Elettroluminescenza*, *Enciclopedia delle scienze fisiche*, Istituto italiano dell'enciclopedia, 1995.
- G. Margaritondo, *Fotoelettrico, effetto*, *Enciclopedia delle scienze fisiche*, Istituto italiano dell'enciclopedia, 1995.

Esercizi e Problemi

FAQ 1

Es. 1 L'equazione $R_T = R_{T_0} [1 + \alpha \ (T - T_0)]$ consente di calcolare il valore di una resistenza alla temperatura T, partendo dal suo valore noto a una temperatura T_0 e conoscendo il valore del coefficiente α. Scrivere l'equazione che consente di ricavare il valore di α e individuare una sua definizione.

Es. 2 Sono riportati qui di seguito i valori di una termoresistenza campione di platino, con valore di 100,00 Ω a 0 °C. I valori successivi riguardano temperature crescenti con passi di 10 °C. Calcolare il valore del coefficiente di temperatura del platino e discutere sulla sua costanza al variare della temperatura.

Resistenza (Ω)	Temperatura (°C)
100,00	0
103,90	10
107,79	20
111,67	30
115,54	40
119,40	50
123,24	60
127,08	70
130,90	80
134,71	90
138,51	100

Pr. 1 Illustrare principio e applicazioni dell'effetto Seebeck.

Pr. 2 Illustrare il significato di *resistività* di un materiale.

Pr. 3 Illustrare la dipendenza dalla temperatura della resistività di un materiale e discutere sull'opportunità di definire la grandezza α come coefficiente di temperatura.

Pr. 4 Sviluppare in modo sintetico il seguente tema: termoelettricità e applicazioni tecnologiche.

FAQ 2

Es. 1 Spiegare il significato del seguente dato, ricavato dal manuale d'uso di un prodotto reale: coefficiente piezoelettrico di tensione g = 14 (V · m) /N.

Es. 2 L'intensità del campo elettrico viene a volte espressa in volt/metro (V/m), a volte in newton/coulomb (N/C). Dimostrare che le due unità di misura sono tra loro equivalenti.

Es. 3 Per generare un campo elettrico all'interno di un pezzo di materiale, si può inserire il materiale stesso tra due lastre metalliche piane e affacciate. Disponendo di un generatore che fornisce una tensione di 1000 V, calcolare a quale distanza devono essere messe le lastre per ottenere un campo elettrico con intensità di 2 MV/m. Ricordare che 1 MV = 1 milione di volt = 10^6 V.

Pr. 1 Illustrare, anche con esempi numerici e con riferimento a materiali piezoelettrici, i concetti di spostamento elettrico, sollecitazione meccanica, campo elettrico, deformazione.

Pr. 2 Illustrare principio e applicazioni della piezoresistività.

Pr. 3 Illustrare principio e applicazioni della piroelettricità.

Pr. 4 Illustrare principio e applicazioni della ferroelettricità.

Pr. 5 Sviluppare in modo sintetico il seguente tema: piezoelettricità e applicazioni tecnologiche.

FAQ 3

Es. 1 Per calcolare la ***resistività*** di un materiale, se ne può prendere un campione (ad esempio di forma parallelepipeda), di lunghezza l (metri, m) e con sezione normale di area A (metri quadrati, m²). Se tale campione ha resistenza R (ohm, Ω), allora la resistività del materiale con cui è fatto il campione può essere calcolata con la seguente equazione: $\rho = R \cdot A / l$. Bisogna adesso:
- verificare che la resistività si misura in ohm · metro (Ω · m);
- trovare il fattore moltiplicativo che consente di trasformare Ω · m in Ω · mm²/m;
- spiegare perché a volte è conveniente esprimere la resistività in Ω · mm²/m;
- descrivere un esperimento che consente di misurare la resistività del rame.

Es. 2 Quanti elettronvolt ci vogliono per "fare 1 J"?

Es. 3 Sapendo che vale la seguente equivalenza: 1 eV = = $1{,}6 \cdot 10^{-19}$ J, riscrivere l'equazione che calcola E_{cin} in modo tale che il risultato trovato sia espresso direttamente in elettronvolt.

Es. 4 Rappresentare graficamente l'equazione

$$E_{cin} = h \cdot f - h \cdot f_0$$

Pr. 1 Illustrare il significato di *conducibilità (o conduttività) elettrica* di un materiale.

Pr. 2 Sviluppare in modo sintetico il seguente tema: fotoelettricità e applicazioni tecnologiche.

FAQ 4

Es. 1 Individuare una relazione quantitativa tra energia elettrica e radiazione elettromagnetica relative a una manifestazione di elettroluminescenza.

Es. 2 Calcolare la distanza percorsa da una radiazione elettromagnetica rossa in un tempo pari al suo periodo.

Es. 3 Calcolare la distanza percorsa da una radiazione elettromagnetica violetta in un tempo pari al suo periodo.

Es. 4 Sapendo che si definisce *lunghezza di un'onda* (o *lunghezza d'onda*) la distanza percorsa dall'onda stessa in un tempo uguale al suo periodo, calcolare la lunghezza d'onda della radiazione rossa e della radiazione violetta.

Pr. 1 Illustrare il significato di *tempo di coerenza* e *lunghezza di coerenza* di una radiazione elettromagnetica.

Pr. 2 Stimare la *lunghezza di coerenza* per la luce emessa da una lampadina e per un raggio LASER.

Esercizi e Problemi

Pr. 3 Sviluppare in modo sintetico il seguente tema: elettroluminescenza e applicazioni tecnologiche.

ReT 1

Es. 1 Ipotizzando che un termistore abbia un range di temperatura di funzionamento compreso tra – 25 °C e + 100 °C e sia caratterizzato da β = 100, costante in tutto il range di funzionamento (cosa di solito non vera in pratica), calcolare e rappresentare graficamente l'equazione

$$R_T = R_{To} \cdot e^{\beta(1/T - 1/To)}$$

Es. 2 La normativa EN 60584 – 2 fornisce la seguente tabella di valori standardizzati per una termocoppia di tipo K:

Temperatura (°C)	Tensione (mV)
0	0,000
10	0,397
20	0,798
30	1,203
40	1,612
50	2,023
60	2,432
70	2,851
80	3,267
90	3,682
100	4,096

Rappresentare graficamente la tensione di uscita in funzione della temperatura e discutere sulla linearità della termocoppia nell'intervallo di temperatura compreso tra 0 °C e 100 °C.

Pr. 1 Illustrare significato e importanza del fattore di dissipazione di un termistore.

Pr. 2 Illustrare principio e applicazioni dell'effetto Peltier.

Pr. 3 Illustrare l'equazione di Steinhart–Hart per i termistori.

Pr. 4 Confrontare le diverse modalità con le quali vengono individuate le *categorie* e le *tolleranze* rispetto ai valori standardizzati per le termocoppie da parte delle seguenti norme:
- JIS C 1602
- ANSI MC 96.1
- DIN 43710
- EN 60584 – 2

Pr. 5 Presentare una panoramica di applicazioni che impiegano trasduttori termoelettrici, con particolare riferimento all'ambito delle Telecomunicazioni.

ReT 2

Es. 1 Spiegare il significato del seguente dato, ricavato dal manuale d'uso di un prodotto reale: coefficiente piezoelettrico di tensione $g = 14\ (V \cdot m)/N$

Es. 2 Dal catalogo di diversi costruttori si vede che i quarzi per orologi hanno di solito una frequenza di 32.768 Hz. Spiegare quale operazione elettronica di base viene fatta per far funzionare l'orologio.

Es. 3 Esprimere la "pressione atmosferica" in pascal.

Pr. 1 Illustrare, anche con esempi quantitativi, la stabilità della frequenza di oscillazione di un quarzo in funzione della temperatura.

Pr. 2 Descrivere il circuito equivalente di un quarzo per il controllo della frequenza di un oscillatore, evidenziando il significato di risonanza in serie e in parallelo e individuando le zone tipiche di funzionamento del quarzo stesso.

Pr. 3 Presentare una panoramica di applicazioni che impiegano trasduttori piezoelettrici, con particolare riferimento all'ambito delle Telecomunicazioni.

ReT 3

Es. 1 Il Sole è una sorgente isotropa, nel senso che irradia in modo uniforme verso tutte le direzioni o, con linguaggio scientifico, in tutto l'angolo solido. Si dice anche che l'angolo solido totale comprende 4π steradianti. Dare una definizione dello steradiante.

Es. 2 Sapendo che l'irradiazione solare appena al di fuori dell'atmosfera terrestre vale 1355 W/m^2 e sapendo che la distanza tra Terra e Sole vale circa 150 milioni di chilometri, calcolare la potenza della radiazione totale emessa dal Sole.

Pr. 1 Illustrare il significato del parametro di qualità responsività R di un fotodiodo, sapendo che tale parametro è definito dalla seguente equazione: $R = I_{foto}/P_{ott}$.

Pr. 2 Presentare una panoramica di applicazioni che impiegano trasduttori fotoelettrici, con particolare riferimento all'ambito delle Telecomunicazioni.

ReT 4

Es. 1 Dalla lettura del contatore dell'energia elettrica si verifica che un piccolo radiotrasmettitore amatoriale consuma 0,1 kWh in 2 ore di funzionamento. Esprimere tale energia in joule.

Es. 2 Si chiama "ottava" un intervallo caratterizzato dal fatto che i valori di inizio e di fine dell'intervallo stanno tra loro in rapporto 1 : 2. Calcolare quante ottave sono contenute in una decade.

Pr. 1 Illustrare il principio di funzionamento di un display a cristalli liquidi.

Pr. 2 Illustrare principio e applicazioni dell'effetto Hall.

Pr. 3 Discutere sul funzionamento di un trasduttore per chitarra elettrica.

Pr. 4 Illustrare principio e applicazioni dei trasduttori a variazione di capacità.

Pr. 5 Presentare una panoramica di applicazioni che impiegano trasduttori elettroottici, con particolare riferimento all'ambito delle Telecomunicazioni.

MODULO 2

Reti elettriche lineari

indice

abilità

La discussione degli esempi e delle riflessioni, l'analisi del testo e lo svolgimento di alcuni esercizi favoriscono lo sviluppo della seguente abilità:

- applicare leggi, teoremi e metodi risolutivi delle reti elettriche nell'analisi di circuiti

UNITÀ 2.1

Regime continuo e transitori

Materiali, conduzione elettrica, componenti lineari, circuiti, transitori

In questa Unità, partendo dal comportamento elettrico dei materiali, si illustrano e si discutono le equazioni che modellizzano il comportamento dei circuiti in corrente continua

Treno delle Ferrovie dello Stato ad alimentazione elettrica.

Le reti in continua, se da una parte rappresentano l'ambito più immediato per iniziare lo studio delle applicazioni della corrente elettrica, dall'altra hanno assunto un'importanza tutt'altro che trascurabile in ambito impiantistico: oltre ad applicazioni storicamente consolidate, quali ad esempio quelle relative all'alimentazione delle ferrovie, emergono realizzazioni relative al trasporto di energia elettrica ad alta tensione e alla trazione elettrica applicata a sistemi stand alone quali le auto elettriche e nuovi modelli per trasporto pubblico con alimentazione a supercondensatori.

indice

FAQ 1 Che cos'è la corrente elettrica?

Se con i nostri sensi potessimo analizzare dal punto di vista microscopico una linea elettrica che trasporta energia per una città, l'impianto elettrico dell'automobile durante il viaggio o i fili elettrici dell'albero di Natale quando è illuminato, arriveremmo, pur non senza difficoltà, alla seguente conclusione: in tutte quelle situazioni ci sono dei gruppi di *cariche elettriche* che si muovono in modo ordinato all'interno dei fili, chiamati anche *conduttori*. Se poi osservassimo una linea elettrica dismessa, l'impianto elettrico dell'automobile parcheggiata o i fili dell'albero di Natale quando non è illuminato, arriveremmo a una conclusione parzialmente diversa: le cariche elettriche ci sono sempre all'interno dei fili, che continuiamo a chiamare conduttori; le cariche si muovono ancora, ma il loro movimento è del tutto disordinato.

Definiamo **corrente elettrica** un *movimento ordinato di cariche elettriche*. Tale movimento può manifestarsi in percorsi chiusi, chiamati **circuiti**; in altri termini, la corrente elettrica non parte da un punto A per terminare in un punto B, ma *circola in un percorso chiuso*, che comprende sia A che B; se consideriamo A come punto di "partenza", il percorso sarà A-B-A (*ma non di "andata e ritorno"*); se consideriamo B, il percorso sarà B-A-B (*ma non di "andata e ritorno"*).

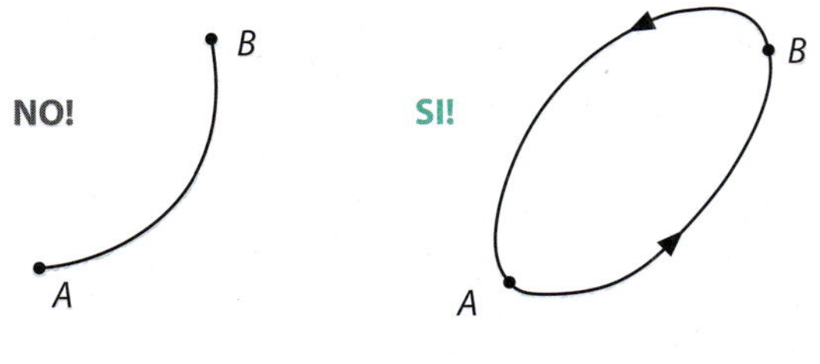

Fig. 1.1 Solo il circuito, cioè un percorso chiuso, può essere sede di una corrente elettrica. La corrente non "parte da" e "arriva a", ma "transita attraverso un percorso chiuso".

Proponiamo adesso qualche precisazione sul significato di **carica elettrica**, o *quantità di elettricità*. Tale locuzione è usata con riferimento alla grandezza fisica responsabile dei fenomeni elettrici – la carica elettrica appunto, che si misura in *coulomb* – ma anche al corpo che la possiede; così si parla di **carica elettrica elementare** sia per indicare la quantità di elettricità associata a un elettrone, a un protone, a uno ione monovalente, sia per indicare le particelle stesse. La carica elettrica è una grandezza quantizzata; il "quanto" è rappresentato dalla carica elementare. Non potremo pertanto trovare una carica di 0,5 elettroni, né di 153,2 protoni. L'insieme di $6{,}25 \cdot 10^{18}$ cariche elettriche elementari dà luogo alla carica unitaria, cioè a 1 **coulomb** (1 C).

Si definisce **intensità della corrente elettrica** il rapporto tra la carica (misurata in coulomb) che transita attraverso un traguardo e il tempo che impiega a transitare. In formula:

$$I = Q/t$$

Quando attraverso un traguardo transita 1 coulomb in 1 secondo, si dice che la corrente ha l'intensità di 1 **ampere** (1 A). Pertanto $1\ A = 1\ C/1\ s$.

Si definisce **densità della corrente elettrica** il rapporto tra l'intensità della corrente e l'area della superficie (normale alla direzione della corrente) attraverso cui transita la corrente stessa. In formula:

$$J = I/A$$

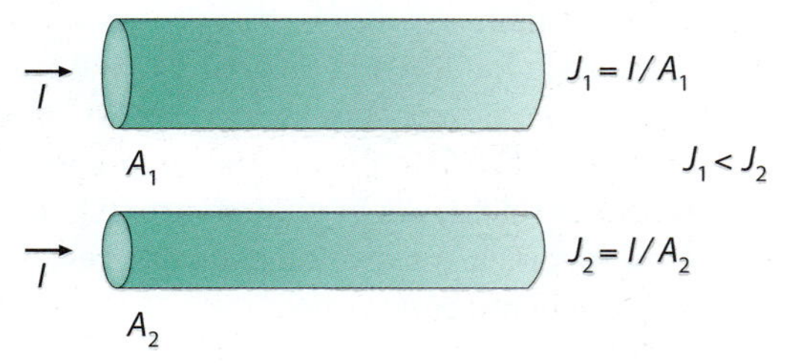

Fig. 1.2 Una stessa intensità I che attraversa conduttori con sezioni di aree A_1 e A_2 tra loro diverse, dà luogo a densità di corrente J_1 e J_2 tra loro diverse.

Esempio 1 Una corrente di intensità $I = 100$ mA percorre un conduttore con sezione normale di area $A = 0{,}5\ mm^2$. Calcolare la carica trasportata dalla corrente (attraverso un traguardo) in 5 s e la densità di corrente.

Discussione Svolgiamo prima le seguenti equivalenze:

$$100\ mA = 10^{-1}\ A, \qquad 0{,}5\ mm^2 = 0{,}5 \cdot 10^{-6}\ m^2$$

La corrente di 10^{-1} A trasporta 10^{-1} C in 1 s; in 5 s trasporta $5 \cdot 10^{-1}$ C.

La densità di corrente sarà:

$$J = I/A = 10^{-1}\ A/0{,}5 \cdot 10^{-6}\ m^2 = 2 \cdot 10^5\ A/m^2$$

Esempio 2 Calcolare il valore della carica elettrica elementare.

Discussione Se $6{,}25 \cdot 10^{18}$ cariche elementari corrispondono a 1 coulomb, allora si può scrivere:
carica elementare = 1 coulomb/$6{,}25 \cdot 10^{18} = 1{,}6 \cdot 10^{-19}$ coulomb.

Riflessione *Quale significato si può attribuire all'affermazione "l'intensità di corrente di 20 A è molto elevata"?*

FAQ 2 Quali sono le differenze tra materiali conduttori e materiali isolanti?

Dal punto di vista del comportamento elettrico, in un modello idealizzato i materiali conduttori consentirebbero alla perfezione il passaggio della corrente, mentre i materiali isolanti non lo consentirebbero affatto (conduttori ideali, isolanti ideali). Tale distinzione, puramente di principio, deve però essere interpretata alla luce dei risultati sperimentali: succede infatti in pratica che i conduttori (reali) consentono il passaggio della corrente, ma in qualche misura, anche se modesta, la ostacolano, mentre gli isolanti (reali) la ostacolano moltissimo, pur non riuscendo ad annullarla completamente. La "causa" della corrente è il **campo elettrico**, a sua volta generato (nei circuiti elettrici) da una **differenza di potenziale**, o **tensione**, che si misura in volt (V). Diciamo pertanto che un campo elettrico riesce a far nascere una corrente (intesa come movimento ordinato di cariche) nei conduttori, mentre non ci riesce negli isolanti.

Per quantificare la facilità o la difficoltà che il campo elettrico incontra a far nascere la corrente, si classificano i materiali secondo la loro **resistenza specifica** o **resistività**, che si misura in ohm · metro ($\Omega \cdot m$).

La resistenza specifica, o resistività, può essere definita attraverso la seguente equazione:

$$\rho = R \cdot A / l$$

Esempio 1 Spiegare il significato dell'equazione della resistività.

Discussione Nell'equazione, l è la lunghezza – che si misura in metri (m) – del pezzo di materiale attraversato dalla corrente; A è l'area – che si misura in metri quadrati (m^2) – della sezione attraverso cui la corrente passa; R è l'ostacolo complessivo che la corrente incontra nel transitare attraverso il pezzo di materiale – la resistenza, che si misura in ohm (Ω). Dall'equazione si vede che:
- se la resistenza R si misura in ohm, allora, scrivendo l'equazione delle unità di misura si vede che la resistività si misura in ohm · metro; infatti si ha $x = \Omega \cdot m^2/m = \Omega \cdot m$;
- riscrivendo l'equazione nella forma $R = \rho \cdot l/A$, conoscendo la ρ di un materiale e conoscendo la "geometria" del pezzo di materiale a disposizione, cioè conoscendone l e A, se ne può calcolare la resistenza R.

Esempio 2 Ipotizzare una soluzione di principio per misurare la resistività di un materiale.

Discussione Dall'equazione della resistività si vede che: se si prende un campione di materiale lungo 1 m e con sezione di area 1 m^2, misurando con un opportuno strumento la resistenza R di quel campione, si ottiene un valore che numericamente (ma non dimensionalmente) coincide con la resistività del materiale.

Materiale	Resistività ($\Omega \cdot m$)	Materiale	Resistività ($\Omega \cdot m$)
Argento	$1{,}62 \cdot 10^{-8}$	Ferro	$9{,}68 \cdot 10^{-8}$
Rame	$1{,}69 \cdot 10^{-8}$	Platino	$10{,}6 \cdot 10^{-8}$
Oro	$2{,}35 \cdot 10^{-8}$	Vetro	$10^{10} \div 10^{14}$
Alluminio	$2{,}75 \cdot 10^{-8}$	Quarzo fuso	circa 10^{16}
Tungsteno	$5{,}25 \cdot 10^{-8}$	Silicio	$120 \div 640$
Ferro	$10 \cdot 10^{-8}$	Germanio	$0{,}46 \div 2$

Dalla tabella riportata si vede che la resistenza specifica dei materiali conduttori è inferiore a quella degli isolanti di moltissimi ordini di grandezza; si nota anche la presenza di una categoria di materiali, detti *semiconduttori*, con resistenze specifiche intermedie tra quelle degli isolanti e quelle dei conduttori.

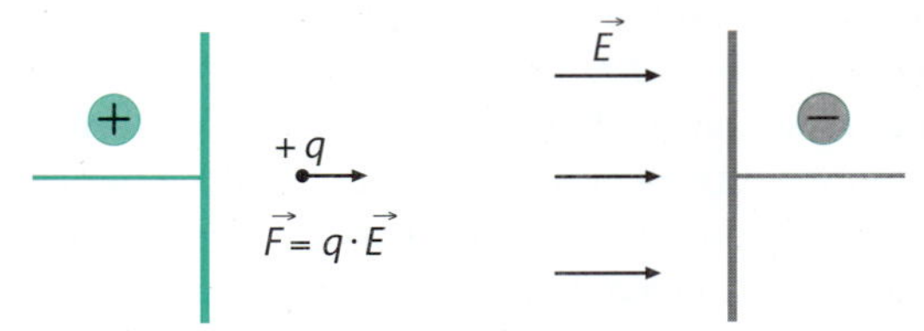

Fig. 1.3 Un campo elettrico esercita una forza su una carica; se l'intensità del campo elettrico è E ed il valore della carica è q, l'intensità di tale forza vale $F = q \cdot E$. Il verso della forza dipende dal segno (+ o −) della carica q.

Gli isolanti modificano le loro proprietà, consentendo una conduzione "distruttiva", quando sono sottoposti a campi elettrici molto intensi; il massimo campo che può essere applicato a un isolante senza alterarne le proprietà distintive ne individua la cosiddetta **rigidità dielettrica**, che si misura in volt/metro (V/m).

Alcuni conduttori modificano le loro proprietà, assumendo una *resistività pressoché nulla*, quando sono portati a temperature (di solito) molto basse, anche non lontane dallo zero assoluto (0 K o −273 °C); assumono in tal caso la particolare caratteristica da **superconduttori.**

Rigidità dielettrica (kV/mm)		Rigidità dielettrica (kV/mm)	
Acqua pura	15	Gomma	$15 \div 40$
Olio minerale	$7{,}5 \div 16$	Mica	$50 \div 100$
Olio per trasform.	$12 \div 17$	Polietilene	50
Bachelite	10	Porcellana	$12 \div 30$
Carta comune	6	Vetro	$25 \div 100$
Carta paraffinata	$40 \div 50$	Ossido di titanio	5
Carta da condens.	30	Titanato di Ba-Sr	5

Riflessione *Le voci resistività e resistenza, a che cosa vanno riferite? A un "oggetto" o a un (tipo di) "materiale"?*

FAQ 3 Che cosa sono i materiali semiconduttori?

Dalla tabella delle resistività si vede che materiali come silicio (Si) e germanio (Ge) hanno resistenza specifica dell'ordine di $10^0 \div 10^3\ \Omega \cdot m$, da una parte nettamente inferiore a quella degli isolanti (di circa una decina di ordini di grandezza) e dall'altra nettamente superiore a quella dei conduttori (di circa una decina di ordini di grandezza). Le differenze tra conduttori e semiconduttori vanno comunque specificate con maggiore precisione, sia rispetto ai comportamenti al variare della **temperatura**, sia rispetto al meccanismo della **conduzione**, sia infine con riferimento alle **tecnologie costruttive**.

Al *crescere della temperatura la resistività dei conduttori in generale aumenta*; ad un aumento dell'ordine della decina di gradi corrisponde un aumento di qualche punto percentuale della resistività.

Al *crescere della temperatura la resistività dei semiconduttori (e di pochi conduttori) diminuisce*; ad un aumento dell'ordine della decina di gradi corrisponde una diminuzione considerevole della resistività.

Nei materiali **conduttori**, la *conduzione* è in linea di massima affidata a **elettroni** nei materiali solidi e a **ioni positivi** e **ioni negativi** (che possono trasportare una o più cariche elementari) nei liquidi e nei gas.

Nei materiali **semiconduttori** la conduzione è affidata a due tipi di portatori: gli **elettroni**, con carica elementare negativa, e le **buche** (chiamate anche *lacune*), con carica elementare positiva.

Rispetto alle tecnologie costruttive, si sottolinea che, in generale, i conduttori sono sottoposti a processi di purificazione, che ne ottimizzano il comportamento elettrico senza modificarne radicalmente le proprietà originarie: così, ad esempio, il rame usato nei conduttori non è troppo differente da quello usato nelle tubazioni o nelle grondaie. I semiconduttori, invece, sono sottoposti ad un particolare processo, chiamato **drogaggio** (*doping*), che ne modifica la resistività di alcuni ordini di grandezza. Il semiconduttore non drogato è detto **semiconduttore intrinseco**. Così, ad esempio, se il silicio intrinseco può avere (a temperatura ambiente) resistività dell'ordine di qualche centinaio di ohm · metro, il silicio drogato può avere resistività dell'ordine di $10^{-5}\ \Omega \cdot m$, valore che si avvicina a quello dei "conduttori scadenti".

Il drogaggio avviene in due modalità: con una si realizza il **semiconduttore di tipo N**, nel quale la conduzione è affidata a moltissimi elettroni (chiamati in questo caso *portatori di maggioranza*) e pochissime buche (chiamate in questo caso *portatori di minoranza*), mentre con l'altra si realizza il **semiconduttore di tipo P**, nel quale la conduzione è affidata a moltissime buche (chiamate in questo caso *portatori di maggioranza*) e pochissimi elettroni (chiamati in questo caso *portatori di minoranza*).

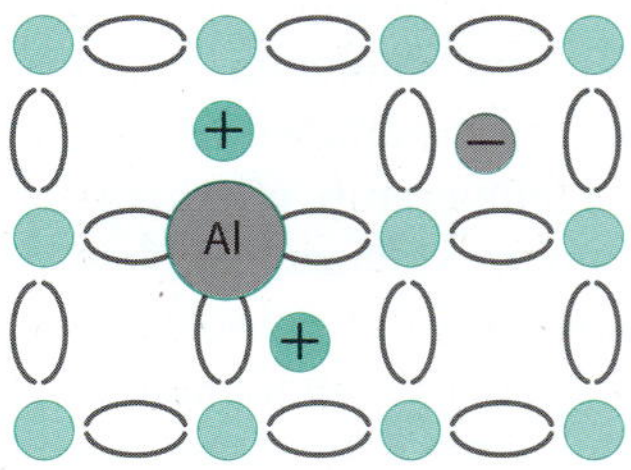

Fig. 1.5 In un semiconduttore di tipo **P** sono presenti portatori di maggioranza (buche, somma delle buche del semiconduttore intrinseco – il cui numero dipende enormemente dalla temperatura – e delle buche conseguenti al drogaggio, il cui numero non dipende dalla temperatura) e portatori di minoranza (elettroni, di natura intrinseca, il cui numero dipende enormemente dalla temperatura).

Riflessione *Le cariche elettriche elementari, oltre che dalla loro carica (espressa in coulomb) sono caratterizzate anche da una massa (espressa in chilogrammi)?*

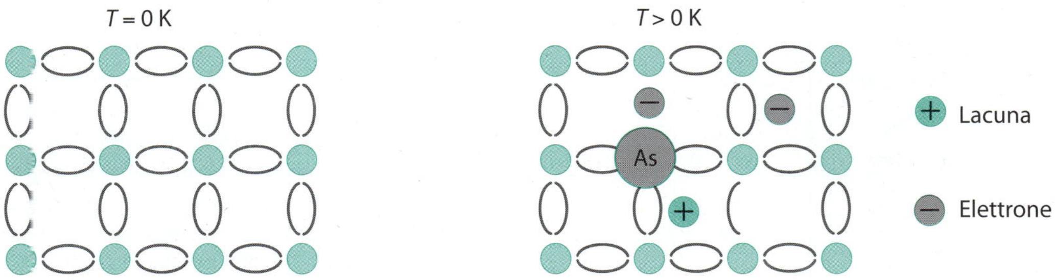

Fig. 1.4 In un semiconduttore di tipo **N** sono presenti portatori di maggioranza (elettroni, somma degli elettroni del semiconduttore intrinseco – il cui numero dipende enormemente dalla temperatura – e degli elettroni conseguenti al drogaggio, il cui numero non dipende dalla temperatura) e portatori di minoranza (buche, di natura intrinseca, il cui numero dipende enormemente dalla temperatura).

FAQ 4 Che cosa sono i materiali superconduttori?

La variazione della resistività con la temperatura è descritta dalla seguente equazione:

$$\rho_T = \rho_{T_0}[1 + \alpha(T - T_0)]$$

Si tratta di un'equazione che istituisce una relazione lineare tra la resistività di un materiale e la temperatura alla quale esso si trova. La rappresentazione grafica dell'equazione è una retta, con pendenza positiva se il coefficiente di temperatura è positivo – come nel caso di argento, rame, oro – e con pendenza negativa se tale coefficiente è negativo – come nel caso di carbonio, germanio, silicio. L'esperienza mostra tuttavia cha la dipendenza della resistività dalla temperatura è lineare solo entro intervalli di temperatura abbastanza limitati nell'intorno della temperatura di riferimento T_0. In particolare, dal punto di vista sperimentale si rileva che le rappresentazioni grafiche relative alle resistività di materiali con coefficiente di temperatura positivo tendono a diventare "orizzontali" man mano che la temperatura si avvicina allo zero assoluto.

Oltre a questa prima "anomalia" rispetto alla linearità, è possibile che se ne manifesti una seconda.

Studi alle basse temperature effettuati nella prima metà del '900 mettono in evidenza, per alcuni materiali conduttori e a temperature distanti solo di pochi kelvin dallo zero assoluto, un netto cambiamento nella pendenza della curva, che tende a diventare dapprima verticale (brusca diminuzione della resistività), per poi assestarsi in pratica a valori quasi nulli della resistività stessa, dell'ordine di $10^{-24}\ \Omega \cdot \mathrm{m}$: circa 17 ordini di grandezza al di sotto dei valori a temperatura ambiente. Si dice allora che il materiale assume caratteristiche da **superconduttore**. In tale situazione, una corrente "lanciata" in un anello (superconduttore) continuerebbe a circolare per molte ore senza la necessità del generatore.

La temperatura in corrispondenza della quale la curva della resistività di un determinato materiale "precipita" è detta **temperatura critica** (T_c).

Ecco le temperature critiche di alcuni metalli:

Gallio	T_c = 1,1 K
Alluminio	T_c = 1,2 K
Indio	T_c = 3,4 K
Stagno	T_c = 3,7 K
Mercurio	T_c = 4,2 K
Piombo	T_c = 7,2 K
Niobio	T_c = 9,3 K

Ricerche degli ultimi decenni del '900, tuttora in fase di approfondimento, scoprono una serie di composti, in generale isolanti a temperatura ambiente, che diventano superconduttori a temperature molto più elevate dello zero assoluto (temperatore critiche superiori a 130 K), aprendo la speranza ad interessanti prospettive industriali, con particolare riferimento al trasporto di energia elettrica attraverso cavi (superconduttori) e alla generazione di campi magnetici molto intensi (elettromagneti a superconduttore), impiegati ad esempio nelle applicazioni di levitazione magnetica.

Elementi quali l'alluminio, lo zinco, lo stagno e il piombo (... ma non il rame, l'argento, l'oro...), che hanno temperature critiche di pochi kelvin (meno di 10 K), sono chiamati **superconduttori di prima specie**.

Materiali composti e di recente scoperta, dalle strutture chimico-fisiche molto complesse, che hanno temperature critiche ben superiori – dell'ordine del centinaio di kelvin e più – sono chiamati **superconduttori di seconda specie**.

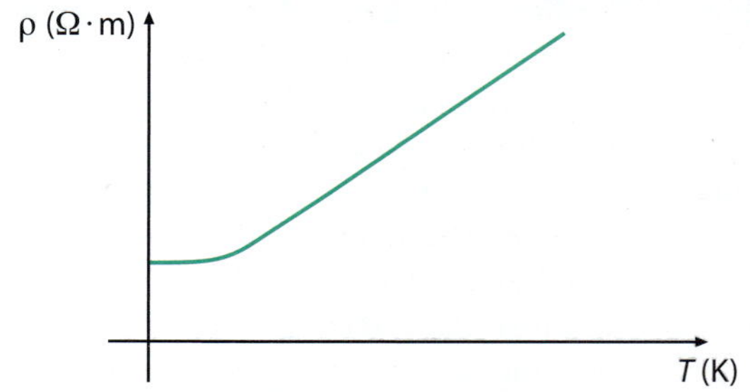

Fig. 1.6 La legge che descrive la dipendenza della resistività dalla temperatura, in prima approssimazione può esseree considerata lineare per i buoni conduttori anche fino a temperature molto basse, dell'ordine di qualche decina di *kelvin* (K). A un certo punto tuttavia, l'andamento della curva che rappresenta graficamente la legge tende a diventare orizzontale per molti materiali conduttori.

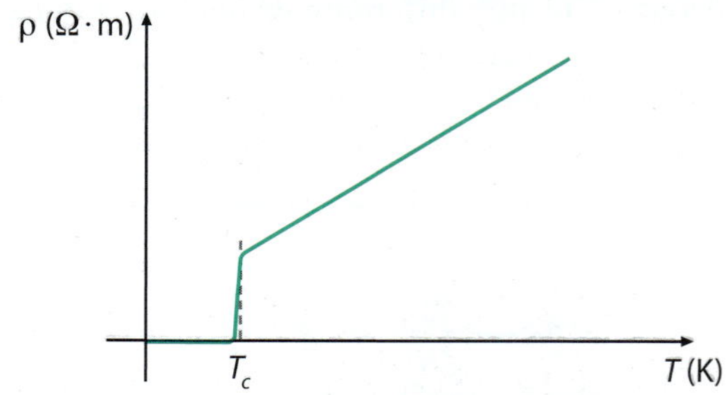

Fig. 1.7 Nella prima parte del '900 la ricerca scoprì un'anomalia marcata; per alcuni metalli (ad esempio mercurio, alluminio, stagno, piombo – ma non rame, argento, oro) a temperature molto basse la curva che rappresenta la resistività "crolla verticalmente" e raggiunge valori estremamente piccoli – dell'ordine di $10^{-24}\ \Omega \cdot \mathrm{m}$ – in pratica considerati nulli. Il "crollo verticale" avviene a una temperatura precisa, caratteristica di ciascun materiale, detta temperatura critica (T_c) del materiale stesso.

Riflessione *Confrontare il kelvin (K) e il grado Celsius (°C).*

ReT 1 Relazioni tra grandezze elettriche

Una differenza di potenziale, o tensione, grandezza che si misura in volt (V), genera un campo elettrico nel blocco di materiale sottoposto alla tensione stessa. A parità di materiale e di tensione, tuttavia, l'intensità del campo elettrico dipende dalla "geometria" del blocco di materiale.

Esempio 1 Una differenza di potenziale $V = 100$ mV è applicata prima al blocco di materiale di fig. 1.8 a), poi a quello di fig. 1.8 b). I due blocchi hanno lo stesso volume. Calcolare l'intensità del campo elettrico in ciascuna situazione.

Discussione Svolgiamo prima le seguenti equivalenze:
100 mV = 10^{-1} V, 4 cm = $4 \cdot 10^{-2}$ m, 1 cm = 10^{-2} m

a) L'intensità del campo elettrico è
$E = V/l = 10^{-1}\ \text{V}/4 \cdot 10^{-2}\ \text{m} = 2{,}5\ \text{V/m}$

b) L'intensità del campo elettrico è
$E = V/l = 10^{-1}\ \text{V}/10^{-2}\ \text{m} = 10\ \text{V/m}$

A parità di tensione applicata e di volume del materiale, nel secondo caso il campo elettrico è quattro volte più intenso che nel primo.

Nell'ipotesi che il materiale non sia isolante, in entrambi i casi nasce un movimento ordinato di cariche, cioè una corrente. Ci si aspetta tuttavia che la corrente sia maggiore nel caso b) rispetto al caso a), dato che:
- nel caso b) il campo elettrico ha intensità maggiore;
- nel caso b) l'area della superficie normale al percorso è maggiore.

Si dimostra che la corrente incontra un ostacolo complessivo, chiamato **resistenza**, che si indica con il simbolo R e si misura in ohm (Ω); la resistenza dipende sia dalla natura del materiale, cioè dalla sua resistività, sia dalla "geometria" del materiale, cioè dalla lunghezza del percorso della corrente, l (m), sia infine dall'area della superficie normale al percorso, A (m^2). In formula:

$$R = \rho \cdot l / A$$

Esempio 2 Calcolare la resistenza del blocco di materiale della fig. 1.8 a) e della fig. 1.8 b) supponendo che il materiale abbia una $\rho = 10^2\ \Omega \cdot \text{m}$ (non si tratta di certo di un buon conduttore).

Discussione Svolgiamo prima le seguenti equivalenze:
1 cm^2 = 10^{-4}, m^2 4 cm^2 = $4 \cdot 10^{-4}$ m^2
Nel caso **a)** si ha:
$R = \rho \cdot l/A = 10^2\ \Omega \cdot \text{m} \cdot 4 \cdot 10^{-2}\ \text{m}/10^{-4}\ \text{m}^2 = 4 \cdot 10^4\ \Omega = 40\ \text{k}\Omega$
Nel caso b) si ha:
$R = \rho \cdot l/A = 10^2\ \Omega \cdot \text{m} \cdot 10^{-2}\ \text{m}/4 \cdot 10^{-4}\ \text{m}^2 = 0{,}25 \cdot 10^4\ \Omega = 2{,}50\ \text{k}\Omega$
Nel secondo caso la resistenza è di sedici volte inferiore rispetto al primo.

Sviluppi teorici e misure sperimentali dimostrano che differenza di potenziale V, intensità della corrente I e resistenza R sono legate, nei materiali conduttori, dalla seguente relazione:

$$I = \frac{V}{R}$$

Esempio 3 Calcolare l'intensità della corrente nel blocco di materiale della fig. 1.8 a) e della fig. 1.8 b).

Discussione Si considerino i risultati degli esempi precedenti.
Nel caso a) si ha:
$I = (1/R) \cdot V = (1/4 \cdot 10^4\ \Omega) \cdot 10^{-1}\ \text{V} = 0{,}25 \cdot 10^{-5}\ \text{A} = 2{,}50\ \mu\text{A}$
Nel caso b) si ha:
$I = (1/R) \cdot V = (1/0{,}25 \cdot 10^4\ \Omega) \cdot 10^{-1}\ \text{V} = 4 \cdot 10^{-5}\ \text{A} = 40\ \mu\text{A}$
Nel secondo caso la corrente è di sedici volte superiore rispetto al primo.

Riflessione *La corrente elettrica può attraversare il corpo umano?*

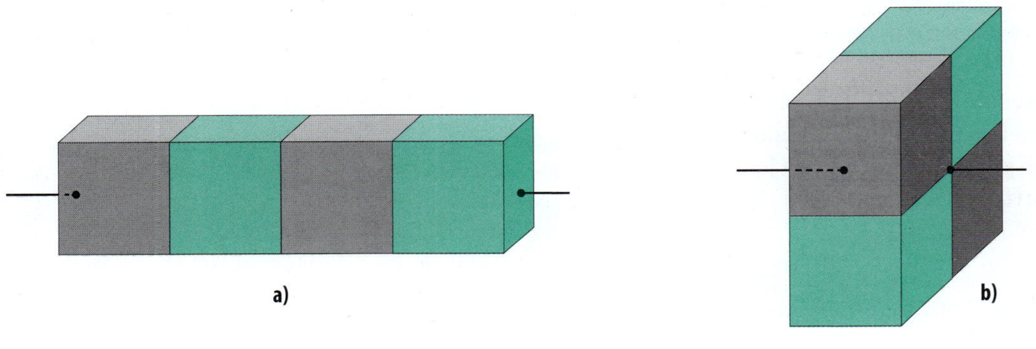

Fig. 1.8 **a)** Il blocco di materiale può essere pensato come composto da quattro cubetti, con lato di 1 cm, posti "uno dopo l'altro", cioè collegati in serie; **b)** il blocco di di materiale può essere pensato come composto da quattro cubetti, con lato di 1 cm, posti "uno a fianco dell'altro", cioè collegati in parallelo.

ReT 2 Energia e potenza

Dal *punto di vista energetico* si possono fare le seguenti considerazioni. Il dispositivo che fornisce la tensione, genera il campo elettrico, che a sua volta conferisce energia cinetica (di movimento) alle cariche elettriche (energia trasportata dalle cariche elettriche, cioè dalla corrente); le cariche elettriche, urtando continuamente contro gli atomi del pezzo di materiale, già in vibrazione per effetto della temperatura a cui si trova il materiale stesso (temperatura ambiente), cedono energia agli atomi; aumenta così la loro agitazione e, di conseguenza, l'energia interna del pezzo di materiale e la sua temperatura. La corrente dunque trasferisce energia al dispositivo che essa percorre (nel caso della fig. 1.9 l'energia è trasferita a una barra di materiale); il trasferimento appena descritto avviene attraverso il cosiddetto meccanismo del calore, o *Effetto Joule*.
La quantità di energia trasferita, che si misura in joule (J), dipende dalla resistenza della barra, dall'intensità della corrente che la percorre e dalla durata dell'intervallo di tempo durante il quale transita la corrente. In formula:

$$E = R \cdot I^2 \cdot t$$

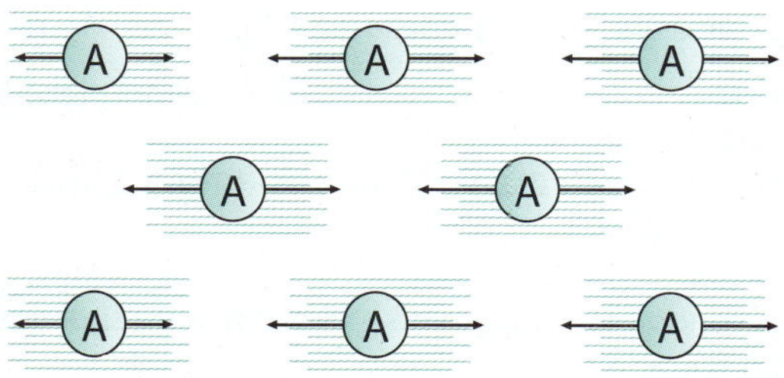

Fig. 1.9 Gli atomi della barra di materiale vibrano intorno a una posizione di equilibrio; l'ampiezza della vibrazione è proporzionale alla temperatura del materiale stesso. Quando i portatori, accelerati dal campo elettrico, urtano gli atomi, cedono ad essi la loro energia cinetica e ne aumentano l'ampiezza della vibrazione, con conseguente aumento della temperatura della barra di materiale.

La rapidità con la quale avviene tale trasferimento, cioè il rapporto tra l'energia trasferita e il tempo impiegato a trasferirla, è detto **potenza**; si misura in joule/secondo (J/s), chiamati **watt** (W). Si ha pertanto:

$$P = E/t$$

Dall'equazione dell'Effetto Joule si ricava allora:

$$P = E/t = R \cdot I^2$$

Tenendo conto della legge di Ohm $I = (1/R) \cdot V$, l'equazione della potenza può essere scritta in due altri modi, e cioè:

$$P = R \cdot I^2 = R \cdot (V^2/R^2) = V^2/R$$

$$P = R \cdot I^2 = (V/I) \cdot I^2 = V \cdot I$$

Esempio 1 Calcolare la potenza relativa ai due casi rappresentati in fig. 1.10.

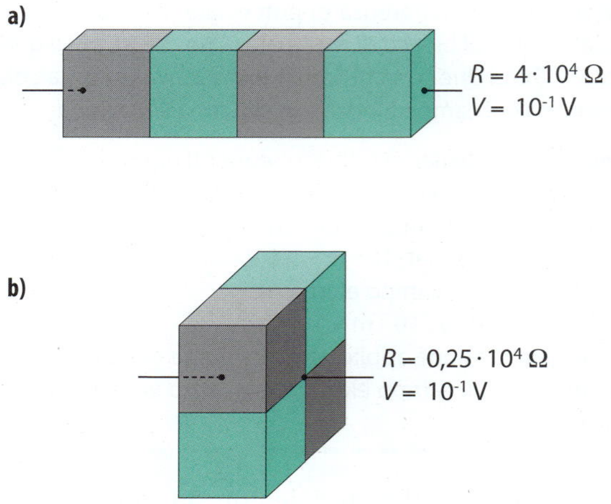

Fig. 1.10 **a)** Barra di materiale, con resistenza di $4 \cdot 10^4\ \Omega$, sottoposta a una tensione di 10^{-1} V; **b)** barra di materiale, con resistenza di $0{,}25 \cdot 10^4\ \Omega$, sottoposta a una tensione di 10^{-1} V.

Discussione Si considerino i risultati degli esempi precedenti.
Nel caso **a)** si ha:

$$I = (1/R) \cdot V = (1/4 \cdot 10^4\ \Omega) \cdot 10^{-1}\ V = 0{,}25 \cdot 10^{-5}\ A, \text{ per cui}$$

$$P = V \cdot I = 10^{-1}\ V \cdot 0{,}25 \cdot 10^{-5}\ A = 0{,}25 \cdot 10^{-6}\ W$$

Nel caso **b)** si ha:

$$I = (1/R) \cdot V = (1/0{,}25 \cdot 10^4\ \Omega) \cdot 10^{-1}\ V = 4 \cdot 10^{-5}\ A, \text{ per cui}$$

$$P = V \cdot I = 10^{-1}\ V \cdot 4 \cdot 10^{-5}\ A = 4 \cdot 10^{-6}\ W$$

Nel secondo caso la potenza è di sedici volte superiore rispetto al primo.

Esempio 2 Calcolare l'energia trasferita dalla corrente alla barra di materiale nei due casi rappresentati in fig. 1.10, ipotizzando che la corrente transiti per un'ora (1 h).

Discussione Svolgiamo prima la seguente equivalenza:
$1\ h = 3600\ s = 3{,}6 \cdot 10^3\ s$
Dalla definizione di potenza, $P = E/t$, si ricava: $E = P \cdot t$.
Si considerino i risultati dell'esempio precedente.
Nel caso **a)** si ha: $E = P \cdot t = 0{,}25 \cdot 10^{-6}\ W \cdot 3{,}6 \cdot 10^3\ s = 0{,}9 \cdot 10^{-3}\ J$
Nel caso **b)** si ha: $E = P \cdot t = 4 \cdot 10^{-6}\ W \cdot 3{,}6 \cdot 10^3\ s = 14{,}4 \cdot 10^{-3}\ J$
Nel secondo caso l'energia trasferita è di sedici volte superiore rispetto al primo.
L'energia viene trasferita dalla corrente alla barra.

Riflessione *Il Sole trasferisce energia alla Terra? Attraverso quale meccanismo e a quale ritmo?*

ReT 3 Componenti elettrici lineari

Per realizzare apparati e impianti, quali ad esempio il telefono cellulare, l'inverter per gli impianti fotovoltaici, la televisione, il computer, la tecnologia ha realizzato dei componenti elementari; alcuni, impiagati su scala molto ampia, sono chiamati *resistore*, *induttore*, *condensatore* – normalmente impiegati con funzione di carico – e *generatore*, in grado di alimentare il circuito e di promuovere la circolazione della corrente.
Nella prassi elettrica, ciascun componente è individuato da una "carta d'identità", che comprende:
- nome;
- simbolo;
- legge che ne descrive il comportamento.

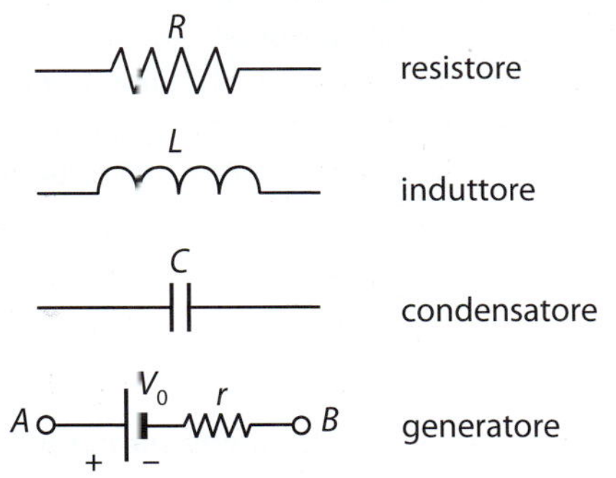

Fig. 1.11 Principali componenti elettrici lineari e rispettivi simboli.

Resistore Un simbolo molto usato (se ne trovano anche altri) è rappresentato nella fig. 1.11; la legge che ne descrive il comportamento è la seguente (prima legge di Ohm in forma integrale):

$$I = (1/R) \cdot V$$

Esempio 1 Illustrare il significato della legge che descrive il comportamento di un resistore.

Discussione I, misurata in ampere (A) è l'intensità della corrente che percorre il resistore di resistenza R; V, misurata in volt (V), è la differenza di potenziale, o tensione, presente tra i terminali del resistore; R, misurata in ohm (Ω), è la resistenza del resistore.

Induttore Un simbolo molto usato (se ne trovano anche altri) è rappresentato nella fig. 1.11; la legge che ne descrive il comportamento è la seguente:

$$V = L \cdot \Delta I / \Delta t$$

Esempio 2 Illustrare il significato della legge che descrive il comportamento di un induttore.

Discussione V, misurata in volt (V), è la differenza di potenziale che si manifesta tra i terminali dell'induttore di induttanza L, misurata in henry (H), quando la corrente I che attraversa l'induttore subisce una variazione ΔI, misurata in ampere (A), nell'intervallo di tempo Δt, misurato in secondi (s).

Condensatore Un simbolo molto usato (se ne trovano anche altri) è rappresentato nella fig. 1.11; la legge che ne descrive il comportamento è la seguente:

$$I = C \cdot \Delta V / \Delta t$$

Esempio 3 Illustrare il significato della legge che descrive il comportamento di un condensatore.

Discussione I, misurata in ampere (A), è la corrente che attraversa il condensatore di capacità C, misurata in farad (F), quando la differenza di potenziale V presente tra i terminali del condensatore stesso subisce una variazione ΔV, misurata in volt (V), nell'intervallo di tempo Δt, misurato in secondi (s).

Generatore Un simbolo molto usato (se ne trovano anche altri) è rappresentato in fig. 1.11; la legge che ne descrive il comportamento è la seguente:

$$V_{AB} = V_0 - r \cdot I$$

a volte scritta nel modo seguente

$$I = -(1/r) \cdot V + V_0/r$$

Esempio 4 Illustrare il significato della legge che descrive il comportamento di un generatore.

Discussione Nell'equazione $V_{AB} = V_0 - r \cdot I$, V_0, che si misura in volt (V), è chiamata *tensione a vuoto del generatore* (in pratica è la *tensione nominale*) e rappresenta la tensione che è presente tra i suoi terminali quando il generatore stesso non è percorso da corrente, cioè quando è inserito in un circuito aperto; I, che si misura in ampere (A), è l'intensità della corrente che percorre il generatore quando è inserito in un circuito chiuso; r, chiamata resistenza interna del generatore, si misura in ohm (Ω); è l'ostacolo, cioè la resistenza che la corrente incontra quando attraversa il generatore; V_{AB}, che si misura in volt (V), è la tensione presente tra i terminali del generatore quando è percorso dalla corrente I. Se ad esempio un generatore caratterizzato da $V_0 = 1{,}5$ V e $r = 1{,}2\ \Omega$ è inserito in un circuito aperto, tra i suoi terminali si misurano 1,5 V; quando si chiude l'interruttore e ad esempio nel circuito (e quindi anche attraverso il generatore) circola una corrente I = 100 mA, allora la tensione tra i terminali del generatore cambia e diventa:

$$V_{AB} = V_0 - r \cdot I = 1{,}5 - 1{,}2 \cdot 10^{-1} = 1{,}5 - 0{,}12 = 1{,}38\ \text{V}$$

Riflessione *Nel linguaggio tecnico, a volte si parla di generatore di tensione, a volte di generatore di corrente. Quale differenza?*

ReT 4 Circuiti elettrici in regime continuo e fenomeni transitori

La corrente circola in un percorso chiuso, chiamato **circuito elettrico**. In generale, un circuito elettrico comprende:

- un dispositivo, chiamato **generatore**, che fornisce una differenza di potenziale e impone il campo elettrico che mette in moto le cariche; nasce così la corrente elettrica, meccanismo in grado di *trasportare energia*;
- un **utilizzatore**, o **carico** (ad esempio R, L, C), destinato a fruire dell'energia che gli viene consegnata dalla corrente elettrica;
- una **linea**, realizzata con materiali conduttori (di solito fili) che consente il collegamento tra generatore e utilizzatore e quindi il trasferimento di energia dal generatore al carico.

Per controllare il funzionamento del sistema, si inserisce nel circuito un dispositivo, chiamato **interruttore**, che consente il passaggio della corrente quando è *chiuso* e lo inibisce quando è *aperto*.

La linea, nel caso ideale, dovrebbe svolgere la funzione di trasferire energia elettrica senza trasformarla; in realtà, dato che nessun conduttore può avere resistenza nulla, ciò non avviene e si manifesta sempre un *Effetto Joule,* che si cerca di minimizzare con opportuno dimensionamento della linea stessa.

Da adesso in poi faremo l'ipotesi che *la linea abbia resistenza così bassa da poterla trascurare*; pertanto, salvo specifica indicazione, la linea sarà rappresentata graficamente con segmenti, come si vede nella fig. 1.12.

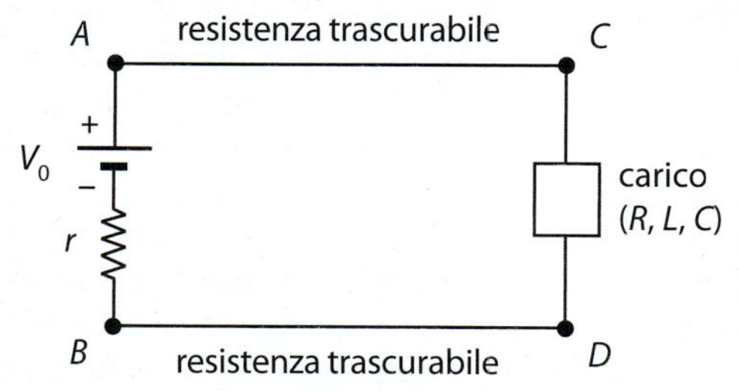

Fig. 1.12 Si ipotizza che sia trascurabile la resistenza dei conduttori della linea che collega i terminali del generatore con i terminali del carico.

Circuito alimentato in continua con carico resistivo

In questo caso, dopo la chiusura dell'interruttore (e fino alla sua riapertura), l'utilizzatore (carico) trasforma l'energia elettrica che gli viene consegnata dalla corrente in energia interna (al carico stesso); si parla anche di trasformazione di energia elettrica in energia termica. Si dimostra che l'energia fornita dal generatore e trasformata in energia interna nel resistore vale:

$$E_R = R \cdot I^2 \cdot t$$

Circuito alimentato in continua con carico induttivo

In questo caso, dopo la chiusura dell'interruttore (e fino alla sua riapertura), l'utilizzatore (carico) trasforma l'energia elettrica che gli viene consegnata dalla corrente in energia associata al campo magnetico che l'utilizzatore stesso genera. Si dimostra che l'energia fornita dal generatore e trasformata in energia associata al campo magnetico generato dall'induttore vale:

$$E_L = (1/2) L \cdot I^2$$

Circuito alimentato in continua con carico capacitivo

In questo caso, dopo la chiusura dell'interruttore (e fino alla sua riapertura), l'utilizzatore (carico) trasforma l'energia elettrica che gli viene consegnata dalla corrente in energia associata al campo elettrico che l'utilizzatore stesso genera. Si dimostra che l'energia fornita dal generatore e trasformata in energia associata al campo elettrico generato dal condensatore vale:

$$E_C = (1/2) C \cdot V^2$$

Osservazione

Bisogna tenere presente che:

- quando il carico è resistivo, con buona precisione si può ritenere che l'intervallo di tempo t è quello compreso tra la chiusura dell'interruttore e la sua riapertura: in pratica l'effetto Joule nasce e termina pressoché "istantaneamente";
- quando il carico è induttivo o capacitivo, l'energia viene associata al campo magnetico generato dall'induttore e al campo elettrico generato dal condensatore in modo non "istantaneo", ma attraverso **fenomeni transitori**, la cui durata, in pratica è dell'ordine di quattro o cinque **costanti di tempo**, misurate in secondi e di solito indicate con il simbolo τ. Tali costanti di tempo dipendono dalle (inevitabili) resistenze che la corrente incontra per circolare e sono dovute in particolare alla resistenza interna del generatore e alla resistenza (non nulla) della linea, che in non pochi casi pratici – in presenza di induttori o condensatori – non può più essere trascurata.

Chiamando R la resistenza totale (ad esempio somma della r interna del generatore e della R_{linea}), si dimostra che:

- per il circuito con carico induttivo si ha $\tau = L/R$ (s);
- per il circuito con carico capacitivo si ha $\tau = R \cdot C$ (s).

Riflessione *Perché le energie associate al campo magnetico di un induttore o al campo elettrico di un condensatore non possono "nascere" in modo istantaneo?*

Sommario

La *corrente elettrica* è un movimento ordinato di cariche, quantificabile in particolare attraverso la sua intensità $I = Q/t$, misurata in ampere (A) e la sua densità $J = I/A$, misurata in ampere/metro quadrato (A/m^2).
I materiali *conduttori* quali rame e alluminio ne consentono un agevole passaggio, mentre materiali *isolanti* non lo consentono; una situazione intermedia è rappresentata dai materiali *semiconduttori*. Una quantificazione del comportamento di tali materiali rispetto alla corrente è data dalla loro resistività $\rho = R \cdot A/l$, che si misura in ohm · metro ($\Omega \cdot$ m).
La resistività è una grandezza che in generale dipende dalla temperatura, secondo la legge $\rho_T = \rho_{T_0}[1 + \alpha(T - T_0)]$, valida in particolare per i materiali conduttori metallici. Al di sotto della cosiddetta temperatura critica, alcuni materiali diventano *superconduttori*: la loro resistività tende decisamente a valori prossimi allo zero; i superconduttori costituiscono uno dei nodi della ricerca attuale, dato che la messa a punto di superconduttori con temperatura critica superiore a quella ambientale aprirebbe enormi prospettive.
La descrizione del comportamento dei circuiti elettrici si basa sulla definizione di alcune grandezze e sulle loro interazioni reciproche. In particolare, tensioni, correnti e resistenze sono legate dalla prima legge di Ohm (in forma integrale) $I = (1/R) \cdot V$, mentre i legami di tali grandezze con energia e potenza elettriche sono descritti dalle leggi di Joule $E = R \cdot I^2 \cdot t$ e della potenza $P = V \cdot I$.
I circuiti elettrici lineari comprendono componenti elettrici lineari, tra i quali sono particolarmente importanti:
- il *resistore*, con comportamento descritto dalla seguente legge: $I = (1/R) \cdot V$
- l'*induttore*, con comportamento descritto dalla seguente legge: $V = L \cdot \Delta I / \Delta t$
- il *condensatore*, con comportamento descritto dalla seguente legge: $I = C \cdot \Delta V / \Delta t$
- il *generatore*, con comportamento descritto dalla seguente legge: $V_{AB} = V_0 - r \cdot I$

Risposte alle riflessioni

***FAQ* 1** In senso assoluto, l'affermazione non ha significato; essa deve essere contestualizzata. Ad esempio, se si parla dell'impianto elettrico domestico, tale intensità – troppo elevata per le caratteristiche dell'impianto – porta all'interruzione automatica del circuito; se si parla della corrente che pilota il motore di un'auto elettrica, tale intensità è molto bassa; se si parla della corrente fornita dalla batteria del telefonino, tale intensità è enorme. Se poi si parla di un fulmine, tale intensità è irrilevante.
***FAQ* 2** La resistività caratterizza una proprietà elettrica di un materiale (ad esempio: resistività del rame, del silicio, dell'alluminio...), non di un pezzo di quel materiale. La resistenza caratterizza una proprietà elettrica di un pezzo di materiale, cioè di un oggetto. Se la sua geometria è semplice (ad esempio, ha forma cilindrica o parallelepipeda, per cui *l* e *A* sono *perfettamente e univocamente determinabili), allora la resistenza del pezzo di materiale è prevedibile attraverso l'equazione* $R = \rho \cdot l/A$.
***FAQ* 3** Certamente. Ad esempio, l'elettrone ha una carica di $-1{,}6 \cdot 10^{-19}$ C e una massa di $9 \cdot 10^{-31}$ kg; il protone ha una carica di $+1{,}6 \cdot 10^{-19}$ C e una massa di $1{,}67 \cdot 10^{-27}$ kg. Uno ione di rame ha una massa di circa 10^{-25} kg. Più complessa è invece la determinazione della massa (che pure esiste) dei portatori nei semiconduttori, che esula dagli scopi di questo testo.
***FAQ* 4** Si tratta di due unità di misura della temperatura. Alla variazione di 1 K corrisponde la variazione di 1 °C; invece la scala kelvin non ha valori negativi (incomincia da zero, corrispondente al cosiddetto "zero assoluto") e fa corrispondere il valore 273 K allo zero della scala Celsius. La temperatura di ebollizione dell'acqua vale 373 K, oppure 100 °C.

***ReT* 1** Certamente; e non sempre è opportuna... Quando infatti l'intensità della corrente che attraversa il corpo umano raggiunge valori dell'ordine di $50 \div 100$ mA, gli affetti possono purtroppo essere anche letali.
***ReT* 2** Il trasferimento di energia, che consente la vita sulla Terra, avviene attraverso un particolare sistema di trasferimento: quello delle onde elettromagnetiche (quelle che consentono anche le telecomunicazioni). Ai limiti dell'atmosfera, il massimo trasferimento di energia corrisponde a circa 1360 joule al secondo attraverso una superficie con area di 1 m^2, corrispondenti a 1360 watt al metro quadrato (W/m^2). Si parla in tal caso di *densità di potenza*.
***ReT* 3** Il generatore di tensione tende a imporre al suo carico, anche quando il carico stesso cambia, una determinata differenza di potenziale (ad esempio, 12 V); il generatore di corrente tende a imporre al suo carico, anche quando il carico stesso cambia, una intensità di corrente (ad esempio, 100 mA).
***ReT* 4** Perché il trasferimento di energia dalla corrente al campo dovrebbe avvenire con una potenza infinita: se infatti è $P = E/t$ e t tende a zero, allora P tende a infinito.

Sitografia • Bibliografia

- http://www.dei.unipd.it/~gauss/ITALIANO/Lezioni/Settimana_5/Conducibilita.pdf
- http://www.fisica.uniud.it/mosem/michelini/Mosem_Percorso_MatDid_Braida_MM_it.pdf
- http://www.itchiavari.org/chimica/tabelle/index.html
- F. Mussino, *Resistività*, *Dizionario di ingegneria*, vol. IX, UTET, 1977.
- AA VV, *Condensatore, Induttore, Resistore*, *Enciclopedia delle scienze fisiche, Dizionario*, Istituto italiano dell'enciclopedia, 1996.

Esercizi e Problemi

FAQ 1

Es. 1 Attraverso la sezione normale di un conduttore, di area $A = 1\ mm^2$, transita la carica $Q = 10$ mC in 4 s. Calcolare l'intensità della corrente, la densità della corrente e il numero di cariche elementari che transitano in 1 secondo.

Es. 2 Un conduttore a sezione circolare con diametro di 2 mm è percorso da una corrente con densità $J = 8\ A/cm^2$. Calcolare l'intensità della corrente, esprimendola in ampere, milliampere, microampere.

Es. 3 Un conduttore a sezione circolare con diametro di 0,8 mm è percorso da una corrente $I = 2{,}5$ A. Calcolare la densità di corrente; calcolare quante cariche elementari transitano attraverso un traguardo in un intervallo di tempo di 10 ns.

FAQ 2

Es. 1 Calcolare la resistenza di un cavo di rame lungo 100 m e con diametro di 1 mm.

Es. 2 Calcolare la resistenza tra le due superfici piane opposte di una lastra quadrata di vetro con lato di 40 cm e spessa 4 mm.

Es. 3 Calcolare la resistività di un materiale, sapendo che un suo campione costituito da un cubo con lato di 10 cm ha una resistenza di $10^{-7}\ \Omega$.

Es. 4 Calcolare la resistenza di un cavo elettrico di alluminio con sezione a corona circolare, con raggio interno di 3 cm e raggio esterno di 4 cm, lungo 10 km.

FAQ 3

Es. 1 Calcolare la massa di uno ione monovalente di rame.

Pr. 1 Individuare la legge che stabilisce la dipendenza della resistività dalla temperatura e spiegarne il significato.

Pr. 2 Calcolare la variazione della resistività di un buon conduttore per piccole differenze di temperatura.

Pr. 3 Stimare la variazione della resistività di un semiconduttore per piccole differenze di temperatura.

FAQ 4

Pr. 1 Stimare la differenza di rendimento che ci sarebbe tra un collegamento elettrico in corrente continua, lungo 1 km e che alimenta un carico funzionante a 400 V che assorbe una potenza di 100 kW, nel caso venga realizzato o con filo di rame, o con un ipotetico superconduttore che funziona a temperatura ambiente.

ReT 1

Es. 1 Illustrare il significato della conduttività σ.

Es. 2 Illustrare il significato della conduttanza G.

Es. 3 Trovare la relazione tra la legge di Ohm in forma integrale $I = (1/R) \cdot V$ e in forma puntuale $J = \sigma \cdot E$

ReT 2

Es. 1 Ricavare le relazioni tra joule (J), chilowattora (kWh), chilocaloria (kcal), tonnellata equivalente di petrolio (TEP).

Es. 2 Ricavare le relazioni tra watt (W), chilocaloria/ora (kcal/h), cavallo vapore (CV).

ReT 3

Es. 1 Discutere sul collegamento in serie e in parallelo di più resistori.

Es. 2 Discutere sul collegamento in serie e in parallelo di più induttori e di più condensatori.

Es. 3 Discutere sul collegamento in serie e in parallelo di più generatori.

Pr. 1 Rappresentare, in un piano tensione-corrente, la caratteristica di un generatore caratterizzato da:
a) $V_0 = 12$ V, $r = 0{,}1\ \Omega$ b) $V_0 = 12$ V, $r = 1000\ \Omega$

Pr. 2 Calcolare, sia attraverso equazioni, sia attraverso grafici, la tensione e la corrente in un carico $R = 10\ \Omega$ collegato ai terminali del generatore a) e del generatore b) del problema precedente.

ReT 4

Es. 1 Illustrare il significato della legge che descrive l'energia fornita dal generatore e trasformata in energia interna dal resistore.

Es. 2 Illustrare il significato della legge che descrive l'energia fornita dal generatore e trasformata in energia associata al campo magnetico dall'induttore.

Es. 3 Illustrare il significato della legge che descrive l'energia fornita dal generatore e trasformata in energia associata al campo elettrico dal condensatore.

Es. 4 Illustrare, anche con riferimenti alla prassi comune, il significato di potenza massima che un resistore può trasformare.

Es. 5 Illustrare, anche con riferimenti alla prassi comune, il significato di tensione massima che un condensatore può sopportare..

Es. 6 Illustrare un comune codice dei colori per i resistori.

Es. 7 Illustrare un comune codice dei colori per i condensatori.

Pr. 1 Discutere sul modello equivalente semplificato di un induttore reale, inserito in un circuito.

Pr. 2 Discutere sul modello equivalente semplificato di un condensatore reale, inserito in un circuito.

Pr. 3 Discutere sul transitorio in un induttore reale eccitato da un gradino di corrente.

Pr. 4 Discutere sul transitorio in un condensatore reale eccitato da un gradino di tensione.

Pr. 5 Discutere, anche con riferimenti a prodotti commerciali, il significato di "capacità" di un generatore.

Pr. 6 Discutere, anche con riferimenti a prodotti commerciali, il significato di "supercondensatore".

Pr. 7 Confrontare l'ordine di grandezza dell'energia che può essere "immagazzinata" in:
- una batteria dell'automobile con motore a combustione interna;
- una batteria per l'alimentazione di un'auto elettrica
- un supercondensatore;
- un litro di benzina.

UNITÀ 2.2

Regime alternato sinusoidale

Impedenze e numeri complessi

In questa Unità, partendo dalla definizione di regime armonico, si illustrano e si discutono le equazioni che modellizzano il comportamento dei circuiti lineari in corrente alternata sinusoidale

Le reti in alternata sinusoidale, o regime armonico, sono molto familiari in quanto protagoniste degli impianti elettrici delle abitazioni e del sistema di trasporto e distribuzione dell'energia elettrica (fatta eccezione per alcune linee in continua). Sono anche molto importanti negli impianti industriali. Il sistema di trasporto e distribuzione è attualmente sotto osservazione: nato infatti per un modello a produzione concentrata e quindi per una propagazione unidirezionale dell'energia, deve oggi fare i conti con una crescente diffusione della produzione distribuita (sorgenti a fonti rinnovabili in particolare), che convoglia l'energia "verso la rete".
È pertanto in fase di studio e di sviluppo un sistema denominato "*Smart Grid*", destinato e gestire in modo "intelligente" la complessità dei flussi di energia che si vanno delineando.

indice

FAQ 1 Qual è il significato di regime alternato sinusoidale?

Un sistema elettrico funziona in *regime alternato sinusoidale*, o *regime armonico*, quando:

- le sorgenti di segnale che agiscono sul sistema hanno tutte forma armonica e hanno tutte la stessa frequenza;
- dall'istante dell'eccitazione del sistema (ad esempio dalla chiusura degli interruttori) è passato un tempo sufficientemente lungo, tale da consentire l'esaurimento di tutti i fenomeni transitori.

Il caso del sistema (circuito) rappresentato nella fig. 2.1 è particolarmente semplice: è presente infatti un solo generatore di tensione armonica e sono assenti elementi reattivi, per cui le costanti di tempo sono nulle e il circuito funziona in regime armonico subito dopo la chiusura dell'interruttore.

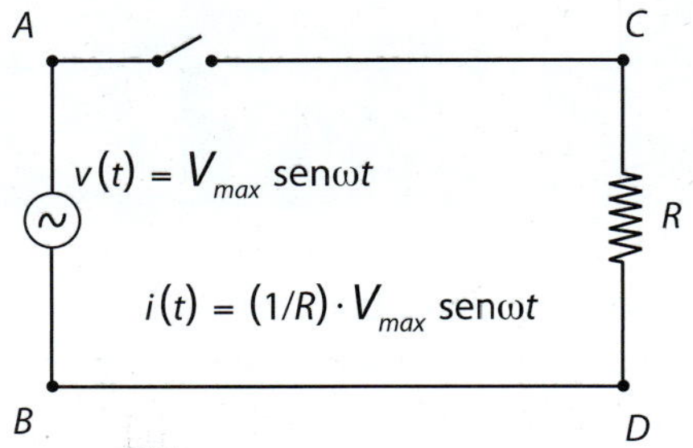

Fig. 2.1 Circuito resistivo alimentato da un solo generatore di tensione armonica $v(t) = V_{max}$senωt; subito dopo la chiusura dell'interruttore, la resistenza è percorsa da una corrente $i(t) = (1/R) \cdot V_{max}$ sen $\omega t = I_{max}$senωt.

In generale, una grandezza armonica (ad esempio una tensione) è rappresentata da un'equazione del tipo:

$$v(t) = V_{max}\,\mathrm{sen}\,(\omega t + \phi)$$

Quando la fase iniziale ϕ è nulla, l'equazione diventa

$$v(t) = V_{max}\,\mathrm{sen}\,\omega t$$

Esempio Rappresentare graficamente e scrivere l'equazione di una tensione sinusoidale caratterizzata da: fase iniziale nulla, ampiezza (o valore massimo) di 324 V, periodo di 20 ms.

Discussione La rappresentazione è riportata nella fig. 2.2 a). Dai dati forniti si ricava: $f = 1/T = 1/20 \cdot 10^{-3} = 50$ Hz;
$\omega = 2\pi f = 6{,}28 \cdot 50 = 314$ rad/s. L'equazione corrispondente alla tensione è pertanto la seguente:
$v(t) = 324 \cdot \mathrm{sen}(314t + 0) = 324 \cdot \mathrm{sen}314t$.

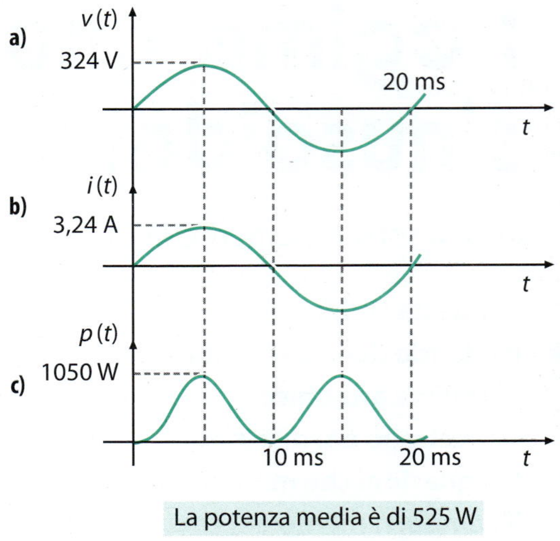

Fig. 2.2 a) Tensione sinusoidale (o armonica) caratterizzata da fase iniziale nulla, periodo di 20 ms (quindi pulsazione di 314 rad/s e frequenza di 50 Hz), ampiezza (o valore massimo) di 324 V; **b)** corrente, con ampiezza di 3,24 A, conseguente all'applicazione della tensione della figura a) a una resistenza da 100 Ω; **c)** potenza istantanea e potenza media sulla resistenza da 100 Ω.

Il prodotto tra una tensione e una corrente individua una *potenza*.

In regime alternato sinusoidale si parla sia di ***potenza istantanea***, $p(t)$, intesa come prodotto tra tensione e corrente calcolato in ogni istante, sia di ***potenza media*** (intesa come valore medio, calcolato sull'intervallo di un periodo, dei prodotti dei valori istantanei di tensione e corrente); in quest'ultimo caso, di solito si parla semplicemente di ***potenza***, P.

Se il circuito ha un carico puramente resistivo, tale potenza corrisponde all'energia elettrica trasformata in energia termica dal resistore nel tempo di un periodo.

Nel caso di tensioni e correnti armoniche tra loro in fase, si dimostra che il valore medio del prodotto, calcolato in un periodo, è uguale al semiprodotto dei rispettivi valori massimi, cioè a $1/2\,(V_{max} \cdot I_{max})$.

Tenendo conto che in regime armonico valgono le relazioni $V_{max} = V_{eff} \cdot \sqrt{2}$ e $I_{max} = I_{eff} \cdot \sqrt{2}$, si può scrivere:

$$P = 1/2\,(V_{max} \cdot I_{max}) = (1/2) \cdot V_{eff} \cdot \sqrt{2} \cdot I_{eff} \cdot \sqrt{2} = V_{eff} \cdot I_{eff}$$

Riflessione *Ci si aspetta che il prodotto tra due grandezze bidirezionali alternate armoniche (tensione e corrente ad esempio) dia una grandezza unidirezionale (potenza)?*

FAQ 2 Che cos'è la reattanza?

Quando i segnali che interessano i componenti variano nel tempo, è consuetudine scrivere le equazioni che descrivono il comportamento dei componenti stessi nel modo seguente:

- per un resistore di resistenza R: $i(t) = (1/R) \cdot v(t)$;
- per un induttore di induttanza L: $v_L(t) = L \cdot (\Delta I/\Delta t)$;
- per un condensatore di capacità C: $i_C(t) = C \cdot (\Delta V/\Delta t)$.

Si rende così evidente che tensioni e correnti dipendono dal tempo o, con linguaggio più scientifico, sono funzioni del tempo.

Le equazioni possono essere interpretate nel modo seguente:

- $i(t) = (1/R) \cdot v(t)$: la corrente che percorre un resistore è *in ogni istante* proporzionale alla tensione ai suoi capi;
- $v_L(t) = L \cdot (\Delta I/\Delta t)$: la tensione che si manifesta ai capi di un induttore è in ogni istante proporzionale alla "pendenza"della corrente che lo percorre;
- $i_C(t) = C \cdot (\Delta V/\Delta t)$: la corrente che percorre un condensatore è in ogni istante proporzionale alla "pendenza" della tensione ai suoi capi.

Le equazioni precedenti valgono per segnali di qualunque forma. Quando però si parla di ***segnali armonici***, a proposito della "pendenza" si intuisce e si dimostra che:

- a parità di ampiezza tra due segnali armonici, assume "pendenza massima" più elevata quello con periodo minore, cioè con frequenza maggiore;
- a parità di periodo – e quindi di frequenza – tra due segnali armonici, assume "pendenza massima" più elevata quello con ampiezza maggiore.

Sulla base di quanto detto, è possibile dimostrare che, chiamando ***eccitazione*** la tensione (armonica) imposta ai terminali di un componente (R, oppure L, oppure C) e chiamando ***risposta*** la corrente che lo percorre, oppure invertendo le grandezze di eccitazione e di risposta, si ha che:

- eccitando una R con una tensione $v(t)$ di forma armonica, si ottiene una risposta $i(t)$ di forma armonica e l'ampiezza della risposta non dipende dalla frequenza dell'eccitazione;
- eccitando una L con una corrente $i(t)$ di forma armonica, si ottiene una risposta $v(t)$ di forma armonica e l'ampiezza della risposta aumenta al crescere della frequenza dell'eccitazione;
- eccitando una C con una tensione $v(t)$ di forma armonica, si ottiene una risposta $i(t)$ di forma armonica e l'ampiezza della risposta cresce con la frequenza dell'eccitazione.

In regime armonico, il ***rapporto tra l'ampiezza di $v(t)$*** e ***l'ampiezza di $i(t)$***:

- per un resistore è chiamato ***resistenza***, R; si misura in ohm e non dipende dalla frequenza;
- per un induttore è chiamato ***reattanza induttiva***, $X_L = \omega L = 2\pi f L$; si misura in ohm ed è direttamente proporzionale alla frequenza (o alla pulsazione);
- per un condensatore è chiamato ***reattanza capacitiva***, $X_C = 1/\omega C = 1/(2\pi f C)$; si misura in ohm ed è inversamente proporzionale alla frequenza (o alla pulsazione).

La reattanza, che si misura in ohm, viene interpretata come uno degli "ostacoli" che la corrente, *in regime armonico*, incontra nell'attraversare un induttore o un condensatore, cioè nell'attraversare un componente reattivo. A differenza della resistenza tuttavia, la reattanza è un "ostacolo non dissipativo"; nel caso ideale, in un induttore o in un condensatore non si ha *nessun effetto Joule*.

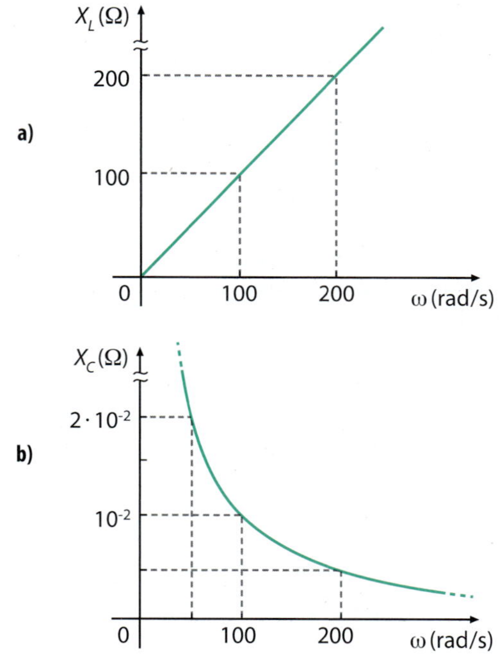

Fig. 2.3 **a)** Reattanza induttiva in funzione della pulsazione ω. Il grafico, ricavato per $L = 1$ H, ha lo stesso andamento qualitativo per qualunque valore di L; cambiano solo i valori numerici di X_L; **b)** reattanza capacitiva in funzione della pulsazione ω. Il grafico, ricavato per $C = 1$ F, ha lo stesso andamento qualitativo per qualunque valore di C; cambiano solo i valori numerici di X_C.

Riflessione *Si può pensare che, in realtà, un induttore percorso da una corrente, magari anche molto elevata, non sia sede di effetto Joule?*

FAQ 3 Che cos'è l'impedenza?

L'opposizione, misurata in ohm, che una corrente armonica incontra nell'attraversare un componente reattivo, è chiamata *reattanza*; a parità di ampiezza dell'eccitazione, l'ampiezza della risposta dipende dalla reattanza. In regime armonico tuttavia, la corrente nell'attraversare un componente reattivo subisce anche uno ***sfasamento*** rispetto alla tensione presente ai suoi capi.
Si dimostra che:
- in un induttore in regime armonico, la fase della corrente è in ritardo rispetto alla fase della tensione di 1/4 di periodo (o 90° elettrici, o $\pi/2$ radianti);
- in un condensatore in regime armonico, la fase della corrente è in anticipo rispetto alla fase della tensione di 1/4 di periodo (o 90° elettrici, o $\pi/2$ radianti).

Anche allo scopo di usare un linguaggio sintetico, si usa conglobare le informazioni relative alla *reattanza* e allo *sfasamento* nel concetto unificante di ***impedenza***.
In *regime armonico*, si dice allora che:
- l'impedenza di un *induttore* è caratterizzata da un *modulo* (o reattanza induttiva $X_L = \omega L$) e da uno *sfasamento* tra tensione e corrente (fase della tensione in anticipo rispetto alla fase della corrente);
- l'impedenza di un *condensatore* è caratterizzata da un *modulo* (o reattanza capacitiva $X_C = 1/\omega C$) e da uno *sfasamento* tra tensione e corrente (fase della tensione in ritardo rispetto alla fase della corrente).

È prassi abbastanza consolidata la rappresentazione di modulo e fase di un'impedenza, in funzione della pulsazione (o della frequenza). I grafici, di solito presentati in modo separato, sono chiamati ***diagramma del modulo*** e ***diagramma della fase***.
In senso generale, il rapporto tra risposta ed eccitazione è chiamato ***funzione di trasferimento***. È pertanto possibile dire che l'impedenza di un componente ne è una sua funzione di trasferimento, caratterizzata da modulo e fase.
Così possiamo verificare che:
- l'impedenza di un *resistore* è caratterizzata da modulo che non cambia con la pulsazione (frequenza) e fase, che non cambia con la pulsazione (e ha sempre valore zero);
- l'impedenza di un *induttore* è caratterizzata da modulo che cambia con la pulsazione (frequenza) – aumenta con la pulsazione – e fase che non cambia con la pulsazione, avendo sempre il valore di 1/4 di periodo "in anticipo" (nel senso che la tensione ha fase in anticipo rispetto a quella della corrente, che a sua volta è in ritardo rispetto alla tensione);
- l'impedenza di un *condensatore* è caratterizzata da modulo che cambia con la pulsazione (frequenza) – diminuisce quando la pulsazione aumenta – e fase che non cambia con la pulsazione, avendo sempre il valore di 1/4 di periodo "in ritardo" (nel senso che la tensione ha fase in ritardo rispetto a quella della corrente, che a sua volta è in anticipo rispetto alla tensione).

Le rappresentazioni grafiche del modulo e della fase (o su scale lineari o su scale logaritmiche) sono anche chiamate ***curve di risposta*** (del modulo e della fase).
Per sintetizzare le procedure di calcolo, è prassi comune quella di descrivere le proprietà delle impedenze attraverso il formalismo dei ***numeri complessi***, indicandole con la lettera **Z**. Secondo tale formalismo si ha:
- per un resistore:
  $\mathbf{Z}_R = R + j0 = R$ (l'impedenza di un resistore è reale);
- per un induttore:
  $\mathbf{Z}_L = 0 + j\omega L = j\omega L$ (l'impedenza di un induttore è immaginaria positiva);
- per un condensatore:
  $\mathbf{Z}_C = 0 + 1/j\omega C = 1/j\omega C = -j(1/\omega C)$ (l'impedenza di un condensatore è immaginaria negativa).

Riflessione *Quando una scala è calibrata in modo lineare e quando in modo logaritmico?*

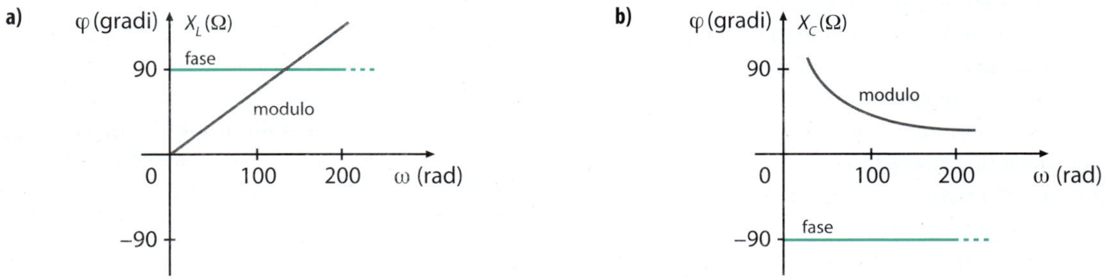

Fig. 2.4 Diagramma del modulo e diagramma della fase: **a)** per l'impedenza di un induttore; **b)** per l'impedenza di un condensatore.

FAQ 4 Che cos'è un filtro?

Il concetto di filtro è del tutto generale; così ad esempio:

- si filtrano le dimensioni di oggetti (filtro per il tè, filtro per la sabbia – setaccio –);
- si filtrano le notizie (solo quelle con determinate caratteristiche devono "passare");
- si filtrano le frequenze delle voci umane e dei suoni degli strumenti musicali; attraverso i comandi della tonalità – *bass*, *treble* negli apparati elettronici hi-fi– ;
- si filtrano le frequenze elettromagnetiche della radiazione solare, attraverso un filtro particolare, meraviglioso, chiamato occhio umano.

L'elenco potrebbe continuare; basterebbe guardare con attenzione la realtà che ci circonda per rendersi conto del fatto che la natura in modo autonomo e l'umanità in modo artificiale continuano a "filtrare qualche cosa, allo scopo di distinguerla da qualche altra cosa".

Quando si parla di **segnali elettrici**, e con specifico riferimento ai **segnali armonici**, con i cosiddetti filtri elettrici si "filtrano" le frequenze (o le pulsazioni) dei segnali stessi.

Il comportamento di un filtro è descritto dalle sue **curve di risposta**:

- una, abbastanza intuitiva, chiamata curva del *modulo*;
- l'altra, meno evidente a prima vista ma non meno importante, chiamata curva della *fase*.

Entrambe sono necessarie per descrivere l'operazione compiuta da un filtro, anche se, probabilmente a causa della storia dell'elettronica, iniziata con le comunicazioni audio (la radio per intenderci), a volte si tende a ignorare l'importanza della curva della fase, dato che l'orecchio umano è abbastanza insensibile alle distorsioni di fase. Ben diverso invece è il comportamento dell'apparato visivo: un errore di fase in un segnale video infatti può dare luogo a errori intollerabili.

È pertanto importante abituarsi, quando si parla di filtri elettrici, a porsi due domande, e cioè:

- qual è l'andamento del modulo del filtro?
- qual è l'andamento della fase del filtro?

È opportuno anche sottolineare il significato relativo della terminologia identificativa delle prestazioni dei filtri, dato che fa uso di termini che necessitano di adeguata contestualizzazione. Così, ad esempio, nell'ambito delle radiofrequenze una $f = 20.000$ Hz è considerata "molto bassa", mentre in ambito elettro-acustico è considerata "molto alta".

I dispositivi che, a fronte di un'eccitazione con ampiezza costante e frequenza variabile, consentono una risposta di ampiezza consistente a zero hertz e di ampiezza via via decrescente al crescere della frequenza, sono chiamati ***filtri passa basso*** (e quindi *filtri arresta alto*).

I dispositivi che, a fronte di un'eccitazione con ampiezza costante e frequenza variabile, consentono una risposta di ampiezza consistente a frequenze elevate e di ampiezza via via decrescente al decrescere della frequenza, sono chiamati ***filtri passa alto*** (e quindi *filtri arresta basso*).

I dispositivi che, a fronte di un'eccitazione con ampiezza costante e frequenza variabile, consentono una risposta di ampiezza nulla a zero hertz e di ampiezza via crescente e fino al raggiungimento di un valore massimo al crescere della frequenza, mentre poi, al crescere ulteriore della frequenza consentono risposte di ampiezza via via decrescente, sono chiamati ***filtri passa banda***.

I dispositivi con caratteristica complementare a quella dei filtri passa banda sono chiamati ***filtri arresta banda***.

I dispositivi che, a fronte di un'eccitazione con ampiezza costante e frequenza variabile, consentono una risposta di ampiezza costante a tutte le frequenze, possono essere chiamati *filtri passa tutto*, o *dispositivi non filtranti*. Tale terminologia è per altro poco usata. Così, ad esempio, in regime armonico il *resistore* è un dispositivo *non filtrante*; l'*induttore* è un filtro *passa basso*, il *condensatore* è un filtro *passa alto*. Opportune combinazioni di R, L, C consentono di realizzare filtri *passa banda* e filtri *arresta banda*.

Rispetto a quanto fino ad ora discusso, nascono in generale due problemi, e cioè:

- condensatori e induttori filtrano le frequenze in modo del tutto graduale e risulta difficile stabilire quali siano le frequenze "che passano" e quelle che "non passano";
- condensatori e induttori sono dispositivi a due terminali, o due poli, per cui le loro funzioni di trasferimento si riferiscono a grandezze (di eccitazione e di risposta) di natura diversa (tensioni e correnti).

Il primo problema viene affrontato definendo sia una *frequenza di taglio* (o due frequenze di taglio nel caso dei filtri passa e arresta banda), sia una "pendenza" (*roll-off* usando una locuzione inglese) della curva del modulo.

Una risposta al secondo problema viene dalla realizzazioni di dispositivi a quattro poli (*quadripoli*) anziché a due poli (*bipoli*), nei quali eccitazione e risposta possono essere grandezze omogenee (molto comuni sono le applicazioni del tipo eccitazione in tensione e risposta in tensione). Si discuteranno in seguito entrambe le situazioni.

Riflessione *Se la banda passante di un filtro è compresa tra 100 Hz e 110 Hz, quante sono le frequenze che il filtro lascia passare?*

ReT 1 Circuiti in alternata con resistenze

Eccitazione in tensione o in corrente

Nel circuito della fig. 2.5, che comprende un generatore di tensione armonica $v(t) = V_{max}\operatorname{sen}\omega t$ e un resistore di resistenza R, se la resistenza interna del generatore, r, è molto piccola rispetto a R, allora il generatore viene considerato come un ***generatore (quasi) ideale di tensione*** e, in prima approssimazione, la sua resistenza interna viene trascurata. Si dice in questo caso che il bipolo è eccitato in tensione, nel senso che, anche se il carico del generatore cambiasse, ai capi del carico ci sarebbe sempre, in pratica, la tensione $v(t) = V_{max}\operatorname{sen}\omega t$, a volte scritta per semplicità nella forma $v(t) = V \cdot \operatorname{sen}\omega t$.

Se invece la resistenza interna del generatore, r, è molto grande rispetto a R, allora il generatore viene considerato come un ***generatore (quasi) ideale di corrente*** e, in prima approssimazione, la resistenza del carico viene trascurata. Si dice in questo caso che il bipolo è eccitato in corrente: anche se R cambia, in pratica, la corrente vale $i(t) = (V/R) \cdot \operatorname{sen}\omega t$.

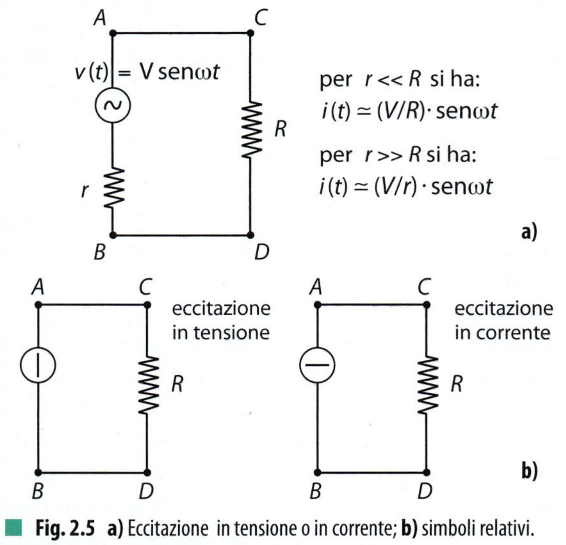

Fig. 2.5 **a)** Eccitazione in tensione o in corrente; **b)** simboli relativi.

In seguito, quando parleremo di *bipoli*, di solito li ecciteremo in *corrente*; quando parleremo di *quadripoli*, di solito li ecciteremo in *tensione*.

Funzione di trasferimento di un bipolo

Considerando un bipolo eccitato in *corrente*, la risposta è la *tensione* che si manifesta ai capi del bipolo stesso e la *funzione di trasferimento*, definita dal rapporto tra risposta ed eccitazione, è l'***impedenza***. Considerando un bipolo eccitato in *tensione*, la risposta è la *corrente* che lo percorre e la *funzione di trasferimento*, definita dal rapporto tra risposta ed eccitazione, è l'***ammettenza***. Ricordiamo che impedenza e ammettenza sono espresse attraverso il formalismo dei numeri complessi e sono funzioni della pulsazione ω (o della frequenza f); pertanto la ***funzione di trasferimento***, numero complesso, è individuata dal suo ***modulo*** e dalla sua ***fase***, *entrambe funzioni di* ω (o di f).

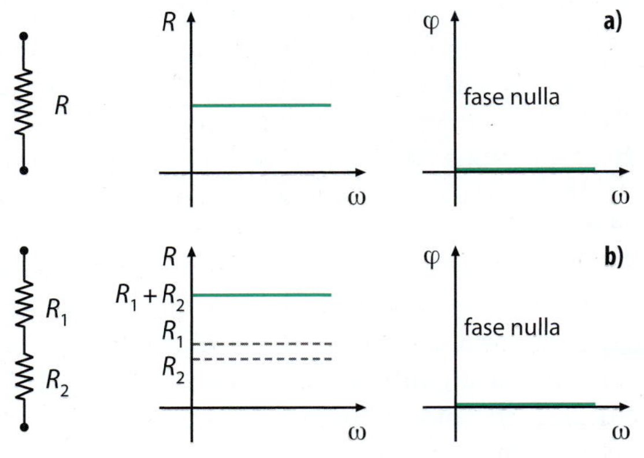

Fig. 2.6 Bipolo resistivo. **a)** Bipolo costituito da una sola resistenza: la funzione di trasferimento *impedenza*, $\mathbf{Z} = R + j0$, ha modulo R e fase $\varphi = \operatorname{arctg}(0/R)$; la fase è quindi nulla a tutte le frequenze; **b)** bipolo costituito da due resistenze in serie, R_1 e R_2: la funzione di trasferimento *impedenza*, $\mathbf{Z} = (R_1 + R_2) + j0$, ha modulo $R_1 + R_2$ e fase $\varphi = \operatorname{arctg}(0/(R_1 + R_2))$; la fase è quindi nulla a tutte le frequenze.

Funzione di trasferimento di un quadripolo resistivo

Nella rappresentazione della fig. 2.7, le resistenze R_1 e R_2 sono collegate in serie e sono percorse dalla stessa corrente (diversa è invece la situazione quando ai terminali di uscita viene collegato un carico). La funzione di trasferimento è definita dal rapporto tra la tensione di uscita e la tensione d'ingresso: a differenza dell'impedenza e dell'ammettenza, è pertanto una grandezza senza dimensioni.

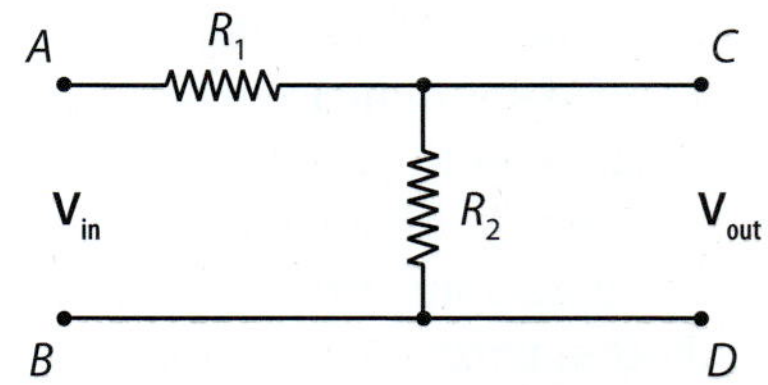

Fig. 2.7 Quadripolo resistivo. La funzione di trasferimento *tensione di uscita/tensione d'ingresso* $\mathbf{V}_{out}/\mathbf{V}_{in} = (R_2 + j0)/[(R_1 + R_2) + j0]$ ha modulo (rapporto tra le ampiezze) $R_2/(R_1 + R_2)$ e fase (differenza tra le fasi) $\varphi = \operatorname{arctg}(0 - 0)$; la fase è quindi nulla a tutte le frequenze. Il sistema potrebbe essere denominato "filtro passa tutto", anche se tale locuzione è poco usata.

Riflessione *In un quadripolo resistivo, è possibile che la tensione di uscita abbia ampiezza superiore a quella della tensione d'ingresso?*

ReT 2 Circuiti in alternata con resistenze e reattanze induttive

Funzione di trasferimento di un bipolo R-L in serie

Eccitando il bipolo in corrente, la risposta è la tensione che si manifesta tra i suoi terminali. Usando il formalismo dei numeri complessi, si può scrivere:

$$\mathbf{V}/\mathbf{I} = \mathbf{Z} = R + j\omega L$$

Il *modulo* dell'impedenza è $Z = (R^2 + \omega^2 L^2)^{1/2}$; la *fase* è $\varphi = \text{arctg}\,(\omega L/R)$.

Le due funzioni sono rappresentate nella fig. 2.8; analizzandole si vede che:

- il modulo ha valore minimo R per $\omega = 0$ (segnale continuo), mentre cresce indefinitamente al crescere della pulsazione (o della frequenza);
- la fase ha valore nullo per $\omega = 0$ (segnale continuo), mentre si avvicina a + 90 gradi al crescere della pulsazione (o della frequenza).

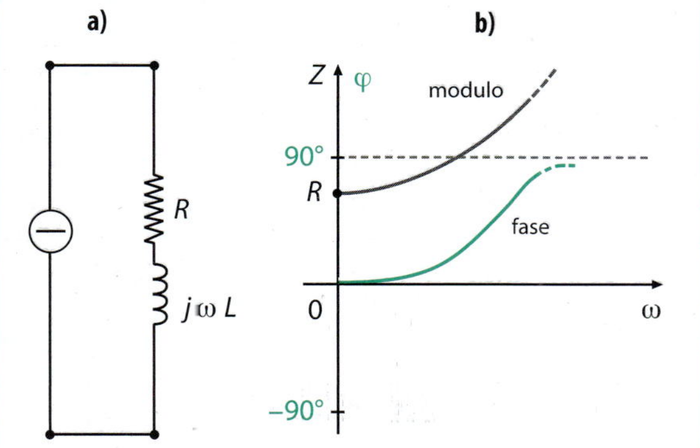

Fig. 2.8 a) Bipolo costituito da una serie *R-L*, eccitato in corrente: la funzione di trasferimento è l'*impedenza;* **b)** rappresentazioni grafiche del modulo e della fase dell'impedenza.

Funzione di trasferimento di un quadripolo R-L

Eccitando l'ingresso del quadripolo in tensione (terminali A e B), la risposta è la tensione che si manifesta all'uscita (terminali C e D). Usando il formalismo dei numeri complessi, si può scrivere:

$$\mathbf{V}_{out}/\mathbf{V}_{in} = j\omega L/(R + j\omega L)$$

Il *modulo* della funzione di trasferimento è: $V_{out}/V_{in} = [\omega^2 L^2/(R^2 + \omega^2 L^2)]^{1/2}$; la *fase* è $\varphi = \text{arctg}\,(\infty - \omega L/R)$.

Le due funzioni sono rappresentate nella fig. 2.9; analizzandole si vede che:

- il modulo ha valore nullo per $\omega = 0$ (segnale continuo), mentre cresce verso il valore 1 al crescere della pulsazione (o della frequenza);
- la fase ha valore + 90 gradi per $\omega = 0$ (segnale continuo), mentre si avvicina a 0 gradi al crescere della pulsazione (o della frequenza).

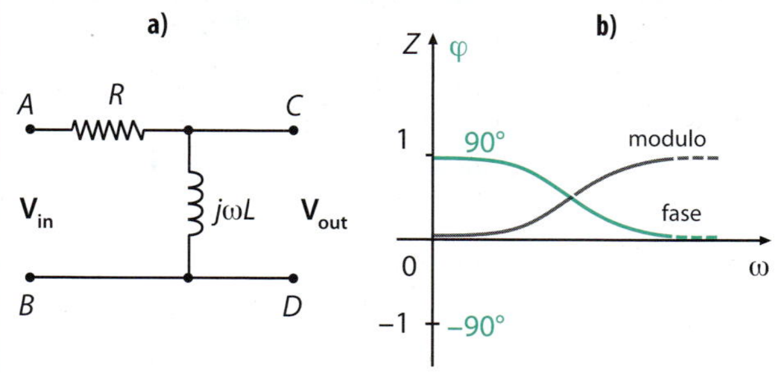

Fig. 2.9 a) Quadripolo *R-L* , con uscita su *L*, eccitato in tensione e con risposta in tensione; **b)** rappresentazioni grafiche del modulo e della fase della funzione di trasferimento. Il sistema è chiamato "filtro passa alto".

Funzione di trasferimento di un quadripolo L-R

Eccitando l'ingresso del quadripolo in tensione (terminali A e B), la risposta è la tensione che si manifesta all'uscita (terminali C e D). Usando il formalismo dei numeri complessi, si può scrivere:

$$\mathbf{V}_{out}/\mathbf{V}_{in} = R/(R + j\omega L)$$

Il *modulo* della funzione di trasferimento è $V_{out}/V_{in} = [R^2/(R^2 + \omega^2 L^2)]^{1/2}$; la *fase* è $\varphi = \text{arctg}\,(0 - \omega L/R)$.

Le due funzioni sono rappresentate nella fig. 2.10; analizzandole si vede che:

- il modulo ha valore 1 per $\omega = 0$ (segnale continuo), mentre diminuisce verso il valore 0 al crescere della pulsazione (o della frequenza);
- la fase ha valore 0 gradi per $\omega = 0$ (segnale continuo), mentre si avvicina a – 90 gradi al crescere della pulsazione (o della frequenza).

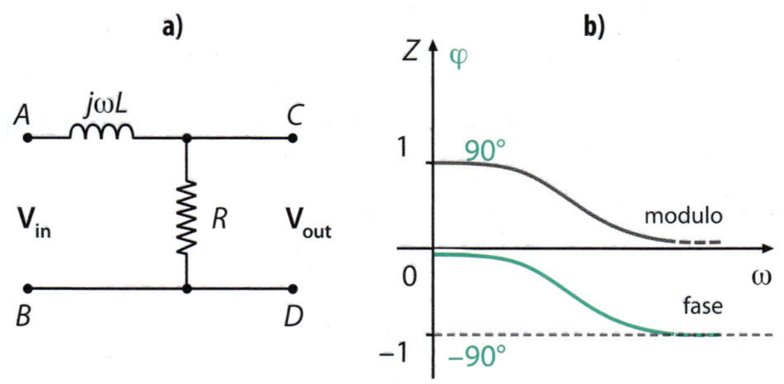

Fig. 2.10 a) Quadripolo *L-R* , con uscita su *R*, eccitato in tensione e con risposta in tensione; **b)** rappresentazioni grafiche del modulo e della fase della funzione di trasferimento. Il sistema è chiamato "filtro passa basso".

Riflessione *Se l'asse orizzontale delle pulsazioni ha calibrazione logaritmica, in quale posizione geometrica si colloca la pulsazione (frequenza) nulla?*

ReT 3 Circuiti in alternata con resistenze e reattanze capacitive

Funzione di trasferimento di un bipolo R-C in serie

Eccitando il bipolo in corrente, la risposta è la tensione che si manifesta tra i suoi terminali. Usando il formalismo dei numeri complessi, si può scrivere:

$$\mathbf{V}/\mathbf{I} = \mathbf{Z} = R + (1/j\omega C)$$

Il *modulo* dell'impedenza è $Z = [(R^2 + 1/\omega^2 C^2)]^{1/2}$; la *fase* è $\varphi = \text{arctg}\,[(1/\omega C)/R]$.

Le due funzioni sono rappresentate nella fig. 2.11; analizzandole si vede che:

- il modulo ha valore massimo, che si avvicina a $+\infty$ per $\omega = 0$ (segnale continuo), mentre si avvicina al valore minimo R al crescere della pulsazione (o della frequenza);
- la fase ha valore + 90 gradi per $\omega = 0$ (segnale continuo), mentre si avvicina a 0 gradi al crescere della pulsazione (o della frequenza).

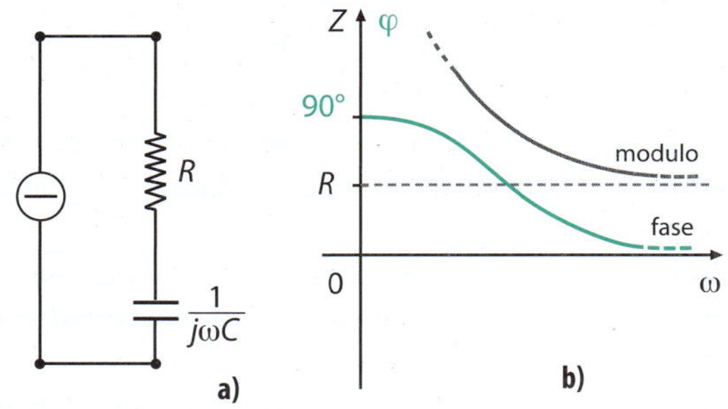

■ **Fig. 2.11 a)** Bipolo costituito da una serie *R-C*, eccitato in corrente: la funzione di trasferimento è l'*impedenza;* **b)** rappresentazioni grafiche del modulo e della fase dell'impedenza.

Funzione di trasferimento di un quadripolo R-C

Eccitando l'ingresso del quadripolo in tensione (terminali A e B), la risposta è la tensione che si manifesta all'uscita (terminali C e D). Usando il formalismo dei numeri complessi, si può scrivere:

$$\mathbf{V}_{out}/\mathbf{V}_{in} = 1/j\omega C/(R + 1/j\omega C)$$

Il *modulo* della funzione di trasferimento è $V_{out}/V_{in} = [(1/\omega^2 C^2)/(R^2 + 1/\omega^2 C^2)]^{1/2}$; la *fase* è $\varphi = \text{arctg}\,[-\infty - (1/\omega C)/R]$.

Le due funzioni sono rappresentate nella fig. 2.12; analizzandole si vede che:

- il modulo ha valore 1 per $\omega = 0$ (segnale continuo), mentre si avvicina a 0 al crescere della pulsazione (o della frequenza);
- la fase ha valore 0 gradi per $\omega = 0$ (segnale continuo), mentre si avvicina a – 90 gradi al crescere della pulsazione (o della frequenza).

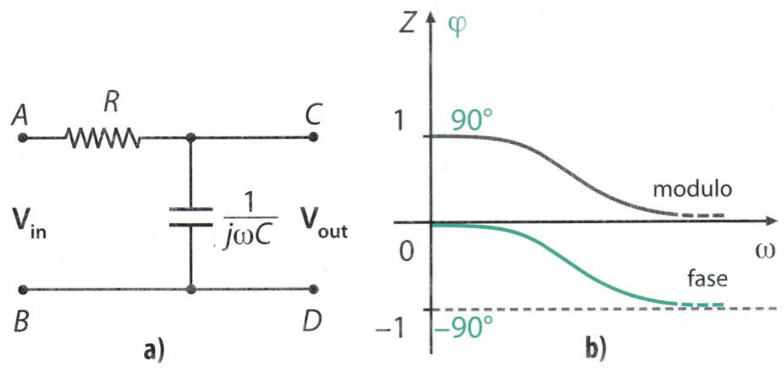

■ **Fig. 2.12 a)** Quadripolo *R-C*, con uscita su *C*, eccitato in tensione e con risposta in tensione; **b)** rappresentazioni grafiche del modulo e della fase della funzione di trasferimento. Il sistema è chiamato *"filtro passa basso"*.

Funzione di trasferimento di un quadripolo C-R

Eccitando l'ingresso del quadripolo in tensione (terminali A e B), la risposta è la tensione che si manifesta all'uscita (terminali C e D). Usando il formalismo dei numeri complessi, si può scrivere:

$$\mathbf{V}_{out}/\mathbf{V}_{in} = R/(R + 1/j\omega C)$$

Il *modulo* della funzione di trasferimento è

$$V_{out}/V_{in}\ [R^2/(R^2 + 1/\omega^2 C^2)]^{1/2};$$

la *fase* è: $\varphi = \text{arctg}\,[0 - (1/\omega C)/R]$.

Le due funzioni sono rappresentate nella fig. 2.13; analizzandole si vede che:

- il modulo ha valore 0 per $\omega = 0$ (segnale continuo), mentre aumenta verso il valore 1 al crescere della pulsazione (o della frequenza);
- la fase ha valore – 90 gradi per $\omega = 0$ (segnale continuo), mentre si avvicina a 0 al crescere della pulsazione (o della frequenza).

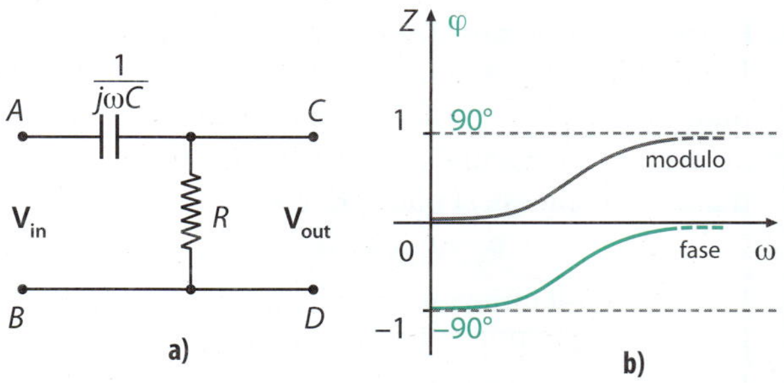

■ **Fig. 2.13 a)** Quadripolo *C-R*, con uscita su *R*, eccitato in tensione e con risposta in tensione; **b)** rappresentazioni grafiche del modulo e della fase della funzione di trasferimento. Il sistema è chiamato *"filtro passa alto"*.

Riflessione *In una rete che vede più bipoli di tipo R, L, C collegati tra loro in serie, quali sono le relazioni di fase tra tensione e corrente in ciascun bipolo?*

ReT 4 Circuiti in alternata con resistenze e reattanze – risonanza

Funzione di trasferimento di un bipolo R-L-C in serie

Eccitando il bipolo in corrente, la risposta è la tensione che si manifesta tra i suoi terminali. La funzione di trasferimento è in questo caso l'***impedenza***. Usando il formalismo dei numeri complessi, si può scrivere:

$$\mathbf{V}/\mathbf{I} = \mathbf{Z} = R + j\omega L + 1/j\omega C = R + j[\omega L - (1/\omega C)]$$

Il *modulo* dell'impedenza è $Z = [R^2 + (\omega L - 1/\omega C)^2]^{1/2}$; la *fase* è $\varphi = \mathrm{arctg}\,(\omega L - 1/\omega C)/R$.

Le due funzioni sono rappresentate nella fig. 2.14; analizzandole si vede che:

- il modulo dell'impedenza assume un valore minimo R quando $\omega L = 1/\omega C$, cioè quando $\omega = \omega_0 = 1/(LC)^{1/2}$; si dice in tal caso che il bipolo è in ***risonanza*** e la pulsazione ω_0 è chiamata pulsazione di risonanza; per pulsazioni diverse da ω_0, sia superiori, sia inferiori, il modulo dell'impedenza aumenta indefinitamente;
- la fase dell'impedenza ha valore nullo per $\omega = \omega_0$, mentre si avvicina a + 90 gradi al crescere della pulsazione (o della frequenza) e si avvicina a – 90 gradi al diminuire della pulsazione (o della frequenza).

Funzione di trasferimento di un bipolo R-L-C in parallelo

Eccitando il bipolo in tensione, la risposta è la corrente complessiva che lo percorre, chiamata anche *corrente di linea*. La funzione di trasferimento è in questo caso l'***ammettenza***. Usando il formalismo dei numeri complessi e introducendo il simbolo della conduttanza $G = 1/R$, si può scrivere:

$$\mathbf{I}/\mathbf{V} = \mathbf{Y} = G + j\omega C + 1/j\omega L = G + j[\omega C - (1/\omega L)]$$

Il *modulo* dell'ammettenza è $Y = [G^2 + (\omega C - 1/\omega L)^2]^{1/2}$; la *fase* è $\varphi = \mathrm{arctg}\,(\omega C - 1/\omega L)/G$.

Le due funzioni sono rappresentate nella fig. 2.15; analizzandole si vede che:

- il modulo dell'ammettenza assume un valore minimo G quando $\omega C = 1/\omega L$, cioè quando $\omega = \omega_0 = 1/(LC)^{1/2}$; si dice in tal caso che il bipolo è in ***risonanza*** e la pulsazione ω_0 è chiamata pulsazione di risonanza; per pulsazioni diverse da ω_0, sia superiori, sia inferiori, il modulo dell'ammettenza aumenta indefinitamente;
- la fase dell'ammettenza ha valore nullo per $\omega = \omega_0$, mentre si avvicina a + 90 gradi al crescere della pulsazione (o della frequenza) e si avvicina a – 90 gradi al diminuire della pulsazione (o della frequenza).

Riflessione *In un quadripolo R-L-C con uscita su C o in un quadripolo R-C-L con uscita su L, è possibile che la tensione di uscita abbia ampiezza superiore a quella della tensione d'ingresso?*

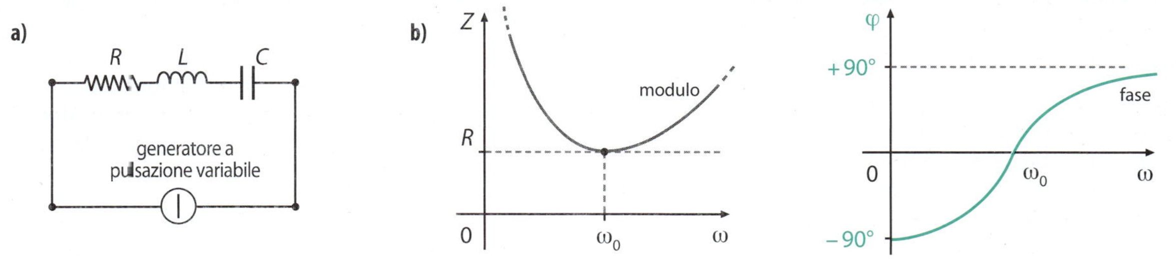

■ **Fig. 2.14 a)** Bipolo costituito da una serie *R-L-C*, eccitato in corrente: la funzione di trasferimento è l'*impedenza;* **b)** rappresentazioni grafiche del modulo e della fase dell'impedenza.

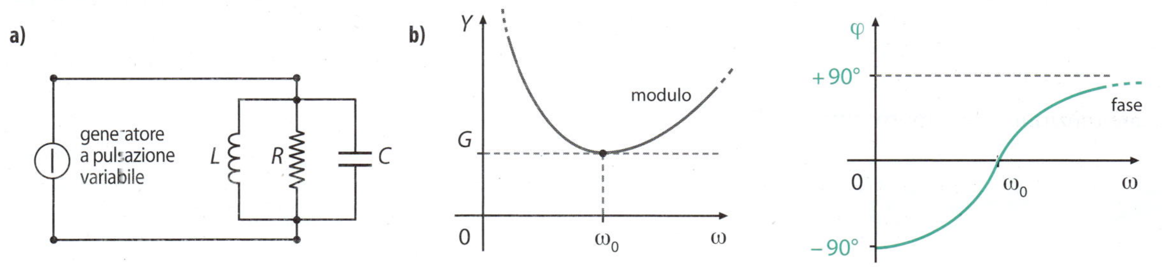

■ **Fig. 2.15 a)** Bipolo costituito da un parallelo *R-L-C*, eccitato in tensione: la funzione di trasferimento è l'*ammettenza;* **b)** rappresentazioni grafiche del modulo e della fase dell'ammettenza.

Sommario

Quando un sistema costituito da componenti lineari, quali *R*, *L*, *C*, è eccitato da sorgenti armoniche e isofrequenziali ed è passato un tempo sufficientemente lungo dal momento dell'eccitazione, il sistema funziona nella condizione denominata regime armonico, o regime alternato sinusoidale.
Nel regime armonico, a differenza del regime continuo, assume importanza il cosiddetto *sfasamento* tra tensioni e correnti, tipico dei componenti reattivi (*L*, *C*), ma non di quelli resistivi.
Il comportamento globale di un componente o di un insieme di componenti è definito dalla ***funzione di trasferimento***, intesa come rapporto tra risposta ed eccitazione ed espressa attraverso il formalismo dei *numeri complessi*.
Nei bipoli le funzioni di trasferimento sono chiamate *impedenze* e *ammettenze*; nei quadripoli una funzione di trasferimento molto usata è quella associata al *rapporto tra tensione in uscita e tensione all'ingresso*.
La funzione di trasferimento viene disarticolata nel suo ***modulo*** e nella sua ***fase***; modulo e fase sono espressi in funzione della pulsazione e, in generale, variano con essa.
Quando il modulo ha un determinato valore alla pulsazione (frequenza) zero e diminuisce al crescere della pulsazione, si parla di filtro passa basso.
Quando il modulo ha valore nullo alla pulsazione (frequenza) zero e aumenta al crescere della pulsazione, si parla di filtro passa alto.
Quando il modulo ha valore diverso da zero solo in corrispondenza a un determinato insieme di pulsazioni, con valori maggiori di zero e minori di infinito, si parla di filtro passa banda.
Un comportamento complementare a quello del filtro passa banda individua il filtro arresta banda.

Risposte alle riflessioni

***FAQ* 1** Si, a condizione che le due grandezze siano perfettamente in fase: in tal caso infatti i fattori della moltiplicazione sono o entrambi positivi, o entrambi negativi, o entrambi nulli.

***FAQ* 2** Si, dato che, secondo il modello ideale, il conduttore con il quale è fatto l'avvolgimento dell'induttore ha resistenza nulla. In pratica, dato che non esiste il conduttore con resistenza nulla, si rtitiene che il valore, pur diverso da zero, sia trascurabile.

***FAQ* 3** In una scala a calibrazione lineare, a uguali incrementi geometrici (ad esempio 1 cm) corrispondono uguali incrementi numerici (ad esempio 10 Hz: da 100 a 110 Hz). In una scala a calibrazione logaritmica, a uguali incrementi geometrici (ad esempio 1 cm) corrispondono uguali incrementi di un esponente (ad esempio da 10^2 a 10^3 Hz).

***FAQ* 4** È bene riflettere, senza dare risposte affrettate. Non sono di certo 10 le frequenze che riescono a passare.
Bisogna tenere presente che tra due valori estremi di frequenza esistono sempre infiniti valori di frequenza; pertanto qualunque filtro lascia passare infinite frequenze. Il filtro però stabilisce quali sono gli estremi, inferiore e superiore, dell'insieme delle frequenze che passa, cioè stabilisce quale è la ***banda*** che passa.

***ReT* 1** No. Dall'espressione $R_2/(R_1+R_2)$ si vede infatti che il denominatore è sempre più grande del numeratore, per cui la tensione di uscita è sempre meno ampia della tensione di ingresso.
***ReT* 2** A sinistra, a distanza infinita, dato $\log 0 = -\infty$. Alla cosiddetta "origine degli assi" corrisponde la pulsazione (frequenza) unitaria, dato che $\log 1 = 0$.

***ReT* 3** Ciascun bipolo, anche quando è "insieme" ad altri, non cambia mai il proprio comportamento: così in un resistore tensione e corrente sono sempre tra loro in fase, in un induttore la fase della tensione anticipa sempre rispetto alla fase della corrente di 1/4 di periodo, in un condensatore la fase della tensione ritarda sempre rispetto alla fase della corrente, di 1/4 di periodo.

ReT* 4** Si. Analizzando le espressioni $X_C/[R^2+(X_L-X_C)^2]^{1/2}$ e $X_L/[R^2+(X_L-X_C)^2]^{1/2}$, che forniscono il rapporto tra le ampiezze nei due casi, si vede che, nella situazione $X_L=X_C$, cioè alla pulsazione di risonanza, il rapporto tra le ampiezze vale X_C/R in un caso e X_L/R nell'altro. Se alla pulsazione di risonanza la reattanza è superiore alla resistenza, allora la tensione di uscita ha ampiezza superiore a quella della tensione d'ingresso. Il rapporto X_C/R o X_L/R individua il cosiddetto fattore di merito della rete, di solito indicato con la lettera ***Q (*Quality Factor*).

Sitografia • Bibliografia

- http://www.roma1.infn.it/rog/pallottino/bacheca/IV-3-3%20F%20Correnti%20alternate.pdf
- http://it.wikipedia.org/wiki/Corrente_alternata
- Jewett-Serway, *Principi di Fisica* – IV ed., EdiSES, 2006.
- Agarwal-Lang, *Foundation of Analog and Digital Electronic Circuits*, Morgan Kaufman, 2005.

Esercizi e Problemi

FAQ 1

Es. 1 Analizzare le caratteristiche di un segnale sinusoidale, o segnale armonico.

Es. 2 Calcolare il prodotto tra una tensione armonica con $f = 50$ Hz e valore massimo di 324 V e la corrente che percorre una resistenza $R = 100\ \Omega$ sottoposta alla tensione stessa.

Es. 3 Dimostrare che l'energia elettrica trasformata in energia termica in un periodo T da una resistenza percorsa da una corrente sinusoidale è $E = 1/2\ (V_{max} \cdot I_{max}) \cdot T$.

Es. 4 Una tensione armonica con valore massimo di 324 V e frequenza $f = 50$ Hz alimenta due resistenze da 80 Ω e 120 Ω, collegate in serie. Calcolare la potenza su ciascuna resistenza e la potenza complessiva.

Es. 5 Una tensione armonica con valore massimo di 324 V e frequenza $f = 50$ Hz alimenta due resistenze da 80 Ω e 120 Ω, collegate in parallelo. Calcolare la potenza su ciascuna resistenza e la potenza complessiva.

Es. 6 Una tensione armonica con valore efficace di 100 V alimenta un carico resistivo, rappresentato dall'impedenza di un'antenna, di 75 Ω. La sua frequenza è di 900 kHz. Calcolare e rappresentare graficamente:
a) la corrente che percorre il carico;
b) la potenza istantanea sul carico;
c) la potenza media sul carico.

FAQ 2

Es. 1 Verificare che, a parità di ampiezza tra due segnali armonici, assume "pendenza massima" più elevata quello con periodo minore, cioè con frequenza maggiore.

Es. 2 Verificare che, a parità di periodo e quindi di frequenza tra due segnali armonici, assume "pendenza massima" più elevata quello con ampiezza maggiore.

Es. 3 Calcolare la reattanza induttiva di un induttore caratterizzato da $L = 100$ mH
a) alla frequenza della rete elettrica, cioè a 50 Hz;
b) alla frequenza (radio, onde medie) di 900 kHz;
c) alla frequenza (radio, VHF) di 105 MHz;
d) alla frequenza (microonde) di 3 GHz.

Pr. 1 Facendo riferimento all'equazione che descrive il comportamento di un induttore, verificare che il valore della sua reattanza è dato dall'equazione $X_L = \omega L$.

Pr. 2 Facendo riferimento all'equazione che descrive il comportamento di un condensatore, verificare che il valore della sua reattanza è dato dall'equazione $X_C = 1/\omega C$.

FAQ 3

Es. 1 Verificare le equivalenze tra frazioni di periodo, gradi elettrici, radianti.

Es. 2 Rappresentare una retta che passa per l'origine:
a) su un diagramma con scale calibrate in modo lineare;
b) su un diagramma con calibrazione logaritmica sull'asse orizzontale e lineare sull'asse verticale;
c) su un diagramma con calibrazione logaritmica su entrambi gli assi.

Pr. 1 Facendo riferimento all'equazione che descrive il comportamento di un induttore, verificare che, in regime armonico, la fase della corrente è in ritardo rispetto alla fase della tensione di 1/4 di periodo (o 90° elettrici, o $\pi/2$ radianti).

Pr. 2 Facendo riferimento all'equazione che descrive il comportamento di un condensatore, verificare che, in regime armonico, la fase della corrente è in anticipo rispetto alla fase della tensione di 1/4 di periodo (o 90° elettrici, o $\pi/2$ radianti).

Pr. 3 Definire la funzione di trasferimento ***ammettenza***.

Pr. 4 Disegnare i diagrammi del modulo e della fase dell'ammettenza di un induttore.

Pr. 5 Disegnare i diagrammi del modulo e della fase dell'ammettenza di un condensatore.

Pr. 6 Usando il formalismo dei numeri complessi, ricavare l'espressione dell'impedenza di un induttore e commentare il risultato.

Pr. 7 Usando il formalismo dei numeri complessi, ricavare l'espressione dell'impedenza di un condensatore e commentare il risultato.

Pr. 8 Usando il formalismo dei numeri complessi, ricavare l'espressione dell'impedenza di un resistore e commentare il risultato.

FAQ 4

Pr. 1 Disegnare le curve di risposta per la funzione di trasferimento impedenza di un induttore con $L = 1$ mH. Gli assi orizzontali riportino la pulsazione, con scala lineare. Discutere sui problemi legati alla rappresentazione grafica.

Pr. 2 Disegnare le curve di risposta per la funzione di trasferimento impedenza di un induttore con $L = 1$ mH. Gli assi orizzontali riportino la pulsazione con scala logaritmica (in base 10). Discutere sui problemi legati alla rappresentazione grafica.

Pr. 3 Disegnare le curve di risposta per la funzione di trasferimento impedenza di un condensatore con $C = 1\ \mu$F. Gli assi orizzontali riportino la pulsazione con scala lineare. Discutere sui problemi legati alla rappresentazione grafica.

Pr. 4 Disegnare le curve di risposta per la funzione di trasferimento impedenza di un condensatore con $C = 1\ \mu$F. Gli assi orizzontali riportino la pulsazione con scala logaritmica (in base 10). Discutere sui problemi legati alla rappresentazione grafica.

ReT 1

Es. 1 Calcolare e rappresentare graficamente:

a) il modulo della funzione di trasferimento *impedenza* del parallelo tra due resistenze $R_1 = 100\ \Omega$ e $R_2 = 180\ \Omega$;
b) la fase della funzione di trasferimento *impedenza* del parallelo tra due resistenze $R_1 = 100\ \Omega$ e $R_2 = 180\ \Omega$;
c) il modulo della funzione di trasferimento *ammettenza* del parallelo tra due resistenze $R_1 = 100\ \Omega$ e $R_2 = 180\ \Omega$;
d) la fase della funzione di trasferimento *ammettenza* del parallelo tra due resistenze $R_1 = 100\ \Omega$ e $R_2 = 180\ \Omega$.

Pr. 1 Usando il formalismo dei numeri complessi, ricavare l'espressione della funzione di trasferimento tensione di uscita-tensione d'ingresso per un quadripolo resistivo. Rappresentare su grafico semilogaritmico il diagramma del modulo e il diagramma della fase per una rete realizzata con $R_1 = 1\ k\Omega$, $R_2 = 1\ k\Omega$ e discutere sul significato di *banda passante* del sistema.

ReT 2

Es. 1 Si faccia riferimento al "*filtro passa basso*" della fig. 2.10, se il circuito *L-R* è costituito da:

– un induttore con induttanza $L = 100$ nH;
– un resistore con resistenza $R = 2200\ \Omega$,

calcolare:

a) la pulsazione in corrispondenza della quale il modulo della funzione di trasferimento vale 0,7;
b) la pulsazione in corrispondenza della quale la fase della funzione di trasferimento vale - 45 gradi.

Pr. 1 Usando il formalismo dei numeri complessi, ricavare l'espressione della funzione di trasferimento tensione di uscita-tensione d'ingresso per un quadripolo resistivo-induttivo, o *R-L*, con uscita su *L*. Rappresentare su grafico semilogaritmico il diagramma del modulo e il diagramma della fase per una rete realizzata con $R = 1\ k\Omega$, $L = 100$ mH e individuare la frequenza di taglio del sistema.

Pr. 2 Usando il formalismo dei numeri complessi, ricavare l'espressione della funzione di trasferimento tensione di uscita-tensione d'ingresso per un quadripolo induttivo-resistivo, o *L-R*, con uscita su *R*. Rappresentare su grafico semilogaritmico il diagramma del modulo e il diagramma della fase per una rete realizzata con $L = 100$ mH, $R = 1\ k\Omega$ e individuare la frequenza di taglio del sistema.

ReT 3

Es. 1 Si faccia riferimento al "filtro passa basso" della fig. 2.12, se il circuito *R-C* è costituito da:

– un resistore con resistenza $R = 2200\ \Omega$;
– un condensatore con $C = 120$ nF;

calcolare:

– la pulsazione in corrispondenza della quale il modulo della funzione di trasferimento vale 0,7;
– la pulsazione in corrispondenza della quale la fase della funzione di trasferimento vale –45 gradi.

Pr. 1 Usando il formalismo dei numeri complessi, ricavare l'espressione della funzione di trasferimento tensione di uscita-tensione d'ingresso per un quadripolo resistivo-capacitivo, o *R-C*, con uscita su *C*. Rappresentare su grafico semilogaritmico il diagramma del modulo e il diagramma della fase per una rete realizzata con $R = 1\ k\Omega$, $C = 100$ nF e individuare la frequenza di taglio del sistema.

Pr. 2 Usando il formalismo dei numeri complessi, ricavare l'espressione della funzione di trasferimento tensione di uscita-tensione d'ingresso per un quadripolo capacitivo-resistivo, o *C-R*, con uscita su *R*. Rappresentare su grafico semilogaritmico il diagramma del modulo e il diagramma della fase per una rete realizzata con $C = 100$ nF, $R = 1\ k\Omega$ e individuare la frequenza di taglio del sistema.

ReT 4

Es. 1 Disponendo di un induttore con induttanza $L = 2$ nH, calcolare:

a) il valore che deve avere una capacità affinché il bipolo *L-C in serie* abbia impedenza nulla alla frequenza $f = 10$ MHz;
b) il valore che deve avere una capacità affinché il bipolo *L-C in parallelo* abbia ammettenza nulla frequenza $f = 10$ MHz;
c) il campo di variabilità della capacità *C* affinché il bipolo *L-C in serie* possa avere impedenza nulla nel *range* di frequenze compreso tra 5 MHz e 15 MHz.

Pr. 1 Usando il formalismo dei numeri complessi, ricavare l'espressione della funzione di trasferimento "*Impedenza*" per un bipolo resistivo-induttivo-capacitivo, o *R-L-C*. Rappresentare su grafico semilogaritmico il diagramma del modulo e il diagramma della fase per una rete realizzata con $R = 1\ k\Omega$, $L = 100$ mH, $C = 100$ nF e individuare le frequenze di taglio del sistema.

Pr. 2 Usando il formalismo dei numeri complessi, ricavare l'espressione della funzione di trasferimento "ammettenza" per un bipolo resistivo-induttivo-capacitivo, o *R-L-C*. Rappresentare su grafico semilogaritmico il diagramma del modulo e il diagramma della fase per una rete realizzata con $R = 1\ k\Omega$, $L = 100$ mH, $C = 100$ nF e individuare le frequenze di taglio del sistema.

Pr. 3 Usando il formalismo dei numeri complessi, ricavare l'espressione della funzione di trasferimento tensione di uscita-tensione d'ingresso per un quadripolo resistivo-induttivo-capacitico, o *R-L-C*, con uscita su *C*. Rappresentare su grafico semilogaritmico il diagramma del modulo e il diagramma della fase per una rete realizzata con $R = 1\ k\Omega$, $L = 100$ mH, $C = 100$ nF e individuare le frequenze di taglio del sistema.

Pr. 4 Usando il formalismo dei numeri complessi, ricavare l'espressione della funzione di trasferimento tensione di uscita-tensione d'ingresso per un quadripolo resistivo-capacitivo-induttivo, o *R-C-L*, con uscita su *L*. Rappresentare su grafico semilogaritmico il diagramma del modulo e il diagramma della fase per una rete realizzata con $R = 1\ k\Omega$, $C = 100$ nF, $L = 100$ mH e individuare le frequenze di taglio del sistema.

MODULO 3

Elettronica digitale

indice

abilità

La discussione degli esempi e delle riflessioni, l'analisi del testo e lo svolgimento di alcuni esercizi favoriscono lo sviluppo della seguente abilità:

- riconoscere la funzionalità e le strutture dei sistemi a logica cablata

UNITÀ 3.1

Logica combinatoria

Logica a due stati e funzioni combinatorie

In questa Unità si descrivono le principali funzioni logiche combinatorie e i corrispondenti circuiti integrati

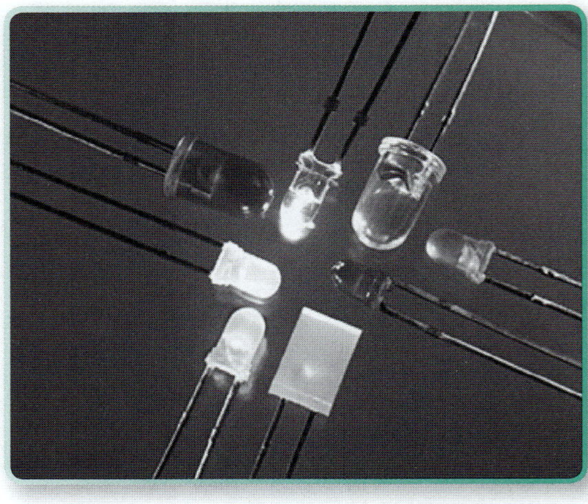

L'elettronica digitale è impiegata nel settore dei computer, ma la si può trovare in molti altri settori, nella telefonia, nell'elaborazione dei dati, nei sistemi militari, nel controllo di moto, auto e aerei, nella strumentazione di laboratorio, in molti prodotti di largo consumo e nel sistema televisivo con il digitale terrestre.
L'elettronica digitale si occupa di circuiti e sistemi che agiscono utilizzando due stati di funzionamento, a differenza dell'elettronica analogica.
I due stati dei sistemi digitali possono rappresentare numeri, ma anche altre informazioni come i caratteri di un linguaggio, i valori istantanei di un suono o di un'immagine. Nei sistemi numerici a due stati la singola cifra, che può assumere gli stati 1 e 0, viene chiamata *bit*.

indice

FAQ 1 Come si rappresentano i numeri in digitale?

Il sistema di numerazione decimale, quello utilizzato comunemente, utilizza dieci cifre, come le dita delle nostre mani. È quindi un sistema a base 10 che utilizza dieci simboli distinti, le cifre decimali, e assegna ad ogni cifra un peso che dipende dalla posizione della cifra nel numero. Ad esempio il numero 276, in notazione decimale, assegna alla cifra 6 un peso 1 (10^0), alla cifra 7 un peso 10 (10^1) e alla cifra 2 un peso 100 (10^2). In sintesi

$$276 = 2 \cdot 10^2 + 7 \cdot 10^1 + 6 \cdot 10^0 = 2 \cdot 100 + 7 \cdot 10 + 6 \cdot 1$$

Il massimo numero rappresentabile con n cifre decimali è pari a $10^n - 1$. Ad esempio con 3 cifre decimali si può rappresentare al massimo il numero 999, che è pari a $10^3 - 1$.

Analogamente nel sistema binario, che è un sistema a base 2, ci sono solo due simboli, 0 e 1.

I numeri in binario sono quindi rappresentati solo dai simboli 0 e 1 e il peso che le singole cifre hanno all'interno del numero è una potenza di 2.

$$N_{binario} = C_n \cdot 2^n + ... + C_2 \cdot 2^2 + C_1 \cdot 2^1 + C_0 \cdot 2^0$$

Il numero binario 1010 può quindi essere espresso come $1 \cdot 2^3 + 0 \cdot 2^2 + 1 \cdot 2^1 + 0 \cdot 2^0$.

Esempio Come si converte in decimale il numero binario 1010?

Discussione Si sommano le singole cifre binarie moltiplicate per il peso corrispondente

$$1010_b = 1 \cdot 2^3 + 0 \cdot 2^2 + 1 \cdot 2^1 + 0 \cdot 2^0 = 10_d$$

La conversione contraria, da decimale a binario, può essere effettuata dividendo successivamente per due il numero decimale e riportando i risultati della divisione sulla colonna a sinistra; i resti della divisione (0 o 1) si riportano sulla colonna a destra che, letta dal basso verso l'alto, rappresenta il numero binario cercato, come rappresentato in fig. 1.1.

N° decimale	Resto
77	1
38	0
19	1
9	1
4	0
2	0
1	1
N° binario	1001101

Fig. 1.1 Conversione da decimale a binario.

Il sistema di numerazione binario è utilizzato per rappresentare i numeri nei sistemi di elaborazione digitale, come i computer e le calcolatrici. Quando i numeri binari sono rappresentati da molti bit, ad esempio quando si vuole conoscere il contenuto di una memoria, può essere poco comprensibile riportare una lunga successione di 1 e 0. In questi casi viene spesso utilizzato il sistema di numerazione esadecimale a base 16.

I numeri esadecimali utilizzano 16 simboli: i numeri dallo 0 al 9 e le lettere dalla *A* alla *F*; il peso delle singole cifre del numero è una potenza di 16.

$$N_h = C_n \cdot 16^n + \ldots + C_2 \cdot 16^2 + C_1 \cdot 16^1 + C_0 \cdot 16^0$$

Il numero esadecimale 2*E* può quindi essere espresso come $2 \cdot 16^1 + 14 \cdot 16^0$ ($E_h = 14_d$).

Per convertire il valore di tale numero in decimale è sufficiente effettuare i calcoli:

$$2E_h = 2 \cdot 16 + 14 \cdot 1 = 46_d$$

DEC	BIN	HEX
0	0000	0
1	0001	1
2	0010	2
3	0011	3
4	0100	4
5	0101	5
6	0110	6
7	0111	7
8	1000	8
9	1001	9
10	1010	*A*
11	1011	*B*
12	1100	*C*
13	1101	*D*
14	1110	*E*
15	1111	*F*

Fig. 1.2 Rappresentazione dei primi 16 numeri in formato decimale, binario ed esadecimale.

La funzione del sistema esadecimale è principalmente quella di rappresentare in modo più compatto i numeri binari. Infatti, come si vede nella fig. 1.2, ad ogni gruppo di 4 bit binari corrisponde una cifra esadecimale; la conversione esadecimale → binario si effettua semplicemente sostituendo ad ogni cifra esadecimale i corrispondenti 4 bit binari: ad esempio $7C_h = 0111\ 1100_b$.

La conversione binario → esadecimale prevede che i numeri binari vengano raggruppati a 4 a 4 partendo da destra e ogni gruppo da 4 viene sostituito dalla corrispondente cifra esadecimale; ad esempio:

$$1110\ 0110\ 0101_b = E65_h$$

Riflessione *Con n bit qual è il massimo numero intero rappresentabile??*

FAQ 2 Che cosa sono le porte logiche?

Come i numeri possono essere rappresentati in codice binario, utilizzando un adeguato numero di bit, così altre informazioni (suoni, immagini, grandezze fisiche ecc.) possono essere rappresentate con stringhe di bit, cioè in rappresentazione binaria. Tali informazioni vengono generalmente elaborate da circuiti digitali, che le ricevono dall'ambiente circostante (o mondo esterno), operano su di esse delle trasformazioni e comunicano al mondo esterno l'esito delle proprie elaborazioni; un esempio dell'impiego di tali circuiti è senza dubbio il calcolatore elettronico.

Le porte logiche sono gli elementi fondamentali di qualunque dispositivo digitale; ricevendo in ingresso segnali binari, forniscono in uscita un segnale binario, funzione di tali ingressi. Per esprimere la funzione delle porte logiche si usa la **tabella di verità**, che riporta, per tutte le combinazioni possibili degli ingressi, lo stato dell'uscita

Le porte logiche principali sono:

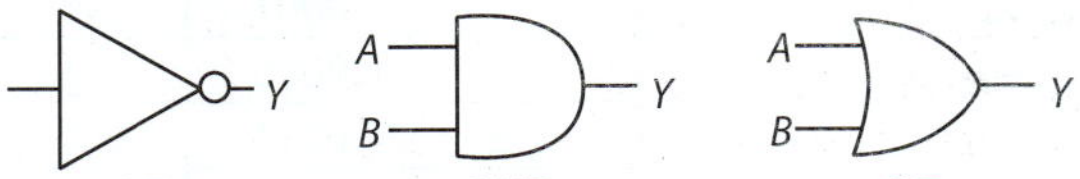

NOT

A	Y
0	1
1	0

$Y = \overline{A}$

AND

A	B	Y
0	0	0
0	1	0
0	1	0
1	1	1

$Y = A \cdot B$

OR

A	B	Y
0	0	0
0	1	1
1	0	1
1	1	1

$Y = A + B$

Fig. 1.3 Simbolo, funzione logica e tabella di verità delle porte logiche fondamentali.

NOT La porta logica NOT inverte lo stato logico presente all'ingresso. Il suo simbolo logico è la negazione $Y = \overline{A}$. In fig. 1.3 è riportata la tabella della porta NOT.

Esempio 1 Quando si apre il frigorifero, si accende una luce interna che è normalmente spenta. Che funzione logica viene svolta tra l'ingresso A che rappresenta l'interruttore posto sulla porta (porta aperta $A = 0$, porta chiusa $A = 1$), e l'uscita Y costituta dalla lampadina (spenta $Y = 0$, accesa $Y = 1$)?

Discussione Tra l'interruttore e la lampadina viene svolta una funzione logica NOT, infatti $Y = \overline{A}$.

AND La porta logica AND fornisce uno stato logico alto 1 solo quando gli ingressi sono entrambi allo stato alto 1, ovvero basta che un ingresso sia in stato basso 0 per avere uno stato basso 0 sull'uscita. Il suo simbolo logico è simile a quello del prodotto $Y = A \cdot B$. In fig. 1.3 è riportata la tabella della porta AND.

Esempio 2 Spesso dietro al contenitore del computer è disponibile un interruttore che toglie alimentazione quando è in stato OFF. Che funzione logica viene svolta tra tale interruttore e il pulsante di accensione del computer per far funzionare quest'ultimo?

Discussione Il computer si accende ($Y = 1$) solo quando entrambi i pulsanti sono in stato di ON (pulsante A e pulsante B in stato ON = stato logico 1) per cui viene svolta tra i due pulsanti una funzione logica AND: $Y = A \cdot B$. Potremmo anche dire che il computer è spento ($Y = 0$) quando almeno un pulsante è in stato OFF.

OR La porta logica OR fornisce uno stato logico alto 1 quando almeno uno degli ingressi è in stato alto 1, ovvero è necessario che gli ingressi siano entrambi in stato basso 0 per avere uno stato basso 0 sull'uscita. Il suo simbolo logico è simile a quello dell'addizione $Y = A + B$. In fig. 1.3 è riportata la tabella della porta OR.

Esempio 3 Nell'antifurto di una casa in ognuna delle due porte di accesso viene posto un interruttore che genera uno stato alto 1 quando la porta è aperta e uno in stato basso 0 quando la porta è chiusa. Che funzione logica verrà svolta tra gli interruttori A e B per attivare un allarme Y?

Discussione L'allarme verrà attivato ($Y=1$) quando almeno uno dei due interruttori sarà posto in stato alto, per cui viene svolta una funzione logica OR: $Y = A + B$. Potremmo anche dire che l'allarme è spento ($Y = 0$) solo quando entrambi gli interruttori sono in stato basso.

NOR, NAND, XOR NOR e NAND negano il risultato rispettivamente della OR e della AND; la porta XOR (OR esclusivo) differisce dalla OR solo nello stato $A = B = 1$ (fig. 1.4).

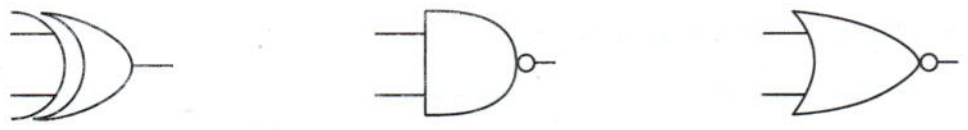

X-OR

A	B	Y
0	0	0
0	1	1
1	0	1
1	1	0

$Y = A \oplus B$

NAND

A	B	Y
0	0	1
0	1	1
1	0	1
1	1	0

$Y = \overline{A \cdot B}$

NOR

A	B	Y
0	0	1
0	1	0
1	0	0
1	1	0

$Y = \overline{A + B}$

Fig. 1.4 Simbolo, funzione logica e tabella di verità delle porte logiche X-OR , NAND e NOR.

Riflessione *A che cosa corrispondono fisicamente i livelli logici?*

FAQ 3 Come si combinano tra loro i circuiti logici?

Le porte logiche elementari sono i "mattoni" con cui si costruiscono tutti i circuiti logici, anche molto complessi.
Per analizzare la funzione svolta da un circuito costituito da porte logiche, e rappresentato da uno schema logico, è necessario:

- ricavare l'espressione logica relativa allo schema in questione $Y = f(A, B, C, ...)$; è conveniente in questo caso partire da sinistra e scrivere le funzioni per livelli di porte;
- ricavare la tabella di verità relativa all'espressione logica procedendo per livelli;
- dedurre le caratteristiche di funzionamento del circuito a partire dalla tabella.

Esempio 1 Dallo schema riportato in fig. 1.5a) ricavare l'espressione logica corrispondente, la relativa tabella di verità e dedurre il funzionamento del circuito.

Discussione L'espressione logica del primo livello è $Y' = \overline{S}$; quelle del secondo livello sono $Y'' = A \cdot S$ e $Y''' = B \cdot \overline{S}$; al terzo livello si ha la funzione complessiva $Y = A \cdot S + B \cdot \overline{S}$; la tabella di verità in fig. 1.5b) riporta lo stato logico delle funzioni Y', Y'', Y''' dei vari livelli di porte e alla fine l'espressione logica dell'uscita y. Il funzionamento del circuito di fig. 1.5 a) è il seguente: l'uscita y riproduce lo stato di uno degli ingressi, a seconda del valore logico presente su S: se $S = 0$, $Y = B$, se $S = 1$, $Y = A$. Tale funzione si chiama multiplexer o selettore.

Per analizzare e manipolare le espressioni logiche è necessario conoscere le regole dell'algebra di Boole, o algebra booleana. Le proprietà dell'algebra di Boole sono espresse nella fig. 1.6.

Esempio 2 Se pongo ai due ingressi di una porta OR lo stesso stato logico, cioè collego insieme gli ingressi A e B della OR, che cosa ottengo in uscita?

$A + 1 = 1$ $A \cdot 0 = 0$	**teorema di annullamento**
$A + 0 = A$ $A \cdot 1 = A$	**teorema di identità**
$A + \overline{A} = 1$ $A \cdot \overline{A} = 0$	**teorema dei complementi**
$A + A = A$ $A \cdot A = A$	**teorema di idempotenza**
$A + (A \cdot B) = A$ $A \cdot (A + B) = A$	**primo teorema dell'assorbimento**
$A + (\overline{A} \cdot B) = A + B$ $A \cdot (\overline{A} + B) = A \cdot B$	**secondo teorema dell'assorbimento**
$\overline{A + B} = \overline{A} \cdot \overline{B}$ $\overline{A \cdot B} = \overline{A} + \overline{B}$	**teorema di De Morgan**

Fig. 1.6 Regole fondamentali dell'algebra di Boole, A e B sono due variabili binarie.

Discussione Per il teorema di idempotenza $A + A = A$ quindi in uscita otterrò lo stesso stato logico che ho applicato in ingresso.

Utilizzando l'algebra di Boole è possibile minimizzare le funzioni logiche, cioè rappresentarle in forma ridotta e di conseguenza semplificare gli schemi che le rappresentano.

Esempio 3 Semplificare la funzione $Y = \overline{\overline{A} + \overline{B}} + \overline{\overline{C} \cdot \overline{B}}$

Discussione Se si utilizzano i teoremi di De Morgan è possibile arrivare all'espressione

$Y = A \cdot B + C + B$, dato che $\overline{\overline{A} + \overline{B}} = A \cdot B$ e $\overline{\overline{C} \cdot \overline{B}} = C + B$;

si può successivamente semplificare la funzione ricorrendo al primo teorema dell'assorbimento; dato che $A \cdot B + B = B$, si ottiene $Y = C + B$

Riflessione *Che cosa si intende per logica combinatoria?*

a)

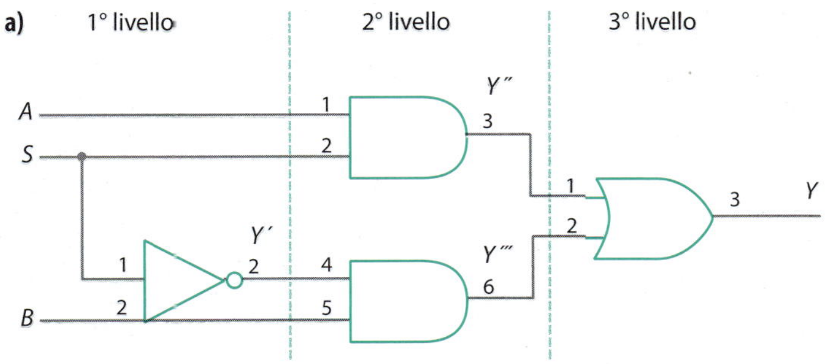

b)

S	A	B	Y′	Y″	Y‴	Y
0	0	0	1	0	0	0
0	0	1	1	0	1	1
0	1	0	1	0	0	0
0	1	1	1	0	1	1
1	0	0	0	0	0	0
1	0	1	0	0	0	0
1	1	0	0	1	0	1
1	1	1	0	1	0	1

Fig. 1.5 **a)** Schema logico; **b)** tabella di verità.

FAQ 4 Come si progetta un circuito logico?

Il progetto di un circuito logico consiste nel ricercare quali porte logiche utilizzare e come interconnetterle per soddisfare determinate specifiche. Generalmente le specifiche di un problema sono riconducibili a una tabella di verità, per cui è necessario un metodo per passare dalla tabella di verità alla funzione logica e poi disegnarne lo schema.

Le fasi di progetto sono le seguenti:

- si parte dalle specifiche che deve avere il sistema e le si rappresenta con una tabella di verità dove, in corrispondenza a tutte le combinazioni che gli ingressi possono assumere, si riporta lo stato che devono avere le uscite per soddisfare le specifiche richieste;
- si ricava la funzione logica corrispondente ad ogni uscita;
- si disegna lo schema logico corrispondente alle funzioni trovate.

Per ricavare la funzione logica a partire dalla tabella di verità è possibile utilizzare diversi metodi. Riportiamo di seguito il metodo delle mappe di Karnaugh, di tipo grafico, che fornisce la funzione minimizzata, nella forma di somme di prodotti. L'uso del metodo delle mappe di Karnaugh prevede la seguente procedura:

- si parte dalla tabella di verità che esprime la funzione logica (fig. 1.7a) e si trasferiscono in una mappa gli stati logici dell'uscita. La mappa deve avere lo stesso numero di celle delle righe della tabella di verità. Nella successione degli indici di riga o di colonna deve cambiare solo un bit alla volta (es. AB = 00, 01, 11, 10);
- si raggruppano le celle dove sono presenti 1 in gruppi di 2, 4, 8, 16 celle. Più grande è il gruppo, maggiore è la semplificazione introdotta. Ciascuna casella può far parte di più gruppi (fig. 1.7b);
- si associa ad ogni gruppo una sola funzione logica, prodotto delle variabili di ingresso che non cambiano nelle caselle del gruppo. Le variabili che nel gruppo assumono sia valore 0 che valore 1 non fanno parte della funzione.

Esempio Si deve attivare un allarme (Y) quando la somma della potenza di quattro dispositivi domestici supera 3000 W. I dispositivi dissipano le seguenti potenze A=1500 W, B=600 W, C=2000 W, D = 1800 W. I dispositivi in stato 1 sono attivati, quelli in stato 0 sono spenti.

Discussione La soluzione è in fig. 1.8.

Riflessione *Il metodo delle mappe di Karnaugh consente di progettare qualunque funzione logica?*

a)

ABC	Y
000	1
001	1
010	1
011	0
100	1
101	1
110	0
111	0

b)

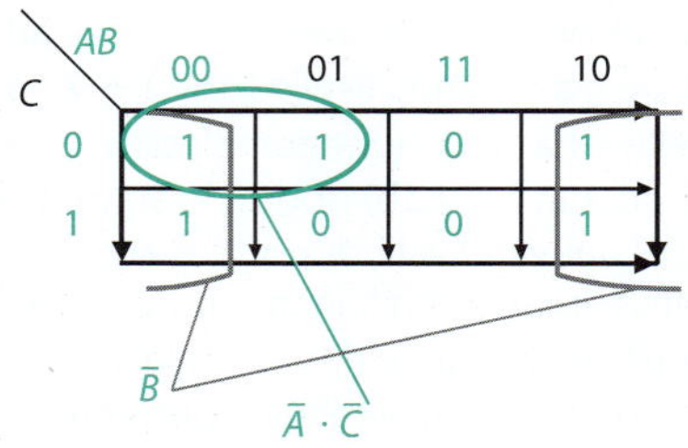

Fig. 1.7 **a)** Tabella di verità; **b)** mappa e raggruppamenti: nel gruppo orizzontale B assume sia valore 0 che 1 quindi non compare nella funzione, nell'altro gruppo l'unica variabile che non cambia è B e si mette la negazione perchè il valore costante di B è 0. La funzione ricavata è $Y = \bar{B} + \bar{A} \cdot \bar{C}$.

a)

A	B	C	D	Y
0	0	0	0	0
0	0	0	1	0
0	0	1	0	0
0	0	1	1	1
0	1	0	0	0
0	1	0	1	0
0	1	1	0	0
0	1	1	1	1
1	0	0	0	0
1	0	0	1	1
1	0	1	0	1
1	0	1	1	1
1	1	0	0	0
1	1	0	1	1
1	1	1	0	1
1	1	1	1	1

b)

CD \ AB	00	01	11	10
00	0	0	0	0
01	0	0	1	1
11	1	1	1	1
10	0	0	1	1

c)

$$Y = A \cdot D + C \cdot D + A \cdot C$$

d)

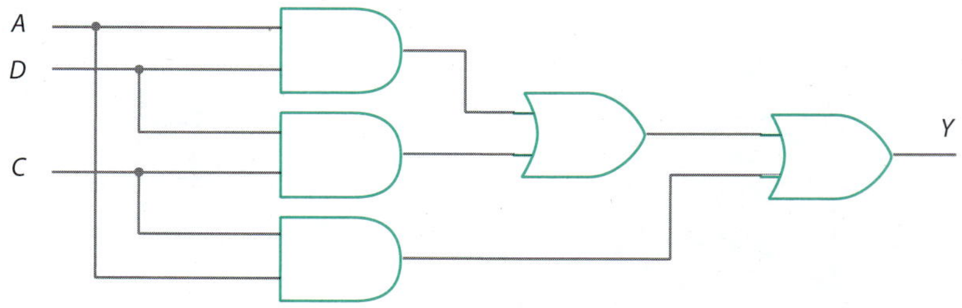

Fig. 1.8 **a)** Tabella di verità. $Y = 1$ quando la somma delle potenze supera 3000 W; **b)** mappa e raggruppamenti; **c)** funzione logica; **d)** schema logico della funzione che attiva l'allarme Y.

ReT 1 Famiglie logiche e componenti integrati

La realizzazione fisica delle funzioni logiche avviene con i **circuiti integrati**, che raccolgono in un *chip* (un frammento, pezzetto) di silicio i componenti elettronici che svolgono tali funzioni. Il grado di integrazione indica il numero di porte logiche per chip; la classificazione, rispetto al grado di integrazione, è la seguente:

- **SSI** (*Small Scale Integration*): componenti fino a 12 porte in un chip (porte logiche elementari e singoli flip-flop);
- **MSI** (*Medium Scale Integration*): componenti con decine/centinaia di porte logiche (encoder, decoder, contatori, registri, multiplexer, circuiti aritmetici);
- **LSI** (*Large Scale Integration*): componenti con qualche migliaio di porte logiche (piccole memorie, microcontrollori);
- **VLSI** (*Very Large Scale Integration*): componenti con complessità dell'ordine delle decine di migliaia di porte logiche;
- **ULSI** (*Ultra Large Scale Integration*): componenti complessi (memorie capaci, microprocessori, singlechip computer) che contengono centinaia di migliaia/milioni di porte logiche.

A seconda della tecnologia di realizzazione, i circuiti integrati si dividono poi ulteriormente in **bipolari** se usano transistor BJT o **unipolari** se usano transistori FET o MOSFET. Gli integrati di differenti tecnologie si distinguono per le caratteristiche elettriche, ma non per la funzione logica svolta. Una famiglia logica è l'insieme dei dispositivi realizzati con la stessa tecnologia. La famiglia più conosciuta in logica bipolare è la famiglia TTL, che si divide a sua volta in diverse sottofamiglie, con caratteristiche elettriche leggermente diverse tra loro (standard, S, LS, ALS, F)
La famiglia più comune in logica unipolare è la famiglia CMOS con le sottofamiglie standard, HC, HCT, AC e ACT.

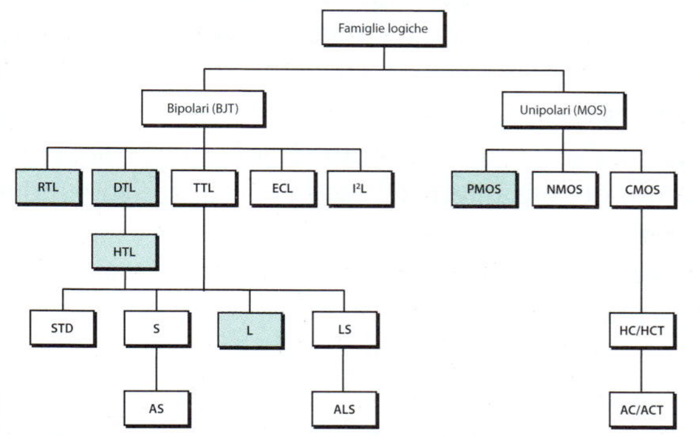

Fig. 1.9 Famiglie logiche bipolari e unipolari. Con retino quelle ormai non più utilizzate. Le famiglie bipolari sono generalmente più veloci, ma hanno un consumo più elevato delle unipolari.

Esempio Individuare la funzione svolta dall'integrato 74LS08 e la sua famiglia logica.

Discussione **74** indica che si tratta di un circuito integrato digitale TTL commerciale (54 indicherebbe un circuito integrato della serie militare, con range di temperatura di funzionamento maggiore).
LS indica la sottofamiglia logica corrispondente (LS, AS, ALS, S ecc.).
08 indica il tipo di componente integrato, in questo caso contiene 4 porte AND; questo numero, diverso a seconda della funzione logica svolta, è un codice che rimanda a corrispondenti fogli tecnici (*data sheet*).
In sintesi 74LS08 = IC digitale TTL commerciale della sottofamiglia LS che contiene 4 porte AND a 2 ingressi.

Gli integrati sono disponibili in diversi tipi di contenitori, classificati secondo il modo in cui possono essere montati su una scheda: a foro passante, DIP (*Dual-Inline Package*, fig. 1.10c) o a montaggio superficiale, SMT (*Surface Mount Technology*, fig. 1.10b).

Riflessione *In quali applicazioni vengono utilizzate le diverse famiglie logiche?*

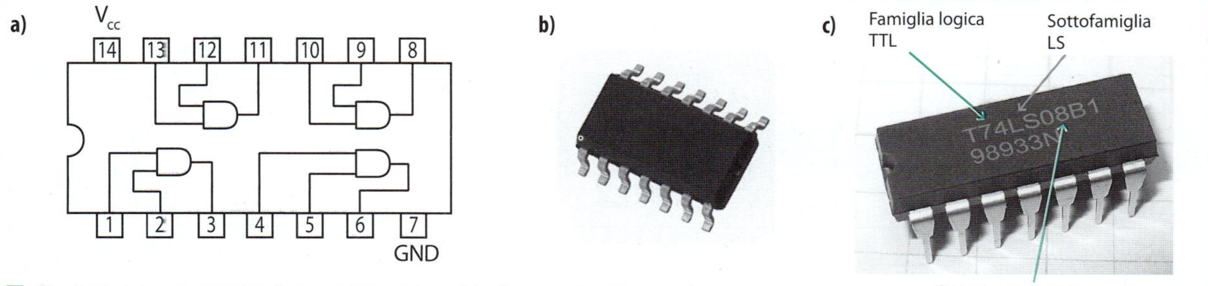

Fig. 1.10 Integrato 74LS08; **a)** pin out (disposizione dei collegamenti sull'integrato); **b)** contenitore per il montaggio superficiale, SMT; **c)** componente commerciale in formato DIP.

ReT 2 Caratteristiche delle famiglie logiche

Le tabelle di verità specificano la logica delle funzioni svolte dalle porte, che è indipendente dalla famiglia logica di cui fanno parte. Le specifiche elettriche delle porte, invece, si differenziano al variare delle famiglie logiche e si trovano sui **data sheet** dei componenti Alcuni dei parametri che vengono descritti sui data sheet sono i seguenti:

- **tensione di alimentazione**: di essa viene indicata la massima escursione. Per la TTL LS: $V_{CC} = 4{,}75 \div 5{,}25$ V, per la CMOS: $V_{CC} = 3 \div 18$ V, per l'HCT: $V_{CC} = 4{,}5 \div 5{,}5$ V;
- **tensioni di ingresso e uscita**: ai livelli logici 0 e 1 corrispondono, in uscita alle porte, determinate fasce di valori di tensione, differenti per famiglia logica. Il livello 1 corrisponde a tensioni superiori alla soglia (V_{OH}) e il livello 0 a tensioni inferiori alla soglia V_{OL}. La fascia di valori compresa tra V_{OL} e V_{OH} è detta *zona indeterminata*. Ogni porta riconosce in ingresso un livello 1 se la tensione è sopra una determinata soglia V_{IH}, un livello 0 se è sotto V_{IL} (fig. 1.11a) La differenza tra livelli di tensione in ingresso e uscita, nello stesso stato logico, si chiama *margine di rumore*:

$$MdR_L = V_{IL} - V_{OL} \qquad MdR_H = V_{OH} - V_{IH}.$$

Correnti di ingresso e di uscita Sui manuali, per convenzione, le correnti sono indicate positive se entranti (correnti di *sink*) negative se uscenti (correnti di *source*). In stato alto la corrente esce dalla porta (I_{OH} negativa) e deve avere un valore inferiore alla soglia I_{OHmax} per impedire alla tensione di uscita di scendere sotto il valore minimo V_{OH}. La corrente in ingresso in stato alto è ovviamente entrante (I_{IH} positiva) per collegare correttamente le porte tra loro. Per lo stato basso valgono le stesse considerazioni ma con i versi contrari, come riportato in fig. 1.11b).

Dato che le correnti di uscita in entrambi gli stati logici hanno un limite, non è possibile collegare contemporaneamente, all'uscita di una porta, troppi ingressi. Il numero massimo di porte collegabili (*Fan out*) è dato dal minore dei due valori:

$$\text{Fan out}_H = I_{OH} / I_{IH} \qquad \text{Fan out}_L = I_{OL} / I_{IL}$$

Esempio Calcolare il *fan out* per una porta logica della famiglia TTLLS, riferendosi ai dati di fig. 1.12.

Discussione Fan out_H = 400 μA/20 μA =20; Fan out_L = 8mA /0,4mA =20. Il Fan out vale quindi 20.

Potenza dissipata È la potenza media dissipata per il funzionamento. Per la famiglia TTL i valori di potenza dissipata sono maggiori di quelli della famiglia CMOS.

Ritardo di propagazione È l'intervallo di tempo tra l'applicazione di un impulso in ingresso e la comparsa del risultato in uscita; può essere diverso per transizioni alto-basso (t_{PHL}) o basso-alto (t_{PLH}).

La riduzione del ritardo di propagazione, a livello di tecnologia di costruzione dei circuiti integrati, consente di operare ad alte frequenze.

Riflessione *Perché la differenza tra livelli di tensione in ingresso e uscita si chiama margine di rumore?*

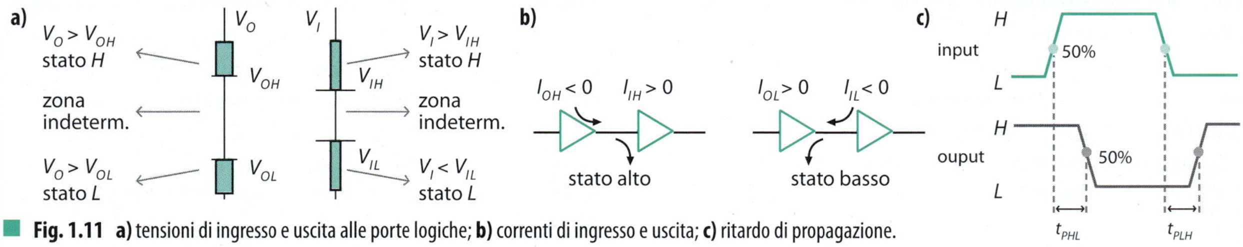

Fig. 1.11 **a)** tensioni di ingresso e uscita alle porte logiche; **b)** correnti di ingresso e uscita; **c)** ritardo di propagazione.

		P	T_p	V_{CC}	V_{IHmin}	V_{ILmax}	V_{OHmin}	V_{OLmax}	I_{IHmax}	I_{ILmax}	I_{OHmax}	I_{OLmax}
TTL	STD	10 mW	10 ns	5 V	2 V	0,8 V	2,4 V	0,4 V	40 μA	1,6 mA	400 μA	16 mA
	LS	2 mW	10 ns	5 V	2 V	0,8 V	2,7 V	0,5 V	20 μA	0,4 mA	400 μA	8 mA
CMOS	4xxxB	20 μW	100 ns	3÷15 V	3,5 V	1,5 V	4,95 V	0,05 V	0,1 μA	0,1 μA	0,36 mA	0,36 mA
	HC	10 μW	9 ns	2÷6 V	3,5 V	1,5 V	4,9 V	0,1 V	1 μA	1 μA	4 mA	4 mA
	HCT	10 μW	18 ns	5 V	2 V	0,8 V	4,9 V	0,1 V	1 μA	1 μA	4 mA	4 mA

Fig. 1.12 Caratteristiche elettriche delle principali famiglie logiche (P = potenza dissipata, T_p = tempo di propagazione, V_{cc} = tensione di alimentazione, V tensioni di IN/OUT, I correnti di IN/OUT).

ReT 3 Funzioni combinatorie integrate

Esistono in commercio numerosi dispositivi che realizzano funzioni logiche combinatorie MSI standard, molto usate nei sistemi digitali. Tali funzioni sono ottenute con le porte logiche fondamentali.
Esaminiamo le più comuni:
Multiplexer (selettore): invia sull'unica uscita uno dei segnali digitali di ingresso, scelto tramite un codice posto sugli ingressi di selezione. Sull'uscita si trova quindi lo stato di uno solo degli ingressi, quello selezionato. Ci sono in commercio multiplexer con 2, 4, 8, 16 ingressi; le linee di selezione devono essere almeno *n* in modo che $N = 2^n$ se *N* è il numero di ingressi;
Demultiplexer: svolge la funzione complementare a quella del multiplexer. Infatti riceve un segnale sull'unico ingresso e lo invia su una delle uscite, selezionata tramite gli ingressi di selezione. Tra il numero *n* di linee di selezione e il numero *N* di uscite vi è la relazione $N = 2^n$.

Esempio 1 Sugli ingressi del multiplexer di fig. 1.13a) sono applicati i seguenti stati di ingresso:

$$I_0 = 0, \quad I_1 = 1, \quad I_2 = 1, \quad I_3 = 0, \quad S_1 = 1, \quad S_0 = 0.$$

In che stato logico è l'uscita?

Discussione Dalla tabella di verità si vede che, in corrispondenza a:

$$S_1 = 1 \quad \text{e} \quad S_0 = 0, \quad \text{l'uscita} \quad Z = I_2 \quad \text{per cui} \quad Z = 1$$

Decoder: riceve sugli ingressi un codice binario e attiva una sola uscita, quella corrispondente al codice di ingresso. Il numero *M* di uscite possibili è in relazione ai bit *m* del codice: $M \leq 2^m$.

Il decoder commerciale viene associato al multiplexer (fig. 1.13b). Se il componente viene usato come decoder l'ingresso ***E*** è considerato come segnale di abilitazione (enable).
Encoder: svolge la funzione inversa a quella del decoder; in corrispondenza all'attivazione di uno degli ingressi fornisce in uscita un codice corrispondente all'ingresso attivato.
Dato che potrebbero essere attivati più ingressi contemporaneamente, viene assegnata una priorità in modo che quelli di ordine inferiore siano ignorati qualora venga attivato un ingresso di ordine superiore (questa situazione viene indicata con *X* nella tabella di fig. 1.13 c).

Esempio 2 Sugli ingressi dell'encoder di fig. 1.13c) sono applicati i seguenti stati di ingresso:

$$I_1 = I_6 = 0, \quad I_2 = I_3 = I_4 = I_5 = I_7 = I_8 = I_9 = 1.$$

In che stato logico è l'uscita?

Discussione Dalla tabella di verità si vede che gli ingressi sono attivi bassi ($L = 0$) e che l'ingresso I_6 ha priorità più alta dell'ingresso I_1. Viene quindi codificato l'ingresso I_6 e il codice corrispondente è HLLH cioè 1001.

Altre funzioni significative sono:
- il **comparatore** che segnala il risultato del confronto tra 2 numeri binari a 4 o a 8 bit ciascuno;
- il **sommatore** che svolge la funzione di addizione tra due numeri binari.

Riflessione *Perché il multiplexer e il demultiplexer sono molto usati nelle Telecomunicazioni?*

a)

TRUTH TABLE							
SELECT INPUTS		INPUTS (a or b)					OUTPUT
S_0	S_1	$\bar{E}$	I_0	I_1	I_2	I_3	Z
X	X	H	X	X	X	X	L
L	L	L	L	X	X	X	L
L	L	L	H	X	X	X	H
H	L	L	X	L	X	X	L
H	L	L	X	H	X	X	H
L	H	L	X	X	L	X	L
L	H	L	X	X	H	X	H
H	H	L	X	X	X	L	L
H	H	L	X	X	X	H	H

b)

TRUTH TABLE						
INPUTS			OUTPUTS (a or b)			
$\bar{E}$	A_0	A_1	$\bar{O}_0$	$\bar{O}_1$	$\bar{O}_2$	$\bar{O}_3$
H	X	X	H	H	H	H
L	L	L	L	H	H	H
L	H	L	H	L	H	H
L	L	H	H	H	L	H
L	H	H	H	H	H	L

H = High Voltage Level
L = Low Voltage Level
X = Don't Care

c)

SN54/74LS147 – FUNCTION TABLE												
INPUTS									OUTPUTS			
1	2	3	4	5	6	7	8	9	*D*	*C*	*B*	*A*
H	H	H	H	H	H	H	H	H	H	H	H	H
X	X	X	X	X	X	X	X	L	L	H	H	L
X	X	X	X	X	X	X	L	H	L	H	H	H
X	X	X	X	X	X	L	H	H	H	L	L	L
X	X	X	X	X	L	H	H	H	H	L	L	H
X	X	X	X	L	H	H	H	H	H	L	H	L
X	X	X	L	H	H	H	H	H	H	L	H	H
X	X	L	H	H	H	H	H	H	H	H	L	L
X	L	H	H	H	H	H	H	H	H	H	L	H
L	H	H	H	H	H	H	H	H	H	H	H	L

Fig. 1.13 **a)** Tabella di verità del multiplexer a 4 ingressi (74LS153); **b)** tabella di verità del decoder/demultiplexer a 4 uscite (74LS139); **c)** tabella di verità dell'encoder a 9 ingressi (74LS147) e 4 uscite.

ReT 4 Visualizzazione

In molti apparecchi elettronici, come un orologio digitale, un cronometro, un termostato, uno strumento di misura, ecc., è indispensabile visualizzare numeri; la visualizzazione di numeri viene spesso svolta con i display a sette segmenti. Il display è composto da 7 barrette illuminate, disposte come in fig. 1.14; con l'attivazione di alcuni dei 7 segmenti è possibile formare i numeri decimali da 0 a 9 (fig. 1.14c). Possono essere visualizzate anche alcune lettere alfabetiche, ma la visualizzazione di caratteri prevede generalmente display con un maggior numero di segmenti. Nel contenitore del display può essere presente un LED con la funzione di punto decimale.

Esempio 1 Quali segmenti devono essere attivati per visualizzare il numero 5?

Discussione Devono essere accesi tutti i segmenti tranne i segmenti *B* ed *E*.

I visualizzatori a sette segmenti tradizionali sono quelli costituiti da diodi LED (*Light Emitting Diode*), ma spesso sono realizzati con LCD (*Liquid Crystal Display*) che si basano sulla riflessione della luce incidente, come nel caso delle calcolatrici e degli orologi digitali, oppure con tecniche meno comuni come display fluorescenti a vuoto VFD (*Vacum Fluorescent Display*) o con schermi a scarica di gas;i display possono essere di colori diversi.

Fig. 1.14 **a)** Disposizione dei 7 segmenti più il punto decimale; **b)** un display commerciale; **c)** combinazioni dei segmenti per visualizzare i 10 numeri decimali.

I display a 7 segmenti vengono prodotti in due versioni, che differiscono solo per il verso di polarizzazione dei LED: a catodo comune (tutti i catodi dei LED sono collegati ad un pin, CC, e posti alla massa del circuito, fig. 1.15a) e ad anodo comune (tutti gli anodi dei LED sono collegati ad un pin, CA, e posti all'alimentazione del circuito).

L'attivazione dei vari segmenti, come riportato in fig. 1.15b), prevede di generare un codice specifico (codice a 7 segmenti); invece, il numero da visualizzare, spesso risultato dell'elaborazione di un circuito digitale, è tipicamente in formato binario (o BCD se si limita a riportare solo i numero da 0 a 9). Per convertire il codice binario o BCD in codice a 7 segmenti si utilizza una funzione combinatoria integrata chiamata decodifica BCD/7 segmenti (*BCD to seven segment decoders/drivers*) o binario/7 segmenti. Tale circuito integrato converte il codice BCD, a 4 bit, nel codice a 7 segmenti necessario per attivare i display. La corrente erogata da tali integrati è generalmente maggiore di quella delle porte standard per consentire l'accensione corretta dei singoli LED del display. Per questo motivo nel nome del componente compare la dicitura *driver* o *buffer*.
Nella fig. 1.15c) è riportato l'esempio di un componente commerciale, il 4511, che oltre agli ingressi in codice BCD e alle uscite per i segmenti del display, è dotato di tre ingressi di controllo: ***lamp test***, che verifica la funzionalità del display; ***ripple blanking***, che spegne il display; ***enable***, che abilita il componente al funzionamento. In altri componenti è presente un ingresso che spegne il display solo in corrispondenza allo zero.

Esempio 2 Come si può limitare la luminosità di un display pilotato da una decodifica BCD/7segmenti?

Discussione La limitazione della luminosità si ottiene riducendo la corrente che percorre i LED del display. Per limitare la corrente è sufficiente porre un resistore in serie ai singoli segmenti.

Riflessione *Che display vengono utilizzati per visualizzare i caratteri alfanumerici?*

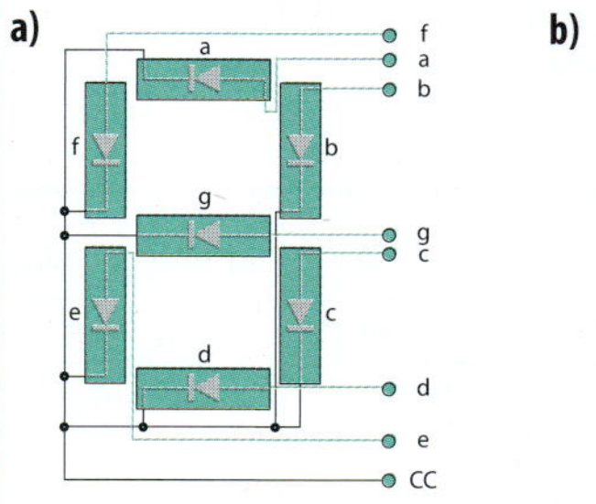

b)

Cifra	Segmenti attivati
0	a, b, c, d, e, f
1	b, c
2	a, b, g, e, d
3	a, b, c, d, g
4	b, c, f, g
5	a, c, d, f, g
6	c, d, e, f, g
7	a, b, c
8	a, b, c, d, e, f, g
9	a, b, c, f, g

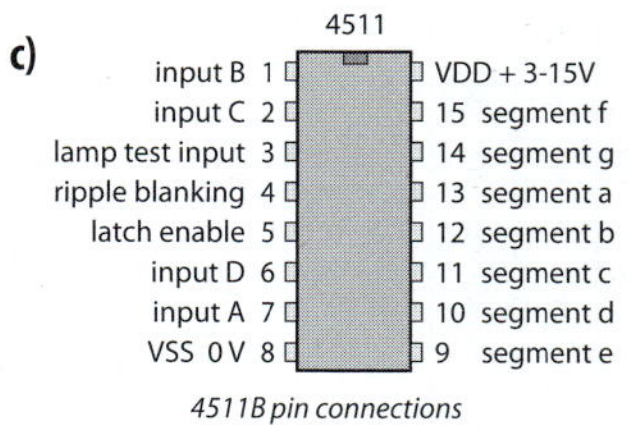

Fig. 1.15 **a)** Disposizione dei LED in un display a catodo comune; **b)** schema di attivazione dei singoli segmenti; **c)** decoder per display a 7 segmenti 4511.

Sommario

L'elettronica digitale si occupa di circuiti e sistemi che funzionano usando due possibili stati di funzionamento, generalmente rappresentati da due livelli di tensione. I due diversi stati servono per rappresentare numeri, simboli, caratteri e altre informazioni. Nei sistemi numerici i due stati rappresentano le cifre 0 e 1 (sistemi binari) e ciascuna cifra è chiamata bit; i moderni sistemi digitali elaborano esclusivamente dati binari. Il sistema di numerazione esadecimale ha la funzione di rappresentare in modo più compatto i numeri binari.
Qualunque sistema elettronico digitale ha come elementi di base le porte logiche, che vengono rappresentate da un simbolo logico, un simbolo grafico e la cui funzione è descritta dalla tabella di verità. Le porte fondamentali sono NOT, AND, OR e altre porte che si trovano in commercio sono NAND, NOR e OR esclusivo.
Per analizzare e progettare circuiti digitali si utilizza un insieme di regole e teoremi, che esprimono matematicamente le operazioni logiche (algebra di Boole). Nell'analisi dei circuiti digitali si parte dallo schema grafico, si ricava la funzione logica e si arriva alla tabella di verità. In fase di progetto dei circuiti si parte dalla tabella, che esprime la funzione desiderata e si ricava la funzione logica da cui si ottiene lo schema grafico. Il passaggio dalla tabella di verità alla funzione logica si può ottenere con il metodo delle mappe di Karnaugh.
Le funzioni logiche vengono realizzate da componenti elettronici, che vengono costruiti con diverse tecnologie che, a parità di funzione logica, hanno caratteristiche elettriche di funzionamento diverse; tali caratteristiche sono tensioni e correnti nei due stati logici, potenza dissipata e ritardi di propagazione.
Alcune funzioni più complesse, già fornite in forma integrata, sono il multiplexer, il demultiplexer, l'encoder, il decoder, il decoder BCD/7segmenti che serve a pilotare correttamente i visualizzatori a 7 segmenti.

Risposte alle riflessioni

***FAQ* 1** Il massimo numero rappresentabile è $2^n - 1$; infatti con n bit si possono rappresentare 2^n codici distinti, compreso lo 0. Ad esempio con 6 bit (111111_b) si può rappresentare al massimo il numero $2^6 - 1 = 63_d$.

***FAQ* 2** I livelli logici 0 e 1 possono essere associati a livelli di tensione o di corrente, alla chiusura o apertura di un interruttore, alla presenza o meno di un segnale luminoso o a infrarossi, ecc. Nei circuiti digitali si associa comunemente al livello logico alto un livello di tensione maggiore (esempio 5 V) rispetto a quello del livello basso (esempio 0 V).

***FAQ* 3** Un circuito logico, costituito dal collegamento tra più porte logiche, si chiama combinatorio quando il valore del livello di uscita (Y) dipende in ogni istante solo dalla combinazione dei valori dei livelli di ingresso.

***FAQ* 4** Il metodo delle mappe di Karnaugh viene utilizzato solo nel progetto di circuiti combinatori, descritti da tabelle in cui l'uscita dipende esclusivamente dallo stato degli ingressi. Inoltre consente di ricavare la funzione come somma logica di prodotti logici, quindi utilizza NOT, AND e OR; non si possono ricavare direttamente le funzioni XOR e XOR negata tramite le mappe.

***ReT* 1** Le famiglie bipolari sono utilizzate maggiormente quando c'è bisogno di grande velocità, ad esempio nella memoria *cache* di un computer. Le famiglie unipolari sono invece più utilizzate dove c'è necessità di scarsa dissipazione di potenza e di maggior grado di integrazione, ad esempio nelle memorie RAM di un computer.

***ReT* 2** Si chiama *margine di rumore* perchè è la misura dell'immunità al rumore di una porta, cioè della sua capacità di riconoscere correttamente uno stato logico anche se al segnale applicato ad un suo ingresso, proveniente dall'uscita di un'altra porta, viene sommato (o sottratto) un rumore.

***ReT* 3** Nelle Telecomunicazioni un multiplexer permette di convogliare su un unico collegamento più canali trasmissivi (multiplazione). È così possibile condividere un solo mezzo trasmissivo tra più circuiti trasmettitori. In ricezione il demultiplexer permette di separare i diversi canali trasmissivi originali. La multiplazione può essere fatta sia su segnali digitali che analogici.

***ReT* 4** I display alfanumerici sono composti da più di 7 segmenti, ci sono in commercio display con 14 o 16 segmenti, anche diagonali. I display a matrice di punti, composti ad esempio da 35 punti equidistanti disposti su 5 colonne e 7 righe, sono più dettagliati nella visualizzazione, ma meno semplici da pilotare.

Sitografia • Bibliografia

- http://www.elettronica.ingre.unimore.it/materiale_didattico/313_cap6.pdf
- http://www.dti.unimi.it/scarabottolo/archi/DispensaRetiLogiche.pdf
- Floyd, *Fondamenti di elettronica digitale*, ed. Principato.
- Licata, *Analisi dei sistemi*, Thecna.

Esercizi e Problemi

FAQ 1

Es. 1 Convertire in esadecimale ed in decimale i seguenti numeri binari 1001101_b, 1000110_b.

Es. 2 Convertire in binario ed in esadecimale i seguenti numeri decimali 78_d, 115_d, 37_d.

Pr. 1 Come vengono sommati tra di loro due numeri binari, ad esempio 10011_b e 11010_b?

Pr. 2 Quali sono le differenze nel trasferire informazioni binarie, tra due dispositivi digitali, in serie o in parallelo?

FAQ 2

Es. 1 Disegnare la tabella di verità di una porta AND e di una porta OR a tre ingressi.

Es. 2 Affinché un forno a microonde si possa accendere alla pressione del pulsante di start, la porta del forno deve essere chiusa. Quale funzione logica viene svolta tra l'interruttore di accensione e quello posto sulla porta per consentire l'accensione del forno?

Es. 3 Due dispositivi *A* e *B* vanno in stato alto 1 quando la temperatura da essi misurata supera una determinata soglia, in stato basso 0 se la temperatura è sotto la soglia. Con quale porta logica posso segnalare su un visualizzatore *Y* ($Y = 1$ acceso, $Y = 0$ spento) che i due dispositivi effettuano la stessa misura? (entrambi sotto o sopra la soglia)?

FAQ 3

Es. 1 Dallo schema in figura ricavare l'espressione logica, la tabella di verità e dedurne il funzionamento.

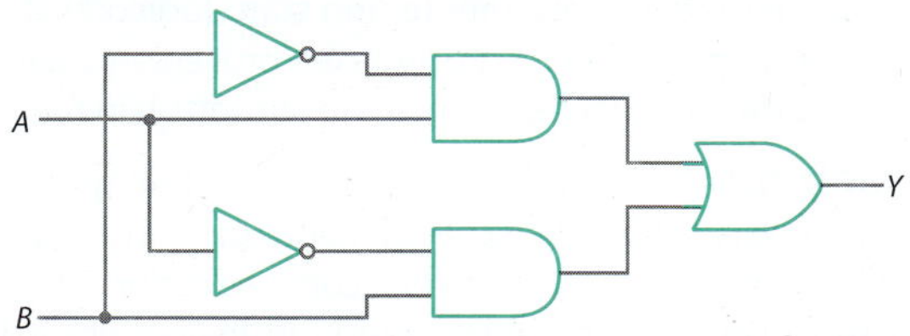

Es. 2 Date le funzioni $S = A \oplus B \oplus C$ e $R = (A \oplus B \cdot C) + (A \cdot B)$ ricavare le funzioni logiche e le tabelle di verità. Dedurre il funzionamento del circuito.

Es. 3 Minimizzare le seguenti funzioni logiche utilizzando l'algebra di Boole:

$Y = A \cdot \bar{B} \cdot D + \bar{A} \cdot B \cdot D + \bar{A} \cdot \bar{B} \cdot D$

$Y = \bar{A} \cdot \bar{B} \cdot C + (A + B + \bar{C}) + \bar{A} \cdot \bar{B} \cdot \bar{C} \cdot D$

Pr. 1 Perché conviene minimizzare un circuito logico?

FAQ 4

Es. 1 Ricavare la funzione logica minima corrispondente alle seguenti mappe di Karnaugh.

CD \ AB	00	01	11	10
00	0	1	0	0
01	1	1	0	1
11	1	1	1	1
10	0	1	1	1

CD \ AB	00	01	11	10
00	1	0	0	1
01	0	0	0	0
11	1	1	1	1
10	1	0	1	1

Pr. 1 Dato un segnale a 4 bit indicare la tabella di verità di una rete logica che calcoli la parità (nella trasmissione di segnali è il bit di controllo che vale 1 quando il numero di bit a 1 rilevati è dispari e vale 0 quando il numero di bit a 1 rilevati è pari) e trovare la funzione logica corrispondente con il metodo delle mappe di Karnaugh.

Pr. 2 Con il metodo delle mappe di Karnaugh come ci si comporta quando la tabella riporta un numero di condizioni inferiori ad una potenza di 2, ad esempio quando devo segnalare con $Y = 1$ i mesi dell'anno che hanno 31 giorni?

ReT 1

Es. 1 Individuare il significato delle varie parti delle sigle 74S00, 54LS32, 74LS00, relative a circuiti integrati.

Pr. 1 Quali sono le differenze tecnologiche tra gli stadi di uscita di una porta della famiglia TTL e di una porta della famiglia CMOS?

Pr. 2 Individua, servendoti di un manuale tecnico o di internet, quali sono le sigle degli integrati relativi alle funzioni logiche di base: AND, OR, NOT

ReT 2

Es. 1 Una porta logica di tipo TTL LS con $V_{OHmin} = 2{,}7$ V e $V_{OLmax} = 0{,}5$ *V* può pilotare correttamente una porta CMOS con $V_{IH} = 3{,}5$ *V* e $V_{IL} = 1{,}5$ *V*?

Es. 2 Calcolare il margine di rumore di una porta HC e di una TTL LS riferendosi al dati della tabella in fig. 1.12.

Es. 3 Calcolare il *fan out* di una porta HC che pilota una porta TTL LS riferendosi ai dati della tabella in fig. 1.12.

Es. 4 Se si applica all'ingresso *A* dello schema sotto riportato un segnale che commuta tra i due stati alla frequenza di 5MHz e se le due porta NOT (HCT) hanno i ritardi riportati in fig. 1.12, cosa si ottiene in uscita?

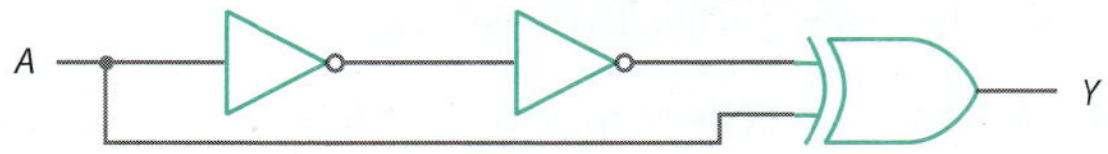

Pr. 1 A quali cause dono dovuti principalmente i ritardi di propagazione?

ReT 3

Es. 1 Realizzare un multiplexer a due ingressi utilizzando le porte logiche fondamentali (OR, AND, NOT)?

Es. 2 Un decoder con 8 uscite (attive basse) ha in ingresso i seguenti stati: $C = 1$, $B = 1$, $A = 0$ (A è l'ingresso meno significativo); in che stato sono le uscite?

ReT 4

Es. 1 Quale combinazione logica devo avere agli ingressi di un decoder BCD/7segmenti per accendere i segmenti *c*, *d*, *e*, *f*, *g* di un display collegato alle sue uscite?

Pr. 1 Nel caso in cui un solo decoder BCD/7segmenti sia impiegato per pilotare 4 display, a quale frequenza avviene la scansione per consentire all'occhio di percepire tutti i display accesi?

UNITÀ 3.2

Logica sequenziale

Circuiti con funzione di memoria e loro applicazioni

In questa Unità si descrive il funzionamento delle celle elementari di memoria e il loro utilizzo in contatori, registri, memorie a semiconduttore

In molte situazioni i circuiti logici hanno un comportamento che si può prevedere a partire dalla conoscenza dello stato degli ingressi, cioè svolgono funzioni combinatorie. Se in qualsiasi momento si forniscono al circuito gli stessi segnali d'ingresso, si hanno sempre gli stessi segnali d'uscita. In altri circuiti invece, alla medesima configurazione degli ingressi possono corrispondere stati diversi delle uscite, che dipendono anche da ciò che è avvenuto prima, cioè dalla "storia" passata. Tali circuiti, detti *sequenziali*, sono elementi fondamentali delle memorie e degli integrati programmabili, ad esempio i microprocessori, che costituiscono il cuore dei computer.

indice

FAQ 1 Qual è la differenza tra logica combinatoria e sequenziale?

Nella logica combinatoria lo stato delle uscite dipende esclusivamente dallo stato degli ingressi, mentre nella logica sequenziale le uscite, in un dato momento, dipendono anche dai valori applicati precedentemente agli ingressi. Nell'analisi delle reti si introduce il **tempo**: mentre il funzionamento di una rete combinatoria rimane inalterato nel tempo, il comportamento di una rete sequenziale dipende da ciò che è accaduto precedentemente all'istante preso in esame. Tali reti "ricordano" il funzionamento passato, cioè hanno una **memoria**. Una rete sequenziale presuppone quindi l'esistenza di un elemento circuitale capace di memorizzare la *storia* della rete stessa, cioè la sequenza di configurazioni che si sono succedute.

Un elemento in grado di memorizzare è il **bistabile**, che presenta **due** stati stabili che possono rimanere indefinitamente nell'uno o nell'altro stato, finché non interviene una sollecitazione esterna.

Un esempio di bistabile, elemento base della logica sequenziale, è il LATCH SR (**S**et-**R**eset) costituito da due porte NOR o NAND retroazionate, come rappresentato in fig. 2.1.

a)

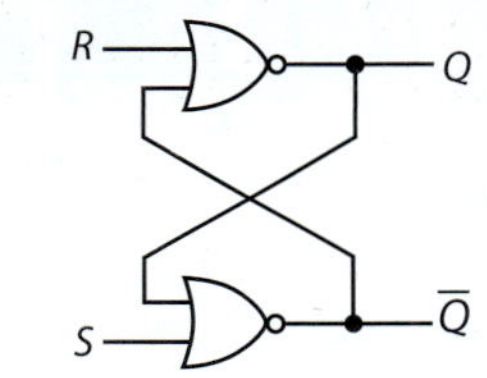

S	R	Q	$\overline{Q}$	
0	0	Q_0	$\overline{Q}$	Memoria
0	1	0	1	Reset
1	0	1	0	Set
1	1	0	0	Non valida

b)

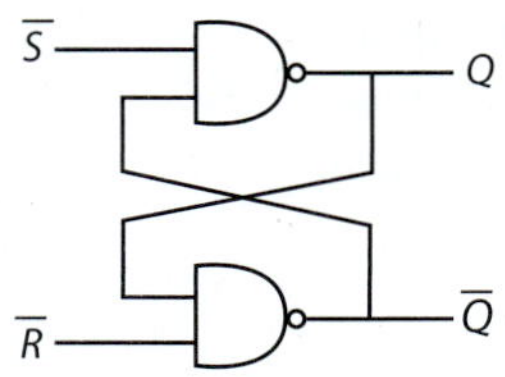

$\overline{S}$	$\overline{R}$	Q	$\overline{Q}$	
0	0	1	1	Non valida
0	1	1	0	Set
1	0	0	1	Reset
1	1	Q_0	$\overline{Q}_0$	Memoria

Fig. 2.1 **a)** Latch SR con porte NOR e relativa tabella di verità; **b)** latch SR con porte NAND e relativa tabella di verità. In entrambi i casi esiste una combinazione degli ingressi in cui l'uscita memorizza lo stato precedente.

L'analisi del latch con porte NAND parte dal presupposto che se in una NAND almeno un ingresso è in stato logico 0, l'uscita vale 1; in questo caso la condizione in ingresso $\overline{S} = 0\,\overline{R} = 0$ forza le uscite entrambe a 1, mentre Q e $\overline{Q}$ dovrebbero avere stati logici opposti; per questo motivo questa combinazione è ritenuta non valida. Per analizzare la combinazione $\overline{S} = 0$ $\overline{R} = 1$ si parte dal fatto che uno 0 in ingresso forza l'uscita corrispondente a 1 e di conseguenza $Q = 1$; all'ingresso della seconda NAND ($\overline{R} = 1$) si hanno due stati logici 1 e l'uscita vale quindi 0. Lo stesso ragionamento si può ripetere per l'altra combinazione $\overline{S} = 1$ $\overline{R} = 0$. Se gli ingressi sono entrambi a 1 non si può definire univocamente lo stato delle uscite se non se ne conosce il valore precedente. Per questo motivo lo stato di ingresso $\overline{S} = 1$ $\overline{R} = 1$, che mantiene il valore precedente, è detto stato di "memoria".

Esempio 1 Come si può mantenere attivo un comando, ad esempio il pulsante di START (attivo alto) di un cancello, anche se il pulsante viene rilasciato?

Discussione Con un latch SR con porte NOR. Se il pulsante di START agisce sul pin S di un latch SR con l'ingresso $R = 0$ l'uscita Q diventa "1" e può pilotare l'apertura del cancello. Se rilascio il pulsante S ($S = 0$ $R = 0$) il latch rimane in stato di memoria mantenendo attivo il comando. Per fermare il cancello si può attivare l'ingresso R ($R = 1$ $S = 0$) per azzerare Q (fig. 2.1a). Non è possibile risolvere il problema con un circuito puramente combinatorio.

Esempio 2 Come si può realizzare un contatto stabile quando, durante la chiusura, un interruttore rimbalza varie volte prima di chiudere definitivamente il contatto?

Discussione Con un latch SR, ad esempio con porte NAND; se il pulsante è in posizione A, si ha $\overline{S} = 0$ $\overline{R} = 1$ e l'uscita $Q = 1$; se il pulsante è in posizione B, si ha $\overline{S} = 1$ e $\overline{R} = 0$ e l'uscita $Q = 0$. Se si verificano rimbalzi per alcuni brevi istanti l'interruttore non tocca né A né B lasciando i due ingressi nello stato $\overline{S} = 1$ e $\overline{R} = 1$ che, essendo quello di memoria, lascia inalterate le uscite, che non si accorgono dei rimbalzi (fig. 2.2b).

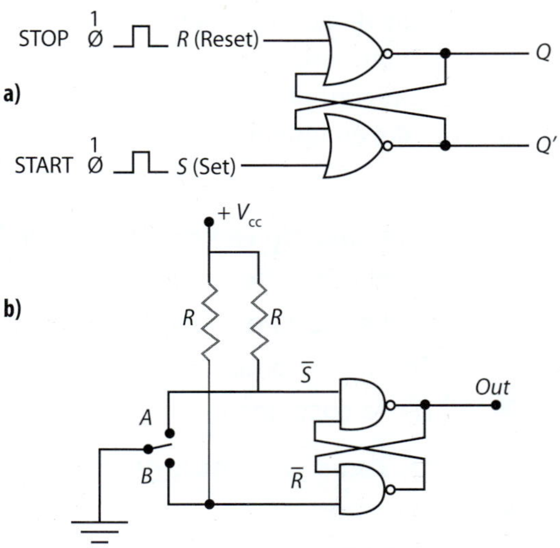

Fig. 2.2 **a)** Latch SR a porte NOR per memorizzare un comando; **b)** latch SR utilizzato come circuito antirimbalzo.

Riflessione *Qual è il significato del termine "latch"?*

FAQ 2 In che modo avviene la memorizzazione di un dato?

La funzione di memorizzazione ha molte applicazioni nell'elettronica digitale, poiché senza di essa non sarebbe possibile realizzare dispositivi di immagazzinamento dati (memorie) o che effettuano sequenze di operazioni (contatori, registri a scorrimento, logiche di controllo ecc.).

Quando si memorizza un'informazione è spesso necessario che gli stati del latch cambino solo in determinati istanti. In questo caso si usa un latch controllato (*gated*) in cui un segnale di abilitazione (E) consente a ciò che è presente sull'ingresso (D) di transitare o meno in uscita (fig. 2.3a). In questo latch non esiste nessuna indeterminazione in quanto la struttura SR con porte NAND viene preceduta da altre due porte NAND che impediscono ai segnali $\overline{S}$ ed $\overline{R}$ di trovarsi entrambi nello stato "0" (fig. 2.3b). Praticamente quando $E = 0$ gli ingressi del latch SR sono entrambi a "1" e quindi si ha lo stato di **memoria**. Se $E = 1$ gli ingressi $\overline{S}$ ed $\overline{R}$ si trovano in stati logici opposti e lo stato di D viene riportato su Q (stato di **trasparenza** del latch).

Praticamente il latch "fotografa" l'ingresso D durante tutto l'intervallo di tempo in cui $E = 1$ mentre, quando $E = 0$, mantiene memorizzato l'ultimo valore "fotografato".

Il latch di tipo D è presente in forma integrata. Un esempio di latch commerciale è il 74LS75 che contiene quattro latch di tipo D.

Per memorizzare una informazione si ricorre anche a bistabili la cui uscita può cambiare stato solo in corrispondenza di un preciso punto dell'impulso del segnale di controllo. Il bistabile viene in questo caso chiamato **flip-flop** e il segnale di controllo viene denominato **clock** (CK); il flip-flop può cambiare stato solo in corrispondenza al fronte di salita del clock (*positive edge triggered*) o di discesa (*negative edge triggered*) come in fig. 2.4a).

Nel FF D lo stato di memoria è quindi controllato dall'ingresso di clock. Quando c'è il fronte di salita del clock il FF è **trasparente** e "fotografa" lo stato dell'ingresso D. Negli altri stati del clock il FF è in stato di **memoria** e l'uscita Q mantiene il valore "fotografato", anche se l'ingresso cambia.

Mentre nel latch la "fotografia" avviene con un lungo tempo di apertura, durante il quale un cambiamento degli ingressi modifica il valore dell'uscita, nel flip-flop la "fotografia" avviene in un tempo di apertura brevissimo, quello relativo al passaggio di stato del clock; le variazioni dell'ingresso, che non avvengono in questo brevissimo intervallo, vengono ignorate dall'uscita.

Esempio Se in un latch di tipo D il segnale sull'ingresso D varia mentre l'abilitazione $E = 1$, che cosa succede? E se $E = 0$? Le stesse considerazioni sono valide per un *FF* di tipo D (*positive edge triggered*) se si hanno le stesse condizioni sul clock?

Discussione In un latch D se $E = 1$ qualunque variazione di D viene riportata sull'uscita, mentre se $E = 0$ l'uscita non cambia (stato di memoria). In un *FFD* sia nel caso che il clock = 0 sia che clock = 1 l'uscita non cambia. Può variare solo col cambiamento del clock da 0 a 1 (fronte di salita).

Riflessione *Che cosa è un flip-flop master-slave?*

a)

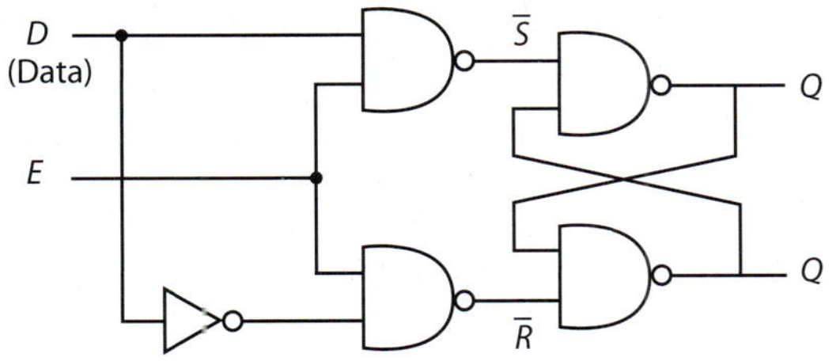

b)

E	D	Q	$\overline{Q}$	
0	0	Q_0	$\overline{Q}_0$	memoria
0	1	Q_0	$\overline{Q}_0$	memoria
1	0	0	1	
1	1	1	0	

c)

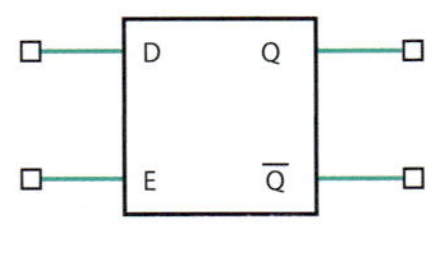

Fig. 2.3 a) Latch D con porte NAND; **b)** relativa tabella di verità; **c)** simbolo del latch D integrato. Lo stato di memoria è controllato dall'ingresso di abilitazione E. Quando $E = 0$ il latch memorizza l'ultimo valore di D che ha rilevato nell'intervallo di trasparenza.

a)

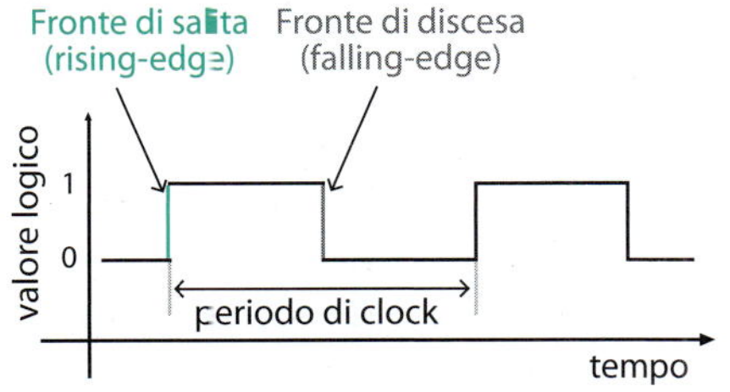

b)

Inputs		Outputs	
CK	D	Q	$\overline{Q}$
↑	1	1	0
↑	0	0	1
0,1,↓	X	Q_0	$\overline{Q}_0$

c)

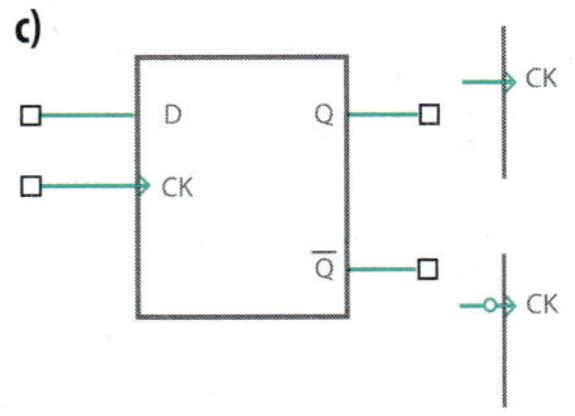

Fig. 2.4 a) Segnale di clock; **b)** tabella di verità di un FF D attivo sul fronte di salita; **c)** simbolo del FF D; il clock è rappresentato da un triangolo se è attivo sul fronte di salita, da un triangolo preceduto da un cerchietto se attivo sul fronte di discesa.

FAQ 3 Come funzionano i flip-flop?

Il nome flip-flop deriva dal rumore che facevano i primi circuiti bistabili, costruiti con relè elettromeccanici. Infatti il flip-flop è un bistabile la cui uscita può commutare tra due stati possibili, entrambi stabili; tale cambiamento è controllato dal passaggio di stato (fronte di salita o di discesa) di un segnale di controllo (clock). Per questo motivo il flip-flop è considerato un bistabile **sincrono** e il clock è il segnale di sincronizzazione.

I flip-flop più utilizzati nei circuiti digitali sono di tre tipi.

Il **flip-flop D,** in corrispondenza al fronte del clock, porta sull'uscita *Q* lo stato dell'ingresso *D*.

Il **flip-flop JK** con due ingressi, *J* e *K*, ha quattro condizioni di lavoro (fig. 2.5 b). Si nota, a parte la presenza del segnale di clock, una somiglianza con la tabella di verità del latch SR tranne che nella combinazione $J = 1$ e $K = 1$, che in questo caso, invece che determinare stati non validi, provoca l'inversione degli stati di uscita.

Il **flip-flop T** ha un solo ingresso (*T*). Se $T = 0$, anche in presenza del fronte del clock, l'uscita non cambia. Se $T = 1$ ad ogni fronte di clock l'uscita cambia stato (*toggle*).

Esempio Come si può ottenere un flip-flop di tipo T a partire da un flip-flop di tipo JK?

Discussione Se si pone $J = K$; se poi $J = K = 1$ il flip-flop cambia sempre stato ad ogni fronte di clock.

Gli ingressi *D*, *J*, *K*, *T* sono detti **sincroni** perché i loro effetti sull'uscita sono sincronizzati con l'ingresso di CK.

Nei flip-flop commerciali sono generalmente presenti altri due ingressi asincroni, *preset* e *clear*, che operano in modo indipendente dal segnale di clock. Vengono utilizzati per "forzare" l'uscita del flip-flop a 1 (*preset*) o a 0 (*clear*) in qualsiasi momento, ad esempio per inizializzare l'uscita ad un valore predefinito. La situazione in cui sono entrambi attivi non dovrebbe mai presentarsi, perché provoca uno stato (alto su entrambe le uscite) non corretto e instabile.

Sono molti i componenti commerciali che svolgono la funzione di flip-flop:

- il 74LS74 è un esempio di FF D, contiene due flip-flop attivi sul fronte di salita, dotati di preset e clear;
- il 74LS76 e il 74LS73 sono esempi di FF JK attivi sul fronte di discesa, il primo dotato di ingressi di preset e clear, il secondo solo di clear.

Il FF T non si trova in commercio, ma si ottiene a partire dal FF D o dal FF JK. Può essere attivo sul fronte di salita o di discesa a seconda del flip-flop da cui viene ricavato.

Riflessione *Che cosa sono il tempo di set up e il tempo di hold di un flip-flop?*

a)

CK	*D*	*Q*	$\overline{Q}$	
↑	0	0	1	
↑	1	1	0	
0,1,↓	*X*	Q_o	$\overline{Q}_o$	memoria

b)

CK	*J*	*K*	*Q*	$\overline{Q}$	
↓	0	0	Q_o	$\overline{Q}_o$	memoria
↓	0	1	0	1	
↓	1	0	1	0	
↓	1	1	$\overline{Q}_o$	Q_o	toggle
0,1,↑	X	X	Q_o	$\overline{Q}_o$	memoria

c)

T	*CK*	*Q*	$\overline{Q}$	
0	↓	Q_o	$\overline{Q}_o$	memoria
1	↓	$\overline{Q}_o$	Q_o	toggle
X	0,1,↑	Q_o	$\overline{Q}_o$	memoria

Fig. 2.5 **a)** Tabella di un FF D attivo sul fronte di salita; **b)** tabella di un FF JK attivo sul fronte di discesa; **c)** tabella di un FF T attivo sul fronte di discesa.

a)

INPUTS					OUTPUTS	
Present	*Clear*	*Clock*	*J*	*K*	*Q*	$\overline{Q}$
L	H	X	X	X	H	L
H	L	X	X	X	L	H
L	L	X	X	X	H*	H*
H	H	↓	L	L	Q_0	$\overline{Q}_0$
H	H	↓	H	L	H	L
H	H	↓	L	H	L	H
H	H	↓	H	H	Toggle	
H	H	H	X	X	Q_0	$\overline{Q}_0$

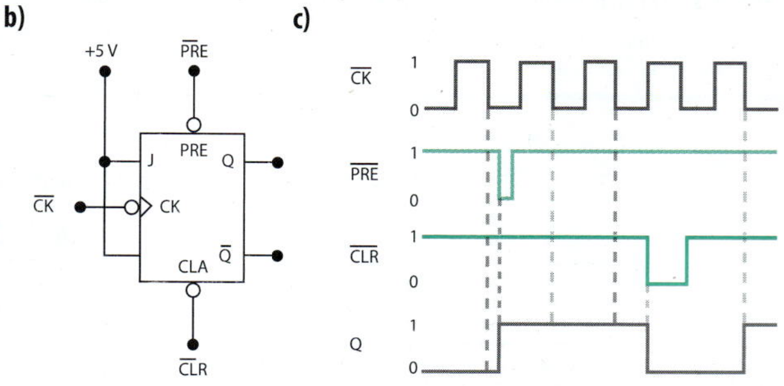

Fig. 2.6 **a)** Tabella di verità di un flip-flop JK commerciale (74LS76) con preset e clear; **b)** flip-flop 74LS76 collegato come FF T con $T = 1$; **c)** esempio di temporizzazione dei segnali di *present* e *clear*.

FAQ 4 A che cosa servono i flip-flop?

I flip-flop trovano applicazione nei circuiti in cui è necessaria la funzione di memoria; nella piccola automazione; nelle telecomunicazioni per trasformare un segnale da seriale e parallelo e viceversa; nei sistemi programmabili come elemento base delle memorie; nei circuiti digitali come elemento base di contatori o registri.
Esempi di semplici applicazioni sono:

Memorizzazione di comandi Sfruttando la capacità di un flip-flop di memorizzare lo stato di uscita fino ad una nuova eccitazione, lo si può utilizzare per mantenere attivo un comando fino al sopraggiungere di una situazione di arresto o di emergenza.

Esempio 1 Un dispositivo deve attivare una pompa ($PM = 1$) quando il sensore di livello minimo (L_{min} passa da 0 a 1) segnala che l'acqua in un serbatoio è scesa sotto la soglia minima prestabilita. La pompa si deve spegnere ($PM = 0$) quando il livello raggiunge il valore massimo (sensore di livello massimo, L_{max} passa da 0 a 1). Nella zona tra i due sensori la pompa deve rimanere accesa o spenta a seconda dell'ultimo comando ricevuto. Un segnale di emergenza ($EM = 1$) spegne in ogni caso la pompa.

Discussione La soluzione in fig. 2.7a) prevede un FF D la cui uscita rimane memorizzata tra un comando e l'altro.

Trasferimento di dati I flip-flop trasferiscono in uscita il segnale presente sugli ingressi solo nell'istante in cui si verifica il fronte sul clock: segnale di sincronizzazione.

Esempio 2 Si vogliono trasferire 2 segnali dall'uscita di un sistema a microprocessore ad una periferica costituita da 2 visualizzatori a LED.

Discussione Sulle linee dati (*bus* dati) di un sistema a microprocessore transitano molte informazioni; per selezionare correttamente quella che deve essere visualizzata sui LED è necessario che il microprocessore fornisca al clock di due FFD un fronte di salita nello stesso istante in cui sugli ingressi dei FF D transitano le informazioni corrette (fig. 2.7b).

Divisione di frequenza Se ad un FF T (con $T = 1$) si applica in ingresso un segnale di frequenza f, sull'uscita Q del FF si ottiene un segnale con frequenza dimezzata ($f/2$). Il FF T può essere ottenuto a partire da un FF D o da un FF JK.

Esempio 3 Si vuole ottenere una frequenza di 500 Hz a partire da un segnale digitale di frequenza 2000 Hz.

Discussione Si collegano due FF T in cascata come in fig. 2.8a). Ogni FF divide la frequenza per due. Su Q_2 si ha un segnale di 500 Hz (fig. 2.8b).

Conteggio Con lo stesso circuito di fig. 2.8 si può ottenere un contatore in grado di contare fino a quattro (modulo 4); la sequenza di attivazione delle uscite è 00, 01, 10, 11, che corrisponde, in decimale, alla sequenza da 0 a 3. Se i *FF* utilizzati fossero attivi sul fronte di salita il contatore conterebbe all'indietro (la sequenza binaria sulle uscite sarebbe 11, 10, 01, 00).

Riflessione *Che relazione c'è tra il numero di flip-flop in cascata e la divisione di frequenza che si ottiene?*

Fig. 2.7 **a)** Circuito per il comando della pompa; **b)** trasferimento dati da Dato1 e Dato2 ai due LED solo in corrispondenza al comando sull'ingresso di sincronizzazione (Sinc).

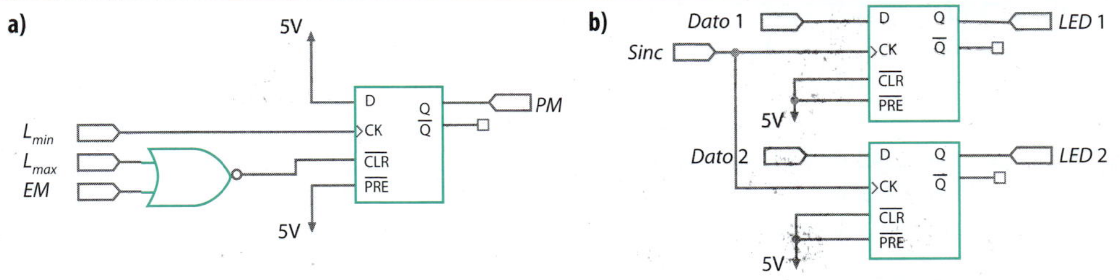

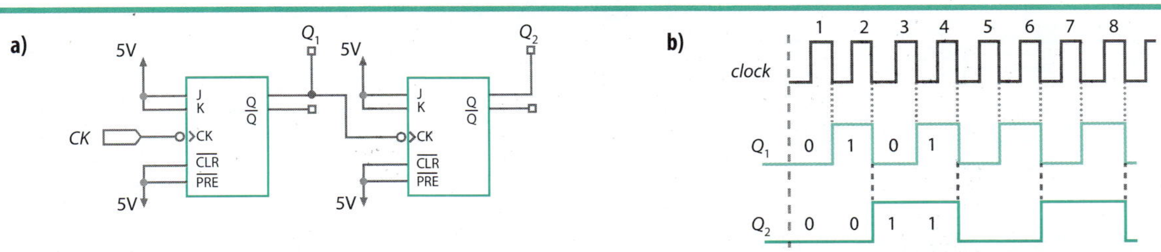

Fig. 2.8 **a)** Divisore di frequenza per 4 ottenuta con due flip-flop *T*, ricavati da FF JK attivi sul fronte di discesa. Lo stesso circuito può essere visto come contatore in avanti con 4 stati di uscita; **b)** temporizzazione dei segnali di uscita del circuito precedente. Se si osservano i livelli logici sulle uscite (Q_2 è la più significativa) si ottiene un conteggio binario da 0 a 3.

ReT 1 Contatori

Un contatore binario si ottiene ponendo in cascata flip-flop di tipo T come riportato nella **FAQ4**; il conteggio è **in avanti** se i flip-flop sono attivi sul fronte di discesa (*Negative Edge Triggered*), **indietro** se sono attivi sul fronte di salita (*Positive Edge Triggered*).

Il **modulo** di conteggio rappresenta il numero di stati binari che si succedono sulle uscite in ogni ciclo di conteggio. Un contatore modulo 16 ha quindi 16 combinazioni diverse sulle uscite e può rappresentare i numeri binari da 0 a 15. Il modulo e la sequenza binaria sulle uscite dipendono dal numero di flip-flop utilizzati e dalla connessione. Esistono contatori integrati con diversi valori di modulo e con differenti modalità di collegamento dei flip-flop. I **contatori asincroni**, con flip-flop in cascata (l'uscita Q collegata al clock del successivo), hanno 4 o 8 uscite e moduli di conteggio pari a 10, 16 o loro multipli. Il 74LS93 è un contatore integrato che contiene 4 flip-flop T, con $T = 1$, in cascata (fig. 2.9a) e attivi sul fronte di discesa. Il modulo è pari a $2^4 = 16$ e la sequenza degli stati sulle uscite è quella binaria da 0 a 15.

Dato che nella fig. 2.9 ci sono due ingressi di clock CP_0 e CP_1, l'uscita del primo flip-flop non è connessa al clock del flip-flop successivo (CP_1). Ciò consente di utilizzare il contatore integrato in due sezioni separate: una di modulo 2 (il primo flip-flop) con ingresso CP_0 e una di modulo 8 con ingresso CP_1. Per avere il contatore modulo 16 si collegano Q_0 e CP_1. I segnali MR_1 e MR_2 (*Master Reset*) agiscono sull'ingresso di clear di tutti i flip-flop e resettano il contatore forzando a "0" tutte le uscite. Tali segnali sono attivi alti e quindi resettano quando viene applicato ad entrambi un segnale logico alto.

È possibile ridurre il modulo di un contatore di valore 2^n, dove n è il numero di bit di uscita, resettandolo quando viene raggiunta la configurazione binaria corrispondente al modulo voluto.

Esempio Si vuole un contatore modulo 10 a partire da un contatore integrato modulo 16.

Discussione Il codice binario corrispondente al modulo voluto è $10_d = 1010_b$. Quando tale configurazione si presenta sulle uscite, il contatore si deve resettare per contare da 0 a 9 (fig. 2.10a). La configurazione 1010_b, che causa il reset del contatore, si presenta per un breve istante sulle uscite, prima che il reset avvenga.

Il contatore modulo 10 (contatore *decadico*) è molto comune nelle applicazioni di visualizzazione dei conteggi, perché consente la lettura decimale del conteggio sui display.

Riflessione *Che modulo si ottiene collegando in cascata più contatori modulo 10?*

a)

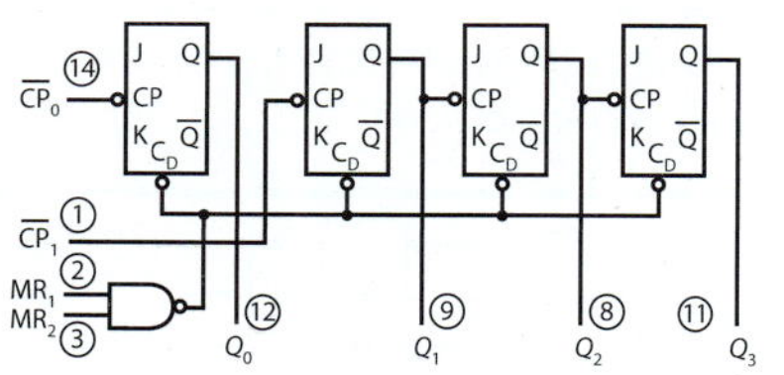

b)

LS93 – TRUTH TABLE				
COUNT	OUTPUT			
	Q_0	Q_1	Q_2	Q_3
0	L	L	L	L
1	H	L	L	L
2	L	H	L	L
3	H	H	L	L
4	L	L	H	L
5	H	L	H	L
6	L	H	H	L
7	H	H	H	L
8	L	L	L	H
9	H	L	L	H
10	L	H	L	H
11	H	H	L	H
12	L	L	H	H
13	H	L	H	H
14	H	H	H	H

c)

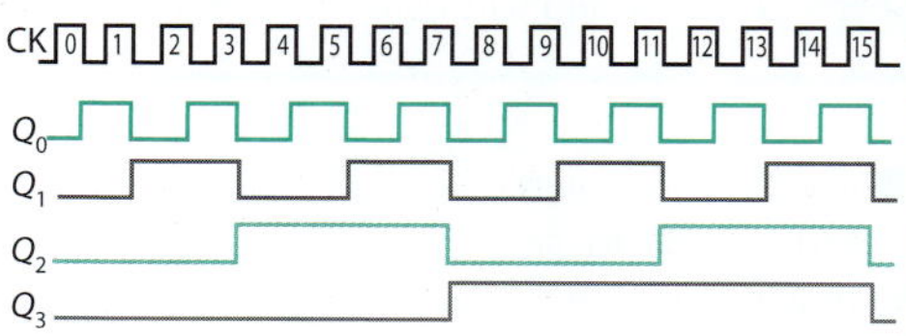

Fig. 2.9 Contatore integrato 74LS93; **a)** collegamenti interni dei flip-flop e pin out; **b)** tabella con la successione degli stati binari sulle uscite; **c)** temporizzazione degli stati delle uscite.

a)

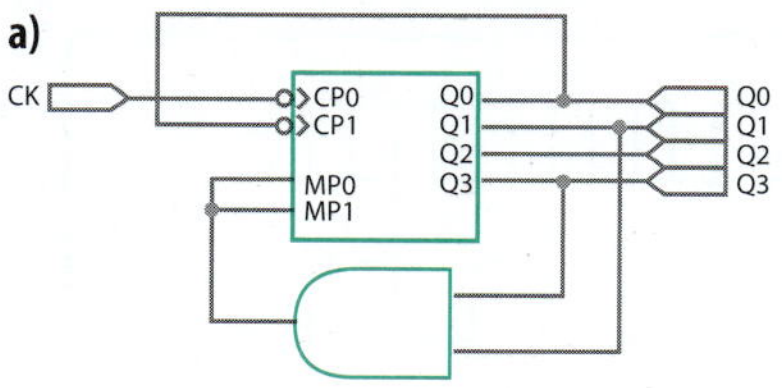

b)

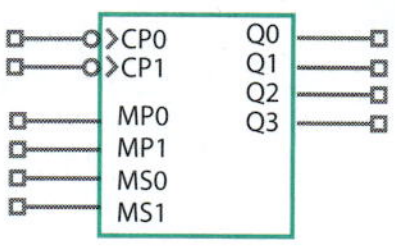

c)

LS90 – BCD COUNT SEQUENCE				
COUNT	OUTPUT			
	Q_0	Q_1	Q_2	Q_3
0	L	L	L	L
1	H	L	L	L
2	L	H	L	L
3	H	H	L	L
4	L	L	H	L
5	H	L	H	L
6	L	H	H	L
7	H	H	H	L
8	L	L	L	H
9	H	L	L	H

NOTA: Output Q_0 è connesso a Input CP1 per BCD count

d)

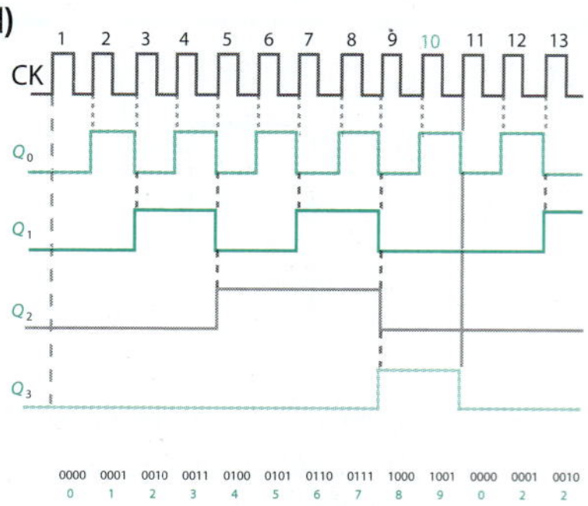

Fig. 2.10 **a)** Contatore integrato 74LS93 con modulo di conteggio ridotto a 10; **b)** contatore integrato modulo 10, con sigla 74LS90; **c)** tabella con la successione degli stati binari sulle uscite del contatore 74LS90, se Q_0 viene collegato a CP_1; **d)** temporizzazione degli stati delle uscite del contatore 74LS90.

ReT 2 Registri

Il registro a scorrimento (*Shift Register*) è un circuito sequenziale utilizzato per la memorizzazione o il trasferimento di dati binari. È costituito da una catena di celle di memoria singole, tipicamente flip-flop di tipo D, collegate tra loro, con il clock in comune (dispositivo sincrono); i dati si spostano ad ogni ciclo di clock, da cui il nome "shift register". I bit sia in ingresso sia in uscita possono essere in serie o in parallelo. Lo "scorrimento" dei bit può avvenire da sinistra a destra o viceversa. I registri a scorrimento integrati sono generalmente dotati di ingressi di RESET per forzare le uscite a "0" (o eventualmente SET per portarle a "1"). I registri a scorrimento funzionano in una delle quattro diverse modalità, che si differenziano per il modo in cui i dati "scorrono":

- **registro SISO** (*Serial In Serial Out*): i dati, forniti in serie sull'ingresso, sono spostati all'uscita Q_3 del registro, un bit alla volta, sotto il controllo di clock. Il funzionamento è descritto dalla fig. 2.11: se, dopo aver resettato le uscite, si applica all'ingresso un segnale logico "1", il primo fronte (di salita) del clock sposta il segnale logico "1" sulla prima uscita (Q_0) lasciando inalterate le altre. Se poi l'ingresso torna a 0, i successivi fronti di clock spostano il segnale "1" sulle altre uscite in sequenza. L'effetto di ogni impulso di clock è quindi di far "scorrere" i dati di una posizione a destra. Dopo un numero di fronti di clock pari ai flip-flop che costituiscono il registro, in questo caso 4, il dato inserito nell'ingresso può essere letto sulla uscita Q_3 (uscita seriale). Questo tipo di registro può essere usato per la memorizzazione temporanea o per generare un tempo di ritardo che dipende dal numero di flip-flop e dalla frequenza del clock;
- **registro SIPO** (*Serial In Parallel Out*): i dati, immessi in serie e letti in parallelo, scorrono ad ogni colpo di clock. In fig. 2.11 i dati immessi in ingresso, in corrispondenza a 4 fronti di clock (sequenza 1000), vengono letti contemporaneamente sulle 4 uscite, da Q_3 a Q_0. Questo tipo di registro consente la conversione da seriale a parallelo;
- **registro PISO** (*Parallel In Serial Out*): il registro PISO consente il caricamento dei dati in forma parallela. Gli ingressi vengono applicati contemporaneamente (fig. 2.12a), in seguito scorrono di una posizione ad ogni fronte di clock e possono essere prelevati in forma seriale sull'uscita dell'ultimo flip-flop. Questa configurazione consente la conversione da parallelo a seriale;
- **registro PIPO** (*Parallel In Parallel Out*): in questo registro i dati vengono caricati in parallelo al fronte del clock, vengono memorizzati e possono essere prelevati sulle uscite contemporaneamente (fig. 2.12b). In questo caso, ad ogni clock, i dati non scorrono da un'uscita all'altra. Questo tipo di registro è usato per la memorizzazione temporanea di dati.

Riflessione *Come si ottiene un contatore ad anello?*

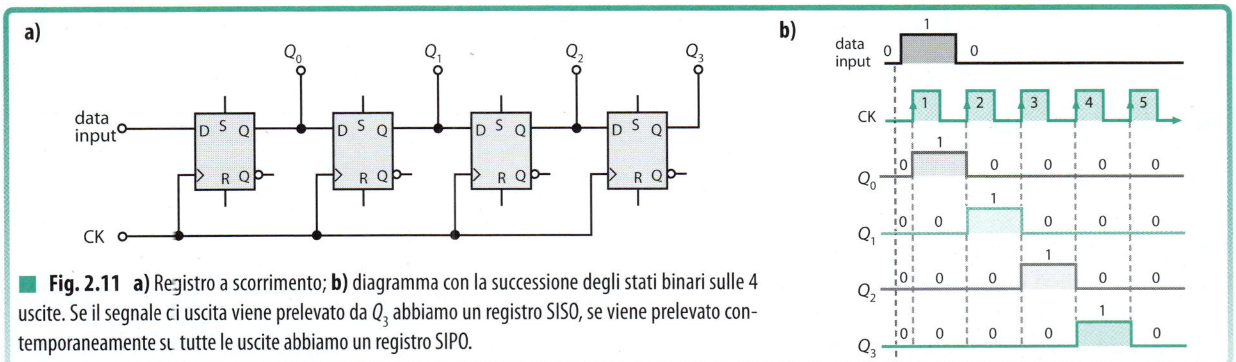

Fig. 2.11 **a)** Registro a scorrimento; **b)** diagramma con la successione degli stati binari sulle 4 uscite. Se il segnale di uscita viene prelevato da Q_3 abbiamo un registro SISO, se viene prelevato contemporaneamente su tutte le uscite abbiamo un registro SIPO.

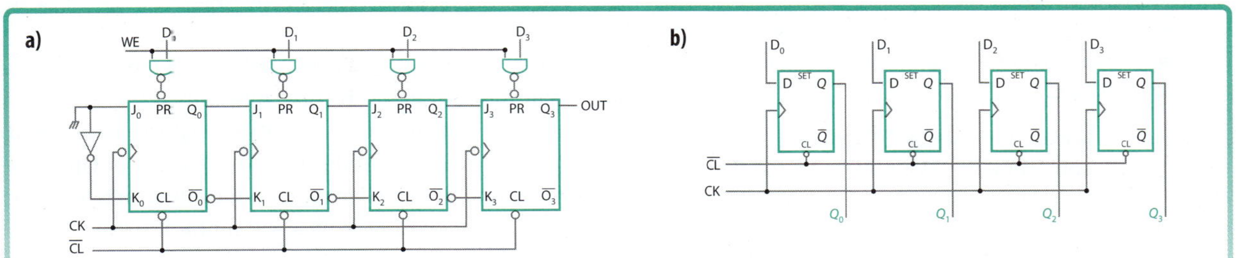

Fig. 2.12 **a)** Registro PISO, se $WE = 0$ il PR è inattivo e i dati non vengono caricati; quando $WE = 1$ se $D = 1$ viene attivato il Preset e quindi un dato "1" è caricato nel flip-flop corrispondente, se $D = 0$ il Preset è disattivo e Q, nell'ipotesi di un precedente RESET, rimane a 0; **b)** registro PIPO.

ReT 3 Memorie

Le memorie sono dispositivi elettronici sequenziali, in grado di immagazzinare informazioni sotto forma di codici binari; sono utilizzate in tutti i moderni sistemi di elaborazione o di telecomunicazioni. Si basano, come i registri, sulla capacità di memorizzazione di latch e flip-flop, ma possono immagazzinare più informazioni. Una memoria è organizzata in **celle,** che memorizzano un solo bit, e **locazioni**, costitute da più celle, che memorizzano un'intera parola binaria; spesso una locazione ha le dimensioni di un byte = 8 bit.

In una memoria i dati possono essere scritti (*Write*) o letti (*Eead*) in base alle necessità del sistema di cui la memoria fa parte.

Una singola cella di memoria (statica) può essere costituita da un latch di tipo D, con i segnali di abilitazione e di lettura/scrittura (R/W) (fig. 2.13).

Per scrivere in memoria, i segnali di controllo devono essere nello stato: $EN = 1$ e $R/W = 0$ (fase di *write*); l'ingresso E del latch D è attivo e il dato D_{in} viene memorizzato sull'uscita Q del latch. Tale uscita è isolata rispetto a D_{out} da un buffer (separatore) che risulta disattivato perché la sua abilitazione è a livello "0". Se $R/W = 1$ (fase di *read*) allora l'ingresso E del latch è disattivo per cui D_{in} non viene letto; è invece attiva l'abilitazione del buffer che consente di trasferire il valore Q su D_{out}.

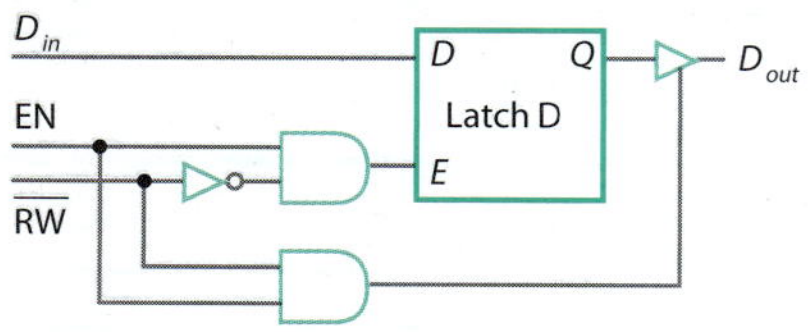

Fig. 2.13 Cella di memoria basata su un latch di tipo D. D_{in} rappresenta il segnale binario in ingresso e D_{out} quello di uscita. EN è l'abilitazione della memoria e R/W il segnale di scelta tra operazione di lettura o di scrittura.

Una memoria è caratterizzata principalmente dalla **capacità** che indica il numero totale di bit che la memoria può contenere; spesso viene indicata come numero di locazioni di memoria elementari di 1 byte (8 bit) contenute nel dispositivo.

Esempio 1 Quanti bit è in grado di immagazzinare una memoria di 16 Kbyte?

Discussione Il Kbyte rappresenta 2^{10} byte = 1.024 byte per cui 16 kbyte rappresentano $16 \cdot 1.024 = 16.384$ byte. Dato che 1 byte = 8 bit la capacità complessiva della memoria è di $16.384 \cdot 8 = 131.072$ bit

Le memorie sono organizzate a matrice, con righe e colonne, ad ogni incrocio della matrice è presente una locazione di memoria, tipicamente di 8 bit. Per individuare una singola locazione in un **banco di memoria**, è necessario associarle un indirizzo; ogni memoria deve quindi di disporre di linee di indirizzo sufficienti per selezionare tutte le locazioni presenti. La relazione tra il numero di linee di indirizzo n e le locazioni di memoria M è $M = 2^n$.

Esempio 2 Una memoria con 16 linee di indirizzo quante locazioni può selezionare? E se ha 32 linee?

Discussione Con 16 linee si possono selezionare 2^{16} byte = 65.536 locazioni (64 kbyte). Con 32 la memoria può contenere 2^{32} byte = 4.294.967.296 locazioni (4 Gbyte).

Il semplice banco di memoria in fig. 2.14 ha una capacità di 4 locazioni di 2 bit ciascuno. Le linee di indirizzo necessarie per selezionare le 4 locazioni sono 2 ($4 = 2^2$); un **decoder,** in corrispondenza di una combinazione binaria applicata ai 2 ingressi, attiva una sola delle 4 uscite. L'uscita selezionata, se è attivato il segnale di scrittura (*write enable*), abilita l'enable (E) dei due latches corrispondenti alla locazione selezionata e consente la scrittura in memoria.

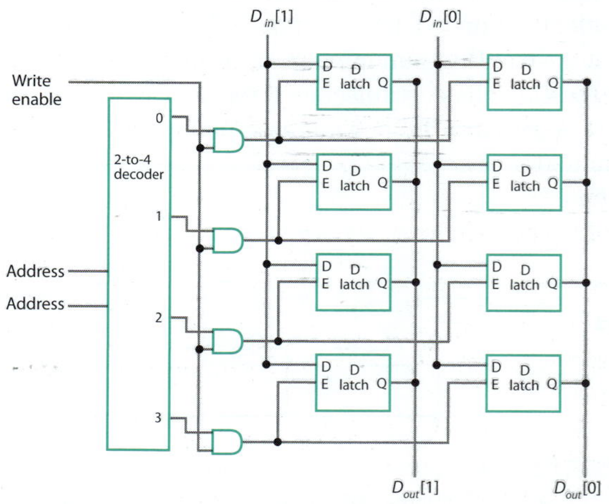

Fig. 2.14 Memoria di 4 locazioni di due bit, basata su latches D. Il decoder seleziona la locazione sulla base dell'indirizzo applicato.

Il **tempo di accesso** di una memoria è l'intervallo tra l'istante in cui viene fornito agli ingressi il codice di indirizzo e l'istante in cui i dati sono posti in uscita (in *lettura*) o collocati nelle rispettive locazioni (in *scrittura*); è un indice della velocità della memoria, cioè del numero di accessi possibili nell'unità di tempo.

Riflessione *Come si può ridurre il numero di uscite del decoder in memorie di grande capacità?*

ReT 4 Collegamenti ai bus: open collector e three state

Nel collegamento tra più circuiti elettronici bisogna spesso tenere conto della diversità dei parametri relativi alle famiglie logiche dei due circuiti, come correnti o tensioni, o delle modalità di sincronizzazione nella comunicazione tra i circuiti.
Le porte logiche tradizionali hanno gli stadi di uscita detti "*Totem Pole*" schematizzati in fig. 2.15a). I due interruttori, comandati sempre in modo simmetrico, sono attivati dal risultato dell'operazione logica svolta dall'integrato. Per portare l'uscita a "1" deve essere I_1 = ON, I_2 = OFF; per portare l'uscita a "0", I_1 = OFF, I_2 = ON.
Le strutture a bus, presenti nei sistemi programmabili, consentono a CPU, memorie, dispositivi di input/output di scambiare informazioni. Lo stadio *Totem Pole* in questo caso non può essere utilizzato: infatti i bus sono composti da un insieme di linee a cui sono connessi tutti i dispositivi e quindi porte diverse devono condividere lo stesso conduttore; se le porte connesse fossero di tipo *Totem Pole* si creerebbero conflitti tra gli stadi di uscita (fig. 2.15a). Infatti si può creare un cortocircuito attraverso l'interruttore I_1 della porta in stato alto e quello I_2 della porta in stato basso.
Per evitare i conflitti, solo un dispositivo alla volta deve "scrivere" sul bus e gli altri non ne devono influenzare lo stato. Una prima soluzione è rappresentata dalle porte **Open Collector**, chiamate così perché manca l'interruttore I_1 e quindi il terminale di uscita è "aperto".
Richiedono, per funzionare, il collegamento con l'alimentazione tramite una resistenza esterna all'integrato. Collegando tra loro più uscite con una sola resistenza (resistenza di pull up) non ci sono conflitti: basta che uno degli interruttori I_2 sia chiuso che il bus è in stato "0". Se tutti gli interruttori I_2 sono aperti il bus è in stato "1".

Esempio Se collego a un bus le uscite di 3 porte logiche di tipo *open collector* che funzione viene svolta tra le uscite delle tre porte?

Discussione Viene svolta una funzione AND perché basta che una uscita sia bassa per avere lo stato basso sul bus; viene denominata wired AND perché la funzione AND viene svolta implicitamente dal tipo di collegamento, senza che ci sia un integrato apposito a svolgere tale funzione.

Lo stadio di uscita **Three State** funziona, oltre che nei due normali stati logici "0" ed "1", in un ulteriore stato (alta impedenza, *HI*) in cui l'uscita si comporta come un interruttore aperto e risulta elettricamente sconnessa dal bus a cui è collegata. Riprendendo il modello della uscita *Totem Pole* di fig. 2.15a), lo stato di alta impedenza si ottiene aprendo entrambi gli interruttori I_1 e I_2.
Questo stato viene controllato da un ingresso apposito, chiamato *enable*. In un sistema a BUS la logica three state risolve i conflitti: i segnali di abilitazione (*Enable*) dei dispositivi devono essere attivati uno alla volta in modo che sia solo uno il dispositivo che "scrive" un segnale logico sul bus. I three state sono utilizzati nello stadio di uscita dei dispositivi che si interfacciano con i bus (memorie, dispositivi di interfaccia ecc).

Riflessione *Che cosa rappresentano gli interruttori schematizzati negli stadi di uscita totem pole, three state e open collector?*

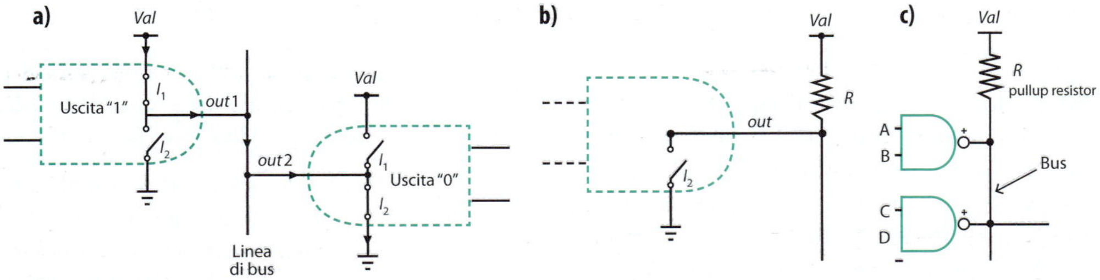

Fig. 2.15 **a)** Stadio di uscita *Totem Pole* e conflitto nel collegamento tra le uscite di due porte logiche; **b)** stadio di uscita *open collector*; **c)** bus con due porte open collector.

a)

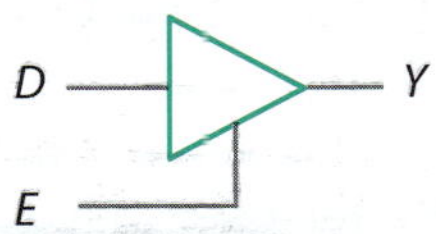

b)

E	D	Y	
0	X	Z	HI
1	0	0	
1	1	1	

c)

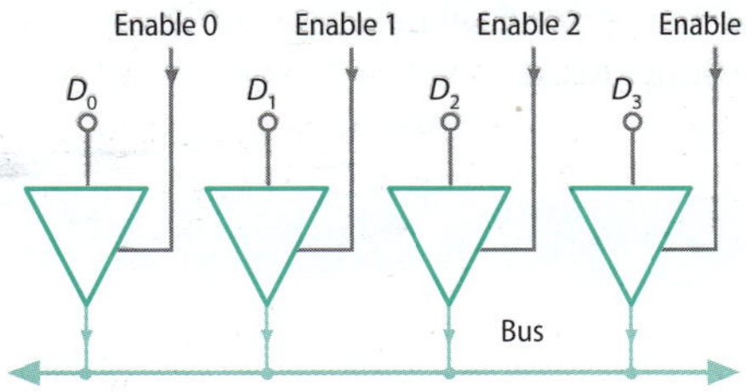

Fig. 2.16 **a)** Simbolo logico della porta *three state*; **b)** relativa tabella di verità; **c)** bus con porte *Three State*.

Sommario

Nella logica sequenziale le uscite dipendono, oltre che dai valori degli ingressi, anche dai valori applicati precedentemente, cioè hanno memoria. I componenti elettronici elementari in grado di memorizzare sono i bistabili, realizzati con porte logiche di base, tipicamente NOR e NAND. Se le uscite dei bistabili possono cambiare solo in corrispondenza di segnali di controllo si parla di bistabili sincroni. Il segnale di sincronizzazione può essere un segnale di enable, attivo sullo stato (basso o alto) nel caso dei latch, oppure un segnale di clock, attivo sul fronte (di salita o di discesa) nel caso dei flip-flop.
Ci sono flip-flop di tipo diverso: di tipo D, che copiano sull'uscita lo stato di ingresso nell'istante relativo al fronte del clock; di tipo JK, con due ingressi; di tipo T, che possono cambiare stato di uscita ad ogni fronte di clock.
I flip-flop sono utilizzati come memoria temporanea di dati, nel trasferimento di informazioni, come divisori di frequenza o nei dispositivi di conteggio.
I contatori, costituiti da sequenze di flip-flop, forniscono sulle uscite codici binari che, presi in sequenza, rappresentano successioni di numeri binari, crescenti o decrescenti. Esistono in forma integrata e i più utilizzati hanno moduli di conteggio multipli di 10, in modo da essere facilmente visualizzati su display.
I registri sono costituiti da sequenze di flip-flop con il clock in comune; possono avere sia gli ingressi che le uscite in serie e in parallelo, dando luogo a 4 configurazioni distinte che hanno applicazioni nella memorizzazione temporanea e veloce di dati, la conversione serie–parallelo e viceversa, nella generazione di sequenze di ritardo.
Il principio di funzionamento dei registri viene applicato anche alle memorie statiche le cui celle elementari possono essere costituite da flip-flop; tali flip-flop sono disposti a matrice e organizzati in locazioni di memoria, spesso di capacità di 1 byte. L'individuazione delle singole locazioni avviene con l'indirizzamento; le linee di indirizzo necessarie (n) sono legate alla capacità della memoria (M), si ha $M = 2^n$.
I dispositivi come le memorie sono spesso connesse a sistemi a bus, ad esempio nei sistemi a microprocessore; il collegamento di dispositivi logici ai bus va effettuato con porte particolari, che evitino conflitti. Sono usate porte open collector, che richiedono una resistenza esterna per il funzionamento o porte *Three State*, che hanno, oltre ai normali due stati di funzionamento, uno stato di alta impedenza.

Risposte alle riflessioni

FAQ 1 Il temine inglese "latch" significa catenaccio, chiavistello e in campo elettronico è legato alla capacità del circuito di "trattenere" un segnale e quindi di memorizzarlo.

FAQ 2 Il flip-flop master slave è costituito da due latch in cascata (l'uscita Q del primo è collegata all'ingresso D del secondo) il primo dei quali ha l'abilitazione attiva sullo stato alto, il secondo sullo stato basso. Il valore presente all'ingresso D passa sull'uscita del primo latch (master) sul fronte di salita di E e passa al secondo latch (slave) sul fronte di discesa di E. In pratica, il segnale D passa in uscita solo alla fine di un impulso completo su E.

FAQ 3 Il tempo di set up o tempo di stabilizzazione è il minimo intervallo di tempo per cui deve permanere stabile il segnale agli ingressi (D oppure JK) di un flip-flop prima del fronte del segnale di clock; il tempo di hold o tempo di mantenimento è il minimo intervallo di tempo per cui deve permanere stabile il segnale agli ingressi (D oppure JK) di un flip-flop dopo il fronte del segnale di clock.

FAQ 4 Dato che ogni flip-flop (di tipo T con $T = 1$) divide per due la frequenza del segnale di ingresso, se il numero di flip-flop è pari a n la frequenza viene divisa per 2^n.

ReT 1 Collegando in cascata più contatori modulo 10 si ottiene un modulo pari ad una potenza di 10. Il modulo complessivo di più contatori in cascata è infatti pari al prodotto dei moduli dei singoli contatori. Con 3 contatori il modulo è $10^3 = 1000$.

ReT 2 Un contatore ad anello si ottiene con un registro SISO, collegando l'uscita all'ingresso e inserendo un solo stato logico "1" (tramite preset e clear).

ReT 3 Per ridurre le dimensioni del decoder l'organizzazione della memoria a matrice prevede un decoder di riga e uno di colonna separati. In questo modo per ciascun decoder il numero di linee di indirizzo da decodificare è circa dimezzato; con 16 linee di indirizzo, si possono ad esempio usare due decoder con 8 ingressi ciascuno.

ReT 4 Gli interruttori schematizzati nello stadio di uscita delle porte logiche sono in realtà componenti elettronici che hanno due stati di funzionamento: interdizione e conduzione, che corrispondono rispettivamente agli stati OFF e ON degli interruttori. A seconda della famiglia logica i componenti sono transistor BJT (famiglie bipolari come la TTL) o MOS (famiglie unipolari come la CMOS).

Sitografia • Bibliografia

- http://www.physics.uoguelph.ca/~jhd/phys3100/seq_logic.pdf
- http://www.dti.unimi.it/scarabottolo/archi/DispensaRetiLogiche.pdf
- Floyd, *Fondamenti di elettronica digitale*, ed. Principato.

Esercizi e Problemi

FAQ 1

Es. 1 Disegnare lo stato delle uscite Q e $\overline{Q}$ di un latch *SR* con porte NOR se agli ingressi vengono applicati i segnali riportati nel grafico.

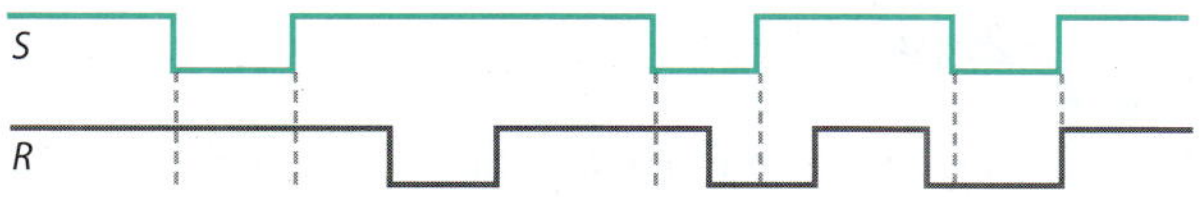

Es. 2 Ripetere l'esercizio con un latch *SR* con porte NAND se si sostituiscono S, R con $\overline{S}$, $\overline{R}$.

FAQ 2

Es. 1 Se a un latch D vengono applicati in ingresso i segnali *E* e *D* come riportato nel grafico, qual è l'andamento nel tempo del segnale sull'uscita *Q*?

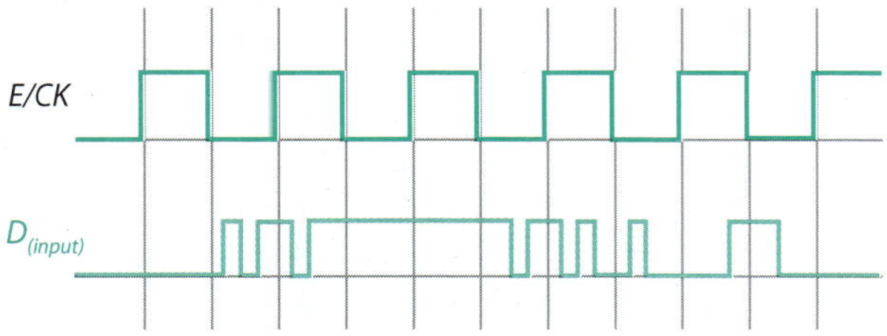

Es. 2 Se i segnali precedenti vengono applicati agli ingressi D e clock di un flip-flop D qual è l'andamento nel tempo del segnale sull'uscita *Q*?

FAQ 3

Es. 1 Se a un flip-flop T vengono applicati in ingresso i segnali *T* e *CK* come riportato nel grafico, quale è l'andamento nel tempo del segnale sull'uscita *Q*?

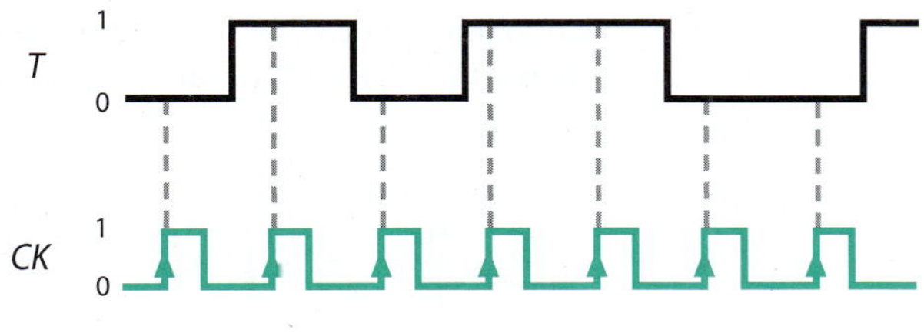

Es. 2 Se in un flip-flop di tipo JK pongo una porta NOT tra *J* e *K* e applico il segnale di ingresso a *J* come si comporta il circuito ottenuto?

Es. 3 Come si può ottenere un flip-flop di tipo T a partire da un flip-flop di tipo D?

Pr. 1 Se il fronte del segnale di clock di un FF di tipo D arriva contemporaneamente alla variazione del segnale di ingresso *D*, tale variazione viene riconosciuta?

FAQ 4

Es. 1 Disegnare un contatore modulo 4 all'indietro utilizzando FF di tipo D. Disegnare in un grafico l'andamento nel tempo dei segnali sulle uscite Q_0 e Q_1.

Es. 2 Disegnare un circuito che sia in grado di dividere per 8 la frequenza del segnale applicato all'ingresso.

Pr. 1 Si vuole rilevare la direzione di movimento di un disco su cui sono praticate due fenditure sfalsate fra di loro. Da parti opposte al disco sono inseriti due dispositivi *S*1 e *S*2 che trasformano in forma binaria le zone opache e trasparenti delle semicorone circolari *A* e *B* fornendo i codici 00 = nessuna fenditura, 01 = fenditura *A*, 10 = fenditura *B*, 11 = entrambe. Il circuito deve fornire uno stato logico 1 se il movimento è in senso orario, 0 se in senso antiorario

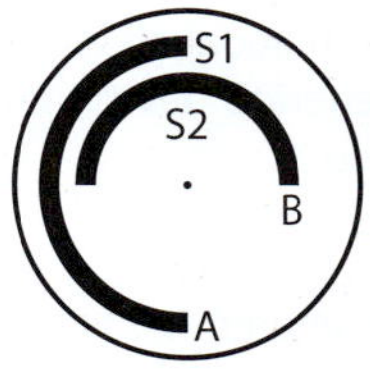

Pr. 2 Si vogliono generare i segnali di controllo del motore di apertura e chiusura (MAP e MCH, separati) di un cancello dotato di pulsanti AVANTI, INDIETRO, STOP e di due finecorsa, di apertura e chiusura (FCAP, FCCH). Tutti i pulsanti e i finecorsa generano un segnale basso quando sono premuti. Il cancello si deve aprire (MAP = 1) quando si preme il pulsante AVANTI fino al raggiungimento del rispettivo finecorsa o fino a quando viene premuto il pulsante di STOP. Lo stesso funzionamento per la chiusura. I due comandi al motore (MAP e MCH) non devono essere attivi contemporaneamente.

ReT 1

Es. 1 Individuare il modulo di conteggio del contatore ottenuto con 4 flip-flop di tipo JK e disegnare l'andamento nel tempo delle quattro uscite.

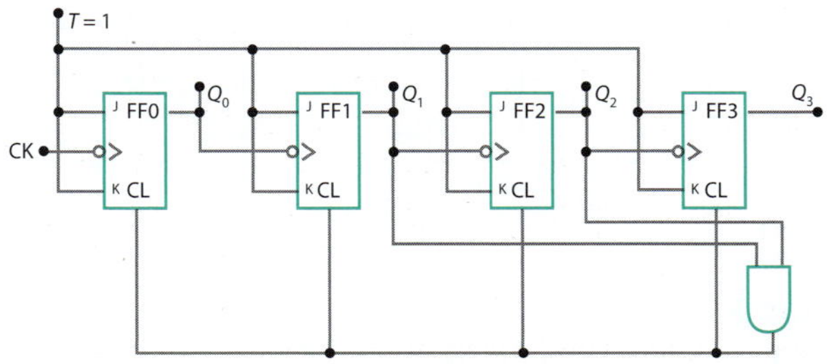

Es. 2 Disegnare un contatore modulo 24 ottenuto con contatori integrati modulo 10.

Pr. 1 Disegnare un circuito che consenta di visualizzare su due display il conteggio di un contatore modulo 100.

Pr. 2 Individuare il funzionamento del seguente contatore sincrono.

Esercizi e Problemi

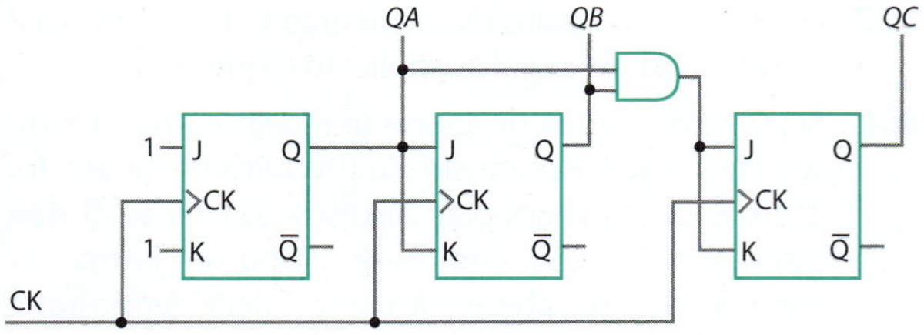

Pr. 3 Disegnare un circuito che conti i pezzi che passano su un nastro trasportatore. Sul nastro è presente una fotocellula che genera uno stato logico alto in corrispondenza al passaggio di ogni pezzo. Quando i pezzi contati sono 50, il circuito deve generare uno stato alto; lo stato alto generato deve durare fino all'arrivo del pezzo successivo.

ReT 2

Es. 1 Disegnare l'andamento nel tempo delle uscite Q_0, Q_1, Q_2 e Q_3 di un registro SIPO realizzato con 4 flip-flop se all'ingresso viene applicata, in modo sincronizzato al fronte di clock, la sequenza 1010. Si suppone che le uscite siano inizialmente a 0.

Es. 2 Il numero binario 1001 1001 viene caricato serialmente in un registro di tipo SIPO con 8 flip-flop il cui contenuto iniziale è 0000 0000. Quale è il valore delle 8 uscite del registro rispettivamente dopo 2 , 4, 8 clock?

Es. 3 In un registro di tipo SISO con 8 flip-flop, utilizzato come generatore di ritardo, quale frequenza deve avere il segnale di clock per fare in modo che un impulso alto in ingresso si presenti in uscita dopo 32 μs?

Es. 4 Descrivere il comportamento del circuito seguente, costituito da quattro flip-flop di tipo D, dopo che viene inizialmente generato un impulso basso sull'ingresso SET. Disegnare lo stato delle uscite in corrispondenza a 8 impulsi di clock.

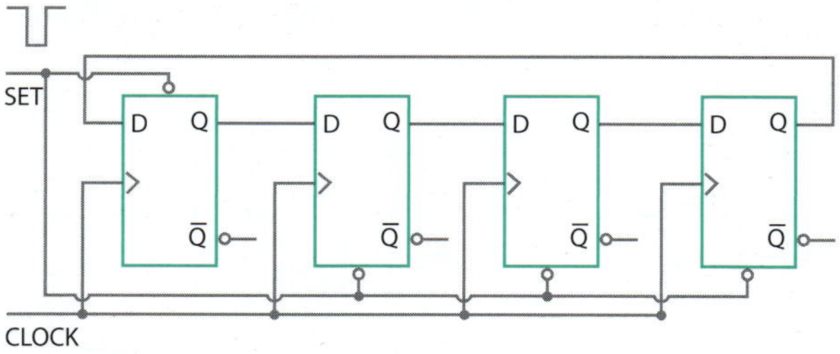

ReT 3

Es. 1 Quante locazioni di memoria di 1 byte sono contenute in una memoria che contiene 16.384 bit?

Es. 2 Quante linee di indirizzo dovrà avere una memoria di 1 Mbyte? E una di 1 Gbyte?

Pr. 1 Come si può ottenere una memoria da 4 Mbyte disponendo di 4 memorie da 1 Mbyte ciascuna? Individuare quante linee di indirizzo sono necessarie complessivamente e per ogni memoria.

Pr. 2 Con riferimento alla fig. 2.14 individuare lo stato logico da assegnare agli ingressi e la loro sequenza di attivazione per scrivere il numero binario 10 nella cella di memoria contrassegnata dal numero 2 all'uscita del decoder.

ReT 4

Es. 1 Progettare una porta bidirezionale, cioè una porta con due terminali, D_1 e D_2, che permetta di trasferire un bit da D_1 a D_2 o viceversa, a seconda del livello logico applicato ad un ingresso di controllo. Utilizzare le porte three state.

Pr. 1 Le uscite di tre porte NOT open collector vengono collegate ad una linea di bus in modalità wired AND come riportato nello schema che segue. Se per tutte e tre le porte NOT $I_{OLmax} = 30$ mA e $V_{OL\,max} = 0{,}4$ V trovare il valore minimo che può assumere la resistenza di pull up R.

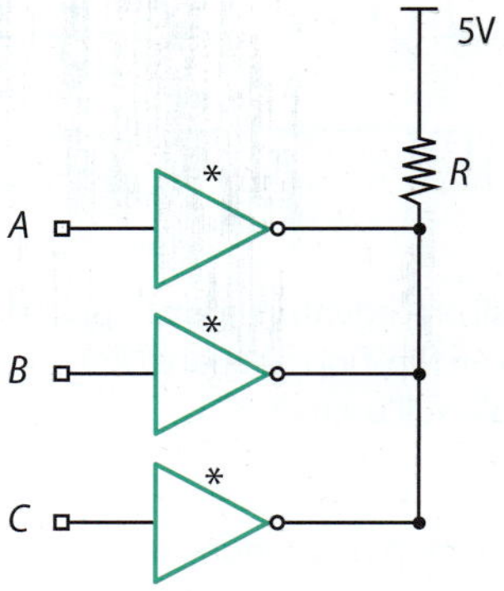

Pr. 2 Se collego a una sola linea di bus quattro porte logiche con uscita di tipo three state come devono essere gestiti i segnali di enable (E0, E1, E2, E3) affinchè non si verifichino conflitti sul bus?

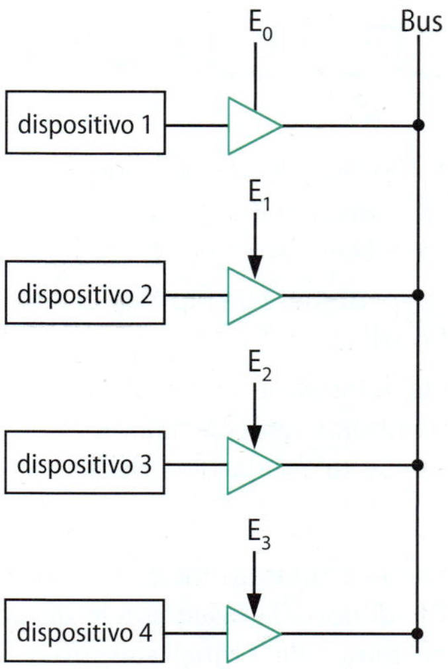

MODULO 4

Elettronica analogica

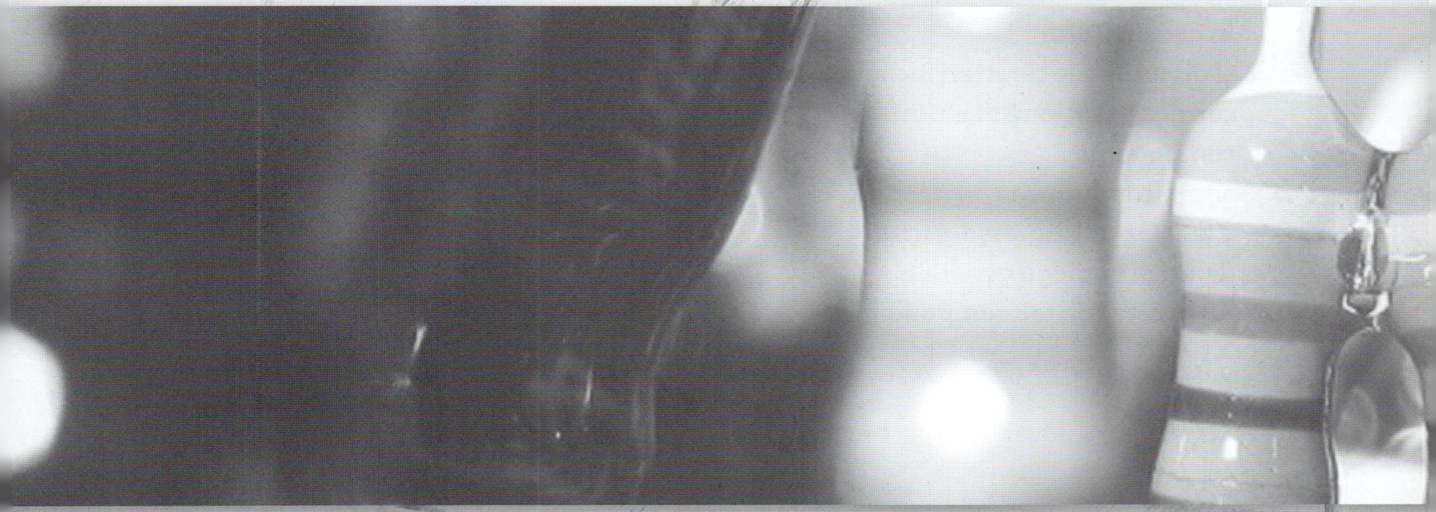

indice

abilità

La discussione degli esempi e delle riflessioni, l'analisi del testo e lo svolgimento di alcuni esercizi favoriscono lo sviluppo della seguente abilità:

- riconoscere le funzionalità dei principali dispositivi elettronici analogici

UNITÀ 4.1

Aspetti generali

Componenti, caratteristiche, applicazioni

In questa Unità si discutono le caratteristiche corrente-tensione di alcuni componenti a semiconduttore e le relazioni ingresso-uscita di reti di impiego generale realizzate con tali componenti

Nonostante la continua diffusione dei sistemi digitali, l'elettronica analogica riveste ancora un ruolo di primo piano nel panorama dei circuiti e delle applicazioni elettroniche. Le stesse apparecchiature digitali hanno a volte un funzionamento interno di tipo analogico. Perciò in questo modulo analizzeremo i principi di funzionamento dei componenti più utilizzati e le funzioni fondamentali che frequentemente ricorrono nei dispositivi per le Telecomunicazioni.

indice

FAQ 1 Che cos'è un diodo?

Un diodo è un componente passivo non lineare a due terminali, chiamati anodo e catodo e indicati con le lettere *A* e *K*, il cui simbolo è riportato nella fig. 1.1.

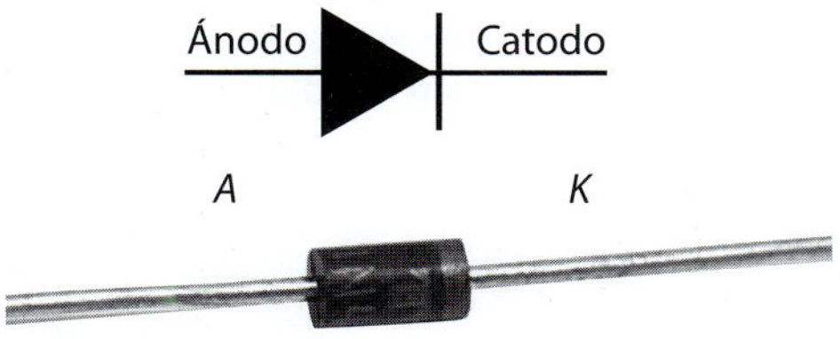

Fig. 1.1 Simbolo circuitale del diodo ed esempio di diodo commerciale; anche nel componente commerciale il catodo è indicato con una fascetta ad un'estremità.

Il diodo ha la particolarità di condurre in un verso e di impedire il passaggio di cariche nell'altro. La sua caratteristica tensione-corrente è riportata nella fig. 1.2.

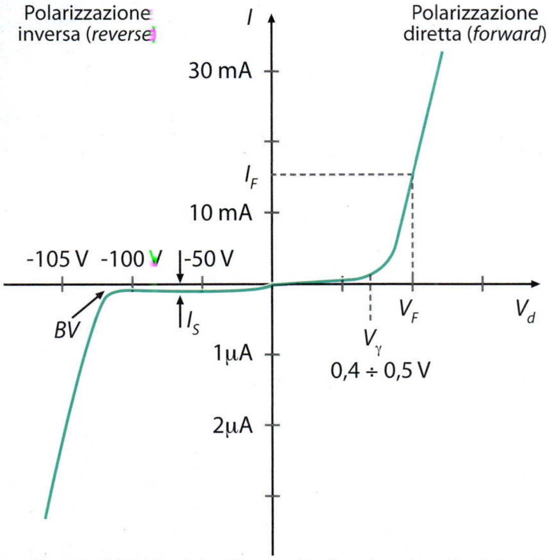

Fig. 1.2 Evidenziando la differenza di scala tra la regione di polarizzazione diretta e quella di polarizzazione inversa, si deduce che il diodo è in grado di condurre solo se polarizzato direttamente, mentre impedisce il passaggio di corrente in polarizzazione inversa.

Quando il diodo è polarizzato direttamente, con potenziale dell'anodo superiore a quello del catodo, conduce debolmente finché la tensione applicata non supera la tensione di soglia V_γ. Superato questo valore, la resistenza del diodo si riduce notevolmente, permettendo il passaggio della corrente.

In polarizzazione inversa invece il diodo non conduce.

Quando però si raggiunge la tensione di rottura BV (*Breakdown Voltage*), la corrente cresce velocemente e può portare alla distruzione del componente.

Nell'analisi dei circuiti spesso il diodo è assimilato a un interruttore ideale comandato in tensione, che si considera aperto per tensioni inferiori alla tensione di soglia V_γ, mentre si considera chiuso per tensioni superiori. Quando conduce, tra i suoi terminali si stabilisce una differenza di potenziale leggermente superiore alla tensione di soglia, che vale circa 0,6 V per i diodi al silicio e 0,2 V per quelli al germanio.

Un uso molto frequente del diodo è quello di *raddrizzatore*, per trasformare una segnale bipolare in un segnale unipolare.

Esempio Qual è la tensione sulla resistenza *R* se all'ingresso del circuito della fig. 1.3 è applicato un segnale sinusoidale?

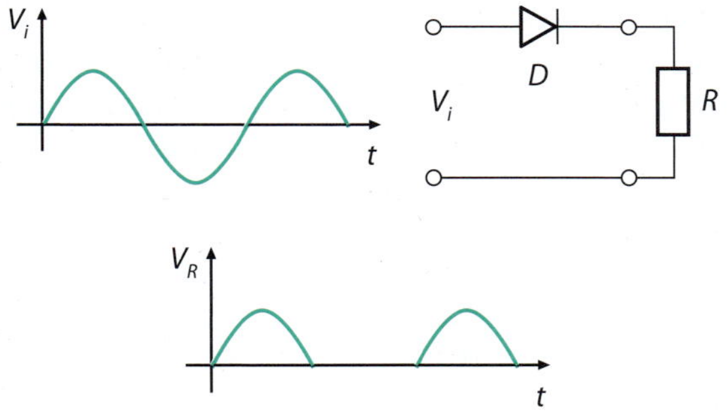

Fig. 1.3 Circuito raddrizzatore a singola semionda; il diodo, conducendo solo quando è polarizzato direttamente, "taglia" le semionde negative e genera un segnale a valor medio non nullo.

Discussione Quando è polarizzato direttamente, il diodo è praticamente un corto circuito; è invece assimilabile ad un circuito aperto quando è polarizzato inversamente. Perciò elimina la semionda negativa della tensione alternata, trasformando il segnale bipolare a valor medio nullo in un segnale unipolare con valor medio V_P/π.

Esistono anche altri tipi di diodo. Molto diffusi sono: i diodi LED: *Light Emitting Diode* (diodo a emissione luminosa), che quando conducono si illuminano; i *diodi Zener*, che, usati nella regione di rottura, mantengono costante la tensione inversa ai loro terminali anche con sensibili variazioni di corrente, e i *diodi Schottky* che garantiscono commutazioni molto veloci e sono perciò usati nelle porte logiche.

Riflessione *Cosa s'intende per raddrizzamento a doppia semionda?*

FAQ 2 Che cos'è un transistore bipolare?

Un transistore bipolare o BJT (*Bipolar Junction Transistor*) è un componente attivo non lineare a tre terminali, chiamati *collettore*, *base* ed *emettitore*. Può essere realizzato in due versioni, PNP ed NPN.

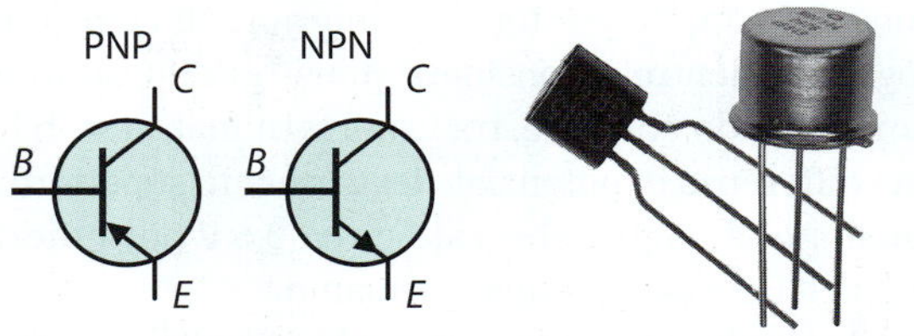

Fig. 1.4 Simboli del transistore bipolare nelle due versioni in cui è realizzato, PNP ed NPN, con l'indicazione dei tre terminali e due esempi di BJT commerciali. Nei simboli a volte si omette la circonferenza.

Nell'analisi che segue si fa riferimento alla versione NPN, ma le considerazioni sono facilmente estendibili al transistore PNP, invertendo il verso delle tensioni e delle correnti.

Avendo tre terminali, il BJT può essere usato in più configurazioni. Quella più comune è detta ad emettitore comune perché il terminale d'emettitore è comune sia alla maglia d'ingresso sia a quella d'uscita.

In questa configurazione, la caratteristica d'ingresso $I_B = f(V_{BE})$ ricalca fedelmente quella di un diodo, mentre la caratteristica d'uscita $I_C = f(V_{CE})$, come si vede nella fig. 1.5, presenta tre zone: la zona attiva, la zona d'interdizione e la zona di saturazione.

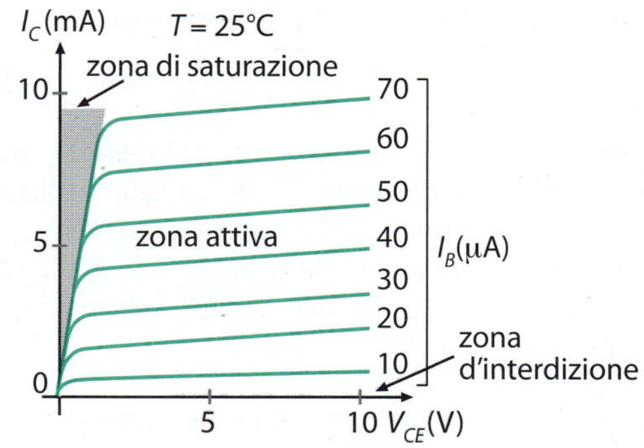

Fig. 1.5 Caratteristica d'uscita di un BJT nella configurazione ad emettitore comune con le sue tre zone di funzionamento.

Nella zona attiva il BJT si comporta da *amplificatore di corrente*. Tra la corrente di collettore e quella di base si stabilisce la relazione:

$$I_C \approx h_{FE} \cdot I_B$$

dove il parametro h_{FE}, detto *guadagno statico* del transistore, assume nei componenti commerciali valori compresi tra 10 e 800, con valore tipico intorno a 100. Inoltre, per il primo principio di Kirchhoff si ha:

$$I_E = I_C + I_B = h_{FE} \cdot I_B + I_B = (h_{FE} + 1)\, I_B \approx I_C$$

Quindi il BJT permette il passaggio, tra collettore ed emettitore, di una corrente proporzionale a quella di base.

Esempio Calcolare la corrente di base, la corrente di collettore e la tensione tra collettore ed emettitore del BJT nella fig. 1.6.

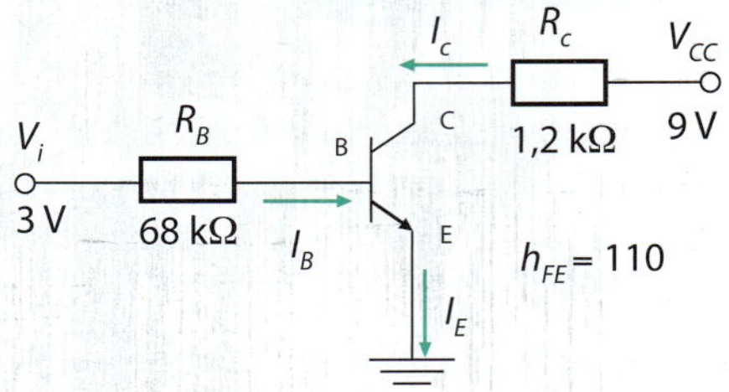

Fig. 1.6 Amplificatore di corrente a transistore bipolare nella configurazione a emettitore comune.

Discussione Applicando alla maglia d'ingresso il secondo principio di Kirchhoff, si ha:

$$V_i = R_B \cdot I_B + V_{BE}$$

Quindi, ipotizzando realisticamente $V_{BE} \approx 0{,}6$ V proprio perché la zona di contatto tra base ed emettitore si comporta come un diodo, si ottiene:

$$I_B \approx (V_{CC} - V_{BE})/R_B = (3 - 0{,}6)\ \text{V} / 68\ \text{k}\Omega \approx 35{,}3\ \mu\text{A}$$

Per la maglia d'uscita si può scrivere:

$$V_{CC} = R_C \cdot I_C + V_{CE}$$

Essendo $I_C = h_{FE} \cdot I_B = 110 \cdot 35{,}3\ \mu\text{A} = 3{,}88$ mA, si ricava

$$V_{CE} = V_{CC} - R_C \cdot I_C = 9\ \text{V} - 1{,}2\ \text{k}\Omega \cdot 3{,}88\ \text{mA} \approx 4{,}34\ \text{V}$$

Abbassando la tensione V_{BE}, il BJT si interdice. La corrente di base si annulla, il transistore non consente passaggio di corrente tra collettore ed emettitore e la maglia d'uscita si apre.

Aumentando invece la tensione V_{BE}, si porta il transistore nella zona di saturazione. La corrente di collettore raggiunge il valore massimo consentito e non rispetta più la relazione $I_C = h_{FE} \cdot I_B$. Il potenziale di collettore si abbassa finché $V_{CE} \approx 0$, realizzando tra emettitore e collettore un corto circuito.

Queste due condizioni di funzionamento sono sfruttate quando si vuole usare il BJT come *interruttore elettronico* comandato dalla tensione V_{BE} (*funzionamento on-off*).

Riflessione *Perché il transistore deve il suo nome alla fusione delle parole inglesi transfer resistor?*

FAQ 3 Che cos'è un transistore a effetto di campo?

Il transistore a effetto di campo o FET (*Field Effect Transistor*) è un componente attivo non lineare a tre terminali, chiamati *drain*, *source* e *gate*, molto presente nei circuiti integrati. In realtà non si tratta di un unico componente, ma di diverse famiglie di componenti con caratteristiche costruttive e principi di funzionamento diversi, ma con comportamento simile. I più diffusi tipi di FET sono quelli a giunzione (JFET: *Junction FET*) e i FET metallo-ossido-semiconduttore (MOSFET: *Metal-Oxide-Semiconductor FET*).

Per i JFET sono disponibili due diverse versioni, a canale N e a canale P, mentre per i MOSFET esistono quattro sottotipi: i MOSFET a svuotamento e a riempimento, sia a canale N sia a canale P (fig. 1.7).

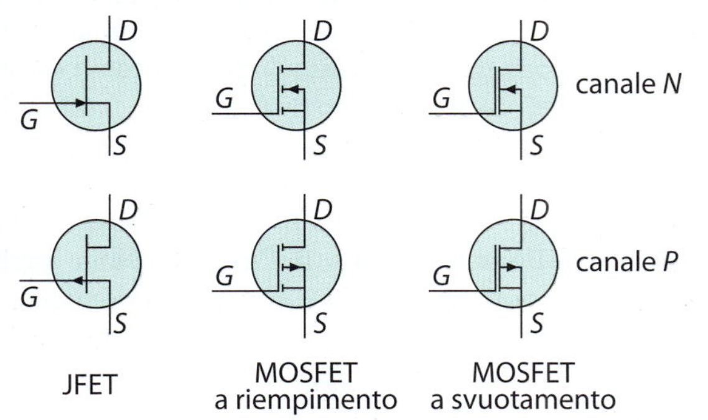

Fig. 1.7 Simboli dei JFET e dei MOSFET a riempimento e a svuotamento a canali N e P con l'indicazione dei tre terminali.

Tutti i FET hanno in comune la seguente particolarità: possono variare la corrente tra drain e source grazie alla tensione applicata al gate.

Le differenze più importanti rispetto ai BJT sono due: sono componenti *unipolari*, perché alla conduzione contribuiscono solo cariche positive o solo cariche negative, e sono *comandati in tensione*, e non in corrente. Inoltre sono più semplici da realizzare e permettono una maggiore densità d'integrazione. Gli svantaggi rispetto ai BJT risiedono nella minore amplificazione e nella minore velocità nel cambiare stato.

Per spiegare il comportamento di un FET prendiamo ad esempio in considerazione la caratteristica di uscita di un MOSFET a riempimento, a canale N, nella configurazione a source comune, riportata nella fig. 1.8.

La caratteristica d'uscita $I_D = f(V_{DS})$ è costituita da una famiglia di curve tracciate per V_{GS} costante; per ogni curva si possono individuare una zona lineare a resistenza costante e una zona a corrente costante. Nella prima vi è un aumento proporzionale della corrente I_D al crescere della tensione V_{DS}; è quindi sfruttata per realizzare delle resistenze nei circuiti integrati. Nella seconda, la corrente I_D resta praticamente costante al crescere della V_{DS}; quindi può essere utilizzata per modulare la corrente di drain in funzione della tensione tra gate e source.

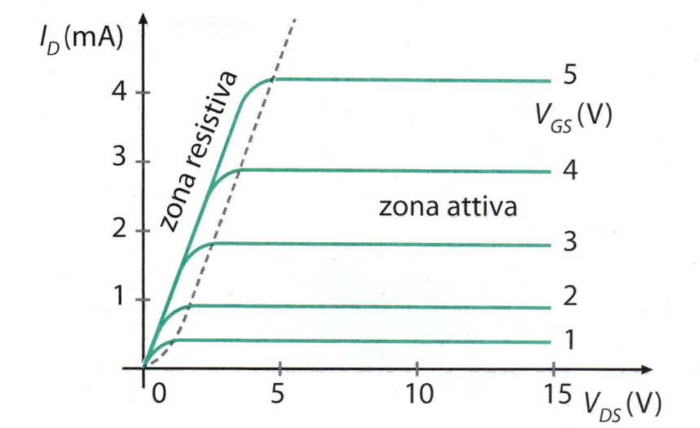

Fig. 1.8 Caratteristica d'uscita di un MOSFET a riempimento nella polarizzazione a source comune; si notano due zone di funzionamento, la zona resistiva e quella attiva.

Esempio Determinare il punto di lavoro, indicando I_D, V_{DS} e V_{GS}, del circuito rappresentato nella fig. 1.9, con $V_{DD} = 10$ V, $R_1 = 5$ MΩ, $R_2 = 2$ MΩ e $R_D = 2{,}5$ kΩ.

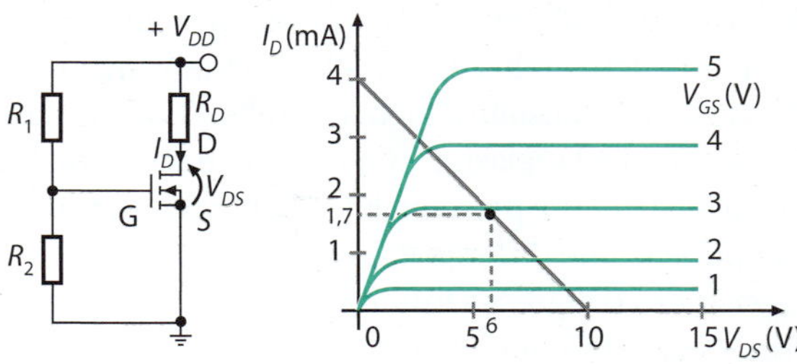

Fig. 1.9 Circuito di polarizzazione del MOSFET a riempimento a canale N e retta di carico della maglia d'uscita.

Discussione Si ricava la tensione V_{GS} dalla maglia d'ingresso

$$V_{GS} = R_2 \cdot V_{DD}/(R_1 + R_2) = 2\ \text{M}\Omega \cdot 10\ \text{V}/(2 + 5)\ \text{M}\Omega \approx 2{,}86\ \text{V}$$

Le altre due grandezze si possono ottenere per via grafica, tracciando la retta di carico sulla caratteristica d'uscita del MOSFET, come nella fig. 1.9.

Dal secondo principio di Kirchhoff, nella maglia d'uscita si ha

$$V_{DD} = R_D \cdot I_D + V_{DS}$$

Quando $V_{DS} = 0$, si ha $I_D = V_{DD}/R_D = 10\ \text{V}/\ 2{,}5\ \text{k}\Omega = 4$ mA, quando $I_D = 0$, si ha $V_{DS} = V_{DD}$.

Tracciando la retta di carico con i punti ottenuti e ricavando l'intersezione di questa con la curva $V_{GS} \approx 2{,}86$ V, si determinano i valori indicativi $V_{DS} \approx 6$ V e $I_D \approx 1{,}7$ mA.

Riflessione *Perché i resistori che servono a polarizzare il gate sono dell'ordine dei megahom?*

FAQ 4 Che cos'è un amplificatore operazionale?

Un amplificatore operazionale (Op-Amp: *Operational Amplifier*) è un amplificatore integrato molto usato nei circuiti analogici. Nato per eseguire le operazioni matematiche tra segnali, grazie alla sua versatilità è attualmente uno dei componenti più adoperati.

Fig. 1.10 Simbolo circuitale, esempio di Op-Amp commerciale e collegamento dei pin.

Un Op-Amp è un amplificatore differenziale che produce in uscita una tensione v_o proporzionale alla differenza tra le tensioni applicate al terminale non invertente v^+ e a quello invertente v^-:

$$v_o = A_d(v^+ - v^-)$$

dove A_d è l'amplificazione differenziale (fig.1.10).

L'energia necessaria a produrre il segnale amplificato è fornita da una coppia di generatori esterni, con valori di tensione opposti (alimentazione duale), anche se esistono versioni con alimentazione singola. Per motivi fisici la tensione d'uscita prodotta non può mai superare $+V_{CC}$ o scendere al di sotto di $-V_{CC}$. Quindi, quando la differenza tra le tensioni d'ingresso è alta, l'amplificatore non rispetta più la relazione precedente e si satura. Idealmente un Op-Amp presenta le seguenti caratteristiche:

- amplificazione differenziale infinita, $A_d = \infty$;
- resistenza d'ingresso infinita, $R_i = \infty$;
- resistenza d'uscita nulla, $R_o = 0$;
- banda passante infinita, $BW = \infty$.

Anche se i componenti commerciali hanno caratteristiche diverse da quelle ideali, i valori delle grandezze sono tali che l'analisi del funzionamento dell'Op-Amp può essere condotta considerando il componente ideale. Da ciò discendono delle proprietà molto interessanti, ampiamente sfruttate nella realizzazione dei circuiti.

L'amplificazione differenziale infinita implica che anche un minimo squilibrio tra i potenziali dei terminali d'ingresso genera un'uscita infinitamente grande.

Ma, poiché questa condizione non può mai verificarsi, l'uscita si satura, portandosi o al valore $+V_{CC}$ o al valore $-V_{CC}$ (in realtà si perdono sempre un paio di volt per l'assorbimento dei componenti interni).

Esempio Determinare l'uscita dell'Op-Amp ideale nella fig. 1.11 quando in ingresso è applicato il segnale $V_i(t)$.

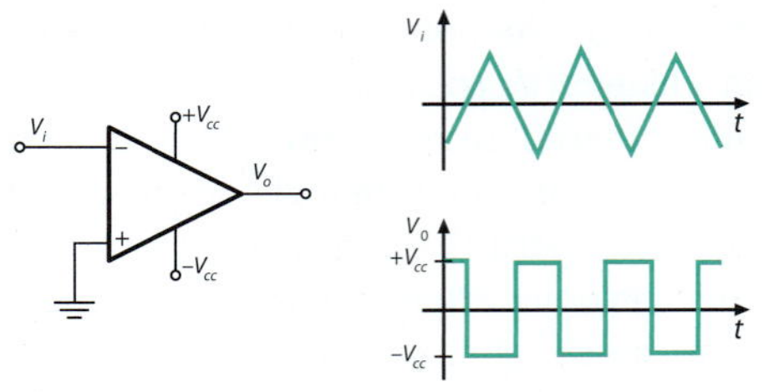

Fig. 1.11 L'amplificatore operazionale, a causa dell'elevatissimo guadagno, può essere usato per comparare un segnale di tensione rispetto a un valore di riferimento.

Discussione L'Op-Amp confronta la tensioni applicate ai due ingressi. Quando è maggiore quella applicata al terminale invertente, l'uscita si satura a $-V_{CC}$, in caso contrario si porta a $+V_{CC}$. In questa situazione confronta la tensione applicata con una tensione nulla. Si tratta quindi di un comparatore invertente che, quando l'ingresso è positivo, fornisce in uscita $-V_{CC}$ e, quando è negativo, $+V_{CC}$.

Se invece l'Op-Amp funziona in zona lineare, vale il **principio delle masse virtuali**. Cioè la tensione applicata ai due terminali d'ingresso si può ritenere uguale, anche se tra i due non vi è un collegamento diretto:

$$v^+ = v^-$$

Una semplice applicazione in cui si sfrutta il principio delle masse virtuali è l'*inseguitore di tensione*, riportato nella fig. 1.12.

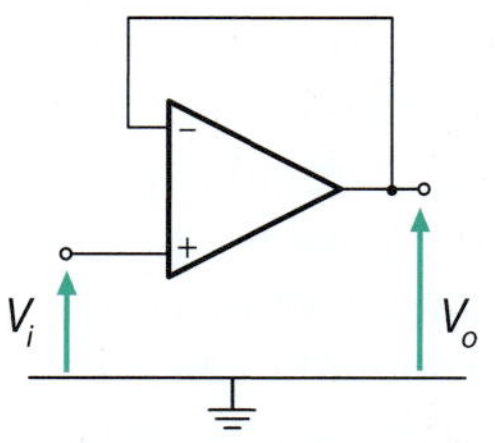

Fig. 1.12 Inseguitore di tensione realizzato con Op-Amp, che sfrutta il principio delle masse virtuali.

Il circuito riproduce in uscita la tensione d'ingresso. Infatti, se l'ingresso è compreso tra $+V_{CC}$ e $-V_{CC}$, il collegamento tra l'uscita e l'ingresso invertente impedisce la saturazione. La massa virtuale che si crea tra i due terminali d'ingresso fa sì che in uscita sia riprodotto il segnale applicato $V_i(t)$. Inoltre la resistenza d'ingresso molto alta dell'Op-Amp fa sì che la sorgente non debba erogare corrente, per cui non si hanno effetti di carico.

Riflessione *Qual è lo scopo di un inseguitore di tensione?*

ReT 1 Alimentazione

I circuiti elettronici funzionano solitamente con una tensione continua (cc o in inglese: DC: *Direct Current*) e prelevano quest'ultima dalle pile o dagli alimentatori. Gli alimentatori sono i dispositivi che trasformano l'energia elettrica, distribuita sotto forma di tensione alternata (ca o in inglese AC: *Alternate Current*), in tensione continua e sono utilizzati per fornire ai circuiti elettronici l'energia necessaria per il funzionamento. L'alimentatore deve:

- *abbassare la tensione* elevata (230 V in Europa) distribuita dalla rete elettrica ad un valore compatibile con quello dei circuiti elettronici. Per questa funzione viene utilizzato un **trasformatore** che converte la tensione alternata di 230 V efficaci in una tensione sempre alternata ma di valore inferiore;
- *rendere unipolare la tensione alternata*, eliminando la parte negativa o facendola diventare positiva. L'eliminazione della parte negativa si ottiene con un **raddrizzatore a singola semionda** a diodi, che consente di ottenere un segnale pulsante con frequenza di 50 Hz, come quella di rete, e di valore medio $V_M = V_P/\pi$, dove V_P è l'ampiezza massima del segnale. Per far diventare positiva la parte negativa del segnale si usa un **raddrizzatore a ponte** di diodi con cui si ottiene un segnale a 100 Hz con valor medio $V_M = 2V_P/\pi$;
- *filtrare il segnale pulsante* cioè estrarre la componente continua del segnale, abbattendo la componente a 50 o 100 Hz. Il filtro è costituito da un condensatore, generalmente di valore elevato, in parallelo al segnale che impedisce una escursione veloce del segnale e lo mantiene a un valore livellato, ma non perfettamente continuo. Rimane infatti una ondulazione residua chiamata "*ripple*", tanto più piccola quanto più grande è il valore della capacità del condensatore. Si veda la fig. 1.13.

L'alimentatore che si ottiene in questo modo può risentire delle variazioni del carico, cioè la tensione di uscita può diminuire, rispetto a quella generata a vuoto, all'aumentare della corrente richiesta. Inoltre la tensione di rete, a causa del gran numero e della variabilità di utenti connessi contemporaneamente alla rete di distribuzione, può variare entro un intervallo abbastanza ampio (anche del 20%), maggiore di quello tollerato dai circuiti elettronici. Si introduce quindi negli alimentatori il **regolatore o stabilizzatore** che mantiene costante la tensione di uscita al variare del carico e della tensione di rete.

Lo stabilizzatore può essere anche un semplice *diodo zener*, ma più comunemente è costituito da un circuito integrato dedicato.

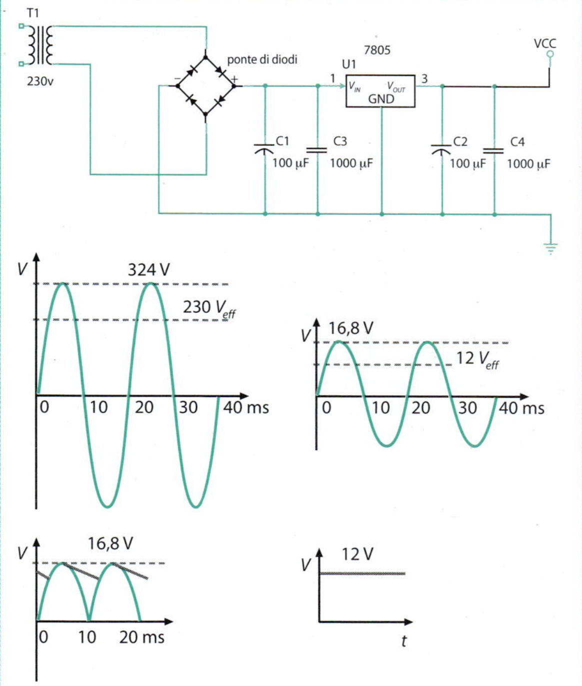

Fig. 1.14 Schema elettrico e forme d'onda in un alimentatore stabilizzato.

Esempio Analizzare il funzionamento dell'alimentatore di fig. 1.14.

Discussione Il trasformatore riduce la tensione di rete ad un valore inferiore a quello di ingresso, ad esempio 9 V_{eff}, il ponte raddrizza il segnale a doppia semionda e il condensatore da 1000 µF rende il segnale quasi continuo. Lo stabilizzatore integrato 7805 riceve in ingresso il segnale filtrato e fornisce in uscita una tensione di 5 V, senza ripple e stabile.

Riflessione *Che cosa s'intende per alimentatore switching?*

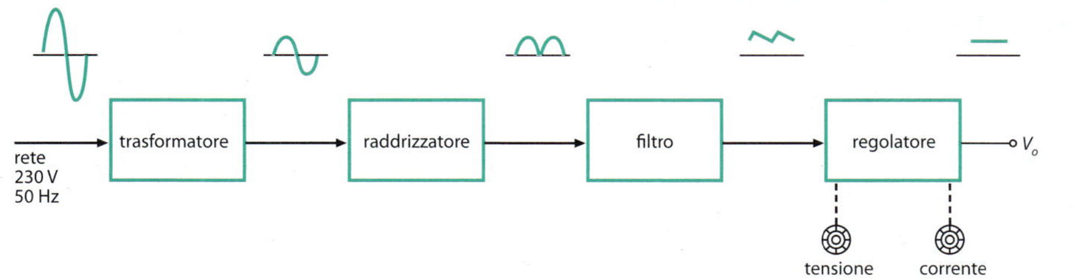

Fig. 1.13 Schema a blocchi di un alimentatore tradizionale, con relative forme d'onda.

ReT 2 Amplificazione

Un **amplificatore** è un dispositivo che aumenta l'ampiezza del segnale (tensione, corrente, potenza) che riceve in ingresso, cioè utilizza una piccola quantità di energia per comandarne una più grande. Per questo motivo l'amplificatore necessita di una sorgente esterna di alimentazione ed è quindi considerato un **dispositivo attivo**. L'amplificatore più comune è quello di tensione, che aumenta di un fattore G, detto guadagno, l'ampiezza del segnale di ingresso ed è considerato **lineare** se la forma del segnale di uscita è la stessa di quello di ingresso. Le applicazioni degli amplificatori sono molteplici: nel campo audio e nei sistemi di ricetrasmissione radiotelevisiva e telefonia mobile; nelle linee di trasmissione, sia metalliche che ottiche, per ripristinare l'ampiezza dei segnali che hanno subito attenuazione lungo il percorso.

I parametri che caratterizzano un amplificatore sono:

- il **guadagno** (G), rapporto tra l'ampiezza della grandezza di uscita e quella di ingresso; nel caso di amplificatore di tensione il guadagno è definito come $G = V_{out}/V_{in}$;
- la **resistenza di ingresso** (R_{in}), la resistenza equivalente che l'amplificatore presenta tra i terminali di ingresso, calcolata come V_{in}/I_{in};
- la **resistenza di uscita** (R_o), la resistenza equivalente che presenta tra i terminali di uscita, calcolata come V_{out}/I_{out};
- la **larghezza di banda** (BW), cioè l'intervallo di frequenze che vengono correttamente amplificate, misurata in hertz. Un amplificatore infatti non ha lo stesso guadagno per tutti i valori di frequenza dei segnali di ingresso (fig. 1.15).

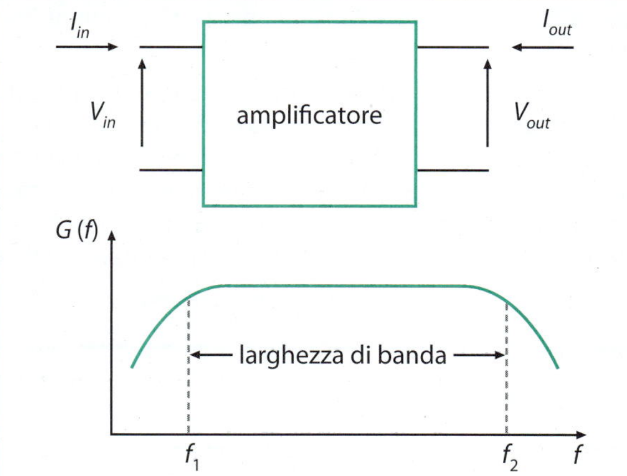

Fig. 1.15 **a)** Quadripolo amplificatore di tensione; **b)** grafico che rappresenta come varia il guadagno in funzione della frequenza, la zona compresa tra f_1 e f_2, frequenze alle quali il guadagno si è ridotto al 70% del valore massimo, è detta larghezza di banda.

Un amplificatore di tensione molto comune è l'amplificatore invertente basato su amplificatori operazionali. Avendo l'operazionale resistenza di ingresso infinita, non scorre corrente nei suoi terminali di ingresso; inoltre, per il principio della massa virtuale, il punto A è a potenziale nullo (fig. 1.16).

In queste ipotesi la corrente che scorre nelle due resistenze è la stessa, $I_f = I_{in}$ da cui $V_{in}/R_{in} = -V_{out}/R_f$.

Il guadagno vale quindi $G = V_{out}/V_{in} = -R_f/R_{in}$ ed è adimensionale dato che si ricava come rapporto tra due grandezze con la stessa unità di misura.

La resistenza di ingresso è pari a R_{in} dato che il punto A si trova a potenziale nullo e la resistenza di uscita è idealmente nulla, visto che lo è quella dell'operazionale.

La larghezza di banda dell'amplificatore si ricava dalla relazione $G \cdot BW = K$ che indica che, per un determinato amplificatore operazionale, il prodotto guadagno larghezza di banda è costante ed è specificato sul *data sheet* del componente commerciale.

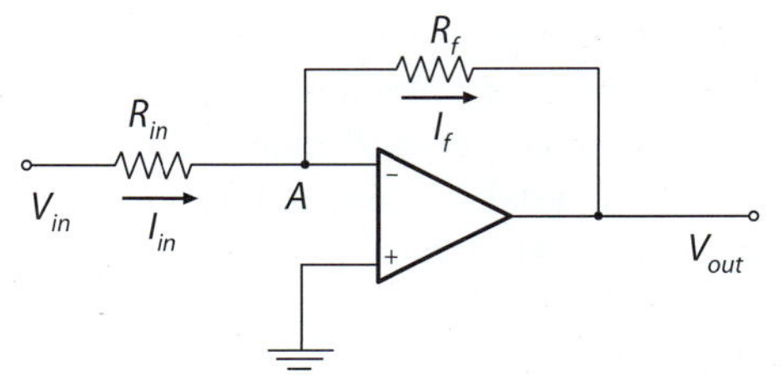

Fig. 1.16 Amplificatore operazionale in configurazione invertente.

Esempio Un amplificatore operazionale in configurazione invertente è realizzato con il componente commerciale TL082 sul cui manuale è riportato che $G \cdot BW = 4$ MHz. Sapendo che $R_f = 10$ kΩ e $R_{in} = 1$ kΩ, calcolare il guadagno, la resistenza d'ingresso e la larghezza di banda dell'amplificatore. Trovare la larghezza di banda anche nel caso in cui $R_f = 100$ kΩ.

Discussione Il guadagno dell'amplificatore si ricava dalla formula $G = V_{out}/V_{in} = -R_f/R_{in} = -10 \cdot 10^3/1 \cdot 10^3 = -10$. La resistenza di ingresso vista dal generatore di segnale vale $R_{in} = 1$ kΩ, dato che il punto A è a potenziale nullo.

La larghezza di banda si ricava partendo dalla formula $G \cdot BW = 4$ MHz; se $G = 10$, BW = 400 kHz. Nel caso in cui $R_f = 100$ kΩ il guadagno aumenta di un fattore 10, infatti diventa pari a 100 e la larghezza di banda si riduce di un fattore 10, diventando BW = 40 kHz.

Riflessione *In un amplificatore invertente quale valore massimo può raggiungere il segnale di uscita?*

ReT 3 Derivazione e integrazione

La funzione di ***derivazione*** consiste nel calcolare, istante per istante, la pendenza del segnale di ingresso. La funzione di integrazione consiste nel calcolare l'area sottesa, in un determinato tempo, dal grafico del segnale di ingresso. Entrambe le funzioni quindi svolgono una elaborazione analogica sul segnale di ingresso. Le funzioni matematiche di integrazione e derivazione sono inverse una dell'altra nel senso che un segnale derivato e successivamente integrato fornisce lo stesso segnale di partenza. Per analizzare il circuito derivatore si parte dalla relazione esistente tra corrente e tensione in un condensatore $I = C \cdot \Delta V/\Delta t$: scorre corrente in un condensatore solo quando è presente una variazione di tensione, la corrente è nulla se la tensione rimane costante. Nel circuito di fig. 1.17, se si considera l'amplificatore operazionale ideale si ha $I_1 = I_2$, ma, dato che $I_1 = C \cdot \Delta V_{in}/\Delta t$, la tensione di uscita vale $V_{out} = -R \cdot I_2 = -R \cdot C \cdot \Delta V_{in}/\Delta t$. Si vede che la tensione di uscita è proporzionale alla variazione di tensione di ingresso nel tempo, cioè alla sua pendenza. Se Δt è molto piccolo, V_{out} insegue le variazioni della pendenza del segnale di ingresso.

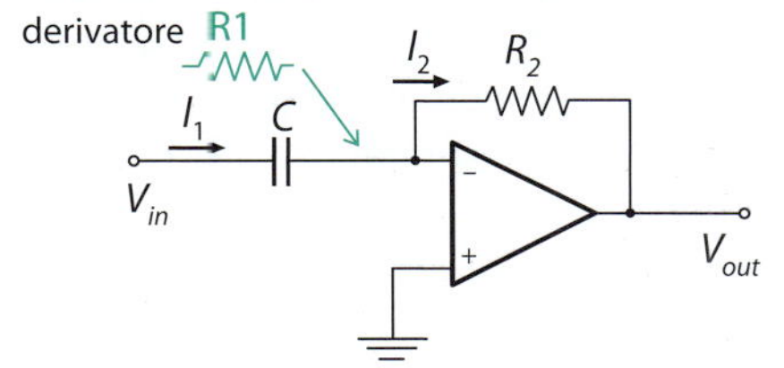

Fig. 1.17 Derivatore ideale e reale (con R_1 in serie a C). Aggiungendo la resistenza R_1 si limita il guadagno al valore $G = -R_2/R_1$; infatti il condensatore si comporta alle alte frequenze come un corto circuito aumentando a dismisura l'amplificazione, in particolare per i rumori alle alte frequenze.

Esempio 1 Se al circuito derivatore di fig. 1.17, con $R = 1$ kΩ e $C = 1$ μF, si applica un segnale triangolare alternato di ampiezza 1 V e frequenza 100 Hz, che cosa si ottiene in uscita?

Discussione Il segnale di ampiezza 1 V ha un'escursione di 2 V in un semiperiodo, per cui $\Delta V_{in}/\Delta t = 2\text{V}/5\text{ ms} = 400\text{ V/s}$, $V_o = -10^3 \cdot 10^{-6} \cdot 400 = -0{,}4$ V quando la triangolare sale, $V_o = +0{,}4$ V quando la triangolare scende. Si ottiene quindi un'onda quadra di ampiezza 0,4 V.

Per analizzare il ***circuito integratore*** si parte sempre dalla relazione esistente tra corrente e tensione in un condensatore $I = C \cdot \Delta V/\Delta t$: Nel circuito di fig. 1.18, se si considera l'amplificatore operazionale ideale, si ha $I_1 = I_2$, ma $I_2 = -C \cdot \Delta V_{out}/\Delta t$ e $I_1 = V_{in}/R_1$ per cui $\Delta V_{out} = -V_{in}\Delta t/R_1C$. La variazione della tensione di uscita in un tempo Δt è proporzionale al valore della tensione di ingresso. Se si considerano piccoli valori di Δt si ottengono variazioni di ΔV_{out} proporzionali al valore della tensione di ingresso. In un tempo t_{ab} diviso in piccoli intervalli Δt la V_{out} varia con incrementi proporzionali al valore della tensione di ingresso; la V_{out} è quindi in ogni istante la somma delle variazioni ΔV_{out} fino a quel punto (fig. 1.18b). Se la V_i è positiva la V_{out} aumenta al variare di t (ΔV_{out} positiva), se V_i è negativa la V_{out} diminuisce (ΔV_{out} negativa).

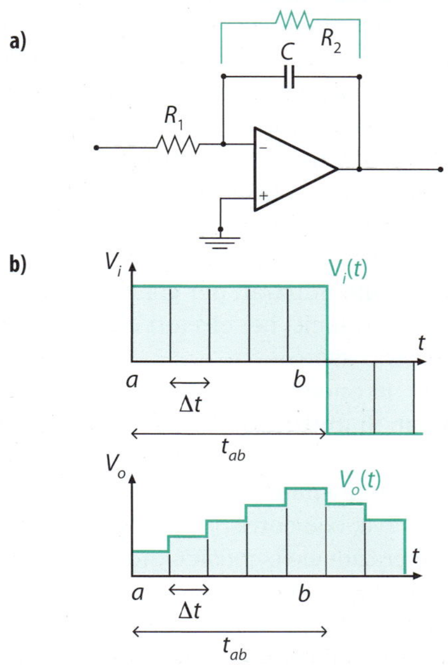

Fig. 1.18 a) Amplificatore operazionale in configurazione invertente. Nell'integratore reale è presente R_2, che limita il guadagno alle basse frequenze; **b)** integrazione discreta di un segnale quadro.

Esempio 2 Se al circuito integratore di fig. 1.18, con $R = 1$ kΩ e $C = 1$ μF, si applica un'onda quadra alternata di ampiezza 1 V e frequenza 100 Hz, che cosa si ottiene in uscita?

Discussione Se nella semionda positiva il segnale quadro ha ampiezza costante di $V_{in} = 1$ V, in ogni intervallo Δt la variazione della tensione di uscita è sempre di $\Delta V_{out} = 1 \cdot \Delta t/(R_1 \cdot C)$; considerando Δt pari 1/10 del periodo ($\Delta t = 1$ ms), la variazione $\Delta V_{out} = 1 \cdot 10^{-3}/10^3 \cdot 10^{-6} = 1$ V quindi la tensione di uscita cresce di 1 V/ms dando luogo ad una gradinata con 5 gradini di 1 V (fig. 1.18 b). Scegliendo un Δt più piccolo, ad esempio di 0,1 ms, si ha una gradinata di 50 gradini di 0,1 V/ms. Aumentando ancora i gradini si arriva ad una rampa che cresce con continuità di 5 V in 5 ms. Lo stesso discorso si può fare per l'integrazione della parte negativa dell'onda quadra, che produce una rampa discendente, per cui in uscita si ottiene un'onda triangolare.

Riflessione *Le operazioni di integrazione e derivazione si possono ottenere con circuiti passivi?*

ReT 4 Generazione

Un ***oscillatore*** è un circuito elettronico in grado di generare una forma d'onda senza ricevere segnali in ingresso. L'energia necessaria per produrre il segnale di uscita proviene dall'alimentazione del circuito. Il segnale generato è caratterizzato dalla forma, dall'ampiezza V_A, dalla frequenza f (o dal periodo $T = 1/f$).

Gli oscillatori hanno campi d'impiego diversi a seconda della *forma* del segnale generato.

Sinusoidale: sono utilizzati per produrre segnali audio in strumenti come radio, computer, sistemi di allarme oppure, nel campo delle Telecomunicazioni, per generare portanti nella modulazione dei segnali.

Triangolare o a rampa: sono usati per generare il segnale a rampa che costituisce la base tempi degli oscilloscopi analogici, oppure nei ricevitori televisivi analogici.

Onda quadra: sono utilizzati per generare segnali di temporizzazione (clock) nei circuiti digitali e nei sistemi a microprocessore.

Un oscillatore ad onda quadra (fig. 1.19) può essere costituito da un amplificatore operazionale con retroazione positiva (l'uscita è collegata all'ingresso +). In questo caso l'uscita può trovarsi solo in saturazione, positiva o negativa, che corrisponde alle tensioni $+V_{cc}$ o $-V_{cc}$, se l'operazionale è considerato ideale.

La tensione sull'ingresso + può assumere solo i valori $V_{+H} = +V_{cc} \cdot R_1/(R_1 + R_2)$ e $V_{+L} = -V_{cc} \cdot R_1/(R_1 + R_2)$ a seconda del valore dell'uscita. La tensione sul pin – è invece determinata dal condensatore, che si carica quando $V_o = V_{cc}$ e si scarica quando $V_o = -V_{cc}$, con costante di tempo pari a $\tau = RC$. Quando la tensione sull'ingresso –, salendo, raggiunge il valore V_{+H} l'uscita dell'amplificatore operazionale cambia stato e passa da da $+V_{cc}$ a $-V_{cc}$ e, di conseguenza, la tensione sull'ingresso + diventa uguale a V_{+L}. Essendo cambiato il valore di V_{out} anche il condensatore comincia a scaricarsi e quando la tensione sull'ingresso –, scendendo, raggiunge il valore V_{+L} l'uscita cambia di nuovo stato

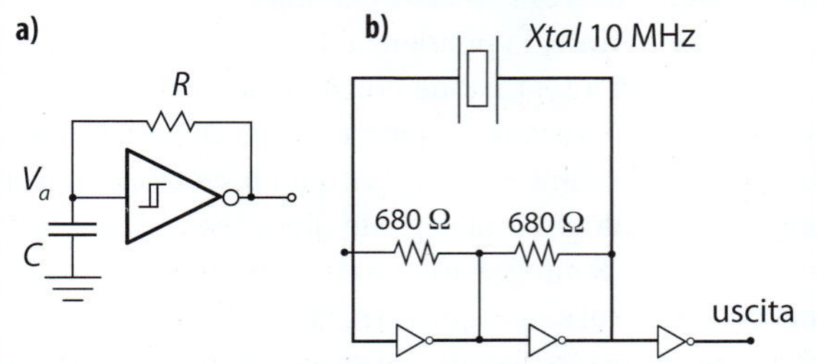

Fig. 1.20 a) Oscillatore a onda quadra con porta NOT di tipo trigger di Schmitt; **b)** esempio di oscillatore a porte logiche con quarzo.

e il ciclo si ripete. Il periodo di oscillazione, somma dei tempi di carica e scarica, dipende dai valori di R, C e dal partitore realizzato con R_2 ed R_1.

Lo stesso principio di funzionamento sta alla base di un semplice oscillatore che sfrutta una porta logica NOT di tipo trigger di Schmitt, che riconosce lo stato alto quando V_a sale sopra una soglia V_+ (esempio 2,4 V per il componente 74HC14) e riconosce lo stato basso quando la tensione V_a scende sotto la soglia V_- (esempio 1,4 V per il componente 74HC14). Si veda la fig. 1.20. In queste condizioni la carica e la scarica del condensatore fanno oscillare la tensione V_a tra i due valori di soglia, in corrispondenza alle commutazioni dell'uscita tra 0 e 5 V.

La frequenza di oscillazione degli oscillatori con porte logiche non è stabile, sia perché le caratteristiche dichiarate dai costruttori hanno una certa variabilità, sia perché nel tempo le caratteristiche dei componenti possono variare. La frequenza di oscillazione può essere resa stabile con l'inserimento nel circuito di quarzi, che "forzano" la frequenza di oscillazione ad un determinato valore, dipendente dalle caratteristiche costruttive del quarzo, che ha una stabilità molto elevata.

Riflessione *Perché un cristallo di quarzo stabilizza la frequenza di oscillazione?*

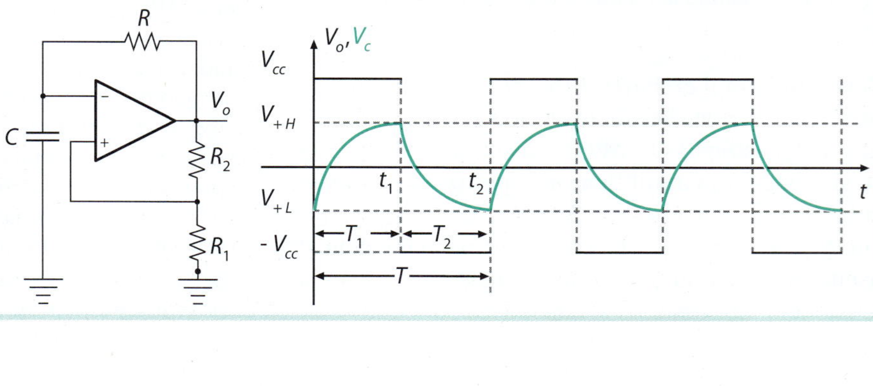

Fig. 1.19 Oscillatore a onda quadra. Temporizzazione dei segnali sull'uscita e sul condensatore. Il periodo del segnale generato vale $T = 2 \cdot R \cdot C \cdot \ln(1 + 2 \cdot R_1/R_2)$.

Sommario

L'elettronica analogica si occupa di elaborare segnali elettrici continui come quelli provenienti da grandezze del mondo fisico oppure voci o suoni, che possono assumere qualsiasi valore nell'intervallo di variazione. I circuiti elettronici analogici basano il loro funzionamento su alcuni componenti principali: il **diodo** che consente la conduzione in una sola direzione, il **transistore** che con una tensione o una corrente al terminale di controllo permette di regolare il flusso di corrente che lo attraversa. I transistori vengono impiegati principalmente come amplificatori di segnali elettrici o come interruttori elettronici e sono gli elementi base dei circuiti integrati. Esistono due diverse tipologie di transistori, il transistore bipolare a giunzione, BJT, ed i transistori ad effetto di campo, FET o MOS, la differenza tra transistore di tipo BJT e di tipo MOS sta principalmente nell'assorbimento di corrente, molto più basso nei MOS, e nella velocità di commutazione, maggiore nei transistori di tipo BJT.
Un altro componente molto diffuso è l'**amplificatore operazionale**, un circuito integrato che, grazie all'aggiunta di pochi componenti esterni, realizza numerose funzioni.
Con questi componenti si possono compiere diverse operazioni sui segnali analogici. Le più comuni sono il raddrizzamento o rettificazione, che consente l'**alimentazione** dei componenti elettronici; viene spesso ottenuta convertendo la tensione alternata di rete in tensione continua, necessaria per il funzionamento dei componenti stessi; l'**amplificazione**, che consiste nel moltiplicare per un fattore costante, chiamato guadagno, l'ampiezza di un segnale. Dato che la potenza del segnale di uscita è maggiore di quella del segnale d'ingresso, l'amplificatore ha bisogno di una sorgente esterna di energia che, generalmente, è un alimentatore.
L'**integrazione** e la **derivazione** consentono di generare segnali proporzionali rispettivamente all'area o alla pendenza del segnale di ingresso.
La **generazione** consiste nella creazione di segnali di varie forme, tipicamente onde quadre, triangolari o sinusoidali, senza il bisogno di segnali d'ingresso.

Risposte alle riflessioni

FAQ 1 Nel raddrizzamento a doppia semionda, che si ottiene usando quattro diodi connessi a formare il cosiddetto ponte di Graetz, la semionda negativa non viene annullata, ma invertita. Il valor medio del segnale unipolare che si ottiene è il doppio di quello a semplice semionda.

FAQ 2 Perché variando la corrente di base si può modulare la corrente che passa dal collettore all'emettitore, e dunque la tensione di uscita, come se tra collettore ed emettitore vi fosse una resistenza variabile comandata dalla corrente di base. *Transfer resistor*, da cui *transistor*, significa infatti caratteristica di trasferimento, in questo caso tensione di uscita/corrente d'ingresso, che ha le dimensioni di una resistenza: dunque resistenza di trasferimento.

FAQ 3 Per non vanificare una delle caratteristiche più importanti dei FET: l'elevata resistenza d'ingresso. Se il valore delle resistenze fosse più basso, la corrente assorbita dall'ingresso del circuito crescerebbe e caricherebbe la sorgente.

FAQ 4 Lo scopo è quello di disaccoppiare la sorgente di segnale dal carico. Se la sorgente fosse direttamente accoppiata al carico la corrente richiesta da quest'ultimo potrebbe ridurre la tensione fornita dalla sorgente a causa della caduta sulla resistenza interna della sorgente stessa.

ReT 1 L'alimentatore switching ha l'elemento di regolazione che lavora in commutazione (in modo ON OFF) per cui dissipa una potenza inferiore e ha dimensioni ridotte rispetto agli alimentatori lineari; necessita però di un circuito più complesso per la sua realizzazione.

ReT 2 In un amplificatore invertente realizzato con amplificatori operazionali la tensione di uscita può raggiungere teoricamente il valore dell'alimentazione, sia positiva che negativa nel caso di alimentazione duale. In pratica il valore massimo si ferma a circa 1 ÷ 2 V al di sotto di quello di alimentazione.

ReT 3 Le operazioni di integrazione e derivazione si possono ottenere, pur con approssimazioni, anche con circuiti passivi, contenenti resistenze e condensatori, o resistenze ed induttori. Il funzionamento del derivatore e dell'integratore passivo non è indipendente dal carico a cui viene connesso, come avviene per quelli attivi.

ReT 4 Un cristallo di quarzo, opportunamente tagliato, è dotato di proprietà piezoelettriche e, quando è inserito in un circuito elettronico, produce una vibrazione meccanica che dipende dal taglio, che impone al circuito una frequenza di oscillazione molto precisa e stabile.

Sitografia • Bibliografia

- http://www.studentifisica.info/corso/file-terzo/Laboratorio-Elettronica/cap5-Transistor-MOSFET-JFET.pdf
- www.dieet.unipa.it/mosca/Elettronica/CAPITOLO%206_2011.pdf

- R. Giometti – F. Frascari, *Elettonica L'analogica*, ed. Calderini, 1995.
- D. Fuselli, *Componenti Circuiti Funzioni*, Zanichelli, 1990.
- G. Licata – G. Torre, *Corso di Tecnica Professionale Circuiti elettronici e fondamenti di automazione*, Petrini editore, 2001.
- I.R. Sinclair – J. Dunton, *Pratical Electronics HandBook*, Elsevier, 2007.
- Mendolia – U. Torelli, *Elettronica Analogica*, vol. 1, Hoepli, 1996.

Esercizi e Problemi

FAQ 1

Es. 1 Ipotizzando che il diodo sia ideale, ma abbia una tensione di soglia $V_\gamma = 0{,}6$ V, calcolare la corrente che scorre nel seguente circuito quando la tensione d'ingresso V_i è di 5 V e la resistenza di carico $R_L = 470\ \Omega$.

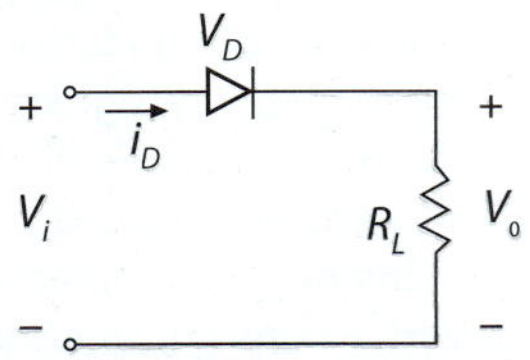

Es. 2 Risolvere graficamente l'esercizio 1 avvalendosi della caratteristica del diodo della fig. 1.2 (pag. 75).

Pr. 1 Spiegare la funzione del diodo nel seguente demodulatore a inviluppo.

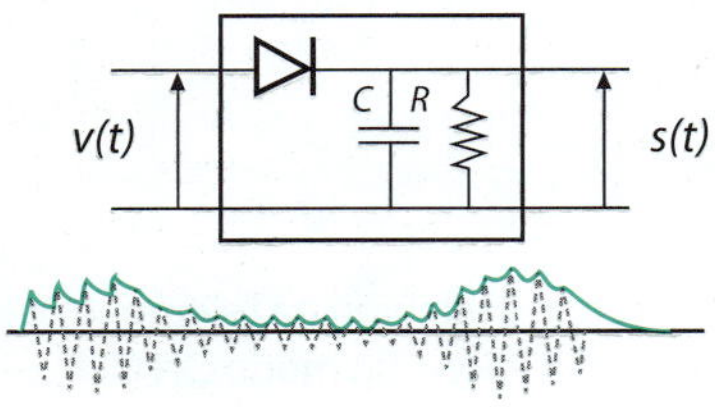

FAQ 2

Es. 1 Dimensionare le resistenze R_B e R_C di un transistore NPN con guadagno statico $h_{FE} = 100$ in modo che, alimentato con $V_{CC} = 10$ V, presenti $I_C = 3$ mA e $V_{CE} = 7{,}2$ V.

Pr. 1 Analizzare il seguente circuito e determinare l'andamento della tensione d'uscita $v_u(t)$ quando in ingresso è applicato il segnale $v_i(t)$.

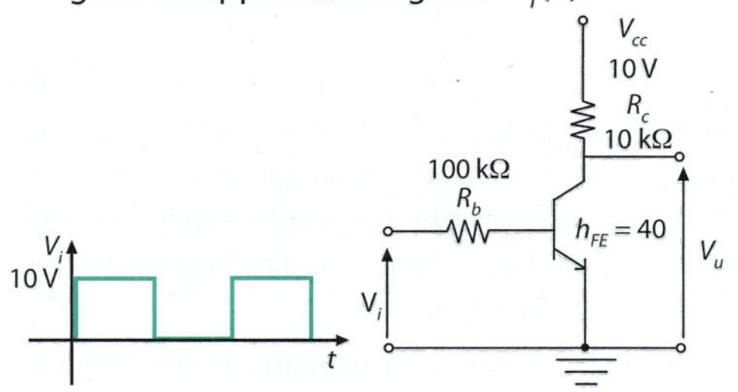

FAQ 3

Es. 1 Facendo riferimento alla rete di polarizzazione della fig. 1.9 del testo, determinare il nuovo punto di lavoro se si inverte la posizione dei resistori R_1 e R_2.

Es. 2 Attraverso la caratteristica d'uscita del MOSFET riportata nella fig. 1.9 (pag. 77), calcolare i valori che devono assumere le resistenze R_1, R_2 e R_D affinché, alimentando il circuito con $V_{DD} = 15$ V, $I_D \approx 3$ mA e $V_{DS} \approx 8$ V.

FAQ 4

Es. 1 Disegnare l'andamento della tensione d'uscita quando al circuito nella figura, in cui $R_1 = R_2$ e $V_{CC} = 12$ V, è applicato:

a) un segnale a dente di sega simmetrico con valore di picco $V_p = 8$ V e periodo $T = 2$ ms;

b) un segnale sinusoidale di valore efficace $V_{eff} = 7{,}07$ V e frequenza $f = 25$ Hz.

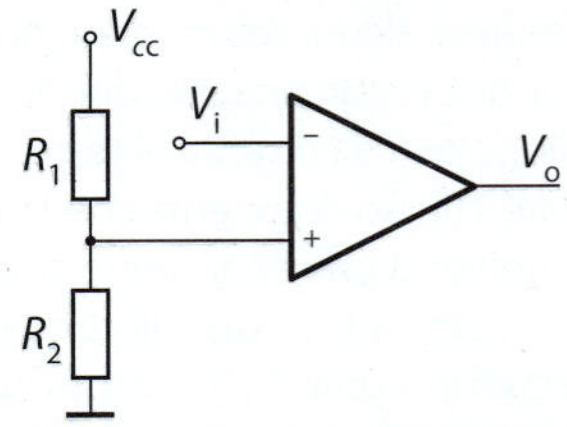

Es. 2 Risolvere l'esercizio precedente ipotizzando di scambiare il collegamento dei terminali d'ingresso dell'Op-Amp.

Pr. 1 Dimostrare che il principio delle masse virtuali è sostanzialmente verificato anche con Op-Amp reali aventi guadagni differenziali finiti, ad esempio $A_d = 200 \cdot 10^3$.

ReT 1

Es. 1 Quale ampiezza massima ha il segnale di rete se il suo valore efficace è di 230 V?

Es. 2 Si vuole trovare l'entità dell'ondulazione residua, o ripple, all'ingresso dello stabilizzatore nel caso del circuito di fig. 1.13 (pag. 79), sapendo che la sua espressione è $V_{ripple} = V_u / 2fR_LC$ e che f è la frequenza del segnale di rete, V_u la tensione di uscita pari a 9 V, R_L il carico pari a 1000 Ω.

ReT 2

Es. 1 In un amplificatore in cui vale la relazione $G \cdot \text{BW} = K$ (costante), trovare il valore minimo che deve avere tale prodotto affinché un amplificatore audio con guadagno 100 abbia una banda passante di almeno 20 kHz.

Es. 2 Dimensionare un amplificatore invertente, con amplificatori operazionali, di guadagno $G = -15$. Calcolare la corrente I che scorre nelle resistenze del circuito.

ReT 3

Es. 1 Se in ingresso al circuito derivatore ideale di fig. 1.17 (pag. 81), con $R = 10$ kΩ e $C = 100$ nF, si applica un segnale triangolare alternato di ampiezza 2 V e frequenza 1000 Hz che cosa si ottiene in uscita?

Es. 2 Quali valori devono avere R e C del circuito integratore di fig 1.18 (pag. 81), per fare in modo che, applicando in ingresso un'onda quadra alternata di ampiezza 5 V e frequenza 1000 Hz, si ottenga in uscita un'onda triangolare di ampiezza 5 V?

Pr. 1 Che segnale si ottiene in uscita ad un derivatore se il segnale d'ingresso è un'onda quadra?

ReT 4

Es. 1 Trovare la frequenza di oscillazione del circuito di fig. 1.19 (pag. 83) se $R_1 = R_2$, $R = 1$ kΩ e $C = 100$ nF.

Es. 2 Disegnare le forme d'onda dei segnali V_a e V_{out} dell'oscillatore di fig. 1.20 a) (pag. 82) nell'ipotesi che la porta NOT sia una 74LS04 con tensioni di soglia $V^+ = 1{,}6$ V e $V^- = 0{,}7$ V.

UNITÀ 4.2

Sistemi filtranti

Caratteristiche costruttive e prestazioni

In questa Unità si discutono i principi che presiedono al funzionamento dei sistemi filtranti, basati sia sulle caratteristiche puramente elettriche dei componenti, sia su caratteristiche elettromeccaniche

Un'osservazione anche non approfondita dell'ambito delle Telecomunicazioni mette in evidenza una enorme varietà di processi e di sistemi che "separano una cosa dall'altra": con il telecomando della televisione si separa una emittente dall'altra, con la manopola di sintonia della radio si sceglie la stazione che si intende ricevere, con il comando di tono dell'hi-fi si esaltano o toni bassi o toni alti… e si potrebbe continuare. Se poi si "entra" nell'elettronica degli apparati e dei sistemi, l'elenco sembra diventare infinito.
Alle azioni elencate corrispondono operazioni di *filtraggio*, cioè di *separazione*; il cosiddetto *dominio della frequenza*, anche se non è l'unico, si propone come un ambiente immediato all'interno del quale operare le separazioni.
Parleremo dunque di *sistemi filtranti nel dominio della frequenza*.

indice

FAQ 1 Quali funzioni svolgono i filtri di segnali elettrici?

Generalizzando il discorso affrontato nella seconda Unità del Modulo 2, relativo alla *funzione di trasferimento*, si può dire che qualunque rete elettrica ha proprietà filtranti, cioè in qualche modo discrimina i segnali secondo la loro frequenza, o "lasciandoli passare", oppure attenuandoli, o addirittura "non lasciandoli passare".
La prima descrizione dell'effetto filtrante viene fatta analizzando il ***modulo*** della funzione di trasferimento, a volte chiamato anche *guadagno*.
Secondo la modalità con la quale le reti consentono o meno il passaggio dei segnali, si parla di filtri *passa basso*, *passa alto*, *passa banda* (o dei loro complementari *arresta alto*, *arresta basso*, *arresta banda*).

Esempio 1 Analizzare il modulo della funzione di trasferimento di un filtro ***passa basso***.

Discussione Il modulo indica il rapporto tra l'ampiezza della risposta (uscita) e l'ampiezza dell'eccitazione (ingresso). Nell'ipotesi, molto comune, che risposta ed eccitazione siano la tensione di uscita e la tensione d'ingresso – in tal caso il modulo è anche chiamato *guadagno di tensione* della rete –, con riferimento alla fig. 2.1, si vede che:

Fig. 2.1 Modulo della funzione di trasferimento di un filtro *passa basso*: rappresentazione con assi a calibrazione lineare.

- alle pulsazioni "basse" il modulo ha valore 1;
- alle pulsazioni "alte" il modulo ha valore 0;
- esiste una pulsazione, chiamata *pulsazione di taglio* – con riferimento ad essa si parla di pulsazione "*bassa*" o "*alta*" –, in corrispondenza della quale il modulo vale $val_{max}/2^{1/2}$, cioè circa $0,7 \cdot val_{max}$;
- il passaggio dal valore 1 del modulo al valore 0 è graduale.

Salvo casi particolari, se il modulo assume valori non superiori a 1, il filtro è *passivo*; se assume valori maggiori di 1, è *attivo*.

Esempio 2 Analizzare il modulo della funzione di trasferimento di un filtro ***passa alto.***

Discussione Il modulo indica il rapporto tra l'ampiezza della risposta (uscita) e l'ampiezza dell'eccitazione (ingresso). Nell'ipotesi, molto comune, che risposta ed eccitazione siano la tensione di uscita e la tensione d'ingresso – in tal caso il modulo è anche chiamato *guadagno di tensione* della rete –, con riferimento alla fig. 2.2, si vede che:

- alle pulsazioni "alte" il modulo ha valore 1;

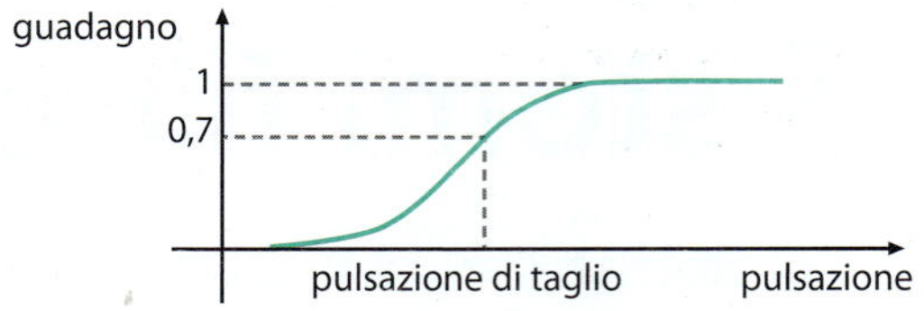

Fig. 2.2 Modulo della funzione di trasferimento di un filtro *passa alto*: rappresentazione con assi a calibrazione lineare.

- alle pulsazioni "basse" il modulo ha valore 0;
- esiste una pulsazione, chiamata *pulsazione di taglio*, in corrispondenza della quale il modulo vale $val_{max}/2^{1/2}$, cioè circa $0,7 \cdot val_{max}$;
- il passaggio dal valore 1 del modulo al valore 0 è graduale.

Salvo casi particolari, se il modulo assume valori non superiori a 1, il filtro è *passivo*; se assume valori maggiori di 1, è *attivo*.

Esempio 3 Analizzare il modulo della funzione di trasferimento di un filtro ***passa banda.***

Discussione Il modulo indica il rapporto tra l'ampiezza della risposta (uscita) e l'ampiezza dell'eccitazione (ingresso). Nell'ipotesi, molto comune, che risposta ed eccitazione siano la tensione di uscita e la tensione d'ingresso – in tal caso il modulo è anche chiamato *guadagno di tensione* della rete –, con riferimento alla fig. 2.3, si vede che:

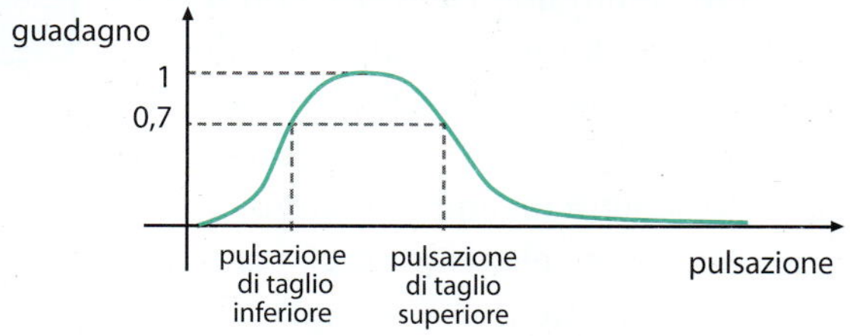

Fig. 2.3 Modulo della funzione di trasferimento di un filtro *passa banda*: rappresentazione con assi a calibrazione lineare.

- alle pulsazioni "*basse*" il modulo ha valore 0;
- alle pulsazioni "*alte*" il modulo ha valore 0;
- esistono due pulsazioni, una chiamata *pulsazione di taglio inferiore*, l'altra chiamata *pulsazione di taglio superiore*, – con riferimento ad esse si parla di pulsazione "bassa" o "alta"–, in corrispondenza delle quali il modulo vale $val_{max}/2^{1/2}$, cioè circa $0,7 \cdot val_{max}$;
- esiste un insieme (cioè una *banda*) di pulsazioni in corrispondenza delle quali il modulo ha valore almeno uguale a $val_{max}/2^{1/2}$ – tale insieme rappresenta la "banda che passa";
- il passaggio dal valore massimo del modulo al valore 0 è graduale.

Salvo casi particolari, se il modulo assume valori non superiori a 1, il filtro è *passivo*; se assume valori maggiori di 1, è *attivo*.

Riflessione *I filtri modificano la fase dei segnali d'ingresso?*

FAQ 2 Come si dimensionano i filtri passivi elementari?

I filtri realizzati impiegando solo componenti di tipo *R*, *L*, *C* sono detti *passivi*. In generale, per ottenere prestazioni adeguate all'ambito delle Telecomunicazioni, il dimensionamento di tali filtri non è banale e si basa su calcoli abbastanza elaborati, i cui esiti sono spesso catalogati in apposite tabelle (se ne vedrà in seguito un esempio).

Per comprendere il significato di alcune caratteristiche di base dei filtri, in questa scheda si discute un dimensionamento semplice, che riguarda la categoria dei cosiddetti *filtri del primo ordine*, con prestazioni abbastanza limitate.

Esempio Dimensionare un filtro *passa basso* passivo con pulsazione di taglio $f_t = 1592$ Hz.

Discussione Alla frequenza di taglio $f_t = 6280$ Hz corrisponde la pulsazione di taglio $\omega_t = 2 \cdot \pi \cdot f_t = 6{,}28 \cdot 1592 = 10^4\ s^{-1}$, più comoda da usare nei calcoli.

La rete può essere realizzata con un quadripolo che comprende o una serie *R-C*, con uscita su *C*, oppure con una serie *L-R*, con uscita su *R*. Scegliamo la prima soluzione.

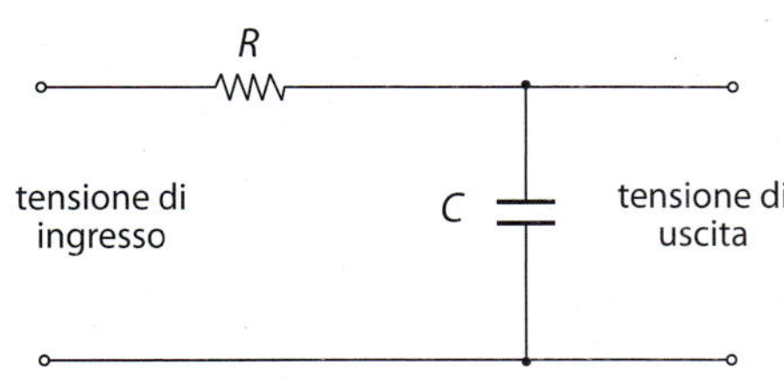

Fig. 2.4 Rete quadripolare *R-C* con uscita su *C*: è un filtro passa basso.

In tal caso (fig. 2.4) la funzione di trasferimento è il numero complesso – lo indicheremo con **FDT** –, che descrive il comportamento di un partitore di tensione. Si ha:

$$\mathbf{FDT} = \mathbf{Z}_C/(\mathbf{Z}_R + \mathbf{Z}_C) = (1/j\omega C)/(R + 1/j\omega C)$$

Ci interessa in questo caso il modulo di tale numero complesso, cioè FDT. Sarà:

$$FDT = (1/\omega C)/(R^2 + 1/\omega^2 C^2)^{1/2}$$

Si tratta ora di:
- verificare se la rete è un filtro passa basso;
- individuare il valore massimo del modulo FDT, cioè del guadagno;
- individuare i valori da assegnare a *R* e *C*;
- commentare scelte e risultati.

Osservando l'espressione del modulo, si vede che, quando la pulsazione diminuisce, il termine $1/\omega^2C^2$ diventa sempre più grande; per ω sufficientemente piccolo si ha $1/\omega^2C^2 >> R^2$, per cui si ricava:

$$FDT \approx (1/\omega C)/(1/\omega^2 C^2)^{1/2} = 1$$

Quando invece la pulsazione aumenta, il termine $1/\omega^2C^2$ diventa sempre più piccolo; per ω sufficientemente grande si ha $R^2 >> 1/\omega^2C^2$, per cui si ricava:

$$FDT \approx (1/\omega C)/(R^2)^{1/2} = (1/\omega C)/R = 1/\omega RC$$

Da questa espressione si vede che, quanto più ω diventa grande, tanto più il modulo si avvicina a zero.

La rete pertanto è un filtro *passa basso* e il guadagno massimo vale 1 (è infatti una rete che comprende solo componenti passivi).

Si può notare che, quando vale la condizione $\omega = 1/RC$, il modulo assume il valore:

$$FDT = (1/\omega C)/(R^2 + 1/\omega^2C^2)^{1/2} = [(1/(1/RC) \cdot C)]/[(R^2 + 1/(1/RC)^2 \cdot C^2)]^{1/2} = R/(R^2 + R^2)^{1/2} = R/(2 \cdot R^2)^{1/2} = 1/2^{1/2}$$

Pertanto, il valore $1/RC$ individua la *pulsazione di taglio* del sistema e si ha:

$$\omega_t = 1/RC$$

Da questo risultato si ricava il valore del prodotto

$$RC = 1/\omega_t = 1/10^4 = 10^{-4}\ s.$$

Il dimensionamento di *R* e di *C* consente, dal punto di vista matematico, infinite soluzioni (da punto di vista tecnico la situazione è un po' diversa, ma non ce ne occupiamo in questa sede).

Scegliendo ad esempio

$$R = 1\ k\Omega = 10^3\ \Omega, \text{ si ricava } C = 1/R\omega = 1/(10^3 \cdot 10^4) = 10^{-7}\ F = 100\ nF.$$

In sintesi, un quadripolo che comprende una serie *R-C*, con uscita su *C*:
- è un filtro passa basso;
- ha un guadagno massimo che vale 1;
- ha una pulsazione di taglio che vale $\omega_t = 1/RC$.

Con procedure analoghe si possono dimensionare filtri di altro tipo, quali *passa alto*, *passa banda*, *arresta banda*.

Molto usati nelle Telecomunicazioni sono i filtri *passa banda* (si vedano gli esercizi), caratterizzati da una frequenza (pulsazione) centrale f_o e da due frequenze di taglio, f_{ts} e f_{ti}, che consentono di definire la *larghezza di banda* (passante) BW (*Band Width*) del filtro; si ha:

$$BW = f_{ts} - f_{ti}$$

Il ***fattore di merito***, o fattore di qualità *Q* (*Quality Factor*) del filtro è definito nel seguente modo:

$$Q = f_o/BW = f_o/(f_{ts} - f_{ti})$$

Quanto più stretta è la BW, tanto più elevato è *Q*; a valori elevati di *Q* corrisponde una elevata *selettività* del filtro.

Riflessione *Nei sistemi di telecomunicazione bisogna necessariamente perseguire una elevata selettività?*

FAQ 3 Come si dimensionano i filtri passivi di ordine superiore?

Nella FAQ 2 è stato discusso il dimensionamento di un filtro del primo ordine. Determinate caratteristiche di selettività vengono tuttavia conseguite con i filtri di ordine superiore al primo, il cui dimensionamento non è semplice. Si vuole qui discutere, a titolo di esempio, il dimensionamento relativo a una categoria particolare, quella dei *filtri passivi Butterworth*, organizzati come insiemi di "*celle elementari*", ciascuna costituita da componenti passivi capacitivi e induttivi.

Si dimostra che il modulo della funzione di trasferimento di un filtro passivo Butterworth è del tipo:

$$\text{FDT} = 1/[1 + (\omega/\omega_t)^{2n}]^{1/2}$$

dove n, numero intero, indica l'ordine del filtro.

I filtri Butterworth sono caratterizzati da una risposta "*piatta*" all'interno della banda passante e da una pendenza della curva di risposta (al di fuori della banda passante) che aumenta rapidamente all'aumentare dell'ordine del filtro. Si veda la fig. 2.5.

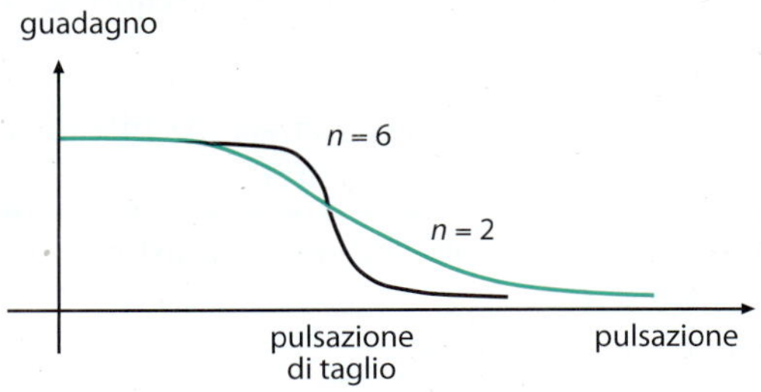

Fig. 2.5 La pendenza del modulo, e quindi la selettività del filtro, aumenta considerevolmente all'aumentare dell'ordine del filtro stesso.

Il dimensionamento dei filtri Butterworth fa riferimento a dati tabellari riferiti a una determinata configurazione passa basso (ad esempio a 5 componenti, a 7 componenti ...) caratterizzata da:

- frequenza di taglio = 1 MHz;
- impedenza d'ingresso = impedenza di uscita = 50 Ω.

Opportune procedure consentono di modificare i dati di partenza, per adattarli a esigenze diverse, sia di banda passante, sia di impedenza. Se si vogliono cambiare le prestazioni in termini di frequenza di taglio e di impedenze, bisogna:

- individuare il rapporto p tra la nuova frequenza di taglio e quella standard di 1 MHz;
- individuare il rapporto q tra la nuova impedenza (d'ingresso e di uscita) e quella standard di 50 Ω.

Per *modificare la frequenza di taglio* bisogna:

- dividere per p ciascun valore standard di capacità;
- dividere per p ciascun valore standard di induttanza.

Per *modificare le impedenze* bisogna:

- moltiplicare per q ciascun valore di induttanza;
- dividere per q ciascun valore di capacità.

Esempio Dimensionare un filtro *passa basso* Butterworth con frequenza di taglio di 5 MHz e impedenza d'ingresso e di uscita di 72 Ω.

Discussione Si fa riferimento alla configurazione standard a 5 componenti (3 condensatori e 2 induttori) rappresentata nella fig. 2.6; il valore standard dei componenti è il seguente:

$C_1 = 1965$ pF; $C_3 = 6360$ pF; $C_5 = 1965$ pF

$L_2 = 12{,}9\ \mu$H; $L_4 = 12{,}9\ \mu$H

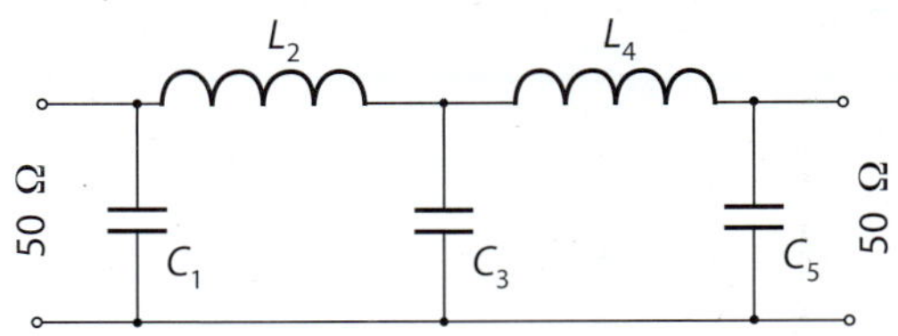

Fig. 2.6 Filtro passa basso di tipo Butterworth, a 5 componenti, con valori standardizzati per una frequenza di taglio di 1 MHz e impedenze d'ingresso e di uscita di 50 Ω.

Si calcola il valore $p = 5$ MHz/ 1 MHz = 5.

Si calcola il valore $q = 72\ \Omega/50\ \Omega = 1{,}44$.

Per ottenere entrambe le modifiche (frequenza di taglio e impedenza):

- ciascuna capacità deve essere divisa sia per p, sia per q, cioè deve essere divisa per il prodotto $p \cdot q = 5 \cdot 1{,}44 = 7{,}2$; il che equivale moltiplicarla per $1/7{,}2 \approx 0{,}14$;
- ciascuna induttanza deve essere divisa per p e moltiplicata per q, cioè deve essere moltiplicata per $q/p = 1{,}44/5 \approx 0{,}29$.

I nuovi valori saranno:

$C'_1 = 0{,}14 \cdot C_1 = 0{,}14 \cdot 1965$ pF = 275 pF

$C'_3 = 0{,}14 \cdot C_3 = 0{,}14 \cdot 6360$ pF = 890 pF

$C'_5 = 0{,}14 \cdot C_5 = 0{,}14 \cdot 1965$ pF = 275 pF

$L'_2 = 0{,}29 \cdot L_2 = 0{,}29 \cdot 12{,}9\ \mu\text{H} \approx 3{,}7\ \mu$H

$L'_4 = 0{,}29 \cdot L_4 = 0{,}29 \cdot 12{,}9\ \mu\text{H} \approx 3{,}7\ \mu$H

Riflessione *Quando si ricorre in particolare a filtri di ordine elevato?*

FAQ 4 Esistono filtri basati su proprietà non solo elettriche?

Sia i ***cristalli di quarzo***, sia alcuni ***materiali ceramici*** hanno proprietà piezoelettriche, cioè meccanico-elettriche; con i primi si realizzano filtri di notevole pregio, mentre con i secondi si producono componenti integrati dedicati in particolare ai prodotti di largo consumo. Precisione e stabilità delle frequenze sono notevoli in entrambi i casi.
Dal punto di vista elettrico, sia i cristalli di quarzo, sia le ceramiche piezoelettriche hanno un modello equivalente come quello rappresentato nella fig. 2.7.

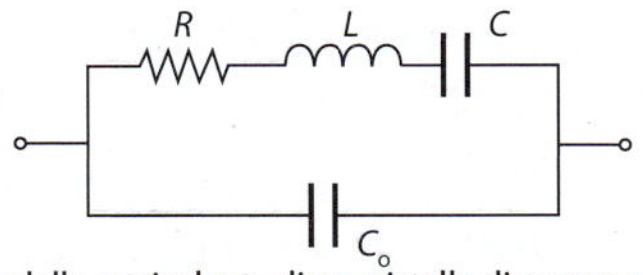

Fig. 2.7 Modello equivalente di un cristallo di quarzo e di una ceramica piezoelettrica.

Si dimostra che il circuito ha due pulsazioni di risonanza, chiamate *risonanza serie* e *risonanza parallelo*, date dalla seguenti equazioni:
- risonanza serie: $\omega_s = 1/(L \cdot C)^{1/2}$;
- risonanza parallelo: $\omega_p = [(C + C_0)/(L \cdot C \cdot C_0)]^{1/2}$.

Gli effetti filtranti vengono ottenuti sfruttando la notevole pendenza della parte della curva di risposta compresa tra la risonanza serie e la risonanza parallelo.

Esempio 1 Calcolare la pulsazione di risonanza serie e la pulsazione di risonanza parallelo (antirisonanza) e il fattore di merito per un cristallo di quarzo impiegato nelle Telecomunicazioni.

Discussione Da una nota applicativa di un costruttore si ricavano i seguenti dati, relativi a un quarzo usato in ambito televisivo (i valori sono un po' arrotondati per facilitare il calcolo):

$$C_0 = 5\ \text{pF},\ C = 0{,}02\ \text{pF},\ L = 20\ \text{mH},\ R = 10\ \Omega.$$

Svolgendo le equivalenze si ottiene:

$$C_0 = 5\ \text{pF} = 5 \cdot 10^{-12}\ \text{F},\ C = 0{,}02\ \text{pF} = 0{,}02 \cdot 10^{-12}\ F = 2 \cdot 10^{-14}\ \text{F},$$
$$L = 20\ \text{mH} = 2 \cdot 10^{-2}\ \text{H},\ R = 10\ \Omega.$$

- pulsazione di risonanza serie:

$$\omega_s = 1/(L \cdot C)^{1/2} = 1/(2 \cdot 10^{-2} \cdot 2 \cdot 10^{-14})^{1/2} = 1/(4 \cdot 10^{-16})^{1/2} =$$
$$= 1/(2 \cdot 10^{-8}) = 0{,}5 \cdot 10^{8} = 50 \cdot 10^{6} = 50.000.000\ \text{s}^{-1};$$

- pulsazione di risonanza parallelo:

$$\omega_p = [(C + C_0)/(L \cdot C \cdot C_0)]^{1/2} = [(0{,}02 \cdot 10^{-12} + 5 \cdot 10^{-12})/(2 \cdot 10^{-2} \cdot$$
$$\cdot 2 \cdot 10^{-14} \cdot 5 \cdot 10^{-12})]^{1/2} = [(5{,}02 \cdot 10^{-12})/(20 \cdot 10^{-28})]^{1/2} =$$
$$= [(5{,}02/20) \cdot 10^{-16})]^{1/2} = (0{,}251 \cdot 10^{-16})]^{1/2} =$$
$$= 0{,}50099900 \cdot 10^{-8} = 50.099.900\ \text{s}^{-1}.$$

La differenza è inferiore a 2 parti su 1000, per cui la curva di risposta tra le due pulsazioni di risonanza è molto ripida.
Il fattore di merito vale $Q = \omega_s \cdot L/R = 50 \cdot 10^6 \cdot 2 \cdot 10^{-2}/10 = 10^6$, valore incredibilmente più elevato rispetto a quelli ottenibili con i circuiti a componenti discreti.

Una tecnologia emersa negli ultimi decenni e in crescente diffusione è quella che impiega le cosiddette ***onde acustiche di superficie*** (SAW: *Surface Acoustic Waves*); consente la realizzazione di dispositivi con ottime caratteristiche e costi contenuti. Hanno di solito l'inconveniente di una non trascurabile perdita di inserzione nel circuito. Possono funzionare correttamente in un *range* di frequenza tipicamente compreso fra alcune decine di megahertz e il gigahertz o alcuni gigahertz. Le principali funzioni che possono svolgere riguardano sia il *filtraggio*, sia il controllo della frequenza di *oscillatori*; sono anche vantaggiosamente impiegati come *linee di ritardo*. Si veda la fig. 2.8.

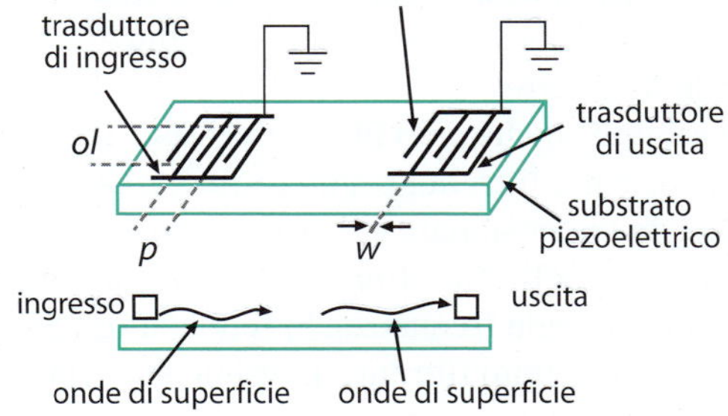

Fig. 2.8 Struttura di un dispositivo SAW; la lunghezza del substrato, di solito realizzato con silicio o con niobato di litio, è dell'ordine del centimetro.

Esempio 2 Calcolare le dimensioni del sistema di accoppiamento in un filtro SAW con frequenza centrale di 0,5 GHz.

Discussione Alla frequenza di 0,5 GHz = 0,5 · 10^9 Hz corrisponde la lunghezza d'onda (elettromagnetica)

$$\lambda_{em} = v_{em}/f = 3 \cdot 10^8/0{,}5 \cdot 10^9 = 6 \cdot 10^{-1}\ \text{m}$$

Alla stessa frequenza di 0,5 GHz corrisponde la lunghezza d'onda (acustica)

$$\lambda_{ac} = v_{ac}/f = 3 \cdot 10^3/0{,}5 \cdot 10^9 = 6 \cdot 10^{-6}\ \text{m}$$

Come sempre, non cambia la frequenza del segnale, mentre cambia la sua lunghezza d'onda.
I criteri per il dimensionamento del sistema di accoppiamento prevedono:
- una distanza tra le "dita", cioè un *periodo spaziale p* dell'accoppiatore uguale alla lunghezza d'onda (acustica): in questo caso sarà $p = \lambda_{ac} = 6 \cdot 10^{-6}\ \text{m} = 6\ \mu\text{m}$;
- una larghezza del "dito" *w* (*width*) pari a ¼ della lunghezza d'onda (acustica): in questo caso sarà
$$w = \lambda_{ac}/4 = 6 \cdot 10^{-6}/4 = 1{,}5 \cdot 10^{-6}\ \text{m} = 1{,}5\ \mu\text{m};$$
- una zona di sovrapposizione tra le "dita" *ol* (*overlapping*) pari a circa 40 lunghezze d'onda (acustiche): in questo caso sarà
$$ol = 40 \cdot \lambda_{ac} = 40 \cdot 6 \cdot 10^{-6} = 240 \cdot 10^{-6}\ \text{m} = 240\ \mu\text{m}.$$

Riflessione *Perché può sembrare impropria la denominazione "onda acustica di superficie"?*

ReT 1 Filtri attivi

I filtri attivi, di solito caratterizzati da guadagno maggiore di 1, sono realizzati con elementi reattivi, come i filtri passivi, con l'aggiunta di un componente attivo, di solito un *amplificatore operazionale*. Il suo impiego, se da una parte conferisce al filtro caratteristiche di precisione e stabilità, dall'altra introduce anche i limiti di tale componente, particolarmente legati alla sua scarsa propensione al funzionamento a frequenze elevate. Così, se con i soli componenti passivi si possono realizzare filtri che funzionano egregiamente a centinaia di megahertz o anche di più, con l'impiego di amplificatori operazionali si può arrivare a *range* che tipicamente sono dell'ordine dei chilohertz o delle decine di chilohertz. In sintesi, i filtri attivi trovano largo impiego nei settori a bassa frequenza, mentre non sono adatti per il funzionamento alle radiofrequenze.

Come sempre, anche per i filtri attivi esiste il problema della selettività: filtri del primo ordine, relativamente semplici da dimensionare e da realizzare, hanno curve del guadagno che "declinano" troppo dolcemente con il variare della frequenza. Si tende allora alla realizzazione di sistemi filtranti di ordine superiore, non semplici da dimensionare; anche in questo caso la prassi di ricorrere a tabelle è abbastanza corrente. Analogamente a quanto già discusso nella FAQ 4 per i filtri passivi di ordine superiore, vogliamo analizzare la procedura per il dimensionamento di ***filtri attivi di tipo Butterworth***.

La configurazione di base alla quale facciamo riferimento è valida per filtri del secondo ordine ed è riportata nella fig. 2.9. A differenza dei filtri passivi, in questo caso si fa uso di condensatori e resistori invece che di condensatori e induttori.

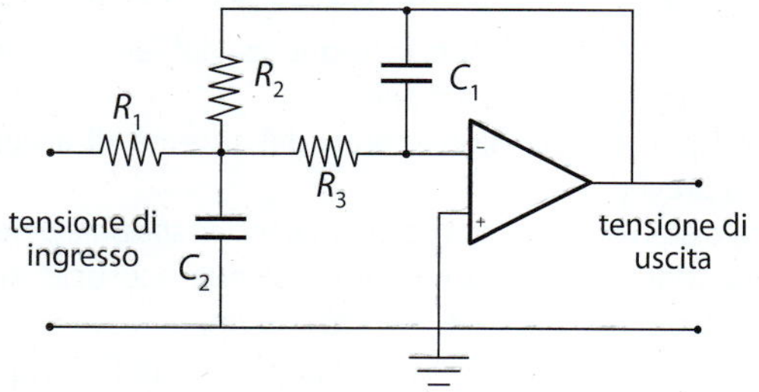

Fig. 2.9 Struttura di riferimento per un filtro attivo passa basso di tipo Butterworth.

Per il dimensionamento dei cinque componenti si ricorre a cinque equazioni, nelle quali compaiono tre costanti: il guadagno A e altri due termini, denominati B e C (da non confondere con la capacità); le costanti B e C assumono valori che *cambiano con l'ordine del filtro*.

Per i filtri Butterworth del ***secondo ordine*** si ha:

$$B = 1{,}414,\ C = 1{,}000$$

Ecco la procedura per il dimensionamento dei componenti:

- si decide il valore di A, guadagno del filtro attivo;
- si decide il valore di f_t (o di ω_t), frequenza di taglio del filtro;
- si calcola il valore di C_2, in microfarad, con l'equazione $C_2 = 10/f_t$ (μF);
- si calcola il valore di C_1 con la relazione
$$C_2 \leq (B^2 \cdot C_2)/4C(A+1);$$
- si calcola il valore di R_2 con l'equazione:
$$R_2 = 2(A+1)/[B \cdot C_2 + (B^2 \cdot C_2{}^2 - 4 \cdot C \cdot C_1 \cdot C_2(A+1)^{1/2}] \cdot \omega_t;$$
- si calcola il valore di R_1 con l'equazione: $R_1 = R_2/A$;
- si calcola il valore di R_3 con l'equazione:
$$R_3 = 1/C \cdot C_1 \cdot C_2 \cdot R_2 \cdot (\omega_t)^2.$$

Esempio Dimensionare un filtro attivo passa basso del ***secondo ordine*** di tipo Butterworth, caratterizzato da guadagno $A = 5$ e frequenza di taglio $f_t = 2$ kHz.

Discussione Le tre costanti sono a questo punto note e valgono $A = 5$, $B = 1{,}414$, $C = 1$. Si segue poi la procedura standardizzata:

- si calcola la capacità C_2, in microfarad; si trova
$$C_2 = 10/f_t = 10/2 \cdot 10^3 = 5 \cdot 10^{-3}\ \mu F = 5 \cdot 10^{-9}\ F;$$
- dall'equazione per il calcolo di C_1 si ricava:
$$C_1 = (1{,}414^2 \cdot 5 \cdot 10^{-9})/4 \cdot 1(5+1) = 10^{-8}/24 = 4{,}17 \cdot 10^{-10} = \\ = 417\ pF = 417 \cdot 10^{-12}\ F;$$
- dall'equazione per il calcolo di R_2 si ricava:
$$R_2 = 2(5+1)/[1{,}414 \cdot 5 \cdot 10^{-9} + (2 \cdot 25 \cdot 10^{-18} - 4 \cdot 1 \cdot 417 \cdot \\ \cdot 10^{-12} \cdot 5 \cdot 10^{-9} \cdot 6]^{1/2} \cdot 6{,}28 \cdot 10^3 = \ldots = 1{,}35 \cdot 10^5\ \Omega = 135\ k\Omega;$$
- dall'equazione per il calcolo di R_1 si ricava:
$$R_1 = R_2/A = 1{,}35 \cdot 10^5/5 = 0{,}27 \cdot 10^5\ \Omega = 27\ k\Omega;$$
- dall'equazione per il calcolo di R_3 si ricava:
$$R_3 = 1/(1 \cdot 417 \cdot 10^{-12} \cdot 5 \cdot 10^{-9} \cdot 1{,}35 \cdot 10^5 \cdot 1{,}58 \cdot 10^8) = \\ = 1/(4.448 \cdot 10^{-8}) = 2{,}25 \cdot 10^4\ \Omega \approx 22\ k\Omega.$$

Mettendo in cascata due filtri Butterworth del secondo ordine si ottiene un filtro Butterworth del ***quarto ordine***, caratterizzato da elevata selettività. Bisogna tuttavia tenere presente che non è possibile dimensionare separatamente due filtri del secondo ordine e poi collegarli; il dimensionamento di ciascuno deve fare riferimento a una precisa tabella per i valori delle costanti B e C, riportata qui di seguito.

Filtro 1	Filtro 2	Guadagno totale
Guadagno = A_1	Guadagno = A_2	$A_1 \cdot A_2$
$B_1 = 0{,}765$	$B_2 = 1{,}848$	
$C_1 = 1{,}000$	$C_2 = 1{,}000$	

Riflessione *I filtri attivi possono essere considerati degli amplificatori?*

ReT 2 Filtri a capacità commutata

La realizzazione di filtri attivi integrati incontra qualche limite, in particolare legato a:
- necessità di valori resistivi molto precisi;
- necessità di elevata linearità e basso coefficiente di temperatura per le resistenze;
- valori elevati resistivi e capacitivi, che richiedono spazi non indifferenti.

La tecnologia a capacità commutata sostituisce le resistenze.

Esempio 1 Illustrare il significato di *"resistenza equivalente realizzata con capacità commutata"*.

Discussione Facendo riferimento alla fig. 2.10 si vede che:

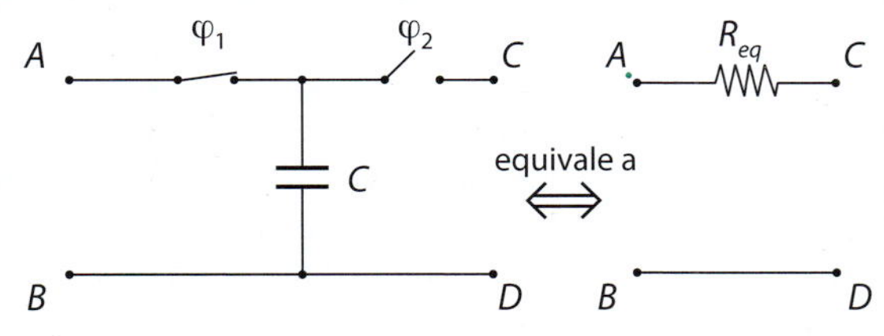

Fig. 2.10 Resistenza equivalente realizzata con capacità commutata in parallelo (al percorso del segnale).

- gli interruttori φ_1 e φ_2 si alternano, cioè quando uno è chiuso, l'altro è aperto;
- le tensioni V_1 e V_2 hanno valore predeterminato;
- quando si chiude φ_1 (e quindi si apre φ_2), il condensatore si carica (teoricamente con costante di tempo nulla, quindi istantaneamente), assumendo la carica $q_1 = C \cdot V_1$;
- φ_1 resta chiuso per un intervallo di tempo $T/2$, poi si apre e passa la consegna a φ_2;
- quando si chiude φ_2, al condensatore viene imposta la tensione V_2, per cui (in teoria istantaneamente) assume la carica $q_2 = C \cdot V_2$;
- φ_2 resta chiuso per un intervallo di tempo $T/2$, poi si apre e passa la consegna a φ_1;
- il ciclo si ripete ad ogni intervallo $T/2 + T/2 = T$ secondi.

Succede pertanto che, al termine di un ciclo, cioè dopo T secondi, da sinistra è passata verso destra una carica $q = q_1 - q_2 = C \cdot V_1 - C \cdot V_2 = C(V_1 - V_2)$. Dato che il rapporto tra la carica trasferita e il tempo impiegato a trasferirla è per definizione l'intensità della corrente, si può scrivere:

$$I = q/\Delta T = [C(V_1 - V_2)]/T$$

Ricordando che il comportamento della resistenza R è descritto dalla legge $I = (1/R) \cdot V$, dove V è la differenza di potenziale $V_1 - V_2$ tra i terminali della stessa resistenza R, si può dire che la struttura circuitale rappresentata nella fig. 2.10 equivale a una resistenza che vale $R_{eq} = T/C\ \Omega$.
Interessante è il fatto che il valore di R_{eq} può essere modificato cambiando T, dunque cambiando la frequenza del clock.

Esempio 2 Trasformare il filtro attivo rappresentato nella fig. 2.11 in un filtro attivo a capacità commutata.

Discussione Il funzionamento del circuito rappresentato in **a)** può essere interpretato nel modo seguente:
- dato che il terminale invertente dell'amplificatore operazionale si trova in pratica a potenziale nullo, il segnale d'ingresso è applicato al parallelo tra R_1 e C_1, cioè a un filtro passa-basso, con frequenza di taglio $1/(R_1 \cdot C_1)$;
- dato che il terminale invertente dell'amplificatore operazionale si trova in pratica a potenziale nullo, il segnale di uscita si trova applicato, con segno opposto a quello d'ingresso, al parallelo tra R_2 e C_2, cioè a un filtro passa-basso, con frequenza di taglio $1/(R_2 \cdot C_2)$;
- se $R_1 \cdot C_1 = R_2 \cdot C_2 = 1/(R \cdot C)$ la banda passante del filtro è compresa tra la frequenza di zero hertz e $1/(R \cdot C)$ hertz;
- al centro di tale banda il segnale di uscita viene amplificato di $-R_2/R_1$ volte.

La soluzione rappresentata in b) prevede:
- la sostituzione della resistenza R_1 con la resistenza equivalente $R_{eq1} = R_1 = T/C_3$ ohm, dalla quale si ricava il valore di $C_3 = T/R_1$ farad;
- la sostituzione della resistenza R_2 con la resistenza equivalente $R_{eq2} = R_2 = T/C_4$ ohm, dalla quale si ricava il valore di $C_4 = T/R_2$ farad.

Riflessione *In quale ambito delle Telecomunicazioni trovano impiego ragionevole i filtri a capacità commutata?*

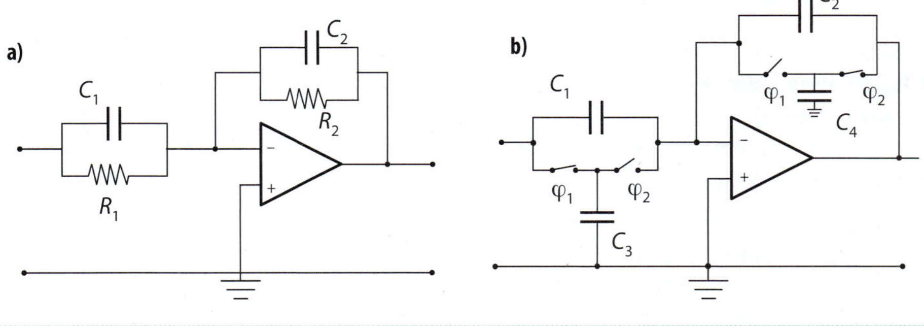

Fig. 2.11 **a)** Filtro attivo R-C; **b)** equivalente integrato realizzato con capacità commutate.

ReT 3 Trasformatore nelle reti a radio frequenza

In generale un trasformatore può essere interpretato come un quadripolo (*filtrante*) il cui primario è il carico del circuito precedente e il cui secondario è la sorgente, cioè il generatore del circuito che segue.

Anche se nuove soluzioni, meno ingombranti e meno bisognose di tarature, tendono sempre più ad evitarne l'impiego, con particole riferimento agli stadi a frequenza intermedia, nell'"esistente" il trasformatore è impiegato un po' dovunque negli apparati di telecomunicazione; ad esempio:

- negli alimentatori, dove di solito funziona alla frequenza di rete e, nel caso dei trasmettitori, può raggiungere potenze anche considerevoli;
- negli stadi ad audiofrequenza, in particolare in quelli finali di potenza;
- negli stadi a radiofrequenza (a volte identificati con i cosiddetti stadi a *frequenza intermedia*), con funzioni sia di adattamento d'impedenza, sia di accoppiamento selettivo.

Nel caso più comune di trasformatore a due avvolgimenti, il primario con induttanza L_p e il secondario con induttanza L_s, un parametro che lo caratterizza è il *coefficiente di mutua induttanza* M, definito nel seguente modo:

$$M = k \cdot (L_p \cdot L_s)^{1/2}$$

dove k, chiamato *coefficiente di accoppiamento*, rappresenta la frazione del flusso primario che si concatena con il secondario.

Alle frequenze basse, dove gli avvolgimenti sono normalmente avvolti su nucleo di materiale ferromagnetico, il valore di k si avvicina a 1; alle frequenze alte invece, dove si tende ad impiegare un nucleo "ad aria" (avvolgimenti autoportanti, o avvolti su materiale non ferromagnetico), il valore di k tende ad essere nettamente inferiore a 1 (valori tipici di alcuni centesimi); quando è necessario avere valori di k più elevati e magari prossimi a 1 si impiegano materiali speciali, quali le *ferriti*.

Quando il coefficiente di accoppiamento si avvicina all'unità, il trasformatore è considerato pressoché *ideale*.

In tal caso, per il trasformatore (inteso some *trasformatore di tensione e di corrente*) valgono le seguenti relazioni:

- $V_P/V_S = N_P/N_S$ cioè il rapporto tra le tensioni è uguale al rapporto tra le spire;
- $I_P/I_S = N_S/N_P$ cioè il rapporto tra le correnti è uguale al reciproco del rapporto tra le spire.

Sempre in tal caso, per il trasformatore (inteso come *adattatore d'impedenza*) vale la seguente equazione:

$$\mathbf{Z}_{in} = (N_p/N_s)^2 \cdot \mathbf{Z}_L$$

dove:

- $\mathbf{Z}_{in}$ (numero complesso) è l'impedenza d'ingresso del trasformatore;
- $\mathbf{Z}_L$ (numero complesso) è l'impedenza del carico collegato al trasformatore;
- (Np/Ns) è il cosiddetto *rapporto di trasformazione* (numero delle spire al primario/numero delle spire al secondario).

L'equazione mette in evidenza che l'impedenza di carico $\mathbf{Z}_L$ (numero complesso) viene "vista" dall'ingresso del primario moltiplicata per un fattore reale, $(N_p/N_s)^2$; pertanto un'impedenza di carico resistiva sarà "vista" come resistiva al primario, una capacitiva sarà "vista" come capacitiva, una induttiva sarà "vista" come induttiva.

Esempio Un trasformatore con $k \approx 1$ e rapporto di trasformazione $N_p/N_s = 3$ è caricato da un bipolo R-C in serie, con $R = 50\ \Omega$ e $C = 1000$ pF. Calcolare l'impedenza "vista" al primario quando il circuito è interessato da un segnale con frequenza $f = 10$ MHz.

Discussione Svolgendo le equivalenze, si ha:

$C = 1000$ pF = 1 nF = 10^{-9} F

$f = 10$ MHz = 10^7 Hz

Per calcolare l'impedenza del carico, $\mathbf{Z}_L$, si calcola la reattanza del condensatore; sarà:

$$X_C = 1/(\omega C) = 1/(6{,}28 \cdot 10^7 \cdot 10^{-9}) = 15{,}9\ \Omega$$

L'impedenza del carico è pertanto:

$$\mathbf{Z}_L = R + 1/(j\omega C) = 50 - j15{,}9$$

Tale impedenza, di tipo resistivo-capacitivo, viene "vista" al primario moltiplicata per il quadrato del rapporto di trasformazione. Si ha pertanto:

$$\mathbf{Z}_{in} = (N_p/N_s)^2 \cdot \mathbf{Z}_L = 3^2(50 - j15{,}9) = 9(50 - j15{,}9) =$$
$$= 450 - j143{,}1\ \Omega$$

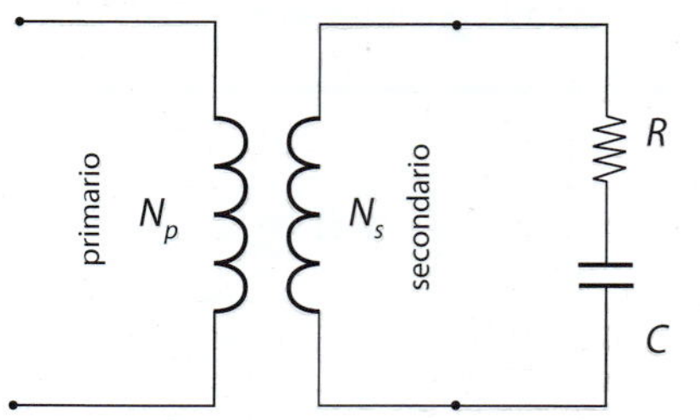

Fig. 2.12 Trasformatore caricato da un bipolo R-C in serie.

Riflessione *Il trasformatore è caratterizzato da una sua banda passante; è quindi un sistema filtrante?*

ReT 4 Filtri a trasformatore e accoppiamento selettivo

In generale, nei sistemi a bassa frequenza l'accoppiamento tra stadi diversi può essere:

- *diretto* (o in continua), come avviene ad esempio in molte reti con amplificatori operazionali; in tal caso la rete di accoppiamento si comporta come un *filtro passa basso*, con frequenza di taglio inferiore uguale o zero hertz;
- *indiretto* (cioè non in continua), come avviene ad esempio in molte reti a transistori; in tal caso si impiega una rete quadripolare C-R (R può anche essere la resistenza d'ingresso dello stadio successivo), che si comporta come un *filtro passa-alto*.

Nei sistemi a radiofrequenza (e a media frequenza) invece, di solito si preferisce un accoppiamento *selettivo*, realizzato con circuiti risonanti tra di loro accoppiati attraverso i rispettivi induttori; in altri termini, l'accoppiamento è a trasformatore, dove sia al primario, sia al secondario si aggiunge un condensatore (fig. 2.13). Le frequenze di risonanza del primario e del secondario devono coincidere. Si parla anche di accoppiamento a *trasformatore biaccordato*.

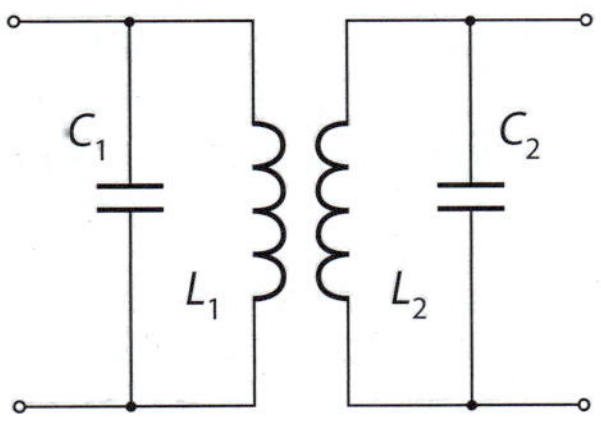

Fig. 2.13 Trasformatore biaccordato. Il circuito primario e il circuito secondario devono avere la stessa frequenza di risonanza.

Se gli induttori sono autoportanti (cioè se il nucleo del trasformatore è costituito dall'aria) oppure sono avvolti su materiali non ferromagnetici, il coefficiente di accoppiamento k assume valori ben lontani dall'unità; se invece si vogliono valori di k vicini a 1, si impiegano materiali speciali, chiamati *ferriti*; i materiali ferromagnetici non possono essere impiegati, perché alle frequenze elevate introducono perdite inaccettabili.

Nel dimensionamento dei trasformatori biaccordati, esiste un valore del coefficiente di accoppiamento particolarmente importante, denominato ***accoppiamento critico*** k_C e definito dalla seguente equazione:

$$k_C = 1/(Q_P \cdot Q_S)^{1/2}$$

dove Q_P e Q_S sono rispettivamente il fattore di merito del circuito risonante primario e del circuito risonante secondario.

Esempio Calcolare il coefficiente di accoppiamento critico per un trasformatore a radiofrequenza biaccordato, caratterizzato da $Q_P = 80$ e $Q_S = 90$.

Discussione Si ricorda che l'uguaglianza della frequenza di risonanza di due circuiti risonanti non comporta l'uguaglianza dei fattori di merito. Dalla definizione di accoppiamento critico si ricava:

$k_C = 1/(Q_P/Q_S)^{1/2} = 1/(80 \cdot 90)^{1/2} = 1/7.200^{1/2} \approx 1/85 \approx 0{,}012$

Il fattore di accoppiamento critico k_C consente di prevedere il comportamento di un trasformatore a radiofrequenza caratterizzato dal suo fattore di accoppiamento, k. Infatti:

- se vale la condizione $k = k_C$ il trasformatore trasferisce tra primario e secondario il segnale con ampiezza massima (in corrispondenza della frequenza di risonanza);
- se vale la condizione $k < k_C$ il trasformatore trasferisce tra primario e secondario un segnale con ampiezza e larghezza di banda inferiori al caso di uguaglianza tra k e k_C;
- se vale la condizione $k > k_C$ il trasformatore trasferisce tra primario e secondario un segnale con banda più ampia rispetto al caso di uguaglianza tra k e k_C, un po' attenuato alla frequenza di risonanza.

Le curve di risposta dell'ampiezza dell'uscita in funzione della frequenza sono riportate nella fig. 2.14.

È prassi abbastanza consolidata quella di impiegare trasformatori biaccordati con $k > k_C$; tipicamente si sceglie $k \approx 1{,}3 \div 1{,}5\, k_C$, ottenendo una curva di risposta con fianchi abbastanza pendenti, allo scopo di conferire una buona selettività al trasformatore. Tale prassi è particolarmente utile negli stadi a frequenza intermedia dei *sistemi a supereterodina*, per i quali si rimanda ai moduli successivi.

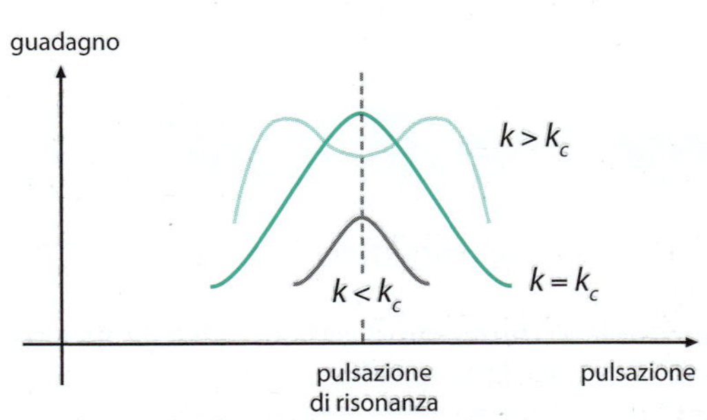

Fig. 2.14 Curve di risposta di trasformatori biaccordati per diversi valori del coefficiente di accoppiamento k.

Riflessione *Le ferriti sono materiali conduttori o isolanti per l'elettricità?*

Sommario

Il problema del filtraggio è di primaria importanza nelle Telecomunicazioni: una prova evidente è legata alla diversificazione di tecniche e tecnologie con le quali si realizzano i filtri.
I filtri passivi, impiegati su larga scala, vengono realizzati sia con reti L-C, sia con altre soluzioni, che prevedono tipicamente una trasduzione elettromeccanica, realizzata o con dispositivi piezoelettrici, o con dispositivi SAW.
I filtri attivi prevedono di solito l'impiego di amplificatori operazionali; al vantaggio del guadagno maggiore di 1 affiancano l'inconveniente del limitato *range* di frequenze all'interno del quale possono operare.

Risposte alle riflessioni

FAQ 1 In generale la modificano, in quanto i numeri complessi che caratterizzano la funzione di trasferimento esprimono un modulo e una fase. Nel filtro ideale, tutte le frequenza che passano devono avere lo stesso tempo di transito; ciò avviene quando la fase dei segnali viene modificata in modo proporzionale alla loro frequenza.

FAQ 2 Non necessariamente; ad esempio, in molti casi lo stadio d'ingresso di un ricevitore *broadcasting* deve consentire a tutte le frequenze appartenenti a un ampio *range* di "entrare" nel ricevitore (per essere amplificate); solo in seguito le frequenze vengono selezionate, con circuiti altamente selettivi.

FAQ 3 Quando è richiesta una selettività eccezionale, come succede ad esempio in particolari strumenti di misura, chiamati *analizzatori di spettro*, oppure quando si opera con alcune tecniche di modulazione, ad esempio quelle a banda laterale unica (SSB: *Single Side Band*).

FAQ 4 Perché di solito classifichiamo come acustiche quelle onde che danno luogo ai suoni percepibili dal nostro apparato uditivo, cioè con frequenze comprese nel range nominale 20 Hz ÷ 20.000 Hz; tali onde sono di natura meccanica, prevedono presenza e spostamento (vibrazionale) di particelle. Anche le onde che si propagano nei dispositivi SAW sono di tale natura (e per questo le chiamiamo acustiche), ma le oro frequenze sono incredibilmente più elevate e quindi per noi non udibili.

ReT 1 Sì. I filtri attivi sono amplificatori selettivi di segnale: *amplificatori selettivi* perché lasciano passare (o arrestano) una determinata banda di frequenze;
amplificatori di segnale perché si preoccupano di aumentare l'ampiezza di un segnale.

ReT 2 Nell'ambito delle frequenze basse, dato che il loro funzionamento diventa difficoltoso al di sopra di qualche decina di chilohertz.

ReT 3 Sì. In effetti, quando aumenta la frequenza del segnale che lo interessa, il trasformatore assume un comportamento che non può più essere descritto dal semplice accoppiamento di due induttori. Resistenze e induttanze parassite in particolare ne limitano il comportamento alle frequenze basse, determinando una frequenza di taglio inferiore; invece la frequenza di taglio superiore dipende prevalentemente dal valore del carico.

ReT 4 Sono materiali isolanti (per la corrente elettrica a bassa frequenza), con proprietà simili a quelle dei materiali ceramici; non necessariamente contengono ferro (ossidi di), a volte sostituito dall'alluminio (ossidi di). Sono molto usate nei trasformatori a media frequenza e nella realizzazione di antenne riceventi alle frequenze dell'ordine delle centinaia di chilohertz o del megahertz.

Sitografia • Bibliografia

- http://www.diee.unica.it/eolab2/MICROEL/05/06ue_switcap_2p.pdf
- http://www.ing.unisannio.it/elettronica/didattica/telecomunicazioni/eletlc/Filtri%20attivi.pdf
- http://www.vlsilab.polito.it/thesis/jox/node122.html
- http://www.ti.com/lit/an/snoa224a/snoa224a.pdf
- http://www.endrich.com/it/3624/filtri+sawefiltri+dielettrici
- http://www.endrich.com/it/3618/filtri+ceramici+risonatori+ceramici
- http://www.rfmicrowave.it/catalogo/eng/M.pdf
- http://www3.sympatico.ca/colin.kydd.campbell/
- http://www.murata.com/products/catalog/pdf/p11e.pdf
- http://www.dei.unipd.it/~pel/ei_vicenza/materiale_pdf/07.%20Trasformatori%20ad%20alta%20frequenza_bn.pdf

- F. Rocca, *Segnali, elaborazione numerica dei*, Enciclopedia delle scienze fisiche, vol. V, Istituto italiano dell'enciclopedia, 1995.
- G. Molesini, F. Quercioli, *Filtri ottici*, Enciclopedia delle scienze fisiche, vol. II, Istituto italiano dell'enciclopedia, 1993.
- C. Beccari, *Filtro (elettrico)*, Dizionario di Ingegneria, vol. V, UTET, 1973.

Esercizi e Problemi

FAQ 1

Es. 1 Disegnare il grafico del modulo della funzione di trasferimento di un filtro passivo *arresta banda*.

Es. 2 Disegnare il grafico del modulo della funzione di trasferimento di un filtro attivo *arresta banda*, con guadagno uguale a 10.

Es. 3 Disegnare il grafico del modulo della funzione di trasferimento di un filtro passivo in grado di lasciar passare una banda larga 200 kHz, centrata intorno alla frequenza di 96,1 MHz.

Es. 4 Disegnare il grafico del modulo della funzione di trasferimento di un filtro adatto a lasciar passare la banda audio hi-fi.

Pr. 1 Discutere le condizioni di non distorsione per lo spettro di un segnale che attraversa un quadripolo.

FAQ 2

Es. 1 Rappresentare il modulo della funzione di trasferimento di un filtro passa basso conferendo all'asse orizzontale una calibrazione logaritmica.

Es. 2 Rappresentare il modulo della funzione di trasferimento di un filtro passa basso conferendo una calibrazione logaritmica sia all'asse orizzontale, sia all'asse verticale.

Es. 3 Rappresentare il modulo della funzione di trasferimento di un filtro passa basso conferendo una calibrazione logaritmica all'asse orizzontale ed esprimendo in decibel il guadagno, ossia calibrando in decibel l'asse verticale; si parla in tal caso di *scale di Bode*.

Es. 4 Calcolare la funzione di trasferimento del quadripolo ricavato da un bipolo C-R in serie, eccitato in tensione, con uscita sul resistore; rappresentare graficamente modulo e fase della funzione di trasferimento:
- con scale lineari;
- con scale di Bode.

Individuare la pulsazione di taglio. Qual è l'unità di misura della funzione di trasferimento?

Es. 5 Calcolare la funzione di trasferimento del quadripolo ricavato da un bipolo R-L-C in serie, eccitato in tensione, con uscita sul condensatore; rappresentare graficamente modulo e fase della funzione di trasferimento:
- con scale lineari;
- con scale di Bode.

Individuare le pulsazioni di taglio. Qual è l'unità di misura della funzione di trasferimento?

Es. 6 Calcolare la funzione di trasferimento del quadripolo ricavato da un bipolo R-L-C in serie, eccitato in tensione, con uscita sulla serie L-C; rappresentare graficamente modulo e fase della funzione di trasferimento:
- con scale lineari;
- con scale di Bode.

Individuare le pulsazioni di taglio. Qual è l'unità di misura della funzione di trasferimento?

Es. 7 Calcolare la funzione di trasferimento del bipolo R-L-C in serie, eccitato in tensione, che ha come risposta (uscita) la corrente che lo attraversa; rappresentare graficamente modulo e fase della funzione di trasferimento:
- con scale lineari;
- con scale di Bode.

Individuare le pulsazioni di taglio. Qual è l'unità di misura della funzione di trasferimento?

FAQ 3

Es. 1 Facendo riferimento all'equazione del modulo della funzione di trasferimento di un filtro passivo di tipo *Butterworth*, calcolarne il valore alle pulsazioni $\omega_1 = \omega_t$ e $\omega_2 = 10\omega_t$:
- per un filtro del primo ordine ($n = 1$)
- per un filtro del terzo ordine ($n = 3$)
- per un filtro del quinto ordine ($n = 5$)

Es. 2 Sapendo che la configurazione standard di filtro Butterworth può essere trasformata da *passa basso* a *passa alto* scambiando tra di loro condensatori e induttori:
- ricavare la configurazione standard a 5 componenti *passa alto*;
- modificarne la frequenza di taglio e l'impedenza, portandole rispettivamente a 10 MHz e a 300 Ω.

Pr. 1 Discutere le procedure per trasformare una configurazione standard *passa basso* Butterworth in una configurazione standard *passa banda* con una determinata frequenza centrale f_o.

Pr. 2 Trasformare il filtro Butterworth passa basso a 5 componenti discusso nell'Esempio di pag. 88 in un filtro Butterworth passa banda a 10 componenti, con frequenza centrale di 10 MHz, larghezza di banda di 2 MHz, impedenza d'ingresso di 50 Ω.

FAQ 4

Es. 1 Dimostrare le equazioni per la risonanza serie e la risonanza parallelo relative ai componenti realizzati con materiali piezoelettrici.

Es. 2 Un'onda elettrica con frequenza di 1 GHz entra in un dispositivo SAW. Calcolare:
- il tempo impiegato a percorrere la distanza di 5 mm prima dell'ingresso nel dispositivo SAW;
- il tempo impiegato a percorrere la distanza di 5 mm all'interno del dispositivo SAW;
- il "ritardo" con il quale l'onda esce dal dispositivo SAW, nell'ipotesi che la lunghezza del supporto sia di 7 mm.

ReT 1

Es. 1 Dimensionare un filtro attivo passa basso del ***quarto ordine*** di tipo Butterworth, caratterizzato da guadagno *complessivo* $A_1 \cdot A_2 = 10$ e frequenza di taglio $f_t = 2$ kHz.

Pr. 1 Illustrare le specificità dei filtri, passivi e attivi, di tipo *Chebyshev*.

Pr. 2 Illustrare le specificità dei filtri, passivi e attivi, di tipo *ellittico*.

ReT 2

Es. 1 Dimostrare che la resistenza equivalente per la rete rappresentata in fig. 2.15, chiamata struttura a capacità commutata *in serie*, vale $R_{eq} = T/C$.

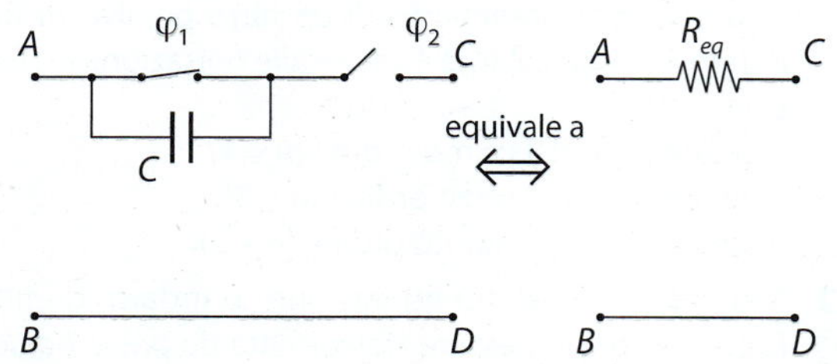

Fig. 2.15 Struttura a capacità commutata in serie.

Pr. 1 Dimostrare che la resistenza equivalente per una struttura a capacità commutata in *serie-parallelo*, vale $R_{eq} = T/2C$.

ReT 3

Es. 1 Assegnato il circuito rappresentato in fig. 2.16, con $R = 50\ \Omega$, $C = 1$ nF, $L = 1$ mH, ipotizzando che il trasformatore abbia banda passante estesa in modo uniforme a tutte le frequenze e sia caratterizzato da un rapporto di trasformazione $N_p/N_s = 5$, calcolare:
- l'impedenza "vista" dal primario;
- la banda di frequenza all'interno della quale il carico può essere considerato resistivo.

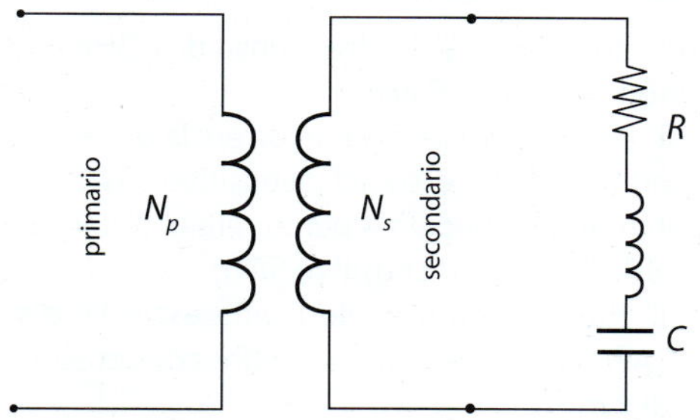

Fig. 2.16 Trasformatore ideale caricato da un circuito risonante.

Pr. 1 Nella fig. 2.17 è rappresentato il modello equivalente (un po' semplificato) di un trasformatore reale alle alte frequenze. Ricavare le seguenti equazioni, che consentono di individuare le pulsazioni di taglio:
- pulsazione di taglio inferiore $\omega_{ti} = R_d/L_\mu$;
- pulsazione di taglio superiore $\omega_{ts} = R'/L_d$.

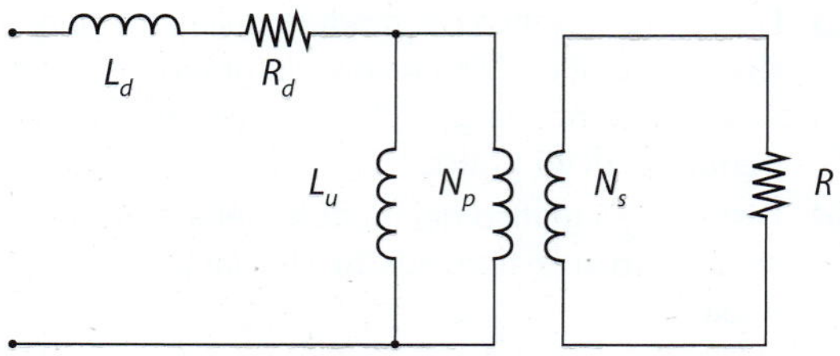

Fig. 2.17 Modello equivalente (semplificato) di un trasformatore reale alle alte frequenze.

ReT 4

Es. 1 Il trasformatore di accoppiamento rappresentato nella fig. 2.18 deve essere accordato alla frequenza di risonanza di 465 kHz e deve avere una larghezza di banda di 10 kHz. Le resistenze r_p e r_s in serie alle induttanze L_p e L_s rappresentano la resistenza degli avvolgimenti, in realtà mai nulla. Ricordando che il fattore di merito di un circuito risonante in pratica dipende prevalentemente dalle caratteristiche reali dell'induttore, calcolare:
- il fattore di merito del circuito primario e del circuito secondario;
- il valore delle capacità da inserire al primario e al secondario;
- il fattore di accoppiamento più opportuno.

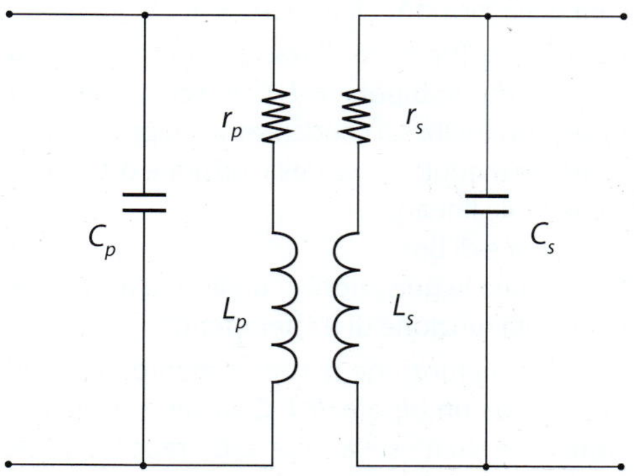

Fig. 2.18 Trasformatore di accoppiamento da biaccordare. In un modello reale di prima approssimazione si tiene conto solo della resistenza degli avvolgimenti.

MODULO 5

Conversione A/D e D/A

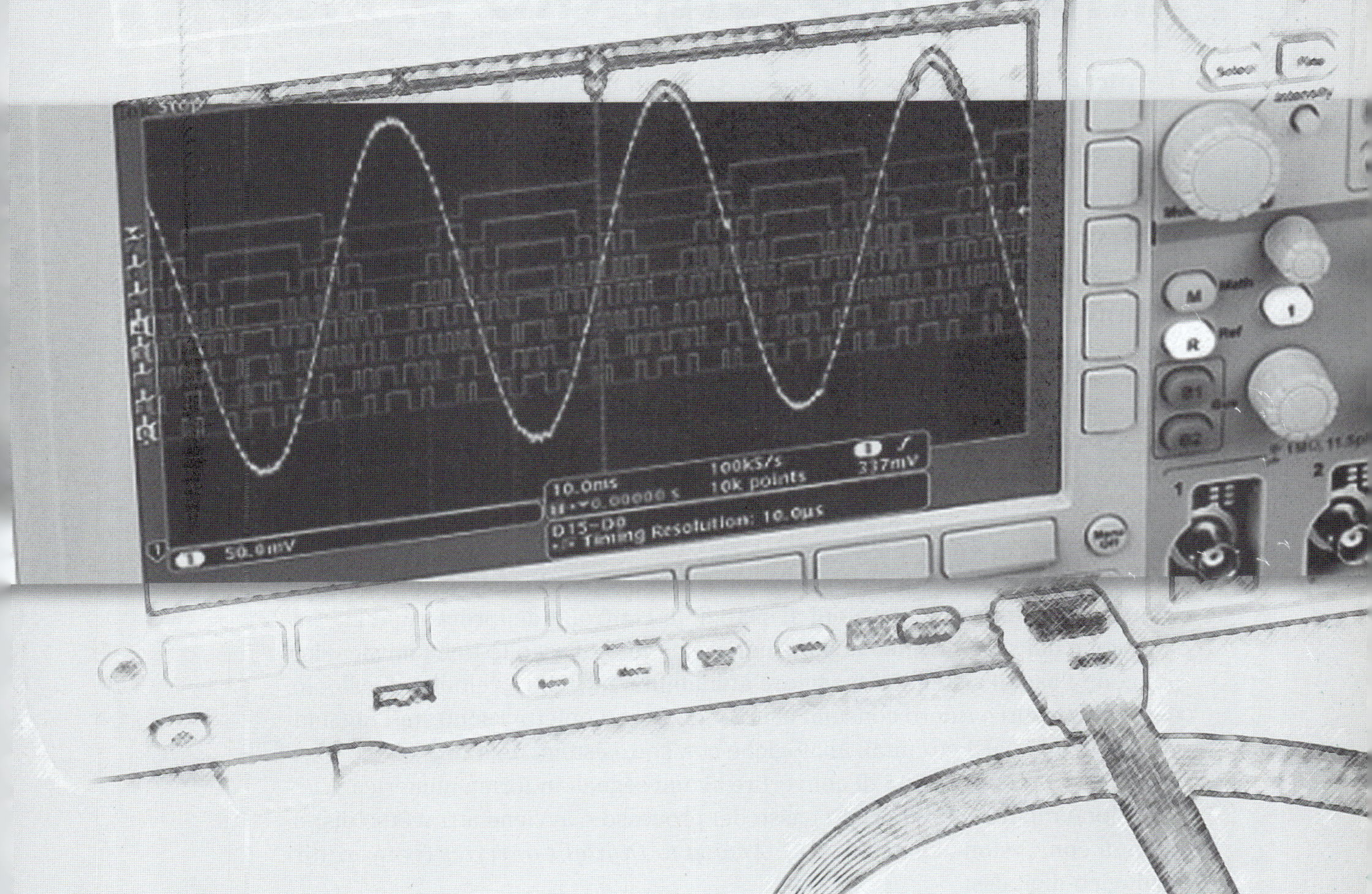

abilità

La discussione degli esempi e delle riflessioni, l'analisi del testo e lo svolgimento di alcuni esercizi favoriscono lo sviluppo della seguente abilità:

▶ riconoscere le funzionalità e le strutture dei sistemi a logica cablata

UNITÀ 5.1

Conversione analogico-digitale

Tecniche per la conversione dei segnali analogici in forma numerica

In questa Unità si descrivono i principi e le tecniche adottate per convertire i segnali continui in forma digitale

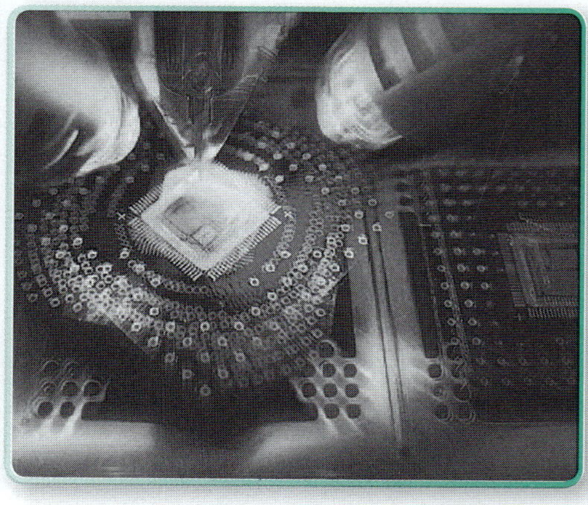

Le crescenti necessità di elaborazione dei dati nei più svariati settori dell'elettronica, dalle telecomunicazioni ai sistemi di controllo dei processi, dalla trasmissione dei segnali video alla memorizzazione e all'ascolto della musica, impongono l'uso di sistemi di maggiore affidabilità, maggiore velocità di calcolo, minori ingombri e ridotti consumi energetici. Questi obiettivi sono stati raggiunti sostituendo parti circuitali analogiche con sottosistemi digitali.
È quindi sorta la necessità di convertire alcuni segnali in forma numerica. L'acquisizione rappresenta il primo passo del processo e avviene attraverso dispositivi di conversione chiamati ADC: *Analog to Digital Converter* (convertitori analogico-digitali).

indice

FAQ 1 Perché si converte un segnale analogico in digitale?

Un ***segnale è analogico*** se nel suo intervallo di variabilità può assumere infiniti valori ed ognuno di questi valori reca un'informazione distinta da quella di tutti gli altri.

Esempio 1 Il volume dell'audio di una radio regolabile con un potenziometro è un segnale analogico o digitale?

Discussione Poiché il potenziometro può assumere infinite posizioni all'interno dell'intervallo di regolazione e ad ognuna di queste corrisponde una precisa potenza del suono emesso dagli altoparlanti, il volume della radio è un segnale analogico.

Un ***segnale digitale*** ammette invece nel suo intervallo di variabilità solo un numero finito di possibili valori, separati tra loro da una distanza prefissata, e solo a questi è associabile un'informazione; gli altri non sono ammessi.

Esempio 2 Il tempo di cottura di un cibo in un forno a microonde impostabile con uno o più pulsanti è una grandezza analogica o digitale?

Discussione Poiché il pulsante consente la regolazione "a scatti", avanzando ad esempio di 10 secondi ad ogni pressione del tasto, il tempo di cottura non può essere impostato finemente ma ammette solo certi valori e non altri, come 1 minuto e 10 secondi. Quindi è una grandezza digitale (fig. 1.1).

I vantaggi legati alla conversione di un segnale analogico in un segnale digitale sono essenzialmente tre:

- la **maggiore facilità di elaborazione** dei segnali digitali rispetto ai segnali analogici. L'uso dei moderni microprocessori consente una velocità di calcolo di gran lunga maggiore rispetto a quella consentita dai dispositivi analogici, come gli amplificatori operazionali. Alla maggiore velocità si unisce il minore ingombro dei dispositivi e la riduzione dei consumi energetici, che permette di realizzare dispositivi portatili e ricaricabili dotati di notevole autonomia;
- il secondo vantaggio, altrettanto significativo, è legato alla **possibilità di ridurre i disturbi** che si sovrappongono al segnale. Nel caso dei segnali analogici è impossibile distinguere il segnale utile dall'inevitabile rumore che si sovrappone durante le elaborazioni. Invece per un segnale digitale, se il rumore non è eccessivo e tale da far sconfinare il valore nel livello adiacente, è relativamente semplice ricostruire il segnale utile eliminando la componente di rumore;
- il terzo vantaggio consiste nella **facilità di memorizzazione e conservazione** nel tempo dei dati digitali, soprattutto se, come avviene nella pratica, sono codificati con un opportuno codice binario. Le moderne memorie digitali hanno capacità molto superiori a quelle dei vecchi supporti di memorizzazione analogica, come i nastri magnetici, sono ad accesso casuale e non sequenziale e perciò permettono di leggere o scrivere le informazioni in tempi ridotti.

Riflessione *Perché un moderno orologio con il display numerico è considerato un dispositivo digitale?*

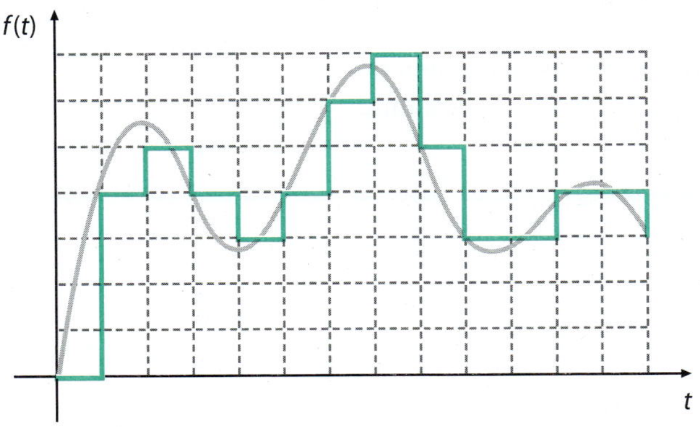

Fig. 1.1 Un segnale analogico (in chiaro) è continuo e può assumere nel suo intervallo di variabilità qualsiasi valore, mentre un segnale digitale (in scuro) può assumere solo valori prestabiliti, detti livelli. Ognuno dei livelli può essere poi rappresentato con un opportuno codice.

FAQ 2 Come avviene la conversione A/D?

Convertire un segnale analogico in un segnale digitale consiste nel trasformare un segnale continuo nel tempo e nell'ampiezza in una successione ordinata di bit, raggruppati in parole binarie di lunghezza prefissata.
La conversione analogico-digitale si svolge attraverso tre fasi successive:

- il campionamento del segnale analogico;
- la quantizzazione del segnale campionato;
- la codifica dei livelli quantizzati.

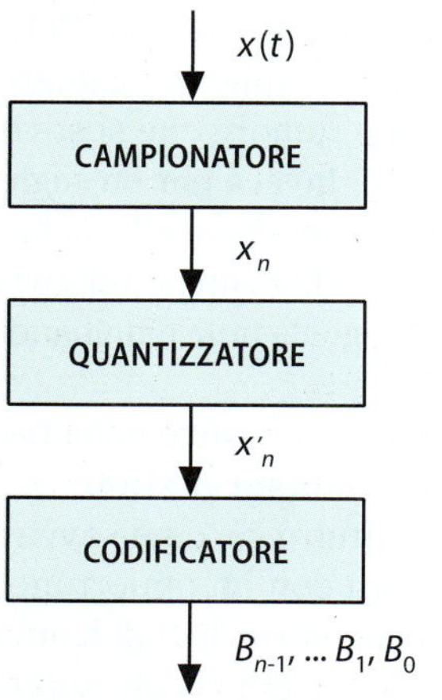

Fig. 1.2 Il processo necessario a convertire un segnale analogico in un segnale numerico che può essere elaborato dai sistemi digitali è costituito da tre diverse fasi: il campionamento, la quantizzazione e, per ultima, la codifica binaria.

Il campionamento consiste nel prelevare a intervalli di tempo regolari il valore istantaneo assunto dal segnale analogico. Il segnale di partenza è così trasformato in un segnale a tempo discreto ed è costituito da una successione di valori, denominati campioni, come rappresentato nella fig. 1.3.
Ognuno dei campioni può ancora assumere uno degli infiniti valori esistenti nell'intervallo di variabilità dell'ampiezza del segnale analogico.

L'intervallo di tempo che intercorre tra due campioni successivi è detto periodo di campionamento T_c, mentre il suo reciproco costituisce la frequenza di campionamento f_c. Nonostante l'evidente trasformazione subita dal segnale analogico, rispettando il Teorema del campionamento, non si verificano perdite d'informazione: se la frequenza di campionamento è almeno doppia della frequenza massima del segnale analogico, i campioni permettono la corretta ricostruzione del segnale.
In sintesi, detta f_{max} la componente a frequenza più alta dello spettro del segnale analogico, per un corretto campionamento si deve verificare che:

$$f_c \geq 2 f_{max} \quad \text{oppure} \quad T_c \leq 1/(2 f_{max})$$

Tuttavia nella pratica si preferisce campionare a frequenze ben più alte del valore limite imposto dal teorema. Infatti il teorema è valido solo se per la ricostruzione del segnale si adoperassero filtri ideali con risposta in frequenza costante fino a f_{max} e in grado di cancellare totalmente le frequenze superiori. Poiché i filtri reali non hanno queste caratteristiche si preferisce campionare a frequenze più alte $f_c = 3 \div 5\, f_{max}$.

Esempio Un segnale ha una banda passante di circa 10 kHz. Qual è il limite superiore del periodo di campionamento necessario per ricostruire correttamente il segnale a destinazione?

Discussione Rispettando il teorema del campionamento la frequenza di campionamento dovrà essere

$$f_c \geq 2 f_{max} = 20 \text{ kHz}$$

Quindi la distanza temporale tra un campione e il successivo dovrà essere

$$T_c \leq 1/f_c = 1/20 \cdot 10^3 \text{ Hz} = 50 \text{ µs}$$

Come già esposto, nelle applicazioni reali si preferisce campionare a frequenze ben più alte, intorno ai 100 kHz.

Riflessione *Per quale motivo il segnale analogico prima di essere campionato subisce un'operazione di filtraggio?*

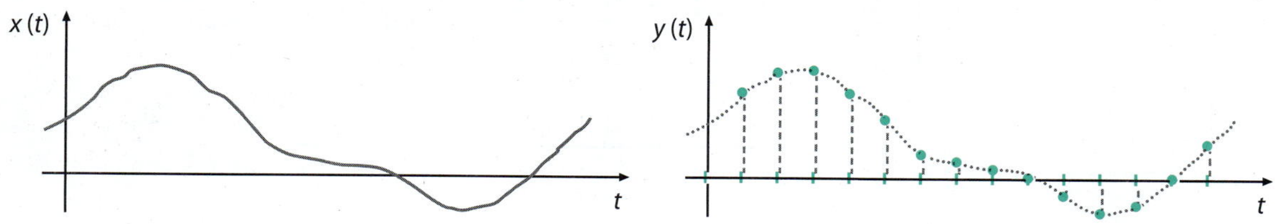

Fig. 1.3 Il segnale analogico $x(t)$ è campionato nel segnale discreto $y(t)$ prelevando ad intervalli di tempo regolari il valore istantaneo dell'ampiezza.

FAQ 3 Quantizzazione e codifica alterano il segnale?

Dopo essere stato campionato il segnale è sottoposto alla quantizzazione, che rappresenta la fase più significativa del processo di conversione A/D, e alla successiva codifica.

Per la quantizzazione è necessario dividere l'intervallo di variabilità del segnale analogico in un numero finito di intervalli più piccoli. A ogni campione che cade all'interno di uno di questi intervalli si associa il valore di riferimento stabilito per quel livello, come avviene nella fig. 1.4, in cui è riportato un esempio di quantizzazione.

Nella quantizzazione uniforme tutti gli intervalli sono uguali e la loro ampiezza è detta **quanto Q**. In base al numero n di bit che si useranno nella codifica, l'intervallo (o range) di variazione del segnale d'ingresso V_i è diviso in 2^n intervalli uguali. Il quanto vale quindi

$$Q = V_i / 2^n$$

In alcuni casi particolari si preferisce adottare quantizzazioni non uniformi. Ad esempio, nella quantizzazione silenziata si suddivide l'intervallo di variazione del segnale d'ingresso V_i sempre in 2^n intervalli. Tuttavia gli intervalli intermedi sono uguali e di ampiezza $Q = V_i / (2^n - 1)$, mentre i due intervalli periferici hanno ampiezza dimezzata.

Esempio In caso di quantizzazione di un segnale bipolare variabile nell'intervallo [–5 V; 5 V] in un convertitore a 8 bit, quanto è ampio l intervallo di quantizzazione?

Discussione Applicando la formula, il quanto, se si adotta la tipica quantizzazione uniforme, risulta

$$Q = (V_{max} - V_{min})/2^n = (5 + 5)\ \text{V}/2^8 = 10\ \text{V}/256 \approx 39{,}06\ \text{mV}$$

In caso di quantizzazione silenziata

$$Q = (V_{max} - V_{min})/(2^n - 1) = (5 + 5)\ \text{V}/(2^8 - 1) = 10\ \text{V}/255 \approx 39{,}22\ \text{mV}$$

La quantizzazione è un processo non lineare che discretizza, cioè trasforma in un numero finito, i possibili valori di ampiezza dei campioni. A causa della differenza tra il valore del campione analogico e il valore a cui si associa il livello quantizzato, si introduce un errore e_q, detto **rumore di quantizzazione,** che ha l'andamento riportato nella fig. 1.5.

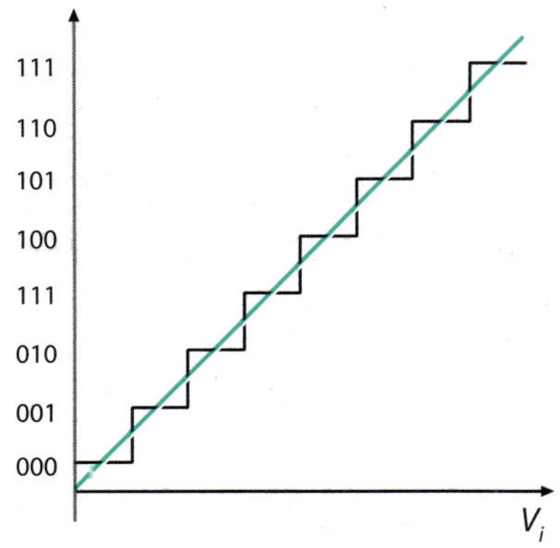

Fig. 1.4 Il grafico rappresenta la caratteristica di quantizzazione uniforme ad 8 livelli, in cui tutt gli intervalli sono di uguale ampiezza.

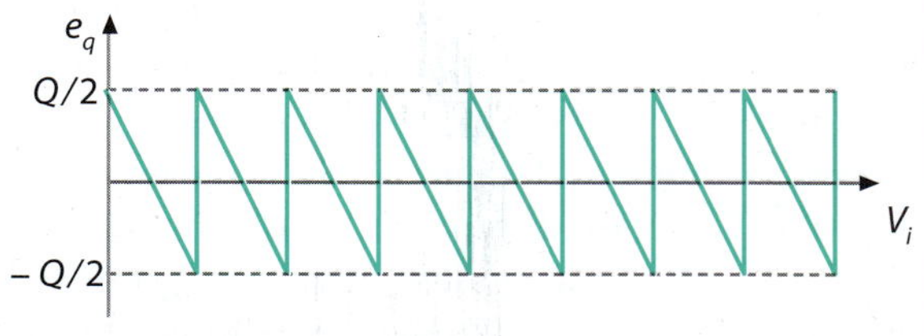

Fig. 1.5 L'andamento del rumore di quantizzazione varia in funzione dell'ampiezza del campione analogico. Con la quantizzazione uniforme l'errore massimo è pari a metà del quanto.

Nella quantizzazione uniforme ad ogni campione si associa il valore centrale dell'intervallo, quindi l'errore di quantizzazione massimo corrisponde a metà del quanto, come si deduce dalla fig. 1.5.

Nella quantizzazione silenziata invece si associa il valore centrale dell'intervallo solo ai livelli intermedi.

Al primo livello si associa il valore nullo, mentre all'ultimo livello il valore massimo. Questa scelta permette di associare al valore nullo tutti quei campioni che, statisticamente, dovrebbero corrispondere al "silenzio". Se invece si usasse la quantizzazione uniforme campioni di silenzio sarebbero associati a metà quanto e produrrebbero in fase di riproduzione del segnale un rumore fastidioso. Quindi:

$$\varepsilon_q = \pm Q/2$$

Spesso il rumore di quantizzazione è espresso attraverso il rapporto segnale-rumore *S/N*, che calcola il rapporto tra la potenza del segnale utile e la potenza del rumore. Si misura in decibel ed è dato da

$$S/N = 20 \log_{10} [(V_{max} - V_{min})_{eff} / \varepsilon_{qeff}]$$

Esprimendo l'errore di quantizzazione in funzione del numero n di bit usati per la conversione risulta

$$S/N \approx 6n + 1{,}76\ \text{dB}$$

Il rumore di quantizzazione non è eliminabile poiché è parte integrante del processo di conversione e vi è un solo modo per ridurne gli effetti: aumentare il numero di bit del convertitore. La codifica invece non produce errori perché consiste nell'associare a ogni livello un codice che lo rappresenti.

Riflessione *Perché nei sistemi di telefonia digitale si adotta una quantizzazione non uniforme?*

FAQ 4 Quali parametri caratterizzano il funzionamento di un A/D?

Per quello che riguarda la scelta del convertitore A/D più adatto a una data applicazione, i parametri funzionali più significativi sono i seguenti: dinamica del segnale d'ingresso, risoluzione, errore di quantizzazione e tempo di conversione.

La **dinamica del segnale** d'ingresso rappresenta l'intervallo dei valori della tensione in ingresso che l'ADC riesce a convertire correttamente. Valori tipici dei componenti commerciali sono 0 ÷ 5 V o 0 ÷ 10 V per i dispositivi unipolari e -5 ÷ 5 V per quelli bipolari.

La **risoluzione** $R = 1/2^n$ indica, moltiplicata alla dinamica dell'ingresso, l'ampiezza del quanto. Dipende dal numero di bit usati per la codifica e rappresenta la minima variazione dell'ingresso che sicuramente produce il passaggio di un segnale da un intervallo a quello adiacente e quindi modifica il bit meno significativo dell'uscita (LSB: *Least Significant Bit*). Proprio per questo la risoluzione è a volte anche detta LSB.

L'**errore di quantizzazione** è l'errore massimo che si commette nella quantizzazione del segnale analogico campionato e corrisponde alla metà del quanto. Perciò, come la risoluzione, dipende dal numero di bit del convertitore.

$$\varepsilon_q = \pm Q/2 = V_{FS}/(2^{n+1})$$

Esempio Un convertitore unipolare a 8 bit presenta una dinamica d'ingresso di 5 V. Calcolare la risoluzione, il quanto e l'errore di quantizzazione.

Discussione Applicando le formule si ottiene

$$R = 1/2^n = 1/2^8 = 1/256 \approx 3{,}906 \cdot 10^{-3}$$

$$Q = R \cdot V_{FS} = (1/256) \cdot 5\text{ V} \approx 19{,}53\text{ mV}$$

$$\varepsilon_q = \pm Q/2 = V_{FS}/2^{n+1} = 5\text{ V}/2^{8+1} \approx 9{,}766\text{ mV}$$

Il **tempo di conversione** T_{conv} rappresenta il tempo necessario all'ADC per eseguire correttamente la trasformazione del segnale d'ingresso nel codice numerico corrispondente. Questo implica che il valore del segnale applicato all'ingresso del convertitore resti costante per tutta la durata della conversione. È quindi necessario che il periodo di campionamento T_c sia maggiore del tempo di conversione T_{conv}.

Se questa frequenza non è sufficiente a garantire il rispetto del teorema del campionamento è necessario adottare convertitori A/D più veloci.

Altri parametri d'interesse di un ADC sono gli *errori di offset, di guadagno* e *di non linearità*. Dipendono dal fatto che la caratteristica reale di quantizzazione non è ideale, come quella riportata nella fig. 1.4, e non è esattamente una retta passante per l'origine.

Nella maggior parte dei casi il convertitore A/D è un elemento dei sistemi di acquisizione dei dati affinché questi, dopo essere stati digitalizzati e codificati in forma numerica, possano poi essere elaborati dai dispositivi digitali. Per garantire la corretta interazione tra il convertitore e il dispositivo che elaborerà le informazioni è necessario che lo scambio di dati tra i due elementi sia sincronizzato attraverso dei segnali di controllo.

Nella fig. 1.6 è riportato il simbolo grafico di un convertitore A/D su cui sono evidenziati i segnali che concorrono al corretto interfacciamento con i dispositivi esterni.

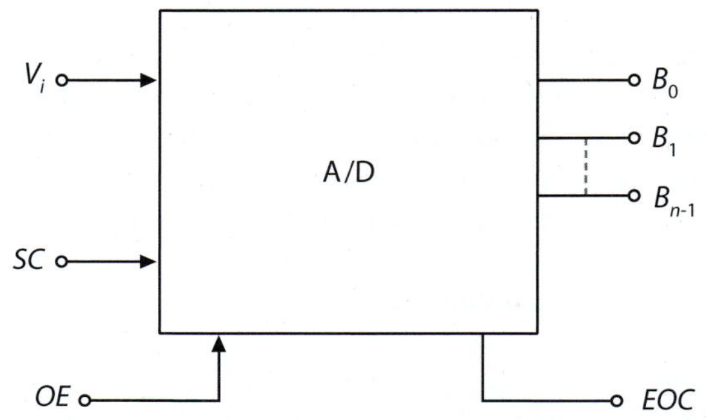

Fig. 1.6 Simbolo grafico del convertitore A/D e indicazione dei segnali d'interfacciamento con l'esterno.

Al termine della fase di campionamento la logica di controllo del sistema dà il via alla conversione del segnale analogico V_i, presente al suo ingresso, attraverso il segnale SC (*Start Conversion*). Quando il convertitore ha terminato la conversione, informa che il dato in forma numerica si è assestato, commutando lo stato dell'uscita EOC (*End Of Conversion*). Se il sistema di elaborazione è pronto a ricevere il dato, invia il segnale di abilitazione OE (*Output Enable*) al convertitore che pone sulle linee d'uscita B_0, B_1, ..., B_{n-1} gli n bit che costituiscono il risultato della conversione, in modo che possano essere acquisiti.

Riflessione *Per quale motivo è conveniente usare un circuito di condizionamento per adattare l'intervallo di variabilità del segnale alla dinamica del segnale d'ingresso del convertitore A/D?*

ReT 1 Circuito di campionamento e tenuta (Sample & Hold)

Un convertitore A/D funziona correttamente se l'ampiezza del segnale al suo ingresso non varia apprezzabilmente durante l'intero processo di conversione. Se la variazione del segnale d'ingresso è superiore al quanto, il codice binario prodotto dal convertitore potrebbe assumere configurazioni errate con risultati casuali. Se è invece inferiore, l'errore massimo che si potrebbe commettere andrebbe a modificare solo il bit meno significativo LSB, con un errore pari al quanto.

Per garantire che la rapidità con cui varia il segnale da convertire non causi errori maggiori del quanto, deve essere verificata la seguente relazione

$$T_{conv} < 1/(2^n \pi f_{max})$$

dove T_{conv} rappresenta il tempo di conversione, n il numero di bit del convertitore e f_{max} la frequenza massima del segnale da convertire.

Se la relazione precedente non è soddisfatta, è necessario imporre che il segnale resti costante durante la conversione. Per raggiungere lo scopo si ricorre a un circuito detto di campionamento e tenuta (*Sample and Hold*), indicato semplicemente come S-H. La struttura di base di questo circuito è descritta dalla fig. 1.7.

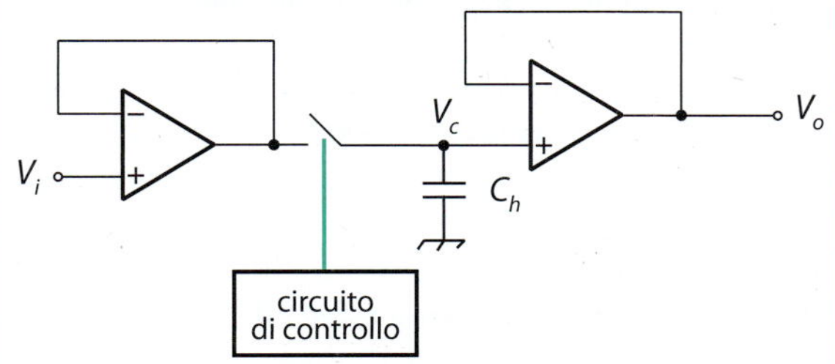

Fig. 1.7 Il circuito di S-H è costituito da un interruttore opportunamente comandato e da un condensatore che si carica alla tensione applicata all'ingresso V_i durante la fase di chiusura dell'interruttore e mantiene la stessa tensione durante la fase di apertura.

Entrambi i buffer sono degli inseguitori di tensione e servono a disaccoppiare i circuiti. Devono perciò presentare un'elevata impedenza d'ingresso e una bassa impedenza d'uscita. Durante la fase di chiusura dell'interruttore (fase di *Sample*, campionamento) il condensatore si carica alla tensione V_i. Quando l'interruttore si apre (fase di *Hold*, tenuta) il condensatore si scarica sull'impedenza d'ingresso del secondo amplificatore, anch'esso collegato come inseguitore di tensione. Tuttavia, essendo quest'impedenza di valore elevato, la scarica che subisce il condensatore è trascurabile e in uscita si rileva una tensione costante V_o, che coincide con la tensione campionata dell'ingresso V_i. La fig. 1.8 evidenzia l'andamento dei segnali in ingresso e in uscita dal S/H.

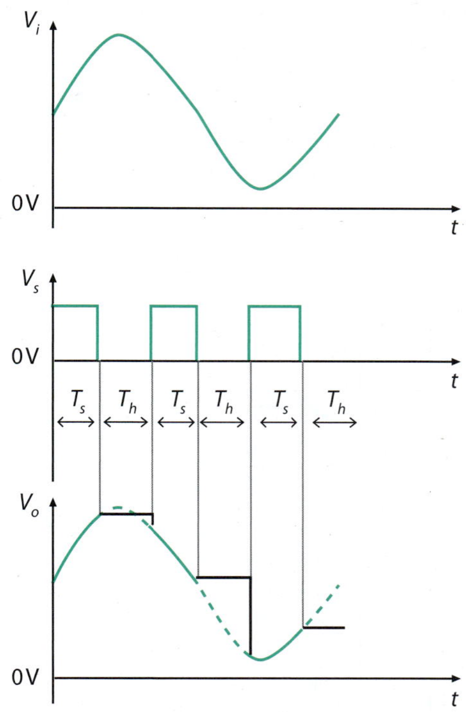

Fig. 1.8 Il segnale V_s comanda l'interruttore, che si chiude quando il segnale è a livello alto (fase di Sample, T_s) e si apre quando è a livello basso (fase di Hold, T_h). All'uscita del S-H si ha un segnale che insegue il segnale V_i durante il campionamento e lo mantiene costante durante la tenuta.

Nella pratica il circuito S-H ha un comportamento leggermente diverso da quello ideale descritto precedentemente. L'aspetto più significativo è dato dall'impossibilità di mantenere costante la tensione ai capi del condensatore. Le cause principali sono da attribuire alle correnti di perdita del dielettrico, all'impedenza d'ingresso dell'inseguitore di tensione in uscita, che pur essendo alta non è infinita, e alla corrente di conduzione dell'interruttore durante la fase di apertura (*Hold*).

Se si usa un S-H per campionare e mantenere costante il segnale, la conversione deve aver luogo durante la fase di mantenimento, ma il campionamento deve tener conto anche del tempo che questo componente impiega per acquisire il segnale T_s e per riproporlo in forma stabile in uscita. Quindi il periodo di campionamento deve rispettare la seguente relazione $T_c > (T_h + T_s)$.

Ne consegue che la frequenza di campionamento f_c non può superare il limite superiore $f_c < 1/(T_h + T_s)$.

Riflessione *Nei moderni termostati digitali per il controllo della temperatura ambientale non è previsto il circuito S/H. Perché?*

ReT 2 Convertitore A/D parallelo o flash

Il convertitore A/D parallelo è caratterizzato da un'elevata velocità di conversione ed è quindi usato nelle applicazioni dove la frequenza del segnale da convertire è alta. Per questo motivo è spesso indicato anche come convertitore flash.

La sua struttura è sostanzialmente quella rappresentata nella fig. 1.9, dove è riportato lo schema di principio di un convertitore parallelo a 3 bit.

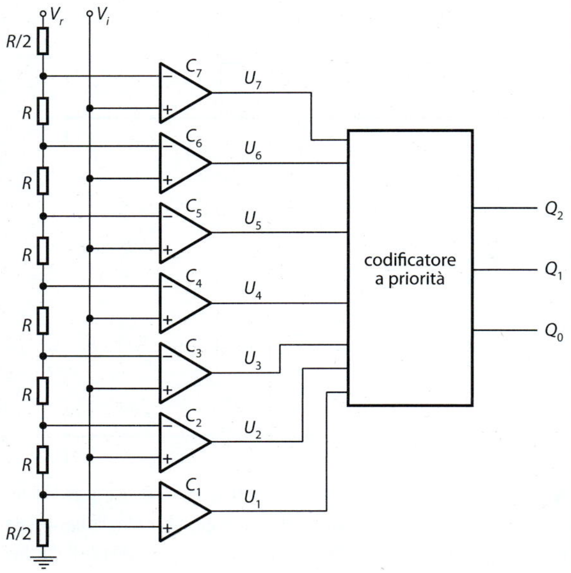

Fig. 1.9 Il convertitore parallelo a *n* bit è costituito da un partitore resistivo formato da 2^n resistori, 2^n-1 comparatori e un codificatore a priorità.

La rete resistiva, costituita da 2^n resistori di precisione, suddivide la tensione di riferimento V_r, che coincide con la tensione di fondo scala del convertitore, in intervalli pari al quanto Q (ad eccezione del primo e dell'ultimo intervallo che hanno un'ampiezza che è $Q/2$). Le tensioni prodotte dal partitore sono applicate agli ingressi invertenti dei comparatori, mentre agli ingressi non invertenti è applicata la tensione da convertire V_i. Quindi andranno a livello alto solo le uscite dei comparatori la cui tensione d'ingresso sarà maggiore di quella prodotta dal partitore. Il codificatore produrrà il codice binario secondo la tabella riportata nella fig. 1.10.

Il convertitore parallelo ha tempi di conversione dell'ordine di qualche decina di nanosecondi, molto piccoli se confrontati con altri tipi di convertitore. Tuttavia è limitato in risoluzione ed è di grandi dimensioni perché necessita di un gran numero di componenti; l'aumento anche di un solo bit comporta il raddoppio sia dei resistori sia dei comparatori. Inoltre non è molto preciso perché è molto difficile riuscire a realizzare nello stesso integrato un così alto numero di resistori di precisione e di comparatori uguali tra loro.

Esempio Un convertitore flash deve convertire tensioni unipolari fino a 5 V, usando 8 bit. Calcolare il numero dei resistori e dei comparatori necessari.

Discussione L'uso di $n = 8$ bit richiede $2^8 = 256$ resistori e $2^8-1 = 255$ comparatori.
Supponendo di usare la quantizzazione silenziata proposta nella trattazione, 254 dei 256 resistori devono avere resistenza R mentre 2 resistori, per i due intervalli superiore e inferiore, devono avere resistenza $R/2$.

Alcuni convertitori parallelo presentano una resistenza e un comparatore in più per indicare la presenza in ingresso di una tensione superiore alla soglia massima di conversione del dispositivo (*overrange*).

Riflessione *Che cosa cambia rispetto allo schema circuitale proposto nel caso di quantizzazione uniforme?*

Tensione d'ingresso V_i	Uscite comparatori							Uscita codificatore		
	U_1	U_2	U_3	U_4	U_5	U_6	U_7	Q_2	Q_1	Q_0
$0 \le V_i < V_r/14$	0	0	0	0	0	0	0	0	0	0
$V_r/14 \le V_i < 3\,V_r/14$	1	0	0	0	0	0	0	0	0	1
$3\,V_r/14 \le V_i < 5\,V_r/14$	1	1	0	0	0	0	0	0	1	0
$5\,V_r/14 \le V_i < 7\,V_r/14$	1	1	1	0	0	0	0	0	1	1
$7\,V_r/14 \le V_i < 9\,V_r/14$	1	1	1	1	0	0	0	1	0	0
$9\,V_r/14 \le V_i < 11\,V_r/14$	1	1	1	1	1	0	0	1	0	1
$11\,V_r/14 \le V_i < 13\,V_r/14$	1	1	1	1	1	1	0	1	1	0
$13\,V_r/14 \le V_i < V_r$	1	1	1	1	1	1	1	1	1	1

Fig. 1.10 Solo i comparatori che presentano sull'ingresso invertente una tensione inferiore alla tensione da convertire hanno l'uscita a livello alto; la parola prodotta dal codificatore coincide, in binario, con il numero di comparatori con uscita a 1.

ReT 3 Convertitore A/D ad approssimazioni successive

Alcuni convertitori A/D sono detti a retroazione, perché l'uscita è prodotta attraverso il confronto ripetuto dell'ampiezza del segnale da convertire con la parola binaria d'uscita, finché non si raggiunge il risultato corretto. Il convertitore A/D che meglio rappresenta questa tipologia è il convertitore ad approssimazioni successive. Questo convertitore garantisce il miglior bilanciamento tra il tempo di conversione, comunque contenuto, e una buona risoluzione, perciò è quello più diffuso nelle applicazioni pratiche.

Lo schema di principio di questo convertitore è riportato nella fig. 1.11.

Ipotizzando che il convertitore sia a n bit e che accetti in ingresso tensioni comprese tra 0 e V_{max}, il principio di funzionamento è il seguente:

- il segnale SC (*Start Conversion*) dà il via alla conversione;
- al primo impulso di clock il SAR (*Successive Approximation Register*) pone a 1 il bit più significativo MSB (*Most Significant Bit*) e lascia a 0 gli altri; contemporaneamente disabilita il registro di uscita;
- il DAC (*Digital to Analog Converter*) trasforma il codice binario prodotto dal SAR in una tensione analogica che, nel caso ipotizzato, equivale a

$$V_{DAC} = (V_{max}/2^n) \cdot 2^{n-1} = V_{max}/2$$

Il comparatore confronta il segnale proveniente dal DAC con il valore della tensione da convertire e produce un'uscita a livello alto se V_i è maggiore, mentre produce un'uscita a livello basso se è minore.

- Al secondo impulso di clock il SAR produce una parola che ha l'MSB coincidente con il risultato del confronto precedente (1 se $V_i > V_{DAC}$, 0 se $V_i < V_{DAC}$), il secondo bit a 1 e gli altri a zero;
- il DAC produce la nuova tensione analogica che vale

$$V_{DAC} = V_{DAC}/2 + V_{max}/4 = 3 \cdot V_{max}/4 \quad \text{se} \quad MSB = 1$$

$$V_{DAC} = V_{max}/4 \quad \text{se} \quad MSB = 0$$

- il comparatore la confronta nuovamente con la tensione da convertire e va a livello alto se $V_i > V_{DAC}$, a livello basso se $V_i < V_{DAC}$;
- al successivo impulso di clock il SAR pone il secondo bit al valore dell'uscita del comparatore e ricomincia il ciclo ponendo a 1 il terzo bit;
- la conversione va avanti ad ogni impulso di clock finché tutti gli n bit siano impostati al valore corretto;
- a conversione conclusa l'ultimo impulso di clock abilita il registro d'uscita e quindi il codice può essere letto.

Per ogni conversione occorrono quindi $n+2$ impulsi di clock: n per impostare i tutti i bit che costituiscono la paraola binaria d'uscita, più il primo per dare inizio al ciclo e l'ultimo per abilitare l'uscita quando la conversione si è assestata.

Riflessione *Per quale motivo in un convertitore SAR il tempo di conversione del segnale è indipendente dal valore del segnale stesso?*

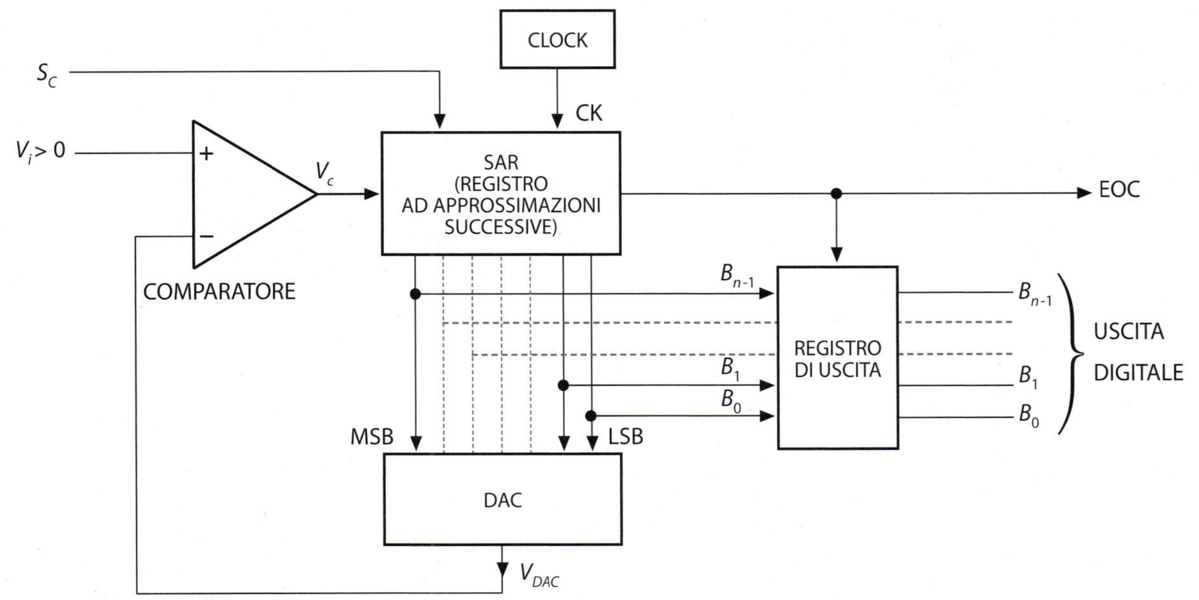

Fig. 1.11 Schema funzionale di un A/D ad approssimazioni successive.

ReT 4 Convertitore A/D a doppia rampa

Un altro tipo di convertitore A/D molto diffuso è quello a integrazione. Il suo funzionamento si basa sul confronto dell'ampiezza del segnale da convertire con un segnale noto e di elevata precisione. La conversione che ne deriva è molto precisa e può avere una notevole risoluzione. Di contro i tempi necessari sono lunghi e dipendono dal valore del segnale. Quindi i convertitori a integrazione sono usati in applicazioni dove non è importante la velocità di conversione, ma è fondamentale la precisione, come nei voltmetri digitali. La versione più usata di convertitori a integrazione è quella *a doppia rampa*, di cui è riportata nella fig. 1.12 lo schema a blocchi.

Il processo che consente di convertire il segnale d'ingresso V_i è il seguente.

L'unità di controllo dà il via alla conversione azzerando il contatore, scaricando il condensatore attraverso S_2 e commutando il deviatore S_1 sul segnale d'ingresso V_i. S_2 si riapre e consente la carica del condensatore che segue un andamento lineare decrescente con pendenza $-V_i/RC$. Nel momento stesso in cui la tensione inizia a decrescere il comparatore C_1 abilita la porta AND posta sulla sua uscita e il contatore inizia il conteggio degli impulsi di clock.

Quando il contatore a n bit ha ricevuto 2^n impulsi di clock, e quindi dopo che è trascorso un tempo $T_d = 2^n \cdot T_{ck}$, il conteggio si azzera e il bit più significativo MSB commuta, passando da 1 a 0. L'unità di controllo commuta allora S_1 sulla tensione di riferimento negativa $-V_{rif}$.

La tensione all'uscita dell'integratore inizia a crescere con pendenza V_{rif}/RC mentre il contatore comincia un nuovo conteggio degli impulsi di clock. Quando il condensatore si scarica completamente, il comparatore C_1 disabilita la porta AND e il contatore si blocca.

Il numero di impulsi n_s conteggiati dal contatore permettono di calcolare il tempo di scarica $T_s = n_s \cdot T_{ck}$.

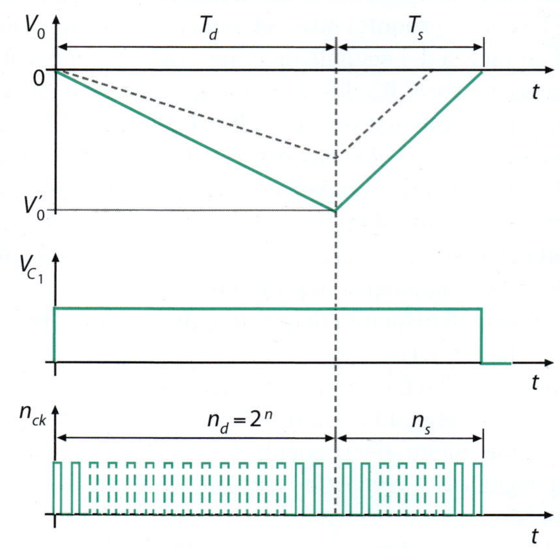

Fig. 1.13 Andamento dei segnali durante la conversione; V_0 rappresenta il segnale d'uscita dell'integratore, V_{C_1} è l'uscita dell'integratore, mentre n_{ck} sono gli impulsi di clock conteggiati dal contatore.

Il numero di impulsi durante il tempo T_d è sempre lo stesso, quello durante il tempo di scarica T_s, dipende dal valore V'_o raggiunto durante la prima fase ed è direttamente proporzionale all'ampiezza V_i del segnale da convertire. Infatti:

$$V'_o = (V_i/RC) \cdot T_d = (V_{rif}/RC) \cdot T_s \rightarrow V_i \cdot 2^n \cdot T_{ck} = V_{rif} \cdot n_s \cdot T_{ck}$$

Ne consegue che

$$n_s = 2^n \cdot V_i / V_{rif}$$

Quindi il numero degli impulsi n_s presenti alla fine della conversione sul contatore è direttamente il codice binario con cui si rappresenta il segnale V_i.

Riflessione *Che cosa si può fare se si vuole usare un ADC a doppia rampa per convertire segnali bipolari?*

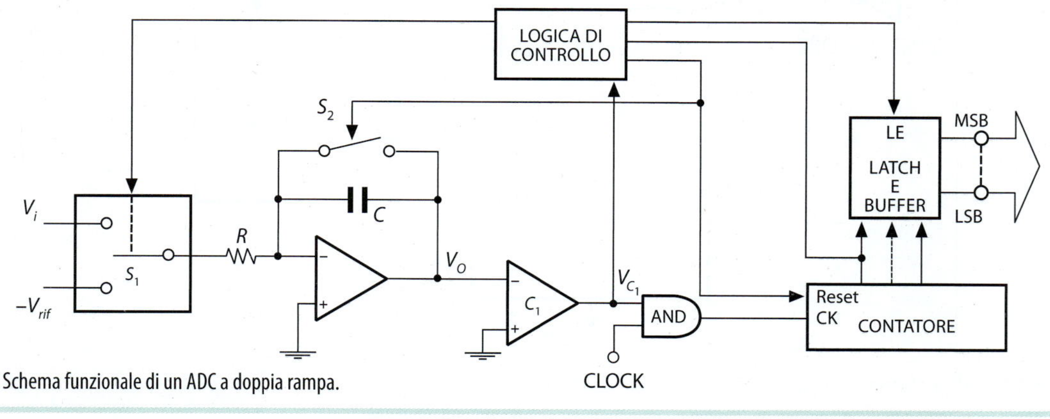

Fig. 1.12 Schema funzionale di un ADC a doppia rampa.

Sommario

La costante diffusione delle apparecchiature digitali impone che i segnali reali, quasi esclusivamente analogici, per essere elaborati siano prima trasformati in segnali digitali, mediante le operazioni di quantizzazione e codifica. Con la prima si associano agli infiniti valori possibili di un segnale analogico un numero finito di possibili valori digitali; con la seconda si fa corrispondere ad ognuno dei valori digitali un opportuno codice binario.
La quantizzazione modifica il segnale e introduce un errore, detto rumore di quantizzazione, che deve essere contenuto entro limiti accettabili attraverso la scelta del numero dei valori digitali, e quindi attraverso il numero di bit con cui codificare il segnale.
Poiché i convertitori A/D impiegano un certo tempo per completare l'operazione, per evitare che la variazione del segnale in ingresso produca degli errori è a volte necessario campionare e mantenere costante il segnale attraverso dei circuiti S/H.
In commercio esistono diversi tipi di ADC con prestazioni differenti in funzione dei due parametri più significativi, la velocità di conversione e la risoluzione. In alcuni, detti convertitori paralleli, si privilegia la velocità di conversione rispetto alla risoluzione. Nei convertitori a integrazione, come quello a doppia rampa, invece si hanno risoluzioni elevate, a scapito di tempi di conversione piuttosto lunghi. Tra queste due tipologie si inseriscono gli ADC a reazione, come quello ad approssimazioni successive, molto diffuso, che coniugano in modo ottimale i due parametri.

Risposte alle riflessioni

***FAQ* 1** Perché, pur essendo il tempo una tipica grandezza analogica, le indicazioni che fornisce un orologio con display numerico variano con discontinuità, passando da un livello a quello successivo. Ad esempio l'orologio indica i minuti ma non fornisce alcuna indicazione sull'avanzamento dei secondi.

***FAQ* 2** Il segnale analogico è spesso filtrato prima del campionamento, perché così si riduce la larghezza di banda del segnale e di conseguenza si riduce anche la frequenza di campionamento. Questa operazione ha anche l'effetto di eliminare le componenti di rumore con frequenze esterne alla banda del segnale, ma causa una perdita di informazioni.

***FAQ* 3** Perché statisticamente l'ampiezza dei segnali telefonici non è distribuita uniformemente ma si concentra maggiormente intorno ad un valore centrale. Quindi per ridurre il rumore complessivo di quantizzazione si preferisce ridurre l'ampiezza del quanto nella fascia centrale, aumentando quella degli intervalli periferici.

***FAQ* 4** Perché se l'intervallo di variabilità del segnale è meno esteso non si potrebbero usare tutte le configurazioni binarie del convertitore, aumentando l'errore relativo di quantizzazione. Se è più esteso avremmo delle ampiezze fuori scala che l'ADC non potrebbe convertire correttamente.

***ReT* 1** Perché la velocità di variazione della temperatura, e quindi del valore della tensione prodotta dal sensore, è molto lenta nel tempo.
Quindi tale tensione si può ritenere costante nel tempo necessario ad eseguire la conversione A/D.

***ReT* 2** Poiché cambia solo l'ampiezza dell'intervallo inferiore e di quello superiore della caratteristica, per ottenere la quantizzazione uniforme tutti i 2^n resistori, con n numero di bit del convertitore, devono essere uguali e presentare la stessa resistenza.

***ReT* 3** Perché la logica di funzionamento prevede che la conversione avvenga per affinamenti successivi, dividendo continuamente l'intervallo di variabilità del segnale in ingresso in due semintervalli uguali, finché l'intervallo finale non coincide con il quanto. Quindi il numero di passi necessario è sempre lo stesso e di conseguenza lo è anche il tempo di conversione.

***ReT* 4** È necessario anteporre all'ADC un circuito di condizionamento del segnale per adattare l'intervallo di variabilità del segnale da convertire alla dinamica d'ingresso del convertitore.

Sitografia • Bibliografia

- http://www.mksa.deit.univpm.it/metro/did/mgf/digitale.htm
- http://digilander.libero.it/karmaproductions/unipa/eln_digit_2/DoppiaRampa.pdf
- http://sms.unipv.it/misure/ME/Conversione_A-D_Slides.pdf

- E. Panella – G. Spalierno, *Elettronica Digitale, Microprocessori e Trasmissioni*, ed. Cupido.
- R. Giometti – F. Frascari, *Elettronica*, ed. Calderini.
- I.R. Sinclair – J. Dunton, *Pratical Electronics HandBook*, Elsevier.

Esercizi e Problemi

FAQ 1

Es. 1 Descrivere perché un segnale digitale può essere "ripulito" dal rumore che si sovrappone durante la trasmissione, mentre non si può fare per i segnali analogici.

Es. 2 Motivando la risposta, spiegare se nel gioco della *Tombola* le configurazioni vincenti (ambo, terno, ecc,) sono segnali analogici.

FAQ 2

Es. 1 Calcolare in base al teorema del campionamento qual è la frequenza minima a cui si deve campionare il segnale di tensione $v(t) = 5\,\text{V} + 5\,\text{V}\,\text{sen}\,(628 \cdot t + \pi/2)$ per poterlo ricostruire correttamente. Calcolare quindi la massima distanza temporale tra i campioni.

Es. 2 Perché nella pratica il segnale telefonico è campionato con frequenza $f = 8$ kHz, se la sua banda si estende da 300 Hz a 3400 Hz?

FAQ 3

Es. 1 Si deve convertire un segnale analogico unipolare con tensione massima $V_{max} = 10$ V imponendo un errore di quantizzazione $\varepsilon_q \leq 25$ mV. Calcolare il numero di livelli e il numero minimo di bit necessari sia con quantizzazione uniforme che con quantizzazione silenziata.

Es. 2 Calcolare il numero minimo di bit necessari per la conversione A/D uniforme di un segnale di tensione bipolare $-2\,\text{V} \leq V_i \leq 4\,\text{V}$, garantendo che il rapporto segnale-rumore dovuto alla quantizzazione sia $S/N \geq 35$ dB.

Pr. 1 Dimostrare che il rapporto segnale rumore dovuto alla quantizzazione è legato al numero di bit usati per la conversione in base all'espressione $S/N \approx 6n + 1{,}76$ dB.

FAQ 4

Es. 1 Un convertitore ha dinamica d'ingresso 10 V e risoluzione $R = 977 \cdot 10^{-6}$. Calcolare il quanto, l'errore di quantizzazione e il rapporto segnale/rumore dovuto alla quantizzazione.

Pr. 1 Un segnale audio unipolare con tensione massima $V_{max} = 6$ V, prima di essere trasmesso, è convertito alla frequenza di campionamento $f_c = 22$ kHz con un errore di quantizzazione $\varepsilon_q \leq 7$ mV. Calcolare il bit rate necessario per trasmettere il segnale digitale.

Pr. 2 Se si campiona un brano musicale alla frequenza di campionamento $f_c = 44$ kHz con rapporto segnale-rumore di quantizzazione $S/N \geq 40$ dB, stimare la quantità di memoria che occuperà il brano sul lettore MP3 per ogni minuto di registrazione.

ReT 1

Es. 1 Un sistema di acquisizione di un elaboratore digitale deve acquisire alternativamente i segnali provenienti da due sensori. Il convertitore A/D usato ha un tempo di conversione $T_{conv} = 40$ μs e il S-H ha un tempo di sample $T_s = 10$ μs. Determinare se il sistema può acquisire correttamente i due segnali sapendo che entrambi presentano uno spettro che arriva a 20 kHz.

Es. 2 Un convertitore A/D unipolare ha:

$V_{max} = 10$ V, $T_{conv} = 50$ μs e risoluzione $R = 10^{-3}$.

Verificare se il convertitore necessita di un S/H per convertire il segnale $v(t) = 5\,\text{V}\,\text{sen}(2500 \cdot t) - 1\,\text{V}$. Calcolare la frequenza massima acquisibile dal convertitore, senza S-H.

Pr. 1 Calcolare l'espressione che, ipotizzando di dover convertire un segnale triangolare, permette di determinare la frequenza massima che può avere il segnale se non si vuole usare un S/H, garantendo che l'errore sia inferiore all'LSB.

ReT 2

Es. 1 Un convertitore A/D parallelo a 6 bit con dinamica d'ingresso $V_{rif} = 8$ V converte un segnale analogico $V_i = 3{,}124$ V. Indicare quanti comparatori presenteranno un'uscita a livello alto e il codice binario prodotto in uscita. Supponendo inoltre che la potenza dissipata dal partitore di tensione sia $P_d = 200$ mW, calcolare i valori delle singole resistenze.

Es. 2 Evidenziare perchè nella conversione dei segnali video, la cui frequenza massima è $f_{max} = 5$ MHz, è necessario usare un convertitore flash.

Pr. 1 Facendo riferimento allo schema a blocchi di un convertitore A/D flash, proporre un circuito misuratore di carica per batterie da 1.5 V. Il circuito deve essere in grado di evidenziare lo stato di carica della batteria ($V_b \geq 1{,}3$ V) e lo stato di scarica ($V_b < 1{,}3$ V).

ReT 3

Es. 1 Un convertitore A/D ad approssimazioni successive a 6 bit con dinamica d'ingresso $V_{rif} = 8$ V, converte il segnale analogico $V_i = 2{,}784$ V. Calcolare il numero di impulsi di clock necessari per la conversione e indicare il codice binario prodotto dal SAR in corrispondenza di ognuno degli impulsi. Sapendo inoltre che il convertitore impiega $T_{conv} = 100$ μs per la conversione indicare la frequenza del clock.

Es. 2 Basandosi sul principio di funzionamento del convertitore SAR, in che modo si può ricavare il valore di tensione analogico corrispondente al codice binario 10010011, sapendo che la dinamica d'ingresso del convertitore è $V_{rif} = 3$ V?

ReT 4

Es. 1 Un convertitore a doppia rampa con $V_{rif} = 5$ V presenta in uscita il valore binario 0000100000000001. Sapendo che la frequenza di clock è $f_{ck} = 500$ kHz, calcolare il tempo impiegato per la conversione e il valore di tensione applicato all'ingresso.

Pr. 1 Spiegare perché il convertitore a doppia rampa presenta un'elevata immunità ai disturbi.

UNITÀ 5.2

Conversione digitale-analogica

Tecniche per la conversione di segnali numerici in forma analogica

In questa Unità si descrivono i principi e le tecniche adottate per convertire i segnali numerici in segnali continui

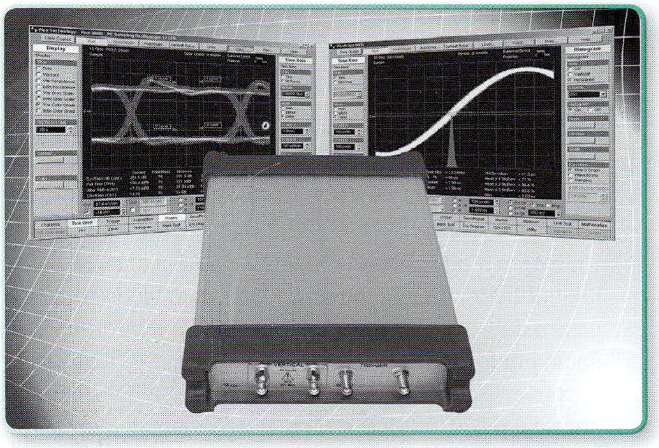

Al termine del processo di elaborazione, i dispositivi digitali generano un segnale numerico, costituito da una sequenza ordinata di bit che non è in grado di pilotare direttamente gli attuatori. Infatti, ad esempio, gli altoparlanti di uno stereo non possono funzionare ricevendo in ingresso un segnale digitale. Occorre quindi convertire il segnale numerico in forma analogica, usando un dispositivo chiamato *convertitore digitale-analogico* (DAC: *Digital to Analog Converter*). Questo convertitore trasforma la sequenza di bit ricevuta in un segnale di tensione o di corrente attraverso una corrispondenza biunivoca, molto spesso di tipo proporzionale.

indice

FAQ 1 Come avviene la conversione D/A?

La conversione D/A consiste nel trasformare un segnale digitale, costituito da una successione ordinata di bit, in un segnale analogico in grado di pilotare gli attuatori presenti nei sistemi elettronici. I dispositivi elettronici che eseguono la trasformazione sono detti convertitori analogico-digitali o DAC: *Digital to Analog Converter*. Presentano n linee d'ingresso, pari al numero di bit della parola binaria da convertire, e una sola linea di uscita su cui è presente il segnale analogico prodotto dalla conversione, come riportato nella fig. 2.1.

Fig. 2.1 Un convertitore digitale-analogico riceve in ingresso una parola binaria ad n bit e la trasforma in un segnale analogico ad essa proporzionale.

Un DAC a n bit fa corrispondere a ognuna delle 2^n possibili configurazioni d'ingresso un diverso valore dell'ampiezza del segnale analogico d'uscita. La trasformazione da un punto di vista logico si suddivide in due fasi: prima si converte in decimale la configurazione binaria in ingresso e poi si moltiplica il risultato decimale per un fattore di scala detto quanto Q. La conversione in decimale dell'ingresso a n bit $B_{n-1}\, B_{n-2} \dots B_1\, B_0$ è data da:

$$N = B_{n-1} \cdot 2^{n-1} + B_{n-2} \cdot 2^{n-2} + \dots + B_1 \cdot 2^1 + B_0 \cdot 2^0$$

Il quanto si ottiene dividendo la tensione di riferimento V_r, o di fondo scala, del DAC per il numero delle possibili configurazioni d'ingresso, analogamente a quanto visto per i convertitori A/D.

$$Q = V_r/2^n$$

La tensione d'uscita è

$$V_u = N \cdot Q = (V_r/2^n) \cdot (B_{n-1} \cdot 2^{n-1} + B_{n-2} \cdot 2^{n-2} + \dots + B_1 \cdot 2^1 + B_0 \cdot 2^0)$$

che si può esprimere anche nella forma

$$V_u = V_r \cdot (B_{n-1}/2^1 + B_{n-2}/2^2 + \dots + B_1/2^{n-1} + B_0/2^n)$$

dove i singoli bit B_i possono assumere solo valore 1 o 0.

Esempio 1 Calcolare l'uscita prodotta da un DAC a 4 bit con tensione di fondo scala $V_r = 8\,V$ quando in ingresso è presente la parola binaria 1010.

Discussione Il quanto del DAC è

$$Q = V_r/2^n = 8\,V/2^4 = 0{,}5\,V$$

La parola in ingresso convertita in decimale vale

$$N = B_{n-1} \cdot 2^{n-1} + B_{n-2} \cdot 2^{n-2} + \dots + B_1 \cdot 2^1 + B_0 \cdot 2^0 = 1 \cdot 2^3 + 0 \cdot 2^2 + 1 \cdot 2^1 + 0 \cdot 2^0$$

$$N = 8 + 0 + 2 + 0 = 10$$

L'uscita del DAC è quindi $V_u = N \cdot Q = 10 \cdot 0{,}5\,V = 5\,V$

Nella fig. 2.2 è riportata la caratteristica di trasferimento ideale di un DAC a 3 bit, dove è chiaramente evidenziata la dipendenza del segnale d'uscita dal codice binario d'ingresso.

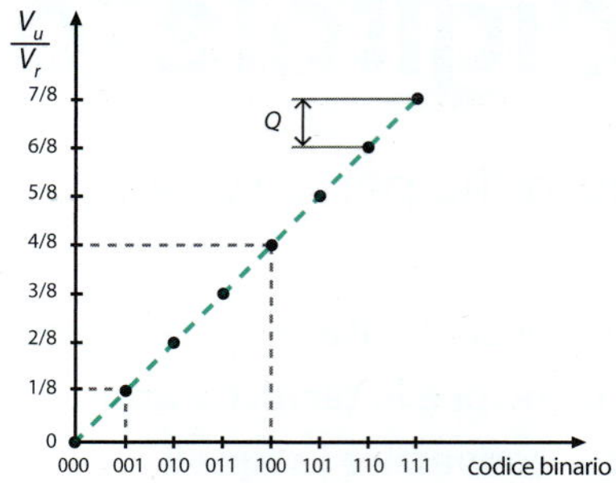

Fig. 2.2 La caratteristica ideale di un DAC rappresenta il legame esistente tra il codice d'ingresso e la tensione d'uscita , che segue un andamento a punti.

Il quanto $Q = V_r/2^n$ rappresenta la variazione della tensione d'uscita tra due codici adiacenti. Poiché coincide con la tensione d'uscita prodotta dal convertitore quando il codice numerico d'ingresso ha tutti i bit uguali a zero ad eccezione di quello meno significativo, è anche chiamato LSB: *Least Significant Bit*.

Esempio 2 Calcolare l'uscita prodotta da un DAC a 4 bit con tensione di riferimento $V_r = 8\,V$ quando in ingresso sono presenti i codici binari 0001 e 1000.

Discussione Facendo riferimento all'esempio precedente, per la configurazione 0001, dove a livello alto è solo il bit meno significativo

$$N_{LSB} = B_{n-1} \cdot 2^{n-1} + B_{n-2} \cdot 2^{n-2} + \dots + B_1 \cdot 2^1 + B_0 \cdot 2^0 = = 0 \cdot 2^3 + 0 \cdot 2^2 + 0 \cdot 2^1 + 1 \cdot 2^0$$

$$N_{LSB} = 0 + 0 + 0 + 1 = 1$$

L'uscita del DAC è $V_u = N_{LSB} \cdot Q = 1 \cdot 0{,}5\,V = 0{,}5\,V$

coincidente, come previsto, con il quanto Q.

Se invece a livello alto è solo il bit più significativo

$$N_{MSB} = B_{n-1} \cdot 2^{n-1} + B_{n-2} \cdot 2^{n-2} + \dots + B_1 \cdot 2^1 + B_0 \cdot 2^0 = = 1 \cdot 2^3 + 0 \cdot 2^2 + 0 \cdot 2^1 + 0 \cdot 2^0$$

$$N_{MSB} = 8 + 0 + 0 + 0 = 8$$

L'uscita del DAC è $V_u = N_{MSB} \cdot Q = 8 \cdot 0{,}5\,V = 4\,V$

coincidente con la metà del valore di riferimento.

La tensione prodotta, vista in funzione del tempo, ha un andamento a gradini e deve perciò essere filtrata per ottenere un segnale con un andamento più graduale, in grado di pilotare adeguatamente gli attuatori.

Riflessione *L'ampiezza massima del segnale in uscita da un DAC coincide con il valore di riferimento?*

FAQ 2 Quali sono i parametri caratteristici di un DAC?

I parametri caratteristici più significativi di un convertitore digitale analogico sono quattro: risoluzione, massima tensione d'uscita, tempo di assestamento e i glitch. I primi due sono relativi al comportamento a regime, gli altri si riferiscono al comportamento dinamico.

Analogamente a quanto avviene con i convertitori analogico-digitali, la **risoluzione** di un DAC dipende dal numero di bit che il dispositivo è in grado di convertire:

$$R = 1/2^n$$

È evidente che la risoluzione moltiplicata per la tensione di riferimento fornisce il quanto del convertitore e proprio perché i due termini sono strettamente legati tra loro sono a volte usati come sinonimi. Per evitare confusione e svincolarla dalla tensione di riferimento la risoluzione è preferibilmente riportata in forma percentuale

$$R\% = (1/2^n) \cdot 100$$

La **massima tensione d'uscita** rappresenta in pratica il valore massimo che può assumere l'uscita del DAC e si ha quando il codice d'ingresso ha tutti i bit a livello alto.

Esempio Calcolare la risoluzione percentuale e la massima tensione d'uscita di un DAC a 8 bit con una tensione di riferimento $V_r = 8\,V$.

Discussione Entrambe le forme in cui solitamente si esprime la risoluzione conducono allo stesso risultato.

$$R_{\%} = (1/2^n) \cdot 100 = (1/2^8) \cdot 100 = 100/256 \approx 0{,}391\%$$

Oppure

$$R_{\%} = V_r \cdot (1/2^n)/V_{FS} \cdot 100 = (1/2^8) \cdot 100 = 100/256 \approx 0{,}391\%$$

La massima tensione d'uscita vale

$$V_{umax} = V_{FS} - Q = V_r - V_r/2^n = 8 - 8/256 \approx 7{,}969\,V$$

Il **tempo di assestamento** è il periodo che intercorre tra l'istante in cui si applica in ingresso il codice binario e l'istante in cui l'uscita V_u si stabilizza intorno al valore corretto. Non è un valore costante perché dipende dal numero di bit che cambiano in ingresso rispetto al codice convertito precedentemente. Più bit cambiano e più tempo il DAC impiega a completare la conversione (fig. 2.3).

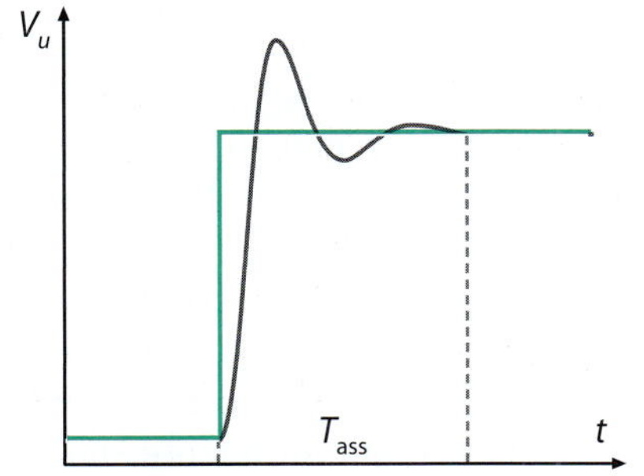

Fig. 2.3 La linea spezzata rappresenta l'andamento teorico che dovrebbe avere l'uscita del DAC; nella realtà, a causa della presenza di capacità e induttanze parassite, l'uscita prima di stabilizzarsi al valore corretto subisce delle oscillazioni che tendono a smorzarsi.

È intuitivo comprendere come il caso peggiore si presenti quando a cambiare sono tutti i bit della parola da convertire. A questa la situazione fanno infatti riferimento i costruttori di DAC quando esprimono il tempo di conversione di un integrato commerciale, che va tipicamente da qualche microsecondo fino alle decine di nanosecondi.

Il temine **glitch** indica una tensione impulsiva di breve durata che può presentarsi in uscita durante la conversione. Si verifica quando cambiano due o più bit del codice d'ingresso ed è dovuta al fatto che nei circuiti reali la commutazione dei bit non è contemporanea. Per comprendere meglio il problema si faccia riferimento alla fig. 2.4, che rappresenta un esempio di glitch.

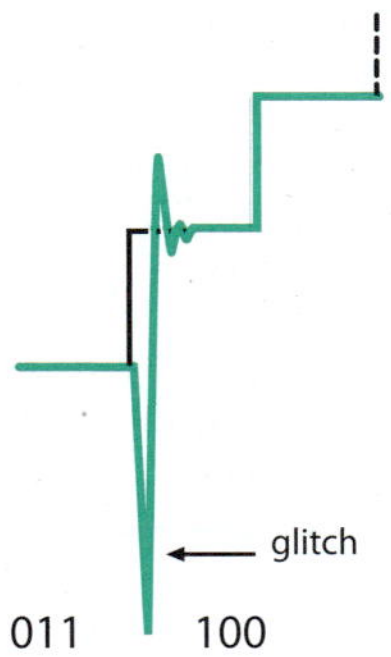

Fig. 2.4 La commutazione ritardata del primo bit rispetto agli altri due causa una tensione impulsiva, detta glitch.

Supponendo che il codice d'ingresso cambi da 011 a 100 teoricamente i tre bit dovrebbero commutare contemporaneamente. Invece può accadere che, trattandosi di circuiti reali, la commutazione del primo bit avvenga in ritardo rispetto agli altri due. Quindi per un breve periodo di tempo l'ingresso assume la configurazione 000 che spinge l'uscita verso il valore errato $V_u = 0$. Questa riduzione improvvisa della tensione ritarda la conversione, aumentando il tempo di assestamento, ma soprattutto provoca dei valori d'uscita temporanei potenzialmente pericolosi.

Per contenere gli effetti di queste sovratensioni, alcuni DAC commerciali prevedono già nello stadio d'uscita interno dell'integrato un filtro passa basso e un S-H.

Riflessione *In che modo un S-H riesce a contenere gli effetti dei glitch di tensione?*

FAQ 3 La conversione D/A è affetta da errori?

Nella conversione A/D, a causa della quantizzazione che stabilisce una corrispondenza molti a uno (tutti i valori d'ampiezza compresi in un intervallo sono ricondotti a un unico valore binario), si produce un errore ineliminabile che è parte integrante del principio di conversione.
La conversione D/A invece non introduce errori perché la corrispondenza tra codice binario e tensione d'uscita è priva d'incertezze. Gli errori che si generano sono dovuti alla non idealità della caratteristica di trasferimento ingresso-uscita dei DAC reali.
Gli errori più significativi per la scelta del DAC da usare sono i seguenti.

L'errore di offset è dovuto a uno spostamento verso l'alto (o il basso) dell'intera caratteristica, come evidenziato nella fig. 2.5, rispetto alla caratteristica ideale ed è costante per tutti i valori. Per valutarlo è sufficiente misurare la tensione prodotta dal DAC quando in uscita è prevista una tensione nulla.

L'errore di guadagno, o del fattore di scala, consiste invece in uno scostamento della pendenza della caratteristica rispetto a quella ideale, come rappresentato nella parte destra della fig. 2.5. È un errore che cresce (o decresce) all'aumentare della tensione d'uscita del DAC, quindi varia in funzione del valore da convertire, e dipende dalla differenza tra la costante di proporzionalità teorica e quella reale.

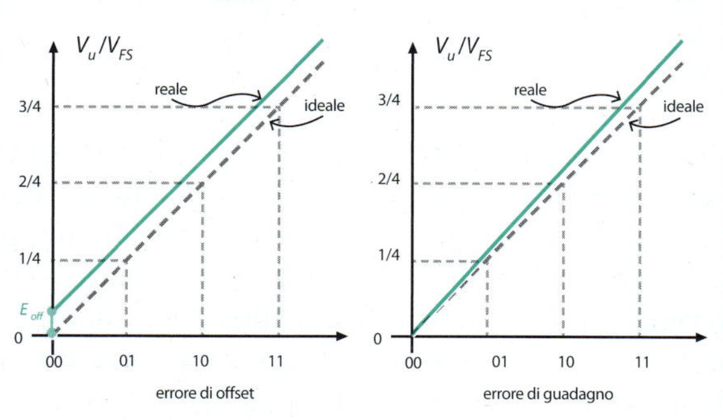

Fig. 2.5 L'errore di offset è costante su tutta la caratteristica, mentre l'errore di guadagno cresce (o decresce) allontanandosi dall'origine.

Trattandosi di errori con andamento ben definito possono essere eliminati. Molti dispositivi commerciali prevedono dei pin per la regolazione della caratteristica in modo da eliminare, o almeno contenere, questi due errori.
L'errore di non linearità differenziale e l'errore di non linearità integrale presentano invece un andamento più casuale, come si deduce dalla fig. 2.6.

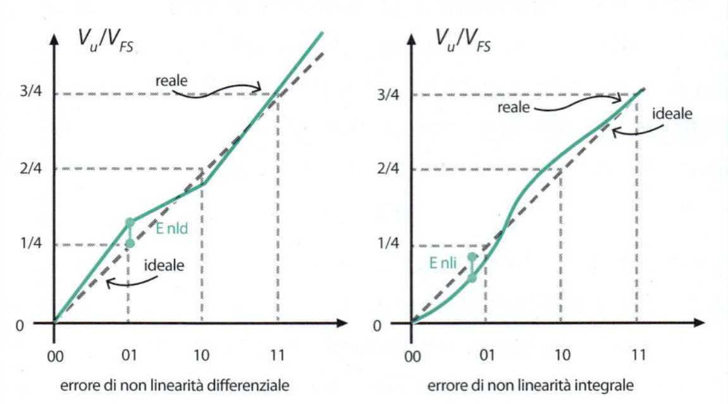

Fig. 2.6 Gli errori di non linearità hanno andamenti difficilmente prevedibili e quindi vanno contenuti durante la fase di realizzazione dei dispositivi.

L'**errore di non linearità differenziale** rappresenta la differenza tra la variazione attesa e la variazione reale dell'uscita in corrispondenza del passaggio dell'ingresso tra configurazioni adiacenti. Infatti la variazione tra due configurazioni adiacenti dell'ingresso dovrebbe coincidere con il quanto del convertitore ma non sempre è così.
Questo errore è particolarmente importante nei DAC usati nei sistemi di controllo. Se la mancanza di linearità differenziale è superiore al quanto, o LSB, la caratteristica potrebbe non essere più strettamente crescente e un codice binario maggiore potrebbe produrre un'uscita di valore inferiore.
Questo problema potrebbe causare delle oscillazioni dell'uscita del sistema di controllo facendolo diventare instabile.

L'**errore di non linearità integrale** rappresenta il massimo scostamento tra la caratteristica ideale e quella reale in ogni punto della caratteristica.
Entrambi questi errori sono tipicamente indicati dai costruttori o in termini percentuali riportati alla tensione di riferimento o come frazioni dell'LSB. Raramente superano il valore $\pm (1/2) \cdot \text{LSB}$.
È opportuno precisare che gli errori descritti non si presentano separatamente ma agiscono contemporaneamente causando un errore complessivo che negli attuali DAC commerciali raramente supera il valore $\pm (1/2) \cdot \text{LSB}$.

Riflessione *Perché quando l'errore di non linearità differenziale supera metà del quanto si dice che la caratteristica del DAC potrebbe perdere la monotonicità?*

FAQ 4 Quali codici si usano nelle conversioni D/A e A/D?

Nella trattazione delle conversioni D/A e A/D si è soliti far riferimento al codice binario naturale perché è il codice più adoperato, ma non è l'unico. A seconda delle necessità si può ricorrere a codici binari diversi che meglio si adattano alle diverse applicazioni. Quando nella conversione il segnale assume solo valori positivi (o negativi) è definito unipolare. Il codice binario di questo tipo più usato è quello naturale, che si ottiene convertendo i valori naturali decimali nei corrispondenti valori in base 2. Non è però raro trovare apparecchiature o sistemi in cui si usano codici binari particolari.

Ad esempio negli strumenti di misura digitali, che devono poi riportare sul display il valore misurato attraverso cifre decimali, è più frequente l'uso del BCD: *Binary Coded Decimal*. È un ibrido tra il codice decimale e il codice binario: ogni cifra decimale è rappresentata separatamente attraverso quattro bit, che costituiscono un digit. Più digit costituiscono il valore decimale. Nella fig. 2.7 sono rappresentati dei numeri decimali, compresi tra 0 e 99, espressi in sia in binario naturale che in BCD. In analogia con quanto espresso per il codice binario naturale, nel BCD il digit più a sinistra è detto MSD: *Most Significant Digit*, quello più a destra LSD: *Least Significant Digit*.

Valore decimale	Codice binario naturale	Codice BCD
0	0000000	0000 0000
1	0000001	0000 0001
15	0001111	0001 0101
50	0110010	0101 0000
99	1100011	1001 1001

Fig. 2.7 Rappresentazione in codice binario naturale e in BCD di alcuni numeri decimali compresi tra 0 e 99. Si nota che il codice BCD richiede un numero maggiore di bit per rappresentare lo stesso numero poiché alcune configurazioni, da 1010 a 1111, non sono ammesse.

Valore decimale	Modulo e segno	Complemento a 1	Complemento a 2
3	011	011	011
2	010	010	010
1	001	001	001
0	000 100	000 111	000
−1	101	110	111
−2	110	101	110
−3	111	100	101
−4	Non ammessa	Non ammessa	100

Fig. 2.8 Codici bipolari a tre bit per la rappresentazione di numeri negativi in binario.

Per convertire in decimale un codice BCD è sufficiente tener presente che ogni digit ha un proprio peso legato ad una potenza del 10; nell'esempio della figura l'MSD rappresenta le decine e ha peso 10^1, il secondo rappresenta le unità e ha peso 10^0.

$$N = 10^1 \cdot (B_{31} \cdot 2^3 + B_{21} \cdot 2^2 + B_{11} \cdot 2^1 + B_{01} \cdot 2^0) + 10^0 \cdot$$
$$\cdot (B_{30} \cdot 2^3 + B_{20} \cdot 2^2 + B_{10} \cdot 2^1 + B_{00} \cdot 2^0)$$

Dove B_{i1} rappresentano i bit del MSD e B_{i0} quelli del LSD.

Esempio Calcolare il numero decimale equivalente al numero 0100 0011 1000 espresso in BCD.

Discussione Estendendo ad un terzo digit l'espressione precedente ed eliminando i bit nulli si ottiene

$$N_{10} = 10^2 \cdot (1 \cdot 2^2) + 10^1 \cdot (1 \cdot 2^1 + 1 \cdot 2^0) + 10^0 \cdot (1 \cdot 2^3) =$$
$$= 10^2 \cdot 4 + 10^1 \cdot 3 + 10^0 \cdot 8 = 438$$

Vi sono anche DAC che hanno una caratteristica di funzionamento bipolare, con tensioni d'uscita simmetriche rispetto allo zero che vanno da $-V_r/2$ a $+V_r/2$. Per avere valori binari negativi la scelta più frequente cade su tre tipi di codice: il codice modulo e segno, il complemento a 1 e il complemento a 2.

Il **codice binario con modulo e segno** usa il bit più significativo per rappresentare il segno e i restanti bit per rappresentare il valore assoluto del numero. Convenzionalmente si associa a 0 il segno positivo e a 1 quello negativo. Come il BCD non permette di sfruttare pienamente tutti gli n bit. È possibile infatti codificare solo 2^n-1 valori distinti.

Il **complemento a 1** prevede che i numeri positivi siano rappresentati ponendo a 0 il MSB, mentre quelli negativi si ottengono facendo il complemento a 1 dei singoli bit del numero positivo. Da un punto di vista pratico è sufficiente invertire tutti i bit del numero positivo per ottenere l'equivalente con segno negativo; anche questa è una codifica che prevede due configurazioni per il valore nullo.

Quella del **complemento a 2** è la codifica più usata per rappresentare i numeri negativi perché permette di eseguire direttamente le somme e le differenze e può sfruttare tutte le 2^n configurazioni. Anche qui i numeri positivi sono rappresentati anteponendo al numero uno zero; i valori negativi si ottengono sommando 1 al complemento a 1.

Nella fig. 2.8 sono confrontati i tre codici binari bipolari citati nel caso di sistemi a tre bit.

Riflessione *Perché l'uso del codice con complemento a 2 semplifica le operazioni di addizione e di sottrazione in un elaboratore digitale?*

ReT 1 Convertitore D/A a resistenze pesate

Le realizzazioni circuitali di un DAC si basano sullo schema di principio riportato nella fig. 2.9.

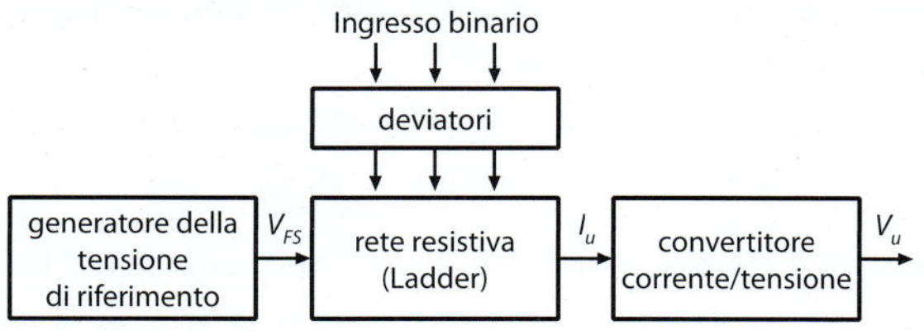

Fig. 2.9 Schema funzionale su cui si basano le realizzazioni dei DAC commerciali.

Il funzionamento si basa sull'apertura o la chiusura di alcuni deviatori in base alla configurazione dei bit in ingresso. La posizione dei deviatori causa una modifica della rete resistiva e la conseguente variazione della corrente d'uscita I_u indotta dalla tensione di riferimento V_r. Quindi si converte la corrente I_u in una tensione V_u ad essa proporzionale. L'esempio più intuitivo di realizzazione pratica dello schema precedente è costituito dal DAC a resistenze pesate nella fig. 2.10.

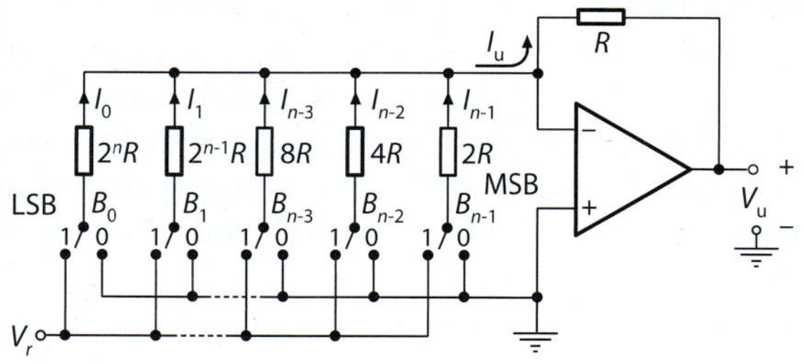

Fig. 2.10 Schema circuitale di un convertitore DAC a resistenze pesate con *n* bit.

Il circuito è un sommatore invertente. A ognuno dei bit della parola da convertire sono associati un deviatore e una resistenza di precisione il cui valore è inversamente proporzionale al peso binario del bit. Al bit più significativo MSB è associata una resistenza $2R$, al successivo una resistenza doppia $4R$, e così via fino al bit meno significativo LSB a cui è associata la resistenza più grande 2^nR. Il deviatore è comandato dal valore del bit corrispondente e collega la resistenza alla tensione di riferimento V_r se il bit vale 1, a massa se il bit vale 0. Se l'amplificatore operazionale è mantenuto in zona di funzionamento lineare, vale il principio delle masse virtuali, perciò la tensione del morsetto d'ingresso invertente è praticamente la stessa del morsetto non invertente. Cioè $V^- = V^+ = 0$. Quindi il morsetto superiore delle resistenze di precisione è collegato "virtualmente" a massa, cioè a un punto a potenziale nullo. Quando il bit ha valore logico 1, nelle resistenze collegate alla tensione di riferimento scorre una corrente che si calcola attraverso la legge di Ohm. Nella resistenza collegata al bit di maggior peso MSB, se il bit vale 1, scorre una corrente

$$I_{n-1} = V_r/(2R)$$

Per il bit di peso immediatamente inferiore B_{n-2} la resistenza raddoppia, quindi la corrente dimezza. Il ragionamento si ripete fino a raggiungere il valore

$$I_0 = V_r/(2^n \cdot R)$$

al bit meno significativo, LSB.

Se il bit è a zero nella resistenza non scorre corrente perché ai suoi capi non vi è differenza di potenziale. Applicando il principio di sovrapposizione degli effetti la corrente totale I_u si ottiene sommando quella che attraversa i singoli rami

$$I_u = B_{n-1} \cdot V_r/(2^1 \cdot R) + B_{n-2} \cdot V_r/(2^2 \cdot R) + \ldots +$$
$$+ B_1 \cdot V_r/(2^{n-1} \cdot R) + B_0 \cdot V_r/(2^n \cdot R)$$

dove B_i rappresenta il valore del bit *i*-esimo, 0 o 1.

Si deduce che

$$I_u = [V_r/(2^nR)] \cdot (B_{n-1} \cdot 2^{n-1} + B_{n-2} \cdot 2^{n-2} + \ldots + B_1 \cdot 2^1 + B_0 \cdot 2^0)$$

Questa corrente, passando attraverso la resistenza R di retroazione, produce una tensione d'uscita

$$V_u = -R \cdot I_u = -(V_r/2^n) \cdot (B_{n-1} \cdot 2^{n-1} + B_{n-2} \cdot 2^{n-2} +$$
$$+ \ldots + B_1 \cdot 2^1 + B_0 \cdot 2^0)$$

La tensione d'uscita è proporzionale al valore numerico decimale della parola binaria in ingresso e al quanto $Q = V_r/2^n$ del convertitore.

L'inversione della polarità della tensione d'uscita è dovuta alla caratteristica del sommatore; per avere tensioni d'uscita positive è sufficiente invertire la polarità della tensione di riferimento.

Esempio Un convertitore a resistenze pesate a 4 bit ha tensione di riferimento $V_r = 5$ V e $R = 5$ kΩ, calcolare le uscite in corrispondenza del valore binario d'ingresso 1011.

Discussione La parola corrisponde alla tensione d'uscita

$$V_u = (V_r/2^n) \cdot (1 \cdot 2^0 + 1 \cdot 2 + 0 \cdot 2^2 + 1 \cdot 2^3) =$$
$$= (5\,\text{V}/2^4) \cdot 11 = 3{,}4375\,\text{V}$$

Questo tipo di convertitore è realizzato solo per DAC commerciali a basse risoluzioni perché, aumentando il numero di bit, è molto difficile realizzare nello stesso integrato resistenze di precisione aventi ordini di grandezza molto diversi tra loro.

Riflessione *Perché il valore della resistenza R di un DAC a resistenze pesate assume tipicamente valori di alcune migliaia di ohm?*

ReT 2 Convertitore D/A con resistenze pesate a gruppi

Una configurazione alternativa che può ridurre le differenze tra i valori di resistenze e attenuare il limite principale del **DAC *a resistenze pesate*** è indicata nella fig. 2.11, adatta sia a DAC che usano il codice binario puro sia a convertitori che usano il codice BCD. Si osserva che la rete ladder è suddivisa in gruppi uguali e ogni gruppo è costituito da 4 resistenze di valore $2R$, $4R$, $8R$ e $16R$.

Il gruppo dei 4 bit più significativi è direttamente collegato al terminale d'ingresso invertente dell'OP-AMP, mentre gli altri gruppi sono collegati da ulteriori resistenze R_1 e R_0. Queste resistenze servono a ridurre la corrente che, attraverso il deviatore, contribuisce a produrre in uscita la tensione V_0. Nel caso in cui si voglia realizzare un DAC a 12 bit che funzioni con il codice binario puro, si deve fare in modo che $R_1 = 16R$ mentre $R_0 = 272R$. In questo modo si usano solo 6 valori diversi di resistenza. Per realizzare un circuito equivalente con la configurazione standard sarebbero state invece necessarie 12 resistenze di valore doppio una dell'altra. Questa scelta contribuisce a contenere i due principali limiti del DAC a resistenze pesate: la difficoltà di realizzare nello stesso integrato resistenze di valore molto diverso ma con precisione confrontabile e l'ingombro del componente considerato il notevole spazio che richiede la realizzazione di una resistenza. Resta invece inalterato il problema dello squilibrio termico tra diverse zone dell'integrato a causa delle notevoli differenze di corrente tra le resistenze.

Esempio Per verificare il corretto funzionamento del DAC con resistenze pesate, a gruppi. Calcolare il valore dell'uscita del circuito riportato nella fig. 2.12, quando in ingresso è applicato l'LSB, cioè la parola 0000 0000 0001. Supporre che la tensione di riferimento sia $V_r = 10$ V e la resistenza $R = 1$ KΩ.

Discussione Dalla teoria analizzata all'inizio dell'unità si deduce che l'uscita relativa al LSB corrisponde con il quanto del DAC:

$$V_{LSB} = V_r/2^n = 10\,\text{V}/2^{12} \approx -2{,}441\ \text{mV}$$

con il segno negativo perché il circuito inverte la polarità della tensione.

Aiutandosi con il circuito riportato nella fig. 2.12, si calcoli la tensione che si avrebbe all'uscita quando in ingresso è applicata la parola 0000 0000 0001. In questa situazione l'unico deviatore a essere chiuso sul generatore di riferimento è quello corrispondente al bit B_0, mentre tutti gli altri sono collegati a massa. Nel circuito scorrono solo le sei correnti evidenziate. Inoltre le resistenze $8R$, $4R$ e $2R$ sono in parallelo tra loro e con la resistenza R_0. Hanno tutte un morsetto collegato al nodo a potenziale V_x e l'altro a massa, virtuale per R_0, reale per le altre tre. La resistenza equivalente data dal parallelo di $8R$, $4R$, $2R$ e R_0 vale:

$$R_{eq} = 1/(1/8R + 1/4R + 1/2R + 1/R_0) = [1/(1/8 + 1/4 + 1/2 + 1/272)]\ R_0 \approx 1{,}138\ \text{k}\Omega$$

Con l'espressione del partitore di tensione si può calcolare il potenziale V_x

$$V_x = V_r \cdot R_{eq}/(16R + R_{eq}) =$$
$$= 10\,\text{V} \cdot 1{,}138\ \text{k}\Omega/(16 + 1{,}138)\ \text{k}\Omega \approx 0{,}6640\ \text{V}$$

La corrente che attraversa R_0 costituisce la corrente d'uscita è

$$I_0 = V_x/R_0 = 0{,}6640/272\ \text{k}\Omega = 2{,}441\ \mu\text{A}$$

Concludendo la tensione d'uscita vale

$$V_u = -R \cdot I_0 = -1\ \text{k}\Omega \cdot 2{,}441\ \mu\text{A} = -2{,}441\ \text{mV}$$

Il risultato, conferma quello previsto.

Riflessione *Perché le differenti temperature che si creano in zone differenti dell'integrato costituiscono un problema?*

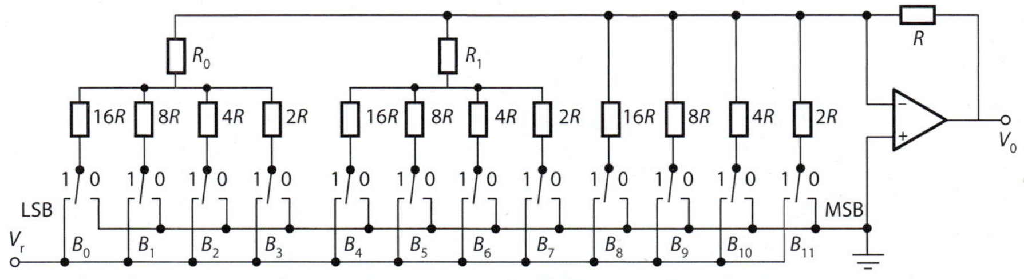

Fig. 2.11 Schema circuitale di un DAC a 12 bit con resistenze pesate a gruppi. I bit, e i deviatori corrispondenti, sono raccolti a gruppi di quattro; le resistenze R_0 e R_1 hanno lo scopo di "adeguare" il peso dei bit meno significativi.

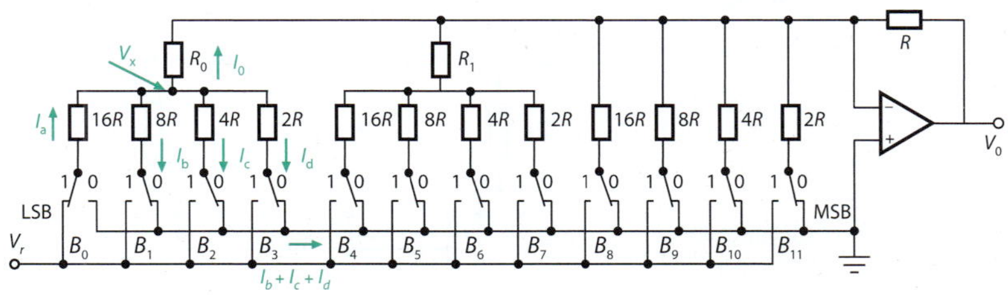

Fig. 2.12 Quando è a valore alto solo l'LSB tutti i deviatori sono collegati a massa tranne uno che è collegato alla tensione di riferimento V_r.

ReT 3 Convertitore D/A a scala di resistenze R-2R

Il ***DAC a scala di resistenze*** R-$2R$ (fig. 2.13) evita l'uso di resistenza di valori molto diversi fra loro.

La rete *ladder* in questo caso prevede resistenze di due soli valori, R e $2R$.

Anche questo DAC è costituito da un circuito sommatore invertente in cui i deviatori, comandati dai bit della parola da convertire, modificano la rete resistiva in modo da produrre una diversa corrente I_u per ogni configurazione d'ingresso. Supponiamo che inizialmente tutti i bit siano a 0, tranne il bit più significativo B_{n-1}. Guardando la rete, poiché l'OP-AMP lavora in zona lineare, vale il principio delle masse virtuali; si osserva che le resistenze equivalenti alla destra e alla sinistra del nodo A_{n-1} sono uguali e valgono esattamente $2R$.

Quindi la corrente erogata dal generatore di riferimento, quando il MSB è a 1, attraversa la resistenza posta a valle del deviatore e poi si divide in due parti uguali. La parte che scorre verso destra attraversa la resistenza di retroazione, la parte verso sinistra torna a massa. La corrente erogata dal generatore è

$$I_{n-1} = V_r/[2 \cdot R + (2 \cdot R)//(2 \cdot R)] = V_r/(3 \cdot R)$$

Di questa corrente la metà attraversa la resistenza di retroazione producendo una tensione negativa

$$V_u = -3 \cdot R \cdot (1/2) \cdot V_r/(3 \cdot R) = -V_r/2$$

Ripetendo il discorso per il bit B_{n-2}, si nota che le resistenze a destra e a sinistra del nodo A_{n-2} sono uguali e valgono ancora $2R$, ma la metà della corrente verso destra si dimezza ulteriormente al nodo A_{n-1}. Quindi, se ad essere a 1 è il solo bit B_{n-2}, la tensione d'uscita è:

$$V_u = -V_r/4$$

Estendendo il discorso si può affermare che man mano che il bit considerato diventa meno significativo, la tensione prodotta in uscita si dimezza secondo la logica della conversione binaria. Per l'LSB la tensione d'uscita è:

$$V_u = -V_r/2^n$$

Se si applica il principio di sovrapposizione degli effetti, valido quando l'OP-AMP funziona in zona lineare, si ottiene

$$V_u = -(V_r/2^n) \cdot (B_{n-1} \cdot 2^{n-1} + B_{n-2} \cdot 2^{n-2} + \ldots + B_1 \cdot 2^1 + B_0 \cdot 2^0)$$

dove B_i rappresenta il valore dell'i-esimo bit, 0 o 1.

Esempio Usando lo schema del DAC a scala R-$2R$ a 3 bit riportato nella fig. 2.14 si determini il valore dell'uscita quando in ingresso è applicata la parola 011 e la tensione di riferimento è $V_r = -6$ V.

Discussione Della corrente I_0 solo 1/8 contribuisce alla corrente d'uscita I_u, perché si suddivide in due parti uguali prima nel nodo A_0, poi nel nodo A_1 e ancora nel nodo A_2. Il contributo della corrente I_1 è invece 1/4 perché subisce due soli dimezzamenti. I_2 invece non contribuisce perché, essendo il deviatore collegato a massa, la corrente fluisce nel verso opposto rispetto a quello riportato sullo schema circuitale. Quindi:

$$V_u = -3R \cdot I_u = -3R \cdot [(1/8) \cdot V_r/(3 \cdot R) + (1/4) \cdot V_r/(3 \cdot R)] =$$
$$= -(3/8) \cdot V_r = +(3/8) \cdot 6\text{ V} = +2{,}25\text{ V}.$$

Riflessione *Come si può eliminare l'errore di guadagno in un DAC?*

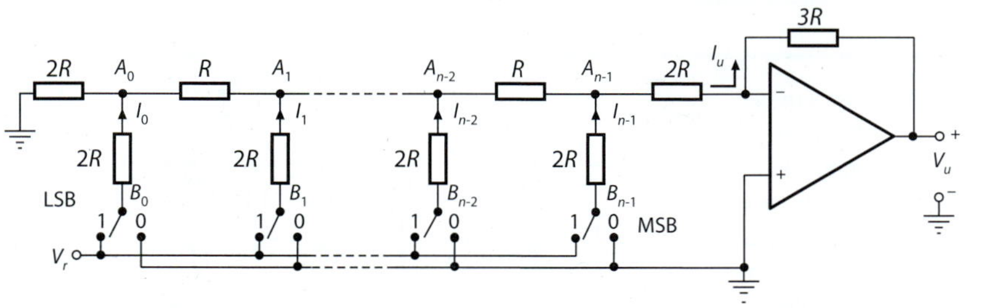

Fig. 2.13 Schema circuitale di un DAC a scala di resistenze R-$2R$. Rispetto al DAC a resistenze pesate, per realizzare la rete *ladder* (a scala) si devono usare resistenze di due soli valori, dello stesso ordine di grandezza.

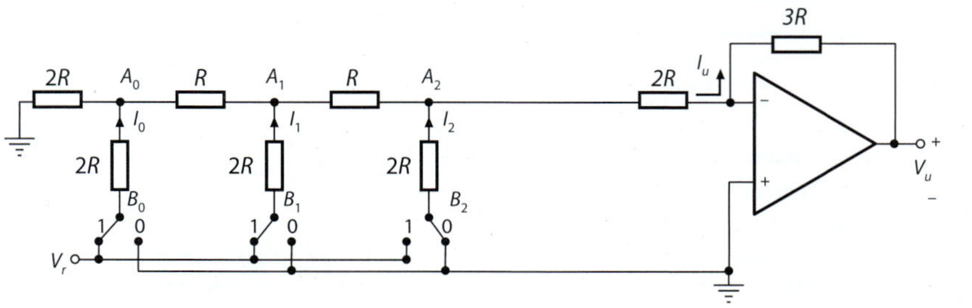

Fig. 1.14 Schema circuitale di un DAC a scala di resistenze R-$2R$ a 3 bit.

ReT 4 Convertitore D/A a scala di resistenze R-2R invertita

La maggior parte dei convertitori A/D commerciali usano la rete ladder R-$2R$ invertita, così chiamata perché, rispetto ai convertitori con rete R-$2R$ standard, è invertita la posizione dei deviatori. In questa rete il deviatore pilotato dal LSB è quello più vicino all'amplificatore operazionale, mentre quello più lontano è pilotato dal MSB. Inoltre i deviatori non hanno il compito di commutare la tensione di riferimento sulle resistenze, ma modificano la via d'uscita della corrente. Per questo sono anche chiamati *deviatori di corrente*.

Il vantaggio di questa rete consiste nella capacità di ridurre sensibilmente i tempi di assestamento dell'uscita e di richiedere al generatore l'erogazione di una potenza costante aumentandone la stabilità.

Lo schema circuitale del DAC a rete R-$2R$ invertita è riportato nella fig. 2.15.

La differenza più significativa rispetto al circuito standard risiede nel fatto che i deviatori, sia quando il bit corrispondente vale 0 sia quando vale 1, collegano il resistore a massa. Quando sono a zero il collegamento a massa è diretto, quando sono a 1 il collegamento a massa è virtuale perché avviene attraverso il morsetto invertente dell'OP-AMP. Quindi la corrente che attraversa i resistori posti a monte del deviatore è sostanzialmente costante, indipendentemente dal valore assunto dal bit corrispondente.

La descrizione del funzionamento del circuito si fonda sempre sul presupposto che il circuito è un sommatore invertente. Trattandosi perciò di un circuito lineare, per analizzarlo si può sfruttare il principio di sovrapposizione degli effetti.

Si consideri inizialmente il caso in cui il bit più significativo B_{n-1} sia a livello alto e tutti gli altri a zero. Il deviatore più a sinistra quindi collegherà la resistenza all'ingresso invertente dell'OP-AMP mentre tutti gli altri deviatori sono collegati a massa.

L'unica corrente che fluisce verso il morsetto invertente dell'OP-AMP vale

$$I'_u = I_{n-1} = V_r / (2R)$$

Se ad essere a livello alto è solo il secondo bit B_{n-2}, la corrente d'uscita sarà la metà.

Infatti la resistenza equivalente alla destra di ogni nodo vale sempre $2R$, quindi la corrente erogata dal generatore ogni volta che incontra un nodo si divide a metà. Continuando a dividersi in ogni nodo si ha

$$I_{n-2} = I_{n-1}/2, \quad I_{n-3} = I_{n-1}/2^2, \dots, I_1 = I_{n-1}/2^{n-1}, I_0 = I_{n-1}/2^n$$

Sommando tutti gli effetti e ricordando che la corrente giunge al morsetto invertente dell'operazionale solo se il bit corrispondente è a 1

$$I_u = I_{n-1} \cdot (B_{n-1} + B_{n-2}/2 + \dots + B_1/2^{n-2} + B_0/2^{n-1})$$

La tensione d'uscita del DAC vale

$$V_u = -R \cdot I_u = -R \cdot I_{n-1} \cdot (B_{n-1} + B_{n-2}/2 + \dots + B_1/2^{n-2} + B_0/2^{n-1})$$

Quindi

$$V_u = -R \cdot V_r/(2R) = -V_u = -(V_r/2_n) \cdot (B_{n-1} \cdot 2^{n-1} + B_{n-2} \cdot 2^{n-2} +$$

$$+ \dots + B_1 \cdot 2^1 + B_0 \cdot 2^0)$$

Quando tutti i bit sono nulli, è nulla anche l'uscita, mentre se tutti i bit sono a 1 la tensione d'uscita è massima e vale

$$V_{umax} = -V_r \cdot (1 - 1/2^n)$$

Esempio Facendo riferimento allo schema nella fig. 2.15 con $R = 2\ k\Omega$. Calcolare le correnti che attraversano i deviatori in un DAC a 3 bit a scala R-$2R$ invertita quando in ingresso è applicata la parola 011, la tensione di riferimento è $V_r = 6\ V$. Calcolare inoltre la tensione d'uscita.

Discussione Il generatore, qualunque sia la posizione dei deviatori, "vede" ai suoi morsetti una resistenza equivalente $R_{eq} = R = 2\ k\Omega$. Quindi la corrente erogata sarà costantemente

$$I_G = V_r / R = 6\ V/2\ k\Omega = 3\ mA$$

Quindi nel ramo 2, relativo al bit più significativo, circola la corrente $I_2 = I_G/2 = 3\ mA/2 = 1{,}5\ mA$

Nel ramo 1: $I_1 = I_G/4 = 3\ mA/4 = 0{,}75\ mA$

Nel ramo 0: $I_0 = I_G/8 = 3\ mA/8 = 0{,}375\ mA$

Poiché sono ad 1 due bit meno significativi la corrente d'uscita vale

$$I_u = I_1 + I_0 = (0{,}75 + 0{,}375)\ mA = 1{,}125\ mA$$

La tensione d'uscita è quindi

$$V_u = -R \cdot I_u = -2\ k\Omega \cdot 1{,}125\ mA = -2{,}25\ V$$

Riflessione *In che modo la rete R-2R invertita riesce a ridurre il tempo di assestamento dell'uscita del DAC?*

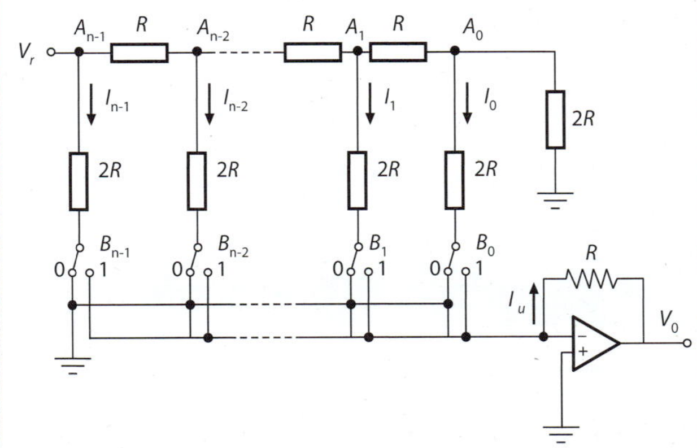

Fig. 2.15 Schema circuitale di un DAC con n bit a scala di resistenze R-$2R$.

Sommario

I segnali prodotti dai moderni elaboratori digitali sono costituiti da sequenze ordinate di bit. Per poter comandare gli attuatori devono essere trasformati in segnali analogici, aventi un andamento continuo nel tempo e nei valori. I dispositivi che svolgono questa funzione d'interfaccia tra i sistemi digitali e il mondo esterno sono i convertitori D/A. Sono dispositivi che convertono la parola binaria ricevuta in un segnale ad essa proporzionale, attraverso una caratteristica di trasferimento a gradini. Successivamente un filtro passa basso con un'adeguata frequenza di taglio elimina le alte frequenze introdotte dai gradini o è la stessa resistenza di ingresso degli attuatori a produrre lo stesso risultato.
Il parametro caratteristico più importante per un DAC è la risoluzione, da cui dipende il numero di livelli che può assumere la tensione d'uscita all'interno dell'intervallo previsto.
La realizzazione circuitale su cui si basano i DAC commerciali consiste di una rete resistiva che varia in funzione della parola da convertire e produce un segnale analogico.
La soluzione più diffusa, perché garantisce prestazioni migliori, è la rete ladder *R*-2*R*, soprattutto nella versione chiamata invertita con deviatori di corrente, che rende più stabile il funzionamento del dispositivo e riduce sensibilmente i tempi di conversione. Meno usata e solo per DAC a bassa risoluzione è la rete a resistenze pesate che presenta l'inconveniente di occupare grandi spazi e richiedere resistenze di elevata precisione ma di valori molto diversi.

Risposte alle riflessioni

***FAQ* 1** No, perché quando in ingresso si ha un codice con tutti i bit a livello alto l'uscita vale $V_u = V_{FS} - Q$.

***FAQ* 2** È necessario che il S/H campioni il segnale ad assestamento avvenuto e lo mantenga costante durante la fase transitoria della conversione successiva. L'uscita subisce un trascurabile ritardo ma non risente degli effetti dei glitch.

***FAQ* 3** La caratteristica di trasferimento di un dispositivo è detta monotona se è sempre crescente o decrescente. Se l'errore di non linearità differenziale è superiore a $\pm(1/2) \cdot$ LSB questa proprietà potrebbe non essere più garantita.

***FAQ* 4** Perché, se i numeri negativi sono rappresentati con il complemento a 2, l'algoritmo che l'elaboratore deve eseguire per fare le addizioni e le differenze è lo stesso.

***ReT* 1** I deviatori, realizzati con porte logiche, quando sono nello stato chiuso presentano una resistenza piccola ma non nulla. Per evitare che queste resistenze inducano delle variazioni non trascurabili sulla tensione d'uscita è necessario che le resistenze pesate siano maggiori di alcuni ordini di grandezza rispetto a quelle dei deviatori.

***ReT* 2** Perché tutti i componenti sono più o meno sensibili alla variazione di temperatura che causa un'alterazione dei parametri rispetto al valore nominale. Per esempio in un DAC a resistenze pesate le differenti temperature potrebbero causare alterazioni del valore delle resistenze di diversa entità riducendo l'accuratezza del convertitore.

***ReT* 3** Inserendo una resistenza variabile sulla retroazione dell'amplificatore operazionale che realizza la conversione corrente-tensione. Regolando il valore della resistenza si può modificare il guadagno portando l'uscita massima al valore desiderato.

***ReT* 4** Nella rete invertita la commutazione dei deviatori non modifica le correnti che scorrono nei rami del circuito. Quindi i transitori hanno durata molto breve riducendo sensibilmente i tempi di assestamento.

Sitografia • Bibliografia

- www.dieet.unipa.it/caruso/SLIDES_CONV_AD_DA.pdf
- http://it.wikipedia.org/wiki/Convertitore_digitale–analogico
- http://digilander.libero.it/desdeus/Trasmissione/Convertitori_DAC.htm

- E. Panella – G. Spalierno, *Elettronica Digitale, Microprocessori e Trasmissioni*, ed. Cupido, 1991.
- R. Giometti – F. Frascari, *Elettronica*, ed. Calderini, 1995.
- I.R. Sinclair – J. Dunton, *Pratical Electronics HandBook*, Elsevier, 2007.

Esercizi e Problemi

FAQ 1

Es. 1 Un convertitore DAC a 3 bit ha tensione di riferimento V_{FS} = 5 V. Calcolare l'LSB del convertitore e disegnare la caratteristica di trasferimento ideale.

Es. 2 A quanti bit è un DAC che, con una tensione di riferimento V_{FS} = 10 V, produce un'uscita V_u = 8,75 V quando tutti i bit in ingresso sono a livello alto?

Es. 3 Un DAC a 8 bit produce una tensione d'uscita V_u = 1,93 V quando in ingresso è applicato il valore binario 00100001. Calcolare la tensione di riferimento e il LSB.

Es. 4 Un DAC, dopo aver convertito la parola binaria 01000000, riceve in ingresso la parola 00100010. La tensione d'uscita subisce nel passaggio un incremento ΔV_u = 937,5 mV.
Determinare:
a) il numero di bit del convertitore;
b) il quanto;
c) la tensione di riferimento;
d) il valore delle tensioni d'uscita corrispondenti alle parole convertite.

Es. 5 Un DAC riconverte in analogico un segnale precedentemente convertito con un rapporto segnale/rumore di quantizzazione *S/N* ≈ 62 dB. Il quanto, o *LSB*, del DAC è *Q* = 6,25 mV. Calcolare:
a) la tensione di riferimento V_{FS};
b) la massima tensione d'uscita $V_{u\,max}$;
c) il valore decimale e la corrispondente parola binaria da applicare in ingresso affinché l'uscita sia V_u = 1 V.

Es. 6 Un contatore modulo 8 è comandato da una frequenza di clock f_{ck} = 3 kHz. Il segnale prodotto dal contatore è applicato all'ingresso di un DAC a 4 bit con tensione di riferimento V_{FS} = 5 V.
Supponendo che i due dispositivi siano ideali, disegnare l'andamento del segnale d'uscita del DAC, evidenziandone il valore massimo. Quindi calcolarne il periodo e la frequenza.

Pr. 1 Come si può realizzare un moltiplicatore usando dei convertitori D/A?

FAQ 2

Es. 1 Un DAC ha una risoluzione percentuale *R*% = 0,0244 %. Calcolarne il numero di bit.

Es. 2 Motivando la risposta spiegare quale delle due seguenti commutazioni del codice d'ingresso potrebbe generare la sovratensione maggiore: 0010 → 0011 oppure 0100 → 0010.

Es. 3 Spiegare cosa rappresenta l'errore di non linearità differenziale.

Es. 4 Un convertitore D/A a 8 bit produce l'uscita V_u = 7,8125 V quando in ingresso è applicata la parola binaria 11001000. Calcolare:
a) il quanto *Q* del convertitore;
b) la massima tensione d'uscita;
c) la risoluzione percentuale.

Es. 5 Un DAC, con risoluzione percentuale *R*% = 6,25 % e tensione massima d'uscita $V_{u\,max}$ = 3,75 V, presenta inizialmente in uscita la tensione V_{u0} = 1 V. Quindi in successione converte due parole binarie che portano l'uscita a V_{u1} = 1,5 V e V_{u2} = 0,75 V. Motivando la risposta indicare quale tra le due conversioni richiede idealmente il tempo maggiore.

Pr. 1 Spiegare perché i tempi di assestamento maggiori si hanno in corrispondenza delle commutazioni dell'MSB.

FAQ 3

Es. 1 Se la tensione di riferimento di un DAC V_{FS} = 9 V fosse affetta da un'incertezza ± 100 mV. Quanto varrebbero l'errore di offset e l'errore massimo di guadagno?

Es. 2 La misura dell'uscita massima di un DAC a 4 bit fornisce $V_{u\,max}$ = 9,5 V. Sapendo che presenta un errore di offset ε_{off} = 125 mV, calcolare:
a) l'uscita massima prevista in assenza di errore;
b) la risoluzione percentuale;
c) la tensione di riferimento V_{FS}.

Es. 3 Quando in ingresso è applicata la parola binaria 100, un DAC con risoluzione percentuale *R*% = 12,5% e LSB = 0,625 V presenta un errore di guadagno ε_G = −50 mV. Calcolare l'errore causato dal guadagno sulla massima tensione d'uscita e sul quanto.
Calcolare inoltre il valore che presenterebbe l'uscita corrispondente all'ingresso 010 se il DAC avesse anche un errore di offset ε_{off} = 25 mV.

FAQ 4

Es. 1 Rappresentare in binario naturale e in BCD i seguenti numeri decimali: 6, 28, 63, 172.

Es. 2 Rappresentare il valore −10 con il codice modulo e segno, con il completamento a 1 e con il complemento a 2.

Es. 3 Un DAC a 12 bit ha una tensione di riferimento V_{FS} = 10 V. Calcolare il quanto del convertitore sia nel caso di codice binario naturale sia nel caso di BCD.

Es. 4 Un DAC a 3 bit bipolare ha una tensione di riferimento V_{FS} = 10 V. Calcolare la tensione d'uscita per ognuna delle possibili otto configurazioni d'ingresso.

Es. 5 Usando un codice a 6 bit, rappresentare, motivando se possibile, in modulo e segno, in complemento a uno e in complemento a due il valore zero e i seguenti valori decimali negativi −3, −9, −12, −25, −32, −54.

ReT 1

Es. 1 Calcolare il rapporto esistente tra la resistenza più piccola e quella più grande in un DAC a resistenze pesate a 12 bit.

Es. 2 Calcolare la tensione prodotta in uscita da un DAC a 6 bit con tensione massima V_{umax} = 7,875 V quando in ingresso è applicata la parola binaria 011010.

Es. 3 Si vuole realizzare un DAC a resistenze pesate a 6 bit con tensione di riferimento V_{FS} = −10 V e correnti massime di circa 100 μA. Calcolare il valore di tutte le resistenze necessarie.

Es. 4 Dimensionare le resistenze del seguente circuito in modo da realizzare un DAC unipolare a tre bit con V_{CC} = −15 V (la stessa dell'amplificatore operazionale). Il quanto del convertitore deve essere Q = 1,25 V e la resistenza di retroazione R_f deve dissipare potenze inferiori a P_{max} = 10 mW.

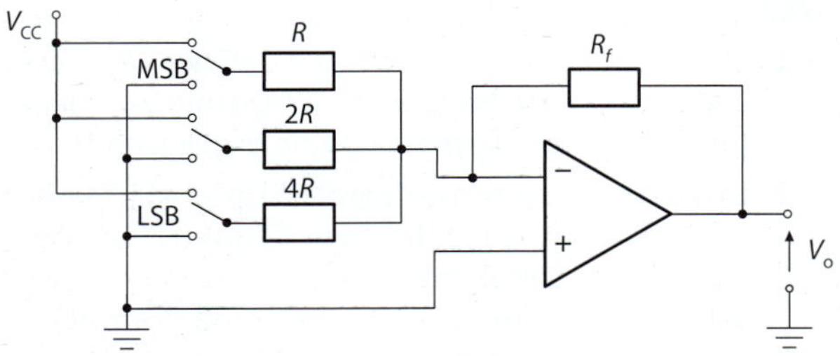

Es. 5 Utilizzando le resistenze calcolate nell'esercizio precedente, calcolare la tensione V' da applicare al morsetto non invertente dell'amplificatore operazionale del circuito seguente affinché il DAC presenti un'uscita di tensione bipolare, compresa tra -5 V e 3,75 V.

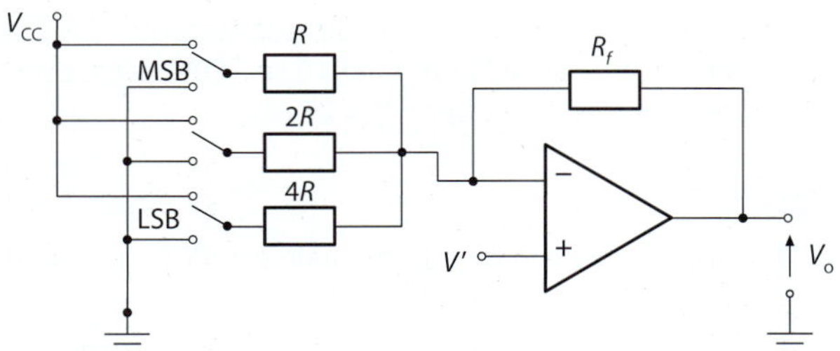

Es. 6 Un DAC è realizzato usando il circuito nella figura.

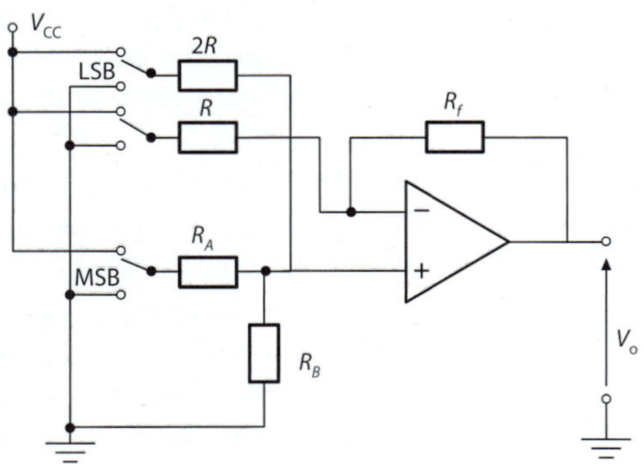

Calcolare la tensione d'uscita prodotta per ognuna delle otto possibili configurazioni binarie d'ingresso, ponendo V_{CC} = −12 V, R_A = 13,8 kΩ, R_B = 5 kΩ, R = 10 kΩ, R_f = 1,67 kΩ.
Quindi identificare qual è il codice binario d'ingresso accettato dal convertitore.

Pr. 1 Calcolare di quanto varia la tensione d'uscita dell'esercizio precedente rispetto alla situazione ideale se, applicando in ingresso le parole 011111 e 000000, i deviatori presentano resistenze di conduzione di 25 Ω.

Pr. 2 Come si può rendere bipolare il DAC dell'esercizio 2?

ReT 2

Es. 1 Verificare l'uscita del circuito di fig. 2.11 quando in ingresso è posta la parola binaria 1010 1111 0000.

Es. 2 Dimostrare, calcolandone il valore, che per un DAC come quello della fig. 2.11 deve essere R_1 = 16R.

Pr. 1 Calcolare il valore che devono assumere le resistenze R_0 e R_1 del circuito in fig. 2.11 se s'intende costruire un DAC a 12 bit che funzioni in BCD.

ReT 3

Es. 1 Calcolare le correnti che scorrono in ogni resistenza delle rete ladder di un DAC a tre bit R-2R, avente V_r = 12 V e R = 5 kΩ, quando in ingresso vi è la parola binaria 1001.

Es. 2 Disegnare lo schema di un DAC a rete R-2R a 2 bit e spiegarne il funzionamento. Calcolare le correnti nei resistori con le quattro possibili configurazioni d'ingresso verificando se restano sempre le stesse o cambiano.

ReT 4

Es. 1 Disegnare lo schema di un DAC con rete R-2R invertita. Quindi calcolare i valori di tutte le resistenze imponendo che il generatore di riferimento con tensione V_r = 18 V eroghi durante il funzionamento una potenza P_G = 5 mW. Infine calcolare la corrente che attraversa il deviatore relativo al bit meno significativo.

MODULO 6

Onde elettromagnetiche

indice

abilità

La discussione degli esempi e delle riflessioni, l'analisi del testo e lo svolgimento di alcuni esercizi favoriscono lo sviluppo delle seguenti abilità:

- individuare i parametri che caratterizzano una forma d'onda periodica nel dominio del tempo e della frequenza
- riconoscere le cause di degrado della qualità dei segnali

UNITÀ 6.1

Sorgenti e propagazione

Elettromagnetismo, natura, tecnologia

In questa Unità si descrive l'onda elettromagnetica come *vettore energetico*, in grado di propagarsi in modo libero nello spazio o di raggiungere la destinazione attraverso percorsi guidati

La comprensione delle onde elettromagnetiche, anche non troppo approfondita, non è mai risultata semplice.
Ci sembra propositivo un approccio volto a mettere in evidenza che determinati sviluppi a livello circuitale, funzionale e sistemico avvengano proprio perché è disponibile una realtà, l'onda elettromagnetica appunto, in grado di trasferire immediatamente, anche a grandi distanze, sia un contenuto energetico, sia un contenuto informativo.

indice

FAQ 1 Che cos'è il campo elettrico?

Cariche elettriche *ferme* generano un ***campo elettrico statico***, le cui proprietà si modificano nello spazio, ma non nel tempo. In altri termini, il campo elettrico statico è una modificazione permanente delle proprietà dello spazio che circonda la sorgente del campo stesso (una o più cariche elettriche ferme).

Il campo elettrico è un campo *vettoriale*: ad ogni punto dello spazio che circonda la sorgente viene associato un vettore **E**. Le linee orientate, tangenti ai vettori **E**, sono chiamate linee del campo; così, ad esempio, se il campo è generato da una carica sferica positiva le linee sono radiali, partono tutte dal centro della sfera e sono dirette verso l'esterno.

Il vettore **E** individua la forza che il campo esercita sulla carica unitaria (Q = 1 C) messa in quel punto.

Il modulo di tale forza è chiamato ***intensità del campo elettrico***; si indica con E e si misura in newton/coulomb (N/C), equivalenti a volt/metro (V/m).

In formula:

$$E = F/Q$$

Quando il vettore **E** (e quindi anche il suo modulo E) è uguale in tutti i punti di una porzione di spazio, cioè quando le linee del campo sono tutte parallele ed equiverse, si dice che in tale porzione si ha un *campo elettrico uniforme*. È ad esempio la situazione che si verifica (pur con qualche approssimazione verso i bordi) nella regione compresa tra le armature di un condensatore piano, quando tra le armature stesse c'è una differenza di potenziale (fig. 1.1).

In questo caso si dimostra che il vettore **E** è orientato dall'armatura a potenziale alto verso quella a potenziale basso e che la sua intensità vale

$$E = V/d$$

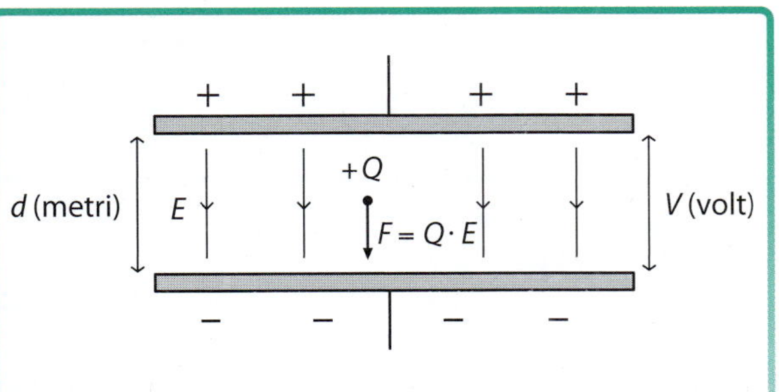

Fig. 1.1 Campo elettrico nella regione tra le armature di un condensatore piano, con differenza di potenziale tra le armature stesse. Una carica Q, inserita in tale campo, è soggetta a una forza di modulo $F = Q \cdot E = Q \cdot V/d$.

Esempio Calcolare l'intensità del campo elettrico nella zona tra due armature affacciate, separate dall'aria, ciascuna di area A = 1 m², distanti 10 cm e sottoposte a una differenza di potenziale (tensione) di 100 V.

Discussione Svolgiamo l'equivalenza 1 cm = 10^{-2} m².
Il campo è abbastanza uniforme (salvo qualche irregolarità verso i bordi delle armature), dato che le dimensioni lineari delle armature sono molto più grandi della distanza tra le stesse; il campo inoltre non dipende dalla forma delle armature (che potrebbero ad esempio essere quadrate, rettangolari, triangolari, circolari ecc.). Il vettore è orientato dall'armatura a potenziale alto verso quella a potenziale basso; il suo modulo E (cioè l'intensità del campo elettrico) non dipende dalla capacità del condensatore (la stessa capacità potrebbe essere realizzata raddoppiando sia l'area A, sia la distanza d); dipende invece dalla tensione tra le armature e dalla loro distanza. Si ha:

$$E = V/d = 10^2/10^{-2} = 10^2 \cdot 10^2 = 10^4 \text{ V/m}$$

Esistono *campi elettrici artificiali* (ad esempio quello tra le armature di un artefatto come un condensatore) e *campi elettrici naturali*: uno molto familiare è il ***campo elettrico terrestre***. La sua origine è attribuita al "condensatore sferico carico" che circonda la Terra: un'armatura è quella"superiore", con carica positiva, costituita dagli strati dell'atmosfera che vengono ionizzati dalle radiazioni provenienti dallo spazio; l'altra armatura, con carica negativa, è quella inferiore, immediatamente al di sopra del suolo, dove lo strato di aria viene ionizzato prevalentemente dal decadimento radioattivo di atomi della crosta terrestre.

Il campo elettrico tra le due armature non è costante, né nello spazio (l'intensità diminuisce all'aumentare della quota), né nel tempo; ad esempio, infatti, a quote basse e con clima secco si rilevano intensità dell'ordine di 10^2 V/m o poco più, mentre in condizione di clima temporalesco tali valori possono anche diventare dell'ordine di 10^4 V/m. Condizioni particolari, la cui analisi è abbastanza complessa, possono dare luogo a una scarica elettrica attraverso l'aria, denominata *fulmine*, quando l'intensità del campo supera la rigidità dielettrica dell'aria stessa, dell'ordine di 10^6 V/m con clima secco e quasi di un ordine di grandezza inferiore con clima umido. L'energia associata a un fulmine è dell'ordine del giga joule (10^9 J) o della decina di giga joule, quindi dell'ordine dei megawattora (MWh); la durata del fulmine varia tipicamente tra i centesimi di secondo e il secondo, per cui le potenze in gioco sono impressionanti. Le intensità delle correnti sono dell'ordine di $10^4 \div 10^5$ A.

Riflessione *Se riuscissimo a catturare e immagazzinare l'energia sprigionata da un fulmine, quali benefici potremmo avere?*

FAQ 2 Che cos'è il campo magnetico?

Cariche elettriche in ***moto uniforme*** generano un ***campo magnetico statico***, le cui proprietà si modificano nello spazio, ma non nel tempo. In altri termini, il campo magnetico statico è una modificazione permanente delle proprietà dello spazio che circonda la sorgente del campo stesso (una o più cariche elettriche in moto uniforme).

Il campo magnetico è un campo *vettoriale*: ad ogni punto dello spazio che circonda la sorgente viene associato un vettore **B**; le linee orientate, tangenti ai vettori **B**, sono chiamate *linee del campo*; così, ad esempio, se il campo è generato dalla corrente continua che percorre un filo rettilineo, le linee sono tutte concentriche al filo e giacciono in piani perpendicolari alla direzione del filo stesso. Il vettore **B** individua la forza che il campo esercita sull'elemento di lunghezza unitaria ($L = 1$ m) percorso dalla corrente unitaria ($I = 1$ A) messo in quel punto, con direzione perpendicolare rispetto a quella delle linee del campo stesso. Il modulo di tale forza è chiamato ***intensità del campo magnetico***; si indica con B e si misura in newton/(metri · ampere), (N/(m · A)), chiamati *tesla* (T). In formula:

$$B = F/(I \cdot L)$$

Quando il vettore **B** (e quindi anche il suo modulo B) è uguale in tutti i punti di una porzione di spazio, cioè quando le linee del campo sono tutte parallele ed equiverse, si dice che in tale spazio si ha un *campo magnetico uniforme*. È ad esempio la situazione che si verifica (pur con qualche approssimazione verso gli estremi) all'interno di un solenoide, occupato dall'aria (che ha permeabilità circa uguale a quella del vuoto, μ_0) formato da N spire, avente lunghezza L_{sol} ben superiore rispetto al suo diametro e percorso da una corrente costante di intensità I_{sol} (fig. 1.2). In questo caso si dimostra che il vettore **B** ha orientamento stabilito dalla "regola della vite destrorsa" e che la sua intensità vale

$$B = \mu_0 \cdot N \cdot I_{sol} / L_{sol}$$

Esempio Calcolare l'intensità del campo magnetico interno a un solenoide di lunghezza $L_{sol} = 1$ m, realizzato con $N = 500$ spire autoportanti, con diametro di 5 cm e percorso da una corrente $I_{sol} = 10$ A. Calcolare poi la forza alla quale sarebbe soggetto un tratto ci conduttore di lunghezza $L = 2$ cm, percorso dalla corrente $I = 3$ A, inserito perpendicolarmente alla direzione delle linee del campo e individuare direzione e verso di tale forza.

Discussione La lunghezza del solenoide supera nettamente il suo diametro, per cui il campo magnetico può essere considerato uniforme. Le spire autoportanti consentono di non usare supporti diversi dall'aria, le cui caratteristiche "magnetiche" sono abbastanza simili a quelle del vuoto, dove $\mu_0 = 12{,}56 \cdot 10^{-7}$ T · m/A.
Si può pertanto scrivere:

$$B = \mu_0 \cdot N \cdot I_{sol}/L_{sol} = 12{,}56 \cdot 10^{-7} \cdot 5 \cdot 10^2 \cdot 10/1 \ (\text{T} \cdot \text{m/A}) \cdot \text{A/m} = 6{,}28 \cdot 10^{-3}\ \text{T}.$$

Il tratto di conduttore di lunghezza $L = 2$ cm $= 2 \cdot 10^{-2}$ m (che evidentemente deve fare parte di un circuito chiuso) è sottoposto a una forza $F = B \cdot I \cdot L = 6{,}28 \cdot 10^{-3} \cdot 3 \cdot 2 \cdot 10^{-2} = 37{,}7 \cdot 10^{-5}\ \text{T} \cdot \text{A} \cdot \text{m} = 37{,}7 \cdot 10^{-5}\ \text{N/(A} \cdot \text{m)} \cdot \text{A} \cdot \text{m} = 37{,}7 \cdot 10^{-5}\ \text{N}$.
Il verso di tale forza è definito dalla "regola della mano sinistra": indicando in ordine alfabetico **c**ampo, **c**orrente, **f**orza, ad essi corrispondono in ordine alfabetico i nomi delle dita **i**ndice, **m**edio, **p**ollice, disposti tra di loro in modo perpendicolare. Il pollice indica il verso della forza.

Esistono *campi magnetici artificiali* (ad esempio quello interno alle spire di un artefatto come un solenoide) e *campi magnetici naturali*: uno molto familiare è il ***campo magnetico terrestre***. L'intensità del campo magnetico terrestre, vicino alla superficie del pianeta, è dell'ordine di $0{,}5 \cdot 10^{-4}$ T; nei laboratori di ricerca, magneti realizzati con solenoidi a superconduttori consentono di raggiungere intensità dell'ordine di 20 ÷ 30 T.

Riflessione *Come si interpreta la "regola della vite destrorsa" nel caso di un solenoide?*

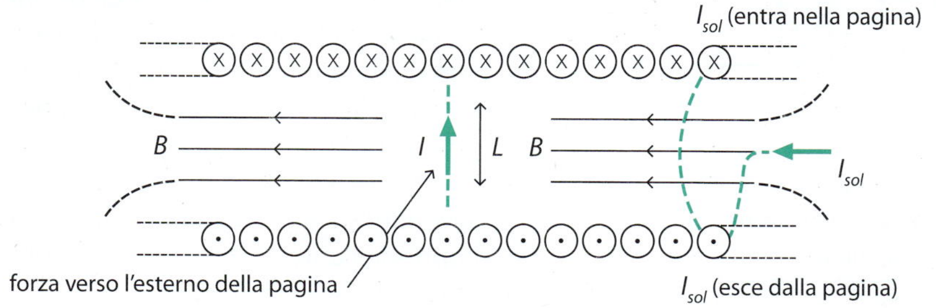

Fig. 1.2 Campo magnetico nella regione interna a un solenoide "avvolto in aria" (o autoportante), percorso da corrente continua I_{sol}. Un filo di lunghezza L, percorso da una corrente di intensità I e inserito perpendicolarmente alle linee di B in tale campo, è soggetto a una forza che in modulo vale $F = B \cdot I \cdot L$.

FAQ 3 Che cos'è il campo elettromagnetico?

Cariche elettriche ***accelerate*** generano un ***campo elettromagnetico***, le cui proprietà, descritte contemporaneamente da un vettore campo elettrico di modulo E e da un vettore campo magnetico di modulo B, si modificano sia nello *spazio*, sia nel *tempo*. In altri termini, il campo elettromagnetico è una realtà che modifica in modo "evolutivo nel tempo" le proprietà dello spazio che circonda la sorgente (una o più cariche accelerate). Le modifiche sono descritte da un'***onda***, che si propaga alla perfezione nel vuoto, dove assume la velocità di $3 \cdot 10^8$ m/s (la cosiddetta velocità della luce). L'onda trasporta (anche) ***energia***.

Lo studio generalizzato delle onde elettromagnetiche è assai complesso; per avere riferimenti concreti e precisi, prendiamo in esame un particolare tipo di onda, chiamata ***onda polarizzata linearmente***. In essa, il vettore **E** "vibra" sempre in un determinato piano, mentre il vettore **B** "vibra" sempre in un piano perpendicolare a quello di **E**. Se ad esempio **E** vibra in verticale, allora **B** vibra in orizzontale e l'onda si propaga lungo una direzione perpendicolare al piano individuato dai due vettori, con verso stabilito dalla "regola della mano destra".

Se il moto accelerato delle cariche è di tipo armonico, allora anche le intensità E e B variano in modo armonico; sono tra loro in fase e i valori che assumono dipendono sia dallo spazio (ad esempio posizione z), sia dal tempo (istante t); ciascuna intensità è pertanto funzione di due variabili. Per rappresentare le intensità su un grafico a due dimensioni (cioè sul piano cartesiano), è necessario considerare una variabile alla volta. Così, in un determinato istante, una "foto" fatta a ciascun segnale ne descrive l'evoluzione nello spazio (la variabile è z); in un determinato punto, l'osservazione dei valori assunti da E e da B ne descrive l'evoluzione nel tempo (la variabile è t). Si veda la fig. 1.3. Quando la variabile è z, la distanza tra due creste consecutive dello stesso segno individua la lunghezza d'onda λ, che si misura in metri; quando la variabile è t, la distanza tra due creste consecutive dello stesso segno individua il periodo T, che si misura in secondi.

La lunghezza d'onda, che corrisponde allo spazio percorso dall'onda in un tempo pari al suo periodo, è legata al periodo (e alla frequenza) dalla seguente equazione:

$$\lambda = v \cdot T = v \cdot (1/f)$$

Lo studio sistematico delle onde elettromagnetiche *polarizzate linearmente* porta inoltre alle seguenti conclusioni:

- le ampiezze E e B stanno tra loro in rapporto costante; si ha $E/B = c$ ($c = 3 \cdot 10^8$ m/s);
- alla propagazione dell'onda è associata una grandezza, chiamata **vettore di Poynting**: il suo verso coincide con quello di propagazione dell'onda e il suo modulo, indicato a volte con S, individua l'energia trasportata dall'onda nell'unità di tempo attraverso una superficie di area unitaria (cioè la potenza per unità di area, che si misura in watt/metro quadrato, W/m²). Nel vuoto (o, in pratica, anche nell'aria) si ha

$$S = (E \cdot B)/\mu_0$$

μ_0 indica la permeabilità magnetica del mezzo attraversato dall'onda. Nel vuoto (e in pratica nell'aria) si ha $\mu_0 = 12{,}56 \cdot 10^{-7}$ T · m/A.

Riflessione *Come si può interpretare la "regola della mano destra" nel caso della propagazione di un'onda elettromagnetica polarizzata linearmente?*

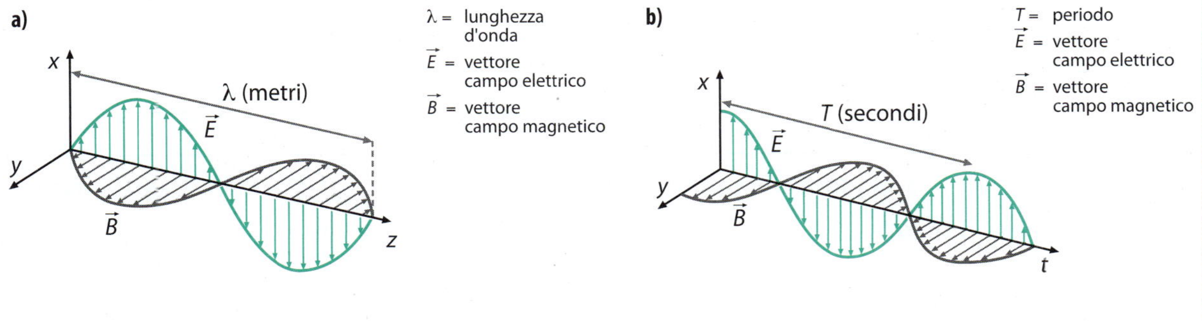

Fig. 1.3 **a)** Rappresentazione grafica del campo elettrico e del campo magnetico in funzione dello spazio – si definisce la lunghezza d'onda λ –; **b)** rappresentazione grafica del campo elettrico e del campo magnetico in funzione del tempo – si definisce il periodo T.

FAQ 4 Che cos'è lo spettro elettromagnetico?

L'insieme di tutte le radiazioni elettromagnetiche, sia naturali, sia artificiali, dà luogo al cosiddetto *spettro elettromagnetico*, o *spettro delle onde elettromagnetiche*. Le radiazioni vengono classificate o secondo la loro ***lunghezza d'onda***, o secondo la loro ***frequenza***; più rare le classificazioni fatte sulla base del periodo (fig. 1.4).

Sono onde elettromagnetiche:

- le ***onde radio***, impiegate in particolare per trasmettere, attraverso opportuni processi di modulazione, suoni, immagini, dati; per la telefonia cellulare, per le reti wireless dei sistemi informatici; le loro lunghezze d'onda occupano un *range* convenzionalmente compreso tra 10^4 m e 10 cm. Di solito vengono generate artificialmente, attraverso apparati elettronici;
- le ***microonde***, impiegate in particolare per realizzare ponti radio, per cuocere cibi, per studiare cristalli, per radiografare strutture ossee; le loro lunghezze d'onda occupano un *range* convenzionalmente compreso tra 10 cm e 1 mm. Di solito vengono generate artificialmente, attraverso apparati elettronici;
- i ***raggi infrarossi***, emessi da tutti i corpi con temperature maggiori di 0 K (zero assoluto), usati in particolare nei sistemi di riscaldamento (irraggiamento termico); le loro lunghezze d'onda occupano un *range* convenzionalmente compreso tra 1 mm e 0,8 μm. Vengono generati sia artificialmente (ad esempio riscaldando dei corpi), sia naturalmente;
- la ***radiazione visibile***, o *luce*, emessa da tutti i corpi "incandescenti", sia naturali (il Sole ad esempio, la nostra centrale nucleare benefica), sia artificiali (le lampade per l'illuminazione, i fuochi ecc.); le lunghezze d'onda della luce occupano un *range* convenzionalmente compreso tra 0,8 μm e 0,4 μm. I segnali della radiazione visibile vengono generati sia artificialmente (ad esempio riscaldando dei corpi fino all'incandescenza), sia naturalmente;
- i ***raggi ultravioletti***, emessi in particolare dal Sole e artefici di molte reazioni chimiche, quali quelle che consentono la formazione dell'ozono a livelli alti nell'atmosfera e quelle che favoriscono l'abbronzatura della pelle umana; le loro lunghezze d'onda occupano un *range* convenzionalmente compreso tra 0,4 μm e 10 nm. Vengono generati sia artificialmente (ad esempio dalle lampade per l'abbronzatura), sia naturalmente;
- i ***raggi X***, generati anche artificialmente, sia per analisi mediche, sia per studi cristallografici; le loro lunghezze d'onda occupano un *range* convenzionalmente compreso tra 10 nm e 100 pm. Vengono usati in particolare in applicazioni mediche, per analizzare strutture ossee;
- i ***raggi gamma***, naturali conseguenze di trasformazioni radioattive e di reazioni nucleari, caratterizzati da notevolissime capacità di penetrazione nei materiali, al punto che per arrestarli servono schermi molto consistenti. In grado di ionizzare moltissimi atomi, sono molto pericolosi per l'organismo umano e, in generale, per gli esseri viventi. Le loro lunghezze d'onda iniziano convenzionalmente intorno ai 100 pm e diminuiscono di numerosi ordini di grandezza, dieci e anche più.

E qui siamo alla frontiera di nuova conoscenza.

Riflessione *Il termine* radiazione *viene associato solo alle onde elettromagnetiche?*

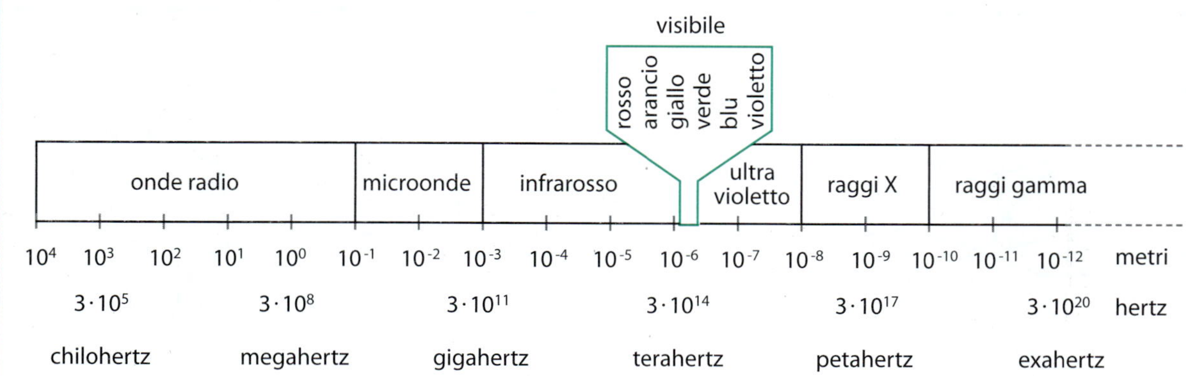

Fig. 1.4 Spettro delle onde elettromagnetiche attualmente conosciute. Il *range* forse ancora meno esplorato, anche a causa della pericolosità delle radiazioni, è quello dei raggi gamma. La ricerca sembra non avere ancora ben definito *"che cosa c'è oltre"*; ma un secolo fa questa era probabilmente la situazione per i raggi *X*...

ReT 1 Sorgenti naturali

Il Sole

La vita sulla Terra ha come fonte energetica il Sole; più in particolare, l'energia raggiunge il nostro pianeta attraverso onde elettromagnetiche, che percorrono la distanza Sole-Terra viaggiando nel vuoto, alla velocità di $3 \cdot 10^8$ m/s.

Esempio 1 Calcolare il tempo necessario affinché l'energia trasformata dal Sole raggiunga la Terra.

Discussione Parliamo di energia "trasformata" e non "generata" (... l'energia non si crea...); il Sole è infatti una enorme centrale nucleare naturale, dove si realizza il processo di *fusione nucleare* (uno dei sogni che il genere umano sta coltivando è quello di ottenere la fusione nucleare in modo artificiale, qui sul nostro pianeta). La distanza Sole-Terra è di circa 150 milioni di chilometri, cioè lo spazio percorso è $s = 150 \cdot 10^6$ km $= 1{,}5 \cdot 10^2 \cdot 10^6 \cdot 10^3$ m $= 1{,}5 \cdot 10^{11}$ m; essendo la velocità di propagazione $v = 3 \cdot 10^8$ m/s, il tempo impiegato a percorrere lo spazio s sarà $t = s/v = (1{,}5 \cdot 10^{11}\ \text{m})/(3 \cdot 10^8\ \text{m/s}) = 0{,}5 \cdot 10^{11} \cdot 10^{-8}\text{s} = 0{,}5 \cdot 10^3\ \text{s} = 500$ s. Tradotto in minuti, tale tempo è (500 s)/(60 s/min) = 8,33 minuti. Quando *"vediamo"* il Sole in una certa posizione, esso è già in realtà *un po' più avanti*.

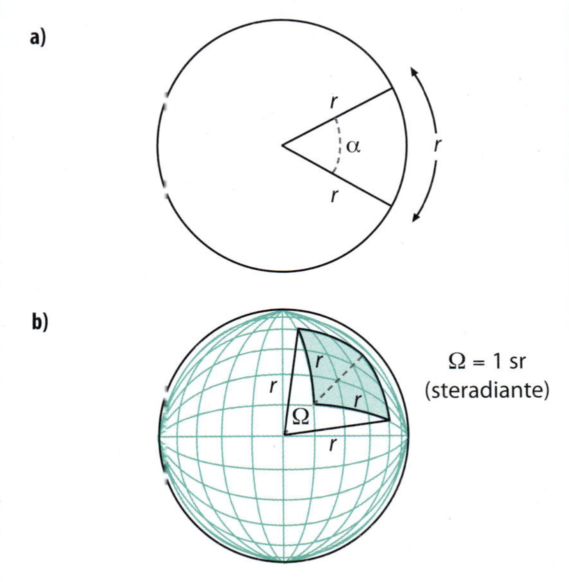

Fig. 1.5 **a)** Il radiante è l'angolo piano sotteso da una porzione di circonferenza di lunghezza r; **b)** lo steradiante è l'angolo solido sotteso da una porzione di superficie sferica di area r^2.

Le continue accelerazioni subite da particelle cariche elettricamente durante i processi di fusione nucleare generano un enorme campo elettromagnetico che si propaga in modo uniforme in tutto lo spazio che circonda il Sole o, con linguaggio geometrico, si propaga in modo uniforme in tutto l'*angolo solido*, che vale 4π sr (*steradianti*) (fig. 1.5); la Terra in realtà intercetta solo una piccolissima parte dell'energia trasportata da tale campo (fig. 1.6).

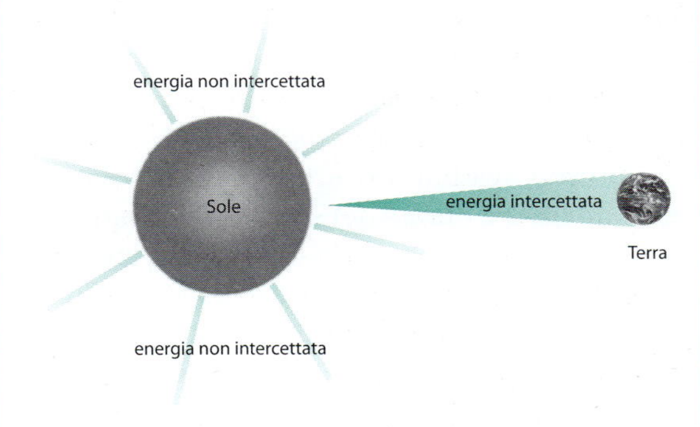

Fig. 1.6 La Terra intercetta solo una piccolissima frazione dell'energia emessa da Sole.

Esempio 2 Calcolare la frazione di energia emessa dal Sole che viene intercettata dalla Terra.

Discussione I raggi del Sole, percorrendo lo spazio, vedono il pianeta Terra come un disco di raggio $r_{Terra} = 6370$ km $= 6{,}37 \cdot 10^3$ km $= 6{,}37 \cdot 10^3 \cdot 10^3$ m $= 6{,}37 \cdot 10^6$ m; l'area del disco è pertanto $A_{disco} = \pi \cdot r^2 = 3{,}14 \cdot 6{,}37^2 \cdot (10^6)^2\ \text{m}^2 = 3{,}14 \cdot 40{,}58 \cdot 10^{12}\ \text{m}^2 = 127{,}41 \cdot 10^{12}\ \text{m}^2 \approx 127 \cdot 10^{12}\ \text{m}^2$. Tale disco si trova a circa 150 milioni di chilometri dal Sole, cioè a $1{,}5 \cdot 10^{11}$ m e fa parte di una sfera immaginaria con tale raggio e pertanto con area $A_{sfera} = 4\,\pi \cdot r^2 = 12{,}56 \cdot 1{,}5^2 \cdot (10^{11})^2 = 12{,}56 \cdot 2{,}25 \cdot 10^{22}\ \text{m}^2 = 28{,}26 \cdot 10^{22}\ \text{m}^2 \approx 28 \cdot 10^{22}\ \text{m}^2$. Il rapporto tra le due aree individua la frazione di energia emessa dal Sole che viene intercettata dalla Terra; sarà pertanto:
(energia intercettata dalla Terra) / (energia emessa dal Sole) = $= A_{disco}/A_{sfera} \approx 127 \cdot 10^{12}\ \text{m}^2/28 \cdot 10^{22}\ \text{m}^2 \approx 4{,}5 \cdot 10^{-10}$.

Altre sorgenti naturali di onde elettromagnetiche

Vengono di solito incluse nella categoria delle sorgenti naturali anche le radiazioni, cioè manifestazioni energetiche che possono avere come veicolo sia onde elettromagnetiche, sia particelle. In particolare, il pianeta Terra è interessato da alcune sorgenti di radiazioni, tra le quali ricordiamo il *radon*, gas ionizzante che si sprigiona dal sottosuolo e che viene in particolare studiato per gli effetti che può avere all'interno delle abitazioni, sia le radiazioni ionizzanti associate al decadimento del *potassio 40*, presente nella crosta terrestre.

Riflessione *Le onde emesse dal Sole appartengono alla categoria delle radiazioni ionizzanti?*

ReT 2 Sorgenti artificiali

Alle sorgenti naturali si affiancano quelle artificiali, realizzate dal genere umano, attualmente basate sulla componentistica a stato solido. I capostipiti dei componenti elettronici a stato solido sono la *giunzione P-N*, che ha consentito la realizzazione del *diodo*, e l'insieme di due giunzioni *P-N*, che ha consentito la realizzazione del *transistore*. Il diodo con proprietà di rettificazione e il transistore con proprietà di amplificazione e di commutazione hanno dato il via al superamento della cosiddetta *tecnologia del vuoto* (o dei *tubi a vuoto*) – che presentava limiti riferibili in particolare a dimensioni, peso e durata dei suoi componenti – e allo sviluppo dell'*elettronica dello stato solido*, ancora oggi largamente dominante e pervasa da crescenti livelli di integrazione di componenti elementari in sottosistemi sempre più complessi e sempre meno ingombranti.

Dal punto di vista delle applicazioni, le sorgenti artificiali perseguono obiettivi "di ambito"; una possibile classificazione è la seguente:

- trasmissione a distanza d'informazione;
- trasmissione a distanza di energia.

La *trasmissione a distanza d'informazione*, obiettivo tipico dall'inizio del '900, ha visto dapprima lo sviluppo delle comunicazioni cosiddette *radiofoniche*, destinate a trasmettere a distanza suoni (audio: parlato e musica); poi quello delle comunicazioni *televisive*, destinate a trasmettere a distanza suoni e immagini (audio e video); infine quello di dati (comunicazioni codificate tra computer).

La *trasmissione a distanza di energia*, obiettivo tipico dei decenni attuali, ha visto lo sviluppo di tecnologie quali ad esempio quella dei forni a microonde per la cottura dei cibi, dei sistemi LASER (*Light Amplification by Stimulated Emission of Radiation*) per la saldatura e il taglio di metalli, quella di sistemi a microonde su satellite, in grado di trasferire a terra l'energia solare 24 ore su 24 (ancora in fase di ricerca).

Dal punto di vista concettuale, le due categorie (informazione ed energia) hanno una differenza di fondo.

La trasmissione d' *informazione* impiega le onde elettromagnetiche come "veicolo" per l'informazione, che viene associata al veicolo stesso attraverso i cosiddetti processi di *modulazione*; basta che l'onda elettromagnetica arrivi a destinazione con un minimo di energia, tale da consentire la ricostruzione e l'amplificazione, nel punto di destinazione, delle informazioni affidate alla modulazione; detto in altri termini, la trasmissione di informazioni ha come obiettivo quello di far arrivare a destinazione dei "**bit**".

La trasmissione (artificiale) di energia impiega invece le onde elettromagnetiche come "veicolo" per l'energia stessa, imitando artificialmente ciò che il Sole fa naturalmente con la Terra; è pertanto necessario che tutta (o quasi) l'energia in partenza arrivi a destinazione; in altri termini, la trasmissione di energia ha come obiettivo quello di far arrivare a destinazione dei "**joule**".

Così, ad esempio, se per la trasmissione d'informazione può essere impiegata anche la modalità *broadcasting* (da un punto verso "tutti"), tale modalità risulta penalizzante per la trasmissione di energia (... solo un trasmettitore con la potenza del Sole se lo può permettere...).

Riflessione *Il Sole è una sorgente naturale con potenza dell'ordine di 10^{26} W. Quali sono gli ordini di grandezza delle potenze delle sorgenti artificiali?*

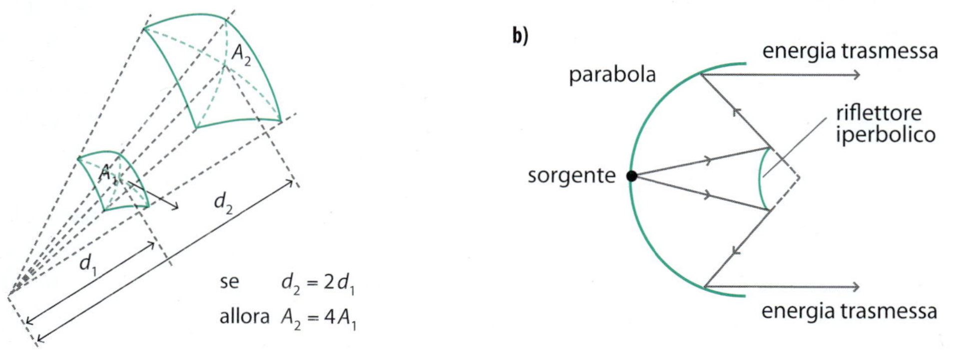

Fig. 1.7 **a)** Quando si vuole trasmettere *informazione* in modalità *broadcasting*, la potenza irradiata dal trasmettitore si distribuisce su superfici che crescono con la distanza dalla sorgente, per cui la densità di potenza (W/m^2) continua a diminuire all'aumentare della distanza; basta tuttavia che tale densità non sia inferiore a determinati livelli minimi in ogni punto di ricezione; **b)** la trasmissione di energia richiede invece che tutta la potenza del trasmettitore raggiunga il destinatario, per cui una trasmissione *broadcasting* risulterebbe poco conveniente, in quanto darebbe "poca energia a molti" e "tanta energia a nessuno". Servono allora trasmissioni direzionali.

ReT 3 Propagazione libera

Il campo elettromagnetico, ovvero quella modificazione delle proprietà dello spazio che circonda una carica elettrica, o un sistema di cariche elettriche, sottoposte ad accelerazioni, si propaga (sotto forma di onda):

- alla perfezione attraverso lo spazio vuoto;
- con non molte difficoltà attraverso l'aria;
- con non molte difficoltà attraverso i materiali dielettrici (isolanti);
- con maggiori difficoltà attraverso i materiali conduttori.

Alla difficoltà di propagazione corrisponde una cessione di parte dell'energia dell'onda all'ambiente che essa attraversa.

Consideriamo "libera" la propagazione di un segnale che, una volta ricevuto l'ordine su quale direzione seguire e con quale divergenza procedere da parte dell'antenna trasmittente, procede in modo rettilineo e non "deve fare i conti" con nessun supporto che lo guida attraverso il percorso, ad esempio obbligandolo a fare una curva.

È propagazione libera quella del raggio di un puntatore LASER, dalla sorgente allo schermo sul quale incide e quella del fascio di un forno a microonde, dalla sorgente (chiamata MAGNETRON) alla destinazione (il cibo da cuocere).

Per frequenze sufficientemente elevate (in prima approssimazione superiori a qualche centinaio di megahertz), la propagazione libera del campo elettromagnetico può essere assimilata a quella di un insieme di raggi divergenti, che formano un cono di radiazione; se l'angolo solido che individua il cono è molto, molto più piccolo dell'angolo solido totale (4π *sr*), si parla di *trasmissione da punto a punto*; se invece tale angolo è in qualche modo paragonabile con l'angolo solido totale, si parla di *trasmissione broadcasting* (fig. 1.8). Nella trasmissione da punto a punto, quasi tutta l'energia (o la potenza) trasmessa arriva all'unico destinatario; nella trasmissione broadcasting, solo una piccolissima parte dell'energia (o potenza) trasmessa raggiunge ciascun destinatario.

Esempio Sono disponibili due trasmettitori di uguale potenza $P = 1$ kW. Attraverso opportune antenne, uno trasmette nell'angolo solido totale, $\Omega_{tot} = 4\pi$ sr (steradianti), l'altro irradia in un angolo solido $\Omega_{parz} = 10^{-2}$ sr. Calcolare la densità di potenza a 1 km dal trasmettitore.

Discussione Valutiamo la direzionalità del secondo trasmettitore, che irradia in un angolo più piccolo rispetto al primo di $\Omega_{tot}/\Omega_{parz} = 4\pi$ sr$/10^{-2}$ sr $= 12{,}56/10^{-2} = 12{,}56 \cdot 10^2$ volte. I punti che distano 1 km $= 10^3$ m dal trasmettitore giacciono su una sfera immaginaria con superficie di area $A_{sfera} = 4\pi r^2 = 12{,}56 \cdot (10^3)^2 = 12{,}56 \cdot 10^6$ m^2. Il primo trasmettitore distribuisce la potenza di 1 kW su tutta l'area, per cui a 1 km di distanza il segnale elettromagnetico avrà una densità di potenza di 10^3 W$/12{,}56 \cdot 10^6$ m$^2 = 80 \cdot 10^{-6}$ W/m^2. Il secondo trasmettitore distribuisce la stessa potenza di 1 kW su un'area più piccola di $12{,}56 \cdot 10^2$ volte, per cui la densità di potenza sarà più grande della stessa entità, cioè sarà di $80 \cdot 10^{-6}$ W/m$^2 \cdot 12{,}56 \cdot 10^2 = 10^{-1}$ W/m^2. Questo secondo trasmettitore dispone di un'antenna abbastanza direzionale: infatti tutta la potenza di 1 kW, a 1 km di distanza è ancora "contenuta" in 10^4 m^2 di area (es. quadrato con lato di 100 m).

Riflessione *Le proprietà del campo elettromagnetico sono identiche in vicinanza o in lontananza dalla sorgente?*

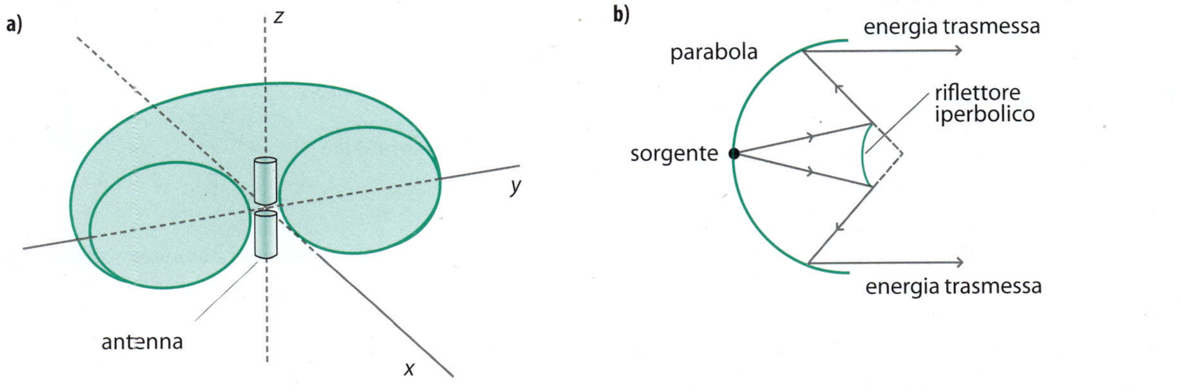

Fig. 1.8 Modalità di trasmissione a confronto: **a)** Trasmissione *broadcasting* totale; in realtà, sulla superficie terrestre tale tipo di trasmissione, piuttosto che in una sfera, indirizza i segnali in una specie di "ciambella", parallela alla superficie terrestre stessa; **b)** trasmissione direzionale: è molto usata nell'ambito delle telecomunicazioni (ad esempio nei ponti radio), ma anche in quello dell'ottica (ad esempio nei "fari abbaglianti" delle auto).

ReT 4 Propagazione guidata

Parlando di propagazione guidata, è prassi abbastanza consolidata nell'ambito delle Telecomunicazioni quella di riferirsi al procedere delle onde attraverso:

- linee di trasmissione, realizzate con conduttori e dielettrici solidi;
- guide d'onda, realizzate con canali di materiali conduttori e aria come dielettrico;
- fibre ottiche, realizzate con materiali dielettrici.

Linee di trasmissione Rappresentano la storia delle telecomunicazioni; venivano usate (ma lo sono ancora) per trasferire l'energia proveniente da un trasmettitore verso il sistema di antenne, di solito distanziato dal trasmettitore stesso per collocare le antenne in posizioni geograficamente convenienti per l'irradiazione del segnale, oppure per trasferire l'energia da un'antenna ricevente, collocata dove il campo elettromagnetico è sufficientemente intenso; è il caso, ad esempio, del cavo coassiale che collega l'antenna al televisore (fig. 1.9).
Vengono in molti casi realizzate sotto forma di piattina bifilare o di cavo coassiale; si comportano come dei filtri passa basso, con frequenza di taglio che raramente supera le centinaia di megahertz.
Il loro comportamento viene analizzato alla luce del concetto di *costanti distribuite*, necessariamente introdotto quando le dimensioni fisiche del sistema – in questo caso la lunghezza della linea – diventano confrontabili con la lunghezza d'onda dei segnali che la percorrono.

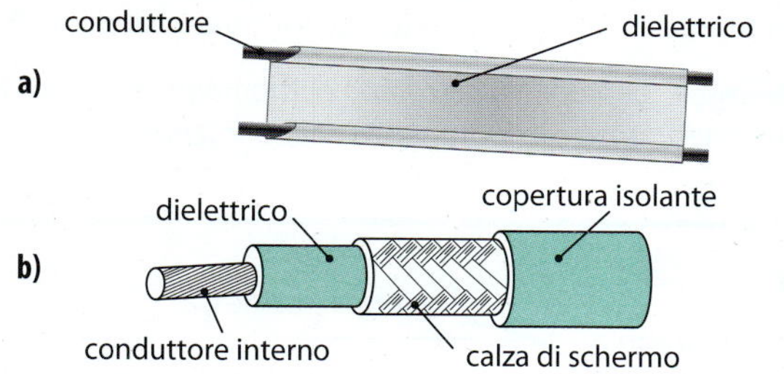

Fig. 1.9 **a) Linea bifilare**: la distanza tra i conduttori dipende dalla destinazione della linea, ma in generale è comunque contenuta entro pochi centimetri; **b) cavo coassiale**: il diametro dipende dalla destinazione della linea, ma in generale è comunque contenuto entro il centimetro o poco più.

Guide d'onda Anche le guide d'onda non sono di recente realizzazione; erano infatti già in dotazione nei sistemi RADAR usati durante la Seconda guerra mondiale. Vengono in molti casi realizzate sotto forma di struttura e sezione rettangolare o, meno comunemente, circolare (fig. 1.10); si comportano come dei *filtri passa alto*, con

$$\lambda_{taglio} = 2a$$

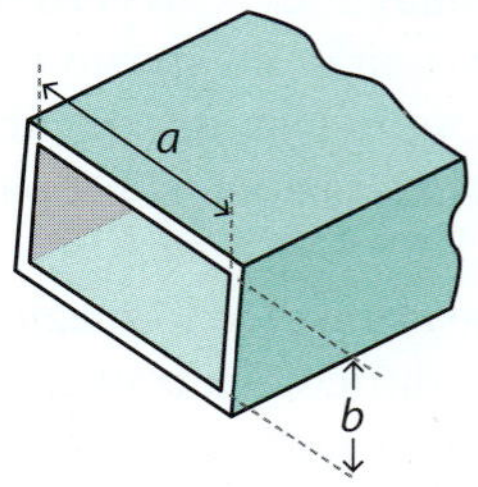

Fig. 1.10 Guida d'onda a sezione rettangolare: di solito è $b = 0{,}2 \div 0{,}5\,a$, mentre $a \approx 0{,}7\,\lambda$ (λ è la lunghezza dell'onda che transita nella guida).

Fibre ottiche Le cosiddette *fibre ottiche*, che in realtà trasportano segnali non visibili, si comportano come *filtri passa-banda, multi-banda*; nelle fibre usate nelle Telecomunicazioni (fig. 1.11) sono infatti caratteristiche le bande passanti collocate intorno alle lunghezze d'onda di 850 nm, 1310 nm, 1550 nm: la prima ai limiti del visibile, le altre due nell'infrarosso. Nella pratica, con la prima banda si realizzano collegamenti tra punti distanti qualche centinaio di metri; con la seconda si arriva ad alcuni chilometri, con la terza si raggiunge e oltrepassa il centinaio di chilometri.
Il comportamento delle fibre ottiche viene analizzato alla luce del concetto di propagazione mediante riflessione e rifrazione di raggi, possibile quando le lunghezze delle onde che transitano sono nettamente inferiori alle dimensioni fisiche della fibra; dato che le lunghezze d'onda sono dell'ordine del migliaio di nanometri, cioè dell'ordine del micron (o millesimo di millimetro), l'assunzione della propagazione di raggi è lecita.

1 nucleo centrale (*core*) di materiale vetroso o plastico 10 ÷ 50 μm
2 mantello (*cladding*) 125 μm
3 mantello esterno (*buffer*) 250 μm
4 guaina (*jacket*) 400 μm

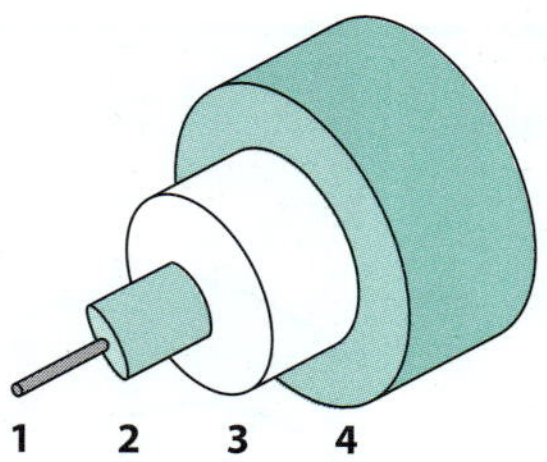

Fig. 1.11 Fibra ottica. Le dimensioni estremamente compatte, la possibilità di seguire percorsi anche tortuosi, la robustezza costruttiva, l'estrema leggerezza e i costi decrescenti nel tempo conferiscono grandi possibilità per gli sviluppi futuri dei collegamenti in fibra ottica.

Riflessione *È possibile quantificare la potenza che l'onda elettromagnetica perde nell'attraversare una linea di trasmissione, una guida d'onda, una fibra ottica?*

Sommario

Cariche elettriche in quiete generano un campo elettrico statico; correnti costanti generano un campo magnetico statico; cariche elettriche accelerate generano un campo elettromagnetico. Lo spettro dei segnali elettromagnetici spazia da lunghezze d'onda molto elevate, quali quelle delle reti elettriche (lunghezze d'onda di migliaia di chilometri), a lunghezze dell'ordine di 10^{-8} picometri, caratteristiche dei raggi gamma.
Il Sole è la sorgente di onde elettromagnetiche che consente la vita sulla Terra; le emette con una potenza impressionante, dell'ordine di 10^{26} W; le sorgenti artificiali di onde elettromagnetiche create dal genere umano possono solo raggiungere potenze incredibilmente inferiori, ad esempio dell'ordine dei megawatt alle frequenze radio. La propagazione delle onde elettromagnetiche può essere libera, come nello spazio o nell'aria – e in tal caso le onde si propagano come dei raggi, lungo percorsi rettilinei –, oppure guidata, come nelle linee di trasmissione, nelle guide d'onda e nelle fibre ottiche – e in tal caso le onde seguono il percorso tracciato dal supporto (linea, guida, fibra).

Risposte alle riflessioni

FAQ 1 Il contratto domestico medio per la fornitura di energia elettrica impegna il fornitore per una potenza di 3 kW, corrispondenti a una quantità di energia disponibile in 1 anno di 3 kW · 365 gg = 3 kW · 24 · 365 h = 26.280 kWh ≈ 26 MWh. Naturalmente, dato che non consumiamo istante per istante tutta l'energia disponibile, il consumo medio annuale di energia elettrica è nettamente inferiore, dell'ordine di 1200 kWh pro capite, per cui si può ipotizzare un consumo annuo per ogni contratto domestico (nucleo di 3 persone) di circa 3600 kWh = 3,6 MWh: lo stesso ordine di grandezza dell'energia mediamente associata a un fulmine.

FAQ 2 Facendo ruotare una vite destrorsa (quelle più comuni, di uso quotidiano) nel verso della corrente che percorre una spira del solenoide, l'avanzamento longitudinale della vite individua direzione e verso del campo magnetico interno al solenoide stesso.

FAQ 3 "Regola della mano destra" (per la propagazione di un campo elettromagnetico): indicando in ordine alfabetico **e**lettrico, **m**agnetico, **p**ropagazione, ad essi corrispondono in ordine alfabetico i nomi delle dita **i**ndice, **m**edio, **p**ollice, disposti tra di loro in modo perpendicolare. Il pollice indica il verso della propagazione.

FAQ 4 In realtà no: si parla infatti anche, ad esempio, di radiazione alfa, radiazione beta, radiazione *X*, radiazione gamma; tutte le radiazioni hanno in comune il fatto di trasportare energia. Nelle radiazioni alfa e beta il trasporto di energia avviene attraverso spostamenti di particelle; nella radiazioni *X* e gamma attraverso onde elettromagnetiche. La quantità di energia trasportata è data dalla somma di "pacchetti minimi di energia", chiamati "quanti". A ciascuna radiazione corrisponde uno specifico "quanto", di solito espresso in elettronvolt (eV).

ReT 1 Alcune no, altre sì; sono ionizzanti le onde che hanno frequenze dell'ordine di 10^{16} Hz, cioè a cavallo tra l'ultravioletto e la gamma dei raggi X.

ReT 2 In linea di massima, è difficile che le sorgenti artificiali a frequenze radio superino potenze dell'ordine di 10^6 W; anzi, di solito sono decisamente inferiori a tale valore, sia per motivi di compatibilità elettromagnetica (verso altri dispositivi), sia di assorbimento da parte del corpo umano. Così, ad esempio, un trasmettitore radio broadcasting in "AM onde medie" può raggiungere potenze dell'ordine dei centomila watt; uno in FM qualche centinaio o qualche migliaio di watt; un telefono cellulare (telefonino) qualche decimo di watt; una stazione radio base per telefonia cellulare qualche decina di watt; un forno a microonde un migliaio di watt.

ReT 3 No, sono diverse. In prima approssimazione, si parla di ***campo vicino*** per distanze dalla sorgente dell'ordine della lunghezza d'onda del segnale trasmesso; si parla di ***campo lontano*** per distanze maggiori. Nel campo vicino, campo elettrico e campo magnetico dell'onda si comportano in modo per così dire indipendente l'uno dall'altro; così, ad esempio, nota l'intensità di uno dei due campi, non è possibile ricavare quella dell'altro. In campo lontano la situazione è invece opposta: nota una intensità, si può risalire all'altra. Nello spazio vuoto (e in prima approssimazione anche nell'aria) vale la seguente relazione: $E/B = c$ (c è la velocità della luce).

ReT 4 Sì; si parla in tal senso di attenuazione della potenza trasmessa, che viene misurata in decibel per unità di lunghezza (dB/m). Ad esempio, un cavo coassiale alla frequenza di 100 MHz può attenuare la potenza del segnale di 1 dB/m; una guida d'onda alla frequenza di 10 GHz può attenuare la potenza del segnale di 0,03 dB/m, cioè 3 dB ogni 100 metri; una fibra ottica alla lunghezza d'onda di 1550 nm può attenuare la potenza del segnale di 0,0002 dB/m, cioè 0,2 dB ogni chilometro.

Sitografia • Bibliografia

- http://www.torinoscienza.it/dossier/onde_elettromagnetiche_2323
- http://www.scienzagiovane.unibo.it/scienziati/onda-em.html
- http://fisicaondemusica.unimore.it/Onde_elettromagnetiche.html
- A W.C. Johnson, *Electromagnetic wave transmission*, *Concise Encyclopedia of Science and Technology*, Mc Graw Hill, 1989.

Esercizi e Problemi

FAQ 1

Es. 1 Calcolare l'equivalenza tra joule e wattora, tra gigajoule e megawattora.

Es. 2 L'intensità del campo elettrico è a volte espressa in volt/metro, a volte in newton/coulomb. Verificare l'equivalenza tra le due espressioni.

Pr. 1 Dimostrare che l'intensità del campo elettrico esterno a una sfera conduttrice carica con Q coulomb vale $E = k_e \cdot Q/r$, dove $k_e = 1/4\pi \cdot \varepsilon$ è la costante di Coulomb, r è la distanza dal centro della sfera.

Pr. 2 Discutere sul significato di capacità di un condensatore e dimostrare che la capacità di un condensatore a facce piane e parallele la vale $C = \varepsilon \cdot (A/d)$, dove ε è la costante dielettrica assoluta del dielettrico, A è l'area affacciata delle armature, d è la distanza tra le armature.

Pr. 3 Dimostrare che la capacità di un condensatore cilindrico vale $C = l/(2k_e \cdot \ln(b/a))$, dove l è la lunghezza del cilindro, $k_e = 1/4\pi \cdot \varepsilon$ è la costante di Coulomb, b è il raggio (interno) dell'armatura esterna, a è il raggio (esterno) dell'armatura interna.

Pr. 4 Dimostrare che la capacità di un condensatore sferico vale $C = (a \cdot b)/[k_e(b - a)]$, dove $k_e = 1/4\pi \cdot \varepsilon$ è la costante di Coulomb, b è il raggio (interno) dell'armatura esterna, a è il raggio (esterno) dell'armatura interna.

Pr. 5 Dimostrare che la capacità di un conduttore sferico vale $C = k_e \cdot r$, dove $k_e = 1/4\pi \cdot \varepsilon$ è la costante di Coulomb, r è il raggio della sfera.

FAQ 2

Pr. 1 Dimostrare che una particella elementare di carica q, entrando in un campo magnetico uniforme con velocità **v**, modifica la direzione del suo moto, ma non il modulo della velocità.

Pr. 2 Discutere sull' Effetto Hall e su sue applicazioni in ambito della sensoristica.

Pr. 3 Illustrare il principio della "levitazione magnetica".

FAQ 3

Es. 1 Illustrare la "regola della mano destra" relativa al verso di propagazione di un'onda elettromagnetica polarizzata linearmente.

Pr. 1 Discutere e quantificare l'energia per unità di volume del campo elettrico di un'onda elettromagnetica.

Pr. 2 Discutere e quantificare l'energia per unità di volume del campo magnetico di un'onda elettromagnetica.

Pr. 3 Discutere e quantificare l'energia trasportata da un'onda elettromagnetica.

Pr. 4 Discutere e quantificare la potenza associata a un'onda elettromagnetica.

Pr. 5 Illustrare i concetti di quantità di moto e pressione associate a un'onda elettromagnetica.

Pr. 6 Illustrare la Legge di Faraday dell'induzione elettromagnetica.

Pr. 7 Discutere il principio di funzionamento di una chitarra elettrica.

FAQ 4

Pr. 1 Descrivere la destinazione delle frequenze del cosiddetto "spettro radio".

Pr. 2 Ancora oggi, con particolare riferimento all'ambito delle trasmissioni *broadcasting*, si usa la denominazione di "onde corte" per le frequenze comprese nel *range* $3 \div 30$ MHz.
Approfondire le seguenti problematiche:
a) verificare, con l'aiuto di dati attendibili, l'origine di tale denominazione, che sembra storicamente superata;
b) verificare, con l'aiuto di dati attendibili, se le trasmissioni via etere in tale *range* di frequenza sono superate, magari parzialmente o totalmente abbandonate, oppure se nell'ambito delle "onde corte" esiste ancora un mercato valido, anche in termini di produzione di apparati.

ReT 1

Es. 1 Descrivere in modo intuitivo il significato di *steradiante* (o radiante stereoscopico).

Es. 2 Sapendo che la radiazione solare fa pervenire l'energia sulla Terra con una potenza per unità di area di circa 1300 W/m^2, calcolare la potenza del "trasmettitore" Sole.

ReT 2

Es. 1 Un puntatore LASER ha la potenza di 50 mW; a 5 m di distanza, il suo spot luminoso ha diametro di 2 mm. Calcolare la densità di potenza dello spot.

Es. 2 Una fibra ottica, lunga 10 km e senza dispositivi di rigenerazione del segnale lungo il percorso, è caratterizzata da un'attenuazione di 0,2 dB/km. Calcolare la potenza all'uscita della linea, sapendo che la potenza all'ingresso vale 10 mW.

ReT 3

Pr. 1 Illustrare la propagazione delle onde radio nel sistema atmosfera-ionosfera terrestre.

Pr. 2 Discutere, alla luce delle equazioni dell'iperbole e della parabola, sulla capacità di un sistema iperbolico/parabolico di generare raggi paralleli, a partire da una sorgente con caratteristiche divergenti.

ReT 4

Pr. 1 Illustrare il significato di "impedenza" di una linea di trasmissione bifilare.

Pr. 2 Si parla di "impedenza dello spazio" (il cui valore è di circa 377 Ω), di "impedenza di una linea di trasmissione" (molte volte con valore di 50 Ω o di 75 Ω), di impedenza di un'antenna (che si pretende essere uguale a quella della linea di trasmissione alla quale è collegata). Individuare eventuali relazioni concettuali tra i tre tipi di impedenza.

UNITÀ 6.2

Compatibilità, protezioni, sostenibilità

Radiazioni e possibili conseguenze su organismi viventi e sistemi elettronici

In questa Unità si discutono e si valutano possibili effetti dei campi elettromagnetici, che in modo sempre più invasivo "occupano" lo spazio che ci circonda

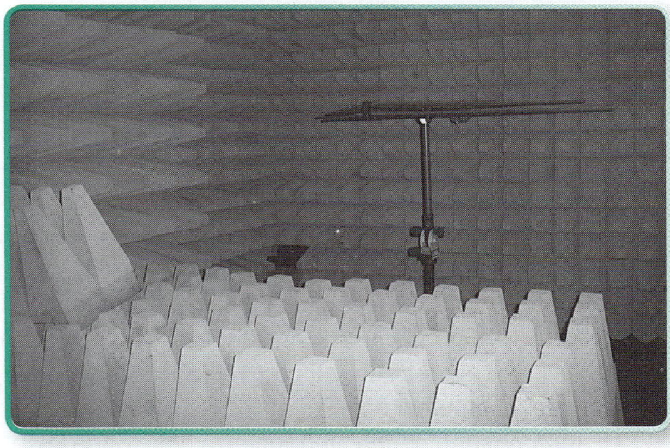

A differenza di altri tipi di inquinamento, in particolare quello acustico e quello ottico, l'inquinamento elettromagnetico sfugge alla percezione immediata dei nostri sensi e solo un'analisi strumentale ne può valutare la portata; da un certo punto di vista, è più subdolo degli altri. Inoltre, mentre gli effetti acustici sono localizzati entro distanze relativamente brevi dalle sorgenti (tipicamente centinaia di metri o pochi chilometri) e quelli ottici, conseguenze degli impianti di illuminazione, riguardano in particolare le ore notturne, gli effetti dei campi elettromagnetici usati nelle Telecomunicazioni si propagano anche a distanze ragguardevoli e sono presenti a tutte le ore.

indice

FAQ 1 Che cosa significa radiazione ionizzante?

Radiazione significa emissione e propagazione di energia seguendo di solito dei percorsi rettilinei, cioè dei raggi; tali raggi individuano il percorso seguito dagli attori della radiazione stessa, che possono avere natura *corpuscolare* (radiazione di particelle, quali ad esempio raggi alfa e beta), oppure natura *ondulatoria* (ad esempio, microonde e raggi gamma).
Ionizzante significa "che ionizza", cioè che modifica la struttura di un atomo o di una molecola, alterandone la configurazione elettronica (ad esempio sottraendo uno o più elettroni); a tale modifica corrisponde una variazione funzionale che, se estesa a molti atomi o molecole di un organismo, lo può in qualche misura danneggiare.
Facendo riferimento allo spettro elettromagnetico, che riguarda più da vicino il settore delle Telecomunicazioni, si nota che è possibile dividerlo in due parti: quella delle onde, o radiazioni, non ionizzanti (**NIR**: *Non Ionizing Radiations*), corrispondente alla parte dello spettro con le frequenze più basse, e quella delle onde, o radiazioni, ionizzanti (**IR**: *Ionizing Radiations*), corrispondente alla parte dello spettro con le frequenze più elevate.
Ci domandiamo perché la frequenza delle onde costituisca la discriminante tra quelle ionizzanti e quelle non ionizzanti.
La Fisica ha scoperto che le onde elettromagnetiche trasportano quantità di energia che sono "discretizzate", cioè organizzate in "pacchetti", la cui dimensione (in termini energetici) è stabilita dalla seguente relazione:

$$E = h \cdot f$$

dove E (joule) è la quantità di energia trasportata dal pacchetto di un'onda la cui frequenza vale f (hertz), mentre h è una costante, chiamata costante di Planck, il cui valore è $6{,}63 \cdot 10^{-34}$ J · s. La quantità di energia $E = h \cdot f$ è chiamata ***quanto*** della radiazione con frequenza f.

Esempio 1 Calcolare il valore del ***quanto di energia E*** per onde radio, microonde, infrarosso, visibile, ultravioletto, raggi *X*, raggi gamma.

Discussione Dato che ad ogni frequenza è associato un *quanto*, tenuto conto che il testo chiede di calcolare il quanto relativo a bande di frequenza, è necessario fare delle scelte. Scegliamo pertanto delle frequenze relativamente centrali per ciascuna delle bande indicate. Otteniamo i seguenti risultati:
- onde radio:
  $f = 3 \cdot 10^{7}$ Hz $E_{radio} = h \cdot f = 6{,}63 \cdot 10^{-34} \cdot 3 \cdot 10^{7} = 19{,}9 \cdot 10^{-27}$ J
- microonde:
  $f = 3 \cdot 10^{10}$ Hz $E_{micro} = h \cdot f = 6{,}63 \cdot 10^{-34} \cdot 3 \cdot 10^{10} = 19{,}9 \cdot 10^{-24}$ J
- infrarossi:
  $f = 3 \cdot 10^{13}$ Hz $E_{infra} = h \cdot f = 6{,}63 \cdot 10^{-34} \cdot 3 \cdot 10^{13} = 19{,}9 \cdot 10^{-21}$ J
- visibile:
  $f = 6 \cdot 10^{14}$ Hz $E_{visi} = h \cdot f = 6{,}63 \cdot 10^{-34} \cdot 6 \cdot 10^{14} = 39{,}8 \cdot 10^{-20}$ J
- ultravioletto:
  $f = 3 \cdot 10^{15}$ Hz $E_{ultra} = h \cdot f = 6{,}63 \cdot 10^{-34} \cdot 3 \cdot 10^{15} = 19{,}9 \cdot 10^{-19}$ J
- raggi *X*:
  $f = 3 \cdot 10^{17}$ Hz $E_{X} = h \cdot f = 6{,}63 \cdot 10^{-34} \cdot 3 \cdot 10^{17} = 19{,}9 \cdot 10^{-17}$ J
- raggi gamma:
  $f = 3 \cdot 10^{23}$ Hz $E_{gamma} = h \cdot f = 6{,}63 \cdot 10^{-34} \cdot 3 \cdot 10^{23} = 19{,}9 \cdot 10^{-11}$ J

I risultati, espressi in joule, sono frazioni estremamente piccole di tale unità; per la misura di quantità molto piccole di energia, è stata introdotta una unità particolare, chiamata ***elettronvolt*** (**eV**). Tale quantità corrisponde all'energia acquistata da una carica elementare (1 elettrone) quando viene accelerata dalla differenza di potenziale di 1 volt.

Esempio 2 Ricavare l'equivalenza tra joule ed elettronvolt e tra elettronvolt e joule.

Discussione Essendo 1 V = 1 J/1 C, è anche 1 J = 1 V · 1 C.
Sapendo che 1 C = $6{,}25 \cdot 10^{18}$ elettroni (e), per sostituzione si ricava:

$$1\ J = 1\ V \cdot 1\ C = 1\ V \cdot 6{,}25 \cdot 10^{18}\ e = 6{,}25 \cdot 10^{18}\ e \cdot 1V = 6{,}25 \cdot 10^{18}\ eV.$$

Dalla relazione reciproca si ricava:

$$1\ eV = 1\ J/6{,}25 \cdot 10^{18} = 1{,}6 \cdot 10^{-19}\ J.$$

Possiamo allora riscrivere i risultati dell'esempio precedente nel seguente modo:
- $E_{radio} = 19{,}9 \cdot 10^{-27}$ J $= 19{,}9 \cdot 10^{-27} \cdot 6{,}25 \cdot 10^{18} = 124{,}4 \cdot 10^{-9}$ eV
- $E_{micro} = 19{,}9 \cdot 10^{-24}$ J $= 19{,}9 \cdot 10^{-24} \cdot 6{,}25 \cdot 10^{18} = 124{,}4 \cdot 10^{-6}$ eV
- $E_{infra} = 19{,}9 \cdot 10^{-21}$ J $= 19{,}9 \cdot 10^{-21} \cdot 6{,}25 \cdot 10^{18} = 124{,}4 \cdot 10^{-3}$ eV
- $E_{visi} = 19{,}9 \cdot 10^{-21}$ J $= 39{,}8 \cdot 10^{-21} \cdot 6{,}25 \cdot 10^{18} = 248{,}8 \cdot 10^{-3}$ eV $= 0{,}249$ eV
- $E_{ultra} = 19{,}9 \cdot 10^{-19}$ J $= 19{,}9 \cdot 10^{-19} \cdot 6{,}25 \cdot 10^{18} = 124{,}4 \cdot 10^{-1} = 12{,}44$ eV
- $E_{X} = 19{,}9 \cdot 10^{-17}$ J $= 19{,}9 \cdot 10^{-17} \cdot 6{,}25 \cdot 10^{18} = 124{,}4 \cdot 10^{1} = 1244$ eV
- $E_{gamma} = 19{,}9 \cdot 10^{-11}$ J $= 19{,}9 \cdot 10^{-11} \cdot 6{,}25 \cdot 10^{18} = 124{,}4 \cdot 10^{7}$ eV

Sono considerate ***ionizzanti*** le radiazioni con *quanto* di energia superiore a **10 ÷ 12 eV**. Dal punto di vista pratico, è probabilmente corretto considerare con molta attenzione quelle radiazioni con energia di 10÷20 eV che incidono sul corpo umano.

Riflessione *Quando ci si sottopone a una radiografia, si rimane "ionizzati"?*

FAQ 2 Che cosa significa radiazione non ionizzante?

Dal punto di vista formale, sono considerate *non ionizzanti* le radiazioni con *quanto* di energia inferiore a 10÷12 eV. Dal punto di vista pratico, è bene sapere che, se è vero che la radiazione ionizzante può provocare danni biologici non indifferenti alle parti dell'organismo che la intercettano, è altrettanto vero che le radiazioni non ionizzanti non rappresentano una situazione di assoluta tranquillità: anch'esse sono caratterizzate dal rispettivo quanto di energia e interagiscono con i materiali che incontrano sul loro percorso. Come risultati principali dell'interazione, le radiazioni non ionizzanti tendono a:

- aumentare le ampiezze delle oscillazioni di atomi e molecole intorno alle posizioni di equilibrio, con conseguente aumento dell'energia interna del materiale e della sua temperatura; ciò dà luogo ai cosiddetti ***effetti termici***;
- orientare determinate molecole (fenomeno piuttosto complesso), con successivo ritorno alla situazione di partenza; ciò dà luogo ai cosiddetti ***effetti non termici***.

La *dosimetria* delle radiazioni non ionizzanti, scienza relativamente recente, è oggetto di continua attenzione ed evoluzione; la protezione dalle radiazioni è stabilita da apposita normativa, che viene continuamente aggiornata.

Molte radiazioni non ionizzanti vengono generate dall'umanità: se infatti è evidente che la radiazione visibile e quella infrarossa sono prevalentemente di origine naturale, le onde radio e le microonde sono soprattutto di origine artificiale. Ad esse va poi aggiunta una particolare onda: quella a 50 Hz (o 60 Hz in alcuni Paesi extraeuropei) che caratterizza i segnali che trasportano, distribuiscono e utilizzano l'energia elettrica.

Gli effetti delle radiazioni non ionizzanti sul corpo umano dipendono in particolare (ma non solo) da:

- *frequenza della radiazione*. La reazione del nostro organismo cambia molto con la frequenza; l'assorbimento aumenta con la frequenza fino all'infrarosso vicino (al visibile); assorbe relativamente poco nel visibile e riassorbe nell'ultravioletto (banda di passaggio dalle NIR alle IR); bisogna inoltre tenere presente che l'organismo umano, analogamente a un'antenna sintonizzata, assorbe in particolare le radiazioni corrispondenti alle sue frequenze di risonanza, numerosissime e tipicamente distribuite nella gamma compresa tra 30 MHz e 300 GHz – range tipico del settore delle Telecomunicazioni –, con un assorbimento particolarmente intenso tra 60 MHz e 80 MHz;
- *intensità della radiazione*, misurata in watt/metro quadrato (W/m^2) o suoi multipli o sottomultipli; si parla di intensità da tenere sotto controllo già a livelli di qualche mW/cm^2: ad esempio, esposizione professionale (quindi continuativa negli anni) a frequenze radio o microonde con intensità di 10 mW/cm^2 possono generare opacità nel cristallino dell'occhio, mentre intensità di poco superiori possono introdurre degenerazioni nelle attività delle gonadi.

Esempio Calcolare l'intensità della radiazione alla distanza di 20 cm da alcune sorgenti di NIR di impiego frequente.

Discussione Prendiamo come esempi un telefono cellulare (telefonino), un forno a microonde, un modem Wi-Fi, ipotizzando le seguenti (verosimili) potenze: 0,4 W per il telefonino; 700 W per il forno a microonde; 100 mW per il modem.

Per fare qualche considerazione aggiuntiva, consideriamo le rispettive frequenze di funzionamento, che sono:

- circa 1,8 GHz per il telefonino, a cui corrisponde la lunghezza d'onda $\lambda = v/f = (3 \cdot 10^8 \text{ m/s})/(1{,}8 \cdot 10^9 \text{ Hz}) = 1{,}67 \cdot 10^{-1} \text{ m} \approx 17 \text{ cm}$;
- circa 2,4 GHz per il forno a microonde, a cui corrisponde la lunghezza d'onda $\lambda = v/f = (3 \cdot 10^8 \text{ m/s})/(2{,}4 \cdot 10^9 \text{ Hz}) = 1{,}25 \cdot 10^{-1} \text{ m} \approx 12 \text{ cm}$;
- circa 2,4 GHz per il modem (all'incirca la stessa frequenza del microonde…), a cui corrisponde la lunghezza d'onda $\lambda = v/f = (3 \cdot 10^8 \text{ m/s})/(2{,}4 \cdot 10^9 \text{ Hz}) = 1{,}25 \cdot 10^{-1} \text{ m} \approx 12 \text{ cm}$.

A 20 cm da ciascuna sorgente si può già parlare di "campo lontano", essendo tale distanza superiore a una lunghezza d'onda. Ipotizziamo che le sorgenti siano puntiformi e che irradino uniformemente in tutto l'angolo solido. La sfera virtuale, luogo dei punti con distanza di 20 cm dalla sorgente, ha area $A = 4\pi r^2 = 12{,}56 \cdot (2 \cdot 10^{-1})^2 = 12{,}56 \cdot 4 \cdot 10^{-2} = 50{,}24 \cdot 10^{-2} \approx 0{,}5 \text{ m}^2$. La potenza attraverso l'unità di area, cioè l'intensità della radiazione, sarà nei tre casi:

- telefonino: $I = P/A = 0{,}4 \text{ W}/0{,}5 \text{ m}^2 = 0{,}8 \text{ W/m}^2 = 0{,}8 \cdot 10^3 \text{ mW}/10^4 \text{ cm}^2 = 0{,}08 \text{ mW/cm}^2$;
- forno a microonde $I = P/A = 700 \text{ W}/0{,}5 \text{ m}^2 = 1400 \text{ W/m}^2 = 1{,}4 \cdot 10^3 \cdot 10^3 \text{ mW}/10^4 \text{ cm}^2 = 1{,}4 \cdot 10^2 \text{ mW/cm}^2$;
- modem wi-fi: $I = P/A = 0{,}1 \text{ W}/0{,}5 \text{ m}^2 = 0{,}2 \text{ W/m}^2 = 0{,}2 \cdot 10^3 \text{ mW}/10^4 \text{ cm}^2 = 0{,}02 \text{ mW/cm}^2$.

Un primo commento: se una intensità di $10 \text{ mW/cm}^2 = 10^{-2} \text{ W}/10^{-4} \text{ m}^2 = 10^2 \text{ W/m}^2$ può essere ritenuta critica, allora:

- il telefonino, a 20 cm da nostro corpo, non ci preoccupa più di tanto (… ma attenzione: quando si telefona è all'orecchio…);
- il forno a microonde… per fortuna è schermato verso l'esterno…;
- Il modem Wi-Fi non ci preoccupa, neppure a 20 cm (di solito è più lontano).

Riflessione *Gli ultrasuoni possono essere considerati delle radiazioni? Ionizzanti o non ionizzanti?*

FAQ 3 Che cos'è un fascio elettronico?

Un fascio elettronico è un insieme di elettroni che, sotto l'azione di un opportuno campo elettrico, si muovono di moto ordinato, o attraverso il vuoto, o attraverso un'atmosfera molto rarefatta (quindi, in pratica, attraverso un mezzo isolante). Si può pertanto parlare di corrente elettrica attraverso un isolante. Sono esempi di fasci elettronici:

- quello che "disegna" sullo schermo di un oscilloscopio;
- quello che "disegnava" sullo schermo di un televisore o di un computer (tale tecnologia è oggi sostituita da altre più moderne, quali ad esempio quelle al plasma e a cristalli liquidi);
- quello che salda le lamiere di alcune automobili;
- quello che agisce all'interno di un microscopio elettronico.

I fasci elettronici citati sono tutti composti da elettroni, ma differiscono per l'intensità delle correnti e per le potenze associate ai raggi stessi. Così, ad esempio, al fascio elettronico di un oscilloscopio può essere associata una potenza molto bassa, mentre a quello di una saldatrice per lamiere d'auto sono associati alcuni chilowatt.

Gli elettroni del fascio vengono emessi (di solito) da un catodo incandescente; poi vengono accelerati da un campo elettrico e focalizzati attraverso opportune *lenti elettroniche*. Le velocità che raggiungono sono considerevoli, a causa del valore molto basso della massa dell'elettrone ($m_e = 9{,}1 \cdot 10^{-31}$ kg).

Esempio 1 Un elettrone, inizialmente fermo, viene sottoposto a un campo elettrico uniforme, ottenuto applicando una differenza di potenziale di 1000 V tra due armature separate dal vuoto. Calcolare la velocità massima che può raggiungere.

Discussione Ricordando che:

- la carica dell'elettrone vale (in modulo) $q = 1{,}6 \cdot 10^{-19}$ C;
- l'energia che esso acquista spostandosi tra due punti tra i quali c'è una differenza di potenziale V è $E_{cin} = q \cdot V$;
- l'equazione che definisce l'energia cinetica di una massa m che si muove a velocità v è $E_{cin} = (1/2) \cdot m \cdot v^2$;

si può scrivere $(1/2) \cdot m \cdot v^2 = q \cdot V$, dalla quale si ricava $v^2 = (q \cdot V)/(1/2) \cdot m$, per cui $v = [(q \cdot V)/ 1/2) \cdot m]^{1/2}$. Inserendo i valori numerici si ottiene $v = 1{,}87 \cdot 10^7$ m/s. Si tratta di un valore elevatissimo, di un solo ordine di grandezza inferiore alla velocità della luce.

In linea di principio, tutti i fasci elettronici, quando colpiscono un bersaglio e vengono "frenati", danno in qualche misura origine a raggi X, cioè a radiazioni ionizzanti. Dal punto di vista della sicurezza delle apparecchiature, si tratta di prendere le opportune precauzioni: così, ad esempio, il vetro al piombo con cui venivano realizzati gli schermi dei vecchi televisori aveva anche lo scopo di assorbire i raggi X che nascevano in conseguenza della "frenata" subita dagli elettroni che colpivano lo schermo stesso. Tale "frenata" trasformava l'energia degli elettroni sia in energia radiante – parte nel visibile, parte in raggi X – sia in energia interna al bersaglio, aumentandone la temperatura.

Un campo elettrico, come visto nell'esempio precedente, può accelerare un fascio elettronico; vediamo adesso come lo può deviare.

Esempio 2 Un elettrone che si muove in orizzontale entra in un campo elettrico di intensità $E = 100$ V/m, orientato in verticale; la velocità di entrata vale $v_i = 10^6$ m/s. L'elettrone attraversa il campo, che esiste per 10 cm. Calcolare la deviazione subita dall'elettrone all'uscita dal campo (fig. 2.1).

Discussione Se il campo elettrico non ci fosse, trascurando gli effetti gravitazionali, l'elettrone uscirebbe dalla zona senza subire deviazioni. Invece la presenza del campo lo accelera nella direzione del campo stesso (e con verso opposto); l'accelerazione, in modulo, vale $a = F/m = q \cdot E/m_e = 1{,}6 \cdot 10^{-19} \cdot 10^2/9{,}1 \cdot 10^{-31} = 0{,}17 \cdot 10^{14}$ m/s^2. Dato che la componente orizzontale della velocità non cambia (non ci sono forze orizzontali), l'elettrone per attraversare il campo impiega $t = s/v = 10^{-1}$ m/10^6 m/s $= 10^{-7}$ s. L'elettrone subisce un'accelerazione lungo la verticale, per cui, ricordando la legge del moto con accelerazione uniforme, si ha:

$$s = (1/2) \cdot a \cdot t^2 = 0{,}5 \cdot 0{,}17 \cdot 10^{14}\ \text{m/s}^2 \cdot (10^{-7})^2\ \text{s}^2 =$$
$$= 0{,}085 \cdot 10^{14}\ \text{m/s}^2 \cdot 10^{-14}\ \text{s}^2 = 0{,}085\ \text{m} = 8{,}5\ \text{cm}.$$

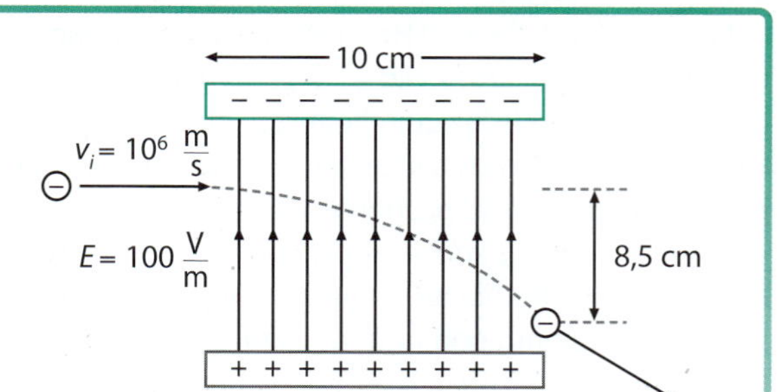

Fig. 2.1 L'elettrone entra nel campo elettrico; trascurando gli effetti gravitazionali, subisce solo una forza con direzione verticale (e orientata verso il basso). La componente orizzontale della velocità non cambia; la componente verticale invece, che all'inizio è nulla, subisce una variazione (l'elettrone subisce un'accelerazione). Dopo l'uscita dal campo, l'elettrone prosegue muovendosi di moto rettilineo, seguendo la nuova direzione.

Riflessione *Perché nei calcolo del moto degli elettroni permettiamo quasi sempre di trascurare la forza gravitazionale che pure agisce sulla massa dell'elettrone?*

FAQ 4 Che cosa è la radioattività?

La radioattività è un fenomeno caratterizzato dall'emissione di *radiazioni ionizzanti* da parte di nuclei atomici instabili, che si modificano e tendono a raggiungere uno stato di maggiore stabilità.

Le radiazioni ionizzanti emesse sono classificate in raggi *alfa*, raggi *beta*, *neutroni*, raggi *gamma*: alle prime tre radiazioni sono associate particelle (rispettivamente: atomi di elio ionizzati, elettroni, neutroni); alla quarta è associata un'onda elettromagnetica, posizionata in corrispondenza delle frequenze più elevate nello spettro (oltre 10^{18} Hz).

Le sorgenti di radiazioni ionizzanti possono essere sia naturali, sia artificiali (realizzate dal genere umano). Sono radiazioni naturali i *raggi cosmici* (con forte presenza di raggi gamma e raggi *X*), il *radon* (gas radioattivo proveniente dal suolo o da alcuni materiali da costruzione – ad esempio il tufo), le radiazioni emesse dall'*isotopo 40 del potassio*; sono radiazioni artificiali quelle generate da *apparecchi medicali* per diagnosi e terapia (radiografia, scintigrafia, cobaltoterapia...) e da *centrali nucleari*. Allo stato attuale, circa i 4/5 delle radiazioni ionizzanti sono di origine naturale; rispetto ad esse l'organismo umano, nella sua evoluzione, si è bene adattato.

L'aria può assorbire le radiazioni emesse da una fonte; così, in linea di massima, le radiazioni alfa e beta sono in grado di percorrere nell'aria pochi centimetri o alcuni metri rispettivamente, mentre per neutroni, raggi *X* e raggi gamma si parla di centinaia di metri o addirittura di alcuni chilometri.

I materiali, sia inorganici che organici, quando sono intercettati da una radiazione assorbono (tutta o in parte) l'energia da essa trasportata. La quantificazione dell'energia assorbita, o ***dose assorbita***, a volte indicata con *A*, è misurata, nel Sistema Internazionale, in ***gray*** (**Gy**): si dice che l'*esposizione* (di un pezzo di materiale, di un corpo umano, di un corpo animale), o *dose assorbita* è di 1 Gy quando la radiazione "deposita" 1 J di energia su 1 kg di sostanza.

Si ha pertanto:

$$1\ \text{Gy} = 1\ \text{J}/1\text{kg}$$

L'esperienza dimostra tuttavia che, nel caso di organismi viventi, 1 J di energia "depositata"da un tipo di radiazione (ad esempio raggi alfa) non provoca gli stessi danni provocati da 1 J di energia rilasciata da un diverso tipo di radiazione (ad esempio raggi gamma). Si introduce allora il concetto di ***dose equivalente assorbita***, a volte indicata con *H*, che in unità Sistema Internazionale viene misurata in ***sievert*** (**Sv**).

Si ricava la dose equivalente assorbita *H* (o dose equivalente di assorbimento) moltiplicando la dose assorbita *A* per un fattore di ponderazione, indicato con w_r; tale fattore è unitario per raggi beta, raggi *X*, raggi gamma, mentre vale 20 per i raggi alfa e qualche unità (tipicamente tra 3 e 11) per i raggi (o fasci) di neutroni.

In formula:

$$H = w_r \cdot A$$

Alla dose equivalente di 1 Sv corrisponde un determinato effetto biologico, indipendentemente dal tipo di radiazione assorbita.

Dal punto di vista pratico, può essere interessante sapere che:

- a una radiografia corrisponde una dose equivalente in media compresa tra qualche decimo di millisievert a 1 mSv circa (trattandosi di microonde, per cui $w_r = 1$, a 1 mSv corrisponde l'assorbimento di 1 mJ/kg);
- a una TAC o una scintigrafia corrisponde una dose equivalente in media dell'ordine di uno o due decimi di sievert;
- a una dose equivalente di 1 o 2 Sv seguono disturbi anche importanti per l'organismo umano;
- una dose equivalente di circa 6 Sv è molto probabilmente letale.

Gli organismi viventi (fortunatamente) possono "riprendersi" nel tempo e riparare eventuali danni subiti, purché non troppo consistenti. Per quantificarli si introducono le grandezze ***intensità della dose assorbita*** I_A e ***intensità della dose equivalente assorbita*** I_H, definite attraverso i seguenti rapporti:

$$I_A = A/\Delta t$$

dove *A* è la dose assorbita e Δt l'intervallo di tempo relativo all'assorbimento; l'unità di misura è pertanto *gray/secondo* (Gy/s) nel Sistema Internazionale (a volte si usano intervalli di tempo di 1 anno);

$$I_H = H/\Delta t$$

dove *H* è *la dose equivalente* assorbita e Δt l'intervallo di tempo relativo all'assorbimento; l'unità di misura è pertanto *sievert/secondo* (Sv/s) nel Sistema Internazionale (a volte è comodo usare intervalli di tempo più lunghi, ad esempio 1 anno).

Riflessione *Radiografie e TAC impiegano le stesse radiazioni?*

ReT 1 Disturbi elettromagnetici

In generale viene considerato *disturbo* un segnale non voluto; si parla di disturbi elettromagnetici quando al segnale elettromagnetico voluto se ne sovrappone un altro, che può pervenire sia attraverso la conduzione nei cavi e nei collegamenti, sia attraverso l'irraggiamento nell'aria. Se l'ampiezza del disturbo supera un determinato limite, detto *livello di suscettibilità* del dispositivo che subisce il disturbo stesso, si possono manifestare malfunzionamenti. Così, ad esempio, i disturbi generati da un inverter di impianto fotovoltaico o da una lampada a scarica possono indurre malfunzionamenti in un televisore.
A volte si cercano delle classificazioni dei disturbi; se ne riportano due, pur non "ufficiali": una riferita al dominio della frequenza, l'altra al dominio del tempo.

Nel dominio della frequenza Si parla di *disturbi "a bassa frequenza"* quando i segnali non voluti hanno frequenza di ripetizione compresa entro qualche megahertz (tipicamente 5 MHz); la loro forma è di solito non armonica e il loro spettro è mediamente compreso entro qualche decina di megahertz. Tali disturbi si propagano prevalentemente attraverso cavi e collegamenti.
Si parla di *disturbi "ad alta frequenza"* quando i segnali non voluti hanno frequenza di ripetizione di 30 MHz o più; la loro forma è di solito non armonica e il loro spettro si può estendere a centinaia di megahertz. Tali disturbi si propagano prevalentemente per irraggiamento attraverso l'aria.

Nel dominio del tempo Si parla di "disturbi permanenti" quando la loro presenza è costante; è il caso, ad esempio, di due stazioni radio mal collocate, perché troppo vicine sia in termini di distanza spaziale che di frequenza (canali adiacenti non ben controllati); il segnale emesso da una interferisce con quello dell'altra, per cui ciascun segnale in questo caso rappresenta un disturbo, che si manifesta continuamente.
Si parla di "disturbi transitori" quando la loro presenza ha una durata nettamente inferiore alla loro assenza; è il caso, ad esempio, dei segnali elettrici associati ai fulmini, alla commutazione di circuiti con componenti reattivi, alla commutazione di dispositivi di comando quali contattori, elettrovalvole, interruttori. Si tratta di solito di sovratensioni impulsive, anche dell'ordine di migliaia di volt, costituite da successioni di *spikes*, con durata complessiva di decine o centinaia di millisecondi e spettri molto estesi.
Si riportano qui di seguito brevi descrizioni di alcuni disturbi, quasi sempre presenti.

Scariche elettrostatiche Sono di solito associate a contatti non voluti tra oggetti che si trovano a potenziali diversi, causati sia da manovre errate di un operatore (quando ad esempio un utensile di materiale conduttore "collega" involontariamente due punti di un circuito), sia da guasti del circuito (ad esempio un isolamento che cede). Dal punto di vista elettrico, si possono raggiungere picchi di corrente o di tensione con valori anche molto elevati (ad esempio migliaia di volt), di solito con durata molto breve e spettro molto ampio, che si propaga sia per conduzione, sia per irraggiamento.

Disturbi nella rete elettrica Assumono importanza crescente con l'estendersi del processo di generazione distribuita (ad esempio piccoli impianti da fonti rinnovabili, collegati alla rete). Sono generati dalla presenza di forme d'onda non armoniche (ad esempio generate da un inverter non ben funzionante), da squilibri tra le fasi negli impianti trifase, da sovraccarichi e corto circuiti, dalla continua presenza di transitori conseguenti a commutazioni; hanno esiti che influiscono in particolare su variazioni della tensione rispetto al valore nominale (ad esempio quello di 230 V_{eff} nelle abitazioni civili). Secondo la durata e l'intensità, tali variazioni sono denominate *fluttuazioni*, *flicker*, *sbalzi*, *buchi*, *interruzioni brevi*, *sovratensioni*.

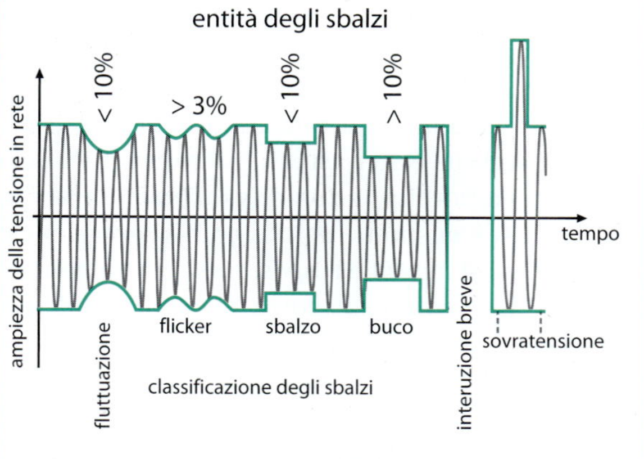

Fig. 2.2 Andamenti dei disturbi nella rete elettrica. La loro presenza, di solito non determinante per il normale funzionamento delle apparecchiature domestiche, può essere invece dannosa per alcuni processi industriali. Per sopperire alle interruzioni, sia brevi che relativamente lunghe, nel caso di potenze contenute (tipicamente alcuni chilowatt) si può ricorrere all'ausilio dei cosiddetti ***gruppi di continuità*** (UPS: *Uninterruptible Power Supply*).

Riflessione *La fastidiosa sensazione di "scossa" avvertita quando si scende dall'auto in una giornata ventosa, a che cosa è dovuta?*

ReT 2 Compatibilità elettromagnetica

Ogni apparato elettrico, durante il funzionamento, emette delle radiazioni elettromagnetiche, sia volute (è il caso, ad esempio, di un trasmettitore radio che irradia il segnale modulato, con spettro collocato nell'intorno della frequenza del segnale portante), sia non volute (ad esempio, frequenze diverse da quella del segnale portante e dal relativo spettro di tale trasmettitore).

Ogni apparato elettrico, durante il suo funzionamento, è praticamente "immerso" nel campo elettromagnetico che lo circonda (e che esso non genera); tale campo, generato dal "resto del mondo", potrebbe compromettere il corretto funzionamento dell'apparato stesso.

Quando si parla di **compatibilità elettromagnetica** di un apparato o di un sistema elettrico (EMC: *ElectroMagnetic Compatibility*), ci si riferisce contemporaneamente:

- ai segnali elettromagnetici non voluti che l'apparato/sistema emette, rischiando così di indurre malfunzionamenti in altri apparati/sistemi;
- ai segnali elettromagnetici che investono dall'esterno l'apparato/sistema, rischiando così di comprometterne il corretto funzionamento.

I segnali elettromagnetici (non voluti) possono transitare:

- attraverso le linee elettriche di alimentazione o, in generale, attraverso cavi e collegamenti; si parla in tal caso di ***disturbi condotti***;
- attraverso lo spazio; si parla in tal caso di ***disturbi irradiati.***

A livello europeo, una normativa notevolmente abbondante impone il rispetto di determinati limiti, sia per i disturbi – o emissioni – condotti/e, sia per i disturbi – o emissioni – irradiati/e. I prodotti che rispettano tali limiti vengono contrassegnati con il **marchio CE.** Tutta la normativa fa capo a due direttive comunitarie, la prima del 1996 (Direttiva 89/336/CEE), la seconda del 2004 (Direttiva 2004/108/CE), che sostituisce la prima e semplifica le procedure per l'applicazione del marchio CE. Dopo un periodo transitorio di 5 anni, dal mese di luglio 2009 l'applicazione della Direttiva 2004/108/CE è obbligatoria per tutti i prodotti/sistemi che producono o subiscono influenze elettromagnetiche.

La normativa, armonizzata a livello europeo, prevede:

- **norme di base**, che, per ogni tipologia di prova, definiscono la metodologia, le specifiche della strumentazione di prova e la configurazione di base per effettuare la prova;
- **norme di prodotto** o di famiglia di prodotti, che definiscono i limiti delle emissioni (sia condotte, sia irradiate) ed i livelli di immunità a diversi fenomeni elettromagnetici di particolari prodotti o famiglie di prodotti;
- **norme generiche,** che definiscono i limiti delle emissioni ed i livelli di immunità per tutti quei prodotti cui non è applicabile nessuna norma di prodotto o famiglia di prodotti.

La Norma EN 5502 si riferisce alle caratteristiche dei radiodisturbi relativi agli apparati per la tecnologia dell'informazione (ITE: *Information Technology Equipment*).

A proposito dei ***disturbi condotti***, la norma stabilisce che le misure devono essere fatte in tutto il range di frequenze compreso tra 150 kHz e 30 MHz; tali disturbi si possono propagare sia sui cavi di alimentazione degli apparati (collegamento alla rete a 230 V nel caso di utenze domestiche), sia sui cavi di connessione alla rete di telecomunicazioni (collegamenti alla rete telefonica di un modem ad esempio). Il sistema di rilevamento, composto da apparecchiature di qualità molto elevata, deve tra l'altro evitare l'influenza dei disturbi già presenti sulla rete (e non generati dal dispositivo sotto test), che vengono eliminati attraverso una rete opportuna, chiamata LISN (*Line Interface Stabilization Network*); essa è in grado sia di filtrare tali disturbi, sia di consentire misure su un' impedenza definita e costante a tutte le frequenze previste per la misura. L'ampiezza dei disturbi e i limiti prescritti sono espressi in termini di tensione, con valori misurati in dB (riferiti a 1 μV).

A proposito dei ***disturbi irradiati***, la norma stabilisce che le misure devono essere fatte in tutto il range di frequenze compreso tra 30 MHz e 1 GHz (il limite superiore di 1 GHz è oggi in discussione ed è destinato a salire nei prossimi anni). Il sistema di rilevamento, composto da apparecchiature di qualità molto elevata, deve tra l'altro evitare l'influenza dei disturbi già presenti nello spazio che circonda l'apparato sotto prova (e non generati dall'apparato stesso), che devono essere eliminati; è un problema di non facile soluzione, che viene affrontato eseguendo le misure in camere opportunamente schermate (rispetto ai segnali elettromagnetici) chiamate "*camere anecoiche*", la cui costruzione richiede investimenti notevoli; anche le loro prestazioni sono definite attraverso apposita normativa. L'ampiezza dei disturbi generati e i limiti prescritti per l'apparato sotto prova sono espressi in termini di intensità del campo elettrico, con valori misurati in dB (riferiti a 1 μV/m). Le misure devono essere effettuate a una distanza di 10 m dall'apparato sotto prova.

Riflessione *Perché nelle misure di telecomunicazioni si introducono i decibel, che sono unità logaritmiche?*

ReT 3 Attenzione alla "corrente elettrica"

La "corrente elettrica" destinata a trasportare energia, assume tipicamente due frequenze: la frequenza zero (corrente continua) e la frequenza di rete (50 Hz nella maggior parte dei Paesi). Lo spazio che circonda una linea percorsa da corrente continua è sede di un campo magnetico statico; lo spazio che circonda una linea a 50 Hz è sede di un campo elettromagnetico.

Le normative stabiliscono i limiti consentiti per i campi magnetici nel primo caso e per i campi elettrici e magnetici nel secondo caso. È bene notare che le linee elettriche a 50 Hz non sono (fortunatamente) delle buone antenne trasmittenti, sia per la "forma" (sono parallele e non divergenti), sia per la lunghezza (dell'ordine di chilometri o decine di chilometri), notevolmente più corta della lunghezza d'onda corrispondente alla frequenza di 50 Hz (6000 km). Una linea elettrica pertanto "convoglia" quasi tutta l'energia della corrente lungo il suo percorso, mentre un'antenna affida l'energia di una corrente a un'onda elettromagnetica, che la trasporta attraverso lo spazio.

Il corpo umano:

- quando è "investito" da un'onda elettromagnetica ne assorbe l'energia; le conseguenze di tale assorbimento sono accettabili se il campo che investe ha intensità non superiori ai limiti ammessi dalle normative;
- quando è "investito", nel senso che viene percorso, dalla corrente elettrica, ne assorbe l'energia e prova la sensazione della "scossa"; se l'intensità della corrente supera alcune decine di milliampere anche solo per pochi secondi, le conseguenze possono essere drammatiche.

Esempio Stimare l'intensità della corrente che può attraversare il corpo umano in diverse situazioni.

Discussione Si tratta di una stima, dato che la resistenza del corpo umano varia, e non di poco, sia secondo le coppie di punti che si considerano (ad esempio da mano a mano, da mano a piede ecc.), sia secondo le condizioni del corpo e del clima (resistenza bassa nel caso di umidità, più elevata nel caso di secco).

Ipotizziamo la situazione tipica per:

- un elettrauto;
- un riparatore di apparecchiature radiotelevisive;
- un elettricista che lavora sull'impianto di casa.

Un ***elettrauto*** ha molto a che fare (anche se non solo) con tensioni continue, tipicamente quelle della batteria con tensione nominale di 12 V. Può ad esempio toccare con una mano il morsetto "+" della batteria e con l'altra il telaio metallico dell'auto, collegato al morsetto "–" e sottoporre la "resistenza" da una mano all'altra a una tensione di 12 V. Anche ipotizzando una situazione non favorevole (mani umide ad esempio), la resistenza è comunque dell'ordine di qualche chiloohm, per cui si ha ad esempio: $I = V/R = 12/2000 =$ $= 0{,}006\ \text{A} = 6\ \text{mA}$.

Un ***riparatore di apparecchiature radiotelevisive*** può avere a che fare sia con circuiti che funzionano con tensioni molto basse (ad esempio 5 V, tipiche dell'alimentazione per circuiti integrati digitali), sia con circuiti dove sono presenti tensioni dell'ordine delle migliaia di volt (ad esempio nei circuiti dei tubi a raggi catodici di televisori ancora in circolazione). In seguito a "movimenti inopportuni", tra due punti del corpo del riparatore (tipicamente tra mano destra e mano sinistra) potrebbero presentarsi tali tensioni. Nel primo caso le correnti sarebbero dell'ordine di pochi milliampere, mentre nel secondo potrebbero raggiungere anche valori di centinaia di milliampere.

Un ***elettricista*** che lavora sull'impianto di casa ha tipicamente a che fare con la tensione di rete, caratterizzata da un valore efficace di 230 V (e un valore di picco di circa 325 V). In seguito a disattenzione, l'elettricista potrebbe:

- toccare con una mano un conduttore dell'impianto e con la seconda mano l'altro conduttore;
- toccare con una mano un solo conduttore, ma contemporaneamente (ad esempio attraverso una scala in alluminio) toccare la "terra", aprendo così un percorso mano-piede per la corrente.

In entrambi i casi il corpo sarebbe attraversato da correnti dell'ordine di parecchie decine o addirittura centinaia di milliampere, con conseguente rischio elevato.

Per evitare che il corpo umano venga accidentalmente attraversato da correnti elettriche pericolose, si ricorre a:

- impianto di terra;
- interruttori differenziali (chiamati anche *salvavita*).

L'***impianto di terra*** ha la funzione di evitare l'insorgere di differenze di potenziale tra le "carcasse conduttrici" di apparecchi elettrici e la terra; se tali differenze di potenziale si manifestassero, una persona potrebbe inconsapevolmente proporsi come "conduttore" inserito tra la carcassa e la terra, con passaggio di corrente tipicamente fra mano e piede. Un impianto di terra ben funzionante può evitare la "scossa".

L'***interruttore differenziale*** ha invece lo scopo di interrompere automaticamente in circuito elettrico quando insorge una differenza tra le correnti che percorrono i due fili dell'impianto, verosimilmente in seguito a una "fuga" di corrente verso terra attraverso il corpo di una persona. L'interruttore differenziale non evita la "scossa", ma ne limita la durata in modo tale da non consentirle di diventare pericolosa.

Riflessione *Se è nota l'intensità del campo elettrico nelle vicinanze di una linea a 50 Hz, è possibile da essa risalire all'intensità del campo magnetico?*

ReT 4 Attenzione ai campi di qualunque frequenza

L'impiego di campi elettromagnetici in uno spettro estremamente ampio di frequenze o di campi elettrici statici o campi magnetici statici (cioè con la frequenza di 0 Hz), è in continua crescita: basti pensare agli ambiti dell'industria, dei trasporti, della medicina. La natura di tali campi non è estranea all'organismo umano, che si è sviluppato in presenza di una "radiazione di fondo" e di campi statici (quello elettrico e quello magnetico terrestre); attualmente però nasce il problema di valutare le eventuali conseguenze, classificabili in prima approssimazione come *effetti biologici* o come *danni alla salute*, che l'esposizione ai campi artificiali può generare negli organismi viventi, con particolare riferimento a quello umano.

Si parla di ***effetti biologici*** quando è possibile rilevare qualche variazione fisiologica, che in tempi più o meno brevi può essere recuperata in modo naturale dall'organismo.

Si parla di ***danni alla salute*** quando si rilevano variazioni fisiologiche il cui recupero, quando possibile, richiederebbe tempi molto più lunghi di quelli normali; in questi casi si verificano situazioni di detrimento della salute.

Come raccomanda l'OMS (*Organizzazione Mondiale della Sanità*), il concetto di "salute" va interpretato in modo ampio. Dice infatti l'OMS: "*La salute è uno stato di completo benessere fisico, mentale e sociale e non la semplice assenza di malattie o infermità*". In tal senso, anche le preoccupazioni o le ansietà rispetto a possibili conseguenze da esposizione ai campi artificiali possono contribuire a creare situazioni di non completo benessere.

Esposizione ai campi elettrici statici Tali campi non si presentano particolarmente aggressivi, nel senso che allo stato attuale delle conoscenze sembra che l'effetto più negativo sia legato alla cattiva sensazione di "scosse" di breve durata (evitabili con precauzioni), quali ad esempio quelle che si avvertono scendendo dall'auto.

Esposizione ai campi magnetici statici Tali campi possono influire sul funzionamento degli organismi viventi, nei quali sono presenti sia cariche elettriche in movimento (ad esempio ioni nel sangue), sia tratti di conduttori "biologici". Il campo magnetico statico esercita una *forza di Lorentz* sulle cariche elettriche in moto, modificando il moto stesso; inoltre, per la *legge di Faraday* dell'induzione elettromagnetica, tratti di conduttore o interi circuiti "biologici" che tagliano il flusso o variano il flusso magnetico con essi concatenato, possono essere sedi di tensioni o correnti indotte, in grado di influire sul funzionamento dell'organismo.

Particolare attenzione deve essere rivolta alle applicazioni nell'ambito della medicina, quali la risonanza magnetica, che impiegano campi con intensità dell'ordine di alcuni tesla (il campo magnetico terrestre è dell'ordine di 50 microtesla). Anche nel settore dei trasporti (treni e auto elettriche, tipicamente alimentati in continua) si generano campi magnetici statici le cui intensità sono oggetto di crescente attenzione.

Esposizione ai campi elettromagnetici Gli effetti generati da tali campi, che in pratica spaziano da frequenze di poche decine di hertz (quelli associati alla rete elettrica, con frequenza di 50 Hz) a frequenze elevatissime, sono stati analizzati e normati con particolare attenzione al range compreso entro 300 GHz, impiegato dalle tecnologie delle telecomunicazioni. È bene notare che la normativa generale si propone l'obiettivo di prevenire danni all'organismo umano; per quanto riguarda invece eventuali apparecchiature per loro natura già destinate a sostenere l'organismo stesso (si pensi ad esempio agli stimolatori cardiaci) è necessario il rispetto di limiti specifici.

La normativa è organizzata secondo una gerarchia di valori:
- limiti di esposizione;
- valori di attenzione;
- obiettivi di qualità.

Limiti di esposizione Non devono mai essere superati e sono finalizzati a tutelare la salute da effetti acuti. Riguardano l'intensità del campo elettrico (V/m), l'intensità del campo magnetico (A/m) e, per frequenze relativamente elevate, la densità di potenza (W/m^2). Valori tipici della legislazione nazionale: qualche decina di volt/metro per il campo elettrico, alcuni centesimi di ampere/metro per il campo magnetico, alcuni watt/metro quadrato per la densità di potenza.

Valori di attenzione Non devono essere superati nei luoghi adibiti a presenza prolungata, quali ad esempio scuole, abitazioni. Valori tipici della legislazione nazionale: qualche volt/metro per il campo elettrico, poco più di un centesimo di ampere/metro per il campo magnetico, un decimo di watt/metro quadrato per la densità di potenza.

Obiettivi di qualità Rappresentano le tendenze future, nell'ottica di una progressiva diminuzione dell'esposizione alle radiazioni elettromagnetiche. Valori tipici della legislazione nazionale: pressoché coincidenti con i valori di attenzione.

Riflessione *I limiti di esposizione ai campi elettromagnetici sono stati stabiliti una volta per sempre?*

Sommario

Le radiazioni, naturali o artificiali, possono avere natura ondulatoria (onde elettromagnetiche) o corpuscolare (raggi alfa, raggi beta, neutroni); possono essere ionizzanti o non ionizzanti, ma in qualunque caso, quando intercettano un corpo, gli cedono una quantità di energia che modifica lo stato del corpo stesso. Se il corpo è un organismo umano, la modifica può anche generare danni alla salute; normative specifiche impongono pertanto dei limiti all'esposizione del corpo umano alle radiazioni. La tematica, nel suo complesso, rientra nell'ambito della *sostenibilità*.
Gli effetti delle radiazioni generate da dispositivi elettrici possono influenzare il funzionamento di altri dispositivi elettrici; ricerche e normative consentono di misurare sia la radiazione generata da un apparato/sistema, sia la sua capacità di non risentire delle radiazioni che lo investono. La tematica, nel suo complesso, è denominata *compatibilità elettromagnetica*.

Risposte alle riflessioni

FAQ 1 La radiografia usa raggi *X*, che sono fortemente ionizzanti; tuttavia, la durata dell'esposizione è breve e l'organismo, se ha a disposizione il tempo necessario, si "rigenera". Non è però raccomandabile sottoporsi a radiografia con eccessiva frequenza.
FAQ 2 Sono delle radiazioni, ma di natura meccanica, non elettromagnetica. Si tratta di onde di pressione, che comunque trasportano energia; tale energia viene ceduta ai corpi che gli ultrasuoni intercettano sul loro percorso, producendo *aumento della temperatura* e *cavitazione* (formazione di bolle nei liquidi e successiva implosione).
FAQ 3 Il modulo di tale forza (è la cosiddetta *forza peso*) vale $p = m \cdot g = 9{,}1 \cdot 10^{-31}\ \text{kg} \cdot 9{,}8\ \text{m/s}^2 = 88{,}2 \cdot 10^{-31}\ \text{kg} \cdot \text{m/s}^2 \approx$ $\approx 8{,}8 \cdot 10^{-30}$ N. La forza elettrica che il campo esercita sulla carica dell'elettrone vale $F = q \cdot E = 1{,}6 \cdot 10^{-19} \cdot 10^2 = 1{,}6 \cdot 10^{-17}$ N, per cui la supera di 13 ordini di grandezza.
FAQ 4 Si, usano entrambe raggi *X*. La TAC dura molto di più della radiografia, ma non irradia sempre la stessa parte del corpo.

ReT 1 La "scossa" è conseguenza di un passaggio di corrente attraverso il corpo; ciò avviene o quando due punti del corpo sono sottoposti a differenza di potenziale, o quando il corpo ha accumulato una carica elettrica (e quindi un potenziale) e viene "collegato" ad un punto a potenziale diverso (ad esempio la terra). Nel caso dell'auto, è la sua carcassa che, isolata da terra dalle gomme, si carica per strofinio con l'aria e assume un potenziale diverso da zero; quando si scende dall'auto, attraverso il corpo (materiale conduttore) si collegano due punti a potenziale diverso e si ha passaggio di corrente attraverso il corpo umano.
ReT 2 Quando delle quantità sono espresse attraverso l'operatore matematico "logaritmo", succede, proprio per le proprietà di tale operatore, che:
- i prodotti vengono trasformati in somme, per cui, ad esempio, il guadagno totale di una catena di amplificatori, corrispondente al prodotto dei singoli guadagni, è dato dalla somma dei guadagni parziali, se ciascuno è espresso in modo logaritmico;
- le differenze tra valori piccoli vengono "esaltate", mentre quelle tra valori grandi vengono "compresse".

ReT 3 No. Il campo che circonda tali linee è detto "campo vicino"; in tale zona campo elettrico e campo magnetico non sono tra loro interdipendenti, come avviene invece nel cosiddetto "campo lontano" dove la relazione numerica tra intensità del campo elettrico e intensità del campo magnetico è la seguente: $E/H = 377\ \Omega$, oppure, essendo $H = B/\mu$, si ha $E/(B/\mu) = \mu \cdot E/H = 377\ \Omega$.
ReT 4 No, evolvono nel tempo con l'acquisizione di nuove conoscenze; sono inoltre generalmente diversi da un Paese all'altro, o addirittura da una Regione all'altra. Si cerca di definirli per minimizzare i rischi, in una visione equilibrata anche con l'offerta dei servizi e con la compatibilità degli investimenti.

Sitografia • Bibliografia

- http://webusers.fis.uniroma3.it/raimondi/CNISM/sicurezza/12_radiazioniNonION.pdf
- http://miei.anconaweb.com/FisicaUltrasuoni_3.pdf
- http://it.wikipedia.org/wiki/Cavitazione
- http://it.wikipedia.org/wiki/Schermo_al_plasma
- http://it.wikipedia.org/wiki/Schermo_a_cristalli_liquidi
- http://www.thyssenkrupptailoredblanks.it/default.asp?page=4&titolo=3
- http://ec.europa.eu/enterprise/policies/single-market-goods/cemarking/index_it.htm
- http://eur-lex.europa.eu/LexUriServ/LexUriServ.do?uri=OJ:L:2004:390:0024:0037:en:PDF
- http://ec.europa.eu/enterprise/policies/single-market-goods/cemarking/faq/index_it.htm
- http://www.anie.it/browse.asp?goto=607
- http://en.wikipedia.org/wiki/Uninterruptible_power_supply

- P. P. Masciocchi, *Agenti fisici – rumore, vibrazioni, campi elettromagnetici e ottici*, EPC Libri, 2009.
- G. Lakhovsku, *Radiazioni e onde sorgenti della nostra vita*, Aquarius Giannone, 2007.

Esercizi e Problemi

FAQ 1

Es. 1 Un elettrone fermo viene posto nel dielettrico (aria) di un condensatore piano, vicino all'armatura a potenziale più basso. Le armature distano tra loro 10 cm e sono sottoposte a una differenza di potenziale di 2 V. Calcolare l'energia cinetica acquistata dall'elettrone appena prima del contatto con l'armatura a potenziale più elevato.

FAQ 2

Es. 1 Stimare la densità di potenza a 1 km dall'antenna di un trasmettitore, nell'ipotesi di trasmissione con potenza di 600 kW.

Es. 2 Si faccia riferimento al documento indicato nella sitografia e scaricabile al seguente indirizzo:
http://webusers.fis.uniroma3.it/raimondi/CNISM/sicurezza/12_radiazioniNonION.pdf.
In tale documento si trova il seguente passaggio:
«Nei tessuti biologici l'intensità I dell'onda incidente decresce con la distanza x secondo la relazione:

$$I = I_0 \cdot e^{-ax}$$

dove I_0 è l'intensità per $x = 0$, e a è il coefficiente di assorbimento, di dimensioni $[L^{-1}]$; $\lambda = 1/a$ è detta lunghezza di penetrazione».
- Scegliendo opportune calibrazioni degli assi orizzontale e verticale, rappresentare graficamente l'equazione.
- Illustrare il significato fisico della "lunghezza di penetrazione" a.

Es. 3 Nel documento di cui all'Es. 2, si legge inoltre:
«I tipi principali di radiazione non ionizzante con i quali si può entrare in contatto sono:
- radiofrequenze RF ($10^4 < v < 10^9$ Hz), tra cui anche gli ultrasuoni US ($10^6 < v < 10^7$ Hz);
- microonde MW ($10^9 < v < 10^{12}$ Hz);
- raggi infrarossi IR ($10^{12} < v < 10^{15}$ Hz);
- raggi ultravioletti UV ($10^{15} < v < 10^{16}$ Hz)».

Tenendo presente che al simbolo v corrisponde evidentemente la frequenza f,
- confrontare i range indicati con quelli fino ad ora studiati;
- calcolare le lunghezze d'onda λ corrispondenti ai limiti dei range sopra indicati;
- evidenziare altri casi nei quali la prassi tecnologica fa corrispondere ad uno stesso simbolo (in questo caso λ) due o più grandezze tra loro diverse.

Pr. 1 Si faccia riferimento al documento indicato nella sitografia e scaricabile al seguente indirizzo:
http://miei.anconaweb.com/FisicaUltrasuoni_3.pdf.
In tale documento si trovano i seguenti passaggi:
- «Lo spessore dell'elemento piezoelettrico influenza la frequenza ultrasonica prodotta; più è sottile, e più elevata è la frequenza»;
- «Le sonde per addome hanno una frequenza di 2,5 ÷ 7 MHz. Le sonde per parti molli e vascolari e gli intracavitari hanno frequenze fino a 20 MHz».

Discutere la prima e la seconda citazione alla luce dei principi della piezoelettricità e del modello elettrico di un quarzo piezoelettrico.

Pr. 2 Nel documento di cui al Pr. 1 si parla inoltre di *cavitazione*. Facendo riferimento anche al documento indicato nella sitografia e scaricabile al seguente indirizzo:
http://it.wikipedia.org/wiki/Cavitazione
discutere in generale il fenomeno della cavitazione, sostenendo la discussione anche con esempi applicativi quantitativi.

FAQ 3

Es. 1 Stimare l'energia posseduta da un elettrone quando sta per urtare lo schermo di un oscilloscopio.

Es. 2 Un elettrone che si muove in orizzontale entra in un campo magnetico di intensità $B = 10$ mT, orientato in verticale; la velocità di entrata vale $v_i = 10^6$ m/s. Calcolare l'accelerazione subita dall'elettrone, definendola in termini di intensità, direzione, verso.

Pr. 1 Si faccia riferimento al documento indicato nella sitografia e scaricabile al seguente indirizzo:
http://it.wikipedia.org/wiki/Schermo_a_cristalli_liquidi
si trova il seguente passaggio:
«... è opportuno accennare al problema dei pixel bruciati, cioè impossibili da controllare a causa di una difettosità al film di *transistor* tipico delle matrici TFT».
- Illustrare il principio di funzionamento di uno schermo di tipo LCD;
- delineare i tratti della tecnologia a film di transistor e illustrare il principio di funzionamento delle matrici TFT.

Pr. 2 Si faccia riferimento al documento indicato nella sitografia e scaricabile al seguente indirizzo:
http://www.thyssenkrupptailoredblanks.it/default.asp?page=4&titolo=3
si trova il seguente passaggio:
«In modo analogo alla tecnica laser, anche in questo caso viene impiegata una fonte di energia ad alta focalizzazione, che rispetto al laser si distingue, tuttavia, per il suo rendimento nettamente migliore. Dato che il diametro del fuoco pari a circa 0,8 mm risulta maggiore di quello del sistema laser e che, rispetto a quest'ultimo, la radiazione è del tipo a particelle, anche l'immissione dell'energia nel pezzo in lavorazione risulta migliorata».
- Illustrare in modo schematico i principi che presiedono al funzionamento di una sorgente LASER e di una sorgente elettronica;
- illustrare, sostenendo la tesi con considerazioni quantitative, perché il rendimento della sorgente elettronica è ritenuto nettamente superiore rispetto a quello della sorgente LASER.

FAQ 4

Pr. 1 Stimare l'energia "depositata" dalla radiografia al femore di una persona che pesa 75 kg.

ReT 1

Es. 1 Calcolare lo spettro di un'onda triangolare alternata, con ampiezza di 10 V e periodo di 20 ms.

Es. 2 Calcolare lo spettro di un'onda quadra alternata, con ampiezza di 10 V e periodo di 20 ms.

Es. 3 Calcolare lo spettro di un'onda sinusoidale raddrizzata, con ampiezza di 5 V e periodo di 20 ms.

Pr. 1 Stimare la capacità parassita tra due cavi della rete elettrica, considerando una tratta di collegamento lunga 10 km.

Pr. 2 Giustificare l'andamento temporale (non armonico) della corrente attraverso una lampada fluorescente sottoposta a tensione armonica.

Pr. 3 Prevedere lo spettro del segnale di clock di un personal computer.

Pr. 4 Illustrare il principio di funzionamento di un dispositivo UPS (*Uninterruptible Power Supply*).

ReT 2

Es. 1 Spiegare il significato delle misure di tensione espresse in dB riferiti a 1 μV.

Es. 2 Spiegare il significato delle misure di intensità del campo elettrico espresse in dB riferiti a 1 μV/m.

Pr. 1 Illustrare la struttura e il principio di funzionamento di una rete LISN (Line Interface Stabilization Network).

Pr. 2 Discutere le FAQ riportate qui di seguito, tratte dal sito UE.
- Che cosa indica la marcatura CE apposta su un prodotto?
- Se un prodotto reca la marcatura CE, significa sempre che esso è stato fabbricato in UE?
- Tutti i prodotti marcati CE sono stati testati e approvati dalle autorità?
- Si può avere la certezza che un prodotto marcato CE è sicuro?
- In qualità di fabbricante, posso di mia iniziativa apporre il marchio CE sui miei prodotti?
- Dove deve essere apposto il marchio CE?
- Che cos'è la Dichiarazione di Conformità del fabbricante?
- La marcatura CE è obbligatoria? In caso affermativo, per quali categorie di prodotti?
- Qual è la differenza tra la marcatura CE e altre marcature, ed è possibile apporre altre marcature su un prodotto che già reca il marchio CE?
- Chi supervisiona l'uso corretto della marcatura CE?
- Quali sono le sanzioni previste per la contraffazione del marchio CE?
- Quali implicazioni ha per il fabbricante, l'importatore e il distributore l'apposizione del marchio CE?

Pr. 3 Per avere un'idea dei prodotti a marchio CE, se ne riporta un elenco parziale, tratto dal sito UE.
Analizzare e discutere in particolare gli ambiti ***Apparecchiature radio e apparecchiature terminali di telecomunicazione, Strumenti di misura, Compatibilità elettromagnetica***.
- Eco design dei prodotti che consumano energia
- Compatibilità elettromagnetica
- Caldaie ad acqua calda
- Dispositivi medico-diagnostici in vitro
- Strumenti di misura
- Dispositivi medici
- Emissione acustica ambientale
- Strumenti per pesare a funzionamento non automatico
- Dispositivi di protezione individuale
- Apparecchiature radio e apparecchiature terminali di telecomunicazione
- Imbarcazioni da diporto
- Sicurezza dei giocattoli
- Recipienti semplici a pressione

ReT 3

Es. 1 Descrivere una mappa dei potenziali che si manifestano durante il funzionamento di un impianto di terra.

Es. 2 Illustrare, anche con considerazioni quantitative, il funzionamento di un trasformatore differenziale.

Pr. 1 Illustrare il principio di funzionamento di un misuratore della resistenza di un impianto di terra.

Pr. 2 Stimare la tensione di passo a 50 m dal punto di scarica a terra (attraverso parafulmine) di un fulmine.

Pr. 3 Stimare i valori delle grandezze elettromagnetiche che si manifestano in un interruttore differenziale (salvavita).

ReT 4

Es. 1 Stimare l'intensità del campo magnetico alla distanza di 2 m da una linea di alimentazione ferroviaria.

Es. 2 Stimare l'intensità del campo magnetico alla distanza di 50 cm dalla linea di alimentazione di un'auto elettrica.

Es. 3 Stimare l'intensità del campo magnetico statico alla distanza di 30 cm dalla linea di alimentazione di una bicicletta a pedalata assistita.

Pr. 1 Commentare in modo sintetico la normativa nazionale relativa alle radiofrequenze e alle microonde.

Pr. 2 Commentare in modo sintetico la normativa nazionale relativa al digitale terrestre.

Pr. 3 Commentare in modo sintetico la normativa nazionale relativa al Wi-Fi.

Pr. 4 Commentare in modo sintetico la normativa nazionale relativa alle frequenze estremamente basse (ELF).

Pr. 5 Commentare in modo sintetico la normativa relativa a radiazioni infrarosse, visibili, ultraviolette.

Pr. 6 Commentare in modo sintetico la normativa relativa a radiazioni X e gamma.

MODULO 7

Misure e strumentazione

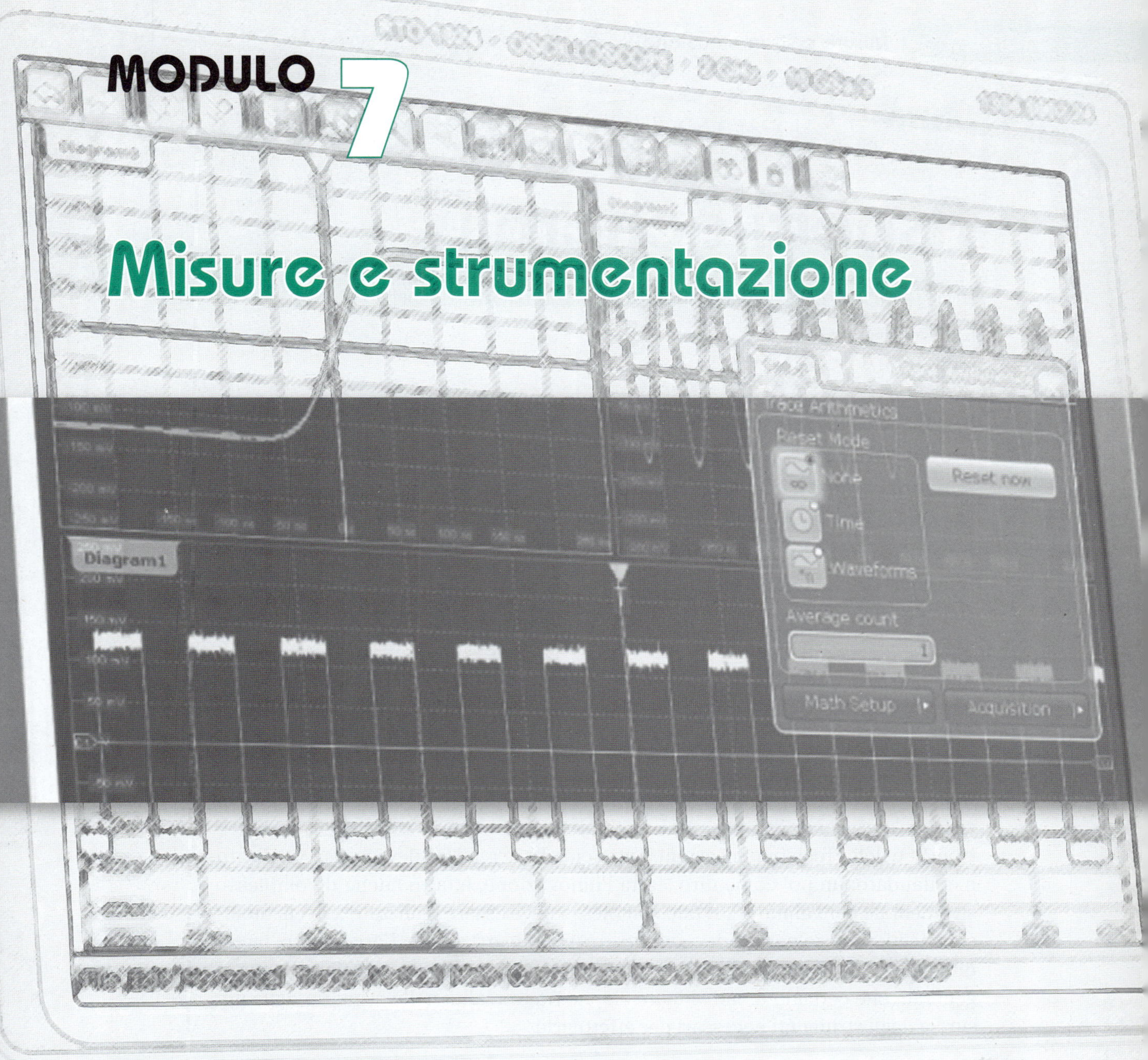

indice

abilità

La discussione degli esempi e delle riflessioni, l'analisi del testo e lo svolgimento di alcuni esercizi favoriscono lo sviluppo delle seguenti abilità:

- rappresentare segnali e determinarne i parametri
- individuare i parametri che caratterizzano una forma d'onda periodica nel dominio del tempo e nel dominio della frequenza

UNITÀ 7.1

Aspetti generali

Problematiche trasversali e strumentazione di base

In questa Unità si discutono alcune problematiche su *condizionamento, memorizzazione* e *visualizzazione* dei segnali e sul principio di funzionamento degli strumenti "classici" per le misure elettroniche

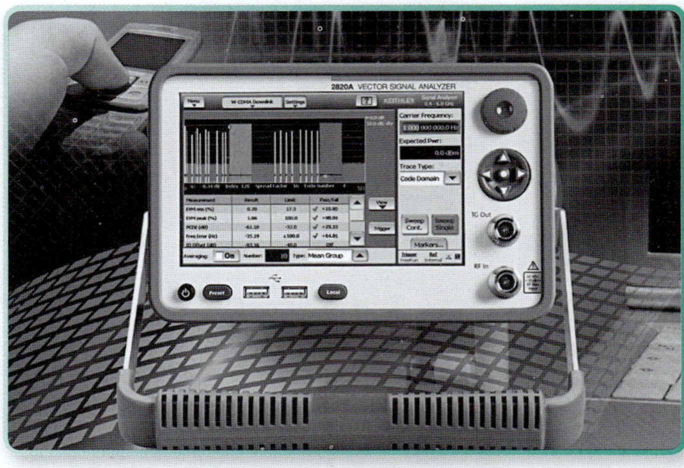

Il problema delle *misure* e della *strumentazione* propone, da un certo punto di vista, un'occasione per fare sintesi rispetto ad un tema ampio come quello dell'Elettronica e delle Telecomunicazioni. Tutto ciò che si realizza deve essere verificato e collaudato: un po' come dire "fatta l'innovazione, è fatto anche il complesso strumentale per valutarla". E tale complesso deve essere realizzato a livelli molto sofisticati, proprio perché deve *misurare* in *modo affidabile*. L'argomento, incredibilmente vasto, viene discusso prendendo le mosse da problematiche del tutto generali, che cercano di individuare alcune trasversalità nello scenario delle misure e degli strumenti necessari per effettuarle.

indice

FAQ 1 Ci sono dei "denominatori comuni" nella misurazione di segnali elettrici?

Il primo "denominatore comune" è legato al fatto che i segnali sono di **natura elettrica**; cioè è già avvenuto, se necessario, il passaggio "dal campo all'elettricità", discusso nel Modulo 1.

C'è poi il "denominatore comune" del **condizionamento** del segnale, cioè dell'adattamento del segnale stesso alle caratteristiche dello strumento di misura. L'adattamento può riguardare:

- la *tipologia* del segnale, che deve essere (quasi sempre) una *tensione*;
- l'*ampiezza* del segnale (condizionamento sull'asse verticale);
- l'evoluzione nel *tempo* del segnale (condizionamento sull'asse orizzontale).

Condizionamento della tipologia Nella maggior parte dei casi, gli strumenti delle ultime generazioni eseguono misure di ***tensioni in funzione del tempo***. Così, ad esempio, uno strumento che misura l'intensità della corrente elettrica trasforma la corrente che lo percorre in una tensione ad essa proporzionale, attraverso una resistenza: $v(t) = R \cdot i(t)$; se si ha $R = 1\ \Omega$ e la corrente in un determinato istante ha l'intensità di 100 mA, la tensione sarà $v(t) = R \cdot i(t) = 1 \cdot 10^{-1} = 10^{-1}$ V, cioè 100 mV; lo strumento misura 100 mV, ma sul display di lettura compare il numero 100 con unità di misura espressa in milliampere (100 mA). Se in un tempo successivo la corrente dimezza, il voltmetro misurerà 50 mV e il display indicherà 50 mA.

Condizionamento dell'ampiezza Se è troppo piccola, serve un'***amplificazione lineare***, cioè la *moltiplicazione per un valore costante maggiore dell'unità* (ma in sede di presentazione del risultato bisogna poi tenerne conto); se è troppo grande, serve un'***attenuazione lineare***, cioè la *moltiplicazione per un valore costante minore dell'unità* (e in sede di presentazione del risultato bisogna poi tenerne conto).

Condizionamento nel tempo È attuato attraverso il ***campionamento***, operazione che discretezza l'asse dei tempi, dà significato solo a determinati istanti (istanti di campionamento) e misura l'ampiezza del segnale in ciascuno di quegli istanti. Così, il segnale continuo viene sostituito da una successione di campioni: il *Teorema del campionamento* stabilisce che, se i campioni sono abbastanza numerosi, le informazioni associate alla successione di campioni consentono di risalire a quelle associate al segnale originario. ***Questa tecnica è usata quasi universalmente negli strumenti di misura delle ultime generazioni.***

Esempio Individuare la frequenza opportuna di campionamento in tempo reale per un segnale *triangolare alternato*, con periodo di 2 μs.

Discussione Secondo il *Teorema del campionamento*, sarebbe necessario campionare almeno due volte in ciascun periodo, cioè in questo caso ogni microsecondo. In realtà, anche per superare inconvenienti tipicamente legati alla presenza di rumore e di distorsioni, si campiona con maggiore frequenza; quattro campioni al periodo forniscono di solito dei discreti risultati. Si ottiene in tal modo una rappresentazione "per punti" del segnale. La forma del segnale (in questo caso dichiarata triangolare) è abbastanza ininfluente. Si ha:

- periodo di campionamento $T_c = (2/4)\ \mu s = 0{,}5\ \mu s = 0{,}5 \cdot 10^{-6}$ s;
- frequenza di campionamento $f_c = 1/T_c = 1/0{,}5 \cdot 10^{-6} = 2 \cdot 10^6\ s^{-1} = 2 \cdot 10^6$ Hz.

Di solito, piuttosto che in hertz, la frequenza di campionamento è espressa in campioni/secondo (Sa/s), dove il simbolo Sa è l'abbreviazione di *Sample* (campione); pertanto si parla in questo caso di un campionamento alla frequenza di $2 \cdot 10^6$ Sa/s, oppure di 2 MSa/s.

Un altro "denominatore comune" è rappresentato dalla **memorizzazione** delle acquisizioni, fondamentale per qualsiasi successiva elaborazione. Nella pratica, la memorizzazione avviene sempre; può essere esterna e ovvia (annoto sul quaderno i risultati delle letture, poi ne faccio la rappresentazione grafica, ne calcolo il valor medio ecc.) oppure interna allo strumento, che in questo caso è dotato di memoria elettronica. *Quest'ultima soluzione è sempre più impiegata negli strumenti delle ultime generazioni.*

Infine, il "denominatore comune" della **visualizzazione** (o rappresentazione) dei risultati. Ci sono *visualizzazioni numeriche*, di solito realizzate attraverso schiere di dispositivi LED (*Light Emitting Diode*) come quelle dei multimetri che misurano tensioni, correnti, resistenze ed eventualmente altre grandezze elettriche. Ci sono *visualizzazioni analogiche*, che rappresentano l'evoluzione dei segnali su grafici *ampiezza /tempo*, a volte *ampiezza/frequenza*, di solito fatte attraverso *schermi*, realizzati con tecnologia a *cristalli liquidi* (LCD: *Liquid Crystal Display*) negli strumenti delle ultime generazioni quali oscilloscopi digitali o analizzatori di spettro, o con tecnologia del vuoto nel caso del *tubo a raggi catodici* (CRT: *Cathode Ray Tube*); questa tecnologia ha fatto la storia degli oscilloscopi analogici, dei televisori e delle prime generazioni di personal computer.

Riflessione *E gli strumenti di misura con lettura a indice (lancetta)?*

FAQ 2 Come si effettua il condizionamento di un segnale elettrico?

Abbiamo già discusso una modalità semplice per il *condizionamento della tipologia* del segnale, che quasi sempre viene convertito in una tensione.

Occupiamoci adesso del condizionamento dell'ampiezza e del condizionamento nel tempo.

Il **condizionamento dell'ampiezza** è caratterizzato in particolare da problemi relativi all'*impedenza d'ingresso* dello strumento, all'*amplificazione/attenuazione* del segnale d'ingresso e alla *banda passante* dello stadio impedenza/amplificazione/attenuazione.

Tale condizionamento è affidato a uno stadio analogico. Lo stadio analogico, nel suo complesso, può comprendere:

- un partitore compensato, che si comporta come un attenuatore con banda passante molto larga (in teoria infinita – si veda l'Es. 4 della ReT 4 a pag. 168);
- un amplificatore/attenuatore a banda larga e a basso rumore; negli strumenti evoluti il fattore di amplificazione/attenuazione viene impostato in modo automatico dalla strumento stesso.

Il **condizionamento nel tempo**, tendenzialmente sempre più presente e particolarmente importante per la memorizzazione/visualizzazione dei segnali negli oscilloscopi, può prevedere:

- campionamento in tempo reale;
- campionamento in tempo equivalente.

Il ***campionamento in tempo reale***, applicabile a *segnali di qualsiasi tipo (periodici e non periodici, impulsivi,…)*, trasforma un segnale in una successione di campioni (impulsi), che viene successivamente sottoposta a un processo di conversione analogico/digitale (A/D).

Il **campionamento in tempo equivalente**, applicabile solo a *segnali periodici*, prevede due possibili modalità:

- campionamento sequenziale in tempo equivalente;
- campionamento casuale in tempo equivalente.

Esempio Illustrare le modalità di campionamento nel testo equivalente.

Discussione Il ***campionamento sequenziale (o sincrono) in tempo equivalente*** preleva tipicamente un campione per ogni periodo del segnale e ricostruisce la forma d'onda elementare "accostando" un adeguato numero di campioni.

Il primo campione viene prelevato quando avviene l'"evento di trigger"; con riferimento alla fig. 1.2, tale evento si manifesta quando la rampa positiva del segnale raggiunge un determinato livello (segno della pendenza e valore del livello possono essere impostati dall'operatore). I campioni successivi vengono prelevati rispettivamente ΔT, $2\Delta T$, $3\Delta T$,… dopo l'evento di trigger, che si ripete ad ogni periodo. Il segnale ricostruito dà *l'impressione di un campionamento in tempo reale*, con intervallo ΔT tra un campione e quello successivo, cioè con frequenza di campionamento (equivalente) $f_{ceq} = 1/\Delta T$; in realtà la frequenza di campionamento può essere molto più bassa, dato che vale $f_c = 1/(T + \Delta T)$.

Il ***campionamento casuale (o asincrono) in tempo equivalente*** preleva i campioni alla massima frequenza possibile consentita dall'elettronica dello strumento, senza nessuna relazione con l'evento di trigger impostato; viene però associato a ciascun campione il tempo che lo separa dall'evento di trigger più vicino. Un microprocessore rimette poi in ordine i campioni, secondo le distanze temporali dagli eventi di trigger. Si veda la fig. 1.3.

Riflessione *Se si campiona un segnale rispettando il Teorema del campionamento, possono comunque nascere problemi?*

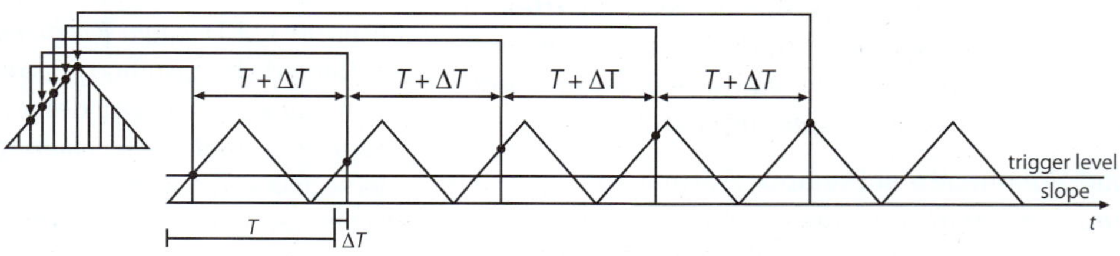

Fig. 1.2 Campionamento sequenziale (sincrono) in tempo equivalente. La figura si riferisce ad una fase di campionamento non ancora terminata (mancano ancora alcuni valori per completare il periodo).

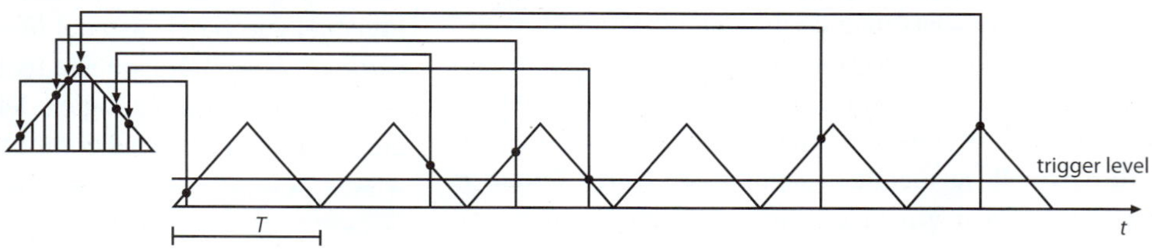

Fig. 1.3 Campionamento casuale (asincrono) in tempo equivalente. La figura si riferisce ad una fase di campionamento non ancora terminata (mancano ancora alcuni valori intermedi).

FAQ 3 Quali problemi può porre la memorizzazione di un segnale?

Uno degli importanti vantaggi associati ai segnali elettrici digitalizzati riguarda la possibilità di memorizzarli. Ciò consente da una parte di poterli rivedere in qualunque momento, dall'altra di elaborarli: sono ad esempio disponibili strumenti (abbastanza sofisticati) che, una volta acquisito e memorizzato un segnale nel dominio del tempo, ne inviano una "copia" allo schermo per la visualizzazione; poi, attraverso software opportuno, lo elaborano e ne calcolano lo spettro di Fourier, che può essere successivamente inviato sullo stesso schermo, dando così luogo alla rappresentazione dello stesso segnale nel dominio della frequenza.
Insomma, uno stesso strumento digitale, che funge sia da oscilloscopio sia da analizzatore di spettro.
La memoria è di norma interna allo strumento, che può essere tuttavia collegato in rete e accedere a potenzialità esterne di memorizzazione e di elaborazione.
La *capacità* di una memoria può essere espressa:
- in senso assoluto, in *bit*;
- in senso relativo (allo strumento) in *campioni*, o *letture*.

Il numero di bit corrisponde al numero fisico di celle elementari della memoria, ciascuna delle quali può memorizzare 1 bit, che corrisponde al "quanto", cioè alla minima quantità di informazione possibile in un sistema binario.
Un *campione* (di segnale) è composto da un numero di bit tanto più elevato quanto maggiore è la risoluzione dello strumento.

Esempio 1 Si deve memorizzare la lettura di un voltmetro per misure di tensione continua a 4 cifre e mezza, che aggiorna la lettura ogni 2 secondi. Descrivere il campione necessario, esprimendolo in bit e individuare le dimensioni di una memoria "opportuna" per tale voltmetro.

Discussione Con riferimento a un dispositivo di visualizzazione numerica, 4 cifre e mezza vuol dire che quattro cifre del display possono raggiungere l'indicazione 9, mentre una (la prima a sinistra) può segnare solo i valori 0 e 1. Il "fondo scala" dello strumento sarà pertanto 19.999.
Si tratta quindi di un voltmetro a 20.000 punti di lettura (da 00000 a 19.999). L'ampiezza del segnale da misurare viene convertita in un numero binario (successivamente codificato in decimale) attraverso un convertitore A/D, che deve essere ad almeno 15 bit (infatti $2^{14} = 16.384$ – punti di lettura insufficienti; $2^{15} = 32.768$ – punti di lettura più che sufficienti).
Se il voltmetro è destinato a fornire una lettura ogni 2s, per memorizzare ogni lettura basta un *registro* a 15 bit, che viene aggiornato ogni 2s da un opportuno *clock*.

Esempio 2 Ridiscutere l'Esempio 1 nel caso in cui il voltmetro debba calcolare il valore efficace di un segnale con la frequenza di 1 kHz, prelevando 50 campioni in ciascun periodo.

Discussione Sappiamo che il valore efficace viene calcolato seguendo un opportuno algoritmo; sappiamo inoltre che, per avere un calcolo sufficientemente preciso, in pratica è bene calcolare il valore efficace stesso su un numero molto elevato di periodi. Ipotizziamo di avere a disposizione 1s per il calcolo e di procedere alla visualizzazione nel secondo successivo. Essendo la frequenza del segnale $f = 1$ kHz = $= 10^3$ Hz, sarà $T = 1/f = 1/10^3 = 10^{-3}$ s; in 1 s sono allora contenuti 10^3 periodi. Se in ciascun periodo sono richieste 50 misurazioni, in 1 s ci saranno $50 \cdot 10^3 = 5 \cdot 10^4$ misurazioni, ciascuna espressa con 15 bit. La memoria dovrà quindi essere in grado di contenere:
- $5 \cdot 10^4$ campioni;
- $15 \cdot 5 \cdot 10^4 = 75 \cdot 10^4$ bit.

Il complesso convertitore/memoria dovrà essere in grado di acquisire $5 \cdot 10^4$ campioni al secondo (Sa/s), cioè dovrà acquisire alla frequenza di campionamento (*sampling*) $f_s = 5 \cdot 10^4$ Hz (o, meglio, 50 kHz).

Dalla discussione degli esempi precedenti si intuisce che il problema dell'acquisizione e memorizzazione si può complicare notevolmente quando sono richieste moltissime acquisizioni in tempi molto ravvicinati, cioè quando si ha a che fare con segnali a frequenze elevate, come (sempre più) avviene nelle Telecomunicazioni.
Pensando, anche solo in linea generale, al problema della visualizzazione di immagini digitalizzate di segnali a frequenze elevate, dell'ordine di qualche decina di gigahertz (è il caso dell'oscilloscopio digitale, che si appresta a diventare lo strumento di misura più diffuso), si osserva almeno che:
- i convertitori A/D impiegati sono tipicamente a 8 bit;
- le frequenze di campionamento sono dell'ordine di decine di GSa/s.

In altri termini, sembra di dover memorizzare enormi quantità di dati in tempi molto brevi.
La soluzione, come molte volte accade nelle tecnologie, è stata trovata in modo adeguato e relativamente semplice.

Riflessione *Perché sullo schermo di un oscilloscopio analogico, che non è dotato di memoria, si vede un segnale stabile e "memorizzato"?*

FAQ 4 Quali specificità e quali problemi caratterizzano la visualizzazione di un segnale?

Discutiamo adesso il problema relativo alla presentazione di segnali su uno schermo, realizzata tipicamente negli oscilloscopi; si fa riferimento alla rappresentazione nel dominio del tempo, avendo quindi come riferimenti un asse orizzontale tarato in secondi (o sottomultipli) e un asse verticale tarato in volt (o sottomultipli). Indipendentemente dalla tecnologia costruttiva del componente di visualizzazione (ad esempio CRT o LCD), le modalità per costruire l'immagine sono le seguenti:

- vettoriale;
- a scansione, o *raster*.

La modalità *vettoriale* ricorda quella di una matita (nel caso specifico è una "matita elettronica", cioè un raggio elettronico) che, comandata in *X-Y* (dal cervello), disegna sul foglio; si rivela particolarmente adatta per la rappresentazione dei segnali in *tempo reale*, come avviene nell'oscilloscopio analogico.

La modalità *raster* prevede invece di intervenire punto per punto (*pixel* per *pixel*) sulla luminosità di un raggio elettronico che scandisce tutto lo schermo riga per riga (tecnica televisiva); si rivela particolarmente adatta per la rappresentazione di *segnali memorizzati*.

Le rappresentazioni hanno un riferimento temporale nel cosiddetto ***evento di trigger***, normalmente impostato dall'operatore; nei casi più semplici, tale evento è rappresentato dalla coincidenza di due situazioni:

- il raggiungimento di un determinato livello da parte del segnale da visualizzare (*level*);
- il raggiungimento di tale livello con una pendenza (*slope*) di un determinato segno: +, cioè in salita, o –, cioè in discesa.

Nelle *visualizzazioni analogiche* l'evento di trigger "dà il via" al disegno del segnale: è come se fosse presente alla sinistra dello schermo (tempo zero). Il segnale visualizzato evolve sempre dopo il trigger (*post-trigger*).

Nelle *visualizzazioni digitali* l'evento di trigger "dà il via" alla memorizzazione dei campioni, ma può corrispondere a qualunque punto dell'asse dei tempi. Il segnale visualizzato può evolvere in parte sia prima del trigger (*pre-trigger*), sia dopo il trigger (*post-trigger*).

La visualizzazione può essere affetta da **errori**, a volte anche clamorosi. Le cause sono molte; due di primaria importanza riguardano la *banda passante dichiarata* dello strumento e l'*impostazione dell'asse dei tempi*.

Il problema della ***banda passante dichiarata*** riguarda sia l'oscilloscopio analogico, sia quello digitale. È prassi consolidata quella di dichiarare tale banda facendo riferimento alla frequenza di taglio superiore f_{ts} (la frequenza di taglio inferiore è nulla o vale pochi hertz, secondo l'*accoppiamento* impostato all'ingresso).

Esempio 1 Un oscilloscopio ha una banda passante (dichiarata) di 10 MHz. Calcolare l'errore di misura quando si visualizza:
- un segnale con la frequenza di 10 MHz = 10^7 Hz;
- un segnale con la frequenza di 5 MHz = $5 \cdot 10^6$ Hz;
- un segnale con la frequenza di 1 MHz = 10^6 Hz.

Discussione È possibile dimostrare che, in prima approssimazione, il modulo del rapporto tra tensione visualizzata V_v e tensione all'ingresso V_{in} vale:

$$V_v/V_{in} = 1/[1 + (f/f_{ts})^2]^{1/2}$$

Per $f = 10^7$ Hz si ha $V_v/V_{in} = 1/[1 + (10^7/10^7)^2]^{1/2} =$
$= 1/[1 + 1^2]^{1/2} = 1/2^{1/2} = 0{,}7$

Per $f = 5 \cdot 10^6$ Hz si ha $V_v/V_{in} = 1/[1 + (5 \cdot 10^6/10^7)^2]^{1/2} =$
$= 1/[1 + 0{,}5^2]^{1/2} = 1/1{,}25^{1/2} = 1/1{,}12 = 0{,}89$

Per $f = 10^6$ Hz si ha $V_v/V_{in} = 1/[1 + (10^6/10^7)^2]^{1/2} =$
$= 1/[1 + 0{,}1^2]^{1/2} = 1/1{,}01 = 0{,}99$

Nel primo caso l'errore è del 30%, assolutamente inaccettabile per una misurazione; nel secondo caso è dell'11%, ancora rilevante; nel terzo caso è dell'1%, accettabile nelle misure oscilloscopiche.

Il problema dell'***impostazione dell'asse dei tempi*** è particolarmente delicato nell'oscilloscopio digitale.

Esempio 2 Discutere sulla visualizzazione di un segnale con $f = 10$ kHz $= 10^4$ Hz sullo schermo di un oscilloscopio digitale che campiona a $f_s = 1$ MSa/s $= 10^6$ Sa/s, con asse dei tempi impostato su 10 s (tempo totale).

Discussione Il sistema di visualizzazione digitale fa in modo che ciascun segnale venga disegnato con circa 500 punti (e non di più), tenendo conto del potere risolutivo dell'occhio umano. In 10 s il sistema acquisisce 10s · 10^6Sa/s = 10^7 Sa, cioè 10^7 campioni. Di questi ne vengono visualizzati solo 500 (scelti in modo intercalato tra 10^7); gli altri vengono scartati. La rappresentazione che si ottiene può essere a volte clamorosamente sbagliata, a causa del fenomeno (abbastanza complesso) dell'***aliasing***. Dell'errore clamoroso però l'operatore potrebbe anche non accorgersi. Non si tratta di un difetto intrinseco allo strumento, ma di un errore d'impostazione, commesso dall'operatore: infatti un asse dei tempi con durata di 10 s riprodurrebbe 10^4 periodi del segnale; cioè anche su un oscilloscopio ideale si vedrebbe un rettangolo luminoso, non una successione di forme d'onda periodiche.

Riflessione *Perché in un oscilloscopio digitale si acquisiscono moltissime letture (anche centinaia di migliaia) se poi sullo schermo ne vengono presentate solo pochissime, circa 500?*

ReT 1 Generatori di funzioni

Nella configurazione di base, i generatori di funzioni forniscono segnali periodici, con forma *armonica*, *rettangolare* e *triangolare*. I segnali sono di solito alternati; quasi sempre è possibile sommare ad essi un *offset*, che "sposta la forma d'onda lungo l'asse delle ampiezze" e consente anche di ottenere segnali *unidirezionali*.

In generale, l'impedenza interna del generatore è resistiva e ha il valore tipico di 50 Ω, che consente l'adattamento ai cavi coassiali maggiormente usati; a volte il valore è 75 Ω e in alcuni casi di 600 Ω.

Nella ***versione più semplice*** il generatore fornisce solo ***segnali armonici***, con un *range* di frequenza relativamente limitato; ad esempio la gamma di tre decadi, compresa tra 20 Hz e 20.000 Hz.

Esempio 1 Descrivere il principio di funzionamento di un ***generatore di segnali armonici.***

Discussione Dalla fig. 1.4 si vede che i blocchi fondamentali comprendono:
- un oscillatore a frequenza variabile;
- un amplificatore;
- un attenuatore variabile.

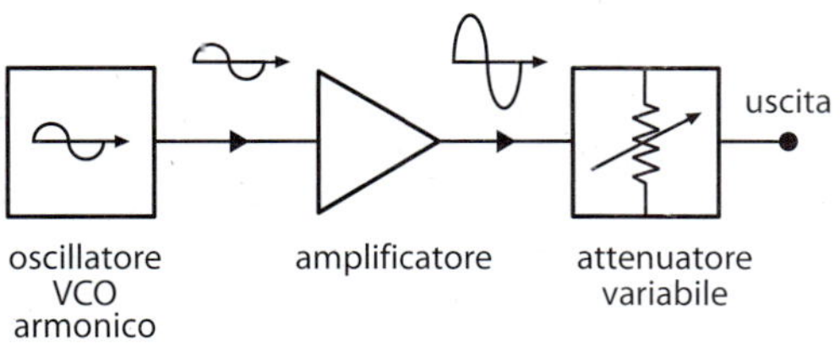

Fig. 1.4 Schema a blocchi di principio del generatore di segnali armonici.

L'***oscillatore a frequenza variabile*** è il "cuore" del generatore; a volte deve soddisfare stringenti esigenze di stabilità della frequenza generata, magari di poche parti per milione (ppm), a volte invece deve generare segnali con eccellente purezza spettrale; la stabilità elevata viene garantita da soluzioni che prevedono l'impiego di particolari *quarzi*, mentre la purezza spettrale può richiedere la presenza di sofisticati sistemi di filtraggio.

L'***amplificatore***, di solito caratterizzato da impedenza d'ingresso elevata, da una parte presenta un carico trascurabile per l'oscillatore, contribuendo così alla sua stabilità – sia in frequenza, sia in ampiezza – e dall'altra lo "isola" dal circuito a valle, evitando che l'oscillatore stesso risenta di variazioni del carico. Inoltre l'amplificatore può aumentare la potenza del segnale generato. La sua curva di risposta deve consentire al segnale di uscita di avere ampiezza indipendente dalla frequenza.

L'***attenuatore variabile*** svolge sostanzialmente due funzioni: quella di stabilire l'impedenza interna (o impedenza di uscita) del generatore, che deve essere di valore costante (ad esempio 50 Ω) e indipendente dalla frequenza e quella di calibrare, a richiesta dell'operatore, l'ampiezza del segnale di uscita.

Nella ***versione più generale*** il generatore fornisce segnali con forme diverse con un *range* di frequenza che può essere molto ampio, ad esempio da frazioni di hertz a decine di megahertz. È sicuramente una delle sorgenti più usate nell'ambito dell'elettronica.

Esempio 2 Descrivere il principio di funzionamento di un ***generatore di funzioni.***

Discussione Dalla fig. 1.5 si vede che i blocchi fondamentali comprendono:
- un generatore di onda triangolare a frequenza variabile;
- un comparatore;
- un modellatore di onda armonica;
- un amplificatore;
- un attenuatore variabile.

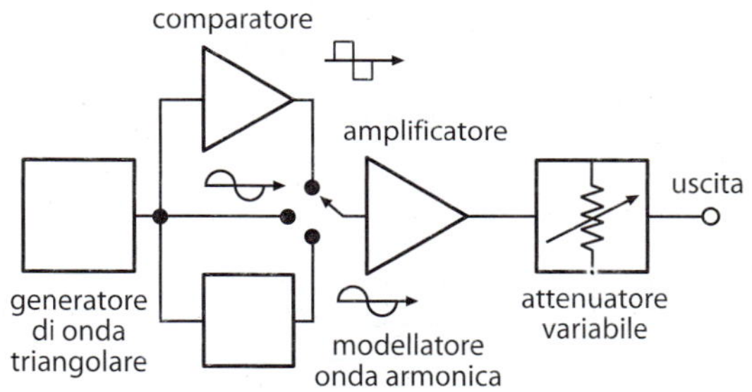

Fig. 1.5 Schema a blocchi di principio del generatore di funzioni.

Il ***generatore di onda triangolare a frequenza variabile*** è il "cuore" del generatore; le sue caratteristiche di stabilità e di precisione condizionano quelle dell'intero apparato. Fortunatamente, dal punto di vista elettronico la generazione di onde triangolari è relativamente semplice.

Il ***comparatore*** è un dispositivo non lineare, che "squadra" l'onda triangolare, ad esempio generando un fronte verticale "all'in su" (con successivo mantenimento del livello di arrivo) quando l'onda triangolare passa per il valore zero "in salita" e un fronte verticale "all'in giu" (con successivo mantenimento del livello di arrivo) quando passa per il valore zero "in discesa".

Il ***modellatore di onda armonica*** è uno "scultore elettronico" che dall'onda triangolare ricava attraverso piccoli tratteggi un'onda "quasi armonica", anche se con caratteristiche limitate di purezza spettrale.

Per l'*amplificatore* e l'*attenuatore variabile* vale quanto già detto sopra.

Riflessione *Vista la relativa facilità nel modificare i segnali triangolari in segnali rettangolari, è possibile realizzare un generatore di funzioni partendo da un'onda rettangolare?*

ReT 2 Multimetri

Sono strumenti in grado di misurare tensioni, correnti, resistenze ed eventualmente altre grandezze. Storicamente nati come "tester" analogici, si sono progressivamente orientati alle soluzioni digitali, oggi decisamente prevalenti. Lo strumento base è un voltmetro digitale che, con opportuni accorgimenti, viene trasformato in amperometro e in ohmmetro. Sono disponibili in versione portatile, da banco, da laboratorio, con ingombri, costi e prestazioni variabili, anche non di poco. La lettura avviene attraverso display numerico, realizzato sia in tecnologia LED, sia in tecnologia LCD.

Esempio 1 Discutere il principio di funzionamento di un voltmetro digitale.

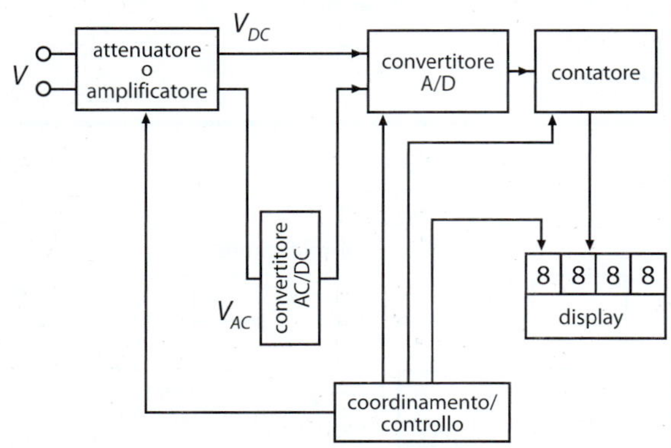

Fig. 1.6 Schema a blocchi di principio del voltmetro digitale.

Discussione Dalla figura si vede che i blocchi fondamentali comprendono:
- un attenuatore/amplificatore;
- un convertitore analogico/digitale (*A/D*);
- un contatore;
- un display;
- un convertitore AC-DC;
- un blocco di coordinamento/controllo.

L'***attenuatore/amplificatore*** ha il compito di fornire al convertitore *A/D* la tensione ottimale: ciò vuol dire che, quando la tensione da misurare ha un valore corrispondente a quello del fondo scala impostato, anche la tensione all'ingresso del convertitore deve essere al massimo valore (per il convertitore). Così, ad esempio, se il convertitore ha un *range* di 5 V, il voltmetro è impostato per una portata massima di 100 V e la tensione d'ingresso vale 100 V, deve entrare in azione l'attenuatore, trasformando i 100 V in 5 V. Entra in azione l'amplificatore per valori di fondo scala inferiori al fondo scala del convertitore (5 V in questo esempio).

Il ***convertitore analogico/digitale (A/D)*** è il "cuore" del voltmetro; se al voltmetro non sono richieste particolari caratteristiche di velocità nella lettura – è il caso, molto comune, di strumenti destinati alla lettura da parte dell'operatore umano piuttosto che da parte di sistemi automatici – il convertitore può operare anche in modo (elettronicamente) lento, consentendo letture con risoluzione molto elevata. La conversione a doppia rampa trova largo impiego; effettua una conversione tensione-tempo, fornendo all'uscita un intervallo di tempo proporzionale all'ampiezza della tensione al suo ingresso.

Il ***contatore*** misura l'uscita del convertitore, cioè un intervallo di tempo; se i diversi fattori di conversione (da attenuatore/amplificatore a convertitore, da ingresso a uscita del convertitore) sono adeguati, il risultato del conteggio riflette già la tensione d'ingresso; così, ad esempio, alla tensione di 350 mV all'ingresso del voltmetro potrebbero corrispondere 350 μs di intervallo di tempo. Il conteggio, normalmente espresso in codice binario, viene poi opportunamente decodificato per pilotare correttamente i segmenti del display.

Il ***display*** è un'interfaccia elettro-ottica; è normalmente organizzato in più cifre (tre o quattro nei voltmetri *low cost* fino a sei e più in quelli da laboratorio), ciascuna "disegnata" tipicamente attraverso 7 segmenti. È una parte abbastanza "energivora" se realizzata in tecnologia LED; molto meno invece nella versione LCD.

Il ***convertitore* AC-DC** converte i segnali non continui in segnali continui, calcolandone il valore efficace secondo il noto algoritmo; può essere in circuito integrato hardware, anche se si stanno affermando sempre di più le soluzioni software.

Il ***blocco di coordinamento/controllo*** presiede al funzionamento dell'intera struttura; è tipicamente gestito da opportuni programmi residenti.

Esempio 2 Discutere sulle modifiche da apportare al voltmetro digitale per trasformarlo in multimetro digitale.

Discussione In linea di principio, le modifiche sono abbastanza semplici:
- per eseguire ***misure di corrente***, si fa transitare la corrente da misurare attraverso una resistenza di precisione, di valore noto e interna allo strumento; si realizza in tal modo una conversione corrente-tensione. La tensione viene poi misurata dal voltmetro e visualizzata;
- per eseguire ***misure di resistenza***, si fa transitare attraverso la resistenza incognita una corrente nota, generata internamente allo strumento; anche in questo caso si realizza una conversione corrente-tensione. La tensione viene poi misurata dal voltmetro e visualizzata. Quando le resistenze da misurare sono molto piccole, si può ricorrere alla cosiddetta *misura a quattro morsetti*, in grado di minimizzare gli errori.

Riflessione *Quale differenza di fondo, dal punto di vista energetico, tra strumenti elettromeccanici e strumenti elettronici?*

ReT 3 Misuratori di frequenza e di grandezze correlate

Una serie di misurazioni, quale quelle di *frequenza*, *periodo*, intervallo di tempo, rapporto tra frequenze può essere organizzata sulla base di una struttura fondamentale, chiamata ***contatore di eventi***.

Esempio 1 Discutere il principio di funzionamento di un ***contatore di eventi***.

Discussione Nella fig. 1.7 si vedono i blocchi fondamentali. Ad essi si aggiungono due blocchi, che consentono di adattare il contatore di eventi a misurazioni di vario tipo. Essi sono:
- un oscillatore interno;
- un blocco base dei tempi.

Il ***blocco d'ingresso*** svolge diverse funzioni, quali l'adattamento dell'impedenza, il condizionamento dell'ampiezza e della forma dei segnali, che devono essere squadrati e avere ampiezza compatibile con l'ingresso dello studio seccessivo.
Il blocco di ***start-stop*** ha la funzione di abilitare l'inizio del conteggio e di stabilirne la fine; apre pertanto una finestra temporale, la cui durata dipende dal tipo di misura da eseguire.
Il ***contatore*** è il "pallottoliere" dello strumento; svolge la funzione, (solo) apparentemente banale, di contare quanti impulsi standardizzati provenienti dal blocco d'ingresso transitano attraverso la finestra temporale comandata dal blocco di start-stop.
Il ***display*** è un'interfaccia elettro-ottica; è normalmente organizzato in più cifre (tre o quattro negli strumenti *low cost* fino a otto e più in quelli da laboratorio), ciascuna "disegnata" tipicamente attraverso 7 segmenti.
Il ***blocco di coordinamento/controllo*** presiede al funzionamento dell'intera struttura; è tipicamente gestito da opportuni programmi residenti.
L'***oscillatore interno*** è una sorgente di segnali a frequenza fissa e molto stabile, ad esempio di 10 MHz (stabilizzata attraverso quarzo).
Il blocco ***base dei tempi*** preleva dall'oscillatore quantità adeguate di periodi elementari e determina intervalli di tempo con durata esatta.

Esempio 2 Discutere il principio di funzionamento di un ***misuratore di frequenza***.

Discussione Dalla fig. 1.8 si vede che:
- la *base dei tempi* impone al blocco di start-stop di aprire una finestra temporale con durata esatta di 1 s T_{on}, prendendo un numero adeguato di periodi dell'oscillatore interno (ad es. 10^7 periodi se l'oscillatore ha la frequenza di 10 MHz);
- il blocco di conteggio conta quanti periodi del segnale proveniente dal blocco d'ingresso sono contenuti in 1 s, quindi tale conteggio corrisponde alla frequenza del segnale d'ingresso.

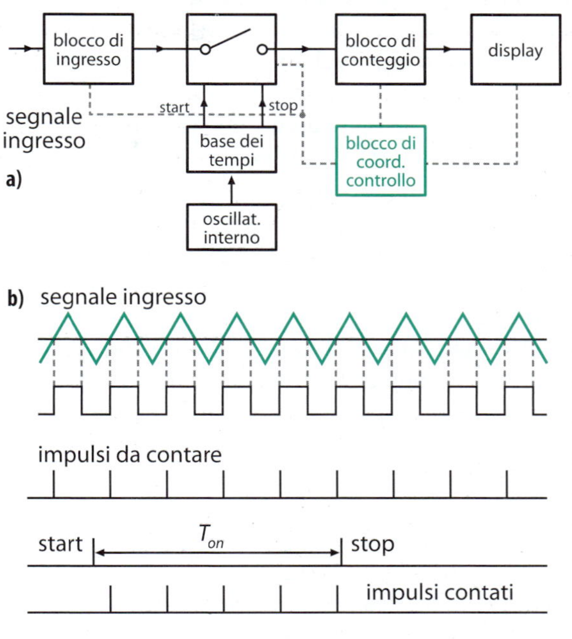

Fig. 1.8 **a)** Schema a blocchi di principio del misuratore di frequenza; **b)** evoluzione temporale dei segnali.

Se invece la finestra temporale ha la durata di 1 ms, allora la frequenza è espressa in chilohertz (kHz); se è di 1 μs, la frequenza è espressa in megahertz (MHz).

Dallo schema generale si vede come sia possibile misurare il ***periodo*** del segnale d'ingresso: basta affidare al blocco d'ingresso il compito imporre al blocco di start-stop l'apertura di una finestra temporale coincidente con il periodo del segnale d'ingresso e contare quanti secondi, o millisecondi, o microsecondi cadono in quell'intervallo di tempo. Cioè basta scambiare la posizione del blocco d'ingresso con quella del blocco oscillatore-base dei tempi.

Riflessione *Esistono misuratori di frequenza analogici?*

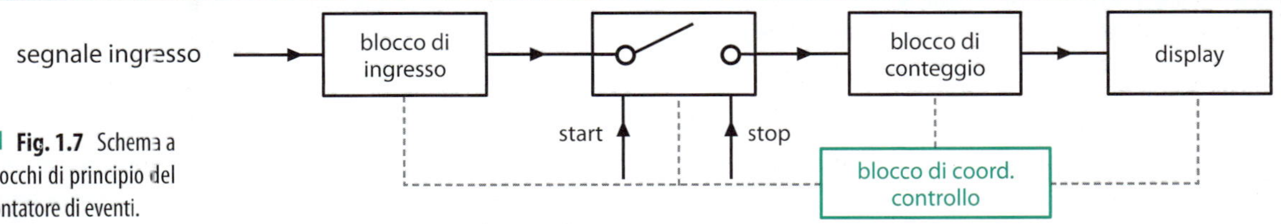

Fig. 1.7 Schema a blocchi di principio del contatore di eventi.

ReT 4 Oscilloscopi

L'oscilloscopio, come dice la parola di origine greca, serve per *vedere* i segnali elettrici (le "oscillazioni"). È uno strumento che fondamentalmente rappresenta su uno schermo l'evoluzione temporale di una tensione, cioè "disegna" un diagramma ampiezza/tempo (*volt* in funzione di *secondi*). È dunque l'"insieme di un voltmetro e di un orologio"; viene realizzato sia in versione *analogica* – quella storica, ma sempre molto presente sul mercato – sia in versione *digitale* (o *numerica*) – quella emergente, oramai del tutto affiancata a quella analogica.

In ogni caso, lo *schermo* ha la dimensione tipica di 10 cm in orizzontale e 8 cm in verticale ed è ricoperto da un reticolo di quadretti, ciascuno con lato di 1 cm, mentre l'*architettura* dello strumento comprende tre blocchi funzionali:

- ***rivelatore***;
- ***generatore dell'asse (o della base) dei tempi***;
- ***apparato di visualizzazione***.

Il diagramma cartesiano viene realizzato "a comando", originato da un apposito circuito di *trigger*, che genera il comando al verificarsi del cosiddetto "*evento di trigger*" – un valore impostato di solito dall'operatore, che la tensione da visualizzare raggiunge con una determinata pendenza –.

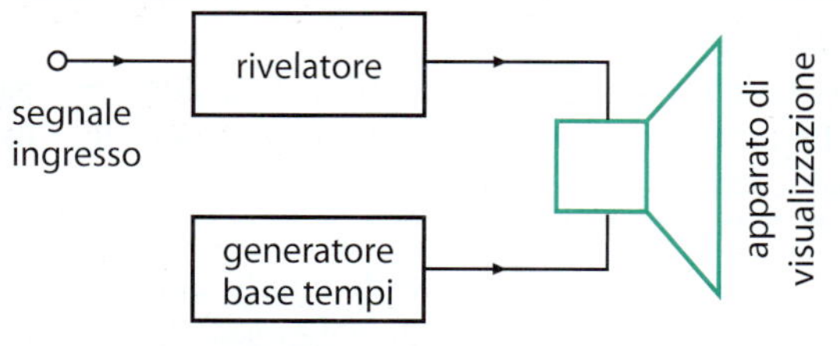

Fig. 1.9 Struttura di base dell'oscilloscopio. Vale per la versione analogica e richiede alcune integrazioni (conversione A/D e memorizzazione) per quella digitale.

Esempio 1 Illustrare il principio di funzionamento di un ***oscilloscopio analogico***.

Discussione Il blocco ***rivelatore*** comprende circuiti per adattamento d'impedenza e condizionamento dell'ampiezza (attenuazione o amplificazione). Tale blocco è spesso chiamato ***canale verticale*** o ***canale Y*** dell'oscilloscopio e determina sia la ***sensibilità*** dello strumento tipicamente dell'ordine dei millivolt, sia alla sua ***larghezza di banda***, tipicamente dell'ordine di decine o centinaia di megahertz.

Secondo l'ampiezza del segnale da visualizzare, l'asse verticale dello schermo può essere calibrato tipicamente in volt o millivolt. La calibrazione è di solito impostata dall'operatore, mediante comandi esterni che indicano il numero di volt corrispondente a un centimetro del reticolo dello schermo; sono quindi calibrati in V/cm, mV/cm.

Quasi sempre gli oscilloscopi analogici hanno *due canali verticali* e possono visualizzare "contemporaneamente" sullo schermo due segnali.

Il ***generatore dell'asse (o della base) dei tempi*** fornisce un segnale a rampa, che inizia in seguito al comando del trigger e segna il tempo sull'asse orizzontale, da sinistra verso destra. Secondo la ripidità della rampa, l'asse orizzontale può essere calibrato tipicamente in secondi, millisecondi, microsecondi. La calibrazione è di solito impostata dall'operatore, mediante comandi esterni che indicano il tempo corrispondente a un centimetro del reticolo dello schermo; sono quindi calibrati in s/cm, ms/cm, μs/cm.

Quando la tensione a rampa ha portato l'indicatore alla destra dello schermo, un comando opportuno lo riporta alla sinistra e, all'arrivo del segnale di trigger, la rampa riparte.

L'***apparato di visualizzazione*** è un *tubo a raggi catodici* (*CRT*), che impone ad un raggio elettronico emesso da un catodo di "colpire" lo schermo in un punto con coordinate fornite contemporaneamente dal *canale Y* e dalla *base dei tempi*, illuminandolo.

La *coordinata Y* (tensione) varia con l'ampiezza istantanea del segnale, la *coordinata X* (tempo) varia con l'evolvere del tempo e il raggio elettronico "disegna" sullo schermo, in modo analogo alla traccia luminosa che possiamo disegnare su una parete quando la illuminiamo con una pila direzionale o con un puntatore laser.

Esempio 2 Illustrare il principio di funzionamento di un **oscilloscopio digitale.**

Discussione Valgono ancora i principi illustrati per l'oscilloscopio analogico, con alcune ***varianti aggiuntive.***

A valle del blocco rivelatore, il segnale analogico viene prima trasformato in *un insieme di campioni*, poi *codificato* (mediante conversione A/D) e infine ***memorizzato***. La visualizzazione dei campioni memorizzati può consentire diversi vantaggi rispetto alla soluzione analogica, debole in particolare nella rappresentazione di segnali con frequenze molto basse, di transitori o di eventi singoli. Le modalità di campionamento e di trigger sono già state presentate in FAQ 2 e FAQ 3.

Un'altra differenza riguarda l'***apparato di visualizzazione,*** non più strettamente legato alla rapidità di funzionamento richiesta in particolare dalla visualizzazione di segnali con frequenze molto elevate, quindi realizzabile a costi minori e con modalità di elaborazione che consentono rappresentazioni sia grafiche (forma del segnale), sia alfanumeriche (scritte che riportano risultati di letture automatiche fatte sul segnale memorizzato).

Riflessione *Se un oscilloscopio in "tempo reale" funziona per 1 ora, visualizza sicuramente tutto ciò che succede al segnale d'ingresso in 1 ora?*

Sommario

Condizionamento, memorizzazione e visualizzazione sono problematiche tipiche dell'ambito delle misure. Il condizionamento, operazione che viene effettuata all'ingresso degli strumenti, impone normalmente dei limiti alla larghezza di banda, generati sia in ambito analogico (banda passante dell'attenuatore/amplificatore), sia in ambito di prima digitalizzazione (limiti di velocità dei dispositivi di campionamento). Il campionamento, operazione che trasforma un segnale continuo in una successione di impulsi, deve avvenire secondo criteri precisi, stabiliti dal cosiddetto Teorema del campionamento.

Gli strumenti usati nelle misure generano segnali di eccitazione (generatori di segnali di diverso tipo) e misurano segnali di risposta, presentandoli a volte in forma numerica (indicatori in tecnologia LED o LCD), a volte in forma analogica (schermi in tecnologia CRT o LCD). La strumentazione offre un panorama incredibilmente ampio in termini di tipologia di strumenti e di livelli di prestazione. Molto comuni sono i generatori di funzioni, i multimetri, i misuratori di periodo, frequanza, intervallo di tempo e gli oscilloscopi, realizzati sia con tecnologia analogica, sia con tecnologia digitale.

Risposte alle riflessioni

***FAQ* 1** Esistono, e come, ma occupano sempre più mercati di "nicchia". Sono ad esempio molto comodi in certi quadri di sintesi, che monitorano il funzionamento di un impianto complesso. Importante: quegli strumenti, tipicamente di natura elettromeccanica, tendono a trasformare qualunque grandezza elettrica in una *corrente*, non in una tensione come avviene negli strumenti elettronici moderni.

FAQ* 2** Sì. Uno, a volte molto fastidioso, è il cosiddetto ***aliasing, che consiste nell'inserimento nello spettro del segnale di componenti estranee allo spettro stesso; il fenomeno, se non evitato, può dare luogo a clamorosi errori di lettura negli oscilloscopi digitali.

***FAQ* 3** Perché la memorizzazione c'è, ma non è né elettronica, né interna all'oscilloscopio. L'immagine infatti sembra stabile perché viene "ricopiata su se stessa" almeno 10 volte al secondo; così il segnale ottico viene "memorizzato" dal nostro occhio (persistenza delle immagini sulla retina, che tipicamente dura circa 1/10 di secondo). Se l'immagine viene ricopiata con frequenza sempre decrescente, prima incomincia a "sfarfallare", poi non viene più memorizzata.

***FAQ* 4** Dato che l'oscilloscopio digitale memorizza i campioni, la loro analisi può essere fatta in tempi successivi; se ne possono visualizzare 500 alla volta, ma si possono vedere particolari anche molto raffinati del segnale (ad esempio spikes) che si sono manifestati durante tutto il tempo di acquisizione; in primo luogo, si tratta di impostare correttamente l'asse dei tempi.

***ReT* 1** Certamente, e si tratta di una soluzione ampiamente usata. La generazione di onde rettangolari avviene attraverso dei dispositivi chiamati *multivibratori*; dalle onde rettangolari si ricavano quelle triangolari con particolari circuiti, detti *integratori*.

***ReT* 2** Gli strumenti elettromeccanici prelevano tutta l'energia per il loro funzionamento dal circuito sul quale eseguono la misura. Gli strumenti elettronici, dotati di alimentazione propria, non prelevano quasi nessuna energia dal circuito sul quale eseguono la misura.

***ReT* 3** Si, in particolare per la misura delle frequenza degli impianti elettrici (valori tipici 50 o 60 Hz, 400 Hz). Hanno funzionamento basato su principi elettromeccanici, come gli amperometri e i voltmetri di qualche tester tascabile.

***ReT* 4** No. Se è analogico, dopo ogni scansione orizzontale l'oscilloscopio ha bisogno di un po' di tempo per far ritornare la traccia a sinistra dello schermo; poi deve attendere il prossimo evento di trigger. Se è digitale, l'acquisizione avviene continuamente, ma la memorizzazione e la rappresentazione no.

Sitografia • Bibliografia

- http://cp.literature.agilent.com/litweb/pdf/5989-3484EN.pdf
- http://cp.literature.agilent.com/litweb/pdf/5968-3578E.pdf
- http://cp.literature.agilent.com/litweb/pdf/5952-8898E.pdf
- http://www.rohde-schwarz.it/file_1765/1ez38_3e.pdf
- http://www.rohde-schwarz.it/file_1324/1ez35_1e.pdf
- http://www.tlc.unipr.it/poli/potenzastud.pdf
- http://www.strumentazioneelettronica.it/tecnologie/wireless/misure-su-trasmettitori-e-segnali-radio-fm-analogici--20111010739/

- R. Steindler, *Sensori, Scienza e tecnica*, Istituto italiano dell'enciclopedia, 2008.

Esercizi e Problemi

FAQ 1

Es. 1 Si dispone di un sistema di campionamento per oscilloscopio digitale (o numerico) che può funzionare alla frequenza di 5 GSa/s (si tratta di una frequenza elevata). Stimare la massima frequenza del segnale che può essere visualizzato correttamente.

Pr. 1 Discutere sul significato di tempo di aggiornamento della lettura, riferendolo a multimetri non interfacciabili con l'esterno e a oscilloscopi digitali.

FAQ 2

Es. 1 Stimare l'amplificazione complessiva a cui deve essere sottoposto un segnale con ampiezza di 100 μV, sapendo che il CRT dell'oscilloscopio analogico che lo deve visualizzare può spostare la traccia in verticale di circa 1mm per ogni volt di ampiezza.

Pr. 1 Discutere sulla possibile estensione della banda apparente di uno strumento di misura in seguito all'applicazione del campionamento ripetitivo sequenziale (in tempo equivalente).

Pr. 2 Illustrare un caso pratico, con considerazioni quantitative, di campionamento ripetitivo casuale (in tempo equivalente).

FAQ 3

Es. 1 Calcolare, esprimendo il risultato in bit, la dimensione che deve avere una memoria esterna a uno strumento di misura che codifica ciascun punto di lettura con 8 bit, sapendo che la frequenza di campionamento è di 5 MSa/s e la lettura deve durare 3s.

Es. 2 Il reticolo dello schermo dell'oscilloscopio ha 10 divisioni sull'asse orizzontale. Stimare qual è il massimo valore possibile per l'impostazione dell'"orologio dell'asse dei tempi", affinché l'immagine sullo schermo sia priva di sfarfallamento (*flicker*). I valori possibili per l'impostazione sono espressi in microsecondi/divisione (μs/div) o in millisecondi/divisione (ms/div), nella sequenza 1, 2, 5 (cioè 1 μs/div, 2 μs/div, 5 μs/div , ...1 ms/div, 2 ms/div, 5 ms/div, 10 ms/div, 20 ms/div, ...).

Pr. 1 Discutere sulla relazione tra la capacità delle memorie a disco per musica – del tipo CD e successivi sviluppi – e il "tempo di ascolto".

FAQ 4

Es. 1 Discutere le differenze funzionali tra accoppiamento diretto e accoppiamento indiretto all'ingresso di un oscilloscopio.

Pr. 1 Illustrare principi e specificità della tecnologia LED (*Light Emitting Diode*).

Pr. 2 Illustrare principi e specificità della tecnologia LCD (*Liquid Crystal Display*).

Pr. 3 Illustrare principi e specificità della tecnologia CRT (*Cathode Ray Tube*).

ReT 1

Es. 1 Approfondire, anche attraverso esempi quantitativi, il significato di *duty cycle*.

Pr. 1 Illustrate il principio di funzionamento di un modellatore d'onda armonica a diodi e resistenza.

ReT 2

Es. 1 Riferendosi a dati forniti dai costruttori, confrontare i consumi di display a LED e a LCD.

Es. 2 Anche riferendosi a dati forniti dai costruttori, confrontare i significati di risoluzione e accuratezza di un misuratore digitale.

Pr. 1 Illustrare il principio della misura di resistenza a due e a quattro morsetti.

Pr. 2 Discutere il *data sheet* di un multimetro.

ReT 3

Es. 1 Descrivere il funzionamento del blocco di start-stop realizzato attraverso una porta AND a 2 ingressi.

Es. 2 Illustrare come sia possibile misurare il rapporto tra due frequenze aggiungendo all'architettura di base dell'Esempio 1 un secondo blocco d'ingresso e un divisore di frequenza.

Es. 3 Dimostrare perché nel conteggio digitale è sempre presente un errore ineliminabile di ± 1 unità.

Es. 4 Partendo la fatto che nei risultati di un misuratore digitale c'è l' errore ineliminabile di ± 1 unità e ricordando il legame tra periodo e frequenza, stabilire quando è più conveniente misurare la frequenza e quando è più conveniente misurare il periodo di un segnale.

Pr. 1 Descrivere l'architettura di base di un contatore/frequenzimetro per la gamma delle microonde.

ReT 4

Es. 1 Calcolare e rappresentare graficamente l'impedenza d'ingresso di un oscilloscopio, sapendo che è costituita dal parallelo 1 MΩ//20 pF.

Es. 2 Calcolare e rappresentare graficamente l'impedenza d'ingresso di un oscilloscopio, sapendo che è costituita dal parallelo 50 Ω//20 pF.

Es. 3 Illustrare il principio di funzionamento di un tubo/schermo a raggi catodici, con realizzazione *vettoriale* dell'immagine.

Pr. 1 Illustrare il principio di funzionamento di un tubo/schermo a raggi catodici, con realizzazione *raster* dell'immagine.

Pr. 2 Discutere il *data sheet* di un oscilloscopio analogico.

Pr. 3 Discutere il *data sheet* di un oscilloscopio digitale.

UNITÀ 7.2

Verso frequenze sempre più elevate

Dove l'innovazione sembra non fermarsi mai

In questa Unità l'attenzione si sposta verso l'ambito specifico delle Telecomunicazioni e si discute sul principio di funzionamento di alcuni strumenti impiegati nelle misure a radiofrequenza

Le Telecomunicazioni stanno "aggredendo", in termini di frequenza, porzioni sempre più alte dello spettro elettromagnetico. Alla nuova, notevole disponibilità di banda da una parte, si contrappone dall'altra la necessità di soluzioni tecnologiche sofisticate e innovative. Microonde e frequenze ottiche richiedono approcci particolari; nel nuovo scenario tecnologico si affrontano con attenzione crescente problemi di precisione e stabilità delle frequenze, di selettività dei sistemi filtranti, di tecniche di modulazione sofisticate. Tutto, come al solito, da verificare con metodiche di misura e strumentazioni adeguate.

indice

FAQ 1 Quali grandezze si misurano per "testare" i sistemi di telecomunicazione?

Nel nuovo contesto delle Telecomunicazioni si consolidano e si generalizzano le tecniche per le *misure sui campi elettromagnetici*, per le *misure di potenza dei segnali* (piuttosto che quelle di tensione e corrente) e assumono aspetto generale sia le *misure riflettometriche nel dominio del tempo*, sia le *analisi di spettro nel dominio della frequenza*.

Misure sui campi elettromagnetici Quantificano prevalentemente l'intensità del *campo elettrico* (misurata in volt/metro, V/m), l'intensità del *campo magnetico* (misurata in ampere/metro, A/m o a volte in tesla, T), la *densità di potenza* (misurata in watt/metro quadrato, W/m^2). Vengono effettuate con ***misuratori di campo***, disponibili sia in versione portatile, sia in versione da banco o da laboratorio.

Misure di potenza dei segnali Quantificano prevalentemente la *potenza media* (AP: *Average Power*), calcolata di solito su un numero sufficientemente elevato di periodi; a volte si riferiscono alla *potenza dell'impulso* (PP: *Pulse Power*) e alla *potenza di picco dell'inviluppo* (PEP: *Peak Envelope Power*). Le potenze e i rapporti tra potenze sono rispettivamente espresse in watt (W) e in decibel (dB). A volte le potenze sono espresse in decibel riferiti a un valore di riferimento P_{ref} (dB_{ref}); molto usato è il livello di riferimento di 1 mW: si parla allora di dBm. Vengono effettuate con ***misuratori di potenza***, disponibili sia in versione portatile, sia in versione da banco o da laboratorio.

Esempio 1 Una sorgente laser a semiconduttore irradia una potenza di 11 dBm. Esprimere tale potenza in milliwatt (mW).

Discussione L'espressione della potenza P in dBm viene ricavata dalla seguente equazione: $P_{dBm} = 10 \cdot \log_{10}(P/1\ mW)$. Si può allora scrivere: $11 = 10 \cdot \log_{10}(P/1\ mW)$, cioè $11/10 = \log_{10}(P/1\ mW)$, quindi $1{,}1 = \log_{10}(P/1\ mW)$. Dalla definizione di logaritmo si ottiene $10^{1,1} = (P/1\ mW)$, cioè $P = 10^{1,1}\ mW = 12{,}59\ mW$.

Misure riflettometriche nel dominio del tempo Stanno acquistando notevole importanza, anche alla luce dei recenti sviluppi delle tecnologie ottiche. Consentono, attraverso la misurazione elettronica del tempo di andata e ritorno di un impulso (o di un fronte d'onda), di individuare con precisione la presenza di eventi in determinate posizioni, quali ad esempio interruzioni o malfunzionamenti in una linea lunga anche parecchi chilometri. Vengono effettuate con ***riflettometri***, disponibili sia in versione portatile, sia in versione da banco o da laboratorio.

Analisi di spettro e di reti nel dominio della frequenza Consente di misurare la distribuzione dell'energia (o della potenza) di un segnale (di eccitazione e di risposta) tra le sue componenti spettrali, presenti con distribuzione discreta delle frequenze nei segnali periodici e con distribuzione continua in quelli non periodici. L'ambito delle telecomunicazioni è particolarmente interessato all'analisi di spettro e di reti alle radiofrequenze, orientativamente comprese tra qualche centinaio di chilohertz e qualche decina di gigahertz, e alle frequenze cosiddette ottiche; tipiche sono le tre *finestre di propagazione*, con lunhezze d'onda comprese tra circa 800 nm (alla quale corrisponde la frequenza $f = v/\lambda = 3{,}75 \cdot 10^{14}$ Hz, cioè 375 THz) e 1600 nm (alla quale corrisponde la frequenza $f = v/\lambda = 1{,}875 \cdot 10^{14}$ Hz, cioè 187,5 THz). Le misure vengono effettuate con ***analizzatori di spettro***, disponibili sia in versione portatile, sia in versione da banco o da laboratorio.

Esempio 2 Le radiofrequenze ricoprono un *range* di 5 o 6 *decadi*, le frequenze ottiche ricoprono un *range* di solo un'*ottava*. Spiegare perché si dice che le frequenze ottiche mettono a disposizione un *range* molto più ampio rispetto alle radiofrequenze.

Discussione Ammettiamo che le radiofrequenze ricoprano 6 decadi, ad esempio comprese tra 100 kHz ("onde lunghe") e 100 GHz (microonde). La differenza tra la frequenza più alta ($100\ GHz = 10^{11}$ Hz) e quella più bassa ($100\ kHz = 10^5$ Hz) vale $10^{11} - 10^5 \approx 10^{11}$ Hz. Ipotizzando di trasmettere le informazioni su canali larghi $10\ MHz = 10^7$ Hz (ordine di grandezza dei canali video), tale *range* ne potrebbe ospitare $10^{11}/10^7 = 10^4$, cioè sul *range* delle radiofrequenze si potrebbero trasmettere contemporaneamente diecimila canali televisivi (se tutta la banda fosse destinata a tale scopo).
Il *range* delle frequenze ottiche è largo (solo) un'ottava; la differenza tra la frequenza più alta ($3{,}75 \cdot 10^{14}$ Hz) e quella più bassa ($1{,}875 \cdot 10^{14}$ Hz) vale $3{,}75 \cdot 10^{14} - 1{,}875 \cdot 10^{14} = 1{,}875 \cdot 10^{14}$ Hz. Ipotizzando di trasmettere le informazioni su canali larghi $10\ MHz = 10^7$ Hz (ordine di grandezza dei canali video), tale *range* ne potrebbe ospitare $1{,}875 \cdot 10^{14}/10^7 = 1{,}875 \cdot 10^7$, cioè sul *range* delle frequenze ottiche si potrebbero trasmettere contemporaneamente 18,75 milioni di canali televisivi (se tutta la banda fosse destinata a tale scopo e se le tecnologie lo permettessero; in realtà le tecnologie ottiche usano canali larghi anche uno o più gigahertz, ma il vantaggio permane comunque).

Riflessione *Tenuto conto che si chiama decade un insieme di frequenze i cui estremi stanno tra di loro in rapporto 1:10, perché si chiama ottava un insieme di frequenze i cui estremi stanno in rapporto 1:2 (… e non 1:8…)?*

FAQ 2 Che cos'è e come si misura l'intensità del campo elettromagnetico?

Per comodità di analisi, lo spazio che circonda una sorgente elettromagnetica viene a volte diviso in *campo vicino* e *campo lontano*.
Si parla di *campo vicino* quando ci si riferisce a distanze inferiori a 1 λ (o, in qualche caso, a poche λ).
Si parla di *campo lontano* quando ci si riferisce a distanze superiori a 1 λ (o, in qualche caso, a poche λ).

Esempio 1 Individuare la zona di campo lontano per un telefonino che funziona a 1800 MHz e per una sorgente LASER che funziona a 1550 nm (*terza finestra di propagazione* per le fibre ottiche).

Discussione Per il telefonino si ha: $\lambda = v/f = 3 \cdot 10^8/1800 \cdot 10^6 = 3 \cdot 10^8/1{,}8 \cdot 10^9 = 1{,}67 \cdot 10^{-1} = 0{,}167$ m $\approx$ 17 cm.
Per la sorgente LASER si ha: λ = 1550 nm $= 1{,}55 \cdot 10^3$ nm $= 1{,}55 \cdot 10^3 \cdot 10^{-9}$ m $= 1{,}55 \cdot 10^{-6}$ m = 1,55 μm, cioè 1,55 millesimi di millimetro. Si vede che, con la tendenza delle telecomunicazioni ad operare a frequenze sempre più elevate, ***in pratica si opera quasi sempre in campo lontano***. Diverso era il discorso quando le telecomunicazioni occupavano prevalentemente il *range* delle cosiddette onde radio, con lunghezze dell'ordine dei metri, delle decine o centinaia di metri.

Si dimostra che *in campo lontano* l'intensità del campo elettrico E (che si misura in volt/metro, V/m) e l'intensità del campo magnetico H (che si misura in ampere/metro, A/m) sono reciprocamente dipendenti; in particolare, valgono le seguenti relazioni:

- densità di potenza trasportata dall'onda:
$$S = E \cdot H \ (\mathrm{W/m^2})$$
- impedenza caratteristica dello spazio:
$$Z_0 = E/H = (\mu_0/\varepsilon_0)^{1/2} = 377\ (\Omega)$$
- relazione tra campo elettrico e densità di potenza:
$$E = (S \cdot Z_0)^{1/2}$$
- relazione tra campo magnetico e densità di potenza:
$$H = (S/Z_0)^{1/2}$$

Esempio 2 Calcolare i valori di E e H associati all'irradiazione solare ai limiti esterni dell'atmosfera terrestre.

Discussione Si sa che tale irradiazione (o densità di potenza) vale circa 1350 W/m²; da essa si ricavano i seguenti valori:
$E = (S \cdot Z_0)^{1/2} = (1350 \cdot 377)^{1/2} = (1{,}35 \cdot 10^3 \cdot 0{,}377 \cdot 10^3)^{1/2} = (0{,}51 \cdot 10^6)^{1/2} \approx 0{,}71 \cdot 10^3 = 710$ V/m
$H = (S/Z_0)^{1/2} = (1350/377)^{1/2} = (1{,}35 \cdot 10^3/0{,}377 \cdot 10^3)^{1/2} \approx (3{,}58)^{1/2} = 1{,}89$ A/m

Esempio 3 Un misuratore di campo (elettrico) indica che a una certa distanza da una stazione radio base per telefonia mobile l'intensità del campo elettrico vale 1 V/m. Calcolare l'intensità del campo magnetico e la densità di potenza in quel punto.

Discussione Dall'equazione $E/H = 377\ (\Omega)$ si ricava:
$H = E/377 = 1(\mathrm{V/m})/377(\Omega) = 1/0{,}377 \cdot 10^3 = 2{,}65 \cdot 10^{-3}$ A/m.
Dall'equazione $S = E \cdot H$ si ricava:
$S = 1\ (\mathrm{V/m}) \cdot 2{,}65 \cdot 10^{-3}\ (\mathrm{A/m}) = 2{,}65 \cdot 10^{-3}\ \mathrm{W/m^2} = 2{,}65\ \mathrm{mW/m^2}$

La strumentazione di misura disponibile può fornire risultati sia in termini di E, di H o di S, secondo lo specifico interesse. Il principio generale della misura prevede di sottrarre potenza ad una radiazione, usando un'***antenna***. Per le antenne sono particolarmente utili i parametri illustrati qui di seguito.

- *Guadagno dell'antenna* (direzionale), che è massimo nella direzione di massima irradiazione dell'antenna. Si dimostra che in tale direzione si ha: $G_{max} = (4\pi/\lambda^2) \cdot A_{eff}$, essendo A_{eff} la cosiddetta *area efficace* dell'antenna.
- *Area efficace dell'antenna*, A_{eff}, definita dal rapporto tra la potenza elettrica P che l'antenna fornisce al suo carico adattato (in impedenza e polarizzazione) e la densità di potenza del segnale elettromagnetico S che investe l'antenna. In formula:
$$A_{eff} = P/S\ [\mathrm{W/(W/m^2) = m^2}]$$
In altri termini, un'antenna funziona come se sottraesse potenza all'onda elettromagnetica che la investe agendo su un'area A_{eff}, in generale diversa dalla sua "*area geometrica*" A_{geom}.
- Per antenne ad apertura circolare o parabolica si dimostra che vale la seguente relazione tra area efficace e area geometrica: $A_{eff} = \eta \cdot A_{geom}$, con η tipicamente compreso tra 0,55 e 0,70.
- Per antenne isotropiche si dimostra che
$$A_{eff} = 0{,}08 \cdot \lambda^2\ (\mathrm{m^2}).$$

Esempio 4 Un misuratore di campo con antenna a dipolo (con guadagno di 1,62 rispetto all'antenna isotropica) rileva, a una determinata distanza dalla stazione radio base per telefonia mobile a 1800 MHz, una potenza di 4 mW. Calcolare la densità di potenza del campo elettromagnetico in tale posizione.

Discussione Alla frequenza di 1800 MHz corrisponde la lunghezza d'onda $\lambda = v/f = 3 \cdot 10^8/1800 \cdot 10^6 = 3 \cdot 10^8/1{,}8 \cdot 10^9 = 1{,}67 \cdot 10^{-1} = 0{,}167$ m. Se l'antenna fosse isotropica sarebbe $A_{eff} = 0{,}08 \cdot \lambda^2 = 0{,}08 \cdot 0{,}167^2 = 0{,}08 \cdot 0{,}0279 = 0{,}00223 = 2{,}23 \cdot 10^{-3}$ m²; se l'antenna è a dipolo, si ha $A_{eff} = 1{,}62 \cdot 2{,}23 \cdot 10^{-3} = 3{,}61 \cdot 10^{-3}$ m². Dalla definizione di area efficace $A_{eff} = P/S$ si ricava la densità di potenza
$$S = P/A_{eff} = 4 \cdot 10^{-3}/(3{,}61 \cdot 10^{-3}) = 1{,}11\ \mathrm{W/m^2}.$$

Riflessione *Perché nelle trasmissioni via etere di solito si valuta (indirettamente o direttamente) la densità di potenza, mentre nella trasmissioni in fibra ottica di solito si valuta la potenza?*

FAQ 3 Su quali principi si basano le misure di potenza su segnali a frequenze elevate?

I segnali che agiscono nei sistemi di telecomunicazione sono caratterizzati da diversi aspetti di complessità. Alcuni sono legati alla loro *potenza*; altri dipendono dalla loro *evoluzione temporale* (che in qualche modo determina anche la loro *composizione spettrale*).

Potenze dei segnali (e problematiche per la misura).Si spazia ad esempio dalle potenze, a volte molto piccole, dei segnali che pervengono ai ricevitori professionali (dell'ordine dei picowatt o anche meno) a quelle molto grandi dei trasmettitori broadcasting destinati a servire aree estese (possono essere potenze dell'ordine delle decine o delle centinaia di chilowatt). Si tratta quindi di un range di potenza molto esteso.

Esempio 1 Stimare il *range di potenza* dei segnali delle radiocomunicazioni, esprimendolo in ordini di grandezza e in decibel.

Discussione Senza ricercare situazioni estreme, alle radiofrequenze possiamo considerare "piccolo" un segnale in ricezione quando ha l'ampiezza di $2\ \mu V$ su $50\ \Omega$ e "grande" in trasmissione quando la sua potenza è di 100 kW (trasmettitore *broadcasting*).
Alla tensione di $2\ \mu V = 2 \cdot 10^{-6}\ V$ su $50\ \Omega$ corrisponde la potenza $P_{min} = V^2/R = (2 \cdot 10^{-6})^2/50 = 4 \cdot 10^{-12}/50 = 0{,}08 \cdot 10^{-12}\ W = 10^{-13}\ W$ (stiamo valutando degli ordini di grandezza).
Essendo $P_{max} = 100\ kW = 10^5\ W$, si può stimare il range di potenza calcolando il rapporto $P_{max}/P_{min} = 10^5\ W/10^{-13}\ W = 10^{18}$; dal risultato si vede che il *range* di potenza ricopre 18 ordini di grandezza; si può anche calcolarlo facendo la differenza tra l'esponente massimo e quello minimo, quindi $5 - (-13) = 18$.
Si ricava l'espressione in decibel del rapporto tra le due potenze attraverso l'equazione $(P_{max}/P_{min})_{dB} = 10 \cdot \log_{10}(P_{max}/P_{min}) = 10 \cdot \log_{10} 10^{18} = 10 \cdot 18 = 180\ dB$. Si tratta di un *range di potenza* incredibilmente esteso.

Evoluzione temporale dei segnali (e problematiche relative alla misura delle loro potenze). Nei sistemi di telecomunicazione i segnali possono avere evoluzioni temporali molto semplici, come quelli a onda continua (CW: *Continuous Wave*), un po' più elaborate, come quelle dei segnali usati nella modulazione di ampiezza (AM: *Amplitude Modulation*), oppure molto complesse, come quelle relative ai segnali della telefonia cellulare (ad esempio GSM: *Global System for Mobile* (Communications)).
I segnali, inoltre, possono avere frequenze molto diverse, dai megahertz ai terahertz. Per la misura delle potenze si ricorre a tecnologie particolari, basate sull'impiego di opportuni dispositivi, chiamati sensori di potenza, in grado di fornire all'uscita dei valori di tensione proporzionali ai valori di potenza che ricevono all'ingresso.

Esempio 2 Descrivere in modo sintetico alcune specificità del *sensore di potenza* basato sulla *termocoppia*.

Discussione Il sensore a termocoppia, realizzato in genere con materiali semiconduttori e tecnologie a film sottile, è inserito in apposito contenitore, con connettori per cavo coassiale; riscaldato dalla potenza del segnale a radiofrequenza che lo percorre, fornisce una tensione (continua) di ampiezza proporzionale alla potenza stessa; pertanto il diagramma *tensione in uscita/potenza in entrata* è pressoché lineare.
Sensori di qualità elevata hanno sensibilità dell'ordine di 100 microvolt di tensione per ogni milliwatt di potenza. Sono in grado di rivelare potenze minime di circa −30 dBm e potenze massime di circa +45 dBm; tuttavia, uno stesso sensore ha una dinamica (rapporto tra potenza massima e potenza minima) di circa 50 dB, corrispondenti ad un rapporto di 10^5, per cui il sensore che rivela potenze minime di −30 dBm può arrivare a livelli massimi di circa +20 dBm e quello che arriva a +45 dBm può scendere di poco al di sotto di 0 dBm. Funzionano su un range di frequenza tipicamente compreso tra le centinaia di chilohertz e alcuni gigahertz o anche parecchie decine di gigahertz. Recenti realizzazioni ne consentono l'impiego anche alle frequenze ottiche.

Esempio 3 Descrivere in modo sintetico alcune specificità del *sensore di potenza* basato sul *diodo*.

Discussione Il sensore a diodo, realizzato con prodotti molto innovativi, è inserito in apposito contenitore, con connettori per cavo coassiale; riscaldato dalla potenza del segnale a radiofrequenza che lo percorre, fornisce una tensione (continua) di ampiezza non esattamente proporzionale alla potenza stessa; pertanto il diagramma *tensione in uscita/potenza in entrata* non è del tutto lineare; tecniche sofisticate ne consentono tuttavia una sufficiente linearizzazione. Sensori di qualità hanno sensibilità è dell'ordine di 100 microvolt di tensione per ogni milliwatt di potenza. Sono in grado di rivelare potenze minime di circa −70 dBm e potenze massime di circa −20 dBm; funzionano su un *range* di frequenza tipicamente compreso tra la decina di megahertz e parecchie decine di megahertz.
Particolari accorgimenti consentono realizzazioni con prestazioni superiori, sia rispetto alla dinamica, che può raggiungere i 90 dB, sia rispetto alla potenza massima, che può raggiungere i +45 dBm.
Recenti realizzazioni ne consentono l'uso anche alle frequenze ottiche; sono in corso rapidi miglioramenti rispetto alla sensibilità, che in qualche caso può raggiungere anche valori di −110 dBm.

Riflessione *La complessità dei segnali di telecomunicazione continuerà verosimilmente ad aumentare?*

FAQ 4 Perché si analizzano gli spettri dei segnali a frequenze elevate?

Lo *spettro* di un segnale qualunque, si sa dal *teorema di Fourier*, è l'insieme (unico) di quei segnali di forma armonica, ciascuno caratterizzato da ampiezza, frequenza e fase iniziale che, sommati tra di loro, danno luogo al segnale stesso (i segnali armonici vengono "disegnati" nel dominio del tempo e le loro ordinate, istante per istante, vengono sommate).
La rappresentazione tridimensionale della fig. 2.1 riporta sull'asse delle ascisse la frequenza e su quello delle ordinate l'ampiezza (valore massimo) di ciascuna componente; rinuncia a disegnare la forma dei segnali, che si sa essere armonica. Tale rappresentazione, utile per mettere in evidenza *l'altro punto di vista*, non è però completa: mancano infatti le informazioni sulla fase iniziale di ciascuna componente armonica.

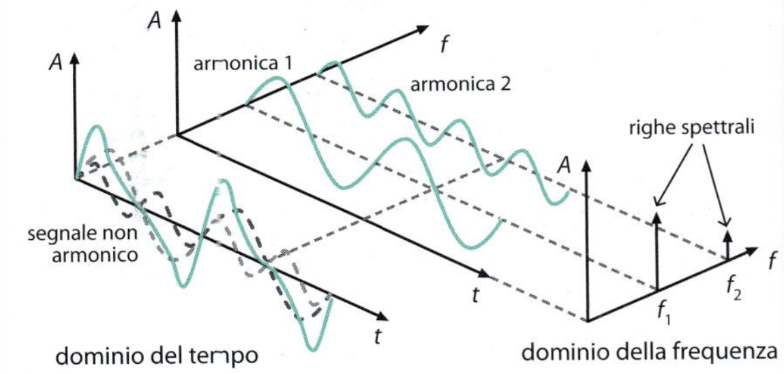

Fig. 2.1 Due *punti di vista* per "radiografare" un segnale (non armonico, ma periodico): uno potrebbe essere riportato sullo schermo di un oscilloscopio a molte tracce (anche se in pratica non lo si fa), l'altro viene visualizzato sullo schermo di un analizzatore di spettro.

Dal punto di vista energetico, si vede che la potenza complessiva associata al segnale è "distribuita" tra le sue componenti armoniche: c'è quindi una potenza associata alla frequenza fondamentale e una potenza associata a ciascuna armonica.
Dato che che il teorema di Fourier vale per qualunque segnale, si può parlare di spettro di un *segnale armonico permanente* – evidentemente tale spettro è costituito solo dal segnale armonico stesso – e di un segnale rettangolare; si può però parlare anche di spettro di un *segnale transitorio*, che esiste solo per un intervallo di tempo finito o, al limite, per un intervallo di tempo nullo (impulso ideale). Dalla fig. 2.2 si notano due situazioni limite, quella del segnale armonico permanente e quella dell'impulso ideale: il primo, esteso all'infinito nel dominio del tempo, ha estensione nulla nel dominio della frequenza; il secondo, con estensione nulla nel dominio del tempo, ha estensione infinita nel dominio della frequenza.

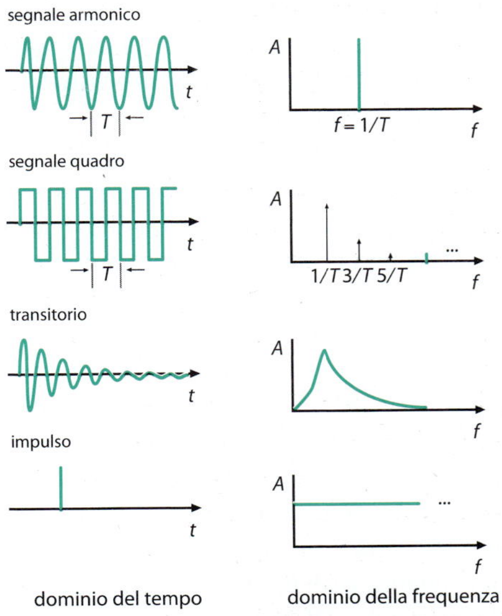

Fig. 2.2 Spettri di segnali permanenti e di segnali transitori: i segnali che "*durano*" nel tempo non si "*espandono*" nella frequenza" e viceversa.

Gli strumenti elettronici che analizzano lo spettro ***sono in grado di individuare la presenza di componenti armoniche di ampiezza molto piccola, che l'analisi nel dominio del tempo non saprebbe rivelare***. Se poi le tarature degli strumenti sono in decibel, per cui i valori piccoli vengono espansi e quelli grandi vengono compressi, la visualizzazione dell'analisi risulta comoda e priva di ambiguità.
Un esperimento convincente può essere fatto osservando contemporaneamente uno stesso segnale, sia nel dominio del tempo (ad esempio visualizzandolo sullo schermo di un oscilloscopio) dove può sembrare armonico, sia nel dominio della frequenza, dove invece ci si può accorgere della sua "non armonicità".
Non sono rari esperimenti nei quali l'apparente forma armonica visualizzata dall'oscilloscopio è clamorosamente contraddetta dall'analizzatore di spettro, in grado ad esempio di mettere in evidenza la presenza di due componenti armoniche (la seconda e la terza armonica), con ampiezze di 60 dB (1000 volte) e 70 dB (più di 3000 volte) *al di sotto* (dell'ampiezza) della fondamentale.
Inoltre, l'analisi dello spettro di un segnale consente di valutarne la larghezza, cioè la banda occupata dal segnale stesso. E questo nelle Telecomunicazioni è un problema di assoluta importanza.

Riflessione *Lo spettro di un segnale cambia nel tempo?*

ReT 1 Generatori di segnali a frequenze elevate

Nell'ambito delle Telecomunicazioni la notevole varietà di generatori disponibili ha come struttura capostipite quella del Generatore a radiofrequenza modulato, spesso integrata da un generatore di *sweep* (spazzolamento).

Il ***generatore a radiofrequenza modulato*** simula un trasmettitore e viene usato in particolare per verificare il funzionamento dei ricevitori. Può coprire *range* di frequenza molto estesi, che tipicamente spaziano dalle centinaia di chilohertz a decine di gigahertz, anche se l'intero intervallo non è praticamente mai coperto da un solo generatore. Nelle versioni semplici le modulazioni sono quelle classiche analogiche, cioè la *modulazione di ampiezza* e la *modulazione angolare* (di frequenza o di fase); le versioni più recenti invece prevedono anche l'impiego delle nuove e numerose *modulazioni digitali*. Il generatore a radiofrequenza deve essere caratterizzato da:

- una notevole *stabilità in frequenza*, per mantenere il segnale generato all'interno della banda del dispositivo sotto prova (DUT: *Device Under Test*);
- una buona *precisione nell'ampiezza*, in particolare quando si misura la sensibilità del dispositivo sotto prova;
- un *rumore di fase* contenuto, per non degradare le misure sui segnali modulati in frequenza.

Esempio Descrivere il principio di funzionamento di un ***generatore a radiofrequenza modulato***, con possibilità di ***sweep***.

Discussione Dalla fig. 2.3 si vede che i blocchi fondamentali comprendono:

- un oscillatore controllato in tensione;
- un oscillatore audio;
- un modulatore d'ampiezza;
- un generatore di rampa (dente di sega);
- un amplificatore;
- un attenuatore variabile.

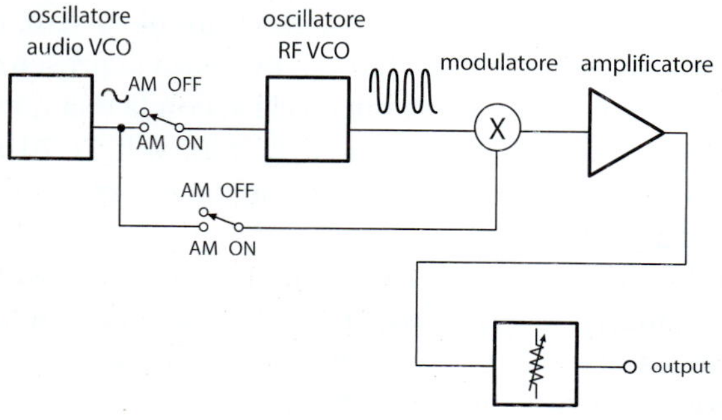

Fig. 2.3 Schema a blocchi di principio del generatore modulato.

L'***oscillatore controllato in tensione*** (VCO: *Voltage Controlled Oscillator*) è un generatore armonico che genera una frequenza proporzionale alla tensione applicata a un terminale di controllo; il suo segnale di uscita, chiamato *segnale portante*, è uno dei due segnali d'ingresso del modulatore.

L'***oscillatore audio*** (in questo caso il generatore è modulato da segnali audio) genera un segnale a bassa frequenza (da decine di hertz ad alcuni chilohertz), chiamato *segnale modulante*, che è il secondo segnale d'ingresso del modulatore.

Il ***modulatore d'ampiezza*** è un dispositivo che modifica il valore massimo delle sinusoidi del segnale portante in modo proporzionale al valore istantaneo del segnale modulante.

Si ottiene la ***modulazione di frequenza*** applicando all'oscillatore controllato in tensione:

- una tensione continua, che dà luogo a un valore di frequenza corrispondente a quello della portante;
- la tensione dell'oscillatore audio, che si somma a tale tensione continua e "modula" (cioè modifica) il valore della frequenza portante.

Si ottengono dei ***burst*** (cioè delle *raffiche* di sinusoidi) sostituendo il segnale audio che comanda il secondo ingresso del modulatore d'ampiezza con un segnale rettangolare, la cui tensione varia tra zero volt (la sinusoide in uscita ha l'ampiezza della portante non modulata) e un valore in volt che modula completamente (cioè al 100%) l'ampiezza della portante, annullandola.

Si ottiene lo ***sweep di frequenza*** (spazzolamento), cioè un segnale ad ampiezza costante costituito dalla successione di tutte le frequenze comprese tra un valore minimo e un valore massimo, applicando al terminale di controllo del VCO una tensione a rampa. Due valori di tensione, quello di partenza e quello di arrivo della rampa, delimitano la frequenza inferiore e la frequenza superiore dello *sweep*; la pendenza della rampa determina la durata dello *sweep*, che è molto comodo per rilevare la *curva di risposta dei sistemi nel dominio della frequenza*. Per sincronizzare la generazione (eccitazione) e la risposta del sistema (visualizzata ad esempio su un analizzatore di spettro), il dente di sega che comanda l'oscillatore interno è anche disponibile all'esterno dello strumento (*trigger* esterno).

L'***amplificatore*** e l'***attenuatore variabile*** hanno le stesse funzioni già discusse per i generatori armonici e per i generatori di funzioni.

Riflessione *È tollerabile una piccola distorsione armonica nel segnale generato dal VCO?*

ReT 2 Misuratori di campo per telecomunicazioni

La denominazione ***misuratore di campo***, forse un po' "datata", si riferisce oggi a strumenti che, oltre a verificare l'intensità del campo elettrico, analizzano spettri, funzionano con segnali a modulazione sia analogica che numerica, riconoscono le diverse tecniche di modulazione, misurano parametri relativi alla qualità del segnale e molte volte possono memorizzare le misure e generare report di stampa; e, a volte, molto altro ancora.

Si producono misuratori di campo per esigenze diversificate. Tali strumenti sono usati in particolare dai moltissimi tecnici impiantisti, che di solito necessitano di apparecchiature portatili. Molto attuali sono le misure relative alla diffusione televisiva digitale (DVB: *Digital Video Broadcasting*), che offre diverse categorie di servizi:

- DVB-S (*satellite*), via satellite;
- DVB-C (*cable*), via cavo;
- DVB-T (*terrestrial*), terrestre via etere.

Ciascuna utilizza tecniche di trasmissione adatte alle specificità del servizio.

Approfondiamo qui il caso della DVB-T, a volte indicata con l'acronimo DTT (*Digital Terrestrial Television*), che impiega la OFDM (*Orthogonal Frequency Division Multiplex*); si tratta di una tecnica di multiplazione in grado di attenuare gli effetti dovuti agli echi e ai percorsi multipli.

La OFDM ha alcune interessanti specificità; infatti:

- usa gli stessi canali di trasmissione, sia in termini di frequenza di canale, sia di larghezza di banda, già impiegati dalla trasmissione analogica (bande III in VHF, IV e V in UHF);
- consente di riutilizzare (aggiornandone l'elettronica) molti dei siti "ripetitori" già impiegati dalla trasmissione analogica;
- trasporta un flusso dati che, in ciascun (ex) canale analogico, consente di trasferire contemporaneamente almeno quattro trasmissioni televisive.

La qualità del segnale in ricezione può essere valutata in tanti modi; alcuni, particolarmente significativi, riguardano la misura dell'***intensità del segnale in antenna*** e la valutazione del cosiddetto **MER** (*Modulation Error Rate*, tasso di errore di modulazione), grandezze verificabili con il misuratore di campo.

Esempio Si riceve un segnale DVB-T OFDM 64-QAM Rate 2/3. Con un misuratore di campo si rileva all'antenna un'intensità del campo elettrico di 53 dBμV/m. Due misure successive mostrano le costellazioni rappresentate nella fig. 2.4. Descrivere il segnale ricevuto e commentare il risultato delle misure.

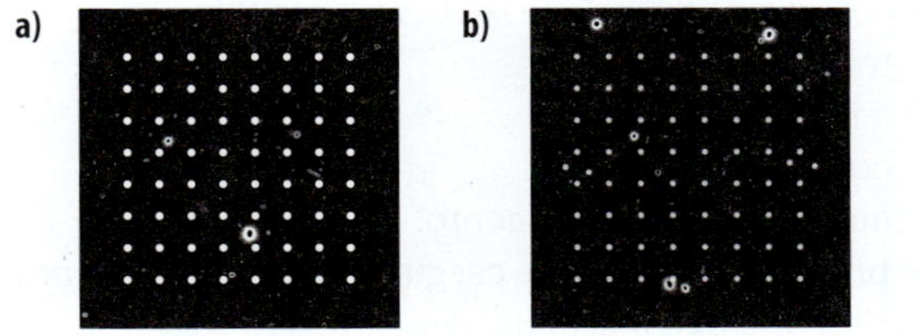

Fig. 2.4 Costellazione di un segnale **a)** con MER = 43 dB, quindi buono; **b)** con MER = 23 dB, quindi non buono.

Discussione La tecnica **OFDM**, molto complessa, impiega, all'interno di ciascun canale (ad esempio con larghezza di 8 MHz, bande IV e V UHF), un fascio di frequenze portanti, con differenze di frequenza standardizzate; gli standard sono due, chiamati *Sistema 8k* e *Sistema 2k* e prevedono rispettivamente l'impiego di 6817 e 1705 portanti, nel primo caso distanziate di 1116 Hz, nel secondo caso distanziate di 4464 Hz.

L'informazione **64-QAM** indica che la modulazione delle portanti avviene con codice binario a 6 bit, in grado quindi di generare 64 configurazioni diverse ($2^6 = 64$), modificando digitalmente l'ampiezza di due portanti in quadratura. Modulare due portanti in quadratura equivale a modulare in ampiezza e in fase una sola portante. Il risultato è rappresentato dalla cosiddetta ***costellazione*** (*Constellation Diagram*), in questo caso composta da 64 punti, in caso ideale distribuiti uniformemente in un piano.

L'informazione **Rate 2/3** (a volte si parla di *rapporto interno* 2/3) indica che, per "difendere" il flusso di dati trasmesso dagli inconvenienti di propagazione, si aggiungono al flusso stesso dei bit di ridondanza: 2/3 vuol dire che ogni 2 bit di informazione se ne inserisce 1 di ridondanza, cioè significa che per trasmettere 2 bit se ne impiegano 3. Si tratta di una ridondanza abbastanza generosa; i valori previsti sono infatti 1/2, 2/3, 3/4, 5/6, 7/8.

Un segnale all'antenna con **campo elettrico di 53 dBμV/m** è ritenuto di intensità sufficiente per una buona ricezione; il limite inferiore suggerito è posto a 48 dBμV/m, corrispondenti a 251 μV/m (infatti $48 = 20 \cdot \log_{10} x$ da cui $48/20 = \log_{10} x$ dalla quale si ricava $x = 10^{2,4} = 251$ μV/m).

Il **MER** (*Modulation Error Rate*) è l'analogo digitale del rapporto *segnale/rumore* della modulazione analogica. Quanto più il MER è elevato, tanto migliore è la qualità del segnale. Un limite inferiore da non raggiungere è quello di 24 dB; si tenga anche presente che, a differenza della modulazione analogica, nella quale alla progressiva diminuzione del rapporto segnale/rumore corrisponde una progressiva diminuzione della qualità dell'immagine, nella modulazione digitale la qualità può passare repentinamente da buona a pessima, o addirittura nulla; la variazione del MER di 1 dB può pertanto avere effetti clamorosi.

Riflessione *Per la televisione digitale terrestre è stato messo a punto uno standard unico, condiviso a livello mondiale?*

ReT 3 Misuratori di potenza a frequenze elevate

Le tecnologie prevalentemente impiegate per le misure di potenza a RF sono le seguenti:

- termica;
- a rivelatore;
- con ricevitore;
- mediante campionamento.

Le prime due tecnologie eseguono una *conversione da radiofrequenza a segnale continuo* (RF - DC); la terza è impiegata negli analizzatori di spettro a conversione di frequenza, mentre la quarta è affidata in pratica a oscilloscopi digitali.

Le prime due sono chiamate *tecnologie dirette*, dato che la conversione RF - DC viene eseguita "a tutto spettro"; le altre sono chiamate *tecnologie indirette*, dato che analizzano una porzione di spettro alla volta, in quanto realizzate con strumenti volutamente selettivi.

In linea di massima, i misuratori diretti di potenza a radiofrequenza, secondo la destinazione d'uso vengono costruiti per operare secondo due modalità (fig. 2.5):

- impiegando il misuratore coma "carico" della sorgente (misuratore a una porta);
- impiegando il misuratore come "osservatore" della potenza che la sorgente fornisce al carico (misuratore a due porte).

I primi, chiamati di solito ***misuratori di potenza***, sono strumenti di elevata precisione, destinati a potenze piuttosto piccole, dell'ordine del watt o meno (alcune versioni, con opportuni attenuatori, possono eseguire misure fini a decine di watt).

I secondi, chiamati di solito ***wattmetri***, sono strumenti con minore precisione, destinati a (osservare) potenze elevate, dalle quali vengono attraversati (sono usati ad esempio per visualizzare la potenza che un trasmettitore in funzione trasferisce alla sua antenna).

Esempio Illustrare alcuni parametri fondamentali di un ***misuratore di potenza*** con caratteristiche professionali.

Discussione Dall'analisi di una parte del *data sheet* si rileva che:

- Il *range di frequenza del misuratore* è compreso tra 10 kHz e 40 GHz; pertanto spazia dalle più basse radiofrequenze alle microonde; copre sicuramente i *range* delle comunicazioni radio-televisive terrestri, della telefonia cellulare, delle comunicazioni via satellite, delle reti WiFi, delle comunicazioni radar;
- Il *range di potenza del misuratore* è compreso tra – 70 dBm (corrispondenti a $-70 = 10 \cdot \log_{10} x$, cioè $-7 = \log_{10} x$, per cui $x = 10^{-7}$ mW,) e +44 dBm (corrispondenti a $+44 = 10 \cdot \log_{10} x$, cioè $4{,}4 = \log_{10} x$, per cui $x = 10^{4{,}4} = 25.119$ mW, dunque circa $25 \cdot 10^3$ mW); quindi il rapporto tra potenza massima e potenza minima vale $25 \cdot 10^3 \cdot 10^7 = 25 \cdot 10^{10}$ corrispondenti a $10 \cdot \log_{10} 25 \cdot 10^{10} = 10\,(\log_{10} 25 + \log_{10} 10^{10}) = 10\,(1{,}40 + 10) = 10 \cdot 11{,}4 = 114$ dB (come aspettato);
- Il *range dinamico* è tuttavia limitato dalla sonda che deve precedere il misuratore e, dai dati delle sonde, si vede che vale al massimo 90 dB;

I dati di una sonda con *range dinamico* di 90 dB (livello minimo –70 dBm, livello massimo +20 dBm, corrispondenti a $20 = 10 \cdot \log_{10} x$ da cui $2 = \log_{10} x$ per cui $x = 10^2 = 100$ mW, quindi sonda per piccole potenze) mettono anche in evidenza che:

- il *range di frequenza della sonda* è compreso tra 30 MHz e 40 GHz, quindi per coprire la parte più bassa del range di frequenza del misuratore ci vuole almeno un'altra sonda;
- il *sovraccarico* sopportato dalla sonda vale 1W per 1 μs;
- il *rapporto di onda stazionaria* (SWR: *Standing Wave Ratio*) quando si inserisce la sonda ha valore prevalente di 1,65;
- l'*impedenza* nominale della sonda vale 50 Ω, dunque è adatta a buona parte dei cavi coassiali.

Riflessione *Perché 70 V – 20 V = 50 V, mentre 70 dBm – 20 dBm = 50 dB? (e non 50 dBm?).*

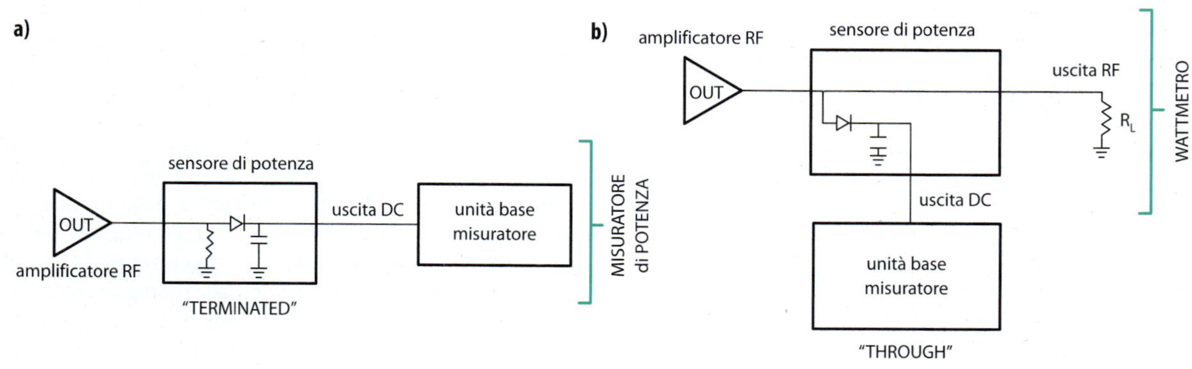

Fig. 2.5 **a)** Misuratore di potenza e sua inserzione; **b)** wattmetro e sua inserzione. La prima situazione è denominata *Terminated Power Measurement*, la seconda *Through Power Measurement*.

ReT 4 Analizzatori di spettro e di rete per frequenze elevate

Alle frequenze elevate prevale l'impiego di due categorie di strumenti:
- analizzatore di spettro a sintonia variabile (*swept*);
- analizzatore di rete.

L' ***analizzatore di spettro a sintonia variabile*** (fig. 2.6) consente di ottenere buoni risultati rispetto alle ampiezze delle componenti spettrali, ma non dà informazioni sulle loro fasi iniziali. In linea di principio, si tratta di un filtro molto selettivo, la cui banda passante viene "fatta scorrere" lungo l'asse delle frequenze. Quando il filtro trova una componente spettrale, consente la visualizzazione della sua ampiezza sullo schermo.
Gli strumenti disponibili hanno *range* di frequenza che si estendono da decine di chilohertz a decine di gigahertz, con filtri a banda molto stretta, dell'ordine delle decine o delle centinaia di hertz. La sensibilità può essere notevoli: si possono visualizzare segnali con potenze di −140 dBm o meno (... range dei *femtowatt* = 10^{-15} W...).

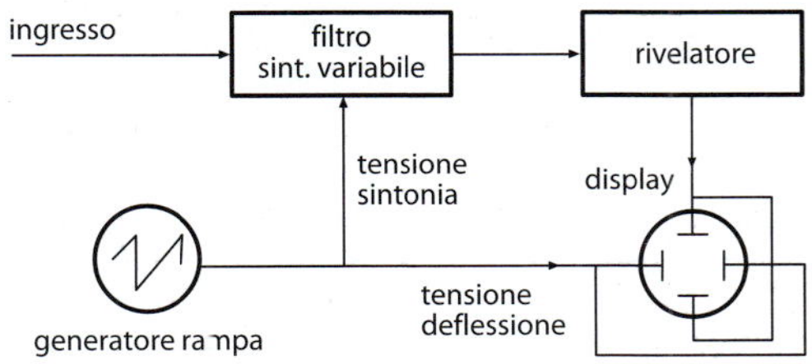

Fig. 2.6 Schema a blocchi di principio dell'analizzatore di spettro *a sintonia variabile* (*swept*).

L' ***analizzatore di rete*** (fig. 2.7) consente di verificare dinamicamente il comportamento nel dominio della frequenza di apparati e sistemi. Fornisce informazioni sul rapporto tra le ampiezze dei segnali di uscita e d'ingresso (guadagno o attenuazione) e sulla differenza tra le loro fasi.
In linea di principio lo strumento è semplice. La sorgente di segnale genera un segnale armonico, la cui frequenza può essere variata. Il canale *A* porta tale segnale al voltmetro *A*, che ne misura l'ampiezza. Lo stesso segnale viene portato all'ingresso del sistema che si vuole analizzare (DUT: *Device Under Test* o NUT: *Network Under Test*). Il segnale, attraversando il sistema viene in generale modificato sia in ampiezza, sia in fase. Il canale *B* porta il segnale modificato al voltmetro *B*, che ne misura l'ampiezza. Il rapporto *tensione B*/*tensione A* è il ***guadagno*** (*gain*) del sistema. Il misuratore di fase, che "vede" entrambe le tensioni, indica lo ***sfasamento*** che il sistema ha imposto al segnale applicato all'ingresso. Il funzionamento del sistema è evidentemente a regolazione manuale.

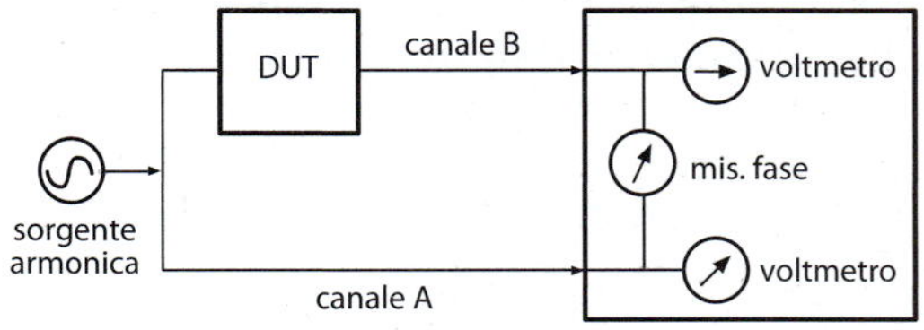

Fig. 2.7 Schema a blocchi di principio per l'analizzatore di rete.

Una soluzione professionale prevede di automatizzare sia la variazione della frequenza del generatore di segnale armonico, sia di "accompagnare" la propagazione dei segnali armonici lungo i canali *A* e *B* con filtri a sintonia variabile, comandati dalla stessa tensione a dente di sega che comanda l'impostazione della frequenza del generatore. Inoltre, le misure delle tensioni e delle fasi vengono riportate in modo automatico su uno schermo, sul quale compaiono i *diagrammi di Bode*.
In sintesi:
- l'insieme del filtro a sintonia variabile comandato da un segnale a dente di sega e del relativo dispositivo di visualizzazione è un analizzatore di spettro;
- il secondo filtro a sintonia variabile – che fa l'"inseguimento" (*Tracking*) del primo filtro – e il misuratore di fase modificano l'analizzatore di spettro.

L'insieme dei due apparati viene offerto dai costruttori di strumentazione, che chiamano *Spectrum Analyzer* lo strumento di base e *Tracking Generator* il suo completamento. Il complesso è anche chiamato ***analizzatore di rete*** (*Network Analyzer*), fig. 2.8.

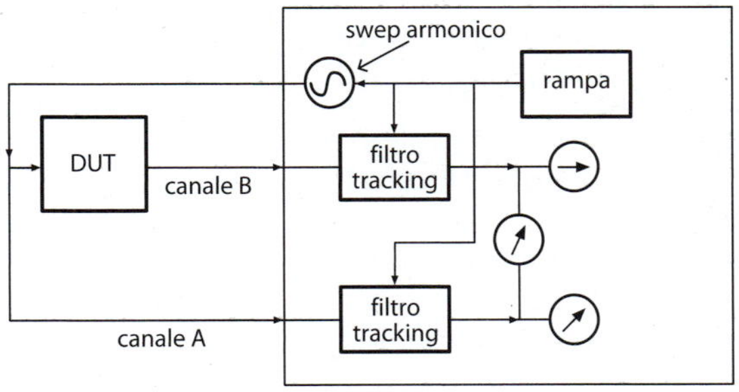

Fig. 2.8 Opportune modifiche apportate a un analizzatore di spettro danno luogo a *un analizzatore di rete*, in grado di tracciare i *diagrammi di Bode* di un sistema.

Riflessione *Il segnale armonico a frequenza variabile che viene generato per "testare" i sistemi deve avere forma armonica pressoché ideale?*

Sommario

Alle frequenze elevate assume un ruolo importante la misura delle potenze, che viene effettuata sia "a tutto spettro", come nei *misuratori di potenza* e nei *wattmetri*, sia "a spettro molto parziale", come nei *misuratori di campo* e negli *analizzatori di spettro*.
La complessità delle misure a radiofrequenza, più elevata rispetto a quella delle misure a frequenze basse, sia per la presenza di reattanze parassite, sia per la confrontabilità tra dimensioni dei componenti e lunghezze d'onda, viene in buona parte "assorbita" dalla sofisticazione degli strumenti di misura, molto ricchi di automatismi.

Risposte alle riflessioni

FAQ 1 L'origine del termine è legato all'acustica musicale: la "scala" è composta da sette note (*do, re, mi, fa, sol, la, si*); quella successiva, l'*ottava* nota appunto, ha lo stesso nome della prima (*do*), ma ad essa corrisponde una frequenza doppia (rispetto al *do* precedente).

FAQ 2 La trasmissione via etere "invade" un determinato angolo solido, cioè dà luogo a un'onda che interessa un'area via via crescente; la potenza emessa si distribuisce su aree che dipendono dalla distanza dalla sorgente, per cui è utile conoscerne la densità (W/m^2). La fibra ottica invece convoglia l'intera potenza lungo la propria sagoma, per cui a qualunque distanza dalla sorgente la potenza è la stessa (se non si tiene conto dell'attenuazione generata dalle perdite).

FAQ 3 Probabilmente si. Sono infatti in corso processi che perseguono:
- la diminuzione delle potenze in trasmissione, alla quale deve corrispondere un aumento delle sensibilità in ricezione, con conseguente crescita della sofisticazione tecnologica;
- una sempre maggiore richiesta occupazione dello spettro che, essendo una risorsa limitata, necessita di un impiego ottimizzato, con conseguente miglioramento delle tecniche di accesso;
- la diversificazione dell'offerta di servizi e l'interazione di suoni, immagini e dati, con conseguente sforzo sulle tecniche di codifica.

FAQ 4 Dipende. Se il segnale è periodico, lo spettro è sempre lo stesso. Se il segnale ha una frequenza di ripetizione costante ma ampiezza variabile, come ad esempio nel caso di una portante armonica modulata in ampiezza, lo spettro cambia nel tempo. In generale, i segnali delle telecomunicazioni hanno spettri che cambiano nel tempo.

ReT 1 Sì, dato che di solito i sistemi che vengono provati con questi generatori sono a banda stretta (la larghezza della banda è piccola rispetto alla frequenza centrale della banda stessa); diversa è invece la situazione dei sistemi audio, tipicamente a banda larga.

ReT 2 Assolutamente no. La televisione analogica a colori (ancora largamente presente in molte aree del mondo) si è sviluppata sulla base di 3 standard (PAL, di origine europea, NTSC, di origine americana, SECAM, di origine francese). I principali standard usati per la trasmissione del digitale terrestre sono: DVB-T, molto diffuso e adottato dall'Unione Europea; ATSC, impiegato nell'America settentrionale e in Corea del Sud; ISDB-T utilizzato in particolare in Giappone, Argentina, Brasile; DMB-T, adottato dalla Cina. Quindi il numero di standard è addirittura aumentato.

ReT 3 Nel primo caso l'espressione è lineare, nel secondo caso è logaritmica; il logaritmo è un operatore che fa corrispondere delle differenze a dei rapporti. Infatti il risultato di 50 dB vuol dire che la potenza più elevata (70 dBm, corrispondenti a 10^7 mW) è 10^5 volte più grande della potenza più piccola (20 dBm, corrispondenti a 10^2 mW).

ReT 4 La forma deve essere per quanto possibile perfetta, altrimenti le armoniche del generatore verrebbero elaborate dal dispositivo sotto esame, magari amplificate e scambiate per armoniche introdotte dal dispositivo stesso.

Sitografia • Bibliografia

- http://www.crit.rai.it/eletel/2005-3/53-6.pdf
- http://www.unaohm.it/prodotto.php?id=103
- http://www.dii.unina2.it/LinkClick.aspx?fileticket=CavEBiLEXr8%3D&tabid=453&language=it-IT
- http://boonton.com/~/media/Boonton/Reference%20Guides/WTG_RefGuide_F1128_sm_web.ashx
- L.I. Lundstrom, *Understanding Digital Television*, Focal Press, 2005.

Esercizi e Problemi

FAQ 1

Es. 1 Il rapporto tra due valori di tensione o due valori di corrente può essere espresso in decibel (dB) attraverso le seguenti equazioni:

$(V_2/V_1)_{dB} = 20 \cdot \log_{10}(V_2/V_1)$ e $(I_2/I_1)_{dB} = 20 \cdot \log_{10}(I_2/I_1)$

Esprimere in decibel:
- i seguenti rapporti tra tensioni: $V_2/V_1 = 2, 10, 20, 50, 100$;
- i seguenti rapporti tra correnti: $I_2/I_1 = 1{,}5, 15, 30, 1000$.

Es. 2 A volte, per esprimere il livello di una tensione, si prende come livello di riferimento il valore di 1 μV. Si dice allora che si esprimono i valori di tensione in dBμV. Esprimere in dBμV i seguenti valori di tensione: 100 mV, 1V, 2 V, 10 V, 10 nV, 100 pV.

Es. 3 Una normativa che riguarda le attività radioamatoriali stabilisce che ad un livello di tensione di 50 μV (misurati su una $R = 50\ \Omega$ – per frequenze inferiori a 30 MHz) corrisponde un'intensità di segnale denominata S9. Calcolare:
- Il livello di tensione corrispondente a S8, S7, ... S1 sapendo che al passaggio da un livello (di tensione) S ad uno inferiore corrisponde la diminuzione di 6 dB;
- Il livello di potenza (espresso in microwatt) corrispondente a ciascun livello di tensione.
- Il livello di tensione corrispondente a S9 + 40 dB.

Es. 4 Fra i dati forniti da un costruttore di analizzatori di spettro ottici ci sono i seguenti:
- analizzatore 1: risoluzione massima di 0,1 nm;
- analizzatore 2: risoluzione massima di 100 MHz.

Sapendo che entrambi gli analizzatori operano sullo stesso *range* di frequenze (quelle ottiche), stabilire quale analizzatore ha la risoluzione migliore.

Pr. 1 Discutere sulla "stranezza" delle equazioni per esprimere tensioni, correnti e potenze in dB: perché i fattori moltiplicativi di 10 per le potenze e di 20 per le tensioni e le correnti?

Pr. 2 Discutere sull'opportunità di esprimere rapporti di tensioni, correnti e potenze in decibel.

Pr. 3 Illustrare significato e impiego del "neper".

FAQ 2

Es. 1 Dimostrare che l'impedenza caratteristica dello spazio vale 377 Ω.

Es. 2 Verificare la correttezza dell'equazione $E = (S \cdot Z_0)^{1/2}$.

Es. 3 Verificare la correttezza dell'equazione $H = (S/Z_0)^{1/2}$.

Es. 4 Esprimere in dBμA le seguenti intensità di corrente: 10 μA, 50 μA, 100 mA, 1 A, 10 A.

Es. 5 Esprimere in dBμV/m le seguenti intensità di campo elettrico: 30 μV/m, 200 μV/m, 3 mV/m, 0,5 V/m, 6 V/m.

Es. 6 Esprimere in dBμA/m le seguenti intensità di campo magnetico: 20 nA/m, 100 μA/m, 8 mA/m, 2 A/m.

Pr. 1 Dimostrare che, in campo lontano, vale la relazione $S = E \cdot H$.

Pr. 2 Illustrare il concetto di guadagno di un'antenna direzionale.

Pr. 3 Calcolare l'intensità del campo elettrico in funzione della distanza (lungo la direzione di massima irradiazione) da un'antenna trasmittente con guadagno di 6 dB che irradia una potenza di 1 kW e confrontare tali intensità con i valori indicati dalle normative di sicurezza.

Pr. 4 Illustrare, anche attraverso esempi numerici, il concetto di EIRP (*Effective Isotropic Radiated Power*).

FAQ 3

Es. 1 Un sensore di potenza è caratterizzato da *range dinamico* di 40 dB e sensibilità di −20 dBm. Esprimere in milliwatt la potenza minima e la potenza massima che può misurare.

Es. 2 Una fibra ottica ha un'attenuazione di 2 dB/km, è lunga 10 km, non ha amplificatori lungo il percorso e viene alimentata da un segnale con la potenza di 2 mW. Verificare se un sensore di potenza con dinamica di 30 dB e sensibilità di − 10 dBm può misurare la potenza all'ingresso e all'uscita della fibra ottica.

Pr. 1 Discutere, anche con considerazioni quantitative, sulla linearità intrinseca del sensore a termocoppia.

Pr. 2 Discutere, anche con considerazioni quantitative, sulla non linearità intrinseca del sensore a diodo.

FAQ 4

Es. 1 Facendo riferimento ad una resistenza da 50 Ω che opera con la potenza di 1 mW, esprimere tale potenza in dBm e calcolare la tensione sulla resistenza, esprimendola in volt (V), millivolt (mV), dBV, dBmV, dBμV.

Pr. 1 Discutere, anche attraverso esempi concreti, il seguente principio generale: i segnali che sono "larghi in un dominio, sono "stretti" nell'altro.

Pr. 2 Illustrare le larghezze di banda di alcuni canali tipici delle Telecomunicazioni.

Pr. 3 Discutere, anche attraverso esempi concreti, gli effetti conseguenti al "taglio" dello spettro di segnali, operato per rispettare i limiti di banda del canale.

Pr. 4 Discutere, anche attraverso esempi concreti, il concetto di purezza spettrale di un segnale.

ReT 1

Es. 1 Illustrare, anche attraverso esempi quantitativi, il significato di *rumore di fase*.

Es. 2 Rappresentare graficamente un segnale modulato in ampiezza.

Es. 3 Rappresentare graficamente un segnale modulato in frequenza.

Es. 4 Rappresentare graficamente un *burst* di sinusoidi con frequenza di 1 GHz e intervallo di ripetizione di 2 ms.

Pr. 1 Illustrare le caratteristiche dei generatori di rumore e i loro impieghi nell'ambito delle telecomunicazioni.

Esercizi e Problemi

Pr. 2 Illustrare le caratteristiche dei generatori video.

Pr. 3 Discutere il *data sheet* di un generatore di segnali a radiofrequenza.

Pr. 4 Discutere il *data sheet* di un generatore laser a diodo.

Pr. 5 Discutere il *data sheet* di un generatore a LED.

Pr. 6 Illustrare principio e applicazioni della sintesi diretta di frequenza.

Pr. 7 Illustrare principio e applicazioni della sintesi indiretta di frequenza.

ReT 2

Es. 1 Tabulare le frequenze dei canali televisivi destinate al digitale terrestre, anche con riferimenti alle prospettive di sviluppo della IV generazione di telefonia cellulare.

Es. 2 Illustrare le caratteristiche degli analizzatori vettoriali ed i loro impieghi nell'ambito delle telecomunicazioni.

Pr. 1 Illustrare, a livello di principio e di schema a blocchi, il funzionamento di un televisore analogico.

Pr. 2 Illustrare, a livello di principio e di schema a blocchi, il funzionamento di un televisore digitale.

Pr. 3 Discutere il *data sheet* di un misuratore di campo per telecomunicazioni.

ReT 3

Es. 1 Analizzare il funzionamento dello schema relativo alla conversione RF-DC realizzata con termistore, ponte, amplificatore differenziale.

Es. 2 Analizzare il funzionamento dello schema relativo alla conversione RF-DC bolometrica.

Es. 3 Analizzare il funzionamento dello schema relativo alla conversione RF-DC con ponte e doppio diodo.

Pr. 1 Illustrare il principio di funzionamento della misura di potenza a RF realizzato con tecnologia "ricevitore a conversione di frequenza".

Pr. 2 Illustrare il principio di funzionamento della misura di potenza a RF mediante campionamento.

Pr. 3 Discutere il *data sheet* di un misuratore di potenza per frequenze elevate.

ReT 4

Es. 1 Illustrare, con riferimento a dati reali, il significato di *range dinamico* di un analizzatore di spettro.

Es. 2 Illustrare, con riferimento a dati reali, il significato di *sensibilità* di un analizzatore di spettro.

Es. 3 L'analizzatore di reti consente di tracciare i diagrammi di Bode ma, essendo esso stesso un sistema, è caratterizzato a sua volta dai suoi diagrammi di Bode. Disegnare i diagrammi di Bode di un analizzatore di reti, ricavando i dati necessari da un manuale d'uso o da un *data sheet*.

Es. 4 Discutere sulla banda passante dell'attenuatore rappresentato nella fig. 2.9.

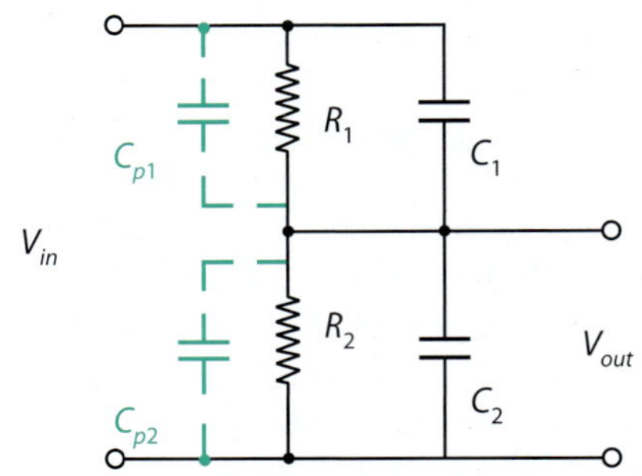

Fig. 2.9 Il partitore di tensione, se fosse realizzato impiegando solo le resistenze R_1 e R_2, vedrebbe in realtà due resistenze con in parallelo le capacità parassite C_{p1} e C_{p2}.

Pr. 1 Discutere sul funzionamento dello stadio d'ingresso di un analizzatore di spettro a supereterodina.

Pr. 2 Discutere sul funzionamento dello stadio di conversione di un analizzatore di spettro a supereterodina.

Pr. 3 Discutere sul funzionamento dello stadio a frequenza intermedia di un analizzatore di spettro a supereterodina.

Pr. 4 Discutere sul funzionamento dello stadio di rivelazione di un analizzatore di spettro a supereterodina.

Pr. 5 Discutere sul funzionamento dello stadio di presentazione dei risultati di un analizzatore di spettro a supereterodina.

Pr. 6 Discutere sul funzionamento di un *Tracking Generator*.

Pr. 7 Discutere il data sheet di un analizzatore di spettro alle radiofrequenze.

Pr. 8 Discutere il *data sheet* di un oscilloscopio analogico adatto alle Telecomunicazioni.

Pr. 9 Discutere il *data sheet* di un oscilloscopio digitale adatto alle Telecomunicazioni.

Pr. 10 Discutere il *data sheet* di un analizzatore di rete alle radiofrequenze.

Pr. 11 Discutere sul principio funzionamento di un analizzatore di spettro ottico *Interferometer-Based.*

Pr. 12 Discutere sul principio funzionamento di un analizzatore di spettro ottico *Diffraction-Grating-Based.*

MODULO 8

Introduzione alle Telecomunicazioni

indice

abilità

La discussione degli esempi e delle riflessioni, l'analisi del testo e lo svolgimento di alcuni esercizi favoriscono lo sviluppo delle seguenti abilità:

- scegliere gli elementi di un sistema di trasmissione
- utilizzare il lessico e la terminologia tecnica di settore

UNITÀ 8.1

Le Telecomunicazioni nel tempo

Da Hertz a Marconi, alle fibre ottiche e sempre più avanti

In questa Unità, dopo una panoramica sulle fasi iniziali delle Telecomunicazioni, si discutono alcuni aspetti importanti per comprendere le prospettive del settore, orientate alla digitalizzazione e all'integrazione dei servizi

Molte volte, quando un ambito basato sulle tecnologie evolve rapidamente, viene la tentazione di generalizzare sul passato, liquidandolo con la denominazione (...davvero felice?...) di "obsoleto". Con riferimento alle Telecomunicazioni, è senz'altro opportuno parlare di un futuro digitalizzato (o numerizzato), tenendo però presente che, a livello globale, il servizio probabilmente più consolidato e diffuso è quello relativo alla radiodiffusione a modulazione di frequenza, dunque basato su tecniche analogiche e su tecnologie hardware. E, se è vero (come sembra vero) che il mondo è continuamente da innovare, è altrettanto vero che esso è anche da *manutenere* e da *riqualificare*. Evviva il digitale dunque, accanto all'analogico che continua ad esistere e a recitare un ruolo importante.

indice

FAQ 1 Radio... : quali significati?

Sembra quasi un *prefisso magico*, di ampio respiro, pertanto non semplice da descrivere compiutamente. Cerchiamo di inquadrarne il significato attraverso alcuni esempi.

Esempio 1 Illustrare in modo sintetico il significato di ***radiocomunicazioni.***

Discussione Il termine, dal significato molto ampio, non si riferisce a un particolare tipo di servizio, ma piuttosto vuole individuare una molteplicità di servizi, per il cui espletamento si fa uso di onde elettromagnetiche con riferimento sia alla propagazione in portata ottica, sia a quella troposferica e ionosferica, sia a quella via satellite. Secondo questa accezione, fanno (almeno) parte delle radiocomunicazioni:

- *le comunicazioni a distanza molto lunga* (se paragonata alle dimensioni della Terra), che, tra l'altro, sfruttano a volte anche la propagazione troposferica e ionosferica;
- i servizi di *radionavigazione*, nati all'inizio per consentire maggiore sicurezza al traffico marittimo, ma diventati poi di dominio generale ed evoluti negli anni recenti verso i sistemi GPS (*Global Positioning System*) e i loro successori;
- i servizi di *radiodiffusione*, o *broadcasting*, a volte identificati con i primi passi delle Telecomunicazioni, evocandone alcuni pionieri quali Marconi, Popov, Hertz, De Forest e altri ancora;
- i servizi RADAR (*Radio Detecting And Ranging*), sviluppatisi in modo decisivo durante la Seconda guerra mondiale ed entrati poi, anche con molta incisività, nell'ambito civile;
- i servizi *radiomobile*, comparsi timidamente negli ultimi decenni del XX secolo e letteralmente esplosi nel primo decennio del XXI secolo;
- i servizi *televisivi*, in pratica affermatisi dopo la Seconda guerra mondiale e protagonisti di importanti evoluzioni tecniche, quali il passaggio dal bianco e nero al colore e quello dall'analogico al digitale.

Nel complesso, i servizi fanno uso del *range* di frequenze compreso tra 3 kHz e 300 GHz.

Esempio 2 Illustrare in modo sintetico il significato di ***radiodiffusione.***

Discussione Il termine individua un servizio "da uno a molti", sia che si tratti di servizio audio, sia che si tratti di servizio video; a volte invece, il servizio video viene distinto e individuato con il termine *telediffusione.* È presente praticamente in tutti i Paesi e fa uso prevalente di tecniche analogiche, sia a modulazione d'ampiezza (AM: *Amplitude Modulation*), sia a modulazione di frequenza (FM: *Frequency Modulation*).
L'AM impiega tipicamente le cosiddette "*onde medie*" (frequenze da circa 500 kHz a circa 1,6 MHz) per il livello nazionale e "onde corte" per il livello internazionale (frequenza da qualche megahertz a due o tre decine di megahertz al massimo). Le denominazioni sono riportate tra virgolette in quanto legate al periodo storico nel quale sono state coniate, cioè prima della Seconda guerra mondiale. La FM, destinata a reti nazionali e a trasmissioni locali, occupa la banda classica compresa tra 88 MHz e 108 MHz. Entrambe le tecniche sono caratterizzate da una relativa complessità dei sistemi trasmittenti e da una grande semplicità ed economicità dei sistemi riceventi.

Esempio 3 Illustrare in modo sintetico il significato di ***radioastronomia.***

Discussione Tema quanto mai affascinante, che indaga sull'Universo, sia attraverso le emissioni di onde radio da parte dei corpi celesti, sia attraverso le loro proprietà riflettenti rispetto alle onde radio; in questo secondo caso si parla anche di *radarastronomia.* La radioastronomia deve fare i conti con le notevoli proprietà filtranti dell'atmosfera terrestre, che blocca buona parte dello spettro elettromagnetico, come si vede nella fig. 1.1, dalla quale si nota come le possibilità di ricevere onde radio dall'esterno sono limitate alla cosiddetta banda ottica (il visibile dall'occhio umano e un po' di infrarosso e alla finestra radio, purchè al di sopra della soglia dei 30 MHz circa; al di sotto di tale frequenza la ionosfera reinvia nello spazio le eventuali radiazioni provenienti dal cosmo. L'avvento dell'era spaziale (iniziata nel 1957) consente di installare radiotelescopi su satelliti artificiali, al di fuori dell'atmosfera terrestre; *Radioastron*, che opera sul *range* di frequenze compreso tra 300 MHz e 25 GHz, è una delle recenti e importanti realizzazioni.

Riflessione *La comunicazione radio (attraverso onde elettromagnetiche nell'etere) ha interessato (e interessa) solo la diffusione, cioè il broadcasting?*

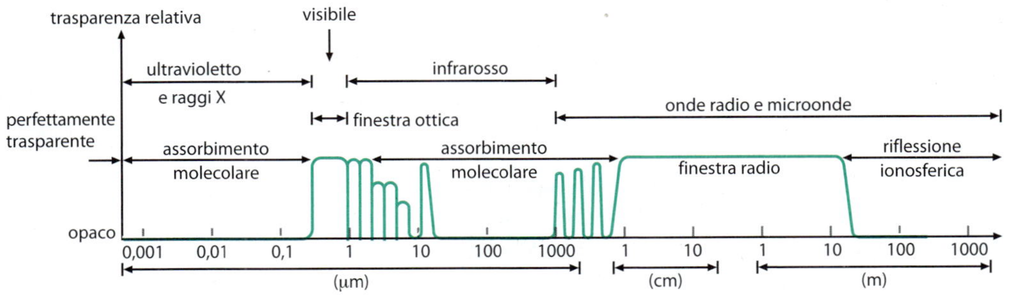

Fig. 1.1 Effetto filtrante dell'atmosfera terrestre: l'assorbimento atmosferico indica notevoli difficoltà nell'immaginare, a livello terrestre, radiocomunicazioni a lunga distanza al e frequenze infrarosse e ultraviolette.

FAQ 2 Diffusione video: da dove viene e dove va?

La quantità d'informazione associata a un'immagine è molto più elevata di quella associata a un suono. In termini di telecomunicazioni, questo significa che per trasmettere le immagini serve una banda di frequenze molto più larga che per trasmettere i suoni: in effetti, mentre alle trasmissioni audio sono assegnate bande di alcuni chilohertz o alcune decine di chilohertz, alle trasmissioni video sono assegnate bande di alcuni megahertz. Ciò, anche in prima approssimazione, esclude le trasmissioni di immagini (salvo casi e tecniche particolari) dal range di frequenze inferiore ad alcune decine di megahertz; in pratica oggi le trasmissioni televisive terrestri occupano una parte (quella più bassa) dello spettro delle cosiddette UHF (*Ultra High Frequencies*), che è nominalmente compreso tra 300 MHz e 3 GHz.

L'evoluzione del *broadcasting* televisivo, importante non solo dal punto di vista delle tecniche e delle tecnologie, ma anche sul piano dello stile di vita dei suoi fruitori, nell'arco di poco più di mezzo secolo vede alcuni "salti" notevolmente significativi:

- il primo, legato alla sua comparsa attraverso trasmissioni in bianco e nero (dopo la Seconda guerra mondiale);
- il secondo, associato all'offerta di trasmissioni a colori (anni '60), con la soluzione, non banale, del problema della compatibilità con il bianco e nero;
- il terzo, che riguarda la trasmissione intercontinentale via satellite, praticamente parallelo a quello del colore;
- il quarto, legato alla digitalizzazione (processo ancora in corso a livello mondiale e in fase iniziale in non pochi Paesi).

Evoluzioni consistenti, con notevolissimi cambiamenti delle apparecchiature e dei loro costi (quelli dei primi televisori in bianco e nero erano proibitivi per buona parte della popolazione); alla luce però di un principio saldo e (fino a oggi almeno) apparentemente immutabile: quello della ***scansione sequenziale (o progressiva) dell'immagine***, sia in fase di ripresa, sia in fase di riproduzione.

Esempio Illustrare la tecnica di scansione sequenziale dell'immagine, con riferimenti quantitativi allo standard europeo.

Discussione Pensiamo alla scrittura a mano di una pagina di quaderno: si incomincia dal vertice in alto a sinistra, si scrive una riga spostandosi verso destra, si ritorna a sinistra senza scrivere, si scrive la seconda riga ... fino ad arrivare al vertice in basso a destra; poi si volta pagina e si ricomincia.

Se guardiamo lo schermo di un terminale video, assistiamo ad un processo analogo: la scrittura è però fatta da un pennello elettronico e la "pagina", invece che qualche decina di righe, ne ha qualche centinaio; i tempi di scrittura sono elettronici: qualche decina di microsecondi per scrivere una riga, qualche decina di millisecondi per scrivere una pagina, cioè una "schermata" o, in altri termini, qualche decina di pagine al secondo. Se le schermate successive sono tra di loro tutte uguali, sulla retina del nostro occhio permane un'immagine statica, analoga a una fotografia; se invece la pagina successiva è sempre diversa da quella precedente, abbiamo l'impressione del movimento. Non si tratta però di una trasposizione della tecnica cinematografica.

Nella tecnica cinematografica infatti si propone la "ripetizione veloce di fotografie"; nella tecnica televisiva invece si propone la "ripetizione veloce della scansione per righe di un'immagine".

Lo studio preciso della scansione televisiva mette poi in evidenza un'ulteriore complicazione, legata alla necessità di contenere la banda occupata dal segnale: la scansione è in realtà interallacciata, nel senso che ogni schermata viene scritta in due fasi: prima le righe dispari, poi le righe pari.

La scrittura è evidentemente comandata da segnali elettrici. Se ad esempio la "penna elettronica" di uno schermo in bianco e nero vuole scrivere una riga con agli estremi il bianco e il nero, intercalati da sei tonalità di grigio, allora il segnale elettrico che la governa è quello rappresentato nella fig. 1.2.

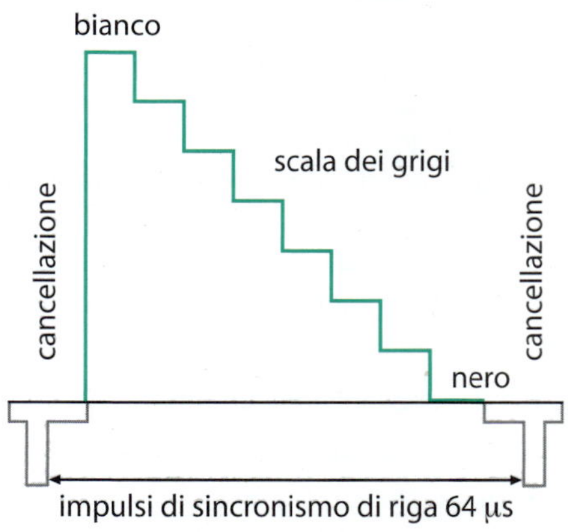

Fig. 1.2 Segnale che presiede alla scrittura di una successione di tonalità, dal bianco al nero, attraverso dei grigi. I segnali di sincronismo (che non vengono visti) danno lo start e lo stop della scrittura; il segnale di cancellazione presiede al "ritorno della penna da fine riga a destra a inizio riga a sinistra, senza scrivere".

Riflessione *Quale tra le due digitalizzazioni, quella dei segnali audio in ambito hi-fi e quella dei segnali video in ambito DVB, incide maggiormente sulla qualità del suono o dell'immagine?*

FAQ 3 Telecomunicazioni: quali ambiti d'interesse?

Dopo circa un secolo di storia e di sviluppo, i risultati conseguiti dalle Telecomunicazioni, la cui prima fase viene spesso identificata con l'affermazione del *broadcasting* radiotelevisivo, stanno interessando una crescente diversificazione di ambiti e stanno stimolando nuovi studi e approfondimenti. Difficile individuarli tutti; ne proponiamo solo alcuni esempi, particolarmente significativi.

Esempio 1 Illustrare in modo sintetico la trasformazione attualmente in atto nell'***ambito "classico" delle telecomunicazioni*** destinate al grande pubblico.

Discussione Suoni, immagini, dati o, da un altro punto di vista, radio, telefono, televisione, computer. È probabilmente l'ultimo arrivato, il computer, che modifica profondamente degli assetti con decenni di consolidamento. Una descrizione piuttosto semplificata dei primi settanta/ottanta anni delle Telecomunicazioni mette in evidenza:

- servizi per comunicazione di suoni e immagini;
- *servizi realizzati con tecniche analogiche,* basati su hardware, praticamente senza memoria;
- segnali e tecnologie dei diversi servizi molto indipendenti, che impiegano canali distinti, con netta prevalenza di tecniche di multiplazione a divisione di frequenza;
- tecnologie in grado di operare nella parte più bassa dello spettro elettromagnetico (fino a centinaia di megahertz o poco più);
- un servizio per la comunicazione da punto a punto, quello telefonico;
- due servizi prevalentemente in *broadcasting*, quello radiofonico e quello televisivo.

È probabilmente la capacità di elaborazione distribuita del computer che dà inizio, negli ultimi decenni del XX secolo, a un'evoluzione progressiva del sistema che, almeno allo stato attuale, non sembra avere delineato traguardi dopo i quali assestarsi. Un tentativo di descrizione dell'attuale mette in evidenza:

- servizi per comunicazione di suoni, immagini e ***dati***;
- servizi realizzati con tecniche prevalentemente ***digitali***, molto basati su ***software***, con notevole impiego delle capacità di ***memoria***;
- segnali e tecnologie dei diversi servizi molto interagenti, che impiegano anche gli stessi canali, con affermazione di tecniche di ***multiplazione a divisione di tempo e di codice***;
- tecnologie in grado di operare anche nella parte più elevata dello spettro elettromagnetico (frequenze ottiche, centinaia di terahertz);
- crescente spostamento dal *broadcasting* al ***narrowcasting***, con aumento dell'interattività e della condivisione; è la "rivoluzione di internet", che segna in qualche modo il passaggio dall'"*era senza reti*" all'"***era delle reti***".

Esempio 2 Illustrare in modo sintetico il significato di ***telerilevamento***.

Discussione È una branca emergente delle Telecomunicazioni, che si avvale in modo massiccio di satelliti artificiali, sia geostazionari, sia in orbita bassa. Studia in particolare le proprietà e le caratteristiche del nostro pianeta, con riferimento specifico al terreno, alle acque, all'aria.
Il telerilevamento impiega particolari sensori, appartenenti a due categorie:

- sensori passivi, che si basano sulla captazione dell'emissione di radiazione da parte degli oggetti sotto analisi;
- sensori attivi, che si basano sul *backscattering* (retrodiffusione) da parte degli oggetti sotto analisi, investiti dalla radiazione volutamente emessa da un sistema RADAR;

I *range* di frequenza impiegati riguardano *onde centimetriche*, cioè frequenze dell'ordine delle decine di gigahertz, *onde millimetriche*, cioè frequenze dell'ordine delle centinaia di gigahertz e *onde micrometriche* infrarosse (sia infrarosso vicino, sia infrarosso lontano), cioè frequenze dell'ordine di decine o centinaia di terahertz, dunque vicine alle frequenze del visibile.

Esempio 3 Illustrare in modo sintetico il significato di ***radionavigazione***.

Discussione I sistemi di radionavigazione sono moltissimi; nati nella seconda metà del secolo XX prevalentemente per scopi militari, si sono progressivamente orientati verso l'ambito civile, in particolare dagli ultimi anni del '900. Hanno il compito consentire ad un corpo in movimento di raggiungere una destinazione seguendo un determinato percorso.
Destinati alla la navigazione marittima e aerea nei primi decenni, sono poi stati affiancati e superati dai cosiddetti *sistemi di posizionamento*, tra i quali si è affermato a livello mondiale il GPS (Stati Uniti d'America), che sembra destinato a subire la concorrenza di altri, in particolare l'europeo Galileo.
Si basano sul tempo impiegato da un'onda elettromagnetica a percorrere la distanza tra un satellite e un utente del servizio e consentono l'individuazione della posizione attraverso il criterio dell'intersezione tra 3 superfici sferiche, di ciascuna delle quali è esattamente nota la posizione del centro (posizione di un satellite). Operano nel *range* delle UHF, con frequenze comprese tra 1200 e 1600 MHz circa.

Riflessione *Le telecomunicazioni via satellite nascono da ipotesi degli ultimi anni?*

FAQ 4 Che cos'è la PCM?

La **PCM** (***Pulse Code Modulation***) è una tecnica di modulazione che impiega un segnale modulante costituito da successioni di impulsi con ampiezza massima e lunghezza prefissate: ad esempio, successioni di 8 livelli (8 bit in gergo) di durata prefissata e costante, ciascuno dei quali può avere solo o ampiezza "bassa" (ad esempio di 0 V), o ampiezza "alta" (ad esempio di 2 V). Ogni successione rappresenta la *codifica di un campione del segnale analogico*; tale campione viene prelevato ed elaborato secondo precisi criteri. Lo schema a blocchi semplificato di un sistema PCM è rappresentato nella fig. 1.3.

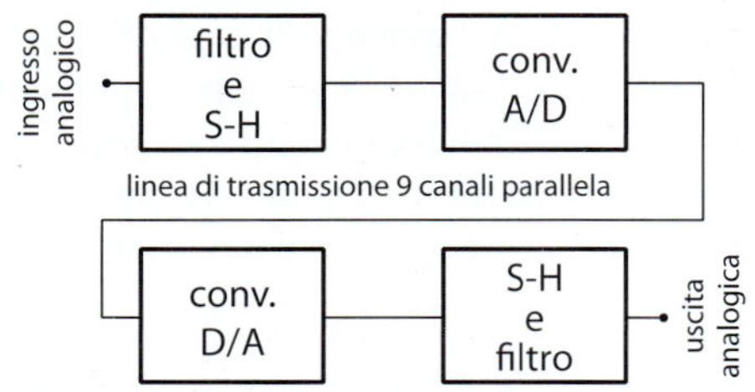

Fig. 1.3 Sistema per la codifica e la trasmissione PCM. Questo schema propone una trasmissione parallela.

Esempio 1 Illustrare in modo sintetico la funzione dei blocchi del sistema per la codifica e la trasmissione PCM.

Discussione Il sistema, unidirezionale per semplicità di descrizione, è caratterizzato da ingresso analogico e uscita analogica. Il segnale analogico d'ingresso, continuo nel tempo e nell'ampiezza, entra nel blocco di ***Sample-Hold***, S-H (campiona e mantiene), che lo trasforma in una serie di livelli, ciascuno dei quali ha una durata prefissata (tempo di *hold*). All'uscita il segnale non è più continuo nell'ampiezza e passa poi all'entrata del ***convertitore analogico/digitale***, caratterizzato da un terminale d'ingresso e molti terminali di uscita; trasforma ciascun livello al suo ingresso in un "ventaglio" di livelli (tanti quanti sono i bit del convertitore stesso); tali livelli si presentano contemporaneamente all'uscita, cioè "in parallelo".
La ***linea di trasmissione***, in questo caso formata da molti fili, trasferisce il segnale all'ingresso del *convertitore digitale/analogico*.
Il ***convertitore digitale/analogico***, caratterizzato da molti ingressi e un'uscita, fa corrispondere a ciascun "ventaglio" di livelli che si presenta al suo ingresso un determinato livello di uscita. L'uscita è pertanto costituita da una successione temporale di livelli, "abbastanza simile" alla successione di livelli che si è presentata all'uscita del *Sample-Hold* e all'ingresso del *convertitore analogico/digitale*.
In sintesi: ciascun livello analogico viene "codificato" e reso digitale, viene trasmesso e infine viene "decodificato". La codifica viene fatta perché la trasmissione del segnale codificato, assumendo solo due livelli (alto o basso) è più *immune al rumore* rispetto alla trasmissione del segnale analogico, non codificato.

Il sistema appena discusso trasmette i segnali codificati "così come sono", senza ulteriori elaborazioni; si dice che la trasmissione avviene in ***banda base***. È tuttavia poco efficiente, sia perché richiede tanti percorsi paralleli (fili o canali di frequenza) quanti sono i bit dei convertitori, sia perché i bit, viaggiando in parallelo, hanno tempi di propagazione diversi l'uno dall'altro, per cui il "ventaglio" che si presenta al convertitore D/A in un determinato istante potrebbe essere errato; è quindi necessario "sincronizzare" le due conversioni, trasmettendo, oltre ai bit di codifica, anche un segnale di *clock*. Per questi motivi la trasmissione parallela viene impiegata solo quando il percorso tra sorgente e destinatario del segnale è relativamente breve.
Una soluzione migliore per la trasmissione a lunga distanza aggiunge una *conversione parallelo/serie* in trasmissione e una *conversione serie/parallelo* in ricezione.

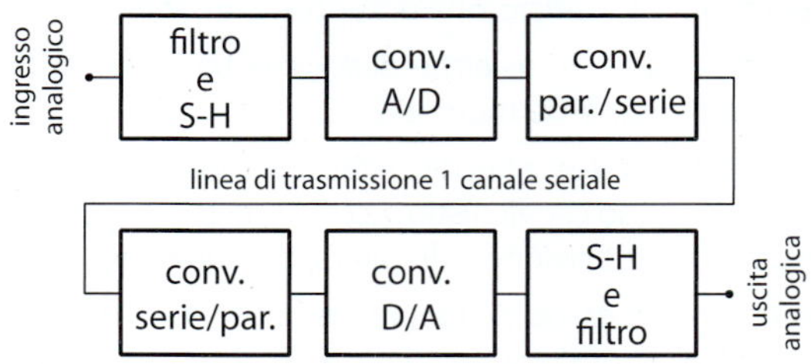

Fig. 1.4 Trasmissione *seriale* di segnali codificati; basta un solo filo (o un solo canale di frequenza) tra sistema trasmittente e sistema ricevente.

Esempio 2 Illustrare in modo sintetico il principio della conversione serie/parallelo (e viceversa) (fig. 1.4).

Discussione La conversione *parallelo/serie*, in trasmissione, viene ottenuta con un registro di tipo PISO (*Parallel In Serial Out*), mentre la conversione *serie/parallelo*, in ricezione, viene realizzata con un registro SIPO (*Serial In Parallel Out*); tali registri, chiamati anche *registri a scorrimento* (*Shift Register*) e già discussi nel Modulo 3, a differenza del *Sample-Hold* e dei convertitori *A/D* e *D/A*, non modificano la forma del segnale; i "bit" di entrata sono uguali ai "bit" di uscita: è solo diversa la loro presentazione nel tempo – si passa dalla disposizione "in riga" alla disposizione "in fila" e viceversa –. Il cambiamento di disposizione viene coordinato da un *clock*, che ad ogni impulso preleva un bit e lo riposiziona; il ritmo di tale clock deve essere più veloce, anche di molto se il numero di bit è elevato, di quello del clock che regola la conversione *A/D* o *D/A*: infatti, il tempo a disposizione per "mettere in fila" o "rimettere in riga" tutti i bit è al massimo uguale al tempo di una conversione *A/D* o *D/A*.

Riflessione *Quale differenza di "costo" ci può essere tra la trasmissione seriale e quella parallela?*

ReT 1 PCM: campionamento e aliasing

La trasmissione digitale di un segnale analogico prevede dunque un'operazione di **campionamento**, svolta dal blocco di *Sample-Hold*. I campioni prelevati, come è anche intuitivo, non possono avere distanze temporali troppo elevate se devono dare un'idea dell'andamento del segnale analogico; il problema, analizzato in modo scientifico, trova una risposta nel cosiddetto *Teorema del campionamento*, che dice:

- analizzato lo *spettro di Fourier* del segnale da campionare, se ne individui la componente (armonica) con frequenza più elevata, f_{max};
- si esegua il campionamento, attraverso il *Sample-Hold*, prelevando i campioni con una frequenza di ripetizione f_s (frequenza di *sampling*) che soddisfa la seguente disuguaglianza:

$$f_s \geq 2 \cdot f_{max}$$

Così, ad esempio, il segnale per la telefonia fissa ha una f_{max} di 3400 Hz; il campionamento dovrebbe avvenire almeno a 6800 Hz, mentre, con un certo margine di sicurezza, avviene a 8000 Hz; il suono hi-fi ha una f_{max} di 20.000 Hz e viene campionato (molte volte) a 44,1 kHz.

Prima di eseguire il campionamento, allo scopo di non perdere informazione, ci si domanda quale sia lo *spettro del segnale da campionare*; dopo il campionamento, allo scopo di verificare se l'informazione è stata conservata, ci si domanda quale sia lo *spettro del segnale campionato*. Se infatti lo spettro è organizzato in modo tale da consentire la ricostruzione del segnale analogico, allora il campionamento è corretto, altrimenti no. Il altri termini, lo spettro del segnale campionato deve contenere (come sottoinsieme) lo spettro del segnale originario, che sarà ricostruito attraverso un'opportuna operazione di filtraggio. Tale sottoinsieme non deve essere "inquinato"; quando lo è si dice che si è in presenza di **aliasing,** o ***distorsione da foldover*** (sovrapposizione).

Esempio 1 Ricavare lo spettro del segnale campionato, nell'ipotesi che lo spettro del segnale analogico comprenda solo f_{max} (spettro *monoriga*).

Discussione Analizziamo il *Sample-Hold*, ipotizzando che il segnale analogico sia armonico, con frequenza f_{max} (quella che in realtà interessa). Lo possiamo descrivere come un dispositivo non lineare a due ingressi: quello degli impulsi di campionamento e quello del segnale analogico. Osservando il segnale di uscita, si vede che esso è frutto di una moltiplicazione tra due segnali; studieremo in un modulo successivo che tale procedimento, denominato *modulazione d'ampiezza*, dà luogo ad un segnale di uscita il cui spettro comprende:

- la frequenza del segnale analogico armonico f_{max} e la fondamentale dello spettro dell'impulso del *Sample-Hold*, cioè la frequenza f_s;
- le frequenze corrispondenti alla loro somma e alla loro differenza, cioè $f_s + f_{max}$ e $f_s - f_{max}$, chiamate *frequenze laterali* (nel caso più generale bande laterali);
- tutte le armoniche di f_s e di f_{max}, cioè $2 \cdot f_s$ e $2 \cdot f_{max}$, $3 \cdot f_s$ e $3 \cdot f_{max}$ e così via;
- tutte le frequenze laterali ad esse associate, cioè $2 \cdot f_s \pm f_{max}$, $3 \cdot f_s \pm f_{max}$, $4 \cdot f_s \pm f_{max}$ e così via.

Si vede pertanto che, intorno a ciascuna armonica di f_s "nascono" due *frequenze laterali*, che distano dall'armonica di $\pm f_{max}$.

Esempio 2 Ricavare lo spettro del segnale campionato, nell'ipotesi che lo spettro del segnale analogico comprenda anche tutte le frequenze inferiori a f_{max} (spettro *a banda continua*).

Discussione Se invece della sola f_{max} del segnale analogico se ne considera tutto lo spettro (per semplicità si ipotizza che inizi dalla frequenza di zero hertz), si vede che intorno a ogni armonica di di f_s "nascono" due ***bande laterali***. La situazione, rappresentata nella fig. 1.5, mette in evidenza che:

- se si campiona rispettando la disuguaglianza $f_s \geq 2 \cdot f_{max}$, cioè *rispettando* il Teorema del campionamento, allora la banda del segnale analogico compare nello spettro separata dalle altre e può essere recuperata mediante filtraggio;
- se si campiona rispettando la disuguaglianza $f_s < 2 \cdot f_{max}$, cioè *non rispettando* il Teorema del campionamento, allora la banda del segnale analogico compare "inquinata" da altre bande; si ha la presenza di frequenze "aliene" nella banda del segnale analogico; si ha il cosiddetto *aliasing*, per cui la banda del segnale analogico non può più essere recuperata con operazioni di filtraggio.

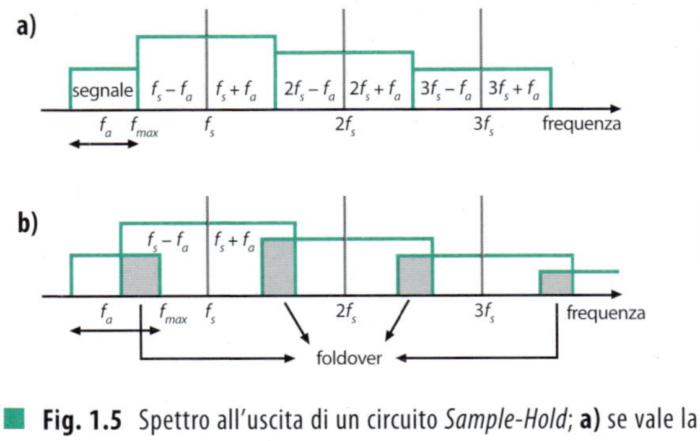

Fig. 1.5 Spettro all'uscita di un circuito *Sample-Hold*; **a)** se vale la condizione $f_s \geq 2 \cdot f_{max}$, non si ha *aliasing*, cioè distorsione da *foldover*; **b)** con $f_s < 2 \cdot f_{max}$ la sovrapposizione degli spettri (*foldover*) è evidente.

Riflessione *Quali sono le frequenze di campionamento opportune per i segnali video?*

ReT 2 PCM: codifica lineare, dinamica, rumore

Quando il *range* delle ampiezze del segnale analogico da convertire e codificare viene suddiviso in intervalli uguali e a ciascun intervallo si fa corrispondere un codice, si parla di ***codifica lineare***. È in pratica la modalità seguita dalla maggior parte dei convertitori analogico/digitali.

Dal punto di vista operativo, in molti casi il segnale da convertire è (o viene reso) bidirezionale; sono allora necessari convertitori A/D in grado di accettare tali segnali e sistemi di codifica in grado di "assegnare" valori sia positivi, sia negativi.

La codifica riportata nella fig. 1.6 mette in evidenza che:
- complessivamente fa uso di 3 bit;
- il primo bit indica il segno (1 se positivo, 0 se negativo);
- gli altri due bit codificano l'ampiezza;
- sono distinguibili 7 valori di ampiezza;
- l'ampiezza nulla ha una doppia codifica.

Segno	Ampiezza		Valore decimale
1	1	1	+3
1	1	0	+2
1	0	1	+1
1	0	0	+0
0	0	0	−0
0	0	1	−1
0	1	0	−2
0	1	1	−3

Fig 1.6 Codifica PCM lineare a 3 bit. Il numero esiguo di bit è usato a scopo didattico. In pratica sono quasi sempre molti di più, ad esempio 8 o addirittura 16.

Ad un insieme di infiniti valori di ampiezza all'ingresso, possono corrispondere solo 7 codici diversi; si dice che la conversione/codifica effettua una ***quantizzazione*** del segnale d'ingresso. Ammettendo che il convertitore assuma come livello di separazione tra due codici i valori 2,5, 1,5, 0,5, -0,5, -1,5, -2,5 si vede che ogni codice ha a disposizione un intervallo unitario. Se ad esempio tale intervallo corrisponde a 1 V, si dice che il convertitore ha la ***risoluzione*** di 1 V.

Il rapporto tra il range del convertitore (nel caso della tabella 3 V) e la sua risoluzione (1 V) è chiamato ***range dinamico***, D_r (*Dynamic Range*), che in questo caso vale 3. Si usa esprimere tale *range* in decibel; si ha allora:

$$D_r = 20 \cdot \log_{10} 3 = 20 \cdot 0{,}477 = 9{,}54 \text{ dB}$$

Esempio 1 Illustrare e discutere, con esempio quantitativo, il processo di campionamento-quantizzazione-codifica.

Discussione Il processo complessivo di campionamento-quantizzazione-codifica è illustrato nella fig. 1.7. Si vede in particolare che:
- alla prima uscita dal *Sample-Hold* corrisponde un'ampiezza di 2 V e una codifica +2 (la quantizzazione sembra perfetta);
- alla seconda uscita dal *Sample-Hold* corrisponde un'ampiezza di -1 V e una codifica -1 (la quantizzazione sembra perfetta);
- alla terza uscita dal Sample-Hold corrisponde un'ampiezza di 2,7 V e una codifica +3 (la quantizzazione *introduce un errore*).

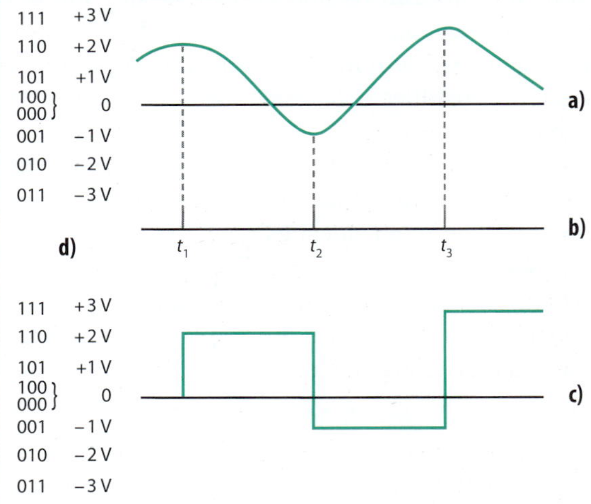

Fig. 1.7 **a)** Segnale analogico; **b)** impulsi di campionamento (con frequenza che rispetta il Teorema del campionamento); **c)** tensione all'uscita del *Sample-Hold* (che può assumere infiniti valori; **d)** codifica (che può assumere in questo caso solo 7 valori).

In generale, la quantizzazione introduce un errore, chiamato ***rumore di quantizzazione*** Q_n (*Quantization Noise*); se la quantizzazione è uniforme, il valore massimo di tale errore è Q_{nmax} = risoluzione/2.

Gli effetti del rumore di quantizzazione dipendono dall'ampiezza del segnale d'ingresso.

Esempio 2 Illustrare il significato di rapporto ***segnale/rumore di quantizzazione***, S/Q_n (*Signal to Quantizaztion Noise Ratio*).

Discussione Chiamando rispettivamente P_s e P_n la potenza media del segnale e del rumore di quantizzazione, tale rapporto è definito come $S/Q_n = P_s/P_n$ o, più di frequente, la sua espressione in decibel, cioè $(S/Q_n)_{dB} = 10 \cdot \log_{10} P_s/P_n$. La potenza media del segnale dipende dalla sua ampiezza; la potenza media del rumore di quantizzazione dipende dalla risoluzione del convertitore. Dato che la potenza media del rumore di quantizzazione, nel caso di quantizzazione costante, è costante, si vede che tale rapporto è tanto più basso (quindi più sfavorevole) quanto più piccola è l'ampiezza del segnale analogico da quantizzare. Si dimostrare che, se le potenze P_s e P_n vengono misurate su resistenze R_s e R_n di valori uguali, si ha:

$$(S/Q_n)_{dB} = 10{,}8 + 20 \cdot \log_{10}(V/q)$$

dove V è il valore efficace della tensione di segnale e q è il valore efficace della tensione di rumore.

Tale equazione conferma che si ha la situazione più sfavorevole quando il segnale analogico ha ampiezza piccola.

Riflessione *Quando si usano conversioni a elevato numero di bit?*

ReT 3 PCM: compressione ed espansione analogica

La *codifica lineare*, come discusso nella ReT precedente, dà luogo a valori sfavorevoli del rapporto *segnale/rumore di quantizzazione* quando il segnale analogico ha ampiezza piccola, mentre tale rapporto diventa grande quando il segnale analogico ha ampiezza elevata.
In determinate situazioni operative, come ad esempio quella della trasmissione di segnali relativi al "parlato" (telefonia in particolare), si verifica che buona parte dei segnali analogici ha ampiezza contenuta, mentre solo una piccola parte ha ampiezza grande. In tal caso la quantizzazione lineare offre una soluzione esattamente opposta a quella desiderata: si vorrebbe un elevato rapporto *segnale/rumore di quantizzazione* quasi sempre, cioè quando il segnale ha bassa intensità e si potrebbe anche sorvolare su un basso rapporto in quelle situazioni, meno frequenti, di segnale con ampiezza elevata.
Si ricorre allora alla *quantizzazione non lineare*. Per realizzarla sono possibili diverse soluzioni: due particolarmente affermate sono chiamate tecniche di ***compressione/espansione*** (*Companding*, cioè *Compressing* and *Expanding*), disponibili nella versione analogica e nella versione digitale.
Il ***companding analogico*** è impiegato nella trasmissione digitale PCM; si chiama *analogico* perché le operazioni di compressione (prima della trasmissione) e di espansione (dopo la ricezione) vengono effettuate sul segnale quando è in modalità analogica.
L'operazione di ***compressione***, realizzata a monte del *Sample-Hold* di trasmissione, è affidata a un blocco circuitale con caratteristica di trasferimento *tensione di uscita/tensione d'ingresso* non lineare, nel senso che lascia pressoché invariate le ampiezze elevate, mentre amplifica quelle basse. Insomma, introduce una distorsione controllata.
L'operazione di ***espansione***, realizzata a valle del *Sample-Hold* di ricezione, è affidata a un blocco circuitale con caratteristica di trasferimento *tensione di uscita/tensione d'ingresso* non lineare, nel senso che lascia pressoché invariate le ampiezze elevate, mentre attenua quelle basse. Insomma, introduce una distorsione controllata.
Le caratteristiche di trasferimento del compressore e dell'espansore devono essere complementari: in una serie compressore-espansore il segnale di uscita deve essere identico al segnale d'ingresso.
La fig. 1.8 riporta lo schema a blocchi di un sistema PCM di trasmissione seriale con *companding analogico*; tale soluzione, un tempo dominante nella telefonia fissa, pur rimanendo fondamentale dal punto di vista concettuale, è superata dal punto di vista operativo dal *companding digitale*.

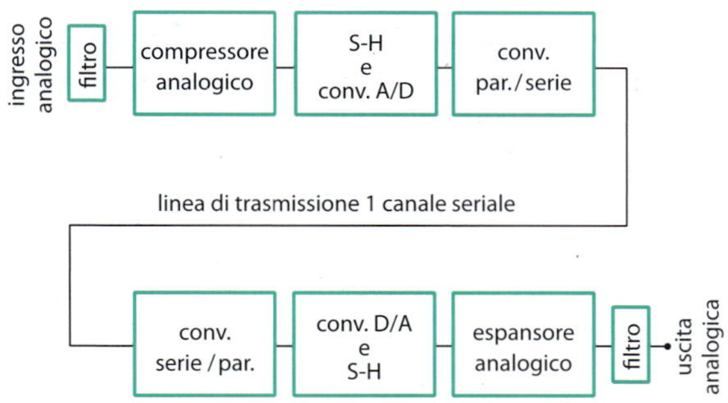

Fig. 1.8 Schema a blocchi di un sistema PCM di trasmissione seriale con *companding analogico*.

La caratteristica di trasferimento *tensione di uscita/tensione d'ingresso* è stata standardizzata; due standard, diffusi nel continente americano e in Europa rispettivamente, sono denominati **μ-Law** e ***A*-Law**.
Lasciando agli esercizi proposti la discussione sul secondo standard, illustriamo brevemente il primo.
La caratteristica di trasferimento dello standard di compressione μ-law è data dalla seguente equazione:

$$V_{out} = V_{max} \cdot \ln(1 + \mu V_{in} / V_{max}) / \ln(1 + \mu)$$

dove
- V_{max} è la tensione massima del segnale non compresso;
- V_{in} è l'ampiezza del segnale (da comprimere) in un determinato istante;
- μ è il parametro che definisce l'entità della compressione;
- V_{out} è l'ampiezza compressa corrispondente a V_{in}.

Esempio Assumendo μ = 255 (valore molto usato nella telefonia fissa), calcolare l'amplificazione *A* subita dal segnale d'ingresso V_{in} quando assume i seguenti valori:

V_{max}; $0{,}75 \cdot V_{max}$; $0{,}50 \cdot V_{max}$; $0{,}25 \cdot V_{max}$.

Discussione Inserendo i valori numerici si ottiene:
- per $V_{in} = V_{max}$ $A = 1$;
- per $V_{in} = 0{,}75 \cdot V_{max}$ $A = 1{,}26$;
- per $V_{in} = 0{,}50 \cdot V_{max}$ $A = 1{,}75$;
- per $V_{in} = 0{,}25 \cdot V_{max}$ $A = 3$.

Riflessione *Perché quando si parla a voce bassa al telefono si viene sentiti comunque abbastanza bene dall'interlocutore?*

ReT 4 PCM: compressione ed espansione digitale

Il ***companding digitale*** è impiegato nella trasmissione PCM; si chiama *digitale* perché le operazioni di compressione (prima della trasmissione) e di espansione (dopo a ricezione) vengono effettuate sul segnale quando è in modalità digitale.

L'operazione di ***compressione***, realizzata a valle del convertitore analogico/digitale, trasforma ad esempio un codice lineare PCM a 12 bit in un codice compresso a 8 bit. Il processo di compressione digitale ha analogie con quello analogico caratterizzato dal coefficiente $\mu = 255$ (fig. 1.9); alla curva continua e logaritmica del processo analogico corrisponde una spezzata di 8 segmenti (dal segmento 0 al segmento 7); i segmenti 0 e 1 hanno la stessa pendenza; dopo il segmento 1, il segmento successivo ha una pendenza che è la metà di quello precedente. Se il segnale è bidirezionale, i segmenti sono 16: 8 corrispondenti ai valori positivi, 8 ai valori negativi.

Nella codifica a 12 bit, il primo è il bit di segno (1 se +, 0 se –); 11 servono per individuare l'ampiezza, per la quale sono pertanto disponibili $2^{11} = 2048$ codici. La compressione da 12 bit a 8 bit avviene secondo la procedura illustrata nell'esempio che segue; si fa riferimento ai codici di compressione e di decompressione riportati nella fig. 1.10.

Esempio Un segnale analogico bidirezionale ha ampiezze comprese tra 0 V e ± 10,23 V. Lo si vuole codificare con una risoluzione di 0,01 V. Esprimere i codici lineari (a 12 bit) e compressi (a 8 bit) in trasmissione relativi alle ampiezze di 0,05 V, 0,32 V, 10,23 V.

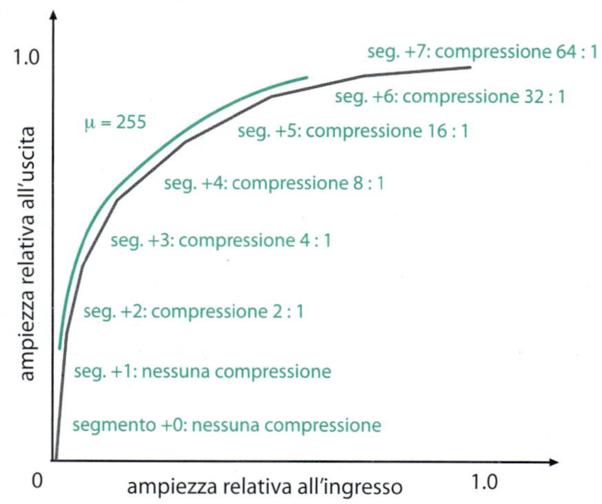

Fig. 1.9 Caratteristica di compressione analogica, di tipo μ-Law con μ = 255 e caratteristica di compressione digitale: dal segmento 1 in poi, il segmento successivo dimezza la pendenza rispetto a quello precedente. Le curve sono tra loro leggermente distaccate per chiarezza grafica.

Segmento	Codice lineare a 12 bit	Codice compresso a 8 bit
0	s0000000ABCD	s000ABCD
1	s0000001ABCD	s001ABCD
2	s000001ABCDX	s010ABCD
3	s00001ABCDXX	s011ABCD
4	s0001ABCDXXX	s100ABCD
5	s001ABCDXXXX	s101ABCD
6	s01ABCDXXXXX	s110ABCD
7	s1ABCDXXXXXX	s111ABCD

Fig. 1.10 Codici in trasmissione, a 12 bit e a 8 bit.

Discussione Con la risoluzione di 0,01 V sono necessari 2048 codici, esprimibili con 1 bit di segno e 11 bit di ampiezza, cioè con 12 bit. Dalla fig. 1.10 si vede però che l'ampiezza viene espressa con soli 4 bit (*ABCD*).

Al valore di 0,05 V corrisponde il livello 0,05/0,01 = 5. La sua codifica lineare a 12 bit sarà 1000 0000 **0101**. Per ricavare il codice compresso a 8 bit si segue la seguente procedura:
- si ricopia il bit di segno (**1**);
- si individua il segmento di appartenenza, attraverso la differenza tra 7 e il numero di zeri che precedono le 4 cifre significative *ABCD* (in questo caso 7 – 7 = 0; segmento 0);
- si codifica con 3 bit il numero del segmento (in questo caso 000) e si inserisce tale codifica nel codice a 8 bit (che in questo caso ha così i primi 4 bit: 1000);
- si completa il codice a 8 bit inserendo 4 bit relativi all'ampiezza, seguendo il codice della fig. 1.10 (in questo caso segmento 0, per cui si inserisce **0101** e non si tronca nessun bit); il codice a 8 bit è completo e diventa 1000 **0101.**

Al valore di 0,32 V corrisponde il livello 0,32/0,01 = 32. La sua codifica lineare a 12 bit sarà 1000 001**0 0000**. Per ricavare il codice compresso a 8 bit si segue la seguente procedura:
- si ricopia il bit di segno (**1**);
- si individua il segmento di appartenenza, attraverso la differenza tra 7 e il numero di zeri che precedono le 4 cifre significative *ABCD* (in questo caso 7 – 5 = 2: segmento 2);
- si codifica con 3 bit il numero del segmento (in questo caso 010) e si inserisce tale codifica nel codice a 8 bit (che in questo caso ha così i primi 4 bit: 1010);
- si completa il codice a 8 bit inserendo 4 bit relativi all'ampiezza, seguendo il codice della fig. 1.10 (in questo caso segmento 2, per cui si inserisce **0000** e si "tronca" il bit meno significativo del livello); il codice a 8 bit è completo e diventa 1010 **0000.**

Ripetendo la procedura, si ricava che al valore di 10,23 V corrisponde la codifica a 8 bit 1111 **1111** (e si "troncano" i 6 bit meno significativi del livello)

Riflessione *La compressione/espansione PCM avviene sempre secondo lo schema illustrato nella fig. 1.10?*

Sommario

Le Telecomunicazioni, sviluppatesi all'inizio attraverso servizi separati di comunicazioni radio via etere e telefoniche via cavo con impiego di tecniche analogiche e tecnologie hardware, evolvono verso una molteplicità di servizi integrati in reti, con impiego di tecniche digitali e tecnologie hardware/software. Sono in crescente espansione nuove branche, che allargano lo scenario delle Telecomunicazioni ben oltre quello iniziale della trasmissione tra persone di suoni e immagini: i recenti approfondimenti sulla cosmologia e sullo studio delle specificità di aria, acqua e suolo ne sono importanti testimonianze. Nuovi sviluppi e nuovi servizi sono particolarmente legati alla digitalizzazione e alle tecniche di codifica, che hanno nella PCM (*Pulse Code Modulation*) un punto di riferimento. Sviluppata in particolare per la telefonia, la PCM ha affrontato i problemi tipici di quel servizio, legati in particolare alle specificità del parlato: buona parte della conversazione è caratterizzata da un livello statisticamente basso, mentre solo una parte minoritaria ha livelli elevati. L'introduzione di operazioni non lineari di compressione in trasmissione e di decompressione in ricezione, realizzate prima in modalità analogica, poi in modalità digitale, consentono di migliorare il rapporto tra segnale e rumore di quantizzazione.

Risposte alle riflessioni

FAQ 1 No, c'è sempre stato un notevole interesse anche per la comunicazione da punto a punto (tra due persone in particolare); la tecnologia delle fasi iniziali tuttavia, basata sull'impiego dei tubi elettronici, limitava la diffusione di apparati per la comunicazione personale, in particolare per motivi di costo, peso, ingombro.
L'avvento della tecnologia dello stato solido (transistore e successive tecniche d'integrazione) ha consentito di superare gli ostacoli, dando luogo, ad esempio, alla attuale diffusissima comunicazione da punto a punto wireless (...il telefonino...).

FAQ 2 La risposta non va affrettata; si ha comunque l'impressione che, viste le specificità dell'orecchio e dell'occhio, la digitalizzazione del suono metta in evidenza una diversa qualità della riproduzione, mentre quella del video, piuttosto che rispetto alla qualità dell'immagine, possa essere vantaggiosa per la diversificazione dei servizi e l'interoperabilità tra i diversi standard a livello mondiale.

FAQ 3 No, già nel 1945, un articolo di un noto *ricercatore scientifico/scrittore di fantascienza*, A.C. Clarke, pubblicato sulla rivista "Wireless World", ipotizzava la possibilità di satelliti geostazionari per telecomunicazioni, una volta che le tecnologie missilistiche ed elettroniche (...non era stato ancora messo in orbita nessun satellite artificiale...non si conosceva ancora il transistore...) avessero fatto i necessari progressi. Dodici anni più tardi arrivava il primo satellite artificiale, diciotto anni dopo arrivava il primo satellite geostazionario per telecomunicazioni.

FAQ 4 A parità di numero di bit da trasmettere, se si vuole anche parità del tempo di trasmissione, si vede che la trasmissione seriale deve "spedire" i bit in modo più veloce rispetto a quella parallela; ma, si sa, la velocità non può superare determinati limiti. Si preferisce allora la trasmissione parallela su percorsi brevi che richiedono elevate velocità, come ad esempio all'interno di un computer; si preferisce la trasmissione seriale quando i requisiti di velocità sono minori e le distanze da coprire sono più lunghe.

ReT 1 I *segnali video* hanno uno spettro molto più ampio dei segnali audio; invece che di chilohertz, si parla di megahertz. Uno spettro tipico è caratterizzato da f_{max} dell'ordine di 5 MHz; una frequenza di campionamento usata è quella di 13,5 MHz.

ReT 2 Quando si vogliono rapporti segnale/rumore molto elevati, cioè quando si vuole qualità. La codifica digitale dei suoni, ad esempio, impiega tipicamente 16 bit. Per i segnali video, che hanno meno pretese per le caratteristiche dell'occhio umano, sono invece di solito sufficienti 8 o 10 bit.

ReT 3 Perché la quantizzazione non lineare tende ad esaltare i segnali con intensità bassa (da non confondere con il "tono basso", che riguarda invece lo spettro del segnale).

ReT 4 Non necessariamente: dipende dalla "curvatura" che si intende dare al diagramma di compressione, ad esempio se deve assomigliare di più a $\mu = 255$ o a valori minori.

Sitografia • Bibliografia

- http://www.media.inaf.it/http://www.media.inaf.it/
- http://www.asc.rssi.ru/radioastron/
- http://it.wikipedia.org/wiki/Scansione_progressiva
- http://it.wikipedia.org/wiki/Sistema_di_posizionamento_Galileo
- http://it.wikipedia.org/wiki/Sistema_di_Posizionamento_Globale
- http://spt.dibe.unige.it/IPRS/tds1/6_PCM.pdf
- http://www.fisica.unipg.it/~gammaitoni/infogen/documenti/Suoni.ppt
- http://archeologiamedievale.unisi.it/labinfo2/Testi/digitalizzazione04-05.pdf

- R. Fanti, *Radioastronomia, Enciclopedia delle scienze fisiche*, vol. IV, Istituto italiano dell'enciclopedia, 1994.
- C. Egidi, *Televisione, Enciclopedia delle scienze fisiche*, vol. VI, Istituto italiano dell'enciclopedia, 1995.
- G. Galati, M. Leonardi, *Telecomunicazioni, Scienza e Tecnica*, vol V, Istituto italiano dell'enciclopedia, 2008.

Esercizi e Problemi

FAQ 1

Es. 1 Confrontare frequenze e lunghezze d'onda relative agli ambiti della radiodiffusione, della radioastronomia, della radiodiagnostica.

Pr. 1 Illustrare le specificità del posizionamento nello spazio dei satelliti geostazionari per telecomunicazioni.

Pr. 2 In radioastronomia, si dice che due sorgenti possono essere tra loro distinte se la loro distanza angolare, espressa in radianti, è superiore a λ/D, dove D è il diametro dell'antenna.
Commentare l'equazione, aiutandosi anche con esempi numerici.

FAQ 2

Es. 1 Classificare le bande di frequenza assegnate al *broadcasting* televisivo terrestre.

Es. 2 Classificare le bande di frequenza assegnate al *broadcasting* televisivo via satellite.

Pr. 1 Descrivere, anche in modo quantitativo, il "segnale video composito" della televisione analogica in bianco e nero.

Pr. 2 Descrivere, anche in modo quantitativo, il "segnale video composito" della televisione analogica a colori (standard PAL) e individuare a quale punto interviene la digitalizzazione, quali funzioni svolge e quali problemi genera.

FAQ 3

Es. 1 Calcolare la distanza che deve avere un satellite geostazionario (o geosincrono) dal centro della Terra e dalla superficie terrestre.

Es. 2 Calcolare il massimo "spostamento temporale" reciproco tra i canali audio e video di una trasmissione televisiva, quando un canale compie un percorso terrestre e l'altro un percorso via satellite e discutere sulle conseguenze di tale spostamento temporale.

Pr. 1 Illustrare l'evoluzione storica di alcune specificità tecniche del sistema satellitare ***Inmarsat*** (*International Maritime Satellite Organization*).

Pr. 2 Confrontare i servizi e le prestazioni tecniche dei sistemi di posizionamento **GPS** (Stati Uniti d'America) e **Galileo** (Unione Europea).

FAQ 4

Es. 1 Illustrare il funzionamento del circuito di *sample-hold*.

ReT 1

Es. 1 Quantificare e rappresentare graficamente l'*aliasing* che si manifesta quando un segnale con $f_{max} = 3400$ Hz con spettro continuo viene campionato con $f_s = 5$ kHz.

Pr. 1 All'ingresso di un sistema di trasmissione PCM viene inserito un blocco denominato "anti aliasing". Illustrarne la funzionalità e ipotizzarne la curva di risposta nel dominio della frequenza.

Pr. 2 Sapendo che le caratteristiche di selettività di un filtro possono anche essere associate al suo roll-off, discutere sulle caratteristiche dei filtri anti-aliasing che vengono messi all'ingresso dei sistemi di trasmissione PCM.

ReT 2

Es. 1 Sapendo che, nel caso di quantizzazione uniforme, il rapporto *segnale/rumore di quantizzazione* è dato dalla seguente espressione

$$(S/Q_n)_{dB} = 10 \cdot \log_{10} P_s/P_n = 10 \cdot \log_{10} (V^2/R_s)/[(q^2/12)/R_n]$$

dimostrare che, se le potenze P_s e P_n vengono misurate su resistenze R_s e R_n di valori uguali, si ha:

$$(S/Q_n)_{dB} = 10{,}8 + 20 \cdot \log_{10}(V/q)$$

Pr. 1 Ricavare l'espressione della potenza istantanea associata a una tensione armonica alternata ai capi di una resistenza R.
Discutere sull'evoluzione temporale di tale potenza, sulla sua forma e sulla sua frequenza e calcolarne il valore medio.

Pr. 2 Dimostrare che, nel caso di quantizzazione uniforme, il rapporto *segnale/rumore di quantizzazione* è dato dalla seguente espressione

$$(S/Q_n)_{dB} = 10 \cdot \log_{10} P_s/P_n = 10 \cdot \log_{10} (V^2/R_s)/[(q^2/12)/R_n]$$

dove il significato dei simboli è quello descritto nel testo.

ReT 3

Es. 1 Disegnare le caratteristiche di trasferimento dello standard μ-law, per i seguenti valori del parametro di compressione μ: 5, 15, 40, 100, 225.
Ipotizzare per ingresso e per uscita dei valori normalizzati, facendo coincidere il valore massimo della tensione con il valore relativo 1.

ReT 4

Es. 1 Con riferimento all'Esempio della ReT 4 (pag. 178) e facendo uso della tabella riportata nella fig 1.10, ricavare i codici ricostruiti in ricezione.

Es. 2 Con riferimento all'Esempio della ReT 4 (pag. 178) ricavare le differenze tra i livelli trasmessi e i livelli ricevuti.

Pr. 1 Illustrare il principio della codifica PCM differenziale.

UNITÀ 8.2

Codifica di sorgente

La fase iniziale di un processo virtuoso, ma complesso

In questa Unità si discutono le caratteristiche dei segnali dal punto di vista statistico e si introduce il concetto di codifica di sorgente univocamente decifrabile

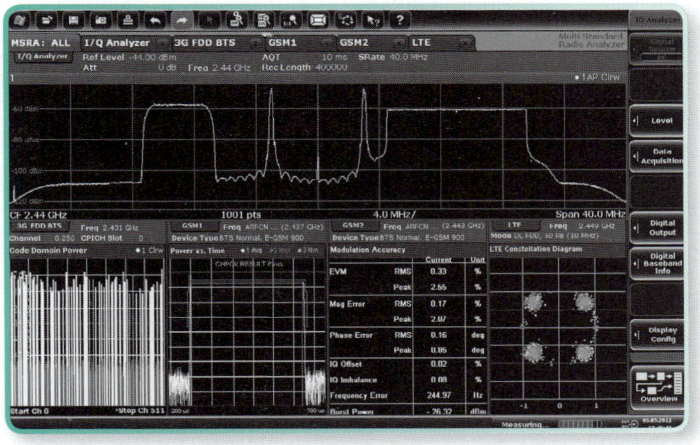

Il problema della "economicità", in generale, ha come punto di riferimento la disponibilità non infinita di una o più risorse. Nel caso dell'energia, ad esempio, è molto di moda il tema della limitata quantità di sorgenti fossili racchiuse nelle viscere della Terra. Nell'ambito delle Telecomunicazioni la risorsa limitata è quella dello *spettro* delle frequenze: già la comunicazione analogica in tempo reale lo aveva affrontato, cercando soluzioni (quali la modulazione a banda laterale unica) in grado di contenerne l'impiego. Il passaggio progressivo verso la comunicazione digitale, dove spesso si ragiona nel dominio del tempo piuttosto che in quello della frequenza sposta solo apparentemente il problema: i due domini son infatti strettamente legati e, in senso generale, a tempi più brevi corrispondono bande più larghe: alla *compressione temporale* delle stringhe di bit corrisponde un minore impiego delle risorsa limitata, lo *spettro* appunto.

indice

FAQ (Frequently Asked Questions)

- ▶ 1 Qual è il significato di codifica di sorgente?
- ▶ 2 Come di definisce la quantità d'informazione di un simbolo?
- ▶ 3 Che cosa sono l'entropia e la ridondanza di una sorgente di simboli?
- ▶ 4 Che cosa sono la lunghezza e la lunghezza media delle parole di un codice?

ReT (Risorse e Tecnologia)

- ▶ 1 Codifica univocamente decifrabile
- ▶ 2 Efficienza della codifica univocamente decifrabile
- ▶ 3 Codifica di Huffman: costruzione del codice
- ▶ 4 Codifica di Huffman a blocchi

FAQ 1 Qual è il significato di codifica di sorgente?

Si pensi ad un testo scritto in lingua italiana, basato sull'organizzazione, secondo regole ben precise, della disposizione di 21 simboli (le lettere dell'alfabeto italiano); si pensi alla trasmissione di tale testo con lo storico Telegrafo Morse; il telegrafista fa(ceva) corrispondere a ciascun simbolo dell'alfabeto della lingua italiana un simbolo di un altro codice (il Codice Morse), adatto al sistema (elettrico) di trasmissione. Così, a una determinata disposizione di 21 lettere (dalla *a* alla *z*), che chiamiamo ***sorgente*** dell'informazione, corrisponde(va) la stessa disposizione di 21 simboli equivalenti (dal "puntolinea" (·–), lettera *a*, al "linealineapuntopunto" (––··), lettera *z*), che ne rappresenta la ***codifica***. Il codice Morse, brevettato nel 1848, seguiva già dei criteri attuali: ad esempio, usava il codice più corto, costituito da un solo "punto" (·) per codificare la lettera che nel testo scritto si presenta con maggiore frequenza (la *e*).

Esempio Quantificare il risparmio di tempo relativo a una trasmissione codificata con codice Morse rispetto alla stessa trasmissione codificata con un ... *codice Morse mal fatto*.

Discussione L'*unità di tempo* del codice Morse è la durata del punto; la linea dura come 3 punti, l'intervallo tra punti o tra linee o tra linee e punti vale 1 punto, l'intervallo tra lettere vale 3 punti, l'intervallo tra parole vale 5 punti. Vogliamo trasmettere la parola TELE (TELEcommunications). Nella lingua inglese (con riferimento ad essa è stato studiato il codice Morse), la *T* si manifesta con il 9% di probabilità, la *E* con il 13%, la *L* con il 3,6%. Nel codice Morse, alla *T* (linea) sono associate 3 unità di tempo, alla *E* (punto) 1 unità di tempo, alla *L* (puntolineapuntopunto) 6 unità di tempo, per un totale (tralasciando gli intervalli) di 11 unità di tempo. Invertendo i codici della *E* e della *L* (... *codice Morse mal fatto*) sarebbero necessari $3 + 6 + 1 + 6 = 16$ unità di tempo.

Gli attuali sistemi di telecomunicazione codificano in modo automatico le sorgenti, generando codici opportuni, ricavati da considerazioni sulla cosiddetta *Teoria dell'informazione*, base matematica per le *trasmissioni numeriche* (o digitali); tale teoria viene applicata:

- alle *sorgenti d'informazione* (numeriche, o discrete);
- ai *canali di trasmissione*.

Nel primo caso dà luogo alle tecniche di *codifica di sorgente*, il cui obiettivo principale è la *compressione*; nel secondo dà luogo alle tecniche di *codifica di canale*, il cui obiettivo principale è la *protezione dagli errori*.

In questa Unità ci occupiamo della ***codifica di sorgente***.

La codifica di sorgente, a sua volta, può essere realizzata con perdite di una parte dell'informazione – comunque entro limiti standardizzati e accettabili (codifica *lossy*) – o senza perdite (codifica *unlossy*).

Per realizzare la compressione ***con perdite***, ci si basa a volte sulle caratteristiche del destinatario dell'informazione: caso tipico è quello della compressione audio, che tiene conto di specifiche caratteristiche dell'orecchio umano. Una di queste caratteristiche è quella del cosiddetto *mascheramento*, che consiste nella modificazione della curva di sensibilità dell'orecchio in presenza di un suono di elevata intensità. Così, ad esempio, si sa che l'orecchio è in grado di percepire un suono con frequenza di 4 kHz se la sua intensità raggiunge almeno un determinato livello, chiamato *soglia di sensibilità* (a 4 kHz); se in un certo istante lo spettro del suono da trasmettere è caratterizzato sia da un picco di elevata ampiezza a una frequenza poco diversa da 4 kHz, sia da componenti spettrali distribuite intorno a 4 kHz, meno intense ma comunque di livello superiore alla soglia di sensibilità, queste componenti spettrali possono anche non essere trasmesse, per cui si evita di codificarle.

Tecnologie sofisticate di questo tipo consentono compressioni superiori a 1:10; ciò vuol dire che si codifica e si trasmette anche meno della decima parte del segnale originale, pur conservando un'ottima qualità della riproduzione.

Per realizzare la compressione ***senza perdite***, ci si basa tipicamente sulle specificità della sorgente del segnale da trasmettere. Se ad esempio la sorgente è quella testuale in lingua italiana, per realizzare la compressione dei dati da trasmettere si può trarre beneficio sia dalla diversa *probabilità* che le lettere dell'alfabeto hanno di manifestarsi (la *e* compare con frequenza nettamente superiore rispetto alla *q*), sia dalla cosiddetta *probabilità condizionata* che accompagna il manifestarsi di una lettera: così, ad esempio, dopo una *q* (fatta eccezione per i rari casi di doppia *q*), nella lingua italiana si deve sempre manifestare una *u*.

I simboli delle sorgenti reali sono molte volte caratterizzati da *probabilità condizionate*, anche molto complesse e tutt'altro che facili da analizzare; se invece la manifestazione di un simbolo è indipendente dalla "storia" della sorgente, allora la sorgente è detta *senza memoria* e i suoi simboli sono *statisticamente indipendenti*; è detta *con memoria* nel caso contrario.

Per comprendere i primi rudimenti sulla codifica di sorgente, ci limitiamo allo studio di ***sorgenti senza memoria*** e alla loro ***codifica senza perdite***.

Riflessione *Si può codificare una sorgente analogica?*

FAQ 2 Come di definisce la quantità d'informazione di un simbolo?

I simboli emessi da una sorgente possono essere equiprobabili o non equiprobabili.
La codifica di sorgente orientata alla compressione parte dal presupposto che i simboli *non sono equiprobabili*. Se ci riferiamo alla trasmissione di file di testo ad esempio, vediamo che i simboli dell'alfabeto italiano (le lettere) hanno probabilità diverse di manifestarsi: basta contare, in qualche pagina di testo, quante volte compaiono le lettere *a*, *e*, *i*, *o* (quelle più probabili, con frequenza di ciascuna lettera che vale 10% o più nella lingua italiana) e quante volte compaiono le lettere *b*, *f*, *q*, *z* (quelle meno probabili, con frequenza che vale 1% o meno nella lingua italiana).

	TEDESCO	INGLESE	FRANCESE	ITALIANO	SPAGNOLO
A	5	7,61	9,42	11,74	12,69
B	2,5	1,28	1,02	0,92	1,41
C	1,5	2,93	2,64	4,5	3,93
D	5	4,11	3,38	3,73	5,58
E	18,5	13,05	15,87	11,79	13,15
F	1,5	2,88	0,95	0,95	0,46
G	4	1,39	1,04	1,64	1,12
H	4	5,85	0,77	1,54	1,24
I	8	6,77	8,41	11,28	6,25
J	–	0,23	0,85	–	0,56
K	1	0,42	–	–	–
L	3	3,60	5,34	6,51	5,94
M	2,5	2,62	3,24	2,51	2,65
N	11,25	7,26	7,45	6,88	6,95
O	3,5	8,21	5,14	5,83	9,49
P	0,5	2,15	2,85	3,05	2,43
Q	–	0,14	1,06	0,51	1,16
R	7	5,64	6,46	6,37	6,25
S	7	6,46	7,90	4,98	7,60
T	5	9,02	7,26	5,62	3,91
U	5	2,77	5,24	3,01	4,36
V	1	1	2,15	2,10	1,07
W	1,5	1,49	–	–	–
X	–	0,30	0,30	–	0,13
Y	–	1,51	0,24	–	1,06
Z	1,5	0,09	0,32	0,49	0,35

fig. 2.1 Probabilità di manifestarsi delle lettere dell'alfabeto in alcune lingue.

Alla probabilità *p* che un simbolo ha di manifestarsi, cioè alla sua *frequenza*, è associata una ***quantità d'informazione***, misurata in ***bit***, così definita:

$$I = \log_2(1/p) = -\log_2 p$$

Esempio 1 Calcolare la quantità d'informazione associata alla lettera più probabile e alla lettera meno probabile dell'alfabeto della lingua italiana.

Discussione Facendo riferimento alla tabella della fig. 2.1, si vede che la lettera ***e*** ha la maggiore probabilità, pari a circa il 12%, cioè $p_e = 0{,}12$ (tale lettera ha la maggiore probabilità anche in altre lingue); si vede poi che la probabilità minore è quella della lettera *z*, pari a circa lo 0,5%, cioè $p_z = 0{,}005$.
Ricordando che $\log_2 x = \log_{10} x / \log_{10} 2$, sarà allora:

$$I_e = -\log_2 0{,}12 = -(\log_{10} 0{,}12 / \log_{10} 2) = -(-0{,}92/0{,}3) \approx 3 \text{ bit}$$
$$I_z = -\log_2 0{,}05 = -(\log_{10} 0{,}005 / \log_{10} 2) = -(-2{,}3/0{,}3) \approx 7{,}7 \text{ bit}$$

I risultati mettono in evidenza che ai simboli con probabilità maggiore è associata una quantità d'informazione minore: e questo è abbastanza logico, tenendo conto che l'informazione è legata all'incertezza; la manifestazione di un evento del quale si ha a priori la certezza, "non dice niente di nuovo", cioè non porta alcuna informazione; dalla definizione precedente si ricava che, essendo la probabilità di un evento certo uguale all'unità, si ha $p_{certo} = 1$ per cui $I_{certo} = -\log_2 1 = 0$ bit.
I risultati mettono anche in evidenza che la quantità di bit può essere rappresentata da un numero non intero: e questo, a volte, può generare qualche confusione.

Esempio 2 Illustrare l'ambiguità che a volte può assumere il termine "bit".

Discussione L'elettronica digitale, che in molti casi si basa su funzionamenti a due stati di tipo on-off, ha un linguaggio gergale nel quale compaiono spesso espressioni del tipo "bit alto" e "bit basso", oppure "bit 1" e "bit 0". Sembrerebbe quindi avere poco senso parlare di numero di bit non intero. In realtà tale linguaggio ha una sua logica, magari non sempre nota a chi lo usa, che si basa sulle seguenti considerazioni:
- gli stati possibili sono 2, cioè l'alfabeto ha 2 simboli (*alto* e *basso*);
- i simboli hanno la stessa probabilità di manifestarsi, per cui $p_{alto} = p_{basso} = 0{,}5$.

Si ha allora:

$$I_{alto} = I_{basso} = -\log_2 0{,}5 = -(\log_{10} 0{,}5 / \log_{10} 2) = -(-0{,}3/0{,}3) = 1 \text{ bit}$$

Se i due stati non fossero equiprobabili e fosse ad esempio $p_{alto} = 0{,}2$ e $p_{basso} = 0{,}8$, si avrebbe:

$$I_{alto} = -\log_2 0{,}2 = -(\log_{10} 0{,}2 / \log_{10} 2) = -(-0{,}7/0{,}3) = 2{,}3 \text{ bit}$$
$$I_{basso} = -\log_2 0{,}8 = -(\log_{10} 0{,}8 / \log_{10} 2) = -(0{,}097/0{,}3) = 0{,}32 \text{ bit}$$

Per evitare confusioni, sarebbe forse più opportuno chiamare "digit" anziché "bit" ciascuno degli stati.

Riflessione *La quantità d'informazione associata a un simbolo può assumere valore negativo?*

FAQ 3 Che cosa sono l'entropia e la ridondanza di una sorgente di simboli?

Si definisce ***entropia*** ***H*** di una sorgente di simboli la *media statistica* delle quantità d'informazione associate a ciascun simbolo. La media statistica si calcola attraverso la somma, estesa a tutti i simboli, del prodotto tra la probabilità p che un simbolo ha di manifestarsi e la quantità d'informazione I associata al manifestarsi del simbolo stesso. In formula (per un alfabeto di M simboli):

$$H = p_1 \cdot I_1 + p_2 \cdot I_2 + \ldots + p_M \cdot I_M$$

L'entropia si misura in *bit/simbolo*.

Si può dimostrare che esiste la seguente relazione tra l'entropia H di una sorgente e il numero di simboli M della sorgente stessa:

$$H \leq \log_2 M$$

Si ha uguaglianza tra i due membri quando i simboli M sono tutti equiprobabili (sorgente con la massima entropia). La differenza tra i valori dei due membri è chiamata ***ridondanza della sorgente***, R_{sorg}; in formula:

$$R_{sorg} = \log_2 M - H$$

La ridondanza di una sorgente rappresenta un sovrappiù, un eccesso di informazione rispetto allo stretto necessario per la comprensione dei messaggi emessi dalla sorgente; si dice che:

- una sorgente con ridondanza nulla ha la massima efficienza, nel senso che impiega la quantità d'informazione strettamente necessaria per rendere comprensibile un messaggio;
- una sorgente con ridondanza elevata ha una bassa efficienza, nel senso che impiega una quantità d'informazione superiore a quella strettamente necessaria per rendere comprensibile un messaggio.

Esempio 1 Calcolare l'entropia e la ridondanza di una sorgente con alfabeto di 2 simboli equiprobabili e non equiprobabili.

Discussione Chiamiamo A e B i due simboli.

Se i simboli sono *equiprobabili*, allora $p_A = p_B = 0{,}5$, per cui si ha:

$$I_A = I_B = -\log_2 p_A = -\log_2 p_B = -\log_2 0{,}5 =$$
$$= -(\log_{10} 0{,}5/\log_{10} 2) = -(-0{,}3/0{,}3) = 1 \text{ bit}$$

Dalla definizione di entropia si ricava:

$$H = p_A \cdot I_A + p_B \cdot I_B = 0{,}5 \cdot 1 + 0{,}5 \cdot 1 = 1 \text{ bit/simbolo}$$

In questo caso, essendo i simboli equiprobabili, si vede che $H = \log_2 M = \log_2 2 = 1$ bit/simbolo.

La ridondanza della sorgente è quindi nulla.

Se i simboli sono ***non*** *equiprobabili*, ipotizziamo ad esempio che sia $p_A = 0{,}2$ e $p_B = 0{,}8$ (la somma delle probabilità deve essere uguale a 1), per cui si ha:

$$I_A = -\log_2 p_A = -\log_2 0{,}2 = -(\log_{10} 0{,}2/\log_{10} 2) =$$
$$= -(-0{,}7/0{,}3) = 2{,}33 \text{ bit}$$
$$I_B = -\log_2 p_B = -\log_2 0{,}8 = -(\log_{10} 0{,}8/\log_{10} 2) =$$
$$= -(-0{,}097/0{,}3) = 0{,}323 \text{ bit}$$

Dalla definizione di entropia si ricava:

$$H = p_A \cdot I_A + p_B \cdot I_B = 0{,}2 \cdot 2{,}33 + 0{,}8 \cdot 0{,}323 =$$
$$= 0{,}466 + 0{,}258 = 0{,}724 \text{ bit/simbolo}$$

In questo caso, essendo i simboli ***non*** equiprobabili, si vede che

$$H < \log_2 M \ (0{,}724 < 1)$$

La ridondanza della sorgente vale

$$R_{sorg} = 1 - 0{,}724 = 0{,}276 \text{ bit/simbolo.}$$

Esempio 2 Calcolare l'entropia e la ridondanza di una sorgente con alfabeto di 4 simboli, equiprobabili e non equiprobabili.

Discussione Chiamiamo A, B, C, D i quattro simboli.

Se i simboli sono *equiprobabili*, allora $p_A = p_B = p_C = p_D = 0{,}25$, per cui si ha:

$$I_A = I_B = I_C = I_D = -\log_2 p_A = -\log_2 p_B = -\log_2 p_C = -\log_2 p_D =$$
$$= -\log_2 0{,}25 = -(\log_{10} 0{,}25/\log_{10} 2) = -(-0{,}60/0{,}3) = 2 \text{ bit}$$

Dalla definizione di entropia si ricava:

$$H = p_A \cdot I_A + p_B \cdot I_B + p_C \cdot I_C + p_D \cdot I_D =$$
$$= 0{,}25 \cdot 2 + 0{,}25 \cdot 2 + 0{,}25 \cdot$$
$$\cdot 2 + 0{,}25 \cdot 2 = 2 \text{ bit/simbolo}$$

In questo caso, essendo i simboli equiprobabili, si vede che

$$H = \log_2 M = \log_2 4 = 2 \text{ bit/simbolo.}$$

La ridondanza della sorgente è nulla.

Se i simboli sono ***non*** *equiprobabili*, ipotizziamo ad esempio che sia $p_A = 0{,}1$ $p_B = 0{,}2$ $p_C = 0{,}3$ $p_D = 0{,}4$ (la somma delle probabilità deve essere uguale a 1), per cui si ha:

$$I_A = -\log_2 p_A = -\log_2 0{,}1 = -(\log_{10} 0{,}1/\log_{10} 2) =$$
$$= -(-1/0{,}3) = 3{,}33 \text{ bit}$$
$$I_B = -\log_2 p_B = -\log_2 0{,}2 = -(\log_{10} 0{,}2/\log_{10} 2) =$$
$$= -(-0{,}70/0{,}3) = 2{,}33 \text{ bit}$$
$$I_C = -\log_2 p_C = -\log_2 0{,}3 = -(\log_{10} 0{,}3/\log_{10} 2) =$$
$$= -(-0{,}52/0{,}3) = 1{,}74 \text{ bit}$$
$$I_D = -\log_2 p_D = -\log_2 0{,}4 = -(\log_{10} 0{,}4/\log_{10} 2) =$$
$$= -(-0{,}40/0{,}3) = 1{,}33 \text{ bit}$$

Dalla definizione di entropia si ricava:

$$H = p_A \cdot I_A + p_B \cdot I_B + p_C \cdot I_C + p_D \cdot I_D =$$
$$= 0{,}1 \cdot 3{,}33 + 0{,}2 \cdot 2{,}33 + 0{,}3 \cdot 1{,}74 + 0{,}4 \cdot 1{,}33 =$$
$$= 0{,}333 + 0{,}466 + 0{,}522 + 0{,}532 =$$
$$= 1{,}853 \text{ bit/simbolo}$$

In questo caso, essendo i simboli ***non*** equiprobabili, si vede che

$$H < \log_2 M \ (1{,}853 < 2)$$

La ridondanza della sorgente vale:

$$R_{sorg} = 2 - 1{,}853 = 0{,}147 \text{ bit/simbolo.}$$

Riflessione *Perché all'equiprobabilità dei simboli corrisponde la massima entropia della sorgente?*

FAQ 4 Che cosa sono la lunghezza e la lunghezza media delle parole di un codice?

Per superare confusioni terminologiche, non rare quando si discute di questi argomenti, condividiamo un po' di terminologia, specificando le seguenti definizioni:

- una sorgente emette un insieme di simboli, che chiamiamo *alfabeto* della sorgente;
- ciascun simbolo o blocco di simboli, per essere trasmesso a distanza, viene di solito codificato mediante un alfabeto binario, che chiamiamo *alfabeto della codifica*;
- la codifica di un simbolo o blocco di simboli si concretizza in una stringa di 1 e 0, che chiamiamo *parola del codice*.

Così, ad esempio, riferendoci a un testo in lingua italiana, diciamo che codifichiamo l'alfabeto della sorgente (le lettere), usando un alfabeto binario, attraverso il quale organizziamo delle stringhe di 0 e 1, cioè delle parole di codice.

Secondo scelte di opportunità, la codifica di una sorgente può seguire due percorsi particolari:

- codifica *simbolo a simbolo*;
- codifica *a blocchi*.

La *codifica simbolo a simbolo*, più semplice anche dal punto di vista concettuale, fa corrispondere ad ogni simbolo dell'alfabeto della sorgente una stringa binaria (cioè una successione di 1 e 0).

La *codifica a blocchi*, più complessa ma a volte migliore per efficienza, fa corrispondere a un insieme di lettere dell'alfabeto della sorgente una stringa binaria (cioè una successione di 1 e 0).

Salvo avviso specifico, discuteremo situazioni di ***codifica simbolo a simbolo***.

Tale codifica a sua volta può essere effettuata secondo due modalità:

- codifica a *lunghezza fissa*;
- codifica a *lunghezza variabile*.

La ***codifica (simbolo a simbolo) a lunghezza fissa***, abbastanza intuitiva e immediata, prevede di associare a ciascun simbolo della sorgente una stringa binaria di lunghezza prefissata. Se la sorgente può emettere M simboli, allora la stringa (o parola) binaria ha una lunghezza L che deve rispettare la seguente equazione:

$$2^L \geq M \text{ cioè } L \geq \log_2 M$$

dove sia M, sia L sono numeri interi.

Esempio Calcolare la *lunghezza fissa* del codice binario necessaria per codificare l'alfabeto della lingua italiana.

Discussione Se per alfabeto si intendono le classiche 21 lettere, allora deve essere $L \geq \log_2 M = \log_2 21 = 4{,}41$; dato che L deve essere un numero intero maggiore di 4,41, si sceglie il valore $L = 5$. Con una stringa di 5 simboli binari si potrebbero in realtà codificare $2^5 = 32$ simboli della sorgente; ad esempio 21 lettere, lo spazio, 10 cifre decimali.

La ***codifica (simbolo a simbolo) a lunghezza variabile*** prevede di associare a ciascun simbolo della sorgente una stringa binaria, la cui lunghezza dipende dalla *probabilità* che ciascun simbolo ha di manifestarsi: ai simboli con probabilità più elevata si associano stringhe (o parole) di lunghezza minore, mentre ai simboli con probabilità meno elevata si associano stringhe (o parole) di lunghezza maggiore.

Per effettuare la codifica bisogna affrontare alcuni problemi, di non poco conto, che riguardano in particolare:

- la lunghezza delle stringhe (o parole) binarie;
- la codifica delle stringhe (o parole) binarie;
- la verifica sulla effettiva *compressione* che la codifica a lunghezza variabile può consentire rispetto alla codifica a lunghezza fissa.

Per strutturare la codifica a lunghezza variabile è utile il concetto di *lunghezza media della parola di codifica*, L_{media}.

I simboli della sorgente si manifestano con una determinata probabilità; a quella probabilità è legata la quantità d'informazione che ciascun simbolo trasporta; la media statistica delle singole quantità d'informazione definisce l'entropia della sorgente, cioè la quantità d'informazione che in media è associata al manifestarsi di un simbolo.

Dato che i simboli della sorgente si manifestano con probabilità diverse e alle probabilità si intende associare la lunghezza di ciascuna codifica, anche le lunghezze si manifesteranno con probabilità diverse. Non è detto che ad ogni simbolo corrisponda una lunghezza diversa da quella di un altro simbolo; tuttavia, se la sorgente ha M simboli, sarà caratterizzata da M *parole di codifica, ciascuna delle quali avrà una lunghezza; le lunghezze saranno pertanto* $L_1, L_2, \ldots, L_M$. Ciascuna lunghezza ha poi una determinata probabilità di manifestarsi; le probabilità saranno quindi $p_1, p_2, \ldots, p_M$.

Si definisce ***lunghezza media della (parola di) codifica***, L_{media}, la media statistica delle lunghezze $L_1, L_2, \ldots, L_M$; in formula:

$$L_{media} = p_1 \cdot L_1 + p_2 \cdot L_2 + \ldots + p_M \cdot L_M$$

Riflessione *Il codice ASCII, che realizza una codifica simbolo a simbolo con lunghezza fissa, è adatto a quali lingue?*

ReT 1 Codifica univocamente decifrabile

Una codifica è univocamente decifrabile se la sua lettura, cioè la sua decodifica, consente di ricostruire senza ambiguità i simboli oggetto della codifica. Se codifichiamo quattro simboli *A*, *B*, *C*, *D* con la codifica rappresentata nella fig. 2.2, possiamo leggere in quattro modi diversi la sequenza 010010.

SIMBOLO	CODIFICA
A	0
B	01
C	10
D	1

0	1	0	0	1	0
A	*C*		*B*		*A*
B		*A*	*A*	*C*	
A	*C*		*A*	*C*	
B		*A*	*B*		*A*

Fig. 2.2 Codifica non univocamente decifrabile: una stessa sequenza di 0 e 1 può essere interpretata in quattro modi diversi.

Per evitare confusione terminologica, ricordiamo che spesso i termini codice e codifica sono considerati sinonimi; si parla infatti di *codice* sia come di una stringa di digit associata a un simbolo, sia come insieme delle stringhe che codificano una sorgente. Il contesto deve aiutare ad evitare ambiguità d'interpretazione.
Sono **univocamente decifrabili** i codici (o codifiche):
- a prefisso;
- a lunghezza fissa;
- a virgola.

Vengono chiamati ***codici a prefisso*** insiemi di stringhe di digit (1 e 0) che godono della seguente proprietà: nessun codice è uguale alla parte iniziale (prefisso) di un codice di maggiore lunghezza.
Vengono chiamati ***codici a lunghezza fissa*** insiemi di stringhe di digit (1 e 0) con configurazioni tutte diverse tra di loro, ma con la stessa lunghezza (ad esempio di 4 digit).
Vengono chiamati ***codici a virgola*** insiemi di stringhe di digit (1 e 0) che iniziano o terminano sempre con lo stesso digit, che non fa parte del codice – equivale a una virgola che separa codici successivi – (ad esempio, stringhe che iniziano sempre con 1).

Esempio 1 Associando a quattro simboli *A*, *B*, *C*, *D* le seguenti stringhe di digit: 0, 10, 110, 1110 si genera un codice (o una codifica) a prefisso. Verificarlo.

Discussione Si vede che:
- 0 non è il primo digit di nessuno degli altri tre codici;
- 10 non è la coppia d'inizio degli altri due codici;
- 110 non è la terna d'inizio dell'ultimo codice.

Quando una sorgente è stata codificata con codice non a prefisso, ci si domanda se è possibile trasformare tale codifica in un codice a prefisso. La condizione necessaria e sufficiente è data dalla ***disuguaglianza di Kraft***, che dice:
assegnata una codifica con codici di lunghezze L_1, L_2, ..., L_M, è possibile ricavare un codice a prefisso mantenendo le stesse lunghezze e permutando opportunamente i digit se vale la seguente disuguaglianza:

$$(1/2L_1) + (1/2L_2) + \ldots + (1/2L_M) \leq 1$$

Esempio 2 Assegnate le seguenti codifiche relative a 6 simboli di una determinata sorgente:
a) 0, 01, 011, 0111, 01111, 11111;
b) 0, 01, 011, 001, 01111, 11111.

evidentemente ***non a prefisso***, verificare se ciascuna può essere trasformata in una ***codifica a prefisso*** (che conserva le lunghezze delle stringhe).

Discussione Applicando la disuguaglianza di Kraft si ottiene:

Codifica a)

$$1/2^1 + 1/2^2 + 1/2^3 + 1/2^4 + 1/2^5 + 1/2^5 =$$
$$= 1/2 + 1/4 + 1/8 ++ 1/16 + 1/32 + 1/32 = 1$$

La disuguaglianza di Kraft è verificata. Permutando alcuni digit si può ricavare un codice a prefisso; ad esempio 0, 10, 110, 0111, 11101, 11111.

Codifica b)

$$1/2^1 + 1/2^2 + 1/2^3 + 1/2^3 + 1/2^5 + 1/2^5 =$$
$$= 1/2 + 1/4 + 1/8 ++ 1/16 + 1/32 + 1/32 = 1{,}0625$$

La disuguaglianza di Kraft non è verificata.

Esistono dunque dei limiti alla lunghezza dei codici, se devono soddisfare a determinati requisiti.
In generale si dimostra che, se una sorgente è caratterizzata da entropia *H*, si può trovare un codice di sorgente binario che soddisfa la *regola del prefisso* (dunque un codice univocamente decifrabile) la cui lunghezza media soddisfa la seguente relazione:

$$H \leq L_{media} < H + 1$$

Si tratta del ***Teorema di Shannon*** per la codifica di sorgente.

Riflessione *Il codice Morse è univocamente decifrabile?*

ReT 2 Efficienza della codifica univocamente decifrabile

Il *Teorema di Shannon* stabilisce dunque che *la lunghezza media delle parole di codifica,* L_{media}*, non può essere inferiore all'entropia della sorgente.*

L' **efficienza della codifica,** η, è definita dal seguente rapporto:

$$\eta = H/L_{media}$$

Attraverso la discussione di alcuni esempi, vogliamo verificare che:

- la codifica a *lunghezza fissa* si rivela ottimale quando il numero di simboli della sorgente è una potenza intera di 2;
- la codifica a *lunghezza variabile* può essere più efficiente di quella a lunghezza fissa quando il numero di simboli della sorgente non è una potenza intera di 2;
- in ogni caso, l'efficienza è massima quando i simboli della sorgente sono equiprobabili.

Esempio 1 Una sorgente a 4 simboli A, B, C, D viene codificata a lunghezza fissa con le seguenti parole binarie: 00, 01, 10, 11. Verificare se vale la condizione $L_{media} \geq H$, calcolare l'efficienza della codifica e valutare se la codifica è univocamente decifrabile.

Discussione Se i simboli sono *equiprobabili*, allora $p_A = p_B = p_C = p_D = 0{,}25$, per cui si ha:

$$I_A = I_B = I_C = I_D = -\log_2 p_A = -\log_2 p_B = -\log_2 p_C = -\log_2 p_D =$$
$$= -\log_2 0{,}25 = -(\log_{10} 0{,}25/\log_{10} 2) = -(-0{,}60/0{,}3) = 2 \text{ bit}$$

Dalla definizione di entropia si ricava:

$$H = p_A \cdot I_A + p_B \cdot I_B + p_C \cdot I_C + p_D \cdot I_D =$$
$$= 0{,}25 \cdot 2 + 0{,}25 \cdot 2 ++ 0{,}25 \cdot 2 + 0{,}25 \cdot 2 = 2 \text{ bit/simbolo}$$

La lunghezza media delle parole è

$$L_{media} = L = 2, \text{ per cui si ha } L_{media} = H.$$

L'efficienza della codifica è $\eta = H/L_{media} = 2/2 = 1$, cioè 100% (come aspettato).

Se i simboli sono ***non** equiprobabili*, ipotizziamo ad esempio che sia $p_A = 0{,}1$, $p_B = 0{,}2$, $p_C = 0{,}3$, $p_D = 0{,}4$, per cui si ha (si riveda l'Esempio 2 della FAQ 3) $H = 1{,}853$ bit/simbolo.

La lunghezza media delle parole è

$$L_{media} = L = 2, \text{ per cui si ha } L_{media} > H.$$

L'efficienza della codifica è $\eta = H/L_{media} = 1{,}853/2 = 0{,}926$, cioè 92,6% (inferiore a quella relativa a simboli equiprobabili).

La *decifrabilità della codifica è univoca*: infatti le quattro parole sono tra di loro tutte diverse; la loro lunghezza, fissa e nota, evita errori di lettura: da un flusso di dati 00101100 si ricava subito la sequenza *ACDA*, dal flusso 11100100 si ricava la sequenza *DCBA* e così via.

Esempio 2 Una sorgente a 3 simboli $A, B, C,$ viene codificata a ***lunghezza fissa*** con le seguenti parole binarie: 00, 01, 10. Verificare se vale la condizione $L_{media} \geq H$, calcolare l'efficienza della codifica e valutare se la codifica è univocamente decifrabile.

Discussione Se i simboli sono *equiprobabili*, si ricava un'entropia di 1,59 bit/simbolo.

La lunghezza media delle parole è $L_{media} = L = 2$, per cui si ha $L_{media} > H$.

L'efficienza della codifica è $\eta = H/L_{media} = 1{,}59/2 = 0{,}795$, cioè 79,5%.

Se i simboli sono ***non** equiprobabili*, ipotizziamo ad esempio che sia $p_A = 0{,}1$, $p_B = 0{,}3$, $p_C = 0{,}6$.

Si ricava un'entropia di 1,299 bit/simbolo.

La lunghezza media delle parole è

$$L_{media} = L = 2, \text{ per cui si ha } L_{media} > H.$$

L'efficienza della codifica è

$$\eta = H/L_{media} = 1{,}299/2 = 0{,}65, \text{ cioè } 65\%.$$

La *decifrabilità della codifica è univoca*, come sempre nel caso di diversità tra tutte le parole e lunghezza fissa delle stesse.

Esempio 3 Una sorgente a 3 simboli $A, B, C,$ viene codificata a ***lunghezza variabile*** con le seguenti parole binarie: 0 (associato ad A), 10 (associato a B), 110 (associato a C). Verificare se vale la condizione $L_{media} \geq H$, calcolare l'efficienza della codifica e valutare se la codifica è univocamente decifrabile.

Discussione Se i simboli sono *equiprobabili*, l'entropia vale 1,59 bit/simbolo (si veda l'Esempio 2).

La lunghezza media della parola di codifica vale:

$$L_{media} = p_A \cdot L_1 + p_B \cdot L_2 + p_C \cdot L_3 = 0{,}33 \cdot 1 + 0{,}33 \cdot 2 + 0{,}33 \cdot 3 =$$
$$= 0{,}33 + 0{,}66 + 0{,}99 = 1{,}98$$

per cui si ha $L_{media} > H$.

L'efficienza della codifica è $\eta = H/L_{media} = 1{,}59/1{,}98 = 0{,}803$, cioè 80,3% (superiore a quella dell'Esempio 2).

Se i simboli sono ***non** equiprobabili*, ipotizziamo ad esempio che sia $p_A = 0{,}1$, $p_B = 0{,}3$, $p_C = 0{,}6$; l'entropia vale $H = 1{,}299$ bit/simbolo (si veda l'Esempio 2).

La lunghezza media della parola di codifica vale:

$$L_{media} = p_A \cdot L_1 + p_B \cdot L_2 + p_C \cdot L_3 = 0{,}1 \cdot 1 + 0{,}3 \cdot 2 + 0{,}6 \cdot 3 =$$
$$= 0{,}1 + 0{,}6 + 1{,}8 = 2{,}5 \text{ per cui si ha } L_{media} > H.$$

L'efficienza della codifica è $\eta = H/L_{media} = 1{,}299/2{,}5 = 0{,}52$, cioè 52%; è notevolmente più bassa di quella dell'Esempio 2.

In realtà ***la codifica è pessima***, in quanto associa la parola più breve al simbolo meno probabile e quella più lunga al simbolo più probabile.

Invertendo la situazione si ha che:

- l'entropia della sorgente non cambia (…non dipende dalla codifica…);
- la lunghezza media cambia, infatti:

$$L_{media} = p_A \cdot L_1 + p_B \cdot L_2 + p_C \cdot L_3 = 0{,}1 \cdot 3 + 0{,}3 \cdot 2 + 0{,}6 \cdot 1 =$$
$$= 0{,}3 + 0{,}6 + 0{,}6 = 1{,}5$$

L'efficienza della codifica è $\eta = H/L_{media} = 1{,}299/1{,}5 = 0{,}866$, cioè 86,6% (superiore a quella dell'Esempio 2).

Riflessione *L'entropia di cui stiamo parlando ha analogie con l'entropia termodinamica?*

ReT 3 Codifica di Huffman: costruzione del codice

Se da una parte è importante analizzare una o più codifiche di una sorgente e verificarne l'efficienza, dall'altra è necessario comprendere come si può fare a organizzare una codifica, cioè a *costruire il codice*. A prima vista può sembrare (anche se in realtà non è poi così) che la codifica a lunghezza fissa sia un processo abbastanza lineare; diverso si presenta invece il problema della *codifica a lunghezza variabile*. Tale codifica viene implementata per migliorare l'efficienza rispetto a quella a lunghezza fissa; intanto che si migliora l'efficienza bisogna anche realizzare un codice *univocamente decifrabile:* ad esempio un codice a prefisso.

Studi relativi alla *Teoria dell'informazione*, condotti intorno alla metà del ventesimo secolo, hanno portato alla messa a punto dei cosiddetti ***Codici di Huffmann***, che costituiscono un insieme di *codici a prefisso* e dispongono di una procedura standardizzata per la codifica, esemplificata qui di seguito.

Esempio 1 Una sorgente è caratterizzata da 7 simboli A, B, C, D, E, F, G, non equiprobabili, con probabilità $p_A = 3/8$, $p_B = 3/16$, $p_C = 3/16$, $p_D = 1/8$, $p_E = 1/16$, $p_F = 1/32$, $p_G = 1/32$. Ipotizzare una codifica a lunghezza fissa e calcolarne l'efficienza.

Discussione Per codificare 7 simboli servono stringhe binarie da 3 digit, cioè delle terne di 1 e 0. Le parole di codice, tutte diverse tra di loro e tutte della stessa lunghezza (e pertanto decodificabili in modo univoco) saranno ad esempio 000, 001, 010, 011, 100, 101, 110. La lunghezza media della parola sarà pertanto $L_{media} = 3$. La quantità d'informazione associata ai simboli è:

$$I_A = -\log_2 p_A = -\log_2 0{,}375 = 1{,}42 \text{ bit}$$
$$I_B = -\log_2 p_B = -\log_2 0{,}1875 = 2{,}42 \text{ bit}$$
$$I_C = -\log_2 p_C = -\log_2 0{,}1875 = 2{,}42 \text{ bit}$$
$$I_D = -\log_2 p_D = -\log_2 0{,}125 = 3{,}01 \text{ bit}$$
$$I_E = -\log_2 p_E = -\log_2 0{,}0625 = 4{,}01 \text{ bit}$$
$$I_F = -\log_2 p_F = -\log_2 0{,}03125 = 5{,}02 \text{ bit}$$
$$I_G = -\log_2 p_G = -\log_2 0{,}03125 = 5{,}02 \text{ bit}$$

L'entropia della sorgente vale:

$$H = p_A \cdot I_A + p_B \cdot I_B + p_C \cdot I_C + p_D \cdot I_D + p_E \cdot I_E + p_F \cdot I_F + p_G \cdot I_G =$$
$$= 0{,}375 \cdot 1{,}42 + 0{,}1875 \cdot 2{,}42 + 0{,}1875 \cdot 2{,}42 + 0{,}125 \cdot 3{,}01 +$$
$$+ 0{,}0625 \cdot 4{,}01 + 0{,}03125 \cdot 5{,}02 + 0{,}03125 \cdot 5{,}02 = 0{,}53 +$$
$$+ 0{,}45 + 0{,}45 + 0{,}38 + 0{,}25 + 0{,}16 + 0{,}16 = 2{,}38 \text{ bit/simbolo}$$

L'efficienza della codifica è $\eta = H/L_{media} = 2{,}38/3 = 0{,}79$, cioè 79%.

Esempio 2 Codificare la sorgente dell'Esempio 1 con la procedura di *Huffman* e calcolare l'efficienza della codifica.

Discussione La procedura standardizzata di Huffman prevede la costruzione di una struttura ad albero, come illustrato nella fig. 2.3. I passi sono i seguenti:

1. si ordinano i simboli della sorgente secondo le probabilità decrescenti. In questo caso l'ordine è già prestabilito (da A a G);
2. si considerano i primi due "rami" dell'albero con probabilità minore (F e G) e li si combinano in un unico, nuovo ramo, al quale si assegna una probabilità uguale alla somma delle due probabilità (in questo caso 1/32 e 1/32, con la nuova probabilità di 1/16);
3. si continua, combinando i due rami con probabilità minore (in questo caso 1/16 e 1/16, che danno luogo a un nuovo ramo con probabilità 1/8);
4. si prosegue fino all'esaurimento delle possibili somme (in questo caso si ottengono altri nuovi rami, con probabilità 3/8, 1/4, 5/8, 1), cioè fino alla ***"radice"*** dell'albero;
5. si ripercorre l'albero partendo dalla *"radice"*, andando verso le "foglie" e assegnando un "1" al ramo superiore e uno "0" al ramo inferiore;
6. si costruiscono le parole del codice.

La lunghezza media della parola, L_{media}, è data da:

$$L_{media} = p_A \cdot L_A + p_B \cdot L_B + p_C \cdot L_C + p_D \cdot L_D + p_E \cdot L_E + p_F \cdot L_F + p_G \cdot L_G$$
$$= 0{,}375 \cdot 1 + 0{,}1875 \cdot 3 + 0{,}1875 \cdot 3 + 0{,}125 \cdot 3 +$$
$$+ 0{,}0625 \cdot 4 + 0{,}03125 \cdot 5 + 0{,}03125 \cdot 5 = 2{,}44 \text{ bit/simbolo}$$

L'entropia della sorgente vale $H = 2{,}38$ bit/simbolo.
L'***efficienza della codifica*** è $\eta = H/L_{media} = 2{,}38/2{,}44 \approx 0{,}97 =$ **97%**, decisamente superiore rispetto a quella a lunghezza fissa.

Riflessione *Quella di Huffman è la sola procedura standardizzata per ottimizzare la codifica di un alfabeto?*

a)

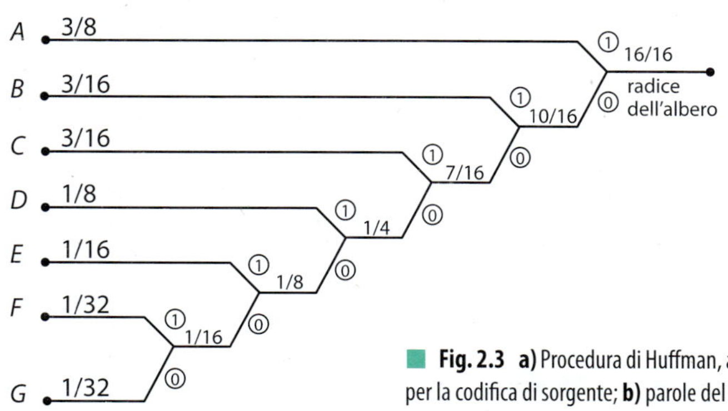

b)

SIMBOLO	CODICE
A	1
B	01
C	001
D	0001
E	00001
F	000001
G	000000

Fig. 2.3 **a)** Procedura di Huffman, ad albero, per la codifica di sorgente; **b)** parole del codice.

ReT 4 Codifica di Huffman a blocchi

Fino ad ora abbiamo preso in considerazione la modalità di codifica *simbolo a simbolo*. Vogliamo adesso verificare che, in generale, la ***codifica a blocchi*** può avere efficienza superiore.

Esempio 1 Ricavare la codifica di Huffmann ***simbolo a simbolo*** per la sorgente a 3 simboli *A*, *B*, *C* con probabilità $p_A = 0{,}1$ $p_B = 0{,}3$ $p_C = 0{,}6$ e calcolarne l'efficienza.

Discussione Dall'albero rappresentato nella fig. 2.4 di ricavano i codici riportati, e cioè: 0 (associato a *C*, simbolo più probabile), 01 (associato a *B*), 00 (associato ad *A*). Sappiamo già che l'entropia della sorgente vale 1,299 bit/simbolo.
La lunghezza media della parola è $L_{media} = p_A \cdot L_A + p_B \cdot L_B + p_C \cdot L_C = 0{,}1 \cdot 2 + 0{,}3 \cdot 2 + 0{,}6 \cdot 1 = 0{,}2 + 0{,}6 + 0{,}6 = 1{,}4$ bit/simbolo.
L'***efficienza della codifica*** è $\eta = H/L_{media} = 1{,}299/1{,}4 \approx 0{,}93 =$ **93%**, superiore a quella dell'Esempio 2 di ReT 2 (riferimento al caso di simboli non equiprobablili, con le stesse probabilità per *A*, *B*, *C*; in quel caso la lunghezza della codifica era fissa e l'efficienza era del 65%).

Esempio 2 Ricavare la codifica di Huffman ***a blocchi di 2 simboli*** per la sorgente a 3 simboli *A*, *B*, *C* con probabilità $p_A = 0{,}1$, $p_B = 0{,}3$, $p_C = 0{,}6$ e calcolarne l'efficienza.

a)

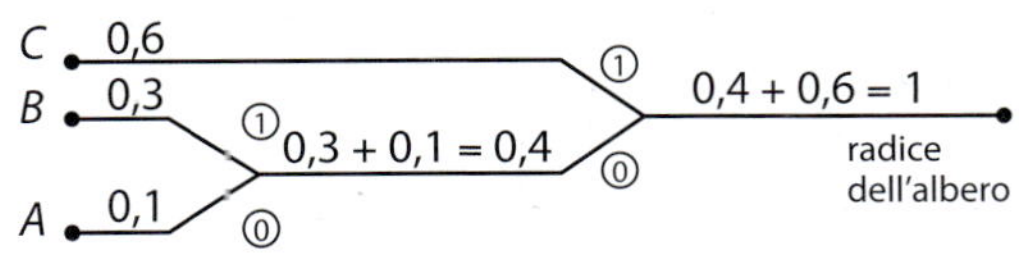

b)

SIMBOLO	PROB.	CODICE
A	0,1	00
B	0,3	01
C	0,6	1

alla maggiore probabilità corrisponde il codice più breve

Fig. 2.4 a) Procedura di Huffmann, ad albero, per la codifica di sorgente; **b)** parole del codice e lunghezze.

Discussione I blocchi possibili sono 9: *AA*, *AB*, *AC*, *BA*, *BB*, *BA*, *CA*, *CB*, *CC* ciascuno con probabilità pari al prodotto delle probabilità dei due simboli, dato che i simboli sono ipotizzati statisticamente indipendenti tra di loro. Disponendo i blocchi in ordine decrescente di probabilità si ottiene la tabella rappresentata qui di seguito, che consente di disegnare la struttura ad albero partendo dalle "foglie", a sinistra e procedendo verso la "*radice*", a destra (fig. 2.5).

BLOCCHI	PROB. DECR.	LUNGHEZZA
CC	$0{,}6 \cdot 0{,}6 = 0{,}36$	1
CB	$0{,}6 \cdot 0{,}3 = 0{,}18$	3
BC	$0{,}3 \cdot 0{,}6 = 0{,}18$	3
BB	$0{,}3 \cdot 0{,}3 = 0{,}09$	4
CA	$0{,}6 \cdot 0{,}1 = 0{,}06$	4
AC	$0{,}1 \cdot 0{,}6 = 0{,}06$	4
BA	$0{,}3 \cdot 0{,}1 = 0{,}03$	5
AB	$0{,}1 \cdot 0{,}3 = 0{,}03$	6
AA	$0{,}1 \cdot 0{,}1 = 0{,}01$	6

Sappiamo già che l'entropia della sorgente vale 1,299 bit/simbolo.
La lunghezza media della parola (composta da due simboli) è:

$$2 \cdot L_{media} = 0{,}36 \cdot 1 + 0{,}18 \cdot 3 + 0{,}18 \cdot 3 + 0{,}09 \cdot 4 + 0{,}06 \cdot 4 + 0{,}06 \cdot 4 + 0{,}03 \cdot 5 + 0{,}03 \cdot 6 + 0{,}01 \cdot 6 = 0{,}36 + 0{,}54 + 0{,}54 + 0{,}36 + 0{,}24 + 0{,}24 + 0{,}15 + 0{,}18 + 0{,}06 = 2{,}67$$

da cui si ricava $L_{media} = 2{,}67/2 = 1{,}335$, inferiore a quella relativa alla codifica simbolo a simbolo.

L'*efficienza della codifica* è $\eta = H/L_{media} = 1{,}299/1{,}335 \approx 0{,}973 = 97{,}3\%$, superiore a quella relativa alla codifica simbolo a simbolo.

Riflessione *La codifica ad albero porta sempre necessariamente allo stesso risultato?*

a)

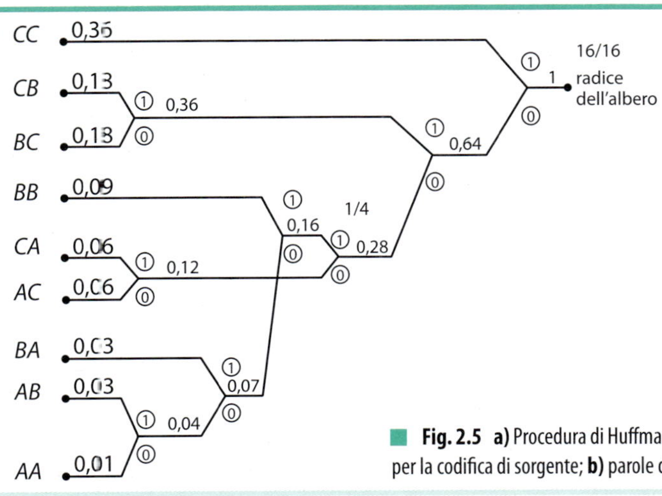

b)

SIMBOLO	PROB.	CODICE
CC	0,36	1
CB	0,18	011
BC	0,18	010
BB	0,09	0011
CA	0,06	0001
AC	0,06	0000
BA	0,03	00101
AB	0,03	001001
AA	0,01	001000

Fig. 2.5 a) Procedura di Huffman, ad albero, per la codifica di sorgente; **b)** parole del codice.

Sommario

Uno dei problemi cruciali nella trasmissione di informazioni riguarda la necessità di minimizzare la quantità di simboli necessari per codificare la sorgente, allo scopo di impegnare al minimo la banda del canale di trasmissione. Si basa sui concetti di quantità d'informazione associata a un simbolo, di entropia e ridondanza della sorgente, di lunghezza media delle parole di un codice.
La codifica deve essere univocamente decifrabile, cioè non deve avere ambiguità. Moltissime sono le procedure per effettuarla: due, importanti per comprenderne il significato, sono le codifiche di Huffman, simbolo a simbolo e a blocchi.

Risposte alle riflessioni

***FAQ* 1** La sorgente analogica è, per sua natura, continua nel tempo e nell'ampiezza; in ogni intervallo di tempo finito si presenta infinite volte e in ogni intervallo di ampiezza può assumere infiniti valori. Una sorgente, per essere codificabile, deve essere invece discreta nel tempo e nell'ampiezza, cioè:
- in ogni intervallo di tempo finito deve manifestarsi un numero finito di volte;
- in ogni intervallo di ampiezza deve assumere un numero finito di valori.

Serve dunque a valle della sorgente analogica un convertitore analogico/digitale, che:
- mediante il campionamento discretezza il tempo;
- mediante la quantizzazione discretezza le ampiezze.

***FAQ* 2** No, il suo valore è sempre positivo e lo si vede dall'equazione $I = -\log_2 p$. Infatti:
- la probabilità di manifestazione del simbolo, p, è un numero compreso tra 0 e 1;
- il logaritmo di un numero compreso tra 0 e 1 è un numero negativo.

***FAQ* 3** Perché l'entropia è proporzionale all'incertezza e all'equiprobabilità, ad esempio nel lancio della moneta non truccata, corrisponde la massima incertezza. Al manifestarsi di un evento che era certo (ad esempio il Lunedì dopo la Domenica), corrisponde un "niente di nuovo, lo sapevo già"; quindi nessuna informazione.

***FAQ* 4** Il codice ASCII "originario", a 7 bit, era nato per l'inglese degli Stati Uniti; infatti, conteneva ad esempio il simbolo di dollaro, ma non quello di sterlina. Il problema della internazionalizzazione si è posto con la diffusione a livello planetario dell'informatica; oggi si sta affermando uno standard denominato *Unicode*, con stringhe binarie di 20 o più simboli, che tenta di inglobare la codifica di moltissime lingue (cinese, coreano, giapponese, cirillico, ecc.).

***ReT* 1** Se il codice comprendesse solo i simboli di punto e linea, la sua decodifica sarebbe ambigua: ad esempio, un punto seguito da una linea potrebbe essere interpretato sia come la lettera *A* (punto e linea), sia come le due lettere *ET* (punto per *E*, linea per *T*). Il codice è invece non ambiguo perché tra due segnalazioni all'interno di una lettera è previsto l'intervallo della durata di 1 punto, mentre tra due lettere distinte è previsto l'intervallo della durata di 3 punti.

***ReT* 2** Sì. La teoria dell'informazione stabilisce infatti che l'entropia è massima quando è massima l'incertezza, cioè quando si sa poco su quello che potrà accadere, mentre è nulla quando si ha certezza.
La termodinamica definisce l'entropia come il numero di stati microscopici (velocità delle molecole) che corrispondono a un determinato stato macroscopico (volume, pressione, temperatura); gli stati microscopici sono tanti se la temperatura è elevata (entropia elevata), pochi se è bassa (entropia bassa), uno solo se la temperatura assoluta è nulla (certezza, quindi entropia nulla).

***ReT* 3** No. Prima di tutto ne esiste un'altra, sempre di Huffman, che, anziché codificare *simbolo a simbolo*, codifica *a blocchi* e può essere più efficiente; poi di procedure per la codifica ne esistono moltissime, in generale però abbordabili solo con complessi algoritmi software.

***ReT* 4** No, ci sono situazioni nelle quali le soluzioni sono molteplici; non hanno però necessariamente tutte la stessa efficienza.

Sitografia • Bibliografia

- http://www.tlc.polito.it/~gaudino/com_elt/dispense_matteo_beardo/dispense_in_formato_testo.htm
- http://www.tti.unipa.it/~garbo/Teoria%20InfeCodici_2011_10_10.pdf
- http://infocom.uniroma1.it/~alef/libro/html/libro/libro.html
- http://www.tlc.polito.it/~gaudino/com_elt/dispense_corso/8_teoria_informazione.pdf
- http://fisicaondemusica.unimore.it/Mascheramento.html
- A.E. Angeleri, *Trasmissione dati*, Delfino, Milano, 1972.

Esercizi e Problemi

FAQ 1

Pr. 1 Partendo dal brano riportato qui di seguito, tratto da un documento dell'Università di Modena e Reggio Emilia, illustrare le caratteristiche generali delle tecniche di compressione MPEG applicate a segnali audio.

"La psicoacustica è una scienza che si occupa del suono percepito, anziché del suono fisico. Oltre all'interesse che essa riveste nel campo della fisiologia e della psicologia della percezione, questa scienza è particolarmente attuale nella nostra epoca, in cui la riproduzione, la trasmissione e la manipolazione dei suoni per via elettronica sono divenute una realtà che permea sempre maggiori porzioni della nostra vita.
È necessario rendersi conto che l'informazione sonora è estremamente ingombrante. Proviamo a farcene un'idea con un esempio:

Oggetto	Codifica	Dimensione
grosso libro da circa 5 milioni di caratteri	ASCII	circa 5 Mbyte (1 byte/car)
grande foto a colori 1280 x 1024 pixel	24 bit/pixel	circa 4 Mbyte
1 minuto di musica	f_c = 44,1 kHz 16 bit/campione	circa 10 Mbyte

Naturalmente è possibile comprimere l'informazione perdendo qualità e questo esattamente quello che avviene nella maggioranza dei casi. Ecco una tabella con i parametri di qualità indicativi propri di alcuni mezzi di comunicazione audio. Si noti in particolare il caso del telefono, la cui larghezza di banda è giusto sufficiente per trasmettere con ragionevole intelligibilità la voce, ma del tutto inadeguata alla trasmissione di musica. La voce infatti resta intelligibile, anche se distorta, se si preserva la regione di spettro in cui cadono le formanti, che si trova sotto i 5 kHz.

Mezzo	Freq. camp. (kHz)	Bit/camp. (bit)	Vel. trasm. (kbyte/s)	1' musica (Mbyte)
telefono	8	8 (mono)	8	0,480
radio AM	11,025	8 (mono)	11	0,660
radio FM	22,050	16 (stereo)	88,2	5,3
CD	44,1	16 (stereo)	176	10,6

Algoritmi di compressione come lo ZIP sono estremamente efficienti per comprimere file di testo e sono algoritmi senza perdita d'informazione. Lo ZIP tuttavia non funziona bene sui file audio.
A questo punto interviene la psicoacustica. [...]"

FAQ 2

Es. 1 Calcolare la quantità d'informazione associata al manifestarsi di un simbolo in un alfabeto di 21 simboli equiprobabili.

Es. 2 Calcolare la quantità d'informazione associata al manifestarsi di ciascuna lettera dell'alfabeto della lingua italiana.

Pr. 1 Illustrare, anche attraverso relazioni quantitative, perché l'entropia del testo scritto in lingua italiana è in realtà nettamente inferiore a quella calcolata nell'ipotesi di simboli del codice statisticamente indipendenti.

FAQ 3

Es. 1 Verificare che, quando una sorgente emette M simboli equiprobabili, si ha $H = \log_2 M$.

Es. 2 Esprimere la ridondanza percentuale di una sorgente nella forma $1 - x$.

Es. 3 Esprimere l'efficienza percentuale di una sorgente nella forma $1 - x$.

Es. 4 Rappresentare graficamente l'entropia di una sorgente caratterizzata da due simboli, in funzione della probabilità p (si assuma: probabilità di un simbolo = p, probabilità dell'altro simbolo = $1 - p$, per cui l'entropia H diventa funzione della variabile p).

Es. 5 Calcolare la quantità d'informazione media associata al manifestarsi di una lettera dell'alfabeto della lingua italiana (entropia della sorgente), ipotizzando (anche se ciò non corrisponde a verità) che il manifestarsi di un simbolo non sia condizionato dai simboli che lo hanno preceduto.

Pr. 1 Dimostrare che la quantità d'informazione associata al manifestarsi di una coppia di simboli statisticamente indipendenti è uguale alla somma delle quantità d'informazione di ciascun simbolo.

FAQ 4

Es. 1 Descrivere in modo sintetico il codice ASCII a 7 bit.

Es. 2 Descrivere in modo sintetico il codice ASCII Esteso.

ReT 1

Es. 1 Disegnare la struttura ad albero per la codifica a lunghezza fissa di una sorgente a 8 simboli.

Es. 2 Verificare che, leggendo da destra a sinistra le parole di una codifica a prefisso, si può ottenere una codifica non a prefisso.

Pr. 1 Illustrare, anche esemplificando, il significato e le proprietà di un ***codice completo***.

Pr. 2 Verificare se il codice riportato nella tabella ha le caratteristiche di un *codice completo*.

A	1/2	1
B	1/4	00
C	1/8	010
D	1/16	0110
E	1/16	0111

ReT 2

Pr. 1 A pié pagina è riportato il Codice Morse, che codifica l'alfabeto delle lingua inglese con codifica a lunghezza variabile. Discutere sulla sua efficienza e paragonarla con quella dei codici ASCII.
Discutere sull'opportunità o meno di impiegare il Codice Morse anche in altre lingue.

ReT 3

Es. 1 È data una sorgente con alfabeto di 5 simboli, *A*, *B*, *C*, *D*, *E* con le seguenti probabilità:
$p_A = 1/5$ $p_B = 2/5$ $p_C = 1/10$
$p_D = 1/10$ $p_E = 2/10$
Calcolare la quantità d'informazione associata a ciascun simbolo.
Ipotizzare una codifica a lunghezza fissa.
Calcolare la lunghezza media della codifica
Calcolarne l'efficienza della codifica
Applicare poi all'alfabeto la codifica simbolo a simbolo seguendo la procedura di Huffman e confrontare l'efficienza della codifica con quella relativa alla codifica a lunghezza fissa.
Esprimere il miglioramento in percentuale.

Es. 2 È data una sorgente con alfabeto di 6 simboli, *A*, *B*, *C*, *D*, *E*, *F* con le seguenti probabilità:
$p_A = 1/6$ $p_B = 2/6$ $p_C = 2/18$
$p_D = 3/18$ $p_E = 1/18$ $p_F = 3/18$
Calcolare la quantità d'informazione associata a ciascun simbolo.
Ipotizzare una codifica a lunghezza fissa.
Calcolare la lunghezza media della codifica
Calcolarne l'efficienza della codifica
Applicare poi all'alfabeto la codifica simbolo a simbolo seguendo la procedura di Huffman e confrontare l'efficienza della codifica con quella relativa alla codifica a lunghezza fissa.
Esprimere il miglioramento in percentuale.
Ipotizzare una codifica a lunghezza fissa.
Calcolare la lunghezza media della codifica.
Calcolarne l'efficienza della codifica.
Applicare poi all'alfabeto la codifica *simbolo a simbolo* seguendo la procedura di Huffman e confrontare l'efficienza della codifica con quella relativa alla codifica a lunghezza fissa.
Esprimere il miglioramento in percentuale.
Applicare infine all'alfabeto la codifica *a gruppi di tre simboli* seguendo la procedura di Huffman e confrontare l'efficienza della codifica con quella relativa alla codifica *simbolo a simbolo*.

ReT 4

Es. 1 È data una sorgente con alfabeto di 6 simboli, *A*, *B*, *C*, *D*, *E*, *F* con le seguenti probabilità:
$p_A = 1/8$ $p_B = 2/8$ $p_C = 2/16$
$p_D = 3/16$ $p_E = 1/16$ $p_F = 4/16$
Calcolare la quantità d'informazione associata a ciascun simbolo.
Ipotizzare una codifica a lunghezza fissa.
Calcolare la lunghezza media della codifica
Calcolarne l'efficienza della codifica
Applicare poi all'alfabeto la codifica *simbolo a simbolo* seguendo la procedura di Huffman e confrontare l'efficienza della codifica con quella relativa alla codifica a lunghezza fissa.
Esprimere il miglioramento in percentuale.
Applicare infine all'alfabeto la codifica *a gruppi di tre simboli* seguendo la procedura di Huffman e confrontare l'efficienza della codifica con quella relativa alla codifica *simbolo a simbolo*.

Lettere	Codice
A	•—
B	—•••
C	—•—•
D	—••
E	•
F	••—•
G	——•
H	••••
I	••
J	•———
K	—•—
L	•—••
M	——

Lettere	Codice
N	—•
O	———
P	•——•
Q	——•—
R	•—•
S	•••
T	—
U	••—
V	•••—
W	•——
X	—••—
Y	—•——
Z	——••

Numeri	Codice
0	—————
1	•————
2	••———
3	•••——
4	••••—
5	•••••
6	—••••
7	——•••
8	———••
9	————•

Punteg.	Codice
•	•—•—•—
,	——••——
:	———•••
?	••——••
=	—•••—
-	—••••—
(	—•——•
)	—•——•—
"	•—••—•
'	•————•
/	—••—•
Sottolineato	••——•—
@	•——•—•

MODULO 9

Interconnessione tra apparati e dispositivi

indice

abilità

La discussione degli esempi e delle riflessioni, l'analisi del testo e lo svolgimento di alcuni esercizi favoriscono lo sviluppo delle seguenti abilità:

- determinare i parametri per la caratterizzazione o la scelta di un mezzo trasmissivo
- individuare parametri relativi al comportamento esterno dei dispositivi e realizzare collegamenti adattati

UNITÀ 9.1

Tecniche di adattamento

Oltre i Principi di Kirchhoff

In questa Unità si discute sull'adattamento d'impendenza e sulle conseguenze del non adattamento

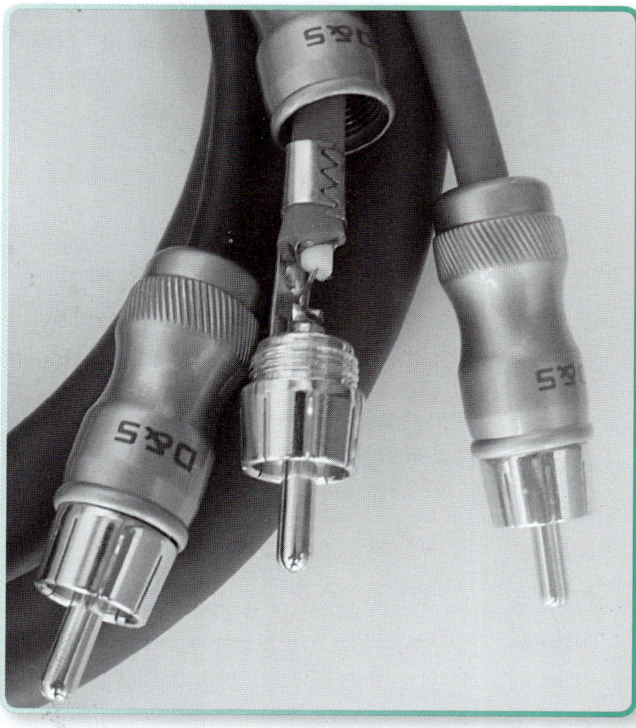

Apparati e dispositivi vengono normalmente interconnessi: si pensi alla cornetta del telefono e alla sua linea, a un trasmettitore radio e alla sua antenna, a un amplificatore audio e alle sue casse acustiche. La connessione, spesso realizzata attraverso quadripoli abbastanza semplici quali linee bifilari o cavi coassiali, è tuttavia un'operazione da studiare con attenzione se non si vuole rischiare di perdere buona parte della potenza dei segnali. Alle frequenze elevate poi, bisogna anche tenere presente che non si può più ragionare alla luce dei Principi di Kirchhoff, che perdono la loro validità.

indice

FAQ 1 Che cosa significa rete a costanti concentrate?

L'analisi e la sintesi dei circuiti elettrici si basano di solito sui due principi di Kirchhoff, che ricordiamo:

- *primo principio*: la somma algebrica delle correnti in un nodo è uguale a zero;
- *secondo principio*: la somma algebrica delle tensioni in una maglia è uguale a zero.

Dal punto di vista pratico, a tali enunciati seguono delle interpretazioni operative, tipicamente legate a professioni specifiche; così, ad esempio, in ambito tecnico-impiantistico, a proposito del Primo principio si dice spesso che in un nodo – inteso come punto d'incontro di più "fili" –, "*tanta corrente entra, tanta ne esce*"; a proposito del Secondo principio, si dice spesso che in una maglia semplice – intesa come circuito con un generatore e alcuni utilizzatori collegati tra loro in serie –, "*la tensione del generatore uguaglia la somma delle cadute di tensione sugli utilizzatori*".

Quando si è di fronte a un principio/legge, anche al di fuori dell'ambito elettrico ci si domanda se quel principio/legge vale sempre, in assoluto, oppure quali sono i suoi limiti, o, meglio ancora, qual è il suo ***ambito di validità***. Poi, una volta individuati i limiti di validità, ci si domanda quali sono le altre leggi che valgono al di fuori di tali limiti.

Uno dei principali sforzi compiuti dal mondo delle scienze riguarda la descrizione della natura attraverso modelli assolutamente generali. Nell'ambito dell'elettromagnetismo – cioè quello sul quale si basano settori applicativi quali l'elettrotecnica, l'elettronica, le telecomunicazioni – una formulazione molto generale è stata data da Maxwell (1831 – 1879); egli, sulla base di un formidabile intuito matematico, descrisse in modo esaustivo tale ambito, estremamente ampio, con un modello che prevede l'impiego di sole quattro equazioni (*equazioni di Maxwell*). Il modello, davvero eccezionale, è però non facile da impiegare, dato che l'applicazione di tali equazioni ai casi pratici può richiedere conoscenze matematiche e sforzi di calcolo tutt'altro che trascurabili.

In epoca pressoché contemporanea alle formulazioni di Maxwell, gli studi di Kirchhoff (1824-1887), basati sui principi di conservazione della carica elettrica e dell'energia, portarono alla formulazione dei due Principi sopra citati, che:

- vengono interpretati come casi particolari (e approssimati) delle equazioni di Maxwell;
- hanno degli evidenti limiti di applicabilità.

I limiti di applicabilità pratica dei principi di Kirchhoff riguardano il rapporto tra la dimensione fisica di un circuito elettrico e la lunghezza delle onde elettromagnetiche che lo interessano. Quanto più tale rapporto tende a zero, tanto più l'applicazione dei principi di Kirchhoff fornisce risultati esatti.

Quando tale rapporto è molto piccolo, come ad esempio negli impianti per la distribuzione di energia elettrica, è possibile descrivere il comportamento dei sistemi elettrici "concentrando" determinate grandezze; così, ad esempio, la resistenza del conduttore di un impianto elettrico industriale bifilare lungo 1 km, che è in realtà "distribuita" lungo tutta tale distanza, può essere pensata come se fosse concentrata in un resistore con dimensione pressoché nulla (rispetto alla lunghezza d'onda del segnale che interessa la rete elettrica). Anche altre grandezze, come l'induttanza del conduttore e la capacità che si forma tra i due fili, possono essere pensate come concentrate in un induttore e in un condensatore con dimensioni pressoché nulle. Si parla in tal caso di **circuito a costanti concentrate**.

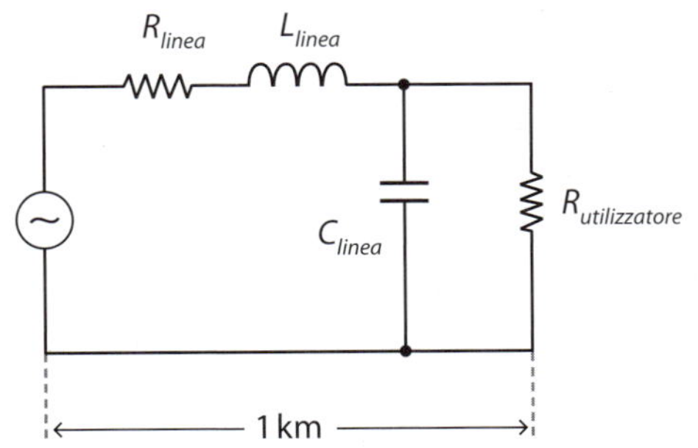

Fig. 1.1 Circuito a costanti concentrate: può avere in pratica dimensioni lineari dell'ordine dei centimetri o dei decimetri, pur rendendo conto del comportamento di un sistema con dimensioni lineari dell'ordine dei chilometri.

Esempio Verificare se analisi e sintesi dell'elettronica di un sistema hi-fi possono essere svolte usando i principi di Kirchhoff.

Discussione A livello di segnale elettrico, in un sistema hi-fi la massima frequenza che si considera è quella di 20.000 Hz, cioè $2 \cdot 10^4$ Hz. A tale frequenza corrisponde una lunghezza d'onda $\lambda = v/f$, dove v, in prima approssimazione, è la cosiddetta velocità della luce. Si ha quindi:

$$\lambda = 3 \cdot 10^8/2 \cdot 10^4 = 1,5 \cdot 10^4 = 15.000 \text{ m} = 15 \text{ km}$$

Le dimensioni lineari del sistema hi-fi sono di qualche decimetro o, al massimo, dell'ordine del metro; pertanto il rapporto tra tale dimensione e la lunghezza dell'onda è molto piccolo. In ambito hi-fi possiamo pertanto operare tranquillamente con i principi di Kirchhoff e tutte le leggi che abbiamo fino ad ora imparato.

Riflessione *Perché le equazioni di Maxwell sono difficili da usare?*

FAQ 2 Che cos'è l'equivalenza serie-parallelo tra bipoli reattivi?

Ipotizzando la situazione di funzionamento in ***regime armonico***, prendiamo in considerazione:

- un bipolo costituito da una resistenza R_s e una reattanza X_s, collegate tra loro in serie;
- un bipolo costituito da una resistenza R_p e una reattanza X_p, collegate tra loro in parallelo.

e cerchiamo si verificare se e quando i due bipoli, pur avendo configurazioni diverse, possono avere lo stesso comportamento elettrico, cioè se, come si dice in linguaggio tecnico, possono avere la stessa "caratteristica esterna".

Un modo per fare la verifica consiste nello scrivere la rispettiva *impedenza* o la rispettiva *ammettenza* (reciproco dell'impedenza) e nel verificare se esiste una condizione che rende uguali tali impedenze (ammettenze). Ritenendo un po' meno gravoso il calcolo, scegliamo di scrivere le espressioni delle ammettenze.

- ammettenza del bipolo in serie (numero complesso):

$$\mathbf{Y}_{ABs} = 1/(R_s + \mathrm{j}\,X_s) = (R_s - \mathrm{j}\,X_s)(R_s^2 + X_s^2) =$$
$$= R_s/(R_s^2 + X_s^2) - \mathrm{j}X_s/(R_s^2 + X_s^2)$$

- ammettenza del bipolo in parallelo (numero complesso): $\mathbf{Y}_{ABp} = (1/R_p) + (1/\mathrm{j}X_p) = (1/R_p) - \mathrm{j}(1/X_p)$

Le due ammettenze sono descritte da due numeri complessi; sono pertanto uguali se sono tra loro uguali le parti reali e le parti (coefficienti) immaginarie. Si può pertanto scrivere:

- uguaglianza tra le parti reali: $(1/R_p) = R_s/(R_s^2 + X_s^2)$
- uguaglianza tra le parti immaginarie: $(1/X_p) = X_s/(R_s^2 + X_s^2)$

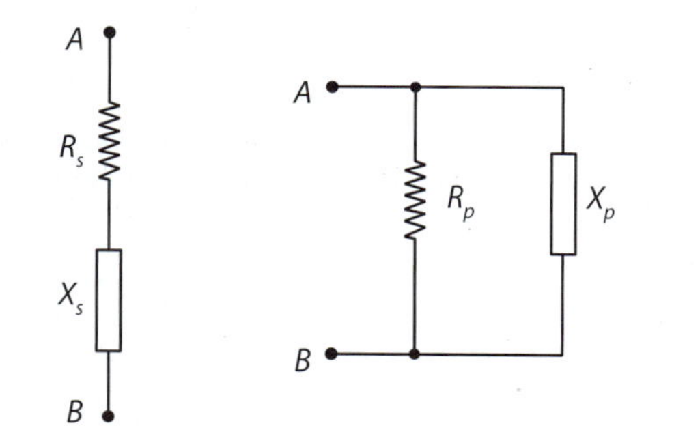

Fig. 1.2 La serie tra una resistenza R_s e una reattanza X_s è equivalente al parallelo tra una resistenza R_p e una reattanza X_p solo se i due bipoli presentano tra i terminali *A* e *B* la stessa impedenza (o la stessa ammettenza).

A questo punto è conveniente introdurre la grandezza *fattore di merito* Q_s della struttura in serie, definita come $Q_s = X_s/R_s$.

Dalla prima equazione si ricava:

$$R_p = (R_s^2 + X_s^2)/R_s = R_s + R_s\,(X_s^2/R_s^2) = R_s\,(1 + Q_s^2)$$

Dalla seconda equazione si ricava:

$$X_s = (R_s^2 + X_s^2)/X_s = X_s + X_s\,(R_s^2/X_s^2) = X_s\,[1 + (1/Q_s^2)]$$

In sintesi: in ***regime armonico***, un bipolo costituito da un resistenza R_s e una reattanza X_s, collegate tra loro in serie e un bipolo costituito da un resistenza R_p e una reattanza X_p, collegate tra loro in parallelo si comportano in modo equivalente se valgono le seguenti condizioni:

$$R_p = R_s(1 + Q_s^2);\quad X_p = X_s[1 + (1/Q_s^2)].$$

Tali relazioni, noti R_s e X_s e quindi noto $Q_s = X_s/R_s$, consentono la cosiddetta *trasformazione da serie a parallelo*.

Esempio Una resistenza $R = 30\ \Omega$ e un'induttanza $L = 9\ \mu\text{H}$ sono tra di loro collegate in serie; il bipolo viene fatto funzionare in regime armonico, alla pulsazione $\omega = 10^7$ rad/s. Trasformare la struttura in serie nell'equivalente struttura in parallelo.

Discussione Il valore della reattanza dell'induttore è $X_L = \omega L = 10^7 \cdot 9 \cdot 10^{-6} = 9 \cdot 10 = 90\ \Omega = X_s$. Il fattore di merito vale $Q_s = X_s/R_s = 90/30 = 3$. Le equazioni di trasformazione da serie a parallelo consentono di ricavare:

- $R_p = R_s(1 + Q_s^2) = 30(1 + 9) = 30 \cdot 10 = 300\ \Omega$
- $X_p = X_s(1 + 1/Q_s^2) = 90(1 + 1/9) = 90((9/9) + (1/9)) =$
  $= 90 \cdot 10/9 = 100\ \Omega = X_L$
- $X_L = \omega L$, cioè $L = X_L/\omega = 10^2/10^7 = 10^2 \cdot 10^{-7} = 10^{-5}\ \text{H} = 10\ \mu\text{H}$

Alla pulsazione $\omega = 10^7$ rad/s, un bipolo costituito dalla serie di una resistenza $R = 30\ \Omega$ e un'induttanza $L = 9\ \mu\text{H}$ si comporta come un bipolo costituito dal parallelo di una resistenza $R = 300\ \Omega$ e un'induttanza $L = 10\ \mu\text{H}$.

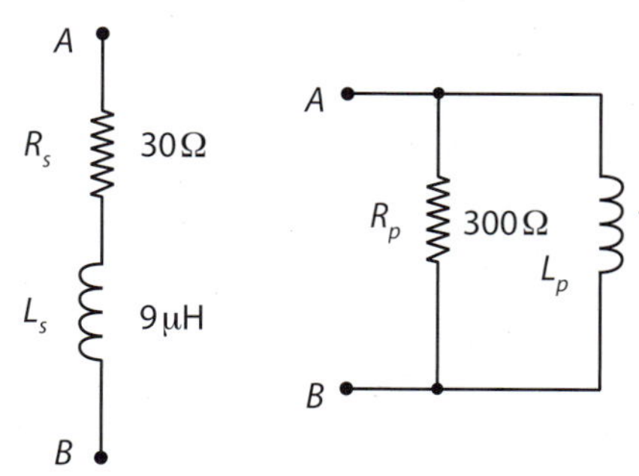

Fig. 1.3 Alla pulsazione $\omega = 10^7$ rad/s, la serie tra una resistenza $R_s = 30\ \Omega$ e un'induttanza $L = 9\ \mu\text{H}$ è equivalente al parallelo tra una resistenza $R_p = 300\ \Omega$ e un'induttanza $L = 10\ \mu\text{H}$. A pulsazioni diverse da $\omega = 10^7$ rad/s tale equivalenza non c'è più e deve essere ricalcolata.

Riflessione *Perché a volte si preferisce calcolare l'ammettenza di un bipolo anziché la sua impedenza?*

FAQ 3 Quando è massimo il trasferimento di potenza dal generatore al carico?

Molte volte, nella pratica, bisogna creare la condizione che rende massima la potenza trasformata dal carico; è il caso, ad esempio, delle casse acustiche di un impianto hi-fi.

Analizziamo il problema con riferimento alle seguenti due situazioni:
- sistema in regime continuo
- sistema in regime armonico

Esempio 1 Un generatore in continua, caratterizzato da una tensione a vuoto V_o = 10 V e da una resistenza interna r_i = 100 Ω, alimenta un carico costituito da una resistenza *R* di valore variabile a scatti; il valore minimo è di 10 Ω, quello massimo di 1000 Ω. Gli scatti prevedono i seguenti valori, espressi in ohm: 10, 20, 50, 100, 200, 500, 1000. Calcolare la potenza sul carico in ciascuna delle sette situazioni.

Discussione Dal punto di vista pratico e con riferimento al settore delle telecomunicazioni, un generatore in continua con resistenza interna di 100 Ω non è molto comune: i generatori cosiddetti di tensione (quali ad esempio le batterie che alimentano dispositivi in funzionamento *stand-alone*) hanno si solito resistenza ben più piccola, mentre i cosiddetti generatori di corrente le hanno più grandi.

Iniziamo con il caso di $R = 10\,\Omega$
- calcolo della resistenza totale $R_{tot} = r_i + R = 100 + 10 = 110\,\Omega$;
- calcolo della corrente $I = V_o / R_{tot} = 10/110 = 90{,}9$ mA;
- calcolo della potenza sul generatore
  $P_r = I^2 \cdot r = (90{,}9 \cdot 10^{-3})^2 \cdot 100 = 826$ mW;
- calcolo della potenza sul carico
  $P_R = I^2 \cdot R = (90{,}9 \cdot 10^{-3})^2 \cdot 10 = 82{,}6$ mW.

Ripetendo il calcolo per gli altri valori di resistenza del carico si perviene alla seguente tabella:

V (V)	*r* (Ω)	*R* (Ω)	R_{tot} (Ω)	*I* (mA)	P_r (W)	P_R (W)
10	100	10	110	90,909	0,826	0,083
10	100	20	120	83,333	0,694	0,139
10	100	50	150	66,667	0,444	0,222
10	100	100	200	50,000	0,250	0,250
10	100	200	300	33,333	0,111	0,222
10	100	500	600	16,667	0,028	0,139
10	100	1000	1100	9,091	0,008	0,083

Dai risultati si vede che la potenza sul carico è massima quando la resistenza del carico è uguale alla resistenza interna del generatore.

Esempio 2 Un generatore in alternata armonica, caratterizzato da una tensione a vuoto $V_o = 10\,V_{eff}$ e da un'impedenza interna composta da una $r_i = 100\,\Omega$ in serie a un'induttanza L_i = 5,5 mH alimenta un carico costituito da una resistenza variabile a scatt . Il valore minimo della resistenza è di 10 Ω, quello massimo di 1000 Ω. Gli scatti prevedono i seguenti valori, espressi in ohm: 10, 20, 50, 100, 200, 500, 1000. Calcolare la potenza sul carico in ciascuna delle sette situazioni. Il segnale generato ha la frequenza di 5 kHz.

Discussione Rispetto alla resistenza interna del generatore, valgono le considerazioni dell'esempio precedente; le induttanze dell'ordine dei millihenry sono abbastanza comuni nelle Telecomunicazioni, soprattutto alle radiofrequenze piuttosto basse (centinaia di chilohertz).

Iniziamo con il caso di $R = 10\,\Omega$:
- calcolo dell'impedenza totale (in modulo)
  $Z_{tot} = ((r_i + R)^2 + \omega^2 L^2)^{1/2} = ((100 + 10)^2 + (2 \cdot 3{,}14 \cdot 5 \cdot 10^3 \cdot 5{,}5 \cdot 10^{-3})^2)^{1/2} = 204{,}83\,\Omega$
- calcolo della corrente $I = V_o / Z_{tot} = 10/204{,}83 = 48{,}82$ mA
- calcolo della potenza sul generatore
  $P_i = I^2 \cdot Z_i = 0{,}04882^2 \cdot 199{,}64 = 0{,}48$ W
- calcolo della potenza sul carico
  $P_R = I^2 \cdot R = 0{,}04882^2 \cdot 10 = 0{,}02$ W

Ripetendo il calcolo per gli altri valori di resistenza si perviene alla seguente tabella:

V_o (V)	r_i (Ω)	Z_i (Ω)	*R* (Ω)	Z_{tot} (Ω)	*I* (mA)	P_i (W)	P_R (W)
10	100	199,64	10	204,83	48,82	0,48	0,02
10	100	199,64	20	210,37	47,54	0,45	0,05
10	100	199,64	50	228,81	43,70	0,38	0,10
10	100	199,64	100	264,30	37,84	0,29	0,14
10	100	199,64	200	346,20	28,88	0,17	0,17
10	100	199,64	500	624,38	16,02	0,05	0,13
10	100	199,64	1000	1113,49	8,98	0,02	0,08

Dai risultati si vede che la potenza sul carico è massima quando la resistenza del carico è uguale al modulo dell'impedenza interna del generatore.

Esempio 3 Il generatore dell'Esempio 2 alimenta un carico costituito da una resistenza $R = 100\,\Omega$ in serie a una capacità C = 184 nF. Calcolare la potenza sul carico e verificare che è la massima possibile.

Discussione Dato che si dimostra che la potenza sul carico è massima quando l'impedenza interna del generatore è complessa coniugata dell'impedenza del carico, dai dati si vede che:
- le due impedenze hanno parti resistive (cioè reali) uguali;
- la reattanza induttiva vale
  $$X_L = \omega L = 6{,}28 \cdot 5 \cdot 10^3 \cdot 5{,}5 \cdot 10^{-3} \approx 173\,\Omega$$
- la reattanza capacitiva vale
  $$X_C = 1/(\omega C) = 1/(6{,}28 \cdot 5 \cdot 10^3 \cdot 184 \cdot 10^{-9}) \approx 173\,\Omega$$

L'impedenza interna ha la forma $r_i + jX_L$, mentre l'impedenza di carico ha la forma $R - jX_C$; essendo $r_i = R$ e $X_L = X_C$, le due impedenze sono rappresentate da due numeri complessi coniugati, per cui la potenza trasferita dal generatore al carico è la massima possibile.

Riflessione *La condizione di massima potenza sul carico (utilizzatore) corrisponde al massimo rendimento del sistema generatore-utilizzatore?*

FAQ 4 Come si può ottimizzare il trasferimento di potenza dal generatore al carico?

Una situazione che spesso si verifica nella pratica è la seguente: un generatore di segnale, che anziché uno "strumento" è di solito il bipolo di uscita di un circuito (ad esempio un circuito amplificatore), è caratterizzato dalla frequenza (o dalla banda di frequenze) a cui opera, dalla sua tensione a vuoto e dalla sua *resistenza interna*, chiamata anche *resistenza di uscita* e interpretata alla luce del Teorema di Thevenin; tale generatore deve consegnare la *massima potenza possibile* ad un carico, costituito ad esempio dal bipolo d'ingresso di un secondo amplificatore, caratterizzato dalla sua ***resistenza d'ingresso***.

La situazione è "rigida" quando i valori della resistenza interna (o di uscita) e della resistenza d'ingresso non possono essere modificati; in tal caso, o si è fortunati perché le due resistenze sono uguali (...capita ben raramente...), oppure si deve inserire tra uscita e ingresso un ***quadripolo adattatore d'impedenza***.

Tale quadripolo, nel caso ideale, deve soddisfare almeno queste condizioni:

- non essere dissipativo (cioè non trasformare energia elettrica in energia termica);
- avere una banda passante che consente il passaggio del segnale.

Esempio Il bipolo di uscita di un amplificatore ha una resistenza interna (o di uscita) di 30 Ω e deve trasferire la massima potenza possibile all'ingresso di un altro amplificatore, caratterizzato da una resistenza d'ingresso di 300 Ω. Il segnale, armonico, ha la frequenza di 1,6 MHz. Illustrare la struttura del quadripolo adattatore.

Discussione Alla frequenza $f = 1{,}6$ MHz $= 1{,}6 \cdot 10^6$ Hz corrisponde una lunghezza d'onda $\lambda = v/f = 3 \cdot 10^8/1{,}6 \cdot 10^6 = 1{,}87 \cdot 10^2 = 187$ m; si ragiona pertanto ancora agevolmente in termini di circuito a costanti concentrate. Il generatore vorrebbe vedere un carico di 30 Ω invece che di 300 Ω; è evidentemente inutile inserire resistenze in parallelo al carico per trasformarlo in una resistenza equivalente da 30 Ω, dato che si introdurrebbero effetti dissipativi. Si ragiona allora alla luce:

- del criterio che ottimizza il trasferimento di potenza con generatore e carico;
- della *trasformazione* (*o equivalenza*) *serie-parallelo di circuiti resistivi/reattivi.*

Se si inserisce un'induttanza in serie al percorso del segnale e una capacità in parallelo al percorso stesso, si realizza una condizione che può essere descritta nel seguente modo:

- un generatore di segnale armonico è caratterizzato da un'impedenza interna composta da una resistenza in serie a un'induttanza;
- tale generatore fornisce il segnale a un carico costituito da una resistenza in parallelo a una capacità.

Se la configurazione parallela del carico viene trasformata in configurazione serie e se si dimensionano i componenti in modo che le ***resistenze siano uguali*** e le ***reattanze siano uguali e complementari*** (cioè una induttiva e l'altra capacitiva), si realizza l'adattamento di impedenza e si ottimizza il trasferimento di potenza.

Il valore della pulsazione è $\omega = 2\pi f = 6{,}28 \cdot 1{,}6 \cdot 10^6 \approx 10^7$ rad/s.

Inserendo i valori numerici nell'equazione (si veda la FAQ 2) $R_p = R_s(1 + Q_s^2)$ si ricava $300 = 30(1 + Q_s^2)$, cioè $10 = 1 + Q_s^2$, per cui $Q_s = 3$.

Si sa che $R_p/X_p = Q_s$, cioè $X_p = R_p/Q_s$, da cui si ricava $X_p = 300/3 = 100$ Ω; il condensatore dovrà pertanto avere una reattanza capacitiva di 100 Ω.

Si sa che $X_s/R_s = Q_s$, cioè $X_s = Q_s \cdot R_s$, da cui si ricava $X_s = 3 \cdot 30 = 90$ Ω; l'induttore dovrà pertanto avere una reattanza induttiva di 90 Ω.

Dall'equazione $X_c = 1/\omega C$ si ricava:

$$C = 1/(\omega \cdot X_c) = 1/10^7 \cdot 10^2 = 1/10^9 = 10^{-9} \text{ F, cioè 1 nF}$$

Dall'equazione $X_L = \omega L$ si ricava:

$$L = X_L/\omega = 90/10^7 = 90 \cdot 10^{-7} = 9 \cdot 10^{-6} \text{ H, cioè } 9\ \mu\text{H}$$

La rete *L-C* illustrata dà luogo al cosiddetto "adattamento a *L*".

Riflessione *Che cosa vuol dire spettro piuttosto ampio (o piuttosto stretto) rispetto alla frequenza centrale?*

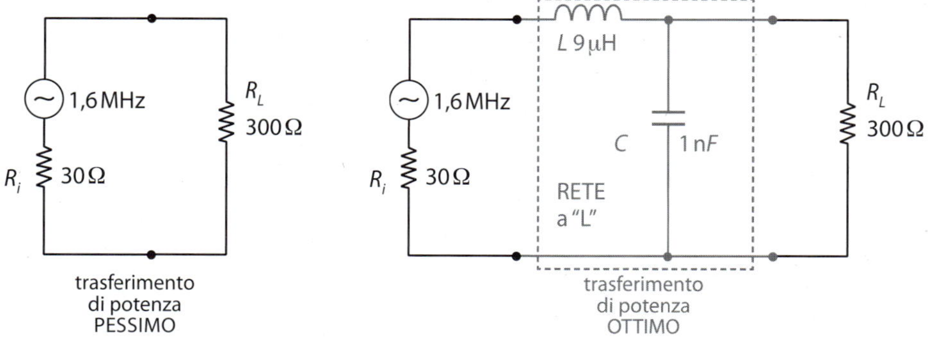

Fig. 1.4 La rete *L-C* inserita come quadripolo adattatore tra generatore e carico consente di ottimizzare il trasferimento di potenza, ma (in teoria) solo in corrispondenza di una pulsazione (cioè di una sola frequenza). In pratica il sistema ottimizza la potenza sul carico anche per alcune frequenze prossime a quella del calcolo.

ReT 1 Circuiti a costanti distribuite

Se analizziamo la situazione di una linea elettrica lunga 1 km e percorsa da segnali con frequenza $f = 1$ MHz, ci accorgiamo che *non possiamo applicare i Principi di Kirchhoff*; infatti la lunghezza d'onda del segnale vale $\lambda = v/f = 3 \cdot 10^8/10^6 = 10^2$ m. Le dimensioni del circuito non sono molto più piccole della lunghezza dell'onda, sono addirittura più grandi. Quando si verifica questa condizione (in pratica qua si sempre alle frequenze impiegate nelle Telecomunicazioni), si dice che il circuito (o la linea) è a ***costanti distribuite***.

Per analizzare le proprietà di una linea elettrica a costanti distribuite si introducono le seguenti grandezze, chiamate ***costanti primarie*** della linea stessa:

- R, definita come resistenza dell'unità di lunghezza (1 metro) del conduttore della linea – unità di misura: ohm/metro (Ω/m);
- L, definita come induttanza dell'unità di lunghezza (1 metro) della "spira" formata dalla linea – unità di misura: henry/metro (H/m);
- G, definita come conduttanza (reciproco della resistenza) dell'unità di lunghezza (1 metro) dell'isolante (non perfetto) della linea – unità di misura: (1/ohm)/metro = siemens/metro (S/m);
- C, definita come capacità dell'unità di lunghezza (1 metro) del "condensatore" formato da due fili paralleli separati dal dielettrico – unità di misura: farad/metro (F/m).

Attraverso le costanti primarie si calcola la grandezza $\mathbf{Z}_0$ (numero complesso), chiamata ***impedenza caratteristica*** della linea, definita come l'impedenza offerta a un generatore da una linea di lunghezza infinita (il dato sembra riferirsi a una situazione irreale, ma vedremo poco più avanti che è invece molto comodo dal punto di vista pratico) – unità di misura: ohm (Ω).

Si dimostra che per una linea di lunghezza infinita vale la seguente equazione:

$$\mathbf{Z}_0 = [(R + j\omega L)/(G + j\omega C)]^{1/2}$$

dove R, L, G, C sono la resistenza, l'induttanza, la conduttanza e la capacità per unità di lunghezza.

Esempio 1 Calcolare modulo e fase (argomento) dell'impedenza di una linea di lunghezza infinita.

Discussione Ricordando che il modulo del rapporto tra due numeri complessi è uguale al rapporto tra i moduli e che l'argomento del rapporto tra due numeri complessi è uguale alla differenza tra gli argomenti di ciascuno di essi, si ha:

- modulo dell'impedenza: $Z_0 = [(R^2 + \omega^2 L^2)/(G^2 + \omega^2 C^2)]^{1/4}$
- argomento (o fase) dell'impedenza: $\varphi = (1/2)[\text{arctg}(\omega L/R) - \text{arctg}(\omega C/G)]$

In pratica alle radiofrequenze, essendo di solito $\omega L >> R$ e $\omega C >> G$ si vede che:

- l'espressione del modulo si semplifica e diventa $Z_0 \approx (L/C)^{1/2}$;
- l'espressione della fase si semplifica e diventa $\varphi \approx (1/2))[\text{arctg}\,\infty - \text{arctg}\,\infty]^{1/2} = 0$.

Si conclude osservando che una linea di lunghezza infinita collegata ai morsetti di un generatore di segnale armonico si comporta come un ***carico resistivo*** (lo sfasamento tra tensione e corrente è nullo), con resistenza $R_0 = (L/C)^{1/2}$ ohm.

L'impedenza caratteristica può anche essere espressa in funzione della "geometria" di una linea.

Nel caso di una ***linea bifilare***, costituita da due conduttori paralleli di diametro d separati da una distanza s e immersi in un materiale isolante con costante dielettrica relativa ε_r, il modulo dell'impedenza vale

$$Z_0 = 276/(\varepsilon_r)^{1/2} \cdot \log_{10}(2s/d)$$

Nel caso di un cavo coassiale, costituito da un conduttore centrale di diametro d e da una calza cilindrica con diametro (interno) D, separati da un materiale isolante con costante dielettrica relativa ε_r, il modulo dell'impedenza vale:

$$Z_0 = [138/(\varepsilon_r)^{1/2}] \cdot [\log_{10}(D/d)]$$

Esempio 2 Le tabelle di un costruttore riportano, per un cavo coassiale standard, i seguenti dati:

- $C = 46$ nF/km, $L = 0{,}257$ mH/km
- $D = 9{,}5$ mm, $d = 2{,}6$ mm, $\varepsilon_r = 1{,}06$

Calcolare il modulo dell'impedenza caratteristica del cavo, sia usando le costanti primarie, sia usandone le specifiche fisico/geometriche. Svolgiamo prima le necessarie equivalenze, esprimendo C in F/m e L in H/m:

- $C = 46$ nF/km $= 46 \cdot 10^{-9}$F/10^3m $= 46 \cdot 10^{-12}$ F/m
- $L = 0{,}257$ mH/km $= 0{,}257 \cdot 10^{-3}$H/10^3m $= 0{,}257 \cdot 10^{-6}$H/m

Discussione A parte imprecisioni dovute ad approssimazioni di calcolo, ci si aspettano due risultati numericamente pressoché uguali:

- l'espressione del modulo dell'impedenza (in pratica alle radiofrequenze) è $Z_0 \approx (L/C)^{1/2} = (0{,}257 \cdot 10^{-6}/46 \cdot 10^{-12})^{1/2} = V = (0{,}005587 \cdot 10^6)^{1/2} = 0{,}07474 \cdot 10^3 = 74{,}74\ \Omega$;
- l'espressione del modulo dell'impedenza è $Z_0 = [138/(\varepsilon_r)^{1/2}] \cdot [\log_{10}(D/d)] = [138/1.06^{1/2}] \cdot \log_{10}(9{,}5/2{,}6)] = (138/1{,}02956) \cdot \log_{10}(3{,}65) = 134 \cdot 0{,}5627 = 75{,}99\ \Omega$.

I risultati, tra l'altro, confermano uno dei più comuni valori nominali, quello di 75 Ω, dell'impedenza del cavo coassiale.

Riflessione *L'equazione $Z_0 = 276/(\varepsilon_r)^{1/2} \cdot \log_{10}(2s/d)$ mette in evidenza che, aumentando la distanza tra i due conduttori della linea, l'impedenza aumenta. Ciò è coerente con l'equazione $Z_0 \approx (L/C)^{1/2}$?*

ReT 2 Linee adattate: onde progressive

Abbiamo visto che, nella maggior parte delle situazioni operative, essendo $\omega L >> R$ e $\omega C >> G$, l'impedenza della linea di lunghezza infinita diventa reale e vale $Z_0 \approx (L/C)^{1/2}$; è dunque una grandezza puramente resistiva, a volte indicata con R_0.
Con riferimento alla figura, si vede che, alla destra di qualsiasi "posizione" lungo la linea, c'è sempre una lunghezza infinita, dunque un' impedenza $Z_0 = R_0$; pertanto, sostituendo alla parte di destra della linea una resistenza di valore R_0, il generatore avrebbe sempre l'impressione di essere collegato alla linea di lunghezza infinita.

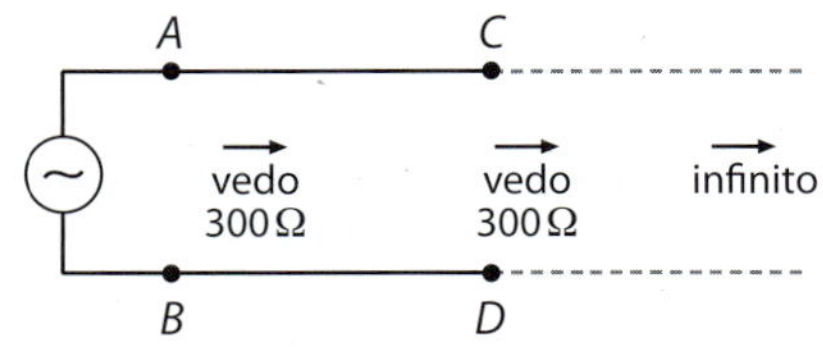

Fig. 1.5 Da qualunque punto della linea, guardando verso destra si vede una linea di lunghezza infinita, dunque con impedenza comunque uguale all'impedenza caratteristica (in questo caso di 300 Ω).

Possiamo trarre le seguenti conclusioni:
- quando il generatore è collegato a una linea di lunghezza infinita, emette un segnale, cioè un'onda, che si propaga lungo la linea e, non arrivandone mai alla fine, non può essere riflesso all'indietro (propagazione unidirezionale): si parla allora di ***onda progressiva*** (dal generatore verso l'infinito);
- quando il generatore è collegato a una linea di lunghezza finita che "termina" con una resistenza uguale all'impedenza caratteristica della linea, cioè R_0, emette un segnale che non può essere riflesso all'indietro; anziché propagarsi all'infinito, il segnale viene completamente assorbito da R_0; anche in questo caso si parla di onda progressiva (dal generatore verso il carico).

Nella seconda situazione si parla di ***linea adattata*** (*matched line*); nelle ipotesi fatte, cioè $\omega L >> R$ e $\omega C >> G$, sono trascurabili le perdite per effetto Joule lungo la linea, per cui tutta l'energia che esce dal generatore raggiunge il carico.

Esempio 1 Un generatore di segnale alternato armonico, caratterizzato da una tensione a vuoto di ampiezza $V_0 = 3$ V e una resistenza interna $r_g = 75\ \Omega$, è collegato a un carico resistivo $R_L = 75\ \Omega$ attraverso un cavo coassiale, lungo 1 km e con impedenza caratteristica $Z_0 = R_0 = 75\ \Omega$. Calcolare i valori di tensione, corrente e potenza sul generatore e sul carico.

Discussione In questa situazione:
- la linea è adattata, dunque è percorsa da un'onda progressiva;
- il generatore si sente caricato da una resistenza (quella della linea) uguale alla sua resistenza interna.

Ai capi A e B del generatore ci sarà quindi una tensione armonica, con ampiezza pari alla metà dell'ampiezza a vuoto, cioè $V_{AB} = 1{,}5$ V; tale onda di tensione si propaga fino al carico, dal quale viene completamente assorbita. Ai capi del carico c'è quindi una tensione armonica con ampiezza $V_L = V_{AB} = 1{,}5$ V, mentre il carico sarà attraversato da una corrente, in fase con la tensione, di ampiezza $I_L = V_L/R_L = 1{,}5/75 = 0{,}02$ A. Ai capi della resistenza interna del generatore ci sarà una tensione $V_{rg} = 1{,}5$ V e la resistenza sarà percorsa dalla corrente $I_{rg} = 0{,}02$ A. La potenza sul carico sarà $P_L = V_{Leff} \cdot I_{Leff} = (V_L \cdot I_L)/2 = 1{,}5 \cdot 0{,}02 = 0{,}015$ W. La potenza sulla resistenza interna del generatore sarà:
$P_{rg} = V_{rgeff} \cdot I_{rgeff} = (V_{rg} \cdot I_{rg})/2 = 1{,}5 \cdot 0{,}02 = 0{,}015$ W.

Nell'esempio precedente non sono state considerate la resistenza dei conduttori R (valore ipotizzato di $0\ \Omega/\text{m}$) e la conduttanza dell'isolante G (valore ipotizzato di 0 S/m, cioè $\infty\ \Omega/\text{m}$).
Tale situazione è di solito accettabile quando i collegamenti sono relativamente corti; in generale però, l'ampiezza del segnale subisce un'attenuazione descritta da una legge esponenziale del tipo:

$$V_x = V_i \cdot e^{-\alpha x}$$

dove x è la distanza dal generatore, mentre α è una grandezza che dipende dalle costanti primarie R e G, chiamata ***costante di attenuazione*** e calcolabile attraverso la seguente equazione:

$$\alpha = R/2R_0 + GR_0/2$$

Esempio 2 Con riferimento all'Esempio 1, ricalcolare le grandezze relative al carico nell'ipotesi che R e G, anziché essere nulli, abbiano i seguenti valori: $R = 40 \cdot 10^{-3}\ \Omega/\text{m}$, $G = 10^{-8}$ S/m.

Discussione Calcoliamo il valore della costante di attenuazione; otteniamo:
$\alpha = R/2R_0 + GR_0/2 = 40 \cdot 10^{-3}/2 \cdot 75 + 10^{-8} \cdot 75/2 = 0{,}27 \cdot 10^{-3} + 37{,}5 \cdot 10^{-8} \approx 0{,}27 \cdot 10^{-3}$. A distanza $x = 1$ km $= 10^3$ m dal generatore, cioè sul carico, si ha una tensione $V_x = V_L = V_i \cdot e^{-\alpha x} = 1{,}5 \cdot e^{-0{,}27 \cdot 10^{-3} \cdot 10^3} = 1{,}5 \cdot e^{-0{,}27} = 1{,}5/e^{-0{,}27} = 1{,}5 \cdot (1/1{,}3) = 1{,}15$ V.
Sarà pertanto $I_L = V_L/R_L = 1{,}15/75 = 0{,}015$ A e $P_L = V_{Leff} \cdot I_{Leff} = (V_L \cdot I_L)/2 = 1{,}15 \cdot 0{,}015/2 = 0{,}0086$ W. Rispetto all'ipotesi dell'Esempio 1, la potenza sul carico è quasi dimezzata.

Dal risultato si vede che il segnale, su una tratta di 1 km, ha subito un'attenuazione $V_i/V_L = 1{,}5/1{,}15 = 1{,}3$; la sua ampiezza pertanto diminuisce (costantemente) di 1,3 volte al chilometro.

Riflessione *Si possono esprimere l'attenuazione e la costante di attenuazione rispettivamente in decibel (dB) e in decibel al chilometro (dB/km)?*

ReT 3 Linee non adattate: onde stazionarie e SWR

Per semplicità di ragionamento, ma senza nulla togliere alla generalità dei concetti, supponiamo che:

- l'impedenza caratteristica della linea sia resistiva, cioè $\mathbf{Z}_0 = R_0$;
- l'impedenza del carico sia resistiva, cioè $\mathbf{Z}_L = R_L$.

Sappiamo che, quando c'è adattamento tra linea e carico, cioè vale la condizione $R_0 = R_L$, l'onda emessa dal generatore (che ipotizziamo armonica) investe il carico e viene totalmente assorbita da esso, come se continuasse a propagarsi lungo una linea di lunghezza infinita. Si parla in tale situazione di *onda progressiva*. In questa situazione, ogni punto della linea è sede di una tensione che varia nel tempo, assumendo tutti i valori compresi tra il massimo positivo e il massimo negativo, modificandoli con la frequenza dell'onda stessa. Se pertanto ci spostiamo con un voltmetro lungo la linea, il valore segnato dallo strumento è sempre lo stesso.

Quando invece R_0 è diversa da R_L, il carico riflette verso il generatore almeno una parte dell'onda incidente. Questo significa che il carico non assorbe tutta l'energia che l'onda trasporta: una parte "ritorna indietro". In questo caso sulla linea nasce una situazione complessa, che dà luogo a un'***onda stazionaria***; ciò significa che, spostandoci con il voltmetro lungo la linea, il valore segnato cambia da un punto all'altro. Più in particolare:

- ci sono dei punti, chiamati ***ventri***, in corrispondenza dei quali il voltmetro segna un *valore massimo*; tali punti distano tra di loro mezza lunghezza d'onda del segnale;
- ci sono dei punti, chiamati ***nodi***, in corrispondenza dei quali il voltmetro segna un *valore minimo*; tali punti distano tra di loro mezza lunghezza d'onda del segnale e ciascuno dista un quarto di lunghezza d'onda da un ventre.

Una situazione analoga vale per l'intensità della corrente (anche se di solito ci si riferisce alla distribuzione dei valori della tensione). Dal punto di vista *qualitativo*, si traggono le seguenti conclusioni:

- a una distribuzione uniforme dei valori massimi lungo la linea (linea e carico tra loro adattati) corrisponde una situazione ottimale, nel senso che il generatore riesce a consegnare tutta l'energia al carico;
- a una distribuzione non uniforme dei valori massimi lungo la linea (linea e carico tra loro non adattati) corrisponde una situazione non ottimale, nel senso che il generatore non riesce a consegnare tutta l'energia al carico.

Dal punto di vista *quantitativo*, si esprime la bontà dell'adattamento tra linea e carico attraverso un parametro, chiamato rapporto di onda stazionaria, o ROS (in inglese VSWR: *Voltage Standing Wave Ratio*, o, a volte, solo SWR) e definito dalla seguente equazione:

$$\text{SWR} = V_{max} / V_{min}$$

Dalla definizione e dalla fig. 1.6 si vede che:

- si ha una situazione ottimale, cioè di completo trasferimento di energia al carico, quando SWR = 1;
- si ha la situazione peggiore, cioè di nessun trasferimento di energia al carico, quando SWR = ∞.

Nei casi reali, si raggiungono valori molto vicini al valore 1. Si può dimostrare che vale anche la seguente relazione:

$$\text{SWR} = R_L / R_0$$

(se però $R_L < R_0$, allora si usa la seguente: $\text{SWR} = R_0 / R_L$)

Esempio Una cavo coassiale con impedenza (resistenza) caratteristica di 75 Ω è percorso da un segnale armonico con $f = 300$ MHz e alimenta un carico $R_L = 78\ \Omega$. Calcolare il rapporto di onda stazionaria e la distanza tra i nodi dell'onda stazionaria.

Discussione Dalla definizione di rapporto di onda stazionaria si ha:

$$\text{SWR} = R_L / R_0 = 78/75 = 1{,}04$$

I nodi, che saranno poco evidenti, distano tra loro di mezza lunghezza d'onda. Nell'ipotesi (non sempre vera in pratica) che l'onda viaggi nel cavo coassiale alla stessa velocità alla quale viaggia nel vuoto, si ha:

$$\lambda = v/f = 3 \cdot 10^8 / 3 \cdot 10^8 = 1 \text{ m}$$

I nodi distano pertanto mezzo metro l'uno dall'altro.

Riflessione *Quando un'onda cambia mezzo di trasmissione, quali tra i suoi parametri cambiano e quali rimangono costanti?*

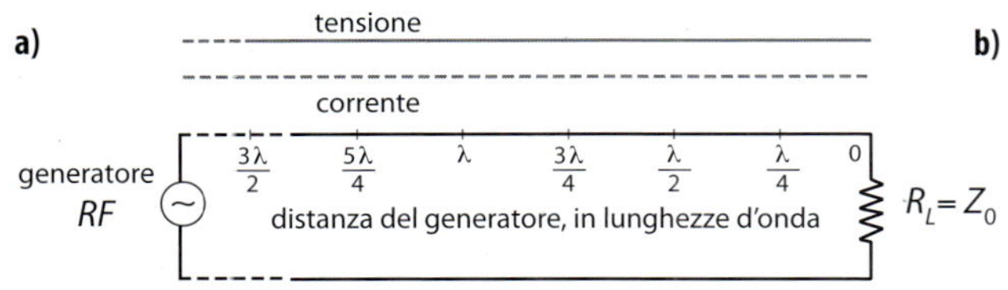

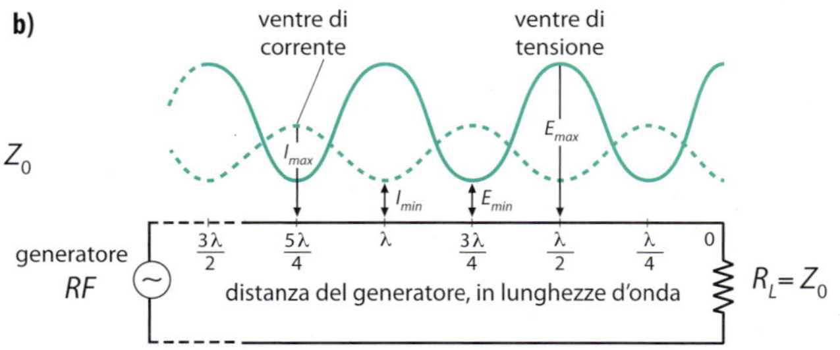

Fig. 1.6 **a)** Distribuzione dei valori massimi della tensione e della corrente lungo una linea adattata; **b)** distribuzione dei valori massimi della tensione e della corrente lungo una linea non adattata.

ReT 4 Linee non adattate e potenza riflessa

Un'onda che si propaga lungo una linea trasporta energia e cerca di consegnarla al carico; la rapidità con la quale la consegna rappresenta la potenza associata all'onda.

Nel caso ottimale, cioè con linea e carico adattati ($R_0 = R_L$), tutta la potenza associata all'onda viene trasferita al carico; è ad esempio la situazione limite che si vorrebbe raggiungere quando una linea proveniente da un trasmettitore trasporta potenza verso l'antenna, che rappresenta il carico della linea: se l'adattamento è perfetto, allora tutta la potenza erogata dal trasmettitore viene consegnata all'antenna che, a sua volta, la irradia nello spazio.

La situazione reale è sempre in qualche misura un po' diversa. Si ha infatti non solo una tensione che arriva sul carico, chiamata tensione incidente V_{inc}, ma anche tensione riflessa, chiamata V_{rifl}; la combinazione di queste due tensioni dà luogo, come abbiamo già discusso, a una distribuzione stazionaria di nodi e di ventri lungo la linea, che consente di definire il *rapporto di onda stazionaria*.

Un altro parametro utile per quantificare gli effetti del disadattamento d'impedenza è il cosiddetto ***coefficiente di riflessione*** K_r, definito dalla seguente equazione:

$$K_r = V_{rifl} / V_{inc}$$

Tale coefficiente, nel caso migliore vale 0 (nessuna tensione riflessa), mentre nel caso peggiore vale 1 (riflessione totale).

Invece, il rapporto di onda stazionaria SWR vale 1 nel caso migliore (assenza di ventri e di nodi) e vale ∞ nel caso peggiore (nodi con ampiezza nulla).

Si può dimostrare che i due parametri sono legati dalla seguente equazione:

$$\mathrm{SWR} = (K_r + 1)/(1 - K_r)$$

Si può anche dimostrare che il coefficiente di riflessione è legato all'impedenza (resistenza) della linea e a quella del carico dalla seguente equazione:

$$K_r = |(Z_L - Z_0)| / |(Z_L + Z_0)|$$

Esempio 1 In un collegamento non eseguito a regola d'arte, una linea di trasmissione con impedenza caratteristica di 75 Ω alimenta un carico resistivo da 50 Ω. Calcolare:

a) il rapporto di onda stazionaria;
b) il coefficiente di riflessione;
c) la percentuale di potenza riflessa;
d) la percentuale della potenza incidente che viene assorbita dal carico.

Discussione Per le domande a) e b) si ricorre ad equazioni già note. Per le risposte c) e d), che richiedono una riflessione sulla potenza, si può pensare che, essendoci due onde sul carico, quella incidente con la relativa tensione V_{inc} e quella riflessa con la relativa V_{rifl}, alla prima corrisponderà una potenza incidente $P_{inc} = (V_{inc})^2/R_L$, mentre alla seconda corrisponderà una potenza riflessa $P_{rifl} = (V_{rifl})^2/R_L$; sarà pertanto:

$$P_{rifl}/P_{inc} = (V_{rifl})^2/R_L/(V_{inc})^2/R_L = (V_{rifl})^2/(V_{inc})^2 = K_r^2$$

Ecco allora le risposte.

a) $\mathrm{SWR} = R_L / R_0 = 75/50 = 1{,}5$;
b) $K_r = |(Z_L - Z_0)| / |(Z_L + Z_0)| = 25/125 = 0{,}2$
c) $P_{rifl} / P_{inc} = K_r^2 = 0{,}2^2 = 0{,}04$, cioè 4%
d) $\% P_{ass} = 100 - 4 = 96\%$

Esempio 2 In seguito a distrazione dell'impiantista, un radiotrasmettitore invia un segnale armonico con ampiezza di 90 V a un'antenna che si comporta come un carico resistivo da 300 Ω; il segnale percorre un cavo coassiale con impedenza (resistenza) caratteristica $R_0 = 50\ \Omega$.

Calcolare:

a) il rapporto di onda stazionaria;
b) il coefficiente di riflessione;
c) l'ampiezza della tensione riflessa;
d) la percentuale di potenza riflessa;
e) il picco dell'onda stazionaria di tensione nei ventri;
f) il picco dell'onda stazionaria di tensione nei nodi.

Discussione Si ha:

a) $\mathrm{SWR} = R_L / R_0 = 300/50 = 6$ (valore pessimo)
b) $K_r = |(Z_L - Z_0)| / |(Z_L + Z_0)| = 250/350 = 0{,}71$
c) dalla $K_r = V_{rifl}/V_{inc}$ si ricava $V_{rifl} = K_r \cdot V_{inc} = 0{,}71 \cdot 90 = 63{,}9\ \mathrm{V}$
d) $P_{rifl} / P_{inc} = K_r^2 = 0{,}5$, per cui $\% P_{rifl} = 50\%$
e) in un ventre si ha $V_{ventre} = V_{inc} + V_{rifl} = 90 + 63{,}9 = 153{,}9\ \mathrm{V}$
f) in un nodo si ha $V_{nodo} = V_{inc} - V_{rifl} = 90 - 63{,}9 = 26{,}1\ \mathrm{V}$

Riflessione *Quando si dispone di linea e carico con valori assegnati delle impedenza e tali valori sono tra loro molto diversi, si può in qualche modo porre rimedio?*

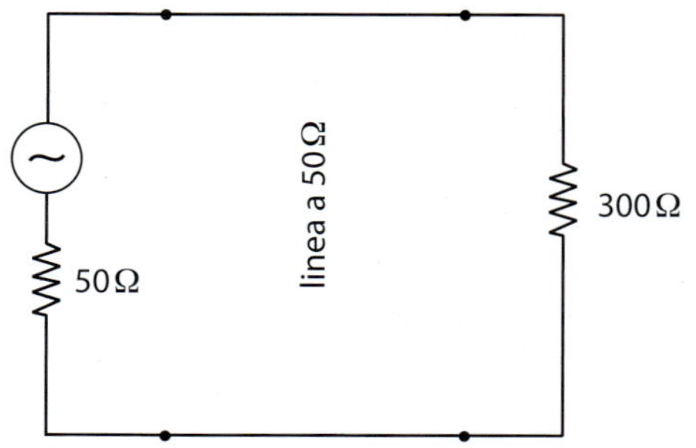

Fig. 1.7 Situazione pessima, di grande disadattamento, con molta potenza riflessa dal carico.

Sommario

Le reti sono considerate a *costanti concentrate* quando le loro dimensioni fisiche sono trascurabili rispetto alle lunghezze delle onde che percorrono le reti stesse. Ad esempio, gli ambiti dell'impiantistica elettrica e dell'elettronica a bassa frequenza appartengono a tale contesto.
Le reti sono considerate a *costanti distribuite* quando le loro dimensioni fisiche sono confrontabili o addirittura superiori alle lunghezze delle onde che percorrono le reti stesse.
Ad esempio, l'ambito delle microonde appartiene a tale contesto; oppure gli ambiti che riguardano sistemi con notevoli dimensioni fisiche, quali le linee di trasmissione, entrano in questo contesto già a frequenze relativamente basse, dell'ordine delle decine di megahertz.

Risposte alle riflessioni

FAQ **1** Le equazioni di Maxwell sono difficili da usare perché:
- si basano sull'impiego di matematica abbastanza sofisticata (equazioni differenziali alle derivate parziali e operatori non semplici da usare, quali la *divergenza* e il *rotore*);
- prendono sempre in considerazione sia il campo elettrico, sia il campo magnetico;
- introducono il concetto di ***corrente di spostamento*** (...la corrente che attraversa un condensatore con dielettrico perfetto...), non immediato da comprendere alla luce del modello elementare di corrente elettrica, intesa come movimento ordinato di cariche *attraverso un materiale conduttore*.

FAQ **2** Il calcolo si esegue usando il formalismo dei numeri complessi e, per trarre conclusioni, i risultati devono essere in forma canonica $(a + jb)$. Per bipoli in serie, le singole impedenze si sommano, per cui il calcolo è semplice; per bipoli in parallelo invece, bisogna calcolare il reciproco della somma dei reciproci e il calcolo si complica al crescere del numero di bipoli. Invece le ammettenze di bipoli in parallelo si sommano e il calcolo è semplice.

FAQ **3** No. Il sistema generatore-utilizzatore, per avere rendimento elevato, deve avere poca potenza sull'impedenza del generatore e molta potenza sull'utilizzatore. Se ad esempio il sistema è in continua, si vede che tale situazione è ottimizzata quando la resistenza del carico è molto più grande di quella del generatore.

FAQ **4** Un segnale audio in bassa frequenza hi-fi ha uno spettro compreso tra 20 Hz e 20.000 Hz; lo spettro è ampio quasi 20.000 Hz e la frequenza centrale è circa 10.000 Hz; invece un segnale modulato di un'emittente radiofonica ha uno spettro di qualche migliaio di hertz di solito allocato intorno a frequenze di megahertz o centinaia di megahertz. Nel primo caso si ha uno *spettro piuttosto ampio rispetto alla frequenza centrale*, nel secondo caso si ha uno *spettro piuttosto stretto rispetto alla frequenza centrale*.

ReT **1** Si, perché aumentando la distanza tra i conduttori, diminuisce la capacità (per unità di lunghezza) e, diminuendo C, dalla seconda equazione di vede che l'impedenza aumenta.

ReT **2** Certamente; il decibel rappresenta l'espressione logaritmica (in base decimale) dei rapporti. Dalla definizione si ha: $(V_i/V_L)\text{dB} = 20 \cdot \log_{10}(V_i/V_L) = 20 \cdot \log_{10}(1{,}5/1{,}15) = 20 \cdot \log_{10}(1{,}3) = 20 \cdot 0{,}115 = 2{,}3$ dB. Dato che tale attenuazione ha avuto luogo sulla distanza di 1 km, si può anche dire che la costante di attenuazione vale 2,3 dB/km.

ReT **3** Un'onda è caratterizzata da velocità di propagazione v, frequenza f, lunghezza d'onda λ. La frequenza è imposta dal generatore, per cui non cambia; cambia invece la velocità di propagazione, che è sempre inferiore alla cosiddetta velocità della luce nel vuoto $(3 \cdot 10^8$ m/s); pertanto cambia anche la lunghezza d'onda, dato che vale la relazione $\lambda = v/f$.
Il rapporto tra velocità di propagazione in un determinato mezzo (ad esempio una linea) e la velocità di propagazione nel vuoto è detto *fattore di velocità* del mezzo.

ReT **4** Si, attraverso tecniche particolari di adattamento d'impedenza, quali ad esempio il trasformatore a quarto d'onda che consentono di ridurre la potenza riflessa dal carico verso il generatore.

Sitografia • Bibliografia

- http://infocom.uniroma1.it/~parisi/Campiecircuiti.pdf
- http://hep.fi.infn.it/fisichetta2/linee_intro.pdf
- http://labelettro.altervista.org/file_zip/linee.pdf
- J. Dulin, V. Veley, *Transmission lines and antennas, Electronic Communications*, TAB Professional and Reference Books, 1991.
- Musi, *Linea di trasmissione, Dizionario di ingegneria*, vol. VII, UTET, 1974.

Esercizi e Problemi

FAQ 1

Es. 1 Verificare che gli impianti per la distribuzione di energia elettrica possono essere analizzati con i Principi di Kirchhoff.

Es. 2 Valutare se l'elettronica di un telefono cellulare di prima generazione, operante sulla banda dei 900 MHz, può essere studiata attraverso il modello a parametri concentrati.

Es. 3 Stimare le approssimazioni che si introducono quando si analizza attraverso i principi di Kirchhoff un sistema elettronico funzionante in continua.

FAQ 2

Es. 1 Verificare che i bipoli serie e parallelo dell'Esempio (pag. 196), alla pulsazione di 10^7 rad/s hanno modulo e fase dell'impedenza tra loro uguali.

Es. 2 Assumendo la seguente equazione $Q_p = R_p / X_p$ come definizione del fattore di merito per una struttura composta da resistenza e reattanza in parallelo, ricavare le equazioni per la trasformazione da parallelo a serie.

FAQ 3

Es. 1 Verificare, impiegando il metodo seguito negli Esempi 1 e 2 (pag. 197), che se generatore e carico sono entrambi caratterizzati da impedenza resistivo-reattiva, si ha la massima potenza sul carico quando:
- le resistenze delle due impedenze sono uguali;
- le reattanze delle due impedenze sono uguali e complementari (una induttiva e l'altra capacitiva).

FAQ 4

Es. 1 Verificare che il generatore dell'Esempio (pag. 198) "vede" un carico (costituito da condensatore, induttore, resistore da 300 Ω) che complessivamente si comporta come una resistenza da 30 Ω.

Es. 2 Realizzare l'adattamento d'impedenza per il massimo trasferimento di potenza tra un generatore di segnale armonico caratterizzato da $f = 1{,}6$ MHz, $r_i = 300\ \Omega$ e un carico resistivo da 30 Ω.

Pr. 1 Illustrare, anche attraverso esempio numerico, la modalità di "adattamento a *T*" e di "adattamento a Π" tra generatore e carico.

ReT 1

Es. 1 Calcolare l'impedenza di una linea bifilare caratterizzata da:
- materiale isolante PVC, con $\varepsilon_r = 1{,}4$;
- conduttori di rame distanziati di $s = 1{,}5$ cm;
- diametro di ciascun conduttore $d = 1$ mm.

Es. 2 Modificare la distanza tra i conduttori dell'Esempio 1 in modo da ottenere $Z = 300\ \Omega$

Pr. 1 Dimostrare che l'impedenza di una linea bifilare è data dalla seguente equazione

$$\mathbf{Z}_0 = [(R + j\omega L)/(G + j\omega C)]^{1/2}$$

ReT 2

Es. 1 Assumendo come reali i valori della resistenza per unità di lunghezza e della conduttanza per unità di lunghezza proposti negli Esempi 1 e 2, verificare, in termini di ordine di grandezza, qual è la frequenza minima per la quale vale la condizione $\omega L >> R$ e $\omega C >> G$.

Es. 2 Illustrare la definizione di neper e la possibile espressione della costante di attenuazione in neper/km.

Pr. 1 Illustrare definizione e implicazioni pratiche della costante di propagazione di una linea di trasmissione.

ReT 3

Es. 1 In una linea di trasmissione si misurano ventri di tensione di 60 V, distanti tra di loro 30 cm e nodi di tensione di 20 V. Si misura poi un ventre di corrente 2,5 A. Calcolare:
- la corrente di nodo;
- la frequenza del segnale.

Pr. 1 Illustrare, anche con esempi quantitativi e con riferimento alle costanti di linea, il concetto di *fattore di velocità*.

ReT 4

Es. 1 Un cavo coassiale con impedenza caratteristica nominale di 50 Ω alimenta un resistore da 4 Ω. Se entrambi i valori nominali ammettono una tolleranza del 5%, calcolare il valore massimo dell'SWR che si può rilevare.

Es. 2 Lo stadio di uscita di un trasmettitore, caratterizzato da $R_{out} = 50\ \Omega$, alimenta un cavo coassiale con impedenza caratteristica $R_0 = 50\ \Omega$ e un'antenna che si comporta come un carico resistivo $R_L = 50\ \Omega$. Se la tensione a vuoto del trasmettitore vale $V_0 = 30$ V, calcolare la potenza trasferita all'antenna.

Pr. 1 Illustrare, anche attraverso relazioni quantitative, alcune tecniche per adattare l'impedenza tra linea e carico.

UNITÀ 9.2

Portanti fisici

Dallo spazio alla fibra ottica

In questa Unità si discutono le modalità di propagazione delle onde elettromagnetiche attraverso alcuni mezzi, con particolare attenzione alle fibre ottiche

Numerosi sono i portanti fisici in grado di interconnettere apparati e dispositivi. Il portante più classico e più economico è rappresentato dall'aria per le comunicazioni *wireless* terrestri, mentre quelli che si sono maggiormente affermati nei decenni di sviluppo delle Telecomunicazioni sono le cosiddette linee bifilari, a volte in disposizione simmetrica, a volte invece in disposizione coassiale. Gli ultimi decenni hanno visto la comparsa e la progressiva affermazione della fibra ottica, abbastanza rivoluzionaria sotto certi punti di vista, che sta trascinando lo sviluppo di tecnologie "oltre l'elettronica"; questa situazione richiederà certamente approcci nuovi e riorganizzazione dei saperi tecnologici.

indice

FAQ 1 Quali sono le proprietà di propagazione dell'atmosfera terrestre?

Quando si propagano attraverso l'atmosfera terrestre, le onde elettromagnetiche vengono influenzate, anche in modo profondo, dalle sue caratteristiche. Si parla di:
- propagazione *troposferica* quando le onde viaggiano solo nella parte bassa dell'atmosfera (troposfera), non ionizzata;
- propagazione *ionosferica* quando le onde viaggiano, oltre che nella troposfera, anche nella parte alta dell'atmosfera (ionosfera), ionizzata;
- propagazione *trans ionosferica* quando le onde attraversano l'atmosfera ed entrano nello spazio (o vengono dallo spazio e attraversano l'atmosfera).

I punti terminali di un collegamento radio (*wireless*, cioè senza cavo) sono di solito sulla superficie terrestre. Quando i due punti sono in "portata ottica naturale", oppure non lo sono, ma lo diventano attraverso sistemi ripetitori terrestri, la propagazione è ***troposferica***.
Di solito, le radioonde con frequenze inferiori a qualche gigahertz subiscono attenuazioni abbastanza prevedibili e relativamente contenute. A frequenze più elevate invece, le attenuazioni possono essere anche notevoli: due fenomeni responsabili di tali attenuazioni sono l'*assorbimento da gas atmosferici* e l'*assorbimento da precipitazioni piovose*.

Esempio 1 Illustrare in modo sintetico l'assorbimento da gas atmosferici.

Discussione Quando un'onda di determinata frequenza incontra molecole contenute nell'aria (in particolare le molecole di acqua e di ossigeno) che hanno una *frequenza di risonanza* coincidente con quella dell'onda, le molecole entrano in oscillazione e sottraggono energia all'onda stessa (*assorbimento da risonanza molecolare*), generando attenuazione nel segnale che si propaga. Il fenomeno, praticamente abbastanza contenuto al di sotto di 10 GHz, diventa sempre più consistente tra 10 GHz e 500 GHz, con alternanza di *finestre* che consentono il passaggio con qualche attenuazione e di picchi di assorbimento che in pratica non lo consentono; al di sopra di tale frequenza l'assorbimento diventa notevolissimo (ben superiore a 40 dB/km), mentre incomincia a diminuire nell'*infrarosso vicino* e tende ad annullarsi all'inizio della banda del *visibile*, dove l'atmosfera è molto "trasparente" alle onde elettromagnetiche.

Esempio 2 Illustrare in modo sintetico l'***assorbimento da precipitazioni piovose***.

Discussione Questo fenomeno va analizzato statisticamente, vista la natura aleatoria delle piogge, la cui influenza è praticamente irrilevante fino alle frequenze di alcuni gigahertz; cresce invece rapidamente tra 10 e 100 GHz, restando pressoché costante fino all'infrarosso, per poi attenuarsi. Ad esempio, nel *range* di frequenze compreso tra 100 e 1.000 GHz succede che:
- precipitazioni di lieve entità (al di sotto di 1 mm/ora) danno luogo ad attenuazioni inferiori a 1 dB/km;
- precipitazioni di notevole entità (tra 10 e 100 mm/ora) danno luogo ad attenuazioni tra 5 e 25 dB/km.

Naturalmente, il peggioramento della qualità della comunicazione dipende dall'ampiezza dell'area interessata dalla pioggia.

Quando invece un collegamento radio è reso possibile da effetti naturali che si manifestano negli strati più alti dell'atmosfera terrestre, la propagazione è ***ionosferica***.
La ionosfera è uno strato di aria rarefatta e ionizzata (più precisamente un insieme di strati, denominati D, E, F, con livelli di ionizzazione crescenti da D a F); tali strati rifrangono alcune onde elettromagnetiche, curvandole progressivamente verso il basso; l'effetto è equivalente a quello di uno "specchio virtuale" con altezze dell'ordine del centinaio o di alcune centinaia di chilometri.
È bene sottolineare che la possibilità di tale propagazione dipende sia dall'orario giornaliero, sia da numerosi altri fattori – collegati soprattutto alle attività solari – che condizionano la struttura della ionosfera.

Esempio 3 Con riferimento alla propagazione ionosferica, Illustrare il significato di ***frequenza critica***, f_c e di ***massima frequenza usabile*** (MUF: *Maximum Usable Frequency*).

Discussione La *frequenza critica* è la massima frequenza di un'onda radio che, emessa verticalmente, viene riflessa verso terra. Dipende dalla densità di elettroni presenti nella ionosfera, N (elettroni/metro cubo), secondo la seguente equazione: $f_c = 9 \cdot N^{1/2}$. La densità di elettroni N è molto variabile; ad esempio, per lo strato F (massima ionizzazione) si va da valori massimi diurni con ordine di grandezza di 10^{12} quando l'attività solare (macchie) è intensa, a valori di un ordine di grandezza inferiore con attività solare molto bassa. Con i valori massimi di N si ha: $f_c = 9 \cdot N^{1/2} = 9 \cdot (10^{12})^{1/2} = 9 \cdot 10^6$ Hz = 9 MHz (in condizioni che permangono magari per poche ore si possono raggiungere valori intorno ai 15 MHz; un valore di riferimento è comunque la decina di megahertz).
La ***massima frequenza usabile*** (cioè che può dare luogo alla propagazione terrestre via ionosfera) è legata alla frequenza critica dalla seguente equazione: $\text{MUF} = f_c/\cos\theta$, essendo θ l'angolo compreso tra la verticale e la direzione iniziale dell'onda. Nella pratica dei collegamenti a grande distanza si opera con valori della MUF corrispondenti a circa $3f_c$; da questa considerazione si vede che non è semplice effettuare collegamenti a lunga distanza, sfruttando la propagazione ionosferica, con frequenze superiori a quelle della gamma *HF* (limite superiore di 30 MHz).

Riflessione *Quando si fa ricorso alla propagazione transionosferica?*

FAQ 2 Quali sono le proprietà di propagazione delle linee metalliche?

Le linee di trasmissione *metalliche*, costituite da materiale conduttore, tipicamente rame o a volte alluminio e da materiale isolante, tipicamente polietilene, vengono normalmente costruite in due versioni, e cioè:
- linee bifilari ***simmetriche***;
- linee (o cavi) bifilari ***coassiali***.

L'evoluzione tecnologica, rapidissima in alcuni casi, modifica in tempi molto brevi le prestazioni delle linee; basti pensare che oggi sono riconosciute e standardizzate numerose *categorie* di linee bifilari simmetriche, con prestazioni delle ultime (la settima ad esempio) neppure lontanamente paragonabili a quelle della prima; la prima categoria continua tuttavia ad esistere nella telefonia di base.
L'evoluzione tecnologica, trascinata dalla richieste dei mercati, mostra le seguenti tendenze:
- evoluzione notevole delle linee bifilari simmetriche (doppini), con aumento enorme della banda passante;
- evoluzione piuttosto contenuta dei cavi coassiali;
- evoluzione notevolissima dei conduttori ottici.

Qui di seguito si discutono brevemente alcune caratteristiche dei "capifila storici" delle linee simmetriche e coassiali, per fornire termini di riferimento consolidati rispetto ai quali misurare l'evoluzione. Un po' come studiare il transistore per avere un termine di paragone sull'evoluzione delle tecniche d'integrazione.

Esempio 1 Illustrare sinteticamente caratteristiche costruttive e prestazionali delle ***linee bifilari simmetriche***.

Discussione Si fa riferimento alla cosiddetta **categoria 1**, quella storica, ancora in uso.
Interessante è l'analisi della cosiddetta *costante di attenuazione* in funzione della frequenza (la denominazione di "costante" è evidentemente contraddittoria), rappresentata nella fig. 2.1.
Si vede che l'attenuazione è maggiore per i conduttori di minore diametro. Si vede inoltre che, al di sopra di frequenze dell'ordine del centinaio di chilohertz, l'attenuazione diventa consistente, mentre per le frequenze dell'ordine del magahertz la situazione sembra proibitiva anche per il diametro di 9/10 mm; all'attenuazione di 18 dB/km corrisponde infatti il seguente rapporto tra potenza all'ingresso e potenza all'uscita:
$(P_{in}/P_{out})_{dB} = 10 \cdot \log_{10}(P_{in}/P_{out})$, dalla quale si ricava
$18/10 = \log_{10}(P_{in}/P_{out})$ e infine $P_{in}/P_{out} = 10^{1,8} = 63$.
Un collegamento lungo 1 km "ammazza" di 63 volte la potenza del segnale. *Il problema è stato nettamente superato nell'ultimo decennio*, con la continua evoluzione del prodotto.

Esempio 2 Illustrare sinteticamente caratteristiche costruttive e prestazionali delle ***linee bifilari coassiali***.

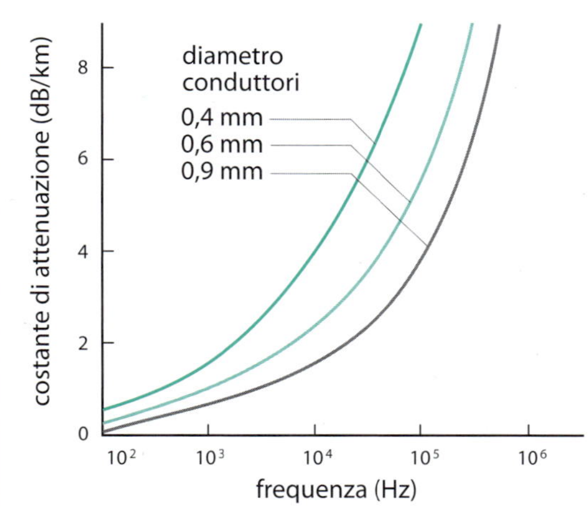

Fig. 2.1 Costante di attenuazione (espressa in dB/km) per linee bifilari simmetriche (categoria 1) realizzate con conduttori di diversi diametri.

Discussione Le linee, o cavi coassiali, più diffusi sono chiamati ***coassiale***, ***microcoassiale***, ***coassialino***.
Interessante è l'analisi della cosiddetta *costante di attenuazione* in funzione della frequenza, rappresentata nella fig. 2.2.
Si vede che l'attenuazione è maggiore per i conduttori di minore diametro. Si vede inoltre che, al di sopra di frequenze dell'ordine dei megahertz, l'attenuazione chilometrica diventa consistente. In effetti i cavi coassiali vengono usati anche a frequenze di parecchie centinaia di megahertz (si pensi ai segnali televisivi in UHF), ma su percorsi con lunghezze dell'ordine della decina o di poche decine di metri. *La costruzione dei cavi coassiali sembra tendere al consolidamento di queste soluzioni.*

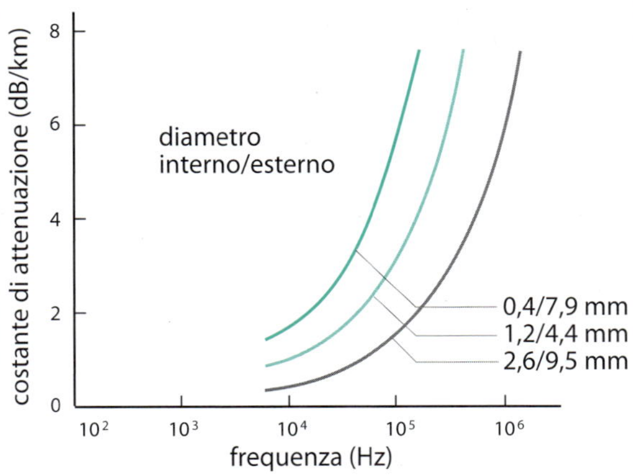

Fig. 2.2 Costante di attenuazione (espressa in dB/km) per cavi coassiali realizzati con conduttori centrali e conduttori esterni di diversi diametri.

Riflessione *Perché nei cavi coassiali sottomarini non si impiega il polietilene espanso?*

FAQ 3 Quali sono le caratteristiche direzionali delle antenne?

L'antenna, dispositivo preposto all'adattamento tra circuiti elettrici e spazio circostante allo scopo di consentire l'irradiazione di segnali elettromagnetici, dal punto di vista costruttivo può essere considerata:

- "piccola", quando la sua dimensione fisica è molto più piccola della lunghezza dell'onda che deve trasmettere o ricevere;
- "comparabile", quando la sua dimensione fisica è dello stesso ordine di grandezza della lunghezza dell'onda che deve trasmettere o ricevere;
- "grande", quando la sua dimensione fisica è molto più grande della lunghezza dell'onda che deve trasmettere o ricevere.

Per comprendere il significato di **direzionalità** di un'antenna, si può prendere come riferimento la cosiddetta ***antenna isotropica***, che irradia onde elettromagnetiche in tutto l'angolo solido e con la stessa intensità in tutte le direzioni. Nell'ambito delle telecomunicazioni terrestri tuttavia, l'irradiazione "tridimensionale" in tutto l'angolo solido non è di interesse, dato che i fruitori sono dislocati sulla superficie della Terra, che per porzioni relativamente limitate può essere considerata piana; interessa di più pertanto un'irradiazione in due dimensioni. Nel linguaggio applicativo si tende pertanto a parlare di ***antenna omnidirezionale*** quando la sua irradiazione invade un piano, in tutte le direzioni e di ***antenna isotropica*** quando l'intensità dell'irradiazione è uguale in tutte le direzioni (sul piano).

La ***direzionalità*** di un'antenna rappresenta la sua capacità di irradiare in modo preferenziale all'interno di un certo angolo e di non irradiare nel complemento all'angolo giro; è tanto più elevata, quanto più piccolo è l'angolo di irradiazione. Le antenne "piccole" tendono ad avere scarsa direzionalità, le antenne "comparabili" possono avere una discreta direzionalità, tanto più elevata quanto più piccola è la lunghezza d'onda, mentre le antenne "grandi" possono avere notevolissime proprietà direzionali, al punto da conferire all'onda irradiata le caratteristiche di un raggio o di una fascio di raggi fortemente paralleli tra di loro.

In senso generale, per organizzare trasmissioni *broadcasting* (da uno a molti, sparsi in un territorio ampio) si tende all'impiego di antenne poco direzionali; le esigenze di direzionalità aumentano invece da punto a punto, come ad esempio nel caso di un *ponte radio*. La direzionalità di un'antenna è descritta da un diagramma polare, chiamato ***diagramma di radiazione***.

Esempio 1 Discutere in modo qualitativo sulla direzionalità di tre antenne con i diagrammi di radiazione rappresentati nella figura.

Discussione Il diagramma a) è quello di un'antenna omnidirezionale e isotropa (o isotropica); l'irradiazione è uguale in tutte le direzioni (del piano): è ad esempio il caso della cosiddetta *"antenna Marconi"*, realizzata con un filo verticale di lunghezza $\lambda/4$.
Il diagramma b) è quello di un'antenna che ha due versi preferiti di irradiazione (verso nord e verso sud) e due versi proibiti (verso est e verso ovest); irradia tuttavia, anche se con minore intensità, sia verso nord-est e nord-ovest, sia verso sud-est e sud-ovest: è il caso della cosiddetta *"antenna Hertz"*, o *dipolo*, realizzato di solito con due barrette co-lineari, con lunghezza complessiva pari a $\lambda/2$.
Il diagramma c) è quello di un'antenna (ad esempio televisiva) che ha un verso privilegiato di irradiazione (verso nord), pur irradiando, anche se con minore intensità, anche verso nord-est e nord-ovest; ha invece, rispetto al dipolo, un'irradiazione fortemente attenuata in direzione sud (e sud-est e sud-ovest): è il caso del dipolo, reso quasi completamente unidirezionale con l'aggiunta di un opportuno "riflettore".

Esempio 2 Specificare in modo quantitativo la direzionalità dell'antenna con diagramma di radiazione rappresentato nella fig. c).

Discussione L'angolo α è chiamato ***larghezza del fascio*** d'irradiazione; tale angolo viene determinato con il seguente criterio: detta l la distanza tra l'origine del diagramma a il punto A lungo la direzione di massima radiazione, si individuano due segmenti di lunghezza $0{,}7 \cdot l$ che congiungono l'origine con il diagramma (punti B e C). L'angolo α è pertanto caratterizzato dal fatto che, a parità di distanza dall'antenna, l'intensità del campo elettrico in qualunque direzione in esso compresa differisce di non più di 3 dB dall'intensità relativa alla direzione di massima radiazione.

Riflessione *Una trasmissione broadcasting può richiedere antenne fortemente direttive?*

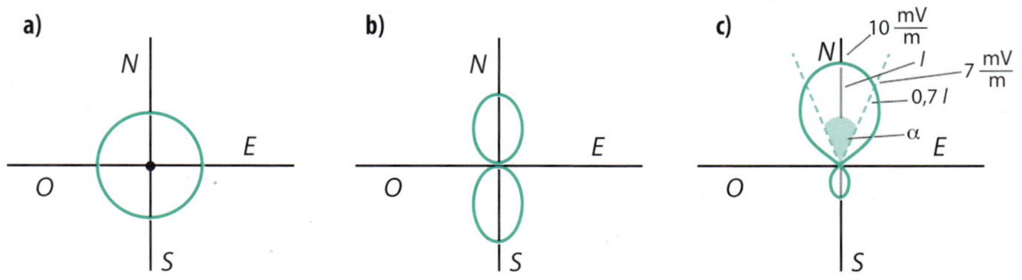

Fig. 2.3 Diagrammi di radiazione di tre antenne: **a)** antenna omnidirezionale e isotropa; **b)** antenna prevalentemente bidirezionale; **c)** antenna prevalentemente unidirezionale.

FAQ 4 Quali sono le caratteristiche elettriche delle antenne?

L'antenna, dal punto di vista circuitale, svolge le seguenti funzioni:

- in trasmissione funge da *carico* della linea di trasmissione e quindi è l'utilizzatore della potenza fornita dal trasmettitore;
- in ricezione funge da *generatore di segnale* per il ricevitore.

Come componente elettrico, l'antenna è caratterizzata da un modello circuitale equivalente, costituito tipicamente da un circuito *RLC* in serie. Tale circuito (e quindi l'antenna) è pertanto caratterizzato da:

- frequenza di risonanza f_0, in corrispondenza della quale (e in pratica anche in un suo intorno) il comportamento diventa resistivo;
- larghezza di banda BW (*Band Width*), intesa come differenza tra le due frequenze di taglio;
- fattore di merito Q (*Quality Factor*), definito dall'equazione $Q = f_0/\text{BW}$.

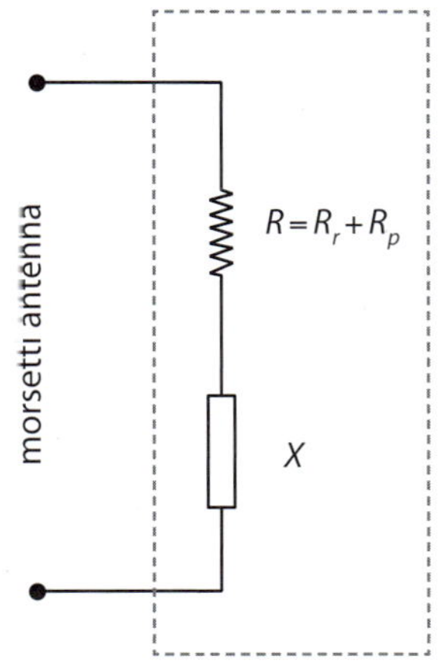

Fig. 2.4 Modello elettrico di un'antenna. Di solito l'antenna funziona alla frequenza di risonanza; pertanto la sua impedenza viene considerata resistiva, con valore uguale a R.

Esempio 1 Un'antenna ricevente, di tipo Yagi, fortemente direttiva e adatta alla frequenza di 600 MHz, è stata costruita per ricevere un canale televisivo con larghezza di 8 MHz. Descrivere la costituzione fisica dell'antenna e calcolare il suo fattore di merito.

Discussione L'antenna, per essere fortemente direttiva, deve comprendere, oltre al dipolo, un certo numero di *direttori* nella parte anteriore (a volte anche più di dieci) e almeno un *riflettore* in quella posteriore; l'esperienza suggerisce distanze di circa il $0{,}1\,\lambda$ tra gli elementi della parte anteriore e di circa $0{,}15\,\lambda$ tra gli elementi della parte posteriore; il dipolo ha lunghezza complessiva $l = \lambda/2$. Le dimensioni degli elementi sono pertanto molto simili a quelle del dipolo; essendo $\lambda = v/f = 3 \cdot 10^8/600 \cdot 10^6 = 3 \cdot 10^8/6 \cdot 10^8 = 0{,}5$ m, il dipolo avrà lunghezza di $0{,}25$ m = 25 cm.
Il fattore di merito $Q = f_0/\text{BW} = 6 \cdot 10^8/8 \cdot 10^6 = 0{,}75 \cdot 10^2 = 75$.

La resistenza *R* del modello *RLC* è in realtà composta da due resistenze, tra loro in serie:

- la ***resistenza di* perdita**, R_p, che rende conto dell'effetto Joule che si manifesta nell'antenna percorsa dalla corrente a radiofrequenza;
- la ***resistenza di radiazione***, R_r, definita dal rapporto tra la potenza irradiata dall'antenna e il quadrato della corrente nel punto di alimentazione: $R_r = P/I^2$; la resistenza di radiazione equivale a quel carico fittizio che, inserito al posto dell'antenna, darebbe luogo a un effetto Joule con potenza uguale alla potenza irradiata dall'antenna.

Il ***rendimento dell'antenna*** è definito dal rapporto tra la potenza irradiata *P* e la potenza di alimentazione P_{al} (quella fornita dalla linea all'antenna); in formula:

$$\eta = P/P_{al} = R_r/(R_r + R_p) = 1/(1 + R_p/R_r)$$

In molte situazioni vale (fortunatamente) la disuguaglianza $R_r >> R_p$; in questi casi, l'impedenza d'ingresso dell'antenna, alla frequenza di risonanza (o a frequenze vicine) è resistiva ed è uguale alla resistenza di radiazione.

Esempio 2 Un'antenna con resistenza $R = 75\ \Omega$, è percorsa da una corrente a radiofrequenza di 10 A. Nell'ipotesi di rendimento unitario, calcolare la potenza irradiata.

Discussione Se il rendimento è unitario, la resistenza di perdita R_p è nulla e la resistenza di antenna è tutta resistenza di radiazione; si ha pertanto $R_r = R = 75\ \Omega$.
La potenza irradiata è dunque:
$P = R_r I^2 = 75 \cdot 10^2 = 7500$ W = 7,5 kW.

L'antenna è collegata alla linea di trasmissione, per cui le rispettive impedenze devono essere adattate; nel caso più semplice son entrambe resistive. Sono molto diffuse antenne e linee (cavi coassiali in particolare) con impedenze di $50\ \Omega$ o di $75\ \Omega$, in grado di funzionare correttamente fino a frequenze dell'ordine del gigahertz, a condizione che la linea abbia lunghezza non troppo elevata (metri o poche decine di metri); la costante di attenuazione infatti, cresce rapidamente con la frequenza e, a fronte di lunghezze notevoli, il segnale potrebbe subire attenuazioni intollerabili.

Riflessione *Che cos'è l'antenna a paraboloide?*

ReT 1 Fibre ottiche: condizioni per la propagazione

La *fibra ottica* può essere considerata una *guida d'onda dielettrica*. È costituita da:

- un ***nucleo*** centrale, o ***core***; ha forma cilindrica e diametro tipicamente compreso tra qualche micrometro (μm) e 62,5 μm;
- un mantello che avvolge il nucleo, o ***cladding***; ha forma cilindrica e diametro tipico di 125 μm;
- una guaina esterna, con funzioni di protezione; ha forma cilindrica e diametro tipico di 250 μm.

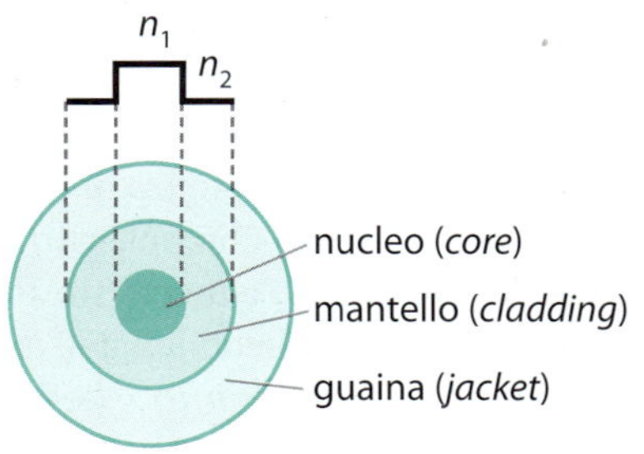

Fig. 2.5 Struttura di una fibra ottica. All'interfaccia tra core e cladding corrisponde una variazione a gradino dell'indice di rifrazione.

Per analizzare la propagazione alle frequenze ottiche è utile ricordare la *legge di Snell*, che mette in relazione i percorsi angolari (θ_1 e θ_2) seguiti da un raggio all'interfaccia tra due mezzi con l'indice di rifrazione dei mezzi stessi (n_1 e n_2). In formula:

$$n_1 \cdot \text{sen}\,\theta_1 = n_2 \cdot \text{sen}\,\theta_2$$

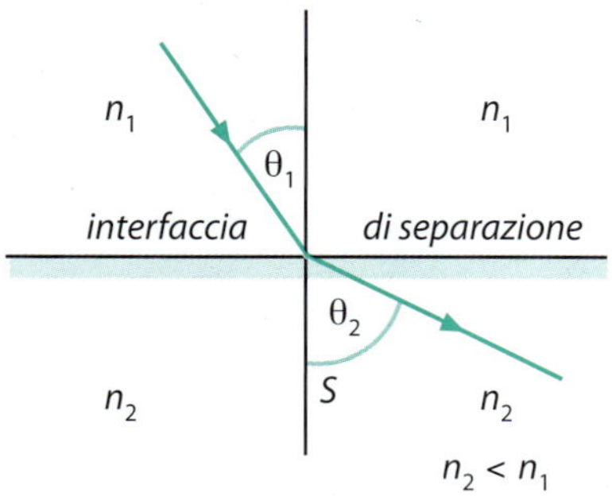

Fig. 2.6 Legge di Snell: l'angolo di rifrazione θ_2, misurato rispetto alla perpendicolare all'interfaccia di separazione, è più grande dell'angolo d'incidenza θ_1 se l'indice di rifrazione del mezzo "ricevente" è minore di quello del mezzo "trasmittente".

Quando l'angolo θ_2 diventa di 90°, il raggio non entra più nel secondo mezzo e prosegue lungo l'interfaccia; quando θ_2 diventa maggiore di 90°, il raggio viene riflesso. L'angolo d'incidenza θ_1 in corrispondenza del quale l'angolo di rifrazione θ_2 diventa di 90° è chiamato **angolo limite** (θ_{limite}).

Esempio Calcolare l'angolo limite (riflessione totale) per un raggio elettromagnetico che cerca di procedere dal un mezzo con indice di rifrazione $n_1 = 1{,}500$ a un mezzo con indice di rifrazione $n_2 = 1{,}475$ (valori reali).

Discussione Per calcolare l'angolo limite si può procedere nel seguente modo:

- si fa riferimento alla *legge di Snell*: $n_1 \cdot \text{sen}\,\theta_1 = n_2 \cdot \text{sen}\,\theta_2$ che, riscritta con simboli leggermente diversi, diventa $n_1 \cdot \text{sen}\,\theta_{incid} = n_2 \cdot \text{sen}\,\theta_{rifraz}$;
- si impone che l'angolo di rifrazione sia $\theta_{rifraz} = 90°$, per cui $\text{sen}\,\theta_{rifraz} = \text{sen}\,90° = 1$;
- si ottiene $n_1 \cdot \text{sen}\,\theta_{incid} = n_2 \cdot 1$;
- si ricava $\text{sen}\,\theta_{incid} = \text{sen}\,\theta_{limite} = n_2/n_1 = 1{,}475/1{,}500 = 0{,}983$;

Si ha allora: *angolo limite* θ_{limite} = arcsen 0,983 = **79,4 gradi**.

Questo risultato consente di affermare che tutti i raggi che incidono sulla superficie di separazione tra *core* e *cladding* con angolo superiore a 79,4 gradi vengono riflessi verso l'interno del *core* e si propagano lungo la fibra ottica.

I raggi tuttavia si presentano a una sezione normale della fibra stessa. La loro direzione angolare viene misurata rispetto alla perpendicolare alla sezione normale. Dalla costruzione geometrica si vede che l'angolo di rifrazione all'ingresso è il complemento a 90° dell'angolo di riflessione interna; tale angolo deve pertanto non essere superiore a $90° - \theta_{limite}$; la condizione limite è data dalla seguente equazione: $\theta_{rifraz\ ingresso} = 90° - \theta_{limite}$. L'angolo d'incidenza all'ingresso che consente tale condizione limite è detto ***angolo di accettanza*** (o di *accettazione*), θ_α.

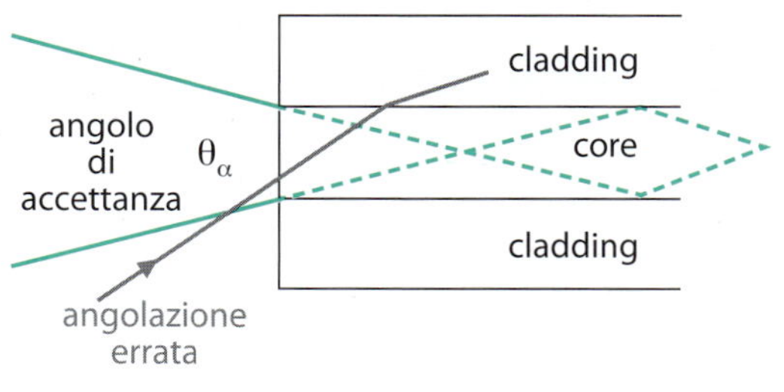

Fig 2.7 Il raggio deve entrare nel *core* con angolo non superiore all'*angolo di accettanza*; in caso diverso all'interfaccia con il cladding non c'è riflessione totale.

Si definisce *apertura numerica* (*NA*: *Numerical Aperture*) il seno dell'angolo di accettanza. In formula:

$$NA = \text{sen}\,\theta_\alpha$$

Riflessione *A volte si dice che la denominazione "fibra ottica" è contraddittoria. Perché?*

ReT 2 Fibre ottiche: finestre di trasmissione, tipologie, modi di propagazione

Nelle trasmissioni in fibra ottica si impiegano segnali elettromagnetici con frequenze che corrispondono ai minimi di attenuazione attraverso la fibra stessa; tali frequenze ricadono nell'infrarosso e sono raggruppate nei seguenti *range*, chiamati ***finestre di trasmissione***:

- *prima finestra*, corrispondente a una banda allocata intorno alla lunghezza d'onda di 850 nm;
- *seconda finestra*, corrispondente a una banda allocata intorno alla lunghezza d'onda di 1310 nm;
- *terza finestra*, corrispondente a una banda allocata intorno alla lunghezza d'onda di 1550 nm.

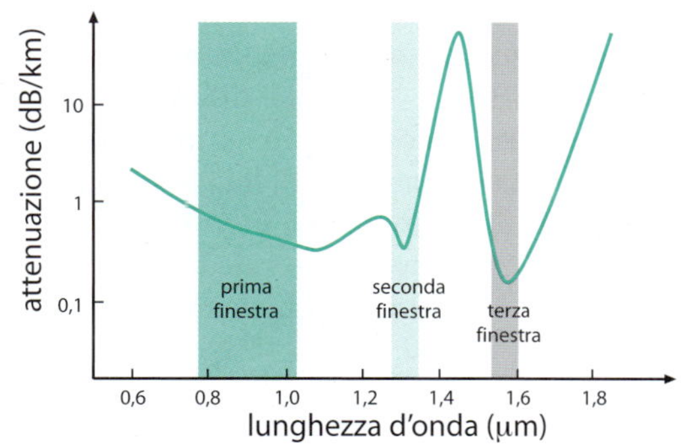

Fig. 2.8 Andamento qualitativo dell'attenuazione in una fibra ottica, in funzione della lunghezza d'onda. L'attenuazione presenta dei massimi, dovuti a forti interazioni tra radiazione elettromagnetica e materia.

Pertanto i segnali da trasmettere modulano frequenze portanti dell'ordine del centinaio di terahertz; situazione che, in linea teorica, permetterebbe la trasmissione contemporanea di moltissimi canali, ciascuno con larghezza di banda anche notevole. In pratica invece ci sono alcuni problemi da superare; una delle strade seguite prevede la realizzazione delle fibre con due tecniche particolari, denominate *step index* – cioè con indice di rifrazione che varia bruscamente da *core* a *cladding* – e *graded index*, cioè con indice di rifrazione che varia gradualmente da *core* a *cladding*.

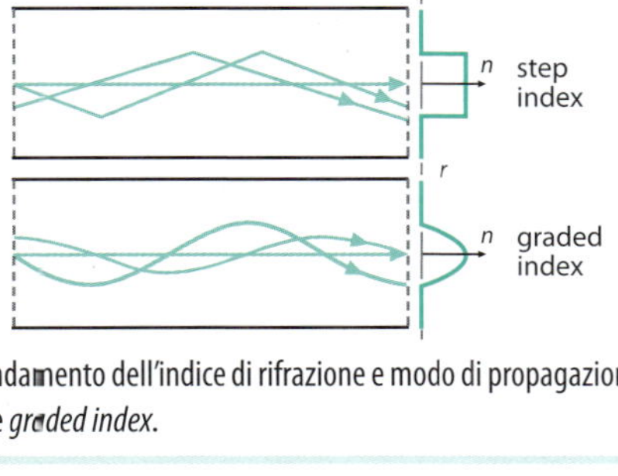

Fig. 2.9 Andamento dell'indice di rifrazione e modo di propagazione per fibre *step index* e *graded index*.

Dal modello elementare della propagazione per raggi riflessi, si potrebbe pensare che i loro modi di propagazione siano infiniti. In realtà, applicando rigorosamente le *equazioni di Maxwell*, è possibile verificare che sono possibili solo alcuni modi di propagazione. Una regola pratica per individuarli prevede il calcolo della cosiddetta *frequenza normalizzata* f_n, grandezza adimensionale definita dalla seguente equazione:

$$f_n = \pi \cdot d \cdot NA/\lambda$$

dove d è il diametro del *core*, NA l'apertura numerica e λ la lunghezza d'onda della radiazione che transita.
Se il valore calcolato di f_n è minore di 2,4 si dice che la fibra è ***monomodale***, o **SM** (*Single Mode*); se è maggiore, si dice che la fibra è ***multimodale***, o **MM** (*Multi Mode*). Dall'equazione si vede che, una volta stabilita la finestra, cioè la lunghezza d'onda λ, per ridurre f_n (cioè per realizzare fibre monomodali) bisogna ridurre il diametro della fibra e la sua apertura numerica.

Esempio Verificare se una fibra caratterizzata da un *core* con diametro d = 50 μm e apertura numerica NA = 0,30, operando in terza finestra può essere *monomodale*.

Discussione La terza finestra è caratterizzata da una lunghezza d'onda λ = 1550 nm. Svolgendo le equivalenze **si ottiene:**

$$d = 50\ \mu m = 5 \cdot 10^{-5}\ m; \quad \lambda = 1550\ nm = 1{,}55 \cdot 10^{-6}\ m$$

Inserendo i valori nell'equazione della frequenza normalizzata si ha:

$$f_n = \pi \cdot d \cdot NA/\lambda = 3{,}14 \cdot 5 \cdot 10^{-5} \cdot 0{,}30/1{,}55 \cdot 10^{-6} = 0{,}61 \cdot 10 = 6{,}1$$

La fibra è multimodale. Riducendo il diametro del core a 10 μm e l'apertura numerica a 0,10 si ha:

$$f_n = \pi \cdot d \cdot NA/\lambda = 3{,}14 \cdot 10^{-5} \cdot 0{,}10/1{,}55 \cdot 10^{-6} = 0{,}2 \cdot 10 = 2$$

La fibra è monomodale.

Le fibre *monomodali* per telecomunicazioni sono di solito realizzate con tecnica *step index*, diametro del *core* inferiore a 10 μm e del *cladding* di 125 μm. Sono adatte per trasmissione su distanze lunghe, dell'ordine di decine o centinaia di chilometri.
Le fibre *multimodali* per telecomunicazioni sono di solito realizzate con tecnica *graded index*, diametro del core di 50 μm e del cladding di 125 μm o più. Sono adatte per trasmissione su distanze brevi, inferiori alla decina di chilometri.

Riflessione *Perché bisogna ricorrere alle equazioni di Maxwell (o a metodi ancora più raffinati) per fare calcoli esatti nelle fibre ottiche?*

ReT 3 Fibre ottiche: attenuazione e dispersione

Attenuazione È misurata in dB/km e può essere generata da assorbimento da parte di *impurezze*, da *scattering*, dalle *curvature* della fibra, dall'*accoppiamento* all'ingresso, oltre che da giunti e accoppiatori.
Le *impurezze* tolgono "trasparenza" al materiale; oggi si raggiungono purezze molto elevate, che rendono le fibre ottiche quattro ordini di grandezza (cioè diecimila volte) più trasparenti dei vetri da finestra.
Lo *scattering*, cioè la diffrazione conseguente all'interazione del raggio elettromagnetico con irregolarità geometriche submicroscopiche della fibra, può dare luogo a raggi con direzione al di fuori dell'angolo critico, con conseguente uscita di energia dal *core* (e dissipazione nel *cladding*).
Anche le *curvature* che la fibra potrebbe essere obbligata a seguire in seguito alla sua posa nell'impianto possono generare condizioni di raggi con direzione al di fuori dell'angolo critico, con conseguente uscita di energia dal *core* (e dissipazione nel *cladding*).
L'*accoppiamento* all'ingresso si rivela tanto più difficoltoso quanto minore è il diametro del *core*; una parte della potenza fornita dalla sorgente può investire il *cladding* e non iniziare il percorso di propagazione lungo la fibra.

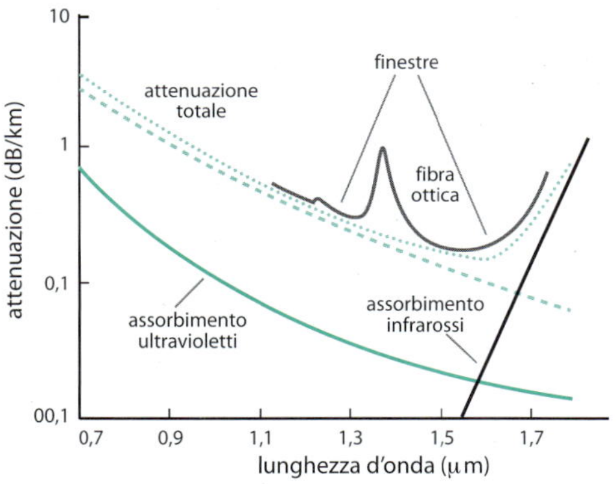

Fig. 2.10 La curva rappresenta l'attenuazione complessiva generata da assorbimento e da scattering.

Esempio 1 Disponendo di una fibra ottica con attenuazione specifica A_s di 0,2 dB/km, calcolare la potenza al termine di un collegamento lungo 20 km se la potenza entrante nella fibra è di 10 mW (tenendo già conto delle perdite dovute all'accoppiamento all'ingresso).

Discussione L'attenuazione causata dal collegamento vale: $A = A_s \cdot l = 0{,}2$ dB/km $\cdot$ 20 km = 4 dB. A tale valore corrisponde un rapporto tra potenza d'ingresso e potenza di uscita ricavabile dalla seguente equazione: $4 = 10 \cdot \log_{10}(P_{in}/P_{out})$, dalla quale si ricava $4/10 = \log_{10}(P_{in}/P_{out})$, cioè $P_{in}/P_{out} = 10^{0,25}$ $= 1{,}78$. Sarà pertanto $P_{out} = P_{in}/1{,}78 = 10/1{,}78 = 5{,}62$ mW.

Dispersione Può essere *cromatica* (e allora genera diversità nei tempi di propagazione di segnali non monocromatici, come quelli emessi dai LED) oppure *modale* (e allora genera diversità nei tempi di propagazione di segnali che si propagano secondo *modi* diversi); in entrambi i casi la conseguenza consiste in un allargamento temporale dell'impulso, con possibilità di *interferenza intersimbolica*.

Dispersione cromatica In pratica riguarda solo le fibre monomodali. È legata ai diversi valori dell'indice di rifrazione che uno stesso materiale presenta a segnali con frequenze (e dunque "colorazioni") diverse e dunque di diversi tempi di propagazione. Come conseguenza si ha un allargamento temporale dell'impulso. Si definisce *costante di allargamento cromatico dell'impulso* $\Delta t_c = t_{lento} - t_{veloce}$ la differenza tra tempo di propagazione del segnale più lento e di quello più veloce, misurata su una fibra di lunghezza unitaria (1 km); l'unità di misura pratica è *picosecondi al chilometro* (ps/km). Si dimostra che vale la seguente equazione: $\Delta t_c = m \cdot \Delta\lambda$, dove m e chiamato *coefficiente di dispersione cromatica*.

Dispersione modale In pratica riguarda solo le fibre multimodali. È legata alla differenza di lunghezza dei percorsi dei diversi modi di propagazione; per ridurla si usano fibre multimodali *graded index*. Come conseguenza si ha un allargamento temporale dell'impulso. Si definisce *costante di allargamento modale dell'impulso* $\Delta t_m = t_{lento} - t_{veloce}$ la differenza tra tempo di propagazione del segnale più lento e di quello più veloce, misurata su una fibra di lunghezza unitaria (1 km); l'unità di misura pratica è il nanosecondo al chilometro (ns/km).
Si dimostra che vale la seguente equazione: $\Delta t_m \approx 3{,}33 \cdot$ $\cdot 10^3 \cdot n_1/[n_2(n_1 - n_2)]$, dove n_1 e n_2 sono gli indici di rifrazione del *core* e del *cladding*. Se l è la lunghezza della fibra, l'allargamento dell'impulso vale $\Delta T = \Delta t_m \cdot l$, per cui la massima frequenza alla quale si possono trasmettere gli impulsi vale $f_{max} = 1/\Delta T$ impulsi al secondo.

Esempio 2 Un collegamento in fibra ottica è lungo 8 km. La fibra, multimodo, è caratterizzata da una costante di allargamento dell'impulso di 5 ns/km. Calcolare la massima velocità di trasmissione possibile per gli impulsi.

Discussione Si calcola l'allargamento dell'impulso $\Delta T = \Delta t\, l =$ $= 5$ ns/km $\cdot$ 8 km = 40 ns. La frequenza massima di ripetizione degli impulsi è allora $f_{max} = 1/\Delta T = 1/40 \cdot 10^{-9} = 1/4 \cdot 10^{-8} =$ $= 0{,}25 \cdot 10^8 = 26 \cdot 10^6$ impulsi al secondo.

Riflessione *Si può parlare di attenuazione specifica per i segnali ottici che provengono dal Sole?*

ReT 4 Fibre ottiche: ricetrasmissione

Un sistema di ricetrasmissione in fibra ottica comprende tipicamente:

- un trasmettitore, che genera il segnale ottico da trasmettere (portante) e provvede ad associargli l'informazione attraverso un processo di *modulazione*;
- un portante fisico in fibra ottica, in grado di consentire la propagazione a distanza e alla destinazione voluta del segnale ottico modulato;
- una serie (quando necessaria) di amplificatori ottici di linea, destinati a compensare l'attenuazione subita dal segnale modulato durante la propagazione;
- un ricevitore, che demodula il segnale e comanda opportuni dispositivi d'interfaccia.

I collegamenti tra trasmettitore e portante in fibra e tra quest'ultimo e il ricevitore sono realizzati attraverso opportuni *connettori*. Eventuali collegamenti in serie tra fibre (quando le distanze da coprire sono molto lunghe) vengono realizzati attraverso appositi *giunti*.

Quando la comunicazione deve essere bidirezionale, i blocchi terminali del sistema sono dei ricetrasmettitori.

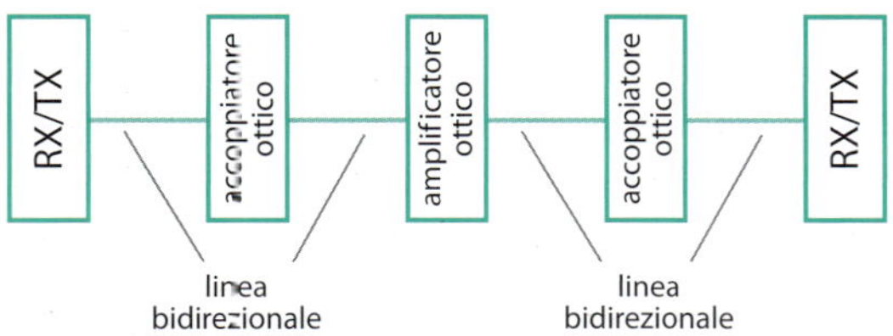

Fig. 2.11 Struttura di sistema di ricetrasmissione in fibra ottica.

Trasmettitore È essenzialmente costituito dai seguenti blocchi funzionali:

- generatore del segnale ottico di potenza;
- modulatore;
- interfaccia con la linea di trasmissione.

Il segnale ottico di potenza viene generato o con dispositivi LED o con laser a semiconduttore (diodo); i primi, meno costosi, generano tuttavia segnali a spettro piuttosto largo e possono servire per comunicazioni su distanze brevi; i secondi, più costosi, generano segnali con spettri molto contenuti, rivelandosi particolarmente adatti per comunicazioni su lunghe distanze. Viene prevalentemente impiegata la tecnica di modulazione in ampiezza del segnale ottico; nell'ipotesi abbastanza consueta di una banda con larghezza dell'ordine dell'1% della frequenza portante – che è dell'ordine del centinaio di terahertz – si può disporre di una banda dell'ordine del terahertz, incredibilmente più ampia rispetto a quella ottenibile con le tecnologie a microonde (circa 100 MHz).

La modulazione può essere *diretta* – e allora una corrente influisce direttamente sull'emissione del LED o laser a semiconduttore – oppure indiretta – e allora il LED o il laser a semiconduttore funzionano in emissione continua e il segnale emesso viene successivamente modificato da un modulatore. La seconda soluzione, più complessa, fornisce risultati migliori per le comunicazioni su lunga distanza.

L'interfaccia con la linea di trasmissione (fibra ottica) viene realizzata con sistemi di lenti convergenti.

Ricevitore È essenzialmente costituito dai seguenti blocchi funzionali:

- rivelatore dei segnali ottici modulati (trasduttore ottico/elettrico);
- preamplificatore elettronico;
- rivelatore/amplificatore elettronico.

Il rivelatore ottico è essenzialmente un *fotodiodo*, dispositivo che fa corrispondere al segnale ottico un segnale elettrico. Il diodo è polarizzato inversamente e la corrente generata quando è investito da un segnale ottico è proporzionale alla potenza del segnale ottico stesso; la corrente, percorrendo una resistenza, genera una tensione che viene amplificata dal preamplificatore elettronico. Il rivelatore/amplificatore elettronico modifica poi il livello del segnale, secondo il tipo di destinazione (ad esempio, sistema elettronico computerizzato o persona utente).

Amplificatore ottico È un sistema a larga banda; a volte privilegia la minimizzazione del rumore – è il caso dei preamplificatori, usati ad esempio per rinforzare il segnale ricevuto, prima della demodulazione –, a volte invece privilegia il valore della potenza di uscita – è il caso ad esempio degli amplificatori di trasmissione, usati per non sovraccaricare la sorgente laser.

Esempio Un sistema è costituito da un trasmettitore che funziona in terza finestra e fornisce una potenza ottica in linea di 3 mW, una linea monomodale in fibra ottica lunga 30 km, 4 giunti e due connettori (uno all'ingresso e uno all'uscita). Stimare la potenza ottica al ricevitore.

Discussione Si ipotizza che la linea introduca un'attenuazione di 0,2 dB/km, che l'attenuazione introdotta da ciascun giunto sia di 0,1 dB mentre quella introdotta da ciascun connettore sia di 0,5 dB. L'attenuazione totale sarà:

$$A_{totale} = A_{linea} + A_{giunti} + A_{connettori} = 30\ \text{km} \cdot 0{,}2\ \text{dB/km} + $$
$$+ 4 \cdot 0{,}1\ \text{dB} + 2 \cdot 0{,}5\ \text{dB} = 6\ \text{dB} + 0{,}4\ \text{dB} + 1\ \text{dB} = 7{,}4\ \text{dB}$$

Si ha: $7{,}4 = 10 \cdot \log_{10}(P_{in}/P_{out})$ dalla quale si ricava:

$7{,}4/10 = \log_{10}(P_{in}/P_{out})$, per cui si ha $P_{out}/P_{in} = 10^{0{,}74} = 1/5{,}49$

e infine $P_{out} = (1/5{,}49) \cdot P_{in} = 3\text{mW}/5{,}49 = 0{,}55\ \text{mW}$.

Riflessione *La comunicazione attraverso il "telefonino" può fare uso della fibra ottica?*

Sommario

Secondo la natura materiale, i portanti fisici, si distinguono in portanti metallici, quali le linee simmetriche e i cavi coassiali, e in portanti non metallici, quali l'atmosfera e le fibre ottiche.
Tutti invece sono caratterizzati da banda passante, attenuazione specifica, capacità di adattarsi alle caratteristiche dei generatori all'ingresso e dei carichi all'uscita.

Anche se l'impiego delle finestre ottiche apre la strada al nuovo scenario della trasmissione a banda molto larga e a frequenze elevatissime, la parte bassa dello spettro non è comunque per nulla abbandonata: è solo satura e continua ad essere valorizzata, con l'impiego di tecnologie classiche e ben consolidate.

Risposte alle riflessioni

***FAQ* 1** Quando si vuole usare come ripetitore artificiale un satellite per telecomunicazioni, allo scopo di riflettere il segnale su zone della Terra non raggiungibili con la propagazione diretta; oppure quando si vuole "comunicare con lo spazio", ad esempio con astronavi in orbita terrestre o con sonde spaziali interplanetarie.

***FAQ* 2** Perché non resisterebbe alle pressioni; si usa invece il polietilene compatto che, non contenendo aria, modifica la costante dielettrica relativa, portandola da circa 1 a circa 2,3. In tal caso cambia anche l'impedenza caratteristica; infatti, essendo $Z_0 \approx (L/C)^{1/2}/(\varepsilon_r)^{1/2}$, se con $\varepsilon_r = 1$ l'impedenza vale 75 Ω, con $\varepsilon_r = 2{,}3$ tale valore viene diviso per $(2{,}3)^{1/2} = 1{,}52$ e diventa $75/1{,}52 = 50\ \Omega$.

***FAQ* 3** Certamente. Un esempio è quello delle comunicazioni via satellite che, pur prevedendo una trasmissione da satellite a terra di tipo *broadcasting* in quanto destinata a un'ampia area geografica (ipotizziamo per semplicità un cerchio con raggio di 300 km) devono impiegare antenne con elevata direzionalità: ma ciò dipende dalla distanza tra satellite e superficie della Terra, di circa 36.000 km nel caso di satelliti geostazionari.

***FAQ* 4** È un'antenna con forma ottenuta dalla rotazione di una parabola, con elevatissima direzionalità, adatta a frequenze molto elevate, dai gigahertz in su. È un'antenna "grande" con dimensioni molto più grandi della lunghezza d'onda, con elevatissima direzionalità ed elevatissimo guadagno.

***ReT* 1** La denominazione di "fibra ottica" sembrerebbe indicare un supporto realizzato per trasportare radiazione visibile, cioè raggi luminosi; in realtà non è così, dato che le onde elettromagnetiche impiegate nelle trasmissioni su fibra ottica appartengono al *range* dell'infrarosso.

***ReT* 2** Perché le dimensioni fisiche delle fibre (diametro del core, dell'ordine della decina di micrometri) sono confrontabili con la lunghezza delle onde (dell'ordine del micron).

***ReT* 3** Si, ma con alcune differenze rispetto all'attenuazione specifica delle fibre ottiche. Il queste ultime, l'attenuazione è dovuta a *perdite*, cioè a trasformazione di energia radiante in energia termica; nel caso della radiazione solare invece, dato che essa si propaga nel vuoto e quindi non è soggetta a perdite, l'attenuazione dei segnali è dovuta al fatto che la potenza della sorgente (il Sole) di distribuisce su superfici (sferiche) la cui area aumenta con il quadrato della distanza; pertanto si ha un'attenuazione della *densità di potenza del segnale* invece che della *potenza* del segnale, ma non si hanno trasformazioni di energia radiante in energia termica.

***ReT* 4** Certamente. Tale comunicazione è "via etere" solo per tratte limitate: sicuramente quelle che separano la coppia di telefonini che sta comunicando dalle rispettive stazioni radio base e, a volte, alcune tratte in ponte radio tra stazioni radio base e stazioni di livello superiore. Il collegamento tra le stazioni, che possono distare tra loro anche centinaia o migliaia di chilometri può avvalersi di tratte, anche lunghe, realizzate in fibra ottica.

Sitografia • Bibliografia

- http://www.ingmonti.it/libri/Parte4/A2%20Mezzi%20di%20trasmissione.pdf
- http://infocom.uniroma1.it/~biagi/TO1b.pdf
- http://netgroup.polito.it/teaching/prl/fo-prj.pdf
- http://w3.uniroma1.it/cattedra_michelotti/esercitazione5.pdf
- http://home.dei.polimi.it/melloni/DISPENSE/CC-cap8.pdf

- B. Costa, F. Tosco, *Trasmissione di segnali su mezzi fisici*, *Enciclopedia delle scienze fisiche*, vol. VI, Istituto italiano dell'enciclopedia, 1995.
- B. Killen, *Fiber Optic Communication*, Prentice Hall International Edition, 1991.
- S. Gibilisco, N. Sclater, *Fiber Optic Communication*, *Enciclopedia of Electronics*, TAB Professional and Reference Books, 1995.

Esercizi e Problemi

FAQ 1

Es. 1 La potenza iniziale P_i = 2W associata a un segnale, diventa di 0 5 W a 10 km di distanza. Calcolare l'attenuazione al chilometro, esprimendola in dB/km.

Es. 2 Calcolare a quale altezza dovrebbero essere collocate le antenne di due stazioni radio poste in riva al mare a Civitavecchia e ad Olbia per consentire una trasmissione in portata ottica.

Pr. 1 Misure sull'intensità di campo elettrico di un'onda emessa da un trasmettitore a microonde collocato sulla costa marina, in condizioni atmosferiche di bel tempo su tutta la tratta di trasmissione, forniscono i seguenti risultati:
- a 1 km dal trasmettitore, sul mare, E_1 = 110 dBμV;
- a 50 km dal trasmettitore, cioè al ricevitore collocato su un'isola nel mare, E_{50} = 60 dBμV.

In seguito a cambiamento delle condizioni meteorologiche, l'onda deve attraversare, nell'ultima parte della tratta, una zona di 10 km a tempo piovoso, con precipitazioni che danno luogo ad attenuazione della ***potenza*** del segnale di 3 dB/km. Calcolare:
- l'attenuazione della potenza del segnale in condizioni di bel tempo, esprimendola in dB/km;
- il nuovo valore di E_{100} quando la trasmissione incontra il brutto tempo.

Pr. 2 Si vuole trasmettere attraverso un apparato sperimentale, un'onda con la frequenza di 190 GHz. Si sa che a tale frequenza l'atmosfera dà luogo ad un'attenuazione della potenza del segnale di circa 5 dB/km.
Il trasmettitore emette un segnale con livello di 20 dBm. Ipotizzando che il ricevitore sia in grado di rivelare l'arrivo di un segnale con potenza minima di 10 μW,
- calcolare la massima distanza possibile tra trasmettitore e ricevitore;
- commentare le scelte relative alla frequenza e alla sensibilità del ricevitore.

Pr. 3 Con riferimento alla propagazione ionosferica, illustrare il concetto di *altezza virtuale.*

FAQ 2

Es. 1 Verificare che tra neper e decibel esiste la seguente relazione: $N_p = 8{,}686$ dB

Es. 2 L'impedenza caratteristica di una linea, caratterizzata dalle (cosiddette) costanti primarie *R*, *G*, *L*, *C* è data dalla seguente equazione:

$$Z_0 = [(R + j\omega L)/(G + j\omega C)]^{1/2}$$

Assumendo i dati dal catalogo di un costruttore di linee di trasmissione:
- analizzare l'andamento del modulo in funzione della frequenza;
- analizzare l'andamento dell'argomento (o fase) in funzione della frequenza.

Es. 3 La costante di propagazione di una linea, caratterizzata dalle (cosiddette) costanti primarie *R*, *G*, *L*, *C* è data dalla seguente equazione:

$$\Upsilon = [(R + j\omega L) \cdot (G + j\omega C)]^{1/2}$$

Assumendo i dati dal catalogo di un costruttore di linee di trasmissione:
- analizzare l'andamento del modulo in funzione della frequenza;
- analizzare l'andamento dell'argomento (o fase) in funzione della frequenza.

Pr. 1 Osservando i rapporti tra diametro del conduttore esterno e di quello interno del *coassiale* e del *coassialino*, si vede che sono circa uguali (un po' diverso è il caso del *microcoassiale*). Tutti e tre i tipi inoltre hanno impedenza caratteristica di 75 Ω.
Illustrare, anche con considerazioni quantitative, il significato del valore di tale rapporto, comunque compreso tra 3,5 e 4,2.

FAQ 3

Es. 1 Dimostrare che la *larghezza del fascio* α è l'angolo all'interno del quale la potenza irradiata in qualunque direzione è almeno uguale alla metà della potenza irradiata lungo la direzione preferenziale.

Es. 2 Sapendo che il rapporto avanti/indietro di un'antenna, FBR (*Forward to Back Ratio*) è definito dalla seguente equazione:

$$\text{FBR} = 10 \log_{10} (P_F / P_B)$$

con riferimento al diagramma di radiazione della figura 2.3 c) calcolare tale rapporto (tenere presente che il diagramma di riferisce all'intensità del campo elettrico).

Es. 3 Definendo guadagno di un'antenna che irradia una potenza *P* il rapporto tra la radiazione nella direzione privilegiata e la radiazione di un'antenna isotropa che irradia la stessa potenza *P*, con riferimento al diagramma di radiazione della figura 2.3 c) calcolare il guadagno dell'antenna, esprimendolo anche in decibel.

Es. 4 Sapendo che per migliorare sia le caratteristiche di direzionalità, cioè per diminuire la *larghezza del fascio*, sia per migliorare il *rapporto avanti/indietro* di un dipolo si aggiungono al dipolo stesso:
- un elemento riflettore, posteriore (si prenda come riferimento il verso di irradiazione), leggermente più lungo del dipolo (5% circa);
- un elemento direttore, anteriore, leggermente più corto (5% circa).

e che l'antenna così organizzata è detta di tipo *Yagi*, dimensionare un'*antenna Yagi a 3 elementi* adatta alla frequenza f = 100 MHz.

FAQ 4

Pr. 1 Con riferimento a un'antenna e al campo irradiato, illustrare, anche con esempi applicativi, il significato di polarizzazione *lineare*, polarizzazione *circolare*, polarizzazione *ellittica*.

Pr. 2 Tenendo presente che il diagramma del modulo dell'impedenza di un *circuito risonante* mette in evidenza la possibilità di "trattamento" particolare riservato a una frequenza (o a una banda ristretta di frequenze), discutere sia sul significato di "*trappola elettrica*", sia sulla costituzione di un'*antenna a trappola*.

Pr. 3 Illustrare, anche con esempi quantitativi, il significato di snellezza di un'antenna a filo o a barre, a partire dalla seguente definizione:

$$snellezza = 2\ln l/r$$

dove l è la lunghezza del filo (o della barra) e r è il suo raggio. Discutere la relazione tra snellezza e fattore di merito di un'antenna.

ReT 1

Es. 1 Dimostrare che l'apertura numerica di una fibra ottica (*NA*) può essere espressa in funzione degli indici di rifrazione del *core* e del *cladding* (n_1 e n_2) attraverso la seguente equazione: $NA = (n_1^2 - n_2^2)^{1/2}$.

Es. 2 Definendo indice di rifrazione specifico di una fibra ottica la quantità $\Delta = (n_1 - n_2)/n_1$, dimostrare che l'apertura numerica può essere definita dalla seguente equazione: $NA = n_1 \cdot (2\Delta)^{1/2}$.

Es. 3 Calcolare l'*angolo di accettanza* θ_α per la fibra ottica di cui all'Esempio 1, nell'ipotesi che il percorso del raggio elettromagnetico incidente attraversi l'aria.

Es. 4 Definire il significato di cono di accettanza di una fibra ottica.

Es. 5 Una fibra ottica ha un *core* con indice di rifrazione $n_1 = 1{,}510$ e un *cladding* con indice di rifrazione $n_2 = 1{,}480$. Calcolare:
- l'apertura numerica;
- l'angolo di accettanza;
- l'angolo critico.

Es. 6 Il *core* di una fibra ottica, con $n_1 = 1{,}500$, è immerso nell'acqua, con $n_2 = 1{,}330$. Calcolare l'angolo limite della struttura.

Pr. 1 Discutere il problema della contemporanea presenza di rifrazione e riflessione di un raggio elettromagnetico all'interfaccia tra due mezzi con indice di rifrazione diverso.

Pr. 2 Discutere sulla curvatura massima consentita a una fibra ottica, tale da non lasciar "sfuggire" all'esterno il raggio elettromagnetico.

ReT 2

Es. 1 Rappresentare graficamente la posizione delle finestre di trasmissione delle fibre ottiche rispetto alla "finestra" della radiazione elettromagnetica visibile.

Es. 2 Si dice che la seconda finestra di trasmissione ha una banda larga 12 THz. Ipotizzando che la frequenza corrispondente alla lunghezza d'onda di 1310 nm sia al centro di tale banda, individuarne gli estremi ed esprimerli sia in frequenza, sia in lunghezza d'onda.

Es. 3 Se si attribuisce a ciascun canale di trasmissione una banda di 2 GHz, calcolare il numero di canali disponibili nella seconda finestra.

Pr. 1 Discutere sulla capacità di trasmissione di un canale con larghezza dell'ordine del gigahertz, confrontandola con quella dei canali disponibili alle radiofrequenze.

ReT 3

Es. 1 Spiegare, anche con esempi quantitativi, la relazione esistente tra allargamento temporale dell'impulso e massima frequenza di trasmissione.

Pr. 1 Illustrare il significato di *modo* nella propagazione di onde ottiche.

Pr. 2 Discutere sul problema dell'*interferenza intersimbolica* nei collegamenti ottici.

Pr. 3 Con riferimento a fibre ottiche monomodali, dimostrare la validità dell'equazione: $\Delta t_c = m \cdot \Delta\lambda$

Pr. 4 Con riferimento a fibre ottiche *multimodali*, dimostrare la validità dell'equazione

$$\Delta t_m \approx 3{,}33 \cdot 10^3 \cdot n_1/[n_2(n_1 - n_2)]$$

ReT 4

Es. 1 Spiegare il significato della seguente specifica tecnica: *sensibilità del ricevitore* = – 30 dBm.

Es. 2 Un trasmettitore ottico immette sulla fibra caratterizzata da un'attenuazione di 0,4 dB/km, un segnale con potenza di 1 mW. Se il ricevitore richiede una potenza minima di 10 μW, calcolare la massima lunghezza possibile per la fibra ottica, trascuranto le attenuazioni introdotte da connettori ed eventuali giunti.

Pr. 1 Illustrare il principio di funzionamento di un trasmettitore per segnali ottici.

Pr. 2 Illustrare il principio di funzionamento di un amplificatore ottico.

Pr. 3 Illustrare il principio di funzionamento di un ricevitore per segnali ottici.

Pr. 4 Illustrare le tecniche costruttive dei connettori ottici.

Pr. 5 Illustrare le tecniche costruttive dei giunti ottici.

Pr. 6 Illustrare le tecniche costruttive dei cavi ottici.

Pr. 7 illustrare principi e applicazioni dell'ottica integrata.

Pr. 8 Illustrare il "power Budget" per un sistema di trasmissione ottica.

Pr. 9 Illustrare il principio dell'emissione stimolata.

Pr. 10 Illustrare il principio di funzionamento di un laser a diodo.

MODULO 10

Modulazione analogica

indice

abilità

La discussione degli esempi e delle riflessioni, l'analisi del testo e lo svolgimento di alcuni esercizi favoriscono lo sviluppo delle seguenti abilità:

- riconoscere le funzionalità dei principali dispositivi elettronici analogici
- scegliere gli elementi di un sistema di trasmissione

UNITÀ 10.1

Modulazione di ampiezza

Tecniche di modulazione d'ampiezza nei sistemi di trasmissione analogica

In questa Unità si descrivono le principali tecniche di modulazione che agiscono sull'ampiezza di un segnale armonico

La *modulazione d'ampiezza* è stata la prima tecnica sviluppata per consentire le trasmissioni a distanza usando onde elettromagnetiche. Ancora oggi è molto usata non tanto nella radio diffusione in modulazione d'ampiezza, oramai poco seguita dal pubblico delle cosiddette economie avanzate, quanto come componente in molti sistemi di trasmissione, anche per le diverse varianti con cui si può realizzare. In quanto capostipite, è stata la progenitrice di tutte le tecniche di modulazione sviluppate successivamente.

indice

FAQ 1 Che cos'è la modulazione?

Per *modulazione* si intende la modifica a fini trasmissivi dei parametri di un'onda sinusoidale; tale modifica è svolta da un circuito detto *modulatore*. In ricezione, un circuito complementare detto *demodulatore*, compie l'operazione opposta, chiamata demodulazione.
I circuiti *modulatore* e *demodulatore*, assieme ad altri, si trovano nei dispositivi in maggioranza digitali detti *modem*.
La modulazione coinvolge due segnali in ingresso e uno in uscita. Il primo dei segnali in ingresso è quello da trasmettere o *segnale modulante*, indicato con $m(t)$, contenente l'informazione o messaggio, mentre il secondo, detto segnale portante o *carrier* e indicato con $c(t)$, è l'onda sinusoidale che verrà modificata; essa è rappresentabile come $c(t) = A_c \cos(2\pi f_c t)$, nella quale A_c ne costituisce l'ampiezza fissa e f_c la frequenza; la fase iniziale qui è assunta uguale a zero.

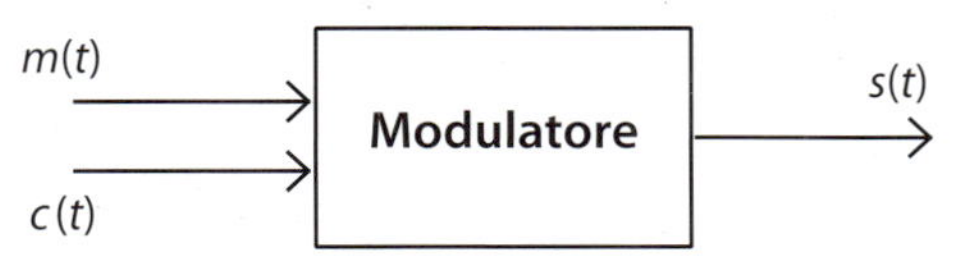

Fig. 1.1 Il modulatore inserisce le informazioni contenute in $m(t)$ nelle caratteristiche di $c(t)$ per produrre un segnale combinato $s(t)$.

La modulazione va a incidere sulla portante per modificarne la forma, in modo da farle assumere le caratteristiche del segnale modulante $m(t)$. La portante così modificata è detta segnale modulato, che viene indicato con $s(t)$ e costituisce l'uscita del processo. Il segnale modulato ha il compito di trasportare l'informazione a destinazione, attraverso il canale di comunicazione. La modulazione ha il compito di trasferire l'informazione contenuta nel messaggio, imprimendola sulla portante. La modulazione si rende necessaria per adattare le frequenze trasmesse con quelle consentite dal canale attraversato. In situazioni ordinarie il messaggio da trasmettere è in banda base e la sua larghezza di banda si estende da zero a un valor massimo W. Il canale, in particolare nelle trasmissioni radio, mette a disposizione una banda centrata attorno a una frequenza f_c, molto superiore a W. La frequenza della portante viene scelta proprio al valore di f_c e la modulazione produce l'effetto di traslare la banda del messaggio attorno a quel valore. Il segnale modulato è perciò un segnale in *banda traslata*.

Esempio Descrivere un segnale modulante nel dominio della frequenza.

Discussione Un segnale modulante in banda base è rappresentato sull'asse delle frequenze, da uno spettro di ampiezza che si estende sul semiasse positivo da zero a 5 kHz accompagnato, per una proprietà di simmetria matematica, dall'analogo spettro riflesso sulle frequenze negative. Il corrispondente segnale modulato con una portante f_C di 100 kHz, avrà uno spettro di ampiezza con larghezza di banda doppia di 10 kHz, centrato attorno alla frequenza della portante.

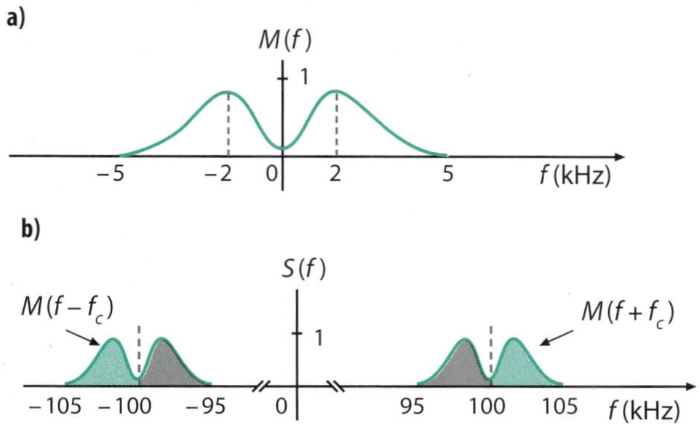

Fig. 1.2 **a)** Spettro di ampiezza $M(f)$ di un segnale modulante in banda base con frequenza massima $W = 5$ kHz; **b)** spettro di ampiezza $S(f)$ del segnale modulato in banda traslata, centrato a 100 kHz, con le corrispondenti bande immagine nelle frequenze negative. Si noti la simmetria delle bande laterali del segnale modulato.

I parametri della portante sinusoidale suscettibili di modulazione sono tre: l'ampiezza, la frequenza e la fase. Nel primo caso si parla di AM o *Amplitude Modulation*, negli altri di FM o *Frequence Modulation* e PM o *Phase Modulation*; FM e PM sono anche denominate modulazioni angolari.
Per *sistema di trasmissione analogica* si intende un sistema che trasporta un segnale, di tipo analogico, contenente informazioni; detto messaggio è indicato con $m(t)$. Esempi significativi di segnale analogico sono il parlato, l'audio musicale e i segnali video, quali quelli della TV analogica. La loro ampiezza spettrale può essere considerata, in prima approssimazione, di 5 kHz per il parlato, 20 kHz per la musica e 5 MHz per il video. Al contrario, un sistema di trasmissione numerica trasporta segnali contenenti informazioni numeriche che possono essere tali in origine, quali i dati che si scambiano i computer, o possono provenire da segnali originariamente analogici che sono stati digitalizzati.

Riflessione *Qual è la differenza tra segnale modulante e segnale modulato?*

FAQ 2 Che cos'è la modulazione di ampiezza DSB-SC?

Nella *modulazione di ampiezza* il segnale modulante va ad agire sull'ampiezza della portante, regolandola continuamente. Si tratta di tecniche lineari di modulazione i cui schemi più importanti sono:

- DSB-SC: *Double Side Band Suppressed Carrier*;
- DSB-LC: *Double Side Band Large Carrier* (meglio nota come AM);
- SSB: *Single Side Band*;
- VSB: *Vestigial Side Band*.

La *modulazione* DSB - SC, a doppia banda laterale con soppressione della portante, si realizza semplicemente mediante la moltiplicazione del segnale $m(t)$, di frequenza massima W, per il segnale sinusoidale $c(t)$, di frequenza f_C, ottenendo il segnale modulato da trasmettere

$$s(t) = g_m \cdot m(t) \cdot A_c \cos(2\pi f_c t)$$

dove g_m rappresenta il guadagno del modulatore.

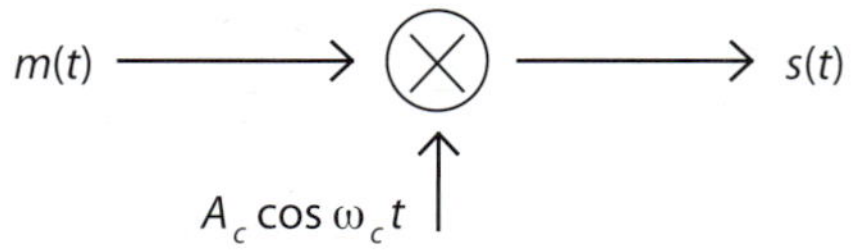

Fig. 1.3 La modulazione DSB-SC si attua moltiplicando $m(t)$ con $c(t) = A_c \cos \omega_c t$ dove $\omega_c = 2\pi f_c$.

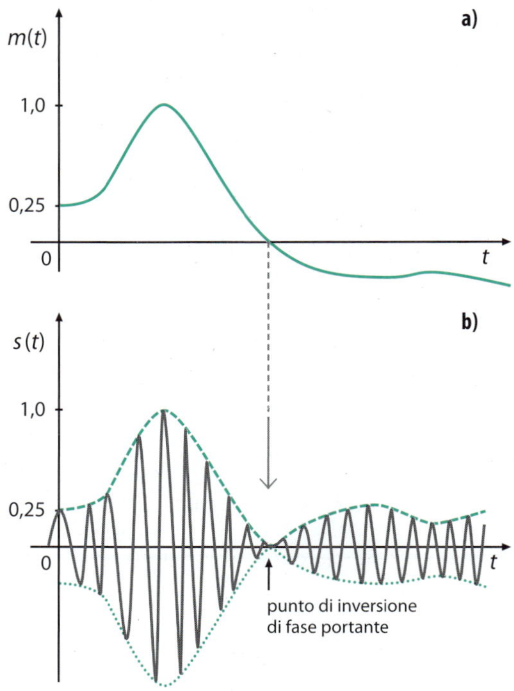

Fig. 1.4 **a)** Segnale modulante $m(t)$; **b)** segnale modulato $s(t)$; si noti il punto di cambiamento di fase della portante dovuto al cambiamento di segno di $m(t)$.

Il segnale modulato in DSB-SC, presenta uno spettro centrato sulla frequenza della portante e formato da due bande laterali simmetriche. La banda impegnata da queste trasmissioni è quindi doppia di quella del segnale modulante.

Esempio 1 Calcolare lo spettro di un segnale armonico con modulazione DSB-SC.

Discussione Per capire il processo di modulazione nel modo più semplice possibile, ipotizziamo che:

- il segnale portante sia armonico (cosinusoidale);
- il segnale modulante sia una semplice cosinusoide.

Dato che il segnale modulato DSB-SC si ottiene attraverso un moltiplicatore, si può scrivere:

- segnale portante: $A_c \cdot \cos(\omega_c t)$
- segnale modulante: $m(t) = A_m \cdot \cos(\omega_m t)$
- segnale modulato: $s(t) = A_c \cdot \cos(\omega_c t) \cdot A_m \cdot \cos(\omega_m t)$

Si tratta di eseguire il prodotto tra due funzioni cosinusoidali; si può ricorrere alla cosiddetta formula di Werner, secondo la quale si ha

- $\cos\alpha \cdot \cos\beta = (1/2) \cdot [\cos(\alpha - \beta) + \cos(\alpha + \beta)]$

Nel caso specifico si ottiene:

$$s(t) = A_c \cdot \cos(\omega_c t) \cdot A_m \cdot \cos(\omega_m t) = A_c \cdot A_m \cdot (1/2) \cdot [\cos(\omega_c - \omega_m)t + \cos(\omega_c + \omega m)t] = (1/2) \cdot A_c \cdot A_m \cdot \cos(\omega_c - \omega_m)t + (1/2) \cdot A_c \cdot A_m \cdot \cos(\omega_c + \omega_m)t$$

Il segnale modulato è pertanto costituito da:

una componente con pulsazione $\omega_c - \omega_m$, chiamata *frequenza laterale inferiore*;

- una componente con pulsazione $\omega_c + \omega_m$, chiamata *frequenza laterale superiore*.
- L'insieme delle due componenti costituisce lo ***spettro del segnale modulato***.

Se il segnale modulante, anziché da una sola frequenza, fosse costituito (come di solito avviene) da una banda di frequenze, allora lo spettro del segnale modulato sarebbe costituito da due *bande laterali* invece che da due frequenze laterali.

Con indice o profondità di modulazione si intende il rapporto tra l'ampiezza del segnale modulante, indicata come A_m, e l'ampiezza A_c della portante. Si ha: $\mu = A_m / A_c$

È una grandezza positiva senza dimensioni, in quanto rapporto due grandezze positive e omogenee. Per esprimerlo come percentuale lo si moltiplica per 100.

Esempio 2 Una portante di ampiezza 10 V è modulata da un segnale di ampiezza massima 4,5 V, si trovi l'indice di modulazione.

Discussione Applicando la formula si ottiene:

$$\mu = A_m / A_c = 4{,}5/10 = 0{,}45$$

Riflessione *Perché la modulazione DSB-SC è detta a doppia banda laterale?*

FAQ 3 Che cos'è la demodulazione coerente?

Per questo schema la demodulazione è semplice, almeno in linea di principio, e consiste nel moltiplicare il segnale modulato $s(t)$ per un segnale $c'(t) = A'_c \cos(2\pi f_c t)$ identico alla portante originale. Si ottiene:

$$s'(t) = g_D \cdot s(t) \cdot c'(t) = g_D \cdot g_M \cdot m(t)\, A_c \cdot \cos(2\pi f_c t) \cdot \\ \cdot A'_c \cos(2\pi f_c t)$$

dove g_D è il guadagno del demodulatore.

Ponendo $g_D g_M A_C A'_C = 2$, si ha:

$$s'(t) = 2m(t) \cdot \cos^2(2\pi f_c t) = 2m(t) \cdot (1 + \cos(2\pi 2 f_c t))/2$$

ovvero

$$s'(t) = m(t) + m(t) \cdot \cos(2\pi\, 2 f_C\, t)$$

Nel demodulatore si riproduce il segnale messaggio originale, a cui si va a sommare un secondo segnale di frequenza $2f_c$, detto *banda immagine*. Per eliminare la banda immagine è sufficiente far passare $s'(t)$ in un filtro passa basso con frequenza massima W, ottenendo $s''(t) = m(t)$, cioè il segnale informativo di partenza.

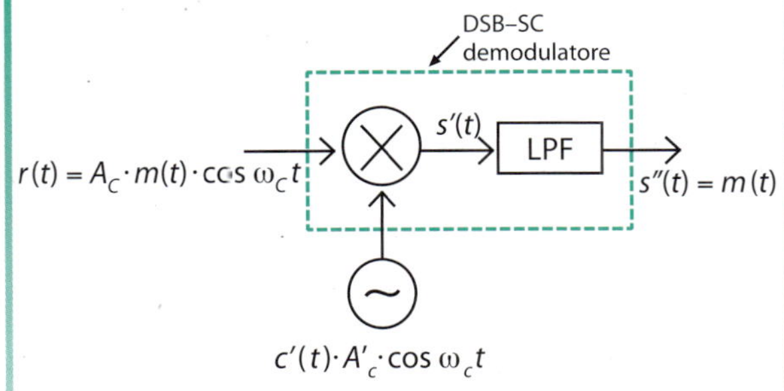

Fig. 1.5 Demodulatore coerente: la portante viene riprodotta localmente e moltiplicata per il segnale ricevuto; il risultato $s'(t)$, opportunamente filtrato, consente di riottenere il segnale informativo $m(t)$; LPF: *Low Pass Filter*, filtro passa basso.

Trascurando la distorsione subita dal segnale nell'attraversamento del canale, l'ipotesi di poter disporre nel demodulatore di una portante identica a quella usata dal modulatore è solo puramente teorica. In realtà il demodulatore, posto a una distanza anche molto grande dal modulatore, potrebbe ricostruire un segnale contenente scostamenti nella fase o nella frequenza rispetto alla portante usata nel modulatore.

La modulazione con portante soppressa richiede un demodulatore piuttosto sofisticato. Nei sistemi di diffusione di segnali destinati ad un pubblico molto vasto, si preferisce concentrare la complessità nel trasmettitore e alleggerire per quanto possibile il dispositivo di ricezione. Attualmente i demodulatori analogici incorporano circuiti sofisticati, ad esempio quelli ad aggancio di fase, e vengono realizzati anche in tecnica digitale usando i DSP (*Digital Signal Processor*).

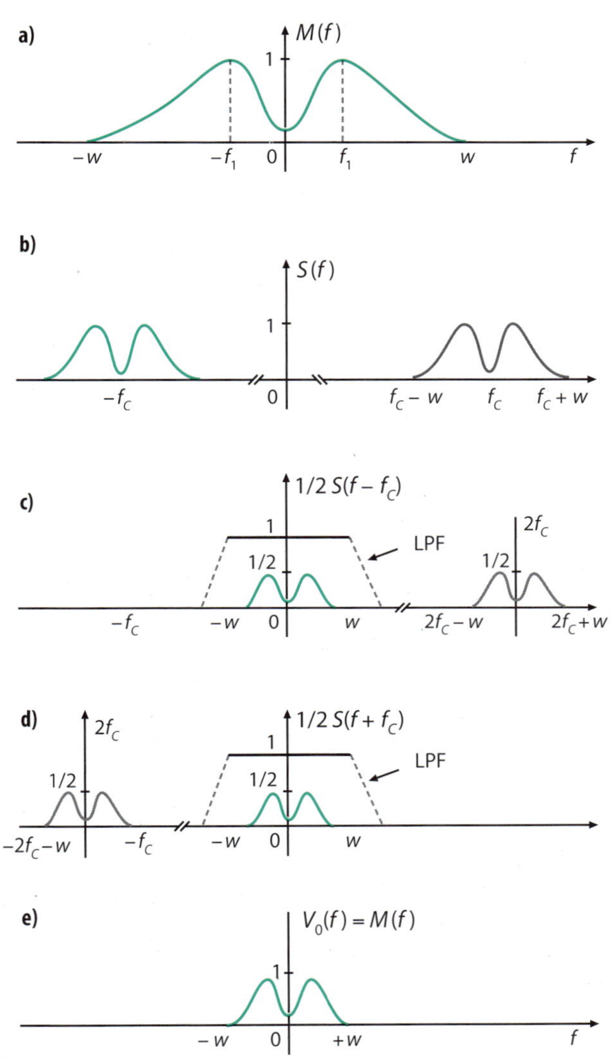

Fig. 1.6 Demodulazione del segnale. **a)** Spettro di ampiezza $M(f)$ del segnale modulante $m(t)$; **b)** spettro di ampiezza $S(f)$ del segnale modulato trasmesso e giunto al demodulatore; **c)** demodulazione della parte di spettro centrata in $+f_c$; **d)** demodulazione della parte di spettro centrata in $-f_c$; **e)** spettro del segnale demodulato dopo il filtro, identico al segnale modulante originale.

Esempio Una portante di 1 MHz viene modulata da un segnale di frequenza massima 5 kHz, trovare la banda passante del segnale modulato e indicarne i valori minimo e massimo di frequenza.

Discussione Il segnale modulato ha banda doppia del modulante quindi si estende per 10 kHz. Essa si trova tra le frequenza di 0,995 e 1,005 MHz.

Riflessione *Qual è il compito del filtro passa basso del demodulatore coerente?*

FAQ 4 Come funziona la modulazione AM delle radio tradizionali?

La modulazione a doppia banda laterale con trasmissione della portante, o modulazione AM, adotta la soluzione rappresentata in fig. 1.7.

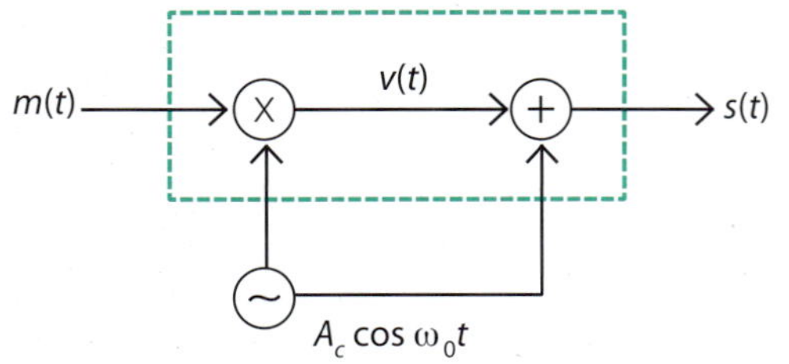

Fig. 1.7 Modulatore AM: nel segnale modulato si trova come componente aggiunto il segnale portante.

Scegliendo opportunamente la portante, si rende possibile la generazione di un segnale che contiene l'informazione nel suo inviluppo.

Detto $v(t) = g_m \cdot m(t) \cdot A_c \cos(\omega_c t)$
si ha:

$$s(t) = v(t) + A_c \cos(\omega_c t) = g_m \cdot m(t) \cdot A_c \cos(\omega_c t) + A_c \cos(\omega_c t)$$

ovvero $s(t) = A_c [1 + g_m \cdot m(t)] \cos(\omega_c t)$

quindi $s(t) = A(t) \cos(\omega_c t)$

Si noti come $A(t) = A_c [1 + g_m \cdot m(t)]$ costituisca la grandezza che definisce istante per istante l'ampiezza della portante. In tale espressione compaiono le costanti A_c e g_M, ma soprattutto il segnale $m(t)$. In pratica l'ampiezza della portante, il suo inviluppo, è determinata dal segnale modulante.

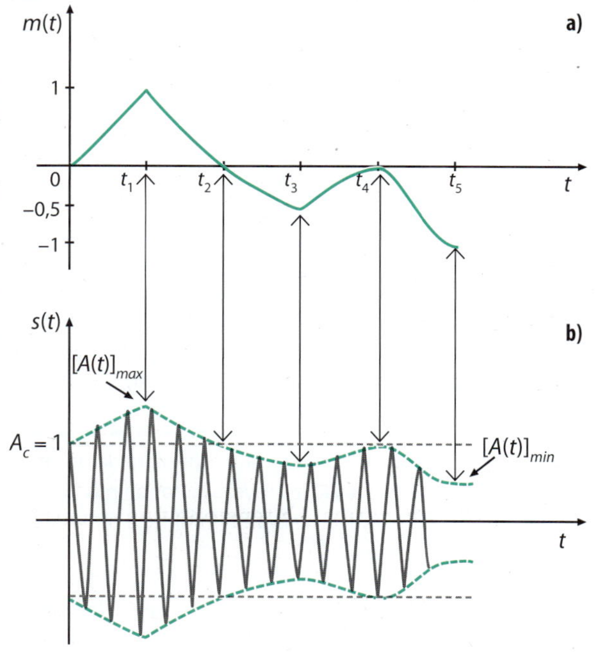

Fig. 1.8 Forma d'onda di un messaggio arbitrario e corrispondente segnale modulato in AM. L'inviluppo di $s(t)$ segue istante per istante i valori di $m(t)$; si notino in particolare gli istanti in cui si hanno i massimi, i minimi e gli zeri.

Si assuma che $m(t)$ sia un segnale periodico e non abbia componente in continua, cioè che sia $[m(t)]_{max} = -[m(t)]_{min}$.

Allora si ha $|g_m \cdot m(t)| \leq 1$

ovvero $1 + g_m\, m(t) \geq 0$

in tale condizione l'ampiezza della portante, regolata dalla modulante, varia tra il valor massimo A_c e zero.

Esempio Si trovi l'espressione di un segnale modulato in AM da un segnale cosinusoidale $m(t) = A_m \cdot \cos(2\pi f_m t)$ con $f_m << f_C$.

Discussione La modulazione produce il seguente segnale:

$$s(t) = A_c [1 + g_m A_m \cos(2\pi f_m t)] \cos(2\pi f_c t) = A(t) \cos(\omega_c t)$$

Ponendo nell'esempio $g_m A_m = \mu$, si ha poi:

$$s(t) = A_c [1 + \mu \cos(\omega_m t)] \cos(\omega_c t)$$

La quantità μ adimensionale è proprio l'indice di modulazione. Per attuare correttamente la modulazione si impone $\mu \leq 1$; oltre questo limite si ha un errore detto di *sovramodulazione*. Si può dimostrare infine che:

$$\mu = ([A(t)]_{max} - [A(t)]_{min}) / ([A(t)]_{max} + [A(t)]_{min})$$

Il segnale in banda base presenta una larghezza di banda W mentre il segnale modulato in AM ha larghezza di banda 2W, ovvero la banda di trasmissione è doppia di quella del segnale. La presenza della portante agevola il compito della demodulazione, ma non porta alcuna informazione utile e quindi spreca gran parte della potenza trasmissiva. La modulazione AM non è uno schema particolarmente efficiente. Si può dimostrare che l'*efficienza della modulazione* dipende dall'indice di modulazione ed e data da $\eta = \mu^2/(\mu^2 + 2)$.

Nella radio diffusione in onde medie le trasmissioni AM sono collocate nella gamma di frequenze compresa tra 540 kHz e 1600 kHz. In tal modo, avendo assegnato ad ogni canale una banda lorda di 10 kHz, di cui 9 kHz riservati al segnale e 1 kHz serve come banda di separazione tra i canali, si vede che è possibile la presenza contemporanea di un numero abbastanza limitato di trasmettitori. Tale numero è ricavabile dalla seguente equazione:

$N_{trasm} = (1600 - 540)/10 = 1060/10 = 106$ trasmettitori.

Anche da questo esempio si vede che, mentre all'inizio delle Telecomunicazioni tale situazione poteva essere accettata, tanto più che trasmettitori non molto potenti e lontani erano in grado di trasmettere sulla stessa frequenza, oggi sarebbe inaccettabile. In effetti, la "scalata" alle bande più elevate dello spettro non ha mai avuto soluzione di continuità.

Riflessione *Qual è la differenza tra la modulazione DSB–SC e quella della radio AM tradizionale?*

ReT 1 Generazione e rivelazione dei segnali modulati in AM

I modulatori producono un segnale con spettro traslato realizzabile solo con sistemi non lineari. La *generazione del segnale* AM può essere svolta ad esempio con il *modulatore a legge quadratica*.
Polarizzando un diodo in uno specifico punto di funzionamento si può ottenere

$$v_2(t) = k_1 v_1(t) + k_2 v_1^2(t)$$

con k_1 e k_2 costanti.

Ponendo $v_1(t) = A'_c \cos(2\pi f_c t) + m(t)$
si ricava:

$$v_2(t) = k_1 A'_c \cos(2\pi f_c t) + k_1 m(t) + k_2 A'^2_c \cos^2(2\pi f_c t) +$$
$$+ k_2 m^2(t) + 2k_2 A'_c m(t) \cos(2\pi f_c t)$$

Analizzando l'equazione si osserva che le componenti spettrali dei termini $k_1 m(t)$ e $k_2 m^2(t)$ sono centrate sull'origine delle frequenze,il primo si estende tra $-W$ e $+W$, mentre quello quadratico si estende tra $-2W$ e $+2W$. In ogni caso nessuno di questi è utile ai fini della trasmissione.
Il termine $k_2 A'^2_c \cos^2(2\pi f_c t)$ apporta tre componenti isolate a $-2f_c$, $+2f_c$ e 0 Hz; nemmeno queste risultano significative per la modulazione.
Nella somma tra il primo e l'ultimo dei termini si può riconoscere invece l'espressione del segnale modulato in AM, in cui $A_c = k_1 A'_c$ e $g_m = 2(k_2/k_1)$. Infatti il loro spettro si compone della traslazione dello spettro di $m(t)$ centrato intorno a f_c in cui si trova la portante. L'isolamento del segnale modulato si effettua filtrando le componenti non significative e conservando quelle utili.
Il filtraggio si centra in f_c e si estende per una banda di $2W$, con il vincolo che $(f_c - W) > 2W$ ovvero $f_c > 3W$.
Questa soluzione presenta però alcuni limiti: da una parte deve operare su una ristretta zona di funzionamento e i segnali sono quindi piuttosto deboli; dall'altra, per frequenze di portante vicine a $3W$, il filtraggio deve essere molto preciso.

Esempio Trovare l'espressione della modulazione a legge quadratica di un segnale cosinusoidale

$$m(t) = A_m \cdot \cos(2\pi f_m t)$$

Discussione Si ricava $v_1(t) = A'_c \cos(2\pi f_c t) + A_m \cdot \cos(2\pi f_m t)$ e, trascurando i termini non influenti,

$$v_2(t) = k_1 A'_c [\cos(2\pi f_c t) + 2k_2/k_1 A_m \cdot \cos(2\pi f_m t)\cos(2\pi f t)]$$

formula in cui si riconosce l'espressione del segnale *AM*.

La demodulazione del segnale AM viene eseguita con il circuito *rivelatore di inviluppo*.

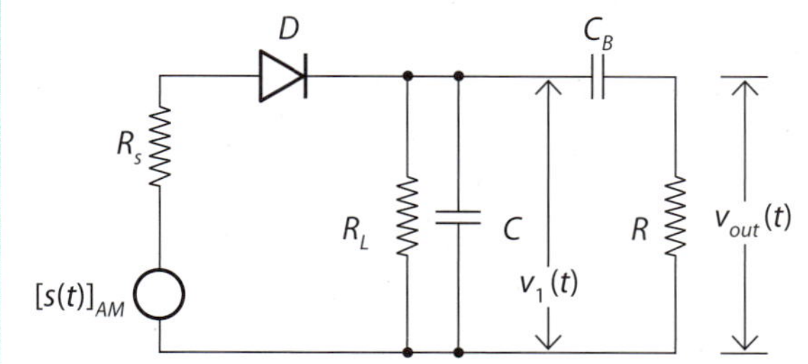

Fig. 1.9 Circuito rivelatore di inviluppo; il diodo *D* conduce nelle semionde positive del segnale; la rete $R_L C$ mantiene la tensione vicina ai picchi del segnale; il condensatore C_B blocca la componente continua.

Nelle fasi in cui il diodo è polarizzato in modo diretto, esso diventa un cortocircuito facendo caricare il condensatore C attraverso la resistenza R_S. Quando invece è polarizzato in modo inverso, il diodo diventa un circuito aperto facendo scaricare il condensatore C sulla resistenza di carico R_L.

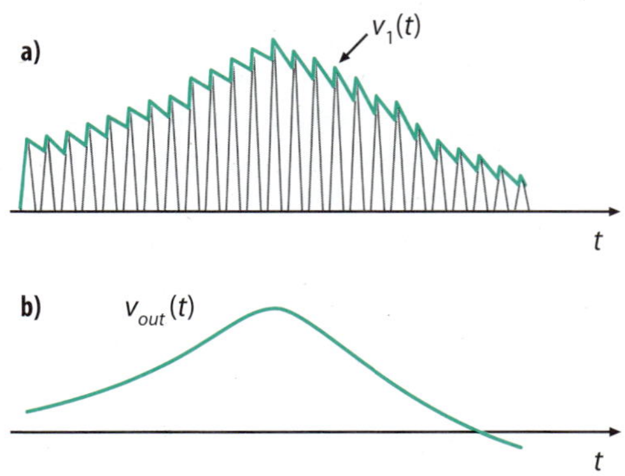

Fig. 1.10 **a)** Segnale portante e tensione $v_1(t)$; **b)** segnale in uscita dal rivelatore.

Scegliendo con cura le costanti di tempo $R_s C$ e $R_L C$, $v_1(t)$ segue molto da vicino l'inviluppo di $s(t)$. Nella fase di conduzione del diodo, il condensatore si porta rapidamente al valore di picco della portante. Nel successivo periodo di interdizione del diodo, il condensatore perde solo un po'della sua carica. La tensione finale $v_{out}(t)$ sarà dunque proporzionale a $m(t)$. Nel segnale in uscita rimane una leggera vibrazione alla frequenza della portante, ma ciò è senza conseguenze per un segnale audio, dato che tale frequenza supera ampiamente la banda udibile.

Riflessione *Qual è la differenza tra la demodulazione coerente e quella a rivelazione di inviluppo?*

ReT 2 Modulazione a banda laterale singola

La modulazione produce generalmente in uscita un segnale con due bande laterali simmetriche (fig. 1.11).

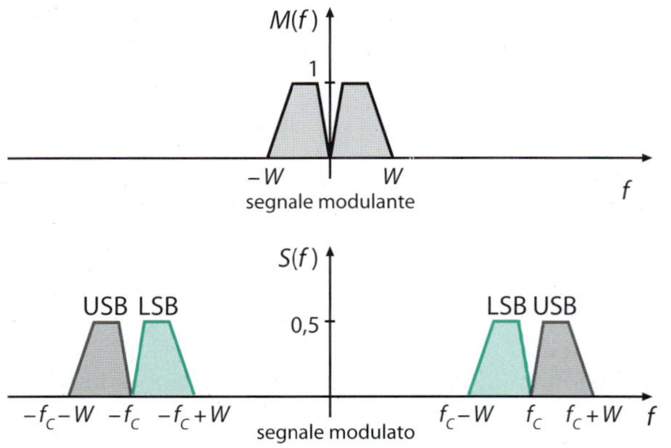

Fig. 1.11 Segnale modulato a doppia banda laterale: USB: Upper Side Band, banda laterale esterna a frequenze maggiori (della portante); LSB: Lower Side Band, banda laterale interna a frequenze minori; f_C, frequenza della portante; W, larghezza di banda del segnale modulante. Si notino le repliche riflesse alle frequenze negative.

Tale simmetria induce a considerare ridondante la trasmissione di entrambe: ne dovrebbe bastare una sola per avere tutto il contenuto informativo del messaggio. Si dimostra che in ricezione, impiegando un *demodulatore coerente*, si è in grado di ricostruire correttamente il messaggio originale partendo anche da una sola banda laterale. Molto evidente risulta il risparmio in termini di banda occupata, la metà, e in termini di efficienza nell'uso della potenza impegnata nell'irradiamento del segnale.

La tecnica SSB: *Single Side Band modulation*, o *modulazione a banda laterale singola*, si basa sulla trasmissione di una sola delle due bande laterali, dando luogo a due possibili alternative: la SSB-U, *upper*, quando si trasmette la sola banda laterale USB e la SSB-L, *lower*, quando si trasmette la sola LSB. Si noti che, per completezza, in entrambi i casi vanno considerate anche le bande laterali a frequenza negativa.

È una tecnica adottata in vari campi, in special modo tra i radioamatori. È stata anche usata per comunicare con gli aerei.

La modulazione SSB, è in realtà una modulazione complessa, in quanto va ad agire non solo sull'ampiezza della portante, ma ne provoca anche variazioni nella fase.

La modifica dell'ampiezza e della fase della portante può anche essere descritta in un modo alternativo.

Se pensiamo la portante come composta da due sinusoidi sfasate di 90°, ad esempio una cosinusoide e una sinusoide, alterando in modo indipendente l'ampiezza di ciascuna delle due componenti, si può descrivere lo stesso fenomeno di modulazione agente sull'ampiezza e sulla fase della portante. Anche il segnale modulante può essere visto nelle sue componenti armoniche come suddivise in due sinusoidi in quadratura tra loro, dette componente in fase e componente in quadratura.

Le componenti in fase e in quadratura vanno a modulare separatamente le componenti in fase e in quadratura della portante e la tecnica che si ottiene in questo modo è detta QAM: *Quadrature Amplitude Modulation*, o *modulazione di ampiezza in quadratura*, che va, come accennato, ad agire sia sull'ampiezza che sulla fase della portante.

Un metodo per produrre un segnale SSB consiste nel generare un segnale DSB doppia banda e rimuovere successivamente mediante filtraggio la banda laterale che si intende sopprimere. L'operazione però è critica per la difficoltà che si incontra nella realizzazione di filtri molto selettivi: una parte della banda da escludere potrebbe quindi ritrovarsi a valle del filtro, a meno che il segnale risulti privo di componenti armoniche in prossimità della frequenza zero, come capita con il parlato.

Sono stati sviluppati anche altri metodi, quali i modulatori di Hartley e di Weaver. Attualmente si può realizzare convenientemente la SSB con dispositivi digitali DSP.

Il rendimento di queste tecniche è ottimale, raggiungendo il 100% quando, come avviene di solito, si sopprime la portante, in quanto la banda assegnata alla comunicazione è interamente occupata dal segnale informativo utile.

Esempio Modulazione SSB di un segnale cosinusoidale.

Discussione Modulando in DSB-SC un segnale cosinusoidale di ampiezza $2: m(t) = 2\cos(2\pi f_m t)$, con una portante di ampiezza unitaria, si ottiene

$$s(t) = 2\cos(2\pi f_m t)\cdot\cos(2\pi f_c t) = \cos[2\pi(f_c + f_m)]t + \cos[2\pi(f_c - f_m)]t$$

in cui si evidenziano le singole bande laterali ridotte a una componente spettrale, per cui:

$$s_{USB}(t) = \cos[2\pi(f_c + f_m)]t$$
$$s_{LSB}(t) = \cos[2\pi(f_c - f_m)]t$$

sviluppando ancora

$$s_{USB}(t) = \cos(2\pi f_m t)\cdot\cos(2\pi f_c t) - \sin(2\pi f_m t)\cdot\sin(2\pi f_c t)$$
$$s_{LSB}(t) = \cos(2\pi f_m t)\cdot\cos(2\pi f_c t) + \sin(2\pi f_m t)\cdot\sin(2\pi f_c t)$$

Le espressioni suddividono i segnali nelle due componenti, la prima (cosinusoidale) in fase e la seconda (sinusoidale) in quadratura, evidenziando come entrambe le bande laterali siano influenzate da tutti e due i tipi di componenti.

Riflessione *Qual è la differenza tra le modulazioni DSB–SC e SSB?*

ReT 3 Modulazione a banda laterale vestigiale

La *modulazione* VSB: *Vestigial Side Band*, viene particolarmente usata nella diffusione televisiva analogica dei segnali video ad ampio spettro, dove la modulazione DSB richiederebbe una banda eccessiva, mentre quella SSB risulta di difficile realizzazione. Mentre nella televisione digitale europea è stata sostituita da altre tecniche di modulazione, nella televisione digitale americana è rimasta tuttora in uso.
La modulazione VSB si riferisce a uno schema in cui la banda laterale prescelta, superiore o inferiore, è conservata completamente e ad essa si aggiunge un vestigio, o traccia, dell'altra banda laterale. L'informazione viene trasmessa mediante tale segnale composito. La traccia dell'altra banda laterale rende possibile la realizzazione pratica del filtro senza introdurre distorsione percepibile alla vista umana.
Il segnale video in banda base utilizzato in TV presenta una estesa larghezza di banda. Sarebbe auspicabile risparmiare larghezza di banda modulando in SSB, ma il segnale video ha un notevole contenuto di basse frequenze (luminosità media) ed ha impulsi rettangolari di sincronizzazione, così che il compromesso fu storicamente la banda laterale vestigiale. Nella trasmissione sono incluse la banda laterale superiore (o in alternativa inferiore), e un vestigio dell'altra banda laterale. Ciò rende efficace la tecnica di modulazione AM a frequenze basse e la tecnica di modulazione SSB a frequenze alte.

Esempio Modulazione VSB del segnale video monocromatico (bianco e nero).

Discussione Il tradizionale segnale video analogico occupa tradizionalmente, una larghezza di banda, trascurando l'audio, di 5 MHz. Con la tecnica VSB si trasmette una piccola parte della LSB a partire da –1,25 MHz, attenuandola tra –1,25 e –0,75 MHz. Dai –0,75 MHz fino ai 5 MHz della USB il segnale non è attenuato, tra i 5 e i 5,5 MHz viene di nuovo attenuato per non interferire con la banda fonica a 5,5 MHz, demodulata separatamente. In pratica invece di trasmettere oltre 11 MHz in doppia banda laterale, si trasmette in VSB a 7 MHz.

Il segnale viene modulato come in DSB-SC quindi viene portato ad uno speciale filtro asimmetrico, che presenta una transizione tra la banda che si vuole far passare e quella attenuata, più dolce di quella di un passa banda ideale.
La demodulazione coerente sposta lo spettro del segnale modulato di f_c in più e in meno. La presenza di vestigio della banda laterale non voluta può in parte sovrapporsi, nella banda base, allo spettro spostato. La sovrapposizione deve essere tale da non modificare lo spettro per $|f| \leq W$.

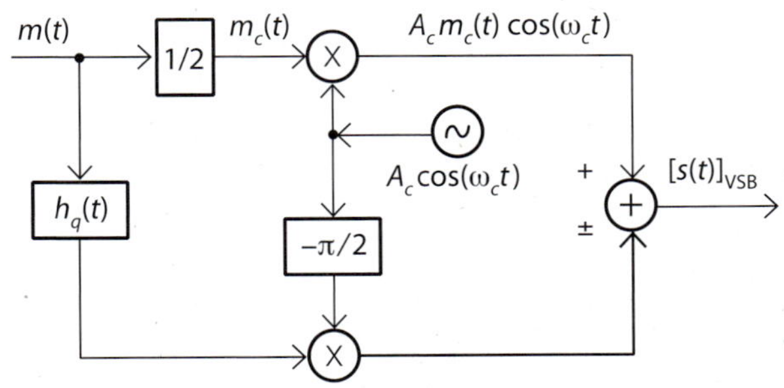

Fig. 1.13 Generazione di VSB con il metodo della discriminazione di fase (+ vestigio in LSB, ± vestigio in USB).

Le modulazioni DSB a doppia banda laterale e SSB a banda laterale singola possono essere pensate come casi particolari della VSB. Detta W la larghezza di banda del segnale modulante, e f_v la frequenza massima della banda vestigiale, la larghezza di banda di trasmissione BT della VSB è:

$[BT]_{VSB} = W + f_v$

per $f_v = 0$ si ha SSB

con $f_v = W$ si ha DSB

Nel segnale televisivo si include di solito anche la portante.

Riflessione *Qual è la differenza tra le modulazioni SSB e VSB?*

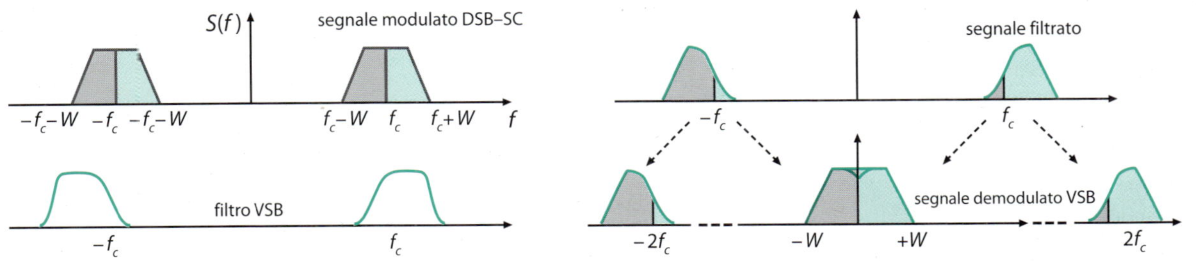

Fig. 1.12 Il segnale modulato in DSB-SC viene filtrato per ottenere il segnale VBS da trasmettere; la demodulazione del segnale VSB permette la ricostruzione del segnale modulante originale mediante un filtro passa basso che esclude le bande immagine esterne.

ReT 4 Il ricevitore a supereterodina

Questa soluzione costituisce la base di molti ricevitori di segnali modulati, in particolare quello della radio in AM e di quella in FM; è impiegata anche per demodulare i segnali TV e nel radar.

L'operazione principale del ricevitore è naturalmente la *demodulazione*. Altre operazioni quali amplificazione, sintonizzazione e filtraggio sono comunque richieste dall'antenna, per svolgere la funzione complessiva. L'amplificazione è richiesta in ingresso per rinforzare il segnale ricevuto di solito troppo debole per pilotare il demodulatore. La sintonizzazione serve nelle comunicazioni *broadcasting* per selezionare la particolare gamma di frequenze interessata, rigettando le altre e i disturbi che si potrebbero ricevere (vedi fig. 1.14).

Il segnale ricevuto $s(t)$, insieme ad altri segnali e rumori, è portato in ingresso allo stadio a radio frequenza RF. Il filtro RF viene sintonizzato alla frequenza f_C della portante della stazione selezionata, alcune stazioni adiacenti possono però attraversare questo stadio. Nello stadio successivo si trovano l'oscillatore locale e il mixer per una prima traslazione di frequenza.

La frequenza dell'oscillatore locale è $f_c + f_{IF}$, dove con IF si indica la *Intermediate Frequency* o *frequenza intermedia*. All'uscita del mixer si trovano, insieme ad altro, le componenti di frequenza a $2f_c + f_{IF}$ e f_{IF}. Lo stadio IF successivo, a frequenza intermedia prefissata, consiste in un amplificatore sintonizzato che fornisce gran parte del guadagno del ricevitore e, grazie anche alle bande di separazione, rigetta le frequenze dei canali adiacenti, trasferendo in uscita solo quelle attorno a f_{IF}. La larghezza di banda di questo stadio è circa uguale a quella della trasmissione del segnale; ad esempio, per una modulazione a doppia banda laterale, il doppio della banda base del segnale modulante.

Successivamente allo stadio IF si trova lo stadio demodulatore, di rivelazione, che provvede a rimuovere la portante IF, riportando il segnale in banda base. Infine il segnale in banda base raggiunge l'amplificatore finale e quindi viene portato in uscita verso il trasduttore (ad esempio un altoparlante).

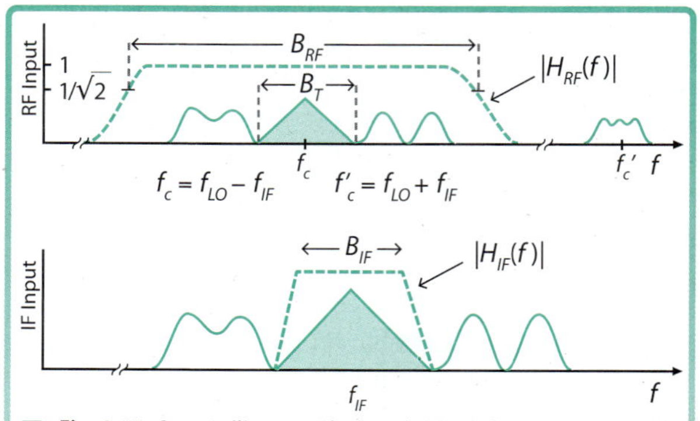

Fig. 1.15 Spettri all'ingresso degli stadi *RF* e *IF*: il primo centrato in f_c, il secondo in f_{IF}; colorata la banda del segnale utile con due bande laterali simmetriche; $|H_{RF}(f)|$ è la banda in ampiezza del filtro di ingresso, $|H_{RF}(f)|$ è la banda in ampiezza del secondo filtro; in f'_c c'è una banda immagine che viene rigettata dal filtro *RF*.

La struttura del ricevitore presenta alcuni vantaggi. La sintonizzazione all'ingresso e il resto del circuito funziona alla frequenza fissa f_c. Nello stadio IF si concentra il guadagno e la selettività del sistema, che può arrivare anche a 70 dB.

Esempio Nella radio *AM* tradizionale la frequenza intermedia *IF* è 455 kHz. Si deve sintonizzare una stazione centrata nella frequenza f_c = 570 kHz. Trovare la frequenza dell'oscillatore locale e dire a quali frequenze viene traslata la banda sintonizzata.

Discussione Per sintonizzare la frequenza radio di 570 kHz, l'oscillatore locale dovrà assumere una frequenza di 570 + 455 = 1025 kHz. La demodulazione della banda sintonizzata produce quindi due repliche, entrambe rigettate, una a 570 + 1025 = 1595 kHz e un'altra a 570 – 1025 = – 455 kHz. Al filtro IF giunge la traslazione della banda immagine localizzata nella frequenza negativa – 570 + 1025 = 455 kHz.

Riflessione *Perché questo ricevitore è classificato come eterodina?*

Fig. 1.14 Ricevitore a supereterodina. Il segnale ricevuto in antenna viene filtrato dal sintonizzatore, quindi convertito in una frequenza intermedia e successivamente demodulato, infine collegato all'amplificatore di potenza in uscita; si noti il comando solidale del filtro di sintonia e della frequenza dell'oscillatore locale.

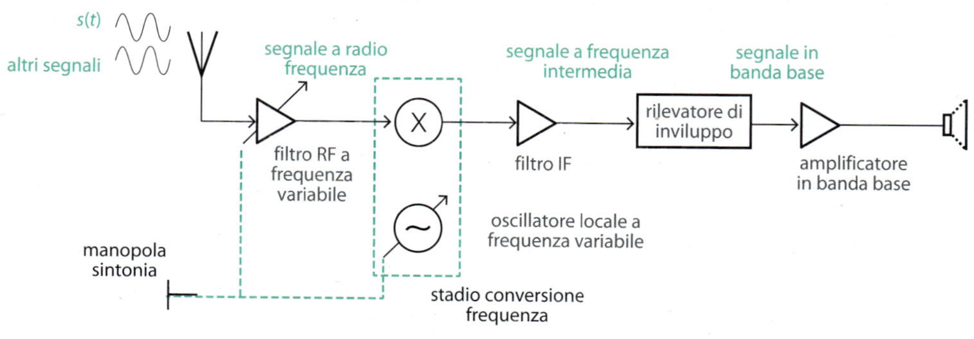

Sommario

La modulazione consiste nella modificazione di uno dei parametri di un'onda sinusoidale in modo da farle assumere l'andamento di un altro segnale. In questo modo si ottiene una traslazione delle frequenze del segnale da trasmettere, che si portano intorno alla frequenza della sinusoide portante e si rende possibile la trasmissione del segnale modulato in un canale a radio frequenza.
Quando il segnale da trasmettere è di tipo analogico, la modulazione viene detta analogica. Quando il parametro che si va a modificare è l'ampiezza della portante, si parla di modulazione d'ampiezza.
Il modulatore è un circuito che moltiplica il segnale da trasmettere con la portante, per ottenere un segnale adatto alla trasmissione.
La modulazione d'ampiezza si può realizzare con banda laterale singola o doppia e, può contenere o meno come componente la sinusoide portante. La trasmissione di una sola banda senza portante è quella più efficiente in termini di occupazione di banda trasmissiva e impiego della potenza trasmessa, mente la trasmissione di due bande più la portante è la meno efficiente di tutte.
La modulazione a doppia banda con portante è quella della radio AM tradizionale e consente di usare un rivelatore molto economico, che deve semplicemente estrarre l'inviluppo del segnale ricevuto.
L'ultima tecnica in ordine di tempo è la modulazione a banda laterale vestigiale, che opera in sostanza su una sola delle bande laterali, ma conserva una parte dell'altra banda laterale per consentire la creazione di un segnale video composito e rendere efficiente la trasmissione dei segnali video a largo spettro.
Molti ricevitori di segnali modulati analogicamente si basano sul circuito a supereterodina, che posiziona il segnale modulato a una frequenza intermedia, prima di rivelarlo e amplificarlo in uscita.

Risposte alle riflessioni

***FAQ* 1** Il segnale modulante è in banda base e contiene l'informazione da trasmettere, il segnale modulato è in banda traslata e contiene impressa sulla portante l'informazione del primo.

***FAQ* 2** La traslazione della banda del segnale modulato alla frequenza della portante trascina anche le componenti a frequenza negativa, che diventano la banda laterale inferiore del segnale modulato.

***FAQ* 3** Il filtro passa basso del demodulatore coerente serve a conservare il segnale in banda base, che dovrebbe coincidere con il segnale modulante di partenza, rigettando le bande immagine che si sono prodotte durante la demodulazione.

***FAQ* 4** La modulazione DSB-SC produce una traslazione della banda del segnale modulante centrandola alla frequenza f_c della portante. La modulazione AM tradizionale è molto somigliante con la differenza che il segnale della portante viene aggiunto come componente ulteriore nel segnale modulato.

***ReT* 1** La demodulazione coerente si svolge moltiplicando il segnale ricevuto per una portante locale possibilmente identica all'originale e filtrando successivamente, la rivelazione di inviluppo si limita a ricostruire il messaggio filtrando le semionde positive del segnale ricevuto.

***ReT* 2** Lo spettro del segnale modulato nella modulazione DSB-SC si compone di due bande laterali, quello della modulazione SSB invece ne conserva solo una sopprimendo l'altra.

***ReT* 3** Lo spettro del segnale modulato nella modulazione SSB si compone una sola banda laterale, quello della modulazione VSB invece contiene inoltre un vestigio della banda altrimenti totalmente soppressa.

***ReT* 4** I ricevitori detti di tipo eterodina si basano su demodulatori incoerenti in quanto operanti a una frequenza diversa di quella portante, tipicamente una frequenza intermedia che consente di aggiungere stabilità e selettività al ricevitore.

Sitografia • Bibliografia

- http://nptel.iitm.ac.in/courses/IIT-MADRAS/Principles_of_Communication1/index.php
- http://phobos.iet.unipi.it/~pieri/EdT2/TV.pdf
- Simon Haykin *Communication Systems*, John Wiley & Sons, Inc. 2001.

Esercizi e Problemi

FAQ 1

Pr. 1 Con riferimento alla fig. 1.2, discutere sul significato di "frequenza negativa" e di "banda immagine".

Pr. 2 Illustrare le considerazioni relative alla stima della banda occupata da un segnale video (circa 5 MHz).

FAQ 2

Es. 1 Un segnale $m(t) = \cos(4\pi t)$ è portato in ingresso a un modulatore DSB–SC insieme alla portante $c(t) = \cos(8\pi t)$. Scrivere l'espressione del segnale modulato e disegnare i corrispondenti spettri di ampiezza e di fase.

Es. 2 Il segnale modulato di un sistema è $s(t) = m(t)\, A_c \cos(2\pi f_c t)$, dove il segnale $m(t)$ ha ampiezza massima A_m e $A_c = 2$. Si trovino i valori dell'indice di modulazione per $A_m = 1$, $A_m = 2$ e $A_m = 4$.

Es. 3 Tenendo presente che la potenza di un segnale elettrico è proporzionale al quadrato della sua tensione, disegnare lo spettro di potenza relativo a una modulazione DSB-SC nella quale il segnale modulante è armonico.

FAQ 3

Es. 1 Con i dati trovati nell'esercizio 1 della FAQ 2 scrivere l'espressione del segnale demodulato e disegnare i corrispondenti spettri di ampiezza e di fase.

Es. 2 Con i dati trovati nell'esercizio 1 della FAQ 2 scrivere l'espressione del segnale demodulato nel caso di un errore costante di $\pi/6$ nella fase della portante locale al demodulatore.

FAQ 4

Es. 1 Un segnale $m(t) = \cos(4\pi t)$ è portato in ingresso a un modulatore AM tradizionale insieme alla portante $c(t) = \cos(8\pi t)$. Scrivere l'espressione del segnale modulato, del suo inviluppo e disegnare, per il primo, i corrispondenti spettri di ampiezza e di fase. Calcolare inoltre l'indice e l'efficienza di modulazione.

Es. 2 Una portante con frequenza di 75 MHz e ampiezza di 50 V è modulata in AM da un segnale armonico con frequenza di 3 kHz e ampiezza di 20 V.

a) disegnare l'onda modulata, nel dominio del tempo;
b) disegnare lo spettro del segnale modulato;
c) calcolare l'indice di modulazione e la modulazione percentuale.

Es. 3 Un segnale modulato in AM tradizionale ha un'ampiezza massima di 1,5 V. Trovare l'ampiezza minima per la quale l'indice di modulazione vale 0,5.

Es. 4 Una portante a 10 MHz di 10 V di ampiezza viene modulata in AM da un segnale armonico di 5 kHz e ampiezza 6 V. Trovare l'indice di modulazione e disegnare lo spettro di ampiezza.

Es. 5 (inserire) Tenendo presente che la potenza di un segnale elettrico è proporzionale al quadrato della sua tensione, disegnare lo spettro di potenza relativo a una modulazione AM nella quale il segnale modulante è armonico. Confrontarlo con quello della DSB-SC e calcolare il guadagno di potenza di quest'ultima rispetto alla AM.

Pr. 1 Nel caso di della modulazione AM tradizionale applicata a un segnale modulante puramente sinusoidale, si trovi l'espressione che lega l'indice di efficienza della modulazione η, definito come rapporto della potenza delle bande laterali diviso la potenza totale del segnale modulato, all'indice di modulazione μ.

Pr. 2 Tre generatori sinusoidali di frequenza f_m, $f_c + f_m$ e $f_c - f_m$, e rispettivamente di ampiezza A_c, $A_m/2$ e $A_m/2$, sono collegati in serie per alimentare un carico R_L. Calcolare la potenza media erogata dai generatori al carico.

Pr. 3 Realizzare la misura sperimentale dell'indice di modulazione portando il segnale modulante all'ingresso orizzontale dell'oscilloscopio e quello modulato all'ingresso verticale (si ottiene la Figura di Lissajous).

ReT 1

Pr. 1 Facendo riferimento al circuito di rivelazione di inviluppo, indicare le disequazioni che ragionevolmente devono soddisfare le costanti di tempo R_SC e R_LC nei confronti della frequenza f_c della portante e dell'ampiezza di banda W del segnale modulante.

ReT 2

Es. 1 Tenendo presente che la potenza di un segnale elettrico è proporzionale al quadrato della sua tensione, disegnare lo spettro di potenza relativo a una modulazione SSB nella quale il segnale modulante è armonico. Confrontarlo con quello della modulazione AM è calcolare il guadagno di potenza consentito dalla SSB, esprimendolo anche in decibel.

ReT 3

Pr. 1 Stimare le caratteristiche di selettività che dovrebbe avere il filtro necessario per trasmettere un segnale video in SSB anziché in VSB.

Pr. 2 Discutere sullo spettro di potenza di un segnale modulato a banda laterale vestigiale (VSB) e descriverne le variazioni al variare della larghezza della banda vestigiale stessa.

ReT 4

Es. 1 Sia dato il segnale $x(t) = 2\sin(\omega t) + \sin(2\omega t)$ con $\omega = 2\pi f_0$ e $f_0 = 0{,}2$ Hz, formato da due componenti di cui la seconda di frequenza doppia rispetto alla prima. Spiegare le conseguenze subite dal segnale in seguito a un ritardo temporale pari a mezzo periodo.

UNITÀ 10.2

Modulazione angolare

Tecniche di modulazione angolare nei sistemi di trasmissione analogica

In questa Unità si descrivono le principali tecniche di modulazione angolare che agiscono sulla fase di un segnale armonico

La modulazione di ampiezza, applicata al telegrafo da Guglielmo Marconi e per la prima volta ai suoni da Reginald Fessenden, ha l'innegabile merito di aver avviato il processo di sviluppo delle Telecomunicazioni. Il successo di questa tecnica è dovuto alla sua maggior semplicità sia progettuale che realizzativa, caratteristiche decisive nel momento in cui dal nulla si deve fondare una nuova tecnologia. Successive ricerche e le geniali intuizioni di E. W. Armstrong, hanno poi dato impulso allo sviluppo della modulazione di frequenza, una tecnica più complessa ma che fornisce migliori prestazioni, e infine, della sua variante, la modulazione di fase.

indice

FAQ 1 Che cos'è la modulazione di frequenza?

La modulazione di frequenza è la particolare modulazione angolare in cui la frequenza della portante è fatta variare in ogni istante in modo proporzionale al segnale modulante $m(t)$. Ad esempio, inviando all'ingresso di un oscillatore controllato in tensione un segnale di ampiezza variabile, la sua uscita ha in ogni istante una frequenza proporzionale valore della tensione in ingresso.

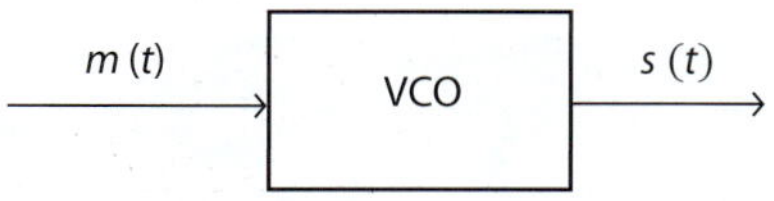

Fig. 2.1 L'oscillatore controllato emette un segnale $s(t)$ la cui frequenza dipendente in ogni istante dal valore del segnale in ingresso $m(t)$.

Si supponga, ad esempio, che il segnale di ingresso sia un' onda quadra: allora l'uscita è una sinusoide la cui frequenza assume uno tra due valori, secondo quanto imposto dal valore dell'ingresso. Si vede pertanto che è possibile trasferire le variazioni di ampiezza di un segnale nei valori di frequenza di un altro.

La frequenza del segnale modulato si scosta in ogni momento da quella della portante per seguire l'andamento del segnale modulante, ovvero la frequenza del segnale modulato, in un certo istante t,

$$f_i(t) = f_c + k_f m(t)$$

si può ottenere dalla frequenza della portante aggiungendo, algebricamente, un termine proporzionale al segnale modulante $m(t)$.

Lo scostamento istantaneo della frequenza del segnale modulato rispetto a quella della portante a riposo risulta $\Delta f = k_f m(t)$, proporzionale a $m(t)$ e indipendente dalla frequenza della portante.

La costante di proporzionalità k_f della deviazione di frequenza,che si misura in Hz/V, è un fattore di sensibilità del modulatore e indica di quanti Hz cambia la frequenza del segnale modulato a fronte della variazione di 1V del segnale modulante.

Esempio 1 Dato un VCO con guadagno k = 5kHz/V e un'onda quadra con livelli di 0,5 e 3 V, trovare le frequenze in uscita dall'oscillatore.

Discussione $f_{low} = 5000 \cdot 0.5 = 2500$ Hz, $f_{high} = 5000 \cdot 3 = 15.000$ Hz

Alla frequenza istantanea $f_i(t)$ si può associare la pulsazione istantanea $\omega_i(t) = 2\pi f_i(t)$ e a questa l'angolo $\vartheta(t)$ che si percorre con il trascorrere del tempo a causa della velocità angolare $\omega_i(t)$. Questo passaggio richiede l'operazione di integrazione matematica

$$\vartheta(t) = \int_0^t \omega_i(t)dt = \int_0^t 2\pi\,[f_c + k_f m(t)]\,dt$$

$$\vartheta(t) = 2\pi f_c t + 2\pi \int_0^t m(t)\,dt$$

Si può quindi scrivere, in funzione di $\vartheta(t)$, l'espressione del segnale modulato

$$s_{FM}(t) = A_c \cos\left[\vartheta(t)\right] = A_c \cos\left[2\pi f_c t + 2\pi k_f \int_0^t m(t)\,dt\right]$$

Si noti come il rapporto esistente tra il segnale modulante e quello modulato non sia più lineare.

La massima deviazione di frequenza si ottiene in corrispondenza della massima ampiezza del segnale modulante $\Delta f_{max} = k_f [m(t)]_{max}$.

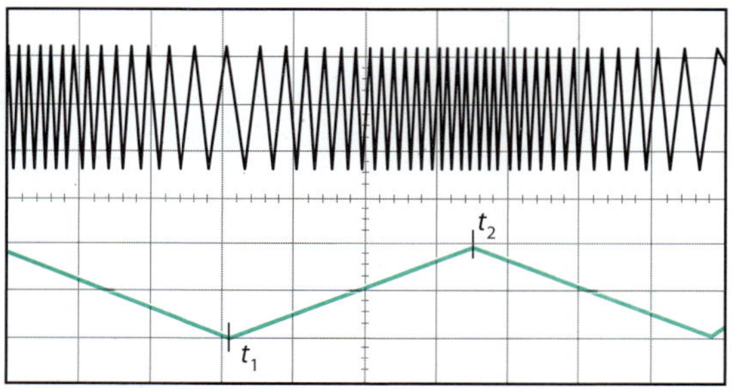

Fig. 2.2 Modulazione della frequenza di una portante armonica con un segnale ad onda triangolare. Si notino gli istanti t_1 e t_2 in cui il segnale modulante assume i valori minimo e massimo in ampiezza e quello modulato i valori minimo e massimo di frequenza e il passaggio graduale tra i valori estremi.

Dalla fig. 2.2 si possono notare delle differenze rispetto alla modulazione di ampiezza: non è più costante la frequenza, ma lo è l'ampiezza.

Esempio 2 Dato un segnale $m(t)$ triangolare di frequenza 1 kHz e ampiezza ±1V, calcolare i valori estremi di frequenza del segnale modulato sapendo che f_C = 100 kHz e la sensibilità del modulatore è k_f = 120 Hz/V.

Discussione Poiché, in modulo, $[m(t)]_{max}$ = 1V
si ha $\Delta f_{max} = k_f$ = 120 Hz = 0,12 kHz
per cui le due frequenze estreme sono

$$[f_s]_{max} = 100 \pm 0{,}12 \text{ kHz}$$

quindi f_{min} = 100 – 0,12 = 99,88 kHz
f_{max} = 100 + 0,12 = 100,12 kHz

Riflessione *In che cosa differiscono la modulazione di frequenza e la modulazione di ampiezza?*

FAQ 2 Come si trova lo spettro di un segnale FM?

Per trovare lo spettro di un segnale modulato in FM, si consideri una modulante cosinusoidale.

$$m(t) = A_m \cdot \cos(2\pi f_m t)$$

la frequenza istantanea diventa

$$f_i(t) = f_c + k_f \cdot A_m \cos(2\pi f_m t)$$

quindi

$$s_{FM}(t) = A_c \cos\left[2\pi f_c t + 2\pi k_f A_m \int_0^t \cos(2\pi f_m t)\, dt\right]$$

notando che

$$2\pi k_f A_m \int_0^t \cos(2\pi f_m t)\, dt = \frac{2\pi k_f A_m}{2\pi f_m} \operatorname{sen}(2\pi f_m t)$$

ponendo

$$\omega = 2\pi f \text{ e } \Delta f_{max} = k_f A_m$$

$$s_{FM}(t) = A_c \cos\left[\omega_c t + \frac{\Delta f_{max}}{f_m} \operatorname{sen}(\omega_m t)\right]$$

Il rapporto $\beta = \Delta f_{max}/f_m = k_f \cdot A_m/f_m$ definisce l'*indice di modulazione* in frequenza e il massimo valor angolare di scostamento dalla portante.

Sviluppando l'espressione trigonometrica

$$s_{FM}(t) = A_c \{\cos(\omega_c t)\cos[\beta \operatorname{sen}(\omega_m t)] -$$
$$- \operatorname{sen}(\omega_c t)\operatorname{sen}[\beta \operatorname{sen}(\omega_m t)]\}$$

Le componenti spettrali del segnale modulato, anche nel semplice caso di modulante sinusoidale, non sono per niente immediate. Per poterle evidenziare si deve ricorrere a strumenti matematici specifici, precisamente alle funzioni di Bessel del primo tipo. Il segnale modulato si può quindi riscrivere in questo modo

$$s_{FM}(t) = A_c \sum_{n=-\infty}^{\infty} J_n(\beta) \cos[2\pi (f_c + n f_m)t]$$

L'equazione indica che lo spettro del segnale è formato da infinite componenti, pesate dai coefficienti di Bessel $J_n(\beta)$, dove n è detto ordine del coefficiente. Il valore di ogni singolo coefficiente dipende dall'argomento β, l'indice di modulazione.

I coefficienti di Bessel si ricavano da apposite tabelle, come quella riportata nella tabella, e per segnali fisici il loro valore affievolisce al crescere dell'indice n. In pratica i termini che hanno un valore significativo, superiori in modulo a 0.01, sono limitati ai primi valori di n.

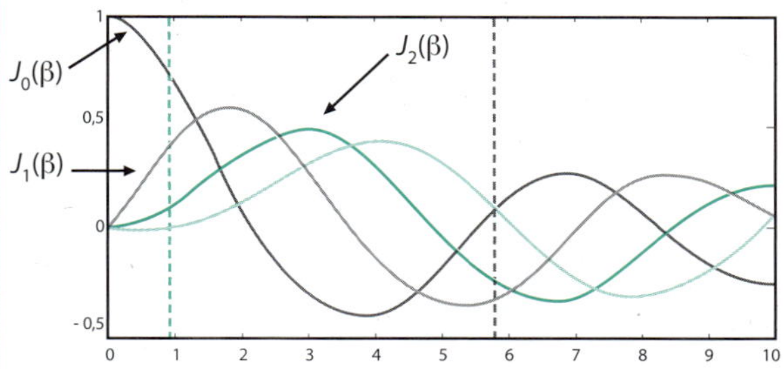

Fig. 2.3 Tracciato delle prime tre funzioni di Bessel del primo tipo. In ascissa il valore dell'argomento β. Per ricavare il valore di un coefficiente si cerca la sua ordinata in corrispondenza del valore di β. Si osservi come i valori possono annullarsi o diventare negativi e il loro modulo non supera l'unità.

Lo spettro di un semplice segnale sinusoidale modulato in frequenza è quindi formato in pratica da un certo numero di componenti armoniche, disposte in modo simmetrico ai lati della portante e distanziate tra loro dalla frequenza f_m del segnale modulante. La quantità di componenti significative dipende dall'indice di modulazione β, all'aumentare dell'indice aumenta quindi la banda occupata.

Esempio 1 Dato un modulatore con k_f = 75 kHz/V e una modulante sinusoidale con A_m = 1 V e f_m = 15 kHz, trovare la quantità di componenti armoniche che formano lo spettro del segnale modulato in FM.

Discussione Con i dati forniti possiamo calcolare

$$\beta = k_f A_m / f_m = 75 . 1/15 = 5$$

Dalla tabella si ricava, in corrispondenza dell'indice di modulazione trovato, che lo spettro è costituito da 8 componenti per lato e quindi da 16 componenti totali.

Riflessione *Da che cosa dipende lo spettro di un segnale modulato in frequenza?*

Indice modulo	Componenti singola banda laterale														
	Carrier	1	2	3	4	5	6	7	8	9	10	11	12	13	14
0.00	1.00														
0.25	0.98	0.12													
0.5	0.94	0.24	0.03												
1.0	0.77	0.44	0.11	0.02											
2.0	0.22	0.58	0.35	0.13	0.03										
5.0	−0.18	−0.33	0.05	0.36	0.39	0.26	0.13	0.05	0.02						
10.0	−0.25	0.04	0.25	0.06	−0.22	−0.23	−0.01	0.22	0.32	0.29	0.21	0.12	0.06	0.03	0.01

Tabella: coefficienti di Bessel relativi ad alcuni valori dell'indice di modulazione.

FAQ 3 Com'è fatto lo spettro di un segnale FM?

La modulazione di frequenza è detta a *banda stretta* (*narrow band*) quando $\beta < 1$. In questo caso l'equazione della modulazione

$$s_{FM}(t) = A_c \{\cos(\omega_{ct}) \cos [\beta \sin (\omega m_t] - \sin (\omega_{ct}) \sin [\beta \sin (\omega m_t)]\}$$

può essere semplificata ponendo

$$\cos [\beta \sin (\omega_m t)] \cong 1 \text{ e } \sin [\beta \sin (\omega_m t)] \cong \beta \cdot \sin (\omega_m t)$$

per cui diventa

$$s_{NBFM}(t) \cong A_c \cos (\omega_c t) - \beta A_c \sin (\omega_c t) \sin (\omega_m t)$$

In questa situazione, la modulazione di frequenza presenta alcune analogie con quella di ampiezza. Ad esempio, lo spettro del segnale modulato comprende un'unica componente per lato e la banda risulta, come in AM, doppia di quella del segnale modulante.

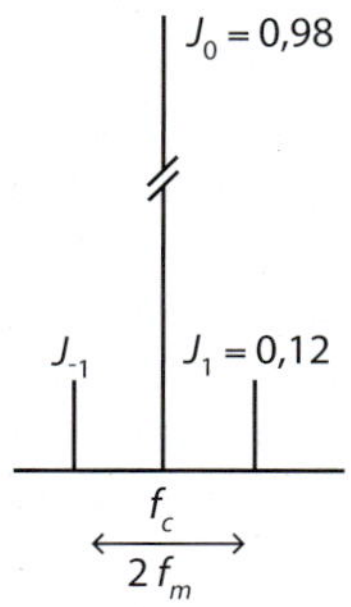

Fig. 2.4 Spettro di un segnale modulato in frequenza con indice di modulazione molto piccolo. Si noti la presenza di un'unica componente per lato, ciascuna separata dalla portante dalla banda f_m. Lo spettro somiglia a quello dell'AM.

La modulazione di frequenza è invece detta a *banda estesa* (*wide band*) quando $\beta > 1$.

Esempio Dato un modulatore con k_f = 7,5 kHz/V, e una modulante sinusoidale con A_m = 4 V e f_m = 15 kHz, trovare la banda del segnale modulato in FM.

Discussione Ricaviamo l'indice di modulazione

$$\beta = k_f A_m / f_m = 7{,}5 \cdot 4/15 = 2$$

Dalla tabella dei coefficienti di Bessel, si trova in corrispondenza di $\beta = 2$ che le componenti spettrali sono, oltre la portante, quattro per ogni banda laterale, per complessive nove componenti. Esse sono spaziate tra loro da un valore pari a f_m, quindi

$$B_{FM} = 8 \cdot 15 = 120 \text{ kHz.}$$

Lo spettro, teoricamente infinito, di un segnale FM a banda estesa dipende, in pratica, da β. Tale dipendenza si può giustificare in quanto maggiore profondità di modulazione significa maggior dinamicità del segnale modulato e quindi un aumento del numero di componenti significative formanti lo spettro e della banda complessivamente occupata.

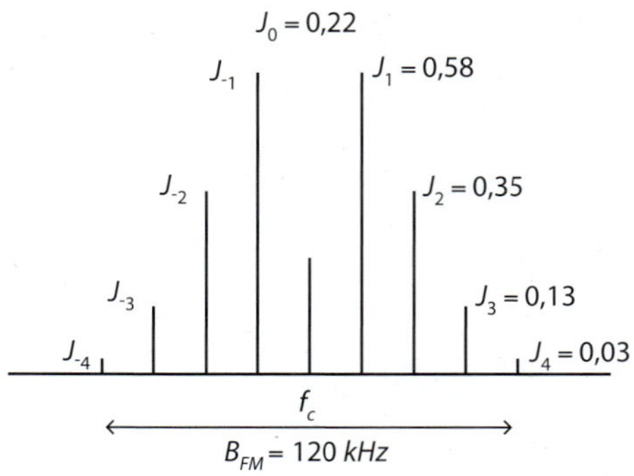

Fig. 2.5 Spettro relativo al caso di modulazione di frequenza riportato in esempio. Ciascuna componente è separata dall'altra da 15 kHz. Si noti la profonda differenza con gli spettri in AM.

L'ampiezza della componente spettrale relativa alla portante diminuisce al crescere di β, ciò proprio poiché l'ampiezza del segnale modulato, e quindi la sua potenza, rimangono sempre costanti,mentre aumenta il contributo fornito dalle componenti spettrali laterali. Applicando il segnale modulato su una resistenza di carico di 1 Ω, la potenza dissipata dal segnale, indipendentemente da β, vale sempre

$$P = A_c/2$$

Nel caso più generale di segnale modulante non limitato a una semplice sinusoide, ma con andamento arbitrario, l'analisi della modulazione si può ricondurre alla prima, prendendo in considerazione la massima frequenza ω del segnale e la sua massima ampiezza. Invece dell'indice di modulazione si userà un coefficiente D definito dal rapporto tra tali grandezze.

Nella modulazione FM a banda estesa la larghezza di banda della trasmissione è, per tradizione, stimata mediante la nota regola di Carson

$$B_{FM} = 2 (\Delta f_{max} + f_{m\_max})$$

dove Δf_{max} è la massima deviazione di frequenza e f_{m_max} è la massima frequenza contenuta nel segnale modulante.

Riflessione *Perché, rispetto alle altre componenti, la portante può avere peso inferiore?*

FAQ 4 Che cos'è la modulazione di fase?

Nella **PM** (***Phase Modulation***), o modulazione di fase, la fase del segnale modulato è proporzionale al segnale modulante $s_{PM}(t) = A_C \cos[\omega_C t + k_p \cdot m(t)]$, dove $k_p \cdot m(t)$ indica lo scostamento $\Delta\varphi$, proporzionale a $m(t)$, subito in ogni istante dalla fase $\varphi(t)$ della portante per effetto dell'azione del segnale modulante.
k_p è la costante di deviazione di fase e si misura in [radianti/V]. La modulazione determina cambiamenti nella fase della portante che ne imprimono l'informazione del segnale modulante. La fase iniziale della portante non è importante e viene quindi trascurata. La modulazione di fase è una tecnica poco diffusa nelle telecomunicazioni analogiche, ma lo è molto in quelle digitali.

Esempio Una portante sinusoidale di $f = 5$ kHz è modulata, con costante $k_p = 0{,}952$ radianti/V, da un segnale ad onda quadra di 1 kHz che oscilla tra 0 e 3,3 V, trovare i valori degli scostamenti subiti dalla fase nei due semiperiodi della modulante.

Discussione Quando la modulante vale 3,3 V, lo scostamento di fase risulta $\Delta\varphi = k_p \cdot m(t) = 0{,}952 \cdot 3{,}3 = 3{,}1416$ radianti, nell'altro caso risulta 0 radianti.

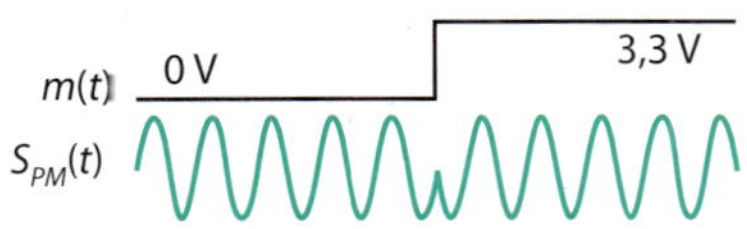

Fig. 2.6 Rappresentazione dei segnali modulante e modulato relativi all'esempio. Si nota l cambiamento di fase di $s_{PM}(t)$ in corrispondenza del cambiamento di valore di $m(t)$.

Per un segnale modulante sinusoidale

$$m(t) = A_m \operatorname{sen}(\omega_m t)$$

lo scostamento di fase nel tempo vale

$$\Delta\varphi(t) = k_p m(t) = k_p A_m \operatorname{sen}(\omega_m t)$$

Trascurando il valore iniziale della fase e ponendo

$$\Delta\varphi_{max} = k_p A_m$$

come valore della massima escursione della fase si ottiene

$$s_{PM}(t) = A_C \cos[\omega_C t + \Delta\varphi(t)]$$

ovvero

$$s_{PM}(t) = A_C \cos[\omega_C t + \Delta\varphi_{max} \operatorname{sen}(\omega_m t)]$$

Questo risultato è praticamente identico a quello della modulazione di frequenza, dove al posto della massima escursione della fase $\Delta\varphi_{max}$, si aveva l'indice di modulazione β; di conseguenza si possono considerare validi anche per la modulazione di fase i risultati ricavati nel caso della modulazione di frequenza, in particolare quelli riguardanti la potenza del segnale modulato e la costituzione dello spettro del segnale modulato.

La fase e la frequenza di una sinusoide sono infatti strettamente correlate tra loro. L'argomento dell'onda sinusoidale portante rappresenta il valore della sua fase. Tale valore continua ad aumentare con il trascorrere del tempo e per un'onda a frequenza costante f_c si può calcolare il cambiamento di fase $\Delta\varphi$ che si verifica in un dato intervallo di tempo Δt con la formula:

$$\Delta\varphi = f_c \Delta t$$

Viceversa, per un'onda che ha subito un cambiamento di fase $\Delta\varphi$ in un certo intervallo di tempo Δt, si può calcolare il valor medio della frequenza in quell'intervallo $f_{med} = \Delta\varphi / \Delta t$. Per intervalli di tempo Δt molto piccoli, il valore della frequenza media f_{med}, tende ad avvicinarsi al valore istantaneo $f_i(t)$ assunto dalla frequenza in un certo istante t. In termini più rigorosi, la funzione che descrive l'andamento temporale della frequenza istantanea è la derivata matematica della funzione che descrive l'andamento della fase nel tempo e si scrive perciò:

$$f_i(t) = (d\varphi(t)/dt = \varphi'(t)$$

Ricordando poi che la fase della portante dipende dal segnale modulato, questo legame matematico ha un'immediata conseguenza pratica: la modulazione di fase si può ottenere impiegando un modulatore di frequenza al quale si deve inviare, al posto del segnale modulante $m(t)$, il segnale $m'(t)$ ottenuto mediante un circuito che effettua la derivazione matematica.

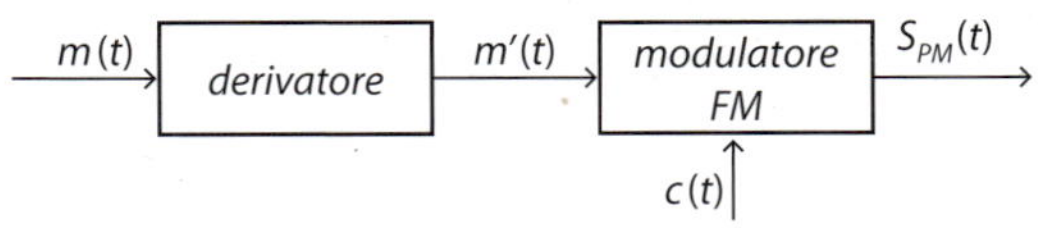

Fig. 2.7 La modulazione di fase è ottenuta usando un modulatore di frequenza a cui si invia il segnale $m'(t)$ derivato del segnale modulante.

Se, dal punto di vista matematico, la frequenza è la derivata della fase, allora è vero anche l'opposto, cioè la fase è l'integrale della frequenza e, nota la funzione $f_i(t)$, si può calcolare:

$$\varphi(t) = \varphi(0) + \int_0^t f_i(t)\, dt$$

La modulazione di frequenza si può quindi effettuare mediante un circuito modulatore di fase che opera su un segnale ricavato mediante integrazione matematica del segnale modulante. Le modulazioni di fase e di frequenza sono strettamente legate tra loro. Nel loro insieme, esse vengono considerate espressioni di un'unica tecnica indicata come *modulazione angolare*.

Riflessione *Qual è la differenza tra le modulazioni di frequenza e di fase?*

ReT 1 Il rumore nella modulazione di frequenza

Ai fini dell'analisi, il ***rumore*** del canale viene abbinato con quello indotto dai primi stadi del ricevitore, quelli eventualmente presenti prima del mixer.

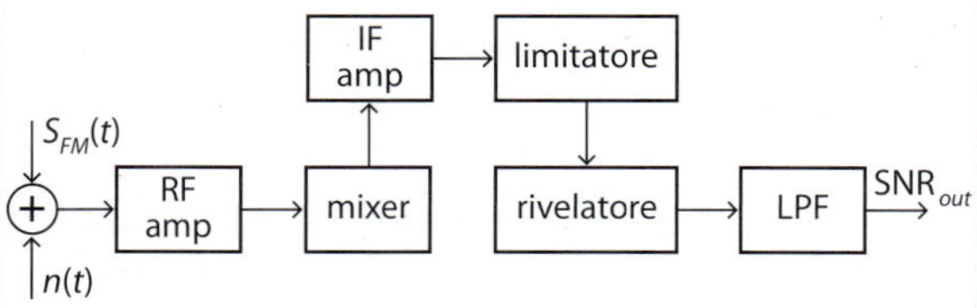

Fig. 2.8 Schema a blocchi di un tipico ricevitore FM con il limitatore di ampiezza. All'ingresso si presentano il segnale $s_{FM}(t)$ da demodulare e un segnale $n(t)$ di rumore. In uscita si ottiene un SNR molto migliorato rispetto a quello che si presenta in ingresso.

Il rumore $n(t)$ presente all'ingresso del ricevitore viene considerato di tipo AWGN: *Additive White Gaussian Noise*, in quanto si somma algebricamente al segnale modulato $s_{FM}(t)$, ha valore medio nullo e risulta distribuito uniformemente nelle frequenze. Indicando con N_0 la densità di potenza spettrale (costante) del rumore, nella banda W la potenza di rumore è $P_N = N_0 W$.
La demodulazione FM tende a comprimere le basse frequenze del rumore e a esaltare quelle maggiori, modificando a forma di parabola lo spettro di ampiezza del rumore.

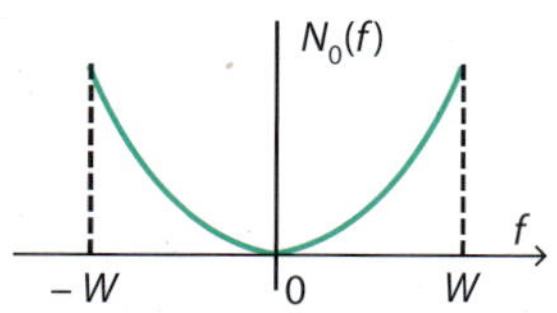

Fig. 2.9 Spettro di ampiezza del rumore in uscita dal demodulatore di frequenza. Il rumore è proporzionale al quadrato della frequenza.

Si dimostra che $N_o(f) = N_0 f^2/A_c^2$, di conseguenza la potenza del rumore (area sottesa dalla curva) in uscita dal ricevitore è $P_{No} = 2N_0 W^3/3A_c^2$.
Si noti un primo importante risultato della FM: aumentando la potenza del segnale si attenua quella del rumore.
La potenza del segnale modulato si può esprimere in termini della costante di deviazione di frequenza e della potenza del modulante $P_{SO} = k_f^2 P_m$, da cui si ricava il rapporto segnale/rumore in uscita

$$SNR_o = 3A_c^2 k_f^2 P_m / 2N_0 W^3$$

Ponendo quindi le potenze ricevute $P_{SC} = A_c^2/2$ e $P_{NC} = N_0 W$, per il canale si ricava $SNR_c = A_c^2/2N_0 W$.

Dal loro rapporto si ottiene il "factor of merit"

$$FoM = SNR_o/SNR_c = 3k_f^2 P_m/W^2 = 3\beta^2$$

Nella FM dunque aumentando l'indice di modulazione, si ottiene un notevole miglioramento del rapporto segnale/rumore; secondo necessità, si possono privilegiare l'attenuazione del rumore piuttosto che la banda impegnata dalla modulazione.
Il contrasto al rumore è però condizionato a un rapporto segnale/rumore in ingresso minimo, superiore a una certa soglia. In caso contrario infatti, la ricezione viene persa. Per assicurare il richiesto SNR_c la portante dev'essere abbastanza intansa. In alternativa si può ricorrere a ricevitori retro-azionati o all'impiego di circuiti PLL, che consentono la ricezione con valori di SNR_c anche più contenuti.
Nei ricevitori FM, a valle del filtro IF, si trova uno stadio di limitazione dell'ampiezza; esso elimina i cambiamenti di ampiezza del segnale modulato, che influenzerebbero negativamente il funzionamento del demodulatore.
All'uscita del demodulatore, lo spettro di ampiezza del rumore è decisamente contrario a quello del segnale, che invece concentra la sua intensità nelle frequenze più basse, le frequenze alte del segnale sono quindi soggette al rumore più di quelle basse. Per contrastare questo problema, i trasmettitori FM amplificano maggiormente le frequenze alte rispetto a quelle basse, mediante un'operazione indicata come *pre-enfasi*. I ricevitori FM provvedono quindi a ripristinare la situazione corretta amplificando quelle basse e attenuando quelle alte, operazione indicata come *de-enfasi*. Si noti come la de-enfasi finisce per aggredire il rumore proprio nella parte in cui risulta più energico.

Esempio Un segnale modulante di ampiezza massima unitaria e banda 5 kHz viene modulato in frequenza con una deviazione massima di 50 kHz calcolare il FoM.

Discussione La deviazione di frequenza è data da

$$\Delta f_{max} = k_f [m(t)]_{max}$$

quindi possiamo ricavare

$$k_f = \Delta f_{max}/[m(t)]_{max} = 50 \cdot 10^3/1 = 50 \cdot 10^3$$

Il segnale ha ampiezza unitaria quindi $P_m = 1/2$, mentre la banda è $W = 5 \cdot 10^3$, per cui:

$$FoM = 3k_f^2 P_m/W^2 = 3\,(50 \cdot 10^3)^2/2\,(5 \cdot 10^3)^2 = 150$$

Riflessione *Perché, rispetto alla modulazione di ampiezza, la modulazione di frequenza fornisce migliori prestazioni nei confronti del rumore?*

ReT 2 Anello ad aggancio di fase

Il circuito **PLL: *Phase Locked Loop*** (anello ad aggancio ds fase), è un componente molto versatile che ha trovato applicazione in svariati campi, soprattutto da quando è stato prodotto come circuito integrato, in un primo tempo analogico e successivamente in tecnica digitale. È usato nella sincronizzazione e nel recupero delle portanti, nella demodulazione, nella sintesi di frequenza e nella televisione a colori analogica.

Il PLL è formato da tre elementi: un rivelatore di fase (spesso un mixer), un filtro passa basso e un VCO.

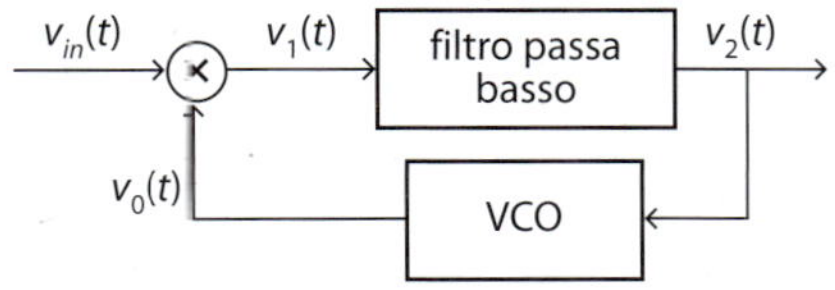

Fig. 2.10 Schema a blocchi del PLL. I suoi elementi sono collegati in retroazione a formare un anello. L'ingresso è dato dalla $v_{in}(t)$ mentre l'uscita è data dalla $v_2(t)$.

Nei momenti in cui il segnale $v_2(t)$ applicato al VCO è nullo, esso genera un segnale $v_0(t)$ sinusoidale di frequenza f_0. Al variare di $v_2(t)$, il VCO genera un'onda periodica la cui frequenza dipende dal valore della tensione applicata. Se la frequenza di v_0 è molto vicina a quella principale di $v_{in}(t)$ la loro moltiplicazione produce un segnale $v_1(t)$ formato da due bande, una a bassa frequenza, vicina allo zero, e un'altra a frequenza circa doppia di quella dei segnali moltiplicati. Il filtro passa basso ha il compito di eliminare la banda a frequenza doppia, quindi $v_2(t)$ è formato dalla parte in bassa frequenza di $v_1(t)$.

Quando la frequenza di v_0 coincide con quella di v_{in}, la frequenza di v_2 è nulla, cioè v_2 è un segnale costante, proporzionale alla differenza esistente tra le fasi di v_{in} e v_0. In questi momenti, la frequenza prodotta dal VCO rimane stabilmente uguale a quella di v_{in}. Si dice che l'anello è 'agganciato'.

Esempio Un PLL con guadagno del mixer $K_m = 2$, frequenza di taglio del filtro pari a 5 kHz e guadagno del VCO $K_o = 6000$ Hz/V, riceve un segnale

$$v(t) = \text{sen}(6000\pi t + 5\pi/12)$$

Conoscendo il segnale

$v_0(t) = \text{sen}(6000\pi t + \pi/4)$, trovare $v_2(t)$ e il guadagno del VCO.

Discussione Con alcuni passaggi trigonometrici si trova $v_1(t) = \text{sen}(12.000\pi t + 2\pi/3) + \text{sen}(\pi/6)$. Per il taglio imposto dal filtro $v_2(t) = \text{sen}(\pi/6) = 0{,}5$. Essendo 3000 Hz la frequenza di v_0, il guadagno del VCO è 3000/0,5 = 6000 Hz/V

Se la frequenza del segnale v_{in} varia, ciò determina un cambiamento nella differenza delle fasi e conseguentemente una variazione in v_2 che sposta la frequenza prodotta dal VCO. Finché gli scostamenti di v_{in} rimangono limitati l'anello riesce a rimanere agganciato al segnale di ingresso, un po' come modeste asperità del terreno non provocano la caduta di un ciclista.

I cambiamenti di frequenza di v_{in} impongono una variazione nella differenza tra le fasi e modificano v_2.

I cambiamenti di ampiezza di v_2 riflettono dunque i cambiamenti di frequenza di v_{in} e l'anello funziona come demodulatore di frequenza.

Il funzionamento del filtro è determinante per il sistema. Esso deve rigettare le frequenze elevate, ma anche contribuire al guadagno complessivo e garantire la stabilità dell'anello. In genere si adottano filtri attivi. Se la banda del filtro è molto stretta, l'anello rimane agganciato a una frequenza di v_{in} e il PLL funziona come filtro di inseguimento, conservando l'aggancio anche a fronte di variazioni della frequenza in ingresso, purché lente e limitate. Quando invece la banda del filtro è larga, l'anello insegue, con una certa rapidità, la frequenza istantanea dell'ingresso.

La banda di frequenze in cui l'anello conserva l'aggancio è detta intervallo di mantenimento o *lock-in*. Esso dipende dal guadagno totale in continua dell'anello. L'insieme, in genere più ristretto, delle frequenze di ingresso in corrispondenza delle quali l'anello è in grado di realizzare l'aggancio è detto intervallo di aggancio o *pull-in*. Lo scarto di frequenza oltre il quale l'aggancio non è sufficientemente rapido è detto *pull-out*.

L'applicazione del PLL come sintetizzatore di frequenza può venire realizzata con lo schema riportato nella fig. 2.11.

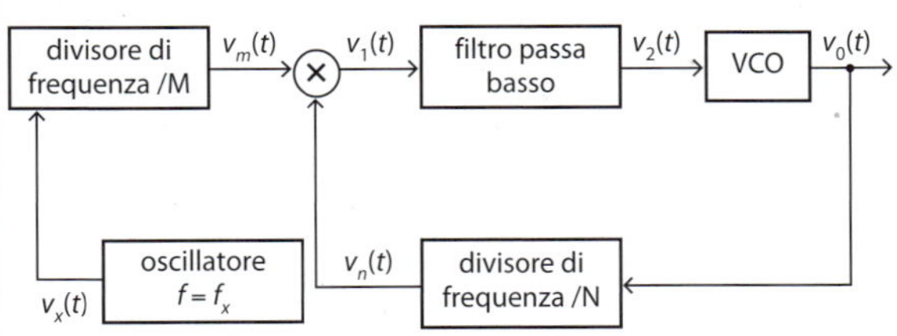

Fig. 2.11 Schema a blocchi di un sintetizzatore di frequenza. Un oscillatore produce un segnale $v_x(t)$ sinusoidale con frequenza f_x. Da $v_x(t)$ si produce un segnale $v_m(t)$ con frequenza f_x/M che viene portato all'ingresso del PLL che si sintonizza alla frequenza $f_x N/M$ portata in uscita dal segnale $v_0(t)$. Per $M = 1$ la frequenza viene moltiplicata per N.

Riflessione *Perché il segnale in uscita dal filtro PB è detto errore di fase?*

ReT 3 Diffusione radio in FM

Le diffusioni radio FM avvengono nella nota gamma 88 ÷ 108 MHz delle VHF (in realtà l'inizio è a 87.5 MHz), oltre i 50 MHz dove si esauriscono la maggior parte dei disturbi. Il canale audio prefissato è quasi coincidente con la banda di sensibilità uditiva, e si estende fino a f_{max} = 15 kHz, con frequenza minima a 30 Hz. Il massimo scarto di frequenza, rispetto alla frequenza portante a riposo, Δf, è stato normalizzato a 75 KHz. Con la formula di Carson, si può stimare la larghezza di banda del segnale modulato

$$B_{FM} = 2\,(\Delta f \cdot f_{mx}) = 2\,(75 + 15) = 180\ \text{kHz}$$

L'indice di modulazione è quindi

$$m = \Delta f / f_{max} = 5$$

cui corrispondono otto coefficienti di Bessel e quindi una banda effettiva di

$$B_{FM} = 2 \cdot 8 \cdot f_{max} = 2 \cdot 8 \cdot 15 = 240\ \text{kHz}$$

Si può dimostrare che a 180 kHz si trascura circa il 4% della potenza totale del segnale.

Esempio A termini di normativa i singoli canali *FM* hanno una banda complessiva di 200 kHz, calcolare la quantità di canali che si possono trasmettere in una stessa area geografica.

Discussione L'estensione complessiva della banda risulta 108 – 88 = 20 MHz, da cui dividendo per 200 kHz si ottiene un risultato pari a 100 canali distinti.

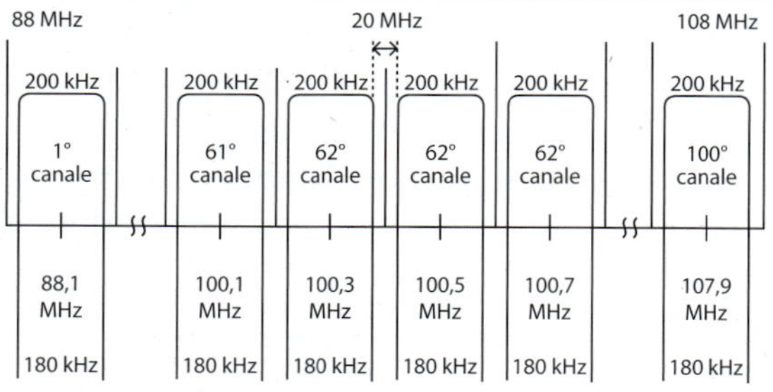

Fig. 2.12 I 100 canali FM sono centrati correttamente, hanno larghezza di 180 kHz e sono distanziati uno dall'altro da una banda di separazione di 20 kHz.

In origine la frequenza centrale delle stazioni era stata indicata alle frequenze inizianti ai decimi dispari, ad esempio 88,1, 88,3, 88,5 e così via, con l'attenzione a non occupare la stessa banda in aree geografiche troppo vicine.

La zona di copertura del segnale FM può infatti raggiungere decine o centinaia di chilometri.

Negli anni '60, sono iniziate le trasmissioni FM *stereofoniche*. Il nuovo standard doveva garantire la compatibilità con gli esistenti ricevitori monofonici, quindi sul canale monofonico si trasmette un segnale somma dei due canali stereo sinistro e destro, perfettamente riproducibile su un unico diffusore acustico.

Per consentire agli apparecchi abilitati l'ascolto in stereofonia si è aggiunta una seconda banda di potenza inferiore, modulata in DSB-SC, contenente il segnale differenza dei canali stereo *left* e *right*. Il ricevitore stereo riesce a isolare ciascuno dei due canali, una volta sommando e un'altra sottraendo la banda mono *left* + *right* con la nuova banda stereo *left* – *right*.

La demodulazione della banda stereo è inoltre agevolata dalla presenza, nel segnale composito, di una ridotta portante pilota a metà frequenza di quella stereo, ma perfettamente in fase con quella.

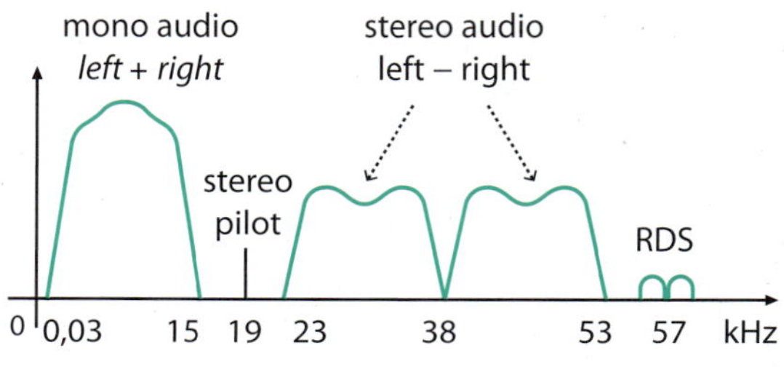

Fig. 2.13 Spettro del segnale in banda base che viene trasmesso in FM. Si notano la banda audio mono, la banda stereo modulata a due bande laterali con portante soppressa, la portante pilota a 19 kHz, la piccola banda RDS.

Con una prima standardizzazione da parte dell'European Bradcasting Union nel 1984 e, dopo vari rifacimenti, un'ulteriore revisione nel 2000 da parte dell'International Electrotechnical Commission, si è istituito il servizio RDS: *Radio Data System*. Il servizio consente l'invio, con la radio diffusione FM, di piccole quantità di informazioni quali l'ora (CT), il nome della radio (PS), tipologia dei contenuti trasmessi dalla stazione (PTY), se la stazione è regionale o nazionale (REG), del testo libero (RT), frequenze alternative in cui sintonizzare la stazione (AF), stazioni che diffondono informazioni sul traffico (TP).

Il servizio è realizzato mediante una banda molto ristretta allocata, per minimizzare le interferenze, alla terza armonica del segnale pilota stereo, a 57 kHz.

Il singolo bit è modulato in 48 cicli della sottoportante, da cui consegue un ritmo di invio dati di 1187,5 bit ogni secondo.

Riflessione *Quanto influisce la presenza del canale stereo sulla massima deviazione di frequenza del segnale modulato?*

ReT 4 Il segnale della televisione analogica

Il formato standard del video analogico in Italia, riproduce ogni secondo 25 immagini, dette quadri. Ogni quadro è composto da 625 linee orizzontali che, per limitare lo sfarfallio,vengono trasmesse in modo interlacciato: prima le linee dispari, poi quelle pari,con una frequenza di rinfresco di 50 semiquadri al secondo e una frequenza di riga di 625 · 25 = 15,625 Hz, e periodo di 64 µs. 25 linee di ogni semiquadro cadono fuori dallo schermo e ne vengono mostrate solo 575. Nel tempo destinato alle linee non mostrate si trasmettono le pagine del televideo.

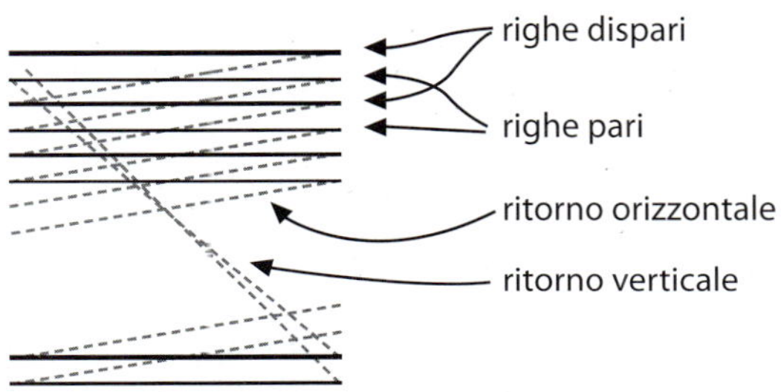

Fig. 2.14 Principio della scansione interlacciata. Le righe dispari fanno parte del primo semiquadro, quelle pari del secondo. I ritorni orizzontale e verticale si riferiscono a periodi di sincronismo.

La trasmissione di una riga inizia con un intervallo di 12 µs in cui si trasmette, a –0,3 V, l'impulso di sincronismo orizzontale e un burst di sincronismo per la portante del colore Nei restanti 52 µs si trasmette il segnale della luminanza con i valori 0,035 V per il nero fino a 0.7 V per il bianco. Il segnale viene invertito e reso tutto positivo consentendo anche di contenere la potenza visto che le scene chiare sono quelle più frequenti.

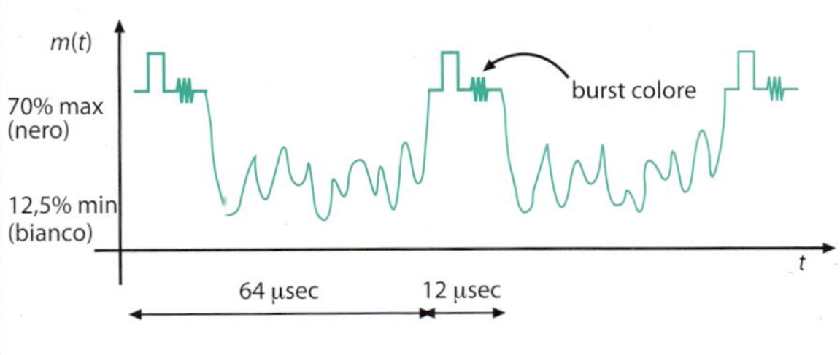

Fig. 2.15 Particolare del segnale televisivo relativo alla trasmissione della singola riga. La durata totale è di 64 µs, i primi 12 µs per il sincronismo. Il bianco è trasmesso con livelli inferiori al nero. I sincronismi hanno livello massimo e tempi separati.

Esempio Sapendo che il rapporto di aspetto delle immagini è 4/3, si trovino i punti immagine e la banda occupata dal segnale.

Discussione Con il rapporto di aspetto si calcola

625 · 4/3 = 833 punti/linea

quindi 833 · 625 = 520625 punti/immagine

e circa 13 · 10^6 punti/secondo

Per il Teorema del campionamento tale segnale deve avere una banda teorica di 6.5 MHz.

La frequente presenza nelle immagini di ampie zone uniformi, corrispondenti a un segnale di luminanza Y pressoché costante, determina una densità spettrale del segnale televisivo piuttosto concentrata nella regione delle basse frequenze. Per questo motivo si è scelto di adottare la modulazione a banda laterale vestigiale conseguendo un discreto risparmio di banda. La portante audio viene trasmessa oltre la banda video con modulazione FM e Δf_{max} = 25 kHz.

L'aggiunta del colore si basa in Italia sul metodo PAL: *Phase Alternating Line*, e sulla scelta del modello a sintesi additiva RGB, per cui i colori primari sono, in inglese, Red, Green e Blue. La loro somma pesata, 58,7% di verde, 29,9% di rosso e 11.4% di blu, forma il segnale di luminanza, visibile anche con ricevitori monocromatici. Un secondo segnale detto di crominanza, è costituito da due segnali differenza, la crominanza rossa C_r = Rosso–Y e la crominanza blu C_b = Blu–Y. Nel segnale video composito in realtà vengono incluse le componenti dette $U = 0{,}493\,C_b$ e $V = 0{,}877\,C_r$, modulate in ampiezza con portante soppressa a 4,433 MHz e inserendo *U* nella componente in fase e *V* nella componente in quadratura. Insieme formano il cosiddetto spazio di colore YUV. Il segnale di crominanza occupa una banda più ristretta (± 1 MHz) di quello di luminanza, poiché la sensibilità visiva è più accentuata per la luce che per il colore.

La presenza dei *burst* di colore con l'impulso di sincronizzazione orizzontale, costituiti da alcuni cicli di portante, agevola la demodulazione coerente del segnale di crominanza.
Per prevenire possibili interferenze, la banda di crominanza viene filtrata per evitare il disturbo del segnale di luminanza. Scegliendo opportunamente la portante di colore si riesce a evitare che il colore interferisca con la luminanza.

Riflessione *Perché le immagini contenenti sottili righe bianche e nere mostrano riflessi colorati?*

Sommario

La modulazione angolare, rispetto a quella di ampiezza, è una tecnica più avanzata sia storicamente sia per la sua complessità teorica, è una tecnica non lineare, e degli apparati costruiti per realizzarla.
Nella modulazione analogica ha trovato maggiore applicazione la modulazione di frequenza, mentre quella di fase è più usata nella modulazione digitale. In ogni caso si è cercato di discutere anche gli aspetti di continuità esistenti tra queste due modulazioni.
È sembrato opportuno estendere la discussione ad alcune applicazioni tipiche che si sono affermate nel contesto della modulazione analogica quali il circuito ad anello ad aggancio di fase, la diffusione radio in modulazione di frequenza e la struttura della televisione analogica.
Queste tecnologie sono successivamente evolute sia per l'avvento dei dispositivi integrati sia per la loro realizzazione in tecnica digitale. Molte moderne applicazioni realizzate in firmare e software continuano pure a fare riferimento al mondo delle soluzioni analogiche su cui si basano.

Risposte alle riflessioni

***FAQ* 1** La modulazione di ampiezza riporta sull'ampiezza della portante l'andamento del segnale modulante, quella di frequenza è ad ampiezza costante, l'informazione della modulante va a modulare il valore della frequenza della portante, discostandola ad ogni istante nell'intorno di un valore centrale.

***FAQ* 2** Lo spettro di un segnale modulato in frequenza dipende principalmente dall'indice di modulazione che determina la quantità di armoniche significative che formano lo spettro.

***FAQ* 3** Perché l'ampiezza del segnale modulato è costante, quindi all'aumentare del numero delle componenti diminuisce il peso della portante.

***FAQ* 4** Anche in assenza di modulazione l'angolo percorso dall'onda portante aumenta continuamente nel tempo, al ritmo dato dalla velocità angolare ω_c. Nel caso della modulazione di fase, la modulante aggiunge il proprio contributo all'angolo percorso. Nella modulazione di frequenza invece aggiunge un contributo alla velocità ω_c con cui si percorre l'angolo.

***ReT* 1** Rispetto alla modulazione di ampiezza, la modulazione di frequenza fornisce, nei confronti del rumore, prestazioni migliori in quanto i disturbi tendono più facilmente a incidere sull'ampiezza che sulla frequenza. Inoltre la modulazione di frequenza, che tende naturalmente a ridurre efficacemente il rumore, si è nel tempo arricchita di vari accorgimenti tutti mirati al contrasto del rumore.

***ReT* 2** Il segnale in uscita dal filtro del PLL è detto errore di fase perché in situazioni di aggancio e per piccoli scostamenti si può approssimare alla differenza tra le fasi dell'ingresso e dell'onda prodotta dal VCO.

***ReT* 3** La presenza del canale L-R non incide particolarmente sulla massima deviazione di frequenza. Se i due canali sono simili il segnale mono è intenso ma quello stereo è debole, se sono molto diversi è intenso il segnale stereo, ma si riduce l'intensità di quello mono. In ogni caso la banda stereo, trovandosi a frequenze più elevate è caratterizzata da un indice di modulazione inferiore.

***ReT* 4** I riflessi colorati sono dovuti a un difetto di decodifica della crominanza causato in alcune situazioni dal segnale di luminanza.

Sitografia • Bibliografia

- http://nptel.iitm.ac.in/courses/IIT-MADRAS/Principles_of_Communication1/index.php
- http://www.complextoreal.com
- S. Haykin, *Communication systems*, John Wiley & Sons, Inc.
- D.C. Green, *Transmission Principles for Technicians*, Longman Scientific&Technical, 1995.

Esercizi e Problemi

FAQ 1

Es. 1 Un segnale portante con frequenza di 105 MHz è modulato in frequenza da un segnale armonico con frequenza di 7 kHz. All'uscita del modulatore si ha una deviazione di frequenza di 50 kHz. Calcolare:
a) l'escursione della frequenza della portante;
b) la frequenza massima e la frequenza minima raggiunte dal segnale modulato.

Es. 2 Un segnale portante con frequenza di 102,000 MHz, dopo essere stato modulato in frequenza da un segnale armonico assume il valore di 102,006 MHz.
Calcolare:
a) la frequenza minima raggiunta dal segnale modulato;
b) l'escursione totale della frequenza della portante;
c) la deviazione di frequenza.

Es. 3 È dato un segnale $s(t) = 5 \cos(12.000t)$ modulato in frequenza nell'intervallo $0 \le t \le 1$, con portante di 10.000 rad/s. Sapendo che l'indice di modulazione vale $k_f = 500$ rad/s V, trovare il segnale modulante.

Es. 4 Un segnale sinusoidale di 2 kHz modula in frequenza una portante sinusoidale facendola variare tra 95,95 MHz e 96,05 MHz. Indicare la frequenza della portante, la massima deviazione di frequenza e l'indice di modulazione.

Es. 5 Il segnale $m(t) = A_m[\cos(\omega_m t)+ \cos(2\omega_m t)]$ modula in frequenza la portante $c(t) = \cos(\omega_C t)$, scrivere l'espressione del segnale modulato sapendo che 1 V di ampiezza di segnale modulante produce una variazione di frequenza della portante pari a kHz. Trovare inoltre la massima deviazione di frequenza.

Es. 6 Il segnale $m(t) = A_m \cos(\omega_1 t) \cos(\omega_2 t)$ modula in frequenza la portante $c(t) = \cos(\omega_C t)$, scrivere l'espressione del segnale modulato.

FAQ 2

Es. 1 Una portante armonica è modulata in frequenza da una modulante armonica, con frequenza di 8 kHz. Se l'escursione della portante vale 100 kHz, calcolare l'indice di modulazione.

Es. 2 Una modulate armonica modula in frequenza una portante armonica; la frequenza più elevata raggiunta dal segnale modulato vale 100,02 MHz, mentre quella più bassa vale 99,98 MHz. Calcolare:
a) l'escursione della portante;
b) la frequenza portante;
c) la deviazione di frequenza;
d) l'indice di modulazione.

Es. 3 Una portante sinusoidale di 10 MHz è modulata in frequenza da una sinusoide di ampiezza unitaria e frequenza 1 kHz. Sapendo che la costante di sensibilità del modulatore vale $k_f = 10$ rad/s V, trovare l'indice di modulazione e dire se la modulazione di frequenza si può dire a banda stretta o larga. Trovare infine la larghezza di banda occupata dal segnale modulato.

FAQ 3

Es. 1 Un trasmettitore FM con sensibilità k_f di 10 kHz/V modula un segnale sinusoidale di 5 kHz e ampiezza 1V, trovare la deviazione di frequenza.

Es. 2 Un trasmettitore della radio diffusione FM ha, per un particolare segnale di ingresso, una deviazione massima di 60 kHz, trovare la percentuale di modulazione.

Es. 3 Un trasmettitore della radio diffusione FM ha una potenza di uscita di 10 W e indice di modulazione uguale a 1, trovare la potenza delle singole componenti di frequenza.

Es. 4 Per il segnale modulato $s(t) = \cos\{2\pi \cdot [2 \cdot 10^6 t + +30 \sin(150t) + 40 \cos(150t)]\}$ si trovino le massime deviazioni di fase e frequenza.

Es. 5 Una sinusoide di 1 kHz produce un segnale modulato in AM con indice μ e un segnale modulato in FM con indice $\beta = 0.5$. Sapendo che le ampiezze della portante f_c e dell'armonica a $f_c + 1000$ sono uguali, trovare μ.

Es. 6 Dato il segnale modulante $m(t) = A_m [\cos(\omega_m t) + \cos(2\omega_m t)]$, si ottiene il segnale modulato $s(t) = A_C [1 + m(t)] \cos(\omega_c t)$. Trovare l'indice di modulazione.

Es. 7 Dato il segnale modulante $m(t) = 4 \operatorname{sen}(2000\pi\, t)$ modulato in frequenza con una costante di deviazione $k_f = 50$ Hz/V trovare la massima deviazione di frequenza e l'indice di modulazione.

Es. 8 Dato un segnale modulante periodico di frequenza $f_m = 15$ kHz e un indice di modulazione $\beta = 2$, disegnare lo spettro del segnale modulato in frequenza e indicare l'ampiezza di banda occupata.

Es. 9 Dato il segnale $x(t) = 4\cos(2000\pi t)$, lo si vuole modulare in frequenza con una portante di ampiezza $A_C = 10$ V, frequenza $f_c = 1$ MHz e deviazione di frequenza $2000\,\pi$. Calcolare la banda di Carson del segnale modulato e la potenza in uscita al modulatore.

Es. 10 Una portante è modulata in frequenza da un segnale sinusoidale di frequenza 3 kHz e ampiezza 15 V. Trovare la massima deviazione di frequenza e l'indice di modulazione.

Es. 11 Trovare la banda occupata da un segnale modulato in frequenza con indice 2 e modulante a 3 kHz.

Es. 12 Sia 75 kHz la massima deviazione di frequenza consentita ad un segnale modulato in frequenza. Indicare la banda occupata secondo la regola di Carson e verificare la precisione della regola usando i coefficienti di Bessel in corrispondenza degli indici di modulazione 1, 2 e 5.

Es. 13 È dato un segnale $s(t)=20 \cos[2\pi \cdot 10^6 t + 2 \operatorname{sen}(2\pi \cdot 10^4 t)]$ modulato in frequenza, disegnare lo spettro formato dalla portante e dalle prime tre componenti laterali e calcolare la larghezza di banda usando la formula di Carson. Trovare infine la larghezza di banda che contiene il 95% della potenza del segnale modulato.

Es. 14 Una portante di 100 kHz modulata in frequenza da un modulante sinusoidale di 1 kHz, presenta una deviazione massima di frequenza di 5 kHz prodotta con una costante di deviazione di valore $k_f = 10^4$ Hz/V. Trovare l'ampiezza e il valor efficace del segnale modulante, l'indice di modulazione, la larghezza di banda del segnale modulato e il numero di componenti laterali presenti nello spettro di frequenza del segnale modulato e lo scostamento di frequenza che li separa.

Es. 15 Un segnale $m(t) = 5 \cos(500t)$ modula in frequenza la portante $c(t) = 50 \cos(2\pi \cdot 10^8 t)$ con indice di modulazione pari a 10. Scrivere l'espressione del segnale modulato e calcolarne la potenza. Trovare inoltre la massima deviazione di frequenza e la larghezza di banda occupata.

Pr. 1 Dato il segnale modulante $m(t) = 0{,}2$ sen $(\omega_1 t) + 0{,}5 \cos(\omega_2 t)$, dove $f_1 = 500$ Hz e $f_2 = 500$ Hz, si ottiene un segnale modulato $s(t) = 100[1 + m(t)] \cos(\omega_c t)$. Trovare l'indice di modulazione e disegnare lo spettro del segnale modulato.

Pr. 2 Un sistema di trasmissione analogico utilizza la modulazione di frequenza (FM) per trasmettere un segnale avente banda $B_m = 100$ kHz su un canale a radiofrequenza sul quale è disponibile una banda pari a $BT = 1$ MHz. Calcolare l'indice di modulazione di frequenza β che consente di occupare completamente la banda BT disponibile sul canale a radiofrequenza e tracciare in modo qualitativo lo spettro di potenza del segnale FM trasmesso sapendo che il canale a radiofrequenza è centrato intorno ad $f_c = 100$ MHz.

Pr. 3 Si consideri un sistema di trasmissione via etere che utilizza una modulazione AM DSB-SC per trasmettere un segnale avente banda $B_m = 100$ kHz. Disegnare qualitativamente la densità spettrale di potenza all'uscita del trasmettitore AM DSB-SC e calcolare la banda occupata dal segnale modulato AM DSB-SC. Il modulatore AM DSB-SC viene quindi sostituito con un modulatore FM standard con indice di modulazione $\beta = 5$. Disegnare qualitativamente la densità spettrale di potenza all'uscita del trasmettitore FM e calcolare la banda occupata dal segnale modulato FM.

FAQ 4

Es. 1 Dato un segnale modulato in fase con costante di deviazione di fase di 0,01 rad/V e modulante sinusoidale di 10 V di ampiezza. Trovare la massima deviazione di fase.

Es. 2 È dato un segnale $s(t) = 5 \cos(12.000t)$ modulato in fase nell'intervallo $0 \le t \le 1$, con portante di 10.000 rad/s.
Sapendo che l'indice di modulazione vale $k_p = 500$ rad/s V, trovare il segnale modulante.

Es. 3 Un segnale $x(t) = 2 \cos[\vartheta(t)]$ ha la fase data da $\vartheta(t) = \omega_a t^2 + \omega_b t + \varphi$, dove $\omega_a = 1000\pi$, $\omega_b = 1500\pi$ e $\varphi = 100$. Scrivere l'espressione del segnale e disegnare l'andamento della frequenza istantanea nell'intervallo $0 \le t \le 2$.

Es. 4 Un segnale a dente di sega di ampiezza unitaria e periodo di 1 ms modula in fase una portante a 10 MHz. Sapendo che la costante di modulazione è $k_p = \pi/2$, trovare il valore della frequenza istantanea del segnale modulato.

Es. 5 Disegnare le onde modulate in fase e in frequenza per un segnale modulante sinusoidale. Confrontare le due onde e indicare analogie e differenze.

Es. 6 Disegnare le onde modulate in fase e in frequenza per un segnale modulante ad onda quadra. Confrontare le due onde e indicare analogie e differenze.

Es. 7 Dato il segnale modulato $s(t) = 10 \cos[\omega_C t + 2 \text{ sen}(2000\pi t)]$, dove $\omega_C = 2\pi 10^7$ rad/s, trovare la potenza media trasmessa, le massime deviazioni della fase e della frequenza e indicare, se possibile, il tipo di modulazione angolare (di fase o di frequenza) usata.

Es. 8 Un segnale $m(t) = 5 \cos(2\pi \cdot 10^3 t)$ modula la portante $c(t) = 10 \cos(2\pi \cdot 10^6 t)$ e produce due segnali modulati uno in frequenza e l'altro in fase usando costanti di deviazione $k_f = 2000$ Hz/V e $k_p = 2$ rad/V. Usando al formula di Carson, trovare la larghezza di banda di ognuno dei due segnali modulati e calcolare l'effetto provocato sulla larghezza di banda conseguente la triplicazione della frequenza del segnale modulante.

Pr. 1 Un segnale a rampa modula in fase una portante di 20 MHz. La rampa passa da 0 a 5 V in 250 μs, quindi cade istantaneamente a zero.
Nota la costante di deviazione di fase pari a π rad/V, si calcoli il valore della frequenza istantanea nell'intervallo di salita della rampa.

Pr. 2 Una modulante sinusoidale di ampiezza 10 V e frequenza 12 kHz modula in fase una portante con costante di deviazione di fase di 0,7 rad/V. Determinare la massima deviazione di fase e la massima deviazione di frequenza. Ripetere i calcoli per una modulante di 15 kHz.

ReT 3

Es. 1 Un segnale di 100 MHz dev'essere traslato da un mixer alla frequenza di 10,7 MHz, trovare la frequenza dell'oscillatore locale.

MODULO 11

Multiplazione

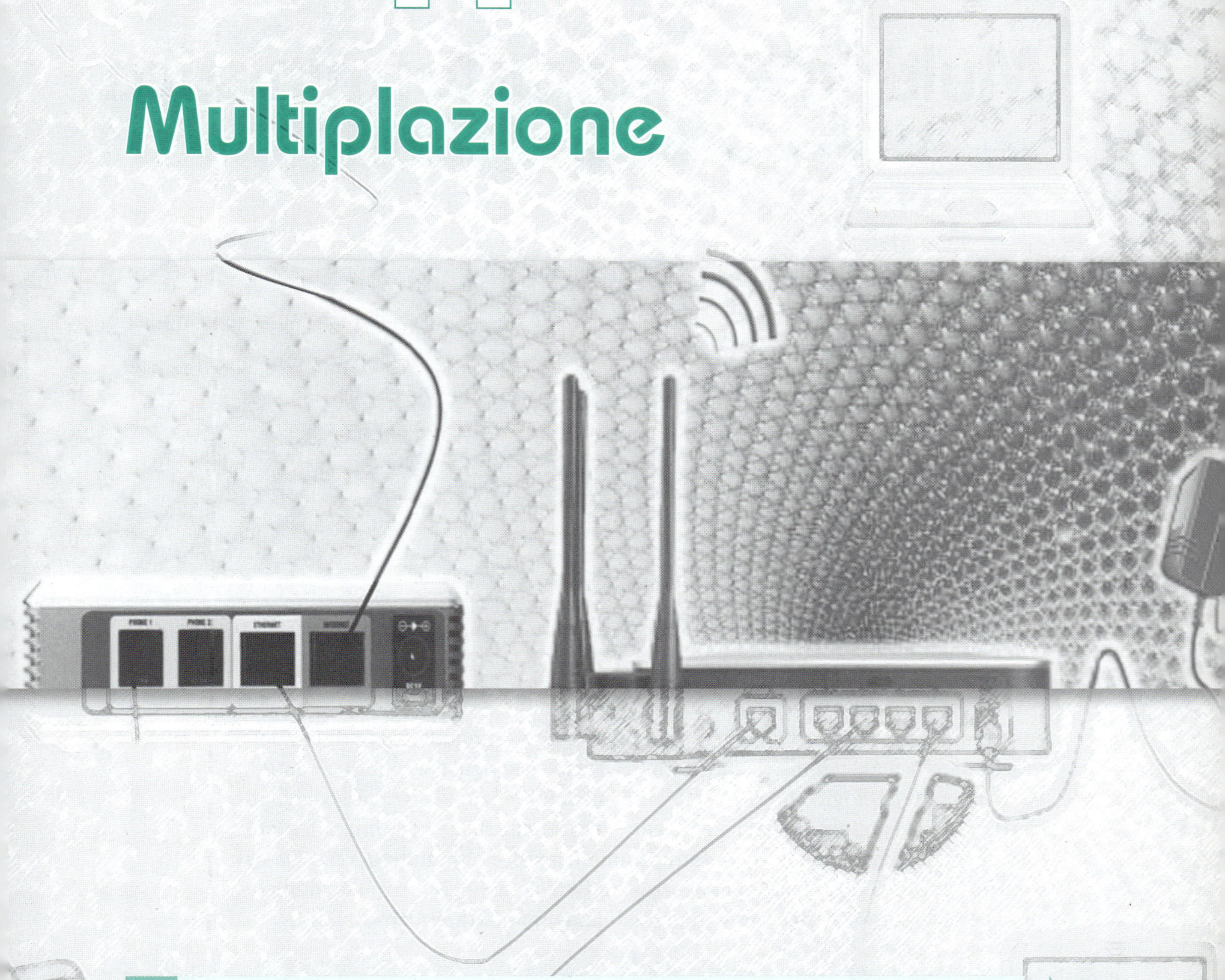

indice

abilità

La discussione degli esempi e delle riflessioni, l'analisi del testo e lo svolgimento di alcuni esercizi favoriscono lo sviluppo della seguente abilità:

- riconoscere struttura, evoluzione (della multiplazione) e limiti della commutazione di circuito

UNITÀ 11.1

Multiplazione deterministica

Condivisione del canale, verso la commutazione di circuito

In questa Unità si discutono diverse tecniche di commutazione, da quelle classiche a divisione di frequenza e di tempo, a quelle più moderne a divisione di codice

Le comunicazioni si sono evolute nel tempo, accompagnando lo sviluppo sociale e tecnologico dell'umanità. Risulta quindi centrale il concetto di *trasmissione dell'informazione*. Questa deve necessariamente viaggiare attraverso un mezzo, ad esempio la carta di una lettera se si pensa al sistema postale, oppure l'aria se si pensa a segnali acustici. Lo sviluppo tecnologico ha reso possibile la comunicazione attraverso segnali elettrici, che viaggiano su cavi e collegano interlocutori che comunicano tra di loro. Il mezzo che li pone in comunicazione è a volte chiamato *direttrice di comunicazione*. Tale mezzo può essere condiviso per veicolare più comunicazioni contemporanee, attraverso una tecnica denominata *multiplazione*.

indice

FAQ 1 Com'è possibile condividere un canale di telecomunicazione?

Prima di tutto conviene stabilire il significato di ***canale***, diverso da quello di *direttrice*. La direttrice è un mezzo fisico, mentre il canale è *una via di comunicazione unidirezionale che il segnale ha disposizione per propagarsi*. In una direttrice possono essere presenti più canali e in tal caso si parla di ***multiplazione***; si pensi ad esempio ai canali delle trasmissioni televisive, che (dopo il percorso nell'etere) sono veicolati tutti, contemporaneamente, dall'antenna ricevente al televisore attraverso un unico mezzo: il cavo coassiale.
In questa scheda facciamo l'ipotesi che una direttrice possa ospitare un solo canale.

Esempio Una linea dedicata collega telefonicamente l'utente *A* con l'utente *B*; un'altra linea dedicata collega l'utente *C* con l'utente *D*. Illustrare possibili soluzioni che estendono la comunicazione anche alle coppie *A-D*, *B-C*, *A-C*, *B-D*.

Discussione Quando i telefoni sono direttamente collegati tra loro, possono fruire a tempo pieno del mezzo di comunicazione.

Una ***prima soluzione*** per estendere la comunicazione a tutte le altre possibili coppie consiste nel realizzare la cosiddetta ***rete completamente connessa***: ciò significa che da ciascun utente si diramano tante linee quanti sono gli altri utenti da raggiungere; nel caso specifico, da ciascun telefono partiranno tre linee; la rete è completamente connessa quando le iniziali due linee diventano sei, cioè *A-B*, *C-D*, *A-D*, *C-B*, *A-C*, *B-D*.
Questa soluzione garantirebbe a ciascun utente di poter comunicare con qualunque altro, in qualsiasi momento (salvo il caso in cui l'altro sia già impegnato in una comunicazione); diventa tuttavia proibitiva quando il numero di utenti è elevato, come nel caso della rete telefonica.

Una ***seconda soluzione*** per estendere la comunicazione a tutte le altre possibili coppie consiste nell'impiego di una sola linea, alla quale gli utenti possono accedere in modo "regolamentato": quando la linea è occupata da una comunicazione (sta comunicando una delle possibili 6 coppie, l'utente che intende collegarsi con un altro deve "mettersi in coda e attendere che la linea si liberi". È la situazione di due cabine telefoniche, collegate tra di loro da una sola linea: si forma (eventualmente) la coda (di persone) vicino a ciascuna cabina.

Una ***terza soluzione*** (in realtà è quella più usata) prevede che ciascun utente sia collegato con una linea a un "centralino intelligente", che gestisce le richieste di comunicazione (che arrivano da ciascuna linea), mettendo di volta in volta in contatto un *chiamante* con un *chiamato*, nel caso in cui il *chiamato* non sia già impegnato in un'altra comunicazione.

La struttura così organizzata è chiamata ***topologia a stella***. Si forma (eventualmente) la coda (di chiamate, non di persone) all'interno del centralino.

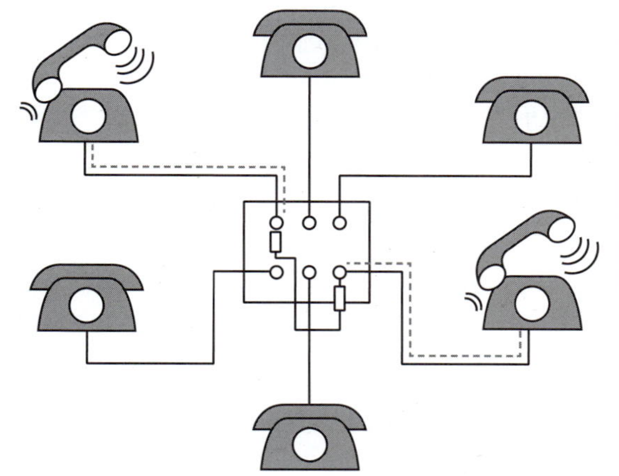

Fig. 1.1 Collegamento a stella con commutatore centrale (centralino).

La soluzione a centralino mette in evidenza che, quando un utente intende comunicare con un altro utente, deve *segnalare* la sua richiesta e, se la richiesta non può essere esaudita, deve saperlo, cioè deve avere una risposta.
In linea di principio si tratta di una procedura logica e ovvia: chiedo se posso avere subito una cosa che so essere possibile e, se non è possibile subito, mi dicono mettermi in attesa.
Dal punto di vista della comunicazione a distanza, cioè della telecomunicazione, la soluzione del problema *domanda-risposta* è completamente automatizzata ed è affidata a una funzione notevolmente complessa dal punto di vista tecnico, chiamata ***segnalazione***.
Nella vita quotidiana, quando "telecomunichiamo in fonia" con un'altra persona, cioè quando le telefoniamo, l'aspetto "percepibile" della segnalazione è legato alla composizione del numero (richiesta di comunicare con una persona ben definita) e alla risposta alla chiamata: se la richiesta viene esaudita subito, risponde il chiamato; se invece non può essere esaudita subito, un segnale di "occupato" mi invita ad attendere o a richiamare più tardi.

Riflessione *La rete telefonica è una struttura completamente connessa?*

FAQ 2 Come si può preservare il contenuto informativo nella trasmissione dell'informazione?

Quando si trasmette dell'informazione attraverso un canale, ci si trova di fronte a un duplice problema: da una parte bisogna fare in modo che tutta l'informazione venga inserita nel canale e raggiunga il destinatario senza "perdersi per strada"; dall'altra è bene prestare attenzione a non sovradimensionare il canale, e questa tentazione potrebbe venire proprio per evitare che una parte dell'informazione vada perduta.

Adesso ipotizziamo di voler trasmettere un messaggio di testo, composto da un certo numero di caratteri e discutiamo su una modalità, apparentemente contraddittoria, che si segue per inserire tutta l'informazione nel canale, riducendo al massimo le dimensioni del canale stesso.

Se il testo arrivasse a destinazione senza alcuni dei suoi caratteri oppure con alcuni caratteri modificati, ad esempio a causa di errori durante la trasmissione, avremmo comunque una certa probabilità di comprendere correttamente il contenuto: se pervenisse un messaggio del tipo "la tastier del compute", capiremmo il significato del messaggio stesso, anche in mancanza di due lettere. Se invece pensassimo di dover trasmettere un codice per un'operazione bancaria, saremmo certi che l'errore di anche uno solo dei caratteri sarebbe sufficiente a far crollare il contenuto informativo del messaggio, rendendolo inutilizzabile: se sul conto corrente ci sono 20.342 euro e il messaggio che perviene ha perso la terza cifra, per cui è 2042, ci sarebbe un errore del quale potremmo anche non accorgerci. Pertanto, in alcune trasmissioni è possibile rinunciare ad alcune caratteristiche del segnale pur conservando le informazioni, mentre in altre no. Se le informazioni le togliamo volutamente alla partenza, e le togliamo con criteri ben definiti, riduciamo l'"ingombro" del segnale, pur facendone pervenire a destinazione l'intero significato. L'operazione di riduzione dell'ingombro di un segnale prende il nome di **compressione**. Sono state sperimentate con successo moltissime tecniche di compressione; complessivamente le possiamo classificare in due categorie:

- **compressione senza perdite (*lossless*)**: è possibile ricostruire esattamente il segnale di partenza;
- **compressione con perdite (*lossy*)**: non è possibile ricostruire esattamente il segnale di partenza, ma il contenuto informativo viene preservato.

Esempio Illustrare sinteticamente le caratteristiche di alcuni standard di compressione con perdite e senza perdite.

Discussione Lo standard ***JPEG per le immagini*** opera una compressione delle sfumature di colore secondo delle soglie (concettualmente, trasforma una rampa di infiniti valori in una scala con numero finito di gradini), creando così delle zone monocromatiche; questa scelta consente un risparmio nella ***dimensione dell'algoritmo*** di scrittura del file. C'è pertanto una perdita di qualità (di livello selezionabile), che però non pregiudica la cromaticità dell'immagine percepita dall'occhio. La compressione di tipo ***ZIP*** invece, molto usata nei file di testo, è *senza perdite* e consente una ricostruzione esatta del file di partenza.

Uno standard della ***telefonia fissa*** consente invece di comprimere, cioè di ridurre, la ***dimensione dello spettro***: si è infatti verificato che non è necessario trasmettere l'intero spettro dell'udibile (20 Hz ÷ 20 kHz), ma solo una sua parte, compresa tra 300 Hz a 3,4 kHz. Questa riduzione, sebbene faccia perdere alcune caratteristiche di timbro al segnale, non ne altera il contenuto informativo, cioè garantisce l'intelligibilità del messaggio. Se invece volessimo usare il telefono per trasmettere un brano musicale, perderemmo tutta la qualità legata a tonalità e timbri del suono.

La tecnica del ***campionamento*** che, se effettuato seguendo il criterio di Nyquist, consente di ricostruire il segnale di partenza, permette di ridurre la ***dimensione del tempo*** di un segnale analogico, lasciando tra un campione e quello successivo del tempo "non occupato dal segnale". Il non rispetto del criterio di Nyquist, che richiede di campionare il segnale almeno due volte in un suo periodo, porta alla ricostruzione errata del segnale di partenza, al quale viene attribuita una frequenza diversa. Il fenomeno è noto come *aliasing*. La ricostruzione del segnale richiede l'impiego di filtri adeguati, tanto più selettivi quanto minore è la frequenza di campionamento.

Riflessione *Com'è possibile trasmettere un segnale digitale in banda telefonica?*

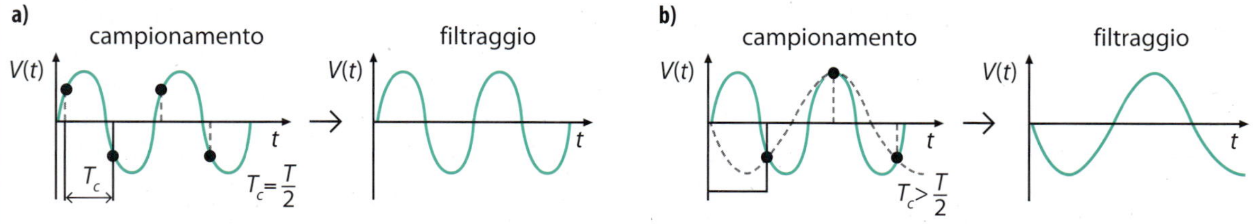

Fig 1.2 Ricostruzione di una sinusoide dai suoi campioni: **a)** ricostruzione possibile; **b)** ricostruzione non possibile, con comparsa di *aliasing*.

FAQ 3 Che cosa vuol dire "codice ortogonale"?

Quando parliamo di ortogonalità nello spazio cartesiano, ci riferiamo ad un concetto che di solito riteniamo acquisito: diciamo infatti ad esempio che, quando due *vettori* formano tra loro un angolo di 90°, sono ortogonali

Per estendere questo concetto ai *codici numerici*, è necessaria un po' di astrazione, ovvero applicare alcuni principi che conosciamo bene in un contesto noto, ad un altro contesto meno noto, ma caratterizzato da analoghe proprietà formali. Ritornando al caso cartesiano due vettori ortogonali, ricordiamo una loro proprietà, ovvero il fatto che il loro *prodotto scalare è nullo*. Si può anzi pensare di definire proprio in questo modo l'ortogonalità, utilizzando il prodotto scalare: se il prodotto scalare tra due vettori è nullo, allora questi sono ortogonali.

Esempio Discutere sulla definizione di *prodotto scalare tra due vettori.*

Discussione Nello spazio cartesiano il prodotto scalare è definito nel seguente modo:

$$\vec{F} \cdot \vec{G} = F \cdot G \cdot \cos \varphi$$

dove φ rappresenta l'angolo formato dai due vettori.

In maniera del tutto equivalente, il prodotto scalare può essere definito come somma dei prodotti delle singole componenti cartesiane dei vettori:

$$\vec{F} \cdot \vec{G} = F_x \cdot G_x + F_y \cdot G_y + F_z \cdot G_z$$

A questo punto possiamo anche pensare di costruire uno spazio dove il prodotto scalare è definito in maniera differente, conservandone le proprietà formali, ovvero dicendo ancora che in quello spazio ***due vettori sono ortogonali tra loro se il loro prodotto scalare è nullo***. Possiamo quindi pensare ad uno *spazio astratto in cui i vettori sono dei codici* (ad esempio numerici) o anche delle funzioni matematiche. La costruzione di tale spazio non è semplice, ma supponiamo di avere a disposizione dei segnali digitali: non teniamo conto della frequenza, ma solo della sequenza dei bit.

Se assegniamo una lunghezza di 3 bit alla sequenza, possiamo pensare di rappresentare i segnali in uno spazio tridimensionale, dove le coordinate dei vettori non sono altro che i bit della sequenza di ogni segnale. Ogni sequenza di 3 bit è quindi ovviamente un segnale nel dominio del tempo (funzione matematica), ma può essere rappresentata in riferimento ad una terna cartesiana, per quanto detto sopra.

Quindi, se così rappresentate, le sequenze di bit $s_1 = 010$ e $s_2 = 100$, formano due vettori ortogonali.

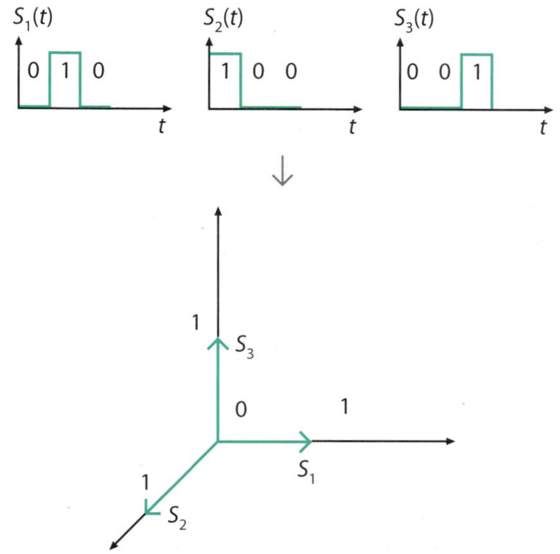

Fig. 1.3 Codici con sequenze di 3 bit nel dominio del tempo e rappresentazione vettoriale. Si noti che tutti i prodotti punto a punto dei tre segnali sono nulli.

Una volta capito il meccanismo, possiamo creare delle sequenze di codice arbitrariamente lunghe, pensandole sempre come vettori in uno spazio pluridimensionale. Pur non potendo operare una rappresentazione tridimensionale, il concetto di ortogonalità rimane ancora valido. Infatti le sequenze $s_1 = 0010$ e $s_2 = 1000$ sono ortogonali tra loro, ma non sono ortogonali ad esempio alla sequenza $s_3 = 1010$.

Per completezza di analisi, nello spazio delle funzioni (o meglio delle funzioni reali limitate) il prodotto scalare è definito per via integrale. Tale definizione non è indispensabile per capire il concetto base, ma è importante convincersi che, *nel caso dei segnali, l'ortogonalità non è una questione di geometria cartesiana.* Per annullare il prodotto in forma integrale, deve essere nullo punto per punto il prodotto delle due funzioni; quindi, in maniera intuitiva, i segnali sequenza che abbiamo descritto verificano questa condizione. Se invece i due segnali hanno frequenza diversa, non è detto che il prodotto scalare sia nullo, poiché non è detto che il prodotto punto per punto si annulli. Pertanto **condizione importante per creare delle sequenze digitali ortogonali è che le successioni dei "bit" abbiano tutte la medesima frequenza**.

Riflessione *Si può pensare a dei segnali che siano ortogonali "in frequenza"?*

FAQ 4 Che cosa si intende con "direzionalità della comunicazione"?

La comunicazione è un evento caratterizzato anche da una direzione; si pensi ad esempio alla spedizione di una lettera, dove l'informazione viaggia dal mittente al destinatario. In questo caso si parla di ***comunicazione unidirezionale***.

Nel linguaggio della telecomunicazioni, se due utenti sono collegati tra loro da un canale, la comunicazione consentita, per la definizione stessa di canale, è unidirezionale o **simplex**. Vi sono molti esempi di comunicazione simplex, come le trasmissioni di tipo *broadcasting* della radio o della televisione (da un trasmittente verso più riceventi, non definiti a priori).

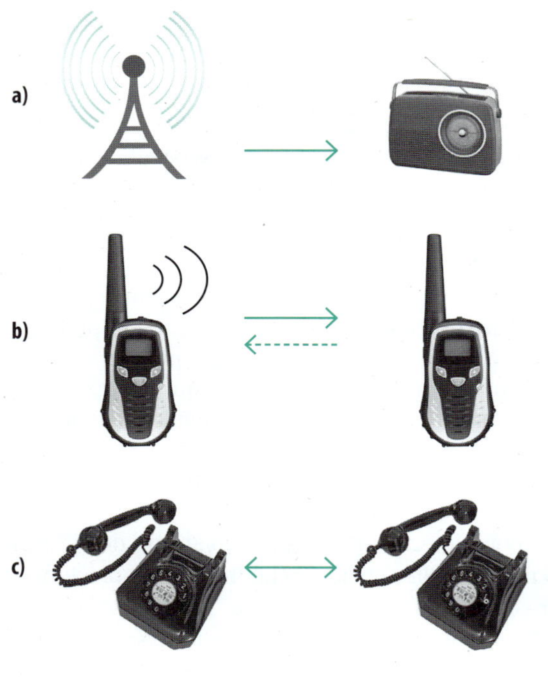

Fig. 1.4 **a)** Trasmissione *simplex*: la radiodiffusione (trasmissione in *broadcasting*); **b)** trasmissione *half duplex*: il caso dei walkie talkie; **c)** trasmissione *full duplex*: il telefono.

Per realizzare un collegamento bidirezionale, un singolo canale non basta ma bisogna utilizzare quello che in norma tecnica viene definito un **circuito per le telecomunicazioni**.

Infatti questo è definito come *l'insieme di due canali atti a trasmettere l'informazione in entrambe le direzioni*. La trasmissione bidirezionale può essere simultanea – in questo caso si parla di **full duplex** –, o non simultanea – si parla allora di **half duplex**.

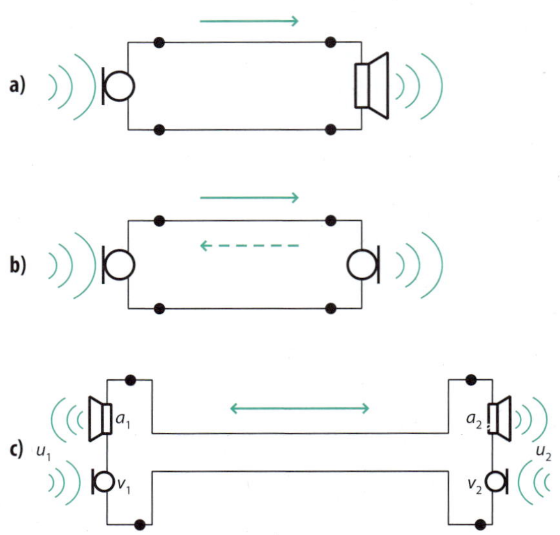

Fig. 1.5 Circuiti di principio relativi alle tre modalità di trasmissione: **a)** simplex; **b)** half-duplex; **c)** full-duplex. Nel secondo, sperimentato dai "padri" del telefono Bell e Meucci, lo stesso dispositivo funge alternativamente da microfono e altoparlante.

Esempio Dati due utenti u_1 e u_2, ognuno munito di microfono e altoparlante, realizzare un circuito per la comunicazione *full duplex* e discutere l'andamento dei segnali sui due altoparlanti.

Discussione Chiamando v_1 e v_2 i segnali generati dai due microfoni, il circuito da realizzare è quello rappresentato nella precedente (fig. 1.5). Siamo in presenza di due generatori di tensione variabile nel tempo e, ipotizzando la linearità del circuito, è possibile applicare il teorema della sovrapposizione degli effetti. Supponendo che i due altoparlanti siano uguali, pertanto abbiano la medesima impedenza, e supponendo i due microfoni ideali, ovvero con resistenza interna nulla, ad ogni altoparlante è applicato il seguente segnale:

$$a_1 = a_2 = (v_1 + v_2)/2$$

Vediamo allora che cosa accade in questo circuito. Quando la sorgente v_1 trasmette, il ricevitore u_2 riceve dal suo altoparlante il segnale con ampiezza $a_2 = v_1/2$, mentre la restante parte del segnale v_1, trovandosi sull'altoparlante di u_1, consente di avere un feedback sulla trasmissione. Se entrambi gli utenti trasmettono, entrambi possono ascoltare dal rispettivo altoparlante un segnale che comprende sia la propria trasmissione, sia quella dell'altra sorgente.

Il sistema descritto nell'esempio è in realtà il prototipo del telefono, in cui microfono e altoparlante sono inseriti nella cornetta dei moderni apparecchi.

Riflessione *La lunghezza della linea influisce sul segnale che viene trasmesso?*

ReT 1 Multiplazione a divisione di tempo

Abbiamo visto (FAQ1) che è possibile condividere un mezzo trasmissivo per creare più canali di comunicazione, ma che questo porta a delle rinunce. Sappiamo inoltre (FAQ2) che è possibile operare un'esatta ricostruzione di un segnale analogico, a partire da suoi campioni: il teorema del campionamento (o di Nyquist) stabilisce infatti che se la frequenza di estrazione dei campioni è almeno doppia rispetto alla larghezza dello spettro del segnale campionato, in teoria è possibile operare una ricostruzione perfetta del segnale. Questa considerazione può trovare immediata applicazione nella **multiplazione a divisione di tempo** (TDM: *Time Division Multiplexing*). In questa tecnica il canale è condiviso da più utilizzatori senza limitazioni di accesso.

In fase di trasmissione (fig. 1.6), sfruttando il campionamento dei segnali, è possibile far viaggiare nella medesima direttrice l'informazione proveniente da più sorgenti.

In fase di ricezione, i campioni vengono separati e smistati verso i destinatari; per ricostruire i segnali di partenza è però necessaria un'operazione di filtraggio.

Un requisito piuttosto importante di questa tecnica è che i due multiplatori, quello di trasmissione e quello di ricezione, devono operare in perfetto sincronismo, per cui è necessario un clock di riferimento comune a entrambi. Questo risultato può essere ottenuto in due modi:

- si fa viaggiare il clock su un'apposita linea;
- si dedica una parte del messaggio alla trasmissione di un segnale che consente di sincronizzare oscillatore del ricevente.

La tecnica della TDM può essere applicata anche ai segnali numerici, cioè a valle di una conversione analogico/digitale (A/D); un caso importante riguarda la trasmissione del segnale PCM, molto usato in telefonia. Una volta determinata la frequenza di multiplazione f_M e quindi l'intervallo di multiplazione $T_M = 1/f_M$, se si hanno N sorgenti da trasmettere, il tempo assegnato ad ogni sorgente per la trasmissione è $T_{TX} = T_M/N$. Il tempo assegnato alla sorgente prende il nome di **slot**, mentre la durata dell'intera sequenza di trasmissione T_M prende il nome di **frame** (fig. 1.7).

Esempio Lo standard europeo per la TDM in banda fonica, prevede un'organizzazione in 32 canali con codifica PCM a 8 bit; uno dei 32 canali è riservato alla segnalazione. Discutere l'organizzazione del *frame*, calcolare la durata di uno *slot* e individuare la minima banda necessaria per trasmettere il segnale.

Discussione Per i segnali in banda fonica (4 kHz) si effettua un campionamento con frequenza $f_C = 8$ kHz. Indipendentemente dal numero di canali, quindi l'invio di ogni ottetto (8 bit) deve avvenire con cadenza $T_M = 1/f_C = 1/(8 \cdot 10^3) = 0{,}125 \cdot 10^{-3}\,s = 125 \cdot 10^{-6}\,s = 125\,\mu s$. La durata di uno *slot* è pertanto $T_{SLOT} = 125\,\mu s/32 = 3{,}90625\,\mu s$. All'interno di un frame avremo un numero di bit pari a $8 \cdot 32 = 256$, per un *bit rate* pari a $256/125\,\mu s = 2{,}048$ Mbit/s. Lo spettro di questo segnale digitale conterrà sicuramente la riga a 2,048 MHz, pertanto questa è la richiesta minima di occupazione di banda.

Se il segnale da trasmettere è *nativo digitale*, come sempre più spesso accade, la tecnica di multiplazione rimane la medesima: non ci sarà invece necessità delle conversioni A/D e D/A.

Riflessione *Che cosa succede se le sorgenti trasmettono raramente o in maniera quasi sempre disgiunta?*

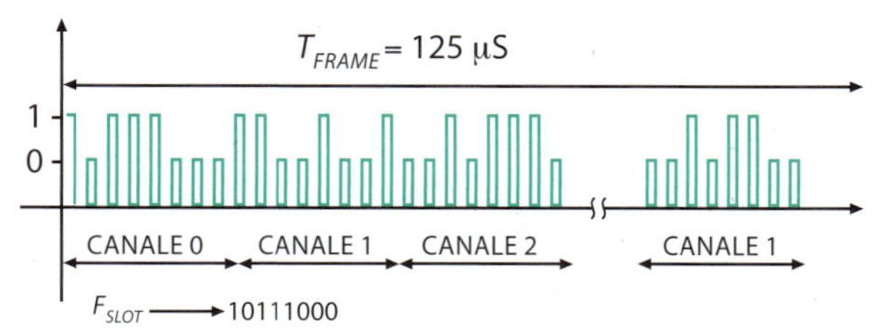

Fig. 1.7 Frame di un segnale TDM-PCM organizzato in 32 slot (standard europeo).

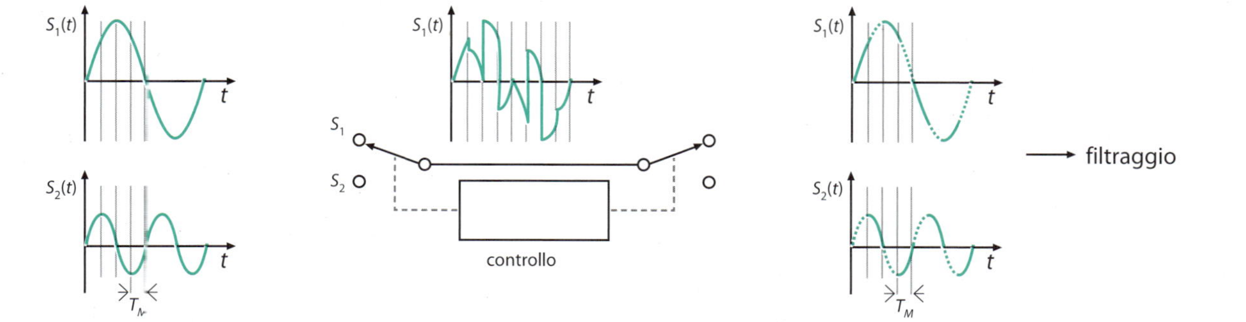

Fig. 1.6 Multiplazione a divisione di tempo di due segnali analogici. I due segnali vengono campionati in sequenza e inseriti sull'unica linea, sulla quale transitano in successione temporale i campioni di entrambe le sorgenti.

ReT 2 Multiplazione a divisione di frequenza e di lunghezza d'onda

Se bisogna trasmettere contemporaneamente più segnali, ciascuno dei quali caratterizzato da uno spettro – ad esempio compreso entro 4 kHz – e si dispone di un mezzo trasmissivo la cui banda passante è molto più grande rispetto alla banda di ciascuno dei segnali da trasmettere – ad esempio 1 MHz –, si può pensare di suddividere la banda della direttrice in più sottobande, o canali, ciascuno sufficiente ad ospitare uno dei segnali. Si ha così un insieme di canali, tutti con la stessa larghezza, ma "affiancati in frequenza"; invece i segnali da trasmettere sono tutti in banda base, cioè hanno lo spettro compreso entro i 4 kHz.

Bisogna quindi "spostare in frequenza" gli spettri di questi segnali; a tale scopo si usa la ***modulazione di portante analogica*** e si realizza una **multiplazione a divisione di frequenza** (FDM: *Frequency Division Multiplex*).

Nel caso delle ***reti telefoniche***, per realizzare la *multiplazione a divisione di frequenza* è stata dominante per parecchi decenni la *modulazione di ampiezza a banda laterale unica*, AM-SSB (*Amplitude Modulation Single Side Band*), attraverso la quale si ottengono canali affiancati, ciascuno con larghezza di 4 kHz e individuato dal valore della frequenza portante (frequenza vettrice).

Nel caso delle ***reti di radiodiffusione*** (*Broadcasting*), per realizzare la *multiplazione a divisione di frequenza* si continuano a impiegare sia la modulazione di ampiezza AM-DSB (*Amplitude Modulation Double Side Band*), sia la modulazione di frequenza FM (*Frequency Modulation*) ancora oggi usate a livello mondiale.

Da un punto di vista della funzionalità, le multiplazioni TDM ed FDM sono abbastanza simili; una differenza riguarda però la *sincronizzazione*, necessaria nella TDM e non necessaria nella FDM, dove ciascun segnale ha a disposizione il rispettivo canale in ogni istante, in modo continuativo; si può in un certo senso dire che la TDM fa viaggiare i segnali sullo stesso canale, "in serie alternata", mentre la FDM li fa viaggiare su canali diversi, "in parallelo".

Per evitare sovrapposizioni tra gli spettri dei vari canali, si prevedono delle *bande di guardia*, ovvero delle zone del dominio della frequenza che vengono utilizzate solo per separare adeguatamente i vari canali. Quindi ciascun canale avrà a disposizione una banda, detta ***banda lorda***, suddivisa nella parte assegnata alla trasmissione, chiamata ***banda netta*** e in un'altra, chiamata ***banda di guardia***. Ad esempio, nelle radiodiffusione AM si hanno bande con larghezza tipica di 10 kHz, dei quali 9 kHz destinati alla trasmissione dell'informazione e 1 kHz destinato alla banda di guardia (0,5 kHz al di sopra e al di sotto della frequenza portante).

L'evoluzione più recente delle Telecomunicazioni vede l'affermazione progressiva della comunicazione su fibra ottica, che apre uno scenario di disponibilità di banda senza precedenti. Le frequenze cambiano valore di ordini di grandezza; si entra in un ambito "impossibile" per l'elettronica classica: da una parte si sviluppano tecnologie di conversione optoelettroniche, dall'altra prende piede la realizzazione di componentistica ottica, che realizza prodotti fortemente innovativi quali generatori laser e amplificatori ottici. Il "terahertz" diventa piccolo: le frequenze ottiche raggiungono valori di centinaia di terahertz. La tradizione preferisce esprimere le proprietà dei segnali in termini di lunghezza d'onda piuttosto che di frequenza; le due grandezze, come si sa, sono legate dalla relazione:

$$\lambda = v/f$$

essendo v la velocità di propagazione dell'onda ($v = 3 \cdot 10^8$ m/s nel vuoto). Dal punto di vista concettuale dunque, parlare di multiplazione a divisione di frequenza (FDM) o di multiplazione a divisione di lunghezza d'onda (WDM: *Wavelength Division Multiplex*) è la stessa cosa.

Esempio Esemplificare l'applicazione della WDM alla trasmissione ottica.

Discussione La trasmissione ottica impiega tre finestre tipiche, che si sviluppano intorno alle lunghezze d'onda di 650, 1300, 1550 nm. Si stanno sempre più sviluppando le applicazioni sulla finestra a 1550 nm, che presenta attenuazioni più basse e consente collegamenti a lunga distanza. La normativa ITU-T stabilisce delle "griglie" di lunghezze d'onda per realizzare la WDM; in particolare, due normative hanno definito le seguenti modalità di multiplazione WDM:

- *Coarse* (grossolana) WDM (CWDM), che prevede portanti con distanze reciproche dell'ordine di 100 nm; ha il vantaggio di consentire l'impiego di filtri ottici poco costosi, ma lo svantaggio di occupare tutta la banda disponibile con pochi canali (ad esempio 8 nella banda 1550 nm;
- *Dense* (densa) WDM (DWDM), che prevede portanti con distanze reciproche dell'ordine del nanometro; ha lo svantaggio di richiedere componentistica più sofisticata, ma il vantaggio di consentire la multiplazione di più di 100 canali nella banda 1550 nm. Gli sforzi più recenti mirano a distanze tra le portanti di 0,1 nm.

I segnali sono di solito modulati in ampiezza, con tecnica on-off e ritmo di modulazione dell'ordine di alcuni gigabit/secondo.

Riflessione *È possibile operare una multiplazione sfruttando la separazione nello spazio?*

ReT 3 Multiplazione a divisione di codice

Supponiamo di voler realizzare una trasmissione via etere. Dobbiamo disporre di un'antenna che funge da sorgente di campo elettromagnetico. Come è noto il campo elettromagnetico può essere polarizzato in diversi modi, i casi più importanti sono la polarizzazione ellittica (o circolare) e quella lineare.

Se pensiamo di polarizzare circolarmente il nostro campo, questo vuol dire che il vettore ***E*** può essere rappresentato tramite due componenti che vibrano con legge armonica.

Se assegniamo alle due componenti di ***E*** due diversi canali, in fase di ricezione essi potranno essere disaccoppiati attraverso due antenne disposte opportunamente. I segnali non sono separati né in frequenza né nel tempo, ma abbiamo comunque ottenuto una multiplazione del mezzo sfruttando l'ortogonalità delle due componenti del campo.

In questo caso si tratta di *ortogonalità geometrica*, ma lo stesso concetto può essere esteso alle trasmissioni numeriche, grazie all'***ortogonalità tra codici***.

Si parlerà quindi di *Code Division Multiplex* (CDM).

L'idea è quella di assegnare una codifica univoca ad ogni sorgente da multiplare; la caratteristica di queste codifiche è che devono essere *ortogonali*.

A questo punto, il segnale trasmesso sarà il frutto della *modulazione del segnale da trasmettere con la codifica della sorgente*. Sulla linea transiterà la somma di tutti i segnali trasmessi che verranno smistati in fase di ricezione, sfruttando l'ortogonalità delle codifiche.

Esempio Si dispone di due sorgenti numeriche, che generano parole di 4 bit. Si vuole operare una multiplazione a divisione di codice. Assegnare i codici ortogonali alle due sorgenti ed analizzare l'andamento del segnale sulla linea.

Discussione Assegniamo alle sorgenti i nomi S e P. Le sequenze numeriche generate avranno la forma:

$$s_3 s_2 s_1 s_0 \text{ e } p_3 p_2 p_1 p_0$$

trattandosi di due sole sorgenti, i codici ortogonali possono essere le sequenze di soli due bit $s_C = 0, 1$ ed $p_C = 1,0$.
A questo punto per trasmettere è sufficiente modulare le sequenze codice ortogonale con i bit delle due sorgenti. Quindi all'interno della durata dei singoli bit s_i o p_i troverà posto una sequenza della codifica della relativa sorgente. All'interno della linea viaggerà naturalmente la somma delle due codifiche. In ricezione la separazione avverrà attraverso il prodotto scalare con le stesse codifiche. In tal modo si elimineranno le componenti ortogonali. Quindi, se nello stesso tempo si vogliono trasmettere le due sequenze: $s = 1, 0, 1, 0$ e $p = 1, 1, 0, 0$, sulla linea transiterà la sequenza 2, 1, 1, 0. La separazione con prodotto scalare, fornirà le due sequenze di partenza. In questo caso molto semplice, per maggiore chiarezza, la funzione di prodotto scalare può essere svolta dal prodotto punto per punto. L'andamento dei segnali è rappresentato nella fig. 1.8.

Solitamente è conveniente realizzare i livelli logici 1, 0 con dei livelli elettrici simmetrici, che indicheremo con 1, −1. Questo diminuisce la potenza media dei segnali che attraversano la linea.

Riflessione *Nella decodifica di un segnale CDM come influirebbe un errore dovuto a sfasamento del segnale? Si pensi all'esempio illustrato.*

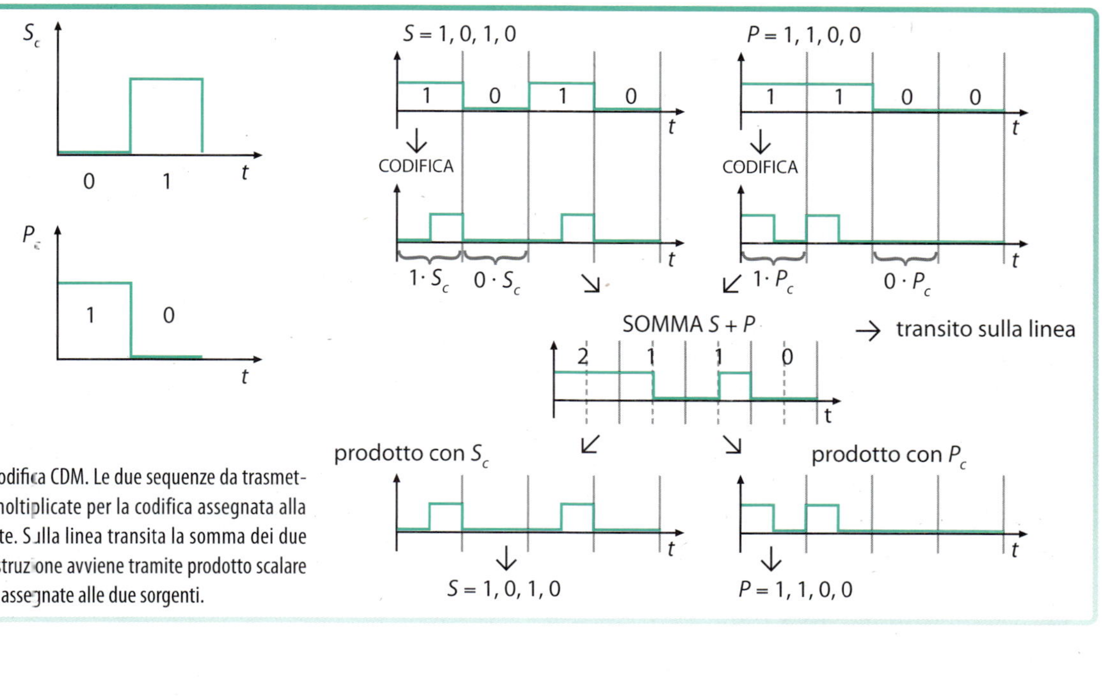

Fig. 1.8 Codifica CDM. Le due sequenze da trasmettere vengono moltiplicate per la codifica assegnata alla relativa sorgente. Sulla linea transita la somma dei due segnali. La ricostruzione avviene tramite prodotto scalare con le codifiche assegnate alle due sorgenti.

ReT 4 La commutazione

Sino ad ora abbiamo visto come due o più sorgenti possono condividere un singolo canale. Le strutture per le telecomunicazioni (o reti) prevedono un numero elevato di utenti, dislocati anche su grandi aree geografiche, per cui il percorso che genericamente collega due utenti viene di solito suddiviso in tratte più brevi. Il percorso tra i due utenti prevede che il segnale transiti in centrali di diverso livello gerarchico, chiamate nodi.
L'operazione grazie alla quale i nodi mettono in comunicazione due utenti è detta **commutazione.**

Esempio 1 Illustrare in modo sintetico lo sviluppo storico/tecnologico della commutazione telefonica e della telefonia fino alla prima metà del '900.

Discussione Inizialmente la commutazione veniva gestita manualmente dalla *"telefonista commutatrice"*, quindi i tempi di attesa per la costruzione del circuito erano piuttosto elevati. Nel 1891 viene brevettato il selettore Strowger, commutatore elettromeccanico pensato per automatizzare le centrali di livello più basso. La prima realizzazione operativa, realizzata nel 1892, serviva 75 utenti.
Se da una parte la telefonia iniziava la sua inarrestabile evoluzione verso l'automazione, dall'altra doveva anche affrontare il problema delle notevoli attenuazioni che i segnali subivano nei percorsi di lunga distanza; l'invenzione del triodo nel primo decennio del '900 dava un importante contributo alla realizzazione degli amplificatori di linea.
Sempre nei primi decenni del '900, l'enorme aumento dell'impiego del telefono e il conseguente problema dell'intasamento delle linee di comunicazione stimolava lo sviluppo di studi che analizzano il grado di servizio con approcci statistici e alle prime implementazioni di tecniche di multiplazione, con una prima affermazione della FDM a portante analogica, ancora oggi impiegata in alcuni Paesi.

Nella seconda metà del '900 la telefonia conosce una nuove fase di innovazione, con l'avvento della *tecnologia a stato solido*, che vede nel *transistore*, prima in versione discreta e successivamente in versione integrata, il componente protagonista.
Questa nuova fase di rivoluzione della componentistica stimola una conversione delle apparecchiature, che gradualmente sostituiscono l'elettromeccanica con l'elettronica, migliorando nettamente il sistema sul piano della disponibilità di canali di trasmissione, attraverso opportune gerarchizzazioni della rete.
Rete che si articola dunque, che si perfeziona, ma sempre basata sulle seguenti invarianti:

- la condivisione dei mezzi fisici portanti si basa sempre sulla ***multiplazione FDM***;
- due utenti che comunicano vengono posti in collegamento attraverso la *formazione di un percorso fisico*; si parla quindi di ***commutazione di circuito***.

Anche se oggi tale soluzione è superata, le analisi delle reti di telecomunicazione la prendono sempre in considerazione in termini di riferimento concettuale: basti notare che in telefonia fissa si parla di reti commutate di telefonia pubblica PSTN (*Public Switched Telephone Network*).

Esempio 2 Sintetizzare le specificità della commutazione di circuito.

Discussione La commutazione di circuito, o *circuit switching*:
- è nata e si è sviluppata per circa un secolo con le *linee telefoniche analogiche*;
- prevede una *connessione tra nodi* della sottorete, che viene realizzata attraverso un *percorso fisico*, deciso in modo automatico secondo prestabilite modalità di *instradamento*;
- conserva la *compattezza del messaggio*, che transita attraverso un percorso fisico riservato unicamente ad esso fino al termine della trasmissione.

La commutazione di circuito ha i seguenti vantaggi/svantaggi:
- la chiamata, una volta stabilita, usufruisce per tutta la sua durata della banda e del ritardo prefissati;
- la frazione di capacità trasmissiva non utilizzata (ad esempio le pause nella conversazione telefonica) viene persa;
- i costi della comunicazione sono proporzionali alla durata della comunicazione stessa;
- i costi della comunicazione sono proporzionali alla distanza tra gli interlocutori.

Attualmente la rete fissa si è notevolmente evoluta; passando a tecniche TDM a tecniche PCM è in grado di ospitare un maggior numero di servizi. Contemporaneamente si sono sviluppate anche altre reti di telecomunicazione. Anche il concetto di commutazione, sempre fondamentale, ha subito una profonda evoluzione.

Riflessione *È possibile impiegare più di una tecnica di multiplazione per volta?*

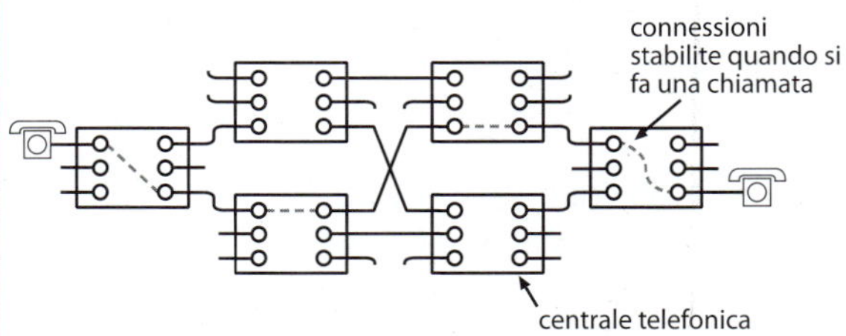

Fig. 1.9 Struttura generale di una rete a commutazione di circuito.

Sommario

Le tecniche di multiplazione discusse formano la famiglia delle ***multiplazioni deterministiche***; sono così chiamate perché la funzione della multiplazione poggia sulla necessità di sfruttare al meglio una linea trasmissiva in termini di utenti serviti. Nell'analisi svolta delle varie tipologie possiamo notare che ogni tecnica si basa sulla condivisione di una risorsa specifica del canale (ad esempio il tempo per la TDM, la banda per la FDM), che viene ripartita in maniera prestabilita ed assegnata ad ogni utente collegato. Si dice che *le risorse del canale sono allocate in maniera permanente o preventiva, per tutta la durata della comunicazione*: da questa considerazione deriva l'origine dell'aggettivo "deterministico". Questa definizione si contrappone alle *multiplazioni statistiche* o *tecniche di accesso multiplo*, su cui si basano le ***commutazioni statistiche*** che verranno discusse nel prossima Unità.

Risposte alle riflessioni

***FAQ* 1** No, sarebbe troppo dispendioso connettere ciascun nodo a tutti gli altri. L'architettura della rete telefonica è realizzata a livelli, solo il livello più alto (tre centri nazionali) è una maglia completamente connessa. Il livello basso (centrale urbana) è invece organizzato con topologia a stella, nella quale ciascun utente è cablato con la centrale.

***FAQ* 2** Questo, nel caso più semplice, è possibile modulando una portante analogica, di frequenza compresa nella banda telefonica con un segnale digitale. Parecchi modem, soprattutto delle prime generazioni, impiegano questa modalità. Tecniche di modulazione molto usate sono la FSK (*Frequency Shift Keying*) e la PSK (*Phase Shift Keying*), in grado di fornire buone prestazioni anche su linee telefoniche "vecchie".

***FAQ* 3** Certamente, l'importante è definire correttamente il tipo di operazione che funge da prodotto scalare. Alcune tecniche CDM sfruttano proprio lo spostamento in frequenza per separare i canali. Questo spostamento non va confuso però con la FM, che impiega una portante a frequenza fissa.

***FAQ* 4** Sì, ogni linea genera una determinata attenuazione, che però in pratica si fa sentire solo a grandi distanze. Questo era uno dei grossi limiti incontrati agli inizi della telefonia. Oggi questo problema si risolve introducendo degli amplificatori che hanno il compito di rigenerare il segnale lungo la tratta.

***ReT* 1** La linea è chiaramente sotto sfruttata. Si potrebbero pensare delle tecniche alternative, ad esempio operando una divisione di tempo su richiesta dell'utente e occupando meno banda.

***ReT* 2** Sì, è possibile. Si tratta di assegnare delle zone di spazio in cui due canali vengono usati da sorgenti diverse. È quello che accade con le stazioni radio base della telefonia wireless, che assegna uno stesso canale anche a più stazioni, purché lontane tra loro. Più semplicemente, è anche quello che avviene nei cavi in fibra ottica, che comprendono più fibre: il gruppo di trasmissioni che viene multiplato su ciascuna fibra è "spazialmente separato" dal gruppo di trasmissioni che viene multiplato sulle altre fibre.

***ReT* 3** Una mancata sincronizzazione in fase avrebbe conseguenze gravissime sulla corretta ricostruzione del segnale. Infatti, nell'esempio fatto, i due segnali di codifica sono sfasati di 180° tra loro, un ritardo di fase comporterebbe un errato riconoscimento delle codifiche.

***ReT* 4** Sì; nelle nuove architetture di rete, come vedremo nella prossima Unità, ciò viene attuato.

Sitografia • Bibliografia

- http://it.wikipedia.org/wiki/Multiplazione
- http://www.iet.unipi.it/f.giannetti/documenti/comottiche/otdm/Webx/multiplazione.htm
- http://dinamico2.unibg.it/martignon/documenti/retiCalcolatori/dispRet 02_CanaliEMultiplazione.pdf
- http://tlc.unipv.it/~favalli/RETI/materiale/multiplazione.pdf
- http://www.telematica.polito.it/Intro_Reti_Telematiche/disp_rtlc1.pdf
- http://www.storiadimilano.it/citta/milanotecnica/telefono/tel_link1.htm
- http://www.sapere.it/enciclopedia/telefon%C3%ACa.html
- http://www.tlc.dibet.univpm.it/didattica/serviziTLCBIO/dispense/TelefoniaFissa.pdf

- A. S. Tanenbaum, *Reti di calcolatori*, ed. Prentice Hall, 2007.
- O. Bertazioli L. Favalli, *GSM-GPRS, Tecniche, Architetture, Procedure, Evoluzione verso UMTS*, ed. Hoepli, 2002.

Esercizi e Problemi

FAQ 1

Es. 1 Supponendo di avere 3 utenti telefonici, quanti collegamenti dovremmo effettuare per collegare tutti i telefoni tra loro? Individuare e commentare la legge matematica che mette in relazione numero degli utenti e numero dei collegamenti.

FAQ 2

Es. 1 Volendo campionare un segnale audio stereo hi-fi, qual è la frequenza minima di campionamento? Supponendo di digitalizzare i campioni con 16 bit, a quale velocità dovremmo trasmettere i bit?

Pr. 1 Un segnale sinusoidale di frequenza pari a 5 kHz, viene sottocampionato ad una frequenza di 8 kHz. Dopo aver effettuato la ricostruzione del segnale, si ottiene una sinusoide con frequenza di 3 kHz. Spiegare il motivo dell'errata ricostruzione e motivare mediante l'analisi spettrale, il valore di frequenza della sinusoide ricostruita.

FAQ 3

Es. 1 Siano date delle sequenze isofrequenziali di 4 bit. Quanti segnali ortogonali è possibile individuare? Come si estende in generale questa regola?

FAQ 4

Es. 1 Sia data una coppia di telefoni cablati punto-punto. Il collegamento è quello dell'esempio nella FAQ4. Ogni microfono è amplificato ed è in grado di generare 500 mW di potenza. Se il collegamento tra i due telefoni avviene mediante una tratta di linea lunga 2 km, supponendo che l'attenuazione della linea sia α = 8 dB/km, dimensionare l'amplificatore sulla tratta in modo che all'altro capo arrivi all'altoparlante una potenza di almeno 100 mW.
Nota: si ricordi che l'attenuazione in linea vale $L_{dB} = \alpha \cdot D$ dove D è la lunghezza della linea.

Pr. 1 Con riferimento all'esercizio precedente, discutere vantaggi e svantaggi nell'impiego di un numero maggiore di amplificatori lungo la tratta, supposto che comunque il guadagno complessivo sia sempre il medesimo. Valutare in particolare l'effetto sul rapporto segnale/rumore.

ReT 1

Es. 1 Siano date due sorgenti di segnale analogico. La prima ha una larghezza di banda B_1 = 3 kHz, la seconda B_2 = 10 kHz. Determinare la minima frequenza di multiplazione TDM affinché si possano ricostruire perfettamente i segnali delle due sorgenti.

Es. 2 Discutere la struttura del frame per la TDM in banda fonica, per lo standard statunitense. Questo prevede un'organizzazione in 24 canali con codifica PCM. La codifica di ogni canale è a 7 bit, ma viene aggiunto un bit per la segnalazione, per un totale quindi di 8 bit per canale. All'inizio di ogni frame viene aggiunto un bit di sincronizzazione. Qual è la banda richiesta da questo segnale?

Pr. 1 Sia dato un segnale analogico $v_s(t)$ di ampiezza massima compresa nel range ±5V. Si vuole conservare una banda di 8 kHz con campionamento PCM. Se la trasmissione avviene attraverso un modem fonico da 56 kb/s, determinare la dimensione massima del livello di quantizzazione ed il rapporto segnale/rumore.

Pr. 2 Un canale televisivo digitale ha una larghezza di banda di 8 MHz in UHF; quale bit rate è possibile raggiungere sei si utilizzano 4 simboli digitali per la trasmissione?

ReT 2

Es. 1 I sistemi DWDM (*Dense* WDM) si basano su una distanza tra un canale ed un altro di circa 0,1 nm. Quanto vale la larghezza di banda di un canale centrato sulla lunghezza d'onda ottica di 1,55 μm?

Es. 2 Supponendo di voler multiplare 6 canali in FDM con banda netta di 5 kHz e bande di guardia di 500 Hz, calcolare la banda complessiva richiesta dal sistema.

ReT 3

Es. 1 Date tre sorgenti che devono trasmettere sequenze di 4 bit, si vuole effettuare una codifica CDM. Si assegnino i codici alle tre sorgenti e si rappresenti l'andamento dei segnali nel caso si vogliano trasmettere le seguenti sequenze di bit: s = 1, 0, 1, 1; p = 0, 1, 1, 0; q = 1, 0, 1, 0.

Es. 2 Un segnale PCM telefonico standard da 8 bit viene inviato mediante una codifica CDM che ha una sequenza chiave da 6 bit. Calcolare la banda necessaria alla trasmissione.

Pr. 1 Sia dato un canale trasmissivo con banda disponibile di 20 MHz con il quale si vogliono porre in comunicazione 20 utenti, che trasmettono dati digitalizzati. Si discutano le possibilità di realizzazione con le tecniche TDM e CDM e si mettano a confronto i risultati in termini di prestazioni.

ReT 4

Pr. 1 Sono date due centrali urbane collegate mediante una centrale interurbana, che deve supportare il seguente flusso di traffico nell'orario lavorativo:
- n° di utenti per ogni centro: 1000;
- n° medio di telefonate giornaliere per utente: 1/8 ora;
- durata media della telefonata: 10 minuti.

Dopo aver formulato le opportune ipotesi aggiuntive, dimensionare la larghezza di banda della linea che collega le centrali urbane all'interurbana, supponendo la banda fonica pari a 4 kHz lordi.

UNITÀ 11.2

Commutazione statistica

Tecniche di accesso multiplo, reti e trasmissione dati

In questa Unità si discute la transizione dalle tecniche deterministiche verso quelle statistiche, che consentono di ottimizzare la gestione delle risorse di una rete di telecomunicazione

La necessità di trasmettere volumi di dati sempre crescenti ed in maniera sempre più veloce, porta a sviluppare delle tecniche volte a ottimizzare i sistemi di comunicazione esistenti, usando lo stesso livello tecnologico. Il progresso può scaturire dal miglioramento delle prestazioni del mezzo, oppure dalla sua ottimizzazione, soluzione questa seconda che ha il vantaggio di essere più economica. In quest'ottica un punto focale è l'analisi sia dei tempi di accesso ad un sistema di telecomunicazione, sia della durata e della frequenza dell'utilizzo del sistema stesso. Tale analisi va naturalmente effettuata su base statistica, non potendo prevedere le esigenze di ogni singolo utente. Pertanto la soluzione del problema va ricercata in approcci che considerano come evento statistico la trasmissione di un messaggio da parte di una sorgente.

indice

FAQ 1 Quali topologie può avere una rete di telecomunicazione?

Per rispondere alla domanda, iniziamo dalla definizione di "telecomunicazione" proposta dalla normativa di riferimento, nel caso specifico emanata da un organismo internazionale denominato **ITU-T** (*International Telecommunication Union – Telecommunication Standardization Bureau*), fino al '94 noto come **CCITT** (*Comité Consultatif International Téléphonique et Télégraphique*). Nella raccomandazione I.112 l'ITU-T fornisce la seguente definizione:

Telecomunicazione: *qualsiasi trasmissione e/o emissione e ricezione di segnali che rappresentano segni, scritti, immagini e suoni o informazioni di qualsiasi natura, attraverso cavo, radio, sistemi ottici o altri mezzi elettromagnetici.*

Possiamo pertanto interpretare una ***rete di telecomunicazione*** come ***l'insieme degli apparati hw/sw che consentono di porre in collegamento due o più utenti.*** Ogni utente è collegato alla rete attraverso un terminale (TE: *Terminal Equipment*) che funge da interfaccia. Ad esempio nella rete telefonica, il TE è l'apparecchio telefonico.

All'interno della rete sarà presente un certo numero di canali, che fanno capo a dei punti di collegamento, che chiameremo **nodi**. La rappresentazione grafica di nodi e canali definisce la ***topologia della rete***.

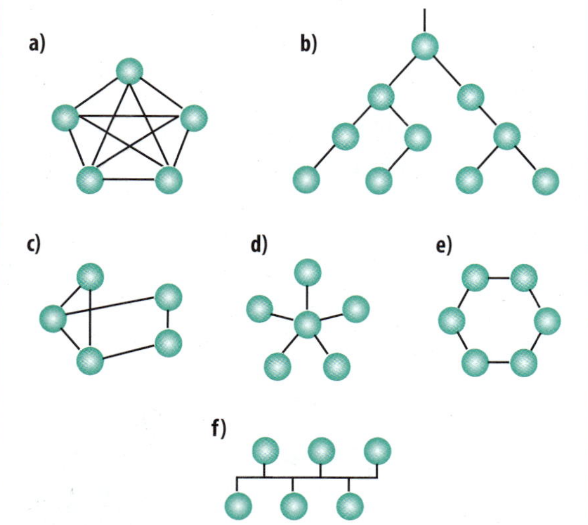

Fig. 2.1 Topologie di rete: **a)** maglia completamente connessa; **b)** albero; **c)** maglia non completamente connessa; **d)** stella; **e)** anello **f)** bus.

Esempio Illustrare sinteticamente le diverse topologie di rete.

Discussione Eccone le caratteristiche fondamentali.

Maglia completamente connessa. Ogni nodo è connesso direttamente con tutti gli altri nodi. L'indubbio vantaggio è il fatto che ciascun utente ha sempre a disposizione i canali per comunicare con qualunque altro utente della rete. Tale soluzione però diventa poco praticabile quando il numero di nodi cresce: si può infatti dimostrare che il numero di canali cresce approssimativamente con il quadrato del numero dei nodi.

Albero. Si ottiene dalla maglia completamente connessa eliminando i collegamenti che non sono indispensabili per far comunicare i nodi. Così facendo si riduce di molto il numero di canali, a vantaggio dei costi e della semplicità della rete. Per mettere in comunicazione due nodi si ha a disposizione soltanto un percorso, il che rende questa struttura particolarmente vulnerabile ai "guasti".

Maglia non completamente connessa. Rappresenta un compromesso tra la *maglia completamente connessa* e l'*albero*; il numero di canali è inferiore a quello della maglia completamente connessa, ma consente comunque di realizzare percorsi alternativi in caso di guasto o di nodi occupati.

Stella. Tutti i nodi della rete sono collegati a un nodo particolare, detto *centro della rete*. È la topologia che si usa ad esempio nelle reti locali di computer (LAN: *Local Area Network*), dove tutti i terminali fanno capo ad un *hub*.

Anello. I nodi sono collegati in modo da formare un percorso circolare chiuso. Come la topologia ad albero, è molto vulnerabile a guasti che di fatto aprono l'anello.

Bus. I nodi sono collegati attraverso la connessione bidirezionale ad un unico canale, detto *bus*.

La rete telefonica fissa nazionale ha una struttura "gerarchica", articolata su quattro livelli. Il più alto (rete primaria) forma una *maglia completamente connessa*, che collega tre centri nazionali. Scendendo nella gerarchia, la struttura si avvicina sempre di più alla *stella*.

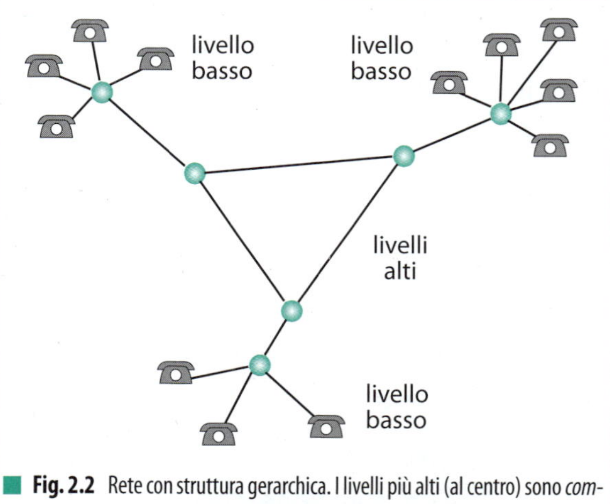

Fig. 2.2 Rete con struttura gerarchica. I livelli più alti (al centro) sono *completamente connessi*; in quelli più bassi la connessione tipica è quella a *stella*.

Riflessione *Perché le reti di calcolatori si sono sviluppate spontaneamente verso una struttura a stella, piuttosto che, ad esempio, verso una a bus o ad anello?*

FAQ 2 Quali sono le funzioni svolte da una rete di telecomunicazione?

L'analisi di un'azione ricorrente nella nostra vita quotidiana, la chiamata telefonica, porta ad individuare le seguenti fasi elementari, o passi:

- sollevamento della cornetta dell'apparecchio;
- attesa del segnale di "libero";
- composizione del numero telefonico;
- attesa dell'inoltro della chiamata;
- risposta da parte dell'utente, se è libero,
- comunicazione;
- abbassamento della cornetta – termine della comunicazione.

Queste fasi elementari sono, per così dire, la "punta dell'iceberg"; l'"iceberg" è l'insieme delle funzioni, anche molto complesse, che vengono svolte dalla rete.
La funzione più ovvia riguarda la trasmissione dell'informazione; un'altra riguarda le informazioni che la rete ci dà (libero, occupato); un'altra ancora riguarda le connessioni che la rete esegue per metterci nello stesso circuito dell'interlocutore; e tutte queste funzioni, che a loro volta sottendono l'attivazione di complicati tecnicismi, devono essere svolte in modo coordinato.
In sintesi, le funzioni che la rete svolge possono essere classificate nel seguente modo:

- commutazione;
- segnalazione;
- trasmissione;
- gestione.

Esempio Analizzare in modo sintetico le funzioni svolte dalla rete di telecomunicazione.

Discussione **Commutazione.** È una funzione importantissima che consente di usare in modo flessibile le risorse della rete, attraverso la cosiddetta *costruzione del canale* (o circuito) che connette i due interlocutori. L'ITU-T fornisce la seguente definizione per commutazione (*switching*) *"processo di interconnessione delle unità funzionali, canali di trasmissione o circuiti di telecomunicazione per il tempo richiesto a trasmettere il segnale"*. Questo vuol dire che, noti i due interlocutori, all'interno della rete bisognerà stabilire il percorso adatto, scegliendolo tra quelli disponibili, connettendo i vari nodi. Gli apparati che svolgono la funzione di commutazione sono automatici (autocommutatori) e impiegano sia tecniche a *divisione di spazio*, nelle quali a ciascuna delle comunicazioni contemporanee sono assegnati elementi separati per l'intera durata della comunicazione, sia tecniche a divisione di tempo, nelle quali gli stessi elementi sono impiegati con alternanza temporale da ciascuna delle comunicazioni contemporanee.

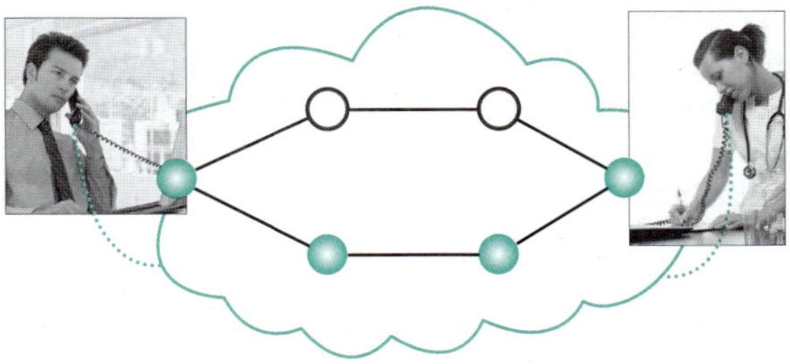

Fig. 2.3 Commutazione e collegamento tra due utenti. Nella telefonia fissa i nodi sono rappresentati dalle centrali di commutazione, nelle reti informatiche i nodi sono i router.

Segnalazione. È la funzione grazie alla quale le informazioni per la costruzione del canale fornite alla rete dall'utente vengono scambiate tra i vari organi. Si parla di *segnalazione associata al circuito* – è ad esempio il caso della segnalazione urbana, tra utente e centrale – quando i suoi segnali condividono, mediante multiplazione a divisione di tempo, lo stesso supporto fisico con i segnali della comunicazione. Si parla di *segnalazione a canale comune* quando le due categorie di segnali possono agire contemporaneamente – la segnalazione agisce anche durante la comunicazione – , tipicamente mediante multiplazione a divisione di frequenza.

Trasmissione. È la funzione che realizza l'effettivo trasferimento dell'informazione da sorgente a destinatario. Ha avuto un'evoluzione importante nei decenni dello sviluppo della telefonia, passando dall'iniziale *multiplazione a divisione di frequenza*, che spostava contemporaneamente diversi canali audio dalla banda base (300 ÷ 3400 Hz) a "bande affiancate" che condividevano lo stesso supporto fisico, alla successiva *multiplazione a divisione di tempo*, che impiega tecniche di *modulazione a codificazione di impulsi* (PCM: *Pulse Code Modulation*).

Gestione. È la funzione necessaria ad amministrare le risorse della rete; importanza e complessità della gestione sono in continua evoluzione. La rete telefonica infatti, nata e sviluppata per la comunicazione della voce – aspetto conversazione – è diventata oggi sede di buona parte del traffico telematico; deve interagire con le tecnologie prevalentemente wireless delle telefonia cellulare, deve condividere supporti e sottosistemi con l'universo di Internet. Controllo degli apparati, gestione di nuovi utenti, gestione guasti, tariffazione sono solo alcune delle numerosissime problematiche da affrontare.

Riflessione *Il processo di commutazione incide su qualche aspetto della comunicazione?*

FAQ 3 Perché a volte si ricorre alla multiplazione statistica?

La multiplazione deterministica (a divisione di tempo, di frequenza, di lunghezza d'onda, di codice) cerca di ottimizzare la condivisione della rete agisce assegnando delle risorse "a priori", secondo schemi pressoché rigidi; in particolare, lo sviluppo della rete telefonica (quando era destinata solo alla comunicazione di parlato tra persone) e il dimensionamento degli apparati si sono basati sulla cosiddetta *Teoria del traffico (telefonico)*.

Ipotizziamo la seguente situazione: un canale è condiviso con multiplazione deterministica a divisione di tempo da N sorgenti d'informazione, che, come accade quasi sempre nella realtà, trasmettono i dati senza regolarità temporale; ciascuna trasmette per un determinato intervallo di tempo Δt_s. Osservando le trasmissioni in un determinato tempo T_{totale}, definiamo le seguenti grandezze:

- *tasso di attività di una sorgente*: $a_{sor} = \Delta t_s / T_{totale}$
- *tasso di attività della rete*:

$$a_{rete} = (\Delta t_{s1} + \Delta t_{s2} + \ldots + \Delta t_{sN}) / T_{totale}$$

I tassi sono molte volte espressi in forma percentuale.

Esempio Due sorgenti hanno a disposizione un canale per $T_{totale} = 60$ s e trasmettono messaggi per intervalli di tempo $\Delta t_{s_1} = 10$ s e $\Delta t_{s_2} = 25$ s. Calcolare il tasso di attività di ciascuna sorgente e quello della rete.

Discussione Applicando le definizioni date, si ha:

$a_{sor1} = 10/60 = 0{,}167$, cioè 16,7%

$a_{sor2} = 25/60 = 0{,}417$, cioè 41,7%

$a_{rete} = (10 + 25)/60 = 0{,}583$, cioè 58,3%

L'esempio mette in evidenza che il tasso di utilizzo della rete è modesto; potrebbe essere migliorato se le sorgenti si attivassero con regolarità e per durate costanti; ma in realtà ciò non avviene. La casualità dell'emissione inoltre, può dare luogo a un altro inconveniente: se infatti gli intervalli Δt_{s_1} e Δt_{s_2} sono distinti nel tempo, ciascuna sorgente ha a disposizione le risorse della rete; se invece sono sovrapposti, anche parzialmente, si manifesta la cosiddetta ***collisione*** e, come conseguenza, si ha perdita d'informazione. Nel caso di sovrapposizione modesta e di sorgenti caratterizzate da abbondante ridondanza, si può ovviare alla perdita; in caso contrario bisogna ricorrere a soluzioni diverse. Si parte dall'ipotesi generale che le sorgenti sono di tipo ***bursty***, cioè emettono delle "raffiche" di simboli, non prevedibili nel tempo.

Dobbiamo allora valutare se la trasmissione deve avvenire in modalità *sincrona*, cioè contemporanea all'emissione della sorgente, in tempo reale – in tal caso si parla di ***trasmissione isocrona*** –, oppure se può essere *asincrona*, cioè non contemporanea all'emissione della sorgente – in tal caso si parla di ***trasmissione anisocrona***.

Alla prima situazione, pur senza totale rigidità, corrispondono di solito le esigenze delle trasmissioni audio e video, che in qualche modo possono tollerare qualche perdita d'informazione; la seconda situazione può invece rispondere bene a una trasmissione di dati che non ammette nessuna perdita d'informazione (... file del conto corrente...), ma che può permettersi di trasmettere le informazioni quando le risorse della rete sono sicuramente del tutto disponibili.

Per ottimizzare il tasso di attività della rete e superare alcuni limiti delle multiplazioni deterministiche, abbiamo bisogno di un insieme di tecniche che siano in grado di ***allocarne le risorse in modo dinamico***. Si parla in questo caso di **multiplazione statistica**.

Una delle tecniche alla base della multiplazione statistica ha analogia con il servizio postale, nel quale i pacchetti o le lettere vengono accumulati (immagazzinati) per poi essere spediti a scaglioni: viene chiamata ***store and forward*** (*prima memorizza, poi – quando è possibile – manda avanti*).

Riflessione *La modalità store and forward può essere applicata anche a trasmissioni sincrone?*

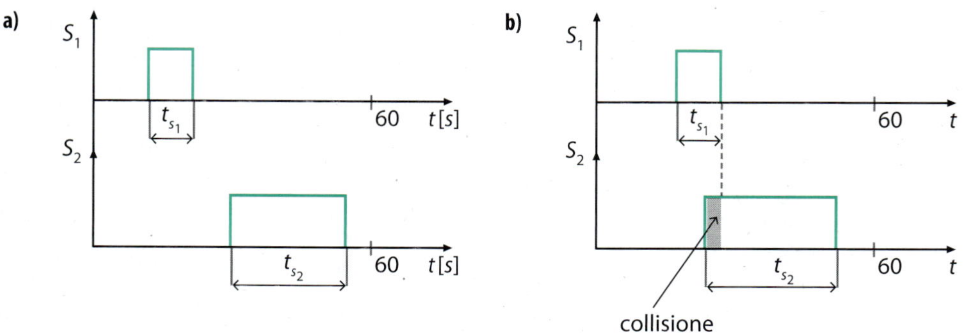

Fig. 2.4 a) Trasmissione senza collisione; **b)** trasmissione con collisione; la situazione non è prevedibile a priori per la natura statistica delle sorgenti.

FAQ 4 Che cos'è Internet?

Internet è un insieme di reti connesse che forniscono determinati servizi, come l'accesso a pagine web, la trasmissione di file, la posta elettronica ecc. È considerata una evoluzione di ARPANET, un progetto statunitense ipotizzato negli anni '50. L'idea di base era quella di creare una rete di controllo in grado di resistere ad una situazione di conflitto, anche molto grave. La rete in quel momento più diffusa era quella telefonica, inadeguata però per la sua organizzazione gerarchica, nella quale la distruzione di un nodo di alto livello avrebbe compromesso il funzionamento della rete intera. Venne quindi ideata una ***struttura distribuita***, con i nodi connessi in modo da offrire percorsi di collegamento ridondanti. Altro elemento di novità rispetto alla rete telefonica era quello della ***commutazione di pacchetto***, in seguito ereditata da Internet.

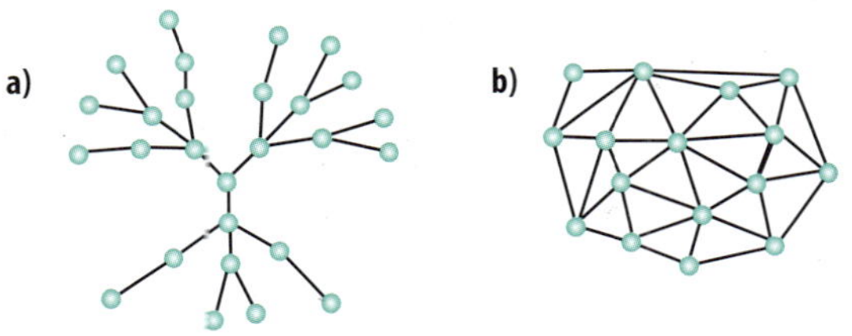

Fig. 2.5 **a)** Struttura della rete telefonica, di tipo gerarchico; **b)** rete Arpanet, con architettura distribuita.

L'accesso a Internet avviene attraverso i cosiddetti ISP (*Internet Service Provider*). È molto diffuso l'utilizzo della rete telefonica, ma non solo; in alcuni casi si sfruttano altre reti già esistenti, come ad esempio quella della televisione via cavo – dove disponibile –; in altri si ricorre a reti dedicate – si stanno affermano reti proprietarie cablate in fibra ottica –; ultima, ma non meno importante, la rete di telefonia mobile.

All'inizio (stiamo parlando di pochi decenni fa) l'accesso attraverso la rete telefonica avveniva tramite modem fonici, o *dial up*, con prestazioni fortemente limitate dalla banda, di soli 4 kHz. Un passo avanti venne proposto da standard più veloci (V90 e V92), con connessioni a 56 kb/s, velocità ancora molto modesta con l'aggravante del costo, paragonabile a quello delle telefonate. Si svilupparono quindi le linee di tipo DSL (*Digital Subscriber Line*) con aumento della la banda disponibile mediante sostituzione di obsolete centrali di commutazione con nuovi sistemi in grado di scambiare segnali digitali, arrivando a velocità dell'ordine dei megabit al secondo (accesso a banda larga, o *broadband*). Naturalmente la funzione di telefono viene conservata; la connessione non "occupa" la linea telefonica, grazie alla multiplazione in frequenza. Dopo che l'accesso alla rete ha consentito l'ingresso dei pacchetti, questi accedono all'ISP, in un punto chiamato POP (*Point of Presence*) e vengono inoltrati verso la dorsale di Internet (*backbone*).

La comunicazione all'interno di Internet avviene attraverso protocolli particolari, che rappresentano uno standard di riferimento: sono l'IP (*Internet Protocol*) ed il TCP (*Transmission Control Protocol*), complessivamente conosciuti come *suite* TCP/IP. Il TCP è un protocollo orientato alla connessione, cioè strutturato in maniera da garantire l'affidabilità (a differenza del più recente UDP, adatto invece a trasmissioni veloci – *streaming* – ma non garantite).

Internet offre l'accesso a una nutrita serie di servizi (attualmente superano la ventina); uno molto noto, a volte erroneamente identificato con Internet stessa, è il **Web**.

Esempio 1 Illustrare sinteticamente il significato e le radici storiche del Web.

Discussione Attraverso un software applicativo, chiamato *web browser* e installato su una macchina *client* – tradizionalmente un personal computer, oggi anche un palmare o un telefono cellulare –, l'utente può scaricare dai *web server* e sfogliare (navigare), attraverso opportuni *link*, dei repertori ipertestuali organizzati nelle cosiddette *pagine web*, che contengono una famiglia di formati multimediali (testi, suoni, immagini, animazioni, video). L'idea dei repertori ipertestuali risale a una formidabile intuizione "storica" di Vannevar Bush (siamo nel 1945, in pratica non si sapeva ancora che cosa fosse, né, tantomeno, quali sviluppi avrebbe avuto l'informatica), che propone una "meccanizzazione della conoscenza scritta", allo scopo di rendere universalmente accessibile la "memoria planetaria".

Esempio 2 Individuare una "definizione" di Internet.

Discussione È sempre difficile dare definizioni complete di cose molto complesse. Uno sforzo un tal senso è stato fatto dal *Federal Networking Council* (FNC) nel 1995, che scrive:
"Internet si riferisce al sistema di informazione globale che:

a) è logicamente interconnesso attraverso un *address space* (spazio degli indirizzi) unico e globale, basato sull'IP o le sue successive estensioni e sviluppi;
b) è in grado di supportare comunicazioni mediante la *suite* Transmission Control Protocol/Internet Protocol (TCP/IP) o le sue successive estensioni/sviluppi, e/o altri protocolli compatibili con l'IP;
c) fornisce, utilizza e rende accessibili, sia pubblicamente che privatamente, servizi di alto livello che poggiano sui differenti strati di comunicazioni e di infrastrutture a esse correlate.

Riflessione *È possibile identificare Internet con la rete telefonica?*

ReT 1 Commutazione di circuito

Nella commutazione di circuito, ancora impiegata a livello mondiale, la rete realizza una connessione fisica temporanea tra due utenti, in base alla richiesta di uno di essi (mittente), che attiva una funzione di segnalazione sollevando la cornetta e componendo il numero telefonico del destinatario.

Attraverso opportuni protocolli, denominati:
- *segnalazione d'utente*;
- *segnalazione inter-centrali*;
- *segnalazione in avanti*;
- *segnalazione all'indietro*.

i vari nodi della rete si scambiano le informazioni necessarie e viene realizzata la connessione. A questo punto il canale è a disposizione dei due utenti, fino a quando uno decide di terminare la comunicazione; in quel momento, abbassa la cornetta e viene segnalata la richiesta di rilascio; il circuito di connessione viene allora liberato o, come si dice in gergo tecnico, viene *abbattuto*.

I tempi di costruzione e di abbattimento della connessione, tipicamente compresi tra il decimo di secondo e alcuni secondi, limitano l'efficienza della rete, in quanto rappresentano dei tempi non destinati alla comunicazione, cioè allo scambio di messaggi di informazione.

Chiamando T il tempo destinato alla conversazione (comunicazione), C quello necessario per la costruzione del collegamento e A quello necessario per l'abbattimento, si definisce l'***efficienza della trasmissione*** nel modo seguente:

$$\eta = T/(T + C + A)$$

Esempio 1 Calcolare l'efficienza della trasmissione per conversazioni telefoniche con durata di 30 s, 120 s, 300 s, sapendo che i tempi di costruzione della connessione sono di 2 s e quelli di abbattimento di 0,5 s.

Discussione Applicando la precedente definizione si ottiene:
- $\eta_1 = 30 / (30 + 2 + 0{,}5) = 0{,}923$, cioè 92,3%
- $\eta_2 = 120 / (120 + 2 + 0{,}5) = 0{,}979$, cioè 97,9%
- $\eta_3 = 300 / (300 + 2 + 0{,}5) = 0{,}991$, cioè 99,1%

L'esempio mette in evidenza come l'efficienza aumenta all'aumentare del tempo di conversazione. Possiamo quindi dire che l'efficienza è grande se i tempi di costruzione e di abbattimento sono trascurabili rispetto a quelli della conversazione.

La situazione sembra ottimale per la telefonia del passato, caratterizzata da chiamate relativamente lunghe rispetto ai tempi di connessione e di abbattimento e destinate a trasportare quantità d'informazione per unità di tempo non elevate – cioè funzionanti a basso *byte rate* -, che interessavano un sistema complesso di centrali di commutazione; tale sistema era basato (e lo è ancora oggi per altro) sui cosiddetti *stadi di linea* (molto numerosi, oltre 10.000 in Italia: sono collegati ai singoli utenti attraverso il doppino telefonico, l'"ultimo miglio" della rete, attualmente funzionante in modalità analogica), *stadi di gruppo urbano* (poco più di 600 in Italia), *stadi di transito* (65 in Italia), *gateway internazionali* (Milano, Roma, Palermo). L'evoluzione temporale di una chiamata a commutazione di circuito (fase di'instaurazione del collegamento) è rappresentata nella fig. 2.6.

Esempio 2 Si vuole trasmettere un pacchetto dati della dimensione di 2 kbyte impiegando un modem in banda fonica. Calcolare l'efficienza della trasmissione assumendo una velocità di 4 kbyte/s e ipotizzando ancora i tempi di creazione e di abbattimento della connessione di 2 s e 0,5 s, come nell'Esempio 1.

Discussione Il tempo richiesto dal pacchetto è
T = 2 kbyte / (4 kbyte/s) = 0,5 s.
L'efficienza della trasmissione è dunque:

$$\eta = T/(T + C + A) = 0{,}5/(0{,}5 + 2 + 0{,}5) = 0{,}166, \text{ cioè } 16{,}6\%$$

Se poi si impiegano velocità di trasmissione più elevate, come quelle attualmente disponibili, l'efficienza diminuisce drasticamente. Per aumentarne il valore, dovremmo ridurre i tempi di costruzione e di abbattimento della connessione; si incontrano però i limiti legati alla velocità di commutazione dei dispositivi. Si preferisce allora superare la commutazione di circuito, utilizzando tecniche diverse, che non richiedono la creazione e l'abbattimento della connessione. Si tratta delle cosiddette tecniche ad accesso multiplo, o commutazioni statistiche.

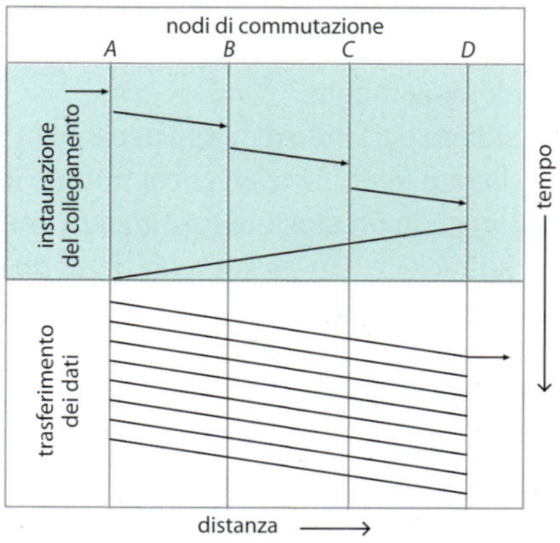

Fig. 2.6 Chiamata a commutazione di circuito. *A* e *D* sono nodi di origine e di destinazione; *B* e *C* sono nodi di transito.

Riflessione *La commutazione di circuito può considerarsi obsoleta?*

ReT 2 Commutazione di pacchetto

È possibile superare i limiti di efficienza tipici della commutazione di circuito impiegando la *multiplazione statistica*, che si basa sul seguente principio: la linea è sempre "formata", non servono tempi di costruzione e di abbattimento; bisogna solo vedere se è libera. Quando si vuole inviare un messaggio, si predispone e si invia un file che contiene sia il messaggio, sia le informazioni che gli consentono di raggiungere il destinatario; la rete inoltra il messaggio non appena la linea risulta libera. Questa tecnica, chiamata **commutazione di messaggio**, ha le seguenti specificità:

- richiede informazione aggiuntiva al messaggio, perché serve un'apposita *intestazione* (*header*) con l'indirizzo del destinatario e (a volte) una *coda* che consente di effettuare controlli;
- richiede alla rete di calcolare il percorso che consente al file di raggiungere la destinazione; questa problematica è chiamata **instradamento**.

Il fatto di dover inserire tutto il contenuto della trasmissione in unico file pone dei limiti di gestione, per cui spesso si preferisce "disaggregare" il file in *sequenze di lunghezza prestabilita*. Si parla in questo caso di **commutazione di pacchetto**. Il pacchetto è anche chiamato **datagramma.** La principale differenza tra le due tecniche è legata al fatto nella prima il nodo può ritrasmettere il messaggio solo dopo averlo ricevuto completamente, mentre nella seconda deve attendere solo il tempo di pacchetto, che può essere anche molto più breve; in questo secondo caso si parla di trasmissione in ***pipeline***.

Esempio Si deve trasmettere un messaggio da 2 kbyte, attraversando 1 nodo. L'intestazione (*header*) richiede 4 byte (32 bit); la velocità della connessione è di 4 kbyte/s. Confrontare i tempi necessari per la trasmissione con commutazione di messaggio o di pacchetto, con pacchetti lunghi 500 byte.

Discussione Nel caso della commutazione di messaggio, il file deve essere prima "scritto completamente" nella memoria del nodo e poi "fatto uscire" dalla memoria stessa. Pertanto il "tempo morto" nel nodo sarà: $t_{mess} = (2000\text{ B} + 4\text{ B})/(4000\text{ B/s}) = 501$ ms.
Nel caso della commutazione di pacchetto, il "tempo morto" nel nodo sarà: $t_2 = (500\text{ B} + 4\text{ B})/(4000\text{ B/s}) = 126$ ms.

Dopo tale intervallo, il nodo incomincia a ritrasmettere il primo pacchetto, intanto che riceve il secondo. Ad ogni nodo si verifica un risparmio di tempo di 501 – 126 = 375 ms.

Il problema in realtà non è così semplice e richiede uno studio approfondito per ricercare la dimensione ottima dei pacchetti, dovendo anche mettere in conto che:

- la probabilità di errore o di perdita di un pacchetto aumenta con il numero degli stessi;
- se i pacchetti sono troppo piccoli, il peso dell'*header* fa diminuire l'efficienza;
- pacchetti piccoli d'altra parte fanno aumentare il parallelismo della trasmissione.

Nella commutazione di pacchetto, i singoli pacchetti vengono instradati separatamente, ognuno viaggia pertanto sulla rete in maniera autonoma, può accadere quindi che per questioni di traffico, questi potrebbero prendere dei percorsi differenti ed a volte giungere a destinazione con l'ordine invertito, o addirittura persi, sarà compito dei protocolli di trasmissione riordinare i pacchetti o riscontrare eventuali errori, non è compito della rete che fa invece del suo meglio per recapitare il pacchetto, ma non offre garanzie. Per questo motivo, questo tipo di rete viene chiamata rete a **datagramma**, per analogia con il telegramma del quale non si ha conferma dell'avvenuta consegna. Internet è un importante esempio di rete a datagramma.

Riflessione *In un canale dove gli errori si presentano a "raffiche" (burst), è più conveniente trasmettere frammenti di dimensioni grandi o piccole?*

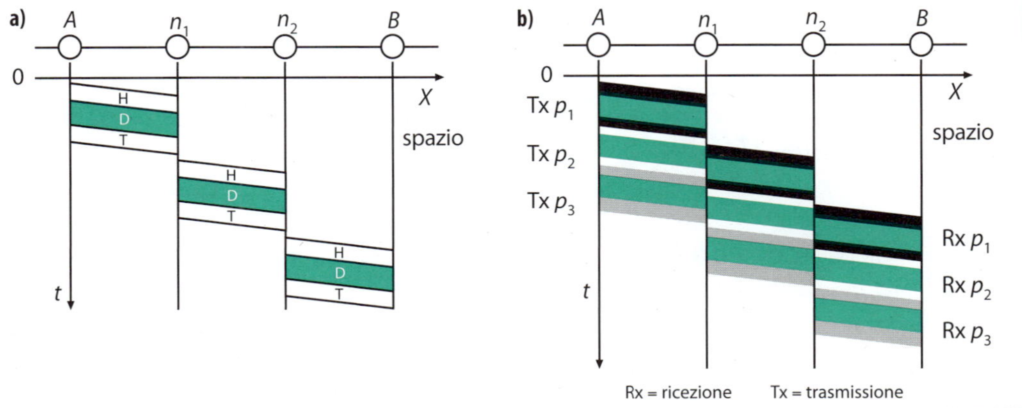

■ **Fig. 2.7** **a)** L'intero file deve essere memorizzato prima di essere ritrasmesso dal nodo; **b)** la trasmissione può avvenire in *pipeline*, riducendo così i tempi, in particolare al crescere del numero di nodi.

ReT 3 Commutazione di circuito virtuale

Un'alternativa alla commutazione di pacchetto è la realizzazione di un percorso che venga visto come un effettivo circuito, detto **circuito virtuale**. In questo caso tutti i pacchetti seguono lo stesso percorso logico, evitando i problemi di riordino o perdita sulla linea dovuto a percorsi alternativi. In pratica il circuito viene formato mediante l'utilizzo di apposite *etichette*, indicanti il numero del circuito, che contrassegneranno nell'intestazione (*header*) i vari pacchetti. La lunghezza delle etichette di circuito virtuale è generalmente minore rispetto agli indirizzi delle reti a datagramma. Si parla di una lunghezza tipica di 12 bit, contro i 32 (ad esempio) dell'indirizzo IP di Internet. L'instradamento poi risulta più semplice, in quanto il percorso viene calcolato una sola volta all'inizio della negoziazione, e non per ogni pacchetto come nel caso delle reti a datagramma. Tuttavia, proprio per il fatto che il percorso deve essere calcolato e fissato, è possibile che il tempo per la creazione del circuito virtuale sia maggiore rispetto al tempo dell'istradamento del pacchetto datagramma.

A differenza del circuito (fisico) commutato, nel caso del circuito virtuale le risorse non vengono allocate in maniera permanente, ovvero l'impiego della linea segue il principio della commutazione statistica. Questo vuol dire che la trasmissione potrà comunque subire dei ritardi di natura casuale; pertanto questa tecnica si presta maggiormente a trasmissioni *anisocrone*.

Vi sono due tipi di circuiti virtuali, la differenza è dovuta al modo in cui vengono formati:

- *formazione su chiamata*: la formazione del circuito virtuale avviene in seguito a richiesta di utente verso la rete;
- *circuito virtuale permanente* (PVC: *Permanent Virtual Circuit*): il circuito virtuale è assegnato permanentemente dal gestore della rete, in base al contratto stipulato con l'utente.

Alcuni esempi delle reti a circuito virtuale sono le reti della raccomandazione X25 ITU-T, Frame Relay e ATM.

Nel caso si vogliano creare più circuiti virtuali all'interno della stessa rete, per non creare conflitti, i router devono essere in grado di modificare gli identificatori di connessione (etichette) dei files di uscita. Questa tecnica è nota come **commutazione di etichetta** (*label switching*). Le reti a circuito virtuale offrono maggiori garanzie sulla qualità del servizio e sono in grado di gestire agevolmente le situazioni di traffico; sono però meno resistenti ai guasti: infatti, il guasto di un router equivale all'interruzione di quel particolare circuito virtuale.

I servizi implementati con reti a datagramma vengono detti **servizi non orientati alla connessione**; la consegna dei pacchetti non è garantita. Il protocollo IP su cui si basa Internet, rappresenta l'esempio più importante di questo tipo di servizio.

Le reti a circuito virtuale invece implementano i cosiddetti **servizi orientati alla connessione**.

Riflessione *È meglio usare un codice di correzione degli errori o ricavare gli errori e ritrasmettere i frames?*

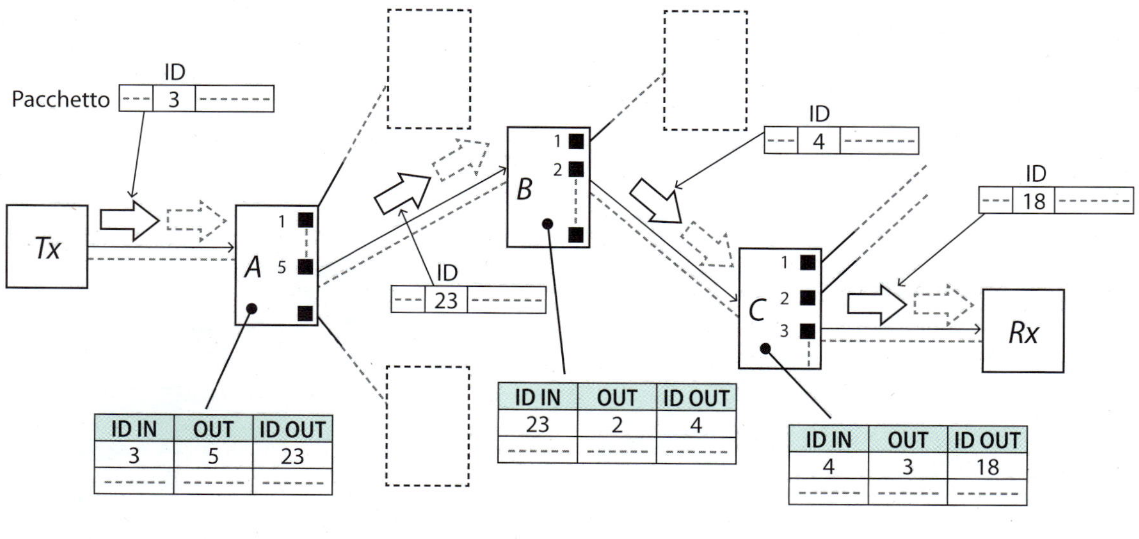

■ **Fig. 2.8** Percorso effettuato dai pacchetti instradati dai router. Una volta che il circuito virtuale viene formato, il percorso è sempre lo stesso.

ReT 4 Multiplazione a divisione di spazio e reti radiomobili

Le reti per i sistemi di telefonia mobile rappresentano un esempio molto importante di architettura. Il loro sviluppo ha visto l'implementazione di alcune generazioni, tutte comunque riferite a un *range* limitato di frequenze disponibili.

In una rete radiomobile, l'utente comunica con la rete stessa attraverso il suo telefono cellulare; le informazioni viaggiano in etere e vengono raccolte dalla stazione radio base più vicina. A questo punto, all'interno della rete le informazioni possono viaggiare in maniera diversa a seconda delle generazioni, ma viene comunque impiegata la propagazione guidata. Il *range* limitato delle frequenze radio riguarda solo la parte della rete compresa tra utente e stazione radio base. Poiché tali frequenze vengono concesse dai singoli stati tramite gare d'appalto, risultano essere un bene prezioso e limitato, che contrasta con l'esigenza di gestire un volume di chiamate in costante aumento. Bisogna inoltre tenere presente che, essendo la telefonata in *full duplex*, vengono impiegati due canali di frequenza, un per inviare e l'altro per ricevere e ciò diminuisce ulteriormente la possibilità delle chiamate simultanee. La tecnica usata per aumentare il numero di canali disponibili è il *riutilizzo della frequenza*. In pratica ogni antenna copre una determinata zona, detta "cella" (da cui il nome di telefonia cellulare); all'interno di questa cella si dispone di un numero limitato di canali radio. Il territorio viene suddiviso in celle, in modo che le frequenze assegnate a celle contigue siano differenti, al fine di evitare interferenze, e possano inoltre essere riutilizzate da altre celle. In pratica abbiamo una **multiplazione a divisione di spazio**.

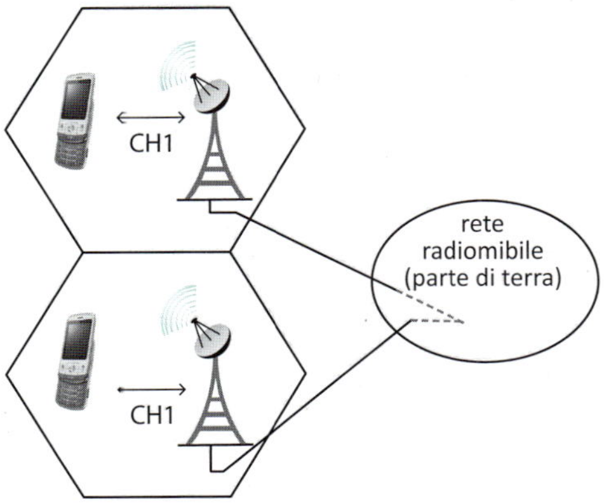

■ **Fig. 2.9** Le zone coperte da una cella sono pressoché circolari, ma per semplicità vengono rappresentante con degli esagoni. Due celle adiacenti non usano le medesime frequenze per evitare interferenze.

Quanto più le celle sono piccole e numerose, tanto più aumenta il numero complessivo di chiamate che la rete può gestire; per questa ragione, le compagnie sono in grado di aumentare temporaneamente la capacità di una certa cella in occasioni particolari, attraverso l'installazione di stazioni mobili.

Esempio Illustrare sinteticamente le caratteristiche delle diverse generazioni di telefonia cellulare.

Discussione Si parla di solito di prima, seconda, terza generazione. La quarta è alle porte.

Prima generazione. Esempi: TACS (*Total Access Communications System*) in Europa e AMPS negli USA. Si trattava di sistemi analogici basati su tecniche FDMA (*Frequency Division Multiple Access*); si parla di accesso multiplo in quanto le risorse sono assegnate dinamicamente.

Seconda generazione. Esempio: GSM (*Global System for Mobile Communications*): la trasmissione è digitale, basata sulla tecnica mista FDM-TDMA; la rete è ancora a commutazione di circuito, ma nella cosiddetta generazione 2+ (GPRS: *General Packet Radio Service*) è prevista la commutazione di pacchetto.

Terza generazione. Esempio: UMTS (*Universal Mobile Telecommunications System*): è una rete complessa, basata sulla multiplazione CDMA. Il fatto innovativo è la sua struttura, che prevede un mix tra le caratteristiche di Internet e quelle tradizionali delle reti commutate: trovano infatti una sorta di convivenza la commutazione di circuito e la commutazione di pacchetto e sono possibili sia la connessione a Internet, sia l'interoperabilità con le reti di telefonia fissa.

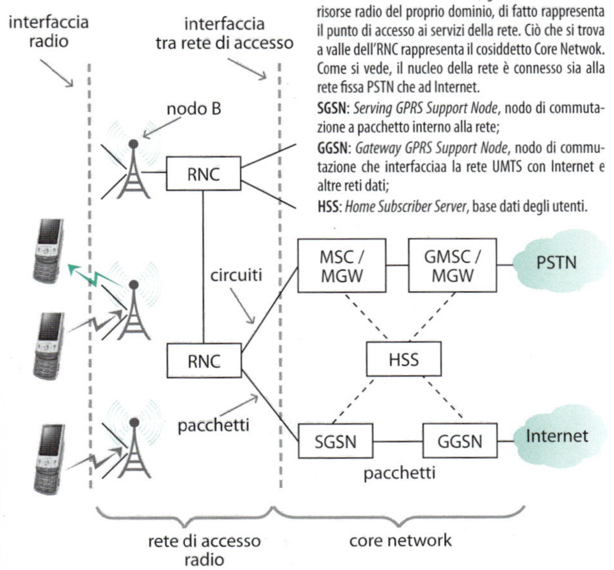

RNC: *Radio Network Controller*, gestisce e controlla le risorse radio del proprio dominio, di fatto rappresenta il punto di accesso ai servizi della rete. Ciò che si trova a valle dell'RNC rappresenta il cosiddetto Core Netwok. Come si vede, il nucleo della rete è connesso sia alla rete fissa PSTN che ad Internet.
SGSN: *Serving GPRS Support Node*, nodo di commutazione a pacchetto interno alla rete;
GGSN: *Gateway GPRS Support Node*, nodo di commutazione che interfacciaa la rete UMTS con Internet e altre reti dati;
HSS: *Home Subscriber Server*, base dati degli utenti.

■ **Fig. 2.10** Rappresentazione di una struttura di rete UMTS.

Riflessione *Perché una chiamata con un telefono cellulare costa più di una chiamata con un telefono fisso?*

Sommario

La rete a commutazione di circuito:
- è trasparente ai segnali e non impone la velocità di trasmissione, lasciata all'utente;
- alloca preventivamente tutte le risorse, che quindi possono non essere sfruttate al massimo;
- garantisce completamente lo svolgimento del servizio richiesto;
- fornisce servizi con costi proporzionali alla durata della comunicazione;
- è particolarmente adatta alla comunicazione vocale.

La rete a commutazione di pacchetto:
- non è trasparente ai segnali e impone la velocità di trasmissione, basandola sul traffico;
- alloca le risorse in modo dinamico, mirando al loro migliore sfruttamento possibile;
- non garantisce completamente lo svolgimento del servizio richiesto;
- fornisce servizi con costi proporzionali alla velocità di trasmissione;
- è particolarmente adatta alla trasmissione di dati.

Risposte alle riflessioni

FAQ **1** La struttura ad *anello* non appare adeguata, in quanto i calcolatori dovrebbero essere tutti in funzione contemporaneamente. La struttura a *bus* potrebbe sembrare adatta, ma utenti con maggiore traffico monopolizzerebbero alcune tratte del bus, limitando ad esempio il flusso dati di altri. Nel collegamento a *stella*, la rete funziona con qualsiasi numero di utenti, è espandibile.

FAQ **2** Sì, per "formare" il circuito di comunicazione è necessario un certo tempo, che influisce sull'**efficienza** della comunicazione.

FAQ **3** Sì certo, questo può favorire l'interfacciamento di tratte di reti che viaggiano a velocità differente. È importante però, in una trasmissione sincrona, che il ritardo introdotto dall'operazione di immagazzinamento, sia trascurabile rispetto ai tempi di transito della comunicazione.

FAQ **4** No, la rete telefonica è uno dei sistemi in grado di offrire l'accesso ad Internet, ma non l'unico.

ReT **1** No, la commutazione di circuito è una tecnica, quindi un insieme di principi: pertanto può trovare applicazione in determinate situazioni, quali ad esempio in alcune reti dedicate alla trasmissione dati. Può invece diventare obsoleta la tecnologia impiegata (elettromeccanica, elettronica), ma non necessariamente il principio che la regola.

ReT **2** Conviene trasmettere pacchetti di dimensioni ridotte, in quanto riducendo il tempo di trasmissione si riduce la probabilità di errore, inoltre nel caso di ritrasmissione dei dati, i pacchetti più piccoli sono più rapidi da ritrasmettere.

ReT **3** Dipende dal tipo di servizio. Se questo tollera una certa quantità di errori, come ad esempio la fonia, conviene usare un codice a correzione degli errori ed eventualmente scartare i pacchetti con troppi errori. Se invece si devono trasmettere dati, è più conveniente usare un codice per la rilevazione degli errori e chiedere la ritrasmissione dei pacchetti errati.

ReT **4** Nella telefonia mobile il tempo di occupazione di un dato canale è prezioso, in quanto le frequenza disponibili sono limitate; nella telefonia fissa, l'informazione viaggia su linee a grandi capacità, l'occupazione del canale è quindi meno costosa.

Sitografia • Bibliografia

- http://it.wikipedia.org/wiki/Multiplazione
- http://www.cedi.unipr.it/links/Corsi/telematica/Materiale/dispense/RetiDati/RetiPacchetto.pdf
- http://www.telematica.polito.it/Intro_Reti_Telematiche/disp_rtlc1.pdf
- http://www.itu.int/rec/T-REC/e
- http://home.dei.polimi.it/capone/Infrastrutture/materiale/a-Esercizi-commutazione-di-pacchetto.pdf
- http://www.3gumts.it/architettura_rete_3g_umts.htm

- A. S. Tanenbaum, *Reti di calcolatori*, ed. Prentice Hall, 2007.
- O. Bertazioli, L. Favalli, *GSM-GPRS Tecniche, Architetture, Procedure, Evoluzione verso UMTS*, ed. Hoepli, 2002.

Esercizi e Problemi

FAQ 1

Es. 1 Descrivere la struttura gerarchica della rete telefonica fissa nazionale.

Es. 2 Si vuole realizzare una rete a circuito commutato che colleghi tre grandi centri.
Questi centri formano un triangolo i cui lati hanno dimensioni 5 km, 8 km e 15 km. Ognuno di questi centri deve servire mediamente 1000 utenti. La probabilità che vengano richieste comunicazioni tra due utenti di due centri differenti è di una chiamata ogni 20. La durata media delle chiamate è di 10 minuti, si prevedono in media 200 chiamate al giorno. Si proponga una topologia di rete, motivando le varie scelte.

FAQ 2

Pr. 1 Descrivere la procedura di chiamata di un utente GSM da parte di un utente di rete fissa.

FAQ 3

Es. 1 Date due sorgenti che hanno a disposizione il canale per 300 s, trasmettono messaggi di durata rispettivamente t_{s_1} = 15 s e t_{s_2} = 45 s. Si calcoli il tasso di attività per le due chiamate e per il canale. Qual è la probabilità che le due chiamate vengano effettuate simultaneamente? Se vi fosse un terzo utente che vuole fare una chiamata da 20 s, le probabilità che due chiamate avvengano simultaneamente aumentano o diminuiscono? (motivare la risposta)

FAQ 4

Es. 1 Data la rete in fig. 2.5 della FAQ4 (pag. 257) se si verificasse un attacco ai nodi di questa rete, quanti nodi sarebbe necessario distruggere per separarle completamente in due sottoreti distinte?

Pr. 1 Si vuole organizzare un corso di formazione a distanza (*e-learning*) che coinvolge un docente e 20 studenti. Si discutano le tecnologie, la capacità della rete impiegata e gli strumenti necessari per la realizzazione.

ReT 1

Es. 1 Un modem fonico ha una velocità di trasmissione pari a 56 kb/s, supponendo che si debba trasmettere un messaggio di posta elettronica delle dimensioni di 4 kbyte, supponendo il tempo di negoziazione pari a 2 s e quello di rilascio pari a 300 ms, si calcoli l'efficienza della trasmissione nella condizione peggiore.

Pr. 1 Illustrare la commutazione di circuito, anche alla luce dei concetti di segnalazione d'utente, segnalazione inter-centrali, segnalazione in avanti, segnalazione all'indietro.

ReT 2

Es. 1 Dato il problema dell'esempio della ReT2 (pag. 259), eseguire il calcolo nel caso in cui il segnale debba attraversare due nodi prima di giungere a destinazione.

Es. 2 Supponendo di disporre di una delle seguenti connessioni: 56 kb/s, 1 Mb/s, 7 Mb/s, si vuole trasferire il contenuto di un file video delle dimensioni di 500 Mbyte ad un amico. Si calcoli la massima distanza per la quale è più conveniente impiegare la rete per la trasmissione piuttosto che trasportarlo in macchina, supponendo di potersi muovere ad una velocità media di 50 Km/h.

Es. 3 Si vuole trasmettere un file della dimensione di 100 Mbyte tramite una rete a commutazione di pacchetto. Il file viene suddiviso in frammenti da 1 Kbyte trasmessi singolarmente. Per fare ciò ogni frammento necessita si informazioni supplementari per essere trasmesso. Supponendo di aggiungere 30 byte di intestazione ad ogni frammento e che non vi siano errori durante la trasmissione, calcolare il numero totale di byte trasmessi e l'efficienza in percentuale in termini di *bytes utili / bytes totali.*

Es. 4 In una rete a commutazione di pacchetto, il router N_2 riceve pacchetti dal router N_1. Il router N_2 smista i pacchetti verso due destinatari diversi D_1 e D_1, collegati a due diverse porte. Supponendo che R_2 riceva 2 pacchetti da N_1 diretti rispettivamente verso D_1 e D_2, calcolare i tempi di trasmissione trascurando i tempi di propagazione sulle tratte.

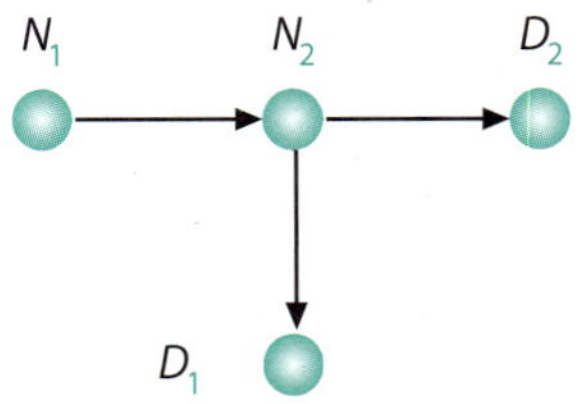

Le velocità delle tratte non sono uguali e valgono:

N_1 - N_2: 128 kb/s

N_2 - D_1: 64 kb/s

N_2 - D_2: 256 kb/s

Tracciare l'andamento dei pacchetti sulla linea, considerando pacchetti di lunghezza 1 kb.

Si consideri successivamente il tempo di propagazione lungo le tratte, rieseguendo il calcolo dei tempi ed il relativo grafico.

Si suppongano i tempi di propagazione non uguali e pari a:

N_1 - N_2: 1 ms

N_2 - D_1: 2 ms

N_2 - D_2: 1 ms

Pr. 1 Sia data la seguente rete a commutazione di pacchetto.

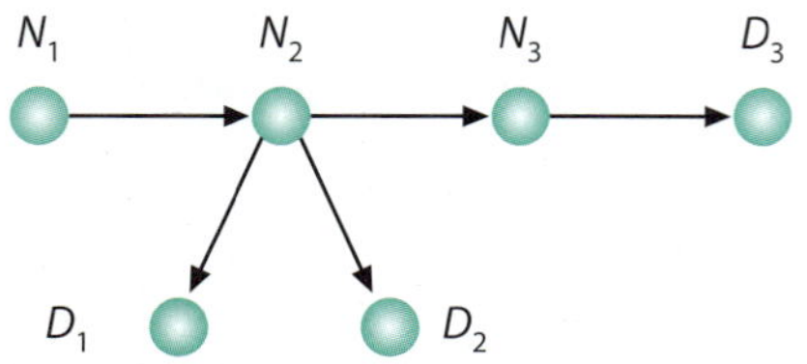

Il nodo N_1 trasmette 4 pacchetti, diretti nell'ordine a D_1, D_1, D_2, D_3.

Calcolare i tempi necessari a trasmettere i singoli segnali da N_1 sino a destinazione. Si considerino le seguenti velocità di trasmissione per le tratte:

N_1 - N_2: 128 kb/s

N_2 - D_1: 64 kb/s

N_2 - D_2: 256 kb/s

N_2 - N_3: 256 kb/s

N_3 - D_3: 128 kb/s

Si considerino i tempi di propagazione lungo la linea tutti uguali pari ad 1ms per ogni tratta.

Pr. 2 Sia data una rete in cui i router ne rappresentano i nodi. Vale il seguente principio di ottimalità (Belleman 1957, cfr Tanenbaum p. 344): *"se il router J si trova sul percorso ottimale che collega I a K, allora anche il percorso ottimale de J a K segue la stessa sequenza di router"*. Dimostrare tale affermazione (procedere per assurdo).

Pr. 3 Data una rete generica, applicando il principio di ottimalità, si discuta la struttura che si ricava dalla rete che collega una destinazione con tutte le possibili sorgenti.

ReT 3

Es. 1 Su un canale radio con frequenza di errore 10^{-6} vengono trasmessi di frame da 100 byte in maniera consecutiva. Calcolare quanti frame vengono danneggiati mediamente in 1 secondo?

Es. 2 Si vuole trasmettere su un canale radio un file della dimensione di 10 Mbyte. Il file viene suddiviso in frammenti da 500 bytes ed ogni frammento è trasmesso con un overhead di 40 bytes. Supponendo che a causa di rumore ed interferenze sul canale vi sia una probabilità di errore del 10%, calcolare il numero totale di bytes trasmessi e l'efficienza della trasmissione *(bytes utili/bytes totali)*.

Es. 3 In una rete a circuito virtuale permanente, i pacchetti attraversano due nodi N_1 ed N_2 prima di giungere a destinazione.

Le tre tratte sono caratterizzate da velocità di trasmissione differenti:

Tx - N_1: 32 kb/s

N_1 - N_2: 64 kb/s

N_2 - Rx: 256 kb/s

Se si trascurano i tempi di propagazione del segnale, quanto impiega un pacchetto a giungere a destinazione, supponendo che le sue dimensioni siano di 256bit?

Quanto vale il tempo di propagazione se si considerano anche gli effetti dei tempi di propagazione del segnale, supponendo che siano uguali e che valgano 1ms per ognuna delle tratte. Disegnare i grafici dell'andamento temporale dei pacchetti lungo la linea.

Es. 4 Per il caso precedente, analizzare i tempi di propagazione per due pacchetti da 256 bit che vengono spediti consecutivamente da Tx.

Pr. 1 Nella rete a circuito virtuale permanente precedente, questa volta i ruoli di Tx ed Rx si invertono, poiché il destinatario invia dei pacchetti al mittente. Le tratte verranno quindi percorse in ordine inverso, le velocità di trasmissione sono le medesime

Rx - N_2: 256 kb/s

N_2 - N_1: 64 kb/s

N_1 - Tx: 32 kb/s

I tempi di propagazione sulla linea sono sempre uguali per le tre tratte e pari ad 1ms.

Si calcoli il tempo di trasmissione per due pacchetti delle dimensioni di 256 bit, disegnando l'andamento temporale dei dati sulla linea.

Pr. 2 Si consideri ancora una rete con due nodi N_1 ed N_2 per la trasmissione di pacchetti. Supponendo di volere trasmettere file di lunghezza *F* utilizzando *N* pacchetti di dimensione *P*. Supponendo che ogni pacchetto abbia un'intestazione fissa di dimensione *H*, si determini il valore di *N* che rende minimo il tempo di trasmissione.

Si valuti graficamente l'andamento del tempo di trasmissione in funzione di *N*.

ReT 4

Es. 1 Si vuole trasmettere un segnale GSM con frequenza 900 MHz con un'antenna ideale isotropa (ovvero che irradia in ugual misura in tutte le direzioni). Si dimensioni la potenza che tale antenna deve trasmettere affinché all'estremo di una cella di diametro 1 km sia disponibile al terminale mobile una potenza di almeno 10 mW. Si supponga che il terminale mobile sia munito di un'antenna di area efficace pari a 0,1 m^2, e che la propagazione avvenga nello spazio libero.

Discutere come cambia il risultato se si impiegano antenne non isotrope e se la propagazione non avviene nello spazio libero, ma in presenza di edifici.

MODULO 12

Sistemi di trasmissione numerici

indice

abilità

La discussione degli esempi e delle riflessioni, l'analisi del testo e lo svolgimento di alcuni esercizi favoriscono lo sviluppo della seguente abilità:

- scegliere gli elementi (apparati e tecniche) di un sistema di trasmissione numerica

UNITÀ 12.1

Codifica di canale

Tecniche di controllo degli errori nei sistemi di trasmissione numerici

In questa Unità si descrivono le principali tecniche atte a recuperare eventuali errori si dovessero verificare durante la trasmissione delle informazioni

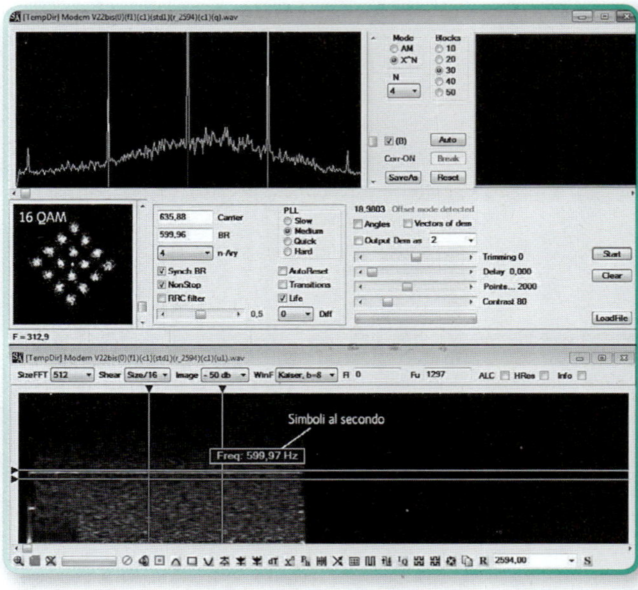

La codifica di canale insieme al modulatore numerico convertono un flusso binario in un segnale analogico adatto alla sua trasmissione sul canale di collegamento. Questa operazione viene effettuata in due tempi, prima convertendo i bit in una sequenza di segnali rappresentati in forma numerica e successivamente convertendo i segnali numerici in un segnale analogico modulato. Lo scopo è quello di effettuare la trasmissione alla massima velocità consentita dalle caratteristiche del canale effettuando inoltre il controllo e la correzione degli errori. In questo modo la codifica di canale fornisce a quella di sorgente un canale digitale praticamente privo di errori pur operando con un canale analogico soggetto a rumore.

indice

FAQ 1 Che cos'è la codifica di canale?

La ***codifica di canale*** ha lo scopo di migliorare le prestazioni del sistema di comunicazione, trasformando la sequenza di dati provenienti dalla codifica di sorgente in una nuova sequenza più resistente agli effetti del rumore, aumentando così l'affidabilità della trasmissione. In ricezione la ***decodifica di canale*** deve ricostruire la sequenza di dati originale.

Il *codificatore di sorgente* provvede a convertire i simboli di sorgente in un codice binario efficiente, eliminando eventuali ridondanze. Tale codice viene passato al *codificatore di canale*, che in genere suddivide la sequenza di ingresso in blocchi distinti, ai quali viene aggiunta una limitata quantità di ridondanza finalizzata al controllo degli errori di trasmissione. In questo modo il ricevitore può prendere una decisione, confortata da buone probabilità di successo, riguardo la corretta composizione del blocco in origine.

La finalità principale della codifica di canale è quindi quella di recuperare gli errori di comunicazione, ovvero consegnare a destinazione più messaggi di quanti ne avrebbero consentito gli errori. La codifica di canale consente dunque di ottenere un tasso di errore ridotto rispetto a quello del canale fisico.

La principale semplificazione che si effettua sul canale fisico è quella di renderlo discreto, ovvero un dispositivo che opera su simboli in ingresso, che accetta e successivamente provvede a riportare in uscita. L'alfabeto finito dei simboli ha dimensione q.

$$F_q = \{ a_1, a_2, \dots , a_i , \dots , a_q \}$$

La presenza di rumore nel canale può portare alla ricezione di un simbolo diverso da quello trasmesso, anche inesistente, evento indicato come *errore di trasmissione*. Adottando in uscita lo stesso alfabeto dell'ingresso, si indica come probabilità di transizione la probabilità p_{ij} non negativa che si trasmetta un simbolo a_i e si riceva un simbolo a_j.

Le probabilità di transizione caratterizzano il comportamento del canale e il loro insieme si può condensare sotto forma di matrice.

Una categoria di canali di particolare interesse sono quelli indicati con la sigla DMC (*Discrete Memoryless Channel*) e si caratterizzano per l'assenza di memoria. In un canale DMC le probabilità p_{ij} dipendono solo dai simboli e non risentono in alcun modo delle precedenti trasmissioni. Si assume inoltre che il comportamento sia stazionario, ovvero le probabilità rimangano invariate nel tempo. Il canale viene detto *simmetrico* se la matrice delle probabilità è simmetrica rispetto alla sua diagonale principale. In questo caso le righe (e le colonne) sono permutazioni una dell'altra.

In un *canale ideale*, non soggetto ad errori, la probabilità che un simbolo venga ricevuto correttamente è 1 mentre la probabilità di errore è 0. In questo caso la matrice delle probabilità coincide con la matrice identità. Il comportamento del canale può essere anche rappresentato in forma grafica riportando in due colonne di nodi i simboli dell'alfabeto e collegando i simboli della prima colonna con quelle della seconda mediante archi quotati con le probabilità p_{ij}.

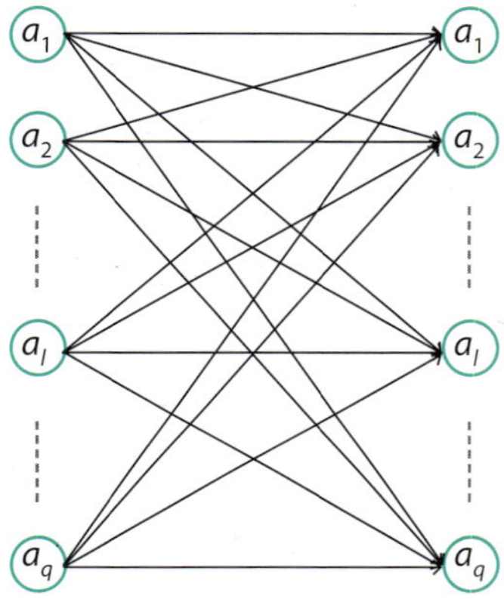

Fig. 1.1 Rappresentazione grafica delle probabilità di transizione. Ogni simbolo trasmesso a_i può essere ricevuto per errore come a_j. Le transizioni sono indicate mediante archi ciascuno dei quali avrà una certa probabilità p_{ij}.

Esempio Si calcoli la probabilità che, trasmesso il simbolo a_i, si riceva uno qualunque degli altri simboli.

Discussione Si devono sommare tutte le probabilità di transizione il cui primo indice è i (quelli che si trovano nella riga i della matrice): $p_{i\_tot} = \sum_{j=1..q} p_{ij}$. Il risultato è 1.

I canali binari sono caratterizzati da un alfabeto di due soli simboli $F_2 = \{0, 1\}$. I canali BSC (*Binary Symmetric Channel*) costituiscono il modello di riferimento più usato nello studio dei codici, rinunciando quasi sempre al caso più generale di alfabeto costituito da q simboli.

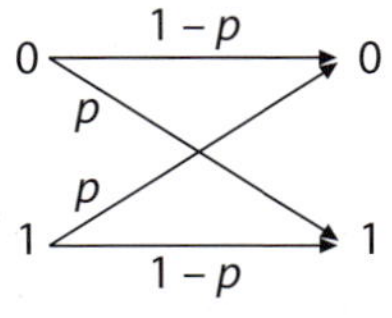

Fig. 1.2 Probabilità di transizione per un BSC. La probabilità di errore di un simbolo è p mentre la probabilità di ricezione corretta risulta $1 - p$.

Riflessione *Quale probabilità si trova sottraendo dall'unità tutte le probabilità di errore legate alla trasmissione di un simbolo a_i?*

FAQ 2 Che cos'è la capacità di canale?

Gli errori che si verificano nel canale determinano una perdita di informazioni e l'uscita è raggiunta solo da una parte delle informazioni immesse nell'ingresso.
La *capacità di canale per simbolo* C_S indica la prestazione del canale digitale e consiste nel massimo tasso di informazione consentito, ovvero la quantità di informazione che raggiunge l'uscita. C_S si misura in bit/simbolo e corrisponde al numero minimo di bit necessario per codificare un simbolo. Per un alfabeto di ingresso composto di q simboli si ha necessariamente $C_S \leq \log_2 q$.

Esempio 1 Trovare la capacità di canale per simbolo di un BSC.

Discussione Nel caso di simboli equiprobabili, la quantità di informazione portata dal simbolo entrante nel canale è 1. La media della perdita di informazione nel canale è la somma delle quantità di informazione dovute sia alla corretta, sia all'errata ricezione, pesate dalle corrispondenti probabilità:

$$H(p) = -p \log_2 p - (1-p) \log_2 (1-p)$$

In conclusione la capacità per simbolo del canale è la quantità di informazione presente all'uscita del canale; la si trova da quella entrante, togliendo quella persa:

$$C_S = 1 - H(p) = 1 + p \log_2 p + (1-p) \log_2 (1-p)$$

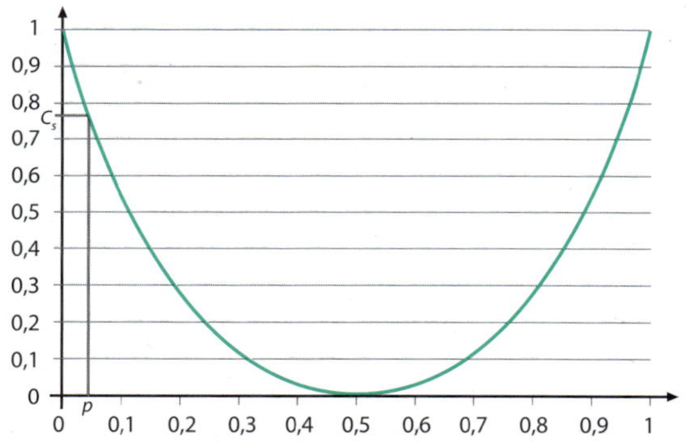

Fig. 1.3 Grafico della capacità di simbolo di un canale BSC. In corrispondenza di un valore dell'ascissa p, si può individuare il corrispondente valore di C_S. Per un canale ideale $(p = 0)$ si ha $C_S = 1$ mentre per un canale molto rumoroso con $p = 1/2$ si ha $C_S = 0$, ovvero non è più possibile risalire al simbolo trasmesso (il caso $p > 1/2$ è speculare al precedente con valori dei bit invertiti).

Esempio 2 Calcolare la capacità di un canale BSC con $p = 0{,}01$.

Discussione Si trova

$$C_S(0{,}01) = 1 + 0{,}01 \log_2(0{,}01) + 0{,}99 \log_2(0{,}99) \approx 0{,}92.$$

Il teorema fondamentale (o secondo teorema) di *Shannon* per un canale affetto da rumore precisa il significato della capacità come limite massimo affermando che fino al valore di C_S si possono costruire codici di canale tali da consentire la trasmissione di informazioni con frequenza di errori piccola a piacere (al limite nulla). Oltre tale valore è impossibile trasmettere senza errori, ovvero la probabilità di errore ha sempre un minimo maggiore di zero. Per avvicinarsi al limite del teorema si dovrebbero trasmettere blocchi molto lunghi, cosa non molto pratica.
Il canale digitale opera sul *canale analogico* il cui funzionamento dipende principalmente dalla velocità di trasmissione dei simboli, indicata come b_r, *baud rate*, e misurata in simboli/s. La capacità C del canale analogico viene riferita alla velocità di trasferimento delle informazioni; viene indicata come *data rate* o *bit rate* e misurata in bit/s. Si dimostra che $C = br\, C_S$.
La velocità di trasmissione è quindi influenzata dall'ampiezza W della banda. Infatti la cadenza con cui si possono leggere i dati in ricezione è limitata dalla frequenza di campionamento, che risulta il doppio della banda. Per un canale binario con simboli equiprobabili, privo di rumore e a banda limitata W, si ha $C = 2\,W$. Per codifiche su q livelli, con q maggiore di 2, ciascun codice trasporta $C_S = \log_2 q$ bit e la capacità diventa

$$C = 2\,W\,C_S = 2\,W \log_2 q \ \text{(bit/s)}$$

In assenza di rumore, l'aumento del numero dei livelli determina un aumento proporzionale della capacità di canale. Il rumore in realtà pone un limite alla capacità di canale. Il teorema di *Hartley – Shannon* esprime, per un canale di tipo AWGN a banda limitata, la capacità in termini del rapporto segnale rumore:

$$C = W \log_2 (1 + S/N)$$

Esempio 3 Calcolare la massima velocità di trasmissione su un canale telefonico con banda 300 ÷ 3400 Hz e S/N di 30 dB.

Discussione Un S/N di 30 dB corrisponde a un rapporto tra le potenze pari a 1000, ponendo $W = 3400 - 300 = 3100$ Hz e $\log 2\,(1 + 1000) = 9{,}97$, si ha $C = 3100 \cdot 9{,}97 = 30.907$ bit/s.

I modem analogici V.34, operanti su canale analogico standard, operano a 33.600 bit/s, velocità molto prossima al limite del teorema grazie alla particolare codifica di canale e a una banda leggermente ampliata. I modem V.90 raggiungono in download la velocità di 56.000 bit/s perché i *provider* sono collegati direttamente in digitale e la linea telefonica di utente è usata in modo diverso.
La maggior parte dei canali fisici sono ben approssimati dal modello AWGN. Negli altri tipi di canali si possono ottenere prestazioni anche superiori.

Riflessione *Quali sono i fattori che limitano la capacità del canale?*

FAQ 3 Quali sono le tecniche di codifica del canale?

La codifica di canale cerca di migliorare le prestazioni delle trasmissioni digitali in termini di affidabilità, ovvero di riduzione degli *errori* che alterano il contenuto informativo dei messaggi per effetto dell'azione del rumore presente nel canale di collegamento.

Per essere in grado di *controllare* eventuali errori, nei messaggi trasmessi si deve aggiungere, in termini di bit ausiliari, un'opportuna *ridondanza* tale da consentire un controllo formale della correttezza delle informazioni ricevute. Il controllo si attua mediante *operazioni* più o meno complesse sui dati che, in trasmissione, devono produrre come risultato i bit di ridondanza, oppure sul complesso dei bit, dati e ridondanza, per produrre un risultato noto, ad esempio zero.

In trasmissione si calcola la ridondanza da aggiungere ai dati, in ricezione si effettua il controllo applicando un procedimento analogo o complementare a quello della trasmissione. Detti k i bit dei dati e r quelli della ridondanza, in trasmissione si inviano $n = k + r$ bit totali.

Nelle tecniche più complesse, in caso di errore il ricevitore si trova di fronte a un problema di decisione riguardante le scelte da adottare nei confronti delle informazioni ricevute, per risalire al messaggio originale, eliminando l'inquinamento introdotto dagli errori.

Il recupero di una situazione di errore può attuarsi secondo due strategie differenti. Nelle reti si adotta in prevalenza la tecnica ARQ (*Automatic Repeat Request*), che prevede lo *acknowledge* o conferma da parte del ricevitore per ogni ricezione dati avvenuta correttamente. In mancanza di tale conferma il trasmettitore deve ripetere l'inoltro dei dati non confermati.

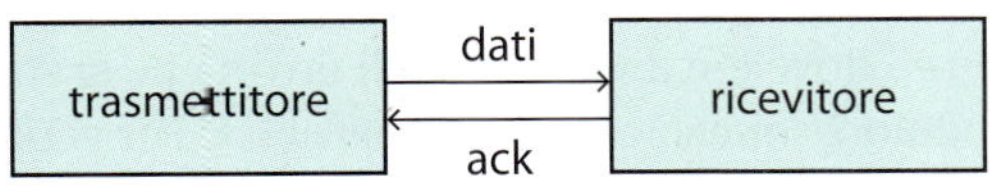

Fig. 1.4 Protocollo ARQ: ad ogni invio di dati da parte del trasmettitore si prevede la restituzione di un messaggio di conferma da parte del ricevitore.

Per essere in grado di controllare l'eventuale presenza di errori, la quantità di bit di ridondanza da aggiungere, compatibilmente con la probabilità che si verifichino errori, è molto bassa.

Con questa tecnica, eventuali errori occasionali vengono recuperati velocemente. I codici di canale impiegati in questo caso sono i *codici lineari a blocco* e i *codici ciclici*.

Nelle situazioni in cui la prima tecnica non è attuabile, si ricorre al cosiddetto FEC (*Forward Error Correction*), ovvero a codici di canale che, a costo di una maggiore ridondanza, consentono al ricevitore non solo di riscontrare eventualmente la presenza errori, ma nel caso di localizzarli e quindi correggerli in modo autonomo.

Nelle reti wireless si adottano codici di canale che seguono questa impostazione e vengono indicati come *codici convoluzionali*. In un'altra categoria, i *codici a traliccio*, la codifica di canale e la modulazione numerica operano come una funzione integrata.

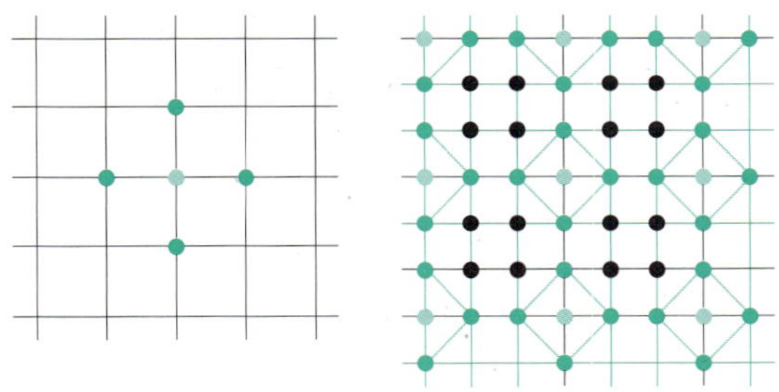

Fig. 1.5 Codice senza ridondanza (a sinistra) e codice correttore (a destra). Senza ridondanza tutte le configurazioni binarie sono parole di codice legali. Gli errori cambiano una parola con un'altra senza possibilità di controllo. Se, come accade a destra, la distanza tra le parole legali è grande, si può individuare un intorno nel quale gli errori sono riconducibili a una parola legale. I codici della seconda tecnica, a correzione automatica, necessitano di una maggiore quantità di bit di ridondanza per aumentare la distanza che separa tra loro i codici legali e quindi consentire, di fronte a piccoli errori, di poter approssimare il codice errato al più vicino codice legale.

Esempio Il codice a ripetizione $C(3,1)$ trasmette un bit di informazione codificato in una tripletta contenente due bit di ridondanza che ripetono il valore del bit di dato: (000) e (111). In caso di ricezione del codice (001) si corregga l'errore e si recuperi il messaggio originale.

Discussione La *distanza di Hamming* del codice ricevuto è 1 rispetto a (000) e 2 rispetto a (111), ovvero si sarebbero alterati un solo bit nel primo caso e due nel secondo. La probabilità dell'errore singolo è maggiore di quello doppio, quindi il messaggio originale è (000).

Riflessione *Qual è la minima distanza di Hamming di un codice correttore di x bit di errore?*

FAQ 4 Che cosa sono i codici a blocco?

I ***codici a blocco*** sono sequenze binarie di lunghezza finita che consentono un più o meno approfondito controllo di integrità dei dati.
La sorgente è in grado di emettere una sequenza di simboli presi a caso, in modo indipendente e identicamente distribuito, da un insieme che costituisce il suo *alfabeto*. Il codificatore di sorgente provvede a tradurre i vari simboli nei corrispondenti codici binari che li rappresentano in modo efficiente e li passa al codificatore di canale. Tali codici binari, indicati come blocco o *frame* (trama), saranno considerati di lunghezza k bit. A ciascuno dei codici emessi dalla sorgente, la codifica di canale aggiunge r bit, spesso indicati come *bit di parità*, per il controllo degli errori, formando il codice di canale $C(n, k)$, con parole più lunghe di quelle della sorgente. Indicando con $n = k + r$, la lunghezza delle parole di canale, l'insieme di tutte le possibili parole binarie risulta 2^n; soltanto 2^k sono quelle che fanno parte del codice di canale. Il rapporto $R = k/n$, inferiore all'unità, è detto rapporto di codifica o *code rate*.

Esempio 1 Codice di parità $C(4,3)$. Ai 3 bit che costituiscono il dato se ne aggiunge un quarto, detto bit di parità, calcolato come la somma (in modulo 2) dei bit di dato. Si verifichi se il codice 0111 è corretto o affetto da errore.

Discussione L'ultimo bit si calcola come somma dei precedenti quindi $r = (0 + 1 + 1)\, mod\, 2 = 0$. Il bit ricevuto è 1 perciò il ricevitore conclude che si è verificato un errore di trasmissione.

I codici a blocco indicati come *sistematici* mantengono il codice di sorgente nella prima parte del codice di canale, mentre la ridondanza occupa la parte finale della parola. I bit di ridondanza vengono calcolati a partire dai bit di dato mediante operazioni spesso semplici quali somme e prodotti in modulo. Il codice che si ottiene è quindi di tipo lineare. I codici lineari contengono sempre una parola di codice formata da soli zeri. La distanza minima di un codice lineare è pari al più piccolo dei pesi delle parole di codice, dove il peso indica il numero degli elementi non nulli del codice.
La codifica lineare si basa su una matrice G, detta generatrice, di k righe e n colonne. Questa matrice evidenzia due parti $G = [I_k \mid P_r]$ formate una dalle prime k colonne, costituite da una matrice identità I_k, e l'altra dalle rimanenti r colonne, costituite dalla matrice di parità P_r, quest'ultima indicante come i bit di dato intervengono nel calcolo della ridondanza.
I codici di canale si possono quindi ottenere come vettore di bit risultante dal prodotto tra il vettore di bit con il codice di sorgente e la matrice generatrice: $c = m\,G$. I bit di controllo si trovano come sommatoria dei prodotti tra i bit di sorgente e bit di ridondanza (operazioni in modulo).

$$\left[\begin{array}{ccc|c} 1 & 0 & 0 & 1 \\ 0 & 1 & 0 & 1 \\ 0 & 0 & 1 & 1 \end{array}\right]$$

Fig. 1.6 Matrice generatrice G per il codice $C(4,3)$. A sinistra la parte matrice identità; a destra la parte matrice di parità.

Esempio 2 Trovare il codice di canale corrispondente alla parola sorgente $\underline{m} = (0, 0, 1)$.

Discussione Si deve calcolare $\underline{c} = (c_1, c_2, c_3, c_4)$ dove:

$$c_1 = (m_1 g_{11} + m_2 g_{21} + m_3 g_{31})\, mod\, 2 = (0\,1 + 0\,0 + 1\,0)\, mod\, 2 = 0$$
$$c_2 = (m_1 g_{12} + m_2 g_{22} + m_3 g_{32})\, mod\, 2 = (0\,0 + 0\,1 + 1\,0)\, mod\, 2 = 0$$
$$c_3 = (m_1 g_{13} + m_2 g_{23} + m_3 g_{33})\, mod\, 2 = (0\,0 + 0\,0 + 1\,1)\, mod\, 2 = 1$$
$$c_4 = (m_1 g_{14} + m_2 g_{24} + m_3 g_{34})\, mod\, 2 = (0\,1 + 0\,1 + 1\,1)\, mod\, 2 = 1$$

quindi $\underline{c} = (0, 0, 1, 1)$.
Il controllo errori si svolge con una matrice $H = [P_r^T \mid I_r]$, di r righe e n colonne, formata con la matrice trasposta di P_r e con la matrice identità I_r. Per il codice $C(4,3)$ disegnato in figura si ha $H = [P_1^T \mid I_1] = [1\,1\,1\,1]$.

La decodifica si può effettuare mediante ricerca della parola ricevuta nell'insieme delle parole che si potrebbero ricevere. Per insiemi corposi la ricerca può diventare molto lenta e occorrono metodi più efficienti. In genere il primo passo del processo di decodifica consiste nel verificare se la sequenza ricevuta è una parola corretta o contiene errori. Se la parola è corretta la si spoglia della ridondanza recuperando il codice di sorgente. In caso di errore si segnala l'evento o si applica la correzione automatica.
La trasmissione di una parola di codice $\underline{x}$ si risolve nella ricezione di una parola $\underline{y}$. In un canale binario si possono verificare degli errori per cui in generale $\underline{y} = \underline{x} \oplus \underline{e}$, dove $\underline{e}$ è il vettore degli errori che si somma in modulo 2 (or-esclusivo) alla parola $\underline{x}$. Per verificare la parità si può ricorrere alla matrice di controllo e calcolare $\underline{s} = H\underline{y}$. La parola $\underline{s}$, lunga r, è detta sindrome e dipende dall'errore e non dal codice.
Una parola di sindrome in generale deriva da più parole errate, il decodificatore deve prendere la decisione di scegliere l'errore seguendo il criterio della massima verosimiglianza. La correzione si risolve quindi nel calcolo $\underline{x}' = \underline{y} + \underline{e}'$.

Riflessione *Quali sono gli elementi che definiscono un codice lineare a blocchi?*

ReT 1 Codici ciclici

I ***codici ciclici*** sono particolari codici lineari a blocco le cui parole si possono ottenere mediante rotazione (permutazione circolare) di altre parole di codice. Data una parola di codice $(c_0, c_1, \dots, c_{n-1})$, tutte le sue rotazioni sono parole di codice.

I codici ciclici consentono di ridurre la complessità del codificatore e del decodificatore anche per parole di codice molto lunghe.

La particolare struttura dei codici ciclici ne favorisce una rappresentazione algebrica sotto forma di polinomi di grado massimo $n - 1$ in una variabile x. I coefficienti sono dati dagli elementi che compongono la parola di codice

$$c(x) = c_0 + c_1 x + \dots + c_{n-1} x^{n-1}$$

La somma di due polinomi si effettua mediante l'addizione in modulo 2 dei rispettivi coefficienti. Essendo svolte in modulo, la somma e la differenza conducono allo stesso risultato, per cui la somma di due polinomi uguali dà zero. La rotazione di una posizione corrisponde alla moltiplicazione per x in modulo $x^n + 1$:

$$c'(x) = [x\, c(x)] \bmod (x_n + 1)$$

Esempio 1 Calcolare $y(x) = [x(x + x^2)] \bmod (x^3 + 1)$. I polinomi sono binari.

Discussione Dal prodotto dei primi due polinomi si ottiene $x^2 + x^3 = 1 + x + x^3 + x^4$, dove i termini in x^2 si elidono a vicenda perché la somma è fatta in modulo (or-esclusivo). Sapendo che $x^3 \bmod g(x) = 1 + x$ e che $x^4 \bmod g(x) = x + x^2$ si ha $y(x) = 1 + x + (1 + x) + (x + x^2) = x + x^2$.

Il codice è un sottoinsieme di tutti i possibili polinomi di grado $n - 1$ e comprende esclusivamente i polinomi costruiti con i codici di sorgente. Tutti i polinomi del codice sono divisibili per il polinomio $x^n + 1$.

Un polinomio speciale $g(x)$ di grado r, detto *polinomio generatore*, è fattore di $x^n + 1$ e fattore comune di tutti i codici. I polinomi del codice sono tutti divisibili per $g(x)$ e si ottengono come prodotto $c(x) = m(x)\, g(x)$, in modulo $x^n + 1$. Il prodotto tra codice di sorgente e polinomio generatore rappresenta l'operazione di codifica di un messaggio. La codifica si può facilmente eseguire mediante un apposito circuito in logica sequenziale.

Le somme binarie sono eseguite da porte or-esclusivo, i prodotti da porte and. Mediante registri a scorrimento i valori vengono salvati e portati avanti (fig. 1.7).

Si dimostra che il polinomio $h(x)$ di grado k tale che $h(x)\, g(x) = x^n + 1$ (in modulo), esiste ed è il polinomio di controllo del codice. Si ha quindi:

$$c(x)\, h(x) = m(x)\, g(x)\, h(x) = m(x)\,(x^n + 1) = x^n m(x) + m(x)$$

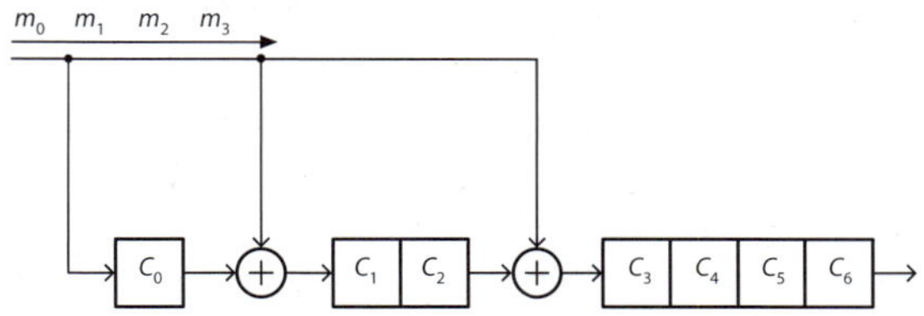

Fig. 1.7 Circuito sequenziale per il codice $C(7, 4)$, con polinomio $g(x) = (1 + x + x^3)$. Dall'alto si immettono i quattro bit della parola di sorgente m, uno per uno ad ogni periodo di clock. Nel registro a scorrimento in basso si troveranno alla fine i bit del codice c.
Si notino le porte or-esclusivo nelle posizioni dei termini presenti nel polinomio $g(x)$. Il codice generato da questo circuito non è sistematico.

Le rappresentazioni matriciale e polinomiale sono equivalenti. La matrice $G(k, n)$ costruita con i coefficienti del polinomio generatore $g(x)$ sulla prima riga e sue rotazioni di un posto a sinistra ad ogni riga successiva, è una matrice generatrice di C. Con analogo procedimento si può costruire la matrice di controllo H partendo dal polinomio $h(x)$. La matrice C così costruita non è sistematica, ma la si può rendere tale con semplici operazioni.

Esempio 2 Trovare l'insieme di polinomi binari generati dalle potenze di x in modulo $g(x) = 1 + x + x^3$.

Discussione I polinomi sono generati in modulo $g(x)$, quindi al massimo di secondo grado. I polinomi di secondo grado sono otto e comprendono il polinomio nullo. Le potenze di x, detto elemento primitivo, generano i rimanenti sette polinomi. Il risultato è riportato in tabella.

	1	x	x^2
0	0	0	0
x^0	1	0	0
x^1	0	1	0
x^2	0	0	1
x^3	1	1	0
x^4	0	1	1
x^5	1	1	1
x^6	1	0	1

Tra i polinomi dell'insieme ne esiste uno particolare, detto *primitivo*, le cui potenze producono tutti gli altri polinomi. Un prodotto di polinomi si può anche eseguire come somma di logaritmi, ovvero sommando (in modulo) gli esponenti del polinomio primitivo che generano i fattori, si ottiene l'esponente che genera il polinomio risultato.

Riflessione *Quanto vale la sindrome di un codice ciclico?*

ReT 2 Codici convoluzionali

I ***codici convoluzionali*** sono particolari codici lineari. Il flusso in ingresso è suddiviso in piccoli blocchi o frame, ciascuno formato da k simboli.
Il codificatore memorizza L frame. Il frame in arrivo e gli L precedenti sono codificati in un singolo blocco di codice formato da n simboli.
Nel caso di alfabeto binario, il flusso informativo è diviso in blocchi m_i di k bit e ciascun blocco è convertito in un blocco di codice c_i di lunghezza n.
Sono caratterizzati da parole di sorgente e di codice di lunghezza piccola, tipicamente $k = 1$ e $n = 2$ o 3. Codificatori e decodificatori sono molto semplici e le prestazioni sono ottime. Si applicano tra l'altro a televisione digitale, GSM, UMTS e WLAN.
Il codificatore di un codice convoluzionale binario si basa su una macchina a stati finiti e può essere realizzato come un circuito sequenziale con k ingressi, n uscite e un registro a scorrimento di L stadi.

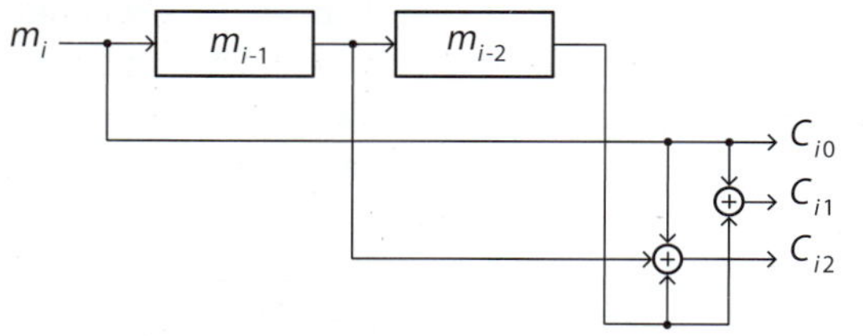

Fig. 1.8 Codificatore a $L = 2$ celle con rapporto di codice $R = 1/3$. Per ogni bit in ingresso al codificatore se ne generano tre in uscita (multiplati), ciascuno di durata pari ad un terzo di quella dell'ingresso. Le equazioni, in modulo, sono $c_{i0} = m_i$, $c_{i1} = m_i + m_{i-2}$, $c_{i2} = m_i + m_{i-1} + m_{i-2}$.

Esempio Determinare la sequenza che si produce in uscita al codificatore in fig. 1.8 quando in ingresso riceve la sequenza 0101 1000 e la successione dei valori contenuti nelle memorie.

Discussione La sequenza in uscita è costituita da triplette di bit che si formano in corrispondenza di ciascun simbolo presentato all'ingresso. Eseguendo le operazioni indicate nello schema, si ottiene per la sequenza in uscita: 000 111 001 100 110 010 011 000, mentre nelle memorie si succedono i seguenti valori: 00 00 10 01 10 11 01 00.

Descrivendo il codificatore mediante vettori che indicano i collegamenti, si ottengono le sottomatrici generatrici $G_0 = [100]$, $G_1 = [101]$, $G_2 = [111]$, in questo caso ridotte a vettori in quanto le parole in ingresso sono formate da un unico bit. In notazione ottale si abbrevia in (4, 5, 7). La sequenza finita $g_{0j}, g_{1j}, \ldots, g_{Lj}$ costituisce la j-esima risposta all'impulso del codificatore e l'equazione $c_{ij} = m_i g_{0j} + m_{i-1} g_{1j} + \ldots + m_{i-L} g_{Lj}$ esprime l'operazione detta di *convoluzione* con la sequenza di ingresso m_i, dalla quale deriva il nome del codice. Le equazioni del codificatore consentono di determinare anche i polinomi generatori $g_0(x) = 1$, $g_1(x) = 1 + x^2$, $g_2(x) = 1 + x + x^2$. Le uscite dei vari rami del codificatore sono:

$$c_0(x) = m(x)\, g_0(x),\ c_1(x) = m(x)\, g_1(x),\ c_2(x) = m(x)\, g_2(x)$$

La *lunghezza di vincolo* del codice $L_C = (L + 1)\ n$ indica la massima estensione di bit in uscita che vengono influenzati da un singolo bit di ingresso.
I codici convoluzionali *sistematici* riproducono nei primi k simboli della parola di codice i-esima esattamente i simboli della parola di ingresso m_i. In questo caso le matrici G_i hanno la forma $G_0 = [I|P_0]$, $G_i = [O|P_i]$ con $i = 1, \ldots, L$, I è la matrice identità e O è la matrice nulla, entrambe di ordine k, mentre P_i con $i = 0, 1, \ldots, L$ di ordine $k \cdot r$, sono le matrici di parità. Soltanto la parte non sistematica del codice dipende dalle parole di ingresso precedenti. La descrizione grafica della macchina a stati finiti del codificatore può essere effettuata mediante il diagramma degli stati ma si preferisce tracciare un diagramma a traliccio (o griglia) detto trellis, forma condensata di un diagramma ad albero.
Lo schema riporta il percorso obbligato seguito dalla macchina in stretta risposta agli ingressi indicati. La decodifica può essere interpretata come la ricerca del percorso sul diagramma a traliccio provocato da una certa sequenza di ingresso. Il ritrovamento del percorso equivale all'individuazione della sequenza ricercata.

Riflessione *Quale relazione lega i polinomi generatori alle equazioni del codice?*

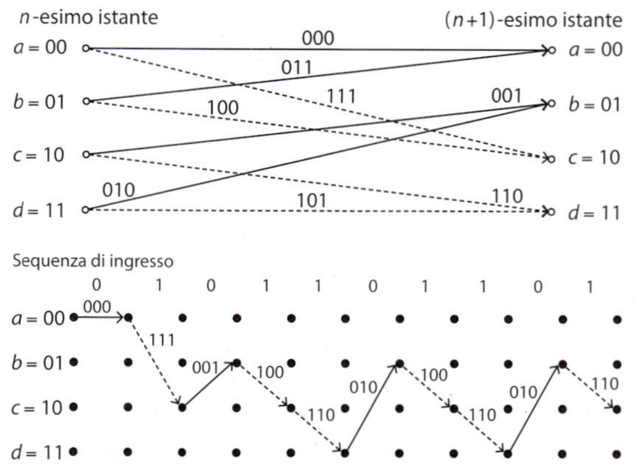

Fig. 1.9 Diagramma a traliccio (Trellis) del codificatore. Negli istanti n e $n + 1$ sono riportati a sinistra e a destra il contenuto di memoria indicato con una lettera. Gli archi indicano le transizioni con tratto pieno se l'ingresso è 0, tratteggiato se è 1. Sugli archi è indicata l'uscita. La replica del traliccio consente di visualizzare l'andamento del sistema in seguito a una determinata sequenza di ingresso.

ReT 3 Proprietà e decodifica dei codici convoluzionali

La linearità del codice suggerisce di far riferimento alla sequenza nulla e calcolare la distanza delle altre sequenze basandosi sul peso delle singole parole.
Data una sequenza di codici di lunghezza N, maggiore di zero, il peso dell'intera sequenza è la somma dei pesi dei codici che la compongono. Si definisce quindi distanza colonna $d_c(N)$, il più piccolo peso delle sequenze non nulle di lunghezza N.
Si definisce inoltre distanza libera del codice d_{free} la minima distanza colonna del codice, ovvero il minimo dei pesi delle sequenze che si staccano dalla sequenza nulla per poi riportarsi ad essa in modo stabile.

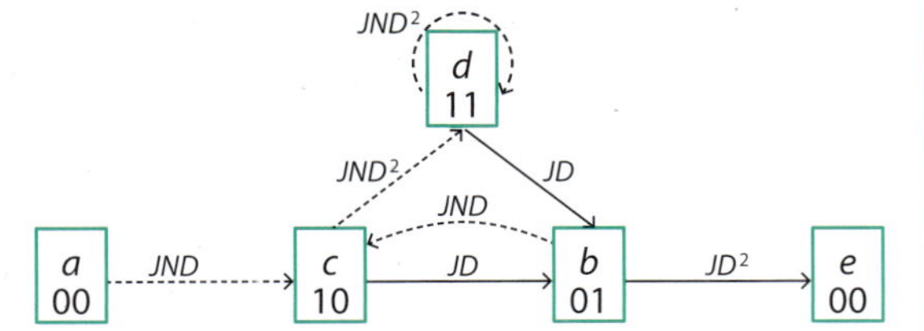

Fig. 1.10 Esempio di diagramma delle transizioni di stato. Per chiarezza lo stato iniziale a è stato sdoppiato in un secondo stato e. J è una variabile introdotta per contare le transizioni, N indica i valori 1 in ingresso e la potenza di D indica il peso di Hamming della parola di codice associata alla transizione.

Il grafo somiglia a quello di un circuito. Se ne può calcolare l'ipotetica trasmittanza tra a e e. Si hanno:

$$X_c = J\,N\,D^3\,X_a + J\,N\,D\,X_b$$
$$X_b = J\,D\,X_c + J\,D\,X_d$$
$$X_d = J\,N\,D^2\,X_c + J\,N\,D^2\,X_d$$
$$X_e = J\,D^2\,X_b$$

Risolvendo, $fdt = X_e / X_a = J^3\,N\,D^6 / [1 - J\,N\,D^2\,(1 + J)]$.
La funzione di trasferimento trovata ha forma $a / [1 - q]$, somiglia cioè alla somma di una serie geometrica infinita $a + aq + aq^2 + aq^3 + \dots$. Rendendo esplicita la serie si ha:

$$fdt = J^3\,N\,D^6 + J^4\,N^2\,D^8 + J^5\,N^2\,D^8 + J^5\,N^3\,D^{10} + 2\,J^6\,N^3\,D^{10} + J^7 N^3\,D^{10} + \dots$$

Nella forma espansa la fdt consente l'analisi dei pesi del codice. I termini si riferiscono alle transizioni di stato che si staccano dal percorso sempre nullo e successivamente vi fanno ritorno.

Esempio Calcolare la d_{free} per il codice mostrato in fig. 1.10.

Discussione Il primo componente della fdt, con distanza di Hamming $d_H = 6$ (D^6), riguarda un cammino compiuto in tre passi (stati a, c, b, e), che se prescelto verrebbe decodificato come "100". Il secondo termine $J^4\,N^2\,D^8$ riguarda il cammino percorso in quattro passi (stati a, c, d, b, e) e, se scelto, si decodificherebbe come "1100". Il peso di Hamming sarebbe pari a 8. Per il caso considerato $d_{free} = 6$ con un unico cammino associato.

La *decodifica* dei codici convoluzionali viene fatta seguendo il criterio della massima verosimiglianza calcolata con la distanza di Hamming o in qualche altro modo. Un algoritmo molto usato è stato sviluppato da Viterbi. Il metodo sfrutta i risultati ottenuti da precedenti confronti tra alcune parole di codice con le corrispondenti parti della sequenza ricevuta. Si noti che la scelta della parola di codice ottimale equivale alla ricerca della successione degli stati attraversati dal codificatore durante la generazione delle parole di codice.
L'algoritmo si basa sul fatto che il percorso minimo all'istante n-esimo (minima metrica) verso lo stato appropriato (ad esempio il k-esimo), si compone del percorso minimo verso uno degli stati (ad esempio il j-esimo) nell'istante $(n-1)$-esimo, detto superstite, e il percorso da tale stato verso quello considerato nell'istante n-esimo.
L'algoritmo ammette una *strategia semplificata* basata sull'osservazione che la metrica del percorso meno probabile tende ad aumentare molto più rapidamente di quella dell'altro percorso superstite, effetto evidente dopo circa $5L$ rami. Dopo i primi $5Ln$ bit, si possono decodificare i primi k bit e cancellare dalla memoria i primi insiemi di rami. Dopo ogni gruppo ulteriore di n bit ricevuti si decodificano altri k bit, senza dover attendere il termine della sequenza.
Un modo per generare codici k/n con $k>1$ è noto come *perforazione del codice*. Consiste nello scartare alcuni bit di codice secondo un modello predefinito (fig. 1.11).

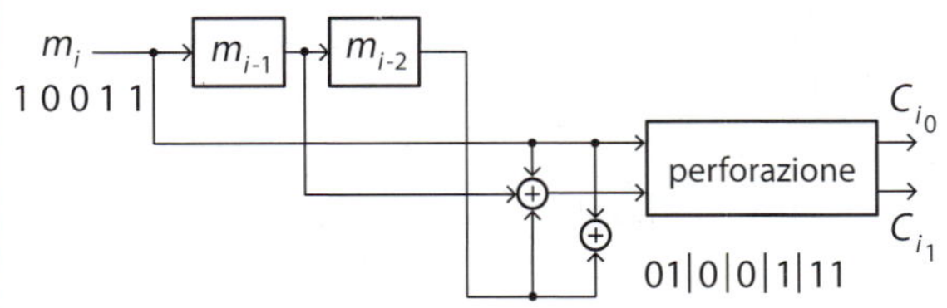

Fig. 1.11 Codice perforato. Partendo da un codificatore 1/2 se ne può ottenere uno 4/5, omettendo periodicamente alcuni bit prodotti dal codificatore secondo una data tabella di perforazione $p = \{\{1, 1, 1, 0\}, \{1, 0, 0, 1\}\}$. Ogni colonna della tabella riflette un ciclo di codifica, esaurite le colonne si riprende dalla prima. La presenza degli 1 indica il trasferimento dell'uscita del codificatore 1/2 all'uscita del codificatore RCPC, mentre gli zeri indicano omissione. In pratica quattro 4 bit in ingresso ne producono cinque in uscita. La sequenza di ingresso 1, 0, 0, 1, 1 determina quella di uscita 01, 0, 0, 1, 11.

Riflessione *Si può trovare la distanza libera usando l'algoritmo di Viterbi?*

ReT 4 Altri codici di canale

Alcune nuove categorie di codici di canale sono i codici convoluzionali turbo, e i codici a blocchi BCH, RS e LDPC.

I **turbo codici**, proposti negli anni '90, sul canale gaussiano e fino a probabilità d'errore dell'ordine di $10^{-5} \div 10^{-6}$ consentono prestazioni vicine alla capacità di Shannon (entro 0,5 ÷ 1 dB) con complessità accettabile. L'idea originale è la concatenazione di due codici: il blocco di cifre d'informazione è codificato due volte; si trasmettono le cifre d'informazione (una sola volta) e i due blocchi di cifre di parità. In pratica il modo più semplice per ottenere il secondo codice è usare un codificatore dello stesso tipo del primo, alimentandolo con le cifre d'informazione scambiate di posto (permutate).

La tecnica di decodifica è iterativa, in ricezione si attivano alternativamente i decodificatori dei due codici componenti, in modo da utilizzare ad ogni passo l'informazione prodotta dall'altro decodificatore al passo precedente.

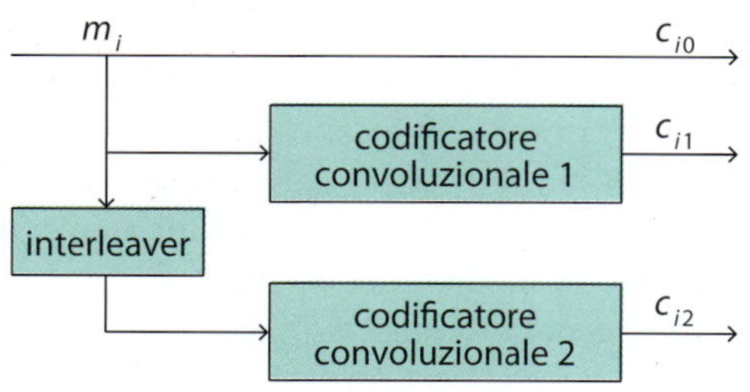

Fig. 1.12 Codice turbo $R = 1/3$. La sequenza di ingresso viene codificata due volte, la seconda volta dopo essere stata permutata. Lo scambio allontana nel tempo le dipendenze tra i bit prodotti dai due codificatori caratterizzati da $R = 1/2$.

Lo standard **UMTS** impiega codificatori a 8 stati con sequenze di ingresso lunghe tra 40 e 5112 e velocità di codice $R = 1/3$. Perforando alternativamente uno dei due bit di parità si può ridurre il rapporto di codice a 1/2. Nello standard **DVB** il codice ha $R = 2/3$.

I **codici BCH**, dai nomi degli inventori *Bose*, *Ray-Chaudhuri* e *Hocquenghem*, sono un'importante categoria di codici ciclici binari in grado di correggere errori in quantità t maggiore di 1 e si possono considerare una generalizzazione dei codici di Hamming. Sono caratterizzati da una accurata scelta dei parametri:

$$n = 2^m - 1 \;\text{ e }\; r \leq m\,t \;\text{ con }\; m \geq 3$$

Particolarmente pregiate le versioni molto lunghe di questi codici.

Esempio Dato il codice BCH $C(31,16)$, con polinomio generatore $g(x) = x^{15} + x^{11} + x^{10} + x^9 + x^8 + x^7 + x^5 + x^3 + x^2 + x + 1$, trovare la quantità di errori che si possono correggere e generare la parola di codice per il carattere ASCII 'A'.

Discussione Il valore di m è 4 e i bit di ridondanza sono $31 - 16 = 15$ per cui $t \geq r / m \geq 15 / 4$ e il codice è in grado di correggere fino a tre errori.
Da $g(x)$ ricaviamo $g = [1000\ 1111\ 1010\ 1111]$ e mettendo il carattere 'A' in 16 bit si ha $m_i = [0000\ 0000\ 0100\ 0001]$.
La parola di codice è data da

$$c_i(x) = [\, m_i(x) \cdot x^{15} \,] \bmod g(x).$$

Svolgendo si ottengono i bit di ridondanza

100 1010 0010 0010

da appendere a quelli del messaggio.

I **codici RS**: *Reed-Solomon*, sono codici BCH non binari per i quali si può prevedere con precisione, in fase di progetto, la loro distanza minima. È loro specificità avere $n = q - 1$ dove q è l'estensione dell'alfabeto dei simboli e una ridondanza $r = n - 2t$, cui consegue $d_{min} \leq 2t + 1$.

Possono correggere fino a t errori e il loro polinomio generatore è di grado $2t$. Si applicano a simboli rappresentabili in blocchi di bit. Trovano impiego nei sistemi corrotti da errori a raffica (burst) e come codice esterno nei sistemi concatenati, quali ad esempio la protezione dei file musicali memorizzati nei compact disk e intervengono, come codice esterno, anche nelle trasmissioni della televisione digitale.

I **codici LDPC**: *Low Density Parity Check*, consentono un elevata qualità di decodifica. Sono codici a blocco (n,k) la cui matrice di controllo è sparsa, ovvero contiene pochissimi 1. Un codice LDPC $C(J,K)$ ha una matrice di controllo, generata in modo pseudo casuale, contenente una quantità J di 1 in ogni colonna e una quantità K di 1 in ogni riga, con J maggiore di 3. La lunghezza della parola di codice è in genere piuttosto grande e la velocità di codice è molto prossima a 1.
Esempi sono:

$$C(495, 433),\; C(1998, 1777),\; C(4376, 4095)$$

con velocità di codice rispettivamente

0,8747, 0,8894 e 0,9358

Riflessione *Che cosa significa che i codici BCH sono ciclici?*

Sommario

La codifica di canale provvede al recupero e alla correzione degli errori che si possono verificare nel canale analogico e consente di presentare al codificatore di sorgente un canale digitale praticamente privo di errori. Per svolgere il loro compito i codici di canale aggiungono al contenuto informativo altre informazioni, di servizio, ricavate dalle prime mediante operazioni aritmetiche eseguite in modulo. Le informazioni ridondanti sono indispensabili per poter rilevare il verificarsi di errori di trasmissione e quindi tentare di recuperarli mediante la ripetizione della trasmissione, strategia ARQ, o per poterli individuare e correggere in modo automatico, strategia FEC. La lunghezza dei blocchi di codice dovrebbe essere la più grande possibile per migliorare il loro rendimento, ma potrebbe richiedere lunghe ritrasmissioni o complicare notevolmente i codificatori e i decodificatori.

I codici si possono ricondurre a due grandi categorie: i codici lineari a blocchi e i codici convoluzionali. I primi comprendono i codici di Hamming e i codici BCH, RS e LDPC, mentre dai secondi derivano i codici turbo.

Risposte alle riflessioni

***FAQ* 1** Si trova a probabilità p_{ii} di corretta ricezione del simbolo.

***FAQ* 2** La capacità del canale è favorita dalla banda e dalla potenza del segnale e limitata dal rumore. Un modo per risparmiare larghezza di banda consiste nell'aumentare S/N, ovvero nell'aumentare la potenza del segnale. La codifica di canale diminuisce il tasso di errore e di conseguenza consente di trasmettere con potenze inferiori.

***FAQ* 3** Per essere in grado di correggere x bit di errore la distanza tra le parole del codice dev'essere almeno $2x + 1$.

***FAQ* 4** Un codice lineare a blocchi è definito da un alfabeto di simboli di sorgente e dalla sua dimensione, dalla lunghezza k delle parole di sorgente, dalla code rate R e dalla distanza minima.

***ReT* 1** È il resto della divisione tra la parola ricevuta $r(x)$ e $g(x)$, e coincide col resto della divisione tra il polinomio di errore $e(x) = r(x) - c(x)$ e $g(x)$. La sindrome è nulla quando il polinomio di errore è multiplo del polinomio generatore.

***ReT* 2** I polinomi generatori possono essere visti come trasformate delle equazioni del codice che convertono la sommatoria di convoluzione in un prodotto di polinomi.

***ReT* 3** L'algoritmo di Viterbi consente di trovare la distanza libera, imponendo un errore alla sequenza nulla e calcolando il peso del percorso che ne consegue.

***ReT* 4** Come per tutti i codici ciclici le parole di codice si possono ottenere per rotazione di altre parole di codice.

Sitografia • Bibliografia

- http://www.invocom.et.put.poznan.pl/~invocom/C/P1-7/en/P1-7/index.htm
- http://www.tlc.polito.it/garello/trasmissioned/trasmissioned.html
- http://www.federica.unina.it/corsi/digital-communication/
- Andy Bateman, *Digital Communications*, Addison Wesley, 1999.
- J. C. Proakis, M. Salehi, *Communication Systems Engineering*, Prentice Hall, 2002.

Esercizi e Problemi

FAQ 1

Es. 1 Data la matrice di probabilità P = {{0,3, 0,2, 0,5}, {0,2, 0,5, 0,3 }, {0,5, 0,3, 0,2}}, si dica se il canale è simmetrico e si indichi la probabilità di ricevere a^3 dopo aver trasmesso a^2.

Es. 2 Si deve trasmettere a 50 kbit/s su una banda di 1 MHz, calcolare il valore richiesto per S/N.

Es. 3 Indicare la capacità di un canale di banda W per il quale la potenza del segnale pareggia quella del rumore.

FAQ 2

Es. 1 Si deve trasmettere a 10 kbit/s su un canale con banda $W = 3$ kHz. Calcolare il valore di S/N. Calcolare inoltre la banda necessaria per avere $S/N = 1$.

Es. 2 Calcolare la capacità di un canale della TV satellitare con $S/N = 20$ dB e $W = 10$ MHz.

FAQ 3

Es. 1 Un sistema di comunicazione usa la tecnica ARQ per il controllo degli errori. Il trasmettitore invia dei dati e per un certo tempo attende di ricevere il frame di acknowledge con il quale il ricevitore segnala la corretta ricezione. Solo a quel punto il trasmettitore procede all'invio di nuovi dati. Cosa succede se il frame di acknowledge viene danneggiato?

FAQ 4

Es. 1 Data la matrice generatrice G = {{1, 0, 0, 1, 1, 0}, {0, 1, 0, 0, 1, 1}, {0, 0, 1, 1, 0, 1, 0}}, si scriva la matrice di controllo H. Calcolare il prodotto tra la matrice di controllo H e quella trasposta di G.

Es. 2 Scrivere le parole del codice a blocchi $C(3,1)$ correttore di 1 bit.

Es. 3 Calcolare il numero massimo di errori che si possono correggere con il codice a blocchi $C(1023, 1013)$.

Es. 4 Costruire un codice avente $n = 3$, $k = 2$ con parità dispari, ovvero con parole di codice costituite da un numero dispari di "1". Dire se il codice ottenuto è lineare. Visualizzare nello spazio tridimensionale la disposizione delle parole di codice. Determinare le capacità rivelative e correttive del codice.

Es. 5 Si consideri un codice a blocchi lineare sistematico con $k=3$ e $n=4$. Date le parole di codice $c_a = 1001$, $c_b = 0101$ e $c_c = 1010$, determinare la matrice G.

Es. 6 Sia dato un codice a blocchi lineare sistematico avente $n = 5, k = 2$ e caratterizzato dalla seguente matrice generatrice: G = {{0 1 0 1 1}, {1 0 1 1 0}}. Determinare le parole di codice e la capacità correttiva e rivelativa del codice. Utilizzando la sindrome verificare che la parola di codice $c_x = 11111$ non appartiene al codice ed effettuarne la correzione.

Pr. 1 I codici $C(n,k)$ di Hamming sono particolari codici lineari in grado di correggere errori di un bit. Sono caratterizzati per avere $n = 2^r - 1$ e $k = 2^r - 1 - r$, in modo da garantire distanza minima pari a 3. I bit di controllo si sistemano nelle posizioni potenze di due e consentono di individuare la posizione di un eventuale errore. Scrivere la matrice di controllo del codice di Hamming $C(7, 4)$.

Pr. 2 Trovare le sindromi del codice di Hamming $C(7,4)$ del problema 1.

ReT 1

Es. 1 Si esegua $(1 + x + x^2)(1 + x^2)$ come somma di logaritmi. Si trovi il risultato usando la tabella che riporta i polinomi generati dall'elemento primitivo x.

Pr. 1 Disegnare un circuito sequenziale per il codice $C(7, 4)$, con polinomio $g(x) = 1 + x + x^3$ in grado di generare un codice sistematico.

ReT 2

Es. 1 Disegnare il circuito e scrivere i polinomi generatori del codice convoluzionale $R = 1/2$ e $L = 9$, con caratteristica ottale (753,561) usato in America nei cellulari di seconda generazione (ANSI IS-95 o cdmaOne).

Es. 2 Disegnare il circuito del codice convoluzionale $R = 1/2$, con polinomi generatori $g_0(x) = 1$ e $g_1(x) = x^2 + x^4$.

Es. 3 Disegnare il circuito del codice convoluzionale $R = 1/2$, con polinomi generatori $g_0(x) = 1 + x + x^2$ e $g_1(x) = 1 + x^2$.

Es. 4 Trovare la risposta del codificatore rappresentato in fig. 1.9 all'ingresso con sequenza (1000000...).

Es. 5 Disegnare il diagramma degli stati per il codificatore rappresentato in fig. 1.9 (pag. 272).

Es. 6 Disegnare il diagramma ad albero per il codificatore rappresentato in fig. 1.9 (pag. 272).

Es. 7 Trovare la distanza libera del codificatore rappresentato in fig. 1.9 (pag. 272).

ReT 3

Es. 1 Un messaggio prodotto dal codificatore convoluzionale di fig. 1.8, viene ricevuto come "101 001 011 110 111". Decodificare il messaggio con l'algoritmo di Viterbi sapendo che il registro a scorrimento del codificatore è inizialmente a "000" e il messaggio è chiuso da una lunga sequenza di "000".

Es.2 Disegnare il circuito di codifica, il diagramma degli stati del codificatore e trovare la distanza libera del codice convoluzionale con sottomatrici generatrici che in ottale sono (6, 5, 7).

ReT 4

Es. 1 Trovare la lunghezza delle parole di codice, il numero di bit di ridondanza e la distanza minima di un codice BCH correttore di 3 errori costruito assegnando il calore 6 al parametro m.

UNITÀ 12.2

Modulazione numerica

Tecniche di modulazione dei segnali nei sistemi di trasmissione numerici

In questa Unità si descrivono le principali tecniche atte a modulare una portante analogica per il trasporto di informazioni di tipo numerico

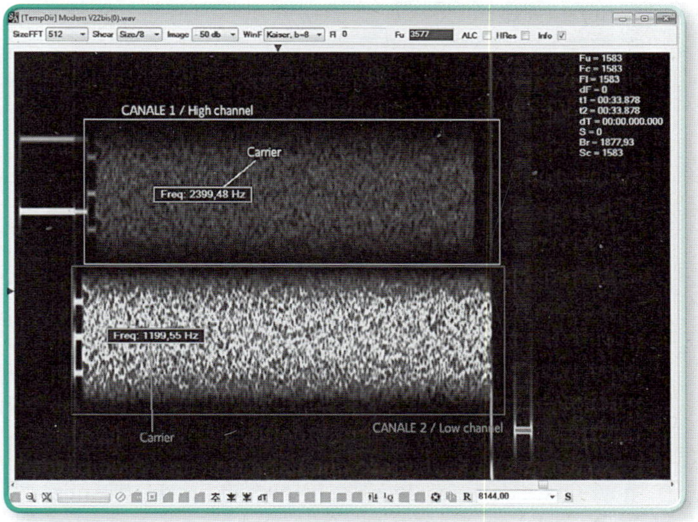

La modulazione numerica o digitale si occupa della generazione del segnale da immettere nel canale a partire dal segnale numerico prodotto dal codificatore di canale. Le tecniche più semplici sono ormai ben collaudate mentre quelle più complesse tendono a fondersi in un'unica funzione con la codifica di canale. In ricezione il demodulatore deve risolvere il problema della rivelazione ovvero dell'individuazione dei simboli numerici a partire dal segnale analogico. Anche quando la trasmissione avviene in banda base spesso è gestita come se la si dovesse traslare alla frequenza centrale della gamma utilizzata.

indice

FAQ 1 Che cos'è la modulazione numerica?

Il ***modulatore numerico*** converte il segnale numerico proveniente dalla codifica di canale nel segnale analogico effettivamente trasmesso, ovvero in una tensione elettrica che varia nel tempo.

Esempio Scegliere il segnale elettrico per un canale binario.

Discussione Una scelta piuttosto immediata può consistere nell'abbinare un livello costante di tensione elettrica positivo per l'1 e negativo per lo 0. Tali livelli vengono mantenuti per la durata T_b di ciascun bit.

Un'importante categoria di segnali trasmessi è costituita dai segnali impulsivi come quello discusso nell'esempio, che viene indicato come segnale NRZ (*Non Return to Zero*) (fig. 2.1). Questo tipo di codifica presenta però un inconveniente qualora si dovessero trasmettere molti bit con lo stesso valore: il segnale permane a lungo nello stesso stato e il ricevitore rischia di perdere il sincronismo. Per aggiungere al segnale dati quello di clock, un'alternativa è data dalla tecnica RZ (*Return to Zero*), che mantiene lo stato del segnale nella prima metà del periodo e nella seconda metà gli fa assumere il valore nullo. Il segnale RZ contiene più cambiamenti di stato quindi occupa una larghezza di banda maggiore di quella impegnata dal segnale NRZ. In caso di lunghe trasmissioni di 1 o di 0 questi segnali assumono una componente in continua.

Le codifiche NRZ e RZ si possono realizzare anche in modalità unipolare. Nella NRZ unipolare si abbinano i valori logici a livelli dello stesso segno, uno dei quali è di solito il livello zero. In questo caso il segnale trasmesso contiene sempre una componente in continua. Nella RZ unipolare nella seconda metà del periodo il segnale viene portato ad un livello intermedio tra quelli previsti per i valori 1 e 0.

La codifica NRZ può essere modificata per aggiungere alcuni cambiamenti di stato atti a favorire il mantenimento del sincronismo, evitando di doverlo fare in tutti i bit trasmessi. Ad esempio si possono aggiungere, prima di ogni blocco, due bit complementari, ad esempio prima 1 e poi 0, in modo da garantire nel segnale trasmesso la presenza periodica di un fronte di transizione. Un'altra variante consiste nell'usare uno dei valori logici per ripetere lo stato precedente e l'altro per provocare un cambiamento del valore in linea e prevedere, dopo alcuni bit ripetuti, l'inserimento incondizionato di cambiamenti di stato aggiuntivi. Limitandosi a due soli livelli, un'altra soluzione, detta 4B5B, prevede la trasmissione di un numero di bit maggiore di quello dei dati, ad esempio usando 5 bit per trasmettere 4 bit di dato, in questo modo si può disporre

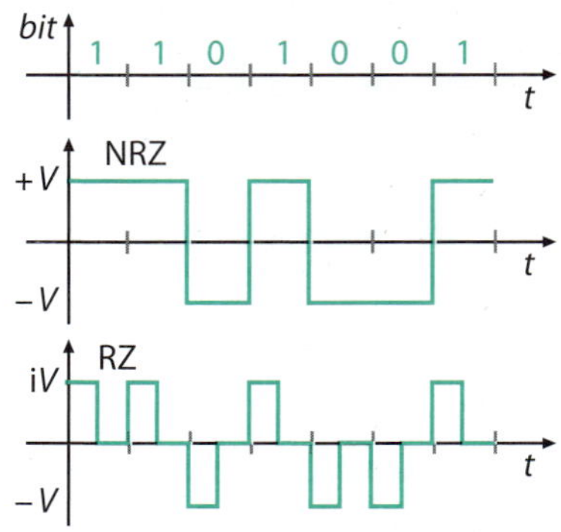

Fig. 2.1 Segnale NRZ e RZ trasmesso per una data sequenza di bit. Il tempo della trasmissione dipendono dalla lunghezza della sequenza e dalla durata del singolo bit.

di combinazioni binarie in eccesso delle quali si usano quelle che garantiscono contro la perdita di sincronismo. Tra le rimanenti combinazioni alcune possono servire per funzioni ausiliarie alla trasmissione dei dati.

Per ottenere combinazioni in quantità superiore a quelle usate per i dati si può ricorrere a una codifica 4B3T ternaria che impiega tre livelli: lo zero, un valore positivo e uno negativo. Tre cifre ternarie forniscono 27 combinazioni, più che sufficienti per codificare 4 bit. Un'altra tecnica di rappresentazione è data dal formato AMI (*Alternate Mark Inversion*). Questa soluzione rappresenta il bit 0, detto space, con il livello zero, mentre il bit 1, detto mark, è rappresentato da un livello che alterna di volta in volta un valore positivo e uno negativo. Un importante segnale bifase è rappresentato dalla tecnica Manchester (fig. 2.2), nella quale il segnale rimane in un livello per metà periodo e passa all'altro livello nella seconda metà. La variante differenziale del segnale Manchester prevede la ripetizione dell'onda precedente quando il valore è 0 e la sua inversione quando il valore è 1.

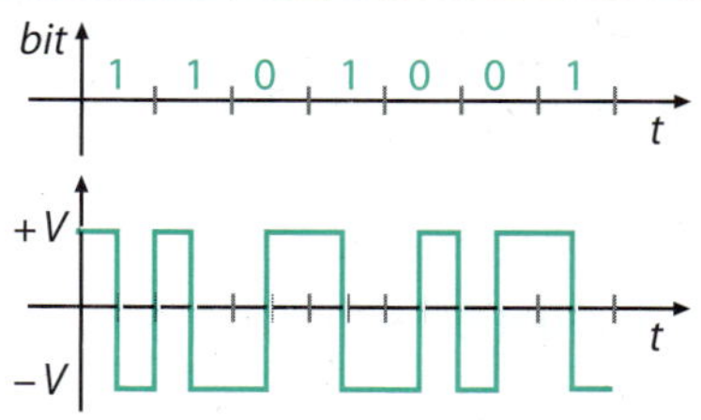

Fig. 2.2 Segnale bifase trasmesso con tecnica Manchester. I bit 0 sono trasmessi mediante un segnale basso nel primo semiperiodo e alto nel secondo, i bit 1 sono trasmessi con logica invertita.

Riflessione *Si può trasmettere un segnale NRZ usando una portante sinusoidale?*

FAQ 2 Che cos'è la modulazione PAM?

La modulazione **PAM** (***Pulse Amplitude Modulation***), è una modulazione in banda base in cui l'informazione è codificata in una serie di impulsi.

Le modulazioni impulsive illustrate nella precedente FAQ fanno parte della modulazione binaria 2-PAM, nella quale si ha un particolare segnale trasmesso per ognuno dei due valori binari da codificare. È una tecnica molto efficiente in termini di potenza del segnale e larghezza di banda occupata.

Si dice costellazione dei segnali, l'insieme dei segnali analogici usati per rappresentare i segnali numerici della codifica di canale e si indica con etichettatura (*labeling*) il criterio di associazione tra i valori del codice di canale e i segnali della costellazione.

Esempio Scrivere la costellazione dei segnali e rappresentare l'etichettatura di una modulazione NRZ bipolare di ampiezza A e impulso rettangolare $\text{rect}_T(t)$ di durata T.

Discussione La costellazione è:

$$M = \{s_1(t) = +A\,\text{rect}_T(t),\; s_2(t) = -A\,\text{rect}_T(t)\}$$

mentre l'etichettatura risulta $L = \{s_1(t) \leftrightarrow 1, s_2(t) \leftrightarrow 0\}$.

La costellazione dei segnali descrive la modulazione in termini dei segnali analogici usati nella trasmissione. Il modulatore, mediante la relazione indicata nell'etichettatura trova il segnale della costellazione da trasmettere in corrispondenza di un determinato valore del codice di canale.

Fig. 2.3 Costellazione di un segnale 4-PAM. Sull'asse sono riportate le ampiezze positive e negative degli impulsi. La costellazione rappresentata è $M=\{s_1(t)=+3Ap(t),\ s_1(t)=+Ap(t),\ s_3(t)=-Ap(t),\ s_4(t)=-3Ap(t)\}$ e l'etichettatura potrebbe essere $L=\{s_1(t) \leftrightarrow 11,\ s_2(t) \leftrightarrow 10,\ s_3(t) \leftrightarrow 01,\ s_4(t) \leftrightarrow 00\}$.

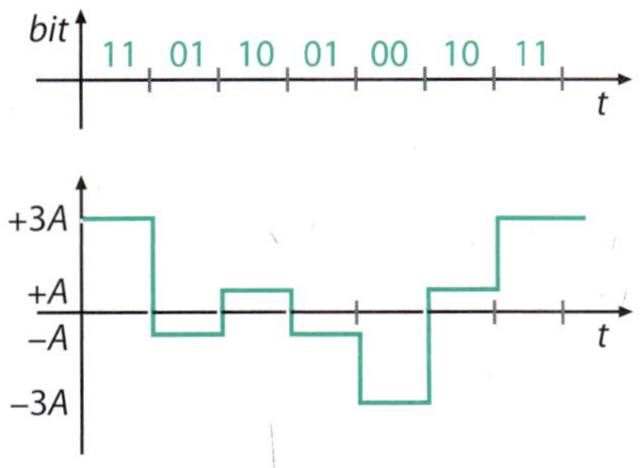

Fig. 2.4 Segnale trasmesso per una modulazione 4-PAM. La costellazione e l'etichettatura sono riprese dalla figura precedente. I livelli corrispondono a due bit.

Per aumentare l'efficienza della trasmissione si adottano modulazioni a più livelli, in numero pari a una potenza del 2. La modulazione quaternaria 4-PAM (figg. 2.3 e 2.4) si compone di un segnale impulsivo $p(t)$ che può assumere uno tra quattro livelli differenti, ciascuno corrispondente a una coppia di bit del codice di canale. Con una modulazione 8-PAM si ha una rappresentazione di tre bit per ciascun simbolo della costellazione prescelta.

L'alfabeto dei segnali numerici del canale è finito quindi anche la costellazione dei segnali trasmessi è un insieme di dimensioni finite. In generale la modulazione può avvenire con un numero m di livelli e viene quindi indicata come m-PAM.

Nella modulazione 2-PAM la velocità con cui si trasmettono i bit coincide con quella della trasmissione dei segnali. Nella modulazione 4-PAM la velocità con cui si trasmettono i bit, la bit rate R_b, è doppia di quella con cui si inviano gli impulsi, anche detta baud rate o velocità di simbolo R: $R_b = 2R$, mentre il tempo riservato alla trasmissione di un bit T_b è metà dell'intervallo T riservato alla trasmissione di un segnale: $T_b = T/2$. In questo caso si hanno infatti due velocità distinte: una per i bit e un'altra per i segnali. In generale, per una modulazione a $m = 2^k$ livelli si hanno $R_b = kR$ e $T = kT_b$. A parità di velocità di bit, la modulazione multilivello consente di ridurre la velocità di simbolo e quindi la banda del segnale.

La costellazione si basa su uno specifico tipo di segnale che ne costituisce la base, ad esempio un impulso rettangolare, e sul valore di una grandezza, l'ampiezza dell'impulso, che costituisce il parametro usato per diversificare i vari segnali dell'insieme. In riferimento al segnale di base, la costellazione si può indicare come l'insieme dei valori di ampiezza che caratterizzano le diverse forme d'onda, in pratica la costellazione dei segnali si può anche rappresentare in due parti distinte, il segnale di base e l'insieme dei valori previsti per le ampiezze: $B = \{b(t) = p(t)\}$ e $M = \{a_1, a_2, \ldots, a_q\}$. Poiché le forme d'onda fanno tutte riferimento a un unico segnale base e differiscono tra loro soltanto per il valore dell'ampiezza, questa modulazione è considerata unidimensionale.

Il modulatore riceve una sequenza binaria, la suddivide in blocchi elementari, quindi mediante l'etichettatura converte il valore del blocco in un livello e genera la corrispondente forma d'onda trasmessa. Il demodulatore deve recuperare il livello dalla forma d'onda ricevuta, quindi risalire al valore del blocco e infine ricostruire la sequenza binaria originale.

Riflessione *Il numero dei livelli della modulazione PAM ha un limite?*

FAQ 3 Qual è la banda di un segnale PAM?

Il segnale rettangolare di base della modulazione PAM $b_1[t - nT]$ può essere definito nel seguente modo:
- 1 per t nell'intervallo $(n - 1)T \ldots nT$;
- 0 al di fuori dell'intervallo sopra indicato.

dove n è un numero intero che individua uno specifico intervallo di tempo. Limitatamente a tale intervallo, il segnale si può esprimere come prodotto di quel segnale base per il corrispondente valore a_n assunto dal livello: $s_n(t) = a_n b_1[t - nT]$.

Il segnale trasmesso si compone poi dalla somma dei segnali di ciascun intervallo

$$s(t) = \ldots + a_0 b_1[t] + a_1 b_1[t-T] + a_2 b_1[t-2T] + \ldots$$

In termini generali può dunque essere espresso come sommatoria di infiniti termini

$$s(t) = \sum_{n=-\infty}^{+\infty} a_n b_1(t - nT)$$

Il segnale di base viene in genere normalizzato al valore unitario di energia e la sua ampiezza all'interno dell'intervallo specifico è perciò posta a $1/\sqrt{T}$.

La costellazione dei livelli, per il caso binario, diventa di conseguenza $M = \{s_1 = A\sqrt{T}, s_2 = -A\sqrt{T}\}$.

In caso di valori equiprobabili, la media dei livelli trasmessi è nulla e la varianza $\sigma^2 = [(A\sqrt{T})^2 + (A\sqrt{T})^2]/2 = A^2T$.

Lo spettro di ampiezza del segnale di base normalizzato è in modulo $|P(f)| = \sqrt{T}\ \text{sinc}(fT)$ dove la funzione seno incrementale è definita come $\text{sinc}(fT) = \sin(\pi fT)/(\pi fT)$.

Poiché la costellazione ha media nulla, l'energia media dei livelli coincide con il valore della varianza $E_s = \sigma^2 = A^2T$ e la funzione che descrive lo spettro di ampiezza del segnale trasmesso (fig. 2.5) si può calcolare come:

$$G_s(f) = \sigma^2 |P(f)|^2 / T = A^2T\, \text{sinc}^2(fT)$$

La larghezza di banda è teoricamente infinita; in ogni caso, in intervalli di frequenze ristretti, si trovano già frazioni importanti dello spettro. La valutazione della larghezza di banda del segnale dipende da quanta parte dello spettro si vuole considerare. Ad esempio, la frequenza di taglio a −3 dB si trova a 0,44 R_b (frequenza di bit), mentre il 99% della potenza si trova a 10,29 R_b. I tagli a −35 dB e −50 dB si trovano a 17,57 R_b e 100,53 R_b rispettivamente. Questo tipo di segnale risulta impegnativo e va preferibilmente trasmesso su canali passa basso in cavo con banda adeguata.

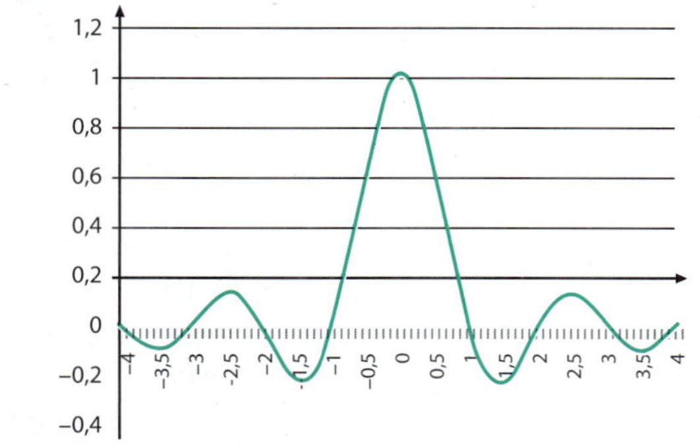

Fig. 2.5 Spettro di ampiezza del segnale trasmesso basato sull'impulso rettangolare tracciato in funzione di fT con $A^2T = 1$. È in banda base e si annulla in tutte le frequenze multiple di $1/T$. Il lobo principale ha un'estensione di $2/T$. Gli altri lobi hanno estensione $1/T$ e ampiezza decrescente.

Quando la larghezza di banda del canale è limitata si deve filtrare il segnale trasmesso per evitare che i successivi impulsi si disturbino uno con l'altro dando luogo alla ISI (*Inter Symbol Interference*). Il segnale è quindi sottoposto all'azione di un filtro sagomatore.

Il metodo migliore per limitare la larghezza di banda del segnale sarebbe dato da un filtro passa basso ideale; purtroppo si tratta di una soluzione impossibile da attuare. Una particolare categoria di filtri, detti a coseno rialzato, sono in grado di approssimare il caso ideale. La loro risposta in frequenza si estende fino a un certo valore oltre il quale risulta nulla. Il comportamento del filtro (fig. 2.6) è legato al valore di un parametro di decadimento α, variabile tra 0 (caso complesso) e 1 (caso semplice).

Per definizione si ha $P(f) = T$
per $|f| \le (1 - \alpha)/(2T)$; $P(f) = \{1 - \sin[(|f| - 1/(2T))\,\pi T/\alpha]\}T/2$
per $(1-\alpha)/(2T) \le |f| \le (1 + \alpha)/(2T)$; $P(f) = 0$
per $|f| > (1 + \alpha)/(2T)$
e come risposta temporale all'impulso

$$p(t) = \text{sinc}(t/T)\cos(\alpha\pi t/T)/[1 - (2\alpha t/T)^2]$$

Esempio Calcolare la banda occupata da un segnale 8-PAM a coseno rialzato con coefficiente di decadimento 0,5 e velocità di bit 18 Mb/s.

Discussione La velocità di simbolo è $R = R_b/3 = 18/3 = 6$ Ms/s, da cui la banda occupata è $W = 6(1 + 0{,}5)/2 = 4{,}5$ MHz.

Riflessione *Perché il filtro passa basso ideale consente di evitare l'interferenza intersimbolica?*

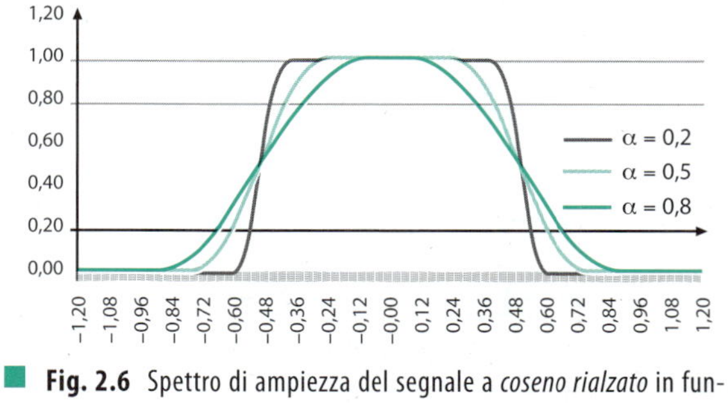

Fig. 2.6 Spettro di ampiezza del segnale a *coseno rialzato* in funzione di fT per diversi valori del coefficiente di decadimento. La banda si estende da $-(1+\alpha)/2T$ a $+(1+\alpha)/2T$, e la banda occupata è definita come $W = (1+\alpha)/2T$.

FAQ 4 Qual è l'efficienza della modulazione numerica?

Il canale, considerato di tipo AWGN con media nulla e densità di potenza $N_0/2$, aggiunge un rumore $n(t)$ nel segnale trasmesso $s(t)$ mettendo in difficoltà il ricevitore che deve assumere la decisione di scegliere, sulla base del segnale ricevuto $r(t) = s(t) + n(t)$, il valore di $s(t)$ che a sua discrezione è stato effettivamente trasmesso nello specifico intervallo, di durata T, della trasmissione.

Nel caso di simboli equiprobabili, si ricava il criterio ML di *massima verosimiglianza* (*Maximum Likelihood*), di semplice realizzazione: si decide per lo 0 se la probabilità condizionata che trasmettendo 0 si riceva r è maggiore della probabilità che trasmettendo 1 si riceva r, cioè $P(r|0) > P(r|1)$.

Ad esempio, il dispositivo per il riconoscimento ottimo di un impulso isolato con forma nota $s(t)$, a cui si è sommato un rumore bianco $n(t)$, è un sistema lineare tempo invariante, noto come *filtro adattato* (fig. 2.7). Si trova che la risposta in frequenza ottimale del filtro è proporzionale a una versione invertita nel tempo e ritardata del segnale $s(t)$: $h_{ott}(t) = h_0\, s(T-t)$; vale a dire è *adattata* al segnale di ingresso.

L'uscita si può esprimere come $y(t) = s_0(t) + n_s(t)$, dove $s_0(t)$ e $n_s(t)$ sono prodotti dalle componenti di segnale e di rumore dell'ingresso $r(t)$. Un modo semplice di descrivere il requisito che il segnale in uscita $s_0(t)$ risulti sostanzialmente maggiore del componente di rumore $n_s(t)$ consiste nell'ottenere che il filtro renda la potenza istantanea del segnale in uscita $s_0(t)$, misurato nell'istante $t = T$, quanto più grande possibile rispetto alla potenza media di uscita del rumore $n_s(t)$. Il rapporto segnale/rumore di un filtro adattato, indicato con η. Si può calcolare come $\eta = 2E/N_0$. La dipendenza dal particolare segnale di ingresso $s(t)$ è completamente rimossa dal filtro adattato. La capacità di questi ricevitori di combattere il rumore additivo rende equivalenti tutti gli impulsi che hanno la stessa energia, indipendentemente dalla loro forma.

Le prestazioni della costellazione dipendono dalla distanza Euclidea tra i vettori che la costituiscono.

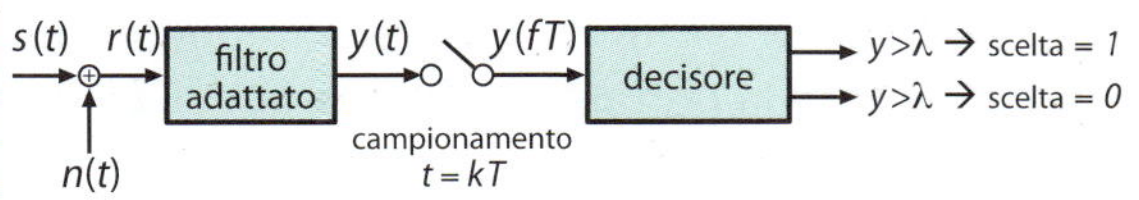

Fig. 2.7 Il filtro adattato riceve un segnale modificato da un rumore gaussiano. La sua uscita viene campionata alla fine di ogni intervallo di simbolo e su quel livello il decisore deve optare per un valore binario. La decisione avviene in questo caso con l'ausilio di una soglia λ: se il livello ricevuto la supera si opta per il valore 1, altrimenti si sceglie il valore 0.

Il criterio della massima verosimiglianza si attua cercando il vettore che si trova a distanza minima dal segnale ricevuto. Nell'intorno di ciascun vettore si può infatti individuare una regione, detta di *Voronoi*, nella quale sono contenuti i valori dei segnali ricevuti che il ricevitore assimila al valore del vettore stesso. Nel caso di segnale bipolare simmetrico, ad esempio, le regioni sono $y < 0$ per lo 0 e $y > 0$ per l'1.

Il valore campionato all'uscita del filtro adattato rappresenta una variabile casuale che assume il tipico andamento a campana di una distribuzione Gaussiana, con valor medio $-A$, nel primo tipo di errore, o $+A$ nell'altro tipo, e varianza $N_0/(2T_b)$.

In caso di valori equiprobabili si ottiene:

$$P_e = \text{erfc}[\sqrt{(E_b/N_0)}]/2$$

dove erfc, *funzione di errore complementare*, è definita come $\text{erfc}(x) = [2/\sqrt{\pi}]\int_x^{\infty} e^{-t^2} dt$.

La probabilità media di errore per simbolo in un canale binario simmetrico dipende esclusivamente dal E_b/N_0 tra l'energia per bit trasmesso e la densità spettrale del rumore (fig. 2.8).

Esempio Confrontare l'efficienza delle costellazioni unidimensionali $M_1 = \{s_1 = 0, s_2 = A\}$ e $M_2 = \{s_1 = -A, s_2 = A\}$.

Discussione Le energie medie per bit sono rispettivamente $E_{b1} = A^2/2$ e $E_{b2} = A^2$. La costellazione bipolare M_2 è in grado di ottenere la stessa probabilità di errore della costellazione M_1 pur con un segnale di metà energia, con un guadagno di modulazione pari a 3 dB.

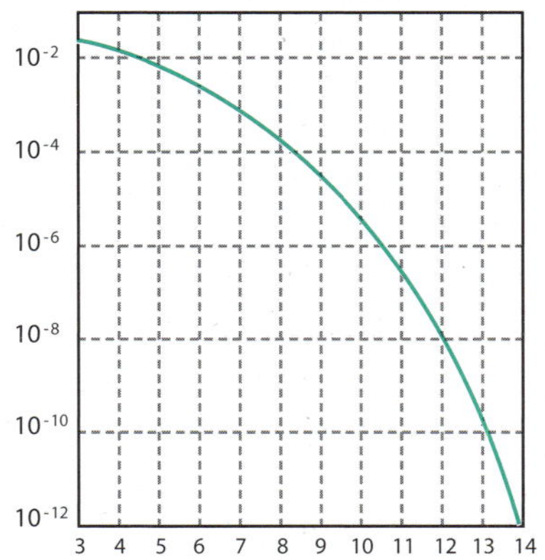

Fig. 2.8 Probabilità di errore per simbolo P_e in funzione del rapporto E_b/N_0. Il decremento della probabilità è repentino, basta un piccolo aumento dell'energia del segnale per rendere la ricezione degli impulsi binari praticamente priva di errore, aumento tanto più attuabile quanto più parte da valori contenuti.

Riflessione *Qual è il vantaggio di rappresentare le costellazioni con i vettori?*

ReT 1 Modulazione ASK, FSK, PSK

Nella telegrafia si lascia passare un tono alla pressione di un tasto e lo si sopprime a tasto sollevato. Questa tecnica, molto usata nelle fibre ottiche, è detta OOK, on off keying. Nella modulazione ASK (*Amplitude Shift Keying*) (figg. 2.9 e 2.10a), il segnale base della modulazione numerica contiene una portante sinusoidale e le forme d'onda della costellazione differiscono tra loro per il diverso valore di ampiezza. In questo modo si possono definire le modulazioni binaria 2-ASK, quaternaria 4-ASK e, in generale, multilivello m-ASK, costituite da 2, 4 o m diversi valori di ampiezza.

È una modulazione numerica lineare, unidimensionale con banda centrata intorno alla frequenza della portante. Il segnale di base è $b_1(t) = p(t)\cos(2\pi f_0 t)$, dove $p(t)$ è un segnale impulsivo. Si hanno $B = R = R_b/k$ e efficienza spettrale $\eta = R_b/B = k$ bps/Hz, dimezzata rispetto alla modulazione PAM, la probabilità di errore rimane però la stessa.

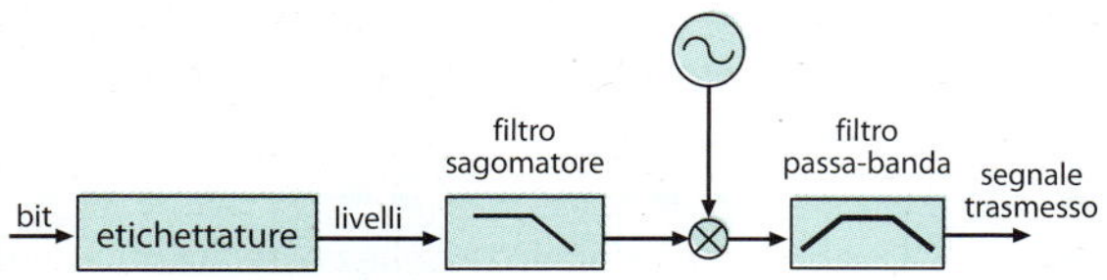

Fig. 2.9 Modulatore 2-ASK. In linea di principio, il modulatore per un segnale 2-ASK deve prima creare il segnale *m*-PAM e quindi mixarlo con la portante sinusoidale e, infine, filtrarlo per rimuovere le componenti armoniche non desiderate.

La modulazione FSK (*Frequency Shit Keying*), (fig. 2.10b) è non lineare, i livelli del segnale sono rappresentati dalla frequenza del segnale trasmesso che si basa su m portanti equispaziate in frequenza da uno scarto Δ, posto a R_s nella demodulazione incoerente, o a $R_s/2$ in quella coerente.

Esempio Si deve effettuare una modulazione 2-FSK non coerente per trasmettere a 1 Mbps, individuare due frequenze di portante adatte.

Discussione Per una demodulazione binaria non coerente si assume uno scarto di valore uguale alla velocità binaria $\Delta = 1$ MHz. Due frequenze adatte potrebbero quindi essere 4 e 5 MHz.

La costellazione dei vettori della modulazione FSK è uno spazio a m dimensioni in quanto le portanti di modulazione sono ortogonali tra loro e i segnali di base sono uno per ogni portante.

Al contrario di quanto accade con gli altri tipi di modulazione numerica, l'efficienza diminuisce al crescere di m mentre migliora la probabilità di errore.

Nella variante 2-CPFSK, *Continuous Phase FSK*, per garantire la stessa fase, le portanti sono generate da un unico oscillatore VCO comandato da un segnale 2-PAM. Accettando prestazioni inferiori il demodulatore si può ridurre a un limitatore, che rende costante l'inviluppo, seguito da una linea di ritardo che converte il segnale in sinusoidale per mixarlo con quello cosinusoidale, quindi un filtro passa basso e infine il dispositivo discriminatore. La modulazione FSK trova applicazione nello standard GSM.

La modulazione PSK (*Phase Shift Keying*), (fig. 2.10c) opera in banda traslata associando l'informazione numerica alla fase di una portante sinusoidale.

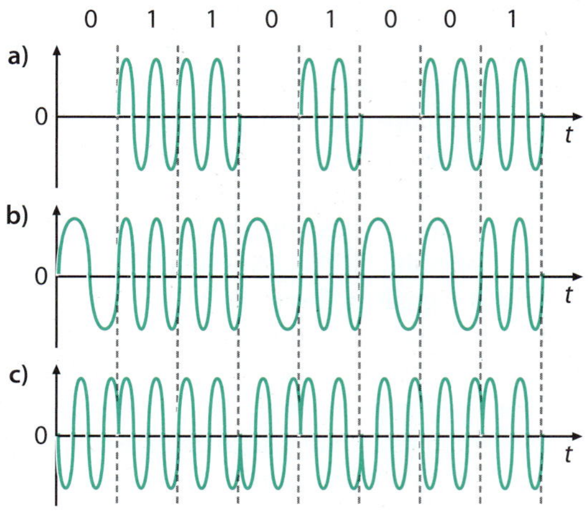

Fig. 2.10 Forme d'onda delle modulazioni ASK, FSK, PSK. Per una sequenza binaria.

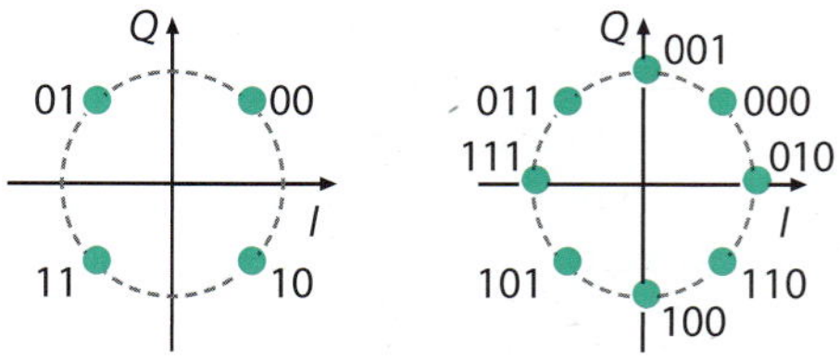

Fig. 2.11 Costellazione dei segnali per le modulazioni QPSK e 8-PSK con etichettatura di Gray.

In banda base, la 2-PSK ha una bit rate metà della 2-PAM, in quanto la portante cade a metà della banda e si perde metà dello spettro. La probabilità di errore rimane comunque la stessa.

La modulazione m-aria è preferita (fig. 2.11), a costo di una maggiore potenza "per il risparmio di banda".

Riflessione *Qual è la differenza tra le modulazioni 2-ASK e 2-PSK con segnale impulsivo bipolare?*

ReT 2 Modulazione QAM

La modulazione numerica QAM, quadrature amplitude modulation, è di tipo misto in quanto si modificano contemporaneamente l'ampiezza e la fase della portante. Si basa su una costellazione a due dimensioni con inviluppo non costante che può rendere problematico l'uso di amplificatori in saturazione (fig. 2.12). Il generico segnale della costellazione è del tipo

$$s_i(t) = A_i p(t)\cos(2\pi f_0 t - \varphi_i) = A_i p(t)[\cos(2\pi f_0 t)\cos(\varphi_i) + \\ + \cos(2\pi f_0 t)\,\text{sen}(\varphi_i)]$$

Due possibili basi sono $b_1(t) = p(t)\cos(2\pi f_0 t)$ e $b_2(t) = p(t)\,\text{sen}(2\pi f_0 t)$ dove $p(t)$ è un impulso spesso a coseno rialzato. L'i-esimo vettore della costellazione è $s_i = (\alpha_i, \beta_i)$, dove $\alpha_i = A_i \cos(\varphi_i)$ e $\beta_i = A_i\,\text{sen}(\varphi_i)$. La costellazione si rappresenta nel piano, le più usate hanno i punti posti sui vertici di un reticolo quadrato. Le costellazioni quadrate m-QAM (fig. 2.13) si possono pensare formate dal prodotto cartesiano di due modulazione $\sqrt{m}$-ASK ($\sqrt{m}$ pari), ad esempio 16-QAM =4-ASK · 4-ASK. Esistono versioni di modulazione QAM non quadrata, esse si ricavano come sottoinsieme di una modulazione quadrata più estesa.

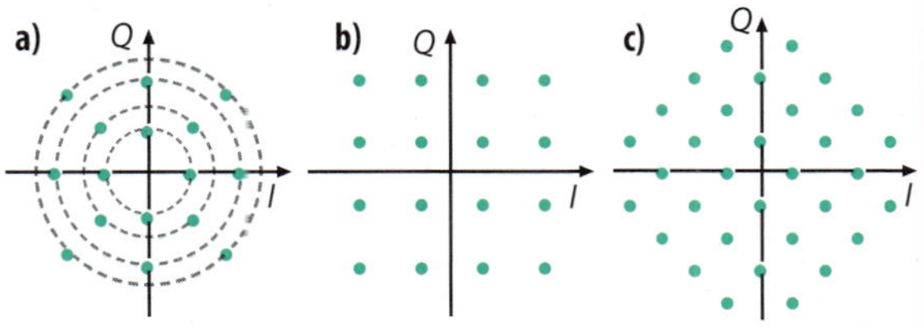

Fig. 2.12 Esempi di costellazioni QAM. La costellazione **a)** prevede quattro livelli di ampiezza con quattro valori di fase per ognuna, per un totale di 16 livelli. I valori delle fasi relative a due ampiezze adiacenti sono spostati di 45° per aumentare le distanze e diminuire la probabilità di errore. La costellazione **b)** ha una forma quadrata di 16 livelli e la **c)**, a forma di croce, ha 32 livelli. Si tratta di modulazioni molto usate dove si richiede un'elevata efficienza e l'SNR è sufficientemente elevato per consentire una modulazione multilivello.

Se i segnali sono disposti sui vertici di un reticolo si può etichettare con il codice Gray.

La forma d'onda trasmessa risulta $s(t) = i(t)\cos(2\pi f_0 t) + q(t)\cos(2\pi f_0 t)$ in cui $i(t) = \sum_n \alpha_n p(t-nT)$ e $q(t) = \sum_n \beta_n p(t-nT)$ rappresentano rispettivamente le componenti in fase e in quadratura, con $T = kT_b$ e $k = \log_2 m$.
Lo spettro è centrato alla frequenza della portante e, nel caso di filtro a coseno rialzato, ha banda un po' più estesa di quella del segnale modulante, per cui risulta analogamente limitata l'efficienza spettrale.
Le modulazioni m-QAM quadrate hanno prestazioni uguali a quelle della modulazione $\sqrt{m}$-ASK (e quindi della $\sqrt{m}$-PAM) costituente. Ad esempio, la probabilità di errore della 4-QAM si ricava dalla 2-PAM e risulta:

$$P_b(e) = 1/2\, erfc(\sqrt{(E_b/N_0)}).$$

Nei confronti delle modulazioni ASK e PSK, la QAM presenta la stesa efficienza spettrale ma prestazioni decisamente migliori in quanto distribuisce meglio i segnali nel piano aumentando la distanza minima. La modulazione PSK però si basa su segnali ad inviluppo costante. Un modulatore (o demodulatore) m-QAM si può realizzare utilizzando due modulatori (o demodulatori) $\sqrt{m}$-ASK operanti su due portanti in quadratura.
La modulazione QAM è lineare come i circuiti che generano le componenti I e Q. La modulazione QAM trova applicazione nei ponti radio, nell'ADSL le varie portanti operano con livelli di modulazione dipendenti dal rumore e possono arrivare fino a 256-QAM.

Esempio Trovare la modulazione QAM necessaria per poter trasmettere alla velocità di 34 Mbps su un canale di ampiezza 22 MHz con portante a 900 MHz e filtro a coseno rialzato con fattore di decadimento $\alpha = 0.4$.

Discussione L'efficienza spettrale delle modulazioni in banda traslata è $\eta = R_b/B = k/(1+\alpha)$, quindi si ha $34/22 = k/1{,}4$ da cui $k = 2{,}16$. Si deve scegliere $k = 3$ bit/simbolo cioè una modulazione 8-QAM.

Riflessione *La disponibilità di tecniche DSP e di sistemi a microprocessore ha portato a nuove impostazioni nella modulazione numerica. Cosa si può fare per aumentare ulteriormente la distanza tra i punti della costellazione?*

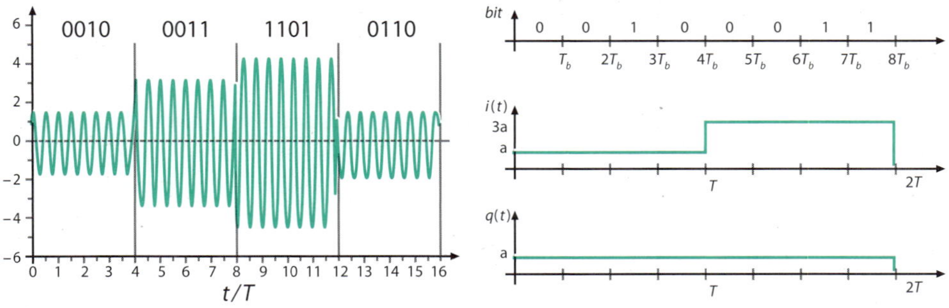

Fig. 2.13 Forma d'onda trasmessa da una modulazione 16-QAM confrontata con il segnale impulsivo di base.

ReT 3 Codici a traliccio

La ***modulazione TCM*** (*Trellis Coded Modulation*) inventata da Gottfried Ungerboeck, combina insieme la codifica di canale, realizzata mediante un codice convoluzionale o di trellis, e la modulazione numerica.

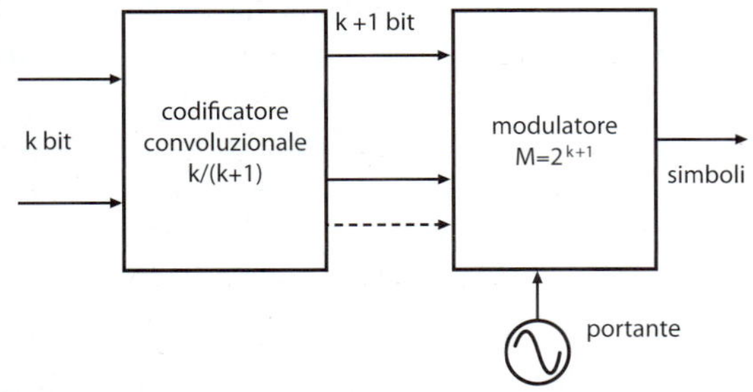

Fig. 2.14 Schema a blocchi della modulazione TCM. Il primo stadio è costituito da un codificatore convouzionale con $R_k = k/(k+1)$ che serve ad aggiungere un bit extra e porta al raddoppio dei punti della costellazione, senza aumentare la banda occupata. Il secondo stadio è costituito da un modulatore m-PSK o m-QAM o m-ASK.

Il codice convoluzionale opera solo su una parte dei bit in ingresso e il suo contributo rende efficiente l'uso del canale. L'aumento del numero dei simboli comporta una riduzione delle loro distanze, svantaggio che si recupera agendo sulle loro sequenze anziché su ogni singolo valore.

Al variare di k si ottengono varie versioni di TCM, con diverso rapporto di codice R_k. Ad esempio da un BPSK si passa a un QPSK, il QPSK diventa 8-PSK, l'8-PSK diventa 16-QAM, ecc.

Nella modulazione TCM si pone solitamente il vincolo sulle transizioni del segnale modulato che non possono avvenire tra due qualsiasi livelli ma solo tra valori adiacenti.

Esempio Si deve trasmettere un segnale QPSK con probabilità di errore pari a 10^{-5}.

Discussione Per trasmettere il segnale QPSK con tale probabilità di errore, il rapporto E_b/N_0 deve essere 9,6 dB, valore che potrebbe risultare troppo impegnativo per un piccolo trasmettitore. Per contenere la potenza del segnale, si potrebbe pensare di aumentare il rapporto di codifica R_k del codice di canale. In tal caso si deve però evitare che aumenti la velocità di modulazione R e in conseguenza la banda di trasmissione, si deve cioè aumentare il numero dei livelli e passare a una modulazione 8-PSK.

L'aumento del numero dei livelli fa diminuire la distanza che li separa e quindi fa aumentare la probabilità di errore. La codifica introdotta fa però aumentare la distanza libera ed è in grado di contrastare efficacemente l'aumento di probabilità. Le transizioni sono limitate solo a quelle che avvengono sulle distanze maggiori. Nella versione originale, i bit del codice sono usati per suddividere i livelli in sottoinsiemi nei quali aumentano le distanze tra i punti (fig. 2.15).

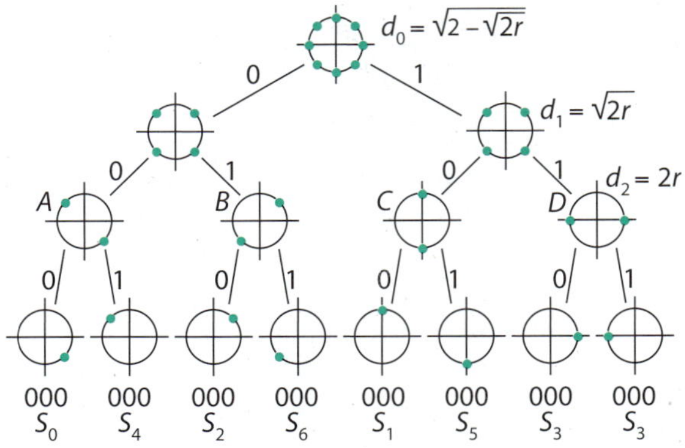

Fig. 2.15 Suddivisione della costellazione per aumentare le distanze.

Le distanze sono inferiori negli insiemi più grandi e aumentano in quelli più piccoli, quindi si usa il codice convoluzionale per i primi bit, i più esposti, su questi si concentra il guadagno della codifica, che, riducendo il rapporto di codice, è oltretutto maggiore, e si lascia non codificato solo l'ultimo bit, comunque protetto dalla ragguardevole distanza che separa i punti del suo sottoinsieme.

Le transizioni che partono da ogni stato raddoppiano per tener conto dei valori del bit libero, esse si dicono transizioni parallele, e aumentano la probabilità di errore. Le transizioni parallele si possono eliminare aumentando la dimensione del registro di memoria del codice convoluzionale e quindi gli stati possibili. Con 512 stati si ottiene un guadagno di 5,7 dB. Passando alla 16-QAM si possono raggiungere guadagni fino a 7,4 dB. La versione iniziale, basata su un'etichettatura progressiva, è stata migliorata successivamente dalla versione meno sofisticata proposta da Viterbi e detta *pragmatica*, che adotta un'etichettatura di Gray e un codice convoluzionale con $R_k < 1/2$ e vincolo di lunghezza pari a 7 o 9, codice molto diffuso che rende la modulazione meno costosa da realizzare. Una sua variante, di livello superiore è detta TCM multidimensionale. Essa opera su un numero maggiore di simboli (tra loro dipendenti) generati nello stesso periodo e consente elevati rapporti di codice, ad esempio 11/12. Usando una codifica differenziale si consente il recupero dell'ambiguità di fase.

Riflessione *Come si può demodulare il segnale TCM?*

ReT 4 Modulazione OFDM

La modulazione OFDM: *Orthogonal FDM*, è una modulazione multi portante che si combina con la multiplazione in frequenza. La banda disponibile viene suddivisa in N sottobande di ugual ampiezza che trasmettono alla velocità di simbolo R_s. In ogni sottobanda si trasmette un segnale indipendente, generalmente modulato con la tecnica QAM. Le portanti di modulazione hanno frequenze diverse distanti tra loro per il valore di R_s, ovvero $f_n = f_0 + nR_s$ (fig. 2.16). In questo modo le portanti sono tra loro *ortogonali* e non creano interferenze reciproche.

I dati da trasmettere vengono suddivisi in diversi blocchi che vanno a modulare separatamente le varie portanti. I singoli segnali modulati vengono quindi sommati insieme per produrre un unico segnale composito contenente tutte le informazioni da trasmettere.

La sintesi del segnale OFDM si avvale di tecniche di elaborazione numerica dei segnali. La modulazione delle singole portanti e la soma dei singoli segnali modulati viene effettuata mediante l'algoritmo IFFT, inverso della trasformazioni veloce (*fast*) di Fourier.

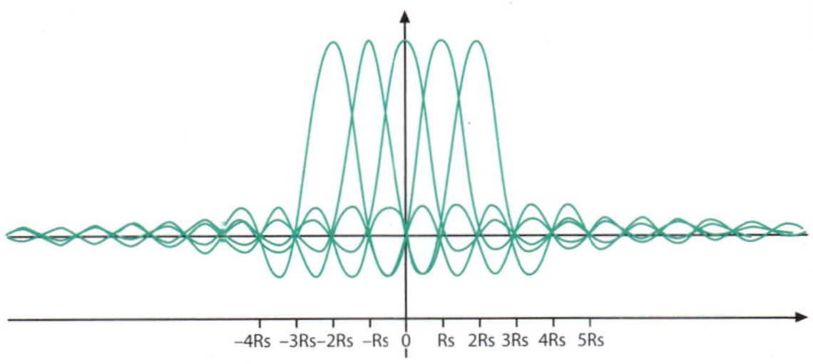

■ **Fig. 2.16** Spettro di ampiezza tipico per un segnale OFDM. Sono riportate cinque portanti spaziate della frequenza di simbolo. Lo spettro di ogni portante presenta un andamento di tipo seno incrementale corrispondente nel dominio del tempo a quello di un segnale impulsivo rettangolare. Si nota come le singole componenti spettrali risultino massime in un multiplo della frequenza di simbolo e nulle negli altri.

I dati da modulare sono considerati ampiezze di componenti spettrali e l'algoritmo sintetizza la forma d'onda temporale corrispondente. L'elaborazione IFFT è reversibile e il ricevitore ricava dal segnale ricevuto le informazioni contenute nelle diverse componenti modulate mediante l'algoritmo FFT di trasformazione diretta (fig. 2.17).

Esempio Si deve effettuare una trasmissione a 2400 bit/s su un canale in radio frequenza affetto da riflessioni che interferiscono con il segnale anche dopo 5 ms.

Discussione Modulando con 24 sottocanali in QPSK, ciascuno dovrà trasmettere a 100 bit/s e 50 simboli/s con un periodo di simbolo pari a 20 ms per ogni sottocanale. Nel caso peggiore l'interferenza arriva a influenzare il 25% del periodo di modulazione.

Il canale può introdurre echi e riflessioni che possono concentrarsi su alcune frequenze del canale rendendo debole o indecifrabile quella parte di segnale. La disponibilità di molte portanti consente al sistema di adattare la velocità di trasmissione nei singoli sottocanali alle loro condizioni, trasmettendo con più livelli sulle portanti dove le condizioni sono migliori.

Il ritardo con cui arriva un segnale riflesso può essere tale da invadere il successivo periodo di modulazione. Per questo motivo all'inizio del periodo viene aggiunto un breve intervallo di separazione, detto prefisso ciclico, della durata compresa tra il 10 e il 25% del periodo (fig. 2.17). Il tempo del prefisso ciclico viene colmato copiando la parte terminale del segnale composito.

Le applicazioni di OFDM comprendono gli standard della televisione digitale, i modem ADSL, dove viene indicata come DMT: *Discrete Multitone*, le reti wireless e la quarta generazione dei cellulari.

Riflessione *Quali è la forma di segnale impulsivo più adatta all'OFDM?*

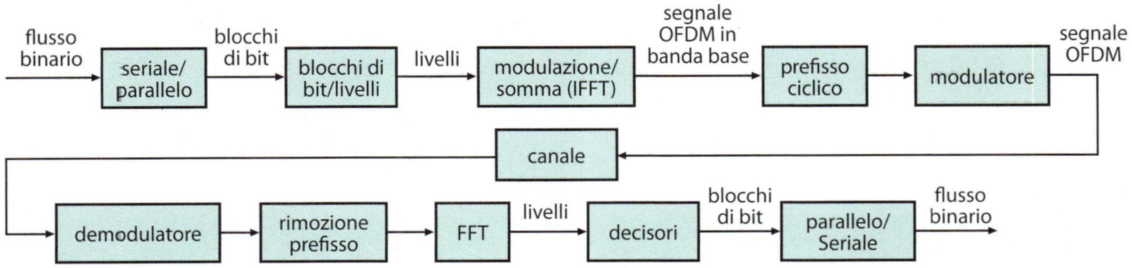

■ **Fig. 2.17** Schema a blocchi della modulazione/demodulazione OFDM. Il flusso binario viene riunito in gruppi di bit che determinano i livelli dei sottocanali. La modulazione e la composizione dei segnali modulati è svolta mediante algoritmo IFFT. Al segnale creato viene aggiunto il prefisso ciclico e quindi traslato nella banda del canale. In ricezione il segnale è riportato in banda base e viene rimosso il prefisso ciclico, quindi mediante l'algoritmo FFT vengono ricreati i livelli. I decisori risalgono ai valori trasmessi e, tramite l'etichettatura, ai blocchi di bit che vengono infine serializzati per riottenere il flusso iniziale.

Sommario

Le informazioni da trasmettere sono ormai quasi completamente numeriche mentre i segnali che transitano in un canale sono fondamentalmente analogici. La modulazione numerica è l'anello di congiunzione dei due mondi. Si può trasmettere modulando degli impulsi sagomati in modo da fare un efficiente uso della banda o modulando in vario modo i parametri di una portante sinusoidale. Le tecniche si sono evolute fino a creare forme di modulazione multilivello, di modulazione mista di più parametri in contemporanea, di modulazione multi portante e di sovrapposizione della modulazione numerica con le tecniche di controllo errori della codifica di canale. I risultati ottenuti, frutto della combinazione di sofisticati strumenti matematici con la disponibilità di circuiti avanzati e sistemi di elaborazione dedicati, consentono di affrontare con successo i problemi che affliggono le trasmissioni, quali il rumore e le riflessioni, e lo sviluppo di applicazioni sempre più vicine alle nuove esigenze.

Risposte alle riflessioni

***FAQ* 1** Una portante sinusoidale modulata con due valori di ampiezza o di fase o di frequenza può rappresentare un segnale NRZ ma in banda traslata.

***FAQ* 2** Un gran numero di livelli comporta una ristretta distanza tra i livelli e quindi una maggior esposizione agli errori di trasmissione.

***FAQ* 3** L'impulso prodotto nel dominio del tempo da parte del filtro passa basso ideale è massimo al termine del suo specifico periodo e si annulla al termine di tutti gli altri periodi evitando così che il campionamento di uno di essi influenzi quello degli altri.

***FAQ* 4** La probabilità di errore delle costellazioni che condividono una stessa rappresentazione vettoriale, dipende dalla distanza Euclidea tra i vettori e non dal particolare tipo di segnale usato per codificarne i valori.

***ReT* 1** In realtà non c'è alcuna differenza in quanto i segnali trasmessi sono uguali. La modulazione di ampiezza a due livelli di segno opposto in realtà coincide con una modulazione binaria di fase nella quale le fasi sono contrapposte.

***ReT* 2** Si possono aumentare le dimensioni, ad esempio da due a quattro. Questo risultato si può ottenere abbinando due periodi di modulazione consecutivi e considerando le loro due coppie di coordinate *I* e *Q* come una quaterna di coordinate di un sistema a quattro dimensioni. In questo modo si aggiunge ulteriore flessibilità nella scelta dei punti della costellazione e si può ottenere un aumento della distanza minima della costellazione e la diminuzione, anche di poco, della probabilità di errore. In generale si possono adottare costellazioni anche diverse per i due periodi considerati. Il principio può venire esteso a un numero di coordinate ancora superiore.

***ReT* 3** In primo luogo il segnale viene mixato separatamente con i segnali di portante in fase e in quadratura. Le uscite dei mixer sono portate ai filtri adattati e quindi campionate al termine degli periodi *T* di modulazione. I livelli in fase e in quadratura sono infine usati per risalire, per approssimazione, ai livelli verosimilmente trasmessi.

***ReT* 4** L'OFDM non richiede particolari accorgimenti riguardo la forma del segnale impulsivo, in particolare non risulta necessaria la sagomatura a coseno rialzato. Il semplice impulso rettangolare risulta in genere il più appropriato.

Sitografia • Bibliografia

- http://risorse.dei.polimi.it/dsp/courses/fst/index.htm
- http://infocom.uniroma1.it/
- http://www.ece.utah.edu/~npatwari/ece5520/lectureAll.pdf
- http://www.csupomona.edu/~zaliyazici/egr544/

- S. Haykin, *Communication systems*, John Wiley & Sons, 2009.
- J. Proakis, *Digital Communications*, McGraw Hill, 2002.

Esercizi e Problemi

FAQ 1

Es. 1 Disegnare un segnale NRZ cui si aggiungono, ogni 8 bit un bit 1 seguito da un bit 0.

Es. 2 Disegnare un segnale NRZ in cui i bit 0 determinano la ripetizione dello stato e i bit 1 il suo cambiamento. Mostrare in caso di 6 bit uguali l'aggiunta di un cambiamento di stato.

Es. 3 Progettare un codice 4/5 bit in cui 4 bit di dato sono rappresentati da una parola di cinque bit. Scegliere le combinazioni da adottare per la codifica dei dati. Confrontare la soluzione proposta con la tecnica usata nelle reti Ethernet a 100 Mbit/s.

Es. 4 Disegnare il segnale Manchester differenziale per una data sequenza binaria.

Es. 5 Un utente trasmette in codice Manchester la sequenza "001101", mentre un altro utente sta trasmettendo la sequenza "011011". Per errore le due sequenze sono trasmesse nello stesso momento e si sovrappongono, cioè collidono. Disegnare le onde relative alle due sequenze e quella relativa alla sequenza collisa. Spiegare come il codice riesca a rivelare l'evento di collisione.

Es. 6 Confrontare la probabilità di errore binario delle tecniche NRZ e RZ. La velocità dei dati è $1/T$ e l'ampiezza dell'impulso è A.

Es. 7 Confrontare la probabilità di errore binario della costellazione binaria bipolare con quella della costellazione binaria unipolare.

Es. 8 Il flusso binario "01100010" è inviato attraverso un canale mediante impulsi rettangolari di ampiezza A e velocità di bit $1/T$, usando una costellazione bipolare ed etichettando con 0 il livello minore. Disegnare il segnale trasmesso nei seguenti casi: NRZ e RZ sia bipolare che unipolare e Manchester.

FAQ 2

Es. 1 Disegnare il segnale trasmesso dalla modulazione 4-PAM indicata in fig. 2.5 per la sequenza di ingresso: 1100101101010011.

Es. 2 Disegnare lo spettro di ampiezza della base $rect_T(t)$ di un segnale PAM.

FAQ 3

Es. 1 Disegnare il segnale trasmesso dalla modulazione 4-PAM indicata in fig. 2.5 per la sequenza di ingresso: 1100101101010011.

Es. 2 Un segnale trasporta 4 bit/simbolo e ha una cadenza di modulazione di 1000 simboli al secondo. Trovare la velocità di trasmissione.

Es. 3 Un sistema trasmette a 3000 bps con un segnale che trasporta 6 bit/simbolo. Trovare la velocità dei simboli.

Pr. 2 Data la costellazione $M = \{s_1(t) = 0,\ s_2(t) = p(t)\}$, con $p(t)$ impulso rettangolare di durata 0,04 e ampiezza 5. Scrivere il segnale di base e la costellazione dei vettori. Disegnare la costellazione. Calcolare l'energia media dei segnali e l'energia per bit.

Pr. 2 Data la costellazione $M = \{s_1(t) = 0, s_2(t) = p(t)\cos(2\pi f_0 t), s_3(t) = p(t)\text{sen}(2\pi f_0 t), s_4(t) = p(t)[\cos(2\pi f_0 t + 3\pi/2) + \text{sen}(2\pi f_0 t)]\}$, scrivere i segnali di base e la costellazione dei vettori. Disegnare la costellazione data e ridisegnarla con il baricentro nell'origine, spiegando cosa migliora con tale spostamento.

FAQ 4

Es. 1 Disegnare le regioni di Voronoi per una costellazione 4-PSK.

Es. 2 Disegnare le regioni di Voronoi per una costellazione che ha come segnale di base l'impulso rettangolare di durata T e ampiezza $1/\sqrt{T}$ e la seguente costellazione dei vettori: $M = \{s_1=-3, s_2=-1, s_3=1, s_4=3\}$.

ReT 1

Es. 1 Un sistema trasmette a 150 Mbps con modulazione 8-ASK e filtro a coseno rialzato con fattore di decadimento 0,4. Calcolare la banda occupata.

Es. 2 Un sistema trasmette a 10 Mbps in modulazione 4-PSK e filtro a coseno rialzato con fattore di decadimento 0,5. Calcolare la banda occupata.

Es. 3 Calcolare la massima velocità di trasmissione binaria R_b trasmettendo in 2-PSK su un canale di larghezza 4000 Hz quando il segnale di base è quello del filtro a coseno rialzato con costante di decadiment $a = 0{,}25$.

Es. 4 Calcolare la banda di trasmissione di un sistema che modula in FSK alla velocità di 10 kbit/s, con frequenza di mark pari a 99 kHz e frequenza di space a 101 kHz.

Es. 5 Un sistema dispone di un canale con banda compresa tra 1 e 11 kHz e trasmette in full-duplex usando la modulazione 2-ASK. Indicare la frequenza delle portanti e la larghezza di banda disponibile per ognuna delle due direzioni.

Es. 6 Trovare la larghezza di banda minima per trasmettere un segnale FSK a 2 kbps. Le portanti sono distanziate di 3 kHz.

Es. 7 Un sistema dispone di un canale con larghezza di banda pari a 12 kHz e trasmette in full-duplex usando la modulazione 2-FSK. Sapendo che la differenza tra le portanti deve essere almeno 2 kHz, trovare la velocità di trasmissione.

Es. 8 Indicarla larghezza di banda occupata da un segnale 4-PSK che trasporta 2000 bps.

Es. 9 Un canale con larghezza di banda di 6 kHz è attraversato da un segnale modulato in 8-PSK, trovare la velocità dei dati.

Es. 10 Un diagramma di costellazione consiste di 8 punti disposti in modo equidistante su un cerchio. Sapendo che la velocità dei dati è 4800 bps, trovare la cadenza dei simboli.

Pr. 1 Un sistema dispone di una banda di 15 MHz e trasmette in PSK usando impulsi a coseno rialzato con fattore di decadimento 0,5. Determinare la quantità di livelli da adottare per poter raggiungere la velocità di 10 Mbit/s.

Pr. 2 Descrivere in linea di principio il funzionamento delle modulazioni OQPSK e DPSK.

Pr. 3 Disegnare la costellazione $M = \{s_1(t) = p(t)\cos(2\pi f_0 t)$, $s_2(t) = p(t)\cos(2\pi f_0 t + \pi/2)$, $s_3(t) = p(t)\cos(2\pi f_0 t + \pi)$, $s_4(t) = p(t)\cos(2\pi f_0 t + 3\pi/2)\}$ dove la portante ha frequenza $f_0 = 2$ MHz e $p(t)$ è l'impulso rettangolare di ampiezza unitaria di durata 2 μs. Indicare la velocità di trasmissione binaria raggiunta e disegnare la forma d'onda del segnale trasmesso per la sequenza di ingresso 10000111, usando l'etichettatura di Gray.

ReT 2

Es. 1 Un modem usa 16 differenti valori di fase e 4 diverse ampiezze per trasmettere a 36 kbit/s. Indicare il numero di bit trasmessi per ogni simbolo e l'intervallo di tempo riservato a ogni simbolo.

Es. 2 Un modem usa 16 differenti valori di fase e 4 diverse ampiezze per trasmettere a 36 kbit/s. Indicare il numero di bit trasmessi per ogni simbolo e l'intervallo di tempo riservato a ogni simbolo.

Es. 3 Dato un segnale 16-QAM trasmesso alla cadenza di 2400 simboli al secondo, trovare la velocità ottenuta per i dati.

Es. 4 Calcolare la velocità dei simboli di un segnale 64-QAM che trasporta 72 kbps.

Pr. 1 Un sistema dispone di un canale con banda di 12 MHz e modula in 8-QAM usando impulsi a coseno rialzato con fattore di decadimento 0,5. Calcolare la velocità di trasmissione.

ReT 3

Es. 1 Disegnare il diagramma a traliccio per un segnale TCM modulato in 8-PSK con codice di convoluzione ½ di equazioni $y_{2i} = x_{1i} - 1, y_{1i} = x_{1i} + x_{1i} - 2, y_{0i} = x_{0i}$.

Es. 2 Fare la suddivisione di una costellazione 16-QAM in modo di aumentare le distanze in ogni sottoinsieme individuato.

ReT 4

Es. 1 Un sistema wireless trasmette in OFDM con 44 sottoportanti, durata di simbolo 4 μs. Calcolare la velocità di trasmissione quando si usa una modulazione BPSK con rapporto di codifica 1/2 quando invece si usa una modulazione 64-QAM con rapporto di codifica 3/4.

Es. 2 Calcolare la velocità di una trasmissione OFDM su canale di 800 kHz suddiviso in 128 sottocanali, dei quali 8 sono lasciati liberi. La modulazione è QPSK e il prefisso ciclico dura 40 μs.

Es. 3 Un sistema OFDM con 2048 sottoportanti attive è usato per trasmettere in ambiente wireless. L'intervallo tra le sottoportanti è 250 Hz e l'intervallo di guardia è lungo 2 ms. la modulazione delle sottoportanti è BPSK. Calcolare la banda e la velocità di trasmissione del sistema.

Es. 4 Un sistema deve trasmettere in radio frequenza alla velocità di 2400 bit/s con modulazione QPSK tradizionale ma le trasmissioni sono disturbate da interferenza intersimbolo in quanto la risposta del canale subisce un ritardo di 5 ms. Si decide di passare alla modulazione OFDM, suddividendo il canale in 24 sottocanali ciascuno modulato in QPSK. Calcolare la velocità di ogni sottocanale e la percentuale del periodo di modulazione influenzata dai disturbi.

Pr. 1 Scrivere l'espressione analitica di un segnale modulato in OFDM.

MODULO 13

Qualità dei segnali

abilità

La discussione degli esempi e delle riflessioni, l'analisi del testo e lo svolgimento di alcuni esercizi favoriscono lo sviluppo della seguente abilità:

- riconoscere le cause di degrado della qualità dei segnali

UNITÀ 13.1

Rumore, distorsione e interferenze

Come valutare lo stato di salute di un segnale analogico

In questa Unità, dopo una panoramica sulle principali cause di riduzione della qualità di un segnale trasmesso, vengono presentati alcuni indicatori che consentono di valutare le prestazioni del sistema di comunicazione

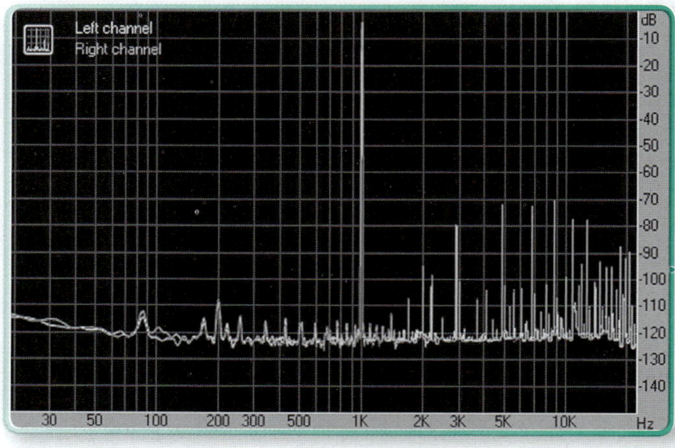

In un sistema di telecomunicazioni, il segnale che trasporta l'informazione è soggetto a molti fattori di deterioramento che ne possono ridurre la qualità, rendendo quindi più difficile in ricezione interpretare l'informazione originaria.
È importante comprendere le cause di tale deterioramento per poter limitare l'effetto e disporre di indicatori misurabili ed oggettivi, *quali ad esempio*, SNR e SINAD, delle prestazioni del sistema nei confronti dei disturbi.

indice

FAQ 1 Che cos'è il rumore termico?

Nel 1928 il fisico statunitense di origine svedese *J. B. Johnson* rilevò il fenomeno per cui ai capi di un conduttore non percorso da corrente esiste sempre una tensione debole e fluttuante, dovuta all'agitazione termica degli elettroni di conduzione. Tale tensione viene interpretata come un particolare tipo di rumore, detto **rumore termico**, che costituisce la più comune forma di degradazione di un segnale. Tale rumore viene prodotto in ogni sistema reale dissipativo, che si trovi a temperatura diversa dallo zero assoluto, per la fluttuazione dei portatori di carica entro un elemento conduttore. Ad esempio, una resistenza R, anche se non collegata ad alcun generatore, sviluppa ai suoi capi una tensione casuale di rumore V_{s_1} dovuta al moto caotico degli elettroni in agitazione termica all'interno del resistore. Il valore efficace della tensione di rumore, misurata con uno strumento che "non carichi' il resistore ed abbia una banda equivalente di rumore di B Hz, è pari a

$$V_n = \sqrt{4 \cdot k \cdot T \cdot B \cdot R}$$

dove si è indicato con:

- k la costante di Boltzmann pari a $k = 1{,}38 \cdot 10^{-23}$ [W/°K·Hz];
- T la temperatura in gradi Kelvin a cui si trova il resistore;
- B la banda passante in Hz entro cui si misura il rumore;
- R il valore della resistenza in ohm.

Un modo comodo di rappresentare il comportamento rumoroso di un resistore reale è quello di considerare un resistore "ideale" non rumoroso di identico valore e di mettergli in serie un generatore di tensione che imponga una tensione casuale con caratteristiche statistiche uguali a quelle della tensione termica. In modo del tutto equivalente si può considerare un resistore non rumoroso con in parallelo un generatore di corrente casuale.

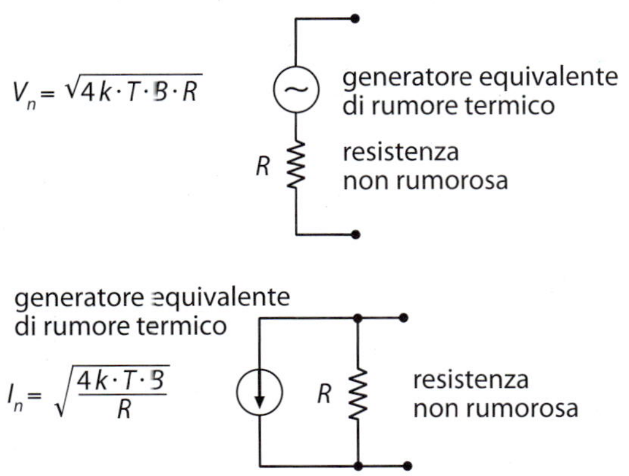

Fig. 1.1 Modello circuitale serie e parallelo di una resistenza rumorosa.

La densità spettrale della tensione di rumore termico vale:

$$S_{vn} = \frac{V_n^2}{B} = \frac{4kTRB}{B} = 4kTR \ \text{V}^2/\text{Hz}$$

Esempio 1 Calcolare la tensione di rumore ai capi di due resistori in serie, il primo di valore R_1 ed a temperatura T_1, il secondo di valore R_2 a temperatura T_2.

Discussione La densità spettrale della tensione risultante a vuoto ai capi delle due resistenze in serie vale:

$$h_n = 4kT_1R_1 + 4kT_2R_2 = 4k\frac{T_1R_1 + T_2R_2}{R_1 + R_2}(R_1 + R_2) = 4kT_{eq}(R_1 + R_2)$$

Se $T_1 = T_2 = T$, allora $T_{eq} = T$, in tal caso le due resistenze sono equivalenti ad un'unica resistenza di valore $R_1 + R_2$ a temperatura T.

In condizioni di adattamento (massimo trasferimento di potenza) la potenza di rumore termico disponibile P_n è data da:

$$P_n = \left(\frac{I_n}{2}\right)^2 \cdot R = \frac{I_n^2}{4} \cdot R = \frac{4kTB}{4R} \cdot R = kTB \ \text{W}$$

La potenza di rumore termico disponibile dipende solo dalla temperatura e dalla banda, non dal valore della resistenza.

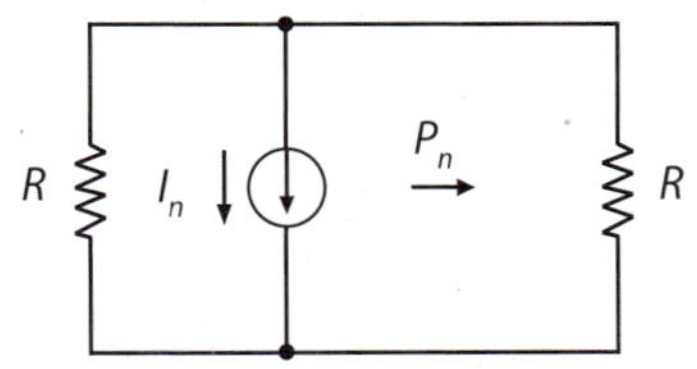

Fig. 1.2 Modello circuitale per il calcolo della potenza di rumore disponibile in condizioni di massimo trasferimento di potenza (resistenze adattate).

Si definisce *densità spettrale di potenza di rumore termico* il rapporto tra la potenza di rumore misurata in una banda passante B e la banda stessa:

$$S(f) = \frac{P_n}{B} = \frac{kTB}{B} \cdot kT \ \text{W/Hz}$$

Esempio 2 Calcolare la densità spettrale di potenza di rumore in dBm alla temperatura di riferimento di 273 kelvin.

Discussione Un livello di potenza P espresso in dBm rappresenta la differenza di livello in dB tra la potenza P e la potenza di riferimento di 1 mW.

Nel nostro caso $P = k \cdot T_g$, quindi si ha:

$$10 \cdot \log_{10}\frac{k \cdot T_g}{10^{-3}} = 10 \cdot \log_{10}\frac{1{,}38 \cdot 10^{-23} \cdot 273}{10^{-3}} = 174 \text{ dBm}$$

Riflessione *Perché il rumore termico viene detto anche rumore bianco?*

FAQ 2 Che cos'è la distorsione armonica?

Sia in campo elettrico che acustico, si intende per **distorsione** qualsiasi cambiamento del segnale che ne alteri la forma d'onda o lo spettro, provocandone una degradazione di qualità; ovviamente la pura amplificazione di un segnale non è considerata distorsione.

La **distorsione armonica** è la distorsione provocata dalla non linearità del sistema su un segnale armonico che contiene un'unica componente spettrale, la cui frequenza viene detta *fondamentale*.

La distorsione armonica si manifesta con la comparsa nello spettro, all'uscita del sistema non lineare, di componenti spettrali di frequenza multipla intera della frequenza fondamentale.

La fig. 1.3 illustra spettro a) e forma d'onda b) di un segnale armonico. Osservando la forma d'onda è difficile apprezzare la presenza di distorsione armonica; si riesce peraltro a misurare facilmente il periodo del segnale, 10 ms, quindi la frequenza (fondamentale) è di 100 Hz. Essendo il segnale armonico, sullo spettro ci dovremmo aspettare di vedere una sola componente spettrale, quella relativa alla frequenza fondamentale di 100 Hz. In realtà, oltre alla componente spettrale relativa alla fondamentale sono chiaramente visibili anche numerosi prodotti di distorsione armonica a frequenze multiple della fondamentale: 200 Hz, 300 Hz, 400 Hz...

La ***distorsione armonica totale*** (THD: *Total Harmonic Distortion*) di un segnale è una misura della distorsione armonica. È evidente che maggiore è il numero di prodotti di distorsioni presenti e quanto più grande è il loro livello, tanto maggiore sarà la distorsione armonica. THD è definito come il rapporto tra la somma delle potenze di tutte le armoniche di distorsione e la potenza della fondamentale.

$$THD = \frac{P_2 + P_3 + P_4 + \dots P_n}{P_1}$$

A volte viene anche fornita l'indicazione di quale sia la distorsione prevalente, ovvero la componente spettrale di distorsione di livello più elevato. Normalmente la distorsione prevalente viene espressa in percentuale rispetto all'ampiezza della fondamentale.

Esempio Valutare la distorsione armonica prevalente del segnale in fig. 1.3.

Discussione Il termine *prevalente* si riferisce alla componente spettrale di distorsione armonica di livello più elevato. Dallo spettro è immediato rilevare che la distorsione prevalente è quella di terza armonica, ovvero la componente spettrale di distorsione con livello più alto ha frequenza 3 volte quella della fondamentale. Tale componente spettrale si trova ad un livello di circa 50 dB sotto il livello della fondamentale. Detto V_3 il livello in tensione della terza armonica e V_1 il livello in tensione della fondamentale si ha:

$$20 \cdot \log_{10} \frac{V_3}{V_1} = -50 \text{ dB}$$

da cui

$$D_3 = \frac{V_3}{V_1} = 10^{-2,5} = 0,0031 = 0,31\%$$

ovvero il livello in tensione dell'armonica di distorsione prevalente è solo lo 0,31% del livello in tensione della fondamentale.

Riflessione *Musica Rock e distorsione.*

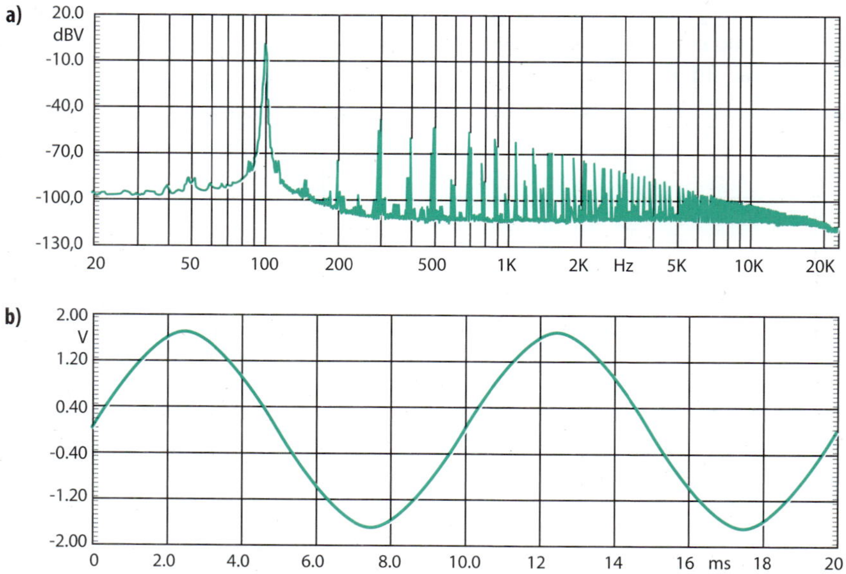

Fig. 1.3 Spettro **a)** e forma d'onda **b)** di un segnale armonico di frequenza (fondamentale) 100 Hz. Osservando la forma d'onda è difficile apprezzare la presenza di distorsione armonica. Sullo spettro del segnale risultano evidenti, oltre alla componente spettrale relativa alla fondamentale, anche numerosi prodotti di distorsione a frequenze multiple della fondamentale: 200 Hz, 300 Hz, 400 Hz ecc.

FAQ 3 Che cosa sono la distorsione di ampiezza e di fase?

Un sistema lineare può essere caratterizzato dalla sua funzione di trasferimento

$$H(j\omega) = A(j\omega) \cdot e^{j\beta(\omega)}$$

dove $A(j\omega)$ e $\beta(\omega)$ sono, rispettivamente, l'attenuazione e la rotazione di fase introdotte dal sistema in funzione della frequenza.
Se l'attenuazione $A(j\omega)$ è costante per tutti i valori di ω (risposta piatta), tutte le componenti spettrali del segnale subiscono la stessa attenuazione. Se invece $A(j\omega)$ varia con ω, componenti spettrali del segnale a frequenze diverse subiscono attenuazioni differenti e quindi lo spettro del segnale in uscita è alterato rispetto a quello del segnale di ingresso. L'alterazione dello spettro del segnale si riflette sulla sua forma d'onda che subisce quindi una **distorsione**, detta di **ampiezza** in quanto è dovuta all'ampiezza non costante della risposta in frequenza. La fig. 1.4 illustra la curva che rappresenta la sensibilità alla pressione in funzione della frequenza di un microfono per la voce: come è immediato verificare, la sensibilità non è uniforme alle varie frequenze e quindi il microfono provoca distorsione di ampiezza.

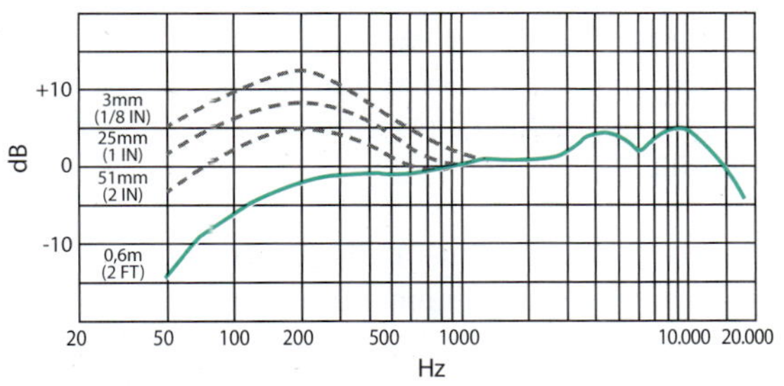

Fig. 1.4 Il grafico rappresenta la sensibilità alla pressione di un microfono per la voce in funzione della frequenza. Poiché in genere la sensibilità alle basse frequenze subisce notevoli variazioni a seconda della distanza del microfono dalla sorgente sonora, sono riportate diverse curve per le basse frequenze, a seconda della distanza dal microfono della sorgente sonora. Il grafico mostra che il microfono presenta sensibilità differenti per diversi valori di frequenza: il trasduttore introduce quindi distorsione d'ampiezza.

Se la rotazione di fase $\beta(\omega)$ introdotta dal sistema è lineare con la frequenza, tutte le componenti spettrali del segnale subiscono, attraversando il sistema, lo stesso ritardo; in uscita non risultano quindi alterate le relazioni di fase tra le diverse componenti spettrali e non si ha distorsione di fase. Se invece la rotazione di fase $\beta(\omega)$ non è lineare con la frequenza, componenti a frequenza diversa subiscono ritardi differenti nell'attraversamento del sistema; in uscita le relazioni di fase tra le componenti spettrali sono diverse da quelle in ingresso e quindi il sistema provoca distorsione di fase.
In pratica la distorsione di fase viene normalmente espressa in termini di **ritardo di gruppo**, definito come la derivata della fase rispetto alla frequenza

$$t_g = -\frac{d\beta(\omega)}{d\omega}$$

Il segno meno sta semplicemente ad indicare che si tratta di ritardo di propagazione. È possibile fornire una semplice interpretazione geometrica dell'operatore matematico derivata. Rappresentando su un grafico la funzione β (ω), la derivata in un punto qualsiasi della curva rappresenta il coefficiente angolare della tangente alla curva in quel punto.
Se la fase varia linearmente con la frequenza, la curva che rappresenta la fase in funzione della frequenza è una retta; il coefficiente angolare della tangente alla curva in ogni punto coincide con il coefficiente angolare della retta, che è costante. Ne segue che anche la derivata è costante per ogni valore di ω e quindi il ritardo di gruppo è costante, indipendente dalla frequenza: il sistema introduce semplicemente un ritardo, ma nessuna distorsione di fase. Se invece la fase non è lineare con la frequenza, la curva che rappresenta la fase non è una retta; in questo caso il coefficiente angolare della tangente alla curva varia a seconda del punto considerato, e quindi al variare di ω. La derivata varia con la frequenza e con essa il ritardo di gruppo; le variazioni del ritardo di gruppo con la frequenza sono indici di distorsione di fase.

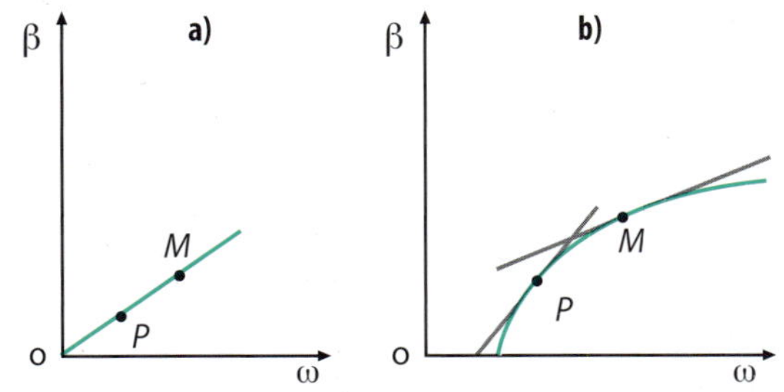

Fig. 1.5 In **a)** la curva che rappresenta la fase in funzione di ω è una retta. In ogni suo punto il coefficiente angolare della tangente coincide con il coefficiente angolare della retta, che è ovviamente costante; quindi la derivata della fase è costante, indipendente da ω; il ritardo di gruppo è costante e non si ha distorsione di fase. In **b)** invece il coefficiente angolare della tangente alla curva nel punto P è diverso da quello nel punto M. La derivata della curva in P è diversa dalla derivata in M: il ritardo di gruppo dipende da ω e questo è indice di distorsione di fase.

Riflessione *Un semplice circuito RC introduce distorsione di fase?*

FAQ 4 Che cos'è la diafonia (*crosstalk*)?

Nei sistemi di telecomunicazione viene detta ***interferenza*** la sovrapposizione al segnale utile che trasporta l'informazione di un altro segnale contenente informazione non desiderata. L'interferenza può essere dovuta a qualsiasi segnale elettrico indotto da effetti esterni (campi elettromagnetici, scariche elettriche naturali, scariche elettriche artificiali prodotte ad esempio da motori elettrici ecc.).

Un caso interessante di interferenza tra segnali elettrici è dato dalla **diafonia** (o *crosstalk*), dovuta all'accoppiamento elettromagnetico indesiderato tra "canali" di uno stesso sistema multiconduttore. Caso tipico è quello delle piste di un bus su circuito stampato che corrono, per un certo tratto, a breve distanza l'una dall'altra: tra due piste vi può essere un accoppiamento capacitivo C_M (due conduttori affiancati separati da un dielettrico *si comportano* come le armature di un condensatore) e un accoppiamento induttivo L_M (ogni pista, con il ritorno di massa, costituisce una spira che può essere concatenata all'altra). Il mutuo accoppiamento capacitivo e induttivo tra le linee può provocare il trasferimento indesiderato di segnali dalle linee attive a quelle a riposo. Con riferimento alla fig. 1.6, il fronte che si propaga sulla linea superiore, pilotata da un driver, può provocare la presenza di un segnale indesiderato, un disturbo di diafonia, sulla linea inferiore che dovrebbe essere a riposo.

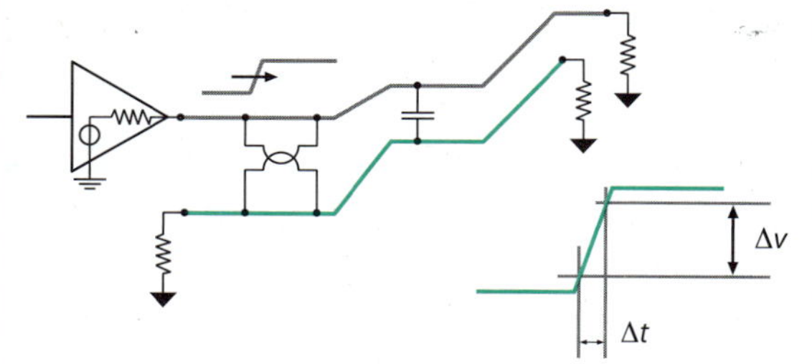

Fig. 1.6 Due linee, ad esempio due piste di un circuito stampato, sono mutuamente accoppiate in modo capacitivo ed induttivo. Le linee sono adattate sia alla terminazione sia al driver. Il driver inietta sulla linea superiore un fronte che, propagandosi, può provocare un disturbo di diafonia sulla linea inferiore. Il fronte presenta un $\Delta v/\Delta t$ finito, ovvero il tempo di salita per compiere l'escursione di tensione Δv da stato basso a stato alto non è nullo. L'entità del disturbo di diafonia sulla linea inferiore dipende dalla rapidità del fronte ($\Delta v/\Delta t$) che si propaga sulla linea disturbante e dall'entità degli accoppiamenti capacitivo ed induttivo.

Un *accoppiamento capacitivo* determina nella linea disturbata un'iniezione di corrente la cui intensità dipende dall'accoppiamento capacitivo C_M e dal $\Delta v/\Delta t$.
Un *accoppiamento induttivo* determina sulla linea disturbata una forza elettromotrice il cui livello dipende dall'accoppiamento induttivo L_M e dal $\Delta i/\Delta t$.
In definitiva, l'entità del disturbo di diafonia dipende dalla rapidità dei fronti del segnale disturbante ($\Delta v/\Delta t$) e dall'entità dell'accoppiamento capacitivo C_M e induttivo L_M.
Per ridurre la rapidità dei fronti si può aumentare il Δt, il che significa usare famiglie logiche più lente, ovviamente tra quelle che consentono di soddisfare le specifiche di velocità richieste. A parità di velocità di commutazione (Δt invariato) è possibile limitare il $\Delta v/\Delta t$, utilizzando famiglie logiche a bassa escursione (LV: *Low Voltage*), ovvero riducendo il Δv a valori di $1 \div 2$ V.
Come mostrato in fig. 1.7, per limitare l'accoppiamento capacitivo si può aumentare la distanza tra le piste b) o inserire dei piani di massa c) o intercalare delle piste di massa che fungono da schermo d).

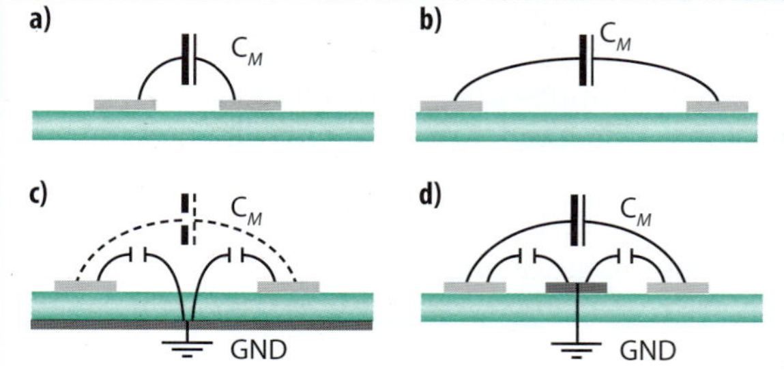

Fig. 1.7 Per ridurre l'accoppiamento capacitivo tra due piste di un circuito stampato **a)** si può aumentare la distanza tra le piste **b)** o inserire dei piani di massa **c)** o intercalare tra le piste delle piste di massa che fungono da schermo **d)**.

Per ridurre gli accoppiamenti induttivi conviene evitare la formazione di spire ampie e concatenate. Come mostrato in fig. 1.7 a), l'uso di masse distanti dal segnale ed in comune possono portare alla formazione di ampie spire concatenate: conviene quindi usare diverse masse indipendenti, come mostrato in fig. 1.7 b).

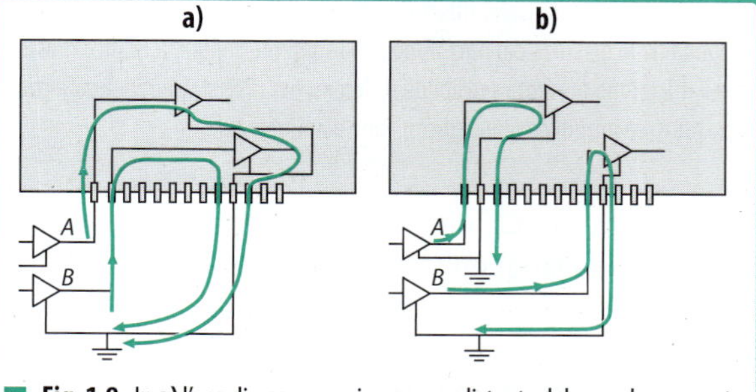

Fig. 1.8 In **a)** l'uso di una massa in comune distante dal segnale comporta la presenza di due spire ampie e concatenate. L'utilizzo di due masse indipendenti in **b)** riduce la dimensione delle spire ed evita che siano concatenate.

Riflessione *Perché i due conduttori di un doppino vengono intrecciati (twisted) tra loro?*

ReT 1 La temperatura equivalente di rumore

Si consideri un sistema di comunicazione in cui il segnale viene ricevuto con sovrapposto del rumore gaussiano bianco. Si suppone che l'adattamento tra i vari elementi sia perfetto. Il rumore che arriva già sovrapposto al segnale (ad es. rumore captato) si può evidenziare mediante un generatore equivalente di rumore con densità spettrale di potenza disponibile pari a kT_g. L'amplificatore che ha il compito di aumentare il livello del segnale ricevuto, normalmente molto basso, è realizzato con dispositivi attivi ed introduce altro rumore. La ***temperatura equivalente di rumore*** è una grandezza utilizzata per quantificare la rumorosità di un apparato o dell'intero sistema.

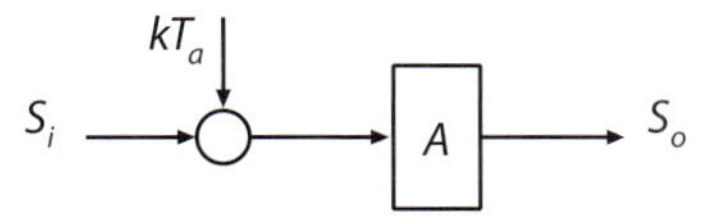

Fig. 1.9 Per comodità, un amplificatore rumoroso può essere considerato come un amplificatore ideale, non rumoroso, avente in ingresso un generatore di rumore equivalente che si somma al segnale di ingresso.

Come mostrato in fig. 1.9, è comodo evidenziare tutti i contributi di rumore dovuti ad un' apparecchiatura (ad esempio un amplificatore) con un *rumore equivalente* sommato al segnale all'ingresso dell' apparecchiatura considerata ideale, non rumorosa.

L'entità del rumore addizionale introdotto dall'amplificatore può essere espresso tramite una temperatura equivalente di rumore, oppure tramite una "cifra di rumore". La temperatura equivalente di rumore di un apparato (T_a) indica l'entità del rumore che, sommato al segnale all'ingresso di un ideale apparato non rumoroso, produce all'uscita un rumore identico a quello effettivamente prodotto dall'apparato rumoroso.

La somma del rumore già presente in ingresso e di quello dovuto agli apparati, cioè il totale rumore che viene sovrapposto al segnale nel particolare sistema considerato, ha densità spettrale che vale $k(T_g + T_a)$ (W/Hz). Alla temperatura $T_s = T_g + T_a$ viene dato il nome di *temperatura equivalente di rumore* del sistema.

Esempio 1 Si consideri un sistema costituito da un'antenna ed un ricevitore; la temperatura di rumore dell'antenna sia T_g = 100 K e quella del ricevitore T_a = 150 K. Calcolare la temperatura di rumore del sistema.

Discussione La temperatura di sistema vale: $T_s = T_g + T_a = 250$ K.

Nel calcolare la temperatura equivalente di rumore di una catena di amplificatori, ogni contributo di rumore va pesato per l'inverso della totale amplificazione esistente a monte dell'effettivo punto di iniezione. Si consideri, ad esempio, la catena di tre amplificatori in fig. 1.10. La rumorosità dei dispositivi è evidenziata mediante il rumore equivalente (kT_{an}) sommato in ingresso ad ogni stadio, considerato non più rumoroso. La temperatura equivalente di rumore della catena di amplificatori vale:

$$T_a = T_{a1} + \frac{T_{a2}}{A_1} + \frac{T_{a3}}{A_1 A_2}$$

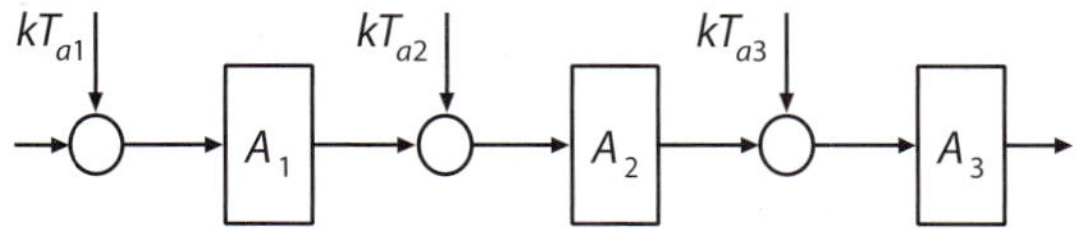

Fig. 1.10 Catena di tre amplificatori rumorosi in cascata. Ogni amplificatore viene considerato ideale, con in ingresso un generatore di rumore equivalente. Il rumore iniettato all'*ingresso del terzo stadio* si confronta con un segnale che arriva in ingresso al terzo stadio amplificato dalla cascata dei primi due.

Esempio 2 Si consideri un sistema costituito da un'antenna con temperatura di rumore T_g = 100 K, un preamplificatore con temperatura di rumore T_1 = 150 K e guadagno A_1 = 20 dB ed un amplificatore con temperatura di rumore T_2 = 250 K e guadagno A_2 = 60 dB. Calcolare la temperatura di rumore del sistema.

Discussione Un guadagno di 20 dB corrisponde in lineare a A_1 = 100. Quindi la temperatura di sistema vale:

$T_s = T_g + T_1 + T_1/A_1 = 100 + 150 + 250/100 = 252{,}5$ K

Un attenuatore passivo posto tra il generatore di segnale ed il primo stadio di amplificazione provoca il peggioramento delle prestazioni in termini di rumorosità del sistema complessivo: è ad esempio il caso in cui venga inserito un tratto di cavo o di guida d'onda tra un'antenna e le apparecchiature riceventi. La temperatura equivalente di rumore di un attenuatore passivo di attenuazione α a temperatura T_0 vale: $T_{att} = (\alpha - 1)\, T_0$.

La temperatura di rumore dell'amplificatore va divisa per il guadagno dello stadio precedente, nel nostro caso l'attenuatore, ovvero moltiplicata per α.

La temperatura di sistema vale quindi:

$$T_s = T_g + T_{att} + \alpha T_a = T_g + (\alpha - 1)\, T_0 + \alpha T_0$$

Riflessione *In un ricevitore, quali stadi risultano più critici dal punto di vista della rumorosità complessiva dell'apparato?*

ReT 2 La cifra (o figura) di rumore

La ***cifra di rumore*** *(Noise Figure) F* di una rete è una misura della degradazione subita dal rapporto segnale/rumore mentre il segnale attraversa la rete. Viene definita come

$$F = \frac{S_i/N_i}{S_o/N_o}$$

dove S_i/N_i è il rapporto tra la potenza del segnale e quella del rumore in ingresso alla rete. Normalmente la cifra di rumore viene espressa in decibel (dB):

$$F|_{dB} = 10 \cdot \log_{10} F$$

Il concetto di cifra di rumore si applica unicamente a reti che processano segnali, con almeno una porta di ingresso e una di uscita, tipicamente quadripoli; non si applica invece a dispositivi con una sola porta, come ad esempio un oscillatore.

Consideriamo il caso di un amplificatore: se fosse perfetto, amplificherebbe il rumore al suo ingresso della stessa quantità di cui amplifica il segnale, mantenendo così lo stesso rapporto segnale/rumore in ingresso e in uscita. Un amplificatore reale invece aggiunge ulteriore rumore, prodotto al proprio interno dai componenti da cui è costituito, e quindi il rapporto segnale/rumore in uscita peggiora.

Esempio 1 Determinare la *cifra di rumore* dell'amplificatore i cui livelli di segnale e di rumore in ingresso e in uscita sono mostrati in fig. 1.11.

Discussione La sezione (a) della figura mostra che in ingresso la potenza del segnale (–60 dBm) è 40 dB sopra il livello del rumore (–100 dBm). Una differenza di livello di 40 dB in potenza corrisponde ad un rapporto S_i/N_i pari a 10^4.

L'amplificatore ha un guadagno di 20 dB; la sezione b) della fig. 1.11 mostra che in uscita la potenza del segnale sale di 20 dB, portandosi a – 40 dBm. Se l'amplificatore fosse ideale, la potenza del rumore in uscita dovrebbe salire anch'essa di 20 dB, portandosi a – 80 dBm. Per effetto del rumore prodotto internamente all'amplificatore reale, il livello del rumore sale invece maggiormente, arrivando a –70 dBm. La differenza di livello tra la potenza del segnale e quella del rumore in uscita si riduce così a 30 dB, corrispondente ad un rapporto S_o/N_o di 10^3. La degradazione del rapporto segnale/rumore tra ingresso e uscita dell'amplificatore è di 10 dB; quindi la cifra di rumore dell'amplificatore è $F = 40 - 30 = 10$ dB, ovvero $F = 10^4/10^3 = 10$.

Nel caso di una cascata di *N* quadripoli, in cui un generico quadripolo è caratterizzato da guadagno A_i e cifra di rumore F_i, la cifra di rumore complessiva vale:

$$F = F_1 + \frac{F_2 - 1}{A_1} + \frac{F_3 - 1}{A_1 \cdot A_2} + \ldots + \frac{F_N - 1}{A_1 \cdot A_2 \ldots A_{N-1}}$$

La cifra di rumore di sistema dipende soprattutto da quella dei primi stadi: più il segnale viene amplificato, meno diviene vulnerabile ad una quantità fissata di rumore.

Esempio 2 Calcolare la *cifra di rumore complessiva* di un sistema costituito da un preamplificatore di guadagno A_1 = 20 dB e cifra di rumore F_1 = 6 dB seguito da un amplificatore di guadagno A_2 = 60 dB e cifra di rumore F_2 = 16 dB.

Discussione Passando in lineare si ha:

$A_1 = 100$ $F_1 = 4$

$A_2 = 10^6$ $F_2 = 39{,}8$

$$F = F_1 + \frac{F_2 - 1}{A_1} = 4 + \frac{39{,}8 - 1}{100} = 4{,}39 = 6{,}42 \text{ dB}$$

Riflessione *La cifra di rumore dipende dalla temperatura di rumore della sorgente che fornisce l'eccitazione della rete?*

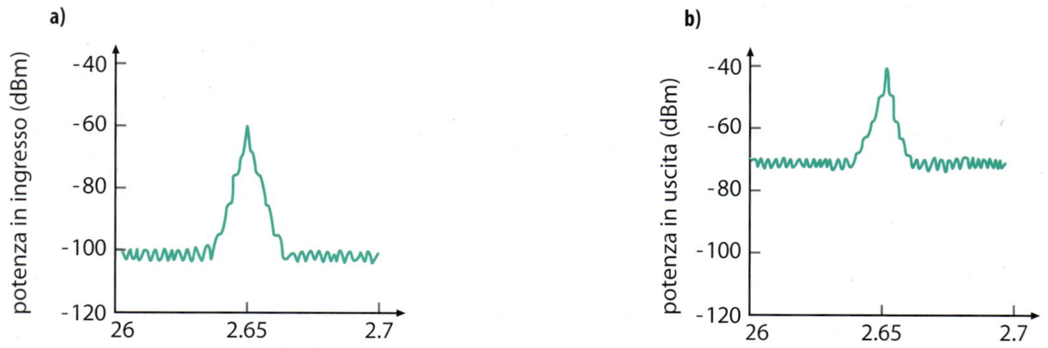

Fig. 1.11 La figura mostra i livelli di segnale, sovrapposti a quelli di rumore, in ingresso **a)** ed in uscita **b)** ad un amplificatore. In ingresso SNR è pari a 40 dB, differenza in dB tra il livello del segnale (– 60 dBm) e quello del rumore (–100 dBm). In uscita *SNR* si riduce a soli 30 dB: la cifra di rumore *F* vale quindi 40 – 30 = 10 dB.

ReT 3 Il rapporto segnale rumore (SNR)

Il **rapporto segnale/rumore**, spesso abbreviato con la sigla inglese SNR (*Signal to Noise Ratio*) o S/N anche nell'uso italiano, viene formalmente definito come il rapporto tra la potenza P_S del segnale (*signal*) utile e la potenza P_N del rumore (*Noise*) presente nel sistema, espresse in watt.

$$SNR = \frac{P_S}{P_N}$$

È quindi un numero puro, adimensionale, dato dal rapporto fra due grandezze omogenee, che esprime quanto il segnale sia più potente del rumore nel sistema considerato. In pratica l'SNR viene normalmente espresso in decibel:

$$SNR|_{dB} = 10 \cdot \log_{10}(SNR) = 10 \cdot \log_{10}\frac{P_S}{P_N}$$

L'SNR è un parametro di qualità che si cerca di massimizzare o preservare il più possibile; è molto importante per il dimensionamento ed il corretto funzionamento dei sistemi di telecomunicazione in quanto strettamente collegato alla capacità del sistema ricevente di rilevare il flusso informativo originario senza incorrere in errori, dovuti essenzialmente all'azione disturbante del rumore.
La potenza del segnale utile decade con la distanza percorsa sul mezzo trasmissivo a causa dell'attenuazione progressiva subita: particolarmente critici dal punto di vista del rapporto segnale/rumore risultano quindi gli stadi d'ingresso del ricevitore, dove il segnale ricevuto è fortemente indebolito.
Nelle trasmissioni digitali il rumore, soprattutto quello termico negli stadi d'ingresso del ricevitore, può essere causa di errori in quanto, sommandosi ai livelli di un segnale fortemente indebolito dall'attenuazione, rende più difficoltosa la corretta interpretazione dei livelli logici del segnale digitale. Nelle trasmissioni digitali si preferisce utilizzare come indicatore delle prestazioni del sistema il BER (*Bit Error Ratio*), definito come il rapporto tra il numero di bit errati ed il numero totale di bit trasmessi. Ovviamente BER e SNR sono strettamente correlati: ad una diminuzione del rapporto segnale/rumore in ricezione corrisponde un aumento, ovvero un peggioramento, del BER.

Esempio 1 In un sistema digitale, determinare l'incremento del numero di errori atteso in corrispondenza ad un peggioramento del rapporto segnale/rumore in ricezione da 11,46 dB a 11 dB.

Discussione SNR = 11,46 dB corrisponde a SNR lineare 14.
SNR = 11 dB corrisponde a SNR lineare 12,6.
In corrispondenza a SNR = 14 sul grafico si legge BER = $1 \cdot 10^{-12}$; in corrispondenza a SNR = 12,6, il BER vale circa $1 \cdot 10^{-10}$. Ciò significa che, con SNR = 11,46 dB, trasmettendo 10^{12} bit ci aspettiamo che si verifichi un singolo errore (BER = 10^{-12} = $= N/10^{12}$ da cui $N = 1$). Con SNR ridotto a 11 dB e trasmettendo sempre 10^{12} bit, il numero di errori atteso sale a $N/10^{12} = 10^{-10}$ da cui $N = 10^{12} \cdot 10^{-10} = 100$.

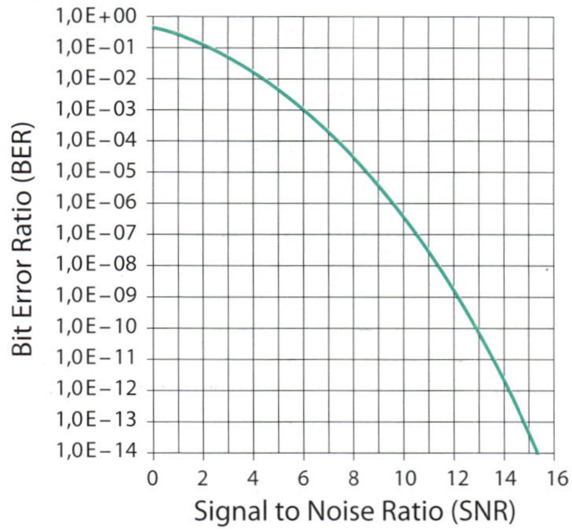

Fig. 1.12 Il grafico mostra la relazione tra BER (in unità esponenziali) e SNR (in unità lineari) nell'ipotesi che la principale sorgente di rumore nel sistema sia il rumore termico nel ricevitore. Al crescere del rapporto segnale/rumore la probabilità di errore si riduce ed il BER diminuisce, cioè migliora.

Il rapporto segnale/rumore limita la massima capacità trasmissiva C su un canale affetto da rumore. Vale infatti la seguente relazione dovuta a Shannon:

$$C = B \log_2 (1 + SNR) \text{ (bit/s)}$$

Il valore di C fornito dalla *formula di Shannon* è puramente teorico, la massima capacità trasmissiva che si può ottenere in pratica è molto inferiore, ma indica il limite oltre il quale non è possibile migliorare le prestazione del sistema.

Esempio 2 Determinare la capacità informativa di un canale telefonico con rapporto SNR di 30 dB.

Discussione La banda di un canale telefonico si estende da 300 a 3400 Hz, quindi: $B = 3400 \div 300 = 3100$ Hz.
Una differenza di livello di 30 dB corrisponde ad un rapporto 10^3 tra la potenza del segnale e quella del rumore. Ne segue $C = 3100 \log_2 1000 = 30.898$ bit/s.

Esempio 3 Determinare quale livello di SNR dovrebbe garantire un canale telefonico per consentire un *bit rate* di 64 kbit/s.

Discussione La banda del canale telefonico è di 3100 Hz. Per Shannon si ha: $64.000 = 3100 \cdot \log_2(1+SNR)$
$\log_2(1+SNR) = 20{,}64$ SNR = $2^{20,64} - 1 = 1.639.882$
$10 \cdot \log_{10}(SNR) = 10 \cdot \log_{10}(1.639.882) = 62{,}1$ dB

Riflessione *Un peggioramento del SNR ha le stesse conseguenze per sistemi di trasmissione analogici e digitali?*

ReT 4 Il SINAD

Il **SINAD** (***Signal To Noise and Distortion Ratio***) è una misura che può essere utilizzata per qualsiasi dispositivo di comunicazione, per valutare la degradazione del segnale dovuta a segnali indesiderati o estranei, inclusi rumore e distorsione. La misura del SINAD è però maggiormente utilizzata per misurare e specificare la *sensibilità* di un radioricevitore. Anche se il SINAD non può essere usato in modo generalizzato come il rapporto segnale/rumore (SNR) o la figura di rumore (NF), viene largamente usato in pratica e può essere trovato tra le specifiche di molti radio ricevitori utilizzati in sistemi di comunicazione sia fissi che mobili. Viene utilizzato tipicamente con ricevitori FM, ma può essere usato facilmente anche con ricevitori AM e SSB.
In un ricevitore radio il valore del SINAD complessivo dipende fortemente dallo stadio amplificatore a radio frequenza (RF) del ricevitore stesso. Un amplificatore RF a bassa rumorosità consente al ricevitore di avere buone prestazioni in termini di SINAD.
Il SINAD viene definito come il rapporto tra la potenza totale del segnale (Signale + Rumore + Distortione) e la potenza dei segnali indesiderati (Rumore + Distortione):

$$\text{SINAD} = \text{SND}/\text{ND}$$

dove:
- SND = livello di potenza complessivo di Segnale + Rumore + Distortione;
- ND = livello di potenza complessivo di Rumore + Distorsione.

Quanto maggiore è il SINAD, tanto migliore è la qualità del segnale. Il SINAD viene normalmente espresso in decibel (dB) e può essere calcolato dalla seguente equazione:

$$\text{SINAD} = 10\log_{10}(\text{SND}/\text{ND})$$

La misura del SINAD può essere effettuata usando il set up di misura in fig. 1.13.
Un segnale modulato con un tono audio (normalmente 1 kHz) viene inviato in ingresso al radio ricevitore. All'uscita audio del ricevitore si ottiene il segnale demodulato, che conterrà il tono audio di ingresso più rumore e distorsione: si misura il livello del segnale complessivo (ovvero segnale più rumore più distorsione). All'uscita audio del ricevitore è presente un *filtro notch* (arresta banda) che ha il compito di rimuovere dal segnale unicamente la frequenza del tono audio: all'uscita di tale filtro rimangono solo rumore e distorsione. Si effettua una seconda misura del livello complessivo di rumore e distorsione all'uscita del filtro notch. È ora possibile calcolare il SINAD come rapporto tra le due misure effettuate.
Anche se è possibile effettuare misure di SINAD utilizzando diversi elementi di misura separati, sono disponibili in commercio misuratori di SINAD che incorporano tutta la circuiteria necessaria e che possono essere collegati direttamente al radio ricevitore per effettuare le misure.
Il più comune utilizzo della misura di SINAD è quello di valutare la sensibilità di un radio ricevitore. La sensibilità può essere valutata determinando il livello di ingresso a radio frequenza in antenna necessario per ottenere un certo valore di SINAD. Normalmente si sceglie un valore di SINAD di 12 dB che corrisponde a un fattore di distorsione 25% e si usa un tono modulante della frequenza di 1 kHz. È necessario stabilire anche altre condizioni: ad esempio per un ricevitore AM è necessario specificare la profondità di modulazione, per un ricevitore FM la deviazione di frequenza di picco. Una tipica specifica potrebbe essere che il ricevitore ha una sensibilità di 0,25 μV per un SINAD di 12 dB. Ovviamente quanto più è bassa la tensione d'ingresso necessaria per raggiungere il livello di SINAD stabilito, tanto migliore è la sensibilità del radio ricevitore.

Riflessione *In che modo le caratteristiche del filtro notch influiscono sulla misura del SINAD?*

Fig. 1.13 Set up utilizzato per fare misure di SINAD. Un generatore di segnale inietta in ingresso al ricevitore un segnale modulato con un tono audio di frequenza prestabilita (tipicamente 1 kHz). All'uscita audio del ricevitore si ottiene il segnale demodulato, il tono audio con sovrapposti rumore e distorsione. Si misura il livello di potenza complessivo di tale segnale. Il segnale demodulato viene inoltre fatto passare attraverso un filtro arresta banda (*notch*) che rimuove il tono audio, lasciando solo rumore e distorsione: viene fatta una seconda misura del livello di potenza del segnale all'uscita dal filtro notch. Il rapporto tra le due misure effettuate fornisce, per definizione, il SINAD.

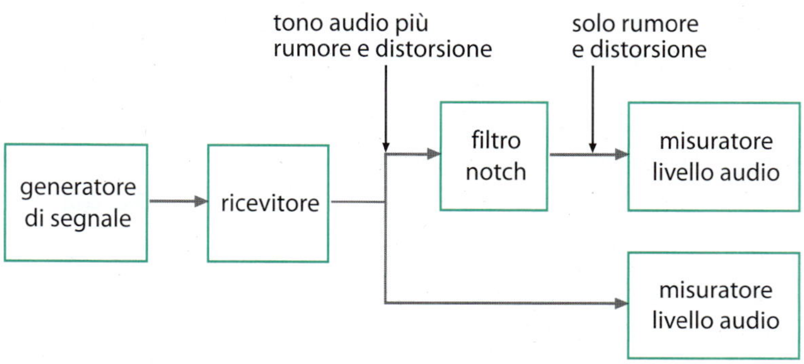

Sommario

Un segnale elettrico che trasporta informazione può essere soggetto a diversi tipi di disturbi (rumore, distorsioni, interferenze) che, nel loro complesso, degradano la qualità del segnale rendendo più difficile, o addirittura impossibile, l'interpretazione dell'informazione ricevuta.
La comprensione dei meccanismi che sono alla base della generazione di tali disturbi è fondamentale per poter prendere gli accorgimenti necessari a limitarne l'effetto.
È inoltre fondamentale poter misurare l'entità di tali disturbi per valutare le prestazioni del sistema. Sono stati pertanto definiti degli indicatori delle prestazioni del sistema nei confronti di un particolare tipo di disturbo (ad esempio il rapporto segnale/rumore *SNR* o la distorsione armonica totale, THD) o di un insieme di disturbi, come il SINAD.

Risposte alle riflessioni

***FAQ* 1** Il rumore termico è caratterizzato dall'assenza di periodicità nel tempo e da ampiezza costante su tutto lo spettro di frequenze. Viene detto anche bianco per analogia con il fatto che una radiazione elettromagnetica di simile spettro all'interno delle banda della luce visibile apparirebbe all'occhio umano come luce bianca.

***FAQ* 2** In campo musicale, un distorsore è un dispositivo che provoca la saturazione di un amplificatore, con conseguente distorsione del suono e comparsa di nuove componenti spettrali: sono proprio queste nuove componenti che generano il suono tipico della distorsione. In pratica la distorsione si ottiene alzando il guadagno di un preamplificatore in modo che parte del segnale che poi andrà all'amplificatore finale superi il valore massimo consentito, provocandone la saturazione.

***FAQ* 3** L'espressione della fase in funzione di ω è –arctg ωRC, evidentemente non lineare. Il ritardo di gruppo non è costante e quindi il circuito RC provoca sul segnale distorsione di fase.

***FAQ* 4** Il doppino è costituito da una coppia di conduttori di rame, ricoperti ciascuno da una guaina isolante. Si parla più propriamente di doppino intrecciato (*twisted pair*) in quanto i due conduttori sono intrecciati (binati) l'uno con l'altro in forma elicoidale. L'intreccio (o binatura) si rende necessario per prevenire fenomeni di interferenza (diafonia) fra coppie adiacenti.

***ReT* 1** Nel caso di trasmissioni analogiche una diminuzione di SNR determina un deperimento graduale della qualità del segnale ricevuto: per le trasmissioni analogiche tuttavia è l'utente finale a stabilire una soglia di fruibilità del sistema. Nel caso di trasmissioni digitali, invece, esiste una soglia minima di SNR sotto la quale il sistema non è in grado di funzionare (si pensi alla televisione digitale satellitare: o si vede bene o non si vede del tutto).

***ReT* 2** Negli stadi di ingresso di un ricevitore si ha praticamente sempre a che fare con segnali ricevuti a bassissima potenza: è quindi necessario che tali stadi abbiano bassissima rumorosità per garantire un adeguato rapporto segnale/rumore anche in presenza di bassissimi livelli del segnale. La rumorosità degli stadi successivi è via via mitigata dal guadagno degli stadi precedenti, e risulta quindi meno critica.

***ReT* 3** La figura di rumore dipende dal rumore di ingresso N_i secondo la relazione

$$F = \frac{N_a + G \cdot N_1}{G \cdot N_1}$$

dove G è il guadagno della rete ed N_a il rumore aggiunto internamente.
Detta T la temperatura di riferimento della sorgente, il rumore di ingresso N_i in una banda B è kTB, dove k è la costante di Boltzmann. Detta T_r la temperatura equivalente di rumore della rete , la rumorosità N_a della rete nella stessa banda B vale KT_rBG. Ne segue:

$$F = \frac{N_a + G \cdot N_1}{G \cdot N_1} = \frac{k \cdot T_r \cdot B \cdot G + k \cdot T \cdot B \cdot G}{k \cdot T_r \cdot B \cdot G} = \frac{T_r + T}{T_r}$$

da cui infine si ottiene: $F = 1 + T/T_r$, in cui T è la temperatura di rumore della sorgente.

***ReT* 4** Idealmente il filtro notch dovrebbe eliminare unicamente la frequenza del tono modulante. In pratica avrà una banda finita, seppur molto piccola: rimuove quindi non solo il tono ma anche rumore e distorsione che cadono nella propria banda. Dato che i prodotti di distorsione sono a frequenza multiple del tono, la banda del filtro (che seppur non ideale è comunque molto stretta) non ha in pratica effetto sulla misura della distorsione ma solo sulla misura dei livelli di rumore.

Sitografia • Bibliografia

- http://deecom19.poliba.it/CE/agg2007_1.pdf
- http://users.libero.it/sandry/download/TeoriaSegnalidownload/segnali_16a.pdf
- http://www.dti.unimi.it/~liberali/teoriasegnali/tds_a_16_2p.pdf
- http://www.hpmemory.org/an/pdf/an_150-11.pdf
- www.radiolab.com.au/DesignFile/DN004.pdf
- http://documents.exfo.com/appnotes/anote193-ang.pdf
- http://www.rfglobalnet.com/download.mvc/Crosstalk-Effects-Of-Shielded-Twisted-Pairs-0001
- http://cp.literature.agilent.com/litweb/pdf/5952-8255E.pdf
- http://www.analog.com/static/imported-files/tutorials/MT-003.pdf
- G. Pallottino, *Il rumore elettrico. Dalla fisica alla progettazione*, ed. Springer Verlag
- L. Calandrino, M. Chiani, *Quaderni di comunicazioni elettriche/2*, Pitagora, 2001.
- H. Taub, D. Schilling, *Principles of communication systems, 2nd edition*, McGraw-Hill International Editions, 1986.
- D. Del Corso, *Elettronica per telecomunicazioni*, McGraw-Hill, 2002.

Esercizi e Problemi

FAQ 1

Es. 1 Si consideri l'amplificatore operazionale in configurazione invertente rappresentato in figura dove $R_1 = 1$ kΩ e $R_2 = 10$ kΩ

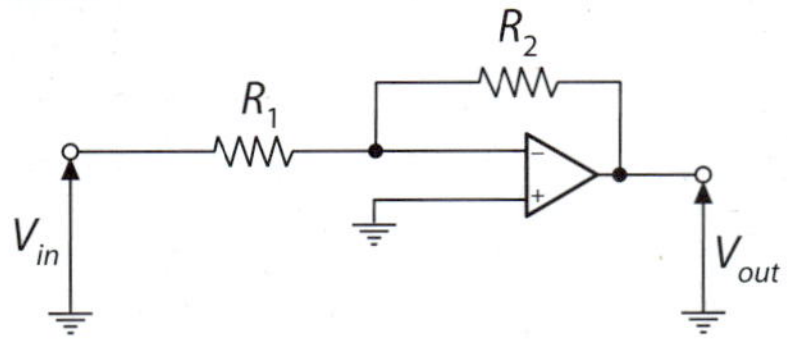

Si determini il contributo sull'uscita dovuto al rumore termico dovuto alle resistenze R_1 ed R_2 trascurando il rumore dovuto all'amplificatore operazionale.
La banda di interesse è: $B = 1$ kHz; la temperatura ambiente è: $T = T_0 = 290$ K.

FAQ 2

Es. 1 Dato lo spettro in figura, valutare la distorsione armonica totale (THD) del segnale.

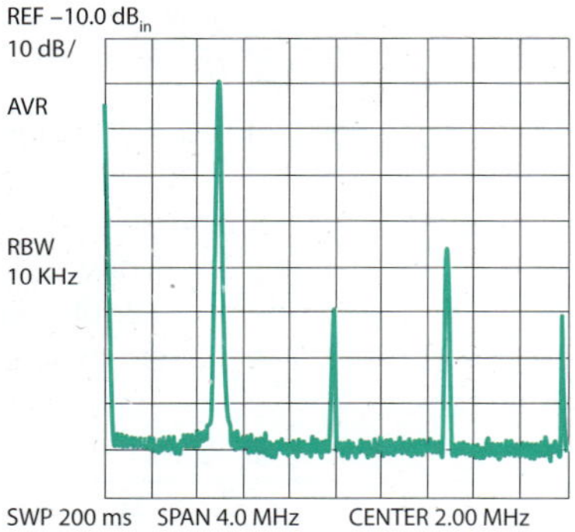

FAQ 3

Es. 1 Inviando in ingresso ad un circuito *RC* ($R = 16$ kΩ, $C = 10$ nF) un segnale ad onda quadra di frequenza 1 kHz ed ampiezza 1 V si ottiene in uscita una forma d'onda che può essere interpretata come evidente distorsione del segnale di ingresso.

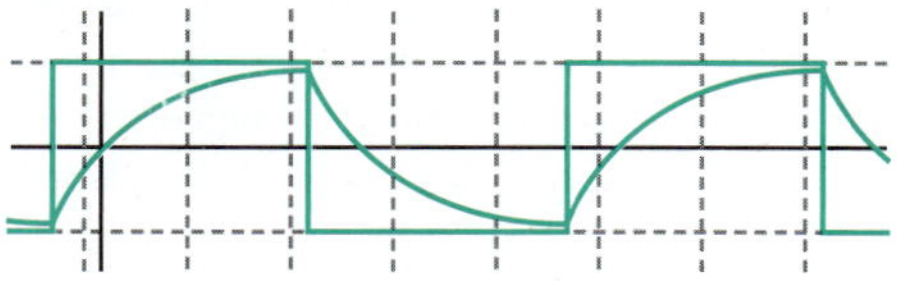

La distorsione della forma d'onda è di ampiezza, di fase o di entrambe?

Es. 2 Per il circuito *RC* dell'esercizio precedente determinare il ritardo di gruppo e rappresentarlo graficamente in funzione della frequenza.

FAQ 4

Es. 1 Il termine *crosstalk* viene usato anche nei televisori 3D. Che significato assume in tale contesto?

ReT 1

Es. 1 Si consideri un sistema costituito da un'antenna con temperatura di rumore $T_g = 150$ K, un preamplificatore con temperatura di rumore $T_1 = 200$ K e guadagno $A_1 = 26$ dB ed un amplificatore con temperatura di rumore $T_2 = 300$ K e guadagno $A_2 = 50$ dB. Calcolare la temperatura di rumore del sistema.

Es. 2 Si consideri un sistema costituito da un'antenna collegata ad un ricevitore con un tratto di linea che attenua *k* dB. La temperatura di rumore dell'antenna sia $T_g = 150$ K e quella del ricevitore $T_a = 200$ K. Calcolare la temperatura di rumore del sistema nel caso in cui $k = 0$ dB (linea non dissipativa) e nel caso in cui $k = 3$ dB.

ReT 2

Es. 1 Si deve progettare un sistema costituito dalla cascata di due amplificatori, il primo con un guadagno $G_1 = 10$ dB, il secondo con una figura di rumore $F_2 = 6$ dB. Quanto deve valere la figura di rumore F_1 del primo amplificatore affinché la figura di rumore del sistema sia pari a 3 dB?

Es. 2 Un sistema ha la seguente catena di trasmissione: un preamplificatore con guadagno pari a 20 dB e cifra di rumore pari a 6 dB, un cavo coassiale con 3 dB di attenuazione, un amplificatore con guadagno di 60 dB e cifra di rumore di 16 dB. Calcolare la cifra di rumore complessiva.

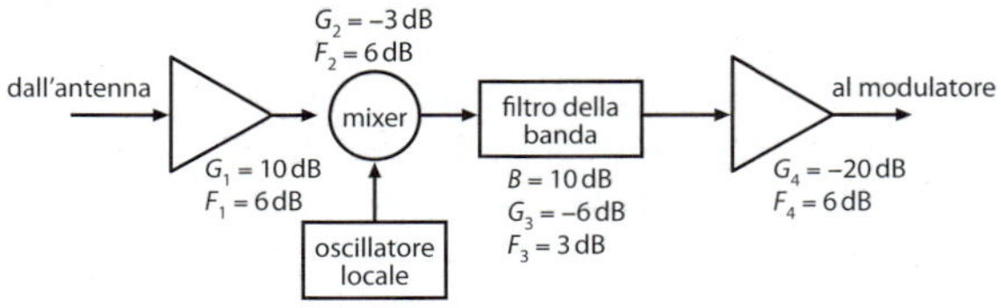

Es. 3 Con riferimento all'esercizio precedente, verificare che togliendo il preamplificatore ed aumentando il guadagno dell'amplificatore di 20 dB (stessa cifra di rumore), la cifra di rumore complessiva peggiora.

ReT 3

Es. 1 All'ingresso di un ricevitore il rapporto segnale/rumore SNR vale 40 dB. Se la potenza di rumore è di 10 μW, che potenza ha il segnale?

Es. 2 Che larghezza di banda minima deve avere un canale caratterizzato da rapporto segnale/rumore SNR = 40 dB per consentire una frequenza di cifra $C = 200$ kbit/s?

Pr. 1 Si consideri il ricevitore in figura. La potenza di segnale e la densità spettrale di potenza del rumore ricevute dall'antenna sono, rispettivamente, di 110 dBm e −174 dBm/Hz. Determinare il rapporto segnale/rumore *SNR* in uscita (all'ingresso del demodulatore).

ReT 4

Es.1 Calcolare il SINAD sapendo che il rapporto segnale/rumore è di 60 dB e la distorsione armonica totale di 40 dB.

Pr. 1 Dimostrare la seguente relazione, che esprime il SINAD in termini di SNR (rapporto segnale rumore) e THD (distorsione armonica totale). SNR e THD sono espressi in dB.

$$\text{SINAD} = 20 \log \frac{S}{ND} = -10 \log \left[10^{-\text{SNR}/10} + 10^{-\text{THD}/10}\right]$$

UNITÀ 13.2

La qualità delle trasmissioni digitali

Il problema degli errori nelle comunicazioni digitali

In questa Unità vengono discusse alcune problematiche relative al trasferimento di dati, garantendone l'integrità e rispettando i requisiti di qualità richiesti. Particolare attenzione viene posta alle problematiche relative alle misure di BER

Le prestazioni di una connessione digitale possono essere degradate dagli errori che hanno natura tipicamente casuale. Una stima delle prestazioni della connessione nei confronti degli errori è il BER (*Bit Error Ratio*), il rapporto tra numero di bit ricevuti errati e il numero totale di bit trasmessi. Adottando una codifica di canale, che consente al ricevitore di rivelare la presenza degli errori e di correggerli, è possibile migliorare le prestazioni di una connessione digitale nei confronti degli errori. La capacità di rivelare e correggere eventuali errori è però solo un aspetto di una problematica più ampia: per garantire la completa integrità dei dati occorre infatti anche recuperare pacchetti andati eventualmente perduti, riordinare correttamente la sequenza di pacchetti ricevuti ed effettuare il controllo di flusso, ovvero consentire al ricevitore di regolare il flusso di dati dal trasmettitore.

indice

FAQ 1 Che cos'è e come si misura il BER (*Bit-Error-Ratio*)

Il **BER** di un sistema di comunicazione digitale può essere definito come la probabilità stimata che un bit trasmesso attraverso il sistema venga ricevuto errato, ovvero che un bit trasmesso come 1 sia ricevuto come 0 o viceversa. La presenza di bit errati può essere dovuta a diversi fattori, principalmente il rumore che si somma ai livelli del segnale soprattutto in ingresso al ricevitore dove, a causa dell'attenuazione, il segnale arriva molto indebolito. In presenza di un rapporto segnale/rumore molto degradato diviene difficoltoso riconoscere correttamente i simboli 1 e 0 e quindi si possono verificare degli errori. Un altro fattore che può causare la presenza di errori è il *jitter*, ovvero variazioni casuali del periodo del clock di riferimento, che può creare problemi nel corretto campionamento dei dati. Per dare un'idea dell'ordine di grandezza, protocolli di telecomunicazioni come SONET richiedono un BER di 10^{-10} (un bit errato su 10^{10} bit trasmessi) mentre Ethernet a 10 Gbit/s raccomanda un BER migliore di 10^{-13}. Le misure di BER vengono effettuate trasmettendo un numero finito di bit attraverso il sistema e contando il numero di bit errati ricevuti: il rapporto tra il numero di bit ricevuti errati ed il numero totale di bit trasmessi è il BER del sistema. La fig. 2.1 illustra la procedura di misura del BER.

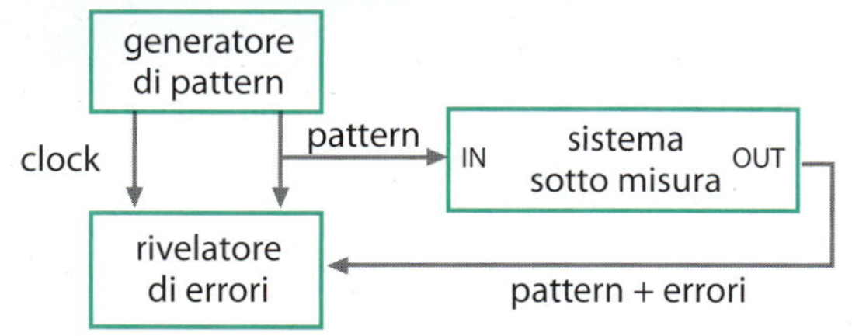

Fig. 2.1 Procedura di misura del BER di un sistema. Il rivelatore di errori confronta la sequenza di bit (pattern) ricevuta direttamente dal generatore di pattern con quella ricevuta dal sistema sotto misura e conteggia le differenze sui singoli bit come errori. Il BER stimato è il rapporto tra il numero di errori rilevati ed il numero totale di bit trasmessi.

Il generatore di pattern trasmette una sequenza di bit di test (*pattern*) al sistema sotto misura. Gli standard per le comunicazioni digitali specificano i pattern da utilizzare per effettuare misure di BER. Normalmente si usa un pattern che emula il tipo di dati atteso durante il normale funzionamento del sistema; in alcuni casi si preferisce usare pattern particolarmente stressanti per il sistema, per valutare la situazione nel caso peggiore. Il generatore di pattern invia la stessa sequenza di bit inviata al sistema sotto misura anche al rivelatore di errori, che effettua un confronto bit per bit tra i dati ricevuti dal sistema sotto misura e dal generatore di pattern: ogni differenza riscontrata viene conteggiata come un errore.

Per poter confrontare correttamente i bit ricevuti dal generatore di pattern con quelli ricevuti dal sistema sotto misura, il rivelatore di errori deve essere sincronizzato con entrambi i flussi e deve compensare il ritardo subito dai dati attraversando il sistema. La sincronizzazione con il flusso di bit ricevuti dal generatore di pattern viene ottenuta attraverso l'invio di un segnale di clock dal generatore di pattern al rivelatore di errori. Il rivelatore di errori aggiunge a tale segnale di clock un ritardo variabile per consentire la sincronizzazione con il flusso di bit ricevuto dal sistema sotto misura. Prima di procedere al test viene effettuata una procedura di calibrazione, in cui viene determinato il ritardo ottimale necessario per ottenere la perfetta sincronizzazione e minimizzare gli errori.

È importante notare che il BER è essenzialmente una media statistica e pertanto è attendibile solo se il numero di bit trasmessi è sufficientemente grande.

Per misurare il "vero" BER sarebbe necessario trasmettere infiniti bit. Per avere tempi di misura del BER finiti ci dobbiamo accontentare di una stima, che sarà tanto più precisa quanto più è grande il numero di bit trasmessi; per contro, aumentare il numero di bit trasmessi significa anche aumentare la durata dell'intervallo di tempo necessario ad effettuare la misura.

Esempio Stimare il tempo necessario per effettuare una misura di un BER 10^{-12} su un sistema che opera ad una velocità di 100 Mbit/s.

Discussione Per avere una misura attendibile occorre trasmettere un numero di bit sufficientemente grande: un BER di 10^{-12} specifica 1 bit errato su 10^{12} bit trasmessi. Per avere una stima attendibile del BER è necessario trasmettere un numero di bit molto maggiore di 10^{12}: scegliamo ad esempio di trasmettere un numero N di bit pari a 10 volte il reciproco del BER: $N = 10 \cdot 10^{12} = 10^{13}$. Il tempo necessario per trasmettere tale numero di bit alla velocità di 100 Mbit/s è $t = 10^{13}/10^{8} = 10^{5}$ secondi, oltre 27 ore.

In pratica è possibile ridurre la durata della misura provocando una riduzione di quantità nota del rapporto segnale/rumore durante la misura. Questo provoca un numero maggiore di bit errati ed una misura più rapida del BER del sistema degradato. Conoscendo la relazione tra BER e SNR è possibile estrapolare il BER effettivo del sistema dalle misure di BER degradato.

Il prezzo da pagare è la riduzione dell'attendibilità della misura di BER effettuata: per tale motivo si riduce il rapporto SNR il meno possibile, quanto basta ad avere tempi di misura ragionevoli.

Riflessione *La misura di BER può essere influenzata dalla particolare sequenza di test (pattern) utilizzata?*

FAQ 2 Che cos'è il BER Confidence Level?

Il BER di un sistema di comunicazione digitale può essere definito come la probabilità stimata che un bit trasmesso attraverso il sistema venga ricevuto errato. In pratica il BER viene misurato trasmettendo un numero finito di bit attraverso il sistema e contando il numero di bit errati ricevuti: il rapporto tra il numero di bit ricevuti errati ed il numero totale di bit trasmessi viene assunto come misura del BER.

È importante sottolineare che la misura del BER è una stima attendibile delle prestazioni del sistema nei confronti degli errori solo se il numero di bit trasmessi è sufficientemente grande. Per misurare il "vero" BER sarebbe necessario trasmettere infiniti bit: per avere tempi di misura finiti ci si deve accontentare di una stima, che sarà tanto più precisa quanto maggiore è il numero di bit trasmessi.

Per valutare quanti bit sia necessario trasmettere per effettuare una misura di BER di affidabilità predefinita, si usa il concetto di **BER *Confidence Level***, CL.

Il *Confidence Level* di una misura di BER viene definito come la probabilità, basata su E errori rilevati su N bit trasmessi, che il "vero" BER (quello che verrebbe misurato trasmettendo infiniti bit) sia inferiore ad un valore R specificato. In altre parole, se dovessimo ripetere più volte la misura del BER, trasmettendo ogni volta lo stesso numero N di bit attraverso il sistema e contando il numero E di errori rilevati in ogni singolo test, ci aspettiamo che il BER misurato in ogni singolo test (E/N) sia inferiore a R in una percentuale CL dei test effettuati.

Il concetto di *Confidence Level* della misura di BER è strettamente legato a quello di probabilità di rilevare un certo numero di errori durante la misura. Detto μ il prodotto $N \cdot BER$, dove N è il numero di bit trasmessi, la probabilità di rilevare un numero N_{err} di errori può essere calcolata mediante la seguente *distribuzione di Poisson*:

$$P_{Poisson}(N_{err}, \mu) = e^{-\mu} \cdot \frac{1}{N_{err}!} \cdot \mu^{N_{Err}}$$

La probabilità di rilevare, 0 oppure 1 oppure 2... oppure N_{err} è la somma delle singole probabilità ovvero:

$$P(0, \mu) + (1, \mu) + \dots + (N_{err}, \mu) = \sum_{K=0}^{N_{Err}} P(N_{err}, \mu)$$

Il *Confidence Level*, CL della misura di BER viene definito come:

$$CL = 1 - \sum_{K=0}^{N_{err}} P(N_{err}, \mu)$$

dove $\mu = N \cdot BER$ ed N_{Err} è il numero di errori rilevati durante la misura.

Esempio Trasmettendo $5 \cdot 10^{12}$ bit si rileva un singolo errore: quale affidabilità si ha nel ritenere che il BER sia minore $1 \cdot 10^{-12}$?

Discussione Il BER misurato è $1/5 \cdot 10^{12} = 0{,}2 \cdot 10^{-12}$, quindi effettivamente inferiore a $1 \cdot 10^{-12}$ ma la misura ha un certo grado di incertezza, che vogliamo stimare valutando il *Confidence Level*.
Il prodotto $N \cdot BER$ vale $\mu = 5 \cdot 10^{12} \cdot 1 \cdot 10^{-12} = 5$.
La probabilità di osservare $N_{err} = 0$ errori su $5 \cdot 10^{12}$ bit trasmessi, assumendo che il BER sia $1 \cdot 10^{-12}$, vale: $P(0{,}5) = e^{-5} = 0{,}0067$.
Analogamente, la probabilità di osservare $N_{err} = 1$ errori su $5 \cdot 10^{12}$ bit trasmessi, sempre assumendo che il BER sia $1 \cdot 10^{-12}$, vale: $P(1{,}5) = e^{-5} \cdot 5 = 0{,}0337$.
La probabilità di osservare 0 oppure 1 errori su $5 \cdot 10^{12}$ bit trasmessi, assumendo che il BER sia esattamente $1 \cdot 10^{-12}$, vale $P(0{,}5) + P(1{,}5) = 0{,}0067 + 0{,}0337 = 0{,}0404 = 4{,}04\%$
Il *Confidence Level* vale $1 - 0{,}0404 = 0{,}9596 = 95{,}96\%$. Tale risultato può essere così interpretato: ripetendo molte volte lo stesso test, solo nel 95,96% dei casi il BER misurato sarà effettivamente inferiore a $1 \cdot 10^{-12}$.

Dall'esempio precedente dovrebbe risultare evidente che l'uso della definizione di *Confidence Level* per determinarne il valore può risultare alquanto laborioso, soprattutto al crescere del numero di errori rilevati. In pratica risulta più comodo utilizzare grafici come quello in fig. 2.2 che mostrano la relazione, per alcuni valori di N_{err}, tra *Confidence Level* e prodotto $N \cdot BER$.

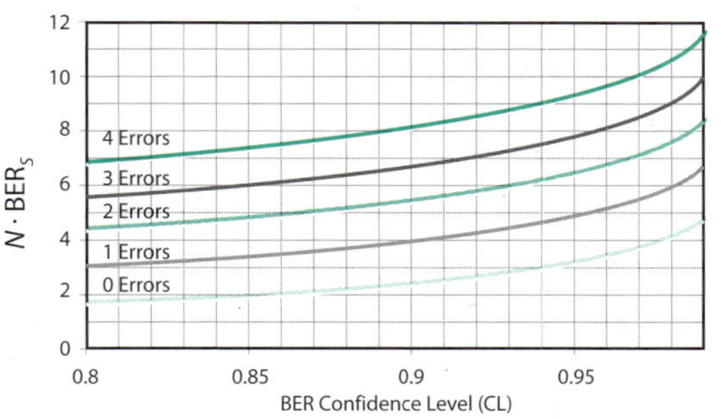

Fig. 2.2 Relazione tra il prodotto $N \cdot BER$ (dove N è il numero di bit trasmessi) e il *Confidence Level* per diversi valori del numero di errori rilevati durante il test.

Ripetiamo l'esempio facendo uso dei grafici in fig. 2.2. Essendo $\mu = N \cdot BER = 5$, tracciamo una linea orizzontale in corrispondenza di tale valore fino ad incontrare la linea corrispondente ad 1 errore. Dal punto di intersezione tracciamo una linea verticale fino ad incontrare l'asse delle ascisse, su cui è immediato leggere un valore di *Confidence Level* 0.96.

Riflessione *Quanti bit è necessario trasmettere per effettuare una misura di BER con confidence level prefissato?*

FAQ 3 Quanto tempo occorre per una misura di BER attendibile?

I tempi necessari ad effettuare misure di BER molto bassi con affidabilità (*Confidence Level*) elevata su sistemi con basse velocità di trasmissione possono divenire molto lunghi.

Esempio Valutare quanto tempo occorre per stimare il BER 10^{-12} di un sistema che opera alla velocità di 622 Mbit/s con confidence level 99%.

Discussione Dalla tabella si ricava immediatamente che per avere un confidence level 99% (in assenza di errori rilevati) è necessario trasmettere un numero *N* di bit pari a 4,61 volte il reciproco del BER, ovvero $4{,}61 \cdot 10^{12}$ bit. Alla velocità di 622 Mbit/s sono necessari $4{,}61 \cdot 10^{12}/622 \cdot 10^{6} = 7411$ s, poco più di due ore.

Errori	CL=90%	CL=95%	CL=99%
0	2,30	3,00	4,61
1	3,89	4,74	6,64
2	5,32	6,30	8,40

Fig. 2.3 La tabella riporta il numero di bit, normalizzato al BER, necessari a stimare il BER con un valore di confidence level prefissato in base al numero di bit errati rilevati.

Un modo per abbreviare i tempi di misura è quello di ridurre di una quantità nota il rapporto segnale/rumore SNR del sistema durante la misura. Nell'ipotesi che la principale sorgente di rumore nel sistema sia il rumore termico nel ricevitore, inserendo un attenuatore nel sistema sotto misura prima del ricevitore si attenua il segnale, ma non il rumore: il rapporto SNR in ricezione viene ridotto della stessa attenuazione subita dal segnale. Al crescere dell'attenuazione introdotta SNR peggiora e con esso il BER del sistema. La riduzione del rapporto segnale/rumore provoca la comparsa di un maggior numero di errori e consente di effettuare una misura più rapida del BER del sistema degradato, in quanto è sufficiente trasmettere un minor numero di bit. Conoscendo la relazione tra BER e SNR è poi possibile estrapolare le misure di BER del sistema degradato per stimare il BER effettivo del sistema. La fig. 2.4 fornisce una rappresentazione grafica della relazione tra BER e SNR.

Per illustrare il metodo di riduzione dei tempi di misura del BER facciamo riferimento al sistema precedente, in cui si era stimato in circa due ore il tempo necessario per misurare con *Confidence Level* 99% un BER 10^{-12}. Dalla fig. 2.4 si vede che BER 10^{-12} corrisponde ad un rapporto segnale/rumore 14. Inserendo nel sistema, prima del ricevitore, un attenuatore da 0,4575 dB il rap-

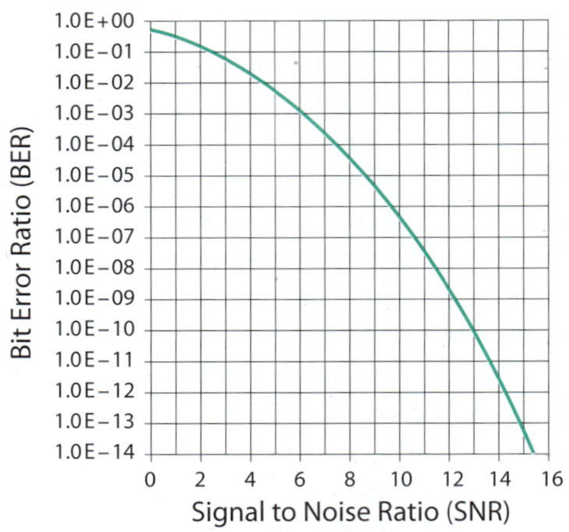

Fig. 2.4 Il grafico mostra la relazione tra BER e SNR. Riducendo il rapporto segnale/rumore le prestazioni del sistema degradano ed il BER aumenta.

porto segnale/rumore scende a $10\log_{10}(14) - 0{,}4575 = 11{,}0037$ dB corrispondenti ad un rapporto segnale/rumore 12,6. Il BER del sistema degradato, letto sulla fig. 2.4.

Il BER del sistema degradato, 10^{-10}, 100 volte più grande del BER effettivo, 10^{-12}. Ne segue che per avere un confidence level 99% nella stima di BER = 10^{-10} è necessario trasmettere solo $4{,}61 \cdot 10^{10}$ bit ovvero 1/100 dei bit necessari a stimare il BER effettivo, impiegando solo 1/100 del tempo, ovvero solo 74,11 secondi, poco più di un minuto. Il prezzo da pagare per ottenere una riduzione così consistente dei tempi di misura è una significativa riduzione del *Confidence Level* della misura del BER effettivo del sistema. Nell'esempio si è ottenuta una riduzione del tempo di misura di 100 volte. Se il test sul sistema degradato viene effettuato con *Confidence Level* 99% e zero errori, ci aspettiamo che ripetendo 100 volte il test otterremmo in 99 casi nessun errore e in un caso 1 errore. Concatenando tutti i bit dai 100 test ripetuti otterremmo 1 errore sul numero totale *N* di bit trasmessi con $N = 100/10^{-10} = 10^{12} = 1/\text{BER}$ ovvero $N \cdot \text{BER} = 1$. Estrapolando i risultati dai 100 test ripetuti sul sistema degradato al BER effettivo del sistema si ottiene $N \cdot \text{BER} = 1$.
Dalla definizione di *Confidence Level* CL

$$CL = 1 - e^{-N \cdot BER} \cdot \sum_{K=0}^{E} \frac{(N \cdot BER_s)^k}{k!}$$

con $E = 0$ e $N \cdot \text{BER} = 1$ si ottiene $CL = 1 - e^{-1} = 0{,}632 = 63{,}2\%$, molto inferiore al 99% di *Confidence Level* di partenza.

Riflessione *In che modo è possibile ottenere una significativa riduzione del tempo di misura del BER senza ridurre eccessivamente il Confidence Level?*

FAQ 4 Che cosa si intende per QoS (*Quality of Service*)?

Il termine **QoS** (acronimo di *Quality of Service*) applicato a reti a commutazione di pacchetto indica la capacità della rete di garantire livelli accettabili di servizio per un certo tipo di traffico.

Quando è stata creata Internet, non era stata percepita la necessità di QoS per le applicazioni. La filosofia di base è quella del *best effort* tipica del protocollo IP, che garantisce di fare tutto il possibile per portare a termine un'operazione, ma non garantisce, né dá conferma, che sia stata effettivamente compiuta. Il modello di QoS originale di Internet (nessuna QoS) non è adatto ad applicazioni che richiedono un livello di banda minimo garantito: per questo tipo di applicazioni si rende necessaria l'adozione di misure per garantire una certa QoS.

I parametri che concorrono a determinare QoS per una rete a pacchetto sono:

- **la banda disponibile**: è un requisito cruciale. Il suo valore massimo dipende dal contratto stipulato dall'utente con il provider del servizio. La banda effettiva a disposizione può risentire di problemi di congestione sulla rete;
- **la perdita di pacchetti** (*packet loss*): può avere diverse cause, ad esempio la saturazione dei nodi di commutazione;
- **la consegna fuori sequenza** (*out-of-order*): può avvenire che una sequenza di pacchetti venga consegnata in un ordine diverso da quello originale, in quanto i singoli pacchetti possono essere instradati su percorsi diversi su cui subiscono ritardi differenti;
- **gli errori di trasmissione**: un pacchetto consegnato a destinazione può contenere degli errori. L'uso di codici consente di riconoscere e di correggere la maggior parte degli errori di trasmissione;
- **il ritardo:** è l'intervallo di tempo che intercorre dalla immissione in rete di un pacchetto alla consegna al destinatario. Sono significative caratteristiche come il *ritardo medio* e il *jitter*, ovvero le variazioni casuali del ritardo tra pacchetti.

In Internet, il protocollo di trasporto TCP si occupa del riordino dei pacchetti, del recupero degli errori e di problematiche di congestione della rete. Risulta perfettamente idoneo per applicazioni o servizi *non* in tempo reale, cioè quando il ritardo (e la sua variabilità) non è un parametro critico.

Le applicazioni *in tempo reale*, come il VoIP (*Voice over Internet Protocol*) o lo *streaming audio-video*, sono invece molto sensibili ai parametri di ritardo, variabilità di ritardo e perdita di pacchetti che implicano rispettivamente tempi di latenza troppo elevati, jitter, richieste di ritrasmissione da parte di TCP con sensibili ritardi aggiuntivi. In generale tali applicazioni preferiscono appoggiarsi su un protocollo di trasporto non affidabile come UDP (*User Datagram Protocol*) che non fa controlli di trasmissione, ed evita quindi i conseguenti ritardi, al prezzo di possibili perdite di dati.

L'idea di fondo per garantire una certa QoS è quella di amministrare la banda disponibile, facendo in modo che i pacchetti che giungono ad un router subiscano trattamenti differenziati in base ad una qualche forma di priorità: è necessario poter identificare i pacchetti che devono ricevere un trattamento privilegiato ed applicare a tali pacchetti una disciplina di coda sulle porte di uscita del router.

Un metodo utilizzato per identificare il traffico da privilegiare è basato sulle prenotazioni **IntServ** (*Integrated Services*): prima di iniziare una sessione che ha dei requisiti di QoS, l'applicazione deve "chiedere" alla rete se questa può garantire le prestazioni necessarie specificando il profilo di traffico che verrà immesso: la rete valuta se dispone delle risorse adeguate e, in caso positivo, accetta la prenotazione concedendo il servizio richiesto. Un metodo alternativo, **DiffServ** (*Differenciated Service*), prevede che gli utenti della rete stipulino a priori un contratto che definisca la quantità massima di traffico "privilegiato" che essi possono generare e marchino tale traffico utilizzando il campo *Type of Service* dell'intestazione dei pacchetti IP.

In un router che non applica politiche di qualità del servizio, i pacchetti vengono ritrasmessi sulle porte in uscita nello stesso ordine in cui sono arrivati. Per garantire una certa QoS è possibile gestire per ciascuna porta in uscita del router diverse code, in cui i pacchetti vengono smistati in base alla priorità: la disciplina di coda stabilisce in quale ordine i pacchetti verranno prelevati dalle varie code. La disciplina di coda più semplice è la **priorità stretta.** Le code sono ordinate per priorità: ogni volta che si deve trasmettere un pacchetto, lo si preleva dalla coda a priorità più alta che ha un pacchetto pronto. Una disciplina di coda più democratica è il *Weighted Round Robin*. In questo caso i pacchetti vengono prelevati a turno da ciascuna coda, garantendo così che anche le applicazioni a bassa priorità abbiano sempre la possibilità trasmettere. Il termine "*weighted*" (pesato) significa che a ciascuna coda può essere attribuito un peso differente, ovvero una frazione più o meno grande della banda disponibile, e i pacchetti vengono prelevati in modo da garantire tale banda. Se una classe di traffico in un certo momento non utilizza la banda ad essa allocata, questa diviene utilizzabile dalle altre.

Riflessione *Qual è l'inconveniente maggiore della disciplina di coda a priorità stretta?*

ReT 1 Il controllo degli errori

È possibile migliorare le prestazioni di un canale rumoroso nei confronti degli errori adottando una codifica di canale che consenta al ricevitore di rilevare la presenza di errori ed eventualmente di correggerli.

Nei codici a blocco, su ogni messaggio di k bit da trasmettere vengono calcolati, mediante un algoritmo, r bit di ridondanza che vengono aggiunti al messaggio stesso. Si trasmette quindi una trama di $k + r$ bit, messaggio più *ridondanza*. In ricezione, il ricevitore separa i k bit di messaggio e, attraverso lo stesso algoritmo utilizzato in trasmissione, calcola la propria ridondanza r': se $(r' \lessgtr r)$, il ricevitore assume che si siano verificati degli errori (si attende che lo stesso algoritmo sullo stesso messaggio dia luogo alla stessa ridondanza).

L'esempio più semplice di codice a blocco è il *bit di parità*. La ridondanza aggiunta al messaggio è costituita da un unico bit, il cui valore può essere calcolato in modo molto semplice: si conta il numero di bit a 1 nel messaggio e si sceglie il valore del bit di parità in modo da avere un numero di bit complessivo (messaggio + bit di parità) pari (parità pari) o dispari (parità dispari).

Esempio 1 Si debba trasmettere il messaggio 110101 utilizzando la parità pari per il controllo degli errori. Il bit di parità verrà posto a 0 in quanto il numero di bit a 1 nel messaggio è già pari. La sequenza di bit che verrà trasmessa è quindi 1101010.

Discussione Se avviene un errore durante la trasmissione che trasforma il primo bit in uno 0 (ovvero viene ricevuta la sequenza 0101010) il ricevitore, usando il bit di parità, rileva la presenza di errori: nei bit di messaggio conta infatti 3 bit a 1 ma il bit di parità è 0, quindi la parità pari non è verificata.

Il controllo effettuato mediante bit di parità ha un'affidabilità molto bassa.

È infatti in grado di rilevare solo gli errori che avvengono in numero dispari, ovvero solo il 50% degli errori possibili. In applicazioni pratiche abbiamo bisogno di codici con affidabilità molto più elevata. Un codice con affidabilità di poco inferiore al 100%, largamente utilizzato in pratica (ad esempio nella rete Ethernet), è il codice CRC (*Cyclic Redundancy Code*). Si basa sull'assunzione che qualsiasi sequenza di bit può essere interpretata come un polinomio di grado massimo pari al numero di bit meno 1: ad esempio la sequenza di bit 1101 corrisponde al polinomio $x^3 + x^2 + 1$, e viceversa. Il codice CRC definisce un particolare polinomio $G(x)$, detto *polinomio generatore*, il cui grado massimo r stabilisce il numero di bit di ridondanza utilizzati. Trasmettitore e ricevitore usano lo stesso $G(x)$ per ogni messaggio trasmesso e ricevuto. In trasmissione, al messaggio da trasmettere $M(x)$ vengono accodati r bit di ridondanza, inizialmente tutti a 0: ciò equivale a moltiplicare $M(x)$ per x^r. Il polinomio $M(x) \cdot x^r$ viene quindi diviso (modulo 2) per il polinomio generatore $G(x)$ e si calcola il resto della divisione, che è un polinomio $R(x)$ di grado massimo inferiore ad r. Gli r bit corrispondenti al polinomio $R(x)$ sono gli r bit di ridondanza che vengono aggiunti al polinomio $M(x)$ ottenendo il polinomio $T(x)$, che rappresenta la sequenza di bit che verrà trasmessa (messaggio più ridondanza). $T(x)$ gode della proprietà di essere esattamente divisibile per il polinomio generatore: ovvero la divisione $T(x)/G(x)$ dà resto nullo.

Il trasmettitore invia quindi $T(x)$; in ricezione, per controllare la presenza di errori sulla trama ricevuta $T(x)$ è sufficiente dividerla per il polinomio generatore: un resto diverso da zero segnala la presenza di errori.

Esempio 2 Sia $G(x) = x^3 + x^2 + 1$ il polinomio generatore e 11001 il messaggio da trasmettere. Il messaggio 11001 corrisponde al polinomio $M(x) = x^4 + x^3 + 1$. Determinare $T(x)$.

Discussione Il grado massimo del polinomio generatore è $r = 3$: vengono quindi aggiunti 3 bit a 0 al messaggio, che diviene 11001000, corrispondente al polinomio $M(x) \cdot x^r = x^7 + x^6 + x^3$.

Viene effettuata la divisione modulo 2 tra il polinomio $M(x) \cdot x^r$ ed il polinomio generatore $G(x)$:

$$
\begin{array}{l|l}
x^7 + x^6 + x^3 & x^3 + x^2 + 1 \\ \cline{2-2}
\underline{x^7 + x^6 + x^4} & x^4 + x \\
\quad x^4 + x^3 & \\
\quad \underline{x^4 + x^3 + x} & \\
\qquad\qquad x &
\end{array}
$$

Il resto della divisione è $R(x) = x$ che, su $r = 3$ bit, corrisponde a 010. Questi 3 bit costituiscono la ridondanza da aggiungere al messaggio per ottenere la sequenza di bit da trasmettere: 11001010 corrispondente al polinomio $T(x) = x^7 + x^6 + x^3 + x$.

I bit di ridondanza consentono al ricevitore di effettuare la rivelazione degli errori. La correzione degli errori può essere effettuata in base a due strategie differenti:

FEC (*Forward Error Correction*): utilizza i codici sia per rivelare la presenza di errori, sia per correggerli: è particolarmente indicata nei casi in cui non sia possibile, o conveniente, effettuare la ritrasmissione del messaggio;

ARQ (*Automatic Repeat and reQuest*): utilizza i codici solo per rivelare la presenza di errori nel messaggio ricevuto. Quando si rivela la presenza di un errore, il ricevitore chiede la ritrasmissione del messaggio al trasmettitore (è necessario un canale di ritorno su cui inviare la richiesta).

Riflessione *Un codice a rivelazione di errore può avere affidabilità 100%?*

ReT 2 L'integrità dei dati

Scopo fondamentale di una rete è quello di consentire lo scambio di dati tra processi distribuiti che operano al livello più alto dell'architettura, quello di Applicazione: casi tipici sono la "navigazione" di pagine WEB mediante un browser (HTTP) e il trasferimento di file (FTP). È necessario garantire l'integrità dei dati trasferiti, ovvero trasferire i dati da un processo applicativo all'altro in modo corretto ed ordinato.

Più precisamente, garantire l'integrità dei dati implica:

- *la capacità di rivelare la presenza di bit errati e di correggerli.* Un canale rumoroso può alterare i livelli del segnale, provocando errori nel riconoscimento degli stati logici. Ad ogni messaggio trasmesso viene aggiunta dalla ridondanza calcolata sul messaggio in base ad un particolare codice, ad esempio il CRC. In ricezione il controllo della ridondanza consente al ricevitore di scoprire la presenza di eventuali errori. La correzione può essere effettuata direttamente dal ricevitore, oppure mediante la trasmissione del pacchetto ricevuto con errori;
- *la capacità di recuperare pacchetti andati perduti.* Una tipica causa di perdita di pacchetti è una congestione della rete: il traffico eccessivo immesso provoca il sovraccarico dei router i cui buffer tendono a saturare: un nuovo pacchetto che arriva ad un router il cui buffer di ricezione è saturo, viene scartato;
- *la capacità di riordinare i pacchetti ricevuti.* I pacchetti possono essere ricevuti in ordine diverso da quello in cui sono stati trasmessi, in quanto ogni singolo pacchetto può essere istradato su un percorso differente. Il generico pacchetto i-esimo di un flusso di dati subisce un ritardo elevato nelle code di router sovraccarichi: il pacchetto successivo viene istradato su un percorso differente, attraverso router meno congestionati, e subisce quindi un ritardo molto minore. Può così avvenire che il pacchetto i + 1-esimo venga ricevuto prima del pacchetto i-esimo. Il riordino viene reso possibile dall'utilizzo dei numeri di sequenza con cui vengono contrassegnati i pacchetti in trasmissione;
- *la gestione del controllo di flusso.* Un ricevitore deve avere la possibilità di controllare l'invio di nuovi dati da parte di un trasmettitore per evitare la saturazione del proprio buffer di ricezione. Una modalità di controllo di flusso, usata ad esempio nel protocollo HDLC, è quella di sospendere temporaneamente l'invio di nuovi pacchetti da parte del trasmettitore: quando il buffer di ricezione è prossimo alla saturazione, il ricevitore invia al trasmettitore un particolare pacchetto di controllo (*Receiver Not ready*) per indicargli di non essere pronto a ricevere nuovi dati. Quando ha svuotato il proprio buffer, il ricevitore invia al trasmettitore un pacchetto di controllo (*Receiver Ready*) con cui dichiara la propria disponibilità a ricevere nuovi pacchetti. Il protocollo TCP usa una modalità di controllo di flusso differente: il ricevitore mantiene una variabile *finestra di ricezione* che indica la quantità di spazio disponibile, in un certo istante, nel buffer di ricezione. TCP è full-duplex: i pacchetti che viaggiano dal ricevitore al trasmettitore trasportano, in un apposito campo dell'intestazione, il valore della *finestra di ricezione*. Il trasmettitore viene in questo modo informato di quanto spazio è libero nel buffer del ricevitore: può quindi regolare l'invio di nuovi dati in modo da non provocarne l'*overflow*.

In Internet il problema dell'integrità dei dati viene gestito a livello di Trasporto, in quanto il protocollo a livello di Rete, IP (*Internet Protocol*) è per sua natura non affidabile. Compito principale del protocollo IP è quello di istradare un pacchetto (*datagram*) dall'host sorgente all'host destinazione attraverso i router della rete: IP fa del suo meglio (*best effort*) per consegnare il pacchetto a destinazione, ma non dà alcuna garanzia di poterlo fare e neppure conferma di essere riuscito a farlo.

Il protocollo di trasporto TCP (*Transmission Control Protocol*) di Internet adotta gli accorgimenti necessari per rendere affidabile la connessione tra due processi applicativi, nonostante l'utilizzo di un protocollo di rete non affidabile.

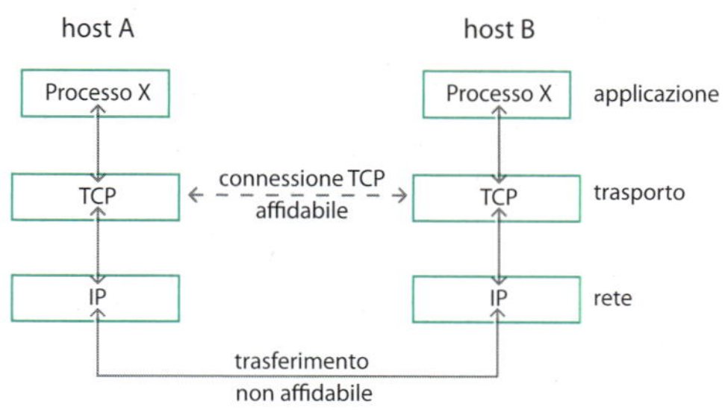

Fig. 2.5 Il processo *X* dell'host *A* deve scambiare dati con il processo *Y* dell'host *B*. A livello di rete opera un protocollo non affidabile, IP, che fa del suo meglio per trasferire i datagrammi IP dall'indirizzo IP sorgente all'indirizzo IP destinazione. Il protocollo TCP colma le lacune in termini di affidabilità del protocollo a livello di rete creando una connessione affidabile a livello di Trasporto tra i due processi applicativi.

Riflessione *Su una connessione TCP tra due host, A e B, la finestra di ricezione di B si riduce a zero. Se l'host B non ha dati da inviare ad A, che cosa succede?*

ReT 3 Un semplice esempio di protocollo ARQ

Il più semplice esempio di protocollo ARQ è il protocollo *Stop&Wait*.

Il trasmettitore compone una trama aggiungendo al campo informativo (che trasporta i dati di livello superiore) un'intestazione, che contiene un campo con il numero di sequenza della trama ed un campo adibito al controllo degli errori (FCS: *Frame Check Sequence*). Le trame sono numerate su un unico bit: la prima trama è numerata con 0, la seconda con 1, la terza nuovamente con 0 e così via. Il campo FCS per il controllo degli errori contiene la ridondanza.

Dopo aver composto una trama, il trasmettitore la memorizza in un buffer e la invia. Al termine della trasmissione fa partire un timer con un tempo di scadenza (*timeout*) predefinito: se entro il timeout non riceve alcuna conferma dal ricevitore sull'esito dell'invio della trama, provvede automaticamente a ritrasmetterla.

Quando riceve una trama, il ricevitore ne controlla la correttezza mediante il campo FCS. Se sono presenti degli errori, la trama viene scartata e non viene inviata alcuna conferma al trasmettitore: in trasmissione scadrà il timer e la trama verrà automaticamente ritrasmessa. Se non sono presenti errori, il ricevitore controlla il numero di sequenza della trama, verificando che coincida con quello che sta aspettando.

Se la trama è corretta ed in sequenza, viene accettata ed il suo contenuto informativo viene passato a livello superiore. Il ricevitore invia quindi una conferma della corretta ricezione mediante una breve trama (*Acknowledge*, in breve ACK) che riporta il numero di sequenza della trama confermata e si pone in attesa della trama successiva.

Se invece la trama è fuori sequenza, viene scartata e viene inviata una trama di conferma (ACK) con il numero di sequenza dell'ultima trama accettata.

La fig. 2.6 illustra diverse situazioni operative di un protocollo Stop&Wait.

Come risulta evidente, tra la trasmissione di una trama e la successiva c'è un tempo di attesa durante il quale la banda a disposizione non viene sfruttata: tali pause riducono l'efficienza del protocollo, che, in assenza di errori, può essere misurata come il rapporto tra il tempo necessario a trasmettere una trama T_f ed il relativo tempo di successo T_s, ovvero il tempo dopo il quale siamo certi che la trama è stata ricevuta correttamente:

$$\eta = T_f / T_s$$

In prima approssimazione, in assenza di errori, T_S vale $T_f + 2 \cdot \tau$ essendo τ il ritardo di propagazione, pari al rapporto tra la distanza tra trasmettitore e ricevitore e la velocità di propagazione sul mezzo trasmissivo. L'*efficienza del protocollo*, in assenza di errori, vale quindi: $\eta = T_f/T_s = T_f/(T_f + 2 \cdot \tau) = 1/(1 + 2 \cdot \tau/T_f)$ ovvero dipende dal rapporto τ/T_f.

Esempio Calcolare l'efficienza, in assenza di errori, di un protocollo Stop&Wait che trasmette trame di lunghezza 100 byte ad una velocità di 10 Mbit/s. La distanza tra trasmettitore e ricevitore è di 10 km. La velocità di propagazione è l'80% di quella della luce nel vuoto.

Discussione T_f è il rapporto tra il numero di bit trasmessi e la velocità, in bit/s, a cui vengono trasmessi:

$$T_f = L_f \cdot 8 / C = 800/10 \cdot 10^6 = 80\ \mu s$$

τ è il rapporto tra distanza e velocità di propagazione:

$$\tau = d/v = 10/240.000 = 41.6\ \mu s$$

L'efficienza del protocollo vale:

$$\eta = 1/(1 + 2 \cdot \tau / T_f) = 1/(1 + 2 \cdot 41{,}6/80) = 66\%$$

Riflessione *Raddoppiando, a parità di tutte le altre condizioni, la velocità di trasmissione l'efficienza del protocollo Stop&Wait migliora, rimane inalterata o peggiora?*

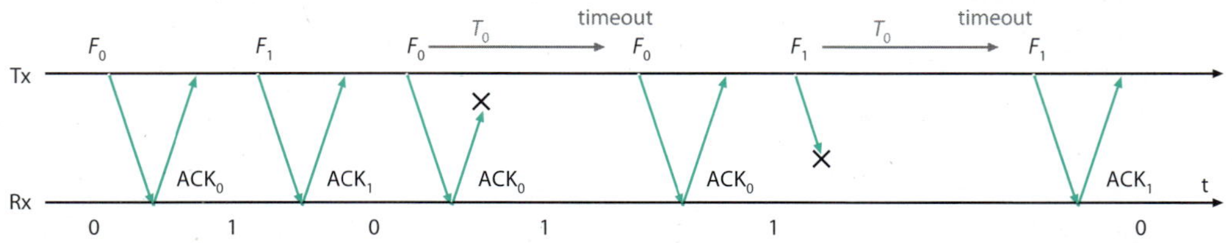

Fig. 2.6 Diagramma temporale del flusso di dati e conferme (ACK) tra trasmettitore Tx e ricevitore Rx. Per il ricevitore viene indicato, in ogni momento, il numero di sequenza della trama attesa. Il trasmettitore trasmette la prima trama numerata con 0 (F_0) e si pone in attesa della relativa conferma. Il ricevitore controlla la trama F_0: essendo corretta ed in sequenza trasmette la conferma ACK_0 e si mette in attesa di una trama numerata con 1. Quando il trasmettitore riceve ACK_0 passa a trasmettere la trama successiva F_1: quando riceve ACK_1 trasmette la successiva, F_0. Nell'esempio in figura F_0 viene ricevuta correttamente e viene inviato il relativo ACK_0 che però va perduto: in trasmissione scade il timeout e la trama F_0 viene ritrasmessa. Al secondo tentativo F_0 arriva senza errori, ma il ricevitore sta ora attendendo una trama numerata con 1: riceve una trama numerata con 0, quindi fuori sequenza. Trasmette un ACK_0 per segnalare al trasmettitore che l'ultima trama ricevuta correttamente era numerato con 0. Il trasmettitore passa quindi a trasmettere la trama F_1 che però va persa. Scade nuovamente il timeout in trasmissione ed F_1 viene ritrasmessa. Se questa volta viene ricevuta correttamente, il ricevitore la conferma con ACK_1.

ReT 4 La tecnologia VoIP è sensibile al jitter

Con **Voice over IP** (*voce tramite protocollo Internet*, acronimo **VoIP**), si indica una tecnologia che rende possibile effettuare una conversazione telefonica sfruttando una connessione Internet (o una qualsiasi altra rete a commutazione di pacchetto che utilizzi il protocollo IP). VoIP presenta diversi vantaggi rispetto alla telefonia tradizionale, tra cui minore costo per chiamata, specialmente su lunghe distanze e nuove funzionalità avanzate. Grazie a numerosi provider VoIP è possibile effettuare telefonate anche verso la rete telefonica tradizionale. La tecnologia VoIP è sensibile al *jitter*, definito come la differenza tra l'istante di tempo in cui un pacchetto è atteso e quello in cui viene effettivamente ricevuto. Il jitter è dovuto principalmente a ritardi di accodamento e congestione nella rete. Le chiamate VoIP hanno bisogno di un flusso di pacchetti costante ed uniforme per riprodurre correttamente una conversazione; la consegna dei pacchetti VoIP avviene invece spesso in modo irregolare, in quanto le condizioni della rete sono in continuo mutamento.

I pacchetti VoIP trasportano nell'intestazione il *timestamp*, un numero espresso in unità temporali pari al periodo di campionamento. Ad esempio, se la frequenza di campionamento è di 8 kHz, un timestamp 1400 corrisponde a $1400 \cdot 1/8000 = 1400 \cdot 125\ \mu s = 0{,}18$ s. La differenza tra i timestamp di due pacchetti, espressa in secondi, è il ritardo esistente nella generazione dei due pacchetti in trasmissione. Il ritardo tra gli stessi due pacchetti in ricezione è la differenza tra gli istanti di arrivo, $(R_i - R_{i-1})$.

Il jitter $J(i)$ sul pacchetto i-esimo può essere stimato usando la seguente formula:

$$J(i) = J(i-1) + (|D(i-1, i)| - J(i-1))/16$$

dove $J(i-1)$ è il jitter del pacchetto precedente in ordine di arrivo (non necessariamente di sequenza e $D(i-1, i)$ è definito come la differenza $D(i-1, i) = (R_i - R_{i-1}) - (S_i - S_{i-1})$ in cui R_{i-1} e R_i indicano, rispettivamente, gli istanti di ricezione dei pacchetti $i-1$ ed i, e S_{i-1} e S_i i relativi *timestamp*. La differenza $D(i-1, i)$ rappresenta la variazione del ritardo tra i due pacchetti subita attraversando la rete.

Per migliorare la qualità della comunicazione, le reti VoIP compensano il jitter mediante un buffer, detto *jitter buffer*, interposto tra la rete IP e il processore di segnale digitale (DSP: *Digital Signal Processor*) che riproduce la voce. Il jitter buffer riceve dalla rete IP pacchetti VoIP distanziati fra loro di intervalli di tempo variabili, talvolta anche in sequenza non corretta: memorizza per un breve intervallo di tempo i pacchetti ricevuti, riordinandoli se necessario e li invia ad intervalli di tempo regolari al DSP. È possibile utilizzare un jitter buffer di tipo *fisso* o *adattativo*.

Un *jitter buffer* fisso ha dimensione fissa: in fase di configurazione viene specificato il valore nominale del ritardo, che rappresenta anche la dimensione massima del buffer durante l'intera chiamata. La fig. 2.7 illustra come opera un jitter buffer di tipo fisso configurato per un ritardo nominale di 80 ms.

Un *jitter buffer adattativo* opera sostanzialmente come uno fisso, ma, invece di mantenere una dimensione costante del buffer, regola dinamicamente la propria dimensione per adattarla alle condizioni di jitter sulla rete. La configurazione di un buffer di tipo adattativo prevede l'indicazione del valore nominale, minimo e massimo, della dimensione del buffer. Durante la chiamata, gli algoritmi DSP prendono dei campioni per stimare il valore del ritardo medio sui pacchetti: la dimensione del buffer viene aumentata o diminuita, per garantire che la trasmissione dei pacchetti vocali al DSP avvenga in modo regolare, entro i limiti minimo e massimo configurati.

Riflessione *In quale situazione il jitter buffer si può svuotare? Che problema si verifica?*

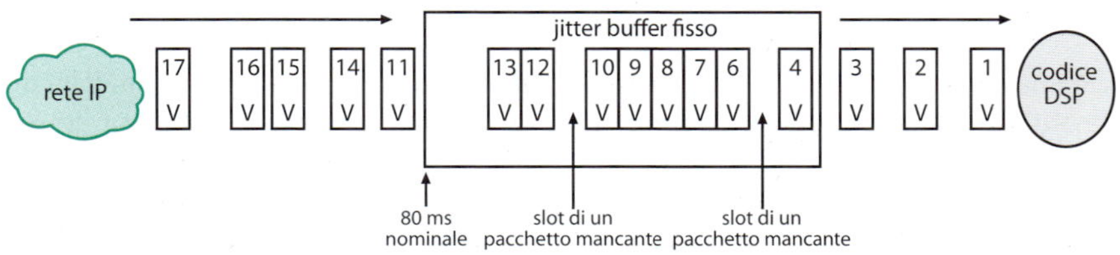

Fig. 2.7 Jitter buffer di tipo fisso. I pacchetti vengono consegnati dalla rete IP al buffer ad intervalli di tempo irregolari, ovvero l'intervallo di tempo tra due pacchetti consecutivi è variabile: alcuni pacchetti potrebbero anche essere fuori sequenza (ad esempio in figura il pacchetto 11 arriva dopo che sono già arrivati i pacchetti 12 e 13). I pacchetti vengono memorizzati nel buffer ed eventualmente riordinati: vengono infine estratti dal buffer e passati al DSP ad intervalli di tempo regolari ed in sequenza corretta. Nell'esempio in figura si vede che nel buffer ci sono degli slot temporali vuoti in corrispondenza ai pacchetti 5 ed 11. Il pacchetto 5 è andato perduto in quanto ha accumulato un ritardo superiore alla dimensione del buffer, 80 ms: il DSP provvederà a mascherare il relativo "buco" nella riproduzione. Il pacchetto 11 è invece fuori sequenza ma arriverà in tempo per essere memorizzato nella posizione corretta del buffer e verrà riprodotto correttamente.

Sommario

Internet può essere vista come una infrastruttura che fornisce servizi ad applicazioni quali la posta elettronica, la navigazione WEB, la telefonia VoIP, lo streaming audio/video, ...
Si tratta di applicazioni *distribuite*, in quanto in esecuzione su più sistemi terminali che si scambiano reciprocamente dati. In generale le applicazioni distribuite di Internet utilizzano un modello *client/server*: un programma *client* è un programma in esecuzione su un sistema terminale che richiede e riceve servizio da un programma *server* in esecuzione su un altro sistema terminale.
Un esempio di applicazione distribuita *client/server* è la navigazione WEB in cui un programma client, il browser, accede ad un Server WEB per scaricare delle pagine WEB. In Internet sono diffuse anche applicazioni distribuite che utilizzano un modello *peer-to-peer*, in cui i sistemi terminali interagiscono eseguendo programmi che svolgono la funzione sia di *client* sia di *server*. Esempi di applicazioni distribuite *peer-to-peer* sono il *file-sharing* e la telefonia Internet. Ad esempio, nelle applicazioni di condivisione di file (Limewire, eMule, Kazaa) il programma in esecuzione sul terminale dell'utente si comporta da *client* quando richiede un file ad un altro *peer*, da *server* quando lo invia ad un altro *peer*. È in ogni caso fondamentale garantire che lo scambio di dati tra applicazioni distribuite avvenga mantenendo l'integrità dei dati trasferiti e rispettando i requisiti di qualità del servizio richiesto, ad esempio una banda minima garantita o un ritardo massimo prefissato: questo può essere ottenuto attraverso la misura di parametri cruciali quali ad esempio il BER, l'utilizzo di protocolli affidabili quali TCP, l'adozione di politiche QoS nei router della rete.

Risposte alle riflessioni

FAQ 1 Il numero di errori che si verificano può dipendere dalla particolare sequenza di bit (pattern) utilizzata per il test. Ad esempio, pattern con lunghe sequenze di bit uguali contengono componenti spettrali di bassa frequenza che potrebbero essere fuori dalla banda passante del sistema: il taglio di tali componenti provoca distorsione che, a sua volta, può determinare l'aumento del numero di errori rilevati.

FAQ 2 Usando i grafici in fig. 2.2, si traccia in corrispondenza al valore di *CL* prefissato una linea verticale fino ad incontrare la curva corrispondente al numero di errori rilevati durante il test. Dal punto di intersezione si traccia una linea orizzontale fino ad incontrare l'asse delle ordinate su cui si può leggere il valore di $N \cdot$BER, ovvero il numero di bit da trasmettere normalizzato al BER.

FAQ 3 Per ridurre la durata della misura di BER mantenendo il *confidence level* prossimo a quello voluto è necessario degradare poco il sistema, ovvero introdurre bassi livelli di attenuazione: la corrispondente riduzione dei tempi di misura è inferiore, ma il *confidence level* subisce una minor riduzione.

FAQ 4 In questa disciplina di coda, nel router sono previste diverse code di uscita ordinate per priorità. Quando il router riceve un pacchetto, ne osserva la priorità e lo smista nella coda relativa; quando ha la possibilità di ritrasmettere un pacchetto lo preleva dalla coda a priorità più elevata. Se il router riceve molti pacchetti da applicazioni a priorità massima, la relativa coda di uscita non sarà mai vuota e quindi i pacchetti verranno sempre prelevati da tale coda a scapito di quelli in attesa nelle code a priorità inferiore. In questo modo applicazioni a priorità elevata possono monopolizzare l'intera banda di uscita disponibile, a danno di quelle a priorità inferiore.

ReT 1 Nessun codice a rivelazione di errore può arrivare ad affidabilità 100%. Si consideri un codice generico che associa ad *m* bit di messaggio *r* bit di ridondanza: la lunghezza di una parola del codice (codeword) è quindi $n = m + k$. Il codice contiene in tutto 2^n codeword di cui solo 2^m sono legali, tutti i messaggi possibili con associata la ridondanza corretta: le rimanenti $2^n - 2^m$ codeword non sono legali. La rivelazione di errori equivale a stabilire se una codeword ricevuta è legale o non legale. Qualunque sia il codice può verificarsi la seguente situazione: viene trasmessa una codeword legale che subisce un numero di errori tali da trasformarla in una codeword diversa ma anch'essa legale: il ricevitore, ricevendo una codeword legale, non si può accorgere che in realtà si sono verificati degli errori. Ad esempio, il codice CRC trasmette sempre una frame $T(x)$ esattamente divisibile per il polinomio generatore $G(x)$. Una distribuzione di errori particolarmente sfortunata può trasformare la frame $T(x)$ in una frame $T'(x)$ diversa ma anch'essa esattamente divisibile per $G(x)$. In ricezione $T'(x)$ viene divisa per $G(x)$: il resto è nullo, il ricevitore non si può accorgere che in realtà si sono verificati degli errori.

ReT 2 La finestra di ricezione di *B* ha dimensione zero se il buffer di ricezione dell'host B è saturo, ovvero non ha spazio disponibile per memorizzare nuovi segmenti di dati. L'host *B* notifica all'host *A* la propria finestra di ricezione: l'host *A*, essendo stato informato che *B* non ha spazio nel proprio buffernon può inviare nuovi dati verso *B*. L'host *B* a questo punto inizia a svuotare il buffer, liberando dello spazio: la finestra di ricezione non è più zero. Se l'host B non ha dati da inviare ad *A*, l'host *A* non viene però informato che ora vi è dello spazio libero nel buffer di *B* e quindi continua a rimanere bloccato. Per risolvere questo inconveniente, le specifiche del protocollo TCP prevedono che l'host *A* continui ad inviare segmenti con un byte di dati anche quando la finestra di ricezione di B è zero: questi segmenti vengono riscontrati da B ed il riscontro trasporta il nuovo valore, non nullo, della finestra di ricezione.

ReT3 L'efficienza peggiora.
Con riferimento all'esempio 1, τ resta invariato, mentre la durata di una trama T_f si riduce alla metà: $T_f = 40$ μs.
L'efficienza diviene $\eta = 1/(1+2\cdot\tau/T_f) = 1/(1 + 2 \cdot 40/41{,}6) = 49\%$, inferiore a quella calcolata nell'esempio a pag. 308.
È importante sottolineare che si ha comunque un miglioramento globale delle prestazioni del protocollo: il throughput effettivo è infatti ora il 49% di 20 Mbit/s ovvero 9,8 Mbit/s, superiore a quello calcolato nell'Esempio 1. In altre parole, il protocollo sfrutta con efficienza inferiore una banda che è comunque raddoppiata.

ReT4 In un jitter buffer configurato per un ritardo massimo R, i pacchetti che arrivano con un ritardo superiore a R vengono scartati. Se in un certo intervallo di tempo il ritardo introdotto dalla rete è maggiore di R, ad esempio a causa di una severa congestione, tutti i pacchetti vengono scartati in quanto non arrivano entro il ritardo massimo consentito ed il buffer si svuota: nella riproduzione della voce sarà presente una fastidiosa interruzione.

Sitografia • Bibliografia

- http://www.ing.unitn.it/~melganif/PDF/tx-num4.pdf
- http://www.radio-electronics.com/info/rf-technology-design/ber/bit-error-rate-testing-bert.php
- http://www.stereophile.com/reference/1093jitter
- http://www.voiptroubleshooter.com/indepth/jittersources.html
- http://www.jitter.de/english/what.html
- http://www.cisco.com/en/US/tech/tk652/tk698/technologies_tech_note09186a00800f6cf8.shtml
- http://www.cisco.com/en/US/tech/tk652/tk698/technologies_tech_note09186a00800945df.shtml
- http://telemat.die.unifi.it/book/VideoConferencing/4rtp/rtp.htm
- http://it.kioskea.net/contents/internet/qos-qualite-de-service.php3
- http://docwiki.cisco.com/wiki/Quality_of_Service_Networking
- http://www.networkadministrator.it/articoli/modelli-di-servizio-per-il-qos-diffserv-e-intserv-A20.html
- http://voip.html.it/articolo08.aspx
- http://www.jittertime.com/resources/bercalc.shtml
- http://www.cisco.com/en/US/docs/ios/12_1t/12_1t5/feature/guide/dt_pod.html
- http://www.javiervalcarce.eu/wiki/The_Stop-And-Wait_ARQ_Protocol
- http://www.diegm.uniud.it/tonello/MATERIAL_STUDENTS/lezione_codici.pdf
- http://www-dsp.elet.polimi.it/fdt/prati/LEZIONI/11_codifica_canale/Codifica_di_canale.PDF

- J. Kurose – K. Ross, *Reti di calcolatori e Internet,* Pearson Addison Wesley.
- A. Patavina, *Reti di telecomunicazione,* McGraw-Hill.

Esercizi e Problemi

FAQ 1

Pr. 1 Il BER è essenzialmente una media statistica e pertanto è attendibile solo se il numero di bit trasmessi è sufficientemente grande. Un BER di 10^{-10} indica un bit errato su 10^{10} bit trasmessi. Tale specifica di BER può essere rispettata anche nel caso in cui ci sia più di un errore in un gruppo di 10^{-10} bit se il numero totale di bit trasmessi è molto maggiore di 10^{10}. Proporre un esempio in cui tale affermazione risulta verificata.

FAQ 2

Es. 1 Trasmettendo $6 \cdot 10^{12}$ bit e rilevando due errori, con quale affidabilità possiamo ritenere che il BER sia minore $1 \cdot 10^{-12}$?

Es. 2 Quanti bit è necessario trasmettere per avere *confidence level* 95% che il BER sia inferiore a 10^{-10} nel caso in cui vengano rilevati 0, 1 oppure 2 errori?

FAQ 3

Es. 1 Un sistema è caratterizzato da BER 10^{-12}, dovuto essenzialmente a rumore termico in ricezione. Determinare la degradazione del BER che si verifica introducendo, prima del ricevitore, un attenuatore da 2 dB.

Pr. 1 Per stimare il BER 10^{-12} di un sistema che opera alla velocità di 622 Mbit/s con *confidence level* 99% occorrono circa due ore. Per ridurre il tempo di misura si riduce il rapporto segnale/rumore di 0,3436 dB. Usando il grafico in fig. 2.4, stimare la riduzione del tempo di misura e la conseguente riduzione del *confidence level*.

FAQ 4

Pr. 1 Un comune Modem Router ADSL usato per la connessione domestica ad Internet consente di definire politiche QoS?

ReT 1

Es. 1 Un codice CRC utilizza il polinomio generatore $G(x) = x^3 + x + 1$. Se il messaggio da trasmettere è la sequenza di bit 11011, determinare la sequenza di bit che viene effettivamente trasmessa.

Es. 2 Con riferimento all'esercizio 1, verificare che il polinomio corrispondente alla trama trasmessa è esattamente divisibile per il polinomio generatore, ovvero il resto della divisione è zero.

Es. 3 Con riferimento all'esercizio 1, verificare che se la trama trasmessa subisce degli errori casuali, il codice CRC consente di rilevarne la presenza.

ReT 2

Es. 1 Per consentire l'eventuale riordino delle trame in ricezione ogni trama viene numerata con un numero di sequenza, trasportato in un campo dell'intestazione. Se tale campo ha dimensione 3 bit, quale sarà il modulo di conteggio delle trame? Per avere modulo di conteggio 64 quale dovrebbe essere la dimensione in bit del campo numero di sequenza?

ReT 3

Pr. 1 In base a quali considerazioni sceglieresti la durata del timeout di un protocollo Stop&Wait?

Pr. 2 Due stazioni *A* e *B*, poste a 3 km di distanza, sono collegate da un sistema di trasmissione bidirezionale su cui opera un protocollo ARQ Stop&Wait. Le trame dati hanno lunghezza fissa 250 byte, di cui solo 200 trasportano dati: i rimanenti 50 byte trasportano i campi di intestazione. Le trame di acknowledge hanno lunghezza, e quindi durata, trascurabile rispetto alle trame dati. Il TimeOut vale 10 ms. Il canale di comunicazione ha velocità di propagazione $v = 3 \cdot 10^8$ m/s e velocità di trasmissione $C = 100$ Mbit/s.
Valutare il tempo necessario per trasmettere da *A* a *B* un file di 4000 byte in assenza di errori, l'efficienza del protocollo nel trasferimento dell'intero file ed il throughput effettivo.

Pr. 3 Ripetere l'esercizio precedente nell'ipotesi che tre trame debbano essere ritrasmesse (ognuna una sola volta) a causa di errori.

ReT 4

Es. 1 In una trasmissione VoIP vengono ricevuti 3 pacchetti: la tabella riporta, per ogni pacchetto, numero di sequenza, timestamp ed istante di ricezione. La frequenza di campionamento è di 8 kHz. Stimare il jitter per ogni pacchetto.

Pacchetto	N di sequenza	Timestamp	Istante di arrivo
0	624	1240	Jul 30, 2011 11:56:25.348411000
1	625	1400	Jul 30, 2011 11:56:25.418358000
2	626	1560	Jul 30, 2011 11:56:25.421891000

MODULO 14

Comunicazione wireless

indice

abilità

La discussione degli esempi e delle riflessioni, l'analisi del testo e lo svolgimento di alcuni esercizi favoriscono lo sviluppo delle seguenti abilità:

- riconoscere tecnologie, standard e funzionalità di base nei sistemi di comunicazione wireless
- individuare le architetture di rete wireless e i servizi forniti dai sistemi di comunicazione in mobilità in base alle loro caratteristiche

UNITÀ 14.1

Tecnologie

Standard, dispositivi, tecniche e sicurezza nelle comunicazioni senza fili

In questa Unità, dopo aver introdotto le caratteristiche fondamentali dei sistemi di comunicazione wireless, si illustrano e discutono le principali tecniche di trasmissione a spettro espanso e gli aspetti relativi alla salute delle persone e alla sicurezza dei dati

Le comunicazioni *wireless* costituiscono uno dei settori con la crescita più rapida all'interno del panorama mondiale delle Telecomunicazioni, sia in termini di mercato che in termini di innovazione tecnologica.
Basti pensare all'enorme crescita della telefonia cellulare (nel 2011 si contano circa 4 miliardi di telefonini attivi nel mondo), alla diffusione di computer portatili o palmari dotati di schede di rete wireless (basate su standard IEEE 802.11), alla possibilità di connettersi a Internet con sistemi wireless a banda larga (WiMax, HSPA) e allo sviluppo di nuove applicazioni che utilizzano sensori o periferiche wireless.
In questo modulo si analizzeranno soprattutto le tecnologie, i servizi e le architetture wireless relative a sistemi di comunicazione bidirezionale, tralasciando i media unidirezionali come radio e TV.

indice

FAQ 1 Quali onde elettromagnetiche utilizza il wireless?

Con il termine "*wireless*", letteralmente "*senza fili*", si identificano tutti i dispositivi e i sistemi di comunicazione che, come canale trasmissivo, *non* utilizzano cavi o guide d'onda.

Nei sistemi "wireless" il trasporto dell'informazione avviene tramite onde elettromagnetiche che si propagano in aria libera o nel vuoto. I sistemi che invece utilizzano connessioni cablate, per esempio in rame o fibra ottica, sono detti "*wired*".

Le bande di frequenza più utilizzate dai sistemi wireless sono allocate nello spettro delle onde radio ($f < 300$ GHz) e in particolare delle microonde (3 GHz $< f <$ 300 GHz), ma esistono sistemi, meno diffusi, che sfruttano la radiazione infrarossa (IR: 300 GHz $< f <$ 428 THz).

Analizziamo brevemente le differenze principali tra queste due tecnologie, una basata sulla radiazione infrarossa e l'altra basata sulle onde radio.

Infrarosso I sistemi che utilizzano l'infrarosso generano una radiazione con lunghezza d'onda standard di 850, 880 o 950 nm tramite dispositivi LED o LASER e la ricevono tramite fotodiodi. Questa tecnologia è relativamente immune da interferenze di natura elettromagnetica, ma è adatta solo per distanze brevi e necessita di una "*linea di vista*" ottica (LOS: *Line of Sight*) sgombra da ostacoli, perché la radiazione IR non è in grado, per esempio, di attraversare i muri o di superare oggetti che ne interrompono il fascio. Anche il vetro di una finestra può attenuare il segnale e compromettere la comunicazione. Ultimamente molti dispositivi a infrarossi sono stati soppiantati, specialmente sulle trasmissioni a breve distanza, per esempio per lo scambio di dati tra un PC e un telefono cellulare, da dispositivi basati su onde radio (*es. Bluetooth*). Si veda la fig. 1.1.

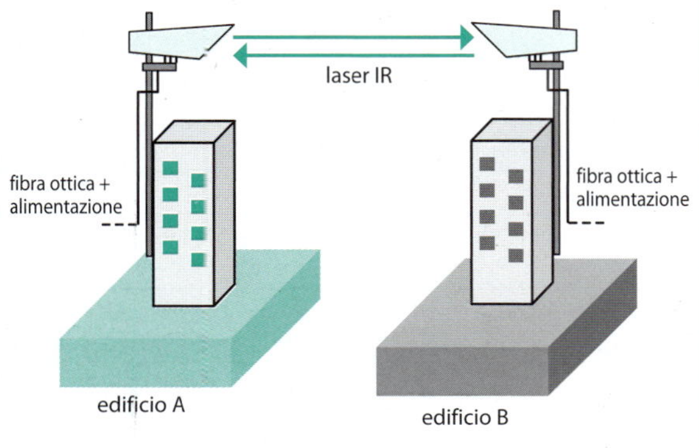

Fig. 1.1 Sistema di comunicazione wireless basato su LASER a infrarosso ($\lambda = 850$ nm): supporta connessioni a larga banda (175 Mb/s), garantisce segretezza e affidabilità, non produce interferenze elettromagnetiche, ma necessita della visibilità ottica tra i due edifici (LOS: *Line Of Sight*).

Esempio In quale contesto di comunicazione senza fili a larga banda viene utilizzato il LASER a infrarosso?

Discussione Un'applicazione specifica degli infrarossi che trova tuttora vasta applicazione è quella del collegamento wireless a larga banda tra due edifici tramite LASER IR in spazio libero (tecnologia FSO: *Free Space Optics*).
Questa tecnologia offre una vantaggiosa ed economica alternativa alla fibra ottica, alle soluzioni via cavo o a microonde per distanze fino a circa 1 km in linea di vista e per velocità di trasmissione fino a 622 Mb/s.

Onde radio Le onde radio presentano il vantaggio di superare grandi distanze e di oltrepassare o penetrare la maggior parte degli ostacoli, per cui possono raggiungere il ricevitore anche dopo riflessioni multiple e possono attraversare i muri delle abitazioni (fig. 1.2).

La grande versatilità e la possibilità di movimento consentita dai dispositivi a onde radio hanno decretato il grande successo di questa tecnologia, che ha conosciuto una crescita esponenziale in questi anni.

I sistemi wireless basati su onde radio hanno però dei limiti in termini di velocità di comunicazione, possono essere oggetto di interferenza o disturbi da parte di altri apparati elettrici o costituire essi stessi una fonte di inquinamento elettromagnetico. L'utilizzo delle frequenze deve sottostare a precise normative, stabilite da organismi internazionali (ETSI in Europa, FCC in USA, ITU a livello mondiale), che fissano la porzione di spettro utilizzabile, il tipo di modulazione e i livelli di potenza.

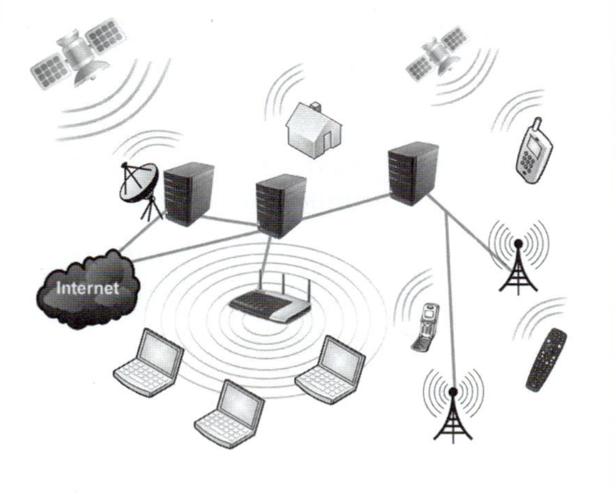

Fig. 1.2 Alcuni dei principali sistemi di comunicazione wireless a onde radio: comunicazioni satellitari, reti wireless di computer (WLAN), accesso wireless a Internet, telefonia mobile terrestre e satellitare.

Riflessione *In quali casi un sistema "wired" non può essere sostituito da un sistema "wireless"?*

FAQ 2 Quali sono i principali standard wireless?

Perché due o più dispositivi di comunicazione possano scambiare dati è necessario introdurre e rispettare degli standard a livello internazionale.
Questa esigenza è ancora più importante per le comunicazioni wireless, dove il canale trasmissivo è per sua natura condiviso. Le più importanti organizzazioni internazionali che si occupano di standard in questo settore sono qui elencate:
ITU (*International Telecommunication Union*). Sin dal 1865 è l'organismo internazionale che mette a punto e coordina gli standard per le reti e i servizi di telecomunicazione a livello globale.
ETSI (*European Telecommunications Standards Institute*) organizzazione no-profit della Comunità Europea che si occupa di standard per il settore ICT, in particolare per i settori delle comunicazioni fisse, mobili, radio, broadcast, internet, aeronautiche. Tra i loro standard ci sono GSM, UMTS e DVB.
IEEE (*Institute of Electrical and Electronic Engineers* – "I triple E"), è un'associazione di scienziati e professionisti appartenenti a 150 diversi Paesi che ha l'obiettivo di promuovere le scienze tecnologiche e che si occupa di definire e pubblicare standard nei campi delle scienze elettrotecniche, elettroniche, informatiche, biomediche e delle telecomunicazioni. Le reti di PC fanno riferimento agli standard IEEE 802.
I principali standard che utilizzano onde radio si possono suddividere in base all'area di copertura: si parla quindi di WPAN (*Wireless Personal Area Network*) per reti con copertura (*range*) di qualche decina di metri, di WLAN (*Wireless Local Area Network*) per range di centinaia di metri, di WMAN (*Wireless Metropolitan Area Network*) quando l'estensione è di qualche chilometro, di WRAN (*Wireless Regional Area Network*) o WWAN (*Wireless Wide Area Network*) quando l'area di copertura è regionale o mondiale. Il criterio della mobilità consente invece di discriminare gli standard della telefonia cellulare, per i quali essa è una specifica irrinunciabile, da quelli delle reti locali o personali, dove la possibilità di spostamento durante l'utilizzo del servizio è un obiettivo comunque importante, ma secondario. Si vanno delineando però degli standard a livello WMAN, per esempio 802.16. a/e (WiMax) e 802.20 (MobileFi) che hanno come obiettivo anche quello di consentire una certa mobilità all'utente, senza penalizzare le prestazioni.
Le architetture WPAN, WLAN, WMAN, WRAN fanno riferimento ai seguenti standard IEEE:
- per le WPAN (IEEE 802.15) i principali standard sono: 802.15.1 (Bluetooth), 802.15.3 (UWB e WiMedia) e 802.4 (Zigbee);
- per le WLAN (IEEE 802.11) i principali standard sono: 802.11a, 802.11b, 802.11g e 802.11n;
- per le WMAN ci sono due specifiche di riferimento: una è la IEEE 802.16a/e o Wireless MAN (commercializzata con il nome di WiMAX) e l'altra è la IEEE 802.20 o *Mobile Broadband Wireless Access* (MBWA), soprannominata anche MobileFi;
- per le WRAN è stato pubblicato nel luglio 2011 lo standard IEEE 802.22 con l'obiettivo di sfruttare lo spettro delle frequenze televisive inutilizzate per fornire accesso a larga banda (19 Mb/s a 30 km di distanza) per quelle zone difficili da raggiungere e scarsamente popolate.

Per i sistemi radiomobili l'evoluzione tecnologica degli standard, con il conseguente aumento della velocità di trasmissione e dei servizi offerti, ha attraversato storicamente varie generazioni: dalla prima generazione (1G) degli anni '80 siamo oggi alla quarta generazione (4G), come rappresentato in tabella.

Riflessione *Perché è importante fissare degli standard?*

GENERAZIONI DEI SERVIZI RADIOMOBILI

Generazione	Anno di nascita	Standard e caratteristiche
1G	Anni '80	RTMS – ETACS: comunicazione analogica radiomobile
2G	1991	GSM: trasmissione digitale, audio di alta qualità, roaming, flessibilità, supporto per SMS (Short Message Service = servizio messaggi brevi)
2,5G	2000	GPRS: trasferimento dati a pacchetto con i canali TDMA della rete GSM EDGE: evoluzione del GPRS che raggiunge maggiori velocità grazie alla modulazione 8-PSK
3G	2005	UMTS: successore del GSM con alta efficienza spettrale, gestione asimmetrica del traffico, uso di tecniche CDMA (W-CDMA) HSPA: protocolli che, grazie a modulazioni numeriche più performanti, migliorano le prestazioni dell'UMTS (HSDPA per down link e HSUPA per uplink). La nuova versione HSPA+ può raggiungere velocità di 50Mb/s
4G	2010	LTE: migliora UMTS (300 Mb/s down link e 75 Mb/s uplink) grazie all'utilizzo della modulazione OFDM per il down link e single-carrier FDMA per uplink

FAQ 3 Il wireless garantisce la sicurezza dei dati?

La ***sicurezza dei dati*** è un argomento particolarmente importante nelle comunicazioni wireless, dove le onde elettromagnetiche che trasportano l'informazione possono propagarsi in tutte le direzioni ed essere così ricevute indirettamente anche da altri dispositivi. È quindi necessario applicare in modo sistematico tecniche di *crittografia* al messaggio prima di inviarlo, in modo che esso sia comprensibile solo a chi conosce una certa chiave segreta. Il caso delle reti wireless di computer è emblematico, perché le onde radio che trasportano i *frame* di dati possono propagarsi molto al di là dell'edificio che contiene gli *access point* e i terminali. Per questo sin dal 1999 l'IEEE ha specificato nello standard 802.11 il protocollo da utilizzare per rendere sicure le trasmissioni radio nelle WLAN: il cosiddetto protocollo WEP (*Wired Equivalent Privacy*). Il WEP ha però evidenziato seri difetti nell'algoritmo crittografico, per cui successivamente, seguendo le direttive del nuovo standard IEEE 802.11i, sono stati messi a punto i protocolli WPA e WPA2 (*Wi-Fi Protected Access*). Mentre WEP e WPA utilizzano l'algoritmo crittografico RC4, WPA2 utilizza l'algoritmo AES (*Advanced Encryption Standard*). Nel 2008 anche WPA è stato violato e il protocollo WPA2-AES, che implementa pienamente lo standard 802.11i, rimane ad oggi l'unico sistema resistente agli attacchi.

Esempio 1 Algoritmi a *crittografia simmetrica* (fig. 1.3).

Discussione Gli algoritmi utilizzati nelle reti wireless, che devono essere veloci e performanti, appartengono alla categoria delle tecniche a crittografia simmetrica, che si basano sull'utilizzo di una chiave privata da utilizzare sia per la cifratura che per la decifratura. A queste tecniche appartengono per esempio il cifrario di Cesare, il cifrario di Vigénère, l'algoritmo DES e i già citati RC4 e AES.

Esempio 2 Procedura di *handshake* a 4 vie utilizzata da WPA2.

Discussione La procedura di "handshake" descritta in fig. 1.4 serve al CLIENT e all'AP di una rete wireless 802.11 per generare la stessa **chiave privata PTK** (*Pairwise Transient Key*), che servirà a proteggere le successive comunicazioni unicast (punto-punto), senza che la chiave stessa sia inviata attraverso l'etere. L'AP genera anche una **GTK** (*Group Transient Key*) per proteggere le comunicazioni di tipo broadcast/multi cast verso tutti i membri della WLAN (BSS) controllata da quell'AP.

Dapprima sia l'AP che il CLIENT generano una stessa *Pairwise Master Key* (PMK) sulla base della password richiesta al momento di configurare la modalità protetta WPA2, la cosiddetta *Pre Shared Key* (PSK).

Inoltre l'AP genera un numero pseudo casuale detto **ANonce**, mentre il client genera un altro numero pseudo casuale detto **SNonce**.

1) AP invia il numero ANonce al CLIENT, il quale ricava la **PTK** da una funzione che elabora PMK, ANonce, SNonce, MAC address del client e MAC address dell'AP;
2) CLIENT invia il numero SNonce all'AP, che ricava con lo stesso metodo la **PTK**; l'AP genera la GTK;
3) l'AP invia la GTK al client in modo criptato;
4) il CLIENT conferma la ricezione;
5) dopo questi 4 scambi il CLIENT installa e utilizza PTK e GTK, mentre l'AP installa la PTK (la GTK è già in possesso dell'AP).

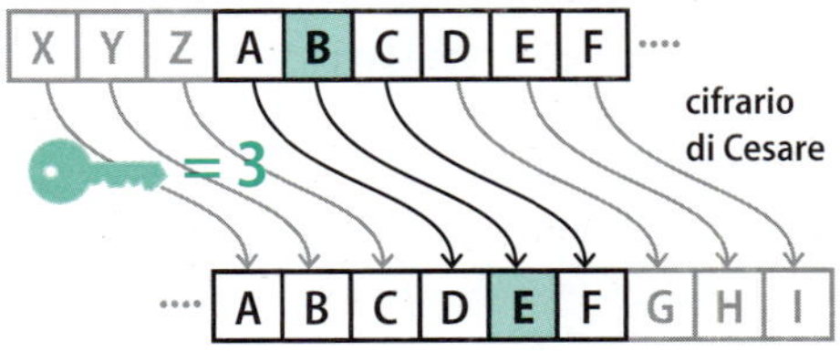

cifrario di Vigénère

Testo chiaro:	A	T	T	A	C	C	A	R	E	O	R	A
Verme:	K	E	Y	K	E	Y	K	E	Y	K	E	Y
Verme tradotto in numero:	11	5	25	11	5	25	11	5	25	11	5	25
Numero di posizioni:	10	4	24	10	4	24	10	4	24	10	4	24
Testo cifrato:	K	X	R	K	G	A	K	V	C	Y	V	Y

Fig. 1.3 Esempi di cifrari a crittografia simmetrica: il cifrario di Cesare e il cifrario di Vigénère. Nel cifrario di Cesare, scelta una chiave segreta, in questo caso = 3, i caratteri del messaggio originale (messaggio in chiaro) vengono sostituiti con il carattere che segue di 3 posizioni l'ordine alfabetico, ottenendo così il messaggio cifrato. Una generalizzazione del cifrario di Cesare è costituita dal cifrario di Vigénère: il carattere da cifrare viene spostato di un numero di posizioni variabile, specificato da una parola chiave, detta "verme".

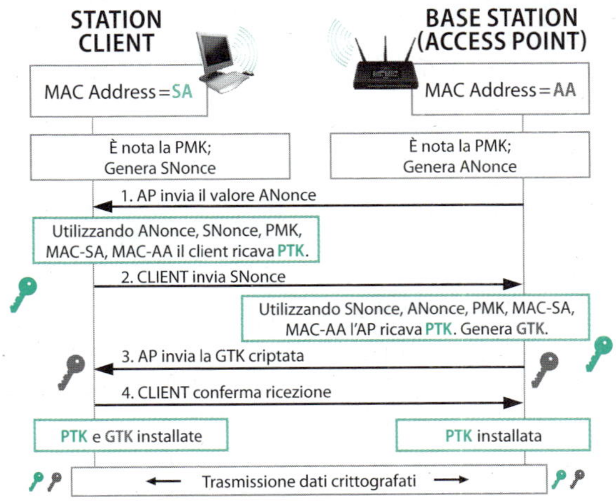

Fig. 1.4 Procedura (semplificata) di HANDSHAKE a 4 vie utilizzata da WPA2 per preparare le chiavi di crittografia PTK e GTK per le successive trasmissioni tra client e Access Point. In questo modo Client e AP riescono a ricavare la stessa chiave segreta PTK indipendentemente, senza trasmetterla attraverso l'etere.

Riflessione *Esistono sistemi informatici di protezione dei dati assolutamente sicuri?*

FAQ 4 Quali sono i componenti di una WLAN?

Una rete locale wireless (WLAN: *Wireless Local Area Network*) consente la comunicazione tra computer e dispositivi di rete utilizzando segnali a radiofrequenza, senza bisogno di installare cavi. Le WLAN, che fanno riferimento allo standard IEEE 802.11 e alle successive versioni, si sono molto diffuse in ambiente domestico, negli uffici, ma anche nei luoghi pubblici o all'interno delle strutture ricettive.

I componenti fondamentali per realizzare una wireless LAN sono il wireless ***Access Point*** (AP) detto anche ***base station*** (stazione base) e i ***wireless client***, vale a dire personal computer o altri dispositivi digitali dotati di ***adattatori wireless.***

In molti casi gli adattatori sono già integrati dal produttore nei dispositivi stessi (Netboook, PDA, Smartphones).

Nella terminologia IEEE 802.11 un Access Point e uno o più client wireless costituiscono il *set di servizio base* BSS (*Basic Service Set*).

Gli standard si sono evoluti dalla versione originale 802.11 "legacy" del 1997, passando attraverso le versioni 802.11a, 802.11b (11 Mb/s), 802.11g (54 Mb/s) fino ad arrivare all'attuale 802.11n, che punta ad ottenere, grazie a tecnologie MIMO che sfruttano le riflessioni multiple del segnale e più antenne, velocità di trasmissione di 300 Mb/s o addirittura di 600 Mb/s.

Le tecnologie di rete wireless che seguono le specifiche 802.11a/b/g/n sono anche conosciute con il nome di Wi-Fi.

I principali parametri di una rete wireless sono:

- *nome della rete*: SSID (*Service Set Identifier*): si imposta configurando l'Access Point;
- *intensità del segnale radio ricevuto*: RSSI (*Received Signal Strength Indicator*);
- *numero di canali dell'access point*;
- *sicurezza e crittografia dei dati*: ad esempio WEP, WPA-PSK, WPA2-PSK, dove il termine PSK significa "*Pre-Shared Key*" e consente di impostare una password da utilizzare come chiave segreta da condividere utilizzando un canale sicuro prima del suo impiego;
- *tipo di rete*: può essere **infrastrutturata**, quando è presente l'***access point***, oppure AD HOC, quando i client si collegano tra loro in modo *peer-to-peer* senza access point.

Esempio Data una rete LAN (*wired*) esistente collegare e configurare l'access point e i client per realizzare una WLAN in grado di condividerne le risorse e l'accesso a Internet (vedi tabella).

Discussione Dopo aver configurato gli indirizzi IP dei vari dispositivi (come da tabella nella fig. 1.5) occorre effettuare la configurazione dettagliata dell'access point, per esempio accedendo al suo WEB CONFIGURATOR tramite il browser digitando nella barra degli indirizzi: http: //192.168.0.100.

È necessario a questo punto:

- assegnare un nuovo nome alla rete (SSID) diverso da quello di default;
- fare in modo che solo un amministratore possa modificare la configurazione dei componenti di rete (Access Point/Router-Gateway/Client);
- abilitare sull'access point (e successivamente anche sui PC client) la protezione WPA2-Personal con chiave pre-condivisa (WPA2-PSK) e algoritmo AES, scegliendo una password di rete che rispetti i requisiti minimi di sicurezza (almeno 8 caratteri alternando lettere maiuscole, minuscole, numeri e simboli).

È importante cambiare periodicamente la password di rete.

Riflessione *È possibile interconnettere tra loro due reti wireless?*

POSSIBILE CONFIGURAZIONE STATICA DEGLI INDIRIZZI IP PER I DISPOSITIVI DELLA RETE

Dispositivo	Descrizione	Indirizzo IP	Subnet mask	IP Gateway
ROUTER xDSL	Gateway	192.168.0.1	255.255.255.0	//
PC1	Desktop rete wired	192.168.0.101	255.255.255.0	192.168.0.1
PC2	Desktop rete wired	192.168.0.102	255.255.255.0	192.168.0.1
ACCESS POINT	Base station della BSS	192.168.0.100	255.255.255.0	192.168.0.1
PC3	Desktop – wireless client della BSS	192.168.0.103	255.255.255.0	192.168.0.1
PC4	Notebook – wireless client della BSS	192.168.0.104	255.255.255.0	192.168.0.1
PDA	PDA – wireless client della BSS	192.168.0.105	255.255.255.0	192.168.0.1

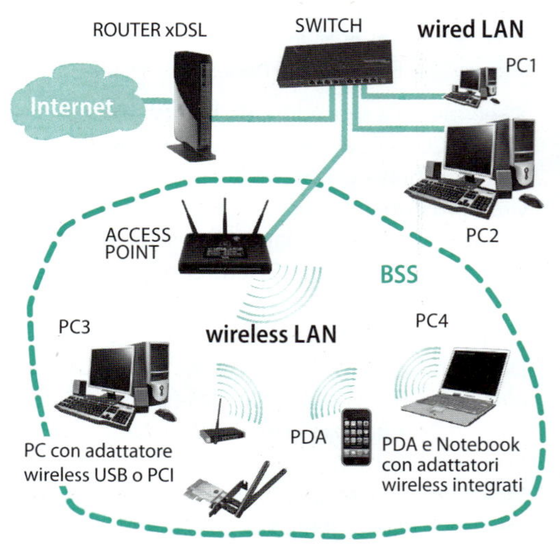

Fig. 1.5 Wireless LAN che viene connessa ad una wired LAN per condividerne le risorse e l'accesso a Internet. I componenti fondamentali per realizzare un'architettura di questo tipo sono l'access point e i client wireless con i rispettivi adattatori. L'area tratteggiata indica il BSS (*Basic Service Set*), vale a dire l'insieme costituito da uno o più client wireless e dall'*Access Point*. Il logo "Wi-Fi certified" è utilizzato dai costruttori per certificare la rispondenza dei componenti alle specifiche IEEE 802.11a/b/g/n.

ReT 1 Propagazione del segnale a radiofrequenza

Rispetto ai cavi o alle fibre ottiche, il canale wireless presenta problematiche di propagazione decisamente più complesse: è caratterizzato da rumore, interferenze e variazioni imprevedibili delle caratteristiche del mezzo trasmissivo a seconda della posizione e della velocità del ricevitore. Lo spettro di frequenze da utilizzare è regolamentato in modo preciso e la banda passante è minore. Se le frequenze radio sono maggiori di 300 MHz, come nel caso delle principali tecnologie wireless, le corrispondenti lunghezze d'onda λ sono inferiori al metro e quindi si possono applicare le regole dell'ottica geometrica. I principali meccanismi di propagazione sono:

- *trasmissione diretta in linea di vista* (LOS: *Line of Sight*);
- *riflessione*: avviene quando il segnale incontra oggetti o superfici con dimensioni maggiori della sua lunghezza d'onda (λ);
- *diffrazione*: l'onda colpisce oggetti con spigoli vivi per cui si creano sorgenti secondarie;
- *scattering* (diffusione): si manifesta quando il segnale incontra oggetti o superfici irregolari con dimensioni inferiori o paragonabili alla sua lunghezza d'onda. Si veda la fig. 1.6.

Per lo studio e la progettazione dei sistemi wireless è molto importante descrivere l'attenuazione della potenza con l'aumentare della distanza.

Esempio Modello *"free-space path loss model"* (propagazione in spazio libero LOS senza ostacoli)

Discussione Questo modello è valido ad esempio per le comunicazioni satellitari e per i link punto-punto a microonde. Si definisce PATH LOSS (perdita di percorso) la quantità: $P_L = P_t/P_r > 1$, dove P_t è la potenza trasmessa e P_r è la potenza ricevuta. Spesso P_L è espressa in decibel:

$$P_L\,(\text{dB}) = 10\log_{10}(P_t/P_r) > 0$$

Se si è abbastanza lontani dall'antenna trasmittente (ipotesi di campo lontano) e si conoscono la distanza d, il prodotto dei guadagni delle antenne $G_L = G_r \cdot G_t$, la lunghezza d'onda della portante $\lambda = c/f_c$; f_c = frequenza della portante; c = velocità della luce ($3 \cdot 10^8$ m/s) si può calcolare il path loss come:

$$P_L = \frac{P_t}{P_r} = \left(\frac{4\pi d}{\sqrt{G_L}\cdot\lambda}\right)^2$$

e quindi:

$$P_r = P_t \cdot \left(\frac{\sqrt{G_L}\cdot\lambda}{4\pi d}\right)^2$$

Da cui si evince che l'attenuazione di potenza è proporzionale a $1/d^2$ e a λ^2.

Il modello di propagazione in spazio libero è però troppo semplificato e in molti casi inadeguato; d'altra parte la soluzione delle equazioni di Maxwell risulta molto complessa.

Spesso, per una analisi generale, si fa riferimento a un modello che tiene conto di diverse componenti di attenuazione e variabilità del segnale: su grandi distanze (100÷1000 m) predomina la componente dovuta alla **perdita di percorso** (*path loss*); su distanze medie si evidenzia la componente variabile dovuta agli ostacoli (*shadowing*); su brevi o brevissime distanze (paragonabili alla lunghezza d'onda) compare la variabilità dovuta ai cammini multipli (*multipath fading*).

A causa degli ostacoli (*shadow fading*) l'ampiezza del segnale ricevuto può essere non sufficiente a garantire una rivelazione affidabile, occorre perciò aggiungere un certo margine alla potenza di trasmissione (margine di *fading*) oppure diminuire l'area della cella, per assicurare la copertura statistica di una buona percentuale di ricevitori. Ad esempio alla frequenza di 2,4 GHz (WLAN 802.11b/g) la parete di un ufficio provoca un'attenuazione di 6 dB, un muro in mattoni forati di 4 dB, la porta metallica in un parete di mattoni di 12,4 dB.

La presenza di cammini multipli (*multipath*) fa sì che, per esempio, un singolo impulso trasmesso arrivi a destinazione sotto forma di un treno di impulsi, con ritardi e ampiezze differenti. Per contrastare la variabilità dovuta al multipath si utilizzano tecniche di equalizzazione, di allargamento dello spettro (*spread spectrum*), modulazioni OFDM, antenne direzionali e codifiche MIMO (*Multiple Input Multiple Output*).

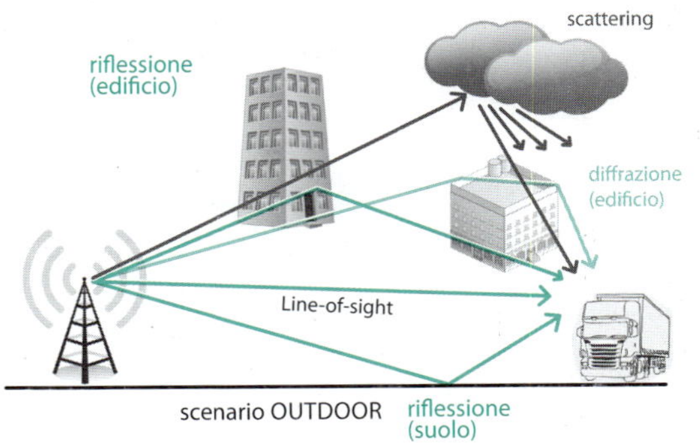

Fig. 1.6 Principali meccanismi di propagazione del segnale radio ($\lambda < 1$ m): si ha **trasmissione** diretta in linea di vista (*Line of Sight*) o **riflessione** quando il segnale incontra oggetti o superfici con dimensioni maggiori della sua lunghezza d'onda (λ); si ha **diffrazione** quando il segnale colpisce oggetti con spigoli vivi per cui si creano sorgenti secondarie; si ha *scattering* quando il segnale incontra oggetti o superfici irregolari con dimensioni inferiori o paragonabili alla sua lunghezza d'onda.

Riflessione *Cosa vuol dire che la formula del "free-space path loss model" è valida solo a una certa distanza dall'antenna?*

ReT 2 Direct Sequence Spread Spectrum (DSSS)

Le tecnologie DSSS (*Direct Sequence Spread Spectrum*) (espansione di spettro a sequenza diretta) e FHSS (*Frequency Hopping Spread Spectrum*) (espansione di spettro a salto di frequenza) appartengono alla categoria delle modulazioni "*Spread Spectrum*" (SS) che si sono evolute e diffuse nell'ambito dei moderni sistemi wireless grazie alla loro robustezza nei confronti delle interferenze. Queste tecniche, nate verso la fine della Seconda guerra mondiale per scopi militari, prima di trasmettere il segnale disperdono l'informazione, con una procedura detta di "*spreading*", su uno spettro di frequenza molto più ampio di quello strettamente necessario. Solo il ricevitore che è adeguatamente sincronizzato con il trasmettitore può ricompattare l'informazione e interpretarla correttamente con un'operazione di "*despreading*".

In particolare la DSSS moltiplica il segnale originale a banda stretta $s(t)$ con una sequenza pseudo casuale $s_c(t)$, la "*chip sequence*", molto più veloce del segnale stesso, espandendo lo spettro in trasmissione e nascondendo così il segnale utile sotto la soglia del livello medio del rumore. Si veda la fig. 1.7.

Una semplice relazione approssimata per calcolare la larghezza di banda del segnale DSSS modulato è:

larghezza di banda segnale DSSS ≈ (larghezza di banda segnale) · (numero di bit CHIP SEQUENCE)

$$B_{tot} \approx B_s \cdot N_{bit}$$

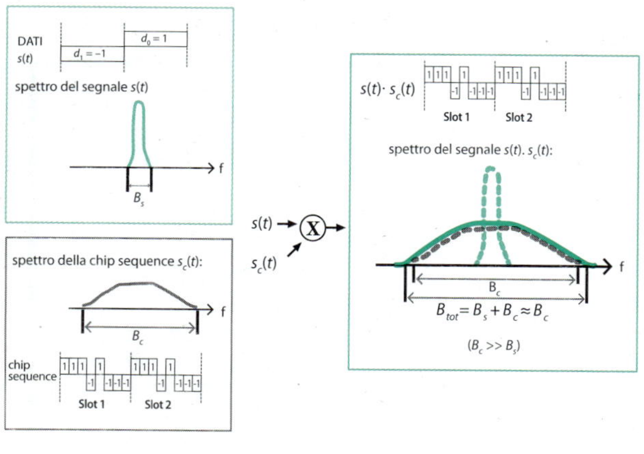

Fig. 1.7 Segnali e spettri di frequenza utilizzati nella tecnica DSSS (*Direct Sequence Spread Spectrum*). I dati da trasmettere, dopo una prima modulazione tradizionale, vengono moltiplicati per una sequenza pseudo casuale a frequenza maggiore, detta "chip sequence", quindi modulati con una portante e trasmessi. Lo spettro del segnale modulato che si ottiene ha livelli di potenza più bassi ed è distribuito su una banda più larga ("to spread": espandere, allargare). Se la larghezza di banda del segnale $s(t)$ è B_s e la larghezza di banda della chip sequence $s_c(t)$ è B_c, la banda del segnale che si ottiene vale $B_{tot} = B_s + B_c$ e, scegliendo $B_c >> B_s$, si può concludere che $B_{tot} \approx B_c$.

Esempio Data una sequenza binaria $s(t)$ con periodo $T_s = 0{,}001$ s e larghezza di banda $B_s \approx 1/0{,}001 = 1000$ Hz, si vuole applicare la tecnica DSSS con una "chip sequence" $s_c(t)$ di 11 bit e calcolare la larghezza di banda del segnale modulato $s(t) \cdot s_c(t)$. Il periodo della "chip sequence" T_c vale $T_s/11$ quindi la banda B_s è di 11000 Hz.

Discussione La banda di $s(t) \cdot s_c(t)$ vale:

$$B_{tot} = B_s + B_c = 1000 + 11.000 = 12.000 \text{ Hz } (\approx 11.000 \text{ Hz}).$$

Si definisce BANDWIDTH SPREADING FACTOR, o guadagno del processo di spreading, la quantità: $G = B_c / B_s \approx T_s / T_c$ (in questo caso $G = 11$).

Il ricevitore può ricostruire il segnale originario moltiplicando il segnale ricevuto per la stessa *chip sequence* $s_c(t)$. Si può dimostrare matematicamente che tale tecnica riduce drasticamente gli effetti delle interferenze a banda stretta (NBI: *Narrow Band Interference*) e delle interferenze intersimboliche (ISI: *Inter Symbol Interference*), cioè quelle distorsioni causate soprattutto dalla propagazione del segnale su cammini multipli ("*multipath*") e dalla non-linearità del canale di comunicazione.

La prima versione dello standard 801.11 per le WLAN prevedeva l'utilizzo di tecniche DSSS basate su una *chip sequence* di 11 bit, detta sequenza di Barker.

Un altro importante pregio della DSSS è quello di ridurre le interferenze causate da altri sistemi trasmissivi che utilizzano tecniche Spread Spectrum nella stessa cella di copertura, rendendo quindi tale tecnologia particolarmente adatta a trattare le comunicazioni in scenari multiutente.

Quando la DSSS è utilizzata da molti utenti contemporaneamente, ciascuno con una diversa chip sequence, si parla di sistemi CDMA (*Code Division Multiple Access*).

Per esempio lo standard UMTS (*Universal Mobile Telecommunications System*), utilizza una tecnologia CDMA con un chip rate di $R_c = 1/T_c = 3{,}84$ Mchip/s e la banda occupata è di 5 MHz. Le frequenze utilizzate per l'uplink, vale a dire per la trasmissione dal terminale all'antenna della base station, vanno da 1920 a 1980 MHz, mentre per il downlink (dall'antenna al terminale) vanno da 2110 a 2170 MHz. Si utilizzano chip sequences diverse per l'uplink e il downlink.

I principali difetti della tecnica DSSS sono l'utilizzo non efficiente della banda e l'alto livello di sincronismo richiesto per la corretta applicazione della *chip sequence* in fase di ricezione.

Riflessione *A un ricevitore che non conosce la chip sequence o che non è sincronizzato, come appare il segnale trasmesso da un sistema DSSS?*

ReT 3 Frequency Hopping Spread Spectrum (FHSS)

Anche la tecnologia FHSS (*Frequency Hopping Spread Spectrum*) o *espansione di spettro a salto di frequenza*, appartiene alla categoria delle modulazioni *Spread Spectrum*, come la DSSS.

In questo caso l'espansione dello spettro del segnale da trasmettere è ottenuta facendo compiere al segnale modulato continui salti di frequenza, ciascuno di durata pari a T_h (periodo di salto, "*hop period*" o anche "*dwell time*"). Si veda la fig. 1.8.

Ad ogni periodo T_h si applicano al segnale portanti di frequenza diversa che si avvicendano secondo una sequenza pseudocasuale ben definita (*hopping sequence*), che si ripete ciclicamente.

Lo spettro a banda stretta del segnale originario, di larghezza di banda pari a B, viene quindi replicato per N volte, dove N è il numero di frequenze utilizzate, e occuperà quindi una banda pari a $B_c = N \cdot B$.

Il ricevitore può ricostruire il segnale originario solo demodulando con la specifica frequenza utilizzata dal trasmettitore in quel preciso periodo T_h: è quindi essenziale che il ricevitore conosca e utilizzi la "hopping sequence" in modo sincrono.

Si definisce *hopping rate* o frequenza di salto

$$f_h = 1/T_h \text{ hops/s}$$

L'immunità alle interferenze è migliore se f_h è grande o se il dwell time T_h è piccolo.

In base alla scelta del T_h in relazione al periodo del segnale originario (T_s), si possono distinguere due tecniche FHSS: la FH lenta (*Slow* FH) e la FH veloce (*Fast* FH).

- nella *Slow* FH (SFH) si ha $T_h >> T_s$, pertanto molti simboli del segnale originario vengono trasmessi con una singola frequenza. La SFH è largamente utilizzata nei sistemi di comunicazione commerciali civili;
- nella *Fast* FH (FFH) si ha invece $T_h << T_s$. In questo caso molti salti di frequenza sono utilizzati per modulare un solo simbolo del segnale originario. Il suo utilizzo è più diffuso in applicazioni militari.

Esempio In quali standard wireless è utilizzata la tecnologia FHSS?

Discussione

- Lo standard cellulare GSM può adottare la SFH con una frequenza di salto pari a $f_h = 1733$ hops/s nelle celle ad alta densità di traffico. Il T_h in questo caso vale $1/1733 = 577\ \mu s$;
- nelle reti WLAN aderenti alla prima versione dello standard 802.11 si usa la SFH (in associazione alla modulazione GFSK) per far coesistere più reti wireless in una delle bande ISM: la banca Industrial, Scientific and Medical, che va dai 2,400 fino a 2,4835 GHz;
- lo standard BLUETOOTH utilizza una frequenza di salto pari a $f_h = 1600$ hops/s con 79 portanti sempre nella banda ISM.

La tecnologia FHSS consente l'implementazione di sistemi che trasmettono contemporaneamente sulla stessa banda, a patto che ciascuno utilizzi una diversa sequenza di salto. Se due dispositivi si trovano ad utilizzare la stessa *hopping sequence* si parla di interferenza multiutente.

Se si vuole utilizzare la FSSS come tecnica di comunicazione in situazioni di multiutenza occorre prestare particolare attenzione al sincronismo trasmettitore-ricevitore e scegliere accuratamente le frequenze di hopping, che dovranno essere ortogonali tra loro.

Due sequenze C_i e C_j si dicono ortogonali se vale la relazione:

$$C_i \cdot C_J = \sum_{k=1}^{N} c_{iK} \cdot c_{jK} = 0$$

dove c_{ik} è il chip k-esimo, con valore $+1$ o -1, della parola di codice i-esima (C_i).

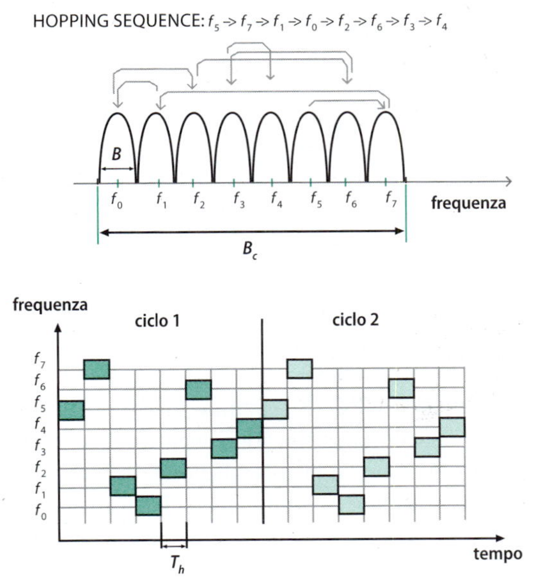

Fig. 1.8 La tecnologia FHSS suddivide la banda disponibile B_c in un numero elevato di canali di uguale larghezza pari a B. Il segnale viene trasmesso in "slot" temporali di durata T_h (*dwell time*) ai quali è associata una portante di frequenza diversa secondo una sequenza (*hopping sequence*) che deve essere utilizzata in modo sincrono dal ricevitore per una corretta demodulazione.

Riflessione *A un ricevitore che non conosce la "hopping sequence" o che non è sincronizzato, come appare il segnale trasmesso da un sistema FHSS?*

ReT 4 Wireless, salute e sicurezza

Con la crescente diffusione delle tecnologie *wireless* negli ambienti di lavoro, nelle case e nei luoghi pubblici, è emersa l'esigenza di valutarne l'impatto sulla ***salute e la sicurezza delle persone***, considerando sia gli effetti diretti sul corpo umano, sia gli effetti indiretti su sistemi di importanza vitale per gli esseri umani, quali le apparecchiature elettromedicali a contatto con il paziente o la strumentazione a bordo di un aeromobile.

I dispositivi wireless emettono onde elettromagnetiche nello spettro che va dalle onde radio fino all'infrarosso, classificabili quindi come *radiazioni non ionizzanti*. Per quanto riguarda l'interazione diretta con il corpo umano, le onde radio possono interagire con le membrane cellulari (effetti cellulari) e possono causare riscaldamento del tessuto corporeo (effetti termici). Se per gli effetti cellulari non esistono ancora evidenze scientifiche in merito, sia in senso positivo che negativo, per gli effetti termici è noto invece che il tessuto corporeo esposto ad alti livelli di energia a radiofrequenza può assorbire tale energia sotto forma di calore e subire seri danni.

La normativa finalizzata a proteggere la popolazione dai campi elettromagnetici è molto vasta e articolata.

A livello europeo

- Raccomandazione 1999/512/CE relativa a "Limitazione dell'esposizione della popolazione ai campi elettromagnetici da 0 Hz a 300 GHz", 12/07/1999 che fa riferimento alle linee guida dell'ICNIRP;
- ERC Recommendation 70-03 (Tromsø 1997 and subsequent amendments) relating to the use of short range devices (SRD) – 22/08/2011.

In Italia

- Legge 22/02/2001 n.36 "Legge quadro sulla protezione dalle esposizioni a campi elettrici, magnetici ed elettromagnetici";
- DPCM 08/07/2003 "Fissazione dei limiti di esposizione, dei valori di attenzione degli obiettivi di qualità per la protezione della popolazione dalle esposizioni dai campi elettrici, magnetici ed elettromagnetici generati a frequenze comprese tra 100 kHz e 300 GHz";
- Decreto Legislativo n. 259 "Codice delle Comunicazioni elettroniche", in vigore dal 1 agosto 2003.
- Decreto Ministeriale 28 maggio 2003: "Condizioni per il rilascio delle autorizzazioni generali per la fornitura al pubblico dell'accesso radio LAN alla rete ed ai servizi di telecomunicazioni".
- Decreto Ministeriale 4 ottobre 2005: "Modifica del decreto 28 maggio 2003,… " (decreto Landolfi) che recepisce le raccomandazioni europee CEPT ERC/REC 70/03.

Per indagare ad esempio il campo elettrico generato da un Access Point 802.11b/g, operante nella banda 2400 GHz con una potenza massima di 100 mW (fig. 1.9), si fa riferimento a un ***limite di esposizione*** di **20 V/m**, mentre si considerano i cosiddetti ***valore di attenzione e obiettivo di qualità*** a **6 V/m**, come limiti cautelativi per la protezione da possibili effetti a lungo termine nelle abitazioni e nei luoghi intensamente frequentati (tabelle 1-2-3 allegato B del DPCM 2003).

Per quanto riguarda invece i problemi che i dispositivi wireless possono causare ad altre apparecchiature elettroniche, in termini di interferenze o malfunzionamenti, si fa riferimento alla normativa del settore compatibilità elettromagnetica (EMC: *ElectroMagnetic Compatibility*).

Esempio Come si calcola la distanza di sicurezza da un dispositivo medicale di supporto vitale?

Discussione Lo standard internazionale per l'immunità dei dispositivi medicali (IEC 601-1-2 e CEI-EN 60601-1-2:2007) prevede un livello di immunità E_{imm} pari a 3 V/m per i dispositivi non di supporto vitale e di 10 V/m per quelli di supporto vitale (*life supporting*), nel range 800 MHz ÷ 2,5 GHz.
La formula per calcolare la distanza minima di sicurezza D_{min}, in metri, per un apparecchio medicale di supporto vitale è: $D_{min} = (23/E_{imm}) \cdot \sqrt{P}$ — dove P è la massima potenza equivalente irradiata (EIRP). I valori di D_{min} per i principali standard sono riportati in tabella:

Dispositivo	P (W)	f (MHz)	E_{imm} (V/m)	D_{min} (m)
Bluetooth classe 3	0,001	2400 ÷ 2483,5	10	0,07
WLAN IEEE802.11b/g	0,1	2400	10	0,73
UMTS	0,25	1952,6	10	1,15
GSM 1800	1	1800 ÷ 1900	10	2,30

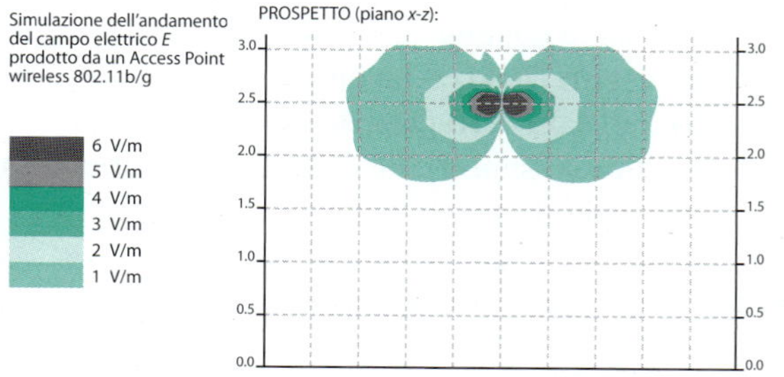

Fig. 1.9 Simulazione che descrive il campo elettrico E prodotto da un Access Point 802.11b/g con 100 mW di potenza massima EIRP. Una fascia di rispetto cautelativa di circa 30 cm è sufficiente a ottenere valori di E inferiori al livello di attenzione di 6 V/m.

Riflessione *La CEI EN 60601-1-2 si rivolge ai fabbricanti di dispositivi medici che la devono rispettare per certificare la rispondenza ai requisiti essenziali di immunità elettromagnetica. Qual è il ruolo dell'ospedale e dei suoi operatori?*

Sommario

I dispositivi wireless, letteralmente *"senza fili"*, comunicano tra loro utilizzando le onde radio, in particolare microonde, e la radiazione infrarossa. Gli standard messi a punto da organizzazioni internazionali quali ITU, ETSI, IEEE, costituiscono il riferimento tecnologico per le reti wireless (WPAN, WLAN, WMAN e WWAN) e per i servizi radiomobili, quali i sistemi GSM (2G), UMTS-HDPA (3G) e LTE (4G).
Quando si utilizzano reti o dispositivi wireless è importante curare la sicurezza delle comunicazioni e proteggere i dati con tecniche di crittografia simmetrica. Il protocollo WPA2-AES, che implementa lo standard IEEE 802.11i è ad oggi uno dei sistemi di protezione più affidabili per le WLAN.
I componenti fondamentali di una WLAN, secondo gli standard 802.11b/g/n, sono l'Access Point (base station) e i wireless client, vale a dire personal computer o altri dispositivi digitali dotati di adattatori wireless.
Quando si progetta una WLAN, oltre a configurare l'access point e i client, occorre pertanto impostare correttamente la sicurezza delle comunicazioni. Il grande sviluppo delle tecnologie wireless è stato possibile solo grazie al progressivo superamento delle problematiche legate alla natura del mezzo trasmissivo. Le difficoltà causate dai meccanismi di propagazione, dal rumore, dalle interferenze, dalla condivisione del canale tra molti utenti, vengono superate grazie a tecniche quali la DSSS, la FHSS o le più recenti OFDM e MIMO.
Anche se i sistemi wireless utilizzano radiazioni non ionizzanti, non bisogna sottovalutare l'aspetto legato alla salute e alla sicurezza. La normativa fissa dei limiti per l'esposizione delle persone ai campi elettromagnetici e impone requisiti di immunità alle apparecchiature elettromedicali di supporto vitale per il paziente.

Risposte alle riflessioni

FAQ 1 Ci sono casi in cui un sistema *"wired"* è insostituibile: per esempio una dorsale in fibra ottica che raggiunge velocità di decine di Tb/s in tecnologia DWDM: *Dense Wavelenght Division Multiplexing* non può essere sostituita da nessun sistema wireless. Quando si cercano velocità, prestazioni, affidabilità e segretezza i sistemi wired sono generalmente superiori ai sistemi wireless.
FAQ 2 Nel mondo delle telecomunicazioni wireless la definizione degli standard è innanzitutto necessaria a regolamentare l'utilizzo delle frequenze nello spettro radio. Gli standard consentono inoltre una migliore diffusione delle informazioni tecniche unificando simboli, codici, nomi. Un altro aspetto è legato all'economia di produzione e all'utilizzo dei dispositivi, in quanto vengono definiti e unificati i prodotti, i processi, le prestazioni, le misure di prova e collaudo. Attraverso gli standard si possono perseguire obiettivi di sicurezza dell'uomo e dell'ambiente, grazie al a definizione di requisiti e prestazioni, salvaguardando gli interessi dei consumatori e della collettività.
FAQ 3 Adi Shamir, uno dei massimi esperti mondiali del settore, ha indicato nel 2003 quelle che, a suo parere, sono le 3 leggi fondamentali della crittografia:
1) i sistemi assolutamente sicuri non esistono;
2) per dimezzare la vulnerabilità devi raddoppiare gli sforzi;
3) di solito la crittografia non viene violata, ma aggirata.

Occorre quindi prendere atto che la sicurezza dei dati non è solo un problema di inviolabilità degli algoritmi crittografici, ma anche di sensibilità e comportamenti delle persone che utilizzano un dato sistema di comunicazione: lasciare la password della rete wireless (PSK: *Pre Shared Key*), per quanto protetta con WPA2 e algoritmo AES, su un post-it accanto al computer rappresenta sicuramente una falla nel sistema di sicurezza adottato.
FAQ 4 Sì, configurando 2 Access point uguali in modalità bridge. (si veda anche l'unità Architetture e servizi)

ReT 1 Il modello è valido per distanze molto maggiori della distanza di Fraunhofer (d_f) che distingue i cosiddetti campo vicino e campo lontano. La distanza di Fraunhofer vale: $d_f = 2D^2/\lambda$ (D è la dimensione lineare maggiore dell'antenna). Nella regione prossima all'antenna (campo vicino) i campi elettrico (E) e magnetico (H) non sono ancora coordinati per la propagazione radiale sotto forma di onda piana e sono presenti effetti di tipo reattivo, con elevati valori del campo magnetico e bassi valori del campo elettrico. Nel campo lontano invece l'onda è localmente un'onda piana in cui E ed H oscillano in direzioni perpendicolari e il rapporto E/H ha il valore di 377 Ω (impedenza caratteristica del vuoto: Z_0).
ReT 2 Appare come un rumore a bassa potenza e larga banda.
ReT 3 Appare come un rumore di tipo impulsivo.
ReT 4 Lo standard CEI EN 60601-1-2, anche se rivolto ai costruttori, riconosce chiaramente una responsabilità condivisa tra il fabbricante, l'organizzazione responsabile e gli operatori per assicurare che il dispositivo medico sia usato nel modo corretto. L'ospedale e i suoi operatori hanno la responsabilità, benché condivisa, di assicurare che il dispositivo medico sia usato in un ambiente elettromagnetico a esso compatibile, secondo quanto riportato nella documentazione fornita dal fabbricante, sensibilizzando adeguatamente non solo gli operatori ma anche i visitatori, che per leggerezza o ignoranza potrebbero utilizzare dispositivi wireless a una distanza inferiore a quella di sicurezza.

Sitografia • Bibliografia

- http://www.etsi.org
- http://www.scribd.com
- http://www.unina.it
- http://www.ieee.org
- http://www.sicetelecom.it
- http://www.cnipa.gov.it

- A. Goldsmith, *Wireless Communications*, Cambridge University Press, 2005.
- J.F. Kurose, K.W. Ross, *Internet e Reti di Calcolatori*, McGraw-Hill.

Esercizi e Problemi

FAQ 1

Es. 1 Ricavare le frequenze delle radiazioni infrarosse più usate nel mondo delle telecomunicazioni.

Es. 2 Ricavare le lunghezze d'onda delle onde elettromagnetiche utilizzate dal sistema GSM900, GSM1800 e UMTS.

Es. 3 Quanto tempo impiega un segnale trasmesso da terra a raggiungere un satellite in orbita geostazionaria?

FAQ 2

Es. 1 Dopo aver ricercato i seguenti dati (relativi agli ultimi 10 anni in Italia):
- numero di telefoni cellulari;
- numero di personal computer;
- numero di connessioni Internet su rete fissa;
- numero di telefoni fissi.

Compilare una tabella in un foglio di calcolo, anno per anno, crea dei grafici opportuni e confrontali.
Quali considerazioni si possono fare?

Es. 2 Che cos'è il "digital divide"? Qual è il ruolo che le tecnologie e gli standard wireless giocano e possono giocare in Italia per la riduzione del "digital divide"?

FAQ 3

Es. 1 Utilizzando il foglio elettronico o un software di tua conoscenza implementare un sistema di crittografia simmetrica basato sul cifrario di Cesare, consentendo all'utente di inserire una qualsiasi chiave compresa tra 1 e 26.

Es. 2 Come si può violare il cifrario di Cesare?

Es. 3 Utilizzando il foglio elettronico o un software conosciuto implementare un sistema di crittografia simmetrica basato sul cifrario di Vigénère.

FAQ 4

Es. 1 Disegnare lo schema di una rete wireless "ad hoc" e spiegane pregi e difetti.

Es. 2 Nella seguente tabella si riportano i data rate nominali dei vari standard WLAN 802.11. Per ogni standard calcolare, in prima approssimazione, il tempo necessario ad eseguire il trasferimento di un file di dimensione pari a 4 294 967 296 Bytes da un client wireless ad un altro. In prima analisi considerare la cella BSS occupata da 2 soli client.

Wi-Fi Technology	Frequency Band	Bandwidth or maximum data rate
802.11a	5 GHz	54 Mb/s
802.11b	2,4 GHz	11 Mb/s
802.11g	2,4 GHz	54 Mb/s
802.11n	2,4 GHz; 5 GHz	450 Mb/s

ReT 1

Es. 1 Unità dBm e unità dBW– spesso si esprime la potenza in relazione a una potenza di riferimento:
$P\,[\text{dB}] = 10\log_{10}(P/P_0)$.
Se il riferimento è $P_0 = 1$ mW si parla di unità dBm, se invece il riferimento è $P_0 = 1$ W si parla di unità dBW.
Le formule di conversione sono pertanto:
$P\,(\text{dBm}) = 10\log_{10}(P/0{,}001)$
$P\,(\text{dBW}) = 10\log_{10}(P)$
(dBm e dBW sono adimensionali).
Esprimere in dBm e in dBW I seguenti valori di potenza (W): 0,001; 0,01; 1,45; 43,9; 1; 2; 5; 10; 20.

Es. 2 Si consideri una wireless LAN con $f_c = 2400$ MHz, raggio della cella 10 m e antenna omnidirezionale. Nell'ipotesi di *"free-space path loss model"*, che potenza di trasmissione è richiesta all'access point perchè tutti i terminali ricevano una potenza minima di 10 μW? Come cambia il valore di P_t se la frequenza vale 5 GHz?

ReT 2

Es. 1 Detto $s(t)$ il segnale a banda stretta da trasmettere e $s_c(t)$ la chip sequence, il segnale ricevuto dopo la propagazione in un canale che aggiunge un rumore bianco gaussiano additivo $n(t)$ è dato da:
$s(t) = s_c(t) + n(t)$.
Dopo aver posto le opportune ulteriori ipotesi, esprimere matematicamente quello che avviene durante l'operazione di despreading.

Es. 2 Trovare la larghezza di banda di una chip sequence (*spreading code*) con chip time $T_c = 1\,\mu$s.

ReT 3

Es. 1 Dimostrare, utilizzando un foglio di calcolo, che i codici di Hadamard a 4 chip sotto riportati sono ortogonali:

C_0:	1	1	1	1
C_1:	1	−1	1	−1
C_2:	1	1	−1	−1
C_3:	1	−1	−1	1

Es. 2 Calcolare il *dwell time* per lo standard Bluetooth.

ReT 4

Es. 1 Sono state effettuate le seguenti misure di campo E nelle vicinanze di un Access Point 802.11b/g:

Misure di campo *E* (V/m)				
Distanza dall'AP	$h = 2{,}50$ m	$h = 1{,}90$ m	$h = 1{,}50$ m	$h = 1{,}10$ m
0,10	3,3	0,45	1,3	1,1
0,50	0,66	0,45	0,6	0,6
1,00	0,51	0,4	0,37	0,54
1,50	//	0,35	0,37	0,45
2,00	0,23	0,34	0,37	0,58

Quali considerazioni si possono fare in termini di normativa?

Es. 2 Calcolare la distanza minima da un apparecchio medicale non di supporto vitale (*"non life-supporting"*) per dispositivi Bluetooth classe 3, WLAN IEEE802.11b/g, UMTS, GSM 1800, GSM 900.

UNITÀ 14.2

Architetture e servizi

Reti wireless, servizi radiomobili e comunicazioni satellitari

In questa Unità si illustrano le architetture di rete wireless in ordine crescente di copertura geografica e i servizi cellulari di seconda e terza generazione

La trattazione delle architetture di rete wireless segue un ordine geografico, dalle reti a copertura meno estesa (WPAN e WLAN) fino a quelle a copertura metropolitana (BWMAN) o regionale (WRAN), come specificato dagli standard IEEE 802.
I servizi cellulari radiomobili sono affrontati in ordine crescente di complessità tecnologica e quindi di evoluzione storica, dagli standard GSM (2G) fino all'UMTS e all'HDPA (3G).
L'ultima parte è dedicata alle comunicazioni satellitari.

indice

FAQ 1 Che cosa sono le architetture WPAN?

Il termine **WPAN** (***Wireless Personal Area Network***) identifica le architetture di comunicazione senza fili che operano in rete all'interno di un'area di estensione limitata a pochi metri, tipicamente nella stessa stanza o ambiente. Gli standard WPAN sono stati sviluppati per connettere computer o PDA alle rispettive periferiche come stampanti, mouse, tastiere, telefoni, microfoni senza l'ingombro dei cavi oppure per consentire lo scambio di dati tra auricolari, dispositivi viva voce, ricevitori GPS e telefoni cellulari o ancora per consentire la comunicazione tra una rete di sensori e il dispositivo di misura/acquisizione dati. L'IEEE ha affidato la standardizzazione delle WPAN al gruppo di lavoro denominato 802.15, ulteriormente suddiviso in 7 "task groups" (vedi tabella).

Esempio 1 Quali sono gli standard WPAN più diffusi?

Discussione In tabella si riportano gli standard WPAN specificati dai 7 task group IEEE. Dal punto di vista commerciale gli standard più diffusi sono BLUETOOTH e ZIGBEE.

Esempio 2 Descrivere un esempio di WPAN.

Discussione Il Bluetooth utilizza la tecnologia di trasmissione "Frequency Hopping" (dwell time T_h di 625 μs) ad accesso multiplo su 80 diverse frequenze portanti spaziate di circa 1 MHz, per una larghezza di banda totale di 83,5 MHz (da 2400 MHz fino a 2483,5 MHz). Fornisce 1 canale dati asincrono (ACL: *Asyncronous Connection-Less*) a 723,3 kb/s, con un canale di ritorno a 57,6 kb/s oppure 3 canali vocali sincroni (SCO: *Synchronous Connection Oriented*) a 64 kb/s. Il bit-rate complessivo offerto da questo standard è di circa 1 Mb/s. Una rete WPAN Bluetooth, detta anche **"piconet"**, consiste di un dispositivo **"master"** e di un massimo di 7 dispositivi **"slave"** attivi, oppure 255 "slave" in modalità "parkmode". La trasmissione è sempre e comunque gestita dal **master**, che si occupa di assegnare i canali fisici agli slave, coordina le sequenze per il frequency hopping, effettua il polling per vedere se uno slave richiede servizi e mantiene sincronizzati tutti i dispositivi della piconet. Le specifiche consentono di collegare due piconet in modo da espandere la rete, creando così una **"scatternet"**. I dispositivi Bluetooth sono distinti in 3 classi in base al range di operatività (R) e alla potenza emessa (p): classe 1 ($R \approx 100$ m, $p = 100$ mW), classe 2 ($R \approx 10$ m, potenza = 2,5 mW) e classe 3 ($R < 10$ m, potenza = 1 mW). Si veda la fig. 2.1.

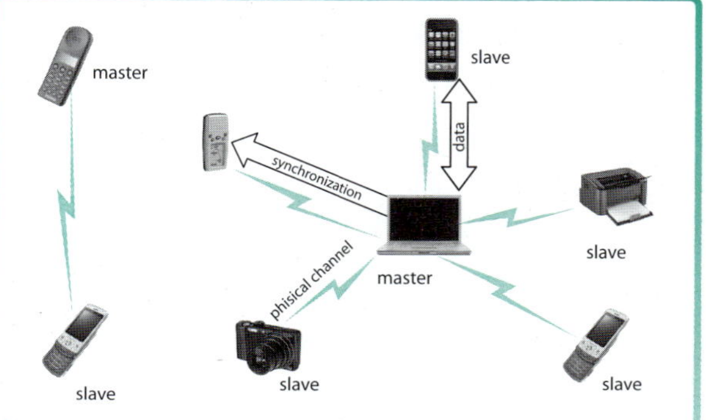

Fig. 2.1 Due esempi di "piconet" tra dispositivi Bluetooth. Un dispositivo deve sempre svolgere il ruolo di master mentre l'altro o gli altri funzionano da slave. Il master assegna i canali fisici e li sincronizza, coordina le "hopping sequence", effettua il polling per rispondere alle richieste di servizio degli slave.

Riflessione *Quali considerazioni si possono fare in merito alla sicurezza dei dati sulle reti WPAN?*

IEEE #	Standard	Tecnologia	Caratteristiche principali
802.15.1	wpan	Bluetooth	Tecnologia a basso costo che opera in un raggio di circa 10 m con una potenza di trasmissione di 1 mW. Lavora a 2,45 GHz con un bit rate di 1 Mb/s.
802.15.2	coexistence	//	Si occupa di definire la coesistenza di WPAN e WLAN o altri dispositivi che operano con frequenze non licenziate.
802.15.3	high rate wpan	UWB e Wimedia	Standard pensato per offrire comunicazioni ad alta velocità per le applicazioni multimediali. La tecnologia UWB (*Ultra Wide Band radio*) utilizza impulsi radio molto brevi (da 10 ps a 1 ns) nella banda da 3,1 fino a 10,6 GHz e consente velocità molto elevate (500 Mb/s a 3 m di distanza). La tecnologia Wimedia utilizza tecniche OFDM per gestire al meglio la propagazione multipath.
802.15.4	low rate wpan	Zigbee	È stata pensata per ottenere dispositivi più economici e con minore consumo di potenza rispetto al Bluetooth. Opera nella stessa banda del Bluetooth (2,45 GHz), in un range di 30 m, con velocità di 20, 40, 250 kb/s.
802.15.5	mesh networking	//	Definisce gli standard perché i dispositivi WPAN siano in grado di interconnettersi in una rete a maglie (mesh).
802.15.6	ban	//	BAN: *Body Area Network*, si occupa di dispositivi a bassa potenza e bassa frequenza di lavoro destinati ad essere posizionati sul corpo umano.
802.15.7	visible light communication	//	Si occupa di definire standard per le comunicazioni in spazio libero utilizzando la luce visibile.

FAQ 2 Che cos'è l'architettura WLAN?

Le WLAN (***Wireless Local Area Network***), inizialmente utilizzate a livello universitario e aziendale, si sono diffuse rapidamente in ambito domestico e in molti altri contesti quali i locali pubblici, le scuole, gli alberghi, gli aeroporti, i centri storici delle città.
Il successo di questa architettura è dovuto a molti fattori: la semplicità e l'economicità di installazione, in quanto non occorre posare condutture e cavi; la flessibilità, ovvero la possibilità di variarne facilmente la configurazione; la possibilità di fornire servizi di rete, Internet o condivisione di periferiche, agli utenti mobili dotati di netbook, PDA o smartphone.
La comodità dovuta all'assenza dei cavi si paga però con prestazioni (*data rate*) inferiori rispetto alle reti cablate e con una maggiore vulnerabilità in termini di sicurezza dei dati, per cui risulta fondamentale crittografare le comunicazioni all'interno di una WLAN con il protocollo WPA2-AES, secondo lo standard 802.11i.
Gli standard IEEE 802.11a/b/g/n, che costituiscono il riferimento per le WLAN, prevedono due tipologie di rete principali ("ad hoc" o infrastrutturata) e consentono l'implementazione di varie architetture.

Esempio 1 Quali sono le due principali tipologie di WLAN?

Discussione **WLAN ad-hoc e WLAN infrastrutturate.**
Una WLAN può essere **INFRASTRUTTURATA,** quando è presente l'Access Point (detto anche Base Station), oppure **AD HOC**, quando i client wireless si collegano tra loro in modo peer-to-peer senza access point (fig. 2.2).

- Una rete AD HOC si instaura "spontaneamente" quando i dispositivi wireless si trovano a distanza di copertura reciproca, hanno necessità di comunicare e non esiste un'infrastruttura con un access point. Questa possibilità si rivela molto utile quando le persone si incontrano e vogliono scambiarsi dei files. Una rete di questo tipo è priva di un controllo centrale, può consentire la comunicazione tra un ristretto numero di client e costituisce una sorta di "isola", che non ha connessioni con il mondo esterno;
- la presenza di un'**INFRASTRUTTURA** basata su uno o più Access Point consente per esempio l'estensione di una LAN wired verso decine di client wireless, offre la possibilità di creare ampie zone di copertura (celle) garantendo la permanenza della connessione nel passaggio tra celle adiacenti (handover).

Esempio 2 Nell'ambito delle WLAN INFRASTRUTTURATE quali architetture è possibile implementare?

Discussione **Access Point e modalità di infrastruttura** (fig. 2.3).
Una moderna base station può funzionare secondo varie modalità:

- **Access Point mode** (AP): è la configurazione più semplice e diffusa soprattutto nelle reti aziendali. L'access point costituisce il nodo centrale verso il quale comunicano tutti i client wireless;
- **Bridge mode**: due AP configurati in modalità "bridge" consentono di creare un collegamento radio tra 2 LAN wired;
- **Bridge mode con AP**: offre le funzionalità della modalità bridge e in più ciascun Access Point è in grado di accettare la connessione dei client wireless;
- **Repeater mode**: consente all'AP la comunicazione con un router wireless per l'accesso a Internet. Di fatto estende la copertura di un router wireless.

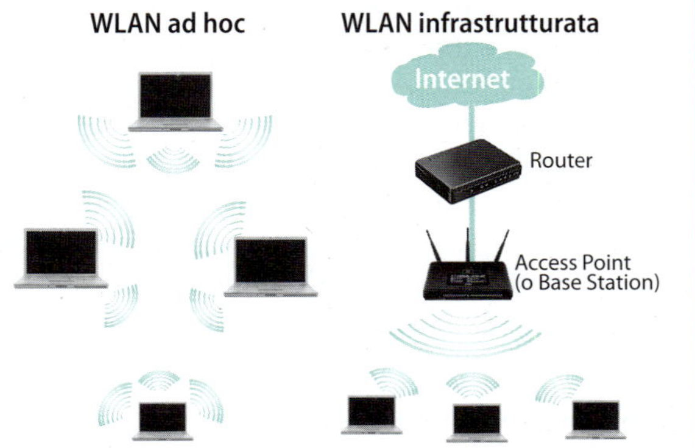

Fig. 2.2 Reti "ad hoc" e reti con infrastruttura. Se non è presente un Access Point i client possono collegarsi in modalità peer-to-peer creando la cosiddetta *rete ad hoc*. Se è presente l'Access Point si ha una *rete infrastrutturata*, che consente ai client di accedere a Internet o alle risorse di una LAN wired.

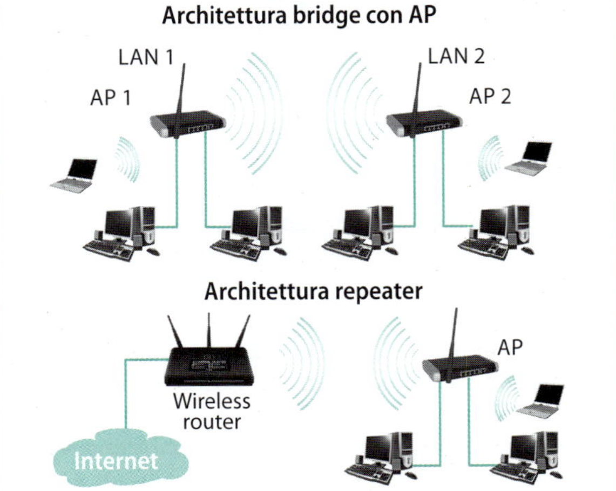

Fig. 2.3 Due esempi di architetture realizzabili con diverse modalità di configurazione degli Access Point (AP). La prima, in modalità bridge con AP, consente la connessione di due LAN wired e contemporaneamente la comunicazione con i client wireless. La seconda (repeater) consente all'AP la comunicazione con un router wireless per l'accesso a Internet, gestendo client wireless e wired.

Riflessione *Le architetture WLAN, come il Wi-Fi (IEEE 802.11) saranno verosimilmente rimpiazzate dalle architetture BWMAN, come il WiMAX (IEEE 802.16)?*

FAQ 3 Che cos'è l'architettura BWMAN?

Le wireless **MAN** (***Metropolitan Area Network***) forniscono copertura e collegamento a dispositivi che operano all'interno di uno stesso quartiere, di un gruppo di edifici, di un'intera cittadina o di un territorio rurale.
Le WMAN svolgono spesso la funzione di fornire connettività Internet alle WLAN di una città o di un territorio.
La crescente diffusione di applicazioni e servizi che richiedono elevate velocità e latenze temporali ridotte ha spinto la tecnologia a sviluppare standard di tipo *Broadband Wireless* MAN (**BWMAN o WLAN a banda larga**).
I principali standard esistenti, a parte i sistemi cellulari 3G e 4G, sono: HIPERMAN (standard ETSI europeo), WiBRO (standard coreano) e le due famiglie IEEE 802.20 (Mobile-fi) e 802.16 (WiMAX). Si veda la fig. 2.4.
In particolare quest'ultima tecnologia, che prevede modelli di implementazione per utenti fissi e mobili, ha raccolto il consenso di molte industrie del settore che si sono organizzate nel WiMAX forum (www.wimax forum.org) per promuovere la compatibilità e l'interoperabilità dei prodotti basati sullo standard IEEE 802.16.

Esempio 1 Quali sono le principali caratteristiche dello standard BWMAN IEEE 802.16 - WiMAX?

Discussione **Le caratteristiche del WiMAX.**
L'obiettivo primario della tecnologia WiMAX è stabilire connessioni con bit rate elevato e a costi ridotti consentendo l'*handoff* per gli utenti mobili, vale a dire la permanenza della connessione passando da una zona di copertura ad un'altra.
Le caratteristiche di questa tecnologia colmano il divario tra le WLAN, che offrono elevate velocità ma con copertura spaziale limitata, e i servizi cellulari 3G, che offrono grandi coperture con minori velocità.
Le bande utilizzabili sono attorno ai 5 GHz (banda non regolamentata) per applicazioni in zone a bassa densità abitativa, attorno ai 3,5 GHz (banda regolamentata) per applicazioni in zone ad alta densità e attorno ai 2,5 GHz (banda regolamentata già assegnata in USA, Messico, Brasile, Sud Est asiatico).
In Italia la normativa attuale prevede lo sviluppo di sistemi WiMAX solo nella banda attorno ai 3,5 GHz (da 3,4 a 3,6 GHz).
A questo proposito si è svolta un'asta pubblica, conclusasi nel 2008, che ha dato in concessione per 10 anni (rinnovabili per altri 10) l'utilizzo esclusivo delle frequenze dedicate al WiMAX nel territorio di una provincia o di una regione. La larghezza di banda del WiMAX è variabile tra 1,25 MHz e 20 MHz.
Lo standard 802.16m del 2011, noto anche come *Mobile WiMAX Release-2* o *Wireless MAN Advanced*, prevede data rates massimi di 100 Mb/s per utenti mobili e di 1 Gb/s per utenti fissi.
Le caratteristiche principali del WiMAX sono:
1) flessibilità dell'architettura;
2) banda ampia e capacità di traffico elevato;
3) offerta di servizio per utenza fissa e mobile;
4) garanzia di mobilità e copertura su vaste aree;
5) meccanismi QoS (*Quality of service*).

Due tecnologie utilizzate nel WiMAX rivestono un ruolo importante nell'incrementare velocità e immunità alle interferenze: OFDMA (*Orthogonal Frequency Division Multiple Access*) e MIMO (*Multiple Input Multiple Output*).
OFDMA scompone il segnale in parti che possono essere trasmesse indipendentemente, aumentando l'efficienza spettrale; il segnale può essere ricostruito anche se alcune parti non arrivano al ricevitore.
MIMO utilizza un sistema basato su antenne multiple sia in trasmissione sia in ricezione, consentendo la propagazione (multipath). Questa tecnologia è particolarmente utile in ambienti caratterizzati da elevati livelli di interferenza, come i centri delle città o i contesti ad alta densità di utenza.

Esempio 2 Quali sono le prestazioni tipiche del WiMAX?

Discussione **Prestazioni tipiche del WiMAX.**
Un sistema WiMAX in configurazione MIMO 2 · 2 con larghezza di banda di 10 MHz può offrire 60 Mb/s in down link e 28 Mb/s in uplink, se gli utenti sono vicini e in linea di vista con la BS. Le coperture delle celle variano a seconda della densità dell'utenza:
- area rurale: fino a 10 km;
- area suburbana: fino a 3 km;
- area urbana: da 100 m a 1 km.

Ai confini della cella le prestazioni decadono a 1÷2 Mb/s per il downlink e 300÷400 kb/s per l'uplink.

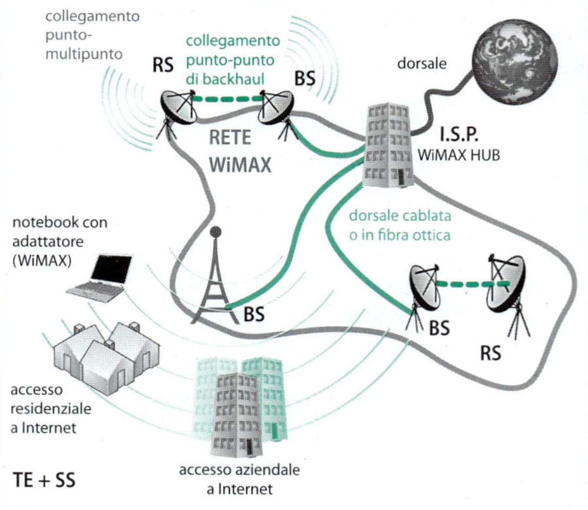

Fig. 2.4 Architettura tipica WiMAX 802.16: dall'HUB-WiMAX dell'ISP, collegato alle dorsali Internet, si diramano le dorsali in rame o fibra ottica che servono le stazioni base (BS: *Base Station*). La rete WiMAX si struttura con collegamenti di tipo *punto-punto di backhaul* tra le stazioni base e di tipo *punto-multipunto* tra ciascuna stazione base e le stazioni utente della città (TE: *Terminal Equipment* e SS: *Subscriber Station*). Per raggiungere utenze molto distanti si utilizzano ripetitori (RS: *Repeater Station*).

Riflessione *Che ruolo può giocare il WiMAX nella riduzione del digital divide?*

FAQ 4 Che cos'è l'architettura WRAN?

Lo standard IEEE 802.22 **WRAN** (***Wireless Regional Area Network***) ha l'obiettivo di fornire collegamenti a larga banda in zone rurali o a scarsa densità abitativa, con raggi di copertura che vanno dai 30 ai 100 km.

Il progetto prevede di utilizzare le bande televisive terrestri VHF/UHF comprese tra 54 MHz e 862 MHz, ovvero quelle frequenze, dette "*white spaces*", non più utilizzate dalle reti televisive dopo il passaggio ai sistemi digitali.

A questo proposito nel 2010 la FCC (*Federal Communications Commission*) ha introdotto negli Stati Uniti nuove regole di gestione dello spettro televisivo al fine di sperimentare la diffusione della banda larga utilizzando le frequenze "white spaces", che hanno caratteristiche di propagazione tali da coprire aree molto vaste, tra i 17 e i 33 km di raggio. Si veda la fig. 2.5.

Per minimizzare le interferenze con le bande già utilizzate, lo standard 802.22, detto anche Super Wi-Fi, utilizza tecnologie di tipo *Cognitive Radio* (CR) e "*Spectrum Sensing*", grazie alle quali gli apparati di comunicazione potranno "conoscere" lo stato dello spettro di frequenza dell'ambiente in cui operano, in modo da occupare le bande libere ed evitare le interferenze con i canali già occupati. La FCC ha predisposto un database di geolocalizzazione che consentirà ai dispositivi operanti nei "white spaces" di evitare sovrapposizioni con le trasmissioni televisive di quella particolare area geografica.

In Europa si stanno effettuando valutazioni preliminari per utilizzare le "white spaces" tra 470 e 790 MHz con analoghi sistemi di tipo WRAN "cognitive radio".

Esempio Quali sono le caratteristiche principali di una WRAN?

Discussione **Caratteristiche di una WRAN.**

La topologia del sistema WRAN è del tipo punto-multipunto: la trasmissione avviene tra le stazioni base (BS: *Base Station*) e gli utenti dislocati nella cella dotati di apparati CPE (*Customer Premises Equipment*).

La stazione base, che deve essere collegata a una dorsale, gestisce gli aspetti "cognitive radio" del sistema e a questo scopo utilizza i CPE degli utenti per effettuare misure sui vari canali dello spettro.

In base ai risultati delle misure la stazione base assegna le frequenze sui canali liberi in modo da evitare le interferenze.

Per il buon funzionamento della tecnologia "cognitive radio", ogni apparato CPE deve essere in grado di inviare le proprie coordinate geografiche, stabilite tramite antenne e sistemi GPS oppure grazie alle metodologie di triangolazione previste dallo standard 802.22.

La copertura di una BS 802.22 è tipicamente di una trentina di chilometri ma in alcuni casi può arrivare a 100 km. Per raggiungere un'estensione di 33 km la potenza dell'antenna BS deve essere di circa 4 watt EIRP (*Effective Radiated Power Relative to an Isotropic Source*).

Nella situazione ipotetica in cui 12 utenti sono simultaneamente collegati, la velocità è di circa 1,5 Mb/s in downlink e di 384 kb/s per l'uplink.

La larghezza di banda di un canale è tipicamente di 6 MHz, ma può essere anche di 7 o 8 MHz. La modulazione adottata è del tipo OFDM (*Orthogonal Frequency Division Multiplexing*).

Anche se la tipologia tipica di utenza è quella fissa, sono previste specifiche per consentire lo spostamento dei terminali (nomadicità) e la mobilità a una velocità non superiore ai 110 km/h. Non è però ancora prevista la funzionalità di "*handoff*" tra celle adiacenti.

Riflessione *Perché nelle WRAN si utilizzano frequenze portanti molto più basse rispetto alle WLAN?*

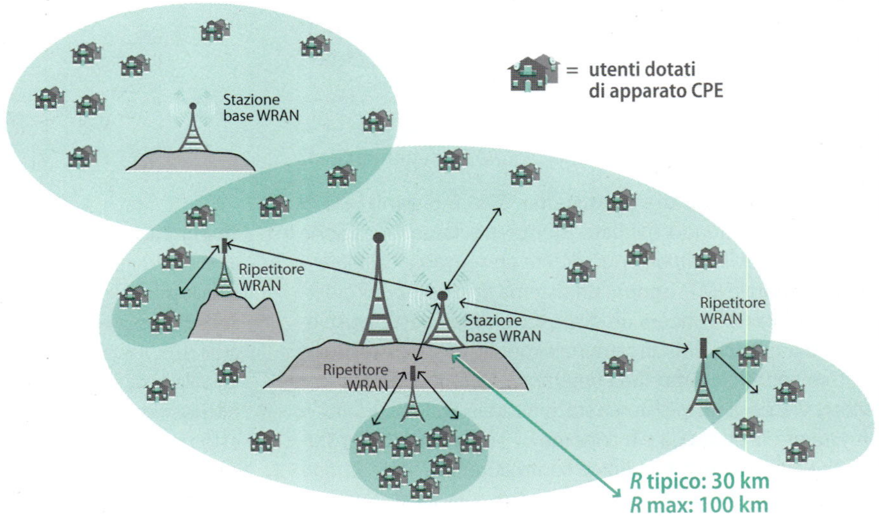

Fig. 2.5 Architettura WRAN: la cella coperta da una stazione base (BS) ha un raggio tipico di 30km ma può arrivare fino a 100 km. Gli utenti raggiunti dal segnale devono dotarsi di antenne e apparati CPE (*Customer Premises Equipment*). L'architettura WRAN prevede l'utilizzo di ripetitori per estendere la copertura, per supportare maggiori richieste di banda nelle zone più densamente abitate, per fornire copertura a zone d'ombra causate dalla particolare conformazione del territorio.

ReT 1 Servizio cellulare radiomobile: GSM

Lo standard GSM per la telefonia mobile è stato messo a punto in Europa nel 1982 dal "Groupe Spècial Mobile" del CEPT con l'intento di unificare i sistemi radiomobili che si stavano diffondendo in Francia, Scandinavia, Germania e Regno Unito. Le specifiche sono state recepite e consolidate dall'ETSI (1989) e la tecnologia **GSM**, ribattezzata ***Global System for Mobile Communications***, si è poi diffusa a livello internazionale. Le frequenze utilizzate sono quelle attorno a 900 MHz (GSM900), 1800 MHz (GSM1800) e 1900 MHz (banda utilizzata negli Stati Uniti e Canada).

Gli obiettivi dello standard GSM, oggi definito di *seconda generazione* o 2G, erano ottenere una buona qualità della voce con apparecchiature a basso costo e con un utilizzo efficiente della banda radio, garantire compatibilità con la rete ISDN e supportare la telefonia in una prospettiva di mobilità completa.

I servizi applicativi offerti dal GSM sono:

- telefonia mobile con ritmo di codifica compresso a 13 kb/s (*full rate*) e 6,5 kb/s (*half rate*);
- servizio di chiamate di emergenza;
- servizi telematici di videotext, teletext, fax, messaggistica MMS;
- servizio di trasferimento di brevi messaggi di testo (SMS: *Short Message Service*);
- servizi supplementari come ad esempio l'identificazione del chiamante, il gruppo chiuso di utenti, la conversazione simultanea tra 3 o 6 abbonati ("*multi party*").

L'innovazione di maggior successo del GSM è stata senz'altro quella del *servizio SMS*, ovvero la possibilità di inviare un messaggio di 160 caratteri ASCII, con riscontro di consegna. La capacità di accedere alla rete GSM è data da una smart card detta SIM (*Subscriber Identity Module*), nella quale sono memorizzati i dati identificativi dell'abbonato, i servizi associati, le chiavi di codifica e i codici PIN di protezione.

Esempio 1 Quali sottosistemi compongono l'architettura GSM?

Discussione L'architettura del sistema GSM è organizzata in sottosistemi. Partendo dal "lato utente" troviamo la stazione mobile MS (*Mobile Station*), può essere un semplice cellulare o terminale mobile (MT) oppure un sistema tipo notebook/adattatore/telefonino o ancora un dispositivo di telegestione/telecontrollo dotato di SIM. Un terminale mobile possiede un identificatore specifico detto IMEI (*International Mobile Equipment Identity*). Vi è poi il sotto-sistema stazione base, BSS (*Base Station Subsystem*), costituito da più antenne BTS (*Base Transceiver Station*) che afferiscono ad un unico controllore BSC (*Base Station Controller*). Al centro del sotto-sistema di rete (NSS: *Network and Switching Subsystem*) si trova il *Mobile Service Switching Center* (MSC) che fornisce le funzionalità di commutazione, trattamento chiamate, autenticazione, scambio di cella in movimento (handoff o handover) e, insieme al *Gateway Mobile Switching Center* (GMSC), fornisce l'interfaccia verso le altre reti telefoniche (PSTN-ISDN) e verso il sistema di segnalazione SS7. Per la gestione dei messaggi SMS punto-punto è presente nell'architettura il *Short Message Service Center* SMS-C. Il sottosistema OSS (*Operation and Support Subsystem*), è deputato al governo della rete e al mantenimento della sua integrità fisica e funzionale.

Esempio 2 Quali database vengono utilizzati dal sotto sistema di rete GSM?

Discussione La funzionalità del sotto-sistema di rete NSS si fonda su un gruppo di database specifici. Il database principale è il cosiddetto HLR (*Home Location Register*), nel quale sono memorizzati i dati di tutti i clienti di uno specifico operatore GSM. Viene anche memorizzata un'informazione di localizzazione per sapere verso quale centrale MSC vanno inoltrate le chiamate dirette a quell'utente. Si veda la fig. 2.6. Ogni centrale MSC utilizza un'altra base dati, detta VLR (*Visitor Location Register*), per memorizzare i dati degli utenti che si trovano nella propria area di competenza. Se un cliente esce da quell'area viene cancellato dal database VLR. Il database AuC (*Authentication Center*) è utilizzato per verificare le parole chiave degli utenti ed effettuare la cifratura delle comunicazioni, mentre EIR (*Equipment Identify Register*) contiene i dati di funzionamento dei telefonini e i loro codici IMEI.

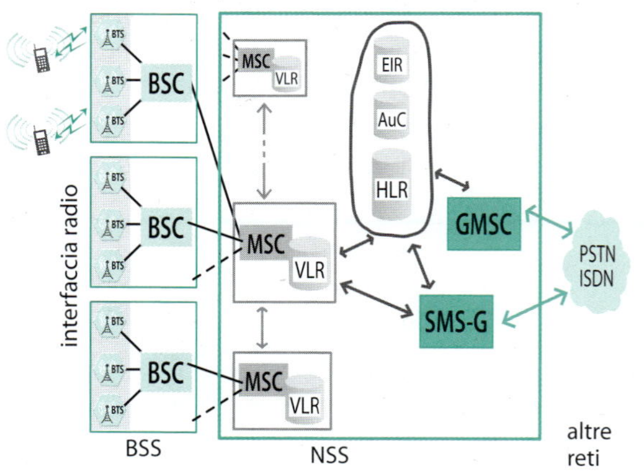

Fig. 2.6 I database del sistema NSS: HLR (*Home Location Register*) è il database di tutti gli utenti registrati nel sistema di uno specifico operatore; quando un utente si muove da un sistema ad un altro il VLR (*Visitor Location Register*) ne memorizza le informazioni temporaneamente, dopo aver informato l'HLR. Il database AuC (*Authentication Center*) è utilizzato per verificare le parole chiave degli utenti e gestire la sicurezza delle comunicazioni, mentre EIR (*Equipment Identify Register*) contiene i dati di funzionamento dei telefonini e i loro codici IMEI.

Riflessione *Perché il servizio SMS introdotto per la prima volta nello standard GSM ha avuto un grande successo?*

ReT 2 Servizio cellulare radiomobile: UMTS

L'**UMTS** (***Universal Mobile Telecommunications System***) è uno standard di *terza generazione* (3G) per i sistemi cellulari e costituisce l'evoluzione del GSM (2G) e del GPRS/EDGE (2.5G). È nato nel 1999 con lo scopo di fornire servizi mobili di tipo multimediale a larga banda, consentendo l'accesso radio al traffico dati (Internet) grazie a un'infrastruttura di rete a commutazione di pacchetto anziché a commutazione di circuito.
Rispetto a GSM e GPRS, l'UMTS utilizza la tecnologia W-CDMA (*Wideband Code Division Multiple Access*) con una gestione avanzata delle risorse radio per aumentare l'efficienza spettrale. Cambia anche l'infrastruttura di rete con l'introduzione dei nodi *B* e dei *Radio Network Subsystems* (RNS).
W-CDMA utilizza tecniche di tipo spettro espanso ("spread spectrum") a divisione di codice per consentire l'accesso multiplo al mezzo radio; in questo modo si raggiungono velocità di trasmissione maggiori rispetto alla tecnica di accesso mista TDMA/FDMA utilizzata nelle reti GSM/GPRS.
La disponibilità di larga banda, fino a 2 Mb/s, consente allo standard UMTS di offrire servizi di MMS (Multimedia Messaging Service), videochiamata, videoconferenza, navigazione web e servizi basati sulla localizzazione dell'utente.
Il W-CDMA supporta due modalità di comunicazione duplex: la FDD (*Frequency Division Duplexing*) e la TDD (*Time Division Duplexing*). Nella modalità FDD i flussi di uplink (dal cellulare verso l'antenna di rete) e downlink (dall'antenna verso il cellulare) vengono trasmessi simultaneamente su frequenze diverse, mentre nella modalità TDD uplink e down link sono trasmessi sulle stesse frequenze ma ad istanti di tempo diversi. In Europa si usa solo la modalità FDD. Le bande assegnate per la modalità FDD sono 1920÷1980 MHz (uplink) e 2110÷2170 MHz (downlink); per la modalità TDD sono: 1900÷1920 MHz (uplink) e 2010÷2025 MHz (downlink). Ogni portante occupa una banda di 5 MHz, la velocità di chip (chip rate) è di 3,84 Mchip/s. La trama UMTS ha durata 10 ms (nel GSM è di 4,615 ms) ed è suddivisa in 15 slot della durata di 2560 chip ciascuno. Il tempo di chip è sufficientemente breve da poter distinguere le differenti repliche del canale multipath in molte situazioni.

Esempio 1 Domanda: quali velocità di trasmissione offre l'UMTS?

Discussione **Velocità di trasmissione (symbol rate).**
La velocità di trasmissione è variabile ad ogni trama in base al fattore di espansione (SF: *Spreading Factor*) ovvero al numero di chip associati ad un simbolo, che varia da un minimo di $SF = 4$ fino a $SF = 256$. Si calcola con la formula:

velocità di trasmissione = symbol rate = chip rate/*SF*

Con $SF = 4$ si è meno protetti dalle interferenze e occorre utilizzare potenze elevate; si ottiene una velocità di trasmissione pari a $3840/4 = 960$ kb/s; con $SF = 256$ il codice è abbastanza lungo da proteggere il segnale dalle interferenze ed è sufficiente un basso valore di potenza; si ottiene però una velocità molto minore pari a $3840/256 = 15$kb/s.
Le attuali reti UMTS sono state potenziate mediante i protocolli *High-Speed Downlink Packet Access* (HSDPA), e *High-Speed Uplink Packet Access* (HSUPA) che consentono velocità in download di 14,4 Mb/s e in upload di 7,2 Mb/s.

Esempio 2 Quali sono i componenti fondamentali dell'architettura UMTS?

Discussione **Architettura UMTS** (fig. 2.7).
La funzione che svolgeva la BSS nel GSM è ora svolta dall'UTRAN (UMTS Terrestrial Radio Access Network). **L'UTRAN** trasmette verso le Mobile Station (equipaggiate di U-SIM) con la tecnica W-CDMA ed è composta dal **nodo B** (equivalente alla BTS del GSM) e dal **Radio Network Controller, RNC** (equivalente alla BSC del GSM). A differenza del GSM gli RNC sono connessi direttamente tra loro con le interfacce Iur, per gestire meglio l'handover, cioè il passaggio da una cella ad un'altra dell'utente mobile.
L'RNC si occupa anche di controllare le risorse e la congestione. L'interfaccia tra nodo-B e RNC si chiama Iub, mentre l'interfaccia radio W-CDMA tra terminale utente MS e nodo-B prende il nome di Uu. Il nodo-B è l'unità fisica di trasmissione e ricezione all'interno delle celle, che svolge anche funzioni relative al controllo di potenza dei terminali e fornisce informazioni all'RNC per decidere sull'handover. Il nucleo di rete UMTS è composto fondamentalmente dagli stessi elementi del sistema GSM, ma stavolta gli RNC hanno interfacce differenti verso il dominio di rete a commutazione di circuito (Iu-CS) e verso il dominio di rete a commutazione di pacchetto (Iu-PS).

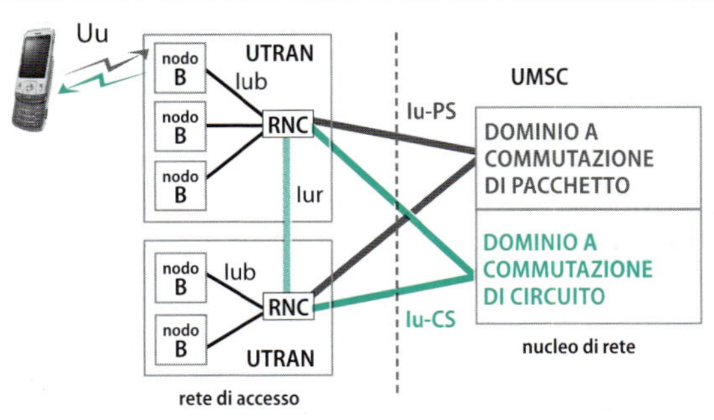

Fig. 2.7 Architettura del sistema UMTS: gli RNC sono i *Radio Network Controller*, collegati tra loro per gestire meglio l'handover; i nodi B svolgono le funzioni di trasmissione-ricezione verso i terminali. Gli RNC hanno interfacce differenti verso il dominio di rete a commutazione di circuito (Iu-CS) e verso il dominio di rete a commutazione di pacchetto (Iu-PS).

Riflessione *Quali sono stati i problemi dello standard UMTS?*

ReT 3 Servizio cellulare radiomobile: HSPA

HSPA (***High Speed Packet Access***) è un protocollo per la telefonia cellulare UMTS-3G, che ne migliora le prestazioni incrementando la velocità di trasmissione e diminuendo il tempo di ritardo (latenza).

Si distingue in HSDPA (*High Speed Downlink Packet Access*) e HSUPA (*High Speed Uplink Packet Access*): HSDPA permette di raggiungere data-rate in downlink di 14,4 Mb/s, mentre HSUPA permette di raggiungere velocità di 5,76 Mb/s per l'uplink.

HSPA aumenta la capacità di traffico delle reti UMTS e apporta una significativa diminuzione del tempo di ritardo, parametro molto importante per alcune applicazioni (100 ms per HSDPA e 50 ms per HSUPA).

Il miglioramento delle prestazioni viene ottenuto grazie alla combinazione e alla sinergia di più tecnologie: si utilizzano in modo più efficiente i codici del W-CDMA e la potenza di trasmissione, si utilizza un intervallo di trasmissione più breve (TTI: *Transmission Time Interval*), si percepiscono più rapidamente le variazioni del canale trasmissivo e si assegnano più rapidamente le migliori frequenze agli utenti, si utilizzano modulazioni di tipo 16 QAM (*Quadrature Amplitude Modulation*).

Esempio Qual è l'evoluzione del protocollo HSPA?

Discussione Confronto tra HSPA e HSPA+. Si veda la fig. 2.8.
Il consorzio 3GPP (3rd Generation Partnership Project) ha sviluppato anche il nuovo protocollo HSPA+, che costituisce l'evoluzione del protocollo HSPA e che fornisce velocità di 84,4 Mb/s in downlink e 23 Mb/s in uplink. L'ulteriore incremento della velocità di trasmissione è ottenuto grazie alla modulazione 64QAM, all'utilizzo di doppie portanti e alle tecnologie MIMO (2 · 2) che sfruttano con più antenne i percorsi multipli compiuti dal segnale. Nella seguente tabella vengono messe a confronto le caratteristiche delle specifiche **HSPA** (3GPP rel. 6) con le specifiche **HSPA+** (3GPP rel. 7-8-9-10).

Riflessione *Quali strategie utilizzano i nuovi standard LTE e LTE advanced di quarta generazione (4G) per aumentare ulteriormente la velocità di trasmissione?*

	HSPA (3GPP Rel. 6)	**HSPA+ (3GPP Rel. 7/8/9/10)**
Accesso multiplo	CDMA	CDMA
Duplex	FDD	FDD
Banda del canale	5 MHz	5 MHz
Modulazione	DL: QPSK, 16QAM UL: Dual BPSK	DL: QPSK, 16 QAM, 64 QAM UL: Dual BPSK, 16 QAM
Modalità MIMO	–	DL: 2 x 2 UL: 1 x 2
Massima velocità di trasmissione (Peak data rate)	**HSDPA (DL): 14,4 Mbit/s** **HSUPA (UL): 5,76 Mbit/s**	DL: 28 Mbit/s (MIMO, 16 QAM) DL: 42,2 Mbit/s (MIMO, 64 QAM) DL: 42,2 Mbit/s (64 QAM, doppia portante) **DL: 84,4 Mbit/s (MIMO, 64 QAM, doppia portante)** UL: 11,5 Mbit/s (16 QAM) **UL: 23 Mbit/s (16 QAM, doppia portante)**

DL = down link (dalla rete al terminale mobile); UL=uplink (dal terminale mobile alla rete).

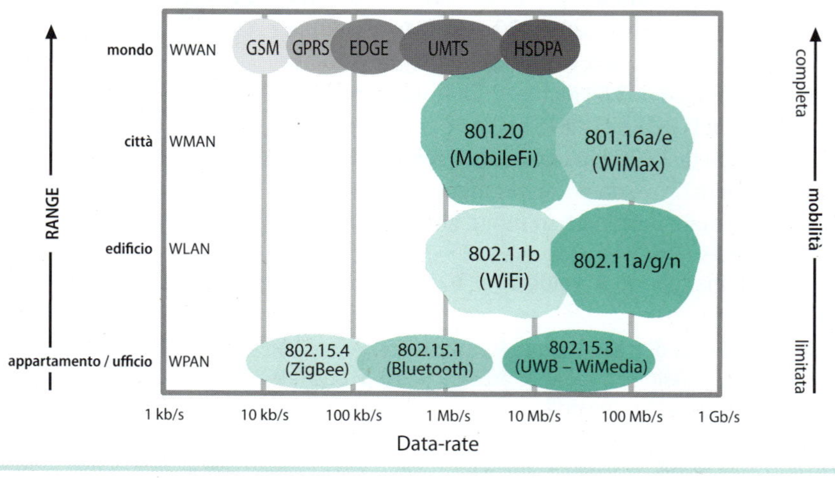

Fig. 2.8 Grafico che mette a confronto HDSPA con le precedenti generazioni di sistemi radiomobili e con gli altri standard di rete wireless, in base al raggio di copertura, al data-rate e alla mobilità.

ReT 4 Reti satellitari

I ***satelliti per telecomunicazioni*** costituiscono un altro importante componente nel panorama mondiale delle infrastrutture wireless. La loro importanza non è legata solo alle trasmissioni televisive broadcast, ma anche ai sistemi di posizionamento globali (GPS, Galileo), alla radiolocalizzazione e navigazione aerea e navale, ai servizi di telefonia satellitare utilizzati dai giornalisti di tutto il mondo, alla possibilità di collegarsi a Internet a larga banda in modo bidirezionale anche in mancanza di reti cellulari, di ADSL o di infrastrutture in fibra ottica. La funzionalità di base di un satellite è amplificare le portanti ricevute dalla direzione di uplink per la successiva ritrasmissione nella direzione di down link. Quando funzionano da semplici ripetitori vengono detti satelliti trasparenti; se invece sono dotati di demodulatori, modulatori e circuiti di elaborazione, appartengono alla categoria dei satelliti rigenerativi. Il satellite costituisce il segmento spaziale di una rete satellitare, mentre il segmento di terra è composto dalle stazioni terrestri a loro volta connesse con i terminali degli utenti o con altre reti wireless o cablate (fig. 2.9). I sistemi satellitari si possono classificare in base al tipo di orbita e di conseguenza alla quota sulla quale vengono collocati i satelliti. Si parla quindi di:

- **GEO**: *Geostationary Earth Orbit* – satelliti in orbita geostazionaria (quota ≈ 36.000 km): appaiono stazionari se osservati da terra e quindi i paraboloidi terrestri con i quali trasmettono e ricevono possono rimanere fissi una volta puntati correttamente;
- **MEO**: *Medium Earth Orbit* – satelliti in orbita terrestre media (quota ≈ 15.000 km);
- **LEO**: *Low Earth Orbit* – satelliti in orbita terrestre bassa (quota da 200 a 2000 km). Ne occorrono una notevole quantità per ottenere una copertura globale.

Altri parametri di una cosiddetta "costellazione" di satelliti sono il loro numero complessivo, l'inclinazione, il numero e la spaziatura dei piani orbitali, il numero dei satelliti, la distanza angolare tra i satelliti che sono posizionati sulla stessa orbita.

Esempio 1 Che cosa cambia con la quota del satellite?

Discussione **Calcolo della latenza.**

Se diminuisce la quota diminuisce anche l'efficienza di copertura del satellite ed aumenta quindi il numero di satelliti necessari per coprire il territorio da servire. Diminuisce però la potenza trasmissiva necessaria, che consente l'utilizzo di pannelli solari più piccoli, e di conseguenza il lancio con il razzo vettore avrà dei costi minori.

Un aspetto molto importante per le telecomunicazioni è che con la diminuzione di quota diminuiscono i tempi di ritardo (latenze) dovuti alla propagazione del segnale, che costituiscono un limite o un vincolo per molte applicazioni.

La latenza del collegamento punto-punto di andata-ritorno si può calcolare nel modo seguente: sapendo che $c = 3 \cdot 10^5$ km/s, d = quota del satellite GEO = 36.000 km, percorso andata-ritorno = $2d$: **tempo di latenza = $2d/c$ = 240 ms.**

Esempio 2 Domanda: quali bande di frequenza utilizzano i satelliti?

Discussione *Principali bande utilizzate dai sistemi satellitari,* (vedi tabella). Al crescere della frequenza utilizzata dal satellite cresce anche l'attenuazione, per cui occorrerà una potenza di trasmissione maggiore. Tuttavia usare frequenze alte, quindi più direzionali, permette di utilizzare antenne più piccole e leggere, anche se il loro puntamento risulta più critico.

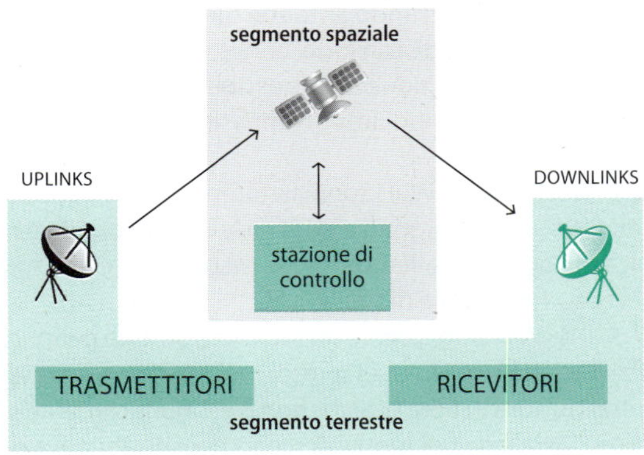

Fig. 2.9 Struttura di una rete satellitare. La stazione di controllo serve a dare i comandi al satellite per mantenerlo sull'orbita corretta e gestire tutti i parametri operativi.

Riflessione *Quali servizi Internet non sono sensibili ai tempi di latenza e quindi possono essere gestiti da una connessione con un satellite GEO?*

BANDE DI FREQUENZA E SERVIZI SATELLITARI

Banda	Banda UHF	Banda S-DAB	Banda L	Banda S	Banda C	Banda Ku	Banda Ka
F_{min} (GHz)	0,235	1,452	1,518	1,97	3,4	10,7	17,3
F_{max} (GHz)	0,400	1,492	1,675	2,69	7,025	14,5	30
Servizio	Servizi militari mobili	TV e radio broadcast	Servizi civili mobili	TV e radio verso mezzi mobili	TV, radio e dati	TV, radio e dati	TV, radio e dati

Sommario

Le reti wireless PAN (*Wireless Personal Area Network*) interconnettono, in un'area di pochi metri, computer, PDA, periferiche, auricolari e cellulari, sensori e dispositivi di acquisizione dati. Esempi di standard WPAN sono Bluetooth (IEEE 802.15.1) e Zigbee (IEEE 802.15.4).
Le architetture WLAN (*Wireless Local Area Network*), oggi molto diffuse, consentono di collegare tra loro personal computer o dispositivi digitali in modalità "ad-hoc" oppure, tramite un dispositivo detto "access point", rendono possibile il collegamento via radio alle reti LAN cablate e alle relative risorse di rete per l'accesso a Internet. Gli standard di riferimento per le WLAN sono IEEE 802.11b/g/n, in ordine di velocità crescente.
Su aree più vaste si stanno affermando standard a larga banda (BWMAN - *Broadband Wireless Metropolitan Area Network*) come il WiMAX (IEEE 802.16), che presenta caratteristiche di elevata velocità e grande copertura territoriale. Altri standard, come IEEE 802.22 per le WRAN: *Wireless Regional Area Network*, sono progettati per fornire larga banda a zone scarsamente popolate in un raggio che va dai 30 ai 100 km.
Gli standard della telefonia cellulare si sono sviluppati attraverso varie generazioni tecnologiche: dal GSM (standard di seconda generazione o 2G) che ha introdotto per primo il servizio SMS – *Short Message Service*, all'UMTS, standard 3G progettato per offrire servizi multimediali a larga banda, e al protocollo HDPA (*High Speed Packet Access*) che ha migliorato le prestazioni dell'UMTS.
I satelliti per telecomunicazioni completano il panorama delle architetture wireless: offrono servizi di TV e radio broadcast, di telefonia satellitare, di posizionamento (GPS/Galileo), di localizzazione e navigazione, di accesso a Internet a larga banda.

Risposte alle riflessioni

FAQ 1 Il fatto che le reti WPAN abbiano un range operativo "ristretto" potrebbe essere interpretato come una sicurezza intrinseca, perché l'utente può rendersi conto "visivamente" dei dispositivi che appartengono alla rete e quindi riconoscere l'intruso. In realtà nel 2004 è stato dimostrato che è possibile intercettare il segnale Bluetooth anche a più di 1km di distanza utilizzando antenne direzionali ad alto guadagno e bassissima distorsione, consentendo così un insospettabile raggio d'azione a un possibile attaccante. Anche nelle reti WPAN è quindi importantissimo utilizzare procedure di sicurezza.
FAQ 2 No, WiMAX e Wi-Fi sono architetture complementari. Le reti BWMAN riusciranno a dare supporto di banda e continuità di copertura alle numerose piccole aree, "hotspots", coperte da tecnologie di tipo WLAN.
FAQ 3 Il WiMAX può giocare un ruolo importante per portare servizi a banda larga in quei territori nei quali non è presente un'infrastruttura in fibra ottica e non è economicamente vantaggioso installarla per motivi di scarsa densità abitativa o per difficoltà legate all'attraversamento di territori impervi.
FAQ 4 Le WRAN devono fornire copertura con raggi di cella pari a decine di chilometri.
Facendo riferimento al modello semplificato "free-space path loss model" (propagazione in spazio libero LOS senza ostacoli) la potenza ricevuta è proporzionale a $1/d^2$ e a λ^2:

$$P_r = P_t \cdot (\sqrt{G_L} \cdot \lambda / 4\pi d)^2$$

Mantenendo costanti P_r, P_t e G_L si ricava che d è proporzionale alla lunghezza d'onda λ. Se diminuisce la frequenza della portante aumenta la sua lunghezza d'onda e perciò, a parità di potenza ricevuta, il raggio di copertura d aumenta.

ReT 1 Il servizio SMS ha avuto una diffusione straordinaria sia per il basso costo rispetto a una telefonata normale, sia perché costituisce, come la "e-mail", un mezzo di comunicazione asincrono: si può inviare il messaggio anche quando il destinatario ha il terminale spento o si trova in una zona non coperta dalle BTS, in questo modo la lettura del messaggio può avvenire in un tempo diverso rispetto al momento della spedizione.
ReT 2 Dal punto di vista tecnologico i problemi iniziali sono stati l'elevato consumo delle batterie e la difficoltà di integrare in un unico terminale dual mode GSM e UMTS; doveva affermarsi come l'unico standard a livello mondiale ma negli Stati Uniti è stato sviluppato lo standard alternativo CDMA2000. Tutti i maggiori operatori europei hanno speso miliardi di euro per le aste di assegnazione delle frequenze 3G, ma la risposta del mercato non è stata all'altezza delle aspettative, anche per la mancanza di una "killer application", come invece era avvenuto con il servizio SMS per lo standard GSM.
ReT 3 I nuovi standard LTE 4G aumentano ulteriormente la banda del canale (20 MHz e oltre), "LTE advanced" utilizza metodi MIMO 4 x 4 invece che 2 x 2. Con queste nuove tecnologie lo standard "LTE advanced", utilizzando canali con banda > 70 MHz, potrebbe fornire in down link un data rate di 1 Gb/s (MIMO 4 x 4 e 64 QAM), mentre in uplink 0,5 Gb/s (64 QAM).
ReT 4 Trasferimento di file, e-mail, chat, navigazione web senza contenuti audio-video in tempo reale.

Sitografia • Bibliografia

- http://www.wimax forum.org
- http://www.intel.com/go/wimax
- http://www.fcc.gov
- http://www.3gpp.org/HSPA

- J.F. Kurose, K. Ross, *Reti di calcolatori e Internet*, McGraw-Hill, 2008.
- J. Notor, *The Evolution of Spectrum Sharing in the IEEE 802.22 WRAN Standards Process*, 2006.

Esercizi e Problemi

FAQ 1

Es. 1 Confrontare Zigbee, Bluetooth e UWB dal punto di vista del Data Rate e del consumo di potenza.

Es. 2 Calcolare la hopping frequence per lo standard Bluetooth.

Es. 3 Data la relazione che spiega in prima approssimazione la propagazione del segnale per lo standard Bluetooth (L_p = path loss):
$L_p = L_o + 10 \cdot \alpha \log(d)$
con:
$f = 2{,}45$ GHz
$L_o = 41{,}5$ dB (path loss a 1m)
$\alpha = 1{,}9$ (gradiente path loss per uno scenario indoor office Bluetooth)
tracciare la curva L_p in funzione della distanza ($1 < d < 30$ m).

Es. 4 Dovendo progettare una rete con un PC master e 20 sensori di temperatura, che acquisiscano ciascuno un dato ogni 10 minuti e che siano in grado di operare per 3 mesi senza ricarica delle batterie, verso quale standard ci si può orientare?

FAQ 2

Es. 1 Disegnare l architettura di una WLAN per un ufficio con 10 PC desktop wired e 5 pc notebook con interfaccia 802.11b. Utilizzare 1 solo Access Point configurato in "Access Point Mode. L'accesso a Internet avviene tramite router e firewall. Configurare gli indirizzi di tutti i dispositivi.

Es. 2 Disegnare l'architettura che consente di collegare 2 wired LAN utilizzando 2 AP in modalità bridge (senza consentire l'accesso radio da parte di client wireless). Configurare gli indirizzi di tutti i dispositivi.

Es. 3 Qual è il minimo set di parametri necessario a configurare 2 AP in modalità Bridge per collegare 2 wired LAN? Discutere le problematiche di sicurezza.

FAQ 3

Es. 1 Calcolare l'efficienza spettrale per lo standard WiMAX e confrontarla con quella degli standard WLAN 802.11b/g/n.

Es. 2 Si consideri il seguente territorio caratterizzato da:
- una valle principale lunga 40 km servita da dorsali in fibra ottica (il capoluogo si trova all'inizio della valle principale);
- una valle secondaria laterale lunga circa 15 km, che si dirama circa a metà della valle principale.

Sapendo che:
- la valle laterale non è servita da dorsali in fibra ottica;
- la valle laterale non è in linea di vista (LOS) diretta con il capoluogo;
- l'HUB WiMAX collegato al backbone Internet si trova nel capoluogo;

formulare le opportune ipotesi aggiuntive e descrivere i componenti principali di una possibile architettura WiMAX necessaria a fornire copertura alla maggior parte della valle secondaria.

Es. 3 Si consideri una base station WiMAX che opera a 3,5 GHz con un'antenna omnidirezionale in un'area suburbana. Nell'ipotesi di "free-space path loss model", che potenza di trasmissione è richiesta perché tutti I terminali ricevano una potenza minima di 10 μW nel raggio di copertura di 2 km?

Es. 4 Come viene gestita la sicurezza dei dati nel WiMAX?

Es. 5 Qual è la differenza tra le tecnologie HDPA e WiMAX?

FAQ 4

Es. 1 Fatte le opportune ipotesi aggiuntive, calcolare l'efficienza spettrale per lo standard 802.22 – WRAN.

Es. 2 Si consideri una base station WRAN 802.22 che opera a 650 MHz con un'antenna omnidirezionale in un'area rurale. Nell'ipotesi di "free-space path loss model", che potenza di trasmissione è richiesta perché tutti i terminali ricevano una potenza minima di 10μW nel raggio di copertura di 20 km?

Es. 3 Si consideri una base station WRAN 802.22 che opera a 650 MHz con un'antenna omnidirezionale in un'area rurale. Nell'ipotesi di "free-space path loss model", che distanza si raggiunge con una potenza di trasmissione di 4 Watt EIRP se il ricevitore ha una sensibilità di –82 dBm? Se la portante $f_c = 400$ MHz che distanza si raggiunge?

Es. 4 Come viene gestita la sicurezza dei dati nelle WRAN?

ReT 1

Es. 1 Il processo di "handover" o "handoff" garantisce la permanenza del segnale quando l'utente passa da una cella coperta da una BTS ad un'altra adiacente. Il GSM realizza l'"hard-handover", ovvero il passaggio "brusco" del controllo dalla BTS di una certa cella verso quella che offre il segnale migliore, tra le sei adiacenti. Se il terminale si avvicina alla BTS2 la potenza P_1 diminuisce, mentre P_2 aumenta. Se si decide di collegarsi alla BTS2 non appena $P_2 > P_1$ quale inconveniente si presenta? Come si può risolvere?

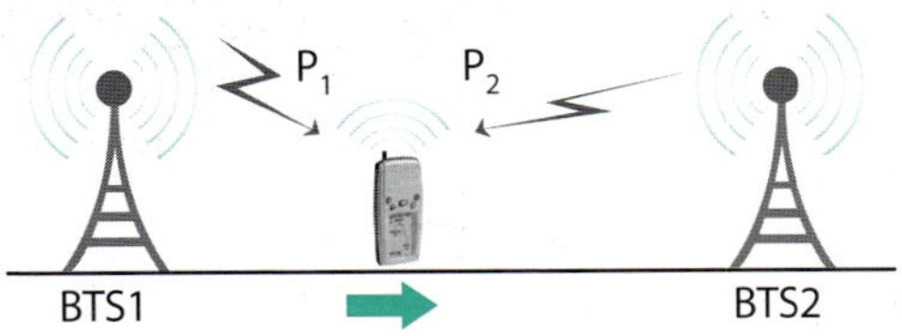

Es. 2 Il sistema GSM900 utilizza frequenze di UPLINK tra 890 e 915 MHz e di DOWNLINK tra 935 e 960 MHz, mentre GSM1800 utilizza frequenze di UPLINK tra 1710 e 1785 MHz e di DOWNLINK tra 1805 e 1880 MHz. Calcola la banda totale disponibile rispettivamente per UPLINK e DOWNLINK nei due sistemi GSM.

Es. 3 Tenendo presente i dati dell'esercizio precedente, se nel sistema GSM900 si creano canali con larghezza di banda 200kHz quanti canali/portanti ci sono per Uplink e Downlink? Quanti ce ne sono nel GSM1800? E in un sistema dual band 900/1800?

Es. 4 Il GSM utilizza un sistema di accesso multiplo misto a divisione di tempo TDMA e frequenza FDMA. In particolare, per la FDMA, si utilizza un metodo di Frequency Hopping con f_{hop} = 216,4502 Hz. Quanto vale T_h?

Es. 5 La trama TDMA del GSM prevede 8 time slot da 577μs ciascuno. Quanto dura un frame?

Es. 6 Nel sistema GSM si divide il territorio in celle a loro volta raggruppate in cluster, nel quale si utilizzano tutte le risorse (frequenze) disponibili. Sarà presente comunque un'interferenza co-canale tra le BTS che usano le stesse frequenze (stesse lettere in figura). Se N = numero di celle del cluster (cluster size), N_c = numero totale di canali del cluster, ogni BTS possiede $n_c = N_c/N$ canali. Si definisce la distanza di riuso per celle esagonali $D = R\cdot\sqrt{(3N)}$. Calcolare n_c e D per la figura sottostante, con R = 500 m, N_c = 374.

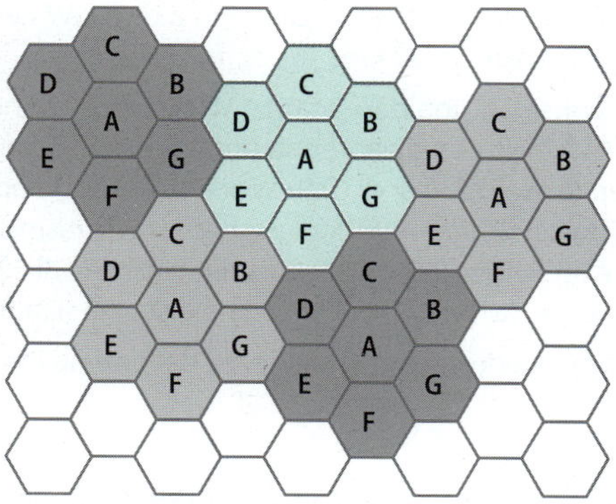

Es. 7 Nelle celle ad alta densità di traffico anziché effettuare il Frequency Hopping ad ogni frame lo si effettua ad ogni time slot. Quanto vale f_{hop}?

ReT 2

Es. 1 La velocità offerta a ciascun servizio dipende dallo SF (*Spread Factor*) assegnato a quel servizio. L'assegnazione del fattore SF viene decisa dalla rete valutando gli effetti sulle trasmissioni degli altri utenti.

Completa la seguente tabella:

Slot format #i	Channel Bit Rate (kbps)	Channel Symbol Rate (kbps)	SF	Bits/ Frame	Bits/ Slot	N_{data}
0			256		10	10
1			128		20	20
2			64		40	40
3			32		80	80
4			16		160	160
5			8		320	320
6			4		640	640

Es. 2 Calcolare il tempo di chip per lo standard UMTS.

Es. 3 Nei sistemi CDMA come si possono discriminare i segnali provenienti dai vari utenti?

Es. 4 Cosa vuol dire che tra nodoB e terminale mobile esiste un sistema "closed loop" per il controllo della potenza?

Es. 5 Fatte le opportune ipotesi, calcolare l'efficienza spettrale per l'UMTS.

ReT 3

Es. 1 Fatte le opportune ipotesi, calcolare l'efficienza spettrale per HSDPA e HSUPA.

Es. 2 Definito il round-trip time come il tempo impiegato da un pacchetto dati per andare dal terminale utente fino al server della rete e ritorno, commentare il seguente grafico e discutere i benefici ottenibili dalla diminuzione del Round Trip Time.

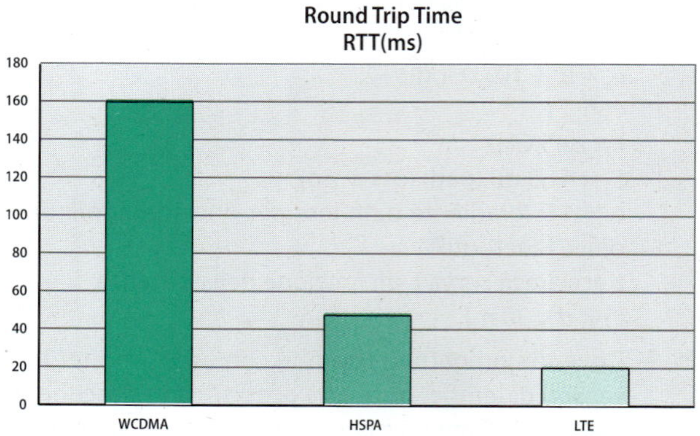

Es. 3 Quali conseguenze porta l'aumento di velocità di trasmissione per gli utenti sulla "CORE NETWORK" e sulle tratte di BACKHAUL dei sistemi di comunicazione radiomobili?

ReT 4

Es. 1 Calcolare il ritardo di round trip per una connessione a Internet di tipo satellitare bidirezionale, caratterizzata dai seguenti parametri, quindi spiegare brevemente i limiti imposti da tale configurazione.

Altezza da terra dell'orbita del satellite	A = km 36000
Distanza dell'utente dalla verticale del satellite	B = km 1000
Distanza del provider satellitare dalla verticale del satellite	C = km 1000
Ritardo complessivo (in una direzione) di tutti i router tra provider satellitare e server	t_D = 0,080 s

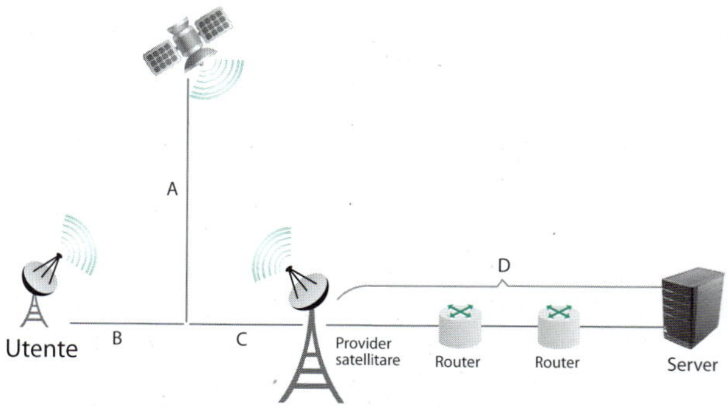

Es. 2 Confrontare i tempi di latenza dei satelliti GEO, MEO e LEO e commentare i risultati ottenuti in termini di servizi Internet fornibili all'utente.

Es. 3 Quali servizi Internet sono molto sensibili ai tempi di latenza?

MODULO 15

Telecomunicazioni: sintesi e prospettive

indice

UNITÀ 15.1 ▶ Telecomunicazioni "in verticale": evoluzione di servizi

UNITÀ 15.2 ▶ Telecomunicazioni "in trasversale": allargamento degli orizzonti

abilità

La discussione degli esempi e delle riflessioni, l'analisi del testo e lo svolgimento di alcuni esercizi favoriscono lo sviluppo della seguente abilità:

- individuare i servizi forniti dalle reti convergenti multiservizio in base alle loro caratteristiche

UNITÀ 15.1

Telecomunicazioni "in verticale": evoluzione di servizi

Uno stato dell'arte non semplice da descrivere

In questa Unità si discutono alcune specificità relative alla comunicazione interpersonale e allo sviluppo degli aspetti *"on demand"* promossi dalla digitalizzazione

Stiamo assistendo a un'incredibile evoluzione dei servizi nelle reti di telecomunicazione. Il fulcro sembra Internet, che certamente ha cambiato il modo di reperire informazioni e di comunicare. Molti servizi nascono all'interno di Internet e molti vi vengono invece trasferiti dall'esterno, richiedendo o favorendo uno sviluppo tecnologico adeguato. Ciò sta portando l'utente finale a staccarsi progressivamente da un modello unidirezionale di tipo broadcasting e ad inserirsi in un mondo sempre più bidirezionale e personalizzato (*on demand*). All'interno di orizzonti sempre più divergenti, due filoni sembrano particolarmente interessanti: quello dei servizi orientati allo scambio d'informazioni tra persone (posta elettronica, videoconferenza) e quello dei servizi orientati alla diffusione di contenuti (streaming video, televisione digitale), con crescente affermazione dell'aspetto *on demand*.

indice

FAQ 1 Che cosa si intende per DNS?

DNS è l'acronimo di ***Domain Name System***, il protocollo mediante il quale da un terminale connesso a Internet si può fare riferimento ad un *host* (computer remoto). In realtà, in linea di principio, sarebbe sufficiente conoscere l'indirizzo di un dato *host* per poterlo raggiungere, ma il fatto di disporre del nome del dominio offre una serie di interessanti vantaggi.
Prima di tutto, il continuo aumento del numero di *host* rende complicato l'aggiornamento dell'elenco degli stessi (come invece si poteva fare inizialmente in Arpanet); poi, un sistema basato su un "nome" consente di raggiungere un *host* impiegando una stringa di caratteri facile da ricordare. Il sistema DNS si basa sullo standard RFC 882 (*Request for Comments*), del 1983: funziona mediante una struttura a livelli, la cui gestione è affidata all'ICANN (*Internet Corporation for Assigned Names and Numbers*), ente internazionale fondato nel 1998.

Esempio Descrivere la struttura dei domini DNS.

Discussione I domini DNS hanno una struttura gerarchica, che richiama un po' la divisione degli Stati, ad esempio in Regioni, Provincie, Comuni, con livello gerarchico a scendere, oppure l'organizzazione dei livelli degli uffici della rete postale (cartacea).
In ambito DNS, il livello gerarchico più alto è il primo (top level o TLP); ogni dominio è quindi suddiviso in molti sottodomini, di secondo livello, di terzo e così via. Senza voler banalizzare, ma per essere chiari, l'indirizzo web *www.aziendadellemele.it* fa riferimento al primo livello*.it* ed al secondo livello *aziendadellemele*.
I domini di *primo livello* si articolano in due categorie: generici e per nazioni. Il motivo di questa articolazione, apparentemente illogica, è in realtà storico, dato che inizialmente Internet (erede di Arpanet) si sviluppa all'interno di una nazione, gli Stati Uniti, con la necessità di distinguere il contenuto o la finalità di un dato dominio, piuttosto che la provenienza geografica; così ad esempio, il dominio *.com* ("dot com"), molto diffuso, indica contenuti commerciali.
All'interno dei domini di primo livello vengono creati dei domini di *secondo livello*; di solito fanno capo ad enti, persone fisiche o giuridiche, organizzazioni o altro.
All'interno dei domini di secondo livello vengono creati dei domini di *terzo livello*, gerarchicamente sottoposti a quelli di secondo. Con riferimento all'esempio di partenza, è l'azienda che produce mele a dover chiedere l'autorizzazione per aprire un secondo livello all'interno del primo (cioè *.it*), che è quello assegnato all'Italia; a tale scopo dovrà rivolgersi all'ente nazionale denominato *registro.it* che si occupa della gestione di questo dominio.
A questo punto la nostra azienda è titolare del suo dominio di secondo livello e solo essa potrà autorizzare la creazione di domini di terzo livello. Un esempio di terzo livello che viene spontaneo è *www.succodifrutta.aziendadellemele.it*, che rappresenta la sezione che questa azienda dedica ad un suo particolare prodotto.
L'azienda tuttavia può anche decidere di vendere o affittare un altro sottodominio, ad esempio il *www.alberidafrutto.aziendadellemele.it*; in ogni caso solo ad essa spetta il diritto di decidere come organizzare i domini inferiori.
Si noti che, contrariamente all'indirizzamento IP, nel quale la parte iniziale della sequenza è quella gerarchicamente superiore, nel sistema DNS è invece la parte finale che gode di tale privilegio.
La tabella si riferisce ad alcuni dei domini di primo livello.

Dominio	Destinazione	Tipo
.com	Commerciale	Generico
.edu	Educazione e ricerca	Generico
.org	Organizzazioni non profit	Generico
.it	Riservato all'Italia	Nazione
.eu	Riservato all'Europa	Nazione

Se un programma di un utente vuole accedere ad un determinato dominio, deve far uso di una particolare procedura, detta *resolver* (descritta nella normativa RFC 1034), attraverso la quale viene inviata una richiesta (*query*) ad un server dei nomi (*name server*); il server, dopo aver ricevuto il nome del domino richiesto, risponde inviandone l'indirizzo IP.
Volendo entrare un po' più nel dettagli, il database DNS è formato da una serie di record di risorse (*resource record*), ad ogni dominio è associato un gruppo di record, ognuno dei quali non contiene solo l'indirizzo IP ma anche altre informazioni. La struttura di un resouce record è la seguente:

NAME - TYPE - CLASS - TIME TO LIVE - RDLENGTH - RDATA

Il primo campo (NAME) riporta il nome del dominio a cui si riferisce, il secondo (TYPE) specifica che tipo di dato viene riportato nel campo RDATA. Un caso molto importante è quando il campo TYPE contiene il valore A, questo vuol dire che il campo RDATA contiene l'indirizzo IPv4 dell'host. Il campo CLASS contiene normalmente il valore IN che riguarda Internet, vi sono altri valori che esulano dalla nostra trattazione. Il campo *Time To Live* (TTL) contiene un valore che indica la stabilità di un dominio, in pratica è un contatore che conta i secondi nei quali quel dominio è rimasto valido, il suo valore massimo corrisponde a 2^{31} secondi (circa 68 anni). Infine il campo RDLENGTH indica la lunghezza del campo RDATA, che, come abbiamo visto, può contenere diverse informazioni, in funzione del valore contenuto nel campo TYPE.

Riflessione *Tutti i nomi dei domini in Internet vengono gestiti da un unico server?*

FAQ 2 Che cos'è la codifica di sorgente?

Qualche richiamo sulla **codifica di sorgente**, che abbiamo già discusso nel Modulo 8. Consideriamo una sorgente digitale, o numerica. La quantità d'informazione veicolata da un simbolo risolve uno stato d'incertezza del destinatario: pertanto sarà inversamente proporzionale alla probabilità p_i che quel dato simbolo ha di manifestarsi. La definizione analitica è la seguente:

$$I = \log_2 (1/p_i) = -\log_2 p_i$$

dove la presenza del logaritmo in base 2 è intuitivamente legata alla natura binaria del codice.

L'**entropia** H di un alfabeto di N simboli (1, 2, ..., N), ciascuno con probabilità p_i e dunque portatore di una quantità d'informazione I_i è definita nel modo seguente:

$$H = \sum_{i=1}^{N} p_i I_i = -\sum_{i=1}^{N} p_i \log_2 p_i$$

Nel caso di simboli equiprobabili e indipendenti, l'entropia è massima ed è pari ad N. Nel caso invece in cui esistano delle dipendenze o correlazioni tra i simboli, l'entropia è più bassa. Si dimostra che il suo valore indica il numero medio ideale di bit da impiegare per la codifica. Si può quindi operare una riduzione del *bit-rate* se i simboli non sono equiprobabili, mediante tecniche che prendono il nome di *codifica di sorgente* e sono alla base degli *algoritmi di compressione*. Per ottimizzare la trasmissione, spesso sono utili le cosiddette *codifiche a lunghezza variabile*, nelle quali i simboli maggiormente ricorrenti sono associati a codifiche brevi e quelli più rari hanno invece codifiche più lunghe. Un esempio molto importante è rappresentato dalla *codifica di Huffman*.

Esempio Descrivere l'algoritmo per la codifica di Huffman e applicarlo alla sequenza di simboli che ricorrono secondo le seguenti probabilità:
$A = 0{,}1$; $B = 0{,}2$; $C = 0{,}05$; $D = 0{,}4$; $E = 0{,}25$.

Discussione La procedura standardizzata di Huffman prevede la costruzione di una struttura ad albero, come illustrato nella fig. 1.1. I passi sono i seguenti:

- si ordinano i simboli della sorgente secondo le probabilità decrescenti. In questo caso l'ordine diventa C, A, B, E, D;
- si considerano i primi due "rami" dell'albero con probabilità minore (C e A) e li si combinano in un unico, nuovo ramo, al quale si assegna una probabilità uguale alla somma delle due probabilità (in questo caso 1/20 e 2/20, con la nuova probabilità di 3/20);
- si continua, combinando i due rami con probabilità minore (in questo caso 3/20 e 4/20, che danno luogo a un nuovo ramo con probabilità 7/20);
- si prosegue fino all'esaurimento delle possibili somme (in questo caso si ottiene un nuovo ramo, con probabilità 12/20 che, sommata alla probabilità di D, cioè 8/20, consente di arrivare alla "*radice*" dell'albero (probabilità 20/20, cioè 1);
- si ripercorre l'albero partendo dalla "*radice*", andando verso le "foglie" e assegnando un "1" al ramo superiore e uno "0" al ramo inferiore (si può anche fare la scelta opposta: si ottiene una codifica che scambia gli "1" con gli "0");
- si costruiscono le parole del codice.

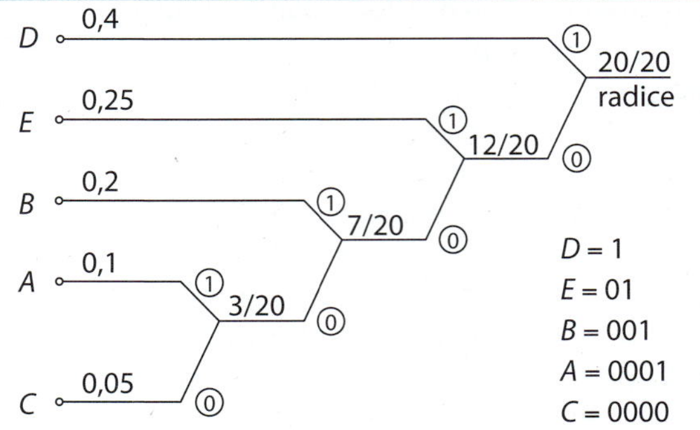

Fig. 1.1 Realizzazione della codifica di Huffman.

La lunghezza media della parola, L_{media}, è data da:

$$L_{media} = p_D \cdot L_D + p_E \cdot L_E + p_B \cdot L_B + p_A \cdot L_A + p_C \cdot L_C + =$$
$$= 0{,}4 \cdot 1 + 0{,}25 \cdot 2 + 0{,}2 \cdot 3 + 0{,}1 \cdot 4 + 0{,}05 \cdot 4 =$$
$$= 0{,}4 + 0{,}5 + 0{,}6 + 0{,}4 + 0{,}2 = 2{,}1 \text{ bit/simbolo}$$

La quantità d'informazione associata al manifestarsi di ciascun simbolo vale:

$$I_D = -\log_2 p_D = -\log_2 0{,}4 = 1{,}33 \text{ bit}$$
$$I_E = -\log_2 p_E = -\log_2 0{,}25 = 2{,}01 \text{ bit}$$
$$I_B = -\log_2 p_B = -\log_2 0{,}2 = 2{,}33 \text{ bit}$$
$$I_A = -\log_2 p_A = -\log_2 0{,}1 = 3{,}33 \text{ bit}$$
$$I_C = -\log_2 p_C = -\log_2 0{,}05 = 4{,}34 \text{ bit}$$

L'entropia della sorgente vale

$$H = p_A \cdot I_A + p_B \cdot I_B + p_C \cdot I_C + p_D \cdot I_D + p_E \cdot I_E = 0{,}1 \cdot 3{,}33 + 0{,}2 \cdot$$
$$\cdot\, 2{,}33 + 0{,}05 \cdot 4{,}34 + 0{,}4 \cdot 1{,}33 + 0{,}25 \cdot 2{,}00 =$$
$$= 0{,}333 + 0{,}466 + 0{,}217 + 0{,}532 + 0{,}50 = 2{,}048 \text{ bit/simbolo}$$

L'***efficienza della codifica*** è

$$\eta = H/L_{media} = 2{,}048/2{,}1 \approx 0{,}97 = 97\%$$

Se la codifica fosse a lunghezza fissa, servirebbero 3 bit per ogni simbolo, la lunghezza media della parola sarebbe di 3 bit/simbolo e l'efficienza della codifica sarebbe $\eta = H/L_{media} = 2{,}048/3 \approx 0{,}69 = 69\%$, decisamente inferiore rispetto a quella a lunghezza variabile.

Nel caso di sorgenti analogiche, in linea di massima si cerca di ottimizzare il rapporto segnale/rumore che scaturisce dal processo di conversione A/D aumentando il numero di livelli; si può ottenere un ulteriore miglioramento se sono note le caratteristiche spettrali (o di distribuzione della probabilità) della sorgente.

Riflessione *Nella quantizzazione di un segnale audio di tipo vocale, è conveniente l'utilizzo di livelli di quantizzazione uniformi?*

FAQ 3 Come si può effettuare la compressione di un segnale audio?

Abbiamo già discusso (Modulo 11) sulla possibilità di operare dei "*tagli*" su un segnale mantenendone il contenuto informativo. In questa scheda ci occupiamo in particolare di ***compressione del segnale audio*** di tipo *lossy* (con perdite). Un segnale audio, quando digitalizzato, può impegnare *bit rate* di diversa entità.

Esempio 1 Calcolare il *bit rate* necessario per trasmettere segnali audio digitalizzati senza compressione.

Discussione Prendiamo in esame un segnale audio *parlato* e un segnale audio *musicale*.
Un segnale audio parlato "*classico*" è quello standardizzato per la comunicazione della telefonia fissa, con banda compresa tra 300 e 3400 Hz. Si sa che, campionandolo due volte al periodo, si ottiene un ritmo di 6800 campioni/secondo, portati per sicurezza a 8000 campioni/secondo; codificando ciascun campione con 8 bit, cioè 256 livelli (si garantisce l'*intelligibilità*), si ottiene un *bit rate* di

$$8000 \cdot 8 = 64.000 \text{ bit/s o } 64 \text{ kbit/s}$$

Un segnale audio musicale "classico" è quello standardizzato per la tecnologia CD, con banda compresa tra 20 Hz e 20.000 Hz, che viene campionato al ritmo di 44.100 campioni/secondo; codificando ciascun campione con 16 bit, cioè 65.536 livelli (si garantisce a *qualità hi-fi*) e tenendo conto del doppio canale stereofonico, si ottiene un *bit rate* di $2 \cdot 44.100 \cdot 16 = 1.411.200 = 1{,}4112 \cdot 10^6$ bit/s, cioè circa 1,4 Mbit/s.

Si vede che la qualità musicale è molto più impegnativa rispetto all'intelligibilità del parlato.
Le operazioni di compressione (o codifica) e decompressione (decodifica) impiegano del tempo e devono pertanto essere calibrate anche in funzione dell'utilizzo che si vuole fare del segnale. Nel caso ad esempio dei servizi di comunicazione vocale, entrambe le operazioni devono essere piuttosto rapide, mentre se si vuole predisporre un file audio che deve essere scaricato da un sito web l'operazione di codifica può anche essere lenta, a vantaggio dell'efficienza, mentre la decodifica deve necessariamente essere veloce, a vantaggio dei fruitori che hanno scaricato il file e vogliono ascoltarlo.
Nella pratica si seguono due tipi di approccio alla compressione:
- compressione basata su alcune caratteristiche dell'orecchio umano, o *compressione percettiva*;
- compressione basata su alcune caratteristiche del segnale, ad esempio la sua *dinamica*.

Nel Modulo 8 si è già discusso un esempio di compressione basata sulla dinamica del segnale parlato, che, tenendo conto della maggiore presenza dei livelli bassi rispetto a quelli alti in una conversazione media, fa ricorso alla *non linearizzazione* della caratteristica di trasferimento di un amplificatore, sia in modalità analogica (μ-Law), sia in modalità numerica.

Esempio 2 Illustrare il principio della ***compressione percettiva***.

Discussione La compressione percettiva si basa su un algoritmo sviluppato tenendo conto delle seguenti specificità:
- l'orecchio umano non percepisce suoni che sono al di sotto di un certo livello; esiste una curva della *soglia media di percettibilità* dei suoni, per cui è possibile scartare dallo spettro quelli che si trovano al di sotto di questa soglia;
- esiste un effetto di *mascheratura* di suoni meno intensi da parte di altri più intensi, che si manifestano a frequenze vicine; in pratica accade che la soglia di percettibilità dei suoni è alterata dalla presenza di suoni intensi, per cui è possibile scartare dallo spettro, *in un determinato istante*, i suoni vicini (in frequenza) a quelli che *nello stesso istante* si manifestano con maggiore intensità;
- l'alterazione della soglia dell'orecchio, cioè la *mascheratura*, *persiste per un certo tempo*, non sparisce istantaneamente, per cui è possibile scartare dallo spettro, anche *in istanti successivi*, i suoni vicini (in frequenza) a quelli che *in istanti precedenti* si erano manifestati con maggiore intensità.

L'algoritmo **MPEG 3** agisce tenendo conto di queste specificità e applica al segnale digitalizzato la codifica di Huffman. I risultati sono importanti in termini di compressione; si raggiungono valori di:
- 48 volte (trasmissione a 16 kbit/s) per una qualità di segnale "migliore di quella della trasmissione radio monofonica a onde corte";
- 24 volte (trasmissione a 32 kbit/s) per una qualità di segnale "migliore di quella della trasmissione radio monofonica in AM" (*broadcasting* in onde medie);
- 26 volte (trasmissione a 56 kbit/s) per una qualità di segnale "paragonabile a quella della trasmissione radio stereofonica in FM" (*broadcasting* 88 ÷ 108 MHz);
- 14 volte circa (trasmissione a circa 100 kbit/s) per una qualità di segnale "paragonabile a quella CD".

Codifiche ancora più sofisticate che, oltre della forma del segnale, tengono conto anche della distribuzione statistica dei suoi "simboli" e si avvalgono di tecniche che "descrivono" i segnali piuttosto che basarsi sui loro parametri fisici, vengono realizzate per dispositivi complessi, quali ad esempio i telefoni cellulari. Con bit rate di circa 13 kbit/s si trasmettono segnali complessi di buona qualità.

Riflessione *È possibile applicare ripetutamente al medesimo segnale uno o più algoritmi di compressione?*

FAQ 4 Come si può effettuare la compressione di un segnale video?

Il problema della ***compressione video***, particolarmente legato alla digitalizzazione delle immagini, deve affrontare da due situazioni contrapposte, e cioè:

- la notevole larghezza dello spettro del segnale video digitalizzato, tanto maggiore quanto più elevata è la qualità del segnale stesso;
- la scarsa disponibilità di banda alle radiofrequenze, microonde comprese.

Per discutere sulla compressione video è bene tenere presente che:

- in generale, un'immagine video si modifica nel tempo, cioè riproduce il *movimento*;
- per riprodurre correttamente il movimento bisogna proporre all'occhio almeno un determinato numero di "fotogrammi" al secondo (lo standard televisivo europeo ne prevede 25);
- la ripresa e la riproduzione di un "fotogramma" (o *quadro*, o *frame*) avviene con la modalità della scansione per linee;
- il numero di linee per quadro, stabilito da opportuni standard, è di alcune centinaia (nello standard europeo, 625 linee per ogni *frame*);
- la digitalizzazione prevede di campionare ciascuna linea alcune centinaia di volte (nello standard europeo, 720 volte);
- la riproduzione del colore richiede di suddividere ciascuna immagine in tre sottoimmagini (o RGB, cioè *Red*, *Green*, *Blue*, oppure (sotto)immagine di *luminanza* e due (sotto) immagini *differenza di colore*).

Esempio 1 Calcolare il *bit rate* necessario per trasmettere e riprodurre un segnale video a colori.

Discussione Un *frame* è composto da $720 \cdot 625 = 450.000 = 4,5 \cdot 10^5$ campioni o *pixel*, come spesso si dice; 25 frame al secondo richiedono un ritmo di $25 \cdot 4,5 \cdot 10^5 = 112,5 \cdot 10^5 = 11,25 \cdot 10^6$ pixel/secondo.
Se ciascun campione viene digitalizzato con 8 bit (256 colori), il bit rate necessario è $8 \cdot 11,25 \cdot 10^6 = 90 \cdot 10^6$ bit/secondo, cioè 90 Mbit/secondo; se viene digitalizzato con 16 bit (65.536 colori), il bit rate necessario è $16 \cdot 11,25 \cdot 10^6 = 180 \cdot 10^6$ bit/secondo, cioè 180 Mbit/secondo.

Nessuno dei due bit rate può essere affidato a un canale di trasmissione a radiofrequenza o a microonde, né terrestre, né via satellite: serve pertanto un processo di compressione, rispetto al quale si può ragionare a due livelli, e cioè:

- compressione dei singoli frame, quindi compressione delle *immagini*;
- compressione della *sequenza di immagini*.

Uno standard molto diffuso per la ***compressione delle immagini*** è chiamato JPEG *(Joint Photographic Expert Group)*.

Esempio 2 Illustrare alcune caratteristiche della compressione JPEG.

Discussione La compressione JPEG è adatta a immagini che presentano variazioni di colore e di luminosità graduali. Il processo di compressione, non semplice da descrivere nel dettaglio, può essere compreso sulla base di una descrizione grezza del processo stesso, che, tra l'altro, comprende le fasi di:

- suddivisione del frame in 64 quadrati da 8x8 pixel ciascuno; ciascun pixel è stato codificato da un convertitore A/D, quindi a ciascun pixel corrisponde un numero (che ad esempio ne individua la luminanza);
- applicazione dell'algoritmo DCT (*Discrete Cosine Transform*, trasformata coseno discreta), cioè trasformazione di una tabella di numeri in un'altra tabella, la cui codifica è però meno pesante rispetto alla codifica della prima tabella.

Si ha un'ulteriore diminuzione del peso della codifica, applicando la codifica entropica di Huffman.

Uno standard molto diffuso per la ***compressione della sequenza di immagini*** è chiamato MPEG *(Motion Pictures Expert Group)*.

Esempio 3 Illustrare alcune caratteristiche della compressione MPEG.

Discussione La compressione MPEG si basa sul fatto che, in una successione di 25 immagini al secondo, quella successiva differisce di poco da quella precedente. Il processo di compressione, non semplice da descrivere nel dettaglio, può essere compreso sulla base di una descrizione grezza del processo stesso, che, tra l'altro, comprende le fasi di:

- suddivisione della sequenza di quadri in gruppi di quadri (GOP: *Groups of Pictures*), ad esempio 12;
- codifica completa, con compressione JPEG, del primo quadro del gruppo;
- codifica delle differenze tra il quadro precedente e quello successivo, fino all'esaurimento dei quadri del gruppo;
- eventuale codifica completa, con compressione JPEG, di un quadro del gruppo se le sue differenze rispetto a quello precedente superano un valore prestabilito.

Riflessione *Durante la trasmissione di un video MPEG in broadcasting, nel caso di inquadratura molto statica, è possibile trasmettere lo sfondo (prima immagine del GOP) una sola volta?*

ReT 1 Un servizio indispensabile: la posta elettronica

Tra i servizi che Internet offre, uno dei più diffusi è sicuramente la ***posta elettronica***; attiva da quasi un trentennio, è cresciuta e si è sviluppata, diventando ormai uno strumento di comunicazione indispensabile. La sua affermazione deriva senz'altro dall'estrema comodità di poter scambiare in tempo reale messaggi e file con altre persone sparse in tutto il mondo. Una specificità importante della posta elettronica è l'indirizzo, che ha forma del tipo: *nomeutente@dominioDNS*. La prima parte è quindi il nome stabilito dall'utente, la seconda fa invece riferimento ad un particolare dominio DNS. Va comunque detto che esistono altri tipi di indirizzo, come ad esempio l'X.400 standardizzato dall'ITU-T, ma sono meno diffusi.

Esempio 1 Discutere l'architettura del sistema illustrato nella fig. 1.2.

Discussione Il mittente del messaggio fa uso di un *client di posta* (*user agent*), ovvero un programma, solitamente installato sul computer del mittente, spesso munito di interfaccia grafica, in grado di comporre il testo e di trasmetterlo verso il *message transfert agent* (*mail server*). Il mail server è solitamente un server remoto in grado di ricevere i messaggi dal mittente e di recapitarli al destinatario. In realtà, la consegna al destinatario viene svolta in due passi, attraverso un secondo mail server.
Un protocollo molto utilizzato per l'invio della posta elettronica è l'SMTP (*Simple Mail Transfer Protocol*) definito nella RFC 821 e successivamente rivisto nella 5321. Gerarchicamente l'SMTP è a livello di applicazione e si basa sul più basso TCP; è quindi un protocollo cosiddetto *affidabile*, in quanto il TCP opera un controllo sulla corretta ricezione dei dati trasmessi. Per la ricezione invece si può usare ad esempio il protocollo POP (*Post Office Protocol*) o il più recente IMAP (*Internet Message Access Protocol*). Questi protocolli devono essere noti ed i server di posta li indicano ai propri utenti, pertanto è necessario operare quella che di solito si chiama *configurazione della casella di posta*, ovvero mettere il proprio client di posta in grado di comunicare con il server.

Analizziamo adesso la struttura di un messaggio di posta elettronica. Fondamentalmente il messaggio vero e proprio viene racchiuso in un contenitore che riporta alcune informazioni necessarie per il trasferimento del messaggio stesso, quali l'indirizzo del mittente e l'indirizzo del destinatario. All'interno si trova il messaggio vero e proprio, che si divide in un'intestazione (*header*) e nel il corpo del messaggio. L'intestazione è formata da un certo numero di campi (definiti della RFC 822 e successivamente 2822), alcuni dei quali, molto comuni, sono definiti dall'utente, come ad esempio:
- **oggetto:** (breve descrizione del contenuto);
- **da:** (mittente del messaggio);
- **a:** (destinatario principale);
- **cc:** (destinatari secondari, copia carbone o copia conoscenza);
- **ccn:** (destinatari secondari invisibili agli altri, copia carbone nascosta).

Il messaggio viene spedito attraverso l'SMTP, che è fondamentalmente un protocollo ASCII; se da una parte ciò consente di trasferire molto agevolmente caratteri di testo, dall'altra la situazione è un po' più complicata quando, come sempre più spesso accade, si vuole trasferire anche dell'altro contenuto, come ad esempio quello relativo a degli allegati. Se l'allegato è un file binario, come un'immagine o un file audio, esso viene inglobato nel corpo del messaggio attraverso un'opportuna codifica ASCII (codifica base 64). Questa codifica consente di tradurre i bit in caratteri ASCII, che possono quindi essere inclusi nel messaggio, ma non è molto efficiente e solitamente porta ad un aumento della dimensione del file.

Esempio 2 Illustrare il meccanismo di funzionamento della codifica ASCII base 64.

Discussione La codifica 64 suddivide i bit da trasmettere prima in gruppi da 24, poi in gruppetti da 6 bit. Ad ogni gruppetto (6 bit) è quindi assegnata una codifica ASCII (la denominazione "64" deriva appunto dal fatto che il numero di combinazioni assegnate è $2^6 = 64$). È possibile verificare il tutto attraverso un semplice esperimento. Dopo avere individuato un messaggio di posta elettronica con un allegato di tipo binario, lo si salva come file separato (es. tipo eml); poi lo si apre con un editor di testo, come ad esempio il blocco note: si possono allora distinguere tutti i campi sopra citati, il testo del messaggio ed un gruppo esteso di caratteri, che rappresenta appunto la "traduzione" in ASCII del file allegato.

Riflessione *Il client di posta deve essere necessariamente installato sul computer dell'utente?*

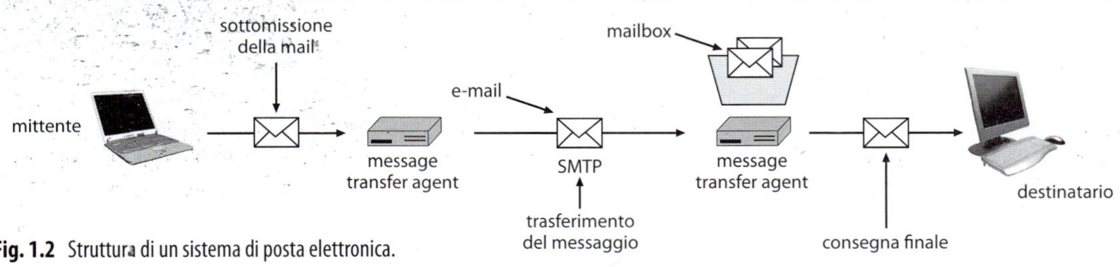

Fig. 1.2 Struttura di un sistema di posta elettronica.

ReT 2 Streaming video e videoconferenza

La diffusione di contenuti ***Video on Demand*** (*VoD*) è da qualche anno in crescita continua, soprattutto (anche se non solo) in Internet: basti pensare al fatto che molte emittenti televisive, nate e cresciute con la trasmissione via etere, hanno aperto portali *on demand* sul web. Inoltre, la nascita di portali che consentono il caricamento libero e la riproduzione di video (come il popolare *YouTube*) ha accelerato questo processo. Nella riproduzione di un file multimediale sono possibili due modalità:

- una prevede di prelevare il file attraverso un *lettore multimediale* (*media player*) e poi di fruirlo; questo però vuol dire che prima di cominciare la fruizione (visione e/o ascolto) deve terminare il processo di download, per cui si tratta di una riproduzione in *tempo differito*;
- l'altra modalità è lo *streaming*, che, sempre attraverso un lettore multimediale, prevede la possibilità di cominciare la fruizione non dopo il download completo, ma pochi secondi dopo la richiesta di fruizione, per cui si tratta di una riproduzione (quasi) in *tempo reale*.

Esempio 1 Illustrare significato e funzionalità del *lettore multimediale*.

Discussione Fondamentalmente il lettore multimediale, o *media player*, è un programma destinato a eseguire file multimediali, sia audio che video, anche se la prassi tende a identificarlo con l'insieme hw/sw di apparecchiatura e programma. Si basa su un *decodificatore* che trasforma un segnale digitale compresso in un segnale in grado di pilotare trasduttori audio o video che riproducono suoni e immagini (quasi) uguali all'originale. I formati dei file da riprodurre, a volte *proprietari*, a volte invece *liberi*, sono molto numerosi: ad esempio, sono proprietari *Real Player*, *Quick Time Player* e *Winamp*, mentre sono non proprietari *Totem*, *Amarok*, *Dragon Player*.

Esempio 2 Descrivere alcune specificità del processo di ***streaming video*** attraverso il web.

Discussione Lo streaming prevede il cosiddetto *buffering*, operazione che memorizza una parte del video (tipicamente 5 ÷ 10 secondi) prima della sua riproduzione: una piccola "scorta di magazzino", allo scopo di supplire a inevitabili variazioni della velocità di trasmissione, dovute ad esempio a traffico sulla rete o a notevoli richieste di servizio al sito. In questo caso il rapporto tra media player e browser web prevede l'impiego di un *metafile*, cioè di un file che assegna un "nome" al contenuto da scaricare: il lavoro di scaricamento del file è affidato al media player e non al browser web. Per la trasmissione del file vero e proprio sono disponibili diversi protocolli; uno molto usato è chiamato **RTSP** (*Real Time Streaming Protocol*).

Il web ha favorito anche l'affermazione della ***conferenza***, sia *audio* che *video* (in realtà audio-video), servizio che *sostituisce la mobilità di bit alla mobilità di persone*. Il funzionamento, apparentemente semplice dal punto di vista del principio (*ripresa*, *codifica*, *trasmissione*, *decodifica*, *riproduzione*), comporta invece un notevole impegno tecnologico, legato in particolare al (difficile) rapporto tra quantità d'informazione da trasmettere nell'unità di tempo e capacità del sistema di trasmetterla; in sintesi, l'eterno scontro tra *bit rate richiesto* e *banda disponibile*.

Sono state sviluppate numerose tecnologie per la compressione e la trasmissione; una serie importante è la cosiddetta H.26X; al suo interno, un punto di riferimento "storico" è la H.263, codec ITU-T che trova applicazione nei protocolli per videoconferenza via web, quali ad esempio H.323 (videoconferenze basate su RTP/IP) e RTSP (streaming).

Esempio 3 Illustrare il significato di compressione ***intraframe*** e compressione ***interframe***.

Discussione Si tratta di due diverse modalità di compressione. La *compressione intraframe* interpreta l'immagine video come successione sufficientemente rapida di fotogrammi; comprime ciascun fotogramma, degradandone la qualità (entro limiti accettabili), ma conservando in particolare il movimento. È pertanto adatta a situazioni molto dinamiche dal punto di vista dell'immagine, quindi ai cambiamenti rapidi (esempio: primo piano di centrometristi durante una finale). La compressione *interframe* interpreta l'immagine video individuandone le modifiche nel tempo, a partire da un'immagine di riferimento. È pertanto adatta a situazioni che evolvono lentamente nel tempo, non caratterizzate da cambiamenti rapidi (esempio: ripresa di un paesaggio, in particolare da una certa distanza).

Esempio 4 Discutere alcune specifiche relative allo standard di riferimento per la videoconferenza H.263.

Discussione La ITU-T Recommendation H.263, *Video coding for low bit rate communication*, indica le specifiche per la compressione di immagini in movimento per servizi audio e video a basso *bit rate*. L'algoritmo tiene conto di:

- predittività tra un'immagine e quella successiva, per utilizzare la compressione *interframe*;
- codifica a trasformata matematica, per utilizzare la compressione *intraframe*.

Il codificatore può operare su 5 formati standardizzati, che sono chiamati: sub-QCIF, QCIF, CIF, 4CIF, 16CIF.

CIF è l'acronimo di *Common Intermediate Format*, un formato d'immagine per H.263, che prevede una schermata (frame) con 352 pixel/linea e 288 linee/frame, con velocità di trasmissione di 7,5, 10, 15 o 30 frame al secondo.

Riflessione *Quali differenze tra il formato CIF e quello degli standard per broadcasting televisivo?*

ReT 3 Televisione: breve sintesi di una storia lunga

Le ***trasmissioni TV*** iniziano negli anni '40 e '50 in *bianco e nero* (*BN*); ad esse si affiancano quelle a colori negli anni '60, ponendo un problema di *compatibilità*. Problema non da poco in quel tempo, tenuto conto che il televisore era, rispetto a oggi, un apparecchio molto costoso: durante il processo (non rapido) di progressiva conversione dei sistemi trasmittenti dal bianco e nero al *colore*, doveva essere possibile ai possessori del televisore *BN* di vedere in *BN* una trasmissione a colori e ai possessori di un televisore a colori di vedere, oltre alle trasmissioni a colori, anche quelle *BN*.

Per affrontare il problema della compatibilità, l'idea di base (tutt'oggi in uso!) è stata quella di stabilire delle relazioni lineari tra le componenti a colori RGB (*Red*, *Green*, *Blue*) e tre componenti "monocromatiche", dette ***luminanza*** (Y) e ***crominanza*** (C_b, crominanza del blu e C_r, crominanza del rosso). Tali relazioni sono:

$$Y = 0{,}299R + 0{,}587G + 0{,}114B$$

$$C_b = 0{,}564\,(B - Y)$$

$$C_r = 0{,}713\,(R - Y)$$

Anche i nuovi sistemi digitali si basano sul sistema luminanza/crominanza: ad esempio, nell'MPEG ogni frame viene scomposto in 3 frames, rispettivamente per Y, C_b e C_r.

Gli standard per la visualizzazione delle immagini, studiati per il *BN* e confermati per il colore, sono parecchi; quelli più affermati sono lo standard nato in Europa (e molto diffuso a livello mondiale), denominato PAL (*Phase Alternating Line*: (con) linea ad alternanza di fase), e quello nato negli Stati Uniti, poi usato anche in tutto in Nord-America, parte del Sud-America, Corea, Giappone, denominato NTSC (*National Television System Commettee*: Comitato nazionale per il sistema televisivo). Gli standard fissano in particolare:

- il numero di quadri (*frames*) che vengono riprodotti sullo schermo in un secondo (25 quadri/secondo per PAL, 30 quadri/secondo per NTSC);
- il numero di linee che compongono un quadro (625 linee/quadro per PAL, 525 linee/quadro per NTSC.

In realtà, per superare fenomeni di *flicker* (sfarfallamento) dell'immagine, ogni quadro viene suddiviso in due semiquadri, uno che riproduce le linee dispari, l'altro le linee pari, per cui vengono riprodotti 50 semiquadri/secondo (PAL) e 60 semiquadri/secondo (NTSC); si parla allora di *interallacciamento*.

Numero di quadri al secondo, numeri di linee per quadro e interallacciamento erano in realtà già stati stabiliti per la televisione in *BN*; successivamente venivano confermati dagli standard del colore.

Esempio 1 Calcolare la "frequenza di linea" per lo standard europeo e per lo standard americano.

Discussione Per "frequenza di linea" si intende il numero di linee che vengono riprodotte nell'unità di tempo, cioè in 1 secondo. Sarà:

- standard europeo: $625 \cdot 25 = 15.625$ linee/secondo;
- standard americano: $525 \cdot 30 = 15.750$ linee/secondo.

Esempio 2 Stimare la banda necessaria per la trasmissione di un segnale analogico *BN* (standard europeo).

Discussione Le righe sono 625, ma ne vengono impiegate per il video solo 576 (le altre sono usate per i "servizi" – sincronismi in particolare); si può pensare di *"quadrettare"* la schermata, dividendo ciascuna riga in un certo numero di pixel, dando al pixel misure proporzionali al cosiddetto *"rapporto di aspetto"* del quadro, che è 4/3; si ottengono così $576 \cdot (4/3) = 768$ pixel. Si ha la massima frequenza di trasmissione quando i pixel sono alternativamente bianchi e neri; alla successione di un bianco e un nero (che continua a ripetersi) corrisponde 1 periodo del segnale da trasmettere.

Se in 1 secondo vengono riprodotte 15.625 linee, la durata di una linea è $1/15.625 = 64\ \mu s$; la durata di un pixel è allora $64/768 = 0{,}083\ \mu s$; il periodo del segnale da trasmettere è $T = 2 \cdot 0{,}083 = 0{,}166\ \mu s$, per cui la frequenza è $f = 1/T = 1/0{,}166\ \mu s = 6$ MHz. Come si sa, il valore massimo della frequenza viene ridotto a circa 5 MHz e la modulazione *AM* con *banda vestigiale* del segnale portante generava uno spettro che occupava il canale standard di 7 MHz (con TV *BN*), successivamente standardizzato a 8 MHz.

Rispetto alle trasmissioni TV analogiche, attive da oltre mezzo secolo, è attualmente in corso un ***processo di digitalizzazione.***

Per la digitalizzazione del video sono stati definiti alcuni standard; uno molto importante è quello denominato MPEG, articolato su diversi livelli di qualità (MPEG1, MPEG2, MPEG4).

Negli anni '90 nasce il servizio DVB (*Digital Video Broadcasting*) che fissa 4 standard:

- DVB-S: impiegato nelle TV satellitari;
- DVB-C: per le TV via cavo;
- DVB-T: per la trasmissione digitale terrestre;
- DVB-H: per dispositivi mobili.

Riflessione *Il passaggio dalla modulazione analogica alla modulazione digitale ha richiesto canali con larghezza di banda diversa?*

ReT 4 Lo standard della televisione digitale terrestre DVB-T

Con il passaggio dalla TV analogica a quella digitale (DVB), assume un'importanza notevole lo standard **DVB-T (Terrestrial)**. Il termine "terrestre" si riferisce al fatto che la trasmissione non avviene né via cavo, né via satellite, ma con il consueto sistema antenna trasmittente - ripetitore (eventuale) - antenna ricevente. I sistemi di TV digitale nascono da una parte con l'obiettivo di migliorare la qualità del segnale (anche se in realtà tale miglioramento è abbastanza poco percepibile), mentre dall'altra tendono ad accrescerne la capacità, attraverso l'aumento del numero di canali disponibili, a parità di banda (e questo miglioramento è evidente); dall'altra ancora, tendono a introdurre servizi aggiuntivi, uno dei quali (... sembra un sogno...) mira a quell'interattività sempre agognata, che trasforma il "*consumer*" in "*prosumer*"; lo standard relativo è chiamato DVB-RCT (*Return Channel Terrestrial*).

Sappiamo che la trasmissione di un video digitale necessita di adeguata compressione; lo standard prescelto per il DVB-T è l'MPEG-2: ha un livello di qualità DVD compatibile, risulta implementabile anche per livelli HDTV (*High Definition TV*) e, disponendo di protocolli di trasporto ed incapsulamento, fornisce la possibilità di veicolare i servizi aggiuntivi.

Per contenere la larghezza della banda occupata, si fa ricorso ad un particolare tipo di modulazione, la COFDM (*Coded Orthogonal Frequency-Division Multiplexing*).

Esempio Illustrare alcune specificità della COFDM.

Discussione La COFDM è di fatto una multiplazione FDM, caratterizzata da una serie molto numerosa di portanti, tra di loro ortogonali. In questo modo l'informazione può viaggiare (in parallelo) su più canali (equispaziati in frequenza), aumentando la capacità di trasporto. Data l'ortogonalità delle portanti, non si ha interferenza tra canali adiacenti. Alle singole portanti ortogonali è applicata una codifica: particolarmente usate sono la QPSK, la 16-QAM, la 64-QAM.

La spaziatura tra le portanti è pari alla frequenza di simbolo della modulazione, cioè $1/T_s$.

Sono previste alcune varianti, principalmente in base alla larghezza di banda (diversa ad esempio tra Stati Uniti, dove vale 6 MHz ed Europa, dove vale 7 o 8 MHz), o al numero di sottoportanti: sono disponibili le modalità 2 K e 8 K, che ovviamente hanno frequenze di simbolo differenti. Ad esempio, la 2 K con banda 8 MHz ha durata di simbolo $T_s = 224\ \mu s$, alla quale corrisponde una spaziatura tra le portanti pari a $\Delta f = 1/224\ \mu s = 4{,}464$ kHz.

Il numero teorico di portanti è uguale a 2048 (2 K), anche se per evitare problemi di *aliasing* ne vengono impiegate $N = 1705$, con una larghezza di banda totale pari a $N \cdot \Delta f = 7{,}61$ MHz.

Un problema caratteristico della propagazione del segnale terrestre è rappresentato dai disturbi introdotti dai ***cammini multipli***. Infatti, prima di raggiungere l'antenna dell'utente, il segnale può compiere percorsi diversi: può arrivare sia "direttamente", secondo un percorso studiato, sia (anche) indirettamente, ad esempio dopo una o più riflessioni, molte volte generate da edifici. Questo fenomeno fa nascere delle interferenze che tendono a deteriorare rapidamente la qualità del segnale. L'inconveniente viene risolto nella OFDM con l'introduzione di un tempo di guardia T_g all'inizio del frame del segnale: il ricevitore pertanto scarta gli eventuali echi che si presentano durante tale intervallo.

Un altro problema riguarda gli ***errori di trasmissione***. Dato che l'obiettivo del DVB-T è quello di trasmettere più informazione, con migliore qualità ma con la stessa banda, è verosimile che in ricezione il segnale debba avere una potenza ragionevole.

Infatti, mentre nella ricezione analogica la qualità degrada in modo pressoché lineare con la diminuzione della potenza del segnale, in quella digitale il segnale diviene praticamente inutilizzabile al di sotto di una certa soglia.

Un'ulteriore considerazione tiene conto del fatto che il segnale compresso non ha più *ridondanza*, per cui un errore nella ricezione avrebbe un pessimo effetto sulla qualità del segnale. Da qui l'esigenza di munire il sistema di un protocollo per la ***correzione degli errori***, chiamato *Forward Error Correction* (FEC).

Si tratta in pratica di reintrodurre in maniera controllata un certo grado di ridondanza nel segnale, allo scopo di poterne ricostruire le parti eventualmente deteriorate.

I pacchetti dell'MPEG hanno dimensioni di 188 byte, che vengono portati a 204, aggiungendo una coda che contiene un codice per la correzione degli errori (si usa il codice *Reed-Solomon*).

Infine, questioni di aggancio del segnale in fase di ricezione suggeriscono di evitare lunghe sequenze di "1" o di "0", che darebbero al segnale stesso un valore medio diverso da zero. Un opportuno procedimento, che prende il nome di ***dispersione della potenza*** o *randomizzazione*, consente sia di evitare il valore medio diverso da zero, sia di riordinare opportunamente i bit in fase di ricezione.

Riflessione *Che andamento ha lo spettro del segnale in un "canale" CODFM?*

Sommario

L'evoluzione "in verticale" delle Telecomunicazioni si muove lungo la strada della digitalizzazione, che porta inevitabilmente ad affrontare problemi di compressione dei segnali. Sono state sviluppate tecniche idonee sia alla compressione dei segnali audio, sia alla compressione dei segnali video; problema, questo secondo, particolarmente delicato, vista la dimensione enorme dei file video digitalizzati.

La conversione da segnali fisici a file numerici consente sia di organizzare nuovi servizi, sia di renderli interoperabili. Posta elettronica all'inizio, poi streaming video e videoconferenza rappresentano servizi innovativi. La digitalizzazione dei segnali video potrebbe introdurre innovazioni sensibili nei servizi televisivi, superandone lo storico limite della unidirezionalità. Lo standard DVB-RCT, almeno sulla carta, sembra molto promettente in tal senso.

Risposte alle riflessioni

***FAQ* 1** No, un unico server dei nomi sarebbe troppo sovraccaricato per gestire tutte le richieste di risoluzione di indirizzo provenienti dalla rete; in realtà i server dei nomi sono organizzati in zone non sovrapposte, per cui è possibile che il processo di risoluzione di un indirizzo richieda più passaggi.

***FAQ* 2** No, non è conveniente; il segnale vocale è infatti caratterizzato da una distribuzione di probabilità grande per ampiezze piccole, che diminuisce rapidamente verso i picchi (distribuzione di Laplace) e ciò suggerisce di infittire la quantizzazione al diminuire dell'ampiezza. In questo modo abbiamo a disposizione più livelli dove la presenza del segnale è più probabile.

***FAQ* 3** Certo, ma il risultato non cambia se si applica lo stesso algoritmo di compressione, salvo che non si decida di selezionare un livello di qualità diversa. Se invece si applicano algoritmi differenti ad esempio si applica una compressione di tipo *lossless* (quale il ben noto Zip) ad un file MP3, questa avrà ben poco effetto.

***FAQ* 4** No, perché si impedirebbe all'utente che si sintonizza dopo che la trasmissione dello sfondo è avvenuta, di ricostruire correttamente la scena; pertanto la ripetizione dei GOP deve avvenire con una certa periodicità (ad esempio due volte al secondo).

***ReT* 1** No, non necessariamente; molti server di posta offrono anche l'accesso alle caselle attraverso appositi spazi web; i client più moderni e considerati efficaci sono in grado di mantenere una perfetta sincronizzazione tra questi diversi sistemi di accesso.

***ReT* 2** Dal punto di vista del dettaglio, il numero di pixel per riga e il numero di pixel per quadro (frame) è all'incirca di 1:2 (maggiore dettaglio lo hanno gli standard televisivi); dal punto di vista della "riproposizione" dei quadri, CIF la prevede sequenziale, mentre gli standard televisivi la prevedono interallacciata (ogni quadro è suddiviso in due sottoquadri, uno con le righe "dispari", l'altro con le righe "pari".

***ReT* 3** Gli standard internazionali impongono di impiegare i canali preesistenti; pertanto, con la modulazione digitale del segnale video (e audio) della televisione, il problema da affrontare è quello "comprimere" il flusso di dati digitale al punto da "farlo stare" all'interno del canale, largo sempre 8 MHz.
Lo stesso problema era nato con l'introduzione del colore: lo spettro del "nuovo" segnale doveva restare all'interno del canale occupato dallo spettro del *BN*.

***ReT* 4** Le molte portanti (2000 o più), molto ravvicinate tra loro, formano uno spettro praticamente rettangolare, con larghezza pari a quella del canale. Pochissima potenza è associata alle frequenze esterne alla banda del canale.

Sitografia • Bibliografia

- http://www.complextoreal.com/chapters/ofdm2.pdf
- http://tools.ietf.org/html/rfc5321
- http://tools.ietf.org/html/rfc882
- http://tools.ietf.org/html/rfc1034
- http://www.isoc.it/internet-governance/articoli/54-internet-in-13-pillole-dalle-origini-al-dominio-eu-di-s-trumpy.html
- http://www.tlc.polito.it/~gaudino/com_elt/dispense_corso/dispense.htm
- http://www.di.uniba.it/~laura/corsini/MAIN_JPG.HTML
- http://www.comlab.uniroma3.it/telecinfo/codifica_AUDIO_2009.pdf
- http://it.wikipedia.org/wiki/Multipurpose_Internet_Mail_Extensions
- http://www.itu.int/rec/T-REC-H.263-200501-I/en

- H. Benoit, *Manuale della televisione digitale*, Hoepli, 2003.
- A. S. Tanenbaum, *Reti di calcolatori*, Prentice Hall, 2007.
- J. Maes, M. Vercammen, *Digital Audio Technology*, Focal Press, 2001.

Esercizi e Problemi

FAQ 1

Pr. 1 In una interessante pubblicazione dell'ISOC (società italiana riconosciuta dall'Internet Society), dal titolo *"Internet in 13 pillole: dalle origini al dominio.eu"*, si trova la seguente frase:
"***L'Internet si è sviluppata in maniera destrutturata***."
Discutere e commentare tale affermazione.

Pr. 2 Una neonata azienda, destinata alla vendita di prodotti e servizi, vuole proporsi sul mercato. Individuare sia i passi che deve compiere, in qualche modo legati alle Telecomunicazioni, sia gli strumenti ed i servizi opportuni di cui è bene possa usufruire.

FAQ 2

Es. 1 Assegnati cinque simboli binari A, B, C, D, E con le seguenti probabilità: $A = 0{,}5$; $B = 0{,}1$; $C = 0{,}05$; $D = 0{,}15$; $E = 0{,}2$, ricavare la codifica di Huffman.

Pr. 1 Dimostrare che l'entropia di una sequenza di N simboli è massima quando i simboli sono equiprobabili e che il suo valore è uguale al numero dei simboli, cioè N.

FAQ 3

Es. 1 Si vogliono comprimere due brani audio della medesima durata. Il primo è tratto da un concerto per flauto solo, il secondo è tratto da un concerto rock. Volendo applicare la compressione di tipo percettivo ad entrambi, su quale brano avrà maggiore efficacia? Motivare la risposta.

Es. 2 Se non si applicasse nessuna compressione ad un brano musicale in qualità digitale, quanto spazio occuperebbe un' ora di musica registrata?

Pr. 1 Illustrare la struttura del codificatore *Full-Rate* (FR) impiegato nello standard GSM.

FAQ 4

Es. 1 Si vuole trasmettere un file video della durata di 10 s, il cui bit rate non compresso è di 640 Mb/s, su un canale che consente una velocità di 500 Mb/s. Calcolare:
- il tempo impiegato per trasmettere il file;
- il tempo impiegato per trasmettere il file dopo averlo compresso a 6 Mb/s.

È possibile trasmettere in tempo reale il video non compresso?

Es. 2 Si ha a disposizione un canale con velocità di 100 Mb/s. Quanti file compressi a 4 Mb/s si possono trasmettere in contemporanea?

ReT 1

Es. 1 Si supponga di dover inviare, attraverso un breve messaggio di posta elettronica, un'immagine delle dimensioni di 500 kbyte. Quale sarà approssimativamente la dimensione complessiva del messaggio inviato?

Es. 2 Due soci in affari gestiscono una piccola azienda. Questa dispone di una casella di posta, alla quale il primo socio dirotta la posta elettronica in arrivo alla sua casella personale, attraverso un servizio di *redirect*.
Il secondo socio, ignaro del fatto, si appresta alla chiusura per ferie ed attiva sulla casella aziendale un servizio di *vacation agent*, ovvero una risposta automatica che informa dell'assenza temporanea del destinatario.
Che cosa succede quando alla casella del primo socio arriva un messaggio di posta?

ReT 2

Es. 1 Si dispone di un segnale PCM standard (64 kb/s) usato per una chiamata VoIP. Se si trasmettono pacchetti da 1 kbyte su una linea che dispone di una banda di 0,5 Mb/s, quanto vale la latenza introdotta nella conversazione? Ripetere il calcolo per pacchetti da 200 byte.

Pr. 1 Commentare gli aspetti salienti della Raccomandazione H.263 di ITU-T.

Pr. 2 La **legge di Zipf** riguarda la ricorrenza delle parole all'interno di un testo, ma viene comunemente applicata agli accessi internet. Nella sua formulazione originale afferma che *"la frequenza di utilizzo di una parola in un testo molto lungo è inversamente proporzionale al suo rango"*, Questo vuol dire che la parola più ricorrente (di primo rango) compare il doppio delle volte della seconda (secondo rango).
Vogliamo applicare tale legge per stimare gli accessi ad un portale che vende brani musicali online. Supponiamo che siano disponibili 100 brani, qual è la probabilità che venga effettuato l'acquisto, ed il conseguente download, dei primi 10 brani in classifica? Quanto pesano gli accessi agli altri brani? Si può scrivere una relazione matematica? Possiamo dire che sarebbe conveniente vendere solo i primi dieci brani?

ReT 3

Es. 1 Stimare la banda necessaria per la trasmissione su portante analogica di un segnale NTSC.

Pr. 1 Discutere sulla transizione analogico/digitale della televisione terrestre: che cosa rimane e che cosa cambia?

ReT 4

Pr. 1 Il *bit-rate* per il sistema DVB-T varia da un minimo di 5 Mb/s ad un massimo di 32 Mb/s. Calcolare il bit-rate nel caso della larghezza di banda pari a 7 MHz e modulazione di tipo 64-QAM. Eseguire il calcolo dapprima trascurando gli effetti del tempo di guardia e della coda con codice *Reed-Solomon*; infine valutare la correzione dovuta a questi effetti.

Pr. 2 Illustrare struttura e applicazioni del codice *Reed-Solomon*.

UNITÀ 15.2

Telecomunicazioni "in trasversale": allargamento degli orizzonti

Telerilevamento e radionavigazione

In questa Unità si discutono le caratteristiche dei principali sistemi di telerilevamento e si illustrano le tecnologie e le architetture utilizzate nel settore della radionavigazione aerea e navale, con particolare attenzione al GPS

L'allargamento degli orizzonti prospettato in queste pagine estende l'ambito delle Telecomunicazioni alle tecnologie che consentono di acquisire, a distanza, informazioni sull'ambiente, sul territorio, sulla posizione dei mezzi mobili. Nuove opportunità di studio e di analisi vengono offerte dai moderni sistemi di telerilevamento, quali il RADAR, il SONAR, il LIDAR, il GeoRADAR (GPR). La crescita del traffico aereo e navale richiede tecnologie sempre più efficienti e precise per il posizionamento, la localizzazione e la radionavigazione: il GPS (*Global Positioning System*) ha rappresentato un punto di svolta in questo settore, consentendo di stabilire con accuratezza la propria posizione in qualsiasi punto del pianeta.

indice

FAQ 1 Che cos'è il telerilevamento?

Il ***telerilevamento*** inteso in senso generale è quell'insieme di tecniche che consente di acquisire informazioni qualitative e/o quantitative su fenomeni e oggetti distanti dall'osservatore, estendendo le capacità percettive dei sensi umani. Queste tecniche si basano sulla misura di campi di forze, di radiazioni elettromagnetiche, di energia acustica, di particelle.

Esempio 1 Quali tipologie di telerilevamento esistono?

Discussione **Principali categorie del telerilevamento:**

- *telerilevamento passivo e attivo*: se il sistema si limita ad acquisire mediante sensori l'energia proveniente dall'oggetto da analizzare si parla di telerilevamento *passivo*. A questa categoria appartengono per esempio i SONAR passivi e i sensori di immagini, ottimizzati per lavorare a specifiche lunghezze d'onda. Nel telerilevamento *attivo* invece il sistema emette direttamente l'energia che viene poi in parte riflessa e diffusa indietro dall'oggetto e raccolta dal sensore, come avviene per esempio nei sistemi RADAR e nei SONAR attivi;
- *telerilevamento fisso e mobile*: in base alla collocazione del sistema si possono distinguere i sistemi di telerilevamento FISSI da quelli MOBILI, posizionati ad esempio su navi, aerei, satelliti o veicoli terrestri.

La tecnologia principale del telerilevamento inteso in senso stretto (*remote sensing*) è quella che fa uso della radiazione elettromagnetica ma, riferendosi a un'accezione più generale del termine, va ricordato, a titolo di esempio, che, tramite la generazione e la misura degli onde acustiche di ritorno, i SONAR attivi consentono di tracciare mappe sempre più dettagliate dei fondali marini; grazie ai rivelatori di neutrini gli astronomi possono studiare strutture e processi non accessibili ai normali rivelatori ottici.

Esempio 2 Come funziona il telerilevamento passivo?

Discussione Restringendo l'ambito alla radiazione elettromagnetica, l'emissione di energia di un corpo può avvenire grazie a due meccanismi principali (fig. 2.1):

1 *riflessione-diffusione*: il corpo riflette e diffonde parte dell'energia che riceve in quel momento dal Sole o da altre sorgenti che non fanno parte del sistema artificiale di telerilevamento (altrimenti si parlerebbe di telerilevamento attivo). La radiazione, quasi sempre quella solare, che colpisce la superficie del corpo a sua volta può essere riflessa e diffusa in tutte le direzioni a causa di due tipi di interazione:
   1a) *interazione di tipo superficiale*;
   1b) *interazione di tipo volumetrico*.

2 *emissione dovuta alla temperatura*: il corpo irradia energia elettromagnetica secondo la legge di Stefan-Boltzmann perché si trova ad una temperatura T maggiore dello zero assoluto ($T > 0$ K). Questa legge vale per i "corpi neri" ideali, cioè per quei corpi che sono in grado di assorbire tutta l'energia incidente trasformandola in energia termica e che, viceversa, trasformano la massima quantità di energia termica in energia radiante. I corpi reali sono invece detti *"grigi"*, perché non assorbono tutta l'energia incidente ma ne riflettono una parte; la loro emissione elettromagnetica dovuta alla temperatura è inferiore a quella del corpo nero e va corretta con un fattore $\varepsilon < 1$ detto emittanza spettrale. L'energia totale (irradianza spettrale) emessa dal corpo nero per unità di superficie e unità di tempo è proporzionale a T^4 (*legge di Stefan-Boltzmann*):

$$E(T) = \sigma \cdot T^4$$

dove $\sigma = 5{,}67 \cdot 10^{8}\ \mathrm{W \cdot m^{-2} \cdot K^{4}}$

La curva che descrive l'emissione in funzione della lunghezza d'onda (legge di Planck) presenta un massimo. La lunghezza d'onda corrispondente al massimo dell'emissione è inversamente proporzionale alla temperatura e si può calcolare con la *legge di Wien*: $\lambda_{max} = b/T$

dove $b = 2{,}8977685 \cdot 10^{-3}\ \mathrm{m \cdot K}$

Il massimo del Sole si trova a $\lambda_{max} \approx 500$ nm (luce verde), mentre la curva di emissione del corpo umano ha un picco per $\lambda_{max} \approx 9{,}4$ μm, quindi nell'infrarosso.

Con opportuni sensori è quindi possibile, dalla misura delle radiazioni elettromagnetiche in bande spettrali specifiche, risalire alla temperatura dei corpi e ricavare immagini che forniscono informazioni sulla natura dei materiali e delle superfici.

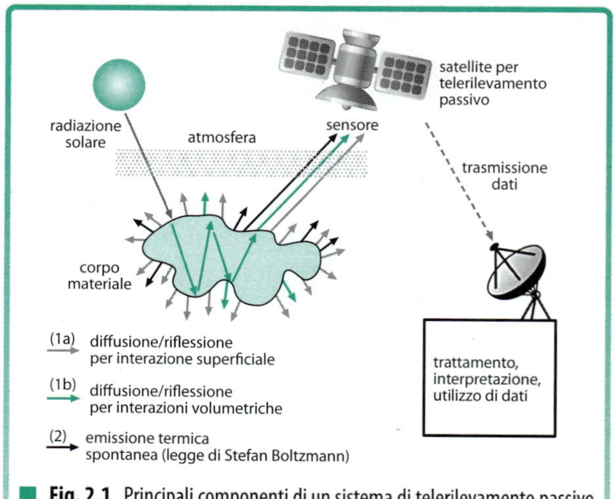

Fig. 2.1 Principali componenti di un sistema di telerilevamento passivo satellitare. Il corpo colpito dalla radiazione solare la diffonde e la riflette a causa di interazioni superficiali e volumetriche; inoltre, poiché si trova a una temperatura $T > 0$ K emette spontaneamente radiazioni elettromagnetiche in base alla legge di Stefan-Boltzmann. I sensori del satellite rilevano le radiazioni in varie bande dello spettro e gli apparati di telecomunicazione trasmettono a Terra i dati, che saranno poi trattati, interpretati e utilizzati.

Riflessione *Qual è l'influenza dell'atmosfera nel telerilevamento passivo satellitare?*

FAQ 2 Che cos' è il RADAR?

Il **RADAR** (***RAdio Detection And Ranging***) è un sistema di telerilevamento attivo che utilizza le onde elettromagnetiche per rivelare e localizzare gli oggetti anche a distanze elevate (fino a centinaia di chilometri) e in avverse condizioni di visibilità ottica (buio, nebbia, pioggia). Dopo i primi esperimenti di radiolocalizzazione (1904) e i primi tentativi volti a misurare l'altezza dello strato ionosferico riflettente dell'atmosfera (1920), il RADAR si affermò durante la seconda guerra mondiale come strumento tattico militare indispensabile, consentendo in particolare alla *Royal Air Force* di avvistare in anticipo gli aerei della *Luftwaffe* ancora in volo sul *Canale della Manica*, grazie a una rete di stazioni RADAR distribuite lungo le coste inglesi (1940).

Esempio 1 Come funziona il RADAR?

Discussione Il principio di funzionamento del RADAR sfrutta la riflessione delle onde elettromagnetiche da parte degli ostacoli o bersagli. L'onda elettromagnetica generata dall'antenna del RADAR si irradia nello spazio alla velocità della luce e, quando colpisce un oggetto di dimensioni maggiori della sua lunghezza d'onda, dà origine al fenomeno detto *"scattering"* all'indietro o *"backscattering"*, per cui una parte della radiazione che ha colpito il bersaglio, il cosiddetto "eco radio", ritorna all'antenna del RADAR e viene rilevata da un apposito ricevitore dopo un tempo T_R, pari al doppio del tempo di propagazione Δt. Conoscendo la velocità di propagazione ($c \approx 300\,000$ km/s) dell'impulso elettromagnetico trasmesso si può stimare la distanza del bersaglio R con la formula:

$$R = 0{,}5 \cdot c \cdot T_R$$

Per esempio se $T_R = 0{,}0004$ s la distanza del bersaglio R è pari a 60 km (= 0,5 · 300.000 (km/s) · 0,0004 (s)) (fig. 2.2).
La precisione nella stima della distanza R dipende direttamente dall'affidabilità della misura del tempo T_R, per cui nei RADAR si presta particolare attenzione alla progettazione della "base dei tempi". Facendo ruotare l'antenna è possibile inviare onde elettromagnetiche a 360° e, con i sincronismi opportuni, è possibile stimare, oltre alla distanza, anche l'angolo a cui si trova il bersaglio. Sfruttando l'effetto Doppler, i RADAR riescono anche a ricavare la velocità dell'oggetto.

Esempio 2 Quali sono i principali parametri tecnologici di un RADAR?

Discussione L'equazione del RADAR.
I principali parametri di un RADAR sono:
- P_R = potenza ricevuta (W), P_T = potenza trasmessa (W); G = guadagno dell'antenna espresso come numero puro (si considera l'antenna trasmittente uguale a quella ricevente $G_R = G_T = G$);
- σ = area equivalente dell'oggetto riflettente (bersaglio) o RCS (*RADAR Cross Section*);
- R = distanza del bersaglio (m); λ = lunghezza d'onda del segnale (m).

Questi parametri sono legati tra loro dall'equazione del RADAR:

$$P_R = \frac{P_T G^2 \lambda^2 \sigma}{(4\pi)^3 R^4}$$

Risolvendo rispetto a R la precedente equazione si ottiene una relazione che fornisce la massima portata di un RADAR:

$$R_{max} = \sqrt[4]{\frac{P_T G^2 \lambda^2 \sigma}{(4\pi)^3 P_{Rmin}}}$$

dove P_{Rmin} è la potenza minima che il ricevitore è in grado di rivelare (W). Tenendo conto che l'area equivalente di antenna vale $A_a = G\lambda^2/4\pi$, si può scrivere:

$$R_{max} = \sqrt[4]{\frac{P_T A_a^2 \sigma}{4\pi\lambda^2 P_{Rmin}}}$$

Si nota la dipendenza della portata R_{max} dall'area equivalente dell'antenna; per raddoppiare la portata del RADAR occorre quadruplicare l'area dell'antenna.

I principali campi di applicazione del RADAR sono:
- controllo del traffico aereo, navale e terrestre;
- telerilevamento attivo da satelliti o aerei con tecniche SAR (*Synthetic Aperture RADAR*) per la creazione di mappe della superficie terrestre e per la sorveglianza aerea;
- previsioni del tempo e protezione civile: RADAR meteorologici vengono utilizzati per lo studio delle formazioni nuvolose e per l'avvistamento di temporali, cicloni, uragani.

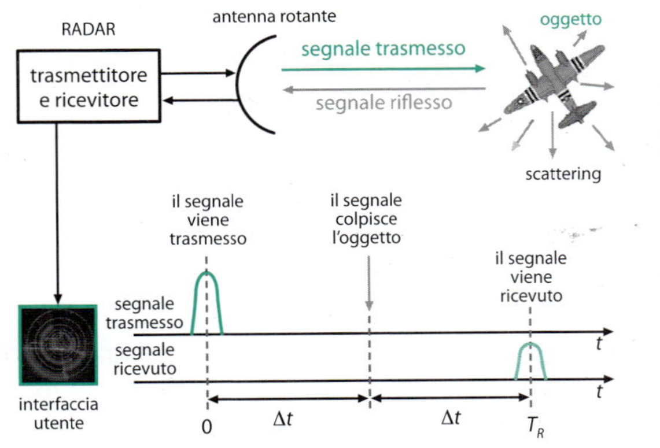

Fig. 2.2 Principio di funzionamento del RADAR. Il segnale trasmesso dall'antenna raggiunge l'oggetto (TARGET) dopo un tempo di propagazione pari a Δt e subisce il fenomeno di *"scattering"*. Parte del segnale riflesso ritorna (*"backscattering"*) verso l'antenna dove viene ricevuto dopo un tempo pari a $T_R = 2 \cdot \Delta t$ ed elaborato per ricavare distanza, angolo, velocità. Le informazioni sono presentate all'utente su un display.

Riflessione *Nelle applicazioni militari è molto importante non essere rilevati dai RADAR nemici. A questo proposito, in cosa consiste la cosiddetta tecnologia "stealth"?*

FAQ 3 Che cos'è il SONAR?

Il **SONAR** (***SOund Navigation And Ranging***) è un sistema di telerilevamento che utilizza la propagazione del suono, nell'acqua o nell'aria, per rivelare e localizzare gli oggetti.

I SONAR che utilizzano le onde sonore in aria sono utilizzati per esempio nel settore della robotica: un robot mobile dotato di SONAR a ultrasuoni può muoversi in un ambiente evitando gli ostacoli e ricevendo informazioni sugli oggetti che lo circondano.

Nell'acqua i SONAR sono strumenti insostituibili per la navigazione, la pesca e l'indagine scientifica sottomarina, perché gli altri sistemi di telerilevamento che fanno uso delle onde elettromagnetiche sono limitati dalla loro bassa capacità di penetrazione e dalle problematiche di propagazione causate da un'attenuazione proporzionale alla frequenza.

Esempio 1 Quali principali tipologie di SONAR esistono?

Discussione Esistono SONAR passivi e SONAR attivi.

- **I SONAR passivi** sono costituiti da un insieme di sensori che captano i suoni prodotti dagli oggetti, consentendone l'individuazione. Se sono presenti almeno 3 sensori è anche possibile localizzare la posizione delle sorgenti sonore utilizzando il metodo della triangolazione. Un moderno SONAR passivo installato su un sottomarino consente di rivelare la presenza di navi a molti chilometri di distanza;
- **i SONAR attivi** operano invece secondo lo stesso principio del RADAR: un trasduttore piezoelettrico emette un segnale di elevata potenza, detto *"ping"*, che si propaga nel mezzo (acqua o aria) e raggiunge il bersaglio; parte dell'onda riflessa (eco) ritorna indietro e viene ricevuta dai sensori del SONAR (fig. 2.3).

La formula per il calcolo della distanza è, come per il RADAR:

$$R = 0{,}5 \cdot v \cdot T_R$$

dove alla velocità della luce c viene sostituita la velocità del suono v nell'acqua (1500 m/s) o nell'aria (340 m/s).

Esempio 2 Come si propaga il suono nell'acqua?

Discussione Il suono si propaga nell'acqua molto più velocemente che nell'aria a causa delle diverse caratteristiche fisiche dei due mezzi. Anche la lunghezza d'onda associata all'oscillazione è differente: lo stesso suono con frequenza di 20 Hz propagandosi nell'acqua ha una lunghezza d'onda λ pari a 75 metri (1500/20), mentre nell'aria la sua lunghezza d'onda λ è di soli 17 metri (340/20). La velocità del suono nell'acqua è influenzata dalla salinità, dalla temperatura (la velocità è maggiore nell'acqua calda rispetto a quella fredda) e dalla pressione (la velocità cresce con la pressione e quindi con la profondità). Per calcolare la velocità del suono nell'acqua si può utilizzare la formula di Wilson:

$$v = 1449 + 4{,}6 \cdot T - 0{,}055 \cdot T^2 + 0{,}0003 \cdot T^3 + (1{,}39 - 0{,}012 \cdot T)(S - 35) + 0{,}017 \cdot Z$$

dove T è la temperatura dell'acqua in gradi Celsius (°C), S è la salinità espressa in grammi per 1 kg di acqua, Z è la profondità in metri, presa con il segno positivo procedendo verso il basso.

Considerando gli effetti complessivi di salinità, temperatura e pressione si può tracciare un grafico che riporta la velocità del suono in funzione della profondità. Si evidenzia che la velocità del suono dapprima diminuisce con la profondità, poi raggiunge un minimo relativo, dopodiché ricomincia a crescere, perché prevale la componente dovuta alla pressione. La presenza di questo minimo relativo nella velocità del suono fa sì che si crei una sorta di canale o guida d'onda denominato SOFAR (*SOund Fixing And Ranging channel*) o DSC (*Deep Sound Channel*) nel quale le onde sonore rimangono confinate a causa delle rifrazioni negli strati superiori e inferiori. All'interno di questo canale le onde sonore a bassa frequenza possono propagarsi per migliaia di chilometri senza perdere potenza. Alle medie latitudini l'asse centrale del canale SOFAR si trova tra i 600 e i 1200 m di profondità. La sua profondità è influenzata dalla salinità, dalla temperatura e dalla profondità dell'oceano.

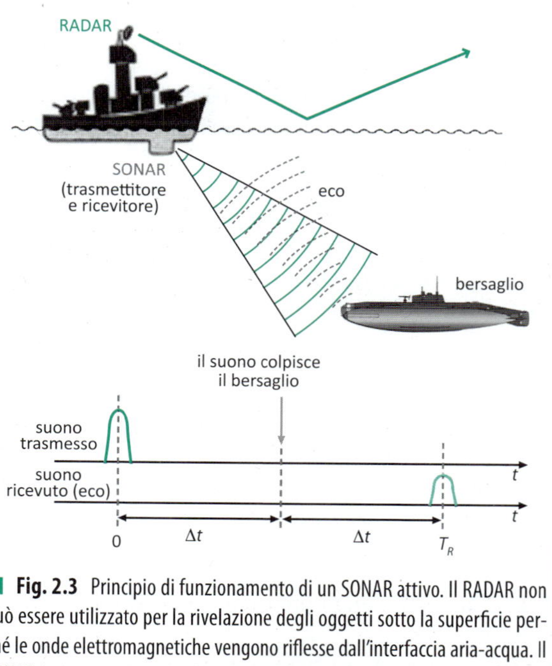

Fig. 2.3 Principio di funzionamento di un SONAR attivo. Il RADAR non può essere utilizzato per la rivelazione degli oggetti sotto la superficie perché le onde elettromagnetiche vengono riflesse dall'interfaccia aria-acqua. Il SONAR invece genera un'onda sonora che si propaga nell'acqua a circa 1500 m/s, quando incontra il bersaglio parte dell'energia torna indietro sotto forma di eco e viene captata dai sensori del SONAR. Dalla misura del tempo T_R si può risalire alla distanza del bersaglio.

Riflessione *In modo analogo a quanto avviene naturalmente per il canale Deep Sound Channel, quale tecnologia del mondo delle Telecomunicazioni sfrutta la variazione della rifrazione per costruire una guida d'onda per le onde elettromagnetiche?*

FAQ 4 Che cosa sono il LIDAR e il GPR?

LIDAR e GPR sono sistemi di telerilevamento attivo che utilizzano onde elettromagnetiche, come il RADAR, per rivelare e localizzare gli oggetti.
Mentre il **LIDAR** (***Light Detection And Ranging***) utilizza lo spettro che va dall'infrarosso vicino fino all'ultravioletto per indagare, di solito con impulsi LASER, bersagli anche molto piccoli, come gli aerosol, le nuvole o le molecole di gas presenti nell'atmosfera, il **GPR** (***Ground Penetrating RADAR*** o ***GeoRADAR***) utilizza lo spettro nelle bande UHF, VHF e delle microonde per rivelare oggetti sepolti sotto la superficie del terreno, trovando larga applicazione nelle indagini archeologiche, geologiche, sismiche, minerarie e strutturali.

Esempio 1 Quali sono le applicazioni del LIDAR?

Discussione I sistemi LIDAR installati a bordo di aerei o satelliti rendono possibile la mappatura del terreno con una precisione molto elevata, utile in ricerche e applicazioni di geologia, sismologia, archeologia, silvicoltura, oceanografia e per la sorveglianza in genere. Sfruttando l'effetto *Doppler* alcuni tipi di LIDAR sono in grado di misurare la velocità del vento a grande distanza, consentendo il monitoraggio degli uragani. Grazie alla risoluzione e alle caratteristiche di propagazione del laser, il LIDAR viene utilizzato per indagini sulla composizione dell'atmosfera e in meteorologia. Tramite LIDAR si misura continuamente la distanza dei riflettori posizionati sulla Luna dalle missioni Apollo, per effettuare verifiche sulla relatività generale.

Esempio 2 Come funziona il GPR?

Discussione Come avviene per il RADAR e il SONAR, anche nel GPR si può ricavare la distanza dell'oggetto nel sottosuolo utilizzando la relazione:

$$R = 0{,}5 \cdot v \cdot T_R$$

In questo caso però la velocità v delle onde radio nel suolo dipende dalle caratteristiche elettriche e magnetiche del terreno:

$$v = \frac{c}{\sqrt{\varepsilon_r \mu_r}}$$

dove c è la velocità della luce nel vuoto, ε_R è la permettività dielettrica relativa e μ_r è la permeabilità magnetica relativa (se nel suolo non ci sono materiali ferromagnetici $\mu_r = 1$). Per conoscere ε_R di solito si utilizza una procedura di calibrazione che prevede di interrare un oggetto a una profondità nota e di confrontare tale misura con quella elaborata dal GPR.
Gli impulsi generati dal GPR hanno una durata dell'ordine del nanosecondo con frequenze che vanno dai 100 MHz fino a circa 2 GHz.
Con l'aumentare della frequenza diminuisce la profondità di penetrazione del fascio.
La penetrazione dipende, oltre che dalla frequenza, anche dal tipo di terreno. A titolo di esempio, alla frequenza di 1 GHz la sabbia presenta un'attenuazione di 1 dB/m mentre l'argilla di 100 dB/m.
Un altro parametro molto importante per le indagini è la *risoluzione*, vale a dire la minima distanza necessaria per distinguere tra loro due oggetti vicini. Indicando con λ la lunghezza d'onda della radiazione, la risoluzione è data dalla formula: $r > \lambda/2$ (con $\lambda = v/f$).
Occorre quindi stabilire un compromesso tra risoluzione e profondità di penetrazione, perché aumentando troppo la frequenza, con lo scopo di ottenere risoluzioni elevate, si perde la possibilità di indagare in profondità. Considerando una velocità di propagazione $v = 1 \cdot 10^8$ m/s (circa 1/3 della velocità della luce) si ottengono i valori di risoluzione e penetrazione massima riportati in tabella:

Frequenza (MHz)	Risoluzione (m)	Penetrazione massima (m)
50	> 1,00	24÷40
100	> 0,50	15÷25
250	> 0,20	6÷10
500	> 0,10	3,5÷6
800	> 0,06	1,5÷2,5

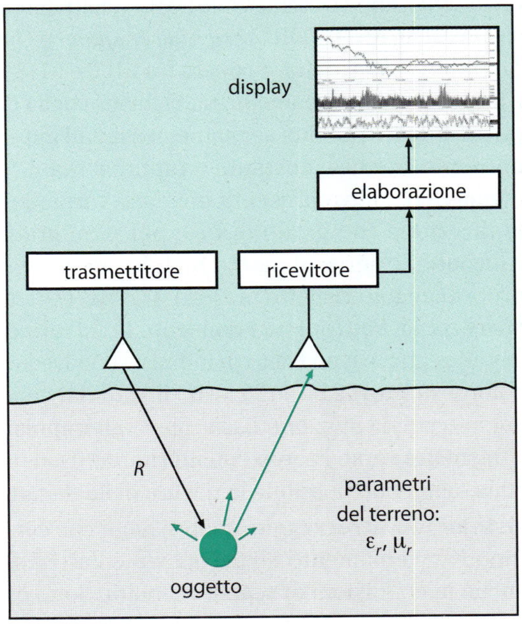

Fig. 2.4 Schema funzionale di un GPR. Il trasmettitore genera l'onda elettromagnetica che colpisce l'oggetto. Parte dell'energia viene captata dal ricevitore che, dopo una fase di elaborazione, presenta i dati sul display.

Riflessione *Perché un GPR può essere molto utile per le popolazioni civili coinvolte in un conflitto bellico?*

ReT 1 Radionavigazione

La **radionavigazione**, o **navigazione radioassistita**, è quel complesso di apparati e regole che consente di determinare la posizione del mezzo mobile (aereo, navale, spaziale, terrestre) effettuando misure tramite segnali radio. Per quanto riguarda il raggio di operatività, la funzionalità e la precisione si distinguono 4 classi di sistemi di radionavigazione:

- **sistemi a lungo e medio raggio**: sono sistemi a bassa precisione (errore tipico da 1 km a 10 km) utilizzati per la navigazione di trasferimento, con portate che possono arrivare anche a migliaia di chilometri. Per la navigazione aerea a lungo raggio si possono citare come esempi i sistemi DECCA, LORAN-C (*LOng RAnge Navigation*) e OMEGA. Le stazioni trasmittenti a lungo raggio operano a frequenze basse ($f < 200$ kHz) e con potenze elevate (100 kW). Per il medio raggio si utilizzano i *radiofari* ADF (*Automatic Direction Finding*) accoppiati a un apparato di bordo che consente di stimare la direzione del radiofaro di terra. I radiofari operano nella banda 200 ÷ 1600 kHz con potenze tra i 20 e i 100 W;
- **sistemi a breve raggio**: sono caratterizzati da una precisione media (errore tipico da 100 m a 1 km) e trovano applicazione nella navigazione aerea su terra e in quella marittima lungo le coste. Gli aerei civili utilizzano i sistemi VOR/DME, quelli militari il sistema TACAN. Il VOR (*Very high frequency Omnidirectional Radio range*) opera tra i 108 e i 118 MHz e basa il suo funzionamento sulla misura della differenza di fase tra i due segnali emessi dall'antenna: uno presenta fase costante e rappresenta il Nord magnetico, l'altro presenta una fase variabile con la direzione (un grado di fase per ogni grado di rotazione) e serve al mezzo mobile per ricavare il proprio angolo rispetto al Nord. Il DME (*Distance Measuring Equipment*) consente la misura della distanza grazie a un treno di impulsi (con frequenza compresa tra 1025 e 1150 MHz) inviati dal velivolo verso terra; la stazione fissa riceve gli impulsi e li ritrasmette verso l'aereo con un ritardo fisso pari a 50μs, rendendo possibile la misura della distanza;
- **sistemi per atterraggio**: sono sistemi che consentono l'avvicinamento all'aeroporto e l'atterraggio anche in condizioni di scarsa visibilità. Sono caratterizzati da precisione alta (10 m ÷ 100 m), come ad esempio il sistema ILS (*Instrument Landing System*), o altissima (1 m ÷ 10 m), come nel caso del sistema MLS (*Microwave Landing System*);
- **sistemi satellitari**: è il caso del GPS statunitense, del russo GLONASS e del futuro sistema europeo GALILEO, ancora in fase di completamento. Questi sistemi coprono tutta la superficie del pianeta e sono in grado di operare con precisione medio-alta o addirittura altissima se supportati da opportuni sistemi terrestri.

Esempio Come funziona il sistema a lungo raggio LORAN-C?

Discussione Il LORAN-C (*LOng RAnge Navigation - C*) è un sistema a lungo raggio (circa 1200 NM o 2200 km) composto da una serie di stazioni fisse a terra raggruppate in "catene" operanti con segnali impulsivi alla frequenza di 100 KHz. Una "catena" è l'insieme di una stazione master e di due stazioni slave poste a circa 1800 km di distanza dal master. Il LORAN-C appartiene alla categoria dei sistemi iperbolici, infatti il ricevitore posto sul mezzo mobile misura, ricavandola dai tempi intercorsi tra trasmissione e ricezione, la differenza delle distanze che lo separano da due stazioni trasmittenti: il luogo dei punti del piano per i quali è costante la differenza delle distanze tra due punti fissi detti fuochi è proprio l'iperbole. Per calcolare la posizione occorre però determinare almeno due famiglie di iperboli, in modo da incrociare la curva di posizione tra i trasmettitori 1 e 2 con la curva di posizione tra i trasmettitori 1 e 3 (fig. 2.5); per questo motivo occorre ricevere il segnale da almeno 3 stazioni (la stazione master e le due slave). La posizione viene determinata misurando la differenza di tempo (TDOA: *Time Difference Of Arrival*) tra l'arrivo degli impulsi generati dalla stazione Master e l'arrivo degli impulsi provenienti dalle 2 stazioni slave, che sono configurate per ritrasmettere in modo sincrono gli impulsi del Master; gli impulsi vengono ripetuti con intervalli di tempo specifici, dette *"cadenze di base"*, comprese tra 40 e 100 ms. Il sincronismo delle stazioni è ottenuto grazie a orologi al Cesio.

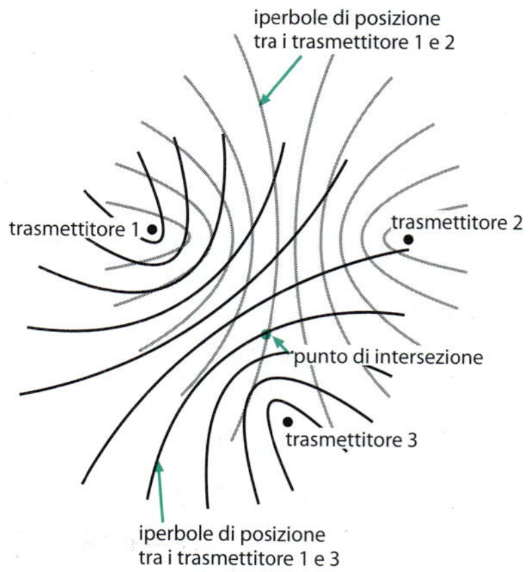

Fig. 2.5 Principio di funzionamento del sistema LORAN - C. Per calcolare la posizione occorre determinare l'intersezione tra l'iperbole appartenente alla famiglia 1-2 (individuata dalla differenza dei tempi di arrivo tra il trasmettitore 1 e il trasmettitore 2) e l'iperbole appartenente alla famiglia 1-3 (individuata dalla differenza dei tempi di arrivo tra i trasmettitori 1 e 3).

Riflessione *Quali conseguenze ha portato nella radionavigazione il sistema GPS?*

ReT 2 GPS: architettura e principi di funzionamento

Il termine *Global Navigation Satellite Systems* (GNSS) identifica tutti i sistemi satellitari che consentono la determinazione della posizione in tempo reale e la navigazione degli utenti su tutta la superficie terrestre. Il GNSS più conosciuto è senz'altro il sistema statunitense "**NAVSTAR GPS**" (***NAVigation Satellite Timing And Ranging Global Positioning System***) detto più brevemente "**GPS**", operativo dal 1995. Anche la Russia ha messo a punto la costellazione di satelliti GLONASS (*GLObal NAvigation Satellite System*). L'Unione Europea e l'ESA hanno approvato nel 2003 il progetto GALILEO, con 30 satelliti che diventeranno operativi tra il 2014 e il 2019.

Esempio 1 Qual è l'architettura di un sistema GNSS?

Discussione Il sistema NAVSTAR GPS. Il sistema GPS si divide nei cosiddetti 3 segmenti: il segmento SPAZIALE (*space segment*), costituito dai satelliti, il segmento UTENTE (*user segment*), vale a dire l'insieme di tutti i ricevitori, e il segmento di CONTROLLO (*control segment*) formato da cinque stazioni di monitoraggio (Hawaii, Kwajalein, Isola dell'Ascensione, Diego Garcia, Colorado Springs), da tre antenne terrestri (Isola dell'Ascensione, Diego Garcia, Kwajalein), da una stazione master (MCS) a Colorado Springs e da altre 6 stazioni di monitoraggio (NGA) aggiunte nel 2005 situate a Washington DC, in Argentina, Ecuador, Regno Unito, Bahrain e Australia. La costellazione nominale (*space segment*) del sistema GPS è formata da 24 satelliti che orbitano alla quota di 20.200 km da terra in 6 diversi piani con inclinazione pari a 55° rispetto al piano equatoriale. Su ciascun piano sono posizionati 4 satelliti, il raggio medio dell'orbita, quasi circolare, è di circa 26.000 km. I satelliti trasmettono in tempo reale le proprie "effemeridi", vale a dire quell'insieme di parametri e algoritmi che consentono di calcolarne le orbite e la posizione istante per istante nel sistema di coordinate prescelto. La funzione fondamentale di controllare i satelliti e di calcolare e mantenere aggiornate le relative effemeridi è svolta dal segmento di controllo.

Esempio 2 Su quale principio di funzionamento si basa un sistema GNSS, come il GPS?

Discussione Il ricevitore di un sistema GPS è in grado di stimare la propria distanza dai satelliti utilizzando la misura del tempo di percorrenza (Δt) dei segnali radio emessi dai satelliti stessi. In prima approssimazione si può ricavare la distanza D con la relazione:

$$D = \Delta t \cdot c$$

dove c è la velocità della luce (300.000 km/s). Data l'importanza di effettuare queste misure temporali con elevata precisione, ogni satellite è dotato di orologi atomici al Cesio molto costosi e di sistemi elettronici molto sofisticati per effettuare correzioni e compensazioni degli errori. Ogni satellite trasmette, con il segnale che serve a misurare il tempo di percorrenza, i dati che servono a individuarne con precisione la posizione nello spazio (effemeridi). Quando il ricevitore stima la distanza D_1 dal primo satellite individua geometricamente una sfera immaginaria con centro nel satellite e raggio pari a D_1; sulla superficie della sfera si troverà il punto $P(X, Y, Z)$ che rappresenta la posizione del ricevitore. Con la misura della distanza D_2 si identifica una seconda sfera immaginaria che, intersecandosi con la prima, individuerà una circonferenza, sulla quale dovrà trovarsi il punto $P(X, Y, Z)$. La stima della distanza D_3 dal terzo satellite porta a considerare l'intersezione della terza sfera con la circonferenza, riducendo così a due i possibili punti che fissano la posizione $P(X, Y, Z)$.

La misura ricavata da un quarto satellite individua in modo univoco la posizione del ricevitore. L'ambiguità sugli ultimi due punti si potrebbe però risolvere imponendo geometricamente un vincolo di prossimità alla superficie terrestre. In realtà la misura effettuata su un quarto satellite ha la funzione di stimare l'offset di tempo dovuto alla non perfetta sincronizzazione dell'orologio del ricevitore con gli orologi atomici dei satelliti (fig. 2.6). Non è possibile infatti per ragioni economiche e di ingombro, dotare i ricevitori degli utenti di orologi atomici. Se si indica con T l'offset di tempo in questione, si può semplicemente affermare che l'acquisizione dei dati da 4 satelliti consente di impostare un sistema di 4 equazioni nelle 4 incognite X, Y, Z, T. Il ricevitore è perciò in grado di effettuare buone determinazioni di posizione quando "vede" almeno 4 satelliti. L'osservazione di ulteriori satelliti incrementa la precisione della misura.

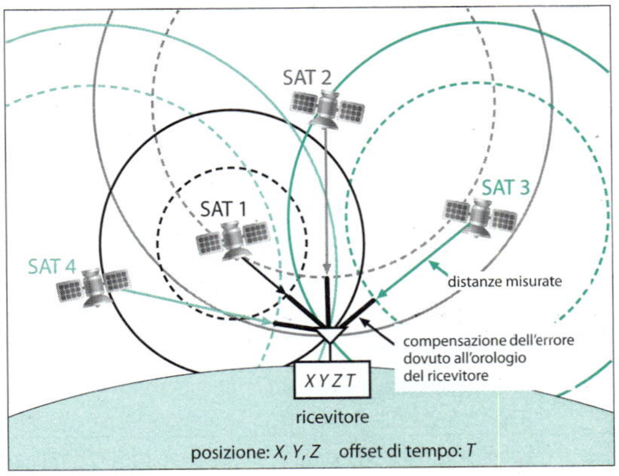

Fig. 2.6 Funzionamento di un sistema di posizionamento satellitare: il ricevitore stima le distanze dai satelliti sulla base delle misure dei tempi di percorrenza dei segnali radio. La posizione nello spazio dei satelliti è nota con precisione. Con l'acquisizione dei segnali provenienti da almeno 4 satelliti, il ricevitore riesce a impostare le 4 equazioni necessarie a ricavare le 4 incognite: le 3 coordinate spaziali X, Y, Z e l'offset di tempo T, che rappresenta l'errore di sincronizzazione dell'orologio integrato nel ricevitore rispetto agli orologi atomici presenti nei satelliti.

Riflessione *Che relazione c'è tra il sistema GPS e la teoria della relatività di Einstein?*

ReT 3 GPS: il segnale, i codici e le cause di errore

A bordo di ciascun satellite **GPS** c'è un oscillatore atomico che genera un segnale con frequenza nominale f_0 = 10,23 MHz, molto stabile e preciso ($\Delta f/f < 10^{-13}$). Da questa frequenza primaria vengono generate tre portanti sinusoidali *L*1 (1.575,42 MHz = $154 \cdot f_0$), L2 (1.227,60 MHz = $120 \cdot f_0$), *L*5 (1.176,45 MHz = $115 \cdot f_0$) e vari codici binari pseudo-casuali denominati: *C/A*, *L2C*, *P(Y)*, *M*, *L5C*. Il messaggio di navigazione, trasmesso in bassa frequenza (50 Hz), è indicato con *D* (*Navigation Data*): contiene le effemeridi, l'offset dell'orologio del satellite, i parametri del modello per calcolare il disturbo ionosferico, le informazioni orbitali approssimate di tutti gli altri satelliti, dette "almanacchi". Si compone di 25 blocchi di 30 secondi da 50 bit ciascuno ($25 \cdot 30 \cdot 50 =$ $= 37.500$ bit) per una durata totale di 12,5 minuti.

Esempio 1 Quali sono le caratteristiche dei codici trasmessi dai satelliti GPS?

Discussione I codici trasmessi dai satelliti sono detti *Pseudo-Random* (*PR*) perché appaiono come una sequenza casuale di impulsi, di valore +1 e −1, modulati con la fase della portante (fig. 2.7). In realtà possiedono un contenuto informativo che consente al ricevitore, con tecniche di demodulazione a spettro espanso, di discriminare il codice PR anche con bassi livelli di potenza e in presenza di disturbi o interferenze.

- Il codice *C/A* (*Coarse Acquisition Code*) è diverso per ogni satellite, è pubblico ed è trasmesso da tutti i satelliti attualmente in orbita; viene trasmesso sulla portante *L*1 ed è costituito da 1023 impulsi per una durata totale di 1 ms;
- il codice *L2C* (*L2 Civilian*) è pubblico, viene trasmesso solo dai satelliti del Blocco IIR-M sulla portante *L*2; è composto da 10.230 impulsi per una durata totale di 10 ms;
- il codice *P*(*Y*) (*EncrYpted Precise Code*) è riservato ad applicazioni militari sulle portanti *L*1, *L*2; è costituito da $3{,}2703264 \cdot 10^{16}$ impulsi, per una durata totale di 37 settimane; ogni satellite ne trasmette una parte per una settimana;
- *M* (*Military*) è il nuovo codice militare criptato che opera su L1 e L2;
- *L5C* (*L5 Civilian*) è il nuovo codice *"safety of life"* sulla portante *L*5 messo a punto per la navigazione aerea nella banda appositamente riservata all'aviazione civile; è anche utile come terzo segnale per tutti gli utenti. Viene trasmesso dai nuovi satelliti del gruppo IIF.

In futuro sarà disponibile un ulteriore codice civile detto *L*1*C*, che sarà adottato come standard internazionale.

Esempio 2 Quali sono le principali cause di errore nel sistema GPS?

Discussione In tabella si riportano le principali cause di errore e la loro possibile correzione.

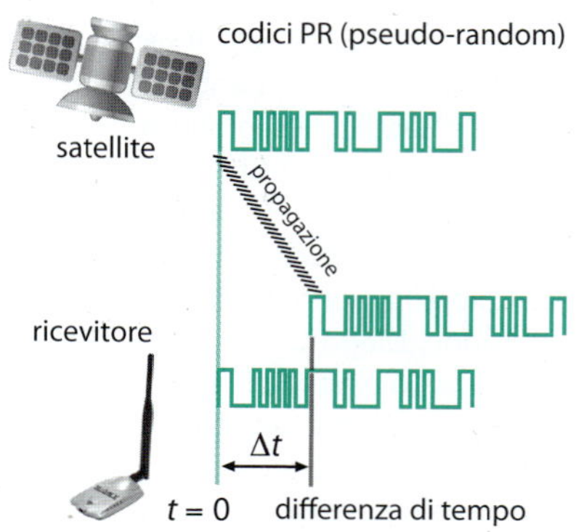

Fig. 2.7 Il codice *Pseudo-Random* (PR) emesso dal satellite viene confrontato con lo stesso codice generato in modo sincrono dal ricevitore. La misura della differenza di tempo Δt fornisce la cosiddetta informazione di PSEUDORANGE, che viene poi corretta stimando l'offset di tempo dell'orologio del ricevitore, grazie all'osservazione di almeno 4 satelliti.

Riflessione *Perché il disturbo ionosferico presenta grande variabilità con l'ora del giorno e la latitudine?*

Livello	Causa di errore	Correzione
Satellite	Selective availability (S/A): errore introdotto intenzionalmente dal Dipartimento della Difesa U.S. che riduceva la precisione dei satelliti per usi civili	Procedure differenziali; rimozione della S/A (è stata tolta nel maggio 2000 dall'amministrazione Clinton)
Satellite	Errore delle effemeridi dovuto alla variazione della posizione dei satelliti lungo l'orbita	Procedure differenziali; monitoraggio e correzione da parte del segmento di controllo
Atmosfera	Ritardo dovuto al rallentamento di velocità del segnale durante l'attraversamento della ionosfera e della troposfera	Procedure differenziali (stima del ritardo subito dai segnali a frequenze diverse per calcolare la correzione da applicare)
Atmosfera	Multipath: le riflessioni e le rifrazioni multiple del segnale causano percorsi di propagazione differenti, per cui varie repliche del segnale arrivano al ricevitore in tempi diversi, causando interferenza	Prolungamento del tempo di acquisizione dei segnali
Ricevitore	Cattiva ricezione dovuta a ostacoli o ostruzioni	Difficile da eliminare
Ricevitore	Errore dovuto all'imprecisione dell'orologio del ricevitore che causa errori nella stima del tempo di percorrenza	Viene calcolato e corretto utilizzando i segnali di almeno 4 satelliti
Ricevitore / Satelliti	Geometric Dilution of Precision: configurazione geometrica dei satelliti non ottimale al momento delle osservazioni	Esecuzione delle osservazioni in un momento in cui si presenta una configurazione satellitare più favorevole

RеT 4 Sistemi di atterraggio strumentale: ILS, MLS

I sistemi di atterraggio strumentale identificano quell'insieme di apparecchiature elettroniche che hanno lo scopo di guidare e assistere il pilota di un aeromobile nella fase finale di avvicinamento alla pista, consentendo l'atterraggio anche in condizioni di scarsa visibilità, dovute a nuvolosità, nebbia, pioggia o neve. Storicamente i primi test del sistema **ILS** (***Instrument Landing System***) risalgono al 1929. Durante la seconda guerra mondiale il sistema fu perfezionato e si diffuse nel dopoguerra in tutti i maggiori aeroporti del mondo. Negli anni '70-'80 fu introdotto il sistema **MLS** (***Microwave Landing System***), più preciso e versatile, che avrebbe dovuto sostituire i sistemi ILS ma l'avvento del GPS (*Global Positioning System*) in associazione ai sistemi terrestri di aumento della precisione (WAAS-EGNOS-LAAS) ha reso i sistemi MLS economicamente non convenienti, limitandone la diffusione solo in casi particolari, ove è richiesto l'atterraggio strumentale di categoria III.

Esempio 1 Come funziona il sistema ILS?

Discussione Il sistema ILS è composto dall'apparato di terra (*Ground equipment*), costituito da varie antenne situate al suolo in punti prefissati rispetto alla pista di atterraggio, e dall'*apparato di bordo*, integrato nell'avionica dell'aeromobile, che fornisce le informazioni necessarie al pilota.

Il cosiddetto *"ground equipment"* è composto da 3 sistemi di antenne: il *localizzatore* (LOC), il *trasmettitore* dell'*angolo di discesa* (GP: *Glide Path*) e le antenne MARKERS (fig. 2.8).

Il *localizzatore* è un insieme di diverse coppie di antenne direzionali poste alla fine della pista di atterraggio; trasmettono con portanti tra 108.10 e 111.95 MHz, ma mentre la prima antenna della coppia, orientata verso destra, è modulata a 90 Hz, l'altra, orientata a sinistra, è modulata a 150 Hz. Grazie alla differente modulazione e alla posizione delle antenne, lo strumento a bordo dell'aereo è in grado di discriminare la posizione del centro della pista.

Il *trasmettitore* dell'*angolo di discesa*, o *guida di planata*, è un insieme di antenne direzionali posizionato al lato della pista in prossimità del punto di contatto ideale (*touchdown*). Con una tecnica analoga a quella del *localizzatore* le antenne direzionali trasmettono su portanti tra 328.6 e 335.4 MHz; quelle orientate sopra l'angolo ideale di 3° sono modulate a 90 Hz, quelle orientate sotto l'angolo ideale sono modulate a 150 Hz consentendo allo strumento di discriminare il corretto angolo di discesa. Le antenne *markers* sono posizionate lungo la proiezione del sentiero ideale di discesa in asse con la pista ed emettono un segnale molto direttivo, un fascio conico diretto verso l'alto alla frequenza di 75 MHz. L'antenna più lontana (*outer marker*) è posta a 7÷13 km dalla testata della pista, l'antenna intermedia (*middle marker*) è posta a 1÷2 km, l'antenna più vicina (*inner marker*) è posta a circa 300 metri.

L'*apparato di bordo* è costituito da uno strumento dotato di un quadrante con due indicatori perpendicolari tra loro: quello verticale (*localizer*) indica lo scostamento dal centro della pista, quello orizzontale (*glide slope*) indica lo scostamento dal corretto angolo di planata. Nello strumento sono presenti inoltre 3 luci, una blu per l'*outer marker*, una ambra per il *middle marker* e una bianca per l'*inner marker*, che si accendono quando l'aeromobile sorvola l'antenna corrispondente.

Esempio 2 Quali vantaggi presenta il sistema MLS rispetto a ILS?

Discussione Il sistema MLS (*Microwave Landing System*) consente traiettorie di avvicinamento alla pista anche non rettilinee, fornisce informazioni molto più precise sulla distanza, sugli angoli azimutali e di elevazione (± 30 m per le distanze e ± 0,015 gradi per gli angoli); la portata del sottosistema DME/P per le distanze ha una portata di 20 miglia (vedi tabella).

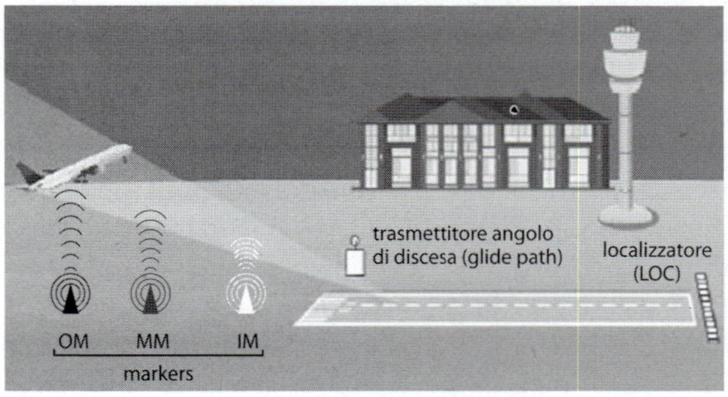

Fig. 2.8 Struttura di un ILS (*Instrument Landing System*). I gruppi di antenne detti *"localizzatore"* e *"trasmettitore angolo di discesa"* forniscono informazioni rispettivamente sulla posizione della mezzeria della pista e sul corretto angolo di planata (*Glide Path*). Le tre antenne *Outer Marker* (OM), *Middle Marker* (MM) e *Inner Marker* (IM) servono a stabilire la distanza dell'aereo dalla testata della pista.

Riflessione *In base a quali parametri si può classificare un sistema ILS?*

Confronto tra le caratteristiche dei due sistemi ILS e MLS

Sistema	Sottosistema	Informazione	Precisione	Frequenza
ILS	Localizzatore (LOC: *Localizer*)	Angolo azimutale	Medio-alta	108÷112 MHz
	Trasmettitore angolo di discesa	Angolo di elevazione	Medio-alta	328÷335 MHz
	Marker OM,MM,IM	Distanza	Media	75 MHz
MLS	Stazione azimut	Angolo azimutale + Dati	Alta	5031÷5091 MHz
	Stazione elevazione	Angolo di elevazione	Alta	5031÷5091 MHz
	DME/P	Distanza	Alta	962÷1105 MHz

Sommario

Il telerilevamento è quell'insieme di tecniche che consente di acquisire informazioni qualitative e/o quantitative su fenomeni e oggetti distanti dall'osservatore. Si parla di telerilevamento passivo quando il sistema si limita a captare, tramite sensori, l'energia proveniente dall'oggetto da analizzare, sia essa di natura acustica o elettromagnetica. A questa categoria appartengono i SONAR passivi e i sensori di immagini sensibili a specifiche bande dello spettro elettromagnetico.
I RADAR, i SONAR attivi, i LIDAR, i GPR (o GeoRADAR) sono invece sistemi di telerilevamento attivo, in quanto generano essi stessi gli impulsi di energia che, dopo aver colpito l'oggetto, ritornano verso i sensori sotto forma di eco (backscattering). Misurando il tempo di andata-ritorno e conoscendo la velocità di propagazione degli impulsi nel mezzo considerato è possibile calcolare la distanza dell'oggetto. I principi fisici e le tecniche del telerilevamento possono essere utilizzati anche per la navigazione. La radionavigazione, in particolare, è quel complesso di apparati e regole che consente di determinare, tramite segnali radio, la posizione di un mezzo mobile. Esistono sistemi a lungo e medio raggio (DECCA, LORAN-C, OMEGA, radiofari), sistemi a breve raggio (VOR, DME, TACAN), sistemi ad alta precisione per l'atterraggio in condizioni di scarsa visibilità (ILS,MLS) e i sistemi satellitari (GPS) che offrono copertura globale e sono in grado di fornire un elevato livello di precisione. Il ricevitore di un sistema GPS è in grado di stimare la propria posizione sulla superficie terrestre utilizzando la misura del tempo di percorrenza dei segnali radio emessi da almeno 4 satelliti.

Risposte alle riflessioni

FAQ 1 L'atmosfera si comporta come un filtro che assorbe parte delle onde elettromagnetiche e che presenta, al variare della frequenza della radiazione, alcune zone opache ed altre trasparenti. L'opacità atmosferica è dovuta principalmente al vapore acqueo e ad altri gas in essa presenti (N_2O, O_2, O_3, CO_2). Le zone ad elevata trasparenza sono dette *"finestre atmosferiche"*.
FAQ 2 La tecnologia "stealth" ha l'obiettivo di diminuire il più possibile la probabilità di essere rivelati da un'osservazione, effettuata con sistemi ottici o elettronici. Per quanto riguarda il RADAR, si cerca di minimizzare la quantità di radiazione riflessa verso l'antenna del nemico con l'utilizzo di vernici e materiali non riflettenti e con una attenta progettazione delle forme geometriche del velivolo o del mezzo, in modo da minimizzare la superficie equivalente σ o in modo da indurre interferenza distruttiva.
FAQ 3 La tecnologia "graded index" per le fibre ottiche.
FAQ 4 Perché è uno strumento fondamentale per effettuare la ricerca delle mine inesplose, operazione detta di *"demining"*.

ReT 1 Il GPS, grazie alla semplicità di utilizzo e all'economicità dei ricevitori, ha reso obsoleti i sistemi LORAN-C e OMEGA, così come il GPS differenziale ha limitato la diffusione del sistema MLS negli aeroporti. Omega è stato dismesso il 30/09/1997, mentre la procedura di spegnimento (*shutdown*) del LORAN-C è stata completata nel 2010.
ReT 2 È proprio la teoria della relatività generale che consente di implementare nell'elettronica di bordo dei satelliti le correzioni necessarie ad ottenere il livello di precisione atteso. Infatti gli orologi atomici a bordo dei satelliti presentano un offset positivo costante di circa $45\mu s$ al giorno dovuto alla minore curvatura dello spazio-tempo nell'orbita del satellite rispetto alla superficie terrestre.
È presente anche un offset negativo variabile, dovuto all'eccentricità dell'orbita del satellite, che si può calcolare e correggere utilizzando la teoria della relatività ristretta. Il termine preponderante è però quello previsto dalla relatività generale, tant'è che viene corretto dall'oscillatore del satellite prima della generazione del segnale.
ReT 3 Perché è dovuto alla presenza di ioni e elettroni liberi negli strati dell'atmosfera tra i 100 e i 1000 km di quota circa.
Il numero di elettroni (TEC: *Total Electron Content*) nella ionosfera dipende dall'intensità della radiazione solare che colpisce l'atmosfera, variabile con l'ora del giorno, la latitudine e l'attività solare. La variabilità giorno-notte è la componente più evidente di questo tipo di disturbo: di notte il TEC è basso, di giorno è alto.
ReT 4 La classificazione viene eseguita rispetto a due parametri: DH (*Decision Height*): altezza alla quale deve essere iniziata la procedura di riattacco se mancano riferimenti visivi per l'atterraggio; RVR (*Runway Visual Range*): visibilità pista in metri (misurata con appositi strumenti).
Le categorie ILS sono:
- I: DH ≥ 60 m, RVR ≥ 550 m;
- II: 30 m ≤ DH ≤ 60 m; RVR ≥ 300 m;
- IIIA: DH ≤ 30 m e RVR ≥ 200 m;
- IIIB: DH ≤ 15 m (o nessuna DH) e 75 m ≤ RVR ≤ 200 m;
- IIIC: nessuna DH minima e nessuna RVR minima.

Attualmente la massima categoria presente è la CAT IIIB.

Sitografia • Bibliografia

- http://www.faa.gov
- http://www.gps.gov
- http://oceanexplorer.noaa.gov
- http://www.roma1.infn.it

- Schweber, *Electronic Communication Systems: A Complete Course*, Prentice Hall, 1996.
- L. Biagi, *Geomatics Workbook* vol. 8, *I fondamentali del GPS*.
- Daniels, *Ground Penetrating Radar Fundamentals*, Appendix to a report to the U.S. EPA, Region V Nov. 25, 2000.

Esercizi e Problemi

FAQ 1

Es. 1 La Terra è assimilabile a un corpo nero con temperatura T = 300 K. Calcolare la lunghezza d'onda corrispondente al massimo dell'emissione.

Es. 2 La λ_{max} del Sole è di circa 500 nm. Calcolare la temperatura superficiale del Sole, considerandolo un corpo nero ideale.

Es. 3 Il coefficiente di riflettività di una superficie varia da 0 (corpo nero ideale) a 1 (specchio ideale); tale coefficiente varia in funzione della natura del corpo e della lunghezza d'onda. Una superficie che riflette molto nella parte dello spettro *"verde"* e poco nel *"rosso"* e nel *"blu"*, se illuminata da una luce bianca di che colore appare?

Es. 4 Per ogni superficie si può costruire un grafico, detto "firma spettrale", che riporta la capacità di riflessione in funzione della lunghezza d'onda della radiazione. Commentare il seguente grafico con 4 diverse firme spettrali e spiega perché da esso si può dedurre la colorazione tipica delle 4 diverse superfici considerate (Pinewoods = Pinete, Grasslands = terreni erbosi, Red Sand Pit = sabbia rossa, Silty Water = acqua fangosa). Perché è importante anche considerare l'infrarosso?

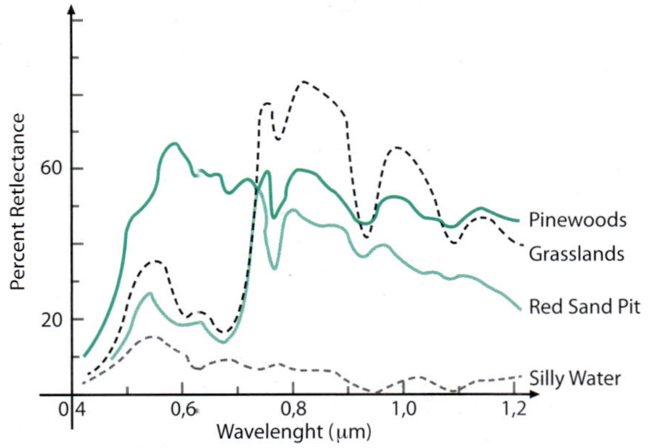

Si ricorda che:

Colore	Lunghezze d'onda
Rosso	630 ÷ 700 nm
Arancione	590 ÷ 630 nm
Giallo	560 ÷ 590 nm
Verde	490 ÷ 560 nm
Blu	450 ÷ 490 nm
Violetto	400 ÷ 450 nm

FAQ 2

Es. 1 Se il segnale di un RADAR ha una lunghezza d'onda di 0,3 m, la potenza di trasmissione è di 1000 W, la superficie equivalente σ (RCS) vale 1 m^2, il bersaglio si trova a 10 km di distanza e il guadagno d'antenna è 40 dB, quanto vale la potenza ricevuta in W?

Es. 2 Calcolare la distanza del bersaglio se T_R = 30 μs.

Es. 3 Calcolare la portata massima di un RADAR con f = 2 GHz, RCS = 1 m^2, P_t = 3000 W, P_{rmin} = 5 mW, G = 40 dB.

Es. 4 Per raddoppiare la portata di un RADAR come occorre modificare (considerare un parametro alla volta): l'area equivalente di antenna A_a? P_{rmin}? P_t? λ?

FAQ 3

Es. 1 Un robot che si muove in un percorso a ostacoli utilizza un SONAR attivo a ultrasuoni in aria per individuare gli ostacoli. Se si deve fermare quando giunge a meno di 50 cm dall'ostacolo, quale soglia si deve impostare sul tempo T_R (tempo di propagazione andata-ritorno) misurato dall'elettronica di bordo del robot?

Es. 2 Una nave militare individua un sottomarino con il SONAR attivo e misura un tempo T_R pari a 1 s. A quale distanza si trova il sottomarino?

Es. 3 Calcolare la velocità del suono nell'acqua alla profondità di 200 m, considerando una temperatura di 8 °C e una salinità di 35 g/kg.

Es. 4 All'indirizzo web http://www.pmel.noaa.gov/vents/acoustics/tutorial si trovano queste due figure:

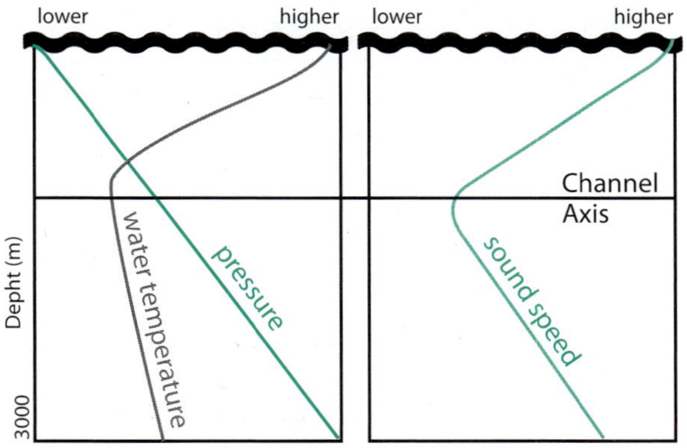

A quale fenomeno si riferiscono?

Es. 5 Nel film "Caccia a Ottobre Rosso" si vede un sottomarino che, per sfuggire all'inseguimento di un siluro guidato elettronicamente da un SONAR attivo, utilizza la spinta di emergenza per portarsi rapidamente in superficie. Quali sono le ragioni di questa manovra?

FAQ 4

Es. 1 Un LIDAR per lo studio dell'atmosfera rivela dalla superficie terrestre uno strato di polvere emesso dall'eruzione di un vulcano misurando un T_R pari a 53 μs. A che quota si trova lo strato di polveri vulcaniche?

Es. 2 Se si vuole indagare con un GPR la presenza di oggetti a una profondità del terreno variabile tra i 3 e i 5 metri a che frequenza conviene lavorare? Quale risoluzione si ottiene?

Es. 3 Calcolare la velocità di propagazione del segnale emesso da un GPR in un suolo con ε_R = 20 e μ_r = 1.

Es. 4 Le misure effettuate con il GPR in un terreno omogeneo sabbioso ($\varepsilon_R = 4$ e $\mu_r = 1$) rivelano un oggetto metallico sepolto e forniscono una misura del tempo di propagazione T_R pari a 55 ns. Ricavare la profondità a cui si trova l'oggetto.

ReT 1

Pr. 1 Data l'iperbole $y = 2/x$ con fuochi $F_1(2;2)$ e $F_2(-2;-2)$ dimostrare, con l'ausilio di un foglio di calcolo, che la differenza delle distanze di un punto dell'iperbole dai due fuochi è costante (considera $-4 < x < +4$ con passo 0,1). Quanto vale questa differenza? Se questa differenza fosse espressa in centinaia di km, quale sarebbe la differenza dei tempi di ritardo in un sistema LORAN-C? Se la tua posizione fosse $x = 150$ km e $y = 133{,}3$ km (con le unità adottate $x = 1{,}5$ e $y = 1{,}333$) qual è la tua distanza dal trasmettitore 1 (Fuoco 1)? E dal trasmettitore 2 (Fuoco 2)? Quanto tempo ha impiegato il segnale dal trasmettitore 1 per raggiungerti? E quanto tempo dal trasmettitore 2?

ReT 2

Pr. 1 Si consideri un ipotetico sistema satellitare in 2 dimensioni anziché in 3, con satelliti che hanno traiettorie complanari. In questo esempio semplificato si consideri piana la superficie terrestre nell'intorno dei punti considerati. Si ipotizzi costante la velocità di propagazione del segnale radio ($c = 300.000$ km/s).
Sono note le posizioni al tempo $t = 0$ dei satelliti e il ritardo Δt misurato dal ricevitore in millisecondi:

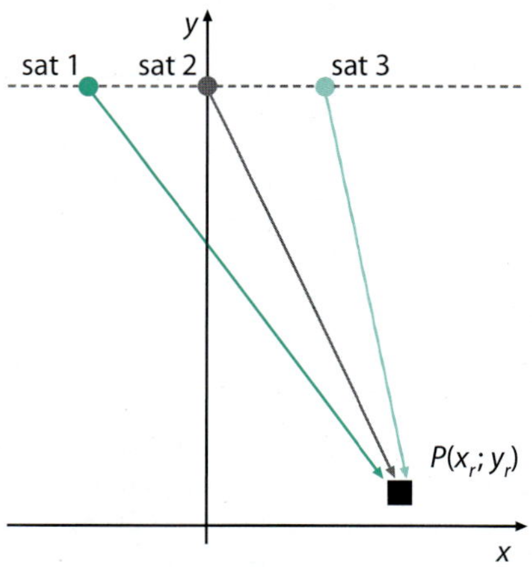

	x (km)	y (km)	Δt (ms)
satellite1	-2000	20.200	70,241
satellite2	0	20.200	68,641
satellite3	2000	20.200	67,663

Trovare, al tempo $t = 0$, la posizione $P(x_r; y_r)$ del ricevitore, sapendo che $x_r \geq 0$ e $y_r \geq 0$.
Con quali ipotesi è possibile stimare la posizione del ricevitore con le misure dei primi 2 satelliti?

Pr. 2 Si consideri un solo satellite passante al tempo $t = 0$ proprio sopra la verticale del ricevitore alla quota di 20.200 km. Con un foglio elettronico, calcolare il tempo di percorrenza Δt ricevitore-satellite utilizzando prima un valore di c (velocità della luce) pari a 300.000.000 m/s, poi utilizzando il valore $c = 299.792.458$ m/s. Confrontare i due valori e calcola l'errore percentuale. Di quanto differisce la distanza dal satellite utilizzando un valore di c piuttosto che l'altro?

Pr. 3 Considerando l'ipotesi di *"free space path loss model"*, che potenza di trasmissione è richiesta al satellite se il ricevitore ha una sensibilità di –140 dBm?

ReT 3

Pr. 1 Sul sito http://www.colorado.edu/geography/gcraft/notes/gps/gps_f.html si trovano queste figure riportanti due diverse configurazioni di satelliti: quale delle due garantisce migliore precisione? Perché? Come si chiama questo tipo di errore?

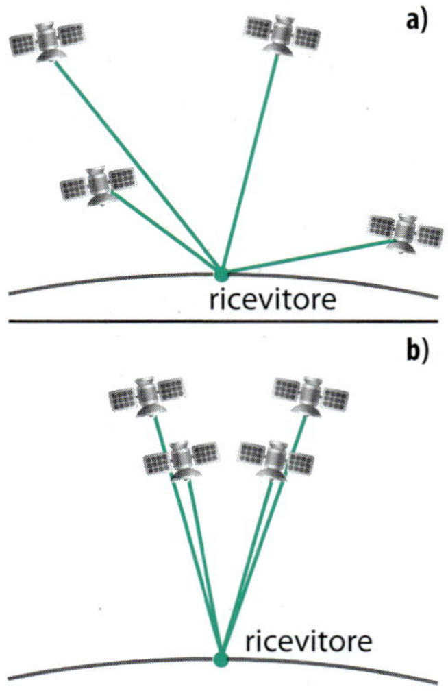

Pr. 2 Calcolare la lunghezza d'onda di $L1$, $L2$ e $L5$.

Pr. 3 Calcolare la larghezza di banda del segnale modulato a spettro espanso per i codici C/A e $L2C$.

Pr. 4 Assumendo un ipotetico codice C/A di soli 9 bit con sequenza PR pari a [-1, 1, -1, 1, 1, 1, -1, -1, 1] (vedi figura sotto riportata), disegnare, indicando dei riferimenti corretti sulla scala dei tempi, il segnale modulato in fase su portante $L1$.

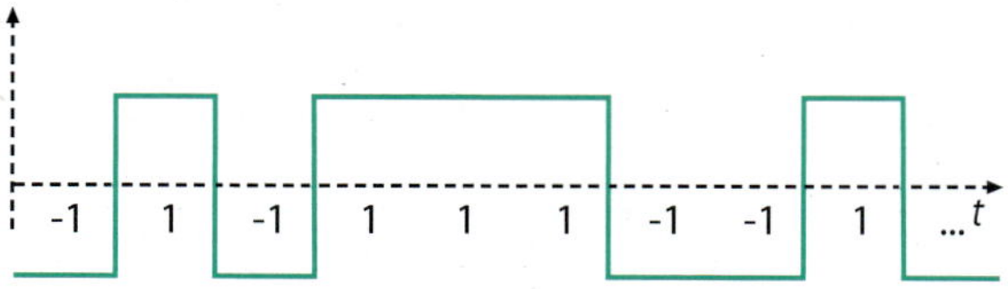

ReT 4

Es. 1 Se il sentiero ideale di discesa ha un angolo di 3°, quale relazione esiste tra la velocità verticale e quella orizzontale dell'aeromobile?

Pr. 1 Proporre uno schema a blocchi concettuale, di massima, che consenta di costruire un rudimentale strumento elettronico che, ricevendo i segnali del gruppo antenne LOCALIZZATORE, consenta di sapere se l'aereo si trova a sinistra o a destra della mezzeria della pista.

Indice analitico

T

Terminologia in lingua inglese